I0875139

Geschichte

der

Wissenschaften in Deutschland.

Neuere Zeit.

Sechszehnter Band.

Geschichte der Astronomie.

München, 1877.

Druck und Verlag von R. Oldenbourg.

Reprinted with the permission of the original publishers

JOHNSON REPRINT CORPORATION
111 Fifth Avenue, New York, N.Y. 10003

JOHNSON REPRINT COMPANY LIMITED
Berkeley Square House, London, W.1

Geschichte

der

Astronomie

von

Rudolf Wolf.

München, 1877.
Druck und Verlag von R. Oldenbourg.

Reprinted with the permission of the original publishers

JOHNSON REPRINT CORPORATION
111 Fifth Avenue, New York, N.Y. 10003

JOHNSON REPRINT COMPANY LIMITED
Berkeley Square House, London, W.1

First reprinting, 1965, Johnson Reprint Corporation

Printed in West Germany

Druck: Anton Hain KG, Meisenheim (Glan)

Vorwort.

Es ist keine leichte Aufgabe die Geschichte einer Wissenschaft so zu schreiben, daß sie jedem Gebildeten zugänglich ist und dennoch auch den Fachmann befriedigt, und ich muß es meinen Lesern zu beurtheilen überlassen inwieweit mir die Lösung derselben gelungen ist. Immerhin glaube ich aussprechen zu dürfen und sogar zu sollen, daß ich gegenüber den bis jetzt vorhandenen Geschichtswerken über Astronomie theils in dieser Richtung, theils überhaupt einen gewissen Fortschritt gemacht zu haben hoffe, indem ich einerseits meiner Geschichte eine Gliederung gab, welche alle Gebiete und Richtungen möglichst gleichmäßig und übersichtlich zu behandeln erlaubte, während bisdahin gerade der Kern der Astronomie, die messende Beobachtung, fast ganz vernachlässigt wurde, und auch die literarische Thätigkeit nur beiläufig Erwähnung fand, — und indem ich anderseits so ziemlich den ganzen gelehrten Apparat, welcher manchen Laien abschrecken könnte, während er dem Fachmanne gerade das Werthvollste sein dürfte, den Noten zuwies. Ich will mich jedoch mit diesen kurzen Andeutungen begnügen, um das durch die Ueberfülle des zu verarbeitenden Stoffes bereits etwas dickleibig gewordene Buch nicht noch mehr zu überlasten, dagegen kann ich nicht umhin noch eine Pflicht zu erfüllen: Als mir 1872, wo zwar der Plan zu dieser Geschichte vollständig fertig war und das meiste Material bereit lag, dagegen die eigentliche Redaction erst bevorstand, in Folge längerer Ueberanstrengung eine schwere Krankheit drohte, so daß ich genöthigt war mein Arbeitsfeld sofort auf ein Minimum zu beschränken, so kam mir nicht nur die historische Commission durch Gewährung einer bedeutenden Fristverlängerung in zuvorkommendster Weise entgegen, sondern es gab mir Herr Robert Billwiller, der mir schon bei Sammlung des Materials durch vielfache Auszüge und Uebersetzungen große Dienste geleistet hatte, dadurch den Muth das unternommene Werk nicht ganz fallen zu lassen, daß er sich anerbot dasselbe nach meinem Plane vollständig auszuarbeiten, und mich nur mit der Anwendung der letzten Redactionsfeile zu belasten. Kaum war ich jedoch mit Bewilligung der Kommission auf sein Anerbieten eingegangen und dadurch einer mich drückenden Bürde entledigt worden, als sich meine sonst kräftige Gesundheit wieder so weit herstellte, daß ich wagen durfte die Redaction dennoch selbst an die Hand zu nehmen, und da trat Herr Billwiller mit derselben Bereitwilligkeit, mit welcher er in den Riß gestanden war, wieder zurück, — immerhin in der Weise, daß er mir auch von da weg für Ergänzung des Materiales und dann schließlich bei den Correcturen treulich an die Hand ging. Ich erfülle daher nur eine Pflicht, wenn ich ihm hier öffentlich meinen wärmsten Dank darbringe.

Zürich, im Juni 1877.

Rudolf Wolf.

Inhalt.

Erstes Buch.

Die Astronomie der ältesten Völker.

Zweites Buch.

Die Reformation der Sternkunde.

Drittes Buch.

Die neuere Astronomie.

Erstes Buch.

Die Astronomie der ältesten Völker.

1. Capitel.

Das Ptolemäische Weltsystem.

1. Einleitung. Da keine Geschichte ohne Zeitrechnung und keine Zeitrechnung ohne astronomische Grundlage bestehen kann, so unterliegt es keinem Zweifel, daß die ersten Begriffe aus der Himmelskunde vorhistorischer Zeit entstammen und somit auch ihre Geschichte an das Gebiet der Sage hinaufreicht. Und in der That finden sich da und dort in alten Monumenten und Schriftstücken einzelne Anklänge an eine solche vorhistorische Astronomie, die man versuchen kann, zu einem Gesammtbilde zu vereinigen, ohne sich darum auf den gefährlichen Standpunkt derjenigen zu stellen, die aus gewissen Maaßverhältnissen bei alten Bauwerken und dunkeln Aussprüchen bei Schriftstellern mit mehr oder weniger vorgefaßter Meinung alles Mögliche herauslesen und uns den Glauben beibringen wollen, es habe bereits vor undenklicher Zeit ein Geschlecht von ganz hervorragender Bildung gelebt, dem wir noch gegenwärtig an Kenntnissen kaum gleich kommen und das eigentlich so ziemlich Alles, was wir an solchen besitzen, auf uns vererbt habe, außer seinem Namen und den Beweisen seiner Existenz.

2. Erste Umschau. In den ältesten Zeiten mag den Menschen der von ihnen bewohnte Erdboden, welcher ihnen als unübersehbare, muthmaßlich überall an's Meer reichende und vom Himmel wie von einem Dache überwölbte Scheibe erschien, den

1*

Inbegriff der Welt gebildet haben, ohne daß die Erscheinungen am Firmamente von ihnen ernstlich beachtet wurden. Doch darf man wohl annehmen, daß das regelmäßige Auf- und Niedersteigen der Sonne und der dadurch herbeigeführte Wechsel von Tag und Nacht sehr bald zum Bewußtsein kam, — daß nur wenig später die immer wiederkehrende Folge der auffallenden Lichtgestalten des Mondes bemerkt wurde, — daß auch der, nicht etwa nur in den Stellungsverhältnissen des Tagesgestirns, sondern schon in den Witterungsverhältnissen, in der Pflanzenwelt und überhaupt auf der Erde selbst leicht erkennbare Cyclus der Jahreszeiten nicht lange verborgen blieb, — und daß endlich gewiß sehr frühe die dadurch angedeuteten Zeitabschnitte von Tag, Woche, Monat und Jahr für eine, wenn auch anfänglich noch ziemlich rohe Zeitrechnung Verwendung fanden.

3. **Die tägliche Bewegung.** Bei einzelnen, durch frühe Cultur ausgezeichneten Völkern begann bald eine genauere Beachtung der Erscheinungen am Himmel: Sie bemerkten, daß die Sterne im Allgemeinen ihre gegenseitige Stellung beibehalten und eine gemeinschaftliche, der täglichen Bewegung der Sonne ähnliche Bewegung besitzen, — etwa wie wenn sie an dem scheinbaren Himmelsgewölbe befestigt wären und dieses sich um einen bestimmten Punkt, den sogenannten Pol, gleichförmig drehen würde, oder eigentlicher um die diesen Pol mit dem Beobachter verbindende Gerade, die scheinbare Weltaxe, deren Neigung gegen den Horizont Polhöhe genannt wurde. Sie bestimmten, indem sie einen Stab aufstellten, beim Auf- und Niedersteigen der Sonne gleiche Schatten desselben aufsuchten, und den so erhaltenen Winkel halbirten, die Richtung nach dem höchsten Sonnenstande, die Mittagsrichtung oder Mittagslinie — fanden, daß die durch Letztere bestimmte Verticalebene, der sogenannte Meridian, unveränderlich sei und durch die Weltaxe gehe, — und erhielten aus der Verbindung der Mittagslinie mit dem schattenwerfenden Stabe ein erstes Instrument, den sogenannten Gnomon, an welchem sie sodann offenbar je den Eintritt

des Mittags und überdieß aus der Länge des mittägigen Schattens auch die Mittagshöhe der Sonne bestimmen konnten. — Zu diesen früh entwickelten Völkern gehörten die Egypter, deren an 3000 v. Chr. hinaufreichende Pyramiden genau nach den vier Weltgegenden orientirt sind, — die Chinesen, welche nur wenig später eigene Beamte besaßen, um gewisse Epochen und Erscheinungen, wie z. B. die Eintritte der Jahreszeiten oder der bald näher zu besprechenden Verfinsterungen, vorauszubestimmen — und die Babylonier, deren, meist schlechtweg Chaldäer genannte Beluspriester sich sogar auf einem hohen Thurme ihres Tempels eine Art Sternwarte eingerichtet hatten.

4. Anfang und Eintheilung des Tages. Die Zwischenzeit zwischen Sonnenauf- und Untergang, oder den eigentlichen Tag, scheinen schon die ältesten Völker, jedenfalls spätestens die Babylonier, in 12 unter sich gleiche Theile oder Stunden getheilt zu haben, wie uns dieß die muthmaßlich älteste Sonnenuhr zur Anschauung bringt, welche der von dem spätern Geschichtschreiber gleichen Namens wohl zu unterscheidende Chaldäer Berosus, der um 640 v. Chr. auf der Insel Kos gegenüber Milet eine stark besuchte Schule gründete, erfunden haben soll, — eine unter dem Namen Heliotrop oder Skaphe noch bei den Griechen und Römern gebräuchliche in Stein eingehauene Halbkugel, auf der die Schattenwege der in ihrem Centrum aufgestellten kleinen Kugel verzeichnet und je in 12 gleiche Theile getheilt waren [1]). Indem man sodann diesen 12 Tagesstunden auch je 12 unter sich gleiche Nachtstunden gegenüberstellte, erhielt man die sogenannten ungleichen Stunden, deren Verschiedenheit natürlich um so bemerklicher und unbequemer wurde, je weiter man sich vom Equator entfernte; aber nichts desto weniger hielt man lange an dieser

[1]) Im Jahre 1741 wurde eine solche Uhr in den Ruinen einer Villa auf dem Tuskulanischen Berge gefunden, und von Zuzzeri in s. Schrift „D'una antica villa scoperta sul dosso del Tusculo. Vinezia 1746 in 4" beschrieben; 1751 wurde zu Castelnuova im Kirchenstaate, 1762 zu Herculanum je eine ähnliche Uhr ausgegraben ꝛc. Vergl. 42.

Eintheilung fest, und erst bei den spätern Griechen brach sich nach und nach, und auch da vorerst nur für wissenschaftliche Zwecke, die Uebung Bahn, den ganzen Tag in 24 gleiche oder Equinoctialstunden einzutheilen. Bei einzelnen Völkern war auch eine Eintheilung des ganzen Tages in 12 Doppelstunden gebräuchlich, wie sich dieß noch bis auf die neuere Zeit z. B. bei den Japanesen erhalten hat, — noch bei andern endlich eine Eintheilung in 60 Stunden, von der sich jetzt noch Spuren in Indien zeigen sollen [2]). Zum Schlusse bleibt zu bemerken, daß die Babylonier den Tag mit Sonnenaufgang begannen, — die Griechen, wie jetzt noch die Türken und bis vor Kurzem wenigstens auch einzelne italienische Ortschaften, mit Sonnenuntergang, — die Römer, wie wir jetzt bürgerlich, mit Mitternacht, — und später die Araber, wie wir jetzt astronomisch, erst mit Mittag [3]). In Basel bestand bis 1798 die sonderbare Uebung, daß die Uhren schon etwa um Mittag und Mitternacht Eins schlugen [4]).

5. Die jährliche Bewegung. Während man früher bloß etwa bemerkt hatte, daß zu derselben Nachtstunde der Stand der Sterne nicht immer derselbe war, sondern mit der Jahreszeit wechselte, so zeigte später ein sorgfältiges Aufmerken auf die vor und nach der Sonne eben noch sichtbaren oder helisch- auf- und untergehenden Sterne in entschiedenster Weise, daß die Sonne gegen den Sternen immer mehr zurückbleibt, bis sie nach einem bestimmten Zeitraume, dem Jahre, um einen vollen Umlauf zurückgeblieben ist oder wieder in die erste Lage zurückkehrt, — ja es konnte nach und nach auf diese Weise oder vielleicht noch besser mit Hülfe von Schattenbeobachtungen [1]) die Länge des Jahres annähernd zu 365 ¼ Tagen bestimmt werden. Anderseits

[2]) Vergl. Schlagintweit in Münchn. Sitzungsber. 1871, pag. 128 u. f.

[3]) Bürgerlich begannen und beginnen muthmaßlich jetzt noch die Araber und überhaupt die Mohammedaner ihren Tag mit Sonnenuntergang. Vergl. „Ideler, Ueber die Zeitrechnung der Araber (Berl. Abh. 1812/13)."

[4]) Vergl. Band 3 meiner „Biographien" und Nr. 258 meiner culturhist. Notizen in der Zürcher Vierteljahrsschrift.

[1]) Vergl. 49.

ergab sich aus den mit dem Gnomon gemessenen Mittagshöhen der Sonne, daß diese entsprechend den Tageslängen und Jahreszeiten ebenfalls der Periode von 365 ¼ Tagen unterliegen, und daß somit die später Ekliptik genannte Bahn der Sonne gegen den zur Weltaxe senkrechten Hauptkreis der Himmelskugel, den sog. Equinoctial oder Equator geneigt sein müsse, — ja es ließ sich offenbar diese Neigung aus der halben Differenz der größten und kleinsten Mittagshöhe leicht ermitteln, und so fand schon um 1100 v. Chr. der zu Loy-ang residirende chinesische Kaiser Tschu-kong den für jene Zeit ziemlich richtigen Werth von 23° 52′ für diese sog. Schiefe der Ekliptik*). — Es konnten nun auch die Jahreszeiten bestimmt definirt werden. Der Frühling begann, wenn beim Längerwerden des Tages die Sonne in den Equator trat und somit Tag- und Nachtgleiche oder das sog. Equinoctium vorhanden war und dauerte nun bis die Sonne ihren höchsten Mittagsstand erreicht hatte, oder wieder im Begriffe war sich neuerdings dem Equator zuzuwenden. Mit diesem Momente, der Sonnenwende oder dem Solstitium, begann der Sommer, — mit dem Wiedereintritte in den Equator oder mit dem zweiten Equinoctium, der Herbst, — und endlich mit dem Momente, wo die Sonne ihren tiefsten Mittagsstand erreicht hatte oder mit dem zweiten Solstitium, der Winter.

6. Die Wandelsterne. Da der Mond sich unter den Sternen noch viel rascher bewegt als die Sonne, — sich im Aufgehen sogar noch gegen Letztere sehr auffallend verspätet, — und sich seiner Stellung nach mit den gleichzeitig sichtbaren Sternen unmittelbar vergleichen läßt, so wurde er wohl vor Allen aus als Wandelstern erkannt und auch sehr frühe gefunden, daß er schon in etwa 27⅓ Tagen, einem sog. siderischen Monate, zu denselben Sternen zurückkehrt, während dagegen die Zwischenzeit zweier gleichen Phasen, der sog. synodische

*) Pythagoras wird zuweilen als der Erste bezeichnet, welcher von der Beschaffenheit der Sonnenbahn Kenntniß gehabt und ihre Schiefe bestimmt habe, — er mag der erste Grieche gewesen sein.

Monat oder die Zeit, in welcher der Mond die Sonne einmal überholt, etwa 29½ Tage beträgt. Schon mehr Aufmerksamkeit brauchte es, um zu erkennen, daß die Mondbahn mit der Ekliptik einen Winkel von etwa 5° bildet; doch war, da der Mond noch hinlänglich kräftigen Schatten wirft, auch diese Bestimmung aus den am Gnomone erhältlichen größten und kleinsten Culminationshöhen desselben abzuleiten, während dagegen die Lage der Durchschnittslinie beider Ebenen, oder der sog. Knotenlinie, und ihre Bewegung wohl erst ziemlich später beim genauern Verfolgen der sofort zu besprechenden Finsternisse erkannt wurde [1]. Von großer Aufmerksamkeit zeugt es, daß schon in vorhistorischer Zeit außer Sonne und Mond noch fünf andere Wandelsterne oder Planeten aufgefunden wurden, ja so ziemlich allen Völkern bekannt waren, da sich für dieselben in jeder Sprache auch Namen finden sollen. Sie bilden in Verbindung mit den zwei frühern, nach der ihnen schon von den Alten gegebenen Folge, die Reihe

Saturn	♄	mit der Umlaufszeit		29½	Jahre.
Jupiter	♃	„	„ „	12	„
Mars	♂	„	„ „	2	„
Sonne	☉	„	„ „	1	„
Venus	♀	„	„ „	⅔	„
Merkur	☿	„	„ „	¼	„
Mond	☾	„	„ „	1/12	„

Merkwürdig ist es besonders, daß in dieser Reihe sogar der wegen beständiger Sonnennähe so selten sichtbare Merkur erscheint.

7. **Die Finsternisse.** Sehr früher Zeit fällt gewiß auch die Erkenntniß zu, daß der Vollmond zuweilen beschattet wird, der Neumond zuweilen die Sonne bedeckt, und es ist kaum als Beweis für Jahrhunderte lange allgemeine Unbekanntschaft mit den Ursachen dieser, ausschließlich an die Zeit der Syzygien, oder der Opposition und Conjunction, gebundenen sog. Verfinsterungen von Mond und Sonne, oder wenigstens des gesetzmäßigen Ein-

[1]) Vergl. 21.

tretens dieser Erscheinungen anzusehen, daß nicht nur die der Cultur fremder gebliebenen Völkerschaften sich vor denselben fürchteten, sondern sogar von den Griechen eine durch den jonischen Philosophen Anaxagoras im 5. Jahrh. v. Chr. verfaßte Schrift über die, von ihm theilweise in dem Durchgange sonst unsichtbarer Körper zwischen Mond und Erde vermuthete, Ursache der Mondfinsternisse als gotteslästerlich angesehen wurde und die drohende Todesstrafe durch Perikles nur mit Aufbietung all' seines Einflusses von seinem frühern Lehrer abgewandt werden konnte [1]). Namentlich ist nicht zu bezweifeln, daß die Chinesen und Babylonier schon zur Zeit des Weltweisen Thales mehrere Jahrhunderte umfassende Aufzeichnungen über die auffallendsten Erscheinungen am Himmel besaßen, und durch sie bereits auf die periodische Wiederkehr entsprechender Finsternisse nach einem Zeitraume von 223 Monden oder 18 Jahren und 11 Tagen, welchen sie Saros nannten, aufmerksam geworden waren und diesen Saros zur Vorausbestimmung benutzten [2]); denn es wird nicht nur in chinesischen Annalen angegeben, daß in diesem Lande schon 2697 v. Chr. eine Finsterniß aufgezeichnet wurde, und daß einige hundert Jahre später zwei chinesische Würdenträger Hi und Ho die Todesstrafe erlitten, weil sie über einem Saufgelage eine Sonnenfinsterniß anzukündigen versäumten, — sondern es bemerkt Aristoteles [3]) ausdrücklich, daß er viele beglaubigte Notizen über langjährige Beobachtungen der Egypter und Babylonier besitze,

---

[1]) Anaxagoras, der etwa von 500 bis 428 lebte, reich und viel gereist war, soll Schüler und Nachfolger von Anaximenes gewesen sein.

[2]) Da nach 29.53059 Tagen, dem synodischen Monate, der Mond in dieselbe Stellung zu Sonne und Erde, in 27.21222 Tagen aber, dem draconitischen Monate, in dieselbe Stellung zu der Knotenlinie seiner Bahn zurückkehrt und

$$29.53059 \times 223 = 6585\,.\,32157$$
$$27.21222 \times 242 = 6585\,.\,35724$$

so kehren in der That nach 223 Monden dieselben Bedingungen sehr nahe wieder. Vergl. 21. — Nach Diodorus kannten die Chaldäer auch den wirklichen Grund der Mondfinsternisse und wußten ganz gut, daß sich der Saros für Voraussage einer Sonnenfinsterniß „für einen bestimmten Ort" nicht immer bewährt.

[3]) Vergl. s. Schrift „De coelo"; Ausg. Prantl pag. 49.

so daß die Richtigkeit des von Simplicius[4]) und Plinius[5]) überlieferten Berichtes kaum bezweifelt werden kann, es habe Aristoteles seinen Großneffen und Schüler Kallisthenes, welcher mit Alexander nach Babylon zog, gebeten, ja recht eifrig nach den alten astronomischen Beobachtungen der Chaldäer zu fahnden, und es sei diesem gelungen, viele auf Backstein eingegrabene Beobachtungen zurückzubringen, deren älteste damals schon über 2000 Jahre hinaufreichten. Dieser letztern Nachricht gegenüber ist es zwar allerdings etwas sonderbar, daß Ptolemäus in seinem später zu besprechenden Almagest so wenige alte Beobachtungen mittheilt und z. B. die älteste, durch ihn erwähnte chaldäische Beobachtung einer Mondfinsterniß nur dem Jahre 721 v. Chr. angehört; doch könnte dieß damit zusammenhängen, daß er alle Zeitangaben, welche vor die auf 747 v. Chr. fallende Aera von Nabonnassar reichen, für zu unsicher hielt und jedenfalls hat eine solche Auslassung doch weniger Beweiskraft gegen, als die Existenz des Saros für das hohe Alter der chaldäischen Beobachtungen. Letztere Periode muß auch Thales bekannt geworden sein, da man sich kaum anders zu erklären wüßte, wie er, nach dem Zeugnisse von Herodot und Plinius, im Stande war, die Sonnenfinsterniß vom 28. Mai 585 v. Chr. wenigstens dem Jahre nach richtig voraus zu verkünden[6]).

8. **Die Kometen und Meteore.** Die Chaldäer scheinen die Kometen ohne Furcht betrachtet, ja sie für eine Art von Wandelsternen gehalten und daher beobachtet, sogar ihre Wiederkehr erwartet zu haben; nach Stobaeus glaubten sie, daß, analog wie die Fische zuweilen in die Tiefe des Meeres tauchen, so auch die Kometen zeitweise in die fernsten Theile des Himmels ziehen und

[4]) Comment. zu Aristoteles de coelo; pag. 123 ed. Ald.

[5]) Hist. nat. VII, 57.

[6]) Vergl. Hind in Athenaeum 1852, Airy in Phil. Trans. 1853, — Zech, Recherches sur les principales éclipses de l'antiquité etc. — Früher wurde diese Finsterniß nach Oltmanns auf den 30. Sept. 609 verlegt; vergl. Berl. Abh. 1812/13 und Astr. Jahrb. auf 1823.

während der Dauer ihres dortigen Aufenthaltes für uns verschwinden. Leider gingen nun zwar ihre betreffenden Beobachtungen und Aufzeichnungen später ganz verloren; aber dafür haben sich zum Glücke wenigstens einzelne solche von den Chinesen erhalten, so daß nicht nur der fleißige Pingre sein noch später zu besprechendes Kometenverzeichniß mit einem muthmaßlich 2296 v. Chr. in China gesehenen Kometen eröffnen konnte, sondern sich wirklich schon aus sehr früher Zeit aus jenem merkwürdigen Lande eine schöne Reihe von, wenn auch noch etwas rohen Nachrichten und Andeutungen über das Auftreten, Aussehen und den scheinbaren Lauf solcher Körper erhalten hat, welche die neuere Astronomie wenigstens theilweise nutzbar zu machen wußte. Das 1871 von John Williams unter dem Titel „Observations of Comets from B. C. 611 to A. D. 1640. Extracted from the Chinese Annals“ zu London herausgegebene Werk, das nicht weniger als 372 von den Chinesen im Laufe jener 22½ Jahrhunderte gesehene und, wenigstens von 157 v. Chr. hinweg, theilweise beobachtete Kometen namhaft macht, bildet wohl das schönste Ehrendenkmal für jene alte Culturstätte. — Auch das Erscheinen von Sternschnuppen, Feuerkugeln und dergleichen wurde von den Chinesen beobachtet und aufgezeichnet, und ein betreffendes Verzeichniß, welches der leider früh verstorbene jüngere Biot[1]) aus den alten chinesischen Annalen zog, und unter dem Titel „Catalogue générale des étoiles filantes et des autres météores observés en Chine pendant 24 siècles“ herausgab[2]), macht eine lange Reihe solcher Notizen namhaft, von welchen die beiden ältesten sich auf einen 687 v. Chr. in China gesehenen Sternschnuppenschauer und einen 644 v. Chr. daselbst eingetroffenen Fall von Meteorsteinen beziehen.

9. Aelteste Zeitrechnung nach dem Monde. Da die Länge des Cyclus der Mondphasen natürlich früher mit einer gewissen

[1]) Vergl. für ihn 223.

[2]) Paris 1846 in 4; auch Mém. prés. Vol. 10.

Genauigkeit bekannt war als das Sonnenjahr, so hat man sich nicht zu verwundern, daß die alten Völker und so auch die Chinesen und Babylonier, ihre Zeitrechnung zunächst auf den Mond gründeten und erst später, als der Begriff des Jahres und seiner Wichtigkeit für die bürgerlichen Verhältnisse sich mehr und mehr abklärte, Versuche gemacht wurden, diesem Letztern gerecht zu werden, d. h. die Mondperiode oder den Monat in ein bestimmtes Verhältniß zum Jahre zu bringen. Das älteste Jahr bestand sehr wahrscheinlich aus 12 Monaten zu 30 Tagen, so daß es so ziemlich das Mittel aus der für den Ablauf von 12 Mondwechseln und 4 Jahreszeiten nöthigen Anzahl von Tagen darstellte[1]); doch scheint dieses Jahr von 360 Tagen, da dadurch der synodische Monat von nahe $29^1/_2$ Tagen, auf welchen man damals noch mehr Gewicht als auf das Sonnenjahr legte, gar zu schlecht dargestellt war, bald durch andere Combinationen ersetzt worden zu sein, bei welchen man volle Monate von 30 Tagen mit leeren Monaten von 29 Tagen wechseln ließ. So führten die Griechen ziemlich frühe sechs solcher Monatpaare als Bürgerliches Jahr ein, so daß dieses somit 354 Tage umfaßte[2]); dabei begann es mit dem ersten Monat nach dem Sommersolstitium. Später wurde[3]), wahrscheinlich etwa 594 v. Chr., durch Solon, die Uebung eingeführt, jedem zweiten Jahre noch einen

[1]) Nach Hesiod war bei den Griechen zu seiner Zeit wirklich ein solches Jahr gebräuchlich.

[2]) Hiermit stimmte auch das „cyclische" Jahr der arabischen Astronomen überein; das bürgerliche Jahr der Araber bestand dagegen (nach Ideler's in 4 cit. Abh.) aus 12 Monaten, von denen jeder mit dem Abend begann, an dem die Mondsichel zum ersten Male sichtbar wurde — oder, wenn bewölkter Himmel die Beobachtung der Sichel vereitelte, sobald der 30. Tag des alten Monats abgelaufen war. Dabei zählten sie ihre 12 Monate „Muharrem, Safar, Rebi elewwel, Rebi elachir, Dschemâdi elewwel, Dschemâdi elachir, Redscheb, Schabân, Ramadân, Schewwâl, Dsâ 'lkade, Dsâ 'lhedsche", ohne die mindeste Rücksicht auf die Sonne, von dem Jahre der Flucht Mohammed's an, und zwar so, daß ihr erster Tag Muharrem des betreffenden Jahres, welchen sie als Epoche der Hedschra wählten, mit unserm 15. Juli 622 übereinkommt.

[3]) Vergl. Herodot. I. 15.

vollen Monat beizulegen, so daß Jahr und Monat die durchschnittlichen Längen

$$\frac{354 \times 2 + 30}{2} = 369{,}00^{d} \qquad \frac{354 \times 2 + 30}{12 + 13} = 29{,}52^{d}$$

erhielten. Noch etwas später und wohl unter Mitwirkung des noch bei anderer Gelegenheit zu erwähnenden Eudoxus[4]) ersetzte man diese sog. Trieteris[5]), um das mittlere bürgerliche Jahr dem wirklichen Jahre noch etwas näher zu bringen, in der Weise durch eine Oktaeteris, daß jedes dritte, fünfte und achte Jahr je einen Schaltmonat von 30 Tagen erhielt, wodurch Jahr und Monat die durchschnittlichen Längen

$$\frac{354 \times 8 + 30 \times 3}{8} = 365{,}250^{d}, \frac{354 \times 8 + 30 \times 3}{12 \times 8 + 3} = 29{,}515^{d}$$

annahmen, somit nun beide mit den jetzt angenommenen Werthen 365.24222 und 29.53059 ziemlich klappten, obschon strenge genommen, das Jahr noch etwas zu groß, namentlich aber der Monat etwas zu klein war. Da nun die Griechen großen Werth darauf setzten, daß jeder Monat mit dem Tage beginne, wo Abends die Mondsichel zum ersten Male wahrgenommen werde, und dieß mit der bestehenden Zeitrechnung aus angegebenen Gründen auf die Dauer nicht erreicht werden konnte, so wurde zu verschiedenen Malen am Kalender „gedoctert“, bis am Ende eine so arge Verwirrung entstand, daß sich Aristophanes[6]) bewogen fand, dieselbe auf dem Theater zu persifliren. — Bei den Römern, die nach den Einen anfänglich ein Jahr von nur 10 Monaten und zusammen 304 Tagen[7]); nach den Andern dagegen ebenfalls ein Jahr von sechs vollen und sechs leeren Monaten hatten, wurde

---

[4]) Vergl. 18 und „Böckh, Ueber die vierjährigen Sonnenkreise der Alten, vorzüglich den Eudoxischen. Berlin 1863 in 8.“

[5]) Nach Ideler bezeichnete sowohl „*διὰ τρίτου ἔτους*“ als „tertio quoque anno“ ein Jahr ums andere, oder jedes zweite Jahr.

[6]) Vergl. dessen Nubes 615—19.

[7]) Das sog. Jahr von 304 Tagen dürfte wohl nur ein fester Zeitabschnitt zur Berechnung von Zinsen und dergleichen gewesen sein, der eingeführt wurde, als die Länge des eigentlich bürgerlichen Jahres zu wechseln begann.

etwa zur Zeit von Numa statt Letzterem ein vierjähriger Cyclus gebräuchlich, in welchem jedes zweite Jahr einen Schaltmonat von 22, jedes vierte aber einen solchen von 23 Tagen erhielt, so daß Jahr und Monat im Mittel auf

$$\frac{354 \times 4 + 22 + 23}{4} = 365{,}^{d}25, \quad \frac{354 \times 4 + 22 + 23}{12 \times 4 + 2} = 29{,}^{d}22$$

gebracht wurden, folglich diese Einschaltung zwar das Jahr nahe in Ordnung brachte, dagegen die ebenfalls verlangte Uebereinstimmung mit dem Monde vollständig aufhob. Anstatt sich nun etwa wie die Griechen zu helfen, fanden es jedoch sodann die Römer bequemer, einfach ihren Pontifex damit zu beauftragen, den Kalender jeweilen nöthigenfalls wieder mit dem Himmel in Uebereinstimmung zu bringen, und je das Eintreten des durch ihn sodann oft sehr willkürlich, mehr nach politischen als astronomischen Gründen bestimmten ersten Monatstages durch die öffentlichen Ausrufer dem Volke zur Kenntniß zu bringen, womit wohl der noch später von den Römern für den ersten Monatstag gebrauchte Name Calendä[a]) zusammenhängt. Es entstand dadurch schließlich begreiflicherweise noch eine viel ärgere Confusion als bei den Griechen, welche Voltaire mit den Worten „**Les généraux romains triomphaient toujours, mais ils ne savaient pas quel jour ils triomphaient**“ so gut gekennzeichnet hat.

10. Aelteste Zeitrechnung nach der Sonne. Die für die Cultur ihres Landes so wichtige Ueberschwemmung des Nils veranlaßte die Egypter, früher als alle andern Völker ein Sonnenjahr einzuführen. Sie setzten dasselbe zu 365 Tagen fest und ließen hierfür den 12 Monaten à 30 Tagen[1]), welche ebenfalls ihr erstes Jahr gebildet haben mochten, fünf Ergänzungstage folgen. Und diese Uebung behielten sie sogar noch bei, nachdem sie längst erkannt hatten, daß ihr Jahr um 1/4 Tag zu kurz

[a]) Von **calare**, ausrufen.

[1]) Sie hatten nach griechischer Ueberlieferung die Namen: „**Thoth, Phaophi, Athyr, Choiak, Tybi, Mechir, Phamenoth, Pharmuthi, Pachon, Payni, Epiphi, Mesori**“. Dem Mesori wurden die fünf Ergänzungstage angehängt.

sei, — ja sie sanctionirten dieselbe, wie Geminus erzählt[2]) sogar dadurch, daß sie es für nothwendig erklärten, ihre Feste alle Jahreszeiten durchwandern zu lassen, damit nicht immer dieselben Opfer auf dasselbe Fest fallen. Natürlich mußte nämlich auf diese Weise der ursprünglich mit dem helischen Aufgange des Sirius (Sothis, Hundstern) zusammenfallende Jahresanfang je alle vier Jahre um einen ganzen Tag in Beziehung auf die Jahreszeiten zurückweichen, so daß er unter Voraussetzung der Richtigkeit jenes Jahres von 365¼ Tagen in 4 × 365 = 1460 Jahren[3]) oder nach Ablauf einer sothischen Periode sich gerade um eines ihrer Jahre verschoben hatte, oder 1461 ihrer Jahre gleich 1460 Sonnenjahren waren. Später gingen sie jedoch von dieser Uebung ab und fügten, wie die Inschrift eines 1866 durch Lepsius und seine Gefährten bei dem Dorfe San in Unteregypten aufgefundenen Steines beweisen soll, von 238 v. Chr. hinweg jedem vierten Jahre noch einen sechsten Ergänzungstag bei, der als Fest der „Wohlthätigen Götter" begangen wurde[4]).

11. Der Meton'sche Cyclus. Der Unordnung im griechischen Kalender half der zu Athen lebende Mathematiker und Astronom Meton in folgender Weise gründlich ab: Er schlug 433 v. Chr. vor, einen Cyclus einzuführen, der einerseits 125 volle und 110 leere Monate, und anderseits 12 gemeine Jahre à 12 Monate und 7 Schaltjahre à 13 Monate umfaßte, — somit Monat und Jahr im Mittel auf

$$\frac{125\times30+110\times29}{235}=29\overset{\partial}{,}532,\quad \frac{125\times30+110\times29}{19}=365\overset{\partial}{,}263$$

[2]) Isagoge in phaenomena. (Ed. Hilderico. Altorfii 1590 in 8.)

[3]) Biot macht in s. „Mémoire sur divers points d'astronomie ancienne. Lu 1845" darauf aufmerksam, daß zwar gegenüber der richtigen Jahreslänge die 1460 auf 1505 Jahre erhöht werden müßten, daß dagegen die Rechnung für die Zwischenzeit zweier helischen Aufgänge des Sirius, unter Voraussetzung, sie treten bei 11° Depression der Sonne ein und werden in Egypten beobachtet, für mehrere Jahrtausende fast genau 365¼ Tage ergebe, also die Periode von 1460 Jahren sich in Beziehung auf diesen Stern vollkommen rechtfertige.

[4]) Vergleiche auch die in 9 erwähnte Schrift von Böckh.

brachte. Dieser Cyclus von 6940 Tagen und der in Beziehung auf denselben von Meton entworfene Kalender fand vielleicht nicht unmittelbar, aber jedenfalls bald allgemeinen Beifall und sicherte, besonders nachdem man etwa 330 v. Chr. auf Vorschlag von Kalippus noch die Uebung angenommen hatte, in jedem vierten Cyclus einen vollen Monat zu einem leeren zu machen, wodurch Monat und Jahr die mittlern Längen

$$\frac{4 \times 6940-1}{4 \times 235} = 29^{d},531 \qquad \frac{4 \times 6940-1}{4 \times 19} = 365^{d},250$$

erhielten, der griechischen Zeitrechnung bereits so gute Ordnung, daß die praktische Verwendung des spätern Vorschlages von Hipparch die Kalippische Periode nochmals zu vervierfachen und wieder einen Tag wegzulassen, nicht mehr nothwendig erschien und so leider auch wirklich unterblieb, obschon dadurch Monat und Jahr die nahe richtigen Mittelwerthe $29^{d},5305$ und $365^{d},2467$ erhalten hätten. Ob Meton diesen seinen Namen tragenden und ganz vortrefflichen Mondzirkel[1]) selbstständig gefunden, oder ob er ihn einem entsprechenden Cyclus nachgebildet hat, welchen Hoang-ti schon um 2620 v. Chr. in China unter dem Namen Tschong eingeführt haben soll[2]), läßt sich kaum mit voller Sicherheit ausmitteln, thut aber am Ende auch wenig zur Sache. Dafür mag schließlich als Zeichen, welche Wichtigkeit man

---

[1]) Die Berechtigung dieses durch Zuschlag von 12 Monaten aus dem Saros folgenden Cyclus geht aus

$$\frac{29,53059}{365,24222} = 1 : [12, 2, 1, 2, 1, 1, 17, \ldots.]$$
$$= {}^{1}/_{12},\ {}^{2}/_{25},\ {}^{3}/_{37},\ {}^{8}/_{99},\ {}^{11}/_{136},\ {}^{19}/_{235},\ {}^{334}/_{4131}, \ldots.$$

auf das schönste hervor und zugleich ist es charakteristisch, daß auch die frühern Cykeln der Griechen sämmtlich in der Reihe der Näherungsbrüche repräsentirt sind, die der Römer aber nicht. — Vergl. „Redlich, der Astronom Meton und sein Cyclus. Hamburg 1854 in 8°."

[2]) Vergl. z. B. „Mädler, Geschichte der Himmelskunde I, 7" und „Biot, Etudes sur l'astronomie indienne & sur l'astronomie chinoise, Paris 1862 in 8". — Andere, z. B. Sedillot, sind eher geneigt, anzunehmen, daß der 19jährige Cyclus erst viel später in China eingeführt, und dorthin aus Griechenland gebracht worden sei.

auch später noch diesem Cyclus beilegte, angeführt werden, daß die Ordnungszahl, welche einem gewissen Jahre in demselben zufällt, seit dem Mittelalter die goldene Zahl dieses Jahres genannt wird.

12. Der Julianische Kalender. Im Jahre 707 der Stadt Rom oder 47 v. Chr., wo Julius Cäsar[1]) mit der Würde eines Pontifex maximus bekleidet wurde, traf bei den Römern die bürgerliche Nachtgleiche volle 85 Tage vor der astronomischen, d. h. mitten im Winter ein und es war somit wirklich nicht überflüssig, daß der große Feldherr auch auf diesem Gebiete Ordnung schaffte. Obschon selbst nicht ohne betreffende Kenntnisse, hatte er doch den richtigen Takt, noch einen Fachmann, den Astronomen Sosigenes aus Alexandrien zu verschreiben, um mit ihm eine Kalenderverbesserung zu berathen, und die Folge war, daß besagtem Jahre 707, dem sog. Jahr der Verwirrung oder eigentlich dem letzten Jahre der Verwirrung, 85 Tage angehängt wurden, um den aufgelaufenen Fehler zu heben, — daß die Rechnung nach dem Monde ganz fallen gelassen und nach der wohl schon früher bei den Egyptern[2]) vorgekommenen Uebung ein Cyclus von vier Jahren eingeführt wurde, von welchem drei gemeine Jahre à 365 Tage waren, das vierte aber durch einen Schalttag, der vor dem 24. Februar oder dem Dies sextus ante calendas Martias[3]) eingereiht und als bissextus bezeichnet wurde, auf 366 Tage gebracht war und annus bissextilis oder Schaltjahr hieß. Dieser Kalender fand, nachdem er zwar bald nach dem Tode Cäsars von den Priestern verpfuscht, dann aber von Augustus neuerdings gemäß Cäsars Intentionen eingeführt worden war, unter dem Namen des Julianischen binnen kurzer Zeit die größte Verbreitung, blieb ca. 16 Jahrhunderte

---

[1]) Er wurde 44 v. Chr. in seinem 56. Lebensjahre ermordet.

[2]) Vergl. 10. — Auch die Chinesen sollen neben dem Mondjahre ein solches Sonnenjahr angewandt haben.

[3]) Vergl. 13.

lang fast allgemein im Gebrauch, und hat sich noch bis jetzt bei den Bekennern der griechischen Kirche erhalten.

13. Eintheilung und Anfang des Jahres. Entsprechend den 12 Monaten, welche man anfänglich auf das Jahr gerechnet hatte[1]), wurde auch die Sonnenbahn in 12 Theile oder Zeichen getheilt, welche entsprechend den 12 Sternbildern des Thierkreises[2]) benannt wurden, obschon sie als Zwölftel, auch abgesehen von einer im Folgenden zu besprechenden langsamen Verschiebung[3]), nie eigentlich damit übereinstimmen konnten, und diese Zwölftheilung wurde unverändert beibehalten, als man Schaltmonate einführte, ja noch als das Sonnenjahr zur unmittelbaren Grundlage der Zeitrechnung gewählt wurde. — Die Römer scheinen ziemlich frühe für die 12 Monate die Namen

Martius	Aprilis	**Majus**	Junius
Quintilis	Sextilis	September	**October**
November	December	Januarius	Februarius

eingeführt zu haben[4]), von welchen sie, da sie gegen einen Monat ohne Mitte ein Vorurtheil besaßen, den vier fett gedruckten Monaten 31, den übrigen (mit Ausnahme des auf 27 Tage reducirten Februarius) nur 29 Tage gaben, so daß ihr Jahr damals wirklich, wie es bei der ersten Mondrechnung sein mußte, 354 Tage zählte; dabei sollten muthmaßlich[5]) die ersten Monattage, die Calendae, dem ersten Sichtbarwerden der Mondsichel entsprechen, — die bei den großen Monaten auf den 7., bei den kleinen auf den 5. Tag fallenden Nonae dem ersten Viertel, —

---

[1]) Vergl. 9.

[2]) Vergl. 59.

[3]) Vergl. 49.

[4]) Die vier ersten Monate sollen (nach Sirius VIII.) der Reihe nach dem Kriegsgotte Mars, — dem Sonnengotte Apollo, der den Beinamen Aperta besaß, — dem Jupiter, der den Beinamen Majus, der Erhabene, trug — und der frühern Mondgöttin Juno gewidmet gewesen sein. Die Namen der zwei letzten Monate soll Numa zur Erinnerung an den Zeitengott Janno oder Janus und den Todtengott Februus oder Pluto eingeführt haben.

[5]) Vergl. 9.

die bei erstern auf den 15., bei letztern auf den 13. gesetzten Idus dem Vollmonde, — und das Jahr endlich hatte mit dem Idus Martii zu beginnen. Als sodann jedes zweite Jahr noch einen Schaltmonat unter dem Namen Mercedonius erhielt, wurde dadurch die Jahreslänge wesentlich verbessert, aber damit zugleich, strenge genommen, die frühere Mondrechnung abgeschafft und die Bedeutung der Monate verändert, und diese frühere Bedeutung erhielten sie auch nicht mehr ganz zurück, als Julius Cäsar die erwähnte Kalenderreform durchführte, da er zwar die alten 12 Monate beibehielt, jedoch, um von 354 auf 365 oder 366 Tage zu kommen, dem Aprilis, Junius, September & November je einen, — dem Sextilis (später, nachdem Antonius dem Quintilis zum Andenken an die Julianische Reform den Namen Julius gegeben hatte, durch den römischen Senat nach Augustus benannt), December & Januarius sogar je zwei, — dem Februarius endlich einen, jedes vierte Jahr aber noch einen zweiten Tag beilegte, welcher letztere zwischen dem 23. und 24. Februar eingefügt wurde[6]), wo früher auch der Schaltmonat eingeschoben worden war. Auch Karl der Große behielt bei der von ihm festgesetzten Jahreseintheilung jene 12 Monate, nur gab er ihnen[7]) die Namen: „Lentzimânoth, Ostarmânoth, Wunnimânoth, Brachmânoth, Hewimânoth, Aranmânoth, Herbistmânoth, Windumemânoth, Witumânoth, Heilagmânoth, Wintarmânoth, Hornunc", von denen sich einige neben oder statt den römischen bis auf jetzt in den Ländern deutscher Zunge erhalten haben. Den Jahresanfang, der schon im Jahre 601 der Stadt oder 153 v. Chr. mit dem Amtsantritt der Consuln von den Idus Martiae auf die Calendae Januariae versetzt worden war, beließ Julius Cäsar auf Anfang Januar. Im Allgemeinen herrschte übrigens gerade in letzterer Beziehung noch lange keine Uebereinstimmung: So begannen die Christen ihr Jahr im sechsten bis neunten Jahrhundert meist mit

[6]) Vergl. 12.

[7]) Vergl. „F. Piper. Karl der Große, Kalendarium und Ostertafel. Berlin 1858 in 8°."

Mariä Empfängniß (XII. 8), — vom zehnten bis fünfzehnten Jahrhundert in Deutschland mit Weihnachten (XII. 25, also nahe dem Wintersolstitium XII. 21, mit welchem die Chinesen ihr Sonnenjahr anfingen), in Frankreich und England dagegen um Ostern (oder III. 26, also nahe der Frühlingsnachtgleiche III. 21 und noch näher Mariä Verkündigung III. 25), — vom 16. Jahrhundert hinweg (in Frankreich seit 1563, in Genf seit 1575 ꝛc.) wie die Römer mit dem ersten Januar (Eintritt der Sonne in das Perigäum, Beschneidung Christi); doch war nie eine Regel bindend, und so behielt z. B. England seinen alten Jahresanfang bis 1752 bei[8]). — Bezüglich der Ausgangspunkte für die Zeitrechnung oder der sog. Aeren ist zu bemerken, daß die Chinesen seit 2661 v. Chr. nach 60jährigen, den Sossos der Babylonier entsprechenden Cykeln zählen, auf deren jeden sie 742 Neumonde rechnen[9]). Die Griechen zählten ihre Jahre von 776 v. Chr. in Olympiaden von vier Jahren, — die Römer von der auf 753 v. Chr. gesetzten Erbauung Roms an. Später wurde besonders häufig die von 747 v. Chr. datirende Aera Nabonnassers angewandt[10]), bis dann um die Mitte des sechsten Jahrhunderts auf Vorschlag von Dyonisius Exiguus bei den Christen allgemein die Uebung in Aufnahme kam, das Jahr der Geburt Christi als Erstes einzuführen, — während die Araber etwa ein Jahrhundert später ihre Mondjahre von ihrer Hedschra aus zu zählen begannen[11]).

14. Die Zeitregenten und die Astrologie. Die Alten ordneten, wie bereits mitgetheilt wurde[1]), die ihnen bekannt gewor-

[8]) Vergl. 107.

[9]) Vergl. „Souciet, observations faites en Chine. Paris 1729 in 4°."

[10]) Diese von Ptolemäus fortwährend angewandte Aera fällt auf den ersten Thot des ersten Jahres der Regierung von Nabonnassar, der mit dem 26. Februar des Jahres 3967 der julianischen Periode übereinstimmt, so daß also von dieser Letztern, für welche 108 zu vergleichen, bereits 3966 Jahre und 56 Tage oder die von Ideler Absolutzahl genannte Anzahl von 1448638 Tagen verflossen war, als jene Aera eintrat. Vergl. 22 für eine Anwendung.

[11]) Vergl. 9.

[1]) Vergl. 6.

denen sieben Wandelsterne nach ihren Umlaufszeiten und gaben sie in der hierdurch erhaltenen Reihenfolge: Saturn (♄), Jupiter (♃), Mars (♂), Sonne (☉), Venus (♀), Merkur (☿) und Mond (☽) den 24 Tagesstunden so als Regenten bei, daß ♄ die erste Stunde des Tages, ♃ die zweite, ♂ die dritte ꝛc. regierte, — daß also ♄ je wieder die 8., 15. und 22. Stunde zufiel, also ♃ die 23. und ♂ die 24., folglich ☉ die erste Stunde des zweiten Tages ꝛc., — daß endlich derjenige Planet, welcher die erste Stunde eines Tages beherrschte, dem Tage seinen Namen gab, und so in jeder Woche die sieben Tage der Reihe nach ♄, ☉, ☽, ♂, ☿, ♃, ♀ als sog. **Tagesregenten** hatten, und auch nach ihnen benannt wurden, — Benennungen, an welche wir jetzt noch in allen Sprachen vielfache Anklänge finden, wie die Parallele:

Dies	Saturni	Samstag,	Samedi,	Sabbato,	Saturday
„	Solis	Sonntag,	Dimanche,	Domenica,	Sunday
„	Lunae	Montag,	Lundi,	Lunedi,	Monday
„	Martis	Dienstag,	Mardi,	Martedi,	Tuesday
„	Mercurii	Mittwoch,	Mercredi,	Mercoledi,	Wednesday
„	Jovis	Donnerstag,	Jeudi,	Jovedi,	Thursday
„	Veneris	Freitag,	Vendredi,	Venerdi,	Friday

um so deutlicher zeigt, als Mars den altdeutschen Schlachtengöttern Thues, Zio und Erich entspricht[2]), — Mercur dem Wodan, — Jupiter dem Donnerer Thor, — und Venus der Freia; allerdings findet sich dann aber in derselben auch der jüdische Sabbath[3]) als Sabbato und Sabbathstag oder Samstag (Sonnabend) vertreten und der christliche Dominica oder Tag des Herrn[4]).

---

[2]) Daher der schweizer-deutsche „Zistig" und der steyermärkische „Erchtag".

[3]) Die Juden zählten vom Sabbath aus die folgenden Wochentage als Prima Sabbati, Secunda Sabbati etc. auf, und hatten keine besondern Namen für sie.

[4]) Die ersten Christen benutzten außer dem Sonntage besonders den Mittwoch und Freitag (den vierten und sechsten Wochentag) als Gebetstage und bezeichneten sie aus diesem Grunde als feria quarta und feria sexta, — Bezeichnungen, welche sich dann bald auf die übrigen Tage ausdehnten.

Wann und durch wen diese Zeitregenten und Tagesbenennungen eingeführt wurden, ist bis jetzt nicht mit Sicherheit ermittelt worden; doch deutet eine Notiz bei Dion Cassius auf egyptischen Ursprung hin. Ob auch die Uebung denjenigen Planeten, dessen Nummer bei Division der um vier verminderten Jahreszahl durch sieben als Rest hervorgeht, als Jahresregent zu betrachten, derselben Quelle entsprungen ist, muß hier unerörtert bleiben; dagegen ist einerseits in Beziehung auf die Woche noch Folgendes beizufügen: So verbreitet sie auch seit den ältesten Zeiten als Periode war, scheint sie dagegen als bürgerlicher Zeitabschnitt lange nur bei einzelnen Völkern, wie z. B. bei den Egyptern und Juden in Gebrauch gekommen zu sein[5]); so hatten z. B. die Römer früher anstatt der siebentägigen eine Art achttägige Woche, in welcher sieben Arbeitstagen ein Markttag, Nundinae genannt, folgte, und erst Kaiser Constantin führte die siebentägige Woche bei ihnen dadurch ein, daß er etwa 325, wo er die christliche Religion zur Staatsreligion erhob, diesen Markt- und Ruhetag auf den Sonntag verlegte, welchen die Christen als ersten Schöpfungstag und Auferstehungstag Christi statt dem Sabbath als Feiertag und Wochenanfang gewählt hatten. — Anderseits ist zu erwähnen, daß derselbe Ideengang, welcher darauf führte, die Wandelsterne zu Zeitregenten zu erheben, es auch nahe legte, sie als Dolmetsche, deren eigene Bewegung dazu dienen möchte, das Künftige vorherzusagen, zu betrachten und ihrer gegenseitigen Stellung überhaupt einen gewissen Einfluß zuzuschreiben[6]). So entstand bei der üppigen, für Traumgebilde ohnehin große Vorliebe besitzenden Phantasie der Morgenländer bald, und im engsten Zusammenhange mit ihren religiösen Anschauungen und Uebungen, bei den Chaldäern und Egyptern eine Art Sterndeutung oder

[5]) Auch die Araber scheinen die Woche seit alter Zeit gebraucht, und die neue Woche je mit dem Untergange der Sonne am Sabbath begonnen zu haben.

[6]) Vergl. „Diodorus Siculus, Historiarum libri aliquot qui extant. Basilea 1539 in 4° (Franz. durch Terrasson. Amsterdam 1738)“, der sich ziemlich einläßlich über die Astrologie der Chaldäer verbreitet.

Astrologie, welche in dieser zum Theil nicht unberechtigten Form in der jüngsten Zeit wieder neuerdings aufgetreten ist, wie z. B. in den Studien über den Einfluß des Mondes, der Sonnenflecken &c. Dagegen war allerdings die sich bald zu ihr gesellende sog. **Astrologia judiciaria**, d. h. die später speciell unter dem Namen Astrologie verstandene Kunst, einzelne Ereignisse aus den Sternen vorherzusagen, z. B. aus der Stellung der Gestirne bei Geburt eines Menschen seine Nativität zu ermitteln oder ihm ein sog. Horoskop zu stellen, von Anfang an ein purer und meist bewußt-betrügerischer Schwindel, gerade wie ihre ältern und neuern Geschwister: die Wahrsagerei, Geisterbeschwörung, Tischklopferei &c. und überhaupt jeder Betrieb, welcher die Dummheit ausbeutet, — und es bringt den Chaldäern und Egyptern wenig Ehre, daß ihre Namen z. B. in Rom Jahrhunderte lang mit Astrolog identificirt wurden[1]). Immerhin darf nicht vergessen werden, daß die Astronomie ihrer wahnsinnigen Schwester, der Astrologie, viel verdankt, indem gar viele Beobachtungen ohne sie nicht gemacht, viele Tafeln ohne sie nicht berechnet worden, ja gar manche Astronomen ohne sie verhungert wären.

15. Die ältesten Ansichten über das Weltsystem. Während die Babylonier, Chinesen und Egypter sich damit begnügten, einzelne Erfahrungen zu sammeln, gewisse Perioden festzustellen &c. und sich bei ihnen noch kaum Spuren von irgend welchem wissenschaftlichen Systeme finden, so schlugen dagegen schon die ältern Griechen einen ganz entgegengesetzten Weg ein: Sie begnügten sich mit dem wenigen Thatsächlichen, das sie aus der Ferne zu sich herüber holen konnten, und suchten sich dann alsbald diese dürftigen Bausteine zu einem ihren übrigen Anschauungen entsprechenden Ganzen zu vereinigen, ohne sich allzusehr um die Uebereinstimmung desselben mit der Wirklichkeit zu bekümmern oder gar zu versuchen, durch Anstellung geeigneter neuer Beobachtungen und Verwerthung derselben mit Hülfe der von ihnen erfolgreich

[1]) Für die spätern Schicksale der Astrologie vergl. 25 und 29.

gepflegten reinen Mathematik sich die Mittel zu verschaffen, um den Beweis der Wahrheit antreten zu können. So kam Thales, welchen man als den ersten Lehrmeister seiner Landsleute in astronomischen Dingen zu betrachten hat, nachdem er etwa 600 v. Chr. von einer Reise nach Egypten nach seinem Geburtsort Milet zurückgekehrt war, um dort die sog. jonische Schule zu gründen[1]), theils durch Anlehnung an den bestehenden Volksglauben, theils durch philosophische Speculationen dazu, die Erde für eine wie ein Schiff auf Wasser schwimmende kreisrunde Scheibe zu halten[2]), über welche der Himmel wie eine Glocke gestürzt sei, und es störte ihn wenig, daß er dadurch zu der sonderbaren Annahme genöthigt wurde, es sinken die Gestirne beim Untergange in den Ocean und schwimmen in diesem nach ihren Aufgangspunkten zurück. Und diese primitiven Anschauungen vererbten sich mit geringen Modificationen auch auf viele spätere Philosophen: So wich Anaximander[3]) in Beziehung auf die Erdscheibe nur darin von Thales ab, daß er ihre Dicke auf ein Drittel ihres Durchmessers anwachsen oder die Scheibe zum Cylinder werden, und diesen freischwebend in der Mitte der Weltkugel ruhen ließ, weil kein Grund vorhanden sei, warum ein Körper, der sich in der Mitte einer hohlen Kugel befinde, nach irgend einer Seite hin sich vorzugsweise bewegen sollte; die Glocke von Thales wurde bei ihm zur Krystallsphäre, an welcher die Fixsterne hafteten und die sich um die Erde „wie der Hut um unsern Kopf" drehte[4]), dagegen die Welt nicht abschloß, sondern hinter sich noch Raum für die Wandelsterne: Sonne, Mond und Planeten, ließ. Der

---

[1]) Thales wurde 639 v. Chr. zu Milet geboren und starb etwa 548 zu Athen. Manche machen ihn zum Schüler von Berosus, vergl. 4.

[2]) Aus dieser schwimmenden kreisrunden Scheibe machten dann spätere Berichterstatter irrthümlich eine freischwebende Kugel.

[3]) Ein Schüler von Thales, der von 610 bis 546 v. Chr. lebte.

[4]) Vergl. die hier überhaupt vielfach benutzte Schrift „Joh. Conr. Schaubach, Geschichte der griechischen Astronomie bis auf Eratosthenes. Göttingen 1802 in 8°."

etwas spätere Anaximenes[8]) verminderte dagegen Thales gegenüber die Dicke der Erdscheibe eher noch etwas und ließ die Luft seine Scheibe, diese aber das Wasser tragen, — während Xenophanes zum Tragen der Erde weder der Luft noch des Wassers bedurfte, da er ihr die Gestalt eines Tympanon oder einer Kesselpauke zugeschrieben haben soll, durch die der Himmel zu der Weltkugel ergänzt wurde, so daß die Erde nach unten bis an die Grenze ging oder also gewissermaßen im Unendlichen wurzelte. Noch für Leukipp, Demokrit und Anaxagoras war die Erde eine flache, von der Luft getragene Walze, ja der Letztgenannte soll bestimmt ausgesprochen haben, daß die Polhöhe für die ganze Erde zu derselben Zeit dieselbe, dagegen zu verschiedenen Zeiten verschieden gewesen sei; anfangs habe der Weltpol scheitelrecht über der Erdfläche gestanden, allmälig aber habe sich der Süden dieser Letztern geneigt und ihr Norden gehoben, damit die Welt die Vorzüge klimatischer Abwechslung genießen könne. Ein Fortschritt gegen Thales und Anaximander und eine Annäherung an die sofort zu besprechenden Ideen der Pythagoräer lag dagegen allerdings darin, daß Anaxagoras also offenbar das Himmelsgewölbe mitsammt den an ihm ausgestreuten Sternen sich als ein Ganzes regelmäßig um Pole oder eine Axe drehen und dabei die Mehrzahl der Gestirne in einem Theile ihrer Bahn unter der Erde durchgehen ließ.

16. Die Ansichten der Pythagoräer. Im Vergleiche mit der jonischen Schule machten Pythagoras und seine Nachfolger ungeheure Fortschritte in Erkenntniß der cosmischen Verhältnisse. Um das erste Viertel des sechsten Jahrhunderts v. Chr. geboren[1]),

[8]) Ein Schüler von Anaximander, der um 550 v. Chr. blühte.

[1]) Nach „Ed. Röth, Geschichte unserer abendländischen Philosophie. Mannheim 1846—58, 2 Bde. in 8°“, wurde Pythagoras 569 v. Chr. zu Tyrus geboren, wo sich sein auf der Insel Samos ansässiger Vater damals in Handelsgeschäften aufhielt. Es gibt aber Röth überhaupt gegenüber allen frühern Forschern so viel Detail und ist so kühn in seinen Combinationen, daß man unsicher wird, wo sich bei ihm Dichtung und Wahrheit trennen, und ihm nicht zu folgen wagt.

scheint Pythagoras vorerst die jonische Philosophie kennen gelernt, — dann lange Jahre auf Reisen zugebracht zu haben, wobei er sich muthmaßlich je an der Quelle mit den Kenntnissen der älteren Kulturvölker bekannt machte, — nach seiner Rückkehr aber successive in seiner Vaterstadt Samos und anderen Orten, jedoch der Zeitumstände wegen ohne besondern Erfolg, als Lehrer aufgetreten zu sein. So ziemlich das erste und einzige Sichere ist jedoch*), daß Pythagoras spätestens gegen Ende des sechsten Jahrhunderts nach der griechischen Pflanzstadt Kroton in Unter-Italien übersiedelte, wo er bald viele Schüler und Anhänger gewann, welche er zu einer Art Geheimbunde vereinigte, der lange großen Einfluß besaß, dann aber durch den Pöbel zersprengt wurde. Ob Pythagoras diesen Sturm wenigstens zum Theil noch erlebte und durch ihn gezwungen wurde, im höchsten Alter nach Metaponte zu flüchten, wo er im Anfange des fünften Jahrhunderts gestorben sein soll, ist bereits wieder ungewiß; jedenfalls aber hatte die, später wenigstens theilweise wieder gelungene Reconstituirung der nach ihm benannten Schule erst lange nach seinem Tode statt, und es fehlt daher um so mehr jede direkte Ueberlieferung der ursprünglichen Lehren des Meisters. Daß zu diesen Lehren jedoch, außer der Pythagoras ebenfalls ehrenden Lehre von der Mehrheit der Welten, vor allem die Lehre von der Kugelgestalt der Erde und ihres Freischwebens im Weltcentrum gehörte, ist ziemlich gewiß, da sie bei der jonischen Schule absolut fehlt, und sich dagegen bei den ersten Pythagoräern bereits vorfindet. Auch sagt nicht nur Diogenes Laertius, der über gute Quellen verfügte, ganz unzweideutig*): „Pythagoras nimmt die Welt kugelförmig an, in ihrer Mitte die Erde enthaltend, welche gleichfalls kugelförmig und rund umher bewohnt ist“ — son-

*) Vergl. z. B. „Ed. Zeller, die Philosophie der Griechen in ihrer geschichtlichen Entwicklung, 3. Aufl., Th. 1, Leipzig 1869 in 8°“, dessen scharfe Polemik gegen Röth ich vollkommen begreife, während mir dagegen diejenige gegen die Raisonnements von Gruppe und Martin etwas stark und ungerechtfertigt erscheint.

*) „De vitis, dogm. et apophtegm. clar. virorum (In Pythag.)“

dern es läßt sich sogar der Gedankengang, der einen so ausgezeichneten Denker auf eine solche Lehre führen mußte, klar darlegen, wie dieß hier im Auszuge aus Gruppe[4]) geschehen mag: „Sowie der mathematische Sinn nur ein wenig ausgebildet ist", sagt dieser treffliche Schriftsteller, „muß sogleich eingesehen werden, daß der Mond eine Kugel ist; die Lichtphasen zeichnen ihn uns als eine solche. Ist er eine Kugel, ohne dieß eine Kugel von sehr erheblichem Umfange und Gewichte, so kann er nicht wohl an den Himmel oder an irgend einen ihn tragenden Ring angeheftet sein. Er muß freischschwebend durch eigene Kraft seine Bahn vollenden. Dieser freischwebende Himmelskörper bietet uns nun eine Oberfläche, welche der Erdoberfläche ähnlich zu sein scheint; die Alten sprechen von seinen Bergen und Thälern, Spalten und Klüften, die in dem klaren südlichen Himmel auch ohne Fernrohr erkannt werden konnten. Entscheidend aber wurden die Mondfinsternisse, jenes Phänomen, das Thales und Anaximander nicht zu erklären im Stande waren, so daß letzterer deßhalb sogar die schon gefundene richtige Theorie der Sonnenfinsternisse wieder aufgab. Der Mond ist es, welcher bei Verfinsterung der Sonne vor diese tritt und mit seiner kugelförmigen Gestalt einen kreisförmigen Abschnitt in dieselbe hineinzeichnet. Diesen sich fortbewegenden kreisförmigen Abschnitt sehen wir nun auch bei den Mondfinsternissen, und es frägt sich nur, welcher kugelförmige Weltkörper es sei, der sich zwischen Mond und Sonne stelle, um auf gleiche Weise die Ursache der Verfinsterung zu werden[5]). Man mußte das ganze bisherige Weltsystem aufgeben, um sagen zu können: **Die Erde**; aber so mangelhaft auch unsere Nachrichten sind, so unterliegt es dennoch nach dem oben Angeführten fast keinem Zweifel, daß Pythagoras es wirklich war, der diesen wichtigen, eine weite Kluft zwischen ihm und

[4]) „O. F. Gruppe, Die kosmischen Systeme der Griechen, Berlin 1851 in 8." — Otto Friedrich Gruppe, Professor der Philosophie in Berlin, wurde 1804 zu Danzig geboren.

[5]) Vergl. 7.

seinen Vorgängern öffnenden Schritt that. „Dort befand sich der Gedanke noch im Einklange mit der unmittelbaren Anschauung", fährt Gruppe fort; „wie schwindlich jetzt: Die Erde selbst ein freischwebender Stern im Weltall". Und einmal so weit, fiel es Pythagoras nicht mehr schwer, ein sowohl seinen philosophischen Anschauungen als auch zur Noth den Erscheinungen genügendes erstes Weltsystem aufzustellen: Die im Mittelpunkt der Welt schwebende Erdkugel hatte die Axe für die Umdrehung des, den Abschluß des All's bildenden Firmamentes zu tragen, und erlaubte Sonne, Mond und Planeten ungehindert Bahnen um sie zu beschreiben. Letztere Körper hatten ebenfalls Kugelgestalt und beschrieben Kreisbahnen, da für Pythagoras nur Kreis und Kugel vollkommen genug waren, um der ewigen Fortdauer der Welt und der Göttlichkeit der Gestirne zu genügen. Die sämmtlichen Bahnen der Wandelsterne, deren rückläufige Bewegung in zur Axe schiefen Ebenen bereits erkannt war, hatten ferner die Erde zum gemeinschaftlichen Mittelpunkt oder es war das System geocentrisch[6]). Endlich folgten sich nach Pythagoras, wie, als nebensächlich für seine Zeit, zuletzt bemerkt werden mag, von der Erde nach der Fixsternsphäre hin die Wandelsterne in der Reihenfolge: Mond, Sonne, Merkur, Venus, Mars, Jupiter und Saturn — und ihre Entfernungen von der Erde standen[7]) in bestimmten harmonischen Verhältnissen[8]), in Folge deren die Gesammtbewegung einen Wohlklang, die sogenannte Sphärenmusik, hervorbrachte. — Ob schon frühere Schüler an dem System des Meisters rüttelten, oder ob erst der mehr als ein Jahrhundert jüngere, von Kroton oder Tarent gebürtige und gegen Ende des fünften Jahrhunderts in Theben lehrende Pythagoräer Philolaus

---

[6]) Daß Pythagoras selbst ein solches erstes geocentrisches System aufgestellt habe, nimmt auch der um die älteste Geschichte so hochverdiente Martin an; vergl. seine Abhandlung „Hypothèse astronomique de Pythagore" im Jahrgange 1872 von Boncompagni's Bulletins.

[7]) Vergl. Buch 2 von Plinius Naturgeschichte.

[8]) Vergl. damit die spätern analogen Ideen von Kepler.

sich in einem neuen Weltsystem versuchte, läßt sich kaum ermitteln. Letzterer glaubte, wie aus den vielfach und namentlich auch durch Böckh[9]) interpretirten, durch Plato, Aristoteles etc. in wörtlichen Citaten erhaltenen Fragmenten seiner drei Bücher „Ueber die Natur" hervorgeht, nicht nur in den Mittelpunkt des All's das edelste Element, das Feuer, versetzen, sondern auch noch hinter dem Firmamente, als Abschluß nach außen, eine Feuer-Umhüllung annehmen zu müssen. Um das Centralfeuer, das für ihn nur schwach leuchtete, dagegen das eigentliche Lebensprinzip des Ganzen war, hatten sich alle Welten in fester Ordnung in der Richtung von West nach Ost zu bewegen: zu oberst und am langsamsten die Fixsternsphäre[10]), — dann nach unten und immer rascher die durchsichtigen Sphären von Saturn, Jupiter, Mars, Venus und Merkur, mit welch Letzterm sich der obere Himmel oder die Region des Unveränderlichen und Ewigen abschloß, — dann die Sonne, eine Art Krystallkörper, der aus der obern Region Licht und Wärme sammelte um sie der untern zuzuwerfen, — dann der sich während einem Umlaufe zweimal umdrehende Mond, den er sich ringsum von einem Riesengeschlechte bewohnt dachte, und mit dem er überhaupt die Region des Veränderlichen, des Entstehens und Vergehens, eröffnete, — dann die Erde, welche sich in einem Tage und einer Nacht in einem zu den Bahnen der Planeten schiefen Kreise[11]) um das Centralfeuer, dem sie hiebei beständig ihre unbewohnte Hälfte zuwandte, bewegte und dadurch die scheinbare tägliche Bewegung der übrigen Welten von Ost nach West hervorbrachte, — und zuletzt, wohl um die heilige Zehnzahl voll zu machen, schwerlich um die Erde gegen das Centralfeuer

[9]) „Untersuchungen über Philolaus des Pythagoräers Lehren, Berlin 1819 in 8." — August Böckh lebte von 1785 bis 1866, wo er als Prof. d. Philol. in Berlin starb.

[10]) Diese in der relativen Bewegung ohnehin verschwindende, also sehr harmlose langsame Rotation wurde der Fixsternsphäre offenbar nur um der Analogie willen gegeben und es war ein totaler Mißgriff von Böckh, aus derselben auf Bekanntschaft mit der Präcession schließen zu wollen.

[11]) Dem Equator, — im Gegensatze zur Ekliptik.

zu decken, jedenfalls nicht um gewisse Finsternisse zu erklären[12]), die nur mit geistigem Auge gesehene und die schöpferische Kraft eines philosophischen Kopfes so schön kennzeichnende Antichthon, oder die immer mit Erde und Centralfeuer in derselben Geraden stehende sogenannte Gegenerde[13]). — Daß dieses System, das zunächst auf der unhaltbaren Basis stand, es könne in den Zahlen der Schlüssel zur Erkenntniß der Natur gefunden werden, — das den wirklichen Erscheinungen so kümmerlich entsprach, und dessen Urheber sich offenbar wenig um sie und ihre wahren Gründe bekümmerte, sondern alle seine Schlauheit darauf verwandte, die nur in seinem Gehirne existirenden Weltbestandtheile, das Centralfeuer und die Antichthon, sogar unter Aufgeben der seinen Meister ehrenden Annahme der Existenz von Antipoden, zu verstecken, — das kaum einen andern Werth beanspruchen darf als den eines rohen Versuchs, durch O p f e r n d e r R u h e u n d d e r b e v o r z u g t e n S t e l l u n g d e r E r d e eine Erklärung der täglichen Bewegung zu geben, — und das nur aus totalem Mißverständnisse, wie namentlich durch Verwechslung des Centralfeuers mit der Sonne, früher für einen Vorläufer des copernicanischen Weltsystems gehalten wurde[14]), — daß ein solches System sich

[12]) Man darf solche Finessen nicht bei Philolaus suchen; wenn man aber dennoch z. B. die vor Kenntniß der Refraktion unerklärlichen sog. horizontalen Mondfinsternisse mit Hülfe der Gegenerde erklären wollte, so müßte es jedenfalls in anderer Weise geschehen, als es Peschel auf pag. 33 seiner „Geschichte der Erdkunde, München 1865 in 8°" versuchte, da bei Philolaus Erde und Gegenerde auf demselben Durchmesser standen, auch nicht das Centralfeuer, sondern die Sonne leuchtete und hinter dunkeln Körpern Schatten verursachte.

[13]) Die Gegenerde des Philolaus wird von Vielen zwischen Erde und Centralfeuer gesetzt, während Ideler in seiner Abhandlung „Ueber das Verhältniß des Copernikus zum Alterthum (Zach. M. C. XXIII, 1811) und auch Schaubach in seiner in 15 citirten Schrift (pag. 457) die betreffende Stelle bei Plutarch (De plac. phil. III, 11) entschieden so deuten, daß Erde und Gegenerde das Centralfeuer zwischen sich gefaßt haben, was dann auch besser zu dem unten erwähnten Vorgehen der spätern Pythagoräer paßt, beide zu einer das Centralfeuer umfassenden Kugel zu vereinigen.

[14]) Daß diese bei Copernicus und Kepler vorkommende und ihrer Zeit allenfalls noch verzeihliche Verwechslung sich bis auf Bailly (Astr. anc. 220)

sogar in der alten Zeit nur ganz vorübergehend einige Geltung verschaffen konnte, liegt auf der Hand. Und in der That kehrten die spätern Pythagoräer, wie namentlich Hiketas, Heraklit und Ekphantus, theils mehr oder weniger zum System des Meisters zurück, theils modificirten sie, unter offenbarer Einwirkung der im Folgenden zu entwickelnden Ideen anderer Schulen, das Philolaische System, indem sie die Erde und Gegenerde zu einer Hohlkugel vereinigten, die das Centralfeuer umschloß und sich ohne Ortsveränderung um dasselbe drehte, so daß die tägliche Bewegung erklärt blieb.

17. Die Lehren von Plato und Aristarch. Den Schülern von Pythagoras konnte es bei ihrem einseitig philosophischen Standpunkte, aus dem die wirklichen Erscheinungen sozusagen unsichtbar blieben, fast unmöglich gelingen, dessen cosmische Ideen in befriedigender Weise weiter auszubilden; es brauchte, um sich auf einen wesentlich neuen Standpunkt zu schwingen, auch einen neuen Meister, und dieser fand sich dann auch bald nach Philolaus in dem mit Pythagoras ebenbürtigen Plato. — Im Jahre 429 v. Chr. zu Athen geboren, lebte Plato bis zum Tode seines Lehrers Sokrates in dieser Stadt; dann machte er verschiedene Reisen nach Egypten und Unter-Italien, gründete nach seiner Rückkehr in die Vaterstadt daselbst unter dem Namen „Akademie" eine neue Philosophenschule, und stand nun derselben bis zu seinem 348 erfolgten Tode mit Auszeichnung vor. Selbst ein trefflicher Mathematiker, wie uns dieß seine Lehre vom geometrischen Orte und seine erste Bearbeitung der Kegelschnitte beweisen, verlangte er auch von seinen Schülern mathematische Vorkenntnisse, wußte sie für Pflege der exacten Wissenschaften

und Delambre (Astr. anc. I, 16) erhalten konnte, ist fast unbegreiflich, besonders bei Letzterem, dem Schaubach und Ideler vorangingen. Durch die Schriften von Böckh und Martin, denen sich nun noch neuerlich Schiaparelli mit s. Abhandlung „I Precursori di Copernico nell' Antichità (Pubbl. Mil. III, 1873; deutsche Uebers. von Max. Curtze, Leipzig 1876 in 8)" anschloß, ist nun allerdings so gründlich aufgeräumt worden, daß solche Irrungen kaum mehr zu befürchten sind.

zu gewinnen, und hatte die Genugthuung, mehrere der berühmtesten Probleme des Alterthums, wie z. B. die Verdoppelung des Würfels und die Trisection des Winkels, von solchen mit Erfolg bearbeitet zu sehen. — Auch für die cosmischen Verhältnisse interessirte sich Plato auf das Entschiedenste, und erstieg muthmaßlich nach und nach drei wesentlich verschiedene Stufen, auf deren oberster er wenigstens annähernd bereits dasjenige erreicht zu haben scheint, was überhaupt auf diesem Wege erreicht werden kann: Als junger Mann und noch zur Zeit, als er seinen „Phädon" schrieb, stand er total auf dem Boden der jonischen Schule und betrachtete so namentlich auch die Erde, im Gegensatz zu der Himmelskugel[1]), als eine in der Mitte derselben freischwebende kreisrunde Scheibe. Später wurde Plato, theils durch seine Reise nach Unter-Italien und vielleicht noch anderweitigen direkten Verkehr mit Pythagoräern, theils indem er die bereits erwähnten, von Philolaus verfaßten drei Bücher käuflich an sich brachte, mit anderen Anschauungen, so namentlich mit der Lehre von der Kugelgestalt der Erde und den zwei verschiedenen Versuchen, die tägliche Bewegung zu erklären, bekannt, und erstieg nun zu der Zeit, wo er seinen „Timäus" und seine „Republik" schrieb, eine zweite, ihn bereits über Pythagoras erhebende Stufe: In seinem Timäus schrieb nämlich Plato: „Die Erde, unsere Ernährerin, welche gedreht[2]) ist um die durch das All ausgespannte Axe, macht er zur Wächterin und Hervorbringerin von Nacht und Tag", und dann wieder als er auf die Wohnsitze der Seelen zu sprechen gekommen: „Einige versetzt der Weltschöpfer auf die Erde, andere auf den Mond, andere auf die übrigen Instrumente der Zeit"; ferner stellte er am Schlusse seiner Republik[3]) folgendes Weltsystem auf: „Die Weltaxe geht durch die Pole und durch den Mittelpunkt der Erdkugel, welche fest daran ruht. Um

---

[1]) Plato braucht für den Himmel den Ausdruck *σφαιροειδής*, für die Erde dagegen *περιφερής*.

[2]) Nach anderer Uebersetzung: Geballt oder gewickelt.

[3]) Nach der mehrerwähnten Schrift von Gruppe.

diese Weltaxe nun kreisen eine Anzahl von acht concentrischen, in einander geschachtelten Sphären, die äußerste für die Fixsterne, die andern sieben aber für die Planeten. Diese Sphären kreisen um dieselbe Axe mit dem Fixsternhimmel; der ganze Unterschied besteht darin, daß sie ungleiche Bewegung haben, obwohl auch in derselben Richtung bewegt". — Wenn nun auch die zweite und dritte Stelle, ohne Rücksicht auf die erste, an Deutlichkeit zu wünschen übrig lassen, wie sich bei Plato überhaupt ein ängstliches Bestreben zeigt, seine fortschrittlichen Gedanken zu verhüllen, ja die dritte einen förmlichen Widerspruch in sich enthält, so spricht dagegen jene erste so klar und deutlich aus, es bringe die Erde durch ihre Axendrehung den Wechsel von Tag und Nacht hervor, daß man kaum denken sollte, es könnte noch Jemand bezweifeln, es habe Plato die tägliche Bewegung durch Drehung der Erde erklärt, und er habe auch in den folgenden Stellen dieser Erklärung gedenken wollen, — und dennoch haben sich solche Zweifel nicht nur im Alterthum, wo sich die Zeugnisse für und wider so ziemlich aufheben, sondern auch in der neuern Zeit vielfach Geltung zu verschaffen gesucht, — ja es sind die Ideler, Gruppe ꝛc., die der auch von mir vertretenen Ansicht huldigten, von den Böckh, Grote ꝛc. hart angegriffen worden[4]). — Aber

[4]) Obschon ich diese literarische Fehde nicht geradezu mit Peschel als einen Streit „um einen Strohhalm" bezeichnen möchte, so kann ich mich doch nicht entschließen, hier weiteres Detail über dieselbe zu geben, sondern verweise dafür theils auf die schon erwähnten Schriften von Schaubach, Ideler, Gruppe und Schiaparelli, theils auf „Böckh, De platonico systemate coelestium globorum, Heidelberg 1810 in 8[o]" und: „Untersuchungen über die kosmischen Systeme des Platon, mit Bezug auf Herrn Gruppe's kosmische Systeme der Griechen. Berlin 1852 in 8[o]", — „Grote, Platon's Lehre von der Rotation der Erde und die Auslegung derselben durch Aristoteles. Aus d. Engl. durch J. Holzamer. Prag 1861 in 8° — ꝛc." Ich füge bloß bei, daß es mir räthselhaft erscheint, wie Ideler, der in seiner mehrerwähnten Abhandlung von 1811 nach sorgfältiger Erwähnung aller pro et contra zu dem Schlusse gekommen war, es scheine ihm in jener Stelle des Timäus „ganz unzweideutig" zu liegen, daß Plato wirklich an eine Axendrehung gedacht habe, dann 1830 in seiner später zu erwähnenden zweiten Abhandlung über Eudoxus einfach und ohne Angabe

was gewinnen schließlich diejenigen, die aus übertriebener Düftelei Plato's Ehrenkranz ein schönes Blatt entreißen wollen? Doch wirklich nichts, als daß sie dieselbe Lehre von der Axendrehung, welche sie dem Verfasser des Timäus abstreiten, nicht etwa nur, weil sie eben denn doch anerkannter Maßen zu jener Zeit auftauchte, ohne bessere oder auch nur ebenso gute Berechtigung irgend einem der früher genannten Zeitgenossen oder Schüler[5]) zuschreiben, sondern am Ende noch zugestehen müssen, es habe dann Plato in seinen spätern Jahren möglicher Weise selbst noch diese Lehre angenommen, ja sei vielleicht sogar über dieselbe hinausgegangen, und habe eine dritte Stufe erstiegen. Und in der That, wenn wir sehen, wie Plato im siebenten Buche seiner spätesten Schrift, seinen „Gesetzen", auf die Astronomie zu sprechen kömmt als auf etwas, das unmittelbar mit der Lehre vom höchsten Gott zusammenhänge, worüber aber zur Zeit noch ganz irrige Vorstellungen herrschen, — wenn wir ihn sagen hören, das Wahre, das sich davon wissen lasse, sei aber nicht sowohl für die ältern, in ihren Ansichten verknöcherten Männer, als vielmehr für die Jugend zu lernen, es sei die Lehre der Zukunft, die wunderbar, nicht leicht und doch auch nicht schwer sei, — dann wörtlich lesen[6]): „die Lehre über den Mond und die Sonne und die übrigen Gestirne ist, o Freunde, nicht richtig, sondern es verhält sich damit ganz umgekehrt; denn jedes derselben beschreibt immer denselben Weg, nicht viele, sondern immer *einen* im Kreise, es *scheint* aber viele zu beschreiben; das schnellste derselben wird aber mit Unrecht für das langsamste gehalten und umgekehrt", und schließlich noch damit die von Plutarch gegebenen Nachrichten zusammenhalten, nach denen Plato in seinem höhern Alter seine kosmische Ansicht geändert, *die Erde nicht mehr in der*

---

eines 1811 begangenen Irrthums jenen Schluß wieder fallen ließ, weil Böckh „einen überzeugenden Beweis für die gänzliche Unbeweglichkeit der Erde beim Plato" gegeben habe.

[5]) Vergl. 10.

[6]) Ich folge der von Gruppe gegebenen Uebersetzung.

Mitte des Ganzen gelassen, sondern diesen Platz einem andern bessern Gestirne eingeräumt habe, — müssen wir dann nicht die Ueberzeugung gewinnen, daß Plato damals sehr wahrscheinlich nicht nur die Rotation der Erde angenommen habe, sondern bereits zum heliocentrischen Systeme vorgedrungen sei. — Ich finde es sogar der ganzen Sachlage entsprechend, daß ein so eminenter Mann, dem die um die Erde gelegten concentrischen Sphären gegenüber den mehr und mehr bekannt gewordenen Ungleichheiten in den Bewegungen der Planeten später nicht mehr genügen konnten und dessen Standpunkt anderseits die im Folgenden zu besprechenden Hülfsgerüste der Mathematiker nicht entsprachen, — der den Versuch von Philolaus kannte, durch Entfernung der Erde aus dem Centrum und durch Annahme ihrer Bewegung um dasselbe ein neues Hülfsmittel zu erwerben, — ja dem muthmaßlich auch so gut als Heraklit, den Einige zum Erfinder derselben machen wollen, die Lehre der Egypter, daß Merkur und Venus sich um die Sonne bewegen, nicht fremd war, — ich finde es ganz natürlich, wiederhole ich nochmals, daß ein solcher Mann zur Annahme des heliocentrischen Systems gelangte; aber auch ganz natürlich, daß er selbst über die Kühnheit seines Gedankens erschrack, und nicht wagte, denselben offener auszusprechen, als es nach den oben angeführten Stellen und Zeugnissen geschah. Fehlte ja wenig, daß, als fast ein Jahrhundert später Aristarch von Samos[7]) den schlummernden Gedanken neu faßte und offen aussprach, ein Sturm gegen ihn arrangirt wurde, wie dieß wohl deutlich genug aus folgender Erzählung hervorgeht, die Plutarch[8]) einem gewissen Lucius in den Mund legt: „Hänge uns nur keinen Proceß wegen Unglaubens an den Hals, Theuerster", läßt er ihn sagen, „wie einst Kleanthes meinte, ganz Griechenland müsse den Samier Aristarch als Religionsverächter, der den heiligen Weltheerd verrücke, vor Gericht laden, weil nämlich der

[7]) Aristarch lebte um 270 v. Chr. — Vergl. für s. Arbeiten auch 51 und 52.

[8]) In s. Schrift „D facie in orbe lunae."

Mann, um die Himmelserscheinungen richtig zu stellen, den Himmel stillstehen, die Erde dagegen sich in einem schiefen Kreise[9]) fortwälzen und zugleich um ihre eigene Axe drehen ließ". — Was in Beziehung auf Aristarchs Ideen in der eben angeführten Stelle noch undeutlich bleiben möchte, ergänzt eine durch seinen Zeitgenossen, den großen Archimedes[10]) in seiner sogenannten „Sandrechnung" gegebene betreffende Nachricht. In der an König Gelon adressirten Widmung dieser Schrift, — in welcher sich dieser größte Mathematiker des Alterthums die eigenthümliche Aufgabe stellte zu zeigen, daß die Anzahl der Sandkörner fälschlich als unzählbar bezeichnet werde, indem man sogar eine Zahl angeben könne, welche größer als die Anzahl der Sandkörner sei, die im ganzen Weltraume Platz hätten, selbst wenn man ihm die von Aristarch gewollte größere Ausdehnung zuschreiben würde[11]),

---

[9]) Der Ekliptik.

[10]) Er wurde 287 v. Chr. zu Syrakus geboren und 212 bei Eroberung dieser Stadt durch die Römer von einem Soldaten getödtet. Es wird behauptet, er habe in jungen Jahren einige Zeit in Alexandrien studirt. Vergl. für ihn auch 51. — Von s. Schriften gab Thomas Gehauff oder Venatorius (Bas. 1544 in Fol.) eine erste, Jos. Torelli (Oxon. 1793 in Fol.) die als bestanerkannte und vollständigste Ausgabe in griech. und lat. Sprache, F. Peyrard (Paris 1807 in 4, — 1808 in 2 Vol. in 8) eine sorgfältige französische Uebersetzung.

[11]) Archimedes nahm zur Lösung seiner Aufgabe an, ein Mohnkörnchen sei mit 10^4 Sandkörnern gleichwerthig und sein Durchmesser m sei in der Breite eines Fingers 40mal enthalten, ein Stadium habe 10^4 Finger, — der Durchmesser d der Erde betrage nicht 10^6 Stadien, — der Abstand a der Erde von der Sonne endlich sei einerseits höchstens 10^4 Erddurchmesser und anderseits sei er das geometrische Mittel zwischen d und dem Durchmesser f der Fixsternsphäre. Man hat somit

$$d = m.\ 40.\ 10^4.\ 10^6 = m.\ 4.\ 10^{11}$$

$$a = 4.\ 10^{15}.\ m. \qquad d : a = a : f$$

oder

$$f = m.\ 4.\ 10^{19}$$

und daher, wenn x die Anzahl der Sandkörner bezeichnet, welche den ganzen Weltraum erfüllen würden, da sich Kugeln wie die dritten Potenzen ihrer Durchmesser verhalten,

$$x : 10^4 = (4.\ 10^{19}.\ m)^3 : m^3 \qquad \text{oder} \qquad x = 4^3.\ 10^{61},$$

so daß x jedenfalls kleiner als 100 mit einem Gefolge von 61 Nullen oder kleiner als 1000 Quintillionen ist.

— sagt nämlich Archimedes wörtlich: „Du weißt, daß die Mehrzahl der Astronomen unter Welt eine Kugel versteht, deren Centrum mit dem der Erde zusammenfällt und deren Radius gleich der Entfernung der Erde und Sonne ist. Aristarch von Samos berichtet diese Dinge, und widerlegt sie in den Propositionen, welche er gegen die Astronomen veröffentlicht hat. Nach seiner Meinung ist die Welt viel größer als soeben gesagt wurde; denn er setzt voraus, daß die Sterne und die Sonne unbeweglich seien, — daß die Erde sich um die Sonne als Centrum bewege, — und daß die Fixsternsphäre, deren Centrum ebenfalls in der Sonne liege, so groß sei, daß[12]) der Umfang des von der Erde beschriebenen Kreises sich zu der Distanz der Fixsterne verhalte wie das Centrum einer Kugel zu ihrer Oberfläche". Obschon also Aristarch's betreffende Schrift verloren ging[13]), so unterliegt es somit doch keinem Zweifel, daß er das heliocentrische System offen lehrte, ja bereits Sorge trug den naheliegendsten Einwurf gegen dasselbe zu beseitigen. Wie er dagegen zu dieser Lehre kam, für die nach ihm noch besonders ein gewisser Seleukus eingestanden sein soll[14]), darüber erfahren wir leider nichts, und es bleibt daher wohl das Natürlichste, dem bereits oben Geäußerten entsprechend anzunehmen, Aristarch habe zwar das Grundprinzip derselben den Anschauungen Plato's entnommen, besitze aber das größte Verdienst um ihre weitere Ausbildung und größere Präcisirung, und sei überdieß für dieselbe mannhaft eingestanden.

---

[12]) Wie er sich ausdrückte, um „unendlich" zu umschreiben.

[13]) Das Werk „Aristarchii Samii de mundi systemate libellum, cum notis A. de Roberval. Paris 1644 in 12°", das sich angeblich auf ein arabisches Msc. stützen sollte, ist, wie schon Weidler und noch neuerlich Martin nachwies, einfach eine von Roberval selbst zu Gunsten des Copern. Systems verfaßte und dann von ihm, um sich gegen Angriffe zu decken, Aristarch unterschobene Schrift.

[14]) Wenn Plutarch in s. platonischen Quästionen (VIII, 1) andeutet, es habe Seleukus die Richtigkeit der Aristarch'schen Hypothese förmlich bewiesen, so ist dieß offenbar eine auf irgend einem Mißverständniß beruhende irrthümliche Angabe.

18. Die Lehren von Eudoxus und Aristoteles. So großartig und correct unserer Zeit die kosmischen Anschauungen Plato's und Aristarch's erscheinen, so konnten sie doch damals noch unmöglich festen Boden gewinnen, da sie nicht nur etwa in den Augen des Laien in argem Widerspruche mit der gemeinen Erfahrung zu stehen schienen, sondern auch für den Fachmann pure Hypothesen waren, die jeder thatsächlichen Begründung entbehrten. Sollte die Astronomie wirklich gedeihen und sich den ihr zukommenden Rang unter den Wissenschaften erwerben und behaupten, so mußte die philosophische Methode der mathematischen weichen, d. h. es mußte das bis dahin bei den Griechen gebräuchliche Speculiren auf Grund von nur beiläufig gemachten Erfahrungen aufgegeben und der mühsame aber dafür auch einzig sichere Weg eingeschlagen werden, eigentliche Beobachtungen zu sammeln und anzüstellen, um sodann aus diesen nach geometrischen Regeln untrügliche Resultate ziehen zu können. Plato selbst hatte offenbar, während er seine eigenen Gedanken über das Weltgebäude zu ordnen bemüht war, diese Nothwendigkeit erkannt, da er den der Sternkunde Beflissenen das Studium der Geometrie dringend empfahl, und es ist daher kaum zufällig, daß es gerade zwei frühere Schüler von ihm, Eudoxus und Aristoteles waren, welche für die mathematische Methode und für den inductiven Weg überhaupt zuerst Bahn brachen. — Etwa 409 v. Chr. zu Knidos geboren, erwarb sich Eudoxus schon als er Plato's Schüler war, den Ruf eines ausgezeichneten Geometers und später, nachdem er einige Jahre in Egypten zugebracht hatte, auch den eines ganz vorzüglichen Astronomen. Er gründete in Kyzikos eine Schule, mit der er etwa 359 nach Athen übersiedelte, wo er aber schon 356 zu allgemeinem Bedauern starb, da er sich nicht nur auf dem Gebiete der Mathematik und Astronomie als Lehrer und Schriftsteller große Geltung verschafft, sondern sich auch als Arzt und Gesetzgeber verdient gemacht hatte. Obschon ebenfalls tüchtiger Philosoph, galten ihm dennoch Erfahrung und Beobachtung als die einzigen Quellen der Erkenntniß auf dem

Gebiete der Naturkunde und es ist nicht zu bezweifeln, daß seine später zu erwähnenden ganz erheblichen Leistungen auf demjenigen der praktischen Astronomie noch viel bedeutender ausgefallen wären, wenn ihm bessere Instrumente und ergiebigere Rechnungsmethoden zur Disposition gestanden hätten. Immerhin basirt der große Ruf von Eudoxus auf seiner sog. „homocentrischen Sphärentheorie“, zu deren Aufstellung er durch die in Egypten erhaltene und dann wohl auch noch durch eigene Untersuchungen weiter gepflegte Kenntniß von den in der Bewegung der Wandelsterne zu Tage tretenden Ungleichheiten veranlaßt wurde[1]) und die er in einem Werke „*Περὶ τῶν ταχυτήων*“, d. h. „Ueber die Geschwindigkeiten“ der Sonne, des Mondes und der Planeten, niederlegte. Leider erhielt sich jedoch diese Schrift nur in einzelnen fragmentarischen Mittheilungen anderer Schriftsteller[2]) und erst in der neuern Zeit ist es den Bemühungen der Ideler und Schiaparelli gelungen[3]), das System von Eudoxus zu reconstruiren und seine bis dahin von den Meisten verkannte Bedeutsamkeit ins richtige Licht zu stellen: Für Eudoxus, der nur auf unmittelbare Anschauung und Beobachtung basiren wollte, waren alle Bewegungen auf die Erde, als den Standpunkt des Beobachters, zu beziehen, in ihre Grundbestandtheile zu zerlegen und diese darzustellen, — wobei er allerdings von der damals allgemeinen Ansicht ausging, daß jede solche Elementarbewegung eine gleichförmige Bewegung im Kreise sei, so daß er sie durch eine um zwei Pole gleichmäßig rotirende Sphäre, in deren Centrum die Erde stehe, repräsentiren könne. Jedem Wandelsterne gab er nun solcher Sphären so viele, als er ihm Elementarbewegungen zuschrieb, wobei die Axe jeder folgenden Sphäre durch die vorhergehende getragen und der

---

[1]) Schwerlich, wie oft erzählt wurde, weil Plato eine betreffende Aufgabe stellte.

[2]) Vergl. namentlich „Aristoteles Metaphys. XII, 8“ und „Simplicius Comment. zu Aristoteles de Coelo II.“

[3]) „Ideler, Ueber Eudoxus. Zwei Vorlesungen. (Berl. Abh. 1828 und 1830)“ und „Schiaparelli, Le sfere omocentriche di Eudosso, di Calippo e di Aristotele (Publ. del. Osserv. di Brera IX.).“

Wandelstern selbst in den Equator der letzten Sphäre gesetzt wurde: So gab er jedem Wandelstern eine erste Sphäre, deren Bewegung der täglichen Bewegung der Fixsternsphäre entsprach, — dann eine zweite, sich in entgegengesetztem Sinne drehende, deren zur Axe senkrechter Hauptkreis in die Ekliptik fiel und deren Drehzeit der Zeit entsprach, welche der betreffende Wandelstern braucht, um den Thierkreis zu durchlaufen[4]), so daß sie die mittlere Bewegung in Länge darstellte; bei Mond und Sonne trat zu diesen zwei Sphären je noch eine dritte hinzu, um die bei Ersterem wirklich vorhandene, bei Letzterer analog vermuthete Bewegung in Breite, sowie beim Mond das Zurückgehen der Knoten zu erklären, — bei den Planeten noch je eine dritte und vierte, deren Drehzeiten dem synodischen Umlaufe entsprachen[5]) und welche die Stationen und Retrogradationen darzustellen hatten, — jedoch bleibt bei den mangelhaften Nachrichten der Alten in Beziehung auf die genauere Anordnung der dritten und allfällig vierten Sphäre noch Manches unklar, so daß Ideler und Schiaparelli zu Muthmaßungen gezwungen waren, für welche wohl am Besten auf ihre Schriften hingewiesen wird. Für hier genügt der mit Obigem geleistete Nachweis, daß Eudoxus einen viel tiefern Einblick in die Bewegung der Wandelsterne besaß als irgend einer seiner Vorgänger und bei den Planeten bereits die sonst gewöhnlich einer spätern Zeit zugeschriebene Ausscheidung der dem synodischen Umlaufe entsprechenden sog. „zweiten Ungleichheit“ vornahm, während er dagegen allerdings die Neigungen der Planetenbahnen gegen die Ekliptik übersehen zu haben scheint, — von der mit seiner Sphärentheorie geradezu unverträglichen „Ersten Ungleichheit“ nicht einmal zu sprechen[6]). Dabei ist mit Sicher-

---

[4]) Er nahm hierfür je 1 Jahr für ⊙, ☿ und ♀ an, — 2 für ♂, — 12 für ♃, — und 30 für ♄, — für ☾ wohl nicht voll einen Monat.

[5]) Eudoxus setzte nach Simplicius den synodischen Umlauf der Venus auf 19 Monate an, bei Merkur 110 Tage, bei Mars 25 Monate und 20 Tage, bei Jupiter und Saturn nahe 13 Monate.

[6]) Vergl. 21 für diese beiden Ungleichheiten.

heit anzunehmen, daß ihm seine Sphären nur mathematische Hülfsmittel waren und daß jedenfalls das zweifelhafte Verdienst, in denselben die Krystallsphären der jonischen Schule wieder aufleben zu lassen, Andern zugehört. — Mit vollem Rechte wurde aus angegebenen Gründen das neue geocentrische System von Eudoxus zu jener Zeit fast allgemein dem heliocentrischen System Plato's vorgezogen und überhaupt sehr günstig aufgenommen; als aber Aristoteles dasselbe als einen Mechanismus auffaßte und, nachdem schon Kalippus zur Erklärung weiterer Anomalien den 27 Sphären des Eudoxus noch weitere 7 zugefügt hatte, aus metaphysischen Gründen störende Einwirkungen der obern auf die untern Sphären vermuthete und zu deren Beseitigung noch 22 sog. „rückwirkende" Sphären einreihte, so verlor es mit der Einfachheit auch den ursprünglichen Charakter und wurde nun mit Recht vielfach bekämpft, ja bald wieder verlassen[1]). Glücklicherweise erwarb sich aber der eben genannte, berühmteste Schüler von Plato noch andere, reellere Verdienste, so daß specieller auf ihn eingetreten werden muß: Zu Stagyra in Macedonien 384 v. Chr. dem königl. Leibarzte Nikomachos, der sich rühmte von Eskulap abzustammen, geboren, folgte Aristoteles, nachdem er eine Reihe von Jahren die Akademie in Athen besucht hatte, einem Rufe Philipp's von Macedonien als Lehrer des jungen Alexander, bei dem er bis nach seiner Thronbesteigung im Jahre 336 ausgehalten, ja ihn noch auf mehreren Feldzügen begleitet zu haben scheint[2]). Später kehrte er als Arzt nach Athen zurück und eröffnete dort eine Schule, in welcher er seine Vorträge meist im Auf- und Abgehen hielt und damit seinen Schülern den Namen der Herumwandelnden oder „Peripatetiker" erwarb. Theils um seiner Lehren, theils um seiner Anhänglichkeit an Macedonien willen angefeindet, flüchtete er schließlich mit seinen meisten Schülern nach Chalcis auf Euböa und starb dort 322 an Gift, das er, aus Furcht nach Athen ausgeliefert zu werden, genommen

[1]) Vergl. 17 und 20—23.

[2]) Alexander lebte von 357—323.

haben soll. Die für uns wichtigsten seiner zahlreichen Schriften[9]) sind bereits beiläufig erwähnt worden und es kann sich natürlich hier überhaupt nicht darum handeln, alle seine großen wissenschaftlichen, aber in ihrer Mehrzahl der Astronomie fremden Leistungen auseinander zu setzen. Dagegen darf nicht übersehen werden, daß Aristoteles sich das allen inductiven Wissenschaften zu Gute kommende Verdienst erworben hat, im Gegensatze zu den Akademikern die Nothwendigkeit hervorgehoben zu haben, vor Allem fleißig zu beobachten und Beobachtungen Anderer zu sammeln, ja dahin zu streben, daß man den ganzen Umfang der Erscheinungen kennen lerne, und dann erst versuchen soll, Systeme aufzustellen. „Noch sind die Erscheinungen nicht hinreichend erforscht", sagt er[10]), „wenn sie es aber dereinst sein werden, alsdann ist der Wahrnehmung mehr zu trauen als der Speculation und Letzterer nur insoweit, als sie mit den Erscheinungen Uebereinstimmendes gibt." Er ging in dieser Weise auch selbst mit gutem Beispiele voran und mehrere von ihm notirte seltene astronomische Erscheinungen, wie z. B. eine Bedeckung des Mars vom Monde und eine eben solche eines Sterns in den Zwillingen durch Jupiter, sind Beweise, daß auch die Sternkunde dabei nicht leer ausging[11]). Anderseits begreift sich aber, daß Aristoteles von diesem Standpunkte aus dahin gelangen mußte, wenigstens vorerst von der Axendrehung der Erde zu abstrahiren, während er dagegen ihre Kugelgestalt adoptiren konnte, weil für Letztere faktische Beweise vorlagen. Er stellte die letztern in einer seiner Schriften[12]) in ähnlicher Weise zusammen, wie es jetzt noch in populären Schriften üblich ist, indem er nicht nur anführte, wie schon aus der beständig kreisförmigen Be-

[9]) Die von dem Abbé Batteux herausgegebene „Lettre d'Aristote à Alexandre sur le système du monde. Avec la traduction française et des remarques. Paris 1768 in 8" dürfte kaum ächt, und müßte dann jedenfalls von Aristoteles in jüngern Jahren geschrieben sein.

[10]) De generatione animalium III, 10.

[11]) Vergl. auch das in 7 Mitgetheilte.

[12]) „De coelo II, 14 (Ausg. Prantl. pag. 180)."

grenzung, welche der Erdschatten bei einer Mondfinsterniß zeige, gefolgert werden könne, daß die Erde die Gestalt einer Kugel habe, sondern ausdrücklich sagte: „Auch folgt aus der Erscheinung der Sterne über dem Horizonte, daß diese Gestalt kugelförmig und zugleich, daß diese Kugel nicht eben sehr groß sein kann; denn wenn man auch nur ein wenig gen Süd oder gen Nord fortgeht, so ändert sich der Kreis des Horizontes sogleich auffallend, so daß die in unserm Scheitel stehenden Sterne sich sofort von demselben entfernen. Ebenso werden mehrere (südliche) Sterne in Egypten und Cypern noch gesehen, die man in den nördlicher liegenden Ländern nicht mehr sieht, und wieder andere Sterne, die gegen Norden liegen, bleiben in den nördlichen Gegenden der Erde während ihres ganzen täglichen Laufes über dem Horizonte, während sie in den südlichen Gegenden gleich allen andern auf- und untergehen.“ Hierzu fügte später Plinius[13]) noch bei, daß alle Dinge einen Hang haben, nach dem Mittelpunkte der Erde zu fallen, also die Erde selbst keinen Hang zum Fallen haben könne, — daß die Unebenheiten der Oberfläche der Erde so gering seien, daß sie keinen wesentlichen Einfluß auf ihre Gestalt haben können, — daß endlich die runde Gestalt der Erde auch dadurch bewiesen werde, daß man von entfernten Schiffen zuerst die obersten Theile erblicke.

19. Die Academie in Alexandrien. — Der von Aristoteles gepflanzte Sinn für ächte Naturforschung hielt geraume Zeit vor, und trieb namentlich in dem kurz vor seinem Tode gegründeten Alexandrien die schönsten Blüthen: Sein großer Schüler hatte nach Eroberung von Egypten um 332 v. Chr. diese Stadt, mit der Bestimmung Mittelpunkt des Welthandels zu werden, angelegt, und als nach der Theilung seines Reiches der von ihm über Egypten eingesetzte Staathalter, der Macedonier Ptolemäus Lagi, sich zum König emporschwang, wurde dieselbe durch ihn und seine Nachfolger, die Ptolemäer, unter denen ganz be-

[13]) In seiner „Historia naturalis.“

sonders sein Sohn Ptolemäus Philadelphus erwähnt zu werden verdient, nicht nur verschönert, sondern sie zogen auch namhafte Gelehrte herbei, wie z. B. die berühmten Geometer Euklid und Apollonius, von denen der Erstere die muthmaßlich durch Eudoxus planirten „Elemente" der Geometrie in mustergültiger Weise ausarbeitete, und der Zweite namentlich die durch Plato begonnene Theorie der Kegelschnitte zu einer förmlichen Disciplin erhob [1]), — ferner die verdienten praktischen Astronomen Aristyll und Timocharis, welche die Ersten gewesen zu sein scheinen, die den bloßen Aufzeichnungen der Egypter und Babylonier eigentliche Beobachtungen substituirten, von denen im Folgenden noch mehrmals gesprochen werden wird [2]), — und auch den bereits genannten und noch oft zu nennenden Aristarch [3]). Die Ptolemäer erbauten die sogenannte Akademie oder das Museum, wo theils unterrichtet werden, theils die Mehrzahl der Lehrer sogar arbeiten und wohnen konnte, ja legten unter Leitung des Demetrius Phalereus, welchem später der vielseitig gebildete, aber namentlich auch als Mathematiker und Astronom hochverdiente Eratosthenes [4]) im Amte folgte, eine große Bibliothek an, welche bald in Hunderttausenden von Manuscripten die ganze damalige Wissenschaft repräsentirte. So wurde Alexandrien in relativ kurzer Zeit zu einem eigentlichen Centrum der Gelehrsamkeit [5]), von dem unter Anderm die großartigen Arbeiten aus-

---

[1]) Euklid lebte etwa 300 v. Chr., — Apollonius, der aus Perga in Pamphylien gebürtig war, etwa ein Jahrhundert später. Sie zählen mit Archimedes und Diophant zu den vier großen reinen Mathematikern des Alterthums. Vergl. für sie auch 21, 35 und 44.

[2]) So namentlich 46 und 49. Sie scheinen Zeitgenossen von Euklid gewesen zu sein.

[3]) Vergl. z. B. 17, 51 und 52.

[4]) Er wurde 276 v. Chr. zu Cyrene in Afrika geboren, erwarb sich früh durch umfassende Gelehrsamkeit so großen Ruf, daß ihn Ptolemäus Philadelphus nach Alexandrien zog, — und lebte daselbst bis 195, wo er erblindete und sich dann freiwillig den Hungertod gab.

[5]) Für die Akademie in Alexandrien mag auf die Werke „Jaques Matter, Essai historique sur l'école d'Alexandrie. Paris 1820, 2 Vol. in 8, —

gingen, über welche theils die folgenden Nummern, theils mehrere spätere Abschnitte zu berichten haben werden, und die mit Recht den Stolz des Alterthums bildeten.

20. Hipparch's Theorie der Sonne. Das erste theoretische Ergebniß von größerer Bedeutung, das die Astronomie den Alexandrinern zu verdanken hat, knüpft sich an den Namen des großen Hipparch, der im Anfange des zweiten Jahrhunderts v. Chr. zu Nicäa in Bithynien, oder nach anderen Nachrichten auf der Insel Rhodus geboren wurde, und sodann zunächst auf dieser letzten, wohl vorübergehend auch zuweilen in Alexandrien, wo er vielleicht studirt hatte und mit dem er jedenfalls in beständigem Rapport blieb, beobachtete, rechnete und speculirte[1]). Leider haben sich zwar keine weitern Nachrichten über das Leben dieses offenbar ganz vorzüglich begabten Forschers erhalten, und auch seine Schriften sind mit Ausnahme einer später zu erwähnenden Jugendarbeit[2]) verloren gegangen; dagegen reicht das, was uns über seine Arbeiten der später seine Fußstapfen verfolgende Ptolemäus aufbewahrt hat, vollkommen hin, um das Hipparch beigelegte Epitheton zu rechtfertigen, — sogar wenn vorläufig nur Eine seiner vielen Arbeiten[3]) in's Auge gefaßt wird: Dieser unvergleichliche Mann, welchen man, bei aller Anerkennung der Vorarbeiten von Eudoxus, doch als den eigentlichen Schöpfer der wissenschaftlichen Astronomie zu betrachten hat, fand nämlich

---

Jules Simon, Histoire de l'école d'Alexandrie. Paris 1845, 2 Vol. in 8, — Barthélemy St. Hilaire, Essai de l'école d'Alexandrie. Paris 1845 in 8 — und Vacherot, Histoire critique de l'école d'Alexandrie. Paris 1845 bis 51, 3 Vol. in 8" hingewiesen werden, obschon dieselben die für uns wichtigste erste Zeit der Akademie beinahe ignoriren und überhaupt fast einseitig vom philosophischen Standpunkte aus geschrieben sind.

[1]) Die erste Hipparch zugeschriebene Beobachtung ist die des Herbstequinoctiums vom Jahre 161 v. Chr. (Almag. Halma I, 153), — die erste ihm ganz sicher zugehörende betrifft eine Mondfinsterniß von 146 (I, 156), — die letzte im Almagest gegebene Beobachtung Hipparchs aber ist eine Mondbeobachtung von 126 (I, 205).

[2]) Vergl. 61.

[3]) Vergl. für andere 21—22, 36, 44—45, 47—49 und 52.

etwa 150 v. Chr., daß die Jahreszeiten ungleiche Länge haben, indem statt den 91¼ Tagen, welche bei gleicher Länge auf jede derselben kommen würden, dem Frühling 94½, dem Sommer 92½, dem Herbst 88 und dem Winter 90 Tage zufallen[4]). Wollte er also, wie auch ihm noch als nothwendig erschien, die gleichförmige Bewegung im Kreise festhalten, so blieb ihm nur übrig, das Centrum des Sonnenkreises von der Erde gegen den sechsten Grad der Zwillinge um $^{1}/_{24}$ seines Radius zu verschieben[5]), — folglich gab es in der Sonnenbahn zwei, später **Apsiden** genannte, charakteristische Gegenpunkte: Eine Erdferne oder ein **Apogeum** in 66 und eine Erdnähe oder ein **Perigeum** in 246 Grad Länge, — die von der Erde aus gesehenen Winkelabstände der Sonne vom Apogeum differirten von den wirklichen Abständen um eine angebbare Größe, die sogenannte **Gleichung**, welche im Max. auf ± 2° 23′ ansteigen konnte, und es mußten die erstern Abstände um dieselbe corrigirt werden, um die letztern

[4]) Vergl. 47 für die Bestimmung der Equinoctien und Solstitien.

[5]) Betrag und Richtung der Verschiebung mittelte Hipparch nach dem dritten Buche des Almageſt in folgender Weise aus. Bei gleichförmiger Bewegung im Kreise entsprechen den 94½ᵈ des Frühlings 93° 9′, den 92½ᵈ des Sommers aber 91° 11′, also war Bogen ABC = 184° 20′ oder Bogen Aα = 2° 10′ folglich Bogen Bb = 93° 9′ — 90° — 2° 10′ = 0° 59′. Da nun nach der Sehnentafel (v. 34), für welche der Radius zu 60 partes à 60′ angenommen war, die Subtensa von 2×2° 10′ gleich 4ᵖ 32′ und die Subtensa von 2×0° 59′ gleich 2ᵖ 4′ war, so war mα = 2ᵖ 16′ und $\mathfrak{d}\alpha$ = 1ᵖ 2′, also nach dem pythagoräischen Lehrsatze m$\mathfrak{d}$ = 2ᵖ 29½′ = $^{1}/_{24}$ von 60ᵖ oder dem Radius, während aus mα und m$\mathfrak{d}$ wieder nach der Sehnentafel der Winkel m$\mathfrak{d}\alpha$ = 65½° oder nahe 66° = 2ˢ 6° hervorging.

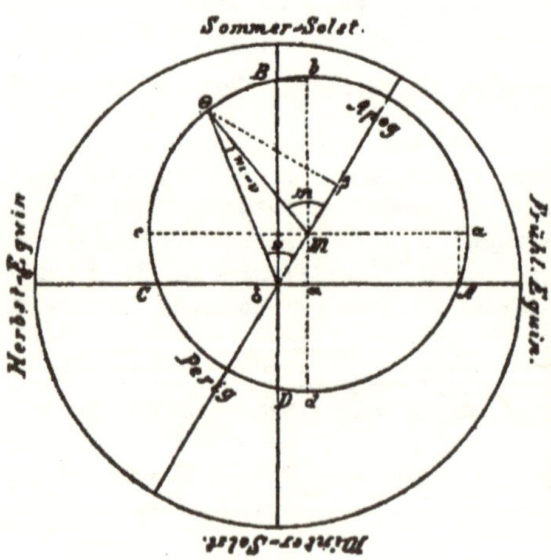

Fig. 1.

zu erhalten[6]). Umgekehrt konnte Hipparch, sobald er entweder für eine beliebig gewählte Epoche den sogenannten mittlern Ort der Sonne durch ihre vom Mittelpunkt der Bahn gemessene Länge, oder den Moment eines Durchganges der Sonne durch ihr Apogeum bestimmt hatte, für jede andere Zeit leicht die auf das Bahncentrum bezügliche Entfernung vom Apogeum oder die sogenannte mittlere Anomalie (m) berechnen, und daraus durch Anbringen der Gleichung die der Erde entsprechende wahre Anomalie (v), also auch die wahre Länge erhalten. Er wählte nun als Epoche den Anfang des ersten Jahres der Regierung des babylonischen Königs Nabonassar, der 424 Jahre vor Alexanders Tod oder genauer auf den 26. Februar des Jahres 747 v. Chr. Geburt fiel[7]), bestimmte für sie den mittlern Ort der Sonne zu 11 45′ = 330° 45′ und konnte nun so eine förmliche Sonnenephemeride aufstellen, was bis dahin noch Niemand gelungen war. — Als sodann später Albategnius[8]) Hipparch's Theorie revidirte, fand er, daß die Länge des Apogeums ganz bedeutend, nämlich bis auf 82° 17′ zugenommen habe, und wurde so, wenn auch seine Bestimmung etwas zu groß war[9]),

---

[6]) Die Gleichung m-v konnte offenbar für jeden Werth von m mit Hülfe der Sehnentafel sehr leicht gefunden werden, indem man successive ⊙β, Mβ, ♁β, ♁⊙ und v berechnete. Sie trug wohl ursprünglich den Namen Abweichung oder Anomalie, der aber bald in der im Texte angegebenen Bedeutung gebraucht und sodann durch den an den Wechsel des Vorzeichens erinnernden Namen Prostaphaeresis (zusammengezogen aus πρόσθεσις = Addition und ἀφαίρεσις = Subtraction) ersetzt wurde, welcher übrigens später (v. 111) ebenfalls noch eine andere Bedeutung erhielt.

[7]) Vergl. 13.

[8]) Vergl. 25.

[9]) Nach Albategnius Bestimmung ergab sich, von Ptolemäus bis auf ihn 780 Jahre rechnend, eine jährliche Bewegung des Apogeums von etwa (82° 17′—66°) : 780 = 75″ gegen den Frühlingspunkt, also da er Letzterm (v. 49) eine Bewegung von 54″ im Sinne der täglichen Bewegung zuzuschreiben hatte, eine Bewegung von 21″ im Sinne der Zeichen. Er hätte aber nur eine Länge von 78° finden sollen und diese hätte ihm sodann bei übrigens gleicher Berechnung für die jährliche Bewegung des Apogeums nur 12″ ergeben. — Die Excentricität der Erde gegen die Sonnenbahn fand Albategnius gleich 0,0173264, — die Gleichung zu 1° 58′.

zum Entdecker der Bewegung des Apogeums im Sinne der Zeichen, aber veranlaßte allerdings durch seinen Fehler auch gleichzeitig eine ziemlich lange andauernde Irrlehre: Als nämlich Arzachel um 1080 neuerdings jene Länge bestimmte, fand er dafür nothwendig einen kleinern Werth als sein Vorgänger, also ein scheinbares Zurückgehen des Apogeums seit Albategnius, und statt den frühern Werth zu prüfen, hatten die Zeitgenossen nichts Eiligeres zu thun, als unter dem Namen der Trepidation der Fixsterne eine eigene, schon von Thebit[10]) gemuthmaßte Theorie aufzustellen, um dieses angebliche Vor- und Rückwärtsgehen zu erklären.

21. Die Theorie des Mondes. Die glückliche und völlig ausreichende Erklärung des scheinbaren Sonnenlaufes mit Hülfe des excentrischen Kreises veranlaßte Hipparch zu versuchen, sich auch von der Bewegung des Mondes in ähnlicher Weise Rechenschaft zu geben. Es wurde ihm jedoch bald klar, daß dieß viel schwieriger sei, weil beim Monde nicht nur zu der ungleichförmigen Bewegung in Länge eine ebensolche in Breite hinzukomme, sondern auch die größten und kleinsten Bewegungen in Länge, und ebenso die größten und kleinsten Breiten successive in alle Punkte des Thierkreises fallen, also sowohl die Apsidenlinie der Mondbahn, als ihre Durchschnittslinie mit der Ekliptik, die sogenannte Knoten- oder Drachen-Linie, jede für sich umlaufen müsse, folglich beim Monde außer dem synodischen und siderischen Monate[1]) noch zwei weitere Perioden in Betracht zu ziehen seien: der die Rückkehr zur Apsidenlinie oder zur gleichen Anomalie messende anomalistische, und der die Rückkehr zur Drachenlinie angebende draconitische Monat. Hipparch stellte sich nun zunächst die Aufgabe, die mittlere Dauer dieser Perioden genau zu bestimmen, resp. eine Anzahl von Tagen zu ermitteln, welche die sämmtlichen 4 Monate als aliquote Theile in sich fasse. Hiefür bot sich ihm die alte Saros von 6585 1/3 Tagen dar,

[10]) Vergl. 63.

[1]) Vergl. 6.

welche in der That nicht nur[2]) sehr nahe 223 synodische und 242 draconitische Monate umfaßt, sondern auch nahe 239 anomalistische und 241 siderische Monate[3]). Multiplizirt man jede der vier letztern Zahlen mit 360 und dividirt jedes der erhaltenen Produkte mit 6585 ⅓, so erhält man für den Mond als mittlere tägliche

synodische Bewegung	12°,19073
Bewegung in Beziehung auf die Knoten .	13°,22940
Bewegung in Beziehung auf die Apsiden .	13°,06570
siderische Bewegung in Länge	13°,17473

Mit diesen der Wahrheit schon ziemlich nahe kommenden Zahlen begnügte sich jedoch Hipparch nicht, sondern suchte sie nach und nach mit Hülfe aller vorliegenden Beobachtungen der Mondfinsternisse zu verbessern, und setzte sie schließlich auf die Beträge

12,19075 13,22935 13,06498 13,17646

fest, von denen er nun für seine weitern Untersuchungen Gebrauch machte. Für diese ging er zunächst von drei durch die Chaldäer beobachteten Mondfinsternissen aus, deren Mitten nach Reduktion auf unsere Zeitrechnung und Alexandrien auf

720 v. Chr.	III	19,	8^h	32^m
719 „ „	III	8,	11	10
719 „ „	IX	1,	7	40

zu setzen sind, so daß die Zwischenzeiten

$354^d,1042$ und $176^d,8417$

betrugen, für welche unter Annahme, es entspreche 0°,986 einem Tage, als mittlere Bewegung der Sonne und damit auch als relative Bewegung des je mit ihr in Opposition stehenden Mondes

349° 15′ und 169° 30′

folgen, während nach obigen Zahlen für die mittlere Bewegung

---

[2]) Vergl. 7.

[3]) Es ist nämlich

27,55460 × 239 = 6585,58940

27,32166 × 241 = 6584,52006

des Mondes in Länge und in Beziehung auf die Apsiden, diesen Zwischenzeiten[4]) die Werthe

354° 51′	und	170° 7′
306° 25′		150° 25′

zukommen. Durch Vergleichung dieser verschiedenen Bewegungen gelang es nun Hipparch, wie Ptolemäus im vierten Buche seines bald einläßlich zu besprechenden Almagest's erzählt, ähnlich wie für die Sonne, auch für den Mond einen seiner Bewegung im großen Ganzen genügenden excentrischen Kreis zu finden, mußte jedoch denselben, im Sinne der Bewegung des Mondes und entsprechend dem Ueberschusse der siderischen über die anomalistische Bewegung, sich um das Centrum des Thierkreises drehen lassen, — und trotzdem wurde dadurch nur die sich in den Syzygien zeigende Ungleichheit dargestellt, während die zwar von Hipparch geahnte, aber doch erst später von dem eben erwähnten, mit Recht gleichfalls berühmten Nachfolger Hipparch's, dem um 140 n. Chr. zu Alexandrien lebenden Mathematiker und Geographen Claudius Ptolemäus[5]) aus Beobachtungen in den Quadraturen definitiv aufgefundene zweite Ungleichheit, die sogenannte Evection, unerklärt blieb. Ptolemäus war daher genöthigt, die Arbeit noch einmal an die Hand zu nehmen, und zog nun vor, den excentrischen Kreis zur Darstellung der neuen Ungleichheit aufzusparen, für die frühere, oder die sogenannte Gleichung, dagegen ein Hülfsmittel zu verwerthen, das Apol-

---

[4]) Unter Weglassung der ganzen Umdrehungen.

[5]) Leider kennt man von Ptolemäus nicht die mindesten Lebensumstände, — nicht einmal seinen Geburtsort, da die frühere Verlegung desselben nach Pelusium als auf einem bloßen Mißverständniß beruhend, erwiesen worden ist. Um so besser ist man dagegen mit seinen Arbeiten bekannt, für welche z. B. noch auf 22, 23, 34, 36 und 62 zu verweisen ist; seine acht Bücher „Geographia (Bas. 1533)" constatiren in ihrem wissenschaftlichen Theile keine erheblichen Fortschritte in der geographischen Ortsbestimmung oder Chorographie, haben aber früher dennoch eine große Rolle gespielt. Mädler läßt (Gesch. d. Himmelskunde I, 77) Ptolemäus „im 78. Jahre seines thatenreichen Lebens" sterben, ohne jedoch eine Quelle anzuführen.

lonius schon vor alten Zeiten zu solchen Zwecke vorgeschlagen, aber Hipparch entweder gar nicht oder höchstens probeweise gebraucht hatte, weil es ihm nicht naturgemäß erschien. Dieses, allerdings nur vom mathematischen Standpunkte aus zulässige, unsern Darstellungen durch Reihen verwandte Mittel bestand darin, daß der Körper, dessen ungleichförmige Bewegung um einen Punkt durch eine Combination gleichförmiger Kreis-Bewegungen dargestellt werden sollte, an einen Hülfskreis, den sogenannten Epicykel, versetzt wurde, in welchem er sich gleichförmig zu bewegen hatte, während gleichzeitig der Mittelpunkt des Epicykels sich in einem zweiten, dem sogenannten deferirenden Kreise gleichförmig um jenen Punkt bewegte. Ptolemäus wandte dasselbe in der Weise an, daß er den Mond in einem anomalistischen Monate einen Epicykel, das Centrum des Letztern aber in einem drakonitischen Monate einen deferirenden Kreis um die Erde beschreiben ließ, und dabei die Anordnung traf, daß der deferirende Kreis gegen die Ekliptik um die Neigung der Mondbahn geneigt war, und seine Knotenlinie eine retrograde Bewegung besaß, welche dem Ueberschusse der Bewegung in Beziehung auf die Knoten über die Bewegung in Länge entsprach, — eine Anordnung, durch welche er erreichte, in der folgenden Untersuchung von der Neigung und der Bewegung der Knoten ohne Schaden Umgang nehmen zu können. Unter Zugrundelegung derselben drei Mondfinsternisse, welche schon Hipparch benutzt hatte, und der oben daraus abgeleiteten Zahlen, leitete er zunächst auf scharfsinnige Weise ab[6]), daß, wenn man den Radius des deferirenden Kreises zu 60 partes annehme, derjenige des Epicykels $5\frac{13}{60} = 5^p\ 13'$ oder 0,0869 des Erstern betragen müsse, — welch letztere Zahl sich bei Anwendung des excentrischen Kreises offenbar als Excentricität ergeben hätte. Einmal dieses Verhältniß gefunden, ergab sich dann leicht, daß die Gleichung im

[6]) Ist E die Erde, C der mittlere und M′ der wahre Ort des Mondes zur Zeit der ersten Finsterniß, und trägt man M′PM″ = 306° 25′, ferner M″ M‴ =

Max. auf 4° 59′ 2″ ansteigen könne, dagegen zur Zeit der zweiten Finsterniß nur 0° 59′ 10″ betragen habe, und daß zu dieser letztern Zeit die Anomalie des Mondes 12° 24′ 6″ war[7]). Da nun nach Hipparch die mittlere Länge der Sonne bei dieser Finsterniß 11^s 14° 45′, also diejenige des in Opposition stehenden Mondes 180° = 6^s weniger, d. h. 5^s 14° 45′ betrug, so hatte man von Letzterer nur die gefundene Gleichung 0° 59′ abzuziehen, um die wahre Länge 5^s 13° 46′ des Mondes, und von dieser noch die gefundene Anomalie 12° 24′ um die Länge 5^s 1° 22′ des Apogeums zu erhalten, welch letztere Bestimmung unter Anwendung des excentrischen Kreises ebenfalls hervorgegangen wäre.

150° 25′ auf, so stellen, wenn C als mittlerer Ort beibehalten wird, M″ und M‴ die wahren Oerter des Mondes zur Zeit der zwei übrigen Finsternisse vor, während M′ E M″ = 349° 15′—345° 51′ = 3° 24′ und M″ E M‴ = 170° 7′—169° 30′ = 0° 37′ sind, folglich E M′ F = ½ M′ C M″ — M′ E F = 23° 23½′. Hiermit folgt aber aus Dreieck M′ F E, daß

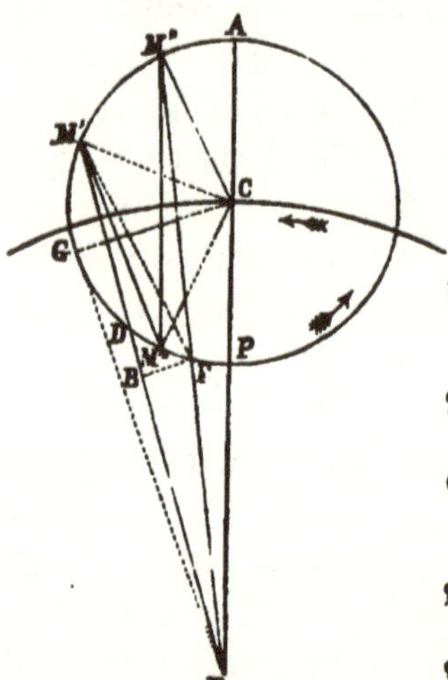

Fig. 2.

M′ F : F E = Subtensa 2. 3° 24′ : Subtensa 2. 23° 23½′ = 17^p 55′ 32″ : 120^p

und ähnlich findet sich

M‴ F : F E = 1^p 20′ 23″ : 120^p

M′ M‴ : F E = 17 3 57 : 120

Da nun unmittelbar aus der Sehnentafel

M′ M‴ : 2. C P = 89^p 46′ 14″ : 120^p

erhalten wird, so folgen somit successive

F E : 2. C P = 631^p 13′ 48″ : 120^p

M‴ F : 2. C P = 7 2 50 : 120

Bogen M‴ F = 6° 14′, Bogen M″ F = 157° 10′

M′ F : 2 C P = 117^p 37′ 32″ : 120^p

Nun ist nach bekannten Sätzen

$CE^2 = CP^2 + GE^2 = CP^2 + (M'F + EF) . EF$

und wenn hier obige Werthe substituirt werden, so folgt hieraus schließlich

C E : C P = 60^p : 5^p 13′

womit also wirklich das Verhältniß der Radien des deferirenden Kreises und des Epicykels ermittelt ist.

[7]) Da man in dem rechtwinkligen Dreiecke E C G die Hypotenuse und eine Kathete, in dem Dreiecke E C M″ aber aus der vorhergehenden Rechnung alle drei Seiten kennt, so finden sich in der That die drei Winkel G E C, M″ E A und M″ C A ohne Schwierigkeit.

So reihte sich, nachdem einmal der erste Schritt gelungen war, verhältnißmäßig leicht ein Ergebniß an das andere, und es könnte noch manches mitgetheilt werden; aber, nachdem einmal an einem Beispiele die von Ptolemäus mit so großem Geschicke befolgte wahrhaft mathematische Methode klar vor Augen gelegt ist, so wäre es kaum am Platze, alle weitern einzelnen Kunstgriffe, Rechnungen und Ergebnisse vorzuführen, und es mag genügen noch ganz beiläufig zu erwähnen, daß es ihm unter Zuzug weiterer Beobachtungen nicht nur gelang, auch die Neigung der Mondbahn zu 5° 0′ und die Länge des aufsteigenden Knotens zu 5^s 4° 11′ sicherer, als es bis dahin geschehen war, zu bestimmen[8]), sondern die bereits, als von ihm aufgefunden, erwähnte zweite Ungleichheit dadurch darzustellen, daß er das Centrum des deferirenden Kreises um 10^h 29′ gegen das Apogeum hin rückte und dasselbe überdieß täglich in retrogradem Sinne 11° 9′ um die Erde zurücklegen ließ, um dem Epicykel dafür die doppelte synodische Bewegung von 24°·23′ geben zu dürfen, — ja schließlich die restirenden kleinen Unterschiede zwischen Theorie und Beobachtung durch Annahme einer Art Schwankung der Apsidenlinie, seiner sogenannten Prosneusis, noch etwas zu vermindern. Immerhin scheint sich Ptolemäus selbst nicht verhehlt zu haben, daß spätere Nachfolger veranlaßt sein werden, seine Mondtheorie noch mehr zu vervollkommnen, und es ist dieß in der That auch mehrfach geschehen, — ob aber schon dem Araber Abul-Wefa[9]) oder erst viel später dem Dänen Tycho Brahe[10]) ein betreffender erster Schritt durch Entdeckung einer, sich namentlich in den Octanten zeigenden dritten Ungleichheit, der sogenannten **Variation**, gelang, ist zwar vielfach untersucht, aber noch nicht mit voller Sicherheit ermittelt worden. Nachdem man nämlich früher die Entdeckung der Variation allgemein Tycho zugeschrieben hatte,

---

[8]) Für die Bestimmung des scheinbaren Durchmessers und der Parallaxe vergl. 51 und 52.

[9]) Vergl. 25.

[10]) Vergl. 87—90.

theilte Sedillot[11]) 1836 der Pariser Akademie mit[12]), daß Abul-Wefa in seinem „Almagest" betitelten, sich z. B. in den Bibliotheken von Paris und Leyden im Manuscript vorfindenden Werke, nachdem er die zwei ersten Ungleichheiten des Mondes, die Gleichung und die Evection, behandelt habe, von einer dritten Anomalie, genannt Mohadzat, spreche, welche sich besonders zur Zeit des Trigonal- und Sextilscheines zeige[13]) und dann zumal bis auf ± $^3/_4{}^0$ anwachse; er sage dabei, daß er auf diese neue Ungleichheit aufmerksam geworden sei, als er die von ihm beobachteten Mondlängen mit den aus den mittlern Bewegungen berechneten, und für die beiden ersten Anomalien corrigirten Längen verglichen habe, und es liege also ganz klar vor, daß Abul Wefa bereits die Variation entdeckt habe, folglich Tycho, der übrigens selbst diese Entdeckung nie für sich in Anspruch genommen, nur unter seinen Papieren eine Note hinterlassen habe, in welcher die Variation als eine „Hypothesis redintegrata" bezeichnet werde, nicht mehr als Entdecker zu nennen sei. Diese Ansicht von Sedillot wurde anfänglich allgemein angenommen, und erst nachdem sie 1838 durch einen der Akademie von Arago und Mathieu erstatteten und von dieser gelehrten Körperschaft genehmigten Bericht gewissermaßen officielle Geltung erhalten hatte, fing man an sie zu bemängeln, indem man bald die Authencität des Manuscriptes oder die Richtigkeit der Uebersetzung und Deutung anzweifelte, bald in der betreffenden Hauptstelle nur eine unklare Wiedergabe Ptolemäischer Ideen finden wollte ꝛc., und da Sedillot nicht ermüdete seine Ansichten zu vertheidigen, so entspann sich am Ende ein bis auf die letzten Jahre fortdauernder,

---

[11]) Vergl. für ihn und seinen Vater 287.

[12]) Vergl. „Sedillot, Sur un manuscrit arabe dans lequel la variation de la lune est signalée (Compt. rend. 1836)."

[13]) Nach Sedillot verstanden die arabischen Astronomen unter „trine et sextile" die Octanten, ja diese Uebung habe sich bei den Astronomen sogar bis auf Longomontan erhalten, während dagegen die Astrologen diese Ausdrücke in ihrer gegenwärtigen Bedeutung brauchten.

schließlich Tycho ganz aus dem Spiele lassender Streit[14]), indem sich nach und nach zwei förmliche Parteien aussonderten: Nach Biot, Binet, Bertrand 2c. ist Abul-Wéfa nicht viel mehr als ein ungeschickter Nachtreter von Ptolemäus, der nichts entdeckt, sondern einfach dessen Prosneusis seinen Mohadzat substituirt hat, — nach Sedillot, Mathieu, Chasles 2c. ist er dagegen ein selbstständiger Forscher und der wahre Entdecker der jene Prosneusis überflüssig machenden Variation. Obschon eher letzterer Meinung, schließe ich den unvermeidlichen Bericht über diese unerquickliche Fehde mit der Bemerkung, daß es faktisch ziemlich gleichgültig ist, welcher Ansicht man sich anschließt, da man gegenüber der damals erhältlichen Genauigkeit wesentlich denselben Mondort findet, ob man sich der Prosneusis oder des Mohadzat bedient, und daß der ganze Streit mir mehr aus Rechthaberei als aus wissenschaftlichem Interesse so lange forzudauern scheint, — ja daß man bei demselben, ähnlich wie bei dem später zu behandelnden Streite über Galilei's Tortur, sich in einem einzelnen, relativ unbedeutenden Punkte verrannt und darüber die Auseinandersetzung der nicht in der theoretischen, sondern in der praktischen Astronomie ihren Schwerpunkt findenden eigentlichen Bedeutung der Araber vielfach vernachläßigt hat.

22. Die Theorie der Planeten. Waren schon die Schwierigkeiten, welche Hipparch und Ptolemäus bei Aufstellung einer Mondtheorie zu überwinden hatten, nicht unerheblich, so häuften sich solche bei dem Versuche, auch für die Planeten Entsprechendes zu leisten, noch weit mehr: Bei dem Monde blieb doch immer die Grundbewegung eine wirkliche Bewegung um die Erde, und es handelte sich also nur darum, eine Reihe kleiner periodischer Ungleichheiten annähernd darzustellen, — bei den Planeten dagegen

---

[14]) Für den Detail desselben muß auf zahlreiche Bände der Compt. rendus, auf die verschiedenen Schriften von Sedillot und voraus auf dessen „Matériaux pour servir à l'histoire comparée des sciences mathématiques chez les Grecs et les Orientaux. Paris 1845—49, 2 Vol. in 8" 2c. verwiesen werden.

hatten schon jene Grundbewegungen ein außer der Erde, und zwar entsprechend den Ansichten der Plato und Aristarch in der Sonne liegendes Centrum, und da sich nun nach der Lehre von Hipparch bereits dieses Centrum in einem Kreise bewegte, zu welchem die von allen Anhängern der inductiven Methoden unbedingt im Mittelpunkt der Fixsternsphäre festgehaltene Erde excentrisch war, so wurden schon jene Grundbewegungen, noch ganz abgesehen von allen ihren wirklichen Ungleichheiten gegenüber Kreisbewegungen, zu excentrisch-epicyklischen Bewegungen. Kein Wunder daher, daß Hipparch, der natürlich von seinem Standpunkte aus die oben erwähnte Sachlage nicht übersehen konnte, und gegen ihm nicht naturgemäß scheinende complicirte Hülfsmittel von vorneherein eingenommen war, sich damit begnügte, die scheinbaren Ungleichheiten in den Planetenbewegungen durch neue Beobachtungen besser festzustellen und dieselben vorläufig in zwei Kategorien zu sondern: Eine Erste, welche die veränderliche Geschwindigkeit umfaßte und den siderischen Umlauf zur Periode hatte, und eine Zweite, welche sich in den Stationen und Retrogradationen zeigte, und, wie schon Eudoxus bemerkt hatte, dem synodischen Umlaufe entsprach, — die eigentliche Aufstellung von Theorien aber einer spätern Zeit, oder einem in der Wahl seiner Hülfsmittel weniger scrupulösen Manne überließ. Nachdem sich sodann einige Jahrhunderte lang alle Männer vom Fache gescheut hatten, die Verlassenschaft des großen Meisters anzutreten, fand sich wirklich ein Mann, der nicht so wählerisch war und dabei die nöthigen Dosen von Scharfsinn und Ausdauer besaß, um eine so schwierige Arbeit durchzuführen, — nämlich der uns schon bekannte Ptolemäus. Er entschloß sich rasch, die beiden Hülfsmittel, welche ihm schon für die Mondtheorie so gute Dienste geleistet hatten, d. h. den excentrischen Kreis und die epicyklische Bewegung, auch für die Darstellung der Planetenbewegungen zu verwenden, zumal ihm letzteres Hülfsmittel den in der zweiten Ungleichheit zu Tage tretenden mathematischen Verhältnissen, um welche er sich ausschließlich bekümmerte, ganz vorzüglich zu entsprechen schien[1]). Und es bewährten sich dann auch wirklich diese Hülfsmittel in ihrer Anwendung auf die einzelnen Planeten ganz gut, — besonders nachdem sich Ptolemäus noch entschlossen hatte, sich zwar in dem bisherigen excentrischen Kreise einen Punkt gleichförmig bewegen zu lassen oder denselben als Equans beizubehalten, dagegen als Träger des Epicykels, oder als Deferens, einen zweiten, jenem

[1]) Die Geschwindigkeit im Epicykel addirt sich bei P zu derjenigen im deferirenden Kreise, während sie sich bei p subtrahirt, bei Q und q aber verschwindet, — so daß bei P ein Maximum der scheinbaren Geschwindigkeit, bei Q und q die mittlere Geschwindigkeit im deferirenden Kreise, bei p ein Minimum der Geschwindigkeit eintritt und diesem Letztern sogar eine retrograde Bewegung entspricht, sobald die Geschwindigkeit im Epicykel größer als diejenige im deferirenden Kreise angenommen wird. Ueberdieß ist der Bogen $qPQ > Qpq$; also braucht bei gleichförmiger Bewegung der Planet mehr Zeit,

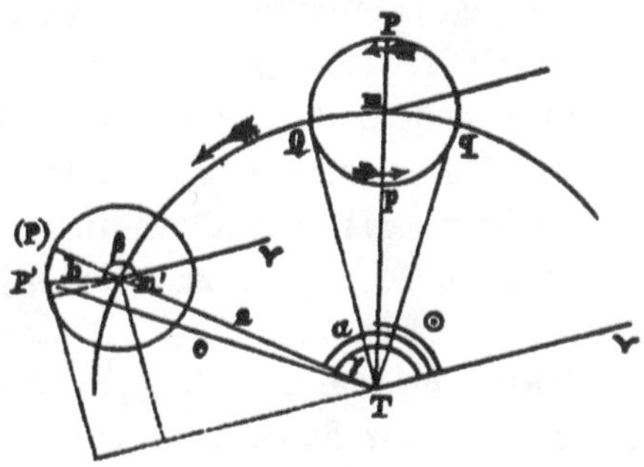

Fig. 8.

um von q nach Q zu kommen, als von Q nach q zurückzukehren, — namentlich also auch mehr Zeit, um von der größten Bewegung zur mittlern, als von dieser zur kleinsten zu gelangen, — ein Verhältniß, das der Wirklichkeit entsprach und durch den excentrischen Kreis allein ebenso wenig darstellbar war, als die Stationen und Retrogradationen es überhaupt gewesen wären. — Bezeichnet P die Lage des Planeten zur Zeit seiner Conjunction mit der Sonne, P' eine spätere Lage, — sind ferner a, b, c der Reihe nach die Halbmesser des deferirenden Kreises um die Erde T, des Epicykels und die Distanz P'T, — endlich ⊙, α, β, γ die Längen von M, M', P' in Beziehung auf T und M', so hat man für die epicyklische Bewegung

$$c . \text{Cos}\,\gamma = a . \text{Cos}\,\alpha + b . \text{Cos}\,\beta \qquad c\,\text{Sin}\,\gamma = a\,\text{Sin}\,\alpha + b\,\text{Sin}\,\beta$$
$$c = a . \text{Cos}\,(\gamma - \alpha) + b . \text{Cos}\,(\beta - \gamma)$$

und, wenn A die Umlaufszeit im deferirenden Kreise, B diejenige im Epicykel bezeichnet, überdieß

$$A : B = (\beta - \alpha) : (\alpha - \odot)$$

da sich diese Umlaufszeiten umgekehrt wie die in gleichen Zeiten beschriebenen Winkel verhalten müssen. Es werden uns diese zwei Beziehungen später in 77 wichtige Vergleichungen erlauben und höchst interessante Aufschlüsse verschaffen.

gleichen Kreis einzuführen, dessen Centrum die Mitte zwischen Erde und Centrum des Equans einnahm, und auf welchem er je die für eine Zeit im Equans erhaltene Lage vom Centrum dieses Letztern aus übertrug; daß er durch diese Construction das bis dahin so ängstlich festgehaltene Grundprincip verletzte[2]) scheint er nicht bemerkt zu haben, — er wurde unbewußt durch die Strömung der Thatsachen ergriffen und von der Kreisbewegung gegen die elliptische Bewegung hingetrieben. — Um etwas genauer auf den von Ptolemäus eingeschlagenen Weg einzutreten, ist voraus zu bemerken, daß die drei oberen Planeten, Mars, Jupiter und Saturn, zunächst in ihren Oppositionen mit der Sonne, — die untern, Venus und Merkur dagegen zunächst in ihren Elongationen von der Sonne beobachtet wurden. So verwendete Ptolemäus zur Marstheorie voraus drei Beobachtungen von Oppositionen desselben welche er am $^{26}/_{7}$ Tybi des 15. Jahres von Adrian eine Stunde nach Mitternacht, am $^{6}/_{7}$ Pharmouthi des 19. Jahres von Adrian drei Stunden vor Mitternacht, und am $^{12}/_{3}$ Epiphi des 2. Jahres von Antonin zwei Stunden vor Mitternacht machte[3]), und wobei er für die Länge des Mars die drei Bestimmungen

---

[2]) Bezeichnen E, C, c der Reihe nach Erde und Mittelpunkt von Deferens und Equans, die M wahre, die m aber mittlere Marsörter, so sind die Winkel m′cm″ und m″cm‴ den Zwischenzeiten proportional, die Winkel M′CM″ und M″CM‴ aber offenbar nicht, — es ist also die Bewegung im Deferens nicht mehr eine gleichförmige, wie sie doch nach dem Grundprincipe sein sollte, aber sie bietet wenigstens noch den Anhängern des Letztern im Centrum des Equans, von dem aus sie gleichförmig zu sein scheint, ein Asyl, in dem sie ruhig sterben können.

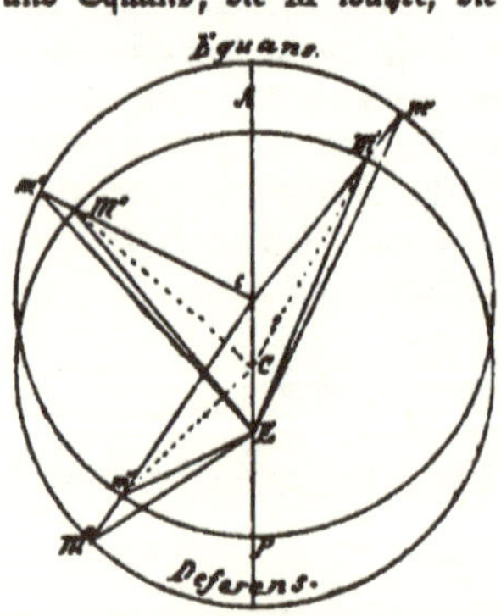

Fig. 4.

[3]) Das zweite Jahr von Antonin soll dem 886. Jahre von Nabonnassar entsprechen und da (v. 10) der Epiphi der 11. egyptische Monat ist, so waren also zur Zeit der dritten Beobachtung bereits 885 egyptische Jahre (zu 365 Tagen), 10 Monate

$2^s\ 21^0\ 0'$ $4^s\ 28^0\ 50'$ $8^s\ 2^0\ 34'$

erhielt, aus welchen als Bewegungen der Mars in Länge

$67^0\ 50'$ in $1529^d,8333$ und $93^0\ 44'$ in $1556^d,0417$

hervorgehen, während denselben Zwischenzeiten unter der Hipparch's Bestimmungen entsprechenden Annahme der mittlern täglichen Bewegung zu $0^0,52406$[4]), die mittlern Bewegungen in Länge

$81^0\ 44'$ und $95^0\ 28'$

entsprechen[5]). Diesen Differenzen zwischen wahren und mittlern Längen entsprach aber, wie sich Ptolemäus durch eine längere Näherungsrechnung überzeugte[6]), die Excentricität $6^p : 60^p = 0,1$ und die Lage des Apogeums in $3^s\ 11^0\ 45'$. Um sodann endlich die Größe des Epicykels zu bestimmen, zog Ptolemäus noch eine Marsbeobachtung bei, welche er drei Tage nach der dritten Opposition, am $^{15}/_{6}$ Epiphi drei Stunden nach Mitternacht gemacht, und die ihm als Länge desselben $8^s\ 1^0\ 36'$ gegeben hatte, so daß Mars seit der Opposition um 58′ zurückgegangen war. Unter der, dem Frühern entsprechenden Annahme, daß Mars seinen Epicykel während eines synodischen Umlaufes von $2^a\ 49\,^1/_3{}^d$ zu durchwandern habe, folgte aber aus dieser retrograden Bewegung ohne Schwierigkeit, daß der Radius des Epicykels sich

---

(zu 30 Tagen) und 12 Tage oder also 323337 Tage seit der Aera, d. h., wenn (v. 13) die Absolutzahl 1448638 zugefügt wird, 1771975 Tage oder 1212 Schaltperioden (zu 1461 Tagen) + 366 + 365 + 365 + 147 Tage oder 4851 Jahre und 147 Tage seit Beginn der Julianischen Periode, folglich (v. 108) gerade 138 Jahre und 147 Tage seit Beginn unserer Zeitrechnung verflossen, oder es hatte die dritte Beobachtung am 27. Mai des Jahres 139 n. Chr. statt. Die zweite hatte vier egyptische Jahre und $96^d\ 1^h$ vor der dritten, — die erste vier egyptische Jahre und $69^d\ 20^h$ vor der zweiten statt.

4) Es entspricht diese Bewegung einem Marsjahre von $1,^a8808$.

5) Bei dieser Rechnung wurden natürlich die Vielfachen von 360^0 weggeworfen.

6) Mit Beziehung auf die Figur der Note 2 waren die Winkel $M'EM'' = 67^0\ 50'$, $M''EM''' = 93^0\ 44'$, $m'cm'' = 81^0\ 44'$, $m''cm''' = 95^0\ 28'$ gegeben und daraus EC und die Lage von AP zu ermitteln. Den Detail der Rechnung zu verfolgen, hätte nach dem früher Angeführten keinen Zweck; es mag einzig angeführt werden, daß Ptolemäus in erster Annäherung die Winkel $m'Em''$ und $m''Em'''$ durch die bekannten Winkel $M'EM''$ und $M''EM'''$ ersetzte.

zu dem der excentrischen Kreise wie 39p 30′ zu 60p verhalte oder der Erstere in dem Letztern nahe 1,52 mal enthalten sei[1]). Auf ähnliche Weise fand Ptolemäus für den Jupiter, den Radius seines excentrischen Kreises wieder zu 60p angenommen, 2p 45′ als Excentricität und 11p 30′ als Radius des Epicykels, — für Saturn aber 3p 25′ und 6p 30′. — Für die untern Planeten ging Ptolemäus analog vor, nur stützte er sich, wie schon gesagt, für sie zunächst auf Elongationsbeobachtungen, ließ den Mittelpunkt des Epicykels den excentrischen Kreis je in einem Jahre durchlaufen oder beständig der Sonne folgen, und war schließlich noch genöthigt, dem Centrum des Deferens eine Kreisbewegung um das Centrum des Equans zu geben. Für Merkur erhielt er, wieder den Radius des excentrischen Kreises zu 60p annehmend, 6p 0′ für die Excentricität und 22p 30′ für den Radius des Epicykels, — für Venus aber 2p 30′ und 43p 10′. — Noch könnte Vieles über weitere Bestimmungen von Ptolemäus, über die von ihm auf seine Theorie gegründeten Tafeln u. s. w. mitgetheilt werden; es dürfte aber das Vorstehende genügen, einen Einblick in die Methoden seiner Untersuchungen zu gewähren, und es bleibt ohnehin noch übrig, im Folgenden über das Werk zu berichten, durch welches dieselben auf uns gekommen sind.

23. Die Syntaxis und das Ptolemäische Weltsystem. Die bedeutendste Leistung von Ptolemäus war unstreitig, daß er seine eigenen Arbeiten mit denjenigen seiner Vorgänger zu einem systematischen Ganzen, einer Art Codex der Griechischen Astronomie, seiner „*Μεγάλη σύνταξις*“ vereinigte, — einem Capital-Werk, das bald unter den Namen „Syntaxis“ oder „Magna constructio“, am meisten aber unter dem ihm nachmals von den Arabern gegebenen Namen „Almagest“ aufgeführt wird[1]) und das zwischen

---

[1]) Da 1.52, wie wir jetzt wissen, der Radius der Marsbahn ist, so fand also Ptolemäus natürlich ohne es zu ahnen, den Epicykel des Mars, gerade der Erdbahn entsprechend. Vergl. 79.

[1]) Magna constructio und Almagest erinnern an: *μέγας*, groß, — und: *μέγιστος*, größter.

150 und 160 nach Chr. vollendet worden zu sein scheint, da die späteste der in dasselbe aufgenommenen Beobachtungen, eine Venus-Beobachtung, vom Jahre 14 des Antonin oder also 151 n. Chr. datirt. Es besteht dieses Werk, von dessen späterer Geschichte seiner Zeit ausführlich gehandelt werden wird[2]), aus 13 Büchern: Das erste Buch enthält die nöthigsten Vorbegriffe, — lehrt, daß alle Sterne eine sphärische Bewegung haben, — daß die Erde Kugelgestalt besitzt, den Mittelpunkt der Welt bildet und, worin der Kern des sog. Ptolemäischen Weltsystemes besteht, in demselben feststeht, — daß Sonne, Mond und die Planeten außer der allgemeinen noch eine besondere Bewegung in entgegengesetztem Sinne haben ꝛc., — gibt Aufschluß über die an der Himmelskugel üblichen Kreise und Coordinaten, — tritt auf betreffende mathematische Verhältnisse ein — und enthält namentlich auch eine Tafel, in der von $\frac{1}{2}$ zu $\frac{1}{2}^{0}$ die Sehnen in Theilen gegeben sind, von denen 60 auf den Halbmesser gehen, während jeder hinwieder in 60 Primen à 60 Secunden zerfällt[3]). — Das zweite Buch bespricht die Eintheilung der Erde in Zonen, — die verschiedenen Parallelen zukommenden Tageslängen und mittägigen Schattenlängen, — sowie überhaupt die Erscheinungen des Auf- und Unterganges. — Das dritte Buch handelt von der Länge des Jahres und der bereits besprochenen Theorie der Sonne[4]), — das vierte Buch von der Länge des Monats und der ebenfalls bereits besprochenen Theorie des Mondes[5]), die man wohl als den vorzüglichsten Theil seiner Arbeiten zu bezeichnen haben dürfte. — Das fünfte Buch lehrt die Construction des Astrolabiums[6]), wobei sich der Verfasser den Anschein gibt, dasselbe fleißig gebraucht zu haben, jedenfalls aber damit gemachte neuere Messungen benutzt, um die Ungleichheiten in der Mondbewegung genauer zu studiren, während die nun folgende Discussion der Mondparallaxe gegenüber Hipparch's betreffender Arbeit[7]) keinen erheblichen Fortschritt constatirt. —

[2]) Vergl. 63. [3]) Vergl. 29 und 34. [4]) Vergl. 20. [5]) Vergl. 21.
[6]) Ἀσρόλαβος. — Vergl. 47. [7]) Vergl. 52.

Das sechste Buch bespricht die Conjunctionen und Oppositionen von Sonne und Mond, sowie die Bedingungen der Finsternisse und weist die Möglichkeit ihrer angenäherten Vorausberechnung nach. — Das siebente und achte Buch befassen sich mit den Fixsternen und der Präcession der Nachtgleichen[8]); speciell werden die 48 Sternbilder der Griechen aufgeführt[9]), — 1022 der darin enthaltenen Sterne theils ihrer Lage im Bilde nach, theils nach Länge, Breite und scheinbarer Größe angegeben, — auch die Milchstraße unter dem Namen des galaktischen Kreises[10]) beschrieben, ohne aber über ihre Natur einzutreten. — Das neunte bis dreizehnte Buch endlich befassen sich mit den Planeten und entwickeln in dem uns bereits bekannten Sinne ihre Theorien[11]). In der Einleitung zum neunten Buche theilt Ptolemäus mit, daß er die Sphären des Merkur und der Venus zwischen die des Mondes und der Sonne setze, wenn auch diese beiden Planeten nie sichtbar vor die Sonne treten und darum von Andern über dieselbe gesetzt werden wollten, — er finde es naturgemäßer, die Planeten mit begrenzter Elongation durch die Sonne von denjenigen zu trennen, welche alle möglichen Winkelabstände von ihr annehmen können; übrigens gebe es „kein Mittel, zu beweisen, welches die wahre Stellung der Planeten sei, da keiner derselben eine merkliche Parallaxe, die das einzige Mittel zur Bestimmung der Distanz geben würde, zeige." — Ueberhaupt gab Ptolemäus wenig auf solche äußere Anordnung und er wäre sicher der Erste gewesen, der diejenigen scharf getadelt hätte, welche in dieser durch ihn eigentlich nur von seinen Vorgängern entlehnten Folge der sieben Sphären der Wandelsterne, denen dann noch eine achte für den Fixsternhimmel, eine neunte und zehnte zur Erklärung der Präcession und eine elfte, das sog. Primum mobile, zur Besorgung der täglichen Bewegung beigegeben wurden, das Wesentliche seiner Leistungen sehen wollten; er stellte sich nie als Hauptaufgabe, ein derartiges System aufzustellen, sondern

---

8) Vergl. 49. 9) Vergl. 60. 10) Γαλακτικός Κύκλος. 11) Vergl. 22.

die Seinige war, mit Hülfe irgend eines passenden mathematischen Hülfsmittels, das gar nicht wirkliche Existenz zu haben brauchte[12]), die Bewegung der Wandelsterne möglichst genau darzustellen, und diese hat er denn auch in seiner Syntaxis so meisterhaft gelöst, daß der Leser mit Staunen über den Fleiß, die Gelehrsamkeit und den Scharfsinn ihres Verfassers erfüllt wird und begreift, daß dieses Werk von jeher den höchsten wissenschaftlichen Leistungen des Alterthums beigezählt wurde, ja im Mittelalter wie ein astronomisches Evangelium verehrt werden konnte, von dem abzuweichen beinahe ein Verbrechen war. Nachdem Copernicus und seine Nachfolger den Zauber gebrochen hatten, wies die Kritik Manches, was bis dahin als Leistung von Ptolemäus angesehen worden war, seinen Vorgängern Eudoxus und Hipparch zu und hob namentlich tadelnd hervor, daß manche Zahlen, welche er sich den Anschein gebe, durch eigene Beobachtungen erhalten zu haben, nur durch Rechnung aus frühern Beobachtungen abgeleitet sein können, — ja Einzelne scheuten sich nicht, gestützt auf mehrere allerdings etwas sonderbare Vorkommenheiten[13]), aus dem Verfasser des Almagest einen simpeln Compilator und Plagiarius zu machen. Erst in der neuesten Zeit hat eine gerechtere, zwischen beiden Extremen die richtige Mitte zu halten suchende Würdigung Platz gegriffen, welche zwar zugibt, daß durch seine Eitelkeit, auch als Beobachter glänzen zu wollen, einiges Unlautere in seine Berichterstattung hineingekommen, aber darüber nicht vergißt, daß dieser kleine Schatten durch die unbestrittenen Verdienste hundertfach aufgewogen wird.

24. Der Verfall von Alexandrien. Nach der Zeit von Ptolemäus, wo die Akademie in Alexandrien noch in vollster Blüthe stand, ging es mit derselben in Folge politischer und religiöser Wirren beständig abwärts, und es sind nur wenige

---

[12]) Viele übersahen dieses Letztere und sprachen dann, wie z. B. Lalande, mit scheinbarem Recht von einer „Etrange complication du système de Ptolémée." Vergl. auch 28.

[13]) Vergl. z. B. 49.

Gelehrte aus dieser spätern Zeit zu nennen, welche noch Erhebliches geleistet haben. So etwa Censorinus, der ungefähr 100 Jahre nach Ptolemäus lebte und eine Schrift „De die natali" hinterließ[1]), in welcher eine Menge älterer Beobachtungen gesammelt sind, die wenigstens für die Geschichte der Astronomie Bedeutung haben. Sodann Anatolius, der in Folge des 325 durch das Concil zu Nicäa dem jeweiligen Bischof von Alexandrien gegebenen Auftrages, die Zeit des Osterfestes zu bestimmen, dafür eine auf den Meton'schen Cyclus basirende Regel aufstellte, welche später durch den Scythen Dionysius, Abt zu Rom, der überhaupt in die christliche Zeitrechnung eine festere Ordnung einführte, verbessert wurde[2]). Ferner Theon, der zum Unterschiede von einem zur Zeit von Ptolemäus lebenden, aus Smyrna gebürtigen Namensgenossen, der ebenfalls einige, aber unerhebliche astronomische Werke schrieb, der „Jüngere" genannt wurde, — der in der zweiten Hälfte des vierten Jahrhunderts lebte und die 365 eingetretene Sonnenfinsterniß beobachtete und beschrieb, — der durch Vergleichung der damals vorhandenen Handschriften die Elemente Euklid's purificirte, auch einen geschätzten Commentar zur Syntaxis schrieb[3]) und Vater der unglücklichen Hypatia war. Diese äußerst talentvolle, liebenswürdige und tugendhafte Dame, welche theilweise unter ihrem Vater, theilweise unter andern Gelehrten Alexandriens Mathematik und Astronomie mit solchem Erfolge studirte[4]), daß sie bald selbst den Lehrstuhl besteigen, ja Apollonius und Diophant öffentlich mit großem Beifall erklären konnte, — erhob nach Verheirathung mit dem Philosophen Isidorus ihr Haus zum Sammelplatze der eminentesten Männer Alexandriens, wurde aber muthmaßlich gerade darum und weil sie überdieß Heidin geblieben war, zum Zielpunkte des Hasses für die nicht gerne gelittenen und eine Ausweisung befürchtenden Christen,

---

[1]) Sie wurde nachmals „Lugd. Batav. 1767 in 8" aufgelegt.

[2]) Vergl. 108 für Chronologie und Festrechnung. [3]) Vergl. 63.

[4]) Sie verfaßte unter Anderem eine astronomische Tafel „'Αστρονομικος κανών" die aber leider verloren gegangen ist.

welche sie schließlich 415 auf Antrieb des Patriarchen Cyrillus in schändlichster Weise mißhandelten und ermordeten. Endlich der ungefähr gleichzeitige Pappos, dessen wenigstens zum Theil erhaltene „Mathematicae collectiones" uns manche Bruchstücke verlorner Schriften des Alterthums zugebracht haben[5]), und den Verlust seines Commentars zur Syntaxis doppelt bedauern lassen. — Der Tod von Hypatia war der Anfang des Endes der berühmten Akademie, deren Blüthe schon einen schweren Stoß erlitten hatte, als Alexandrien im Jahre 30 nach dem Selbstmorde der Kleopatra an die Römer übergegangen war, da bei jener Gelegenheit in einer Feuersbrunst ein großer Theil der Bibliothek zu Grunde ging. Die religiösen Wirren, als deren Opfer Hypatia gefallen war, und bei denen unter Anderem einmal ein Haufe fanatischer Christen unter Anführung des Erzbischof Theodosius die heidnischen Tempel erstürmte und wieder einen Theil der Bibliothek verbrannte, veranlaßten nämlich nicht nur, daß die Pflege der Wissenschaften verkümmerte, sondern auch, daß die noch übrig gebliebenen Gelehrten sich in alle Welt zerstreuten. — Es sollte aber noch schlechter kommen, denn als der aus Mekka gebürtige arabische Kaufmann Mohammed, der sich zum Propheten aufgeworfen, unter dem Namen „Al-Koran" ein Gesetzbuch geschrieben und sich schließlich ganz Arabien unterworfen hatte, im Jahre 632 gestorben war, bemächtigte sich seiner Nachfolger, welche sich „Statthalter des Propheten" oder „Khalifen" nannten, der Geist der Eroberung, und da sich bei ihren Anhängern Tapferkeit mit Fanatismus paarte, verbreiteten sie sich wie ein reißender Strom, so daß sich ihr Reich schon 80 Jahre nach Mohammed's Tode von Egypten bis nach Indien ausdehnte. So fiel auch schon 641 Alexandrien in die Hände von Amru, des Feldherrn des Khalifen Omar, der aber allerdings beim besten Willen kaum mehr viel zu zerstören fand, so daß die Sage, er habe sechs Monate lang die Bäder mit den

[5]) Vergl. 70.

Büchern der altberühmten Akademie heizen lassen, wohl ganz unbegründet ist.

25. Bagdad und Cairo. Die Zeit und der Umgang mit den unterworfenen gebildetern Völkern bezähmten bald den erst rohen Sinn der Araber und es ist fast wunderbar, mit welcher Leichtigkeit sich die bis dahin als Nomaden in den einfachsten Culturverhältnissen lebenden Araber in ihre neue Stellung als Beherrscher cultivirter Völker hineinfanden, — wie schnell sie die Civilisation aufnahmen, ohne ihre Besonderheiten aufzugeben, — ja es dahin zu bringen wußten, daß das Arabische in allen eroberten Ländern alsbald zur Schriftsprache wurde. Als der Khalife Abu Giafar, genannt Al-Mansor oder der Siegreiche, um 764 Bagdad erbaute, erhob sich diese äußerst günstig gelegene Stadt bald zu hoher materieller Blüthe und, da sie den sonst überall verscheuchten Musen Vorschub leistete[1]), nicht weniger zu einem neuen Sitze der Gelehrsamkeit. Letztere wurde besonders auch von Al-Mansor's Sohne Harun, genannt Al-Raschid oder der Gerechte, begünstigt und selbst gepflegt, ja es ist diesem Fürsten für die Araber ungefähr dieselbe Bedeutung zuzuschreiben, welche sein Zeitgenosse Karl der Große[2]) für das Abendland hatte. Nicht nur gründete er in Bagdad, Samarkand ꝛc. hohe Schulen und begann, unbekümmert um die Vorwürfe orthodoxer Mohammedaner, durch christliche Syrer die heidnischen Bücher der Griechen auf Staatskosten ins Arabische übersetzen zu lassen, sondern er wußte auch den ihm 786 gebornen Abdallah Al-Mamum so für die Wissenschaften zu gewinnen, daß er 808 mit dem Bewußtsein sterben konnte, die von ihm begonnene Culturarbeit durch seinen Nachfolger fortgeführt zu sehen. Und in der That war Al-Mamum nicht nur ebenso tolerant wie sein Vater und ließ

[1]) So ließ schon Al-Mansor, dem die Astronomie zur Reglirung des Cultus und Kalenders besonders wichtig erschien, ein unter dem Namen „Sindhind" oder „Siddhanta" aus Indien erhaltenes, manche dorthin durch exilirte Griechen eingeführte Kenntnisse überlieferndes Lehrbuch der Astronomie, auf seine Kosten ins Arabische übersetzen. [2]) Vergl. 27.

Jedem, ohne im Mindesten auf sein Bekenntniß zu sehen, nach Maaßgabe seiner Leistungen Ehre und Belohnung angedeihen, — sondern stellte unter den Friedensbedingungen, welche er dem von ihm besiegten griechischen Kaiser Michael II., dem Stammler, vorzuschreiben hatte, in erster Linie diejenige, ihm fehlende griechische Manuscripte abzuliefern, damit er sie ins Arabische übertragen lassen könne, und so gab er seinem Volk bald in Aristoteles, Euklid, Ptolemäus ꝛc.[3]) die besten vorhandenen Lehrer, ja rettete auch für uns so ziemlich Alles, was überhaupt noch zu retten war. Ferner ließ Al-Mamum in der Nähe von Bagdad eine Sternwarte erbauen[4]), auf welcher er theils mit seinem Hauptastronomen Achmed Mohammed Ebn Kothair, genannt Al-Fergani oder der Rechner[5]), häufig selbst beobachtete, theils ein ganzes Collegium von andern tüchtigen Männern unterhielt, welche Instrumente zu construiren, in den Beobachtungen, über deren wichtigste förmliche Protokolle aufgenommen wurden, abzuwechseln, und ihre Berechnung zu besorgen hatten. Ueberdieß ordnete Al-Mamum 827 eine Messung zur Bestimmung der Größe der Erde an[6]), — und war überhaupt bis zu seinem leider schon 833 erfolgten Tode für die Wissenschaften in jeder Weise thätig[7]). — Von den Gelehrten, die unter den nächsten Nachfolgern von Al-Mamum theils in Bagdad und Damaskus, theils in dem später rasch aufblühenden Cairo lebten, sind hier namentlich Albategnius, Abul-Wefa und Ibn Junis zu nennen: Der um die Mitte des neunten Jahrhunderts zu Batan in Mesopotamien geborene und etwa 928 verstorbene arabische Prinz Mohammed Ben-Geber Ben-Senan Abu-Abdallah Al-Batani oder Albateg-

[3]) Vergl. z. B. 63.

[4]) Auch Damaskus soll damals eine Sternwarte erhalten haben.

[5]) Vergl. für ihn 65. [6]) Vergl. 50.

[7]) Vergl. für Al-Mamum nnd überhaupt für die Araber die auch von mir vielfach benutzte treffliche Schrift des leider zu früh verstorbenen Hermann Hankel „Zur Geschichte der Mathematik im Alterthum und Mittelalter. Leipzig 1874 in 8“, — ebenso außer den schon erwähnten Schriften von Sedillot dessen „Histoire des Arabes. Paris 1854 in 8.“

nius wird für den größten arabischen Astronomen gehalten, — ja als ein zweiter Ptolemäus betrachtet, was insofern mit Recht geschieht, als er diesen großen Griechen zwar zum Führer nahm, aber ihm nicht unbedingt folgte, sondern seine Theorien Schritt für Schritt prüfte, und namentlich seine Zahlenangaben unter Zugrundelegung neuer Beobachtungen vielfach revidirte und verbesserte[8]). Er war jedenfalls ein fleißiger Beobachter, wie uns sein zwar leider nur in einer schlechten lateinischen Uebersetzung von Plato Tiburtinus erhaltenes „Liber de motu stellarum"[9]) beweist, in welchem er eine Menge von ihm zu Aracta in Mesopotamien, zu Damaskus in Syrien ꝛc. gemachter Beobachtungen mittheilt. Ferner war er ein geschickter Rechner[10]) und seine bereits erwähnte Entdeckung der Bewegung des Apogeums der Sonne[11]) macht ihm ebenfalls große Ehre. — Abul-Wefa wurde im Jahre 939 zu Bouzdjan im Nordosten von Persien geboren, siedelte aber schon im 20. Jahre seines Alters nach dem nunmehr unter persische Botschaft gelangten Bagdad über, wo er sich bald als mathematischer Lehrer und Schriftsteller großes Ansehen erwarb, ferner viel beobachtete, — dabei einer der Ersten war, der die Wandelsterne in allen Theilen ihrer Bahn verfolgte, und noch der neuen Sternwarte, welche der Emir Saraf-ed-daula speciell zu diesem Zwecke zu Bagdad im Garten seines Pallastes erbauen ließ, bis zu seinem 998 erfolgten Tode rühmlichst vorstand. Auch unter dem Namen Mohammed ben Jahya bekannt, soll er Euklid und Diophant commentirt, eine Arithmetik und Anderes geschrieben haben; voraus aber verdankt man ihm das den Titel „Almagestum sive systema astronomicum" führende merkwürdige Sammelwerk, von dem bereits die Rede gewesen ist und noch später die Rede sein wird[12]), und das Abul-Wefa entschieden unter die verdientesten arabischen Astronomen einreiht. Endlich mag noch als Curiosität angeführt werden, daß Arago

[8]) Vergl. z. B. 20 und 49.

[9]) Es wurde mit Zusätzen von Regiomontan „Norimb. 1537 in 4. (Auch Bononiae 1645)" aufgelegt. [10]) Vergl. 36. [11]) Vergl. 20. [12]) Vergl. 22, 36 und 65.

wissen will[13]), es habe Abul-Wefa mit seinen mathematischen Freunden eine Correspondenz unterhalten. — Ein Schüler oder wenigstens etwas jüngerer Zeitgenosse von Abul-Wefa, der 1008 verstorbene Egypter Ebn Jounis oder Ibn Junis[14]), wußte sich bei den zu Cairo residirenden Khalifen Aziz und Hakem so in Gunst zu setzen, daß sie ihm zuerst über einer Moschee in Cairo und dann mit fürstlichem Aufwande auf dem östlich von Cairo gelegenen Berge Mocattan eine Sternwarte erbauten, und sein Einfluß Cairo bald zu einem neuen Centrum der Wissenschaften erheben konnte. Er verfertigte neben fleißigen praktisch-astronomischen Arbeiten sehr berühmte, unter dem Namen der Hakemitischen bekannt gewordene, leider aber nur bruchstückweise erhaltene Tafeln der Sonne, des Mondes und der Planeten; sie wurden, nachdem man sie ganz verloren wähnte, gegen Ende des vorigen Jahrhunderts in der Bibliothek zu Leyden wieder aufgefunden und von Caussin und Sedillot zum Theil übersetzt[15]), — und enthalten neben den astronomischen auch mathematische Tafeln, sowie eine Menge der von den Arabern im achten bis zehnten Jahrhundert gemachten Beobachtungen und eine große Anzahl von Rechnungsvorschriften, welche für die Kenntniß der allmäligen Entwicklung der Trigonometrie und ihrer Anwendung auf die Astronomie von Interesse sein sollen[16]). — Eine Reihe anderer arabischer Astronomen ist theils bereits beiläufig genannt worden oder wird noch genannt werden; dagegen ist hier noch kurz auf die weitere Geschichte der Astrologie[17]) einzutreten: Wäh-

[13]) Vergl. dessen „Oeuvres (III, 166)."

[14]) Wäre er wirklich Schüler von Abul-Wefa gewesen, so müßte er wohl dessen Almagest gekannt und von dessen Mohadzat gesprochen haben, — was nicht der Fall sein soll; war er dagegen nicht direkter Schüler, so ist solche Unkenntniß bei der großen Distanz von Bagdad und Cairo und der bittern Feindschaft der beiden Herrscher-Familien ganz begreiflich.

[15]) Vergl. „Caussin, Le livre de la grande table Hakémite (Notices des Manuscripts. Tome VII.). Paris. An. XII."

[16]) Vergl. 36 für einige Einzelnheiten.

[17]) Vergl. 14 für die ersten Anfänge derselben.

rend die nüchternen, aber im Allgemeinen unwissenden Römer die Astrologen als „Mathematiker" verfolgten, scheinen die Griechen an ihren Phantasiespielen Vergnügen gefunden und bereits einige betreffende Werke verfaßt zu haben, — wird ja sogar dem Altmeister Ptolemäus ein solches zugeschrieben, aber eigentlich sehr wahrscheinlich bloß unterschoben, das er unter dem Titel „Τετράβιβλος" oder der „Vier Bücher" seinem Bruder Syros gewidmet haben soll, und in welchem wohl zunächst die allgemeinen Einflüsse betrachtet werden, welche die Wandelsterne (vorab der Mond) durch Bewegung und gegenseitige Stellung auf die Erde ausüben, aber doch auch, obgleich mit rühmlicher Reserve, die Möglichkeit der speciellen Sterndeutung nicht ganz in Abrede gestellt wird[18]). Mit ihren gesunden, gingen auch diese krankhaften Lehren der Chaldäer und Griechen auf die Araber über, bei denen sie bestens gediehen. Schon bei ihnen scheint die Eintheilung des Himmels in zwölf Häuser mittelst Ebenen, welche durch die Mittagslinie und die dem aufgehenden Punkte des Equators folgenden Zwölftel desselben gelegt wurden, vorgenommen und die Aufrichtung der entsprechenden Himmelsfigur gelehrt worden zu sein[19]), in welche zur leichtern Uebersicht der Aspekten die Wandelsterne, der Drachenkopf und Drachenschwanz, d. h. die Knoten der Mondbahn, und in späterer Zeit wenigstens auch noch das sog. Glücksrad[20]) eingetragen wurden und es haben sich

---

[18]) Die vier Bücher erschienen unter dem Titel „De judiciis astrologicis" zuerst in der 1551 zu Basel veranstalteten Gesammtausgabe der Ptolemäischen Schriften und dann wiederholt später; vergl. für dieselben Delambre Astr. anc. II, 543 u. f., ferner „Uhlemann, Grundzüge der Astronomie und Astrologie der Alten. Leipzig 1857 in 8 (pag. 52 u. f.)" ꝛc.. Es besteht jedoch zwischen ihnen und dem Almagest eine so grundsätzliche Verschiedenheit, daß beide Schriften, abgesehen davon, daß sie gar keinen Bezug auf einander nehmen, nicht wohl demselben Autor zugeschrieben werden können, und es dürfte hier Aehnliches zu sagen sein, wie es in 29 bei Anlaß von Paracelsus beigebracht werden wird.

[19]) Vergl. Note 24.

[20]) „Glücksrad" war derjenige Punkt, welcher ebenso weit vom Monde abstand, als die Spitze des ersten Hauses von der Sonne.

die Albumasar[21]), Albohazen[22]), Alcabitius[23]) ꝛc. schon im neunten bis dreizehnten Jahrhundert das zweifelhafte Verdienst erworben, die betreffenden großen Codices zu schreiben, welche sodann nach Erfindung der Buchdruckerkunst so manches nützlichere Werk von den Pressen verdrängten[24]). Immerhin gewann auch die wahre Astronomie, gerade wie z. B. später die Chemie durch die Alchymie, viel bei diesem, manche technische Bedürfnisse mit ihr theilenden Schwindel, da, wie schon früher erwähnt, gar manche Beobachtungen nicht gemacht und gar manche Tafeln nicht berechnet worden wären, wenn sie nicht ihm, sondern nur der wahren Wissenschaft gedient hätten.

26. Samarkand und Cordova. Durch die Araber breiteten sich die Wissenschaften auch nach Spanien und Afrika aus, wo sich die von den Abbasiden aus Kleinasien verdrängten Omajjaden festsetzten, und in ersterem Lande Cordova zu einem Centrum für Wissenschaft und Kunst erhoben, — ja Hakem II., der von 961 bis 976 regierte, unterstützte nicht nur die an eine von ihm da-

---

[21]) Von Albumasar, der ein Schüler von Alkindi (v. 65) gewesen und 885 an hundert Jahre alt gestorben sein soll, berichtet Hankel, daß ihm einst der Khalife Al-Mostain für ein unliebsames Horoskop eine Tracht Prügel habe aufmessen lassen; er habe dann nach Empfang ausgerufen: „Prügel habe ich bekommen, aber die Wahrheit gesagt.“

[22]) Er schrieb um 1250 ein „Liber de stellarum motu et locis.“

[23]) Vergl. 28.

[24]) So z. B. wurden die von Alcabitius verfaßten „Astronomiae judiciariae principia“ mitsammt dem von Johannes de Saxonia verfaßten Commentar vielfach, namentlich „Venet. 1485, 1491, 1521 ꝛc. in 4“ aufgelegt. In der mir vorliegenden Ausgabe von 1521 kommt bereits die beistehende charakteristische Himmelsfigur vor, welche sodann in allen astrologischen Büchern späterer Zeit dutzendweise unter Eintragung der Constellationen für jeden bestimmten Fall zu sehen ist.

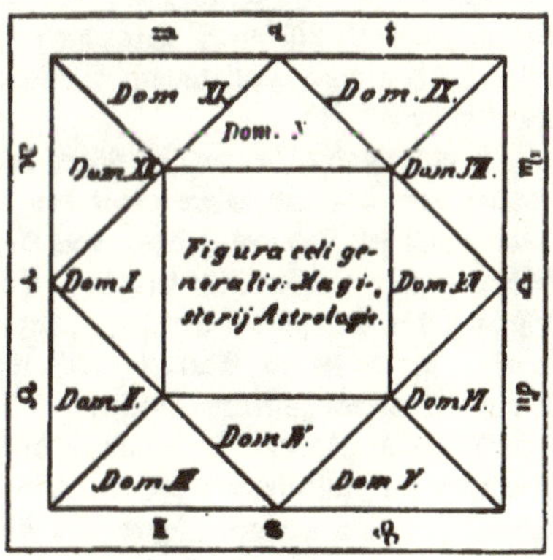

Fig. 5.

selbst gegründete Akademie berufenen Gelehrten auf das reichste, sondern häufte eine bei 600,000 Manuscripte umfassende Bibliothek auf, von welcher er selbst einen 44 Bände füllenden Catalog angelegt haben soll[1]). Nach dem Muster seiner Akademie bildeten sich sodann alsbald auch in Toledo, wo z. B. der früher als astronomischer Schriftsteller viel genannte Al-Zerkali oder Arzachel lebte[2]), — in Sevilla, wo der als heftiger Kritiker von Ptolemäus bekannte Gabir ben Aflah oder Geber zu Hause war[3]), — in Marokko, das sich der Astronomen Al-Batraki oder Alpetragius[4]) und Abul-Hasan Ali oder Aboul-Hhassan[5]) rühmte ꝛc., — bedeutende Lehranstalten, deren belebender Einfluß namentlich auf Spanien so mächtig war, daß dieses Land, wie schon Whewell in seiner „Geschichte der inductiven Wissenschaften" hervorhob, zu keiner andern Zeit intelligenter, reicher und glücklicher war, — nie Landbau, Industrie, Handel ꝛc. mehr blühten als damals, — überhaupt Spanien zu jener Zeit sein goldenes Jahrhundert hatte. In reichen Strömen ergoß sich von da aus geistiges Licht nach dem übrigen Europa, wo es bis dahin kaum

[1]) Vergl. z. B. Mailly im Annuaire de Brux. auf 1868.

[2]) Arzachel, der um 1080 lebte und auch fleißiger Beobachter war, verfertigte unter Anderem „Tabulae Toledanae", die zum Theil den Alfonsinischen (v. 28) zu Grunde lagen.

[3]) Geber, der dem Ende des 11. oder dem Anfang des 12. Jahrhunderts anzugehören scheint, schrieb z. B. ein Werk „De astronomia libri IX.", das Apian 1534 zu Nürnberg herausgab, und in welchem namentlich die Ptolemäische Theorie der zwei untern Planeten, jedoch mehr heftig als gerecht, angegriffen wird.

[4]) Alpetragius, der um die Mitte des 12. Jahrhunderts florirte, warf Ptolemäus vor, daß sein System mit den Bewegungstheorien von Aristoteles im Widerspruch sei, und wollte durch eine Art „göttlicher Inspiration" auf ein neues System geführt worden sein, das so ziemlich mit der Aristoteles'schen Verschlimmbesserung der Eudoxischen Sphären zusammen kommt, auf welche auch sein Zeitgenosse, der 1198 zu Marokko verstorbene berühmte Arzt Ibn Roschd oder Averrhoës wieder zusteuern wollte.

[5]) Aboul Hhassan ist besonders durch seine noch oft zu erwähnende Beschreibung der Instrumente der Alten, welche Sedillot unter dem Titel „Traité des instruments astronomiques des Arabes. Paris 1834—35, 2 Vol. in 4" herausgab, bekannt und lebte im 13. Jahrhundert.

gedämmert hatte, und bald zogen von überall her wißbegierige Jünglinge nach den spanischen Hochschulen, — unter ihnen nach der gewöhnlichen, aber allerdings durch die neuere Geschichtsforschung in Zweifel gezogenen Sage[6]), auch Gerbert, der talentvolle Sohn armer Leute in der Auvergne, der später zum Erzbischof von Rheims emporstieg, ja von 999 bis 1003 als Sylvester II. den päpstlichen Stuhl inne hatte. Gewiß ist immerhin, daß Gerbert sich einen eigentlichen Schatz wissenschaftlicher, namentlich auch mathematischer und astronomischer Kenntnisse gesammelt hatte, welchen er auch seine Umgebung im vollsten Maaße mit genießen ließ, so daß er von großem Einflusse auf die geistige Entwicklung des Abendlandes war, — auch muthmaßlich um die Einführung der indischen Zahlzeichen bei den christlichen Völkern die größten Verdienste besitzt. — Etwas später erhielt anch Persien in Samarkand, Bochara, Nischapur etc. reiche Universitäten, Bibliotheken, Sternwarten etc.[7]), und als 1258 Bagdad durch den Mongolen-Fürsten Hulagu oder Ilek-Khan erobert wurde[8]), gelang es dem 1201 zu Thus in Khorassan gebornen, aber schor längst in Bagdad residirenden Gelehrten Nassir-Eddin, von ihm die Mittel zu erhalten, zu Meragah oder Maragha im Nordwesten von Persien eine großartige Sternwarte zu erbauen[9]) und viele Astronomen zur Berechnung neuer Tafeln, welche sodann

[6]) Vergl. „Max Büdinger, Ueber Gerbert's wissenschaftliche und politische Stellung. Kassel 1851 in 8." Nach Büdinger lebte zwar Gerbert einige Zeit in der spanischen Mark, ging aber nicht nach Cordova und war auch des Arabischen gar nicht mächtig.

[7]) Von dem schon um die Mitte des 11. Jahrhunderts in Persien florirenden Astronomen Omar-Cheian wird in 106 gesprochen werden.

[8]) Nach Sedillot eroberte bald darauf ein Bruder von Hulagu, Kublai-Khan, China, und durch ihn fanden nun die Schriften der Gelehrten von Bagdad etc. auch dort Eingang, — so z. B. die Tafeln von Nassir-Eddin.

[9]) Das von Jourdain aus arabischen und persischen Quellen geschöpfte „Mémoire sur l'observatoire de Méragah et sur quelques instrumens employés pour y observer; suivi d'une notice sur Nassyr-Eddin. Paris 1810 in 8" ist mir bis jetzt leider nur durch den von Wurm in Zach's Mon. Corr. Bd 23 gegebenen Auszug bekannt. Immerhin werde ich in 39 über das wichtigste der dortigen Instrumente berichten können.

den Namen der Ilekhanischen erhielten, zu versammeln. Diese im Laufe von etwa zwölf Jahren construirten Tafeln, welche man als eine neue Auflage der Hakemitischen betrachten kann, enthielten außer Planetentafeln auch einen neuen Fixsterncatalog, der sich größtentheils auf die Beobachtungen von Nassir-Eddin gründete. Von den zahlreichen übrigen Werken, welche dieser fleißige Mann bis zu seinem 1274 erfolgten Tode verfaßte oder unter seiner Aufsicht verfassen ließ, mögen außer Uebersetzungen von Euklid, Archimedes, Autolykus, Ptolemäus ꝛc., noch eine Abhandlung über das Astrolabium, Elemente der Geometrie und Astronomie ꝛc. angeführt werden. — Nahe gleichzeitig mit Nassir-Eddin lebte der aus Castin in Persien gebürtige und 1283 als Kadi in Irak verstorbene Zaccaria Ben Mahmud El Kufi El Kazwini[10]), der als orientalischer Plinius bezeichnet wurde und eine „Kosmographie“ schrieb, von der Hermann Ethe eine deutsche Uebersetzung herauszugeben begann[11]), welche auch für gegenwärtige Arbeit benutzt worden ist. — In der Mitte des 15. Jahrhunderts lebten sodann in Persien die Wissenschaften nochmals auf, als der 1394 geborne Sohn und Mitregent des Schah Rock Behadur, der Mirza Mohammed ben Sahroh Ulug Bek oder Ulugbegh in Samarkand eine neue Sternwarte und eine Art astronomischer Akademie gründete, aus der Tafeln der Wandelsterne hervorgingen, welche vor den Rudolphinischen die besten waren, und in ihrer Einleitung höchst interessante Aufschlüsse über die damaligen Beobachtungs- und Rechnungsmethoden gaben[12]), — ferner ein sehr geschätzter neuer Sternkatalog, von dem später

---

[10]) Vergl. für ihn Gräſſe's Literaturgeschichte (III, 669).

[11]) Der erste und bis jetzt einzige Halbband erschien 1868 zu Leipzig. — Früher schon hatte Ideler in seiner Schrift „Untersuchung über die Bedeutung der Sternnamen. Berlin 1809 in 8“, Auszüge aus Kazwini's Schrift gegeben. — Ethe, der 1844 zu Stralsund geboren wurde, soll jetzt als Docent der orientalischen Sprachen in München stehen.

[12]) Vergl. die von Sebillot herausgegebenen „Prolegomènes des tables astronomiques d'Oloug-Beg. Paris 1853 in 8“, auf welche wir in 36, 43, 45, 52 ꝛc. noch speciell zurückkommen werden.

einläßlich die Rede sein wird[18]), — und wohl wäre von Ulugbegh, der nicht nur durch seine Munificenz, sondern großentheils auch durch eigene Thätigkeit diese schönen Resultate erzielte, noch Anderes zu notiren, wäre er nicht 1449 im zweiten Jahre seiner Regierung durch seinen ältesten Sohn Abdallatif, dem er die Thronfolge entziehen wollte, ermordet worden.

27. Die Klosterschulen und Universitäten. Was Harun Al-Raschid für das heidnische Morgenland, war, wie schon bemerkt, sein Zeitgenosse Karl der Große für das christliche Abendland, in welchem bisher die Wissenschaften nur in einzelnen Klöstern Eingang gefunden hatten, deren Inwohner sich jedoch größtentheils darauf beschränkten, mit ächtem Hamsterfleiß jede ihnen zugängliche Handschrift abzuschreiben, wodurch dann allerdings da und dort sich reiche Schätze sammelten, welche einer spätern Zeit sehr zu statten kamen. Der Wissenstrieb Karls war so groß, daß er sich noch im Alter von 32 Jahren durch Peter von Pisa in die lateinische Sprache einführen ließ, um sich so auf den Unterricht vorzubereiten, welchen er von dem gelehrten Engländer Alcuin, der früher einer Schule von York vorgestanden hatte und nun als Gesandter an seinen Hof gekommen war, zu erhalten wünschte, und der sich namentlich auf Rhetorik, Arithmetik und Astronomie beziehen sollte — Fächer, in denen Alcuin selbst wenigstens ein mittelbarer Schüler von Beda venerabilis war[1]), und die er sodann selbst durch Wort und Schrift eifrigst weitern Kreisen bekannt zu machen suchte[2]). Später umgab sich Karl mit einer größern Anzahl von Gelehrten, welche er aus verschiedenen Ländern herbeigerufen hatte; er bildete aus ihnen eine Art Akademie, welche Alcuin dirigirte, während er

---

[18]) Vergl. 62.

[1]) Ein unmittelbarer Schüler seines Landsmannes kann er nicht gewesen sein, da Beda von 672—735, er aber von 736—804 lebte.

[2]) Beda's Werke erschienen gesammelt 1521 zu Paris in 3 und 1583 zu Basel in 8 Folianten, — die seinigen vollständig erst 1777 zu Regensburg in zwei Folianten.

selbst unter dem Namen „David“ das Präsidium führte. Ferner gründete er nicht nur mit Hülfe von Alcuin an seinem Hofe eine höhere Schule, sondern forderte auch die seinem weiten Reiche zugehörigen Bischöfe und Aebte auf, bei sich ähnliche Anstalten zu errichten, was sodann in Fulda, Reichenau, St. Gallen, Osnabrück, Lyon, Bologna ꝛc. wirklich geschah, und zwar wurden an jeder dieser Schulen gleichmäßig die sog. sieben freien Künste gelehrt, nämlich: Grammatik, Rhetorik und Dialektik (trivium); Arithmetik, Geometrie, Astronomie und Musik (quadrivium). Von diesen Schulen kennt man namentlich diejenige von Reichenau etwas genauer, da sich ein betreffender Bericht erhalten hat[3]), welchen ein Schüler derselben, der nachmals 849 als Abt von Reichenau verstorbene Walafrieb, genannt Strabo, eigenhändig niederschrieb. Er trat im Jahre 815 als neunjährige arme Waise in dieses Kloster, wo er nun bis 825 Unterricht genoß. Nicht nur wurde er in Grammatik, Rhetorik und Dialektik unterrichtet, sondern Strabo erzählt, daß er im Sommer 822 unter Leitung von Tatto das Studium der Arithmetik nach Boethius begonnen habe[4]); dann habe er das Rechnen mit den Fingern und den Gebrauch des Abacus gelernt, — nachher die Zeiteintheilungen der Hebräer, Griechen und Römer, sowie die Berechnung des Kalenders. Im Jahre 825, beim Schlusse der vorbereitenden Studien, hörte er bei Tatto auch Astronomie. Derselbe erklärte den Grundriß des Boethius, die Schriften Beda's über Sonnen-, Mond- und Planetenlauf, lehrte die Sternbilder, den Thierkreis, die Ursachen der Finsternisse, den Gebrauch des Astrolabs und Horoskops, der Sonnenuhr und des Tubus[5]) kennen. Auch der namentlich wegen seiner Schriften über das Astrolabium[6]) unter die ausgezeichneten Männer des elften Jahrhunderts gezählte

---

[3]) Vergl. Jahresbericht der Schule von Einsiedeln für 1856/57.

[4]) Für Boethius vergl. 63.

[5]) Einer bloßen Röhre ohne Gläser, die entweder überhaupt als Surrogat der Diopter oder speciell zur Orientirung nach dem Polarstern benutzt wurde.

[6]) Vergl. 49.

Hermann Contractus*) war Schüler von Reichenau. — An diese Schulen schlossen sich dann später die mit Freiheiten ausgerüsteten und sich noch ein höheres Ziel setzenden Universitäten an, die sich bis auf die neueste Zeit vermehrt haben: Zuerst entstand 1158 die Rechtsschule zu Bologna und ungefähr gleichzeitig zu Salerno eine Schule für Medicin, — sodann folgten alle sog. vier Fakultäten umfassende eigentliche Universitäten, wie 1206 Paris, 1221 Padua, 1224 Neapel, 1249 Oxford, 1343 Krakau, 1365 Wien, 1386 Heidelberg, 1403 Würzburg, 1409 Leipzig, 1436 Löwen, 1454 Greifswalde, 1456 Freiburg, 1460 Basel, 1472 München, 1477 Upsala und Tübingen, 1502 Wittenberg, 1527 Marburg, 1575 Leyden, 1694 Halle, 1737 Göttingen, 1809 Berlin, 1811 Christiania, 1833 Zürich, 1834 Bern, 1872 Straßburg ꝛc. In der neuesten Zeit haben ihnen jedoch, namentlich in Beziehung auf mathematische Wissenschaften, die polytechnischen Schulen oder technischen Hochschulen schwere Concurrenz gemacht und zwar wurden gegründet: Paris 1796, Wien 1815, Karlsruhe 1825, München 1827, Zürich 1855, Aachen 1871 ꝛc.

28. Neapel und Toledo. Zu den die Wissenschaften liebenden und durch ihren Vorschub mächtig fördernden Fürsten etwas späterer Zeit gehörten namentlich auch die edeln Hohenstaufen: Kaiser Friedrich Barbarossa, der sie über seinen Kreuzzügen und übrigen Kriegsthaten nie vergaß, und sein Enkel Kaiser Friedrich II., der sie namentlich während seinem ruhigern Hofhalte in Neapel pflegte und dort 1224, nachdem er drei Jahre zuvor der Rechtsschule in Bologna eine volle Hochschule in Padua substituirt hatte, eine neue Universität gründete[1]). Durch sie und unter ihnen entstanden die vielen Uebertragungen aus dem Arabischen ins Lateinische, von welchen noch später gesprochen werden wird[2]) und welche damals noch das einzige Mittel waren, sich nicht etwa nur mit den Arbeiten der Araber, sondern auch mit dem griechischen Alterthume bekannt zu machen, — während dann

*) Ein Sohn eines Grafen von Vehringen, der von 1013—1054 lebte.

[1]) Vergl. 27. [2]) Vergl. 63 und 64.

allerdings später, und namentlich nachdem 1453 die Osmanen Constantinopel erobert hatten, die Einwanderung von Griechen und damit eine directe Einführung in dasselbe begann, welche bald so Boden griff, daß keiner mehr zu den Gebildeten gezählt wurde, der nicht in den Alten belesen war, und daß namentlich der Preis der griechischen und römischen Handschriften so außerordentlich stieg, daß ein Graf Pico de Mirandola für einen Livius ein ganzes Landgut hergegeben haben soll. — Noch vor dem 1250 erfolgten Tode Kaiser Friedrich's II. versammelte sodann der 1223 geborne Alfons X. von Leon und Castilien, der schon von Jugend auf mit Vorliebe astronomische Schriften studirt hatte, mit großem Aufwande[3]) zu Toledo, das kurz zuvor die Herrschaft der Araber abgeworfen hatte, unter dem Präsidium des Juden Isaac Aben Said, genannt Hassan, bei 50 arabische, jüdische und christliche Gelehrte, unter denen z. B. Aben-Ragel, Alcabitius[4]), Aben-Musa etc. genannt werden, um sich, und ließ durch sie neue astronomische Tafeln construiren, welche, wie wir sofort hören werden, wirklich wesentliche Fortschritte gegenüber den Ptolemäischen zeigten. Diese Tafeln wurden Alfons 1252 an dem Tage übergeben, wo er seinem Vater, Ferdinand dem Heiligen, auf dem Throne folgte, der ihm jedoch wenig Glück bringen sollte: Bald von den Mauren, bald von seinem eigenen Adel bedrängt und unglücklich in seinem Bestreben, die deutsche Kaiserkrone zu erhalten, empörte sich schließlich sein eigener Sohn Sancho, der auf die Thronfolge nicht warten mochte, gegen ihn. Man sammelte oder erdichtete Beschuldigungen auf Beschuldigungen und als man das Maaß voll zu haben

[3]) Man spricht von 400,000 Goldstücken.

[4]) Aben-Ragel und ebenso Alcabitius, von dem schon in 25 gesprochen wurde, werden von den Einen in das neunte und zehnte Jahrhundert versetzt, von den Andern in der Weise verdoppelt, daß sie Beide sowohl in jener frühern Zeit, als dann auch wieder am Hofe von Alfons auftreten lassen. Bei den dürftigen Nachrichten und der Unsicherheit in der Namen-Schreibung ist es sehr schwierig, solche Sachen vollständig ins Reine zu bringen; zum Glücke hängt für die Geschichte der Astronomie wenig davon ab.

glaubte, wurde bei den Cortes eine förmliche Anklage gegen Alfons eingebracht, in welcher er z. B. wegen seines allerdings unbesonnenen Wortes: „Wenn mich Gott bei Erschaffung der Welt zu Rathe gezogen hätte, so würde ich ihm größere Einfachheit empfohlen haben", der Gotteslästerung bezüchtigt war[5]). Im Jahre 1282 abgesetzt, verbannt und seiner Schätze beraubt, starb der einst Gepriesene und um seiner Gelehrsamkeit willen „il Sabio" Geheißene[6]), im Jahre 1284 ziemlich verlassen zu Sevilla, — ein neues Beleg für den Satz bildend, „daß Gelehrsamkeit, ohne Festigkeit und Klugheit, einem Regenten unnütz ist." — Die Alfonsinischen Tafeln wurden mehrere Jahrhunderte lang und vielleicht etwas über das richtige Maaß hinaus für eine ganz bedeutende Leistung gehalten und hoch geschätzt. Der um 1331 als Augustiner-Mönch zu Prag und Paris stationirende Thüringer Joannes de Saxonia schrieb: „Canones in tabulas astronomicas Alphonsi[7])," — der um 1458 als Lehrer der Astronomie zu Ferrara lebende Giovanni Bianchini commentirte sie auf Verlangen Kaiser Friedrich III. ebenfalls — und nach Erfindung der Buchdruckerkunst wurden sowohl sie[8]) als ein Auszug, welchen der Leibarzt des berüchtigten Cäsar Borgia, der Spanier Alfonsus de Corduba gegen das Ende des fünfzehnten Jahrhunderts aus denselben gemacht und der Königin Elisabeth, der Gemahlin Ferdinand des Katholischen von Spanien und Sicilien, zugeeignet hatte[9]), wiederholt aufgelegt. In der neuern Zeit wurden dagegen dieselben Tafeln und die Verdienste ihrer Berechner, die allerdings wohl daran gethan hätten, von der Trepidation Umgang zu nehmen, vielfach unter-

[5]) Vergl. über den Abweg, auf welchen Alfons gerathen war, das in 23 Gesagte.

[6]) Für die „Libros del Saber" vergl. 65.

[7]) Sie wurden mit den Tafeln selbst 1488 zu Augsburg aufgelegt.

[8]) „Alphonsi regis Castellae coelestium motuum tabulae Venetiis 1483" und später.

[9]) „Alphonsus de Corduba, Tabulae astronomicae Elisabethae reginae. Venetiis 1503 in 4."

schätzt und Mädler dürfte so ziemlich das Richtige getroffen haben, wenn er in seiner Geschichte der Himmelskunde sagt: „Es mag wahr sein, daß für die großen Summen, welche Alfons auf die Berechnung dieser Tafeln verwandte, mehr und besseres hätte geleistet werden können und sollen, aber so ganz werthlos, wie einige dies dargestellt haben, waren sie gleichwohl nicht. Hassan war jedenfalls ein kenntnißreicher Mann. Da seine Aufgabe nicht darin bestand, ein neues System aufzustellen, sondern nur verlangt wurde, die von Ptolemäus zu Grunde gelegten Constanten zu verbessern, und ihm dies bei mehreren der wichtigsten gelungen ist, so war auch seine Arbeit keine vergebliche. Die Länge des tropischen Jahres z. B. wurde durch diese Commission bis auf wenige Sekunden richtig bestimmt, und Copernicus gab drei Jahrhunderte später dieses wichtige Element noch um nichts genauer an.“

29. Die Encyklopädisten. Die besprochenen Verdienste von Alfons sind noch um so höher anzuschlagen, als sonst im 13., ja noch im 14. und zu Anfang des 15. Jahrhunderts die exakten Wissenschaften im Abendlande noch nicht recht gedeihen wollten, da sich sogar die Besten fast ausschließlich unfruchtbarem Formalismus hingaben und dem Rüstzeug, welchen sie den logischen Schriften des Aristoteles zur Vertheidigung von allerlei Spitzfindigkeiten entnahmen, gar oft auch zur, meist nur zu erfolgreichen Bekämpfung der Wenigen verwandten, welche nach eben desselben Vorschriften die induktive Forschung fortführen wollten. Immerhin machten sich in jenen Jahrhunderten mehrere Männer um die allgemeine Verbreitung wissenschaftlicher Kenntnisse dadurch verdient, daß sie ihr vielseitiges Wissen in Sammelschriften niederlegten: So der aus Lauingen in Bayern gebürtige, meist unter dem Namen Albertus Magnus bekannte Dominikaner Albrecht, Graf von Bollstädt[1]) in seinen „Opera omnia“, welche

[1]) Im Jahre 1205 zu Lauingen geboren, wurde er 1254 Provincial seines Ordens und 1260 Bischof von Regensburg, zog sich aber schon 1262 in ein Kloster zu Köln zurück, wo er 1280 starb.

sich über alle möglichen Gegenstände verbreiten, — der englische Franciskaner Roger Baco[2]) in seinem nachmals zu besprechenden „Opus majus, minus et tertium“, — der Franzose Vincent de Beauvais[3]) in seinem das ganze menschliche Wissen umfassenden „Quadruple miroir“, — der Florentiner Brunetto Latini[4]) in seinem zu Paris im Exile geschriebenen „Trésor“, welcher unter Anderem die damalige Bekanntschaft der Europäer mit dem Compasse documentirt, — des Letztern etwas jüngerer Landsmann Francesco Stabili von Ascoli, genannt Cecco d'Ascoli[5]), in seiner in einem ersten Buche die Astronomie und Meteorologie ziemlich einläßlich behandelnden „Acerba vita“, für die er zum Danke schließlich 1327 in Florenz als Astrolog und Ketzer verbrannt wurde, — ein Schüler von Latini und Cecco, der berühmte, von seinen Landsleuten ebenfalls schon zum Feuertode verurtheilte und flüchtige, sodann nach seinem Tode von eben denselben hochgefeierte Dante[6]) in seiner „Divina Comedia“, welche schon darum von Interesse ist, weil in derselben von der Magnetnadel, dem Scintilliren, den Antipoden ꝛc. als von allgemein bekannten Dingen gesprochen wird[7]) — u. s. f. An sie schließt sich der Freiburgische Karthäuser Gregor Reisch mit seiner im 15. Jahrhundert geschriebenen „Margarita philosophica“ an[8]) und hätte sich muthmaßlich noch in hervorragendster Weise sein Zeitgenosse, der berühmte Maler Leonardo da Vinci, an-

[2]) Vergl. für ihn 44, 105 u. 113.

[3]) Florirte um die Mitte des 13. Jahrhunderts.

[4]) Zu Florenz 1220 geboren und 1295 gestorben, mußte er seine Vaterstadt, welcher er als Stadtschreiber diente, in Folge politischer Wirren von 1260 bis 1284 meiden.

[5]) Etwa 1257 geboren, stand er lange Jahre als Professor der Philosophie und Astrologie in Bologna.

[6]) Im Jahre 1265 zu Florenz geboren, erwarb sich Dante Alighieri seinen großen Namen als Dichter und sich von den Scholastikern ablösender Gelehrter; er war aber auch Staatsmann und Krieger, der in die politischen Wirren seiner Zeit kräftig eingriff, aber 1302 mit seiner Partei unterlag und nun in Verbannung umherirrte, bis er 1321 in Ravenna starb. [7]) Vergl. z. B. 60.

[8]) Reisch lebte zu Ende des 15. und Anfang des 16. Jahrhunderts, — war Prior der Karthause zu Freiburg und Beichtvater Kaiser Maximilian I.

geschlossen, wenn er sich Zeit genommen hätte, seine fast alle Wissenschaften beschlagenden, jetzt in Paris aufbewahrten Noten, welche z. B. die Kenntniß der Theorie der schiefen Ebene, der Bestimmung des Schwerpunktes einer Pyramide, des Princips der virtuellen Geschwindigkeiten, der Capillaritätserscheinungen, der Staubfiguren auf schwingenden Flächen, der Gründe des Regenbogens, des Phänomens der Ebbe und Fluth, der Bewegung der Erde ꝛc. andeuten sollen, zu einem Ganzen zusammen zu stellen[9]). — Näheres über diese allerdings großentheils aus kritikloser Zusammenstellung aller aus früherer Zeit überkommenen Daten und Lehren hervorgegangenen Encyklopädien und namentlich über ihre Herausgabe auf später versparend[10]), bleibt als Merkwürdigkeit anzuführen, daß gerade in dieselbe Zeit, wo wir diese Sammelwerke zuerst auftauchen sehen, und wahrscheinlich nicht ohne innern Zusammenhang damit, auch die Blüthe der Astrologie fällt[11]), — die Zeit, wo nicht nur Fürsten und Städte ihre eigenen und oft hoch besoldeten Astrologen hielten, sondern sogar auf manchen Universitäten der Mathematiker oder Astronom entweder überhaupt nur unter der Firma der Astrologie eine ihn nährende Stellung erhalten konnte oder wenigstens gezwungen war, sich nebenbei durch Prognosticiren ꝛc. noch etwas zu verdienen, — hören wir sogar noch einen Kepler im Anfang des 17. Jahrhunderts klagen: „Es ist wohl diese Astrologia ein närrisches Töchterlin; aber du lieber Gott, wo wolt jhr Mutter die hochvernünfftige Astronomia bleiben, wenn sie diese jhre närrische Tochter nit hette, ist doch die Welt noch viel närrischer und so närrisch, daß

---

[9]) Der weltberühmte Maler und Bildhauer Leonardo wurde 1452 zu Vinci bei Florenz geboren, trat in Dienste des Herzog Sforza in Mailand, lebte dann in Florenz und Rom und folgte endlich 1516 einem Rufe von Franz I. nach Frankreich, wo er 1519 im Schlosse Cloux starb. Vergl. für ihn „Venturi, Essai sur les ouvrages physico-mathématiques de Léonardo da Vinci. Paris 1797 in 4," — auch „Libri, Histoire des sciences mathématiques en Italie (III 10—58)", und „Grothe, Leonardo da Vinci als Ingenieur und Philosoph. Berlin 1874 in 8." [10]) Vergl. 71 für die Ausgaben.

[11]) Vergl. für ihre frühere Geschichte 14 und 25.

deroselben zu ihrem Frommen diese alte verständige Mutter durch der Tochter Narrentaydung eyngeschwatzt und eingelogen werden muß. Und seind der Mathematicorum salaria so gering, daß die Mutter gewißlich Hunger leyden müßte, wann die Tochter nichts erwürbe." Werfen wir also keinen Stein auf Guido Bonatti[12]), daß er in der zweiten Hälfte des 13. Jahrhunderts die Stelle eines Astrologen von Florenz annahm, — oder auf seinen Zeitgenossen Pietro di Abano oder Apono, daß er zu Padua neben Medicin und Astronomie auch eifrigst Astrologie betrieb, bis er, der Zauberei und Ketzerei angeklagt, im Inquisitionsgefängnisse starb[13]), um später noch zum Ueberflusse in effigie verbrannt zu werden, — nicht einmal auf Michel Nôtre-Dame oder Nostradamus, der noch im 16. Jahrhundert, nachdem er als Arzt Hunger gelitten und dann aus Noth zu prophezeien begonnen hat, als Astrolog am französischen Hof Eingang gewann und nun zum gefeierten Arzte aufstieg[14]). Es war überhaupt die Astrologie eine Krankheit der Zeit, der sich nicht einmal die Wägsten und Besten ganz entziehen konnten, und sie blieb es noch lange: Blieb ihr ja sogar der große Regiomontan[15]) nicht ganz fremd, — ließ sich doch noch im ersten Viertel des 16. Jahrhunderts der sonst so verdiente und grundehrliche Professor Johannes Stöffler in Tübingen[16]) verleiten, als Folge einer großen Conjunction der drei oberen Planeten auf 1524 II 20 eine neue Sündfluth (anstatt einer anhaltenden Trockenheit) und aus andern Constellationen später sich selbst (mit unerwünschtem Erfolge) den Tod

[12]) Vergl. für ihn „B. Boncompagni, Della vita e delle opere di Guido Bonnatti, Astrologo ed Astronomo del secolo decimoterzo. Roma 1851 in 8." Er hatte früher in Paris gelehrt, war dann in den Franciscaner-Orden getreten, und starb etwa 1300 zu Bologna oder Ancona in seinem 70. Lebensjahre.

[13]) Im Jahre 1310 in seinem 66. Altersjahre.

[14]) Nostradamus wurde 1503 zu St. Rémy in der Provence geboren und starb zu Salon 1566.

[15]) Vergl. für ihn 30—32, 36, 47, 56 ꝛc.

[16]) Im Jahre 1452 zu Justingen in Schwaben geboren, wirkte er lange mit großem Erfolge als Professor der Mathematik zu Tübingen und starb 1531 zu Blaubeuern. Vergl. für ihn 42, 48 ꝛc.

durch den Fall von etwas Schwerem auf den Kopf voraus zu verkündigen, — waren ja auch der vortreffliche und die meisten seiner Zeitgenossen überragende Melanchthon und der geistreiche Arzt und Geometer Hieronymus Cardanus eifrige Astrologen[17]) etc. Einzelne Stimmen, welche sich gegen die Astrologie hören ließen, wie z. B. die eines Paolo Toscanelli[18]), der sich selbst als einen Beweis von der Trüglichkeit und Werthlosigkeit der Astrologie hinzustellen pflegte, da ihm sein Horoskop nur eine kurze Lebensdauer verheißen und er doch ein hohes Alter erreicht habe, — oder eines Theophrastus Paracelsus[19]), der das eigenthümliche Geschick hatte, daß später seinem berühmten Namen astrologische Schriften unterschoben wurden, während er in seinen anerkannt ächten Schriften vielfach über diesen Kram loszog, und z. B. in seiner derben Weise sagte: „Unterstand dich nicht unmügliche Ding, dann es ist spöttisch" und wieder: „Das Kind bedarff keines Gestirns noch Planeten; seine Mutter ist sein Planet und sein Stern" etc. — blieben unbeachtet, und erst im 17. Jahrhundert begann es zu tagen: Der sonst so verdiente Jean-Baptiste Morin[20]) dürfte so ziemlich der letzte bedeutendere Astrolog gewesen sein; seine „Astrologia gallica"[21]) verfing aber, trotzdem sie eine Frucht 30jähriger Studien war und nach seiner Meinung das morsch gewordene Gebäude neuerdings stützen sollte, nicht mehr und durch seine meist fehlschlagenden Prophezeiungen, von denen nicht weniger als zwanzig den Tod seines Gegners Gassendi betroffen haben sollen, half er es wider Willen noch

[17]) Für Melanchthon vergl. 79. — Cardanus wurde etwa 1501 zu Pavia geboren, war Prof. der Mathematik in Mailand, der Medicin in Pavia und Bologna, und starb 1576 zu Rom. Seine „Opera" erschienen 1663 zu Leyden in 10 Folianten.

[18]) Toscanelli lebte von 1397 bis 1482 in Florenz, war Arzt und Cosmograph und bestärkte 1474 Columbus in dem Glauben, es könne Asien durch eine Seefahrt nach Westen erreicht werden.

[19]) Dieser erst in der neuesten Zeit nach Verdienst gewürdigte, ganz ausgezeichnete schweizerische Arzt und Naturforscher, wurde 1493 zu Einsiedeln geboren und starb 1541 zu Salzburg. Vergl. für ihn meine „Biographien (III 1–50)." [20]) Vergl. für ihn 104. [21]) Hagae 1661 in Fol.

selbst zu untergraben. Aber immerhin würde man noch jetzt im geheimen Kämmerlein sich sogar Manchen als gläubigen Astrologen entpuppen und sich seines Pegius[22]) oder einer ähnlichen Eselsbrücke bedienen sehen, von dem man es nach seinem öffentlichen Gebahren nicht denken sollte, — des großen Haufens mit seinem unverwüstlichen Aberglauben gar nicht zu gedenken.

30. Purbach und Regiomontan. An die 1365 in Wien gegründete Hochschule wurde 1388 Heinrich von Hessen als Professor der Theologie und Mathematik berufen. Muthmaßlich etwas vor der Mitte des 14. Jahrhunderts in dem bei Kirchhayn in Oberhessen gelegenen Dorfe Langenstein geboren, jedenfalls häufig auch „Langenstein" genannt, tauchte dieser Mann etwa 1375 als Professor der Theologie und Kanzler der Universität zu Paris auf, wo z. B. Pierre d'Ailly[1]) sein Schüler gewesen sein mag, — aber, wie er ein für seine Zeit freisinniger und gegen die Sittenverderbniß der Mönche eifernder Theologe war, bereits auch als einer der tüchtigsten Vorkämpfer gegen Astrologie und Zeichendeuterei, indem er sich schon[2]) „als 1368 vom Palmsonntag hinweg während drei Wochen ein Komet die Gemüther erschreckte und zu allen möglichen Weissagungen verleitete, das Verdienst erwarb, laut und öffentlich zu leugnen, daß man es in diesem Phänomen mit einer vorbedeutenden Naturerscheinung zu thun habe[3])." In Wien trug er wesentlich zum raschen Aufblühen der jungen Hochschule bei, und gründete da-

[22]) „Dr. Martin Pegius, Saltzburgischer Rhat: Geburtsstundenbuch. Basel 1570 in Fol."

[1]) Vergl. 105.

[2]) Vergl. Cantor in Zeitschr. für Mathem. und Physik. (Jahrg. 19: Lit. p. 45).

[3]) Nach dem Artikel von Rommel und Wendt in der Encycl. von Ersch und Gruber beantwortete er die Frage „Utrum apparitio cometae eventuum aliquorum sit signum prognosticatum" mit einem entschiedenen „Quod non". Er verfaßte auch neben theologischen Schriften und einer „Commentatio in genesin et in theoricas planetarum", einen „Tractatus contra astrologorum superstitionem", der ihn vortheilhaft von einem sonst oft mit ihm verwechselten etwas jüngern Heinrich von Hessen unterscheidet, der 1427 als Prof. der Philosophie zu Heidelberg starb und gegentheils Astrolog war.

selbst eine förmliche Schule für Mathematik und Astronomie, so daß Ramus 1569 sagen konnte[4]): „Hundert und achtzig vor diesem hat Heinrich von Hessen zuerst die mathematischen Wissenschaften von Paris nach Wien gebracht; von hier aus haben sich durch ganz Deutschland die ersten Mathematiker gleich Geschlechtern verbreitet." — Wer Heinrich, als er 1397 starb und bei St. Stephan beigesetzt wurde, unmittelbar als Lehrer der Mathematik folgte, und so zwischen ihm und Johannes de Gmunden, der schwerlich sein direkter Schüler war, vermittelte, bleibt ungewiß: Dieser Johannes wurde im letzten Viertel des 14. Jahrhunderts (etwa 1380) in der freien Reichsstadt Gmünd in Schwaben[5]) geboren, — studirte in Wien, wo er 1406 Magister der freien Künste und der Philosophie wurde und Astronomie zu lehren begann, — rückte 1411 zum Domherr von St. Stephan vor, in dessen Necrologium er sich als „Joannes Nyder de Gmunden" eingetragen findet, 1423 aber zum Dekan der Fakultät der freien Künste — und starb 1442 mit dem Nachruhme eines trefflichen Lehrers. Neben verschiedenen astronomischen Traktaten und Tafeln, die aber nie gedruckt wurden und seither größtentheils verloren gegangen sein sollen[6]), verdankte man ihm ein noch später zu besprechendes „Kalendarium[7])." Ferner erwarb er sich auch dadurch ein nicht geringes Verdienst, daß er 1435 der Fakultät der freien Künste, mit Vorbehalt des Gebrauchs für Lebenszeit, seine Bücher und Instrumente schenkte und so den Grund zu der nachmals so berühmten Wiener Bibliothek legte. — Der weit ausgezeichnetste Schüler von Johannes war der 1423 zu Peurbach in Oberösterreich geborne Georg, genannt Purbach. Schon als Studirender zeichnete er sich so aus, daß

[4]) Vergl. seine „Scholarum mathematicarum libri XXXI. (II, 64)."

[5]) Nicht in Gmunden am Traunsee, wie man früher annahm. Vergl. den trefflichen Artikel von Stern: „Joannes de Gmunden" in Ersch und Gruber.

[6]) Seine „Tabulae de planetarum motibus et luminarium eclipsibus verissimae ad Meridianum Viennensem", und seine „Practica tabularum astronomicarum" sollen noch auf der Wiener Bibliothek vorhanden sein.

[7]) Vergl. 32.

er 1440 bereits Magister wurde und der Ruf seiner Talente und Kenntnisse sich weit verbreitete, und als er einige Zeit nach dem Tode seines Lehrers eine Reise nach Italien unternahm, fand er in Rom bei Cusanus[8]) und in Ferrara bei dem hochbetagten Bianchini[9]) die zuvorkommendste Aufnahme, — ja Letzterer soll ihn nicht losgelassen haben, bis er einige öffentliche astronomische Vorträge gehalten hatte. Etwa 1450 nach Wien zurückgekehrt, erhielt Purbach sofort den Lehrstuhl der Mathematik und Astronomie und fing nun ernstlich an, den Almagest zu bearbeiten, sowie unter dem Titel „Theoricae novae planetarum“ eine Art Einleitung in die griechischen Planetentheorien zu schreiben[10]). Während er sich nun damit abmühte, eine von Fehlern wimmelnde lateinische Uebersetzung eines arabischen Almagest's zu corrigiren, erhielt er etwa 1452 an Johannes Müller von Königsberg bei Haßfurt in Unterfranken, genannt Regiomontan oder Kungsperger, einen vorzüglichen Schüler und Mitarbeiter[11]). Im Jahre 1436 am 6. Juni Johannes Müller dem Aeltern, der zu Unfind bei Königsberg eine Mühle besaß, geboren, hatte dieser junge Mann schon frühe eine ganz ungewöhnliche Begabung gezeigt und bereits mit zwölf Jahren die Universität Leipzig bezogen, — war dann durch Purbach's Ruf nach Wien gelockt worden, und dort bald vom Schüler des berühmten Lehrers zu dessen Freund und Gehülfen emporgestiegen. Als sich nun z. B. bei gemeinschaftlichen Beobachtungen zeigte, daß eine Mondfinsterniß bei einer Stunde später eintraf, als es die Alphonsinischen Tafeln erwarten ließen, — ein ander Mal wieder Mars bei 2° von der Stelle entfernt war, welche ihm jene zutheilten ꝛc.[12]),

[8]) Vergl. 76 und 105. [9]) Vergl. 28. [10]) Vergl. 67.

[11]) Nach „Ziegler, Regiomontanus, ein geistiger Vorläufer des Columbus. Dresden 1874 in 8“, wird in Königsberg noch das Geburtshaus von Regiomontan gezeigt, — auch die Erinnerung an ihn durch eine Regiomontanusschule, durch ein 1871 errichtetes Denkmal und durch einen unter dem Namen „Vinum Regiomontanum“ gezogenen Wein dort mit Freuden festgehalten.

[12]) Von diesen Beobachtungen hat uns Snellius im Anhange zu seinen „Observationes Hassiacae“ diejenigen der Mondfinsternisse von 1457 IX 3

— so erkannten sie die Nothwendigkeit genauerer Planetentafeln, eines neuen Fixsternverzeichnisses ꝛc., — besprachen die zur Grundlage nöthigen Beobachtungen und die für Letztere zweckmäßigsten Instrumente u. s. f. — Unterdessen war Bessarion[13]) als päpstlicher Legat nach Wien gekommen, hatte dort Purbach kennen gelernt und ihn eingeladen, mit ihm nach Rom zu reisen, sei es um nach dem von ihm besessenen Exemplare den Almagest aus der Ursprache überzutragen, sei es um wenigstens das längst begonnene „Epitome in Cl. Ptolemaei magnam compositionem“ dort mit mehr Ruhe zu vollenden. Purbach nahm diese Einladung unter der Bedingung an, daß er seinen jungen Freund, welcher sich schneller als er in das Griechische hineinarbeiten werde, mitnehmen dürfe, und schon war Alles zur Reise vorbereitet, als Georg im April 1461 plötzlich wegstarb, jedoch zum Glücke Regiomontan nicht nur seine Stelle, sondern auch seine Kenntnisse, seine Pläne, sowie die Gunst des Cardinals als Vermächtniß hinterlassend. Als Bessarion im Herbst 1461 seine Geschäfte erlaubten, nach Rom zurückzukehren, begleitete ihn Regiomontan wirklich dahin, — setzte daselbst das schon in Wien begonnene Studium der griechischen Sprache mit Hülfe der Griechen Georg von Trapezunt[14]) und Theodor Gaza eifrig fort — kehrte, sobald er sich stark genug fühlte, zu seinem Almagest zurück, — setzte, unter Rücksichtnahme auf Theon's Commentar, den Text desselben fest, — vollendete die sieben noch fehlenden Bücher des

und 1460 VII 3 erhalten; eine dritte Mondfinsterniß von 1461 VI 22 beobachtete Regiomontan nach dem Tode von Purbach in Wien allein — und 1461 XII 2 beobachtete er sodann in Rom eine Conjunction von ♂ und ♄, — später manches Andere, so z. B. 1462 I 3 und 11 Mittagshöhen der Sonne mit den „Regulae Ptolemaei“ etc.

[13]) Johannes Bessarion wurde 1395 zu Trapezunt geboren, stieg jung bis zum Patriarchen von Constantinopel auf, trat später zur römischen Kirche über, kam 1438 bei Anlaß des florentinischen Concils nach Italien, erhielt 1439 vom Papst Eugen IV den Purpur, wurde von ihm vielfach zu Staatsgeschäften verwendet und starb 1472 zu Ravenna. Gönner aller wissenschaftlichen Bestrebungen, stand sein Haus jedem Gelehrten offen. Seine werthvolle Bibliothek vermachte er Venedig. [14]) Vergl. 63.

bereits erwähnten „Epitome“[15]), — sammelte oder copirte griechische Codices, — versäumte auch weder in Rom noch in Viterbo, wo er sich den Sommer und Herbst 1462 über aufhielt, astronomische Beobachtungen zu machen. — Als Regiomontan beim Studium der von Trapezuntius gemachten Bearbeitung des Theon'schen Commentars zum Almagest, in derselben verschiedene sinnstörende Fehler fand, machte er kein Hehl daraus[16]), und verfeindete sich so mit diesem heimtückischen Griechen dergestalt, daß er, als Bessarion eine Reise nach Griechenland unternehmen mußte, vorzog, diesem Feinde auszuweichen. Er reiste um 1463 nach Padua, wo er auf Begehren der Studenten einige Vorlesungen über den Nutzen der Mathematik und über Alfragan's „Rudimenta astronomica“ hielt, — dann nach Venedig, wo er seine Trigonometrie vollends ausarbeitete[17]), — kehrte im Frühjahr 1464 dann doch wieder nach Rom zurück, wo aber der Streit mit Trapezuntius und dessen Söhnen so bedenklich ausartete, daß er 1468 Rom schleunigst verließ und mit dem gesammelten Schatze, unter welchem die ihm von Bessarion überlassene Handschrift der Ptolemäischen Syntaxis die erste Stelle einnahm, nach Deutschland zurückkehrte, um ihn nach und nach zu veröffentlichen. — Gegen Ende des zuletzt genannten Jahres in Wien eingetroffen, übernahm er daselbst die ihm offen behaltene Professur der Mathematik und Astronomie, — bekleidete sie jedoch nicht lange, da ihm König Matthias Corvinus von Ungarn, der in der Türkei eine Menge der bei Eroberung von Constantinopel

[15]) Es wurde „Venet. 1496 in Fol. (Auch Bas. 1543 und Norimb. 1550)“ aufgelegt.

[16]) Seine damals entstandene „Defensio Theonis contra Trapezuntium“ wurde von Murr seiner „Notitia trium codicum autographorum Johannis Regiomontani. Norimb. 1801 in 4“ einverleibt.

[17]) Für Regiomontan's Trigonometrie vergl. 36. Dagegen mag hier angeführt werden, daß Murr in s. „Memorabilia bibliothecarum publicarum Norimbergensium et universitatis Altdorfinae“ unter Anderem einen Brief mittheilt, welchen Regiomontan 1463 VII 27 aus Venedig an Bianchini in Ferrara schrieb — und einen zweiten, welchen er 1465 II 15 aus Rom an Jacobus Spirensis in Urbino absandte.

und Athen ganz zerstreuten griechischen Manuscripte aufgekauft hatte, mit einem Jahrgehalt von 200 Goldgulden nach Raab berief, um diesen Schatz zu ordnen[18]). Bald stand er bei diesem ebenso heldenmüthigen als kenntnißreichen Fürsten und dem der Astrologie ergebenen Erzbischof Johann von Gran, für welch letzteren er die „Tabulae directionum“ berechnete[19]), in hoher Gunst und wäre wohl noch lange dageblieben, wenn nicht bald darauf Corvinus sich von den für ihn durch Regiomontan verfertigten Instrumenten wieder zu den Kriegswaffen gewendet hätte und gegen die Böhmen gezogen wäre. So entschloß sich unser Astronom, einen ruhigern Aufenthalt zu suchen und wählte dafür Nürnberg, wo damals Handel, Kunst und Wissenschaft in seltener Blüthe standen.

31. **Die Buchdruckerkunst.** Ungefähr zu derselben Zeit, als sich das Studium der griechischen Sprache, und der aus dem Morgenlande geretteten Ueberreste der classischen Literatur überhaupt im Abendlande mehr und mehr zu verbreiten begann, und so das Bedürfniß entstand, die geistigen Produkte allgemeiner und rascher zugänglich zu machen, als es bis dahin durch Abschreiben möglich gewesen war, hatte der etwa 1397 zu Mainz in einer patricischen Familie geborne Johannes Gensfleisch Gutenberg[1]), der von 1420 an zu Straßburg als Steinschneider lebte, die glückliche Idee, Buchstaben in Holztafeln zu schneiden, und mit solchen druckte er schon 1435 sogenannte ABC-Tafeln. Als er sodann etwa 1445 nach Mainz zurückkehrte, wo ihm der reiche Goldschmid Johannes Fust durch Vorstrecken von Geld weitere

---

[18]) Ziegler, der unter Anderm das Verdienst hat, durch seine Schrift eine höchst interessante Kritik von Cantor (Zeitschr. für Math. und Phys. XIX, Lit. 41—53) veranlaßt zu haben, hätte dieselbe allerdings etwas sorgfältiger revidiren dürfen. So sagt er auf pag. 8 und 9 fast in einem Athemzuge, Regiomontan sei um 1468 von Rom nach Wien zurückgekehrt, habe bis 1468 sein dortiges Amt als Professor verwaltet uud sei im Jahre 1468 nach Uugarn berufen worden. [19]) Vergl. 36.

[1]) Gensfleisch und Gutenberg sollen die Namen zweier der Familie zugehörenden Grundstücke gewesen sein.

Versuche ermöglichte, verfertigte er hölzerne bewegliche Buchstaben, — dann solche aus Blei und Zinn, für welche später Gußformen erstellt wurden. Bald kam auch anstatt des ursprünglichen Abreibens die Presse zur Anwendung, und als noch Peter Schöffer in den Bund trat, verbesserte er die Druckerschwärze, die Metallmischung für den Guß der Buchstaben rc. — Die ersten gedruckten Bücher waren sehr theuer und die Kunst, dieselben ohne „Anwendung der Feder" herzustellen, wurde als Geheimniß ängstlich verborgen zu halten versucht, so daß man z. B. von den Arbeitern den Eid der Verschwiegenheit verlangte. Als jedoch 1462 Mainz durch Adolf von Nassau erobert und verheert wurde, zerstreuten sich die dortigen Buchdrucker, und so kam diese Kunst 1466, oder etwa zur Zeit des Todes von Gutènberg, nach Straßburg, — 1467 nach Köln und spätestens auch nach Basel[2]) und Beromünster[3]), — 1469 nach Paris[4]) und wahrscheinlich auch nach Nürnberg, — 1475 nach Burgdorf, — 1478 nach Genf, — 1493 nach Lausanne rc. — Die allgemeine Verbreitung über Europa verdankt man den Buchdruckern Sensenschmid und Coburger in Nürnberg, welche dieselbe nicht nur vervollkommneten, sondern in vielen andern Städten Filialen errichteten[5]).

[2]) Nach „Gaullieur, Etudes sur la typographie genevoise du 15 au 19 siècles et sur l'introduction de l'imprimerie en Suisse (Bull. de l'Inst. genev. II. 83—292)" druckte sogar schon 1459 Berchtold Rot zu Basel. Nach andern Berichten sollen schon 1471 die „Buchdruckerknechte" daselbst einen Strike ins Werk gesetzt haben.

[3]) In Beromünster betrieb der von Basel gebürtige Chorherr Elias Helye Von Laufen die Buchdruckerkunst und gab 1470 unter dem Titel „Mammotrectus" einen Commentar zur Bibel heraus, — eines der ersten Druckwerke, auf welchem Jahrzahl, Ort und Drucker angegeben sind.

[4]) Ein mehrjähriger Gehülfe des Von Laufen, Ulrich Gering von Münster, richtete 1469/70 auf Wunsch von Wilhelm Fichet, Rektor der Universität Paris, und Johannes de Lapide, Rektor der dortigen Sorbonne, in Paris eine erste Druckerei ein und stand ihr bis zu seinem 1510 erfolgten Tode vor; 1874 wurde seine Statue in der Bibliothek von St. Geneviève aufgestellt.

[5]) Anton Coburger soll in Nürnberg 24 Pressen in fortwährendem Gange erhalten, über 100 Arbeiter beschäftigt und in Danzig, Amsterdam, Lyon, Venedig rc. bei 14 Filialanstalten errichtet haben. Vergl. für ihn die Schrift „Anton Coburger's Leben. Dresden 1786 in 8."

— und sie waren wohl auch zunächst die Ursache, um welcher Willen sich 1471 Regiomontan gerade in Nürnberg niederließ, da er daselbst am ehesten hoffen konnte, die in Italien gesammelten Schätze an Manuscripten zum Abdrucke bringen zu können. — Regiomontan wurde bei seinem Einzuge in Nürnberg von den angesehensten Bürgern mit Auszeichnung aufgenommen[6]) und der reiche Patricier Bernhard Walther machte es sich zur Ehre, als Schüler zu den Füßen des jüngern Mannes zu sitzen, und mit fürstlicher Freigebigkeit an der Rosengasse eine Sternwarte zu bauen, für welche die besten Handwerker und Künstler, die Nürnberg besaß, aus Holz und Erz kostbare Instrumente zu liefern hatten und die sodann mit den Beobachtungen eingeweiht wurde, zu welchen der 1472 I 13 in Sicht gekommene Komet veranlaßte[7]). — Neben der praktisch-astronomischen Thätigkeit hielt Regiomontan auf Wunsch des Magistrates auch öffentliche Vorlesungen über Mathematik und Astronomie, jedoch ohne darüber den Hauptzweck, um dessen Willen er nach Nürnberg gekommen war, zu vergessen. Da sich nun zeigte, daß für die vielen mathematischen Zeichen und den schwierigen Tabellensatz die Kräfte der Coburger'schen Officin nicht ausreichten, so bestimmte er Walther, eine eigene Druckerei anzulegen, mit der dann überdieß eine mechanische Werkstätte zur Anfertigung von Himmelsgloben, Compassen und dergl. verbunden wurde. Daß Regiomontan selbst sehr kunstfertig war, ist kaum zu bezweifeln, wenn man auch die Angaben, daß er eine eiserne Fliege construirt habe, welche von seiner Hand weggeflogen und endlich, gleichsam wie ermüdet, zu derselben zurückgekehrt sei, — oder einen hölzernen Adler, der dem Kaiser vor seinem Einzug in

[6]) Murr gibt l. c. einen schon 1471 VII 4 von Regiomontan aus Nürnberg an Christian Roder in Hamburg geschriebenen Brief. Nach Ziegler ist dagegen die ihm vom Magistrate gegebene Aufenthaltsbewilligung erst von 1471 XI 29 datirt.

[7]) Bernhard Walther lebte von 1430 bis 1504. Vergl. für ihn, seine Instrumente und die Arbeiten auf seiner Sternwarte 32, 38, 41, 44, 46 und 56.

Nürnberg entgegenflog und ihn dann bis zum Stadtthor begleitete 2c., — als reine Fabeln betrachten muß; steht doch fest, daß er sich so bedeutende Verdienste um die Verbesserung der Buchdruckerkunst erwarb, um Peter Ramus zu erlauben [8]), ihn als einen Miterfinder dieser Kunst zu bezeichnen. Nach Schwarz [9]) zeichnet sich die aus Regiomontan's Officin 1472 oder 73 ausgegangene Ausgabe von Purbach's Theoret. Planet. [10]) durch schönes weißes Papier und durch die Eleganz der Typen und römischen Ziffern aus; im Werke zerstreut finden sich in Holz geschnittene mathematische Figuren. Das Calendarium [11]) gab er lateinisch und deutsch heraus; im deutschen erscheint eine neue und bisher in keiner Druckerei gebrauchte Schriftart, der lateinischen an Größe gleich, aber von andern Schriftzügen, ähnlich der heutigen sog. Kanzleischrift. In beiden Kalendern sind die Namen der Haupt-, Heiligen- und Festtage mittelst durch Zinnober gefärbter Typen (typis miniatis) angegeben. Wenn Regiomontan etwas mit Sorgfalt schrieb, so malte er förmlich die Figuren der Buchstaben mit Eleganz und großer Leichtigkeit, und die Schriftzüge seiner Manuscripte gleichen den Typen, die in seiner Officin gebraucht wurden. Es bildet dieß ein Kennzeichen für die wirklich in Letzterer gedruckten Werke. — Schwarz läßt es unentschieden, ob auch jenes Exemplar des deutschen Kalenders von Regiomontan stamme, welches mit Holztafeln (tabulis ligno incisis) gedruckt sei [12]), eine Methode, welche gewöhnlich dem Costerus zugeschrieben werde. Er schließt mit den Worten: Wenn nun Regiomontan in Folge plötzlichen Todes auch seine Pläne zur Verbesserung der Buchdruckerei nicht ganz durchführen konnte, so hat er doch das Verdienst, die elegantesten Ziffern und Buchstaben, sowie die vor ihm nirgends angewandten deutschen Charakteren eingeführt zu haben.

[8]) Auf pag. 64 seiner „Scholae mathematicae."

[9]) Vergl. dessen „Primaria quaedam documenta de origine typographiae. Altorfii 1740 in 4." [10]) Vergl. 68. [11]) Vergl. 32.

[12]) Bezieht sich muthmaßlich auf das von Falkenstein beschriebene Exemplar vergl. 32.

32. Die Kalender und Ephemeriden. Auf die Beobachtungen von Regiomontan und Walther wird später einläßlicher eingetreten werden[1]); dagegen ist hier noch einer ganz ausgezeichneten Leistung des Erstern, nämlich seiner Construction und Herausgabe von Kalendern und Ephemeriden zu gedenken. Nicht etwa daß Regiomontan als der Erste bezeichnet werden dürfte, welcher dem natürlichen Wunsche des größern Publikums entgegen gekommen wäre, einen sog. Kalender zu besitzen, d. h. ein bequemes Hülfsmittel, um sich für ein oder mehrere Jahre über die gegenseitige Lage der Wochen- und Monatstage, das Eintreffen der beweglichen Feste, den Stand der Sonne und des Mondes, die zu erwartenden Finsternisse 2c. zu belehren; im Gegentheil sind deutliche Spuren weit frühern Vorkommens von Kalendern vorhanden. Nicht nur finden sich schon in dem „Libellus de anni ratione, seu ut vocatur vulgo computus ecclesiasticus“[2]), welches der um die Mitte des 13. Jahrhunderts verstorbene Sacrobosco[3]) hinterließ, die zur Construction der Kalender nöthigen Regeln für Bestimmung der Sonntagsbuchstaben, goldenen Zahlen, Epakten 2c., sondern es soll die Pariser Bibliothek ein wirkliches Kalender-Manuscript vom Jahre 1284 besitzen[4]); ferner ist bekannt, daß man unbestritten dem 1374 zu Florenz verstorbenen berühmten Abbacisten Paolo Dagomari zuschreibt, unter dem Namen „Taccuino“ einen ersten italienischen Kalender geschrieben zu haben, — daß auch in Deutschland wenigstens Fragmente von Kalendern gefunden wurden, welche spätestens aus dem Anfange des 15. Jahrhunderts stammen können[5]) und namentlich Johannes von Gmünd[6]) muthmaßlich ein schon mit 1416, jedenfalls aber ein mit 1439 beginnendes und sich über

[1]) Vergl. 46, 56 2c.

[2]) A. 1538 zu Wittenberg mit Vorrede von Melanchthon zum ersten Male abgedruckt und dem „Libellus de sphaera“ beigegeben. [3]) Vergl. 66.

[4]) Vergl. den 30 erwähnten Artikel von Stern.

[5]) Vergl. z. B. Stürmer's Mitth. im 27. Band von Zach's Monatlicher Correspondenz und diejenige von Roth im Jahrg. 1808 des Neuen literarischen Anzeigers. [6]) Vergl. 30.

vier Mondzirkel erstreckendes „Kalendarium“ verfertigt hat, welches sodann mit noch vorhandenen Holztafeln[7]) vervielfältigt wurde. Wenn nichts desto weniger hier zunächst auf den Kalender von Regiomontan eingetreten wird, so geschieht es, weil es ihm gelang, auf Grund der frühern Versuche, die Construction des Kalenders zuerst soweit zu vervollkommnen, daß sie mustergültig blieb und seither, abgesehen natürlich von viel genauern Daten, nicht erheblich verbessert werden konnte. Derselbe wurde muthmaßlich zuerst etwa 1474 deutsch mit Holztafeln[8]), dann jedenfalls aber 1475 zugleich deutsch und lateinisch mit beweglichen Zeichen aufgelegt. Letztere beiden Ausgaben sind, was man von dem durch Falkenstein[9]) gegebenen Facsimile einer Seite des Erstern nicht gerade sagen kann, ganz hübsch und zwar in schwarz und roth gedruckt[10]), und bestehen in den von mir gesehenen Exemplaren übereinstimmend aus 30 Quartblättern Tabellen oder Text und zwei Figurentafeln; das Titelblatt ist leer geblieben, dagegen liest man am Ende der deutschen Ausgabe: „Also ist begriffen körczlich diß kalenders nucz und töglichait nach meinem slechten tewtsche und chlainem vermögen. M. Johan von Köngsperg“, — am Ende der lateinischen Ausgabe dagegen bloß: „Ductu Joannis de Monteregio“. Zuerst kommt der eigentliche Kalender, in welchem jedem Monat zwei Seiten eingeräumt sind: Die erste Seite gibt für die mit 1475, 1494 und 1513 oder mit der goldenen Zahl 13 beginnenden Gruppen von je 19 Jahren, mit der goldenen Zahl als Argument, Stunde und Minute von jedem Neumond und Vollmond, — die zweite Seite dagegen gibt in der jetzt noch bei immerwährenden Kalendern gebräuchlichen Weise den Monatstag, die mit Hülfe des Sonntagsbuchstabens den ihm entsprechenden Wochentag bestimmende Buchstabenfolge

[7]) Vergl. Bd. 18 von Zach's Mon. Corr., wo diese Tafeln sogar zur Reproduction des Kalenders verwendet wurden. [8]) Vergl. 31.

[9]) „Geschichte der Buchdruckerkunst. Leipzig 1840 in 4.“

[10]) Die hohen Festtage sind ganz schön in roth gedruckt, — während dagegen die goldenen Zahlen von Hand mit rother Dinte eingetragen sind, — wenigstens in dem von mir besessenen Exemplare der lat. Ausgabe.

den correspondirenden Tag des römischen Kalenders, die wichtigsten festen Festtage, — sowie dann auch Zahlen, aus welchen sich mit beigegebenen Hülfstäfelchen für jeden Tag die Längen von Sonne und Mond berechnen lassen[11]). Dann folgt eine kleine Ortstafel mit Angabe der Stunden und Minuten der in Beziehung auf den Nürnberger Meridian gegebenen Längen und der auf ganze Grade abgerundeten Breiten, — ferner ein Verzeichniß der von 1475 bis 1530 zu erwartenden Sonnen- und Mondfinsternisse, ihrer Dauer und Größe, — und endlich eine ganz nett eingerichtete Tafel der beweglichen Feste, sowie eine eben solche der Tageslänge zwischen 36 und 55° Breite für jeden Grad der Breite und jeden dritten Grad der Sonnenlänge. Außerdem sind noch Anleitungen zum Gebrauche des Kalenders, zur Construction von Sonnenuhren ꝛc. beigegeben, — sowie meinem Exemplare ein auf steifes Papier verzeichnetes „Instrumentum horarum inaequalium“ und ein eben solches „Instrumentum veri motus Lunae,“ denen in andern Exemplaren noch ein „Quadrans horologii horizontalis“ und ein „Quadratum horarium generale“ folgt[12]). — Nahe gleichzeitig mit seinem Kalender, nach den Einen schon 1474, nach den Andern erst 1475[13]), gab Regiomontan seine „Ephemerides ab anno 1475 ad annum 1506“[14])

[11]) Für weitern Detail auf meine betreffenden Notizen in Nr. 32 und 33 meiner astronom. Mitth. (Zürch. Viert. 1872/3) verweisend, füge ich bei, daß Johannes von Gmünd in seinem Kalender dem astronomischen Theile noch nicht diese gute Einrichtung und Vollständigkeit gab, während der bürgerliche Theil ziemlich entsprechend war.

[12]) Der Kalender wurde vielfach und oft mit Regiomontan ganz fremden Zusätzen nachgedruckt, welche dann ihm mit Tadel zugeschrieben wurden., wie dieses z. B. Delambre III 323/34 bei Besprechung einer Ausgabe von Venet. 1494 macht, wo er Regiomontan z. B. das Aderlaßmännchen zuschreibt.

[13]) Weidler und Lalande nehmen 1474 an, — Stern dagegen in seinem trefflichen Artikel „Johannes de monte regio“ in Ersch und Gruber 1475. Vergl. Note 14 und 16.

[14]) Nach Weidler's Angabe. Die erste Ausgabe ist von solcher Seltenheit geworden, daß sie kein neuerer Schriftsteller selbst gesehen zu haben scheint. Nach Weidler besaß die Bibliothek in Wittenberg ein Exemplar ohne Titel; dagegen war am Ende zu lesen „explicitum est hoc opus anno chr. Do. 1474 ductu Joannis de Monteregio.“

heraus, welche großes Aufsehen erregten und, da man anfänglich das Exemplar mit 12 Dukaten bezahlt haben soll, der Mühe lohnten, nachgedruckt zu werden, wie dieß z. B. von Peter Liechtenstein zu Venedig geschah, der sie 1498 unter dem Titel „Ephemerides sive Almanach perpetuus" erscheinen ließ[15]). — Diese letztere mir vorliegende Ausgabe beschlägt 122 Blätter und beginnt mit Ortstafel und Kalender, welche beide den entsprechenden Theilen des Kalenders entsprechen, nur daß Erstere sich auf den Meridian von St. Toledo in Spanien als den westlichsten Ort der Tafel bezieht, und Letzterer bloß die Monats-, Wochen- und Festtage enthält. Dann folgt eine Art Schlüssel für die Cykeln und beweglichen Feste, eine mit der beim Kalender beschriebenen übereinstimmende Tafel der Tageslängen und sodann eine Einleitung in die eigentlichen Ephemeriden, an deren Schlusse sich ein sonst wenig bekannter Heilbronner-Mathematiker Johannes Santritter als Herausgeber und Bearbeiter nennt. Diese eigentlichen Ephemeriden geben nun in ausgedehnterer Weise und nicht bloß wie im Kalender für Sonne und Mond, sondern auch für die übrigen Wandelsterne, die Längen und überdieß für den Mond die Breiten und zwar mit 1473 beginnend[16]). Zum Schlusse kommt noch ein dem im Kalender analoges Verzeichniß der von 1475 bis 1530 zu erwartenden Finsternisse und noch zum Ueberflusse zu Gunsten der Astrologen eine „Tabula introitus Solis in prin-

[15]) Noch andere Ausgaben wurden Venet. 1481, Ulm 1499, Venet. 1504 ꝛc veranstaltet. Die Regiomontan'schen Ephemeriden waren nicht die ältesten, da schon Ptolemäus und seine Zeitgenossen ähnliche Hülfsmittel construirt hatten, vergl. Delambre, Hist. de l'Astr. anc. II 635—38, — Ellis, mit specieller Bezugnahme auf die 1854 von Stobart in Egypten aufgefundenen und von Brugsch gedeuteten 4 Holztafeln, in Mem. Astr. Soc. XXV etc.; aber sie waren nicht nur bequemer und reichhaltiger, sondern durch den Druck auch allgemein zugänglich.

[16]) Die Jahrzahl 1473 könnte auf ein früheres Erscheinen schließen lassen, aber sie kann auch einfach damit zusammenhängen, daß Regiomontan mit dem ersten Jahre einer Schaltperiode beginnen wollte; da die Finsternißtafel erst mit 1475 beginnt, so ist das Druckjahr wohl nicht vor 1474 zu setzen. Vergl. Note 13 und 14.

cipia signorum Zodiaci", sowie eine „Tabula domorum." – Regiomontan's Ephemeriden übten auf die Entdeckungsreisen am Ende des 15. und am Anfang des 16. Jahrhunderts einen sehr bedeutenden Einfluß aus, da sie von den Diaz, Vasco de Gama, Columbus[17]), Amerigo Vespucci 2c. vielfach benutzt wurden. So wird z. B. speciell angeführt, es habe Vespucci 1499 mit Hülfe derselben die Länge von Venezuela an der Nordküste von Südamerika bestimmt[18]). Ferner sollen diese Ephemeriden auch veranlaßt haben, daß Regiomontan vom Papst Sixtus IV. zum Bischof von Regensburg ernannt und durch ein eigenhändiges Schreiben aufgefordert wurde, nach Rom zu kommen, um die längst gewünschte Reform des Kalenders[19]) anzubahnen. Leider folgte Regiomontan Ende Juli 1475 diesem Rufe[20]); denn kaum hatten seine Arbeiten in Rom begonnen, so ereilte ihn 1476 VII 6 der Tod, — vielleicht in Folge eines Pestanfalles, vielleicht aber auch in Folge von Gift, das ihm die Söhne Georg's von Trapezunt beizubringen wußten[21]). So wurde er im Alter von 40 Jahren im Pantheon beigesetzt — statt, wie es ihm bei längerem Leben wohl geglückt wäre, die Schwelle zu überschreiten und sich nicht nur den Ruhm eines Wiederherstellers der Astronomie, sondern auch den ihres Reformators zu erwerben; denn Cantor sagt wohl mit Recht[22]), „wenn auf Einen, so können auf ihn die Worte angewandt werden, in welchem Newton das Hin-

[17]) Daß Columbus die Regiomontan'schen Ephemeriden auf dem Schiffe hatte, mit ihrer Hülfe Mondfinsternisse, Conjunctionen 2c. zur Bestimmung von Längen verwandte, die Mondfinsterniß von 1504 II 29 den Eingebornen ankündigte 2c., soll aus dessen Schiffsjournal deutlich hervorgehen.

[18]) Vergl. 45 für den Detail dieser Bestimmung. Dagegen mag hier angeführt werden, daß Jules Marcou ziemlich wahrscheinlich gemacht hat, es sei der Name Amerika nicht von Amerigo abgeleitet, sondern von den Europäern der in alter Zeit einer Hügelkette in Nicaragua beigelegte Name Americ auf den ganzen Continent ausgedehnt worden; auch habe Vespucci ursprünglich Albericus geheißen und erst später sei dafür Amerigo geschrieben worden.

[19]) Vergl. 105.

[20]) Nach Ziegler beobachtete Regiomontan noch 1475 VII 28 in Nürnberg.

[21]) Vergl. 30.

[22]) In seiner bereits erwähnten Kritik von Ziegler's Schrift.

scheiden von Roger Cotes beklagt: „Hätte er länger gelebt, so würden wir noch viel von ihm gelernt haben!“ — Regiomontan's Tod berührte in Nürnberg schmerzlich, aber die Flamme war angezündet und brannte in seinen Schülern fort, besonders in Bernhard Walther, der die Arbeiten des Meisters bestmöglich fortsetzte[23]) und dessen Nachlaß wie einen Schatz hütete, d. h. Andere von dessen Benutzung ausschloß. Nach seinem 1504 erfolgten Tode kaufte der Magistrat von Nürnberg die Beobachtungen und einen Theil der Instrumente[24]); sonst wurde leider der größte Theil des kostbaren Nachlasses von liederlichen Erben verschleudert — und heute weiß man in Nürnberg kaum noch, wo zu jener Zeit an der Rosengasse die erste deutsche Sternwarte stand. — Neben Walther sind aus jener Zeit, in welcher zu Nürnberg die Nachwirkung von Regiomontan's Aufenthalt noch so recht lebhaft war, besonders noch Behaim, Werner, Hartmann und Schoner zu nennen: Im Jahre 1459 zu Nürnberg geboren[25]), reiste Martin Behaim schon früh als Tuchhändler weit herum, machte aber gerade um die Zeit, wo seine Vaterstadt Regiomontan beherbergte, einen Aufenthalt daselbst, und wurde so, sei es durch Unterricht oder durch persönlichen Umgang, mit dessen Arbeiten bekannt. Später hielt sich Behaim längere Zeit in Portugal auf, verkehrte viel mit Bartholomäus Diaz, Columbus und Vasco de Gama, und machte sie auf den Nutzen von Regiomontan's Ephemeriden für Ortsbestimmungen zur See aufmerksam, — begleitete 1484/5 Diego Cam als Steuermann und Cosmograph auf dessen 19monatlicher Seefahrt nach der Mündung des Congoflusses an

---

[23]) Vergl. die von Schoner herausgegebenen „Observationes XXX annorum a Jo. Regiomontano et B. Walthero Norimbergae habitae. Norimb. 1544 in 4.“

[24]) Nach Ziegler werden noch jetzt auf der Stadtbibliothek in Nürnberg in einem Glasschranke einige dieser Instrumente sorgfältig aufbewahrt, — so ein „Astrolabium diametri 10 digitorum 1468“, — „Aliud quinque digitorum diametri“, — „Astrolabium arabicum cupreum, diametri 6 digitorum literis cuficis lineisque argenteis distinctum.“

[25]) Das sonst häufig auf 1430 gesetzte Geburtsjahr ist nach Ziegler total falsch.

der Westküste von Afrika, — wurde auch von Johann II. von Portugal in die Commission gewählt, welche die Methode festsetzen sollte, „nach Sonnenhöhen“ zu schiffen, und soll bei dieser Gelegenheit ein zur Bestimmung von Zeit und Polhöhe an Bord eines Schiffes geeignetes Astrolabium construirt haben. Die Jahre 1491/3 verbrachte Behaim auf Besuch in seiner Vaterstadt und verfertigte damals eine große Weltkugel, welche als historisches Denkmal der geographischen Kenntnisse jener Zeit so merkwürdig geblieben ist; dann kehrte er wieder nach dem ihm zur zweiten Heimath gewordenen Lissabon zurück und starb daselbst 1507. — Nur mittelbarer Schüler Regiomontan's, aber ihm nach besten Kräften nachstrebend, war der 1468 zu Nürnberg geborene Johannes Werner. Nachdem derselbe 1493/8 in Rom gelebt hatte, erhielt er die Pfarrei St. Johann in seiner Vaterstadt, — befreundete sich mit dem damaligen Mäcen Nürnbergs, dem Rathsherrn Wilibald Pirkheimer[26]), — benutzte dessen reiche Bibliothek — und fand sich bei ihm mit dem vortrefflichen Maler Albrecht Dürer, mit Thomas Gechauf oder Venatorius, der 1544 nach einem Pirkheimer'schen Manuscripte die Werke Archimed's zum ersten Male publicirte, — mit Andreas Osiander, dem Herausgeber von Copernicus[27]), xc. — zusammen. Obschon Werner sich in der Folge mit geographischen Werken beschäftigte, bei deren Herausgabe ihm Conrad Heinfogel hülfreich an die Hand ging, so ist ihm nachzurühmen, daß er auch in der höhern Mathematik zu Hause war, daß er viele meteorologische Beobachtungen und Untersuchungen anstellte, daß er sich auch mit Astronomie beschäftigte[28]) und unter Anderem den Kometen von 1500 eifrig verfolgte xc., kurz wirklich bis zu seinem 1528 erfolgten Tode unermüdlich für die verschiedensten Wissenschaften arbeitete. — Georg

[26]) Pirkheimer lebte von 1470 bis 1530. Sein Haus war der Vereinigungspunkt aller Gelehrten und Künstler, ja ersetzte förmlich eine Akademie.

[27]) Vergl. 78.

[28]) Er schrieb z. B. „De motu octavae sphaerae tractatus duo. Norimb. 1522 in 4.“

Hartmann wurde 1489 zu Eckoltsheim bei Bamberg geboren, -- studirte in Köln, wo er sich mit Glarean und Melanchthon befreundet zu haben scheint, Theologie und Mathematik, — bereiste hierauf Italien — und ließ sich sodann 1518 zu Nürnberg als Mechaniker nieder. Er construirte allda viele Globen, Astrolabien, Sonnenuhren 2c., und studirte namentlich auch die Eigenschaften des Magnets, bei welcher Gelegenheit er seine berühmte Entdeckung der Inclination machte[29]). Noch später fungirte er als Vikar an der Sebalduskirche und starb 1564. — Während Hartmann von außen herzukam, so war dagegen Johannes Schöner oder Schoner ein ächtes Nürnberger Kind. Im Jahre 1477 geboren, hatte er in seiner Vaterstadt gründlichen mathematischen Unterricht erhalten und war dann nach Bamberg gegangen, wo er als Prediger bei St. Jakob stand, nebenbei aber z. B. auf Kosten eines Gönners, Johannes Seyler, einen Erdglobus von drei Fuß Durchmesser construirte, der noch lange nachher auf der Stadtbibliothek zu Nürnberg paradirte. Im Jahre 1526 quittirte er auf Rath von Melanchthon seine Pfarrei, um die mathematische Lehrstelle an dem neu gegründeten Gymnasium in Nürnberg zu übernehmen, welche er nun bis zu seinem 1547 erfolgten Tode bekleidete. Nebenbei stellte er astronomische Beobachtungen an, von denen z. B. Copernicus zwei Merkursbeobachtungen benutzte, — arbeitete eine Reihe mathematischer und astronomischer Werke aus — und besorgte neben deren Veröffentlichung die Herausgabe verschiedener von Regiomontan und Werner hinterlassener Schriften[30]). — Neues Leben brachte die

---

[29]) Vergl. seinen 1544 darüber mit Herzog Albrecht von Preußen gepflogenen Briefwechsel in Dove's Repertorium II 129 u. f.

[30]) Vergl. seine von s. Sohn Andreas gesammelt herausgegebenen „Opera mathematica. Norimb. 1561 in Fol.“; ferner s. „Tabulae astronomicae. Norimb. 1536 in Fol.“, — seine Schrift „De usu globi astriferi opusculum Antw. 1548 in 8“, — seinen zur Zeit sehr geschätzten Traktat „De judiciis nativitatem. Norimb. 1545 in Fol.“, — die von ihm herausgegebenen „Problemata 29 Sapheae nobilissimi instrumenti, a Jo. de Monteregio. Norimb. 1534 in 4“ und „Jo. Regiomontani Problemata ad Almagestum. Norimb.

1576 vollzogene Gründung einer Akademie in dem benachbarten Altdorf, und ihre Erhebung zur Universität im Jahre 1622. Erster Lehrer der Mathematik an der neuen Akademie war der nachmals durch seine Erfindung des nach ihm häufig „Mensula praetoriana“ genannten Meßtisches[31]) allgemein bekannt gewordene Johannes Richter oder Praetorius. Zu Joachimsthal 1537 geboren, hatte er sich nach Vollendung seiner Studien in Wittenberg als Mechanikus in Nürnberg niedergelassen[32]), — war 1562 wieder auf Reisen gegangen, — hatte sich längere Zeit in Prag aufgehalten, — dann in Wien, wo er Maximilian II. in der Mathematik unterrichtete, — dann von 1569 an bei Bischof Dudithius in Krakau, — endlich von 1571 hinweg als Professor der Mathematik in Wittenberg. Im Winter 1575/6 erhielt er nahe gleichzeitig Berufungen von Wilhelm IV. als Hofmathematikus in Cassel und von Nürnberg aus nach Altorf, und folgte nun letzterem Rufe. Abgesehen von seiner Lehrthätigkeit, welche er mit Erfolg bis zu seinem 1616 erfolgten Tode fortsetzte, beschäftigte er sich auch gerne mit astronomischen Beobachtungen und zwar, da er, was damals noch ziemlich selten war, die Astrologie und den Kometenaberglauben bekämpfte, vorzugsweise mit Kometenbeobachtungen, wie z. B. seine Schrift „De Cometis, qui antea visi sunt, et de eo qui novissima mense Novembri apparuit narratio“[33]) beweist. Den großen Fleiß von Praetorius belegen 34 Bände von ihm hinterlassener Handschriften, welche

---

1541 in 4“, — seine „Descriptio cometae torqueto observati. Jo. Regiomontani Problemata XVI. de cometae longitudine magnitudine et loco vero. Norimb. 1531 in 4“ ɩc.

[31]) Nach Schwenter erfand Praetorius den Meßtisch etwa 1611; in diesem Falle sind aber zum mindesten die Zürcher Eberhard und Zubler ihm vorausgegangen. Vergl. IV 34/5 meiner Biographien.

[32]) Murr berichtet, daß die Stadtbibliothek in Nürnberg noch eine Reihe von Instrumenten besitze, welche Praetorius für Aegidius Eyrer construirte, so z. B. einen Himmelsglobus von 4' Durchmesser, ein Planisphärium von $15^1/_2$" Durchmesser, ein Torquetum Apiani ɩc.

[33]) „Norimb. 1579 in 4.“ Soll auch deutsch erschienen sein und z. B. eine Beschreibung des Wundersternes von 1572 enthalten.

sein zur Zeit durch die „mathematischen und philosophischen Erquickstunden" weit bekannter, zu Nürnberg 1585 geborner Schüler und Nachfolger Daniel Schwenter der Bibliothek in Altorf schenkte. Als Letzterer 1636 seinem 1621 verstorbenen Freunde, dem durch sein 1619 zu Nürnberg erschienenes „Judicium astrologico-historicum" über den Kometen von 1618 bekannt gewordenen Nürnberger-Mathematiker Kaspar Uttenhofer ins Grab folgte, erhielt der 1597 zu Anspach geborne und, nach mathematischen und theologischen Studien in Wittenberg, in seiner Geburtsstadt als Rektor angestellte Abdias Treu oder Trew seine Nachfolge und brachte es dazu, daß etwa 1657 auf einem Thurme der Stadtmauer, jetzt noch „Trew-Thurm" geheißen, ein Observatorium errichtet wurde, auf welchem er sodann fleißig Conjunctionen und Oppositionen, die Kometen von 1661 und 1664 ꝛc. beobachtete[34]). Als er 1669 starb, folgte ihm der durch verschiedene Lehrbücher der Mathematik zur Zeit allgemein bekannte, zu Hippoltstein in Pfalz-Neuburg 1635 geborne Joh. Christoph Sturm, ein Schüler von Erhard Weigel in Jena. Er hatte nach Vollendung seiner Studien von 1664/9 als Pfarrer zu Deiningen im Oetting'schen gestanden, sich schon von dort aus z. B. durch eine deutsche Ausgabe von Archimeds Sandrechnung bekannt gemacht, und half dann als beliebter Lehrer den gerade damals nicht geringen Ruf der Universität Altorf bis zu seinem 1703 erfolgten Tode erhalten und mehren[35]). — Zeitgenosse von Sturm und vielleicht sogar Mitschüler bei Weigel, war der 1638 zu Regensburg geborne Georg Christoph Eimmart, der, nachdem er in Altorf und Jena Mathematik und Jura studirt hatte,

[34]) Vergl. s. „Gründlichen Bericht von den im Januar und Februar erschienenen Kometen. Nürnberg 1661 in 4", — s. ebenso „Gründlichen Bericht von dem 1664/5 erschienenen Kometen. Nürnberg 1665 in 4" ꝛc. — Nach Will besaß zur Zeit die Universitätsbibliothek in Altorf auch ein Manuscript von Beobachtungen, welche Trew 1630/50 jeden Tag vier Mal aufzeichnete, — also muthmaßlich Witterungsbeobachtungen.

[35]) Ein sehr ergebener Schüler von Sturm war z. B. der vortreffliche Joh. Jakob Scheuchzer von Zürich, für welchen auf 245—46 verwiesen wird.

sich als Kupferstecher in Nürnberg etablirte, — dort auf der sog. Reichsfestung eine Privatsternwarte erbaute und auf derselben nicht nur selbst fleißig beobachtete, sondern auch vielfach jungen Leuten Anleitung in der praktischen Astronomie gab[36]). So hatte er z. B. den 1651 zu Nürnberg gebornen Joh. Philipp Wurtzelbauer zum Schüler, der 1692 von Kaiser Leopold um seiner wissenschaftlichen Verdienste willen als „von Wurzelbau" in den Adelstand erhoben wurde, — wunderschön geschrieben und eigenhändig viele Winkelinstrumente, Fernröhren, Uhren ꝛc. construirt haben soll, — mit Leibnitz, Cassini, Lahire, Römer, Flamsteed, Kirch, Hevel ꝛc. in Correspondenz stand, — viele Beobachtungen, z. B. auch über Sonnenflecken machte, — und überdieß bis zu seinem 1725 erfolgten Tode literarisch thätig war[37]). Ferner zwei Brüder Müller von Nürnberg: Der ältere derselben, der 1671 geborne Joh. Heinrich Müller, wurde später Professor der Physik und Aufseher der Sternwarte in Nürnberg, — verheirathete sich 1706 mit der hinterlassenen Tochter seines 1705 verstorbenen Lehrers, der 1676 gebornen und sehr talentvollen Maria Clara Eimmart[38]), die in Sprachen, Mathematik, Zeichnen, Radiren ꝛc. sehr geschickt war, ihrem Vater häufig beobachten und ihrem Manne rechnen half, 1693/8 bei 350 Zeichnungen von Mondphasen aufnahm, bei der totalen Finsterniß von 1706 V 12 die Sonne „mit ihrem feurigen Ring" abmalte,

[36]) Eine Foliotafel mit der Ueberschrift „Apparatus Uranicus Georgi Christoph. Eimmarti, Norimbergae" zeigt verschiedene Quadranten und Sextanten, einige Fernröhren, Armillarsphären ꝛc., denen die Buchstaben A bis P und die Nummern 1—5 beigesetzt, dagegen keine Erläuterungen derselben gegeben sind. Wahrscheinlich gehört sie zu der in 50 angeführten Erklärung. Charakteristisch ist, daß an den Winkelinstrumenten ausschließlich noch Absehen vorkommen. Vergl. auch „Glaser, Epistola ad Mart. Knorre 1691 in 4." — Nach Lalande kamen die 57 Foliobände der Eimmart'schen Manuscripte, Beobachtungen und Zeichnungen schließlich an das Jesuitencollegium zu Polotzk in Rußland.

[37]) Er publicirte namentlich „Uranies Noricae basis astronomico-geographica. Norimb. 1697 in Fol."

[38]) Vergl. für sie auch die von mir in der Zürch. Viert. 1873 publicirten Briefe derselben an Joh. Jak. Scheuchzer.

leider aber schon 1707 nach Geburt eines Söhnchens starb, — übernahm 1709 die Professur der Mathematik und Physik in Altorf, wo für ihn von 1711 hinweg eine neue Sternwarte erbaut wurde, welche er 1713 mit einer feierlichen Rede „De speculis uranicis" einweihte, zugleich auf derselben das schöne Planetarium aufstellend, welches 1695 zwei reiche Kaufleute, Andreas Ingolstetter und Jakob Grassel, von Eimmart um 300 fl. als Geschenk für Altorf angekauft hatten[39]), — beobachtete daselbst, wie die von ihm herausgegebenen Beobachtungen[40]) zeigen, fleißig, — und stand bis zu seinem 1731 erfolgten Tode mit Manfredi, De l'Isle, Muschenbroek, Scheuchzer rc. in regem wissenschaftlichen Verkehr. Der jüngere Bruder, der 1673 geborne Joh. Christoph Müller, machte später in Oesterreich, Ungarn rc. bis zu seinem 1721 in Wien erfolgten Tode viele astronomische und geodätische Beobachtungen und Aufnahmen, und widmete seinem Lehrer Eimmart 1697 eine „Observatio de transitu Mercurii sub sole." — Noch könnte von den Doppelmayr, Rost, Adelbulner rc. gesprochen werden[41]), aber das Vorstehende mag genügen, um zu zeigen, wie die Spuren der Wirksamkeit von Regiomontan in Nürnberg sich bis in das 17. und 18. Jahrhundert hinauf verfolgen lassen.

---

[39]) Schon Sturm soll dieses Planetarium in s. Schrift „Sphaerae armillaris elucidatio. Altdorf. 1695 in 4" beschreiben.

[40]) „Observationes astronomico-physicae selectae in specula Altorfina annis 1711—1723 habitae. Altorfii 1723 in 4."

[41]) Vergl. für den Erstgenannten 281, — für den Zweiten 269, — für den Dritten 275 rc.; — auch noch verschiedene andere Nummern.

2. Capitel.

Die ersten Messungen und Berechnungen.

33. Das numerische Rechnen. Das praktische Rechnen entwickelte sich relativ spät, ja es blieb die damit übereinstimmende sog. Logistik der Alten hinter der allgemeinen Zahlenlehre oder Arithmetik bedeutend zurück. Anfänglich rechnete man mit den Fingern, — dann kam das Rechnen mit Pfenningen auf dem Rechenbret oder Abacus, sowie auch auf der Linie oder mit auf Saiten gezogenen Kugeln, und erst später die Einführung von bestimmten Zahlzeichen, wofür entweder wie bei den Griechen die Buchstaben des Alphabets und allfällig einige zur Ergänzung neu gewählte Zeichen dienten[1]), oder wie bei den Römern und auch

[1]) Die Griechen benutzten ihre 24 Buchstaben und drei neue Zeichen ϛ ϙ ϡ in folgender Weise. Es bezeichneten

α	1	ι	10	ρ	100	,α	1000
β	2	κ	20	σ	200	,β	2000
γ	3	λ	30	τ	300	,γ	3000
δ	4	μ	40	υ	400	,δ	4000
ε	5	ν	50	φ	500	,ε	5000
ϛ	6	ξ	60	χ	600	,ϛ	6000
ζ	7	ο	70	ψ	700	,ζ	7000
η	8	π	80	ω	800	,η	8000
θ	9	ϙ	90	ϡ	900	,θ	9000

womit sie bis 9999 schreiben konnten. Eine Myriade bezeichneten sie mit M und setzten da, wo wir vier Nullen brauchen würden, je dieses M, so daß sie nun jede beliebige Zahl schreiben konnten. So bezeichnen

β,φπθ 2589
α,ρθMωογ 11090873
δMMM 4000000000000

Bei Brüchen gaben sie, wenn der Zähler gleich der Einheit war, einfach dem Nenner einen Accent, so daß z. B.

$$\gamma' = {}^1/_3 \qquad \mu\zeta' = {}^1/_{47} \text{ ꝛc.}$$

war; sonst schrieben sie den Zähler wie irgend eine Zahl und setzten ihm den Nenner wie eine Art Exponent bei, so daß z. B.

$$\zeta^{\rho\pi\gamma} = {}^7/_{183} \qquad \pi\varepsilon^{ϡ\xi\delta} = {}^{85}/_{964} \text{ ꝛc.}$$

wohl bei den alten Deutschen eine Art Kerbenschrift[3]). Mit Kerben konnte man nun so zu sagen gar nicht, mit Buchstaben nur schwer manipuliren[3]), und es mag wohl hiermit zusammenhängen, daß bei den griechischen Astronomen die Sexagesimalrechnung[4]), bei deren Anwendung Zahlen über 60 vermieden wurden, allgemeinen Eingang fand. Nur die Indier, deren Zahlzeichen zwar ursprünglich auch Buchstaben waren, indem sie mit den Anfangsbuchstaben der Zahlwörter des Sanscrit übereingestimmt haben sollen, aber, was das wesentliche ist, Stellenwerth besaßen[5]), mochten bereits bequemere Formen für das numerische Rechnen anwenden. Erst als diese letztern Bezeichnungsweisen etwa im dritten Jahrhundert durch die Neu-Pythagoräer nach dem Westen kamen, und im achten Jahrhundert über Bagdad auch noch das ursprünglich allein „Ziffer" heißende Stellenzeichen

---

[2]) Als Muster der Kerbenschrift mag statt der mit Buchstaben vermischten römischen diejenige dienen, welche noch im 14. Jahrhundert in Nürnberg gebraucht worden sein soll. Es bezeichneten

1 2 3 4 5 6 10 11 20 25 . . . .

[3]) Als Beispiel mag ein Multiplicationsexempel dienen:

τ	κ	ζ			d. h.	3	2	7		
ρ	ϙ	ε				1	9	5		
γM	β,	ψ				3	2	7		
βM	ζ, α,	ωχ	λ			2	7.1	8.6	3	
	α,	φρ	λ	ε			1	5.1	0.3	5
ϛM	γ,	ψ	ξ	ε		6	3	7	6	5

[4]) Vergl. 34.

[5]) Die noch immer unerledigte Frage, ob die Indier darauf Anspruch machen dürfen, die fruchtbare Idee, einem Zeichen zugleich absoluten und Stellenwerth zu geben, wirklich zuerst gehabt zu haben — oder ob diese Idee aus dem Westen zu ihnen kam, und die bei den Arabern gebräuchliche Bezeichnung der Ziffern als indische nicht mehr Bedeutung hat, als wenn sie den Almagest ein indisches, d. h. zuerst über Indien zu ihnen gekommenes Buch nennen, kann ich hier nicht zu erledigen suchen, sondern muß hierfür auf speciell mathematisch-historische Schriften verweisen, wie z. B. außer den im Texte erwähnten Werken von Cantor und Friedlein, auf „Hankel, Zur Geschichte der Mathematik im Alterthum und Mittelalter. Leipzig 1874 in 8."

eintraf[6]), wandte man sich auch da mit Erfolg auf die Ausbildung der praktischen Arithmetik. Wenn aber auch frühere, wie z. B. Boethius und Gerbert, bereits einiges von der neuen Kunst erfahren haben mochten, so gelang es doch eigentlich erst dem Kaufmann Leonardo filius Bonacci aus Pisa, genannt Fibonacci[7]), welcher auf seinen Reisen nach Egypten und der Levante mit derselben vertraut geworden war, sie durch sein 1202 verfaßtes „Liber Abaci" definitiv in seinem Vaterlande einzuführen. Von da verbreitete sie sich sodann langsam auch über die Nachbarländer und bald erschien das Rechnen mit decadischen Zahlen unter dem Namen Algorithmus als förmlicher Lehrgegenstand, der aber immer noch für sehr schwierig gehalten wurde. Diejenigen, welche ihn leicht handhabten, wurden sehr geehrt und hießen bald Algorithmiker, bald Abbacisten, — ja dem im 14. Jahrhundert als ganz besonders ausgezeichneten Rechner berühmten, schon früher erwähnten Paolo Dagomari legte man sogar den Namen „Paolo dall' Abbaco" bei. Es soll noch jetzt in Florenz ein von ihm herrührendes Manuscript vorhanden sein, in welchem z. B. zuerst der Gebrauch vorkomme, das Lesen großer Zahlen dadurch zu erleichtern, daß man sie durch Kommas in Gruppen von drei Stellen theilt. — Auch Purbach, der eine Schrift „Algorithmus de numeris integris et fractis" hinterlassen haben soll[8]), und Regiomontan, dem Manche irrthümlicherweise, muthmaßlich bloß weil er den Sinus totus von 60,000 auf 100,000 erhöhte[9]), sogar die Einführung der Decimalbrüche zuschreiben wollten, machten sich um die Ausbildnng des allgemeinen Rech-

[6]) Das Wort Ziffer soll sich von dem arabischen „cifron = leer" ableiten; daher auch zephiro und durch Kürzung zero. Bemerkenswerth ist, daß schon die Griechen bei ihrer Sexagesimalrechnung, wo der Buchstabenbedarf mit ξ = 60 abschloß, den folgenden Buchstaben *o* benutzten, um leere Stellen auszufüllen.

[7]) Vergl. für ihn „Boncompagni, Della vita e delle opere di Leonardo Pisano. Roma 1852 in 4" — und: „Intorno ad alcune opere di Leonardo Pisano. Roma 1854 in 8", — für Boethius 63, — für Gerbert 26.

[8]) Vielleicht identisch mit der 1536 zu Wittenberg aus s. Nachlasse herausgegebenen Schrift „Elementa arithmetices." [9]) Vergl. 36.

nens verdient[10]). Für weitern Detail vergl. z. B. die von Cantor 1863 zu Halle ausgegebenen „Mathematischen Beiträge zum Culturleben der Völker“ und die von Friedlein 1869 zu Erlangen publicirte Schrift „Die Zahlzeichen und das elementare Rechnen der Griechen und Römer und des christlichen Abendlandes vom 7. bis 13. Jahrhundert.“

34. Der Kreis und seine Eintheilung. Der Kreis war wohl eine der ersten, etwas genauer betrachteten Figuren, und man darf gewiß annehmen, daß einige der einfachsten Eigenschaften desselben, wie z. B. daß jeder Durchmesser den Kreis halbire, daß ein Winkel im Halbkreise einem Rechten gleichkomme, daß der Radius gleich der Sehne des Sechstelkreises sei ꝛc., schon den ältesten Völkern bekannt waren. Mit der Ausbildung der Geometrie durch Euklides und seine Zeitgenossen mehrten sich natürlich auch diese Kenntnisse, so daß es spätestens Archimedes möglich wurde, den Kreis annähernd zu rectificiren und die Verhältnißzahl 3 1/7 für Umfang und Durchmesser zu finden[1]), — daß es schon Hipparch möglich wurde, sich eine erste Sehnentafel anzulegen ꝛc. — Ehe das nöthige Detail über letztere Rechnung gegeben werden kann, ist aber nöthig die, auch sonst für die Geschichte der Astronomie ganz besonders interessante Thatsache anzuführen, daß gewiß auch die Theilung des Kreises in 360 Theile (μοιρας, partes) oder Stufen (arabisch dergeh = degré, gradus)

---

[10]) Muthmaßlich datirt etwa aus der Zeit von Purbach folgende in ihren einzelnen Phasen dargestellte Art des Dividirens:

		1	11	
		2	22	
	14	147	1476	
Divid.	7856	7856	7856	
Quot.	2	-24	245	16 Rest
Divis.	32	322	3222	
		3	33	

Sie wurde noch bis in das 18. Jahrhundert hinauf vielfach gebraucht. Vergl. z. B. Tob. Mayer's mathematischen Atlas.

[1]) Die Angabe, daß die Hindu's schon lange vor Archimed $\pi = 3927 : 1250$ (d. h. gleich 3,1416) gefunden haben, dürfte in Frage zu stellen sein.

uralt ist und wohl damit zusammenhängt, daß der Kreis seiner eben erwähnten Eigenschaft willen, d. h. seiner Natur gemäß, zunächst in 6 Theile getheilt wurde, und dann für weitere Unterabtheilungen, die überhaupt um ihrer vielen Theiler willen beliebte Theilzahl 60 gewählt wurde. Den Ausschlag hierfür mochte, wie z. B. aus der später zu erwähnenden Schrift von Geminus hervorzugehen scheint, geben, daß 360 auch der Anzahl der Tage des ältesten, 12 Monate à 30 Tage haltenden Jahres entsprach[2]), und noch später wenigstens nahe an die Anzahl der Tage eines Jahres, ja in die Mitte zwischen 354 (Mondjahr) und 365/6 (Sonnenjahr) fiel, so daß sich die Sonne in einem Tage nahe um einen Grad (1°) verschiebt[3]), — vielleicht auch noch, daß 360 der Anzahl der Doppelstunden eines vollen Monats entspricht, also der Mond in einer Doppelstunde ebenfalls nahe um 1° gegen die Sonne zurückbleibt — oder auch, daß die Durchmesser dieser beiden Gestirne, wie schon Thales gewußt haben soll, je seiner Hälfte nahe gleich sind und so die früher oft, z. B. durch die Chaldäer, welche hierfür dem Monddurchmesser 12 Theile oder Mondzolle gaben, in Monddurchmessern gegebenen Distanzen von Fixsternen &c. sich leicht in Theile des Kreises umsetzen ließen. Was sodann die Unterabtheilung des Grades anbelangt, so zerfiel derselbe, wenn auch ausnahmsweise zu bestimmten praktischen Zwecken andere Theilungen vorkommen mochten[4]), bei allen alten Culturvölkern von jeher in 60 Minuten à 60 Sekunden à 60 Tertien &c., ja diese Sexagesimaltheilungen wurden sogar noch in der Weise angewandt, daß auch der Radius des Kreises in 60 Partes zerfiel und die sämmtlichen Sehnen in solchen Partes und deren Sechzigsteln und wieder Sechzigsteln (Primen, Sekunden &c.) ausgedrückt wurden. Um letztere Werthe zu erhalten

---

[2]) Vergl. 9.

[3]) Die von Biot in s. „Etudes sur l'astronomie indienne et chinoise. Paris. 1862 in 8 (pag. 279)" gemachte Angabe, daß die Chinesen den Kreis in 365¼ Theile getheilt haben, dürfte wohl auf Mißverständniß beruhen.

[4]) Nach Bailly (Astr. anc. 150) kam z. B. die Theilung in 24 vor.

oder, wie es, nach dem unverfänglichen Zeugnisse Theon's in s. Commentar zum Almagest, schon durch Hipparch geschah, eine Sehnentafel anzulegen, ging man zunächst von den Sehnen oder Subtensen von 120, 90, 72, 60 und 36° aus, welche man als Seiten der regelmäßigen 3-, 4-, 5-, 6- und 10-Ecke bereits in Theilen des Radius auszudrücken wußte, — suchte aus ihnen mit Hülfe des pythagoräischen Lehrsatzes die Sehnen der Supplementarbogen und mit Hülfe dieser die Sehnen der halben Bogen[5]), — ging dann von diesen Letztern neuerdings in gleicher Weise aus ꝛc.; später kam noch der ptolemäische Lehrsatz zur Hülfe, der aus den Sehnen zweier Bogen und ihrer Supplemente die Sehnen der Summe oder Differenz Ersterer finden ließ, — kurz es wurde nach und nach möglich, eine so große Anzahl von Sehnen zu berechnen, daß einige übrigbleibende Lücken ohne Schwierigkeit durch Interpolation ausgefüllt werden konnten. Auf diese Weise berechnete Ptolemäus die Sehnen aller Bogen von 0 bis 180° von $\frac{1}{2}$ zu $\frac{1}{2}°$ fortschreitend bis auf Sekunden der Partes oder bis auf ca. 4 Decimalen und schuf so eine Tafel, welche Jahrhunderte lang den Astronomen als Surrogat für unsere jetzigen trigonometrischen Tafeln zu dienen hatte[6]). — Für praktische Kreistheilungen wurden wohl im Alterthum vorerst durch Umschlagen des Radius Bogen von 60° ermittelt, dann durch versuchsweise Bisektion solche von 30° und 15° bestimmt, und dann wieder versuchsweise jeder dieser Bogen in 3 Theile und jeder dieser Theile nochmals in 5 Theile abgetheilt. Bei ganz großen Kreisen wurde dann wohl jeder der so erhaltenen Grade noch weiter in 6 oder in 24, oder sogar in 60 Theile getheilt, je nachdem es die Di-

---

[5]) Bezeichnet R den Radius, S die Sehne eines Bogens, S' diejenige seines Supplementes und s diejenige der Hälfte des Erstern, so ist nach unserer gegenwärtigen Schreibweise

$$S' = \sqrt{4 R^2 - S^2} \qquad s = \sqrt{2 R (R - \tfrac{1}{2} S')}$$

[6]) Sie ist im ersten Buche des Almagest unter Beigabe der Differenz für 1 vollständig aufgenommen und gibt z. B. die Sehne von 158° zu

$$117^{pa}\, 47'\, 43'' = \tfrac{1}{60}.\,[117 + \tfrac{1}{60}.\,(47 + \tfrac{1}{60}.\,43)] = 1{,}9633$$

oder ganz übereinstimmend mit unsern gegenwärtigen Tafeln an.

mension erlaubte[7]). Wenn Einzelne aus der alten Uebung, Winkel in Bruchtheilen des ganzen Kreises zu geben[8]), auf noch andere faktische Theilungen schließen wollten, so geschah es wohl irrthümlich; solche Verhältnißzahlen wurden entweder rückwärts durch Rechnung abgeleitet, oder wohl auch zuweilen durch Umschlagen bis zur Erschöpfung von 1, 2 und mehr Umdrehungen direkt bestimmt. Doch soll mit dieser Bemerkung keineswegs in Abrede gestellt werden, daß der beschriebene Theilungsmodus zuweilen etwas varirt wurde; findet sich ja noch jetzt in Kremsmünster ein von 1570 datirender hölzerner Kreis vor, dessen Elfenbeineinlage in $384 = 6 \times 4 . 4 . 4$ Theile getheilt ist[9]), so daß bei seiner Construction die Uebung der bequemern Theilung geopfert wurde, was übrigens leichter zu begreifen ist, als daß Neuere die Natur des Kreises der Bequemlichkeit der Rechnung, durch Theilung in 4×100 Theile, opfern wollten.

35. Die Sphärik. Wie die Lehre vom Kreise, so bildete sich auch frühe wenigstens ein Anfang einer Lehre von der Kugel aus, und zwar zunächst im Dienste der Astronomie, welche die Gestirne schon in den ältesten Zeiten auf die sog. scheinbare Himmelskugel verlegte. Auch die Einführung des Horizontes und Equators, sowie ihrer Pole Zenith und Weltpol, — der zu ihnen parallelen Almucantarate und Parallelkreise[1]), sowie der durch

[7]) Vergl. Note 4 und das unter 39 über die Monstre-Kreise der Alten Mitgetheilte. — Ferner 197 für die neueren Theil-Methoden.

[8]) Vergl. z. B. 50.

[9]) Nach „Sigm. Fellöker, Geschichte der Sternwarte der Benediktiner-Abte Kremsmünster. Linz 1864 in 4" hat dieser merkwürdige Kreis $6\frac{1}{2}$ Zoll Durchmesser und diente früher als Horizontalkreis. Im Centrum stand eine vertikale Axe als Träger eines Diopter, an welche ein elfenbeinerner in 180° getheilter Halbkreis von 3 Zoll Durchmesser angehängt werden konnte, über dem ein Loth spielte.

[1]) Von diesen hebt Eudoxus den *Ἀρκτικός* und *Ἀνταρκτικός* hervor welche für ihn den beständig sichtbaren und beständig unsichtbaren Theil des Himmels abgrenzen, also von unsern Polarkreisen wohl zu unterscheiden sind und von der Lage des Ortes abhängen. Bei Plutarch, Stobacus ꝛc. kommt dagegen die Notiz vor, daß schon Thales und seine Schüler durch die beiden arctischen und die beiden Wendekreise den Himmel in 5 Zonen getheilt haben.

ihre Pole gehenden Höhenkreise und Declinationskreise, denen der Meridian gemeinschaftlich zugehört, — die Annahme der Ekliptik und die Eingrenzung derselben durch die Wendekreise, — die Betrachtung der Solstitial- und Equinoctialpunkte, sowie der von den Polen her durch sie geführten Koluren*), — ja sogar die Festlegung der Gestirne gegen Horizont, Equator oder Ekliptik durch die sog. Coordinaten: Höhe und Azimuth, Declination und Rectascension, oder Breite und Länge rc., dürften im Allgemeinen einer ziemlich frühen Zeit angehören, wenn auch die jetzt gebräuchlichen Namen zum Theil spätern Ursprunges sein mögen. — So finden wir in der ältesten Sphärik, welche der aus Pitane in Kleinasien gebürtige Grieche Autolycus um 330 v. Chr. in seinen zwei, von Conrad Dasypodius 1572 in seine „Sphaericae doctrinae propositiones“ aufgenommenen und auch noch später wiederholt, namentlich 1644 durch Mersenne zu Paris abgedruckten Schriften „De sphaera mobili“ und „De vario ortu et occasu siderum inerrantium“ niederlegte, eine Reihe von geometrischen Sätzen mit astronomischer Färbung. Die zwölf Sätze der ersten Schrift sind nämlich folgende: „I. Wenn eine Kugel sich gleichförmig um ihre Axe bewegt, so beschreiben alle Punkte ihrer Oberfläche, welche nicht auf der Axe liegen, parallele Kreise, deren Pole mit den Polen der Kugel zusammenfallen und deren Ebenen senkrecht zur Axe sind. — II. Alle diese Punkte beschreiben auf ihren Parallelen in gleichen Zeiten entsprechende Bogen. — III. Umgekehrt entsprechen ähnliche Bogen gleichen Zeiten. — IV. Wenn ein fester und zur Axe senkrechter größter Kreis die Kugel in zwei Hälften, deren eine sichtbar und die andere verborgen ist, theilt, und die Kugel sich um ihre Axe dreht, so geht kein Punkt der Oberfläche auf und keiner unter (Sphaera parallela). — V. Wenn dieser größte Kreis (der Horizont) durch die Pole geht, so gehen alle Punkte der Kugel auf und unter, und bleiben ebenso lange über dem Horizonte als unter demselben (Sphaera recta). —

*) Die Namen Koluren oder Verstümmelte fand Ideler schon bei Eudoxus, ohne daß ihm aber der Grund dieser Benennung klar wurde.

VI. Wenn der Horizont schief zur Axe ist, so wird er von zwei gleichen Parallelen tangirt, von denen der Eine (der arctische) immer sichtbar, der Andere (der antarctische) immer unsichtbar ist (Sphaera obliqua). — VII. Wenn der Horizont schief ist, so haben alle zur Axe senkrechten Kreise ihre Auf- und Untergangspunkte immer an denselben Punkten des Horizonts, und sind zu demselben gleich geneigt. — VIII. Die beiden größten Kreise, welche den arctischen und antarctischen Kreis berühren, fallen bei jeder Umdrehung der Kugel zweimal mit dem Horizont zusammen. — IX. Bei der schiefen Kugel gehen von allen Punkten, welche gleichzeitig aufgehen, die dem sichtbaren Pole nächsten am spätesten unter; von allen Punkten, welche im gleichen Momente untergehen, sind die dem sichtbaren Pole nächsten am frühesten aufgegangen. — X. Bei der schiefen Kugel steht jeder durch die Pole gehende Kreis während jeder Revolution zweimal senkrecht zum Horizonte. (Obere und untere Culmination). — XI. Wenn ein größter Kreis den arctischen oder antarctischen Kreis oder irgend zwei andere zwischen ihnen liegende entsprechende Parallelkreise tangirt, so gehen alle Punkte dieses Kreises zwischen den beiden Parallelkreisen auf und unter. — XII. Wenn ein unbeweglicher Kreis in allen seinen successiven Lagen einen beweglichen Kreis halbirt und keiner dieser Kreise weder senkrecht zur Axe ist, noch durch die Pole geht, so muß jeder derselben ein größter Kreis sein." — In Beziehung auf das zweite Werk von Autolycus mag es genügen, darauf aufmerksam zu machen, daß man schon in früher Zeit, außer dem bereits erwähnten „helischen" Auf- und Untergange[a]) den „kosmischen", wenn ein Stern gleichzeitig mit der Sonne auf- und unterging, sowie den „achronischen", wenn ein Stern bei untergehender Sonne auf oder bei aufgehender Sonne unterging, unterschied. Die kosmischen und achronischen Auf- und Untergänge konnten nicht beobachtet werden, dagegen die helischen, welche je nach der größern oder geringern Helligkeit

[a]) Vergl. 5.

des Sterns eintraten, wenn die Sonne 10 bis 18° unter dem Horizonte stand; diese Letztern dienten den Alten in mannigfacher Weise gewissermaßen als eine Art Kalender, nach dem sie die Jahreszeiten erkannten und ihre landwirthschaftlichen Arbeiten ordneten. Autolycus selbst nimmt statt den 18° Depression der Sonne, welche dem Anfange oder Ende der Dämmerung entsprechen, 15° in der Ekliptik gezählt, und kommt so zu dem Schlusse, daß man von den 12 Zeichen des Thierkreises im Verlaufe jeder Nacht 11 sehen könne, — gewissermaßen von 15° nach der Sonne bis zu 15° vor derselben. — Auch von dem wenig spätern, uns schon bekannten Geometer Euklid besitzt man unter dem Titel „Phaenomena“ eine Schrift, welche zuerst 1505 von Barth. Zamberti zu Venedig in mangelhafter, dann 1591 von Jos. Auria zu Rom in besserer lateinischer Uebersetzung herausgegeben und noch später wiederholt, namentlich 1703 zu London von Dav. Gregory mit den übrigen Schriften desselben Verfassers aufgelegt wurde[4]). Sie hat mit den erwähnten Schriften von Autolycus so ähnlichen Inhalt, daß es überflüssig sein dürfte, specieller auf dieselbe einzutreten; dagegen ist es bemerkenswerth, daß bei Euklid die Namen Horizont, Meridian ꝛc. vorkommen, welche Autolycus und Eudoxus noch nicht brauchten, während auch Euklid den Zenith noch als Pol des Horizontes bezeichnet, die Ekliptik als den gegen den Equinoctial oder Equator schiefen Kreis des Zodiakus[5]) ꝛc. — Aus etwas späterer Zeit sind drei einschlagende Schriften des muthmaßlich dem letzten Jahrhundert v. Chr. angehörigen, aus Bithynien oder Lydien gebürtigen Theodosius zu erwähnen: Die erste dieser Schriften, welche den Titel „Sphaericorum libri III.“[6]) führt, ist geometrischen Inhaltes und ent-

[4]) Vergl. z. B. „A. Nokk, Euklid's Phänomene. Uebersetzt und erläutert. (Freiburg 1850) in 8.“

[5]) Der Name Ekliptik oder Bahn der Finsternisse findet sich nach Ideler erst bei Macrobius, der um 405 einen „Commentarius in somnium Scipionis“ schrieb; dagegen theilt bereits Eudoxus seinen ζωδιακός κύκλος in 12 gleiche Theile, welche er ζώδια oder δωδεκατημόρια nannte.

[6]) Vergl. „A. Nokk, Ueber die Sphärik des Theodosius. Carlsruhe 1847 in 8.“

hält unter Anderem die für die Astronomie wichtigen Sätze: „Jeder ebene Schnitt einer Kugel ist ein Kreis und zwar ein großer, wenn er durch das Centrum der Kugel geht. — Kleine Kreise, welche zu einem großen Kreise parallel sind, sind gleich, wenn sie gleich weit von ihm abstehen, — haben mit ihm gemeinschaftliche Pole, — und eine vom Kugelcentrum auf die Ebene eines dieser Kreise gezogene Senkrechte geht durch dessen Centrum und durch die Pole. — Zwei große Kreise halbiren sich. Steht der eine derselben senkrecht zum andern, so geht er durch seine Pole, — steht er schief zu demselben, so berührt er zwei vom Kugelcentrum gleich entfernte Parallelkreise &c." — Eine zweite Schrift von Theodosius, welche den Titel „De habitationibus" führt, ist dagegen astronomischen Inhaltes, und mag durch folgende der darin enthaltenen Sätze charakterisirt werden: „Der Bewohner des Nordpoles sieht immer die gleiche Halbkugel, — er sieht nie einen Stern aufgehen oder untergehen, — für ihn dauert der Tag sieben, die Nacht fünf Monate. — Der Bewohner des Equinoctials sieht alle Sterne auf- und niedergehen und sie sind für ihn ebenso lange über als unter dem Horizonte. — Derjenige, dessen Scheitel ebenso weit vom Pole entfernt ist, als der Wendekreis vom Equator (d. h. der Bewohner des Polarkreises) sieht zur Zeit des Sommersolstitiums die Sonne nicht untergehen, zur Zeit des Wintersolstitiums nicht aufgehen. — Von zwei Beobachtern unter demselben Meridian sieht der nördlichere alle zwischen dem Equinoctial und dem arctischen Kreise liegenden Sterne früher auf- und später untergehen, — alle zwischen dem Equinoctial und dem antarctischen Kreise liegenden dagegen später auf- und früher untergehen &c." — Die dritte Schrift von Theodosius endlich, welche den Titel „De diebus et noctibus" führt, enthält eine Reihe von Sätzen über die Länge von Tag und Nacht, und dergleichen, welche hier kaum speciell angeführt zu werden brauchen.

36. Die beiden Trigonometrien. Zwischen die oben erwähnten Schriften der Euklides und Theodosius fällt der Zeit nach eine mit ihnen nahe verwandte Schrift, welche der große Hipparch schon in seinen jüngern Jahren geschrieben zu haben scheint und welche leider, wie schon früher angedeutet wurde, zugleich die Einzige ist, die sich von diesem hochverdienten Manne erhalten hat, — nämlich der von ihm unter dem Titel „*Τῶν Ἀράτου καὶ Εὐδόξου φαινομένων ἐξηγήσεων βιβλία γ'*“ verfaßte Commentar zu den Gestirnbeschreibungen von Eudoxus und Aratus, welchen Petavius 1633 in seinem „Uranologion“ zum Abdrucke brachte. Wir werden auf diesen übrigens beiläufig bereits an der Hand von Ideler mehrmals für Eudoxus benutzten Commentar später noch wiederholt zurückkommen müssen[1]) und erwähnen ihn hier nur, weil sich in demselben die Beweise finden, daß bereits Hipparch die rechnende Geometrie auf die Sphäre anwandte, und so als Schöpfer der Trigonometrie betrachtet werden darf, obwohl dieselbe bei ihm noch nicht in der später üblichen Form auftrat. Zwar mag Hipparch manche Aufgaben, auf welche wir jetzt fast ausschließlich unsere bequemen Rechnungsmittel anwenden, durch Construction oder mit Hülfe eines Globus gelöst haben, aber da er die Mühe nicht scheute, eine Sehnentafel zu erstellen[2]) und in seinem Commentar auf eine andere, allerdings seither verlorne Schrift „*Ἡ τῶν συναναтολῶν πραγματεία*“ verweist, in welcher er bei Abhandlung der simultanen Aufgänge die nöthigen Rechnungsregeln geometrisch bewiesen habe, so ist wohl nicht zu zweifeln, daß er überhaupt manches Problem der sphärischen Astronomie mit Hülfe seiner Tafeln durch Rechnung löste, oder also eine Art Trigonometrie betrieb, — spricht ja auch Ptolemäus bei seinen Rechnungen wiederholt aus, er sei auf dieselbe Weise wie sein Vorgänger Hipparch zu seinen Resultaten gekommen. — In den drei Büchern, welche der um 80 n. Chr. in Rom lebende Alexandriner Menelaos oder Menelaus unter dem Titel „*Σφαιρικά*“ schrieb und die sich wenigstens theils in einer hebräischen, theils in einer aus dem Arabischen

[1]) Namentlich in 61. [2]) Vergl. 34.

übertragenen lateinischen Uebersetzung erhalten haben[3]), während seine Schrift über die Berechnung der Sehnen ganz verloren gegangen zu sein scheint, finden sich bereits die Lehrsätze, daß in jedem sphärischen Dreieck die Summe der drei Seiten kleiner als 360°, die der drei Winkel aber größer als 180° ist, — daß einer gleichen Seite ein gleicher, einer größern Seite ein größerer Winkel gegenüber steht, — daß zwei sphärische Dreiecke, welche alle drei Seiten oder zwei Seiten und den eingeschlossenen Winkel oder eine Seite und die anliegenden Winkel, oder alle drei Winkel gleich haben, je auch in Beziehung auf die übrigen Elemente übereinstimmen ꝛc.; — namentlich aber kannte Menelaus nicht nur den Transversalensatz am ebenen, sondern auch bereits sein Analogon am sphärischen Dreiecke[4]), das dann bald für die weitere Entwicklung der sphärischen Trigonometrie von so großem Nutzen werden sollte. — Diese weitere Entwicklung begann Ptolemäus für das ebene und sphärische rechtwinklige Dreieck, auf welches er jedes andere Dreieck durch Zerlegen zurückführen konnte: Beim ebenen Dreiecke wurde über der Hypothenuse ein Halbkreis beschrieben, in welchem sodann die Katheten als Supplementarsehnen erschienen, so daß mit Hülfe der Sehnentafel leicht die Beziehungen zwischen ihnen und den Winkeln ermittelt werden konnten[5]), — beim sphärischen Dreiecke wurde eine Transversale

[3]) Sie wurde zuerst 1558 von Maurolycus und dann noch wiederholt herausgegeben, z. B. nach Halley's Ueberarbeitung: Oxoniae 1758.

[4]) Diese beiden Sätze lassen sich bekanntlich in dem Einen Satze zusammenfassen: Jede Transversale schneidet die Seiten oder die Verlängerungen der Seiten eines ebenen oder sphärischen Dreiecks so, daß im ebenen Dreiecke die Produkte der nicht an einander liegenden Abschnitte, im sphärischen Dreieck die Produkte (ihrer Sinus) der Sehnen der doppelten Abschnitte einander gleich sind.

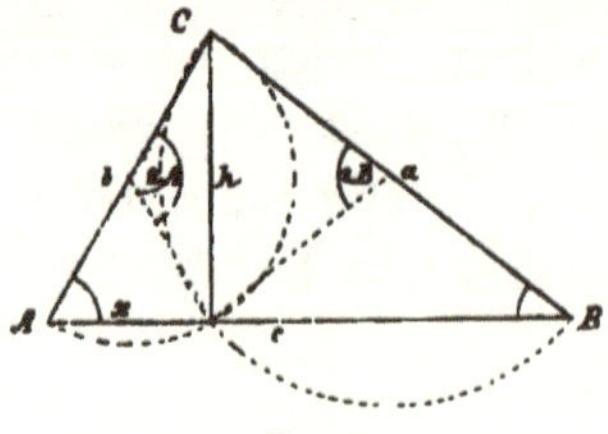

Fig. 6.

[5]) Zerfällt man das Dreieck A B C durch die Höhe h in zwei rechtwinklige Dreiecke und bezeichnet Ch. die in Partes aus der Sehnentafel genommene Sehne oder Chorde, so folgt aus dem Einen

$$h = \text{Ch. } 2\,A. \; b/120$$

und aus dem Andern

$$h = \text{Ch. } 2\,B. \; a/120$$

so gezogen, daß je der eine Seitenabschnitt einen vollen Quadranten betrug und sodann der Satz von Menelaus angewandt[6]). Die auf diese Weise erhaltenen Beziehungen wurden in Form von Proportionen oder sog. Analogien ausgesprochen und bei Anwendung auf das allgemeine Dreieck einzeln oder in Combination mit andern Sätzen oft in ganz scharfsinniger Weise, aber immer so benutzt, daß Schritt für Schritt jede specielle Rechnung ausgeführt und, auch wo es leicht möglich gewesen wäre, keine Schlußformel aufzustellen versucht wurde, — ein Verfahren, das großentheils und jedenfalls in allen schwierigen Fällen bis in das 17. Jahrhundert hinaus beibehalten, ja eigentlich erst von Euler

---

so daß

$$a : b = \text{Ch. } 2A : \text{Ch. } 2B$$

oder da nachmals die halbe Sehne des doppelten Winkels Sinus des Winkels genannt wurde,

$$a : b = \text{Sin}\, A : \text{Sin}\, B.$$

Waren b, c und A bekannt, so konnten aus der Sehnentafel vorerst h und x, sodann aus h und C—x nach dem pythag. Lehrsatze auch a berechnet werden 2c.

[6]) Sind $AB' = AC' = CP = 90^0$, so folgen nach dem Transversalensatze für Dreieck ABC und Transversale PC' bei unserer Schreibweise

$$\text{Sin}\, AB'.\ \text{Sin}\, BP.\ \text{Sin}\, CC' = \text{Sin}\, B'B.\ \text{Sin}\, PC.\ \text{Sin}\, C'A$$

d. h.

$$1\ .\ \text{Cos}\, a.\ \text{Cos}\, b = \text{Cos}\, c.\ 1\ .\ 1$$

oder

$$\text{Cos}\, c = \text{Cos}\, a.\ \text{Cos}\, b \qquad 1.$$

und in ähnlicher Weise, indem man successive den Dreiecken BPB', CPC' und AB'C' die Transversalen AC', AB' und PC gibt,

$$\text{Sin}\, a = \text{Sin}\, c.\ \text{Sin}\, A \quad 2 \quad \text{Tg}\, a = \text{Sin}\, b.\ \text{Tg}\, A \quad 3 \quad \text{Tg}\, b = \text{Tg}\, c.\ \text{Cos}\, A \quad 4$$

Diese 4 Formeln, von denen Delambre mindestens die zweite schon bei Hipparch voraussetzen zu dürfen glaubte, entsprechen aber gerade den 4 von Ptolemäus benutzten aber allerdings noch (ohne Cos und Tg) in Sehnen ausgedrückten Analogien. Wie Hankel in seiner mehrerwähnten Schrift richtig hervorhebt, erhält man unter Anwendung von 2 und 3 auf das ebenfalls rechtwinklige Dreieck PBB' auch noch die zwei Formeln

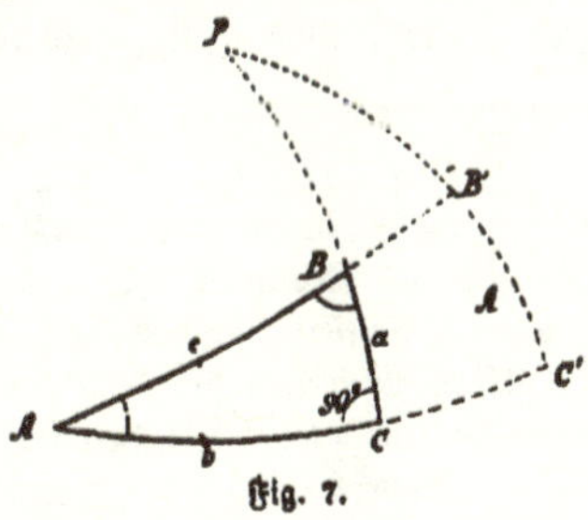

Fig. 7.

$$\text{Cos}\, A = \text{Cos}\, a.\ \text{Sin}\, B. \quad 5 \qquad \text{Cot}\, A = \text{Cos}\, c.\ \text{Tg}\, B. \quad 6.$$

welche Ptolemäus fehlten und erst von den Arabern aufgestellt wurden.

beseitigt worden ist[7]). — Eine große Vereinfachung war es, als im neunten Jahrhundert Albategnius, sei es aus eigener Idee, sei es auf Veranlassung seines etwas ältern Zeitgenossen Mohammed ben Musa, sei es, wie Manche glauben[8]), nach Vorgang der Indier anstatt den Sehnen die halben Sehnen der doppelten Winkel in die astronomischen Rechnungen einführte. Als zu dieser neuen Hülfsgröße, welche bei den Arabern Gaib oder Busen[9]) und dann bei Uebersetzung ins Lateinische[10]) Sinus genannt wurde, und für welche sich ohne weiteres aus der Sehnentafel eine entsprechende Tafel ausschreiben ließ, durch Albategnius zu Gunsten der Berechnung der Sonnenhöhen aus den Gnomonschatten auch noch die Umbra recta oder die nachmalige Cotangente hinzugekommen war, — ferner durch Abul-Wefa jedenfalls der von einem horizontalen Stabe auf eine vertikale Wand geworfene Schatten als Umbra versa, d. h. unsere jetzige Tangente, und die von ihm Durchmesser des Schattens genannte Entfernung des Stabendes von seinem Schatten oder unsere Secans, sowie wahrscheinlich ebenfalls durch ihn noch die Cosinus und Cosecans zur Ergänzung eingeführt, die Rapporte dieser sechs Größen festgestellt und damit die bequeme Erstellung der betreffenden Tafeln ermöglicht worden, so bewegte man sich noch leichter in solchen Rechnungen. Es unterliegt keinem Zweifel, daß die Araber, welche überhaupt ein merkwürdiges Talent besaßen, sich in neue Anschauungen hineinzuarbeiten, und ganz besonders Abul-Wefa und **Ibn Junis**,

---

[7]) Vergl. 110, wo ein solcher schwieriger Fall behandelt ist.

[8]) So z. B. der eben erwähnte Hankel, der dafür sehr plausible Gründe beibringt. — Uebrigens war, wie nach Delambre aus seinem „**Analemma**“, einem zur Construction von Sonnenuhren und dergleichen dienlichen, durch orthographische Projection der Himmelskugel erhaltenen Hülfsnetze, hervorgeht, auch schon Ptolemäus selbst nahe daran den Sinus einzuführen.

[9]) Wahrscheinlich durch ungeschickte Arabisirung des Wortes gîvâ oder gyâ entstanden, welches die Indier für Sehnen gebrauchten.

[10]) Jedenfalls eher als, wie Mädler glaubt, durch Zusammenziehung von **semis inscripta**.

gegenüber Ptolemäus in beiden Trigonometrien rasche Fortschritte machten, daß sie zur bequemern Berechnung der Tafeln zum Theil neue Methoden, eine Art Näherungsformeln aufstellten[11]), und in der wirklichen Berechnung für jede zehnte Minute bis auf Quarten und Quinten gingen, — bereits begannen dessen geometrische Sätze zu vervollständigen und in Formeln zu verwandeln, — einzelne Schlußformeln aufstellten und dieselben durch Einführung von Hülfsgrößen handlicher zu gestalten suchten, — sogar schon Anfänge der im Westen erst mehr als ein halbes Jahrtausend später auftauchenden Prostaphäresis besaßen[12]). — Leider gingen jedoch viele der von den Arabern in der Trigonometrie erzielten Fortschritte beim Uebergange ins Abendland momentan wieder vollständig verloren und so mußte noch Purbach neuerdings damit beginnen, die Sehnen des Ptolemäus durch die Sinus zu ersetzen, wobei er sich aber allerdings das Verdienst erwarb, in seiner neuen, ebenfalls von 10 zu 10 Minuten gehenden Sinustafel den Radius zu 60,000 Längeneinheiten anzunehmen, also zwar dem Radius gewissermaaßen noch 60 Partes zu geben, aber dann diese decimal weiter zu theilen[13]). Sein Nachfolger Regiomontan erhöhte sodann diesen Radius auf 600,000 und berechnete die Sinus mit der entsprechenden Genauigkeit für jede einzelne Minute, ja erstellte später noch eine zweite Tafel für den Radius 10,000,000; dagegen erreichte er in seiner bereits erwähnten, im Winter 1463/4 vollendeten Trigonometrie die ihm eben muthmaßlich unbekannt gebliebenen Arbeiten seiner arabischen Vorgänger nicht, während er dagegen diejenigen der Griechen bedeutend vervollkommnete und ergänzte, so z. B., wenn auch noch in mühsamer Weise[14]) das von ihnen ungelöste Problem, aus den drei Winkeln eines sphärischen Dreiecks seine Seiten zu bestimmen,

---

[11]) Vergl. 110 und namentlich Hankel pag. 288—292.

[12]) Vergl. 111 und Hankel l. c.

[13]) Von Purbach soll eine Schrift „Tractatus super propositiones Ptolemaei de sinubus et chordis. Norimb. 1541 in Fol." existiren.

[14]) Vergl. 110 für eine verwandte Lösung.

glücklich absolvirte und jedenfalls als der erste moderne und systematische Bearbeiter der Trigonometrie, ganz abgesehen von seinen übrigen Arbeiten, eine Ehrenstelle beanspruchen darf. Da Regiomontan zur Zeit als er diese Trigonometrie schrieb, die Tangenten nicht kannte, dagegen einige Jahre später in seinen bereits erwähnten „Tabulae directionum“ unter der Aufschrift „Tabula fecunda“ eine Tangententafel für jeden Grad und den Radius 1,000,000 gab[15]), und alsdann nach Eröffnung seiner Officin in Nürnberg alle möglichen eigenen und fremden Werke publicirte, nur seine Trigonometrie nie auflegen ließ[16]), so liegt der Gedanke nahe, daß er die Absicht hatte, Letztere unter Einführung der Tangenten nochmals umzuarbeiten, aber durch seinen frühen Tod daran verhindert wurde.

37. **Der Gnomon.** Der bereits beiläufig[1]) besprochene Gnomon ist wohl das älteste Instrument und die ihn betreffenden Instructionen sollen auch einen großen Theil des in China zwischen 572 und 450 v. Chr. verfaßten Buches „Tcheou-pey“ füllen, das z. B. für die Verfertigung folgende Regel gebe: „Man nehme einen Bambusstab, steche in denselben in einer Höhe von acht Fuß ein Loch von ein Zehntel-Fuß Durchmesser; diesen Stab stelle man auf einem vorher geebneten Boden senkrecht auf; dann suche man den Schatten desselben und beobachte ihn.“ War nach der ersten Aufstellung des Stabes durch solche Beobachtung, d. h. entweder durch directe Ermittlung des der Culmination entsprechenden kürzesten Schattens oder noch besser durch Aufsuchen gleichlanger Schatten vor und nach Mittag und Halbirung ihres

[15]) Die „Tabulae directionum“ gab Regiomontan noch selbst „Norib. 1475“ heraus. Später wurden sie zu Augsburg 1490, zu Venedig 1504 rc. aufgelegt; ferner gab Reinhold noch 1554 eine neue und etwas umgearbeitete Ausgabe, in welcher wohl auch die Tangententafel erweitert gegeben wurde, da sie nun den Titel „Canon foecundus ad singula scrupula“ führen soll.

[16]) Sie wurde erst lange nach seinem Tode von Schoner unter dem Titel „De triangulis omnis modi libri quinque. Norimb. 1533 in Fol.“ aufgelegt, — dann noch 1561 zu Basel von Daniel Santbech.

[1]) Vergl. 3 und 5.

Winkels die Mittagslinie erhalten, so gab nun der hierdurch vollständig gewordene Gnomon, bei dem also bereits das sonst oft als eine Erfindung der Araber bezeichnete Loch vorhanden war, an jedem hellen Tage um Mittag eine Zeitbestimmung und die Sonnenhöhe, — so z. B. auch die beiden Solstitialhöhen, deren halbe Summe die Equatorhöhe und damit die Polhöhe verschaffte, die halbe Differenz dagegen die Schiefe der Ekliptik. Schon ein Zeitgenosse von Aristoteles, der durch seine Reisen in dem hohen Norden berühmte Grieche Pytheas[2]), fand mit dem Gnomone, daß sich in Massilia zur Zeit des Sommersolstitiums die Höhe seines Gnomons zur Schattenlänge wie 120 : 41⅘ verhielt, woraus sich, unter Benutzung der neuern Daten für Polhöhe, Sonnendurchmesser und Refraction, die Schiefe der Ekliptik $e = 23^\circ 49$ ergibt[3]). Ebenso fand Albategnius 879 in dem nordwestlich von Bagdad gelegenen Aracta die Solstitialzenithdistanzen $12^\circ 26'$ und $59^\circ 36'$, also $e = 23^\circ 35'$ und die Polhöhe $\varphi = 36^\circ 1'$[4]), — Abul-Wefa 987 in Bagdad die Solstitialhöhen $80^\circ 10'$ und $33^\circ 0'$, also $e = 23^\circ 35'$ und $\varphi = 33^\circ 25'$, — Ulugbegh 1440 zu Samarkand $e = 23^\circ 31' 48''$ ꝛc. — Ob der Letztgenannte zu seiner Bestimmung, wie zuweilen angegeben wird, wirklich einen Quadranten anwandte, dessen Radius gleich der Höhe der Sophienkirche in Constantinopel, d. h. etwa gleich 180 Fuß war[5]), oder ob er nicht eher dafür einen Gnomon von entsprechender Höhe benutzte, mag hier unentschieden bleiben; dagegen ist zu erwähnen, daß in älterer und neuerer Zeit solche

---

[2]) Von Pytheas ist wahrscheinlich, daß er den Polarkreis erreichte; ferner scheint er auf s. Reisen die Ebbe und Fluth beobachtet und ihre Beziehung zum Mondstande erkannt zu haben. Vergl. für ihn: „Bougainville, Eclaircissemens sur la vie et les voyages de Pythéas de Marseille (Mém. de l'Acad. des inscr. 19), — W. Bessell, Ueber Pytheas von Massilien. Göttingen 1858 in 8, — J. Lelewel, Pythéas de Marseille et la géographie de son temps. Bruxelles 1836 in 8."

[3]) Vergl. damit die in 5 mitgetheilte Bestimmung von Tschu-Kong.

[4]) Nach andern Angaben soll Albategnius zu s. Bestimmung das in 38 beschriebene Triquetrum gebraucht haben.

[5]) Vergl. das unter 39 über solche Monstre-Instrumente Beigebrachte.

Monstre-Gnomone zweifellos construirt wurden. Abgesehen von einem Obelisken von 117 Fuß Höhe, der unter Kaiser Augustus in Rom auf dem Marsfelde errichtet und als Mittagszeiger benutzt wurde, construirte um 1468 der uns schon bekannte berühmte Arzt und Cosmograph Paolo Toscanelli[6]) im Dome zu Florenz einen noch in neuerer Zeit von Ximenes wieder hergestellten Gnomon[7]), indem er in einer Höhe von 277′ eine Platte mit einer Oeffnung anbrachte, deren Bild sich in einer Sekunde um 2‴ d. d. verschob, so daß er den Mittag auf 1/2ˢ genau ermitteln und auch die Solstitialhöhen sehr genau bestimmen konnte. — In ähnlicher Weise begann um 1576 der florentinische Cosmograph Egnazio Danti[8]) in der Kirche S. Petronio zu Bologna einen großen Gnomon auszuführen, um an demselben die Schiefe der Ekliptik scharf zu ermitteln. Er hatte bereits vor dieser Zeit durch Vergleichung eigener Bestimmungen mit früher erhaltenen ihre schon von Fracastor gelehrte successive Verminderung wirklich zu erkennen geglaubt und dieß in seinem 1569 zu Florenz herausgegebenen „Trattato dell' Astrolabii“ hervorgehoben, war jedoch auf Zweifel gestoßen[9]), welche er gerne durch neue Beobachtungen beseitigen wollte. Die Anlage gelang ihm aber nicht vollständig, und erst etwa ein Jahrhundert später wurde durch Dom. Cassini jene berühmte Mittagslinie erstellt, die seither noch die Manfredi, Zanotti ꝛc. wiederholt verificirten[10]).

[6]) Vergl. 29.

[7]) Vergl. „Ximenes, Del vecchio e nuovo gnomone fiorentino. Firenze 1757 in 4.“

[8]) Zu Perugia 1537 geboren, von 1576 bis 1583 Prof. zu Bologna, und 1586 zu Rom als Bischof von Alatri verstorben.

[9]) Noch später bezweifelten Viele diese Verminderung, bis es nachmals Euler und dann besonders Lagrange gelang, dieselbe auch theoretisch zu begründen.

[10]) Vergl. „La Meridiana del tempio di S. Petronio, tirata e preparata per le osservazioni astronomiche l'Anno 1658, revista e restaurata dal Signor G. D. Cassini A. 1695. Bologna 1695 in Fol., — E. Manfredi, De gnomone meridiano bononiensi. Bononiae 1736 in 4 und: Observationes meridianae Solis habitae ad Gnom. Bon. 1655/1735. Bon. 1736 in 4, — La Meridiana del tempio di San Petronio rinnovato l'Anno 1776; si

38. Die Instrumente mit Geradtheilung. In den ältesten Zeiten wurden die scheinbaren Distanzen und Größen einfach abgeschätzt und, wenn es gut ging, nicht in einem landesüblichen Längenmaaße[1]), sondern etwa in Mondbreiten ausgedrückt. Dann ging man muthmaßlich zu der dem Cirkel ähnlichen, aus zwei um einen Punkt oder Kopf drehbaren Stäben bestehenden Schmiege über[2]), deren Kopf am Auge stand, während die Schenkel durch Oeffnen oder Schließen auf die Winkelobjecte gerichtet wurden, und bestimmte den so direkt erhaltenen Winkel, indem man die Distanz der Schenkelspitzen im Kreise herumtrug[3]). Diesem ursprünglichen Winkelinstrumente folgten nachmals, aber kaum viel früher als bei den Alexandrinern, nach und nach andere etwas mehr Genauigkeit darbietende Vorrichtungen, welche wesentlich in zwei Hauptclassen zerfallen, — solche, die eine geradlinige Theilung und solche, die eine Kreistheilung besitzen. Zu den Instrumenten der ersten Art gehört voraus der schon von Ptolemäus im fünften Buche seiner Syntaxis beschriebene und noch von Copernicus[4]) gebrauchte parallactische Lineal, auch Triquetrum und Regula Ptolemaica genannt: Dieses Instrumentchen besteht aus einem lothrecht und drehbar aufgestellten Stabe, um dessen obern Endpunkt sich ein ebenso langer Stab mit Dioptern dreht, während um den untern Endpunkt ein mindestens $\sqrt{2}$mal so langer Stab mit Längentheilung drehbar ist, der zugleich durch

aggiunge la ristampa del libro publicato l'Anno 1695, sopra la ristaurazione della meridiana eseguita dai celebri matematici G. D. Cassini e D. Guglielmini. Bologna 1779 in Fol."

[1]) Aehnlich wie noch jetzt die scheinbaren Durchmesser von Sonne und Mond häufig gleich ein Fuß gesetzt werden, wurden im Alterthume gar oft auch die Distanzen der Sterne in Ellen (cubitus, πῆχυς) gegeben und so auch von den Chinesen die Größen der Feuerkugeln vielfach, wie in dem bereits erwähnten Verzeichniß von Biot zu sehen ist, durch Vergleichung mit einer Vase, Tasse, Pflaume ꝛc., besonders aber sowohl in Bruchtheilen als in Vielfachen eines Scheffels ausgedrückt.

[2]) Dem nachher noch Jahrhunderte lang von den Feldmessern in Verbindung mit einem sog. Transporteur gebräuchlichen Récipiangle (Equerre fausse). Vergl. auch 87. [3]) Vergl. 34. [4]) Vergl. 78.

eine am Ende des ersten beweglichen Stabes angebrachte Schlaufe geht[5]). Beim Gebrauche wird nach Richten der Diopter auf den Punkt, dessen Höhe gemessen werden soll, der Stand des ersten beweglichen Stabes an der Scala des zweiten abgelesen und sodann in einer Sehnentafel der entsprechende Winkel aufgesucht, der offenbar gleich der Zenithdistanz oder dem Complemente der Höhe ist. — Ein zweites dahin gehöriges Instrument ist das lange, namentlich bei den Geometern beliebte und durch Purbach nicht nur beschriebene, sondern nach der gewöhnlichen Annahme auch erfundene, ganz sicher aber schon den Arabern bekannte und von ihnen fast auf jedem Planisphärium[6]) angebrachte Quadratum geometricum, — ein wirkliches Quadrat, in welchem zwei Nebenseiten, der „Latus rectus“ und der „Latus versus“, Theilungen besitzen, an welchen je die Stellung eines um die Gegenecke drehbaren mit Dioptern versehenen Lineales abgelesen werden kann[7]). Wird der Latus versus vor der Beobachtung vertikal

---

[5]) Das Triquetrum, das Copernicus sich aus Holz verfertigte, die Theilung mit Tinte markirend, und das später im Besitz von Tycho Brahe war, hatte, auf die nach ptolemäischer Vorschrift 4 Ellen langen Stäbe ab = ac je 1000 Theile gerechnet, bei bd : 1414 solcher Theile; die Genauigkeit in der Messung von α mochte 5′ betragen. Bei Ptolemäus selbst war ab selbst in 60 Haupttheile und noch einige Unterabtheilungen getheilt, und es wurde sodann bc an dieser Scala gemessen; schon Regiomontan hatte dagegen die Theilung von bd vorgezogen. [6]) Vergl. 48.

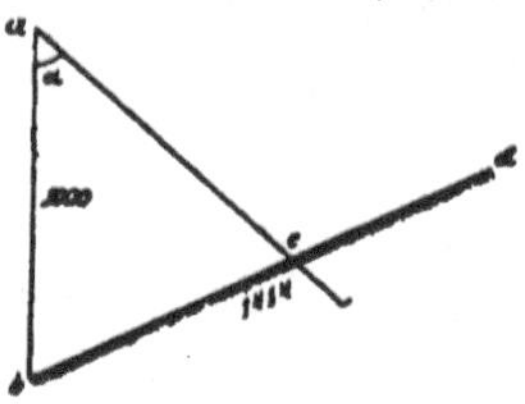

Fig. 8.

[7]) Das Quadratum geometricum, das Purbach in einer eigenen, denselben Titel führenden, zuerst 1516 und dann wieder 1544 als Anhang der Scripta Regiomontani zu Nürnberg durch Schoner publicirten Schrift beschrieb, hatte auf jeder der getheilten Seiten 12 Haupttheile à 10 Zehner und gab nach Purbach's Sinustafel durch

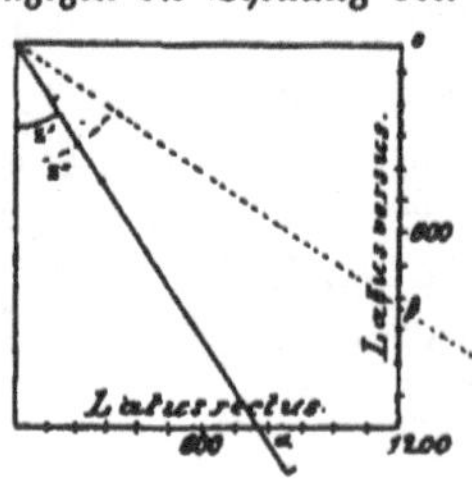

Fig. 9.

$$\operatorname{Sin} z' = \frac{\alpha}{\sqrt{1200^2 + \alpha^2}} \qquad \operatorname{Sin} z'' = \frac{1200}{\sqrt{1200^2 + \beta^2}}$$

oder nach Regiomontan's Tabula fecunda durch

$$\operatorname{Tg} z' = \alpha/1200 \qquad \operatorname{Tg} z'' = 1200/\beta$$

gestellt, so läßt sich offenbar aus solcher Ablesung ebenfalls die Zenithdistanz finden. — Ein drittes Instrument dieser Art endlich ist der früher außerordentlich viel gebrauchte Jakobsstab, auch Gradstock, Croß-Staff, Baculus oder Radius astronomicus, Arbabestrille ꝛc. genannt[8]). Schon die bereits angeführte „Margarita philosophica“ von Reisch kennt einen „Baculus Jacob“ und gibt für dessen Construction das einfache Recept: „Man nimmt einen Baculus von beliebiger Länge und theilt ihn in gleiche Theile; bei den Theilpunkten macht man Rinnen oder Löcher; dann macht man einen kleinen Baculus von der Größe eines der besagten Theile und der Baculus ist fertig.“ Nachher fährt sie fort: „Will man mittelst des Baculus die Höhe eines Gegenstandes messen, so stecke man den kleinen Baculus in ein beliebiges der Löcher und schreite vor- oder rückwärts, bis die Enden des kleinen Stabes dem obern und untern Ende des Gegenstandes entsprechen, und bezeichne alsdann den Standpunkt. Dann verstecke man den kleinen Baculus um ein Loch rückwärts oder vorwärts, je nachdem man vorwärts oder rückwärts gehen will und wiederhole die Operation. Die Distanz der beiden Standpunkte ist gleich der Höhe des Gegenstandes[9]). Ob Regiomontan diesen Baculus

Zenithdistanzen. Purbach's Schrift ist übrigens eine eigene Tafel beigegeben, welche für jeden zwischen 0 und 1200 liegenden Werth von α den zugehörigen Winkel in Graden, Minuten und Secunden gibt. — Nach Kästner (I 529) hatte das Quadrat etwa $5^1/_2$'' Par.-Seite; diese Dimension wird jedoch wohl sehr gewechselt haben.

[8]) Den Namen „Jacob“ wollten Manche mit dem Erzvater Jakob in Zusammenhang bringen, d. h. ihn zum ersten Erfinder stempeln, — wieder Andere mit Jakob Köbel, in dessen „Geometrey Mainz 1535“ der Name zuerst vorkommen sollte ꝛc. — Noch in der Ausgabe des Köbel'schen Werkes, die 1563 zu Frankfurt erschien, ist der Jakobsstab gerade so wie in der Margarita beschrieben, wie ich mich in dem Basler Exemplar überzeugt habe.

[9]) Es ist offenbar

$$x : a = y : na$$

$$x : a = (y + b) : (n + 1)\,a\;,$$

also

$$y = nx$$

$$y + b = (n + 1)\,x$$

folglich

$$b = x$$

wie zu beweisen war. Die Rich-

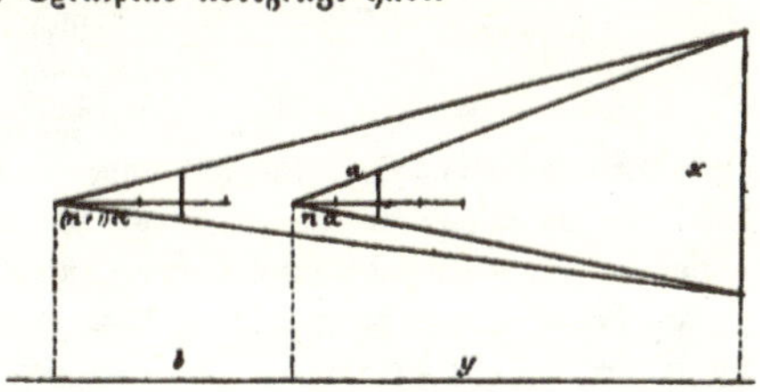

Fig. 10.

der Geometer kannte oder nicht, mag dahin gestellt bleiben, dagegen ist sicher, daß er in der spätestens bei Anlaß des Kometen von 1472 geschriebenen Schrift: „De cometae magnitudine longitudineque ac de loco ejus vero problemata XVI“ [10]) ein ähnliches Instrument beschreibt. Er sagt nämlich in Problem XII wörtlich: „Um den scheinbaren Durchmesser eines Kometen zu bestimmen, nehme man einen glatten Stab AB von fünf oder mehr Ellen Länge und theile ihn von A aus in gleiche Theile, je mehr desto besser. Befestige an ihm unter rechtem Winkel verschiebbar einen Querstab CD, dessen beide Arme gleich lang sein müssen. Theile ihn genau in eben solche Theile, wie sie auf dem Stabe AB eingeschnitten sind; befestige in den Punkten A, C und D drei Visirnadeln und das Instrument ist fertig. Die Beobachtung aber geschieht so: Lege das Ende A an das rechte Auge, schließe das linke, richte den Längsstab AB auf den Mittelpunkt des Kometen und verschiebe den Querstab, bis er den Durchmesser des Kometen gerade deckt. Darauf lies die Anzahl der Theile ab, welche zwischen dem Punkte A und dem Querstab CD liegen, und gehe damit in eine eigens dafür bestimmte Tafel ein, deren Berechnung ich an einem andern Orte erklären werde, und Du findest den Durchmesser des Kometen.“ — Regiomontan

tigkeit erfordert aber, daß der große Baculus wenigstens annähernd horizontal gehalten werde, was Reisch übersehen zu haben scheint.

[10]) „Norimbergae 1531 in 4“ von Schoner als Anhang f. „Descriptio cometae torqueto observati“ und dann wieder 1543 mit den „Scripta Regiomontani de Torqueto etc.“ publicirt. Die Figur, auf welche sich Regiomontan bezieht, ist die beistehende; sie zeigt uns, daß die beiden Stäbe 210 und 1300 Theile enthalten. — Breusing glaubt in s. sonst sehr interessanten und auch von mir vielfach benutzten Abhandlung „Zur Geschichte der Geographie (Zeitschrift der Gesellschaft für Erdkunde zu Berlin, Bd. 4)“ auf pag. 90, es habe Regiomontan in jener Schrift die „Tabula fecunda“ citirt; hierin täuschte er sich wohl; da Regiomontan immer die ganze CD angibt und den ganzen Winkel CAD haben will, so hatte er sich wahrscheinlich unter Zugrundelegung jener Tafel eine eigene Tafel angefertigt.

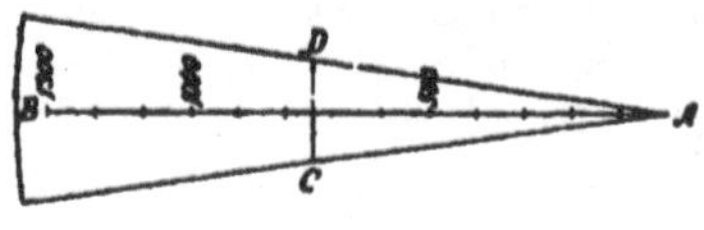

Fig. 11.

benutzte sein Instrument auch sonst vielfach, namentlich auch zu Distanzmessungen der Planeten von Sternen, und so findet man z. B. unter seinen von Schoner herausgegebenen Beobachtungen die folgende: „1471 Die 9 Septembris mane Mars ab humero dextro Orionis 210 : 674; a Capite Gemini præced. et septentr. 210 : 662.“ Ob sodann er oder sein Schüler Behaim den Gedanken hatte, daß dieses Instrument auch zur Bestimmung des kürzesten Abstandes eines Gestirns vom Meereshorizonte oder seiner Höhe, also der Nautik dienlich sein könnte, weiß man nicht bestimmt; dagegen ist es ziemlich sicher, daß Letzterer dasselbe mit sammt den Ephemeriden seines Meisters in der portugiesischen Marine einführte, und es ist in dieser Hinsicht nicht zu übersehen, daß Nonius bei Anführung dieses Instrumentes Regiomontan und Niemand anders citirt[11]). — Regiomontan selbst gab seinem Instrumente keinen Namen; später wurde es dagegen auf alle mögliche Weise und namentlich auch als Jakobsstab oder Radius astronomicus bezeichnet, ferner in verschiedener Weise modificirt, indem man ihm andere Theilungen gab, — demselben Längenstabe bis auf vier Querstäbe verschiedener Länge beiordnete, für welche auf den vier Seiten des erstern vier verschiedene Scalen angebracht waren, — dasselbe mit Absehen verband etc.[12]). Es blieb, bis sich nach der Mitte des 18. Jahrhunderts der Spiegelsextant nach und nach Bahn brach, das Hauptinstrument der Seefahrer für Bestimmung von Zeit und Breite.

39. Die Instrumente mit Kreistheilung. Obschon die Alten zu ihren Winkelmessungen meistens Instrumente mit Geradthei-

[11]) In seiner Schrift „De regulis et instrumentis (Opera Basil. 1566 in Fol. pag. 73/4).“ — Die noch bei Peschel in s. „Geschichte der Erdkunde“ vorkommende Angabe, es habe Vasco de Gama den Jakobsstab bei arabischen Indienfahrern in Gebrauch gefunden und sodann 1499 nach Europa gebracht, beruht, wie Breusing schlagend nachgewiesen hat, auf einem Mißverständnisse.

[12]) So wurde z. B. nach Dechales (cursus mathematicus. 2. ed. II 8), der das Instrument „Crux geometrica, quam balistam nonnulli, alii Baculum Jacob nominant“ mittelst eines Hülfsquadranten des Radius $^1/_2$ CD Cotangenten aufgetragen und den erhaltenen Theilstrichen die doppelten Winkel beigeschrieben.

lungen verwandten, da sie dieselben leichter erstellen konnten, so kamen doch jedenfalls auch schon ziemlich frühe Instrumente mit Kreisen in Gebrauch. So beobachteten zweifelsohne schon Timocharis und Aristyll um 300 v. Chr. zu Alexandrien an sog. Armillen, — einem Paare von getheilten Kreisen, deren Einer fest im Equator lag, während der Andere um die Weltaxe drehbar war und muthmaßlich einen beweglichen Durchmesser besaß, der spätestens zur Zeit von Hipparch, sei es eine Art diametraler Absehen trug, sei es durch einen im Hauptkreise drehbaren Kreis mit solchen Absehen ersetzt wurde. Wurden die Absehen auf ein Gestirn gerichtet, so gab ihre Lage am beweglichen Kreise seine Declination, die Lage des beweglichen am festen Kreise seinen Stundenwinkel; lagen bei Beobachtung der Sonne beide Seiten des Equinoctials im Schatten, so trat eines der Equinoctien ein, während die Solstitien durch die größten Abweichungen vom Equator bestimmt wurden[1]). Ganz sicher wird von Eratosthenes erzählt, daß er 220 v. Chr. unter dem Portikus des Akademie-Gebäudes in Alexandrien Armillen von bedeutender Größe aufgestellt und an diesen unter Anderem gefunden habe, daß der Abstand der Wendekreise $^{11}/_{83}$ des ganzen Kreises betrage. Diese $^{11}/_{83}$ könnte er nun ohne Kreistheilung erhalten haben, indem er an dem beweglichen Kreise die Sonnenstände zur Zeit der beiden Solstitien markirte, und dann die Distanz der beiden Punkte so lange im Kreise herumtrug, bis er wieder auf den Ausgangspunkt zurückkam, d. h. also nach 83 Auftragungen den Kreis gerade 11 Mal erschöpft hatte[2]). Wahrscheinlicher aber ist es, daß sein Kreis auf Sechstelgrade abgetheilt war, daß er jene Distanz mit Hülfe der Theilung gleich 47° 40′ fand, und erst schließlich daraus nach damaliger Uebung für $47\frac{2}{3} : 360$ den Näherungswerth $^{11}/_{83}$

---

[1]) Die Annahme, daß je für Beobachtung der Equinoctien und der Solstitien eigene Armillen aufgestellt worden seien, ist kaum haltbar und entstand wohl nur aus der höchst unvollkommenen Beschreibung des Almagest, — sonst müßte man fast annehmen, es haben bereits die Griechen den unten beschriebenen Meridiankreis besessen. [2]) Vergl. 34.

substituirte. — Jedenfalls hatten auch die Astrolabien der Hipparch und Ptolemäus[3]), — die von ihnen und den Arabern so vielfach construirten Planisphärien ꝛc.[4]) getheilte Kreise. Ferner beschreibt Ptolemäus im Almagest auch einen zur Bestimmung des Abstandes der Wendekreise dienenden, in 90 Grade und deren Unterabtheilungen getheilten, in die Ebene des Meridians gestellten Quadranten, an dem der Schattenwurf eines im Centrum angebrachten horizontalen Cylinderchens beobachtet wurde; ob dagegen auch damals schon mit dem Triquetrum Höhenquadranten mit Alhidaden, und mit dem Jakobsstabe Quadranten oder Vollkreise, deren Ebenen, sei es von Hand, sei es auf einem Stative in die Ebene des zu messenden Winkelabstandes gebracht werden konnten, in Concurrenz traten, habe ich bis jetzt noch nicht mit Sicherheit ermitteln können. Dagegen ist ziemlich sicher, daß die Araber bereits Quadranten der ersten, und nicht unwahrscheinlich, daß sie auch solche der zweiten Art besaßen. Ueberdieß geht aus einer Reihe von Zeugnissen hervor, daß sie, um die Genauigkeit ihrer Messungen zu vergrößern, nicht nur eine große Sorgfalt auf die Theilungen verwandten, sondern auch Instrumente von sehr großen Dimensionen construirten: So berichtet Bailly[5]), auf unverfängliche Nachrichten arabischer Schriftsteller gestützt, daß auf dem Observatorium, welches der Khalife Sharfadaula im 10. Jahrhundert in seinem Garten zu Bagdad anlegen ließ, im Jahre 992 die Schiefe der Ekliptik an einem Sextanten von nahe 58 Fuß Radius beobachtet worden sei, und wenn auch die sogar für eine solche Dimension unwahrscheinlich klingende Angabe, es habe dieser Sextant einzelne Secunden gezeigt[6]), für eine Uebertreibung zu halten ist, so darf doch wohl daraus auf die damalige Existenz von wahren Monstre-Instrumenten geschlossen werden[7]).

---

[3]) Vergl. 48. [4]) Vergl. 49.

[5]) Astr. mod. I 233.

[6]) Eine Secunde würde etwa 1/25 einer Duodecimallinie entsprechen.

[7]) Jedoch kaum auf die Existenz des von Diodorus beschriebenen egyptischen Kreises von 365 Ellen Umfang, durch den wohl nur die Sonnenbahn symbolisirt werden sollte.

Von ganz hervorragendem Interesse ist die Beschreibung eines zur Messung von Meridianhöhen der Sonne bestimmten Instrumentes, welche Sedillot aus einem von Abul-Wefa herrührenden arabischen Manuscripte gezogen hat[8]): „Man befestigt in der Ebene des Meridians,“ so lautet dieselbe, „einen ganzen Kreis, der in 360 gleiche Theile und jeder derselben in möglichst viele Unterabtheilungen[9]) getheilt ist, und bringt in zwei diametral entgegengesetzten Punkten zwei bewegliche Absehen an, sei es auf einer am Centrum des Kreises befestigten Alhidade, sei es auf einem zweiten Kreise, der in den ersten eingelassen ist und sich um dessen Centrum dreht; bewegt man sodann die beiden Absehen am Limbus des Kreises, bis der Sonnenstrahl gleichzeitig durch die Oeffnungen Beider geht, so gibt die Anzahl der Grade oder Theile, welche zwischen dem Index des obern Absehens und dem horizontalen Durchmesser des Kreises enthalten ist, die Meridianhöhe der Sonne.“ Anstatt auch die Beschreibung zu geben, welche Abul-Wefa von einem ihm zu gleichem Zwecke dienenden, dem obigen ptolemäischen ähnlichen Quadranten hierauf folgen läßt, scheint es mir angezeigter, die einige Aufschlüsse über die damaligen Constructionen gebende Vorschrift beizufügen, welche der von Jourdain für seine Beschreibung der Sternwarte zu Meragah[10]) vorzugsweise benutzte arabische Schriftsteller, der sich muthmaßlich Muvajad el Ordi nannte, jedenfalls aber die dortigen Instrumente erbaute und sowohl Freund als Mitarbeiter von Nassir-Eddin war, für die Erstellung eines ähnlichen Apparates gab: „Man errichtet parallel mit der Mittagslinie,“ schreibt er vor, „eine Mauer von 6 1/2 hakemitischen Ellen[11]) in der Länge und Breite. An ihrer

[8]) „L. Am. Sédillot, Mémoires sur les instruments astronomiques des Arabes. Paris 1841 in 4“ (pag. 195 u. f.)

[9]) Bei Abul-Wefa muthmaßlich in sechs, da er damit für Bagdad die Solstitialhöhen 80° 10′ und 33° 0′ erhielt, — somit 23° 35′ für die Schiefe der Ekliptik, d. h. genau dieselben Werthe, welche er nach 37 auch mit dem Gnomone gefunden haben soll.

[10]) Vergl. 26. Ich folge der Uebersetzung von Wurm.

[11]) Eine solche Elle soll etwa 26 Pariser-Zolle betragen.

östlichen Seite stellt man einen Quadranten, aus dem Holz, genannt Sadjeh[12]), erbaut, sammt seinen zwei Eckstäben auf, der von Trägern, die an der Mauer fest gemacht sind, gehalten wird. Der Quadrant und die Stäbe haben eine Breite von $\frac{3}{4}$ Ellen, und letztere halten in der Länge 5 Ellen. Man nimmt den mittäglichen Winkel der Mauer zum Mittelpunkt und macht mitten auf der Breite des Quadranten eine Rinne oder Vertiefung, 3 Finger breit und $\frac{1}{2}$ Finger tief[13]); in dieser Rinne befestigt man einen kupfernen Quadranten von der nämlichen Dimension und verbindet ihn mit dem ersten durch Schrauben. Auf dem so genau als möglich geebneten Limbus des Quadranten zieht man drei concentrische Kreisbogen und schreibt an dem mittlern die einzelnen 90 Grade, an dem einen Seitenbogen die Minuten und an dem andern die Grade von 5 zu 5 an. Aber ehe das Instrument an der Mauer fest gemacht wird, muß vorher sorgfältig untersucht werden: 1) ob der eine von den zwei Stäben auf dem Horizont senkrecht und der andere mit ihm parallel ist; 2) ob der Limbus in der Fläche des Mittagskreises liegt, so daß die Linie, welche durch den Mittelpunkt und das südliche Ende des Quadranten geht, das Zenith trifft. Ist das Werkzeug in dieser Lage dauerhaft befestigt, so bringt man am Mittelpunkt einen stählernen Cylinder an, um welchen sich eine mit Diopteren versehene Alhidade dreht." — Es geht aus diesen beiden von allen Extravaganzen freien Beschreibungen hervor, daß die Araber bereits große Sorgfalt auf die Construction und Aufstellung ihrer Instrumente verwandten, — zu Ersterer, wie es übrigens schon bei den Griechen und Chinesen vorkam[14]), wenigstens zuweilen Metalle gebrauchten, — den Vortheil erkannt hatten, gewisse Beobach-

---

[12]) Ein indisches, ebenholzartiges, jedenfalls hartes Holz.

[13]) Es wurden 36 Finger auf die Elle gerechnet.

[14]) Nach Delambre (Astr. anc. I 367) ist in einer von 104 v. Chr. datirenden Schrift des Chinesen Sse-Ma-Tsien von damals schon alten Instrumenten aus Messing die Rede, welche Kreise von 2 Fuß 5 Zoll Durchmesser besaßen, — leider ohne näher auf ihre Construction und ihren Gebrauch einzutreten.

tungen im Meridian vorzunehmen, — und speciell den Mauerquadranten und sogar den Mauerkreis besaßen, d. h. Instrumente, welche man sonst frühestens von Tycho Brahe in die Astronomie eingeführt glaubte. Auch der Azimuthalquadrant, aus dem unser Theodolit hervorgegangen ist[15]) und den man ebenfalls frühestens aus der Zeit von Tycho datirte, scheint in Meragah und überhaupt bei den spätern Arabern, und sogar in einer noch reichern Ausstattung als nachmals im Abendlande, heimisch gewesen zu sein; denn die „drehenden Quadranten" von Meragah und das damit wohl identische von Sedillot beschriebene „Instrument des quarts de cercle mobiles" bestanden, wenn auch die Beschreibung im Detail zu wünschen übrig läßt, doch immerhin aus einem horizontalen Kreise, über welchem zwei Quadranten mit Alhidaden spielten, um von zwei Gestirnen in einem gegebenen Momente gleichzeitig die Höhen und Azimuthe zu nehmen und dadurch ihre Distanz zu bestimmen. Man darf also wohl als Schlußresultat hinstellen, daß der Instrumentalvorrath der Araber höher stand als im Westen zur Zeit von Regiomontan und Copernicus, und die praktische Astronomie erst zur Zeit von Wilhelm IV. und Tycho Brahe zu der früher erreichten Höhe aufstieg, um sie dann freilich bald nachher um ein Bedeutendes zu übertreffen.

40. Die Sand- und Wasseruhren. Die Instrumente zur Zeitmessung blieben lange in etwas primitivem Zustande, indem sie sich auf sog. Wasser- und Sanduhren beschränkten: Die Wasseruhren der Alten waren von wesentlich verschiedener Art. So bestanden diejenigen, welche die Assyrer zur Zeit von Sardanapel oder etwa 600 v. Chr. benutzten, aus einem mehrere Kannen Wasser haltenden ehernen Cylinder, dessen Wandung unten ein kleines Loch zum Abträufeln des Wassers hatte; er wurde zur Zeit des Sonnenaufgangs gefüllt und dann durch Ausrufer öffentlich verkündigt, sobald er leer geworden und wieder neu gefüllt worden war, was 5- bis 6mal des Tages vorkam. Die alten

[15]) Vergl. 116.

Indier benutzten dagegen nach Schlagintweit[1]) eine hohle kupferne Halbkugel, welche unten eine feine Oeffnung besaß, — auf Wasser gesetzt wurde, — sich langsam füllte — und je, wenn sie untersinken wollte, geleert und neu aufgesetzt wurde. Ein von ihm aus Benares mitgebrachtes Exemplar hatte $7{,}6^{cm}$ Radius auf $6{,}0^{cm}$ Höhe und brauchte etwa $^{9}/_{8}{}^{h}$ zum Einsinken; wahrscheinlich war es früher durch Abschleifen des obern Randes auf $72^{m} = 3 \times 24^{m} = 3^{h}$ alt-indischer Währung[2]) regulirt worden. — Auch bei den Griechen und Römern kam die im Oriente übliche Methode „die Zeit durch den Fall des Wassers zu messen“ ziemlich frühe in Gebrauch, und so sollen z. B. schon zur Zeit von Aristophanes in Athen Gefäße mit einer engen Oeffnung am Boden, aus der ein bestimmtes Maaß Wasser tröpfelte, bei gerichtlichen Verhandlungen als Zeitmaaß für die Reden der Sachwalter in Anwendung gekommen sein[3]), und auch Plato soll sich einer Art Wasseruhr bedient haben, um wenigstens ungefähr die Nachtstunden zu bestimmen. — Zur Zeit der Alexandriner versah man, vielleicht nach Vorgang des um 270 v. Chr. zu Alexandrien lebenden und oft als Erfinder der Wasseruhren genannten Mechanikers **Ktesibios**, die Wasseruhren erster Art nicht nur mit Vorrichtungen, um durch constantes Niveau oder durch die Form der Auffangsgefäße ihre Genauigkeit zu vergrößern, sondern wohl auch bald mit einem Zifferblatte, dessen Zeigeraxe durch eine Schnur mit einem Schwimmer in Verbindung stand. Noch später kamen weitere Zeiger, Hülfsräder ꝛc. hinzu, — man verwendete zur Construction edle Metalle, zur Verzierung Edelsteine, — ja bei einer täglich nur Ein Mal zu füllenden Uhr, welche Pompejus 62 v. Chr. in Pontus erbeutete, bestanden Gefäß und Zifferblatt aus Gold, während die Zeiger mit Rubinen besetzt und die Zahlen in Saphir geschnitten waren. Immerhin scheinen diese Wasseruhren, wenn auch im Folgenden Einiges über ihren astronomischen

---

[1]) Vergl. seine Notiz in Münchner-Sitzungsberichten 1871 pag. 128 u. f.

[2]) Vergl. 4.

[3]) Es scheint, daß schon damals ähnliche Krankheiten wie jetzt grassirten.

Gebrauch beigebracht werden kann[4]), mehr zu bürgerlichen als wissenschaftlichen Zwecken Verwendung gefunden zu haben, und sie werden sowohl von Ptolemäus als auch von den arabischen Schriftstellern nur ganz beiläufig erwähnt, — leider ohne genügenden Aufschluß zu geben, wie sie sich bei ihren Zeitbestimmungen während der Nacht, die doch z. B. von Ersterem bis auf Bruchstunden angegeben werden, behalfen[5]). — Die Sanduhren, welche bis vor wenigen Decennien beim Kirchen- und Wachtdienste noch häufig im Gebrauch waren, bestanden bekanntlich aus zwei, so in eine Art Gestell eingesetzten, gleichen conischen Gefäßen, daß ihre offenen Spitzen gegen einander gerichtet waren. Das Eine derselben war größtentheils mit Sand gefüllt. Wurde es nach oben gebracht, so floß der Sand in einer gewissen Zeit in das untere Gefäß ab, worauf die ganze Vorrichtung umgewandt wurde, damit das Spiel neu beginnen könne. Die Sanduhren, deren Ablaufszeit durch Stauungen ziemlich stark influencirt war[6]), so daß sie kaum mit den Wasseruhren concurriren konnten, standen nach den Einen ebenfalls schon bei den Alten im Gebrauch, — während sie nach Andern erst im 8. Jahrhundert durch den Mönch Luitprand in Chartres erfunden wurden; von Sedillot werden sie bei Beschreibung der Instrumente der Araber nur ganz vorübergehend erwähnt.

41. Die Gewichtuhren. Die Erfindung der Gewichtuhren wird bald dem 846 verstorbenen Archidiacon Pacificus zu Verona, — bald dem 1003 als Papst Sylvester II. zu Rom verstorbenen Auvergnaten Gerbert, — bald dem 1090 verstorbenen Abt Wilhelm von Hirschau[7]) ꝛc. — zugeschrieben, bald auch wieder die Vermuthung ausgesprochen, daß dieselben schon bei den Arabern in Gebrauch gewesen und durch die Kreuz-

[4]) Vergl. z. B. 43 und 51.

[5]) Vergl. 43 für das Wenige, was über die Zeitbestimmungen der Alten mitgetheilt werden kann.

[6]) Vergl. meine betreffenden Versuche in Nr. 36 meiner Mittheilungen (Zürch. Viert. 1874).

[7]) Wilhelm soll 1080 „Institutiones astronomiae“ verfaßt haben.

fahrer nach Europa gebracht worden seien. Gewiß ist bloß, daß schon im Jahre 1120 Uhren mit Schlagwerken vorhanden waren, da in den von diesem Jahre datirenden Regeln der Cisterciensr den Sacristanen vorgeschrieben wird, dafür zu sorgen, daß die Uhr vor der Frühmesse schlage und wecke[²]), — daß gegen das Ende des 13. Jahrhunderts, wenigstens in Italien, bereits vielfach Schlaguhren vorkamen — und daß um die Mitte des 14. Jahrhunderts auch in den Rheingegenden einzelne Thurmuhren auftauchten, und Zürich um 1368[³]), Basel gegen 1380 ebenfalls solche besaßen. — Von höchstem Interesse ist es, daß man von einer Schlaguhr, welche ein Deutscher, Heinrich von Wick, in den Jahren 1364 bis 1370 für den französischen König Karl V. verfertigte, noch die Construction kennt: Sie hatte ein Gewicht als constant wirkende Kraft, — ein dessen Bewegung auf ein Zeigerwerk übertragendes Räderwerk, — einen zum Reguliren bestimmten, hin und her schwingenden Balancier, — ein zwischen ihm und dem Räderwerk vermittelndes, als sog. Echappement wirkendes Kronrad, — ja sogar ein das Aufziehen ohne Störung erlaubendes Sperrrad. Es waren also um die Mitte des 14. Jahrhunderts, mit einziger Ausnahme genügender Regulirung durch ein Pendel, bereits alle Haupttheile der Uhr vorhanden, und diese sind gewiß nicht gleichzeitig, sondern eher mit großen Zwischenräumen erfunden worden, so daß die ersten Anfänge der Gewichtsuhr gar wohl schon in das 11. oder sogar in das 9. Jahrhundert fallen können. — Dagegen darf man sich nicht verhehlen, daß die ganze Anlage und Ausführung dieser frühen Uhren noch sehr roh war und z. B. enorme Gewichte nöthig waren, um die Werke im Gange zu erhalten, — und es begreift sich ganz gut, daß Walther, als er etwa von 1484 hinweg an einer Räderuhr

²) Vergl. die Notiz von Fechter in Basl. Taschenb. 1852, pag. 144.

³) Nach Vogel's Chronik war 1368 in Zürich auf der Peterskirche eine erste öffentliche Uhr aufgestellt worden, welche sodann 1538 durch eine neue astronomische Uhr ersetzt wurde, die Hans Lutherer von Waldshut construirte und der Zürcher-Maler Hans Asper ausschmückte; letztere soll 2394 Pfd. gekostet und bis 1657, wo der Blitz in den Thurm schlug, functionirt haben.

zu beobachten versuchte, noch sehr unzuverlässige Resultate erhielt. — Ganz große öffentliche Werke ließen sich nach und nach schon eher zu einer gewissen Befriedigung ausführen und wurden auch bald da und dort mit andern kunstreichen Mechanismen verbunden: So soll schon Giovanni Dondi, ein 1389 zu Genua verstorbener Arzt und Astronom, während seinem Aufenthalte in Padua eine sehr künstliche, ihm den Beinamen Dall' Orologio verschaffende, noch von Regiomontan sehr bewunderte Uhr construirt haben, welche neben Stunden und Minuten auch Tag und Monat, den Lauf der sieben Wandelsterne, die Festtage ꝛc. zeigte, und ähnliche Kunstwerke aus dem 15. und 16. Jahrhundert könnten noch Manche angeführt werden. Es mag jedoch genügen, über eines der berühmtesten derselben, die 1571 bis 1574 in Straßburg construirte große astronomische Uhr, noch etwas näher einzutreten[4]): Straßburg hatte schon um die Mitte des 14. Jahrhunderts eine in Holz ausgeführte astronomische Uhr erhalten, die jedoch nach und nach unbrauchbar wurde, so daß 1547 eine Commission, in welcher der 1562 verstorbene Mathematik-Professor Christian Herlin saß, den Auftrag erhielt, ein neues Werk zu besorgen, zu dem auch alsbald ein Anfang gemacht wurde, der jedoch „durch etlicher absterben und anderer ungelegenheit" willen „unaußgemacht verblieb." Erst als sich 1571 bei Herlin's Schüler und Nachfolger, dem 1531 zu Straßburg gebornen Konrad Dasypodius von Frauenfeld, der sich damals bereits durch zahlreiche Schulausgaben griechischer Mathematiker und einige selbstständige Schriften weit bekannt gemacht hatte[5]), zwei junge Uhrmacher aus Schaffhausen, Isaak und Josias Habrecht, welche ihrem Vater

[4]) Für die Uhr von Wick, die Straßburger-Uhr und andere alte Uhren vergleiche die Specialwerke „Ferd. Berthoud, Histoire de la mesure du temps par les horloges. Paris 1802, 2 Vol. in 4, — Pierre Dubois, Histoire de l'horlogerie. Paris 1849 in 4, ꝛc."

[5]) Vergl. für Dasypodius III 51—62 meiner Biographien. Namentlich ist hier s. Schrift „Hypotyposes orbium coelestium, congruentes cum tabulis Alfonsinis et Copernici, seu etiam tabulis Prutenicis. Argent. 1568 in 8" zu erwähnen.

Joachim bei Ausführung der 1564 auf dem Frohnwaagthurm in Schaffhausen aufgestellten künstlichen Uhr behülflich gewesen waren, zur Erbauung der projectirten Uhr meldeten, kam die Sache unter seiner Leitung in gedeihlichen Fluß, und es entstand das vielfach bewunderte, von den Schaffhauser-Malern Tobias und Josias Stimmer auch äußerlich bestens verzierte, von Dasypodius beschriebene[6]) große Werk, das bis 1732, als der letzte Habrecht starb, von den Nachkommen der Erbauer besorgt wurde, dann aber 1789 stockte und nun seit 1838 durch ein von Schwilgue construirtes, noch künstlicheres Werk ersetzt ist. Bei dieser Dasypodius'schen Uhr trug ein Pelikan auf seinem Rücken einen Globus von 3' Durchmesser, auf dem die 1022 Ptolemäischen Sterne verzeichnet waren, und der sich zur Versinnlichung der täglichen Bewegung mittelst verborgenem Räderwerke täglich einmal umdrehte. Hinter diesem Globus war auf einer sich jährlich einmal umdrehenden Scheibe ein immerwährender Kalender angebracht, zu dessen Seite die 1573 bis 1605 zu erwartenden Finsternisse verzeichnet waren. Eine andere Scheibe, welche sich in 100 Jahren einmal umdrehte, wies für 1573 bis 1673 je Jahr, Sonntagsbuchstabe 2c. Noch andere Scheiben gaben die jeweiligen Mondphasen, den Stand der Planeten in den Zeichen 2c. Daneben durften natürlich künstliche Schlagwerke und Glockenspiele, ein krähender Hahn 2c. nicht fehlen, — ebenso wenig eine Menge Verzierungen und Bilder, unter welch Letztern ein Porträt von Copernicus hervorzuheben ist, welches Stimmer nach einer durch Dasypodius aus Danzig erhaltenen Vorlage malte. In Beziehung auf den Globus, welchen Dasypodius etwa 14 Jahre vor der Uhr zum eigenen Gebrauche bei astronomischen Beobachtungen construirt hatte[7]), dann aber dem Rathe zu Gefallen mit der Uhr

---

[6]) „Warhafftige Außlegung des Astronomischen Uhrwerkes zu Straßburg, beschrieben durch M. Conradum Dasypodium, der solches astronomische Uhrwerk anfenglichs erfunden und angeben. Straßburg 1578 in 4." Später schrieb Dasypodius noch: „Horologii astronomici, Argentorati in summo templo erecti, descriptio. Argent. 1580 in 4."

[7]) Dasypodius, der bis zu seinem 1600 erfolgten Tode auch den Erschei-

verband, sagt er selbst am Schlusse seiner Beschreibung: „Wann ich sollte rund und warhaftig sagen, welches das fürnemmeste und bey den gelehrten zum höchsten geachtet werk seye an diesem gantzen Astronomischen Uhrenwerk, so ists kein anderes als diese kugel, wiewol der gemeine man, auch die so vermeinen etwas wissen, solches auß unwissenheit und unverstandt der Astronomey nicht wissen noch können bedenken, sondern achtens geringer, dann das hanengeschrey und die kinder, das stundglaß und anders so von bildern gemacht ist, welches nichts anders dann ein zierdt ist und weniger kunst hat." — Die ersten tragbaren Uhren, bei welchen als Surrogat für das Gewicht eine aufgerollte Feder und als Surrogat des Balancier oder als Spiralfeder an der Unruhe eine Schweinsborste wirkte, construirte schon gegen das Ende des 15. Jahrhunderts der 1540 zu Nürnberg verstorbene Straßburger Peter Hele unter dem Namen von Nürnberger-Eyern. Es waren nach Cochläus[a]) „kleine Räderuhren, die nicht bloß in jeder Lage, ohne Gewicht, die Stunden zeigten, sondern sie sogar schlugen, auch wenn man sie in den Busen oder in die Tasche steckte." Sie wurden alsbald auch in Augsburg nachgeahmt und vielfach nach Frankreich und England ausgeführt; aber immerhin erforderte es auch da noch viele Schritte und viele Jahre, um nur etwas zuverlässige Werke zu einem relativ billigen Preise liefern zu können und dadurch eine Uhrenindustrie zu gründen, wie sie z. B. gegen Ende des 17. Jahrhunderts durch Daniel-Jean Richard in den Neuenburger-Bergen eingeführt worden ist, — der eigentlichen Chronometer hier ebenso wenig zu gedenken, als oben bei den Standuhren von wirklichen Zeitregulatoren gesprochen worden ist[b]).

---

nungen am Himmel seine Aufmerksamkeit zuwandte, schrieb bei Anlaß des Cometen von 1577 eine Gelegenheitsschrift: „Von Cometen und ihrer würckung. Straßburg 1578 in 4" und gab von derselben zugleich auch eine lateinische Ausgabe.

[a]) Vergl. den von ihm 1511 zu Nürnberg herausgegeb. Commentar zu Pomponius Mela.

[b]) Vergl. 117 und 210 für die spätere Geschichte der Uhren.

42. Die Sonnenuhren und Sonnenquadranten. Offenbar ursprünglich sich aus dem Gnomon oder der Mittagsuhr entwickelnd und durch den Mangel anderer, auch nur irgendwie zuverlässiger und für Jedermann benutzbarer Uhren fast nothwendig geworden, wurde die Construction von Sonnenuhren, welche schon in verschiedenen Abarten den Phöniciern, Babyloniern, Juden ꝛc. nicht unbekannt waren, von den Griechen bedeutend ausgebildet [1]). Letztere, unter denen besonders Anaximander, Anaximenes, Eudoxus ꝛc. in dieser Beziehung genannt werden, voraus aber Ptolemäus um seines bereits erwähnten Analemmas willen genannt zu werden verdiente [2]), scheinen von den Babyloniern sowohl den Gnomon, d. h. die Sonnenuhr, bei welcher der schattenwerfende Stab oder der Stylus vertikal stand, als auch den Polos, bei welchem er in die Weltaxe gelegt würde, erhalten, jedoch besonders Erstere benützt und, wenigstens in der früheren Zeit, gar oft nur aus der Länge des Schattens auf die Tageszeit geschlossen zu haben [3]). Als Auffangsfläche diente meistens die schon von Berosus angewandte Hohlkugel, welche die landesüblichen ungleichen Stunden in bequemster Weise gab, — doch wurden auch Horizontalflächen angewandt und auf diesen die den verschiedenen Tages- und Jahreszeiten entsprechenden Schattenrichtungen und Schattenlängen aufgetragen, womit wohl der Name Aranea zusammenhängen mag, welchen eine von Eudoxus construirte Sonnenuhr getragen haben soll. — Bei den Arabern, welche schon um ihrer

[1]) Vergl. 4 für die Sonnenuhr von Berosus; ferner Compt. rend. 1870 VII 25, wo Laussedat über eine aufgefundene phönicische Sonnenuhr und Compt. rend. 1874 III 23, wo Rayet über eine eben solche griechische berichtet; sodann die Specialschriften: „G. H. Martini, Abhandlung von den Sonnenuhren der Alten. Leipzig 1777 in 8, — Fr. Woepke, Disquisitiones archaeologico-mathematicae circa solaria veterum. Berolini 1842 in 4 ꝛc.“ — Die im zweiten Buche der Könige XX 9—11 stehende Erzählung von dem Rückwärtsgehen der Schatten wollen wir hier weder bemängeln, noch als Beweismittel für das hohe Alter der Sonnenuhren benutzen. [2]) Vergl. 36.

[3]) So spricht Aristophanes von einer zehnfüßigen Schattenlänge, bei der Jemand zum Abendessen erwartet werde.

religiösen Uebungen willen auf die Gnomonik als ihr einziges Mittel für genaue Zeitkenntniß großen Werth legten, wurde dieselbe noch mehr ausgebildet, und großentheils zu ihren Gunsten die Trigonometrie weiter entwickelt[4]); namentlich erwarben sich die Albategnius, Alkind, Thebit, Abul-Wefa, Ibn Junis, Abul Hhassan ꝛc. theils durch Erfindung von Constructionen und Rechnungsvorschriften, theils durch Composition von betreffenden Schriften große Verdienste: Die Auffangsflächen wurden varirt, — neben den ungleichen Stunden auch die Equinoctialstunden angegeben, — die Schattenlinien für die verschiedenen Jahreszeiten oder Zeichen bestimmt ꝛc., — und wenn auch der Gnomon bei den Arabern noch immer vorherrschte, so scheint doch auch der Polos cultivirt worden zu sein, da man sich sonst nicht erklären könnte, wie derselbe schon bei den ersten betreffenden Schriftstellern des Abendlandes, welche sich nach eigener Angabe zunächst auf die Araber stützten, sich in gleichem Maaße wie der Gnomon entwickelt findet, ja der Stylus von dieser Zeit an sogar fast ausschließlich in der Weltaxe liegt, während die Auffangsfläche meistens entweder eine im Equator liegende, oder dann eine horizontale oder vertikale Ebene war, jedoch auch irgend eine andere Fläche sein konnte; ferner wurden bald feste und an Kirchen oder an andern öffentlichen Gebäuden mitunter sehr große, bald kleinere bewegliche und sogar auch tragbare Sonnenuhren construirt, wobei die beiden letzteren Sorten, wenigstens später, zur bequemeren Orientirung fast immer einen kleinen Compaß als Beigabe erhielten. — Auf solche Weise nach dem Abendlande verpflanzt, gediehen auch da die Sonnenuhren, bei denen also ziemlich Thurmuhr, Standuhr und Taschenuhr repräsentirt war, ganz vortrefflich, und wurden namentlich durch die verschiedenen betreffenden Schriften von Sebastian Münster nach ihrer Construction allgemeiner bekannt, so daß er in früherer Zeit vielfach als Vater der Gnomonik

[4]) Vergl. 30.

bezeichnet wurde: Zu Ingelheim in der Pfalz 1489 geboren, war Sebastian Münster[5]) erst ein Lieblingsschüler von Stöffler in Tübingen, folgte dann 1529 einem Rufe als Professor der hebräischen Sprache nach Basel, machte sich von dort aus durch vielfache alttestamentliche Arbeiten, welche er seinem schon 1523 in Heidelberg publicirten hebräischen Lexikon folgen ließ, und fast noch mehr durch seine oft und in den verschiedensten Sprachen aufgelegte „Cosmographia. Beschreibung aller Länder"[6]) immer weiter bekannt, fiel aber leider schon 1552 der Pest zum Opfer. In seiner 1531 zu Basel verlegten „Compositio horologiorum", seiner ebendaselbst 1537 gedruckten „Fürmalung und künstlich Beschreibung der Horologien", und andern ähnlichen Schriften, die weite Verbreitung fanden, gab er, nach Art aller ältern Schriftsteller, nur Constructionen, keine Beweise und keine Formeln. Auch sonst zeigte er große Vorliebe dafür, Instrumente zu construiren, mit welchen sich verschiedene astronomische Aufgaben ohne Rechnung angenähert lösen lassen, so die Bestimmung der goldenen Zahl, des Sonntagsbuchstabens, der Tageslänge, der Mondphasen und Mondfinsternisse rc., und es beziehen sich hierauf seine 1528 zu Oppenhaym und 1529 zu Wormbs erschienenen Schriften „Erklerung des newen Instruments der Sunnen, nach allen seinen Scheyben und Cirkeln, — und: Erklerung des newen Instruments über den Mon gemacht rc.," — ja auch in seiner Darstellung der ptolemäischen Planetentheorie, s. 1536 zu Basel gedruckten „Organum uranicum" bilden die beweglichen Scheiben eine nicht unbedeutende Rolle. — Wie schon angedeutet, bereits etwas vor, namentlich dann aber noch lange nach Münster, ja bis in das 18. Jahrhundert hinein, betraf ein nicht unbedeutender Theil der astronomischen Literatur die Gnomonik, und es mögen hier noch einige der in dieser Richtung thätigen Schriftsteller und ihre betreffenden Schriften namhaft

[5]) Vergl. für Münster II 1—28 meiner Biographien.

[6]) Basel 1544 in Fol. und später, zuletzt 1628. Die erste lateinische Ausgabe erschien 1550, eine französische 1552, eine italienische 1558 rc.

gemacht werden: Daß schon der etwas frühere Regiomontan in seinem Kalender Anleitung zur Construction von Sonnenuhren gab, ist bereits erwähnt worden[7]; dagegen mag z. B. noch angeführt werden, daß der Pariser Professor Orontius Finäus, im gleichen Jahre wo die ersterwähnte der Münster'schen Schriften erschien, „De solaribus horologiis et quadrantibus libri IV“ schrieb, — daß etwas später Andreas Schoner, muthmaßlich größtentheils aus dem Nachlasse seines Vaters „Gnomonices libri III“ publicirte[8], — daß Tycho's Jugendfreund Bartholomäus Scultetus eine Schrift „Gnomonice de Solariis, von allerley Solarien“ herausgab[9], — daß der bei der Reformation des Kalenders thätige Christoph Clavius neben anderen gnomonischen Schriften „Tabulae ad horologiorum constructionem utiles“ lieferte[10], — daß der berühmte Ingenieur Salomon de Caus 1624 zu Paris eine dem Cardinal Richelieu gewidmete und jetzt sehr seltene Schrift „La pratique et démonstration des horloges solaires“ herausgab, — daß der z. B. um die Kegelschnitte verdiente französische Mathematiker Philippe de La Hire 1682 eine zur Zeit sehr geschätzte Schrift „La gnomonique“ bekannt machte, — daß der Mathematik-Professor Joh. Gabriel Doppelmayr zu Nürnberg eine „Gründliche Anweisung zur Beschreibung großer Sonnenuhren“ erscheinen ließ[11] — ꝛc. Nach und nach, wie die Räderuhren häufiger und besser wurden, verlor sich dann allerdings immer mehr die Bedeutung und damit auch die Behandlung der Sonnenuhren, bis ihnen endlich in den letzten Decennien die telegraphische Zeitübermittlung fast ganz den Hals brach; aber dennoch hat auch noch die neuere Zeit Repräsentanten der betreffenden Literatur, wie z. B. die von Jos. Mollet 1812

[7]) In 32.

[8]) Noribergae 1532 in Fol. — Für den Vater vergl. 32.

[9]) Görlitz 1572 in Fol. — Vergl. für Scultetus 87 und 115.

[10]) Romae 1605 in 4. — Vergl. für Clavius 106.

[11]) Nürnberg 1719 in Fol. — Vergl. für Doppelmayr 287.

zu Lyon und 1815 zu Paris publicirten zwei Schriften „Gnomonique analytique, — und: Gnomonique graphique“, — die von dem ältern Littrow herausgegebene „Gnomonik[12])“, — die von Theodor Olivier 1847 zu Paris veröffentlichte „Application de la géométrie descriptive aux ombres, à la perspective, à la gnomonique et aux engrenages“, — die 1864 zu Wien von Dr. Rudolf Sonndorfer aufgelegte „Theorie und Construction der Sonnen-Uhren, — ꝛc. — Zum Schlusse mag noch eines Sonnenquadranten gedacht werden, den Sacrobosco in dem auf der Pariser Bibliothek befindlichen Manuscripte „De compositione quadrantis simplicis et compositi et utilitatibus utriusque“ beschreibt, der aber ohne allen Zweifel schon von den Arabern, die nach Sebillot mehrere analoge Instrumente besaßen, construirt wurde, und jedenfalls als einer der ältesten Repräsentanten der noch in der neuesten Zeit vielfach construirten Instrumente betrachtet werden darf, welche aus Einstellung auf die Sonne oder Messung der Sonnenhöhe die wahre Zeit ergeben. Die Construction desselben, nach welcher ein Läufer, der an einem starren Lothe angebracht ist, sobald er für einen bestimmten Ort und Tag nach der Mittagshöhe der Sonne gestellt wird, jeden Augenblick unmittelbar angenähert die Zeit zeigt, sobald man das Instrument auf die Sonne richtet, ist ganz ingenieus, — dagegen allerdings nur unter kleinen Breiten fortwährend guter Angaben fähig, in größeren Breiten nur zur Zeit der Equinoctien[13]).

---

[12]) Wien 1831 in 8 (2. A. 1838). — Vergl. für Littrow 271.

[13]) Der von Sacrobosco, für welchen auf 67 verwiesen wird, beschriebene Sonnenquadrant besteht aus einem in s. 90° getheilten Quadranten des Radius 1, in dessen Centrum A ein starres oder massives Loth hängt, welches, wenn die durch die Diopter D und F bestimmte Visur horizontal ist, auf Null steht, so daß er beim Richten von DF nach der Sonne ohne weiteres an der Theilung die Höhe der Sonne angibt. Beschreibt man ferner von Punkten der Geraden AE aus Kreise, welche durch A und die Theilpunkte 90, 75, 60, ... gehen, — läßt diese Kreise den Stunden XII, I = XI, II = X, ... entsprechen, — stellt das Loth auf den der Mittagshöhe $h = 90^0 - \varphi + d$ der Sonne an dem betreffenden Tage entsprechenden Punkt B der Theilung, — schiebt einen am

43. Die Bestimmung der Mittagslinie und der Zeit. Zur Bestimmung der Mittagslinie wurde im Alterthume fast ausschließlich die uns schon bekannte Methode der correspondirenden Schatten[1]) beibehalten. So lehrt noch Ulug Begh in der Einleitung zu seinen Tafeln[2]): „Man bereite auf dem Terrain eine ebene und horizontale Fläche so, daß, wenn man Wasser darauf ausgießt, dasselbe sich gleichförmig nach allen Seiten ausbreitet. Zur Verification nehme man ein gleichseitiges Dreieck, bezeichne die Mitte der Basis mit einem Strich und befestige an der Spitze ein Bleiloth; dann setze man das Niveau auf der Fläche in allen Richtungen auf, bis das Bleiloth beständig auf dem Striche bleibt. Nachher beschreibe man auf der Fläche einen Kreis, errichte im Centrum einen Gnomon und merke den Eintritts- und Austrittspunkt des Schattens an;

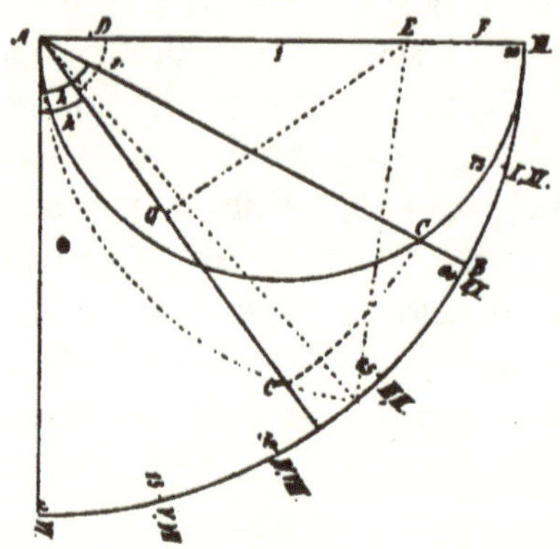

Fig. 12.

Lothe befindlichen Läufer C in den Stundenkreis XII, — und richtet endlich in irgend einem Momente, dessen wahre Sonnenzeit man bestimmen möchte, die Diopter nach der Sonne, so fällt C von selbst nach C' in den betreffenden Stundenkreis. Ist nämlich AG = GC' und GE ⊥ AC', so ist E der Mittelpunkt des durch A und C' gehenden Kreises, der den Quadranten in I trifft, und man hat

$$AE \, . \, \mathrm{Sin}\, h' = \frac{AC'}{2} = \frac{\mathrm{Sin}\, h}{2}$$

$$AE \, . \, \mathrm{Cos}\, s = \frac{AI}{2} = \tfrac{1}{2}$$

oder

$$\mathrm{Cos}\, s = \frac{1}{2 . AE} = \frac{\mathrm{Sin}\, h'}{\mathrm{Sin}\, h} = \frac{\mathrm{Sin}\, h'}{\mathrm{Cos}\, \varphi . \mathrm{Cos}\, d + \mathrm{Sin}\, \varphi . \mathrm{Sin}\, d}$$

während streng genommen der, der Höhe h' entsprechende Stundenwinkel s' nach der Formel

$$\mathrm{Cos} . s' = \frac{\mathrm{Sin}\, h' - \mathrm{Sin}\, \varphi \; \mathrm{Sin}\, d}{\mathrm{Cos}\, \varphi \; \mathrm{Cos}\, d} = \mathrm{Cos}\, s - 2 \, \mathrm{Sin}^2 \frac{s}{2} \cdot \mathrm{Tg}\, \varphi \; \mathrm{Tg}\, d$$

zu berechnen ist, so daß das Verfahren allerdings nur für d = 0 oder φ = 0 genau ist, aber auch für nicht gar zu bedeutende Werthe dieser Größen noch gute Annäherungen gibt.

[1]) Vergl. 3. [2]) Vergl. 20.

dann theile man den zwischen diesen beiden Punkten enthaltenen Bogen in zwei gleiche Theile und verbinde den Theilpunkt mit dem Centrum, wodurch man die Mittagslinie erhält; die Senkrechte zu der Mittagslinie gibt die Equinoctiallinie." Doch waren auch andere Methoden bekannt, und so lehrte z. B. Ulug Begh noch folgende: „Wenn die Sonne nahe am Horizont ist, so hänge man ein Bleiloth auf und verzeichne seinen Schatten. Im gleichen Momente messe man mit einem guten Instrumente die Höhe der Sonne, berechne daraus das Azimuth der Sonne[3]) und trage dasselbe entsprechend seinem Zeichen vom Fußpunkte des Lothes an die gezogene Schattenlinie; der nicht mit Letzterer zusammenfallende Schenkel ist die Equinoctiallinie, eine Senkrechte zu demselben die Mittagslinie." Bei einer dritten Methode, welche der zur Zeit Trajan's lebende römische Feldmesser Hyginus practicirte, wurde die Mittagslinie aus drei, z. B. während des Vormittags, aufgezeichneten ungleichen Schatten abgeleitet[4]), — ꝛc. — Für die Zeitbestimmungen am Tage wurden, wo die Sonnenuhren nicht hinreichten, zuweilen Höhen der Sonne genommen. So zeichnete z. B. Ibn Junis auf, daß zu Cairo am 8. Juni 978 eine Sonnenfinsterniß begonnen habe, als die Sonne in 56° Höhe stand, während ihr Ende bei einer Sonenhöhe von 26° eingetroffen sei. Bei Nacht mußte, wie man aus Theon's Commentar zum Almagest erfährt, die Wasseruhr in der Weise aushelfen, daß man die vom Untergange der Sonne am vorhergehenden Abend bis zum Eintreffen des zu fixirenden Momentes aus einem stets voll erhaltenen Gefäße ausgeflossene Wassermenge mit derjenigen verglich, welche man von da hinweg bis zum Sonnenaufgange am folgenden Morgen oder bis zum Sonnenuntergange am folgenden Abend erhielt,

---

[3]) Das Azimuth wurde damals noch von der Equinoctiallinie aus gezählt, so daß es für die auf- oder untergehende Sonne unserer Morgen- oder Abendweite entsprach.

[4]) Vergl. darüber Mollweide in Bd. 28 der Mon. Corresp. und „Cantor, Die römischen Agrimensoren. Leipzig 1875 in 8."

je nachdem man ungleiche Stunden oder Equinoctialstunden erhalten wollte. Zur Controle wurde dann wohl auch noch im Momente der Erscheinung, z. B. beim Beginn einer totalen Finsterniß, der entsprechende Stand der Sterne angemerkt, Notiz von den gleichzeitig auf- oder untergehenden Sternen genommen, oder, wenn es hoch kam, die Höhe eines bekannten Sternes gemessen, aus der dann unter gewissen Voraussetzungen, nachdem einmal die Trigonometrie zu Gebote stand, der Stundenwinkel des Sternes oder auch die entsprechende Sternzeit erhalten werden konnte. Zur ungefähren Bestimmung der Letzteren konnte auch eine von Hipparch in seinem mehr besprochenen Commentar aufgenommene Auswahl von Sternen dienen, deren Erster nahe am Colur der Solstitien und zwar in dem Halbkreise des Sommersolstitiums lag, also um 6^h Sternzeit culminirte, — während der zweite ihm in einer Stunde, — der dritte diesem wieder in einer Stunde, — ꝛc., folgte[5]). Wollte man nun Nachts in einem gegebenen Momente die approximative Sternzeit haben, so suchte man von den Hipparch'schen Sternen die beiden auf, zwischen welchen eben der Meridian durchlief, und fügte der Stunde des vorhergehenden Sternes durch Schätzung der Abschnitte das Nöthige bei. Nach Ideler[6]) benutzten die Griechen, und so z. B. auch noch Hipparch, ebenfalls sehr häufig die Methode der *Συνανατολαί*, um die Zeiten der Nacht zu erkennen, d. h. sie merkten sich, welche Sterne im Ost- oder Westhorizonte standen, wenn die einzelnen Zeichen aufgingen. Sahen sie nun irgend ein Gestirn, auch nur durch Wolkenöffnungen im Horizonte, so wußten sie, welches Zeichen eben aufging, und

---

[5]) Nach Delambre war der erste dieser Sterne, dem also Hipparch die Länge von nahe 3^s zuschrieb, η Canis majoris, der zweite θ Hydrae, der dritte ν Leonis etc. Da η Canis im Jahre 1750 die Länge $3^s\,26^0\,4'\,10''$ hatte, so war sie in ca. 1880 Jahren um $26^0\,4'\,10''$, also per Jahr um $49'',92$ größer geworden, — vergl. 49.

[6]) Vergl. seine mehrerwähnten Abhandlungen über Eudoxus und über die Sternkunde der Chaldäer.

schlossen daraus, mit Rücksicht auf die Jahreszeit, welche Stunde etwa eingetreten sei.

44. Die Bestimmung der Polhöhe. Die Polhöhe wurde von den alten Astronomen fast ausschließlich, ja noch bis in das 17. und 18. Jahrhundert hinauf wenigstens sehr häufig mit dem Gnomone bestimmt, — anfänglich meistens durch Combination der beiden Solstitialhöhen der Sonne[1]), später mit Benutzung ihrer Declination aus einer einzelnen Mittagshöhe. Immerhin kamen zuweilen auch andere Methoden in Anwendung: So bestimmte nach dem Zeugnisse von Hipparch sein Vorgänger Eudoxus „die Neigung des Himmels", indem er, ohne Zweifel durch Beobachtung der Dauer des längsten Tages mit Hülfe einer Wasseruhr, das Verhältniß der Segmente des vom Horizonte getheilten Wendekreises ermittelte[2]). So führt Aboul Hhassan in seiner mehrerwähnten Schrift bereits die noch in neuerer Zeit beliebte Methode an, die beiden Culminationshöhen eines Circumpolarsternes zu messen und die Polhöhe gleich ihrem Mittel zu setzen. Aber, abgesehen von der früheren Mangelhaftigkeit der Mittel für Zeit- und Höhenmessung, konnten, um von der zweiten der erwähnten Methoden nicht einmal zu sprechen, auch die erste und dritte aus leicht angebbaren Gründen damals noch keine zuverlässigen Resultate ergeben. Die mit dem Gnomon gefundenen Polhöhen fielen nämlich in der Regel zu klein aus, weil die Sonnenhöhe aus zwei Gründen meistens zu groß angesetzt wurde: Einerseits wurde nämlich bei dem gewöhnlichen Gnomon das Ende des Schattens, das nach der Theorie dem von dem Sonnencentrum kommenden Strahle entsprechen sollte, in Folge des schwachen und verschwommenen Halbschattens immer zu nahe an den Fußpunkt des Stabes gesetzt, welchem allerdings zuweilen[3]) dadurch ausgewichen wurde, daß man die Spitze des

---

[1]) Vergl. 37.

[2]) Er soll das Verhältniß 5 : 3 gefunden haben, was mit einer Polhöhe von 41°, wie sie Kyzikos zukommen soll, ganz gut übereinstimmt.

[3]) Vergl. 37.

Gnomons durch eine kleine Scheibe mit Oeffnung darstellte, wo dann die Mitte des entsprechenden Sonnenbildchens einen schärferen Anhaltspunkt gab, — und anderseits wurde die beim Gnomon in gleichem, d. h. die Polhöhe verkleinerndem, bei Anwendung von Circumpolarsternen dagegen in entgegengesetztem Sinne wirkende Refraction früher ganz übersehen, und später wenigstens meistens vernachlässigt. — Letzteres gibt Veranlassung auf die optischen Kenntnisse der Alten überhaupt und auf hiemit zusammenhängende Ideen derselben über die Atmosphäre und deren Wirkung auf das durchgehende Licht kurz einzutreten: Die ersten bestimmten optischen Kenntnisse der Alten treten in der „Optica et Catoptrica“ von Euklid zu Tage[4]), die bereits mehrere interessante, auch für die Astronomie nicht unwichtige Sätze enthält. So z. B. sagt Satz VIII der Optik: „Gleiche Größen, die vom Auge ungleich entfernt sind, werden nicht ihren Entfernungen proportional gesehen[5])“, — Satz LIII: „Wenn sich mehrere Größen mit ungleicher Geschwindigkeit in derselben Richtung mit dem Auge bewegen, so scheinen diejenigen, die gleiche Geschwindigkeit mit dem Auge haben, stille zu stehen; die sich langsamer bewegen, scheinen nach entgegengesetzter Richtung zu gehen, die aber schneller, scheinen voraus zu eilen,“ — Satz I der Catoptrik: „Von ebenen, erhabenen und hohlen Spiegeln werden die Strahlen unter gleichen Winkeln zurückgeworfen,“ — Satz XIX: „In ebenen Spiegeln erscheint das beim Gegenstande zur Linken gelegene rechts, und das zur Rechten gelegene links; das Bild und der Gegenstand sind gleich weit vom Spiegel entfernt,“ — Satz XXXI: „Von Hohlspiegeln, welche gegen die Sonne gehalten werden, wird Feuer angezündet,“ — ꝛc. — Nach dieser Schrift ist sodann die „Optica“ des Ptolemäus

[4]) Sie wurden gleichzeitig von Conr. Dasypodius „Argent. 1557 in 4“ und von J. Pena „Paris 1557 in 4“ (auch 1604) in griechischer und latein. Sprache herausgegeben.

[5]) Der von Euklid gegebene weitläufige Beweis zeigt, daß er die Trigonometrie noch nicht kannte, sonst hätte er ja einfach aussprechen müssen, daß sich die Tangenten der Sehwinkel umgekehrt wie die Entfernungen verhalten.

zu erwähnen, welche früher vielfach citirt und ausgezogen wurde, dann wie verschwunden war, in der neueren Zeit aber durch Laplace und Delambre in mehreren aus dem Arabischen ins Lateinische übergetragenen Handschriften wiedergefunden und studirt werden konnte[6]). Das Wichtigste ist, daß sie außer zwei einleitenden und zwei die Spiegel behandelnden Büchern noch ein fünftes die Dioptrik betreffendes Buch enthält, aus dem man sieht, daß Ptolemäus bereits wußte, daß sich ein Lichtstrahl beim Uebergange in ein dichteres Mittel dem Einfallslothe nähert, — und gestützt auf eine Versuchsreihe, die Ueberzeugung gewann, daß bei denselben Mitteln Einfalls- und Brechungswinkel in einem einfachen Verhältnisse stehen[7]). — Auch dem von Bassora oder Basra gebürtigen Abu Ali al Hasan ben al Hosein oder Alhazen, der zuerst als Günstling des Khalifen Hakem zu Cairo lebte, später aber in so große Dürftigkeit gerieth, daß er sich bis zu seinem 1038 erfolgten Tode den Unterhalt größtentheils durch Abschreiben verdienen mußte, verdankt man eine „Optica“, welche sich zwar in Beziehung auf den Umfang ihres Inhaltes von der Ptolemäischen nicht sehr unterscheidet, dagegen immerhin nicht, wie früher Einige behaupten wollten, eine bloße Umschreibung derselben ist, sondern sowohl die Reflexion als die

---

[6]) Vergl. Laplace's Nachrichten in s. „Exposition du système du monde“ und Delambre's betreffende Abhandlung in Bd. 6 der Mém. de l'Académie des inscript.

[7]) Ptolemäus suchte das im Text berührte Verhältniß mit Hülfe eines getheilten und mit zwei beweglichen Indices a und b versehenen Kreises, den er vertikal in Wasser stellte, für Luft und Wasser empirisch zu bestimmen, indem er a und b je so lange gegeneinander verschob, bis sie ihm mit c in gerader Linie erschienen und sodann α und β ablas; er erhielt so die correspondirenden Werthe

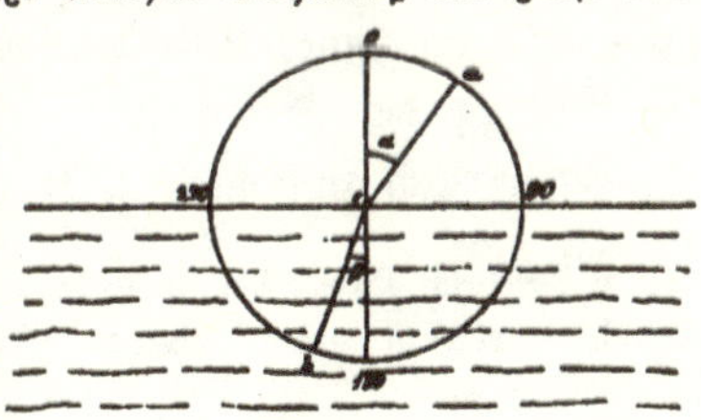

Fig. 13.

$\alpha = 10^0$	20	30	40	50	60	70	80
$\beta = 8$	$15^1/_2$	$22^1/_2$	28	35	$40^1/_2$	45	50

oder im Mittel nahe $\alpha : \beta = 3 : 2$.

Refraction des Lichtes wieder etwas besser und vollständiger behandelt[8]); doch scheint erst Roger Baco im 13. Jahrhundert in seinem „Tractatus de speculis[9])“ die optischen Probleme etwas feiner angegriffen, und z. B. die Längenabweichung beim sphärischen Hohlspiegel nachgewiesen zu haben. — Die Existenz einer Erdatmosphäre lag in den Dämmerungserscheinungen so klar zu Tage, daß man ihre Kenntniß schon in ziemlich alte Zeiten verlegen muß, und in der That findet sich bei Aristoteles, welcher ein eigenes Buch über die Meteorologie schrieb, schon manches Betreffende. Für die Geschichte der Bestimmung der geographischen Breite ist es aber besonders von Interesse, daß spätestens ein Zeitgenosse von Augustus, der durch seine noch später zu besprechende Kosmographie verdiente Kleomedes[10]), bei Anlaß der sogenannten horizontalen Mondfinsternisse auf die Refraction aufmerksam wurde, indem er die Frage aufwarf: „Ist es nicht möglich, daß der Strahl, der vom Auge ausgeht, indem er eine feuchte, nebelichte Luftschicht durchschneidet, sich krümmt, und die Sonne über dem Horizonte erscheinen läßt? Dann würde das Phänomen dasselbe sein als das, wodurch man einen Ring am Boden des Gefässes, der direct nicht gesehen werden kann, sichtbar macht durch hineingegossenes Wasser.“ Was er ahnte, wies sodann Ptolemäus förmlich nach, indem er das Vorhandensein einer vom Zenithe nach dem Horizonte zunehmenden Refraction dadurch belegte, daß man die Poldistanz eines Gestirns bei seinem Auf- und Untergange merklich kleiner finde, als bei seiner Culmination. Und Alhazen suchte sogar den Betrag der Refraction aus solchen vergleichenden Bestimmungen wirklich zu ermitteln, trat auch auf die Dämmerungserschei-

[8]) Friedrich Risner hat sie unter dem Titel „Opticae thesaurus Alhazeni Arabis libri VII nunc primum editi. Ejusdem liber de crepusculis et nubium ascensionibus. Bas. 1572 in Fol.“ herausgegeben. Er vereinigte damit die betreffenden zehn Bücher des gegen Ende des 13. Jahrhunderts in Italien lebenden Thüringers Vitello, dessen Hauptverdienst darin besteht, die Lehren von Alhazen lichtvoller und geordneter dargestellt zu haben.

[9]) Ed. Jo. Combach, Francof. 1614 in 4. [10]) Vergl. 64.

nungen genauer ein und nahm z. B. nicht nur ziemlich richtig an, es betrage der Depressionswinkel der Sonne beim Anfange und beim Ende der Dämmerung an 19°, sondern schloß bereits daraus, daß also die oberste Schichte der Atmosphäre, welche uns noch Licht zuwerfe, bei 52000 Schritte über der Erde liegen müsse. Während endlich die älteren Astronomen, nachdem sie einmal Kenntniß von der Refraction genommen hatten, derselben auf Kosten mancher Bestimmungen auszuweichen suchten, so wird Regiomontan's Schüler Walther nachgerühmt, er habe dieselbe bei Berechnung seiner Beobachtungen bereits zu berücksichtigen gesucht.

45. Die geographischen Coordinaten. In den ältesten Zeiten wurde die Lage auf der Erde nach klimatischen Verhältnissen, oder wenn es hoch ging, nach von Reisenden mitgetheilten Richtungen und Wegmaaßen angegeben, und es ist nicht eines der geringsten Verdienste des großen Hipparch, daß er diese unsichern Daten durch astronomische Bestimmungen zu ersetzen suchte, indem er als geographische Coordinaten den mit der Polhöhe übereinstimmenden Abstand vom Equator, die sog. Breite, und den Meridianunterschied von einem beliebigen ersten oder Ausgangs-Meridiane als sog. Länge einführte. Dabei wählte er als ersten Meridian in ganz verständiger Weise denjenigen von Rhodus, wo er beobachtete, und erst spätere Geographen[1]) verlegten ihn nach den, damals Fortunats-Inseln geheißenen, canarischen Inseln, weil sie zu jener Zeit die äußersten bekannten Punkte nach Westen waren. Noch später wurde dieser erste Meridian genauer präcisirt, indem man ihn durch den Pic von Teneriffa legte, der sodann 1630 nach dem Vorschlage eines durch Richelieu dafür versammelten Congresses mit der Westspitze von Ferro, der westlichsten jener Inseln vertauscht, ja in Frankreich durch eine vom 25. April 1634 datirende kgl. Ordonnanz sogar officiell eingeführt wurde[2]). Die neueren Astronomen fanden es

[1]) Wahrscheinlich der im ersten Jahrhundert unserer Zeitrechnung zu Tyrus lebende, von Ptolemäus für seine Geographie vielfach benutzte Römer Marinus.

[2]) Allgemeine Anerkennung fand der Meridian von Ferro nicht sofort; so

natürlich bequemer, den Ausgangsmeridian durch eine Beobachtungsstation zu legen, und so wurde zur Zeit der Meridian von Nürnberg, dann der Meridian von Uranienburg, — seit dem vorigen Jahrhundert auf dem Festlande von Europa der Meridian von Paris, für England und Amerika derjenige von Greenwich zum ersten Meridiane. Die Geographen dagegen hielten an ihrem Meridiane von Ferro fest, und erst als Guillaume Delisle den klugen Vorschlag machte, sie möchten einen fingirten Meridian von Ferro in genau 20° westlich von Paris adoptiren[3]), kam ein befriedigender Vergleich zu Stande. — Zu Hipparch zurückkehrend ist noch anzuführen, daß er nicht nur bereits zeigte, daß die Längendifferenz mit der Differenz der Ortszeiten übereinstimme, zu welchen eine für beide Orte gleichzeitige Erscheinung, z. B. eine Mondfinsterniß, gesehen werde, sondern auch zur Erleichterung wirklicher Längenbestimmungen auf eine Reihe von Jahren hinaus die Mondfinsternisse für seinen Meridian so genau vorausbestimmte, als es ihm seine Theorien von Mond und Sonne erlaubten. Auch die Breitenbestimmung suchte er durch Tafeln zu erleichtern, in welchen er für jeden Grad der Breite die Dauer des längsten Tages, den arctischen Kreis[4]), die Tagbogen einzelner Sterne 2c. eintrug, und war überhaupt bestrebt, die Gewinnung sicherer Grundlagen für Entwerfung und Prüfung von Karten in jeder Weise zu

beziehen sich z. B. die zahlreichen Längen, welche in dem 1651 zu Oxford unter dem Titel „Tractatus duo mathematici“ erschienenen Werke gegeben werden, auf den 29° 25′ westlich von Paris liegenden Meridian der zu den Azoren gehörenden Insel S. Miguel.

[3]) Der Minorit Louis Feuillee, der 1724 im Auftrage der Pariser-Akademie nach den canarischen Inseln ging, um den üblichen Nullpunkt mit dem Pariser-Meridian zu vergleichen, fand (s. Lacaille in Mém. Par. 1740) durch sorgfältige Triangulationen, Zeitbestimmungen, Beobachtung mehrerer Verfinsterungen von Jupitersmonden 2c., den Längenunterschied zwischen Paris und dem Pic von Teneriffa gleich 18° 52′ 3″, denjenigen mit der Westküste von Ferro dagegen gleich 20° 1′ 45″. — Feuillee wurde 1660 zu Mane in der Provence geboren und starb 1732 zu Marseille als Director der Sternwarte daselbst.

[4]) Vergl. 35.

fördern, so daß man ihn als den Vater der mathematischen Geographie bezeichnen darf, während ihm dagegen die politische Geographie und das wirkliche Erstellen von Karten wohl ferner lag[5]). — Daß die praktische Ausführung von Längenbestimmungen trotzdem noch Jahrhunderte lang im Argen lag, darf nicht verwundern und ebensowenig, daß in dieser Richtung bis auf Regiomontan überhaupt kein wesentlicher Fortschritt erzielt wurde[6]). Erst als dieser Wiederhersteller der Astronomie der Griechen in seinen Ephemeriden[7]) ein neues Hülfsmittel bot, eröffneten sich auch neue Wege, wie namentlich derjenige, welchen Amerigo Vespucci für die Bestimmung der Längendifferenz Venezuela-Nürnberg benutzte: Er beobachtete nämlich 1499 VIII 23 zu Venezuela auf der Nordküste von Südamerika, daß der Mond um $7\frac{1}{2}^h$ Abends um 1°, um Mitternacht aber um $5\frac{1}{2}^\circ$ östlich vom Mars stand, — er hatte sich also per Stunde um 1° entfernt, mußte also um $6\frac{1}{2}^h$ in Conjunction gestanden haben; in Nürnberg hatte dagegen nach Regiomontan's Ephemeriden diese Conjunction um Mitternacht statt, — also konnte er schließen, daß Venezuela $12 - 6\frac{1}{2} = 5\frac{1}{2}^h$ westlich von Nürnberg liege. Die wirkliche Längendifferenz schwankt zwischen $4\frac{1}{2}$ und $5\frac{1}{2}^h$, da man den Punkt vom Landstriche Venezuela, an dem sich Amerigo damals befand, nicht genau kennt.

46. Die Sterncoordinaten. Schon die alten Chinesen sollen mit Hülfe ihrer Wasseruhren die Culminationszeiten der Gestirne beobachtet haben, und zwar dienten ihnen hiebei, nach Biot[1]), 28 am Umkreise des Himmels vertheilte Sterne, welche sie immer und immer wieder mit einander verglichen, für die Lagenbestimmung der übrigen Gestirne und namentlich der Wandelsterne, als feste Anhaltspunkte. Mit Hülfe dieser, seit undenklichen

[5]) Vergl. für weiteren Detail „Hugo Berger, Die geographischen Fragmente des Hipparch. Leipzig 1869 in 8.“

[6]) Noch für Ulug Begh waren die Mondfinsternisse das einzige Mittel zur Längenbestimmung. [7]) Vergl. 32.

[1]) „Etudes sur l'Astronomie indienne et sur l'Astronomie chinoise. Paris 1862 in 8 (pag. 263).“

Zeiten unverändert befolgten Praxis leiteten sie die Umlaufszeiten der Sonne, des Mondes und der Planeten mit großer Genauigkeit ab, ermittelten die Perioden, welche diese Gestirne wieder in Conjunction oder Opposition zu einander zurückführen rc. Die Chaldäer dagegen, und ebenso die älteren Griechen, beobachteten fast ausschließlich die Erscheinungen am Horizonte, ja noch Eudoxus suchte die Grundlagen für seine, allerdings noch sehr unsichern Sternpositionen durch entsprechende Beobachtungen: Um z. B. die Sterne im Wendekreise des Krebses zu erhalten, merkte er sich, wie Ideler glaubt[2]), „an dem Tage, wo ihm der kürzeste Schatten des Gnomons das Sommersolstitium gab, die Punkte des Horizontes, in denen die Sonne auf- und unterging, und beobachtete nun die Sterne, die in dieser Gegend den Horizont schnitten.“ In ähnlicher Weise bestimmte er die Sterne im Equator und im Wendekreise des Steinbocks und erhielt so Anhaltspunkte für die Vertheilung in Declination. Anderseits war seit Autolycus bekannt[3]), daß derjenige Zwölftel der Ecliptik, in dessen Mitte die Sonne steht, jeweilen unsichtbar bleibt. „Es war also natürlich,“ fährt Ideler fort, „daß man das Zeichen, in welchem sich z. B. die Sonne am längsten Tage befand, so bestimmte, daß man das Solstitium in die Mitte desselben setzte. Ein Stern nun, der bei dem Sichtbarwerden der Gestirne während der Abenddämmerung in der Gegend des Horizontes stand, wo die Sonne untergegangen war, bezeichnete den Anfang des Löwen, und der gegenüberstehende den des Wassermannes. So durfte man nur von Monat zu Monat auf die Sterne achten, die eine Stunde nach Sonnenuntergang in der Gegend, wo sie durch den Horizont gegangen war, oder gegenüber erschienen, um die Ekliptik auf eine grobe Art in ihre zwölf Zeichen zu theilen.“ Auf diese Weise erhielt man Anhaltspunkte für die Längen der Sterne, — nur wurden diese sämmtlich, gegenüber der späteren Uebung

[2]) Vergl. dessen mehrerwähnte Abhandlung über Eudoxus. [3]) Vergl. 35.

die Cardinalpunkte in den Anfang der Zeichen zu legen, um ein halbes Zeichen oder 15° zu groß, und so mußte wirklich Hipparch alle Längen des Eudoxus um 15° vermindern, um sie den seinigen vergleichbar zu machen. — Was die Bestimmung eigentlicher Sterncoordinaten anbelangt, so wird gewöhnlich gesagt, daß schon Timocharis und Aristyll um 300 v. Chr. zu Alexandrien von einer Anzahl von Sternen Declinationen und Rectascensionen gemessen haben, — dann aber wieder erzählt, daß erst Hipparch den Frühlingspunkt als Anfangspunkt eingeführt habe. Nach dem Almagest scheint es jedenfalls richtig zu sein, daß die erstgenannten alexandrinischen Astronomen einzelne Sterne mit den Equinoctialpunkten verglichen, — und daß sie namentlich von einer größeren Reihe von Sternen die Declinationen bis auf Bruchtheile von Graden ermittelten. Ob sie Letztere mit Armillen bestimmten oder aus Culminationshöhen ableiteten, ist nicht mit voller Bestimmtheit anzugeben, doch ist ersteres wahrscheinlicher; später wurden beide Methoden gebraucht. Hatten sie Armillen, so gaben ihnen diese auch Stundenwinkel, und in der Differenz gleichzeitiger Stundenwinkel somit Rectascensionsdifferenzen, so z. B. am Tage zwischen Sonue und Mond, bei Nacht zwischen Mond und Sternen, und es blieb ihnen daher nur noch eine erste Rectascension zu bestimmen übrig, — diejenige der Sonne. Hiefür genügte es aber, deren Declination zu messen, dann konnte aus ihr bei bekannter Schiefe der Ekliptik durch Construction oder Rechnung das Gesuchte leicht erhalten werden. Wenn dieser Gang nicht schon von den älteren Astronomen wirklich eingeschlagen worden war, so geschah es jedenfalls sodann durch Hipparch, wie uns sein Commentar zum Aratus vielfach beweist, und ebenso in ziemlich unveränderter Weise von seinen Nachfolgern bis auf Regiomontan und Walther, von denen dann allerdings der Letztere, aber kaum mit großem Erfolge, noch die Uhr zur Hülfe herbeigezogen haben soll[4]. Walther scheint auch der Erste gewesen zu sein, der statt

[4]) Vergl. 41.

des Mondes die Venus zur Ortsvergleichung mit der Sonne anwandte, was bei guter Constellation und scharfem Auge wirklich schon vor Erfindung des Fernrohres ausführbar war.

47. Die Präcession und das tropische Jahr. Im Jahre 134 v. Chr. leuchtete, wie auch chinesische Berichte bezeugen, im Sternbilde des Scorpions plötzlich ein neuer Stern auf, und dieses Ereigniß veranlaßte Hipparch in den darauffolgenden Jahren einen neuen Sterncatalog anzulegen, wobei er z. B. fand, daß die Spica dem Herbstpunkte um 6° vorausgehe, während 150 Jahre früher Aristyll und Timocharis noch 8° gefunden hatten, — ein Resultat, das sich ergeben würde, wenn der Frühlingspunkt in jedem Jahre 48" im Sinne der täglichen Bewegung fortschritte. Aehnliche, wenn auch zum Theil merklich variirende Werthe ergaben sich ihm bei Vergleichung anderer Sterne — immer Zunahmen der Länge, während die Breite der Sterne wesentlich dieselbe geblieben war; und so glaubte er schließlich aussprechen zu können, daß besagtes Vorrücken wirklich statt habe und mindestens 1° in 100 Jahren oder also 36" in Einem Jahre betrage. Diese sog. Präcession, deren Entdeckung allerdings Manche, aber meist aus sehr futilen Gründen, schon älteren Völkern zuschreiben wollten[1]), und für welche Ptolemäus die von Hipparch gegebene untere Grenze von 36" als wirklichen Werth annahm, sich dabei stellend, er habe die 36" aus Vergleichung eigener Beobachtungen mit denen Hipparch's erhalten, wurde später genauer bestimmt: So erhielt der arabische Astronom Albategnius, indem er von ihm

[1]) So z. B. Bailly den Chaldäern, weil sie nach dem Zeugnisse von Albategnius die nahe richtige Länge $365^d\ 6^h\ 11^m$ des siderischen Jahres gekannt und dennoch ihrem bürgerlichen Jahre nur $365\frac{1}{4}$ Tage gegeben haben, — oder gar den Persern, weil sie behaupteten, die Welt werde 12,000 Jahre dauern, so daß jedem Zeichen 1000 Jahre zukommen, was mit einer Präcession von 3° per Jahrhundert Rapport haben könnte xc. — Auch Biot will die Kenntniß der Präcession den Chinesen zuschreiben, während nach Delambre (Astr. anc. I 372) erst der im 3. oder 4. Jahrhundert unserer Zeitrechnung lebende Astronom Yu-Hi von derselben spricht und ihr noch den rohen Werth von 1° in 50 Jahren gibt.

selbst um das Jahr 879 gemachte Beobachtungen mit den Angaben des Almagest verglich, die schon wesentlich genauere Bestimmung von 1° in 66 Jahren oder 55" per Jahr, — und etwa um 1260 erhielt der Perser Nassir-Eddin bereits den nahe richtigen Werth von 1° in 70 Jahren oder 51" per Jahr. — Bis auf Hipparch hatte man schlechtweg ein Jahr von 365¼ d angenommen, während er fortan in Folge seiner Entdeckung zwischen dem tropischen Jahre, das die Sonne zu demselben Nachtgleichen- oder Wendepunkte, und dem siderischen Jahre, das sie zu demselben Sterne zurückführt, unterscheiden und jedes dieser Jahre für sich bestimmen mußte. Er begann mit dem tropischen Jahre, dessen Ermittlung ihm näher lag, da er die Eintritte der Sonne in die Solstitien und Equinoctien, wie uns schon seine Theorie der Sonne zeigte*), ziemlich genau zu erhalten wußte, — wahrscheinlich Erstere, indem er nicht nur am längsten und kürzesten Tage selbst, sondern je auch eine Reihe von Tagen vor und nach diesen Epochen den Mittagsschatten maß und sodann aus dem ganzen Verlaufe den wirklichen Moment der betreffenden Sonnenwende ableitete, — Letztere dagegen, indem er vor und nach jedem Equinoctium wiederholt die von der auf- und untergehenden Sonne geworfenen Schattenrichtungen mit der Equinoctiallinie verglich und daraus den Moment abzuleiten suchte, wo der Schatten auf diese Linie selbst gefallen wäre. Diese Bestimmungen, von denen er die Letztere noch durch Sterne, so z. B. das Herbstequinoctium durch Vergleichung mit der in der Ekliptik stehenden und dem Herbstpunkt nahen Spica, zu controliren wußte, ergaben ihm nun unter Anderem, daß ein von ihm 134 v. Chr. beobachtetes Sommersolstitium um einen halben Tag früher eintraf, als er dasselbe aus einem vor 147 Jahren durch Aristarch beobachteten Solstitium mit einem Jahre von 365¼ abgeleitet hatte, — also war letzteres Jahr um den 147. Theil von einem halben Tage oder um ca. 5 Minuten zu groß, oder es betrug das tropische Jahr nach

*) Vergl. 20.

Hipparch nur $365^d\ 5^h\ 55^m$, — nach einer späteren ähnlichen Bestimmung von Albategnius sogar nur $365^d\ 5^h\ 46^m\ 24^s$. In einem tropischen Jahre legte aber die Sonne nach der Bestimmung der Präcession durch Hipparch höchstens 359°,99 zurück, also fand er, daß das siderische Jahr mindestens $365^d\ 6^h\ 10^m$ betragen müsse.

48. Das Astrolabium und Torquetum. Nachdem sich unser Altmeister Hipparch von der Unveränderlichkeit der Breiten der Sterne und einer der Zeit proportionalen gemeinschaftlichen Zunahme der Länge überzeugt zu haben glaubte, lag es ihm bei dem damaligen Zustande der praktischen Astronomie nahe, nicht nur die bis dahin vorzugsweise benutzten Equatorcoordinaten durch die Ekliptikcoordinaten zu ersetzen, sondern sogar den Versuch zu wagen, Letztere direct zu bestimmen. Es gelang ihm dann in der That auch dafür, durch eine gewisse Umgestaltung der früheren Armillen[1]) ein, nachher unter dem Namen Astrolabium von Ptolemäus[2]) beschriebenes und ebenfalls benutztes, zweckdienlich scheinendes Instrument zu construiren: Die beiden zu einander senkrechten Kreise, von denen der zweite verdoppelt wurde, stellten bei demselben anstatt Equator und drehbarem Declinationskreis, Ekliptik und drehbaren Breitenkreis vor; außer ihnen war dann aber noch ein weiterer Kreis vorhanden, der ihre Axe trug und um die Weltaxe drehbar war, um immer in den ja ebenfalls beweglichen Colur der Solstitien gebracht werden zu können[3]).

[1]) Vergl. 39 und 46. [2]) Almagest V 1.

[3]) Das Astrolabium bestand aus einem um die Weltaxe PP drehbaren Kreise I, — einem zu ihm festen und senkrechten Kreise II, dessen Pole EP von den P um 23½° entfernt waren, der also die Ekliptik darstellte, wenn I mit dem Colur der Solstitien zusammenfiel, — endlich aus zwei um EP. EP drehbaren Kreisen III und IV, von denen IV ein Diopterpaar trug; beim Gebrauche wurde z. B. III auf die Länge der Sonne gestellt, — dann das Ganze um PP so gedreht, daß III durch die Sonne ging und in dieser Stellung die Diopter von IV auf den Mond gerichtet, — die Ablesungen an II u. IV gaben dann sofort Länge u. Breite des Mondes.

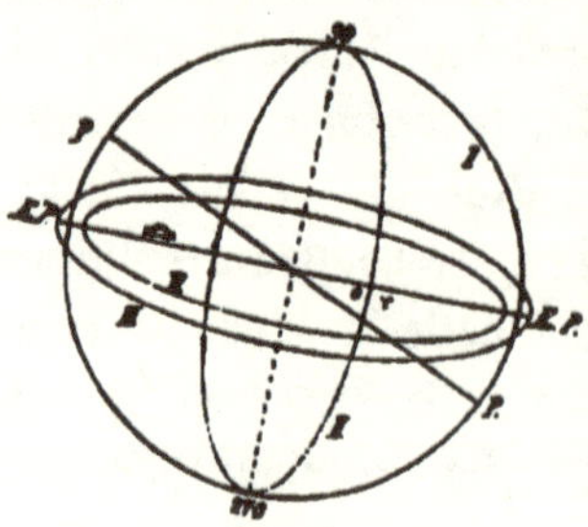

Fig. 14.

Die Art des Gebrauchs geht[4]) am besten aus einem Beispiele hervor, das uns Ptolemäus in folgenden Worten gibt[5]): „Am 9. Pharmouthi des 2. Jahres von Antonin[6]) nahe beim Untergange der Sonne, als die letzten Theile des Stieres im Meridiane waren, d. h. 5¹/₃ Equinoctialstunden nach Mittag, beobachteten wir in Alexandrien die scheinbare Distanz des Mondes von der Sonne, die damals in 3° der Fische stand, und fanden sie 92¹/₈°. Eine halbe Stunde später, als die Sonne untergegangen war und das erste Viertel der Zwillinge im Meridiane stand, wurde Regulus, während der erste Breitenkreis auf den Mond eingestellt blieb, am Zweiten gesehen, als er in einer Distanz von 57¹/₆° vom Ersten gegen Osten stand. Folglich war[7]) Regulus in 2° 30′ des Löwen oder um 32° 30′ vom Sommersolstitium entfernt.“ — Das dem Astrolabium verwandte und mit ihm im Gebrauch übereinstimmende, von **Regiomontan** erfundene **Torquetum**[8]) hat zunächst nur darum Interesse, weil es eine Art successiven

[4]) Mit Berücksichtigung des in der vorhergehenden Note Gesagten.

[5]) Almagest VII 2.

[6]) Also am 23. Februar 139 n. Chr. — Vergl. 10, 13 und 22.

[7]) Unter Berücksichtigung der in der Zwischenzeit vorgekommenen eigenen Bewegungen der Sonne und des Mondes. Ohne diese würden sich nur 32° 17¹/₂′ ergeben haben.

[8]) Das Torquetum bestand aus einem gegen eine horizontale Tafel um die Equatorhöhe geneigten, senkrecht zur Weltaxe aufgestellten, getheilten Kreise I, in dem sich concentrisch ein anderer Kreis II mit Index drehte. Ueber letzterem Kreise stand ein zweiter getheilter Kreis III, der gegen ihn um die Schiefe der Ekliptik geneigt war und wieder einen innern drehbaren Kreis IV mit Index hatte, der endlich einen dazu senkrechten getheilten Kreis V trug, um dessen Centrum sich noch ein Diopterlineal drehte; Orientirung und Gebrauch waren ähnlich wie beim Astrolabium, wie dieß schon angedeutet worden. — Vergl. für das Torquetum die mehrerwähnten „Scripta Regiomontani“, wo es abgebildet und weitläufig beschrieben ist.

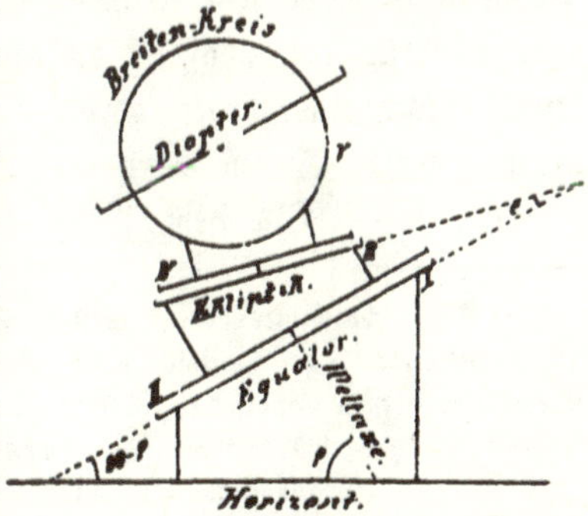

Fig. 15.

Uebergang von den Sphären der Alten zu den parallactischen Instrumenten der Neuzeit constatirt.

49. Das Planisphärium. Von dem oben beschriebenen Astrolabium ist ein anderes, ebenfalls häufig diesen Namen tragendes Instrument wohl zu unterscheiden, dessen Construction zunächst auf der stereographischen Projection beruht. Die Erfindung dieser Letztern, d. h. der Darstellung einer Kugelfläche auf einer durch ihren Mittelpunkt gelegten Ebene von dem Gegenpunkte der Kugel aus, ist nun sowohl nach dem Zeugnisse eines Schülers der Hypatia, des etwa 430 als Bischof von Ptolemais verstorbenen Synesius, als nach dem des 485 verstorbenen, durch seinen Commentar zu Euklid bekannten athenienfischen Philosophen Proclus Diadochus, dem großen Hipparch zu verdanken, und auch an der unter dem Namen von Ptolemäus erschienenen Schrift „Planisphærium“[1]), in welcher dieselbe zur Construction des sofort näher zu beschreibenden Instrumentes angewandt ist, scheint Letzterer so ziemlich nur das Verdienst des Herausgebers eines von Ersterem hinterlassenen und sogar praktisch ausgeführten Werkes zu besitzen, sonst hätte Synesius[2]) wohl nicht gesagt: „Dunkel hatte es der sehr ehrwürdige Hipparchos angedeutet und sich zuerst auf diese Betrachtung verlegt. Wir aber führten es bis zum Ende durch, da das Problem in einer sehr großen Zwischenzeit vernachlässigt worden war, indem der große Ptolemäus und die göttliche Schule seiner Nachfolger nur gerade den Gebrauch davon machten, welchen die 16 Sterne darboten, die Hipparch auf das Instrument eintrug.“ — Wie dem übrigens sei, so ist es sicher, daß der

[1]) Die „Planisphaerium“ betitelte Schrift wurde schon um die Mitte des 12. Jahrhunderts zu Toulouse durch Rudolf von Brügge aus dem Arabischen übersetzt und diese Uebersetzung spätestens 1536 zu Basel aufgelegt. Eine etwas correcte Ausgabe wurde aber erst „Venetiis 1558 in 4“ von F. Commandinus unter Beigabe eines Commentars veranstaltet. Diese Schrift enthält bereits ähnliche Constructionen wie die unten gegebenen.

[2]) In seinem „Sermo de dono Astrolabii ad Paeonium (Opera interpr. D. Petavio. Paris 1631 pag. 306—12)“.

Gedanke auf der einen, nachmals **Dorsum Astrolabii** genannten Seite einer Scheibe eine Kreistheilung mit Alhydade zu Höhenmessungen anzubringen[3]), — in die Vertiefung der andern, **Mater Astrolabii** genannten und mit einer Stundentheilung versehenen Seite aber, eine für eine bestimmte Polhöhe construirte stereographische Polarprojection der Himmelskugel mit ihren Parallelkreisen, Almucantaraten, Verticalkreisen &c., das eigentliche **Planisphärium**, zu legen[4]), über welchem eine

---

[3]) Eine Vorrichtung, die auch häufig als selbstständiges Instrument construirt und dann ebenfalls als Astrolabium bezeichnet wurde.

[4]) Die für die Construction der Hauptkreise des Planisphäriums gegebenen Vorschriften bestehen in Folgendem: Man verzeichnet zuerst einen Kreis des beliebigen Halbmessers **a b**, — zieht in ihm zwei zu einander senkrechte Durchmesser **a b** und **a f**, — trägt **b c** = $23^1/_2{}^0$ **a b** und von dem erhaltenen Nullpunkt **o** auf dem von **a** aus durch ihn gelegten Kreis theils $23^1/_2{}^0$, theils beliebige **d**, theils $66^1/_2{}^0$, — verbindet die betreffenden Punkte mit **h**, — erhält so **i**, **k**, **l** — und legt endlich durch diese von **a** aus wieder Kreise: Diese Kreise stellen der Reihe nach den Wendekreis des Krebses, den Parallel der Declination **d** und den Polarkreis dar, — während

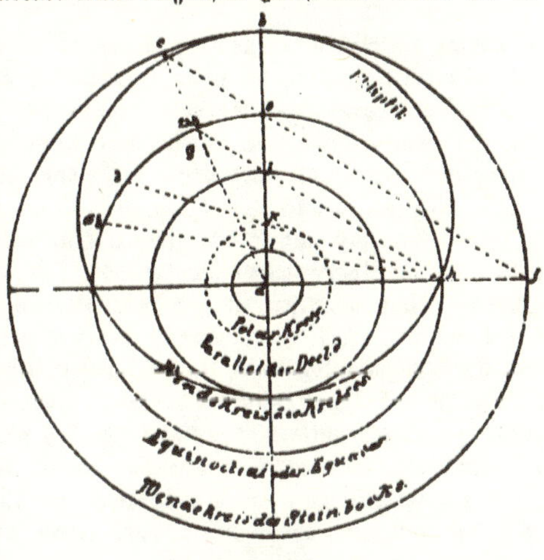

Fig. 16.

der durch **o** gelegte Kreis den Equator oder Equinoctial, der ursprüngliche Kreis den Wendekreis des Steinbocks und ein die beiden Wendekreise berührender Kreis die Ekliptik repräsentirt: Ist nämlich **a h** = 1 und $e = 23^1/_2{}^0$, so folgen der Reihe nach genau dieselben Formeln

$$a\,i = \operatorname{Tg}\frac{90 - e}{2} \qquad a\,k = \operatorname{Tg}\frac{90 - d}{2} \qquad a\,l = \operatorname{Tg}\frac{e}{2}$$

$$a\,f = \operatorname{Cotg}\frac{90 - e}{2} = \operatorname{Tg}\frac{90 + e}{2}$$

welche aus den allgemeinen Formeln der stereographischen Projection für die betreffenden Kreise folgen — und hieraus ergibt sich sodann die Richtigkeit der Verzeichnung der Ekliptik von selbst, sowie noch, daß **l** Pol der Ekliptik ist. Für ausgeschnittene, den Thierkreis und eine Reihe der hellern Sterne enthaltende und in gleicher Projection entworfene Scheibe, das Rete oder die Aranea Astrolabii, drehbar war, — und dadurch eine Reihe astronomischer Aufgaben, wie z. B. die der Zeitbestimmung aus einer gemessenen Sonnenhöhe, die der Ermittlung des Auf- und Unterganges eines Gestirnes rc., ohne Rechnung zu lösen[5]), d. h. das sog. „Astrolabium planisphärium“ zu erstellen, schon bei den Griechen und Arabern, dann aber auch bei den Abendländern bis in das 17. Jahrhundert hinauf großen Anklang fand. Nicht nur hat sich dieses Instrument in zahlreichen, zu den verschiedensten Zeiten construirten Exemplaren bis auf uns erhalten, von denen Sedillot,

---

die analogen Vorschriften zur Construction der Almucantarate, Verticale rc. muß des Raumes wegen auf die unten verzeichneten Werke verwiesen werden.

[5]) Der Gebrauch des Astrolabiums ist sehr mannigfaltig: So z. B läßt sich auf dem Dorsum die irgend einem Jahrestage zukommende Länge der Sonne oder der irgend einer Länge der Sonne entsprechende Jahrestag ablesen, — die Höhe der Sonne oder irgend eines Sternes, sei es an der Gradtheilung, sei es an dem fast immer beigegebenen Quadrate, messen rc. Hat man aber z. B. in einer Nachmittagsstunde die Höhe der Sonne gemessen und für diesen Tag ihre Länge abgelesen, so sucht man Letztere am Zodiacus des Rete's auf, bringt durch Drehen des Letztern den betreffenden Punkt des Zodiacus rechts (bei Vormittagsstunden links) in den der gemessenen Höhe entsprechenden Almucantarat und liest mit Hülfe des drehbaren Radius am Stundenkreise der Mater die diesem Durchschnittspunkt entsprechende Zeit ab, — es ist die Sonnenzeit der Beobachtung. — Bringt man denselben Punkt des Zodiacus dagegen in den Horizont, so liest man am Stundenkreise die diesem Tage entsprechende Auf- oder Untergangszeit der Sonne ab und erhält damit auch die Tageslänge, — bringt man ihn dagegen in die Linea crepusculi, so findet man Anfang der Morgen- oder Ende der Abenddämmerung und damit auch die Länge derselben.

Dreht man das Rete so, daß die einem Stern entsprechende Spitze in den Horizont fällt, hält dann das Rete fest und stellt den Radius auf die Sonnenlänge ein, so gibt er am Stundenkreise die Zeit des Auf- und Unterganges des Sternes, — mißt man dagegen die Höhe des Sternes und bringt seine Spitze auf den entsprechenden Almucantarat und den Radius wieder auf die Sonnenlänge, so erhält man die Sonnenzeit der Beobachtung und gleichzeitig, wenn man den Vertical der Spitze aufsucht, das Azimuth des Sternes, — bringt man endlich die Spitze des Sternes in die Mittagslinie und den Radius wieder auf die Sonnenlänge, so erhält man die Sonnenzeit der Culmination des Sternes und mit Hülfe der AR des Letztern die dieser Sonnenzeit entsprechende Sternzeit rc.

Dorn, Wöpcke, Sarrus[6]) ꝛc., Beschreibungen publicirt haben, sondern es besitzt dasselbe eine sehr ausgedehnte, seine Construction und seinen Gebrauch betreffende Literatur: So schrieb, um nur einige wenige Beispiele zu geben, Joannes Alexandrinus genannt Philoponus, mit dem die lange Reihe der alexandrinischen Mathematiker abschloß, „De usu Astrolabii ejusque constructione libellus“[7]), — der 1054 verstorbene Graf Hermann Contractus von Vehringen, früher Schüler in Reichenau[8]), „De mensura astrolabii liber, — und: De utilitatibus astrolabii liber“[9]), — der 1316 zu Padua verstorbene Arzt und Astrolog Pietro di Abano oder Apono ein „Astrolabium planum[10]),“ — Johannes Stöffler 1513 zu Oppenheim eine „Elucidatio fabricae ususque Astrolabii“, — der Stadtschreiber Jakob Köbel in Oppenheim 1535 zu Mainz eine „Astrolabii declaratio“, — Egnazio Danti 1568 zu Florenz einen „Primo Volume dell' uso e fabbrica dell' Astrolabio e del Planisferio“, — der Pfarrer Franz Ritter von Nürnberg, ein Schüler von Johannes Prätorius, zu Nürnberg ohne Jahresangabe, eine sich durch Klarheit vortheilhaft auszeichnende Schrift „Astrolabium, d. i. Gründliche Beschreibung und Unterricht, wie

---

[6]) Außer den uns schon bekannten Schriften von Sedillot, in denen unter Anderem ein noch jetzt in Paris aufbewahrtes arabisches Astrolabium aus dem Anfang des 10. Jahrhunderts beschrieben ist und dessen „Description d'un astrolabe construit par Abd-Ul-Alma, ingénieur et astronome persan (Annales de l'observ. de Paris, Mém. IX)“, vergl. „Dorn, Ueber zwei Astrolabien mit morgenländischen Inschriften, in 4. — und: Ueber ein drittes in Rußland befindliches Astrolabium mit morgenländischen Inschriften (Bull. Pet. 1841)“, — „Woepke, Ueber ein in der k. Bibliothek zu Berlin befindliches arabisches Astrolabium (Berl. Abh. 1858) — und: Ueber ein in der k. Bibliothek zu Paris befindliches arabisches Astrolabium (Bull. Pet. 1864)“, — „Sarrus, Description d'un astrolabe construit à Maroc en 1208. Strasbourg 1852, in 4“ ꝛc.

[7]) E. Codd. Paris ed. H. Hase, Bonnae 1839 in 8. [8]) Vergl. 27.

[9]) Sie sind in dem bekannten Thesaurus Pezii abgedruckt und waren zur Zeit als erste betreffende Schriften eines Abendländers so geschätzt, daß Hermann oft als Erfinder des Astrolabiums genannt wurde.

[10]) Muthmaßlich identisch mit dem von Joh. Angelus, Prof. der Astronomie in Wien, 1488 zu Augsburg unter diesem Titel herausgegebenen Werke.

solches herrliche und hochnützliche Astronomische Instrument aufgerissen werden soll", — Christoph Clavius 1611 zu Mainz sein „Astrolabium tribus libris explicatum", &c. &c. —

50. Die ersten Erdmessungen. Ob, wie vielfach erzählt wird, wirklich schon die Chaldäer die Kugelgestalt der Erde lehrten und dabei annahmen, man könnte sie in einem Jahre umwandern, müssen wir dahingestellt sein lassen: wenn aber die Erzählung richtig sein sollte, so müßte letztere Angabe auf einer Art Messung beruhen, da sie der Wahrheit zu nahe kömmt, um Resultat einer bloßen Speculation sein zu können[1]), — vielleicht etwa darauf, daß nach 24stündigem Wandern gegen Norden ein nördlicher Stern um etwa 1° emporgestiegen schien. Daß Pythagoras und seine Schüler die Kugelgestalt der Erde erkannten, ist dagegen zweifellos, und es dürfte daher der Pythagoräer Archytas, ein Zeitgenosse von Plato, welchen Horaz in einer seiner Oden mit den Worten: „Te maris et terrae numeroque carentis arenae mensorem cohibent, Archyta" verewigte, wirklich in irgend einer Weise versucht haben, ihren Umfang zu bestimmen, und sich Aristoteles bei seiner Angabe[2]), es betrage nach Berechnung der Mathematiker der Umfang der Erde etwa 400000 Stadien, vielleicht zunächst auf ihn stützen. Einer wenig spätern, etwa mit Aristarch correspondirenden Zeit, scheint der mehrerwähnte Kleomedes zu gedenken, wann er erzählt: „Denen, die in Lysimachia wohnen, steht der Kopf des Drachen über dem Scheitel, in Syene aber steht der Krebs im Zenith; der Raum zwischen dem Drachen und dem Krebs ist aber (wie auch der Gnomon zeigt) der fünfzehnte Theil des Meridianes von Lysimachia und Syene[3]), die

[1]) Da ein Jahr 365¼ × 24 = 8766 Zeitstunden und der Erdumfang etwa 360 × 15 × 1½ = 8100 Wegstunden hält, so darf das im Texte Gesagte wohl ausgesprochen werden.

[2]) De coelo. Ausg. Prantl pag. 183.

[3]) Da die Angabe nicht auf große Genauigkeit Anspruch macht, so kann sie passiren: Der Declinationsunterschied zwischen dem Kopfe des Drachen und der Mitte des Krebses betrug damals etwas mehr als 30° oder also $^1/_{12}$ des Kreises.

20000 Stadien von einander entfernt sind; der ganze Kreis enthält daher 300000 Stadien"; denn Archimedes sagt in der uns schon bekannten Einleitung zur Sandrechnung ausdrücklich, daß man habe zeigen wollen, der Umfang der Erde betrage 30 Myriaden Stadien. Immerhin bleibt strenge genommen dem bereits besprochenen Mathematiker und Bibliothekar Eratosthenes in Alexandrien das Verdienst, die erste Erdmessung nach allseitig bekannter Methode durchgeführt zu haben: Er fand nämlich durch Messung[4]), daß in Alexandrien die Sonne zur Zeit des Sommersolstitiums die mittägige Zenithdistanz $7^{\circ}\ 10'$

$$\text{oder } \frac{7\frac{1}{6}}{360} = \frac{43}{2160} = \frac{1}{50\frac{10}{43}} = \text{nahe } \frac{1}{50} \text{ des Kreises}$$

betrage, — er erfuhr, daß sich je an jenem Tage die Sonne in dem ca. 5000 Stadien südlicher als Alexandrien gelegenen Syene in tiefen Brunnen um Mittag spiegle, — und schloß nun folgerichtig, daß der Umfang der Erde nahe $50 \times 5000 = 250000$ Stadien betragen müsse. Später wurde diese Zahl, sei es durch Eratosthenes selbst, sei es durch seine Nachfolger, auf 252000 Stadien erhöht, offenbar weil sich dadurch für einen Grad des Erdmeridians die runde Zahl von 700 Stadien ergab. — In ähnlicher Weise schloß der aus Syrien gebürtige, dann lange in Rom als Lehrer von Cicero und Freund von Pompejus lebende und schließlich auf Rhodus um 80 v. Chr. verstorbene Posidonius, daß, weil Canopus auf Rhodus kaum noch aufgehe,

---

— während der Breitenunterschied zwischen Lysimachia und Syene etwa auf 18^{0} oder $^{1}/_{20}$ zu setzen ist; das Mittel aus beiden Brüchen beträgt aber gerade $^{1}/_{48}$.

[4]) Ich schreibe absichtlich „durch Messung", um damit ausdrücklich zu sagen, daß ich keinen hinlänglichen Grund finde, um an der durch Kleomedes belegten, dagegen allerdings von den Anhängern einer frühen Ausbildung der Egypter, welche sogar in dem Brunnen von Syene einen Punkt ihrer Steinschrift erkannt haben, angezweifelten Originalität der Messung von Eratosthenes zu zweifeln, da sie mir gerade nach ihrer theoretischen Richtigkeit und praktischen Unvollkommenheit dem damaligen Stande der Geodäsie ganz gut zu entsprechen scheint, — verweise übrigens für die Gegengründe auf die den entgegengesetzten Standpunkt ganz vorzüglich vertretende Abhandlung von Sprenger, „Zur Geschichte der Erdmessung im Alterthume (Ausland 1867, Nr. 43—45)".

während er in dem nach den Einen 5000, nach den Andern aber nur 3750 Stadien südlichern Alexandrien noch die Höhe von $\frac{1}{48}$ des Kreises erreiche, der Erdumfang entweder gleich 48 × 5000 oder gleich 48 × 3750, d. h. also zwischen 240000 und 180000 Stadien enthalten sei[5]). — Sodann maßen 827 die arabischen Astronomen Chalid ben Abdulmelik und Ali ben Isa auf Befehl des Khalifen Al-Mamoun, in der sich gegen das rothe Meer hinziehenden Ebene Sinjar oder Sindjar bei Bagdad, mit Stäben zwei Meridiangrade, indem sie von einem Punkte so weit südlich und nördlich gingen, bis die Mittagshöhe der Sonne um 1° gegen die am Anfangspunkte varirte. Sie fanden so den Grad im Mittel aus mehreren Messungen gleich $56\frac{2}{3}$ arabische Meilen oder gleich ca. 58700 Toisen[6]). — Endlich bestimmte der französische Arzt Jean Fernel, wie er selbst in seiner 1528 zu Paris publicirten „Cosmotheoria seu de forma mundi et de corporibus coelestis libros duos complexa“ berichtet, die Polhöhe von Paris, ging dann nach Norden, bis sie um 1° zugenommen hatte[7]), und fuhr nun unter Zählung der Radumdrehungen nach Paris zurück: Für Umwege und Unebenheiten

---

[5]) Es scheint mir nach den Gesetzen der Erfahrungswahrscheinlichkeit für die Originalität der Messungen von Eratosthenes und Posidonius zu sprechen, daß das Mittel aus den beiden extremen Angaben 252000 und 180000, nämlich 216000 Stadien der Wahrheit sehr nahe kommt, da 216000 × 184,97 nur $46\frac{1}{2}$ Kilometer unter den 40000 Kilometern des Erdumfanges bleibt.

[6]) Nach dem von Mehren herausgegeb. „Manuel de la cosmographie du moyen âge. Copenhague 1874 in 8.“, einer Uebersetzung eines von dem Syrier Dimashqui gegen Ende des 13. Jahrhunderts geschriebenen Tractates, hatte eine arabische Meile „4000 coudées, une coudée 8 poignets, un poignet 4 doigts, un doigt 6 grains d'orges placés l'un contre l'autre, un grain d'orge 6 crins de mulet“.

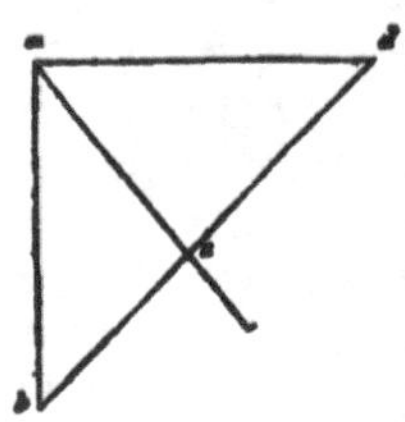

Fig. 17.

[7]) Zur Bestimmung der Polhöhe verwendete Fernel, der von 1497 bis 1558 lebte und seine schöne Praxis zu Gunsten der Astronomie vernachlässigte, ein gleichschenklig rechtwinkliges Dreieck von 8 Fuß Kathete, bei dem a b lothrecht gestellt wurde, b d eine Minutentheilung besaß und das um a drehbare Lineal a c Diopter trug.

etwas abrechnend, fand er für einen Grad 17024 Umdrehungen à 20 Fuß oder $56746\frac{2}{3}$ alte Toisen, wofür, da 1668 die Toise um 5''' verkürzt wurde, etwa 57077 neue Toisen gerechnet werden können, oder nach einer von Lalande 1787 vorgenommenen Neuberechnung 57070ᵗ, — ein zum Verwundern gutes Resultat, da Fernel's Verfahren wenigstens in Beziehung auf die Längenmessung weit hinter dem ihm als Muster dienenden der Araber zurückstand.

51. Die Bestimmung der scheinbaren Durchmesser. Schon die Egypter und Chaldäer sollen nicht nur die scheinbaren Durchmesser von Sonne und Mond einander gleichgesetzt, sondern ihre Bestimmung versucht haben: Erstere setzten den Durchmesser der Sonne gleich dem Winkel, welchen der Schatten eines Stabes während ihrem Aufgange beschrieb, — was für mittlere Breiten und die Zeit des Equinoctiums in der That nahe richtig ist. Letztere öffneten dagegen[1]) in dem Augenblicke, wo sich die Sonnenscheibe am Tage der Nachtgleiche am Horizont zu zeigen begann, ein mit Wasser gefülltes und durch Zufluß aus einem Wasserbehälter stets gefüllt bleibendes Gefäß, das mit einem Loch im Boden versehen war: Zum Auffange des durch Letzteres ausfließenden Wassers bedienten sie sich zweier Behälter, wovon der eine bis zum vollendeten Aufgange der Sonne, der andere von da ab bis zur ersten Erscheinung am folgenden Tage untergeschoben blieb; wie sich sodann die gesammte Quantität des ausgeflossenen Wassers zu dem im ersten Behälter Enthaltenen verhielt, so mußten sich die vollen 360° zu dem gesuchten Durchmesser verhalten. Sie erhielten so Werthe, die zwischen $1/700$ und $1/780$ fielen, und somit im Mittel mit dem von Thales angenommenen Werthe $1/720$ ganz gut übereinstimmen[2]), von dem man nicht weiß, ob er aus Egypten mitgebracht oder durch eigene Messung erhalten wurde. Wenn der spätere Aristarch in seiner

---

[1]) Vergl. die mehrerwähnten Abhandlungen von Ideler.

[2]) Diogenes Laërtius berichtet zwar, Thales habe die Größe des Mondes gleich dem 720. Theile der Sonne gesetzt, — es ist aber offenbar die Sonnenbahn gemeint.

sofort noch weiter zu besprechenden berühmten Schrift „De magnitudinibus et distantiis Solis et Lunae“ [3]) in der sechsten These den Durchmesser des Mondes zu $^1/_{15}$ eines Zeichens festsetzt, so ist dieser Fehler nicht nur viel zu grob, um auf einem Messungsresultate beruhen zu können, sondern es widerspricht Aristarch sogar sich selbst, da er andere Schlüsse auf die scheinbar gleiche Größe von Mond und Sonne baut, der Sonne aber nach dem Zeugnisse von Archimed ebenfalls $^1/_{720}$ gibt. Wie Aristarch seine Bestimmungen erhielt, weiß man übrigens nicht; dagegen gibt Archimedes in seinem mehrerwähnten Arenarius eine von ihm selbst practicirte und sehr ingenieuse Weise an, um den scheinbaren Durchmesser der Sonne zu bestimmen, welche ihm zwei Grenzwerthe für denselben ergab, deren Mittel genau mit $^1/_{720}$ oder 30′ übereinstimmt [4]). Noch eine andere Methode, die Hipparch ausgedacht haben soll, deutet Ptolemäus in seinem Almagest an [5]). Nachdem er die früheren Methoden mit der Wasseruhr getadelt, fährt er nämlich fort: „Wir haben das von Hipparch angegebene, aus einem Stabe von 4 Ellen Länge mit Absehen bestehende Instrument construirt [6]) und mit demselben für den scheinbaren

[3]) Sie wurde zuerst 1488 durch Georg Valla zu Venedig in lateinischer, 1688 zu Oxford durch Wallis in griechischer Sprache aufgelegt; in neuerer Zeit gab Fortia d'Urban 1823 zu Paris eine französische, Nokk. 1854 zu Freiburg eine deutsche Uebersetzung heraus.

[4]) Archimedes suchte sich für seine Messung einen kleinen Cylinder a aus, der, vor das Auge gestellt, einen etwas entferntern gleichen Cylinder gerade zu decken schien, also gewissermaßen der Breite des wirksamen Auges entsprach; dann stellte er einen etwas größern Cylinder b einmal so weit vom Auge auf, daß er die Sonne beinahe, — ein ander Mal so weit, daß er sie wirklich deckte; im ersten Falle erhielt er, indem er das Auge durch a ersetzte und an die Cylinder gemeinschaftliche Tangenten zog, einem Winkel $\alpha = {}^1/_{200} \,.\, 90^0 = 27'$, der kleiner als der Durchmesser der Sonne war, — im zweiten Falle, indem er direct vom Auge Tangenten an b zog, einen Winkel $\beta = {}^1/_{164} \,.\, 90^0 = 33'$, der größer als jener Durchmesser war, — im Mittel aus beiden Grenzwerthen aber 30′ als Annäherungswerth für denselben. [5]) Buch V, Cap. 14.

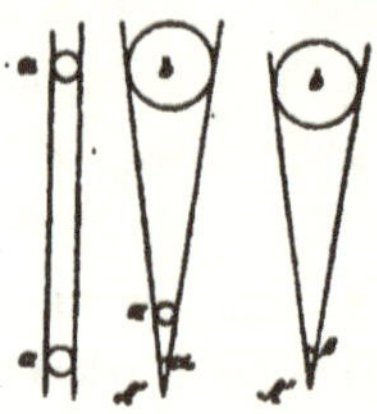

Fig. 18.

[6]) Vergl. die mit dieser Beschreibung nicht übereinstimmende Abbildung,

Sonnendurchmesser immer denselben Werth erhalten, ohne daß die Distanz der Sonne einen merklichen Einfluß ausübte. Für den Durchmesser des Mondes ergab sich nur bei seiner größten Entfernung von der Erde derselbe Werth wie für die Sonne, — nicht für die mittlere Distanz, wie unsere Vorgänger annahmen." Die eigentlichen Messungsresultate theilt Ptolemäus nicht mit, da er ihnen wegen der Unsicherheit in Einstellung des längs des Stabes verschiebbaren Absehens auch kein Zutrauen schenken kann; dagegen zeigt er noch, wie er aus Mondfinsternissen gefunden habe, daß der Durchmesser des Mondes je nach dessen Distanz unter einem Winkel von 31⅓′ bis 35⅓′ gesehen werde, womit die Richtigkeit der von Aristoteles aufgestellten Behauptung, „daß ein Discus, bei unveränderter Entfernung vom Auge, den Mond bald bedecke und bald nicht," mit Zahlen belegt war.

52. Die Bestimmung der Entfernungen des Mondes und der Sonne. Nachdem durch Beobachtung der Sonnenfinsternisse und einiger Bedeckungen von Planeten und Fixsternen durch den Mond die Verschiedenheit der Distanzen der Gestirne von der Erde bewiesen war, lag es nahe, über die Möglichkeit der Bestimmung dieser Distanzen nachzudenken. Die erste Idee war, daß sie mit den Umlaufszeiten in einem gewissen Rapporte stehen möchten, und so entstand die schon aus vorhistorischer Zeit herrührende Annahme der Folge der Wandelsterne[1]). Dann traten je mit den Ansichten über das Weltsystem wechselnde philosophische Speculationen hinzu, und es beruht wohl nur auf solchen und nicht auf Messungen, wenn die Egypter, wie Plinius erzählt[2]), dem Grade der Mondbahn 33 Stadien Länge, demjenigen der Sonnenbahn aber 1½fache und demjenigen der Saturnsbahn 2fache Länge geben, — oder wenn Pythagoras den Mond

welche Danti pag. 289 seiner früher erwähnten Schrift über das Astrolabium, von dem Hipparch'schen Diopter gibt. Ebenso wenig stimmt die Annahme von Bailly (Astr. mod. I 99), es habe das Instrument aus zwei um ein gemeinschaftliches Absehen drehbaren Stäben, deren jeder am Ende noch ein Absehen trug, bestanden.

[1]) Vergl. 6. [2]) Hist. nat. II 21.

in eine Distanz von 126000 Stadien von der Erde setzte, von ihm bis zur Sonne aber eine doppelte und von dieser bis zum Fixsternhimmel eine dreifache Distanz annahm. Der Erste, der solchen unfruchtbaren Träumereien eine geometrische Methode zu substituiren suchte, war Aristarch. In seiner bereits erwähnten Schrift finden sich nämlich auch die zwei Thesen: „Wenn uns der Mond halbirt erscheint (im Viertel oder der sogen. Dichotomie), so befinden wir uns in der Ebene, welche den erleuchteten von dem dunkeln Theile trennt, — und: Zu dieser Zeit steht der Mond um 1/30 des Quadranten weniger als ein Quadrant (d. h. um 87°) von der Sonne ab.“ Hierauf gründete er die Ueberlegung, daß zu jener Zeit Erde, Sonne und Mond ein am Monde rechtwinkliges Dreieck bilden, und aus dem Winkel von 87° an der Erde das Verhältniß der Distanzen Erde — Mond und Erde — Sonne gefunden werden könne. In Ermanglung der Trigonometrie fand er sodann wirklich auf scharfsinnige, aber sehr mühsame Weise[8]) für besagtes Verhältniß die Grenzwerthe

$$1 : 18 \quad \text{und} \quad 1 : 20$$

[8]) Stellt ♁ ☾ ⊙ das zur Zeit des Viertels von Erde, Mond und Sonne gebildete, am Monde rechtwinklige Dreieck dar, und wird die aus der Figur ersichtliche Construction gemacht, bei welcher ♁i ein ganz beliebiger Radius ist, so hat man offenbar:

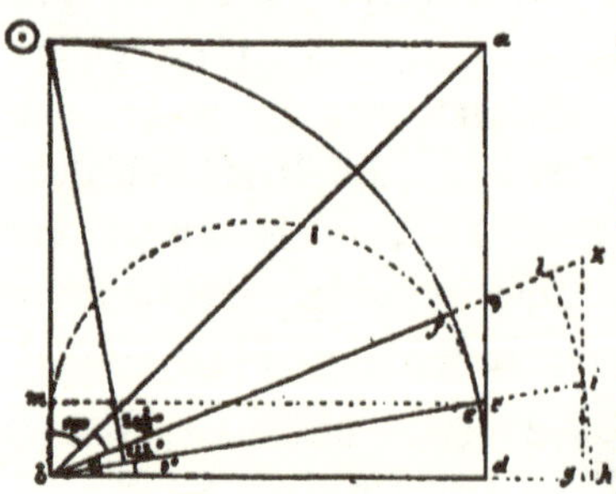

Fig. 18.

$$\frac{bd}{cd} = \left(1 + \frac{ki}{ig} = 1 + \frac{\Delta\,\text{♁}ki}{\Delta\,\text{♁}gi}\right) >$$

$$> \left(1 + \frac{l\text{♁}i}{i\text{♁}h} = \frac{22^1/_2}{3}\right) > \frac{15}{2}$$

$$\frac{ad}{bd} = \left(1 + \frac{\text{♁}a}{\text{♁}d} = 1 + \sqrt{2}\right)$$

$$> \left(1 + \sqrt{49 : 25}\right) > \frac{36}{15}$$

$$\frac{\text{♁}\odot}{\text{♁}☾} = \frac{\text{♁}c}{cd} > \left(\frac{\text{♁}e}{cd} = \frac{ad}{bd} \cdot \frac{bd}{cd}\right) > 18$$

Zieht man em $\perp$ ⊙♁, so fällt m nothwendig in den über ♁e beschriebenen Kreis, also ist ♁m, weil der Peripheriewinkel 3° auf ihr steht, die Chorde von 6°: dieser läßt sich aber in einem Bogen von 60°, der selbst den Radius als Chorde hat, 10mal auftragen, und es ist daher

und es ist seine Lösung einer früher als unlösbar betrachteten Aufgabe von höchstem historischen Interesse, so falsch auch das erhaltene numerische Resultat ist, weil der Winkelabstand 87° durch 89° 50′ und somit der Mittelwerth 1 : 19 durch 1 : 344 ersetzt werden sollte. — Ferner schloß Aristarch aus dem Umstande, daß eine totale Sonnenfinsterniß immer nur einige wenige Minuten dauert, ganz richtig, daß in einem solchen Falle nur die äußerste Spitze des Schattenkegels die Erde zu streifen vermöge, also das wahre Verhältniß der Durchmesser der nahe gleich groß erscheinenden zwei Gestirne, Sonne und Mond, ebenfalls zwischen 18 : 1 und 20 : 1, folglich das Verhältniß ihrer Volumina zwischen 5832 : 1 und 8000 : 1 fallen müsse. — Von mehreren andern Schlüssen, welche Aristarch mit ähnlichem Scharfsinne aus seinen Thesen, aber merkwürdiger Weise unter damit schwer contrastirender, consequenter Benutzung seiner erwähnten falschen Annahme für den Monddurchmesser[a]) zu ziehen wußte, dabei ebenfalls sehr unrichtig nach seiner 5. These die Breite des Erdschattens in der Distanz des Mondes gleich zwei Monddurchmessern setzend, mögen beispielsweise noch zwei erwähnt werden: In seiner 12. Proposition findet er mit dem falschen Monddurchmesser das ebenfalls total unrichtige Resultat, daß das Verhältniß des Monddurchmessers zur Monddistanz zwischen $^2/_{45}$ und $^1/_{30}$ falle, also etwa $^1/_{25}$ sei, — in seiner 18. Proposition dagegen das von jenem Fehler nicht influirte und wirklich nahe richtige Resultat, daß das Verhältniß des Monddurchmessers zum Erddurchmesser zwischen $^{43}/_{108}$ und $^{19}/_{60}$ falle, also etwa $^1/_3$ sei. Das unmittelbar aus Vereinigung

---

$$\frac{\delta\odot}{\delta☾} = \frac{\delta c}{\delta m} < \left(\frac{10\,\delta m}{\frac{1}{2}\delta m} = 20\right)$$

folglich hat man schließlich

$$20 > \frac{\delta\odot}{\delta☾} > 18 \text{ also nahe } \delta\odot = 19 \cdot \delta☾.$$

[a]) Die von Einzelnen gemachte Annahme, daß Aristarch erst durch wirkliche Messung für die beiden Durchmesser $^1/_{15}$ eines Zeichens erhalten und diesen Werth in seine Rechnungen eingeführt, — später aber dafür entsprechend dem Berichte von Archimedes $^1/_{60}$ adoptirt habe, befriedigt mich nicht.

beider Propositionen hervorgehende Resultat wäre, daß die Monddistanz $\frac{80}{3}$ Erdradien betrage, — ein Resultat, das, so falsch es auch ist, doch um der Methode der Ableitung willen und als erste absolute Distanzmessung großes Interesse hat[5]). Ob Aristarch später jene Fehler bemerkte und seine Rechnung revidirte, weiß man nicht; doch dürfte es fast vermuthet werden, da Plutarch in seiner Schrift „De facie in orbe lunae", die er allerdings erst um das Jahr 100 unsrer Zeitrechnung verfaßte, unmittelbar nach Anführung des von Aristarch gefundenen Verhältnisses von $\frac{1}{18}$ bis $\frac{1}{20}$ der Distanzen Mond—Erde und Sonne—Erde für Erstere das Maß von 56 Erdhalbmessern gibt[6]), und auch weiß, daß der Erdschatten mehr als drei Monddurchmesser breit ist. — Sicher ist es, daß Hipparch, unter Vermeidung der von Aristarch begangenen Fehler, ein neues und viel einfacheres Verfahren anwandte, um die absoluten Distanzen von Sonne und Mond zu bestimmen: Unter Parallaxe eines Gestirnes den Winkel verstehend, unter welchem man von diesem Gestirne aus den Halbmesser der Erde sehen würde, fand er, daß, wenn ⊙ und ☾ die Parallaxen der Sonne und des Mondes bezeichnen,

$$\odot + ☾ = \varrho + \varphi$$

sein müsse, wenn ϱ den scheinbaren Halbmesser der Sonne bezeichne, φ aber den scheinbaren Halbmesser des Erdschattens in der Distanz des Mondes[7]). Nun hatte er nach Aristarch's

[5]) Die häufig vorkommende Angabe, daß sich Aristarch an eine solche absolute Bestimmung gar nicht gewagt habe, scheint mir, obschon Aristarch jene Vereinigung unterließ, nicht stichhaltig.

[6]) Hätte er Hipparch benutzt, so hätte er 59 geben müssen.

[7]) Die Hipparch'sche Beziehung zwischen ⊙, ☾, ϱ und φ läßt sich unmittelbar aus der Figur

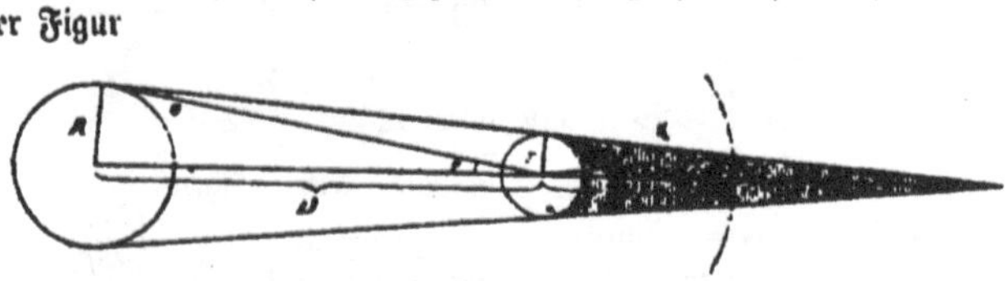

Fig. 20.

ablesen, und ebenso folgt aus derselben

Bestimmungen $\varrho = 15'$ und $☾ = 19 \,.\, ⊙$ zu setzen; ferner wußte er, daß der Mond, der sich per Tag um etwa $51^m = 765'$ verspätet, bei einer totalen Verfinsterung etwa $2^1/_2{}^h$ braucht, um durch den Schatten der Erde zu gehen, daß also $y = {}^{765}/_{24} \,.\, {}^{5}/_{4} = 40'$ sein muß. Diese Werthe in obige Beziehung einführend, ergibt sich aber $20 \,.\, ⊙ = 55'$, also nahe $⊙ = 3'$ und $☾ = 57'$ und hieraus folgte dann durch leichte Rechnung, daß die Distanz der Sonne 1200, die des Mondes 59, der Halbmesser der Sonne $5^1/_2$ und derjenige des Mondes $^1/_3$ Erdradien beträgt, — Zahlen, die allerdings, wegen der bereits betonten Unrichtigkeit von 19, nur für den Mond nahe richtig, für die Sonne dagegen, wie wir später sehen werden, viel zu klein sind. — Wie der etwas spätere Posidonius dazu kam anzunehmen *), die Distanz des Mondes betrage $52^1/_3$, diejenige der Sonne aber 13095 Erdradien, weiß man absolut nicht, und kann somit auch nicht beurtheilen, ob die daraus folgenden Parallaxen 65',9 und 15'',6, von denen die erstere gegenüber Hipparch einen erheblichen Rückschritt, die zweite dagegen einen großen Fortschritt constatiren würde, als wirkliche Messungsergebnisse angesehen werden dürfen. Soweit man die damaligen Instrumente kennt, muß man es wenigstens in Beziehung auf die Sonnenparallaxe entschieden bezweifeln **), und thut wohl am besten, sie als Ergebniß einer Speculation zu betrachten und somit zu verwerfen, zumal gerade die leichter zu bestimmende Zahl schlechter geworden ist. Auch Ptolemäus ignorirt diese Zahlen und greift auf die von Hipparch gefundenen

---

$$D = \frac{r}{\sin ⊙} = \frac{2r}{\text{Chorde } 2 ⊙} \qquad R = D \,.\, \sin\varrho = \tfrac{1}{2} D \,.\, \text{Chorde } 2\varrho$$

und entsprechend, wenn r' der Halbmesser des Mondes ist

$$d = \frac{r}{\sin ☾} = \frac{2r}{\text{Chorde } 2 ☾} \qquad r' = d \,.\, \sin\varrho = \tfrac{1}{2} d \,.\, \text{Chorde } 2\varrho.$$

*) Vergl. Bailly, Astr. mod. I 123, der diese Angaben Kleomedes und Strabo entnommen zu haben scheint.

**) Auch Bailly ist der Ansicht, daß Posidonius die Mittel hierfür nicht besessen habe: dagegen benutzt er natürlich die Gelegenheit, diese Bestimmungen den seiner Phantasie immer vorschwebenden vorsündfluthlichen Atlantiden zu vindiciren.

Methoden und Resultate zurück, die er durch nichts Besseres zu ersetzen weiß; er versucht allerdings, wie es schon Hipparch beabsichtigte, wenigstens die Parallaxe des Mondes aus ihrem Einflusse auf die Sonnenfinsternisse oder auf die Zenithdistanzen genauer zu bestimmen, und construirte behufs Messung Letzterer das bereits beschriebene parallaktische Lineal oder Triquetrum[10]), aber begreiflicher Weise ohne den gewünschten Erfolg. Sogar die Araber und ihre Nachfolger im Westen bis weit über Regiomontan hinauf, blieben in Beziehung auf die Parallaxen wesentlich auf demselben Standpunkte, und es bleibt so nur noch, nach der bereits erwähnten Cosmographie von Dimashqui[11]), ein Gegenstück zu der Bestimmung von Posidonius zu geben: Nach seiner Angabe würde ein Grad der Sonnenbahn 1177626, die Entfernung des Mondes von der Erdoberfläche aber 686370 Meilen betragen, von denen $56^2/_3$ auf einen Grad der Erde gehen, — zwei Zahlen, von welchen die erste für die Sonnenparallaxe den für damals fabelhaft genauen Werth von 9″,9, die zweite dagegen für die Mondparallaxe den ganz schlechten Werth von $16^1/_4$′ ergibt, der wohl die Illusionen, zu welchen ersterer führen könnte, wieder so gründlich zerstört, daß es kaum mehr nöthig sein sollte, noch aus derselben Quelle anzuführen, daß 64498140 Meilen der innere, und 64530213 Meilen der äußere Radius der Fixsternsphäre sei, um Jedermann klar zu zeigen, mit was für Producten man es hier zu thun hat.

---

[10]) Vergl. 38.

[11]) Shems Ed-din Abou-'Abdallah Moh'ammed de Damas, genannt Dimashqui, wurde um 1254 in Syrien geboren und starb 1327 zu Çafad am Thabor.

3. Capitel.

Die Gestirnbeschreibung.

---

53. Die Sonne. Die Kenntnisse der Alten über die physische Beschaffenheit der Sonne waren sehr dürftig. Für die meisten Völker war die Sonne ein reines, oft sogar, „en confondant l'oeuvre avec l'ouvrier“, als Gottheit verehrtes Feuer. Einzelne Flecken auf derselben, die dem freien, allfällig[1]) durch ein mit Oel gefülltes Hohlglas geschützten Auge sichtbar wurden, deutete man als Durchgänge von Merkur und Venus oder anderer fremder Körper: So wollte man 807 Merkur 8 Tage lang, und 840 Venus sogar 90 Tage lang vor der Sonne gesehen haben, — ja nicht nur glaubte noch im 12. Jahrhundert der berühmte, auch um die Astronomie durch verschiedene Beobachtungen und einen Auszug aus Ptolemäus verdiente, 1198 zu Marocco verstorbene Arzt und Oberrichter oder Kadi Averrhoës einen Merkurdurchgang beobachtet zu haben, — sondern es ließ sich sogar noch 1607, oder ganz kurz vor Erfindung des Fernrohrs, der vortreffliche Kepler in derselben Weise täuschen[2]), und hielt einen V 18 a. St. auf der Sonne bemerkten Flecken für Merkur, obschon damals dieses Planeten Breite größer als der Sonnenradius, und derselbe überdieß viel zu klein war, um dem unbewaffneten Auge vor der Sonne bemerklich zu werden. Ueberdieß

[1]) Nach einer durch Seneca bei Anlaß der Beobachtung von Sonnenfinsternissen gegebenen Notiz.

[2]) Vergl. seinen „Ausführlichen Bericht über den 1607 erschienenen Haarstern. Hall 1608 in 4.“

wurden solche Erscheinungen im Allgemeinen nicht einmal aufmerksam beobachtet, sondern höchstens ganz beiläufig notirt, und dann noch meistens von den Chronikschreibern mit Finsternissen, mit Verdunklungen der Sonne durch Höhenrauch und allem Möglichen zusammengeworfen, so daß man oft gar nicht weiß, wie man ihre Berichte deuten soll. Einzig die Chinesen scheinen hierin eine rühmliche Ausnahme gemacht zu haben, da John Williams in der Encyclopädie von Ma Twan Lin eine von 301 bis 1205 reichende Reihe von Notizen über solche Fleckenerscheinungen auf der Sonne gefunden und publicirt hat[3]). Zum Schlusse mag noch als Ehrenmeldung für den 1525 in Peru verstorbenen Inka Huyana-Capac die Notiz Platz finden, daß ihm in Folge von auf der Sonne gesehenen Flecken Zweifel aufstiegen, daß dieselbe wirklich eine Gottheit sei und die Welt regiere: Die Sonne komme ihm gegentheils wie ein an einem Seile festgebundenes Thier vor, das immer denselben Umlauf mache, oder wie ein Pfeil, der dahin geht, wohin man ihn schickt, aber nicht, wohin er will[4]).

54. Der Mond. Außer der muthmaßlich spätestens von Pythagoras ausgesprochenen, durch den Wechsel der Lichtphasen und die Erscheinungen bei den Sonnenfinsternissen fest begründeten Lehre, daß der Mond eine freischwebende, eigenen Lichtes entbehrende und nur durch die Sonne erleuchtete Kugel sei, welche Berge und Thäler zu zeigen scheine[1]), und den bei Vollmond dem freien Auge sichtbar werdenden Flecken, aus welchen in unbekannter Zeit eine kühne Phantasie das Gesicht des Mannes im Monde construirte, und in denen Aristoteles eine Art Spiegelbilder der Länder und Meere der Erde zu sehen glaubte, hatten die Alten natürlich keine weitern betreffenden

---

[3]) Vergl. Monthly Not. 32 und für einen Auszug Nr. 310 meiner Sonnenfleckenliteratur.

[4]) Vergl. Bd. 2 von Humboldt's „Ansichten der Natur" und Nr. 213 meiner Sonnenfleckenliteratur.

[1]) Vergl. 16.

realen Kenntnisse. Um so freiern Lauf ließen sie ihrer Phantasie, und es ist ganz bemerkenswerth, wie schon zur Zeit von Plutarch*) manche gesunde Idee auftaucht. Wenn man z. B. liest: „Doch den Mond sichert vor dem Fallen schon seine eigene Bewegung und die reißende Geschwindigkeit seines Umlaufes, wie das, was auf eine Schleuder gelegt wird, durch den raschen Umschwung gehindert wird, herabzufallen; denn jeden Körper trägt seine natürliche Bewegung, so lang er nicht durch eine andere Kraft aus seiner Richtung gebracht wird. Deßwegen zieht auch den Mond seine Schwere nicht abwärts, weil der Umschwung seine Neigung zu fallen aufhebt," — oder wieder bei Discussion der Bewohnbarkeit des Mondes, welche damals schon von Vielen wegen muthmaßlichen Mangels von Luft und Wasser, wegen dem in Einem Jahre zwölfmal eintretenden Sommer, ꝛc. bezweifelt wurde, aussprechen hört: „Wer verlangt, daß für die Geschöpfe im Monde dieselben Mittel zu ihrer Erhaltung vorhanden sein müßten, wie auf der Erde, der scheint die großen Ungleichheiten in der Natur ganz übersehen zu haben, wonach sich noch größere und zahlreichere Unterschiede zwischen den lebenden Wesen untereinander, als zwischen dem Lebenden und Leblosen finden," — und dergleichen, so fühlt man sich der Neuzeit so nahe gerückt, daß man kaum begreifen kann, wie sie so lange auf sich warten ließ. Aber es ist Thatsache, daß an anderthalb tausend Jahre die Kenntniß unsers Nachbars stationär blieb, und der einzige gegen das Ende unseres Zeitraumes auftretende Fortschritt darin bestand, daß das Sichtbarwerden der Nachtseite vor und nach Neumond, sei es schon durch Leonardo da Vinci, sei es erst durch Mästlin, bemerkt und wie in neuerer Zeit durch einen Gegenschein der Erde erklärt wurde.

55. Die Planeten. An den Planeten konnten natürlich die Alten außer ihren Bewegungsverhältnissen nur den verschiedenen Glanz und die etwas verschiedene Färbung bemerken, und es

*) Vergl. dessen mehrerwähnte Schrift „Von dem Gesichte im Monde".

sind somit die betreffenden Notizen aus dem Alterthume, soweit sie sich nicht auf ihre bereits hinlänglich abgehandelte Theorie, oder auf ihre astrologische und hier ebenfalls nicht mehr zu berührende Bedeutung beziehen, äußerst dürftig: Merkur trug bei den Griechen außer dem Namen Hermes auch noch den Apollo's, wurde ferner wegen seinem hellen Lichte Stilbon oder der funkelnde geheißen und erhielt im Mittelalter mit Quecksilber und Achat das gleiche Zeichen. Venus, sonst auch Aphrodite geheißen, trug als Morgenstern den Namen Phosphorus, als Abendstern den Namen Hesperus, doch ist kaum anzunehmen, daß die Nachricht des Diogenes Laërtius richtig sei, es habe erst Pythagoras die Identität des Phosphorus und Hesperus erkannt; sie erhielt mit Kupfer und Diamant das gleiche Zeichen, wurde immer als der schönste Stern geschildert, und, da sie zu Zeiten Schatten wirft und am hellen Tage aufgefunden werden kann, so ist die Erzählung, es habe Aeneas auf seiner Rückfahrt von Troja sie bei Tage gesehen, ganz glaubwürdig. Mars oder Ares, den man mit einem röthlichen Feuer verglich und daher den Namen Pyrocis gab, wurde mit Eisen und Magnet in Parallele gestellt. Jupiter, der bei den Egyptern Osiris und bei den Griechen bald Zeus oder Dios, bald Phaëton oder der Glänzende hieß, erhielt mit Zinn und Smaragd dasselbe Zeichen. Saturn endlich, oder Kronos, der um seiner langsamen Bewegung und vielleicht auch um seines matten Glanzes willen, den Namen Phainon oder der ruhig Leuchtende besaß, wurde mit dem Zeichen von Blei und Onyx begabt.

56. Die ältesten Nachrichten und Beobachtungen von Kometen. In den ältesten Zeiten wurden zwar die Kometen, wie schon erwähnt[1]), wenigstens von Chaldäern und Chinesen beachtet, und sogar zum Theil in noch für die Neuzeit nützlicher Weise beobachtet, — dann aber von den Griechen vernachlässigt, besonders als sich mehr und mehr die Ansicht von Aristoteles ver-

[1]) Vergl. 8.

breitete, sie seien nur ephemere, mit den übrigen Meteoren in unsrer Atmosphäre entstehende Erscheinungen, — und während wenigstens Aristoteles selbst über den scheinbaren Lauf eines von ihm 371 v. Chr. gesehenen Kometen noch so viel mittheilte, daß Pingre den Versuch wagen konnte, seine Bahn zu berechnen, so kömmt in dem ganzen Almagest das Wort Komet nicht ein einziges Mal vor. Auch die Römer stimmten im Allgemeinen dieser Ansicht bei, und so ziemlich die einzige rühmliche Ausnahme bildet in dieser Hinsicht der im Anfange unsrer Zeitrechnung zu Rom lebende Seneca, indem er, im Gegensatze zu dem unkritischen und abergläubischen Plinius, der die Kometen zu Wunderzeichen stempelte und aus ihrer Form und Farbe auf ihre Bedeutung schließen wollte, dieselben, entsprechend den Chaldäern und auf Grund ihrer Theilnahme an der täglichen Bewegung, unter die Gestirne einreihte und die Vermuthung aussprach, man werde später ihre Bahnen analog wie bei den Planeten berechnen. Die Araber und die ältern Abendländer stimmten natürlich dem von ihnen hochgehaltenen, aber leider häufig mißverstandenen, und namentlich nur nach seinen Worten und nicht nach seinem Geiste aufgefaßten Aristoteles bei, und notirten kaum die Erscheinung eines Kometen, geschweige daß sie versucht hätten, ihn zu beobachten; ja es kam so weit[*]), „daß noch am Ende des 17. Jahrhunderts in vielen Ländern Europas kein Professor in s. Amt zugelassen wurde, bis er öffentlich und feyerlich ein Zeugniß abgelegt hatte, außer mit den übrigen Grundsätzen des Aristoteles, vorzüglich auch mit dessen Ideen über die Kometen gänzlich einverstanden zu sein". Eigentliche Beobachtungen von Kometen scheinen so ziemlich Regiomontan und Walther zuerst unternommen zu haben, und zwar bei Anlaß des Kometen von 1472: Sie suchten dabei für jede Beobachtung zwei Sterne aus, mit welchen der Komet eben in gerader Linie stand, — maßen mit dem Jakobsstabe die Entfernungen des Kometen von den beiden Sternen,

[*]) Vergl. „Kaiser, der Sternenhimmel. Uebers. von Fr. Schlegel. Berlin 1850 in 8."

und berechneten daraus die Coordinaten des Erstern, die immerhin so gut waren, daß später Halley und noch in neuerer Zeit Laugier, von denen der Letztere allerdings auch noch einige chinesische Beobachtungen verwenden konnte, im Stande war, eine ganz ordentliche Bahn dieses Kometen zu berechnen[3]). — Derselbe Komet von 1472 ist auch noch dadurch merkwürdig, daß sich auf ihn die muthmaßlich älteste gedruckte Kometenschrift bezieht, nämlich die etwa 1472/3 zu Beromünster auf 12 Folioseiten s. a. et l. ausgegebene „Thurecensis phisiti Tractatus de cometis“, welchen man einem in Zürich zu jener Zeit prakticirenden deutschen Arzte, Namens Eberhard Schleusinger, zuschreibt[4]).

57. Der Kometenaberglaube. Je weniger man die Kometen beobachtete, desto mehr fürchtete man sie als Zeichen, und so machte sich der schon den Griechen nicht ganz fremde Kometenaberglaube, wie schon erwähnt, bereits bei Plinius sehr breit. Auch im Abendlande gedieh er vortrefflich, da einerseits die von dem Orakel Aristoteles festgestellte Ansicht über die Natur der Kometen demselben, so wenig es in den Absichten ihres Urhebers liegen mochte, sehr günstig war, und anderseits auch die sonst so verdienstlichen Chroniken und unten noch zu besprechenden Kometen-

[3]) Vergl. für Regiomontan's Arbeiten über die Kometen noch 126.

[4]) Vergl. für weitern Detail meine Notiz „Ueber die älteste Kometenliteratur der Schweiz (Bern. Mitth. 1849)“ und meine Biographien III 105/6. — Ein der Winterthurer Stadtbibliothek zugehörendes Exemplar entspricht ganz genau dem von mir früher benutzten der Zürcher Stadtbibliothek. Dabei hat es die Eigenthümlichkeit, daß es dem von Rodericus a Zamora verfaßten „Speculum vitae humanae“ beigebunden ist, an dessen Schlusse man den Namen von „Helya helye alias de Louffen Canonico Ecclesie ville Beronensis in pago Ergowie“ und die Jahrzahl 1472 liest. Papier, Typen und Druck sind nun bei beiden Schriften so genau gleich, daß man sich auf den ersten Blick überzeugt, daß beide aus derselben Officin nahe gleichzeitig hervorgegangen sind. Entsprechend ist einem der 4 Exemplare der Basler Bibliothek, das wahrscheinlich aus der Bibliothek des Jo. a Lapide stammt, am Schlusse 1ꝗΛ2 (1472) beigeschrieben. Libri hat in seinem Cataloge: „Thurecehsis (sic pro Thuricensis) Physici Tractatus de Cometis. 4to. Anno Domini 1474, Hans Aurl“ und dabei die Bemerkung: „Thes may be regarded as the first volume on Comets, with a positive date, ever printed.“

verzeichnisse demselben, wenn auch vielleicht ursprünglich unbewußt, dadurch Vorschub leisteten, daß man neben jedem Kometen ein Verzeichniß gleichzeitiger, aber meist auf der Schattseite gewählter Tagesereignisse fand[1]). So bildeten sich nach und nach Regeln wie z. B. die

„Acht Hauptstuck sind, die ein Komet
Bedeut, wenn er am Himmel steht;
Wind, Theurung, Pest, Krieg, Wassersnoth,
Erdbeben, Endrung, eines Herren Todt."

Auch die Geistlichkeit verschmähte nicht, durch Bußpredigten 2c.[2]), jede Kometenerscheinung nützlich zu machen, und zog Texte, wie z. B. „Jeremias I 11—12: Nach diesem hat der Herr also zu mir gesprochen: Jeremias, was siehest Du? Da sprach ich: Ich sehe eine wachende Ruthe. Da sprach der Herr zu mir: Du hast recht gesehen, denn ich will über meinen Rathschluß wachen, denselben zu vollstrecken" demjenigen aus „Jeremias X 2: Ihr sollet den Weg der Heiden nicht lernen, und vor den Zeichen des Himmels sollet Ihr nicht erschrecken, denn die Heiden fürchten solche" weit vor. Einzelne, welche wagten, entgegen zu treten, wie z. B. Theophrastus Paracelsus in seiner, als erste deutsche Kometenschrift auch sonst merkwürdigen, zu Zürich sammt Zuschrift an Leo Jud gedruckten „Ußlegung des Cometen erschynen im hochbirg zu mittem Augsten Anno 1531[3])", oder gar der Philosoph Pierre

[1]) Fast das einzige Beispiel, daß ein Komet auch Gutes bedeuten könne, soll Joh. Prätorius in s. „Narratio de Cometis qui antea visi sunt, et de eo qui A. 1577 apparuit. Noribergae 1578 in 4." erzählen, nämlich daß 1472, nachdem zuvor auch ein Komet erschienen, in den Schneeberger Silbergruben ein Stück Silber (copia argenti) ausgegraben worden sei, auf welchem die Worte gestanden haben „Ecce cui cometa luxit".

[2]) Vergl. z. B. die von dem Superintendenten Conrad Dietrich herausgegebene „Ulmische Kometen-Predigt. Ulm 1619 in 4.", in welcher davor gewarnt wird, die Kometen „mehr aus Fürwitz als bewegendem Herzen" zu betrachten, etwa „wie das Kalb ein neu Thor ansiehet", — die Hauptsache sei, in dem Kometen eine von Gott über uns geschwungene Ruthe zu erkennen, „die bald hinter uns her zu wischen träue". — Conrad Dietrich wurde 1575 zu Gemünden an der Wehre geboren, war Prof. der Philosophie in Gießen und starb 1639 als Superintendent in Ulm.

[3]) Vergl. darüber Bd. 3, pag. 21—25 meiner Biographien.

Bayle in seiner 1682 zu Köln erschienenen „Lettre où il est prouvé que les Comètes ne sont point le présage d'aucun malheur" wurden verketzert, — ja 1680 geschahen bei Anlaß des damaligen großen Kometen nicht nur in Rom Wunder, indem z. B. eine Henne unter merkwürdigen Umständen ein Ey legte, das nach Einigen den Kometen, nach Andern wenigstens Sterne zeigte[4]), sondern es ließ sogar die reformirte Zürcher Regierung extra ein Bußmandat ausgehen[5]), — und als 1682 der nachmals nach Halley benannte Komet erschien, wagte ein angehender Theologe, Hans Heinrich Blumer von Glarus, in einer betreffenden Gelegenheitsschrift drucken zu lassen: „Ein Komet ist eine sehr kunstliche, von dem großen Künstler, dem allweisen Gott, mit dem Pensel seiner Allmacht eingedunkt in die Farb der Natur an der blaugewelbten Wandung des gestirnten Hauses, an einem guldigen Nagel aufgesteckte gemalte Ruhten, wormit er, der Grundgütige Himmelsvater, seine verbößerte Erdenkinder wider will gut machen, und ihnen zu verstehen geben, daß sie sich des Ruhtenschlagens

[4]) Das sog. Kometen-Ey war durch Briefe von Rom an hohe Personen, wie z. B. den Internuntius, so beglaubigt, daß sogar das von der Akademie des Sciences patronisirte Journal des Savants von 1681 I 20 nicht wohl mehr anders konnte, als seinen Lesern eine Zeichnung desselben zu geben, folgenden Bericht beifügend: „La nuit du lundi 2 Décembre dernier environ les huit heures (qui répondent à une heure après minuit selon notre manière de compter) une Poule qui n'avait jamais encore fait d'oeufs, après avoir chanté d'une façon extraordinaire ensuite d'un grand bruit, fit un oeuf d'une grosseur beaucoup au delà de la naturelle marqué non pas d'une Comete comme le Peuple l'a crû, mais de plusieurs étoiles, ainsi que la figure le représente. — Si tout cela est bien vrai, ce ne serait pas le premier prodige de cette nature, qui aurait paru en Italie pendant les Eclipses ou les Cometes, car sans parler des Croix qui parurent en Calabre sur le linge lors de la comete de 1669 on a fait voir autrefois à M. Cassini dans la ville de Bologne une coque d'oeuf sur laquelle on voyait un soleil en relief parfaitement bien marqué et on l'assura que cet oeuf avait été pondu dans le temps d'une Eclipse."

[5]) Die Stadtbibliothek in Zürich besitzt eine silberne Medaille, auf deren Vorderseite ein Komet mit der Unterschrift „A. 1680 16. Dec. 1681 Jan." abgebildet ist. Auf der Rückseite liest man: „Der Stern droht böse Sachen — Trau nur Gott — Wirds wohl machen."

öffters sollten erinnern." — Wie dem übrigens sei, so verzeichneten wenigstens zum Glücke die Chronisten meistens das Erscheinen von Kometen, und machten es so spätern Sammlern möglich, Kometenverzeichnisse anzulegen, wie dieses schon 1549 von dem Pariser Arzte Antoine Mizauld oder Mizaldus in seiner „Cometographia" geschah, — dann wieder 1556 von einem Schüler des Ramus, dem Zürcher Antistes Ludwig Lavater in seinem „Cometarum omnium fere Catalogus" *), und dem aus Bätterkinden in Kanton Bern gebürtigen Marburger Professor Benedict Aretius in seiner zu Bern ausgegebenen „Brevis cometarum explicatio", — ferner 1578 von dem Stadtschreiber Berchtold Saxer in Aarau in seiner ebenfalls zu Bern erschienenen Schrift „Cometsternen, d. i. eine kurtze Verzeichnuß und Beschreibung der Cometsternen, so sich innerhalb ein tausend Jahren in Lüfften erzeigt", — ja noch 1667 von dem polnischen Socinianer Stanislaus Lubienitzky in seinem zwei Foliobände starken „Theatrum cometicum". Letzterer zählte alle Kometenerscheinungen und alle Ereignisse auf, so viele er nur in den Chroniken finden konnte, und erhielt so annähernd für jeden Kometen ebenso viele gute als schlechte Ereignisse. Daraus zog er den Schluß, daß man die Erscheinungen eines Kometen als ganz gleichgültig betrachten könne, war aber eigentlich doch nicht frei von der Meinung, daß diese Ereignisse wirklich durch Kometen herbeigeführt wurden; denn auf der einen Seite des Titelblattes seines Werkes sieht man einen Kometen mit einem Regenbogen und einer Hand, welche einen Palmzweig trägt, nebst der Aufschrift „bona bonis (Gutes für Gute)" und auf der andern Seite einen Blitzstrahl nebst einer Hand mit einer Geißelruthe unter der Aufschrift „mala malis (Böses für Böse)". Das Werk von

*) Auch deutsch 1681, mit Zusätzen von J. J. Wagner. — Nach Lalande soll von der Urschrift auch eine Ausgabe von 1587 existiren. — Lavater lebte von 1527—1586; am Bekanntesten ist sein zuerst 1578 zu Zürich erschienenes und dann auch in andern Sprachen aufgelegtes Werk „Von gespängsten, unghüren, fälen und andern wunderbaren dingen kurzer und einfaltiger bericht".

Lubienitzky hat daher auch die Ansichten über die Kometen nicht verbessert, wie man aus dem Hasse sieht, welchen sich Balthasar Bekker zuzog, als er kurz nachher den Kometen allen Einfluß auf die Erde und das Loos ihrer Bewohner absprach. — Wie lange überhaupt der Kometenaberglaube vorhielt, zeigt, daß noch Christian Gottlieb Semmler, Professor der Mathematik und Physik in Halle, in s. 1770 zu Halle herausgegebenen „Astronomischen Beschreibung und Ausrechnung des Kometen A. 1769, sammt einer mathematischen und philosophischen Schöpfungshistorie" glaubte, um nach beiden Seiten gerecht zu werden, bei den Kometen einen physischen und moralischen Einfluß unterscheiden zu müssen: Der moralische Einfluß, meinte er, sei „daß es einen Richter und Rächer im Himmel gebe, und daß man sich bei Anschauung eines Kometen der Strafgerechtigkeit Gottes erinnere und dasjenige ablegen und abschaffen solle, was Gott zur öffentlichen Rache und Strafe über ganze Völker und Länder reize, — ein solcher könne, ohne einen Fehler und Irrthum zu begehen, wohl verstattet und angerathen werden"; hingegen einen physischen Einfluß „in die sichtbare Körperwelt, in die Reiche, Republiken und Regierungen der Menschen, könne man den Kometen nicht zuschreiben, weil sie soweit von der Erde entfernt bleiben, daß sie nicht das Geringste in derselben wirken können".

58. Die Meteore. Die durch die fleißigen Aufzeichnungen der Chinesen[1]) so schön angelegte Kenntniß der Meteore erweiterte sich bei den Griechen und Römern aus demselben Grunde, den wir bei den Kometen kennen gelernt haben, nur ganz unbedeutend; nachdem sie einmal von Aristoteles auf Irrwege geführt worden waren, aus denen sie sich nicht mehr herauszufinden wußten, beschäftigten sie sich mit den Sternschnuppen gar nicht, und die Steinfälle wurden mit Mythen verknüpft, wenn sie überhaupt noch beachtet und notirt wurden[2]). So ist fast nur der aus

[1]) Vergl. 8.

[2]) Arago hat in s. populären Astronomie (Deutsche Ausgabe IV 155 u. f.) ein Verzeichniß derselben zusammengestellt.

vorarıstotelischer Zeit, nämlich um 465 v. Chr. zu Aegospotamos in Thracien gefallene, von Plutarch, Plinius &c. erwähnte Meteorstein von historischem Interesse, weil sich der gleichzeitig lebende Anaxagoras ernstlich mit demselben beschäftigte, und schließlich zu der Ansicht kam, es möchte das die Größe eines Mühlsteines besitzende, am hellen Tage gefallene Eisenstück von der Sonne hergekommen, und somit diese ein Klumpen glühenden Eisens sein. — Ohne die Frage entscheiden zu wollen, ob der viel besprochene heilige Stein von Mekka ebenfalls ein Meteorstein sei oder nicht, ist dagegen zu notiren, daß die Araber offenbar den Meteoren wieder etwas mehr Aufmerksamkeit zuwandten, und es ist ganz interessant, wie El-Kazwini in seiner bereits erwähnten Kosmographie, nachdem er des Erscheinens von Kometen, Drachen &c. erwähnt, berichtet: „Ferner gehört dahin das Niederfallen von Sternschnuppen, durch die die Atmosphäre sich erhellt und die noch eine Zeit lang andauern; dann das Niederfallen eines schweren Körpers aus der Luft, wie der S'eih Erreïs (Avicenna) erzählt, daß zu seiner Zeit im Lande G'auzag'ânân aus der Luft ein Körper niederfiel wie ein Stück Eisen, ungefähr 50 Pfund schwer, ähnlich zusammengesetzten Hirsekörnern. Man versuchte ihn zu zerbrechen, aber selbst das Eisen vermochte ihn auf keine Weise zu bearbeiten.... Ferner das Niederfallen von Erz und Eisen ähnlichen Steinen zwischen Donnerschlägen, und dieß findet sich in Turkestân, und manchmal findet es sich auch wohl im Lande G'ilân. Abû'lhasan Ali Ibn-Elat'ir elg'ezeri hat in seiner Chronik überliefert, daß in Afrika im Jahr 411 sich eine Wolke mit heftigem Donner und Blitz erhob, zahlreiche Steine niederregnete und eine Menge Thiere und Pflanzen vernichtete." — Im Abendlande dauerte es dagegen noch lange, bis das Interesse an solchen Erscheinungen rege wurde, und der erste dort ordentlich constatirte Steinfall war der vom 7. November 1492, wo gegen Mittag zu Ensisheim im Elsaß mit weit hörbarem Getöse ein aus Kieselerde und Eisenoxid bestehender, mit schwarzbrauner Rinde versehener Stein fiel, der etwa 2½ Centner wog, und in der dortigen Kirche niedergelegt wurde, wo jetzt noch ein ansehnliches Fragment zu sehen sein soll.

59. Der Thierkreis. Die Zusammenordnung benachbarter Sterne zu sog. Sternbildern scheint sehr alt zu sein, und namentlich wurden sehr frühe die in der Nähe der Sonnenbahn liegenden Sterne zu zwölf Bildern vereinigt, welche annähernd unsern zwölf ekliptischen Zeichen:

1. Widder	5. Löwe	9. Schütze
2. Stier	6. Jungfrau	10. Steinbock
3. Zwillinge	7. Waage	11. Wassermann
4. Krebs	8. Scorpion	12. Fische,

die später ein nur durch seinen 1488 zu Straßburg erschienenen, in Hexametern abgefaßten „Computus manualis" bekannter Schriftsteller Anianus in den Versen:

„Sunt Aries, Taurus, Gemini, Cancer, Leo, Virgo.
Libraque Scorpius, Arcitenens, Caper, Amphora, Pisces"

unterbrachte, entsprechen, und den sog. Thierkreis oder Zodiakus bildeten. Welchem alten Volke in dieser Beziehung die Priorität zugehört, ob den alten Indiern, Chaldäern, Chinesen, Egytern ꝛc., weiß man trotz aller darüber angestellten und zum Theil sehr umfänglichen Untersuchungen[1]) noch zur Stunde nicht, und wird es vielleicht nie wissen, da alle Zeitangaben zu unsicher und allfällig vorhandene Abbildungen zu roh und ungenau sind, — und ebensowenig ist mit Sicherheit zu ermitteln, von welchem derselben er sodann, wenn auch vielleicht in einiger Umgestaltung, auf die Griechen überging; jedenfalls wurde er von Letztern nicht erfunden, da sie anfänglich nur 11 Zeichen besaßen, indem sie durch Mißverständniß des von Außen Erhaltenen die Waage mit der Scheere des Scorpions zusammenwarfen. — Sicher ist, daß, wie schon die Alten berichten, der Thierkreis frühe in egyptischen Tempeln vielfach abgebildet wurde, und so soll sich z. B.

[1]) Vergl. z. B. das unten angeführte Werk von Schlegel.

im Tempel von Heliopolis, als Kambyses 525 v. Chr. Egypten eroberte, ein Thierkreis aus reinem Golde befunden haben, welchen der Sieger sich dann zum Andenken mitnahm. Von den auf unsere Zeit gekommenen Darstellungen ist diejenige am berühmtesten, welche im Anfange unsers Jahrhunderts durch die französischen Gelehrten im Vorhofe eines Tempels zu Denderah oder Tentyra gefunden wurde, und welche sodann Louis XVIII. im Jahre 1821 mit großen Kosten nach Paris transportiren ließ. Man legte diesem Thierkreise im Anfange ein enormes Alter bei, indem man ihn als ein Bild des Himmels zur Zeit seiner Verfertigung betrachtete, und über dessen genauere Bestimmung, sowie über die Bedeutung der sich vorfindenden Figuren, entbrannte ein langjähriger Streit, der natürlich hier nicht verfolgt werden kann; endlich glaubte Biot in einer eigenen Schrift mit Sicherheit gezeigt zu haben, daß der vorliegende Thierkreis 716 v. Chr. verfertigt worden sei, — Letronne wies aber bald darauf nach, daß alle früheren Deutungen auf falschen Prämissen beruhen, und der betreffende Tempel erst im dritten Jahrhundert unserer Zeitrechnung erbaut sein könne — und in der allerneuesten Zeit soll es Riel sogar gelungen sein zu zeigen, daß die angemerkten Tage die Aufgänge der Sternbilder im festen (julianischen) Kalender und nicht den Stand der Sonne in den entsprechenden Zeichen angeben, also die Construction erst aus der römischen Zeit stamme. — Anhangsweise ist zu erwähnen, daß die alten Indier und Chinesen, sowie auch die Araber vor Mahommed den Thierkreis, anstatt in 12, in 27 oder 28 Theile getheilt haben sollen, welche sie Mondhäuser hießen[a]), — eine Eintheilung, welche für die Völker, die ihrer Zeitrechnung die Mondbewegung zu Grunde legten, in der That ganz natürlich war. Immerhin dürfte es hier kaum lohnen, auf diese oder auf andere der möglicher Weise da und dort vorgekommenen Eintheilungen näher einzutreten, da sie für die Astronomie keine gar große Bedeutung haben, und die be-

[a]) Vergl. 46.

treffenden Untersuchungen, von denen beispielsweise die von Gust. Schlegel 1875 zu Leyden in 2 Bänden mit Atlas herausgegebene „Uranographie chinoise“ angeführt werden mag, von diesem Standpunkte aus fast nur als Curiosa zu betrachten sind.

60. **Die übrigen Sternbilder.** Auch an den übrigen Theilen des Himmels wurden frühe einzelne Sternbilder ausgeschieden. So kommen die Pleyaden (Siebengestirn, Gluckhenne), deren Morgen-Aufgang und -Untergang den Anfang des Sommers und Winters bezeichnete, — ferner die Hyaden (Regengestirn), der Himmelswagen (große Bär), der Wagenlenker (Bootes), der Orion, der Hundsstern (Sirius) xc. schon bei Homer und Hesiod vor, — der kleine Bär zur Zeit von Thales, der Pegasus bei Pindar, — Hase, Adler, Cepheus, Cassiopea, Andromeda bei Euripides, — Leyer und Pfeil bei Demokrit, — xc. Ja, da die griechischen Sternbilder den Argonautenzug verherrlichen (Schiff Argos, — der Drache, welcher das goldene Fließ bewacht xc. —), dagegen die Helden des Trojanischen Krieges ignoriren, so hat man fast anzunehmen, daß die Griechen ihre Sternbilder wenigstens der Mehrzahl nach v o r dem Trojanischen Kriege, also wohl schon im 13. Jahrhundert vor unserer Zeitrechnung besaßen. Spätestens zur Zeit von Eudoxus und Hipparch hatte sich die Sache bereits soweit abgeklärt, daß mit ganz geringen Variationen[1]) außer den zwölf Sternbildern des Thierkreises die nachmals auch von Ptolemäus aufgezählten 21 nördlichen Sternbilder:

13. Andromeda	20. Cepheus	27. Hercules
14. Pegasus	21. Ursa major	28. Lyra
15. Cassiopea	22. Draco	29. Aquila
16. Ursa minor	23. Bootes	30. Sagitta
17. Triangulum	24. Serpens	31. Cygnus
18. Perseus	25. Corona	32. Delphinus
19. Auriga	26. Ophiuchus	33. Equuleus

[1]) So z. B. hatte Hipparch das von Archimed's Freund Conon zu Ehren der Gemahlin Ptolemäus Soter's an den Himmel versetzte Haar der Berenice bereits als selbstständiges Sternbild angenommen, während Ptolemäus dasselbe nur als Beigabe zum Löwen aufführt.

und die ebenfalls bei ihm vorkommenden 15 südlichen Sternbilder:

34. Cetus	39. Canis major	44. Centaurus
35. Eridanus	40. Canis minor	45. Lupus
36. Lepus	41. Hydra	46. Ara
37. Orion	42. Crater	47. Corona australis
38. Argo navis	43. Corvus	48. Piscis australis

fast allgemein bei den Griechen in Gebrauch waren, und in der Folge dann auch bei den Römern, Persern und Arabern, sowie später im Abendlande, fast unverändert Eingang fanden[2]). Die Indier und Chinesen dagegen hatten ihren besondern Sternhimmel, ja es hat noch den äußerst einläßlichen Untersuchungen von Schlegel[3]) große Wahrscheinlichkeit für sich, daß letzteres Volk in sehr früher Zeit[4]), sowohl durch Eintheilung des Himmels in Häuser als der Sterne in Gruppen, bestimmte Grundlagen für seine Astrognosie festgestellt hat, und sodann ein Theil derselben von ihm durch Vermittlung der benachbarten Völker bis auf die Griechen übergegangen ist, wodurch die, bei allen Variationen, doch immer durchblickende Verwandtschaft der bei den verschiedensten Völkern des hohen Alterthums gebräuchlichen Gruppirungen eine plausible Erklärung finden würde.

61. **Die Gestirnbeschreibung.** Wie schon erwähnt, verdankt man die erste Grundlage der auf uns von den Griechen übergegangenen Eintheilung des damals bekannten Himmels in Sternbilder zunächst Eudoxus, der sie in zwei Werken, seinem „*Ἔνοπτρον*“ oder Spiegel, und seinen „*Φαινόμενα*“ oder Himmelserscheinungen, niederlegte. Leider sind zwar beide Werke verloren gegangen, dagegen hat sich das Wesentliche ihres Inhaltes zum Glücke theils in dem sofort zu besprechenden Lehrgedicht von Aratus, theils in dem schon mehrmals erwähnten Commentare

---

[2]) Vergl. 138.

[3]) Vergl. s. bereits erwähnte Uranographie, auf welche für allen Detail verwiesen werden muß.

[4]) Schlegel geht sogar bis 17 Jahrtausende v. Chr. zurück, — wohin ich ihm nicht folgen möchte.

erhalten, welchen Hipparch zu den Erstern und Letzterem schrieb[1]). Zu Soli in Cilicien geboren, lebte Aratus um 270 v. Chr. als Arzt am Hofe des macedonischen Königs Antigonus und verfaßte auf dessen Wunsch unter dem Titel „Phaenomena et Prognostica“ ein Gedicht, dessen Hauptbestandtheil eine Beschreibung der Sternbilder ist, an der ihm aber nur die Form zugehört, während das Sachliche nach Hipparch's Versicherung ganz den beiden Schriften von Eudoxus, vorab der zweiten, entnommen ist. Dasselbe wurde im Alterthume hoch geschätzt, wie schon bemerkt, von Hipparch commentirt und wesentlich berichtigt, ferner von Cicero ins Lateinische, später von Voß ins Deutsche übersetzt, und nach Erfindung der Buchdruckerkunst vielfach aufgelegt[2]). Ein gewisser Werth ist ihm in der That als ältester Probe betreffender Literatur nicht abzusprechen, wenn auch der Inhalt ziemlich unbedeutend ist, wie folgende, der Uebersetzung von Voß entnommene Probe darlegen mag. Bei Beschreibung des Hasen heißt es: „Unter den Füßen sodann des Orion schaue den Hasen — Jenen im ewigen Laufe gejageten; und wie beständig — Seirios hinter ihm her forteilt, dem verfolgenden ähnlich, — Und ihm zunächst aufgeht und auch dem gesunkenen nachspäht.“ Das Hauptverdienst von Aratus ist aber entschieden das Indirecte, mit seinem Gedichte Hipparch zu jenem Commentare veranlaßt zu haben, da uns dadurch manches sehr Werthvolle über dessen eigene Arbeiten und über diejenigen von Eudoxus erhalten worden ist, wovon bereits bei deren Darstellung reichlicher Gebrauch gemacht wurde[3]). — Ein verwandtes, aber wissenschaftlich noch eine untergeordnetere Bedeutung besitzendes Lehrgedicht ist das am Anfange unsrer Zeitrechnung von dem römischen Dichter Manilius geschriebene „Astronomicon“[4]), — und ebenso gehört dahin das nahe gleichzeitig von Julius Hyginus, einem als Lehrer und Bibliothekar in Rom lebenden Freygelassenen des

[1]) Vergl. 36. [2]) Vergl. für die Ausgaben 64.
[3]) Vergl. z. B. 18, 35, 36 und 46.
[4]) Vergl. 64 für die Ausgaben dieser Schriften.

Augustus, verfaßte „Poeticon astronomicon“[5]), — während dagegen die Eratosthenes zugeschriebenen „Catasterismi“[6]) eine bloße Aufzählung der Sternbilder und von circa 700 der in ihnen enthaltenen Sterne geben.

62. Die Sterncataloge und Himmelsgloben. Viel wichtiger als Beschreibungen der Sternbilder, die ihrer Natur nach immer etwas Unbestimmtes an sich tragen, sind Sternverzeichnisse mit Coordinaten und Größenangaben oder Sterncataloge, — sowie bildliche Darstellungen des Sternhimmels und der angenommenen Sternbilder, oder Himmelsgloben und Sternkarten. Von Sternkarten finden sich im Alterthume, da man die in die Planisphärien eingetragenen Sterne doch nicht wohl dahin rechnen kann, keine Spuren, während dagegen Himmelsgloben und Sterncataloge ziemlich frühe auftreten. So scheinen bereits die alten Chinesen eine Art von Sternverzeichnissen angelegt zu haben, in welchen jedoch vollständige Coordinaten fehlten, so daß sie für spätere Zeiten keinen Werth besassen, und einen Himmelsglobus construirte sich spätestens Eudoxus, ja es existirt jetzt noch ein solcher, der muthmaßlich aus seiner Zeit stammt: Nach Heis[7]) trägt nämlich der im k. Museum zu Neapel aufbewahrte Farnesische Atlas eine marmorne Kugel, welche „in künstlerischer Vollendung“ die Himmelsfiguren in erhabener Arbeit zeigt und nach der Lage des Frühlingspunktes etwa aus dem Jahre 300 v. Chr. datiren muß. Einen ersten wirklichen Sterncatalog nach eigenen Beobachtungen legten sodann die ersten alexandrinischen Astronomen Timocharis und Aristyll an, und diesem folgte etwa 144 Jahre später Hipparch mit seiner ganz ausgezeichneten entsprechenden Arbeit, welche er seinem Commentar zu Aratus beilegte und auch zur Erstellung eines Himmelsglobus verwandte, der zur Zeit von Ptolemäus noch im Museum zu

[5]) und [6]) Vergl. 64 für die Ausgaben dieser Schriften.

[7]) Vergl. den Vorbericht zu seinem neuen Himmelsatlas, von dem in 259 die Rede sein wird.

Alexandrien existirt haben muß[2]). Leider ging für uns nicht nur dieser Globus, sondern auch das Hipparch'sche Sternverzeichniß, in welchem wahrscheinlich zum ersten Male die noch jetzt für die von freiem Auge sichtbaren Sterne gebräuchlichen sechs Größenclassen zur Anwendung kamen, verloren; doch dürfte es in der Hauptsache in dem bereits besprochenen Sternverzeichnisse erhalten sein, welches Ptolemäus nach etwa weitern 265 Jahren für seinen Almagest zusammentrug[3]), — ja es ist Delambre sogar durch das Studium des Letztern zu der Ueberzeugung gekommen, daß dasselbe für die Zeit von Ptolemäus, der muthmaßlich nur ganz wenige eigene und eine kleine Reihe der etwa 41 Jahre zuvor durch Menelaus gemachten Beobachtungen, der Hauptsache nach aber die von Hipparch ererbten Positionen unter unrichtiger Vermehrung seiner sämmtlichen Längen um 2° 40′ anwandte[4]), gar nicht, dagegen unter Wiederabzug jener 2° 40′ für die Zeit von Hipparch paßt. Im Alterthume dagegen bildete der Ptolemäische Sterncatalog die allgemein anerkannte Grundlage, und so ist z. B. der von Aboul Hhassan in seinem mehr erwähnten Werke gegebene Catalog der Positionen von 240 Sternen für den Anhang der Hedschra (622 VII 15), obschon er es nicht ausdrücklich sagt, wenigstens der Hauptsache nach demselben entnommen: Die Breiten stimmen ganz überein, und die Mehrzahl der Längen ist um 6° 38′ größer als bei Ptolemäus[5]). — Auch der persische Astronom Abd-Al-Rahman Al-Sûfi, welcher im Jahre 903 zu Raï im Osten von Teheran geboren, lange Jahre in höchstem Ansehen am Hofe zu Bagdad bis zu seinem 986 erfolgten Tode lebte, legte seiner erst neuerlich von Schjellerup vollständig herausgegebenen „Beschreibung der Fixsterne"[6]) das

[2]) Vergl. den Schluß des ersten Capitels vom 7. Buche des Almagest.

[3]) Vergl. 23. [4]) Vergl. 47.

[5]) So z. B. die von Aldebaran, Sirius, Regulus. Bei einigen andern Sternen kommen in den Minuten Differenzen vor; so z. B. gibt die Vergleichung von Fomalhaut 6° 40′. — Vergl. für diesen Catalog auch „Stone, On Aboul Hhassan's Catalogue of 240 Stars (Monthly Not. 29)."

[6]) „Description des étoiles fixes composée au milieu du 10e siècle

Sternverzeichniß des Almagest zu Grunde, wobei er, gemäß den ihm bekannten Grundlagen des Letztern und der von ihm zu 1° in 66 Jahren angenommenen Präcession[7]), die Längen gegenüber Ptolemäus um 12° 42′ vermehrte; sein Hauptverdienst bestand darin, daß er sein Verzeichniß, oder vielmehr den nach demselben entworfenen Himmelsglobus, mit dem Himmel verglich und dabei theils auf einige Unrichtigkeiten aufmerksam machte, theils namentlich die scheinbaren Sterngrößen mit großer Sorgfalt und unter Benutzung der jetzt noch meistens gebräuchlichen Zwischenstufen bestimmte, so daß er vor Argelander in dieser letztern Beziehung kaum von einem neuern Astronomen erreicht wurde. — Die Construction von Himmelsgloben unter Zugrundelegung des Sternverzeichnisses des Almagestes war überhaupt bei den Arabern und Persern sehr gebräuchlich, und auch die mechanische Ausführung dieser bald in Kupfer, bald in Silber ausgeführten Darstellungen soll zum Theil ganz ausgezeichnet sein. Einige derselben haben sich erhalten, und so besitzt z. B. das von dem edeln Cardinal Stefano Borgia schon als Jüngling zu Velletri im Kirchenstaate gegründete Museum einen solchen Globus vom Jahre 1225[8]), — die königl. asiatische Gesellschaft in London einen vom Jahre 1275 datirenden, durch Bernh. Dorn beschriebenen Globus[9]), — der mathematische Salon in Dresden einen schon von Wilh. Beigel und seither wiederholt beschriebenen Globus vom Jahre 1279[10]). —

de notre ère par l'astronome persan Abd-Al-Rahman Al-Sûfi. Traduction littérale de deux manuscripts arabes des bibliothèques de Copenhague et de St. Petersbourg avec des notes par H. C. F. C. Schjellerup. St. Pétersbourg 1874 in 4." — Zum Theil bekannt war dieser Catalog schon Hyde, Weidler, Caussin ꝛc.

[7]) Vergl. pag. 42—43 der eben erwähnten Ausgabe von Schjellerup.

[8]) Vergl. „Globus coelestis cufico-arabicus Veliterni Musei Borgiani a S. Assemano illustratus. Patavii 1790 in 4."

[9]) Vergl. Transact. Asiat. Soc.

[10]) Vergl. Beigel in Bode's Jahrbuch für 1808. Ferner „Car. Schier, Globus coelestis arabicus qui Dresdae in museo mathematico asservatur. Lipsiae 1865 in 8. — und: Ad. Drechsler, Der arabische Himmelsglobus, angefertigt 1279 zu Maragha, zugehörig dem königl. math. Salon zu Dresden, Dresden 1873 in 4."

die Pariser Bibliothek einen ungefähr aus der gleichen Zeit herrührenden, durch Sedillot beschriebenen Globus[11]) ꝛc. — Als Ulug-Begh mit Hülfe des Werkes von Al-Sûfi sich ebenfalls einen Himmelsglobus construiren ließ, fand er bei Vergleichung desselben mit dem Himmel manche Verschiedenheiten, welche ihn veranlaßten, alle ihm sichtbaren Sterne neu zu bestimmen und nur 27 für ihn zu südliche Sterne unter Annahme von 1° Präcession in 70 Jahren aus dem Cataloge von Al-Sûfi in den seinigen überzutragen[12]). So entstand der erste von Hipparch-Ptolemäus wenigstens größtentheils unabhängige Sterncatalog, der sodann 1665 zu Oxford durch Thomas Hyde unter dem Titel „Tabulae longitudinis et latitudinis stellarum fixarum ex observatione Ulugbeighi", und dann wieder 1843 zu London durch Franc. Baily in seinem Sammelwerke „The Catologues of Ptolemy, Ulug Beigh, Tycho Brahe, Halley, Hevelius, deduced from the best Authorities" veröffentlicht wurde[13]). — Aus neuerer Zeit mag zum Schlusse noch eines Globus von 1',67 Durchmesser erwähnt werden, welchen Stöffler 1493 construirte, und welchen nun das Lyceum in Constanz besitzen soll[14]).

[11]) „Sédillot, Mémoire sur les instruments astronomiques des Arabes. Paris 1841 in 4. (pag. 117—141)."

[12]) Vergl. Prolégomènes pag. 198/9 und 289.

[13]) Zu einer früher gemachten Notiz, daß auch G. Sharpe 1767 eine Ausgabe veranstaltet habe, kann ich genauere Belege nicht mehr finden.

[14]) Vergl. Heis' Wochenschrift 1857, pag. 221 u. f. — Für den im Durchmesser ungefähr doppelt so großen Globus von Dasypodius, vergl. 41.

4. Capitel.

Die ältesten Schriftsteller und ihre Herausgeber.

63. Der Almagest. Die uns längst bekannte Syntaxis des Ptolemäus fand in vielfachen Copien, in welche sich aber natürlich auch eine die kritische Bearbeitung außerordentlich erschwerende Menge von Varianten einschlich, bald eine gewisse Verbreitung, und wurde namentlich von Theon, dem Vater der unglücklichen Hypatia, sowie von Pappus einläßlich commentirt; ersterer Commentar hat sich fast ganz, letzterer nur in kleinen Bruchstücken, welche aber eine werthvolle Ergänzung des erstern bilden, erhalten. Nach dem Verfall von Alexandrien fiel eine der Copien im 9. Jahrhundert Al-Mamun als Beute zu, wurde auf dessen Befehl durch seinen Arzt Honein ben Ishak und dessen Sohn Ishak ben Honein[1]) unter dem Namen „Almagest" ins Arabische übergetragen und durch diese, nachmals durch den sachverständigen Tabit ben Korra oder Thebit[2]) nicht ohne große Schwierigkeit revidirte und durch den etwas spätern Al-Farabi[3]) noch commentirte Uebersetzung zur Grundlage für die Astronomie der Araber. Eine solche arabische Uebersetzung gelangte sodann

[1]) Honein starb 873, sein Sohn 910/11.

[2]) Er lebte von 836 bis 901. — Vergl. für ihn auch 20.

[3]) Für Al-Farabi, der 953 als Astronom und Günstling des Fürsten Seif-el-Daulah von Damaskus starb, vergl. „Steinschneider, Al-Farabi, des arabischen Philosophen Leben und Schriften, mit besonderer Rücksicht auf die Geschichte der griechischen Wissenschaft unter den Arabern. St. Petersburg 1869 in 4. (Mém. Pet. 7. Ser. XIII 4.)."

zur Zeit der Kreuzzüge ins Abendland, wo bereits eine durch Boëthius gemachte lateinische Uebersetzung aus dem Urtexte irgendwo liegen mochte, aber jedenfalls noch keine Verbreitung gefunden hatte [4]). Dort wurde sie nach den einen Berichten schon im 12. Jahrhundert durch den von dem großen Hohenstaufen Friedr. Barbarossa subventionirten Astrologen und Arzt Gherardo von Cremona [5]), nach den andern erst im 13. Jahrhundert auf Wunsch seines um die Wissenschaften ganz besonders verdienten Enkels, Kaiser Friedrich II., ebenfalls ins Lateinische übergetragen. Im 15. Jahrhundert brachte sodann der nachmalige Cardinal Johannes Bessarion auch das griechische Original der Syntaxis nach Italien, wo es durch den als Professor der Philosophie und Secretarius apostolicus in Rom lebenden Griechen Georg von Trapezunt oder Trapezuntius [6]) direct, aber ohne

[4]) Dem römischen Senator Boëthius, der anfangs bei dem ostgothischen König Theodorich in hoher Gunst stand, später aber dessen Vertrauen verlor und nach langer Gefangenschaft A. 526 hingerichtet wurde, verdankt man auch lateinische Uebersetzungen des Euklides, Nicomachus ꝛc. An die von ihm hinterlassenen Schriften, welche aber muthmaßlich nur in spätern Copien erhalten sind, knüpfen sich großentheils die in 33 erwähnten Vermuthungen, daß die indischen Zahlzeichen nicht nur durch die Araber, sondern von den Pythagoräern her zu uns gekommen seien.

[5]) Gherardo Cremonese lebte von 1114 bis 1187 als Mathematiker, Astrolog und Arzt wahrscheinlich meistens zu Cremona oder in der Lombardei, wurde von Friedrich I. sehr geschätzt und unterstützt, und machte sich dadurch verdient, daß er viele, angeblich 69 mathematische und astronomische Werke aus dem Arabischen ins Lateinische übertrug, so namentlich auch Ptolemäus. Er wurde vielfach mit einem jüngern, von Einigen als seinen Sohn angesehenen Gherardo de Sabbionetta verwechselt, der eine von Irrthümern wimmelnde „Theorica planetarum (Ferrara 1472 in 4.)“ schrieb, gegen welche, ebenfalls unter Verwechslung der beiden Gherardo, die „Disputationes Jo. de Regiomonti contra Gerhardi Cremonensis in planetarum theoricas deliramenta. Norimb. 1474 in Fol.“ gerichtet sind. Vergl. „Boncompagni, Della vita e delle opere di Gherardo Cremonese e di Gherardo da Sabbionetta. Roma 1851 in 8.“

[6]) Der 1396 auf Creta geborene Grieche Georg von Trapezunt wurde 1430 von Francesco Barbaro nach Venedig berufen, um dort Rhetorik zu lehren, stand sodann in Rom als Secretär vom Papst Eugen V. und zugleich Professor der Philosophie und Literatur, lebte einige Zeit am Hofe Alfons V. von Neapel und kehrte endlich nach Rom zurück, wo er nun bis zu seinem 1485 erfolgten Tode die Stelle eines Secretarius apostolicus bekleidete.

gehöriges Verständniß ins Lateinische übergetragen und später durch den Cardinal an Purbach und Regiomontan übergeben wurde, welche nunmehr mit erneuertem Eifer an ihrem „Epitoma in Almagestum Ptolemaei“ arbeiteten[7]), durch welches sie ihre Landsleute in das Verständniß des Hauptwerkes einzuleiten gedachten. — Als die neuerfundene Buchdruckerkunst mit der Herausgabe classischer Schriften begann, wurde natürlich auch der Almagest von Ptolemäus bald aufgelegt. Zuerst besorgte der aus Köln gebürtige, aber in Venedig als Buchdrucker angesessene Peter Liechtenstein 1515 eine Ausgabe der von Gherardo aus dem Arabischen gemachten lateinischen Uebersetzung, — und 1528 gab sodann der damals als Professor der Mathematik in Venedig lebende Neapolitaner Lucas Gauricus ebendaselbst die von Trapezuntius direct aus dem Griechischen erhaltene Uebersetzung mit einigen Verbesserungen heraus[8]). Das von Regiomontan besessene Original, das er ohne seinen frühen Tod ohne allen Zweifel selbst herausgegeben hätte, kam nachher an die Rathsbibliothek in Nürnberg, konnte dann aber von dem in Basel als Professor des neuen Testamentes lebenden und neben dem Griechischen auch in den mathematischen Fächern wohl bewanderten Simon Grynaeus von Vehringen[9]), der schon 1533 die erste Originalausgabe von Euklid besorgt hatte, 1538 ebenfalls daselbst zu einer ersten Originalausgabe benutzt werden, welcher auch mit Hülfe des damals in Nürnberg lehrenden Professor Joachim Liebhard oder Camerarius[10]) der Commentar von Theon bei-

[7]) Vergl. 30.

[8]) Gauricus wurde 1476 zu Neapel geboren, war erst Prof. der Mathematik in Bologna, Ferrara, Venedig und Rom, — dann Bischof von Civita Ducale in Neapel; zuletzt privatisirte er in Rom, wo er 1558 starb. — Nach andern Angaben erschien die Uebersetzung von Trapezuntius schon „Venet. 1525 in Fol.“, dann von Gauricus besorgt „Paris 1527 in Fol.“ und auch noch „Basileae 1551 in Fol.“

[9]) Im Jahre 1493 einem Bauer zu Vehringen in Hohenzollern geboren, stand er früher als Professor der alten Sprachen in Wien, Tübingen &c., — war mit Melanchthon sehr befreundet — und starb 1541 zu Basel an der Pest.

[10]) Liebhard, der als Nachkomme früherer Kämmerer des Bischofs von

gefügt wurde. — Später wurden noch wiederholt lateinische Ausgaben der ganzen Syntaxis oder einzelner Theile derselben mit und ohne Commentare veranstaltet. So gab z. B. Erasmus Flock von Nürnberg, ein Schüler von Schoner und Rhäticus und Nachfolger des Letztern in Wittenberg[11]), 1550 zu Nürnberg das Werk „In Ptolemaei magnam compositionem, quam Almagestam vocant, libri 13 conscripti a Jo. Regiomontano, in quibus universa doctrina de coelestibus motibus, magnitudinibus, eclipsibus etc. in epitomen reducta proponitur“ heraus, — J. B. Porta[12]) 1605 in Neapel „Ptolemaei magnae constructionis liber primus cum Theonis Alexandrini commentariis“ — etc. Nachdem sodann Jahrhunderte lang die Originalausgabe des Almagests durch Grynaeus die einzige geblieben war, unternahm der von dem seither so berühmt gewordenen Sedan stammende Abbe Nicolas Halma, Professor der Mathematik und Geographie in Paris, eine kritische, auf verschiedene Manuscripte gestützte neue Originalausgabe, unter Beigabe einer historischen Einleitung, einer französischen Uebersetzung und einer Reihe ihm von Delambre mitgetheilter Noten, welche 1813/6 zu Paris in 2 Quartbänden erschien. Nachher gab er auch ebendaselbst 1822/5 den Commentar von Theon zum Almagest nebst verschiedenen betreffenden Tafelwerken in drei, leider fast nicht mehr zu beschaffenden Quartanten heraus, — mehrerer anderer für die Geschichte der alten Astronomie wichtigen Schriften hier nicht einmal zu gedenken, welche man diesem fleißigen Manne schuldet[13]).

64. Einige andere Lehrbücher des Alterthums. Dem um 70 v. Chr. in Rom lebenden, wahrscheinlich von Rhodus gebürtigen Griechen Geminus verdankt man eine Art populärer

Bamberg den Namen Camerarius annahm, wurde 1500 zu Bamberg geboren, stand später als Prof. der alten Sprachen in Tübingen und Leipzig, und starb an letzterem Orte 1574. Er übersetzte auch Euklid, Aristoteles etc. ins Lateinische.

[11]) Flock war 1514 geboren, kehrte 1545 als Arzt nach Nürnberg zurück, und starb daselbst 1568.

[12]) Vergl. 113. [13]) Vergl. für ihn 287.

Astronomie, welche schon 1590 zu Altorf durch Edo Hildericus[1]) unter dem Titel „Elementa astronomiae" herausgegeben, dann wieder von Petavius seinem mehrerwähnten „Uranologion" einverleibt und noch 1819 von Halma im Anschlusse an Ptolemäus veröffentlicht wurde. Es darf dies Werk als eine für die Zwischenzeit zwischen Hipparch und Ptolemäus ganz tüchtige Leistung bezeichnet werden, die z. B. die Sonnentheorie des Erstern ganz gut darstellt, und auch manche historisch interessante und im Vorhergehenden bereits benutzte Notiz enthält[2]). Bemerkenswerth ist ferner für die damalige Zeit sein Ausspruch, daß nicht anzunehmen sei, es liegen alle Fixsterne an Einer Sphäre, obschon unser Gesichtssinn die verschiedenen Distanzen nicht unterscheiden könne, — und ebenso anerkennenswerth ist es, daß er sich entschieden gegen die damals immer mehr überhandnehmenden astrologischen Lehren ausspricht, so z. B. den Grund der Sommerhitze nicht im Sirius, sondern im Stande der Sonne sucht. — Eine ähnliche, für gegenwärtige Geschichte schon wiederholt benutzte Schrift verfaßte der uns bereits bekannte Kleomedes[3]). Sie wurde schon 1539 unter dem Titel „Cyclica consideratio meteorum" von Conrad Neobarius zu Paris in der Ursprache, dann 1547 zu Basel unter dem Titel „De mundo" durch M. Hopperus griechisch und lateinisch, 1605 zu Bordeaux durch Rob. Balforeus in lateinischer Uebersetzung und mit einem Commentar, u. s. f. herausgegeben, und ist besonders dadurch werthvoll, daß in ihr manche Arbeiten und Ansichten von Posidonius erhalten worden sind. Ob die darin enthaltene, für damalige Zeit höchst bemerkenswerthe Ansicht, daß die Erde von der Sonne aus gesehen nur einen Punkt darstelle und von den Fixsternen aus, selbst wenn sie mit eigenem Lichte leuchten würde,

---

[1]) Hildericus wurde 1533 zu Jever in Ostfriesland geboren, stand erst als Prof. der Mathematik in Jena und Wittenberg, und dann von 1578 bis zu seinem 1599 erfolgten Tode als Prof. des Alten Testamentes in Heidelberg und Altorf. [2]) Vergl. z. B. 34.

[3]) Vergl. 44.

gar nicht mehr gesehen werden könnte, von Letzterem oder von Kleomedes herrührt, mag unentschieden bleiben. — Anhangsweise mögen noch einige Ausgaben und Uebersetzungen früher erwähnter Schriften angeführt werden: Das Lehrgedicht von Aratus wurde vielfach übersetzt und sehr häufig commentirt; so schrieb z. B. Achilles Tatius oder Statius, der nach den Einen um 300 vor, nach den Andern um 300 nach Chr. lebte, eine „Isagoge in Arati phaenomena", die aber ziemlich unbedeutend sein soll. Nach Erfindung der Buchdruckerkunst wurde es vielfach aufgelegt, so schon 1499, gleichzeitig mit den Schriften von Manilius, Firmicus etc. zu Venedig, dann wieder 1523 zu Basel durch Jakob Wiesendanger, genannt Ceporinus*), unter Beifügung von Scholien, u. s. f. Als eine der besten Originalausgaben gilt diejenige, welche Buhle 1793 bis 1801 zu Heidelberg unter Beigabe lateinischer Uebersetzung in zwei Octavbänden gab. Eine deutsche Uebersetzung in Versen gab Voß 1824 zu Heidelberg heraus. — Das Lehrgedicht von Manilius gab zuerst Regiomontan s. a. et l. (wahrscheinlich aber 1472) heraus, am Schlusse beifügend: „Ex officinâ Joannis de Regiomonte habitantis in Nurembergâ". Eine französische Uebersetzung hatte man 1786 Pingre zu verdanken. — Hyginus erschien schon 1488, durch Erhard Ratdolt aufgelegt, zu Venedig und später noch sehr häufig, sogar schon 1491 zu Augsburg in deutscher Uebersetzung, welche die Bibliothek in Pulkowa besitzt. — Von Eratosthenes „Catasterismi", die schon J. Fell 1672 zu Oxford einer Ausgabe von Aratus angehängt hatte, gab Schaubach 1795 zu Göttingen eine gute Ausgabe; ob dieselben aber wirklich von Eratosthenes geschrieben sind, ist, wie schon erwähnt, unsicher. — Die Schrift „Sphaericorum libri tres" des Theodosius gab

*) Ceporinus wurde 1499 zu Dynhard im Canton Zürich einem Ziegelbrenner geboren und erst im 18. Jahre von dem dortigen Pfarrer etwas unterrichtet; dann aber machte er in Wien, Ingolstadt ꝛc. in Sprachen und Mathematik rasche Fortschritte, wurde von Cratander in Basel mit Herausgabe griechischer Autoren betraut, endlich 1525 von Zwingli als Prof. der alten Sprachen nach Zürich berufen, wo er noch im gleichen Jahre allgemein betrauert starb.

J. Pena 1558 zu Paris griechisch und lateinisch heraus, und seither folgten noch verschiedene Ausgaben und Besprechungen, von denen z. B. „Nokk, Ueber die Sphärik des Theodosius. Carlsruh 1847 in 8." erwähnt werden mag; seine Schrift „De diebus et noctibus" legte ebenfalls griechisch und lateinisch Conrad Dasypodius 1572 zu Straßburg auf, und seine Schrift „De habitationibus" endlich F. Maurolycus zu Messina 1558 in lateinischer Uebersetzung. — Die von Julius Firmicus Maternus, der aus Sicilien gebürtig war, um 350 unter den Nachfolgern Constantin des Großen lebte und zum Christenthum überging, geschriebenen „Astronomicarum libri octo" sind nach Delambre fast ganz astrologischen Inhalts; sonst theilt Letzterer nichts daraus mit, sondern sagt: „Je ne veux point communiquer à mes lecteurs l'ennui que m'a causé cet ouvrage". Sie erschienen, wie bereits erwähnt, schon 1499 zu Venedig, — dann, was für sie charakteristisch ist, gemeinsam mit den astrologischen Schriften des Ptolemäus, Almansor ꝛc. 1533 zu Basel, — und noch später wiederholt.

65. **Die Schriften der Araber.** Nachdem die Araber in früher erzählter Weise in die vor ihrer Zeit vorhandenen astronomischen Kenntnisse eingeführt worden waren, beschränkten sie sich, wie ebenfalls aus dem Vorhergehenden deutlich folgt, durchaus nicht, wie Manche früher glauben machen wollten, auf ein bloßes sklavisches Nachbeten ihrer Lehrmeister, sondern sie gelangten bald zu einer gewissen Selbstständigkeit, die sich sodann auch in ihrer Literatur geltend machte. So entstanden kurz nach Uebersetzung des Almagest die beiden Werke, welche Melanchthon 1537 zu Nürnberg aus dem Nachlasse Regiomontan's unter dem Titel „Alfragani rudimenta astronomiae et Albategnii liber de motu stellarum, ex observationibus tum propriis tum Ptolemaei; cum Jo. de Regiomonte oratione introductoria, demonstrationibus geometricis et additionibus" herausgab, und die, wenn ihnen auch nothwendig der Almagest zu Grunde liegt, doch durchaus nichts weniger als bloße Auszüge aus demselben

sind. Das Buch von Albategnius ist bereits bei früherer Gelegenheit[1]) besprochen worden; dagegen mögen über dasjenige von Alfragan oder Al-Fergani, welches 1590 von Jakob Christmann[2]) zu Frankfurt neuerdings, unter Beigabe vieler Noten und Benutzung einer hebräischen Uebersetzung, herausgegeben und noch 1669 aus dem Nachlasse von Jakob Golius[3]) zu Amsterdam arabisch und lateinisch aufgelegt wurde, einige Worte beigefügt werden: Es erweist, daß sein Verfasser ein äußerst fleißiger und vielbelesener Mann war, der die Rechnungsvorschriften seiner Vorgänger zu verbessern suchte, wenn er auch vielleicht sonst nicht viel Eigenes beifügte; die Instrumente der damaligen Zeit, welche unter Anderm bis auf 10′ abgetheilte Kreise hatten, werden gut beschrieben, und eine Reihe von Beobachtungen mitgetheilt, unter welchen z. B. eine vom Verfasser selbst 812 zu Racca beobachtete Sonnenfinsterniß namhaft gemacht werden mag; verschiedene irrige und sich zum Theil widersprechende Angaben dürften wohl eher den Abschreibern, als ihm zur Last fallen. — Der bereits mehrfach erwähnte, aber leider noch nie herausgegebene „Almagest" von Abul-Wefa ist ebenfalls nichts weniger als ein ohne Verständniß gemachter Auszug aus dem den gleichen Titel führenden griechischen Werke, wozu ihn Manche, und so noch Biot und Bertrand, stempeln wollten, sondern er ist nach den gründlichen Untersuchungen von Sedillot ein eigentliches Originalwerk[4]), dessen ganze Anlage und Gliederung von der durch Ptolemäus befolgten total verschieden ist: In einer ersten Abtheilung

---

[1]) Vergl. 25.

[2]) Christmann wurde 1554 zu Johannisberg geboren, und verstarb 1613 als Prof. der Logik in Heidelberg.

[3]) Golius wurde 1596 zu Haag geboren, besuchte als Begleiter eines holländischen Gesandten Marokko, Kleinasien und Syrien, und starb 1667 als Prof. des Arabischen zu Leyden.

[4]) Vergl. Sedillot's Mittheilungen im Jahrgange 1875 von Boncompagni's Bulletino, — auch Delambre's Histoire de l'Astronomie du moyen-âge, wo ganz besonders die in 36 besprochenen Verdienste Abul-Wefa's um die Trigonometrie hervorgehoben werden.

setzt Abul-Wefa, nachdem er einige Vorkenntnisse und namentlich die sphärische Trigonometrie entwickelt hat, die Bewegungen der Gestirne und ihre Gesetze auseinander; in der zweiten Abtheilung tritt er auf die Beweise für die Richtigkeit des Systems ein, und in der dritten endlich theilt er die Beobachtungen mit, auf welche er sich in den frühern Abtheilungen stützte. — Das schon wiederholt benutzte und besprochene Buch von Aboul Hhassan endlich[5]), das nach Sedillot eigentlich den Titel „Collections des commencements et des fins" führt, ist ebenfalls durchaus ein Originalwerk, das man als ersten Versuch einer praktischen Astronomie und einer Sammlung astronomischer Hülfstafeln bezeichnen könnte. — Anhangsweise mag noch erwähnt werden, daß auch der sonst mehr als Astrolog bekannte Araber Abu-Maaschar Giafar ben Mohamed, genannt Albumasar, der von 805 bis 885 lebte, ein „Introductorium ad astronomiam" schrieb, das 1488 zu Augsburg aufgelegt wurde. Sein bei Al Mamun sehr angesehener Zeitgenosse, der berühmte und fruchtbare Schriftsteller Jakob Ebn Ischak Alchindi oder Alkhendi, scheint dagegen in Beziehung auf Astronomie nur einige Specialschriften „De planisphaeriis et armillis, — De parallactibus, — De maris aestu, — etc." hinterlassen zu haben[6]).

66. Die Libros del Saber. Die nach dem Wunsche der Madrider Akademie 1863—67 auf Staatskosten durch Don Manuel Rico y Sinobas in fünf Foliobänden zum ersten Male herausgegebenen „Libros del Saber de Astronomia del Rey D. Alfonso X de Castilla" sind nicht, wie man früher glaubte, eine einfache Uebersetzung oder Bearbeitung des Almagest, sondern bilden einen, mehr oder weniger selbstständigen, durch die von Alfons versammelten und inspirirten Gelehrten[1]) nicht nur nach seinem Auftrage, sondern auch mit seiner Hülfe bearbeiteten Codex des astronomischen Wissens

---

[5]) Vergl. 26, 42, 44, 62 rc.

[6]) Vergl. für ihn z. B. Lakemacher, Dissertatio de Alkendi. Helmst. 1719 in 4."

[1]) Vergl. 28.

im 13. Jahrhundert, von welchem allerdings vieles durch Uebersetzung und Compilation entstand, aber auch manches von eigenen Studien zeugt. Der erste Band enthält, außer einem einläßlichen Berichte des Herausgebers, zunächst eine etwas astrologische Färbung zeigende Beschreibung der 48 griechischen Sternbilder, und zwar so, daß je den allgemeinen Angaben über ein Sternbild noch eine Tafel folgt, welche in einem innern Kreise die Figur desselben und die ihr zugetheilten Sterne zeigt, wobei Letztere durch kleine Kreise dargestellt sind, deren Größe nach der scheinbaren Größe der Sterne etwas variirt; von dem innern Kreise laufen sodann fächerförmig ebensoviele Rubriken aus, als Sterne vorkommen, und enthalten die Angaben über ihre Größe, ihre Lage im Bilde, ihre Länge und Breite, ihre Natur ꝛc. Von 14 ausgewählten Sternen, die in Toledo selbst sorgfältig beobachtet worden sein sollen, wird dann noch in einer Extratafel für die Epoche 1260 Länge und Breite gegeben; ferner werden die Sterne noch besonders zusammengestellt, welche sich zum Eintragen in ein Planisphärium eignen, — auch 46 Sterne und 5 Nebel oder Sternhaufen (estrellas nublosas et cárdenas)*) besonders aufgezählt, welche bei Ptolemäus nicht vorkommen. Den Schluß des ersten Bandes bildet eine Anleitung zur Construction eines Himmelsglobus und zur Benutzung desselben zur Lösung einzelner Aufgaben, wie z. B. der Bestimmung der Tageslänge, der Zeit des Aufganges eines Gestirns ꝛc. Auch die für das Eintreten einer Finsterniß bestehenden Bedingungen werden kurz angedeutet. — Der zweite Band wird durch einläßliche Beschreibung von Construction und Gebrauch der Armillen und zweier Astrolabien, unter Beigabe vieler, großer und zum Theil illuminirter Abbildungen, ausgefüllt. Die Armillen kommen im wesentlichen mit den früher beschriebenen Armillen und Astrolabien überein — das Eine der Astrolabien, das „Astrolabio uano", mit dem ebenfalls einläßlich behandelten Planisphärium, und auch die Gebrauchsanweisungen für Bestimmung der Sterncoordinaten, der geographischen Breite ꝛc. haben

*) In Perseus, Andromeda, Krebs, Schütze und Orion.

kaum etwas Eigenthümliches von Bedeutung. Originell ist dagegen das, wie es scheint, durch den Mechaniker Abucach Arzaquiel von Toledo, welcher auch die übrigen Instrumente für Alfons construirte, ausgedachte „Astrolabio redondo", das gewissermassen einen Uebergang zwischen Astrolabium und Planisphärium bildet; da es jedoch höchstens dieselbe Leistungsfähigkeit hatte und ohne Weitläufigkeit und Abbildung kaum vorzuführen wäre, so abstrahire ich davon über dasselbe näher einzutreten. — Der dritte Band theilt unter den Namen „Lamina universal" und „Acafeha" einige Hülfsnetze ähnlicher Art mit, wie sich solche bei manchen Planisphärien auf oder unter dem Dorsum angebracht finden, — theils einige Höhenquadranten, von denen die Einen nur mit gewöhnlichen Kreistheilungen, die Andern aber auch noch mit ähnlichen Hülfstheilungen zur directen Ablesung der Zeit aus Einstellung auf die Sonne versehen sind, wie solche schon früher nach Sacrobosco beschrieben wurden[3]), — theils endlich eine Reihe von Scheibeninstrumenten, welche die Planetentafeln in entsprechender Weise ersetzen sollten, wie wir dieß später in noch künstlicherer Weise bei Apian finden werden[4]). Merkwürdig ist bei Letzterem, daß, während im allgemeinen ganz in Ptolemäischem Sinne nur Kreise zur Verwendung kommen, auf pag. 282 eine elliptische Merkursbahn erscheint, deren Axen 82 und 67 mm. halten[5]), und wenn es auch etwas gewagt erscheint in dieser Ellipse, deren Mittelpunkt das Zeichen der Sonne zeigt, einen Vorläufer der Kepler'schen Ellipsen sehen zu wollen, so documentirt sie dagegen, wie Mädler richtig hervorhebt, „daß man schon früh die Unmöglichkeit eingesehen hat, mit dem excentrischen Kreise in allen Fällen auszureichen. — Der vierte Band handelt in seinem ersten Theile von verschiedenen Sonnen- und Wasser-Uhren, welche jedoch gegenüber denjenigen der Araber kaum einen Fortschritt constatiren; dann folgen noch einige Versuche: Quecksilber, Kerzen rc. zur Construction von Uhren zu verwenden, bei denen zwar zur Hülfe

---

[3]) Vergl. 24. [4]) Vergl. 85.

[5]) Es würde dieß der Excentricität 0,58 entsprechen.

einige Räder und Gewichte zur Anwendung kommen, aber durchaus nicht in einer Weise, daß darin ein Anklang an die modernen Uhren gefunden werden könnte, sondern eher ein Beweis, daß Alfons und seine Umgebung von solchen, wenn sie je damals schon in ihren ersten Anfängen vorhanden waren[6]), noch nichts gehört hatten. Der zweite Theil gibt sodann zum Schlusse eine Einleitung zu den schon früher erwähnten Alfonsini'schen Tafeln[7]) und einen Auszug aus denselben. — Der fünfte Band endlich enthält die dem Herausgeber des Ganzen nothwendig erschienenen Nachweise und Erläuterungen und schließt damit in verdankenswerther Weise die ebenso große als verdienstliche Arbeit ab, diese merkwürdige und bis jetzt fast unbekannte Sammlung weitern Kreisen zugänglich zu machen.

67. Die Sphaera mundi. Als im 12. und 13. Jahrhundert die Wissenschaften auch außerhalb der Klostermauern nach und nach etwas Boden gewannen, waren immerhin noch lange kaum einzelne Wenige im Stande, die gelehrten Schriften der Griechen und Araber, die sich allerdings damals in Abschriften und Uebersetzungen zu verbreiten begannen, mit Verständniß zu lesen, und so war es z. B. für Verbreitung der allereinfachsten astronomischen Begriffe absolut nothwendig, ein möglichst faßliches und den Anforderungen der damaligen Zeit entsprechendes Compendium zu erstellen. Dieses Verdienst erwarb sich nun in vollem Maße der aus Holiwood oder Halifax stammende, etwa 1256 als Professor der Mathematik zu Paris verstorbene Joannes de Sacrobosco, indem er aus Ptolemäus, Alfragan ꝛc. unter dem Titel „Sphaera mundi" einen Lehrbegriff der sphärischen Astronomie zusammenstellte, der allerdings seinem Inhalte nach wenig Bedeutung hat, aber zur Zeit viel Nutzen stiftete und für die Geschichte der Wissenschaft dadurch von großem Interesse ist, daß er Jahrhunderte lang als classisch betrachtet, in allen Schulen gelesen und vielfach commentirt wurde. Schon Pierre d'Ailly schrieb „Quaestiones in sphaeram mundi Jo. de Sacrobosco", die nachmals 1508

[6]) Vergl. 41. [7]) Vergl. 28.

zu Paris aufgelegt wurden, und Cecco d'Ascoli einen „Commentarius in Sphaeram Jo. de Sacrobosco", der schon 1485 zu Basel im Drucke erschien. Die „Sphaera mundi" war auch eines der ersten astronomischen Werke, welche durch die Presse vervielfältigt wurden, indem sie Andreas Gallus schon 1472 zu Ferrara zum Drucke besorgte. Von den zahlreichen folgenden, fast ausnahmslos immer wieder neu commentirten Ausgaben, die bis zum Ende des 17. Jahrhunderts auf 59 auflaufen sollen, und von denen allerdings Viele dadurch entstanden, daß schreibelustige Autoren ihren Kohl unter der altberühmten Firma von Sacrobosco leichter abzusetzen hofften als unter ihrem eigenen Namen, mag z. B. diejenige erwähnt werden, welche Erasmus Reinhold noch 1543, also im gleichen Jahre, wo das ihm schon bekannte berühmte Werk von Copernicus erschien, und von da ab noch oft zu Wittenberg gab, noch eine zweite Schrift von Sacrobosco, seinen schon 1538 von Rhäticus zum Drucke vorbereiteten „Computus ecclessiasticus" beifügend, sowie einen Commentar, — ferner diejenige, welche noch 1570 Christoph Clavius mit einem dickleibigen Commentar zu Rom herausgab. — Auch übersetzt wurde die „Sphaera mundi" mehrfach: So machte Pietro Vincenzo Rainaldi von Perugia, ein 1512 in hohem Alter verstorbener Mathematiker und Baumeister, der als Dichter scherzweise Dante genannt wurde, und dann diesen Namen für sich und seine Nachkommen adoptirte, eine mit Anmerkungen versehene italienische Uebersetzung, welche später 1571 zu Florenz unter dem Titel „La sfera di Messer Giov. Sacrobosco tradotta, emendata e distinta in capitoli con molte utili annotazioni" erschien. Eine deutsche, zum Theil in Verse gebrachte, und schon sprachlich nicht uninteressante Uebersetzung machte der Nürnberger Conrad Heynfogel, und gab sie 1516 zu Nürnberg unter dem Titel „Sphaera materialis" heraus[1]). — Mit solchem Erfolge

[1]) Für Heynfogel auf 138 verweisend, mögen noch einige charakteristische Einzelnheiten aus seiner „Sphaera materialis" beigebracht werden, — so voraus seine

ein „schlechtes“ Buch geschrieben zu haben*), kann man sich wohl gefallen lassen, und **Melanchthon**, der schon 1531 eine Ausgabe desselben veranstaltet hatte und dasselbe somit gut kannte, hatte ganz recht zu sagen: „Da dies Buch schon Jahrhunderte hindurch in allen Schulen, bei der größten Verschiedenheit der Ansprüche, günstige Beurtheiler gefunden hat, so muß die Auswahl des Lehrstoffes sehr zweckmäßig sein; denn nach

Vorred	Nachred
„Seytmal das man zu diser zeyt	„Fleyssiger leser nym von mir
Vil theutscher kunst zu trucken geyt	Das büchlein welches ich trewlich dir
Die lernen ist des himels lauff	Mit allem flyeß hab zu gericht
Und niemant doch die maynung drauff	Hans Sacrobusco hats gedicht
Nach rechten grundt nit mag gehan	Vor langen zeytten in latein
Wer nit das buch heyst Sphera kann	Nun hab ich selbs gesehen drein
In solcher kunst das fundament	Und ursach vil die mich bewegt
Da wie ein yetzlichs Element	Hab ichs zum theutschen außgelegt
Misampt der höchsten region	Das hab ich den zu lieb gethan
In form und in proportion	Die kein latein gelernet han
Von got so hübsch verordnet sindt	Und doch des büchleins kunst begern
Auf zehen Circkel ich do findt	Will ich mit diser gab verern
In den am nächsten leyt die kunst	Den schenk ich das zu dieser zeyt
Das hat durch ewer lieb und gunst	Wan mir das glück sein augen geyt
Magister Conradt wol betracht	So schreyb ich jn villeycht noch meer
Und dises buch zu theutsch gemacht	Dabey wil ich sie pitten seer
Das jr der Zaychen zwelff dest ee	Das sie mein buch mit fleyß gemacht
Wie yetzlichs auff und nieder gee	Ob es vom klaffer wurdt veracht
Und der Planetten nemet war	Zu trewen handen nemmet dar
Schenkt er euch das zum gutten Jar.“	Wunsch ich darfur vil gutter Jar.“

In der Schrift selbst gibt sich Heynfogel große Mühe die termi technici des Originals ins Deutsche überzutragen; so hat er für Equator **Ebenrechter**, für Meridian **Mittentagerkreyß**, für Ekliptik **Zeychentrager** rc., und ganz eigenthümlich ist es, wie er sich die Bedeutung der Coluren, die er **Waldt-Ochssen-Kreyß** nennt, zurechtlegt: „Zwen ander große kreiß seind an der himmel rundem, die heyssen Coluri, das ist, die waldt ochsen zegel, Und der dasigen ampt ist, das sie unterscheyden die Sonnwenden, und die Ebennechte Und heyssen darumb die waldt ochsen zegel, wann als der waldt ochs seinen zagel stertzet, so macht er einen halben kreis, und keinen volkomen, Also dise hymel kreis seind unns alle zeyt allein halb ansichtig, und das ander halb teyl verborgen.“

*) Es war eben ein **gutes** Buch für eine **schlechte** Zeit. Man muß sich wohl hüten eine solche Leistung beurtheilen zu wollen, ohne sich in die gleichzeitig bestehenden Verhältnisse hineinzudenken.

der Erfahrung sind nur wenig Schulbücher so lange im Gebrauch als dies, da man hiefür gewöhnlich die schärfste Kritik anwendet."

68. Die Theoricae planetarum. Während sich Sacrobosco in seinem Compendium auf die Kugelkreise und die tägliche Bewegung beschränkte, ja schon die Finsternisse nur beiläufig berührte, so behandelte dagegen Purbach in seiner den Titel „Theoricae planetarum" führenden Schrift gerade vorzugsweise das Hauptstück der griechischen Astronomie, die Planetentheorien. Ueberhaupt ist dieses zweite Lehrmittel des Abendlandes für eine etwas höhere Stufe berechnet, und bildete so auch wirklich bis zum Aufgeben des ptolemäischen Weltsystems die fast ausschließliche Grundlage für den astronomischen Unterricht an hohen Schulen. Sie wurden zuerst etwa 1472 durch Regiomontan zu Nürnberg auf eigenen Pressen aufgelegt[1]), und sodann später, meist unter Beigabe von Commentaren, welche sie in der That als bloße Sammlung von Lehrsätzen und Consequenzen sehr nöthig hatten, noch häufig herausgegeben, so z. B. 1525 zu Paris durch Orontius Finäus, 1528 zu Ingolstadt durch Peter Apian, 1535 zu Wittenberg durch Philipp Melanchthon, 1542 ebendaselbst durch Erasmus Reinhold, 1556 zu Basel theils durch Oswald Schreckenfuchs, theils unter Beigabe betreffender „Quaestiones" durch Christian Wursteisen, 1573 zu Coimbra von Pedro Nunnez 2c. Es ist dabei ganz interessant, wie z. B. bei Reinhold[2]) und Wursteisen[3]), welche als öffentliche Lehrer noch auf das ptolemäische System verpflichtet, dagegen privatim Anhänger der neuen Lehre waren, sich der Kampf zwischen Pflicht und Ueberzeugung in einzelnen Aeußerungen geltend macht. — Als untergeordnetes Verdienst von Purbach ist schließlich zu erwähnen, daß er in dieser

[1]) Diese erste Ausgabe ist sehr selten; Pulkowa besitzt ein Exemplar.

[2]) Vergl. für ihn 77.

[3]) Christian Wursteisen von Basel (1544—1588) war erst Schüler und dann Nachfolger des dortigen Professors der Mathematik Johannes Acronius aus Friesland (1520—1564); später beschäftigte er sich vielfach mit seiner Heimathsgeschichte, und starb als Stadtschreiber von Basel. Vergl. für ihn Bd. 2 meiner Biographien.

Schrift die längere Zeit auseinandergehenden Ansichten der Physiker und Astronomen zu versöhnen suchte: Während sich Erstere nach dem Vorgange von Aristoteles[4]) nicht vorstellen konnten, daß die Gestirne frei durch die Himmelsräume schweben, sondern annahmen, die Himmelskreise seien an festen Krystall-Sphären haftend, die einander berühren, und so durch Contactwirkung den Eindruck der Bewegung des Primum mobile empfangen und bis zum Monde herab fortpflanzen, — fanden Letztere, wie namentlich Hipparch und Ptolemäus die Annahme solider Sphären mit der von ihnen erkannten Veränderlichkeit der Entfernungen der Planeten von der Erde nicht verträglich, ließen sie fallen und bildeten ihre Epicykeltheorie bloß geometrisch aus, ohne sich darum zu bekümmern, welcher mechanischen Mittel sich die Natur bediene, was nun wieder den Physikern nicht munden wollte. Purbach hatte nun die gloriose Idee, die dem Mittelpunkte der Welt entsprechenden sog. homocentrischen Sphären der Physiker so weit auszuhölen, daß in der Hölung die einem andern Centrum entsprechenden excentrischen Kreise der Astronomen sammt den Epicykeln Platz finden konnten, und diese Idee fand in jenen Zeiten sodann wirklich großen Anklang.

69.. **Einige andere Lehrbücher des Abendlandes.** Da das Abendland nach Einzug der Wissenschaften in dasselbe sich vor allem auf die von den frühern Culturvölkern bereits erreichte Stufe hinaufarbeiten mußte, so wurde, wie wir bereits gesehen haben, die beste Kraft erst für Uebersetzung und Studium, sodann für Commentirung und Herausgabe der alten Schriftsteller in Anspruch genommen, und wenn noch etwa Versuche gemacht wurden, in etwas selbstständigerer Weise vorzugehen, so geschah es doch immer im engsten Anschlusse an Jene, ja großentheils mit der ausgesprochenen Absicht in sie einzuleiten. So enthalten die von Guido Bonatti[1]) geschriebenen Werke, das nachmals zu Augsburg 1491 publicirte „Liber astronomicus“ und die „Decem

[4]) Vergl. 18.

[1]) Vergl. für ihn 29.

tractatus astronomiae", die 1506 zu Venedig erschienen, meistens nur Auszüge aus arabischen Schriftstellern. So schließt sich das 1528 zu Paris unter dem Titel „La théorique des cielz mouvemēs et termes pratiques des sept planetes, nouvellement et très clairement redigée en language frãçois" in Folio erschienene äußerst seltene Werk, das muthmaßlich das erste in dieser Sprache aufgelegte war, obschon es von Purbach's „Theoricae planetarum" durchaus differirt, doch ganz an die Syntaxis an [2]). Leider ist der Verfasser unbekannt. — Ja auch die Werke, welche in der ersten Zeit nach Veröffentlichung des klassischen Buches von Copernicus erschienen, stehen, obschon sie bereits etwas mehr Selbstständigkeit zeigen, doch noch ganz auf diesem Boden, und es mögen so hier nur zwei der vorzüglichsten derselben Erwähnung finden: Einerseits gab der 1508 zu Siena geborne und 1578 als Coadjutor des dortigen Erzbischofs verstorbene Alessandro Piccolomini 1540 zu Venedig einen Quartband betitelt „Della sfera del mondo libri IV" mit einem Anhange „De le stelle fisse" heraus, der verschiedene Auflagen erhielt [3]). Dieses Buch basirt zunächst natürlich auf Ptolemäus, — nebenbei auf Aristoteles, Alfragan ꝛc.; gegenüber der Schrift von Sacrobosco hat es den Vorzug größerer Ausführlichkeit und Anschaulichkeit, und zeigt das Bestreben auf den Grund der Erscheinungen zurückzugehen; doch vermißt man die streng mathematische Methode des Almagest und die Beibringung eigener Forschungen. Das weitaus Verdienstlichste ist der Anhang, der jedoch besser erst später besprochen werden wird [4]). — Anderseits gab der durch

[2]) Nach dem von Libri 1861 zu London ausgegebenen Auctionscataloge eines Theiles seiner Bibliothek.

[3]) Es werden solche von 1552, 1561 und 1595 citirt, und ich selbst besitze eine von 1579. Ferner wurde dasselbe durch Joh. Nicolaus Stupanus von Pontresina in Bündten (1542 geboren; 1558 Universität Basel bezogen; 1571 Professor der Philosophie daselbst, 1589 Prof. der Medicin; 1621 gestorben) in lateinischer Uebersetzung und interpretirt 1568 zu Basel herausgegeben, und von dieser Uebersetzung 1573 zu Venedig ein Nachdruck veranstaltet. Eine von Jac. Goupyl gemachte franz. Uebers. soll Paris 1550 erschienen sein. [4]) Vergl. 138.

seine Schrift „De republica Helvetiorum“ weit bekannte, 1530 bis 1576 zu Zürich lebende Josias Simmler, der Conrad Geßner oft als Lector zu vertreten hatte, als Grundlage für seinen astronomischen Unterricht 1559 zu Zürich eine kleine Schrift „De principiis astronomiae libri duo“ heraus, welche zwar, wie es damals noch auf allen Schulen geschehen mußte, noch vollständig auf dem Ptolemäischen Lehrbegriffe basirte, aber sonst ganz gut gehalten war. Er behandelt darin, entsprechend den zwei ersten Büchern des Almagest, die Elemente der spärischen Astronomie klar und in logischer Folge; man sieht, daß er historische Kenntnisse besitzt und in den Schriften der Alten bewandert ist. Er empfiehlt die Benutzung der Armillarsphäre, welche Jakob Ziegler in seinem Commentar zu Plinius beschrieben habe. Bemerkenswerth ist, daß Simmler, obwohl er Copernicus bei verschiedenen Anlässen erwähnt, doch nie von dessen neuem Systeme spricht, sondern vielmehr in der Einleitung andeutet, daß er „die aus der Physik entlehnten Principien und Hypothesen (Stellung der Erde im Centrum der Welt, Unbeweglichkeit derselben &c.) als unumstößlich betrachte, auf eine Discussion derselben, als nicht zum Gegenstand der Astronomie gehörend, sich aber nicht einlassen wolle.“ Endlich ist anzuerkennen, daß er sich entschieden gegen die sog. Astrologie erklärt.

70. Die Sammlungen von Pappus, Seneca und Plinius. Von den mathematischen Sammlungen des Pappos, der um 390 n. Chr. in Alexandrien lebte, gab der Arzt Federigo Commandino 1588 zu Urbino unter dem Titel „Collectionum mathematicarum libri VI“ eine Ausgabe, welche sodann 1660 zu Bologna neu aufgelegt wurde: Sie umfaßt Buch 3—8, jedoch sind 3, 5 und 7 unvollständig; der Inhalt ist, mit Ausnahme des 8. Buches, in welchem die einfachen Maschinen behandelt sind, fast ausschließlich geometrisch, — doch ist manches, und so besonders ein großer Theil des 6. Buches für die Geschichte der Entwicklung der Trigonometrie und Sphärik, und dadurch auch für die Geschichte der Astronomie nicht ohne Interesse. Von den ganz verloren geglaubten zwei ersten Büchern, die arithmetischen Inhalts waren, fand Wallis ein Fragment des zweiten auf, das er 1688 publicirte und sodann auch in den 3. Band seiner Werke aufnahm; die Einleitung zum 7. Buche gab Halley 1706 in Verbinduug mit „Apollonius, De sectione rationis" heraus; endlich soll die nach Libri 1824 zu Paris durch H. S. Eisenmann veranstaltete Originalausgabe in griechischer Sprache, welche Libri als „privately printed and scarce" bezeichnet, auch den zweiten Theil des 5. Buches geben. Von einer neuen, durch Friedrich Hultsch zu Berlin besorgten Originalausgabe mit beigegebener lateinischer Uebersetzung erschien 1875 „Vol. I, insunt librorum II, III, IV, V reliquiae". — Als römischer Sammler ist zunächst der schon wiederholt citirte, im ersten Jahrhundert unsrer Zeitrechnung lebende, aus Corduba gebürtige Lucius Annaeus Seneca zu erwähnen, der erst Lehrer und Günstling von Nero war, dann von ihm zum Tode verurtheilt wurde, sich aber durch seine Schrift „Naturalium quaestionum libri VII" ein bleibendes Andenken gesichert hat[1]). Ferner der etwas jüngere, von Como oder Verona gebürtige römische Rechtsgelehrte Cajus Secundus Plinius der Aeltere, der sowohl durch seinen 79 VIII 25 bei demselben Ausbruche, der Herculanum und Pompeji verschüttete, in Folge seiner Wißbegierde erlittenen Tod, als durch sein berühmtes, wenn auch wenig Kritik verrathendes, doch sehr reichhaltiges und auch hier wiederholt benutztes Sammelwerk „Historia naturalis libri XXXVII", von dem schon 1481 zu Parma eine Ausgabe erschien und sodann z. B. 1771/82 zu Paris eine Ausgabe in 12 Quartbänden veranstaltet wurde, allgemein bekannt ist. — Anhangsweise mag noch der ungefähr derselben Zeit angehörende in Spanien lebende Pomponius Mela angeführt werden, dessen „De orbis situ libri tres" schon 1518 zu Wien, dann 1522 zu Basel und noch 1530 zu Paris Joachim Badian[2])

[1]) Sie erschien theils mit seinen gesammelten Werken (z. B. Biponti 1782 4. Vol. in 8.; deutsch: Stuttgart 1828 u. f.), theils einzeln (z. B. durch Fickert: Lipsiae 1845 in 8.)

[2]) Der 1484—1551 lebende Joachim von Watt oder Badian von St.

in der Ursprache, 1774 Diez zu Gießen aber in deutscher Uebersetzung herausgab, — und ebenso der im letzten Jahrhundert vor unsrer Zeitrechnung weitgereiste Kappadocier Strabo, von dessen auch manche physikalisch-astronomische Notizen enthaltender „Geographie“ schon Wilhelm Holtzmann oder Xylander[3]) 1571 zu Basel eine erste Ausgabe und noch neuerlich, nämlich 1831—34, Groskurd zu Berlin eine deutsche Uebersetzung herausgab, — endlich der unter Kaiser Augustus zu Rom lebende Baumeister Marcus Vitruvius Pollo, dessen z. B. von J. G. Schneider 1808 zu Leipzig herausgegebene 10 Bücher „De architectura“ eine Menge die Astronomie berührender Nachrichten enthalten.

71. Die Encyklopädien. Ueber die Bedeutung der älteren encyclopädischen Werke auf das früher Gesagte verweisend[1]), mögen hier nur noch einige speciellere, sich namentlich auf ihre Drucklegung beziehende Notizen folgen: Die „Opera“ von Albertus Magnus gab Petrus Jammy 1651 zu Leyden in 21 Folianten heraus, — das „Opus majus“ von Baco Jebb 1733 zu London. — Von Beauvais „Quadruple miroir“ erschien Straßburg 1473 eine Ausgabe in 7 Foliobänden, — von Latini's „Trésor“ eine erste Ausgabe Tréviso 1474, eine zweite Vinegia 1533, — von Cecco d'Ascoli's „Acerba vita“ eine erste Ausgabe Venetia 1476, welcher bis in den Anfang des folgenden Jahrhunderts andere folgten, an welche sich dann noch 1820 eine von Andreola in Venedig besorgte vorzügliche Ausgabe angeschlossen haben soll, — von Dante's „Divina commedia“ eine erste

---

Gallen war erst Student, dann Professor in Wien, — später Arzt, Bürgermeister und Reformator in seiner Vaterstadt. Vergl. für ihn „Th. Pressel, Joachim Vadian. Nach handschriftlichen und gleichzeitigen Quellen. Elberfeld 1861 in 8.“ und: „G. Geilfuß, Joachim von Watt, genannt Vadianus, als geographischer Schriftsteller. Winterthur 1865 in 4.“

[3]) Der sich durch großes Wissen, aber auch ebenso großen Durst auszeichnende Xylander wurde 1532 zu Augsburg geboren, und stand von 1558 hinweg bis zu seinem 1576 erfolgten Tode als Prof. der griechischen Sprache in Heidelberg.

[1]) Vergl. 29.

Ausgabe Venetia 1477, später zahllose Ausgaben und Commentarien, im ganzen sollen es über 60 sein. — Von Reisch „Margarita philosophica" führen Lalande und Humboldt eine Ausgabe Heidelberg 1486 an, welche aber andere Bibliographen in Zweifel ziehen. Nach Troß erschien sie zuerst Heidelberg 1496, in zweiter Ausgabe Straßburg 1504, — im ganzen bis 1583, wo sie in Basel nochmals aufgelegt wurde, in 10 Ausgaben. Factisch ist, daß St. Gallen eine Ausgabe „Friburgi 1503", das schweizerische Polytechnikum aber eine Ausgabe besitzt, bei welcher „Straßburg 1512" beigeschrieben ist, so daß sie mit der in der reichen Bibliothek von Pulkowa aufbewahrten Ausgabe übereinzustimmen scheint.

72. Die ersten historischen Schriften. Da man kaum daran denken kann, die Geschichte einer Wissenschaft zu schreiben, ehe dieselbe längere Zeit gepflegt und bis zu einem gewissen Grade entwickelt worden ist, so hat schon abgesehen von ihrem Inhalte die bloße Existenz einer solchen Geschichte ein großes historisches Interesse, — und wenn sogar zwei, auch sonst ganz bedeutende und zu den vorzüglichern Schülern von Aristoteles zählende Männer, wie der 371 v. Chr. zu Eresos auf Lesbos geborne und 286 zu Athen als gefeierter Lehrer der Philosophie verstorbene Tyrtanus, der jedoch fast nur unter dem ihm von Aristoteles gegebenen Ehrennamen des göttlichen Redners oder Theophrastus bekannt, und sein zu den besten Geometern jener Zeit gezählter Zeitgenosse Eudemus von Rhodus, fast gleichzeitig auf die Idee fallen, eine solche Arbeit zu unternehmen, so ist dieß im höchsten Grade bemerkenswerth. Obschon also leider die Geschichte der Mathematik und Astronomie, welche Theophrastus in 11 Büchern geschrieben haben soll, von denen eines die Arithmetik, vier die Geometrie und sechs die Astronomie betrafen, spurlos verschwunden ist, und von dem entsprechenden Werke des Eudemus, von dem 6 Bücher der Geometrie und ebenso viele der Astronomie gewidmet waren, sich nur einige wenige Fragmente bei Proclus, Simplicius, Anatolius ꝛc. erhalten haben[1]), so hat schon das bloße Factum der einmaligen Existenz dieser Werke eine nicht zu unterschätzende Bedeutung, — ja vielleicht eine größere, als ihr Inhalt es haben würde. Denn dieser war, nach den wenigen Proben von Eudemus zu urtheilen, nicht gerade sehr hervorragend, und konnte es wohl auch damals noch nicht sein: Es werden Thales, Anaximenes, Pythagoras ꝛc. genannt, — ihnen einige Entdeckungen zugeschrieben, von denen wir jetzt wissen, daß sie einer frühern Zeit angehören und höchstens durch diese Männer den Griechen zuerst bekannt gegeben wurden, — und fast die einzige interessante Nachricht ist die, daß die älteren Griechen die Schiefe der Ekliptik gleich dem Mittelpunktswinkel des 15. Ecks setzten. — Eine erste historische Leistung im Abendlande hat man dem 1481 zu Rhain in Bayern gebornen und 1530 in Wien als kaiserl. Leibarzt und Professor der Astronomie verstorbenen Georg Tanstetter von Thannau zu verdanken, indem er der von ihm 1514 zu Wien besorgten Ausgabe von Purbach's „Tabulae eclipsium" und Regiomontan's „Tabulae primi mobilis" einige Nachrichten über die vor und zu seiner Zeit lebenden Mathematiker und Astronomen beigegeben haben soll.

[1]) Vergl. darüber „Weidler, Historia astronomiae", ferner „C. A. Bretschneider, Die Geometrie und die Geometer vor Euklides. Leipzig 1870 in 8," und ganz besonders die mir erst während dem Drucke durch die Freundlichkeit von Calvary in Berlin zugekommenen „Eudemi fragmenta collegit Leon. Spengel. Berol. 1866 in 8."

Zweites Buch.

Die Reformation der Sternkunde.

5. Capitel.

Das Copernicanische Weltsystem.

73. Einleitung. Die zweite Hälfte des fünfzehnten Jahrhunderts brachte mit der allgemeinen Verbreitung der Buchdruckerkunst und der durch sie so ungemein beförderten Kenntniß des Alterthums, sowie der durch die Entdeckungsreisen der Vasco de Gama, Columbus ꝛc. beförderten freiern Weltanschauung auch ein neues geistiges Leben. Wir verdanken demselben nicht nur zu Anfang des 16. Jahrhunderts die kirchliche Reformation, sondern nahe gleichzeitig auch das Brechen des Autoritätsglaubens überhaupt, und das allmälige Wiedererwachen der für die Weiterentwicklung der inductiven Wissenschaften unbedingt nothwendigen freien Forschung, die einst nach dem Vorgange von Eudoxus und Aristoteles bei den Alexandrinern so schöne Blüthen getrieben, dann aber Jahrhunderte lang geschlafen hatte, und während dieser Zeit in Fesseln gelegt worden war, aus denen sie bei der großen Anzahl eifriger Wächter nicht ohne harten und langen Kampf erlöst werden konnte. Daß sich an diesem, sich bis in das 17. Jahrhundert fortziehenden Kampfe Galilei mit seinem ganzen Auftreten als Forscher, Lehrer und Märtyrer [1]), — Baco mit seinen berühmten, von 1620 und 1624 datirenden zwei Werken „Novum organon“ und „De augmentis scientiarum“ [2]), —

[1]) Vergl. 83—84.

[2]) Francis Baco von Verulam wurde 1561 zu London geboren, stieg vom Rechtsanwalt zum Lord-Großkanzler auf, fiel dann aber nicht ohne eigene Schuld in Ungnade, und starb 1626, ohne sich ganz rehabilitiren zu können.

und Descartes mit seinem 1637 erschienenen, auch für die reine Mathematik so wichtigen „Discours de la méthode"*) in hervorragender Weise betheiligten, und sich um den endlichen glücklichen Ausgang desselben hochverdient machten, wird Niemand bestreiten wollen; aber keiner von diesen Männern hat das Schwerste gethan, nämlich die erste Bresche in die gewaltige und wohl gehütete Festung gelegt, welche die Gefangenen umgab, — dieses kaum hoch genug anzuschlagende Verdienst um die Naturwissenschaften, zu dem es den Muth und die Opferfähigkeit eines Arnold von Winkelried bedurfte, kömmt unbedingt Nicolaus Kopernikus zu und bildet nach meiner Meinung seinen schönsten Ehrentitel.

74. Nicolaus Kopernikus. Nicolaus Kopernik (Koppernigk, Köppernigk, Copperingk, Cupernic, Czeppernick rc.) oder Copernicus wurde etwa am 19. Februar 1473 in der an der Weichsel liegenden kleinen Handelsstadt Thorn geboren, die damals unter polnischer Oberherrlichkeit stand, aber nicht zu Polen gehörte[1]). Sein Vater, der Kaufmann Nicolaus Kopernik, stammte nach manchen und in der neuesten Zeit mehr und mehr bestätigten Angaben aus Krakau, nach andern aus einem längst in Thorn angesessenen Geschlecht, aus dem schon 1398 „ein Bürger Michael Czeppernick oder Cöpernik als Wächter auf dem Kulmer Thor aufgestellt worden sei; die eine Vermittlung bildende Erzählung, daß er Bäcker gewesen, einige Zeit als Geselle in Krakau gearbeitet, darum nach damaligem Handwerksgebrauch den Beinamen „Krakauer" erhalten habe, und erst 1462 nach seiner Rückkehr von Krakau als Bürger von Thorn eingetragen worden, ist nicht

---

*) René Du Perron Descartes oder Cartesius wurde 1596 zu La Haye in Touraine geboren, brachte seine Jugend in Kriegsdiensten und auf Reisen zu, und ließ sich 1629 in Holland nieder, weil es nach dem 1624 gefaßten Parlamentsbeschlusse, der Neuerer mit dem Tode bedrohte, „faisait trop chaud pour lui en France". Auch in Holland als sog. Atheist vielen Verfolgungen ausgesetzt, entschloß er sich 1649 einem Rufe der Königin Christine nach Schweden zu folgen, erlag aber schon 1650 zu Stockholm dem für ihn zu rauhen Klima.

[1]) Nach „Wernicke, Geschichte Thorn's aus Urkunden, Documenten und Handschriften bearbeitet. Thorn 1839—42, 2 Bde. in 8."

belegt und widerspricht sogar zum Theil einem Actenstücke, nach welchem er schon 1459 als Bevollmächtigter eines Danziger Bürgers vor dem Gericht der Altstadt Thorn erscheint; sicher ist es übrigens, daß er lange vor Geburt seines berühmten Sohnes dauernd seinen Wohnsitz in Thorn hatte und dort eingebürgert war, da er sich von 1465—83 im Kührbuch unter den Altstädtischen Schöppen aufgeführt findet, — und es unterliegt also für mich gar keinem Zweifel, daß Copernicus als geborner Bürger von Thorn, das längst zu Deutschland gehört, gerade so gut als Deutscher zu betrachten ist, wie wir Schweizer z. B. die Cramer und Jallabert aus Genf zu den Unsrigen zählen, weil Genf jetzt zur Schweiz gehört, — daß aber auch die Polen ein gleiches Anrecht auf ihn haben, wie wir z. B. an Lambert aus Mühlhausen und Piazzi aus Ponte im Veltlin[a]). Seine ebenfalls aus Thorn gebürtige Mutter war eine Schwester von Lucas Watzelrode, dem nachmaligen Episcopus Warmiensis oder Bischof von Ermeland, der sich für seinen Neffen von Jugend auf interessirte, und so wohl besonders dazu beitrug, daß derselbe eine gelehrte Laufbahn einschlug. — Nach muthmaßlich ziemlich dürftigem Schulunterrichte bezog nämlich 1491 der junge Nicolaus die damals sehr berühmte und auch viele deutsche Studenten zählende hohe Schule in Krakau, wo er sich zunächst in die Artisten-Facultät einschreiben ließ, und hörte neben humanistischen Fächern namentlich auch Mathematik und Astronomie, sei es bei Albert Brudler oder Brudzewsky[b]) selbst, der ein sehr guter Lehrer gewesen sein soll, sei es, da Brudzewsky damals öffentlich nur noch über Aristoteles gelesen zu haben scheint, bei

[a]) Weiter als so, muß ich gestehen, mich an dieser „brennenden Frage" wegen der Nationalität von Copernicus nicht erwärmen zu können, und darüber auf die unten folgende Literatur verweisen zu müssen.

[b]) Albertus Blar de Brudzewo, genannt Brudzewski und wohl auch Prosenius, wurde 1445 geboren, stand etwa von 1476—94 als Prof. in Krakau, und starb 1497 zu Wilna, wohin ihn Fürst Alexander von Lithauen als Secretär berufen hatte. Ein von ihm verfaßter Commentar zu Purbach's Theoricae planetarum soll 1495 zu Mailand aufgelegt worden sein.

Schülern desselben. Er traf hiebei mit dem aus Heidelberg gebürtigen und 1533 als Stadtschreiber von Oppenheim verstorbenen, durch seine Schriften über das Astrolabium bekannten, Jakob Köbel oder Kobelius zusammen, welchen jüngst ein polnischer Schriftsteller sich bemüßigte, als Jakob von Kobylin unter seine Landsleute aufzunehmen [4]). Zu jedem Studium gründlich vorbereitet, namentlich aber mit den astronomischen Lehren und der Handhabung des Astrolabiums vertraut und nebenbei auch in Liebhabereien, wie Musik und Zeichnen, ausgebildet, verließ Copernicus etwa 1495 Krakau und reiste nach kurzem Aufenthalt in der Heimath nach Bologna, um dort theils nach dem Wunsche seines Oheims, zur Vorbereitung auf eine ihm zugedachte Domherrnstelle in Frauenburg, einige canonische Studien zu machen, theils um sich überhaupt noch weiter auszubilden. Jedenfalls versäumte er nicht, die Bekanntschaft des dortigen Professors der Mathematik und Astronomie, des 1454 zu Ferrara gebornen und 1504 zu Bologna verstorbenen Domenico Maria Novara, zu machen, und sich bei ihm in der praktischen Astronomie noch weiter zu üben; so beobachtete er z. B. im März 1497 eine Bedeckung Aldebaran's durch den Mond [5]). Im Jahre 1498 trat Copernicus sodann muthmaßlich seine Domherrnstelle an, kehrte jedoch schon im folgenden Jahre nach Bologna zurück, wo er noch im März 1500 eine Conjunction von Mond und Saturn beobachtete. Später begab er sich nach Rom, wo er, wenn es auch dem 1476 verstorbenen Regiomontan kaum mehr möglich war, ihn [6]) in die gelehrten Kreise einzuführen, gut aufgenommen

[4]) Vergl. pag. 160/1 der unten erwähnten Schrift von R***, welche sich hierfür auf die, auch von Gassendi benutzte Quelle „Szymon Starowolski, Elogia ac vitae centum Poloniae scriptorum. Venet. 1627“ stützt, in welcher „Jacobus Cobilinius, qui Astrolabii declarationem scripsit“ unter den Krakauer Studiengenossen von Copernicus aufgeführt wird. Mit diesem, merkwürdigerweise von Prowe übersehenen Mißgriffe fällt sodann auch die Expectoration auf pag. 163 besagter Schrift in sich selbst zusammen.

[5]) Vergl. Blatt 128/9 seines Werkes „De revolutionibus“.

[6]) Wie Bertrand auf pag. 8—9 seiner sonst gut geschriebenen Schrift „Les fondateurs de l'astronomie moderne“ mit dem nöthigen Detail zu erzählen weiß.

wurde, verschiedene mathematisch-astronomische Vorlesungen hielt, und ebenfalls zuweilen, so z. B. im November 1500 eine Mondfinsterniß, beobachtete. Im Jahre 1501 war Copernicus wieder in Frauenburg, erhielt aber, unter der Bedingung noch Medicin zu studiren, nochmals Urlaub und brachte nun diesen in Padua zu, wo er muthmaßlich auch promovirte[7]). Etwa 1505 zurückgekehrt, verweilte er bis zu dem 1512 erfolgten Tode seines Oheims die meiste Zeit bei ihm auf seinem Bischofssitze in Heilsberg: von da aber blieb er mit Ausnahme von den Jahren 1517—19, in welchen er als Statthalter seines Kapitels in Altenstein zu residiren hatte, und ein paar kleineren Reisen[8]), in Frauenburg, wo auch, wie ein Brief von Giese an Rhäticus bezeugt, am 24. Mai 1543 sein Tod erfolgte. Neben Erfüllung seiner geistlichen Pflichten und Besorgung der Armenpraxis, lebte er dort zunächst seinen Studien und Beobachtungen, mit denen wir uns im Folgenden zu befassen haben werden. Doch wurde er auch zuweilen für Fremdartiges in Anspruch genommen; so hatte er namentlich wiederholt das Stift nach außen zu vertreten, bei Münzregulirung mitzuwirken und dergleichen, — dagegen scheint ihm ganz irrig die Anlage von Wasserleitungen in Thorn, Frauenburg rc. zugeschrieben worden zu sein, und wie es mit der Sonnenuhr steht, welche man zu Thorn an der Johanniskirche, als von ihm construirt, zeigen soll, weiß man auch nicht recht. — Von der kirchlichen Reformation wurde Copernicus wenig berührt, und wie sich später beim Kampfe gegen sein System beide Kirchen die Hand reichten, so vereinigten sich in der neuern Zeit, ohne Ansehen des Bekenntnisses und höchstens mit Ausnahme einiger orthodoxer Querköpfe, alle Gebildeten, um sein Andenken durch Schriften und Monumente vielfach zu feiern[9]): Schon bald nach

[7]) Nach andern Angaben wäre dieß sogar schon 1499 geschehen.

[8]) So z. B. noch 1541 nach Königsberg, um nach dem Wunsche des Herzogs Albrecht von Preußen dessen schwererkrankten Rath Georg von Kunheim ärztlich zu besorgen.

[9]) Vergl. „Gassendi, Vita Nic. Copernici (als Anhang zur Vita Tychonis, Hagae 1652 in 4.), — Gottsched, Gedächtnißrede auf Copernicus, Leipzig 1743

dem Tode von Copernicus wurde in der Johanniskirche zu Thorn sein Bildniß aufgestellt, und 1580 ließ der Ermeländische Bischof Martin Cromer in der Kathedrale zu Frauenburg eine Gedenktafel anbringen, auf welcher der große Todte als „Astrologus praestans et ejus disciplinae instaurator" bezeichnet war, und die trotz der vaticanischen Aechtung bis in das 18. Jahrhundert, wo sie bei einem Umbau beseitigt wurde, ruhig an Ort und Stelle blieb. Von mehreren im 18. Jahrhundert auftauchenden Versuchen das Andenken an Copernicus neu zu beleben Umgang nehmend, mögen zum Schlusse noch die beiden öffentlichen Monu-

in 8., — Sniadecki, Discours sur Copernic. Trad. du polonais par Tegoborski. Varsoviae 1803 in 8. (N. A. Varsov. 1818, Paris 1820; englisch durch Brenan, Dublin 1823, ital. durch Zaydler, Firenze 1830. Eine gut gemeinte, aber von Schnitzern wimmelnde Arbeit; so sagt er z. B. pag. 57: „Socro Bosco (!), en reproduisant les mêmes paroles de Flavius (!), dans ses *Commentaires sur la sphère*, donne à Kopernik le titre de restaurateur de l'astronomie etc."). — Ideler, Ueber das Verhältniß des Copernicus zum Alterthum (Berlin 1810; M. C. 23), — Westphal, Nicolaus Copernicus. Constanz 1822 in 8., — Krzyzanowski, Kopernica spomniense jubilenszowe. Warszawe (1844), — Czynski, Kopernik et ses travaux. Paris. 1847 in 8., — Denkschrift zur Enthüllung des Copernicus-Denkmals zu Thorn. Herausgegeben vom Copernicus-Verein. Thorn 1853 in 8. (Enthält auch eine biographische Scizze von L. Prowe), — Leopold Prowe, Zur Biographie von Nicol. Copernicus. Thorn 1853 in 4.; ferner: Nic. Copernicus in seinen Beziehungen zum Herzog Albrecht von Preußen. Thorn 1855 in 8.; ferner: Ueber den Sterbeort und die Grabstätte des Copernicus. In 8., ferner: De Nic. Copernici patria. Thoruni 1860 in 4.; ferner: Ueber die Abhängigkeit des Copernicus von den Gedanken griechischer Philosophen und Astronomen. Thorn 1865 in 8.; ferner: Das Andenken des Copernicus bei der dankbaren Nachwelt. Thorn 1870 in 8., ferner: Monumenta Copernicana. Berlin 1873 in 8., endlich: Nicolaus Copernicus auf der Universität zu Krakau (Programm 1874 des Gymnasiums zu Thorn); — Bartoszewicz, Vita Copernici (In Opera 1854), — Nic. Copernicus. Sein Leben und seine Lehre. Berlin 1856 in 8., — Cam. Flammarion, Vie de Copernic. Paris. 1872 in 8., — R***, Beiträge zur Beantwortung der Frage nach der Nationalität des Nicolaus Copernicus. Breslau 1872 in 8. (Eine etwas einseitige, aber sehr tüchtige Arbeit), — Franz Hipler, Spicilegium Copernicanum. Braunsberg 1873 in 8. (Eine sehr interessante Sammlung), — C. v. Littrow, Nicolaus Copernicus (Kalender auf 1873), — Die vierte Secularfeier der Geburt von Nicolaus Copernicus Thorn 18. und 19. Februar 1873. Thorn 1874 in 8., — Max. Curtze, Reliquiae copernicanae. Leipzig 1875 in 8.

mente Erwähnung finden, welche nach Ueberwindung vieler Schwierigkeiten 1830 zu Warschau und 1853 zu Thorn aufgestellt wurden: Das Erstere, ein Meisterwerk Thorwaldsen's, stellt Copernicus sitzend dar, in der Linken ein Planetarium haltend, mit der Rechten darauf hinweisend, und am Piedestal liest man die einfache Aufschrift: „Nicolo Copernico Grata Patria. Nat. 1473, † 1543". Das zweite wurde von Fr. Tieck in Berlin modellirt, stellt Copernicus stehend mit ähnlichen Emblemen wie in Warschau vor, und zeigt am Piedestal vorn die Inschrift: „Nicolaus Copernicus Thorunensis. Terrae Motor, Solis Caelique Stator", während hinten Geburts- und Todesjahr angegeben sind. Ein vielleicht noch dauerhafteres Monument wird ihm nächstens Leopold Prowe[10]) in einer bereits druckfertigen, mit den nöthigen Documenten zwei Bände füllenden Biographie erstellen.

75. Das Copernicanische Weltsystem. Schon bei seinen ersten astronomischen Studien nahm Copernicus, wie er selbst erzählt[1]), an den bis dahin üblichen Verfahren die Bewegungen der Gestirne darzustellen, Anstand, und empfand das Bedürfniß eine naturgemäßere Methode zu suchen. Um neue Ausgangspunkte zu erhalten, studirte er verschiedene Schriften des classischen Alterthums, jedoch ohne davon befriedigt zu werden. Immerhin las er bei Cicero, daß ein gewisser Hicetas oder Nicetas, bei Plutarch, daß der Pythagoräer Philolaus und ebenso Heraklides aus Pontus, sei es an eine fortschreitende, sei es wenigstens an eine drehende Bewegung der Erde gedacht haben, und stellte sich nun selbst die Aufgabe, zu untersuchen, wie sich die Bewegungen der Wandelsterne unter der Annahme gestalten würden, daß sie und die Erde sich um die Sonne bewegen. Er fand dabei alsbald, daß sich unter einer solchen Annahme wirklich alles einfacher gestalte, daß sich namentlich durch sie theils die zweite Ungleichheit der Alten, theils die große Verschiedenheit im scheinbaren Durch-

[10]) Für die bisherigen betreffenden Schriften dieses 1821 zu Thorn gebornen und seit Jahren an dessen Gymnasium thätigen Mannes vergl. Note 9.

[1]) Vergl. die 80 erwähnte Zuschrift an Papst Paul III.

messer des Mars von selbst ergebe ꝛc., — bis er etwa 1507[2]) dazu kam die definitive Ueberzeugung zu gewinnen, daß factisch und nicht bloß hypothetisch folgende vier Bewegungen statt haben: 1°. Eine tägliche Bewegung der Erde um ihre Axe in der Richtung von West nach Ost, durch die sich in naturgemäßer Weise die scheinbare gemeinschaftliche Bewegung aller Gestirne von Ost nach West ergibt. 2°. Eine jährliche Bewegung der Erde um die Sonne in der Richtung von West nach Ost, die uns als jährliche Bewegung der Sonne in derselben Richtung erscheint. 3°. Eine jährliche conische Bewegung der Erdaxe um eine Senkrechte zur Ebene der Ekliptik im entgegengesetzten Sinne mit, und somit zur Paralysirung der conischen Bewegung, welche diese Axe um ihrer (allerdings, wie wir jetzt leicht einsehen, unnöthiger Weise[3]) fest gedachten) Verbindung mit dem Radius Vector der Erde willen, erhält, — wodurch es ihm, indem er den beiden conischen Bewegungen nicht ganz dieselbe Dauer gab, zugleich möglich wurde die Präcession zu erklären. 4°. Eine zur Bewegung der Erde um die Sonne analoge Bewegung der sämmtlichen Planeten um ebendieselbe, von welcher, wie schon oben erwähnt, die zweite Ungleichheit des alten Systems eine unmittelbare Folge ist. — Sein übriges Leben wandte sodann Copernicus auf, um die Consequenzen dieser Bewegungen zu verfolgen, dieselben als mit der Wirklichkeit übereinstimmend zu erweisen, und überhaupt durch Beobachtung und Rechnung sein System möglichst fest zu begründen und gegen alle Einwürfe sicher zu stellen, auf welche er sich gefaßt machen

---

[2]) Falb berichtet in seinem Sirius (1868 Nr. 4), daß Copernicus schon 1500 in Rom vor einem Auditorium von 2000 Schülern die Doppelbewegung der Erde gelehrt habe: ich weiß nicht, auf welche Belege sich diese Behauptung gründet, welche zwar dem in 80 gegebenen Auszuge aus der schon erwähnten Zuschrift nicht gerade widerspricht, aber mir doch bei der Zurückhaltung, die Copernicus noch so lange nachher zeigte, nicht sehr wahrscheinlich erscheint.

[3]) Galilei soll wiederholt die dritte Bewegung des Copernicus als „une erreur de mécanique“, und schon Rothmann dieselbe als „überflüssig“ bezeichnet haben.

mußte; denn wenn man auch allenfalls, wie schon Reuschle hervorgehoben hat[4]), seine Lehre, daß sich die Planeten um die Sonne als gemeinschaftlichen Mittelpunkt bewegen, bloß als eine, aber allerdings sehr wesentliche Vereinfachung der alten epicyklischen Theorie bezeichnen könnte, da diese gewissermaßen mit jeder einzelnen Planetenbahn eine Sonnenbahn von unbestimmter Größe (die überdieß bei den untern Planeten Deferens, bei den obern Epicykel sein sollte) verband, während nun Copernicus alle diese fingirten Sonnenbahnen in seiner Erdbahn zu einer einzigen und reellen Hülfsbahn zusammenschmolz, — so war dagegen seine Lehre, daß die Erde ein Planet, jeder Planet eine Erde und die Sonne das Centrum dieser ganzen Körperwelt sei, so neu, und den seit bald zweitausend Jahren unangefochten gebliebenen Lehren so total zuwider, daß sie entweder unbeachtet bleiben oder dann die ganze gebildete Welt in Aufregung bringen mußte.

76. Die sog. Vorläufer. Die oben genannten alten Philosophen dachten kaum an etwas Anderes als an Erklärung der täglichen Bewegung durch Annahme einer Rotation der Erde um eine feste Axe oder einer Revolution derselben um ein Centralfeuer, und so bleiben wohl Plato und Aristarch mit ihren im ersten Abschnitte vorgeführten Lehren die einzigen wirklichen Vorläufer von Copernicus aus dem Alterthume, — Vorläufer, die ihm aber gerade kaum bekannt waren, da er sie in der oben benutzten Stelle seiner Zuschrift an den Papst gar nicht, ja sogar Letztern auch sonst nur ganz beiläufig in einer später wieder gestrichenen Stelle seines classischen Werkes citirt[1]), was sich wohl nur da-

[4]) Karl Gustav Reuschle (1812—1875), Prof. der Mathematik zu Stuttgart. Vergl. seine, dann namentlich auch noch für Kepler benutzte Schrift „Kepler und die Astronomie. Frankfurt 1871 in 8."

[1]) In der 80 erwähnten Secularausgabe sagt nämlich Curtze in seinen Anmerkungen zum Schlusse von Cap. XI des ersten Buches, daß Copernicus ursprünglich aus Cap. XII—XIV mit der Sehnentafel ein zweites Buch bilden wollte, dann aber später den Schluß des 11. Cap. strich, die folgenden Capitel abkürzte, und an das erste Buch hängte. Unter dem Gestrichenen findet sich

durch erklären läßt, daß er die Andeutungen von Aristarch's Ansichten, welche sich in dem sonst von ihm benutzten Plutarch finden[2]), entweder ganz übersah oder nicht recht verstand, während ihm die Hauptquelle für dieselben, die Sandrechnung Archimed's, welche damals überhaupt noch Wenigen bekannt sein mochte, total abging. — Wenn auch der spätere, Copernicus nicht unbekannte, dem 5. bis 6. Jahrhundert angehörige Martianus Capella in seinem 1599 zu Leyden durch Hugo Grotius herausgegebenen encyclopädischen Werke „De nuptiis Philologiae et Mercurii et de septem artibus liberalibus“ die alte Lehre der Egypter, daß sich Merkur und Venus um die Sonne bewegen, wiederholt, — oder nahe zu derselben Zeit, nach dem Zeugnisse des etwas spätern Brahmagupta[3]), der Indier Aryabhatta nach der platonischen Lehre die tägliche Bewegung der Erde zuschreibt, — so kann man doch diese beiden Männer um solcher Auffrischung willen nicht als ernstliche Vorläufer bezeichnen. — Der vielfach als Vorläufer aus der neuern Zeit genannte Cardinal Nicolaus von Cusa oder Cusanus[4]) war ein Mystiker, welcher in seiner Schrift „De

auch die Stelle: „Und wenn wir auch zugeben, daß der Sonnen- und Mondlauf auch bei der Unbeweglichkeit der Erde erklärt werden kann, so trifft dieß bei den andern Wandelsternen um so weniger zu. Es ist glaublich, daß Philolaos aus ähnlichen Gründen die Bewegung der Erde annahm, welche Annahme auch Aristarch von Samos gemacht haben soll, wie Einige berichten.“

[2]) Vergl. 17. [3]) Vergl. die mehrerwähnte Schrift von Schiaparelli.

[4]) Zu Cues oder Cuß bei Trier 1401 dem armen Schiffer Johann Chrypffs geboren, erwarb sich Cusanus 1424 zu Padua den Rang eines Doctors der Rechte, und wurde dort durch Toscanelli für Mathematik und Astronomie gewonnen. Bei seinem großen Talente hätte er muthmaßlich in diesen Wissenschaften Vieles geleistet, wäre er nicht später in einen unfruchtbaren Mysticismus hineingerathen. So wurden weder seine mathematischen noch seine astronomischen Leistungen, wie z. B. seine von Regiomontan widerlegte Schrift „De quadratura circuli“ oder seine „Correctio tabularum Alphonsi“, von Bedeutung. In der Ausgabe seiner „Opera omnia. Basil. 1565 in Fol.“ erscheint eine in der Pariser Ausgabe fehlende Tafel „Stellae inerrantes ex Cardinalis Cusani, Niceni et Alliacensis observationibus supputatae“, welche von 64 Sternen Länge und Breite gibt; möglich, daß Cusanus einen Theil dieser Sterne mit dem kupfernen Astrolabium beobachtete, das sich nach Jahn's Unterhaltungen (Jahrg. 1854, pag. 412) aus seinem Nachlasse noch jetzt in Cues

docta ignorantia“ nur insoweit von der Bewegung der Erde sprach, als er dieselbe als ein Stück dieser „docta ignorantia“, d. h. als etwas Unerkennbares und nur durch den Verstand Denkbares, bezeichnete. Auch dachte er dabei höchstens an die tägliche Bewegung, da er in seiner Schrift „De venatione sapientiae“ ausdrücklich sagt: „Gott bestimmte einem Jeden seine Art, seinen Kreis und seinen Ort; er setzte die Erde in die Mitte und bestimmte, daß sie schwer sei und sich am Mittelpunkt der Welt bewege, damit sie stets in der Mitte bleibe, und weder nach oben, noch nach der Seite abweiche.“ Er kömmt also hier gar nicht in Betracht. — Ebensowenig haben diejenigen[5]) Recht, welche behaupten, „es habe Regiomontan lange vor Copernicus“ die Bewegung der Erde um die Sonne erkannt und seinen Schülern gelehrt. Es beruht dieß auf totalem Mißverständniß einer von Schoner publicirten Abhandlung desselben[6]); denn in dieser Abhandlung ist von der jährlichen Bewegung der Erde gar nicht, von der täglichen aber nur darum die Rede, weil auch Aristoteles und Ptolemäus dieselbe besprochen und widerlegt haben[7]). Regiomontan stellt sich auf Seite dieser Alten, und Schoner fügt spöttisch bei, die wenigen Anhänger dieser Axendrehung haben die Erde „wie an einem Bratenwender“ umgedreht, damit sie könne von der Sonne „gebraten“ werden. — Es bleiben somit in der That nur Plato und Aristarch als

---

finden soll. — Cusanus stieg in kirchlichen Würden bis zum Cardinal und Statthalter von Rom, und starb 1464 zu Todi in Umbrien. Vergl. für ihn 105 und „Clemens, Giordano Bruno und Nicolaus von Cusa. Bonn 1847 in 8.“ Die neuere und sehr eingehende Schrift von Dr. Schanz „Der Cardinal Nicolaus von Cusa als Mathematiker. Rottweil 1872 in 4.“ tritt über die astronomischen Leistungen seines Helden leider gar nicht ein, sondern verweist dafür auf eine allfällige spätere Fortsetzung.

[5]) Zu ihnen gehört Schubert in seiner Schrift „Peurbach und Regiomontan. Erlangen 1828 in 8.“

[6]) „An Terra moveatur an quiescat. Joannis de Monteregio disputatio. (Schoneri Opusculum geographicum. Norimb. 1533).“

[7]) Vergl. „E. F. Apelt, Die Reformation der Sternkunde. Jena 1852 in 8.“ pag. 47/50.

Vorläufer übrig, und werden auch als solche immer zu nennen sein, und immer um ihrer frühen Einsicht willen bewundert werden müssen; aber die Palme gehört dennoch entschieden nicht ihnen, sondern Copernicus, denn diese gebührt, wie Bernhard Studer bei einer ähnlichen Gelegenheit mit Recht sagte, „nicht dem, der einen vielleicht flüchtigen Einfall zuerst geäußert hat, sondern demjenigen, der durch Thatsachen seine Richtigkeit beweist und in Folgerungen ihn durchführt".

77. Die Erbschaft. In unserem Sonnensysteme eine dessen ganzer Anlage entsprechende Transformation der Coordinaten durchgeführt und ihren Nutzen auf das Schlagendste nachgewiesen zu haben, ist das unbestrittene und auch wirklich unbestreitbare Verdienst von Nicolaus Copernicus. Dagegen blieb er bei der gleichförmigen Bewegung im Kreise stehen, und brauchte noch die alten geometrischen Annäherungsmittel der excentrischen Kreise und Epicykel, wenn auch Letztere nunmehr in untergeordneterer Weise als früher[1]). Auch sonst trat er ein immerhin ganz bedeutendes Erbe aus der alten Astronomie an, das weit mehr werth war als die von den sog. Vorläufern erhaltene Anregung, und konnte ihr namentlich, da sich bei seinem Systeme nachweisbar die Distanzen der untern Planeten direct, die der obern Planeten reciprok wie beim alten Systeme die Radien der Epicykel zu den Radien der deferirenden Kreise verhalten müssen[2]), diese in der

---

[1]) Vergl. 80, wo noch etwas genauer über diese Verhältnisse eingetreten ist.

[2]) Bewegen sich Planet und Erde um die Sonne, und bezeichnen r, R, ϱ ihre Distanzen von der Sonne und von einander, l die heliocentrische Länge des Planeten, λ seine geocentrische Länge und L die geocentrische Länge der Sonne, endlich ⊙ die gemeinschaftliche geocentrische Länge von Sonne und Planet zur Zeit ihrer Conjunction, so hat man

$$\varrho \operatorname{Cos} \lambda = r . \operatorname{Cos} l + R . \operatorname{Cos} L$$
$$\varrho \operatorname{Sin} \lambda = r . \operatorname{Sin} l + R . \operatorname{Sin} L \qquad 1$$
$$\varrho = r . \operatorname{Cos} (\lambda - l) + R \operatorname{Cos} (L - \lambda)$$

welche Gleichungen mit den entsprechenden in 22 identisch werden, sobald man

$a = R$	$\alpha = L$	oder	$a = r$	$\alpha = l$
$b = r$	$\beta = l$		$b = R$	$\beta = L$
$c = \varrho$	$\gamma = \lambda$		$c = \varrho$	$\gamma = \lambda$

Einheit Sonne — Erde ausgedrückten Distanzen entnehmen. Aus den Ptolemäischen Angaben folgen für

	☿	♀	♂	♃	♄
jene Verhältnißzahlen gleich	0,375	0,719	1,544	5,217	9,231
während Copernicus, der offenbar noch einige neuere Beobachtungen zuzog, diese Distanzen gleich	0,395	0,719	1,512	5,219	9,174
setzte, und die neueste Zeit sie auf	0,387	0,723	1,524	5,203	9,539

fixirte, so daß die von Copernicus eingeführten Verbesserungen für dieselben eigentlich von keinem erheblichen Betrage sind.

78. Die Beweise. Die drei bei seinem Systeme vorausgesetzten Bewegungen der Erde konnte Copernicus nicht wirklich erweisen: Die dritte hatte er, wie schon angedeutet, da ihm der Begriff der Bewegung um eine freie Axe fehlte, wirklich als un-

setzt, wofür die entsprechenden in 22 in

$$A : B = \frac{1}{L-\odot} : \frac{1}{l-L} \quad \text{oder} \quad A : B = \frac{1}{l-\odot} : \frac{1}{L-l} \qquad 2$$
$$= T : \tau \qquad\qquad = t : \tau$$

übergehen, sofern T, t, τ der Reihe nach tropische Revolution der Sonne, tropische und synodische Revolution des Planeten bezeichnen, und man bei dem ersten Systeme (wo l—L = +) die untern, bei dem zweiten (wo L—l = +) die obern Planeten im Auge hat. Es hatte also Copernicus für die untern oder obern Planeten

$$r : R = b : a$$
oder
$$r : R = a : b$$

zu setzen.

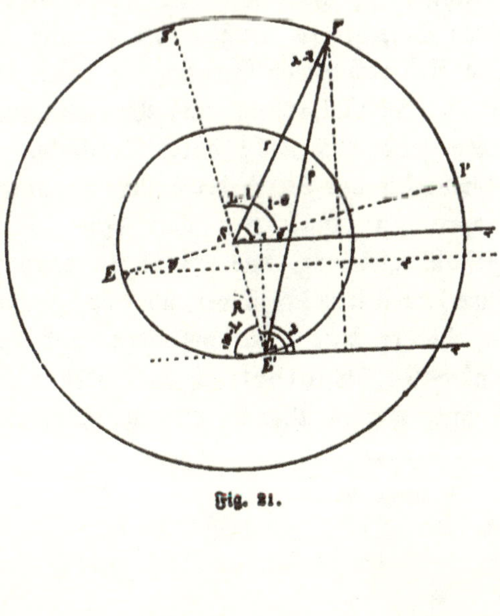

Fig. 21.

nöthige Complication eingeführt, — die beiden ersten und wesentlichen aber konnte er nur wahrscheinlich machen, indem er zeigte, daß sie nicht bloß den Erscheinungen ebenso gut genügen als die früher angenommenen, sondern daß unter ihrer Annahme sich das Ganze viel einfacher gestalte. Für die jährliche Bewegung hatte er sich zwar allerdings einen ganz richtigen empirischen Beweis ausgedacht, — nämlich den Nachweis einer entsprechenden periodischen Veränderung in der Breite der Sterne, mit Minimum bei Conjunction mit der Sonne, mit Maximum bei Opposition mit derselben, und mit mittlern Werthen bei den beiden Quadraturen; aber er konnte ihn dann doch nicht wirklich leisten, da ihm sein Triquetrum[1]) nicht einmal Variationen im Betrage von fünf Minuten sicher zeigen konnte, geschweige solche, welche nur Bruchtheile von Bogensekunden betragen. Er mußte also, wie schon gesagt, mit Wahrscheinlichkeitsgründen vorlieb nehmen, und sich mehr darauf beschränken sein System zum Voraus gegen Einwürfe, welche er von allfälligen Gegnern erwarten konnte, zu vertheidigen, als eigentlich activ vorzugehen. Manche glaubten aus diesem Grunde das copernicanische System als etwas Verfrühtes ansehen zu sollen, — als eine zwar geniale, aber damals noch nicht gerechtfertigte Hypothese; sie haben aber Unrecht, Copernicus einen Vorwurf zu machen, der allfällig für die Zeit von Plato und Aristarch einige Berechtigung haben könnte: Eine Hypothese ist nur verfrüht, wenn man ihre Consequenzen noch nicht übersehen, also noch nicht durch Vergleichung der Letztern mit der Wirklichkeit den Werth der Erstern zu untersuchen beginnen kann. Copernicus kannte nun aber diese Consequenzen, und begann diese Vergleichung, wie wir soeben gesehen haben, — also war seine Arbeit keineswegs verfrüht; dagegen war er allerdings nicht im Stande dieselbe zu vollenden, und es blieb so sein System einstweilen hypothetisch, — aber auch wieder nicht in dem Sinne, wie es Manche annahmen, nämlich so daß Copernicus

---

[1]) Vergl. 38.

dasselbe in analoger Weise, wie es Eudoxus mit seinen homocentrischen Sphären, Hipparch und Ptolemäus mit ihren excentrischen und epicyklischen Bewegungen gemacht hatten, als ein bloßes Hülfsmittel der Darstellung betrachtet hätte, sondern er hatte gegentheils die volle Ueberzeugung, daß es dereinst gelingen werde sein System auszubauen und dessen Realität zu erweisen. Und in der That begann sich, wie uns spätere Abschnitte im Detail zeigen werden, die beim Tode von Copernicus noch als Hypothese bestehende Lehre nicht nur, wie Gruppe sagt*), „von Kepler's und Newton's Zeiten an so glaubhaft zu machen, daß sich's jetzt wohl getrost darauf leben und sterben läßt", sondern sie darf sogar durch die Entdeckung der Aberration, die Bestimmung von jährlichen Parallaxen, das Gelingen der Fall- und Pendelversuche, und durch die theoretische Auffindung eines äußern Planeten, mitsammt ihrem von Kepler und Newton geleisteten Ausbaue als erwiesen betrachtet werden.

79. Reinhold und Rhäticus. Nachdem sich Copernicus von 1507 bis 1530, also volle 23 Jahre, ununterbrochen mit der Ausbildung seines Systems beschäftigt und ein betreffendes Werk ausgearbeitet hatte, so hätte er daran denken können, Letzteres und damit seine ganze Lehre bekannt zu machen; aber dieß lag nicht in seinem Sinne, sondern er beabsichtigte seine schriftliche Darlegung nur durch die Hand einiger vertrauter Freunde gehen zu lassen, und dem Drucke höchstens von ihm berechnete neue Tafeln zu übergeben[1]). Trotz seiner Zurückhaltung erfuhren jedoch nach und nach Einzelne etwas über seine Arbeiten, — vielleicht schon 1516, als sein Freund und College im frauenburgischen Domkapitel, Bernhard Scultetus, dem lateranischen Concil als Geheimschreiber beiwohnte, — jedenfalls wußte bereits 1536 der Cardinal Nicolaus Schomberg von Capua, daß Copernicus die Bewegung der Erde um die Sonne lehre, und bat ihn um eine Abschrift seines Werkes, — und ungefähr zu derselben

*) In der 16 u. f. benutzten Schrift.

[1]) Vergl. „E. F. Apelt. Die Reformation der Sternkunde. Jena 1852 in 8."

Zeit, also mitten in der Bewegung, welche die Anfänge der Kirchenreformation begleitete, fing sich überhaupt da und dort das Gerücht zu verbreiten an, es lehre ein polnischer Astronom ein neues Weltsystem. Dieses Gerücht fand jedoch fast nur an der 1502 gegründeten Universität Wittenberg Anklang, wo von 1518 hinweg bis zu seinem 1560 erfolgten Tode der 1497 zu Bretten in der Pfalz geborne Philipp Schwarzerd oder Melanchthon, ein Schüler von Reuchlin und Stöffler, unter ungeheurem Zulauf die griechische Sprache lehrte, daneben aber, und außer seiner großen Thätigkeit für die Reformation, auch noch Zeit fand, sich um Mathematik, Physik und Astronomie verdient zu machen[2]). Als Beweis dafür können seine Ausgaben von Aratus, Sacrobosco, Purbach ꝛc. angeführt werden[3]), obschon er dabei allerdings mehr pädagogische als reinwissenschaftliche Absichten hatte, so z. B. mit Aratus der Jugend einen Schriftsteller in die Hand zu geben wünschte, aus dem sie außer Sprachkenntniß auch Einsicht in die griechische Wissenschaft gewinnen könne, — ferner seine eigenen, zuerst 1549 zu Basel aufgelegten „Initia doctrinae physicae", deren erstes Buch die ptolemäische Astronomie ganz gut behandelt, — namentlich aber auch sein Bestreben das Studium der Mathematik in Wittenberg zu heben, das er nicht nur dadurch bethätigte, daß er dasselbe der academischen Jugend immer und immer wieder empfahl, sondern auch dadurch, daß er die Errichtung zweier Professuren der Mathematik durchsetzte, welche zuerst Johannes Volmar und der, Melanchthon bei manchen seiner vorerwähnten Ausgaben behülfliche Jakob Milich[4]) bekleideten, sodann Reinhold und Joachim, auf welche wir hier näher einzutreten haben: Der 1511 zu Saalfeld geborne Erasmus Reinhold war erst Schüler von Milich, und docirte dann als sein Nachfolger in Wittenberg die Mathematik von 1536 bis 1553,

[2]) Vergl. „Bernhardt, Philipp Melanchthon als Mathematiker und Physiker. Wittenberg 1865 in 8." [3]) Vergl. 64, 65, 67 und 68.

[4]) Milich wurde 1501 zu Freiburg im Breisgau geboren, und starb 1559 zu Wittenberg als Prof. der Medicin.

wo die Pest ausbrach, welcher er durch Flucht nach Saalfeld zu entrinnen hoffte, aber ihr doch im besten Mannesalter und namentlich auch von Melanchthon tief betrauert, zum Opfer fiel; einzelne seiner Leistungen sind bereits angeführt worden, anderer wird noch im Folgenden wiederholt zu gedenken sein[5]). Sein College Georg Joachim wurde 1514 in dem damals zu Rhätien gerechneten Feldkirch geboren, und daher Rhäticus genannt, woraus wohl durch Verstümmelung der ihm bisweilen zugelegte Name „Rhetz“ entstand[6]); nachdem er zuerst Mitschüler von Conrad Geßner bei Oswald Mykonius in Zürich gewesen war[7]), studirte er in Wittenberg, und erhielt dort 1536 als ganz junger Mann nach dem Tode Volmar's, auf Melanchthon's Empfehlung, die zweite Professur der Mathematik, welche er mit einer seine Bescheidenheit documentirenden „Praefatio in arithmeticen“ antrat, und von da bis zum Beginn seiner sofort zu besprechenden Reise bekleidete; nach Rückkehr von derselben wieder kurze Zeit in Wittenberg thätig, nahm er 1542 einen Ruf als Professor der Mathematik in Leipzig an, blieb jedoch auch auf diesem Lehrstuhle, auf welchem ihm sodann Johann Hommel[8]) folgte, nur wenige Jahre[9]), begab sich nunmehr nach Polen und Ungarn, und starb 1576, kurz vor Beendigung seines später[10]) zu besprechenden „Thesaurus“, zu Kaschau in Ungarn. — Reinhold und Rhäticus waren sehr befreundet, und standen nicht nur mit Melanchthon auf vertrautem Fuße, sondern auch mit ihrem theologischen Collegen Caspar Cruciger, der von Jugend auf große Vorliebe für Mathematik und Astronomie besaß, mit ihnen gemeinschaftliche

[5]) Vergl. 67, 68 und namentlich 81.

[6]) Bernhardt legt ihm in der vorerwähnten Schrift diesen Namen offenbar fälschlich als Familiennamen bei; sein Familienname war „Joachim“.

[7]) Vergl. Geßner's in 144 behandelte „Bibliotheca universalis“.

[8]) Memmingen 1518 — Leipzig 1562.

[9]) Nach „Beyträge zur Geschichte der Cultur der Wissenschaften, Künste und Gewerbe in Sachsen vom 16.—17. Jahrhundert. Dresden 1823 in 8.“ Leider konnte Hipler's neueste Mittheilung „Die Chorographie des Joachim Rheticus (Zeitschr. f. Math. u. Physik 1876)“ von mir nicht mehr benutzt werden.

[10]) Vergl. 81 und 110.

Beobachtungen anstellte, und die dafür nothwendigen Instrumente auf eigene Kosten herbeischaffte [11]). Als die Kunde von der kühnen Idee des Copernicus in diesen Freundeskreis gelangte, wurden Reinhold, Rhäticus und Cruciger von derselben begeistert, ja schon 1539 entschloß sich Rhäticus seine Professur niederzulegen, um selbst nach Frauenburg reisen und an der Quelle schöpfen zu können. So kam er in den Stand, an Schoner in Nürnberg, mit welchem er bereits früher auf einer Studienreise, die ihn auch zu Apian und Camerarius geführt hatte, bekannt geworden war, schon zu Anfang folgenden Jahres als ersten Bericht über die Ideen und Arbeiten von Copernicus seine berühmte „Narratio prima“ zu übersenden [12]), — jenen interessanten Vorläufer zu dem classischen Werke von Copernicus, mit dem wir uns sofort beschäftigen werden, und der unter Anderem zur Folge gehabt haben soll, daß eine fahrende Schauspielerbande ihre Bühne auf dem Marktplatze in Frauenburg, oder nach Andern in dem benachbarten Elbing, aufschlug, und unter lautem Beifall eine Posse aufführte, in welcher das copernicanische System lächerlich gemacht wurde. Copernicus, den seine Freunde aufforderten dagegen einzuschreiten, soll ganz gelassen erwidert haben: „Was geht es mich an? Meine Lehre versteht der Pöbel nicht, und was er verlangt, mag ich nicht.“

80. Das Werk „De revolutionibus“. Schon lange ehe Rhäticus zu ihm kam, hatte Copernicus, wie bereits erwähnt wurde, unter dem Titel „De revolutionibus“ ein sein neues System darstellendes und begründendes Werk vollendet; aber er revidirte immer noch an demselben und zögerte damit

[11]) Vergl. „Pressel, Caspar Cruciger. Elberfeld 1862 in 8.“ — Cruciger wurde 1504 zu Leipzig geboren, stand von 1527 an als Prediger und Professor in Wittenberg, und starb daselbst 1548. Er war eine Hauptstütze von Luther im Reformationswerke, und schrieb dessen akademische und Kanzelvorträge, unter Anwendung einer Art stenographischer Zeichen, nach.

[12]) Sie wurde 1540 zu Danzig, 1541 zu Basel und nachher noch wiederholt aufgelegt, auch 1596 von Mästlin dem Prodromus Kepler's als Anhang beigegeben.

hervorzutreten. Erst 1542 gelang es seinem Freunde Bischof Tiedemann Giese zu Kulm, ihn zu bewegen das Manuscript zum Drucke herzugeben; Giese sandte sodann dasselbe an Rhäticus, der es sofort mit Empfehlungsbriefen von Melanchthon nach Nürnberg brachte, wo nun anfänglich er selbst, und sodann nach seinem Abgange nach Leipzig der mit den Wittenbergern befreundete, dortige lutherische Prediger Andreas Hoßmann oder Osiander, der 1498 zu Gunzenhausen geboren war und später von 1548 bis zu seinem 1552 erfolgten Tode als Professor der Theologie in Königsberg stand, mit Hülfe von Schoner dasselbe 1543, sammt Copernicus oben schon wiederholt benutzter Zuschrift an Papst Paul den Dritten, zum Drucke besorgte, dagegen sonderbarer Weise das Vorwort von Copernicus wegließ, dafür eine selbst verfaßte Zuschrift „De hypothesibus hujus operis“ an den Leser beifügte, und auch den Titel in „De revolutionibus orbium coelestium“ umwandelte. — Während Osiander den Leser glauben machen will, es habe Copernicus selbst seine Lehre als eine Hypothese dargestellt, so geht schon aus der Zuschrift an den Papst, und allerdings noch mehr aus jener weggelassenen, und erst den neuern Ausgaben beigefügten Vorrede, gerade das Gegentheil hervor; dagegen gesteht Copernicus in der Zuschrift ganz offen, daß er sich aus Furcht vor Widerspruch lange nicht habe entschließen können, sein Werk zum Drucke zu geben, aber schließlich durch seine Freunde fast dazu gezwungen worden sei: „Unter ihnen war es vor Allen,“ erzählt er[1]), „der in jeder Wissenschaft hochberühmte Cardinal Nicolaus Schönberg, Erzbischof von Capua, und nächst ihm ein mir innig befreundeter Mann, der Bischof Tiedemann Giese von Culm, der mit gleichem Eifer der Theologie wie jeder schönen Wissenschaft zugewandt ist. Dieser Letztere namentlich hat mich oft gemahnt und zuweilen unter Vorwürfen aufgefordert mein Werk heraus-

[1]) Nach der von Prowe in seiner Schrift „Ueber die Abhängigkeit des Copernicus von den Gedanken griechischer Philosophen und Astronomen. Thorn 1865 in 8.“ gegebenen Uebersetzung.

zugeben und endlich an das Tageslicht treten zu lassen, da ich es nicht neun Jahre, sondern viermal neun Jahre lang bei mir zurückgehalten und der Oeffentlichkeit entzogen hätte. Ebenso drangen in mich nicht wenige andere hervorragende gelehrte Männer, indem sie mir vorstellten, ich dürfe mich nicht länger aus Furcht weigern, meine Arbeiten zum Nutzen aller Mathematiker bekannt zu machen [1]). Je widersinniger augenblicklich meine Lehre von der Bewegung der Erde den Meisten erschiene, um so mehr Bewunderung und Dank würde sie erhalten, wenn man sehen würde, wie durch die Veröffentlichung meiner Untersuchungen der Schein der Ungereimtheit durch die einleuchtenden Beweise hinweggenommen würde." — Das classische Werk von Copernicus, dessen erste Druckbogen der Verfasser noch auf dem Todbette gesehen haben soll, und dessen Ausgabe entsprechend dem oben Mitgetheilten 1543 zu Nürnberg erfolgte, besteht aus sechs Büchern: Das Erste leitet ein, gibt einen Begriff von den durch den Verfasser der Erde zugeschriebenen drei Bewegungen, sowie der Anordnung des Sonnensystems überhaupt, und schließt, unter Beigabe einer Sehnen- oder eigentlich Sinus-Tafel für den Radius 100000 von 10 zu 10 Minuten, mit einer Anleitung zur Trigonometrie ab [2]). Das Zweite behandelt die sog. sphärische Astronomie, in der z. B. gelehrt wird, daß die Schiefe der Ekliptik zwischen 23° 52′ und 23° 28′ schwanke, und gibt einen Fixsterncatalog, der sich von dem des Almagest namentlich dadurch unterscheidet, daß die Längen nicht auf das Equinoctium, sondern auf einen demselben nahen Stern (γ Arietis) bezogen werden, —

[1]) Nach Sirius VI. pag. 111 findet sich in der Baierischen Hofbibliothek aus dem Nachlasse des Kanzlers Joh. Albert Widmanstadt eine griechische Handschrift, welche dieser 1533 vom Papste Clemens VII. zum Geschenke erhalten hatte, als er ihm im Garten des Vaticans das copernicanische Weltsystem erklärt hatte, — also 10 Jahre vor der Publication.

[2]) Als Probe einer von ihm beabsichtigten Deutschen Ausgabe veröffentlichte 1857 Oberlehrer Menzzer in Halberstadt im Jahresberichte der dasigen Bürgerschule eine Uebersetzung des die Trigonometrie beschlagenden Abschnittes. Vergl. 110.

das **Dritte** behandelt die von Copernicus, der die Zahlenangaben von Ptolemäus noch keiner Kritik unterwerfen konnte, für ungleichförmig gehaltene Präcession und die seinen bereits erwähnten Principien entsprechende Theorie der Sonne[4]), — das **Vierte** die Theorie des Mondes, die er gegenüber dem Almagest, trotzdem hier der Boden unverändert blieb, wesentlich verbesserte, — das **Fünfte** und **Sechste** endlich, mit Einschluß der bereits besprochenen Distanzbestimmungen, die seiner Lehre entsprechenden Theorien der Planeten. — Eine zweite durch Beigabe der Narratio prima vermehrte, aber sonst mit der ersten bis auf einige neu hinzugekommene Druckfehler identische Ausgabe des Copernicanischen Werkes erschien 1566 zu Basel, — eine dritte, bedeutend correctere besorgte der zu Gröningen als Professor der Mathematik und Medicin stehende Nicolaus **Müller**[5]) 1617 zu Amsterdam unter Beigabe vieler werthvollen Anmerkungen, — eine vierte, schon 1847 durch Frau Nina Luszczewska angeregte Ausgabe, der Director der Warschauer Sternwarte, der 1800 zu Slawkow geborne Johannes **Baranowski** 1854 zu Warschau,

---

[4]) In der Jubiläumsausgabe findet sich (pag. 166) zu Cap. 4 des dritten Buches (Blatt 67 der ursprünglichen Ausgabe) die Bemerkung: „Post *revertetur* in Ms. extant haec verba maximi momenti in historia astronomiae, quamquam a Copernico postea sunt deleta: *Vocant autem aliqui motum hunc in latitudinem circuli, hoc est dimetientem, cuius tamen periodum et dimensionem a circum currente eius deducunt, ut paulo inferius ostendemus. Est quo hic obiter animadvertendum, quod, si circuli* hg *et* cf *fuerint inaequales manentibus caeteris condicionibus, non rectam lineam, sed conicam sive cylindricam sectionem describent, quam ellypsim vocant mathematici; sed de his alias.* Ex primis versibus nunc caput V incipit.“ Es geht daraus hervor, daß Copernicus denn doch nicht so ganz in dem frühern Wahne befangen war, es seien nur kreisförmige Bahnen zulässig, sondern daß er auch elliptische Bahnen für möglich hielt, also auch in dieser Beziehung ein Vorläufer von Kepler war. Wenn er nichtsdestoweniger schließlich bei der gleichförmigen Bewegung im Kreise stehen blieb, und dieselbe mit der minutiösesten Consequenz durchführte, d. h. leistete, was überhaupt unter dieser Voraussetzung zu leisten war, so erwarb er sich gerade dadurch das nicht zu verkennende große Verdienst mit dem Alten abgeschlossen, und damit Neuem gerufen zu haben.

[5]) Müller oder Mulerius wurde 1564 zu Brügge geboren, und starb 1630 als Director der holländisch-ostindischen Gesellschaft.

unter Beigabe der bis dahin immer noch unpublicirt gebliebenen Vorrede, einer polnischen Uebersetzung und einiger kleinerer Schriften von Copernicus, — eine fünfte und sehr correcte endlich, zum 400 jährigen Jubiläum der Geburt des Verfassers, der bereits durch verschiedene historische und literarische Arbeiten verdiente Gymnasiallehrer Maximilian Curtze[6]) zu Thorn 1873, unter Benutzung des in der Bibliothek des hochgräfl. Nostitz'schen Majorates zu Prag aufbewahrten Originalmanuscriptes[7]).

81. **Die erste Aufnahme.** Die erste Aufnahme des Copernicanischen Systems war nicht gerade unfreundlich, aber doch etwas kühl, da für die große Menge das gelehrte Werk von Copernicus natürlich unverständlich war, — da an den hohen Schulen nach wie vor das Ptolemäische System, für welches in jener die Lehrfreiheit noch nicht kennenden Zeit einzig Lehrkanzeln da waren, gelehrt werden mußte, somit die Professoren höchstens einige Lieblingsschüler privatim mit dem neuen Systeme bekannt machen konnten[1]), — da demselben noch thatsächliche Beweise fehlten, während ihm das Zeugniß der Sinne sogar direct zu widersprechen schien, — und da endlich auch durch dasselbe die Darstellung der Bewegung nicht wesentlich genauer wurde. Aus diesen verschiedenen Gründen blieben so einstweilen Reinhold und Rhäticus fast die einzigen bedeutendern Parteigänger der neuen Lehre, und da Letzterer sich, abgesehen von einer 1550 zu Leipzig von ihm ausgegebenen „Ephemeris ex fundamentis Copernici", in seinen schon erwähnten „Thesaurus" verrannte, welcher derselben nur mittelbar dienen konnte, so hat man eigentlich Erstern als einzigen Apostel zu betrachten. Reinhold war nun allerdings sehr tüchtig und fleißig: Nicht nur schrieb er einen für seine Zeit nichts weniger als überflüssigen Commentar zu dem Werk von Coper-

[6]) Zu Ballenstedt in Anhalt 1837 geboren.

[7]) Nach in Note 2 erwähnter Quelle gehörte das Nostitz'sche Original-Manuscript zuerst Rhäticus, — dann Valentin Otho, — dann Jacob Christmann, — dann Comenius, — und ging schließlich, als Letzterer 1628 aus Böhmen exilirt wurde, in den Besitz der Nostitze über.

[1]) Vergl. das schon in 68 über dieses Verhältniß Mitgetheilte.

nicus, sondern berechnete auch auf letzteres gestützt neue astronomische Tafeln, welche bis zum Erscheinen der Rudolphinischen die besten waren. Nach einem Briefe, den Melanchthon 1544 an den edeln Herzog Albrecht von Preußen schrieb, um ihm Reinhold zu pecuniärer Unterstützung zu empfehlen, war Letzterer damals schon ernstlich mit diesen Tafeln beschäftigt und opferte nun von da weg denselben noch fünf volle Jahre anstrengendster Arbeit, ja, man darf sagen, seine Gesundheit und, trotz regelmäßiger Gaben des Herzogs, auch beinahe seine und seiner Familie Existenz, — hatte dann aber allerdings die Satisfaction etwas Tüchtiges geschaffen zu haben. „Von allen meinen Arbeiten ist diejenige die vorzüglichste, welche den Titel Novae tabulae astronomicae führt," schrieb er 1549 an den beim Herzog wohl angesehenen Theologen Staphylus in Königsberg*). Nach ihnen können alle Himmelsbewegungen rückwärts fast auf 3000 Jahre berechnet werden, ... und diese Berechnung stimmt mit allen dazwischen liegenden Beobachtungen. ... Eine solche Berechnung bieten weder die ptolemäischen noch die alphonsinischen, noch die andern aus diesen hergenommenen Tafeln dar. Daher zweifle ich auch nicht, daß diese meine Tafeln ... allen Gelehrten ... sehr willkommen sein werden, sobald sie ans Licht treten. Daß dieß sobald als möglich geschehe, werde ich mir alle Mühe geben; allein ich muß mir einen Patron und Mäcen suchen, der durch seine Freigebigkeit und Municifenz die Kosten und den Schaden, die ich nicht gering anschlagen darf, einigermaßen decken und auch für meine Kinder gütigst Sorge tragen wird. Denn ich habe an diesem Werke ... über fünf Jahre gearbeitet und nicht nur meine Gesundheit und sehr viele Vortheile geopfert, welche ich mir theils aus Beurtheilungen von Nativitäten bei Königen, Fürsten und andern vornehmen Leuten, theils auch auf andern ehrbaren Wegen verschaffen konnte, sondern ich habe auch von dem Meinigen noch 500 Fl. zugesetzt, außer der jährlichen Besoldung, die mir an

*) Vergl. Apelt, pag. 176.

dieser Universität als Lehrer der Mathematik bezahlt worden ist, und auch außer den Unterstützungen, die mir der erlauchteste Herzog von Preußen mit so großer Freigebigkeit hat zukommen lassen. . . . . Ich habe nun viele Gründe, warum ich meine Tafeln Tabulae Prutenicae nennen und dem erlauchten Herzog Albrecht von Preußen dediciren möchte, und zwar ist der vornehmste der, daß ich die meisten Beobachtungen, von welchen, als den Principien und Fundamenten, ausgehend ich diese Tafeln entworfen, von dem hochberühmtesten Nicolaus Copernicus, einem Preußen, entliehen habe. . . . Einen mäßigen Ersatz für meine Kosten und meinen Verlust möchte ich wünschen, damit ich meinen Kindern durch alle meine so großen Arbeiten nicht etwa das als Frucht hinterlasse, daß sie . . . . gezwungen würden, den Bettelstab zu ergreifen." Es scheint, daß der Herzog die Widmung und ihre Folgen annahm, denn 1551 erschienen die „Tabulae Prutenicae coelestium motuum" wirklich zu Wittenberg mit einer Zuschrift an denselben, und Reinhold wurde so wenigstens noch die Freude zu Theil, die ersten Erfolge derselben zu erleben [a]). Dagegen ging leider, und zwar wahrscheinlich auf der schon berührten Flucht Reinhold's nach Saalfeld, sein gleichzeitig geschriebener Commentar zu dem Werke „De revolutionibus" verloren, und damit auch die Erklärung der Tafeln mitsammt dem Nachweise der für sie gebrauchten Grundlagen. — Die nächsten Nachfolger von Reinhold, der Landgraf Wilhelm von Hessen und der große dänische Astronom, beschäftigten sich weniger mit systematischen Untersuchungen als mit praktischer Astronomie, und so weiß man von Wilhelm nicht einmal genau, wie er sich zu der neuen Lehre stellte. Von Tycho Brahe dagegen, der sonst Copernicus in hohen Ehren hielt, weiß man, daß er dessen System nicht recht praktisch fand, da es sich nicht nur gegen die Sinne

[a]) Neue Ausgaben veranstalteten Mästlin: Tubingae 1571, — und C. Strubius: Viteb. 1584. — Es wurden diese Tafeln der Gregor. Kalenderreform zu Grunde gelegt, und wie gesagt, erst durch die Rudolph. Tafeln verdrängt; auch berechnete Mästlin nach denselben seine „Ephemerides novae ab Anno 1577 ad Annum 1590. Tubingae 1580 in 4."

verstieß, und nach seiner Ansicht für die Construction von Planetentafeln nicht wesentlich mehr leistete als das alte System, sondern sich auch, besonders wegen der erwähnten doppelten conischen Bewegung, zur mechanischen Darstellung wenig eignete; da er aber auch nicht am ptolemäischen System festhalten wollte, so schlug er ein Mittelsystem vor, bei dem sich Erde, Mond und Sonne um die feste Erdaxe[4]), — Merkur, Venus, Mars, Jupiter und Saturn aber um die Sonne drehten, womit in der That der scheinbaren täglichen und jährlichen Bewegung, sowie der Bewegung der Planeten Genüge geleistet war, ohne daß die erwähnten Einwürfe gemacht werden konnten. Er that sich denn auch auf dieses System nicht wenig zu gut, so daß er es übel vermerkte, als der von Henstede in Ditmarschen gebürtige, dort noch 1583 als Landmesser lebende, dann bei dem gelehrten Erich Lange auf Jütland in Dienste getretene und 1584 mit ihm zu Tycho auf Besuch gegangene, schließlich nach ziemlich wechselvollem Leben 1600 als kais. Mathematiker zu Prag verstorbene Nicolaus Reymers, genannt Reimarus Ursus, von dem im Folgenden noch mehr die Rede sein wird, dasselbe System nicht nur lehrte, sondern sogar für seine eigene, schon 1585 an Landgraf Wilhelm mitgetheilte, und sodann durch Rothmann an Tycho gekommene Erfindung ausgab. Und momentane Berechtigung als Uebergangssystem hatte damals das Tychonische System allerdings[5]),

---

[4]) Nach manchen Darstellungen ließ Tycho selbst anfänglich nicht nur die Erdaxe, sondern auch die Erde ruhen, so daß die tägliche Bewegung unerklärt blieb, — und erst Longomontan beschränkte die Ruhe auf die Axe. Und in der That läßt Tycho auf pag. 477 und folg. der Progymnasmata, wo er von seinem neuen Systeme spricht, die Erde ruhen und die Fixsternsphäre sich bewegen; dagegen sagt Reimarus in der 15. der Thesen, welche er am Schlusse seines 1588 zu Straßburg ausgegebenen „Fundamentum astronomicum" gibt, ganz deutlich, es gebe 8 sich bewegende Körper, da außer den 7 Wandelsternen auch die Erde „welche zwar immer denselben Ort einnehme, aber gegenüber den Fixsternen nicht dieselbe Lage behalte" dazu zu rechnen sei. Man darf also Reimarus mindestens das Verdienst zuschreiben, das Tychonische System ausgebildet zu haben, und zwar lange vor Longomontan.

[5]) Vergl. „J. Eckert, Tycho Brahe und sein Planetensystem. Basel 1846

während dasjenige, welches fast ein Jahrhundert später Riccioli, der trotz aller Bewunderung für Copernicus glaubte als getreuer Sohn der Kirche dessen System in seinem „Almagestum novum“ [6]) unter 77 Nummern widerlegen zu müssen, aufstellte, und bei welchem auch noch Jupiter und Saturn Trabanten der Erde bleiben sollten, besser ganz unaufgestellt geblieben wäre, da ihm damals, nachdem Kepler bereits vor Jahrzehnten das Copernicanische System purificirt hatte, jede Bedeutung und Berechtigung abging [7]).

82. Die Verfolgung. Der Reformator Martin Luther soll anfänglich in seiner drastischen Weise von Copernicus gesagt haben: „Der Narr will die ganze Kunst Astronomia umkehren; aber die heilige Schrift sagt uns, daß Josuah die Sonne still stehen hieß und nicht die Erde,“ und auch Melanchthon konnte die Lehre von mehr als einer Welt nicht mit der Bibel und seinen theologischen Ansichten reimen. Da jedoch, wie wir bereits gesehen haben, gerade vorzugsweise einige ihrer Freunde und Glaubensgenossen dem neuen Systeme günstig und sogar behülflich waren die Grundschrift zu veröffentlichen, ohne daß dadurch irgendwie Verstimmung eintrat, — ja Melanchthon sogar Reinhold in seinen Arbeiten zu Gunsten des Copernicanischen Systems förmlich unterstützte, und Rhäticus, als er nach Nürnberg reiste, um für das Werk des Copernicus, einen Herausgeber zu suchen, mit Empfehlungsbriefen versah, so ging jedenfalls der Widerstand, trotz einigen etwas scharfen Aussprüchen, nie gar tief. Auch die katholische Kirche war im Anfange dem neuen System durchaus nicht ungünstig, da nicht nur Papst Paul der Dritte gegen die

---

in 4.“, — und namentlich „Emil Schinz, Würdigung des Tychonischen Weltsystems aus dem Standpunkte des 16. Jahrhunderts (Jahn 1850).“

6) Vergl. 142.

7) Andrea Argoli (1570—1657), der Wallensteins Lehrer in der Astrologie gewesen sein soll, und Prof. der Mathematik zu Padua war, stellte nach Höfer in seinem „Pandosium sphaericum. Patavii 1644 in 4.“ ebenfalls ein Gegensystem auf, in welchem Alles im Alten blieb, mit Ausnahme, daß Merkur und Venus, wie bei den Egyptern, Satelliten der Sonne wurden.

Zueigung des Copernicanischen Werkes nichts einzuwenden hatte, sondern noch Papst Gregor der Dreizehnte gestattete, bei der von ihm veranstalteten Kalenderreform die sich auf Copernicus stützenden Prutenischen Tafeln zu Grunde zu legen, und verschiedene hohe Würdenträger dieser Kirche die Arbeiten von Copernicus außerordentlich belobten. — Gegen das Ende des sechszehnten Jahrhunderts änderten sich jedoch die Verhältnisse in bedenklicher Weise: Die reformirte Kirche kehrte zu ängstlichem Wortglauben zurück, und betrachtete die vulgäre Sprache der Bibel auch in solchen Dingen als maaßgebend, so daß sie in den Bibelstellen: „Josua 10: Und Sonne und Mond standen stille ...., Psalm 93: Nun ist der Erdboden stark befestigt, er wird nicht entwegt werden ...., Jesus Sirach 46: Ist nicht um seinetwillen die Sonne stille gestanden .... ꝛc.“, ebensoviele Zeugnisse gegen die Lehre des Copernicus zu sehen glaubte, und die Anhänger der Letztern, so weit es ihre Mittel erlaubten, zu verfolgen begann[1]. Wurde ja nicht nur ein Kepler von seinem väterlichen Freunde Hafenreffer gewarnt nichts zu veröffentlichen, worin er die Copernicanischen Lehren nicht als bloße Hypothesen behandle, und dabei jede Erwähnung der Bibel zu vermeiden, — sondern noch ein Jahrhundert später ein Joh. Jakob Scheuchzer von Zürich als Copernicaner arg angefeindet, so daß sogar ein Spaßvogel meinte, seine Collegen, die Chorherrn, hätten einer weißen Krähe ein Leibgeding gesetzt, wenn Scheuchzer, der ihr über die Dächer nachstieg, um sie einzufangen, dabei verunglückt wäre[2]). — Auch die katholische Kirche, welche nicht nur jene Scrupel besaß, sondern

---

[1]) Charakteristisch ist auch, daß noch lange Schriften, wie z. B. „P. Meyerlin, Systema mundi Copernicanum argumentis invictis demonstratum et conciliatum Theologiae. Amstel. 1682 in 12., — J. Bernd, Beweis — und: Neu versuchter Beweis, daß das Systema Copernici der heil. Schrift nicht zu nahe trete. Magdeburg 1742, 2 Stücke in 4.“ — ꝛc. nothwendig erschienen.

[2]) Sonderbar ist, daß sein Vorgänger, Johannes von Muralt, nicht angefeindet wurde, obschon er das Copernicanische System öffentlich lehrte, vergl. pag. 32 seines in Zürich eingeführten Schulbuches „Scientiae naturalis, seu Physicae, Compendium. Tiguri 1694 in 12.“

noch fühlte, daß sie der Reformation auf die Dauer nur dann zu widerstehen vermöge, wenn sie die Reform überall bekämpfe, wurde der neuen Lehre nach und nach ungünstiger, und suchte mit ihren größern Mitteln auf disciplinarischem Wege ihrer Verbreitung entgegenzutreten. So wurden schließlich die Copernicaner von beiden Seiten zu Ketzern oder wenigstens zu Freigeistern gestempelt, und ihr Kampf mit der katholischen Kirche drohte sogar verderbliche Dimensionen annehmen zu wollen, als diese Letztere, durch das Auftreten von Galilei gegen den Autoritätsglauben überhaupt, noch mehr gereizt wurde.

83. Galileo Galilei. Zu Pisa 1564 geboren, bezog Galileo Galilei, der ursprünglich zum Tuchhandel bestimmt gewesen sein soll, schon im Herbst 1581 die dortige Universität, um mit Erlaubniß seines Vaters Medicin zu studiren und fand schon als junger Student durch Beobachtnng der Schwingungen einer Kirchenlampe den Isochronismus des Pendels. Noch hatte er von Mathematik fast keine Idee, als er beim Versuche sich dem Mathematiklehrer bei den Pagen des Großherzogs von Toskana, dem seinem Vater befreundeten Hostilius Ricci, vorzustellen, vor der Thüre des Unterrichtslokales auf Beendigung einer Unterrichtsstunde warten mußte, und bei dieser Gelegenheit ein paar geometrische Brocken aufschnappte. Dieß wenige genügte ihn so zu fesseln, daß er Wochen lang, wenn er eine solche Unterrichtsstunde vermuthen konnte, vor jene Thüre zurückkehrte, — bis er endlich wagte, sich Ricci zu entdecken, der ihm nun erlaubte seinem Curse förmlich beizuwohnen, ihm bald darauf einen Archimedes schenkte, uud ihm dazu half, vom Vater die Erlaubniß zu erhalten, die Medicin mit der Mathematik zu vertauschen. Nun ging es so rasch vorwärts, daß schon bald der bekannte und angesehene Mathematiker Guido Ubaldi auf ihn aufmerksam wurde, aber trotz seines Einflusses ihm 1589 nur mit Noth und auch so vorläufig nur auf zwei Jahre eine ganz kleine, mit bloß 60 Scudi bezahlte Professur der Mathematik in Pisa verschaffen konnte, da er schon als Student die damals noch allmächtigen Peripatetiker in öffentlichen Disputationen verletzt hatte. Durch seine Anstellung eigentlich nur verpflichtet in zweijährigem Cyklus die Elemente Euklid's, die Sphären des Sacrobosco und Theodosius und das Quadripartitum des Ptolemäus zu erklären, verkündete er nun von der Lehrkanzel aus die durch Versuche und Raisonnement erhaltenen Fallgesetze, wobei er die Peripatetiker wiederholt unerbittlich angriff, und das Pfeifen einzelner, von jenen gegen ihn eingenommener Studenten bald in Acclamation zu verwandeln wußte. Ob sich Galilei auch damals schon zu Gunsten des Copernicanischen Weltsystems aussprach, mit dem er nach Weidler schon 1575 (?) durch Mästlin, nach seiner eigenen Andeutung in den Dialogen aber durch Wursteisen bekannt geworden, ist ungewiß[1]). Um so gewisser ist dagegen, daß sich Galilei durch sein schroffes Auftreten zwar bei den Studenten immer beliebter, dagegen bei den Behörden immer unmöglicher machte, und sich so 1592, wo eine Neuwahl stattfinden sollte, genöthigt sah mit seiner ganzen Habe, welche übrigens nicht voll einen Centner gewogen haben soll, nach Venedig abzuziehen, von wo er dann durch Empfehlung auf 6 Jahre eine Professur der Mathematik in Padua erhielt, welche ihm schon anfänglich 180 und durch Erhöhung bei jeder folgenden Bestätigung zuletzt bei 1000 Goldgulden eintrug. Hier lehrte er nun mit großem Erfolge, und war durch die auf ihre Macht stolzen Venetianer gegen alle Angriffe vollständig geschützt; hier stellte er die Fallgesetze endgültig fest, — verfertigte seinen Proportionalzirkel und ein Luftthermometer[2]), — schrieb mehrere Abhandlungen über Mechanik, Gnomonik ꝛc., — pflegte eine immer ausgedehntere wissenschaftliche

---

[1]) Vergl. 91 und die betreffende Stelle auf pag. 121 der Dialogen.

[2]) Den Proportionalcirkel erfand er 1596 und machte aus ihm kein Geheimniß; als ihm jedoch Capra in einem 1607 erschienenen betreffenden Werke denselben stehlen wollte, ließ er sein Erfindungsrecht von den Venetianischen Behörden constatiren, und publicirte sodann unter Beigabe der Proceßacten seine jetzt äußerst selten gewordene „Difesa contro alle calumnie et imposture di Baldessar Capra“. — Der Luftthermometer datirt nach Vinia aus den Jahren 1592—1597.

Correspondenz, z. B. von 1597 an auch mit **Kepler**, der ihm seinen Prodromus zugesandt hatte, — bildete nach Erfindung des Fernrohrs dasselbe sofort nach[3]), — machte mit diesem wunderbaren Instrumente seinen berühmten, später einläßlich zu besprechenden Eroberungszug am Himmel[4]), — und ärgerte mit seinen Entdeckungen und noch mehr mit den daraus gezogenen Schlüssen die Peripatetiker wieder nach Herzenslust, so z. B. schon 1604, als er in dem damaligen neuen Sterne ein Belege für die im Weltgebäude immer noch vor sich gehenden Veränderungen erhalten zu haben verkündigte.

84. Die Verurtheilung. Statt in dem für ihn sichern Padua zu bleiben, folgte leider **Galilei**, ohne die Warnungen seiner venetianischen Freunde zu beachten, nicht nur 1610 dem Rufe des wohlwollenden aber schwachen Großherzogs **Cosimo** nach Florenz, sondern im Frühjahr 1611 auch der Einladung mehrerer Cardinäle ihnen in Rom seine Entdeckungen zu zeigen; denn wenn es ihm auch in Rom gelang seine ehrlichen Gegner, wie z. B. Clavius und den Cardinal Bellarmin, von der Richtigkeit seiner Entdeckungen zu überzeugen und überhaupt auf wissenschaftlichem Gebiete einen vollständigen Sieg zu erlangen, so wurden gerade dadurch, genau wie es ihm sein Freund Paolo **Sarpi**[1]) prophezeit hatte, die Dunkelmänner veranlaßt, den Streit auf das ihnen bequemere theologische Gebiet hinüber zu ziehen, und eine förmliche Verbindung gegen Galilei zu gründen, welche ihn mit aller Schlauheit in die Falle locken sollte. Bald fühlte man sich kräftig genug die Operationen gegen Galilei zu beginnen, und schon 1614 predigte der Dominicaner Caccini in Florenz öffentlich gegen ihn über Apostelgeschichte I 11 „Ihr Galileischen Männer, was stehet ihr und sehet gen Himmel". Als dann Galilei, statt nach dem Rathe des Fürsten **Cesi**[2]) und

[3]) Vergl. 197. [4]) Vergl. 198.

[1]) Vergl. für ihn 129.

[2]) Federigo Cesi, der von 1585—1630 zu Rom lebte, und daselbst 1603 die Academia de' Lincei gründete.

anderer Freunde solche Angriffe zu ignoriren und bei seinen wissenschaftlichen Arbeiten zu bleiben, den Handschuh aufnahm, erreichte er statt der gehofften Satisfaction nur, daß 1615 der erwähnte Caccini und ein gewisser Pater Nicolo Lorini in aller Form beim päpstlichen Stuhle Galilei und seine Anhänger als Ketzer und die copernicanische Lehre als Irrlehre denuncirten. Die hierauf von Paul V. zur Untersuchung niedergesetzte Commission gab nun am 24. Februar 1616 das Gutachten ab: „Behaupten die Sonne stehe unbeweglich im Centrum der Welt, ist absurd, philosophisch falsch und förmlich ketzerisch, weil ausdrücklich der heiligen Schrift zuwider; behaupten die Erde stehe nicht im Centrum der Welt, sei nicht unbeweglich, sondern habe sogar eine tägliche Rotationsbewegung, ist absurd, philosophisch falsch und zum Mindesten ein irriger Glaube.“ Auf Grund dieses Gutachtens erließ sodann am 5. März die Congregation des Index ihr berühmtes Dekret [3]): „Und weil es auch zur Kenntniß der Congregation gekommen ist, daß jene falsche Pythagoräische und der göttlichen Schrift gänzlich zuwiderlaufende Lehre von der Beweglichkeit der Erde und der Unbeweglichkeit der Sonne, welche auch Nicolaus Copernicus (in seiner Schrift) de revolutionibus orbium coelestium und Diadacus Astunica [4]) in seinem „Hiob“ lehren — bereits sich verbreitet hat, und von Vielen angenommen wird, wie zu ersehen ist aus einem gedruckten Briefe eines gewissen Carmeliter-Mönchs unter dem Titel „Lettera del R. P. Maestro Paolo Antonio Foscarini [5]) Carmelitano, sopra l'opinione de i Pittagorici e del Copernico della mobilita della Terra e stabilita del Sole, e il nuovo Pittagorico sistema del Mondo,

---

[3]) Ich folge sowohl hierbei als bei Mittheilung späterer Actenstücke der in Note 24 erwähnten Schrift von Wohlwill.

[4]) Oder wohl Diego à Stunica oder Zunica von Salamanca, der schon 1584 das Copernicanische System angenommen haben soll.

[5]) Foscarini lebte etwa von 1580—1616 und stand als Lehrer der Philosophie und Theologie in Neapel und Messina. Da seine im Texte erwähnte Schrift noch 1615 das Imprimatur erhalten hatte, so muß in Rom ein schneller Umschlag stattgefunden haben.

in Napoli per Lazzaro Scorriggio 1615", in welcher der genannte Pater zu zeigen versucht, daß gedachte Lehre von der Unbeweglichkeit der Sonne im Centrum der Welt und der Beweglichkeit der Erde der Wahrheit gemäß sei und nicht der heiligen Schrift widerspreche. Deßhalb, damit eine derartige Meinung nicht, der katholischen Wahrheit zum Verderben, weiterschleiche, hat (die Congregation) beschlossen, daß die genannten (Bücher des) Copernicus „über die Bewegungen der Himmelskörper" und Diadacus Astunica zum „Hiob" zu suspendiren seien, bis sie verbessert werden[6]), das Buch des Carmeliters Foscarini dagegen gänzlich zu verbieten und zu verdammen und alle andern Bücher, die gleichfalls dieselbe Lehre vortrügen, zu verbieten, wie sie durch gegenwärtiges Dekret dieselben alle respective verbietet, verdammt und suspendirt." Galilei, der[7]) persönlich

[6]) Daß das Verbessern nur ein Herstellen hypothetischer Form sein sollte, geht aus einem von Riccioli II 496—7 beigebrachten Decrete von 1620 hervor, in dessen Einleitung man liest: „Die Väter der heil. Congregation des Index seien allerdings der Meinung gewesen, daß die Schrift des Astronomen Nicolaus Copernicus de mundi revolutionibus gänzlich verboten werden müsse, weil er Lehren, die der heil. Schrift in ihrer wahren und katholischen Interpretation widersprechen, nicht hypothetisch abzuhandeln, sondern als durchaus wahr zu erweisen unternimmt. Weil jedoch in dieser Schrift sich Vieles finde, was dem Gemeinwesen in hohem Grade nützlich ist, haben sie einstimmig beschlossen, daß die Werke des Copernicus, die bis zum heutigen Tage gedruckt sind, wie zuvor zu erlauben seien, — unter der Bedingung jedoch, daß der nachfolgenden Anweisung gemäß die Stellen corrigirt werden, in denen er nicht hypothetisch, sondern in bestimmter Behauptung über die Stellung und Bewegung der Erde spricht; die Abdrücke aber, die in Zukunft veranstaltet werden, sollen nur, wenn die bezeichneten Stellen in vorgeschriebener Weise (meistens nur durch vereinzelte Wortänderungen) verbessert sind, und eine solche Correctur der Vorrede des Copernicus vorangeschickt wird, erlaubt sein." Vom Detail mag die Bemerkung zum 8. Capitel beigefügt werden: „Dieß ganze Capitel könnte ausgetilgt werden, weil es ex professo von der Wahrheit der Bewegung der Erde handelt, indem es die Gründe der Alten widerlegt, die ihre Ruhe beweisen. Da es jedoch wie von einem Problem zu reden scheint, mag es, damit den Wißbegierigen Genüge geschehe, und die Reihenfolge und Ordnung des Buches erhalten bleibe, verbessert werden wie folgt."

[7]) Ob in Folge einer Vorladung oder aus eigenem Antriebe, weiß man nicht recht, — doch scheint eher Letzteres der Fall gewesen zu sein.

nach Rom geeilt war, um sich zu vertheidigen und ein solches Verbot zu verhindern, wurde schon am 26. Februar auf Befehl des Papstes von Bellarmin persönlich ermahnt von der Bewegung der Erde abzustehen, und zwar findet sich über diesen Vorgang in den spätern Prozeßacten die Stelle: „In der gewöhnlichen Residenz des Herrn Cardinals Bellarmin hat der Herr Cardinal, nachdem genannter Galilei vorgeladen und vor seiner Eminenz erschienen war, in Gegenwart des sehr ehrwürdigen Bruders Michael Angelo Segnitius de Landa, vom Dominikaner-Orden, des Generalcommissars des heil. Officium, vorgenannten Galilei ermahnt wegen des Irrthums obengenannter Meinung, und daß er sie aufgeben möge.“ Trotzdem blieb Galilei immer noch in Rom, bis ihm im Mai sein Großherzog förmlich befahl nach Florenz zurückzukehren, da allerlei beunruhigende Gerüchte in Umlauf kamen. Um solchen begegnen zu können, erhielt Galilei vor seiner Abreise am 26. Mai noch folgendes Zeugniß: „Wir Robert Cardinal Bellarmin, da wir vernommen, daß der Herr Galileo Galilei verleumdet und ihm zur Last gelegt worden sei, in unsere Hand abgeschworen zu haben, sowie daß aus diesem Anlaß ihm heilsame Büßungen auferlegt worden seien, und da wir um ein Zeugniß für die Wahrheit angegangen sind, erklären, daß der gedachte Herr Galileo weder in unsere Hand, noch vor Andern in Rom, noch, soviel wir wissen, anderswo irgend eine seiner Ansichten und Lehren abgeschworen hat, sowie auch, daß ihm keine heilsamen Büßungen auferlegt, sondern nur die von Unserm Herrn abgegebene und von der heil. Congregation des Index publicirte Erklärung zur Kenntniß gebracht worden ist, des Inhalts, daß die dem Copernicus beigemessene Lehre, daß die Erde sich um die Sonne bewege und die Sonne im Centrum des Weltgebäudes stehe, ohne sich von Aufgang zu Niedergang zu bewegen, der heil. Schrift zuwider ist, und somit weder für wahr gehalten, noch vertheidigt werden darf. Zur Unkund dessen haben wir Gegenwärtiges eigenhändig geschrieben und unterschrieben.“ — Für den Augenblick mußte Galilei schweigen, wollte er nicht einen neuen Sturm heraufbeschwören und etwa gar das Schicksal von Giordano Bruno erdulden[8]), der 1600 von der Inquisition wegen seiner Irrlehren, unter denen z. B. die Lehre von der Mehrheit der Welten, von der Rotation der Sonne ꝛc. vorkommen, dem Feuertode überliefert worden war, — wenigstens angeblich, muthmaßlich aber allerdings mehr wegen seiner Schrift „Spaccio della bestia trionfante", einer 1584 von ihm zu Paris herausgegebenen beißenden Satyre auf die römische Kirche, ja überhaupt auf die ganze damalige kirchliche und gesellschaftliche Ordnung. Erst als der ihm früher äußerst günstige Cardinal Maffeo Barberini 1623 als Urban VIII. den päpstlichen Stuhl bestiegen hatte, schöpfte Galilei neuen Muth und entschloß sich demselben im Frühjahr 1624 in Rom eine Gratulationsvisite zu machen. Er wurde sehr zuvorkommend aufgenommen und kostbar beschenkt; aber in der Hauptsache erreichte er absolut nichts, — das Decret von 1616 blieb bestehen, und er kehrte höchstens mit der Hoffnung nach Florenz zurück, daß die päpstliche Gunst wenigstens verhindern werde, dasselbe speciell auf ihn mit voller Strenge anzuwenden. In dieser Hoffnung schrieb er nun in Ausführung eines längst gefaßten Planes seinen berühmten „Dialogo sopra i due sistemi del mondo, Tolemaico e Copernicano", in welchem allerdings scheinbar ein Ptolemäer Namens Simplicius gegen zwei Copernicaner Namens Salviati und Sagredo[9]) mit Erfolg kämpfte, aber eigentlich der Leser durch die gewichtigern Argumente der Letztern für ihre Ansicht gewonnen werden sollte. Er hatte dieses Opus 1630 fertig und begab sich nun damit nach

[8]) Vergl. für ihn die 76 erwähnte Schrift von Clemens und seine „Opere raccolte e publicate da A. Wagner. Lipsiae 1830, 2 Vol. in 8."

[9]) Filipo Salviati von Florenz und Giovan Francesco Sagredo von Venedig waren zwei damals bereits verstorbene Freunde von Galilei, deren Andenken er auf diese Weise ehren wollte, — den Namen Simplicius hatte er dagegen von dem geschätzten Commentator des Aristoteles auf einen venetianischen Peripatetiker übergetragen, der nicht gerne genannt sein wollte. Ph. Chasles schildert Letztern mit den Worten: „Bon homme ridicule mais entêté, acharné au culte de ce qui n'est plus; homme qui ne sait répondre que: *Aristote l'a dit, Aristote le veut!*"

Rom, um das Imprimatur zu erhalten. Der Dominikaner Niccolo Riccardi, ein früherer Schüler von Galilei, war Obercensor, und gab das Manuscript an Raphael Visconti, Professor der Mathematik, zur Durchsicht. Nach Anbringung mehrerer kleiner Veränderungen in Form und Inhalt wurde endlich, unter Bedingung, daß Galilei ein von Riccardi zu entwerfendes Vorwort ohne Veränderung acceptire, die Erlaubniß zum Drucke in Florenz gegeben [10]). Galilei kehrte nun nach Florenz zurück, ließ den Druck beginnen, gab seine Schrift 1632 mit dem ihm octroyirten und daher auch nicht anzurechnenden Vorworte heraus [11]), und es wäre wohl Alles in Ordnung gewesen, hätte der große Erfolg der Dialoge nicht seine Gegner tödtlich verletzt, so z. B. den längst Rache dürstenden Scheiner [12]), und wäre es ihnen sodann nicht nur gelungen dem ziemlich eiteln Urban weiß zu machen, Galilei habe ihn als Simplicius lächerlich machen wollen, sondern auch ein Document zu produciren, das Galilei wirklich als fehlbar erscheinen ließ. An den oben mitgetheilten Bericht über die von Bellarmin am 26. Februar 1616 Galilei applicirte Ermahnung schloß sich nun nämlich unmittelbar auf demselben losen Blatte, ohne daß auch nur durch ein Wort ein Widerstreben Galilei's angedeutet ist, die ein strenges Verbot implicirende Stelle an: „und darauf folgend und sofort in meiner und der Zeugen Gegenwart und während derselbe Herr Cardinal gleichfalls noch anwesend war, hat der obengenannte Pater Commissarius dem vorgenannten, noch ebendaselbst anwesenden und auf Vorladung erschienenen Galilei im Namen Sr. Heiligkeit und der ganzen Congregation des heil. Officium die Anweisung und den Befehl ertheilt, daß er die obengenannte Meinung, daß die Sonne

[10]) Ursprünglich sollte derselbe in Rom unter Aufsicht des Fürsten Cesi ausgeführt werden; aber dieser einflußreiche Gönner starb während der Verhandlung mit den Censoren.

[11]) Diodati sandte 1633 ein Exemplar an Bernegger, und forderte ihn zur Uebersetzung auf, die dann wirklich 1635 zu Straßburg unter dem Titel „Systema cosmicum" erschien, und später noch mehrfach aufgelegt wurde.

[12]) Vergl. 128 über seinen Streit mit Galilei.

das Centrum der Welt und unbeweglich sei und die Erde sich bewege, gänzlich aufgebe, und sie fernerhin in keinerlei Weise für wahr halte, lehre oder vertheidige, in Worten oder Schriften; sonst werde gegen ihn im heil. Officium verfahren werden; und bei diesem Befehl hat derselbe Galilei sich beruhigt und zu gehorchen versprochen. Worüber verhandelt zu Rom, an oben gemeldetem Ort, in Gegenwart von Badino Nores aus Nicosia im Königreich Cypern und Augustin Mongard aus einem Ort des Abtes Rotz diocesis Politianeti (?), Hausgenossen des genannten Herrn Cardinals (als) Zeugen." Dieses angebliche Verbot, von dem nicht nur Galilei selbst nichts wissen wollte, sondern das dem von Bellarmin ausgestellten Zeugnisse direct widersprach, war auch weder dem Obercensor, noch sonst Jemandem bekannt, und wurde erst plötzlich im Herbst 1632 [13]), trotz angeblicher Anwesenheit von Notar und Zeugen ohne beglaubigende Unterschriften ꝛc., gefunden, d. h. zu einer Zeit, wo etwas nöthig schien, um Griff auf Galilei zu bekommen; es ist also die Aechtheit dieses Documentes im höchsten Grade zu bezweifeln, und hätte offenbar bei einem unpartheiischen Richter zum mindesten einer strengen Prüfung bedurft, um dieses Verbot zur eigentlichen Basis der Anklage und Verurtheilung wählen zu dürfen, — und es ist [14]) dieser Punkt des Processes viel wichtiger als die immer vorzugsweise ventilirte Folter. Zunächst wurde der Verkauf des Buches verboten; dann eine Commission von Theologen, die sämmtlich Gegner von Galilei waren, zur Prüfung des Buches vom Papst niedergesetzt, ohne den Reclamationen des toscanischen Gesandten Niccolini die mindeste Rechnung zu tragen; dann nach dem Antrage der Commission das Buch vor das Forum der Inquisition gewiesen, und Galilei aufgefordert, sich persönlich vor derselben zu stellen. Alle Gegenbemühungen waren fruchtlos, — Galilei mußte, da ihn sein Großherzog nicht zu schützen und nichts weiteres für ihn zu thun

[13]) Also nach dem Tode des von 1542—1621 lebenden Bellarmin.

[14]) Wie Wohlwill ganz richtig bemerkt.

wußte, als ihm eine Sänfte zur Verfügung zu stellen, trotz schlechter Jahreszeit und Unwohlsein, am 20. Januar 1633 abreisen, — kam am 13. Februar in Rom an, — durfte zwar im Gesandtschaftshotel absteigen, mußte aber bei Androhung der größten Strafen von Anfang an über die ganze Verhandlung das vollständigste Stillschweigen beobachten. Am 12. April, wo das erste Verhör stattfand, mußte Galilei ein Apartement im Inquisitionspallaste beziehen, wo er jedoch immerhin noch einer gewissen Freiheit genoß, im Hofe spazieren konnte 2c. Am 30. April folgte ein zweites, am 10. Mai ein drittes Verhör und Rückkehr ins Gesandtschaftshotel. Am 21. Juni wurde er ganz speciell darüber verhört, ob er noch der copernicanischen Lehre anhange und dann bis zum folgenden Tage, wo ihm das Urtheil mitgetheilt wurde und er abzuschwören hatte, im Inquisitionspallaste zurückgehalten[15]). Am folgenden Tage, am 22. Juni 1633, wurde Galilei in die Minervakirche geführt, wo ihm zunächst vor seinen Richtern und einer großen Anzahl von Cardinälen und Prälaten die Sentenz der Inquisition[16]) vorgelesen wurde, in welcher nach

[15]) Ob er damals gefoltert wurde? Marini sagt nein, und auch Biot kömmt zu dem Schlusse: „Non, Galilée ne fut pas alors physiquement torturé dans sa personne.“ Libri glaubt dagegen entschieden, daß das in der Sentenz als nothwendig angeführte „Examen rigorosum“ nicht bloß eine Androhung der Folter gewesen sei, und sagt noch in seinem mehrerwähnten Cataloge bei Anführung der Ausgabe des „Sacro Arsenale. Roma 1693 in 4.“: „In this Volume we find the proof that the *Rigoroso Esame* mentioned in the sentence against Galileo signifies *Tortura*.“ Das Original der Proceßacten, das 1809 oder spätestens 1812 nach Paris gebracht worden war und dort gedruckt werden sollte, verschwand später, — soll dann auf unbekannte Weise an Gregor XVI. zurückgekommen und 1848 von Pius IX. in den Archiven des Vaticans deponirt worden sein. Marini will dasselbe eingesehen haben und versichert „que la publication du procès aurait glorifié la sagesse et la démence du tribunal de l'Inquisition si injustement décrié“, gibt aber selbst nur wenige Auszüge, und die vollständige Ausgabe von Galilei's Werken blieb ebenfalls fast nur auf das wenige angewiesen, was sich bei Riccioli und Venturi findet.

[16]) Interessant ist, daß, wie zuerst Cantor 1864 in der Zeitschrift für Mathematik hervorhob, von zehn an der Spitze der Sentenz als Richter genannten Cardinälen drei, nämlich Franz Barberini, Caspar Borgia und Laudivio Zacchia, dasselbe nicht unterschrieben haben.

einseitiger Erzählung des uns schon Bekannten und schwacher, zunächst auf jenem zweifelhaften Papiere beruhender und den Sinn von Bellarmin's Zeugniß verdrehender Begründung, das eigentliche Urtheil in folgenden Worten ausgesprochen wird[17]): „Unter Anrufung des heiligsten Namens unsers Herrn Jesu Christi und der glorreichen Mutter und unbefleckten Jungfrau Maria behaupten, verkünden, urtheilen und erklären wir durch diese unsere definitive Sentenz, die wir, zu Tribunal sitzend, unter dem Beistande und nach dem Gutachten der ehrwürdigen Lehrer der Theologie und der Doctoren beider Rechte, als unserer Rechtsbeistände, in dieser Schrift aussprechen, bezüglich der vor uns behandelten Frage und Fragen zwischen Sr. Herrlichkeit Carolus Sincerus, Doctor beider Rechte und Fiscal-Procurator dieses heiligen Officiums, einerseits, und zwischen Dir Galileo Galilei, der Du wegen der hier vorliegenden processualisch verhandelten Schrift angeklagt, untersucht, verhört und wie oben geständig warst, anderseits: daß Du, obgenannter Galilei, wegen dessen was sich im Processe ergab und Du selbst wie oben gestandest, Dich bei diesem heiligen Officium der Häresie sehr verdächtig gemacht habest, d. h. daß Du eine Lehre geglaubt und fest gehalten hast, welche falsch und der heiligen und göttlichen Schrift zuwider ist, nämlich: die Sonne sei das Centrum des Erdkreises, und dieselbe gehe nicht von Osten nach Westen, die Erde bewege sich und sei nicht das Centrum der Welt, und es könne diese Meinung für wahrscheinlich gehalten und vertheidigt werden, nachdem sie doch als der heil. Schrift zuwiderlaufend befunden und erklärt worden war; daß Du in Folge dessen in alle Censuren und Strafen verfallen seiest, welche durch die heil. Canones und andere allgemeine und besondere Constitutionen gegen derartig Fehlende bestimmt und über sie verhängt sind. Von diesen wollen wir Dich freisprechen, sobald Du mit aufrichtigem Herzen und nicht erheucheltem Glauben abschwörest, ver-

---

[17]) Ich folge der von Gebler gegebenen Uebersetzung.

fluchest und verwünschest die obgenannten Irrthümer und Ketzereien und jeden andern Irrthum, welcher der katholischen und apostolischen Kirche zuwiderlauft, nach der Formel, wie sie Dir von uns wird vorgelegt werden. — Damit aber dieser Dein schwerer und verderblicher Irrthum und Ungehorsam nicht ganz ungestraft bleibe und Du in Zukunft vorsichtiger verfahrest, auch Andern zum Beispiel dienest, daß sie sich von dergleichen Vergehen enthalten, so bestimmen wir, daß das Buch „Dialog von Galileo Galilei" durch eine öffentliche Verordnung verboten werde; Dich aber verurtheilen wir zum förmlichen Kerker (ad formalem carcerem) bei diesem heiligen Officium für eine nach unserm Ermessen zu bestimmende Zeitdauer und tragen Dir als heilsame Buße auf, in den drei folgenden Jahren wöchentlich einmal die sieben Bußpsalmen zu sprechen, uns vorbehaltend, die genannten Strafen und Bußen zu ermäßigen, umzuändern, ganz oder theilweise aufzuheben." Unmittelbar nach Anhörung dieses Richterspruches hatte sodann Galilei knieend die ihm vorgelegte, mit der Sentenz ganz conforme Abschwörungsformel auszusprechen, und so namentlich die Worte: „Ich schwöre ab, verwünsche und verfluche mit aufrichtigem Herzen und nicht erheucheltem Glauben die genannten Irrthümer und Ketzereien, sowie überhaupt jeden andern Irrthum und jede der genannten heiligen Kirche feindliche Secte; auch schwöre ich fürderhin, weder mündlich noch schriftlich etwas zu sagen oder zu behaupten, wegen dessen ein ähnlicher Verdacht gegen mich entstehen könnte; sondern, wenn ich einen Ketzer oder der Ketzerei Verdächtigen antreffen sollte, werde ich ihn diesem heiligen Officium oder dem Inquisitor und dem Bischof des Ortes, wo ich mich befinde, anzeigen. Außerdem schwöre und verspreche ich, alle Bußen zu erfüllen und vollständig zu verrichten, welche mir dieses heilige Gericht auferlegt hat oder noch auflegen wird. Sollte es mir begegnen, daß ich irgend einem dieser meiner Versprechen, Proteste und Eidschwüre (was Gott verhüten möge) zuwiderhandle, so unterwerfe ich mich allen Bußen und Strafen, welche durch die heiligen Canones und andere allgemeine und besondere Constitutionen gegen derartige Uebelthäter bestimmt und verhängt sind: so wahr mir Gott helfe und die heiligen Evangelien, die ich mit meinen Händen berühre." — Um wenigstens pro forma die ihm auferlegte Kerkerstrafe anzutreten, mußte Galilei die folgenden zwei Tage im Inquisitionsgefängnisse verbleiben; dann wurde Niccolini autorisirt ihn in die seinem Landesherrn zugehörende Villa Medicis einzuschließen; am 30. Juni wurde er angewiesen, sich nach Siena unter die Aufsicht des Erzbischofs Piccolomini zu begeben; am 1. December endlich erhielt er die Erlaubniß in sein Landhaus zu Arcetri zurückzukehren, jedoch unter der Bedingung, daß er dort Niemand sehe. Die angelegentlichsten Verwendungen des französischen Gesandten, des Königs von Polen 2c., daß ihn der Papst vollständig begnadigen möchte, blieben ohne Erfolg, — er war in seinem eigenen Hause bis zu seinem Tode ein Gefangener und Ueberwachter, und genoß nur im schriftlichen Verkehr mit ausländischen Freunden und Verehrern noch einer gewissen Freiheit [18]). Noch als er 1637 erst sein rechtes, dann bald auch sein linkes Auge verlor, überhaupt sehr leidend war, und, um bessere ärztliche Pflege zu haben, sein Haus in Florenz zu beziehen wünschte, wurde ihm dieß vom Papst erst erlaubt, als der am 13. Februar 1638 zur Constatirung gesandte Inquisitor Fanano bezeugte, daß er mehr einem Todten als einem Lebenden zu vergleichen sei, und auch da nur in der Weise, daß sein Gefängniß zeitweilig von Arcetri nach Florenz verlegt wurde. Ja noch als im Herbst 1638, wo man Galilei's baldigen Tod erwartete, Niccollini, im Auftrage des Großherzogs, Galilei's Freund Castelli aufforderte für etwa 2 Monate nach Florenz

[18]) Im Jahre 1633 wurde verboten in Italien von Galilei ein neues Werk zu drucken, oder ein altes wieder aufzulegen; er war also auf das Ausland angewiesen, und so erschien auch sein zweites größeres Hauptwerk, seine die Mechanik begründenden, schon in Padua meditirten, nachher von Zeit zu Zeit immer wieder in Arbeit genommenen, und zuletzt noch in Arcetri zur Vollendung gebrachten „Discorsi e dimostrazioni matematiche intorno a due nuove scienze attenenti alle meccanica e ai movimenti locali" 1638 zu Leiden, dem früheren franz. Gesandten zu Rom, dem Grafen Noailles, gewidmet.

zu kommen, um im öffentlichen Interesse die Resultate der von Galilei noch unvollendeten Arbeiten aus dem Munde des blinden und kranken Meisters zu vernehmen, wurde es nur unter der Bedingung gestattet, daß die Mittheilungen in Gegenwart eines Dritten gemacht werden, und sich bei Strafe der Excommunication nicht auf die verdammte Bewegung der Erde beziehen dürfen. Als sich sodann Galilei gegen Erwarten wieder etwas erholte, erhielt im Juli 1639 Viviani die Erlaubniß bei ihm als Schüler einzutreten, und im Oktober 1641 gesellte sich diesem auch noch Torricelli bei, so daß der immer bei voller Geisteskraft befindliche Greis doch wenigstens noch den Genuß hatte, seine letzten Jahre in einer ihm convenirenden Umgebung und Unterhaltung zuzubringen, wenn auch immer unter dem Drucke fortwährender Beaufsichtigung. Selbst noch nach seinem am 8. Januar 1642 zu Arcetri erfolgten Tode lag die Hand der Kirche schwer auf ihm; es wurde nicht erlaubt, ihn in einer Familiengruft in der Kirche San Croce in Florenz beizusetzen, — es durfte keine Leichenrede gehalten, das ihm in einer Nebenkapelle angewiesene Grab nicht mit Monument und Inschrift ausgezeichnet werden. Letzteres wurde erst 1674 durch Gabriele Pierozzi nachgeholt, bis sodann 1737 durch Nelli in Ausführung des Testamentes von Viviani, der hiefür 4000 Thaler ausgesetzt hatte, in der Kirche San Croce selbst ein schönes Monument errichtet wurde, welchem endlich 1841 Großherzog Leopold II. ein splendides Monument im Museum für Naturgeschichte zu Florenz anreihen ließ: Eine Statue, welche von denjenigen seiner vier Schüler Castelli, Cavalieri, Torricelli und Viviani umgeben ist. — Es ist Galilei oft vorgeworfen worden, er sei anfänglich zu herausfordernd, dann unwahr und zuletzt feige gewesen: Wäre er weniger energisch aufgetreten, so hätte er seine Ruhe wahren, aber seine Mission, den inductiven Wissenschaften zum Durchbruche zu helfen, nicht erfüllen können, — hätte er seinen Dialogen eine andere Form gegeben, oder die vom Censor für ihn aufgesetzte Einleitung nicht aufnehmen wollen, so würden sie ungedruckt geblieben sein, —

hätte er sich endlich, nachdem er sein Vertrauen getäuscht und sich seinen Feinden wehrlos überliefert sah, geweigert abzuschwören, so wäre er unnütz in den Märtyrer-Tod gegangen, und es wäre seine damals noch nicht vollendete Mechanik verloren gewesen. Daß Galilei, trotz seiner Anerkennung der Autorität der Kirche in Glaubenssachen, auch nach der Abschwörung an die Bewegung der Erde glaubte, ist umsomehr anzunehmen, als durch den Ausspruch der, sogar nach katholischen Begriffen nicht unfehlbaren Congregation das Gegentheil noch nicht zum Glaubensartikel geworden war[19]); dagegen hätte er am allerwenigsten wagen dürfen, das ihm zugeschriebene „E pur si muove“ auszurufen[20]). Bald aber ertönte überall, und sogar aus den eigenen Reihen der katholischen Kirche jener Ruf mit solcher Macht, daß auch diese Letztere jeden ernstlichen Widerstand gegen das neue System aufgab[21]), und sogar, nachdem das Verbot schon längst vergessen war, dasselbe 1821 auch noch formell aufhob. — Galilei soll

[19]) Martin erzählt: „Le 30 juillet 1638 le P. Castelli écrit de Rome à Galilée qu'un père jésuite fait soutenir des thèses dont la conclusion est que le système de Copernic n'est pas attaquable par des raisons astronomiques, mais seulement par des textes de l'Ecriture sainte et par des raisons physiques. En un mot, même à Rome, on tolérait le système de Copernic à titre d'hypothèse *commode*, pourvu qu'il fut donné comme une hypothèse *fausse*. C'était à Galilée seul qu'il était interdit d'en parler d'aucune manière.“

[20]) Nach Heis, Nachforschungen (Wochenschrift 1868 Nr. 36) soll das apokryphe „E pur si muove“ zum ersten Male in dem 1789 erschienenen 4. Bde. des zu Caen gedruckten „Dictionnaire historique“ vorkommen, und zwar mit den Worten: „Au moment qu'il se releva, agité par le remord d'avoir fait un faux serment, les yeux baissés vers la terre, on *prétend* qu'il dit en la frappant du pied: *E pur si muove!*“ Später sei dann diese Stelle, aber ohne *on prétend*, vielfach nachgedruckt worden.

[21]) Spuren zeigen sich allerdings noch im 18. Jahrhundert, vergl. z. B. die 207 mitgetheilte Anecdote. — Unmittelbar nach der Verurtheilung Galilei's war die Furcht vor Conflicten mit der Kirche natürlich noch viel größer, und so ließ sich z. B. auch Descartes einschüchtern, obschon er bei seinem damaligen Aufenthalte in Holland nichts zu riskiren hatte. Er beabsichtigte gerade einen „Traité du monde“ herauszugeben, als er von der Verdammung hörte, und schrieb nun 1633 XI 20 an Mersenne: *„J'avoue que si ce sentiment du mouvement de la Terre est faux, tous les fondements de ma philosophie le*

in seinen spätern Jahren selbst daran gedacht haben seine Arbeiten zu sammeln und zu veröffentlichen; aber als ihn dann die Inquisition heimsuchte und zum Stillschweigen verdammte, später sich der geistigen Blindheit seiner Verfolger auch noch seine eigene körperliche zugesellte, wurde der Plan natürlich nicht ausgeführt. Nach seinem Tode wollten ergebene Schüler denselben verwirklichen: aber auch da trat die Inquisition störend ein, ja erlaubte sich förmliche Razzia's und konnte sogar einen Enkel Galilei's dazu bewegen, einige der Manuscripte zu verbrennen[22]). Auch Galilei's Schüler und Landsmann **Viviani**[23]), der sich alle Mühe gegeben hatte, möglichst viele Manuscripte seines Meisters zu sammeln und eine Gesammtausgabe seiner Schriften vorzubereiten, sah sich später genöthigt, seinen Schatz in einem „Silo" zu vergraben, um ihn vor den Nachforschungen der unter Cosmus III. allmächtigen Mönche zu sichern. Nach seinem Tode blieben die Manuscripte längere Zeit ruhig in ihrem Verstecke liegen, bis sie ein Bedienter dort auffand und als altes Papier zu verkaufen begann. Glücklicher Weise kam hiebei ein Autograph von Galilei in die Hände des Senators **Nelli**, welcher ihn erkannte, sofort dem Schatze nachspürte, und so wenigstens noch einen großen Theil desselben retten konnte, der sodann in einer Bibliothek zu Florenz untergebracht wurde, und endlich in den Jahren 1842—1856 durch

---

sont aussi, parcequ'il se démontre par eux évidemment; il est tellement lié avec toutes les parties de mon Traité, que je ne l'en saurais détacher sans rendre le reste tout défectueux. Mais, *comme je ne voudrais pour rien au monde qu'il sortit de moi un discours où il se trouvât le moindre mot qui fût désapprouvé par l'Eglise,* aussi aimé-je mieux le supprimer que de le faire paraître estropié."

[22]) Die „Opere de Gal. Galilei raccolte, accresciute e publicate da Carlo Manolesi. Bologna 1655—56, 2 Vol. in 4." und ebenso die 1718 zu Florenz in 3 Quartbänden erschienene Neuausgabe sind sehr, — und die Opere di Galileo Galilei. Padova 1744, 4 Vol. in 4." wenigstens noch ziemlich unvollständig. Letzterer Ausgabe durften, aber unter Beigabe der Sentenz und Abschwörungsformel, zum ersten Male auch die Dialoge beigegeben werden

[23]) Zu Florenz 1622 geboren und 1703 ebendaselbst als großherzoglicher Mathematiker verstorben.

Eugenio Alberi[34]) zu einer in 16 Octavbänden veranstalteten möglichst vollständigen Gesammtausgabe verwendet werden konnte. Schon früher hatten der florentinische Baumeister Nelli und der lombardische Physiker Venturi werthvolle Sammlungen von Briefen und kleinern Abhandlungen herausgegeben[35]), und über das Leben von Galilei sind Dutzende von Schriften erschienen, abgesehen von den in größern historischen Werken und Sammlungen sehr eingehenden betreffenden Bearbeitungen desselben[36]).

85. Peter Apian. Nach Aufstellung des Copernicanischen Weltsystems handelte es sich in erster Linie darum, durch präcisere Beobachtungen die Mittel zu erhalten, um einerseits dasselbe noch gründlicher prüfen und studiren zu können, und anderseits zur Construction entsprechender Tafeln neue und bessere Grundlagen zu besitzen, — d. h. es war nöthig, die astronomische Beobach-

---

[34]) Zu Padua 1817 geboren.

[35]) „Giambattista Clemente de Nelli (1661—1725), Vita e commercio letterario di Galileo Galilei. Losanna 1793, 2 Vol. in 4., — Giovanni Battista Venturi (1746—1822), Memorie e lettere di Galileo Galilei inedite finora o disperse. Modena 1818—1821, 2 Vol. in 4."

[36]) So namentlich: „Frisi, Elogio del Galileo. Milano 1775 in 8., — Jagemann, Geschichte des Lebens und der Schriften von Galileo Galili., Weimar 1783 in 8. (2. A. 1787), — Libri, Histoire de la vie et des oeuvres de Gal. Galilei. Paris 1841 in 8., — Marini, Galileo e l'inquisizione. Roma 1850, — J. Ekert, Galileo Galilei, dessen Leben und Verdienste um die Wissenschaften. Basel 1858 in 4., — Philarète Chasles, Gal. Galilei, sa vie, son procès et ses contemporains. Paris 1862 in 8., — Arduini, La primogenita di Gal. Galilei rivelata dalle sue lettere. Firenze 1864 in 8., — Trouessart, Galilée, sa mission scientifique, sa vie et son procès. Poitiers 1865 in 8., — Parchappe, Galilée, sa vie, ses découvertes et ses travaux. Paris 1866 in 8., — Th. H. Martin, Galilée, les droits de la science et la méthode des sciences physiques. Paris 1866 in 8., — Henri de l'Epinois, Galilée, son procès et sa condamnation (Revue des sciences historiques 1867), — Emil Wohlwill, Der Inquisitionsprozeß des Gal. Galilei. Berlin 1870 in 8., — Karl von Gebler, Gal. Galilei und die römische Curie. Stuttgart 1876 in 8., — Alfred Königsberg, Der Streit um den Himmel (eine in der Zeitschrift Sirius' IX. 197—211 erschienene kleinere, aber durch ihre kräftige Sprache und den Ort ihres Erscheinens sehr bemerkenswerthe Arbeit), — ⁊c." Für weitere, Galilei betreffende Schriften wird zum Ueberflusse noch auf die von Martin und Gebler gegebenen Verzeichnisse hingewiesen.

tungskunst zu heben, wie es nun auch im übrigen Theile des 16. Jahrhunderts mit bestem Erfolge geschah. — Die ersten Schritte nach dieser Richtung versuchte Peter Bienewitz oder Bennewitz, genannt Apian, und erwarb sich wirklich nicht unerhebliche Verdienste. Zu Leißnig in Sachsen 1495 geboren, hatte sich derselbe, nach vollendeten Studien in Leipzig und Wien [1]), namentlich durch die von ihm 1524 zuerst herausgegebene und nachher noch in zahlreichen weitern Auflagen und vielen Uebersetzungen erschienene „Cosmographie" [2]) rasch in weiten Kreisen bekannt gemacht, und von 1527 bis zu seinem Tode im Jahre 1552 mit großem Beifall die Professur der Mathematik in Ingolstadt bekleidet. Daneben gab er sich viel mit Construction von Instrumenten ab, und wandte so bei seinen vielen und zum Theil höchst wichtigen Beobachtungen neben einem dem Torquetum Regiomontan's nachgebildeten Instrumente namentlich auch einen von ihm selbst erfundenen und beschriebenen Quadranten an [3]). Sein Hauptbemühen war aber allerdings, dem Planisphärium verwandte Scheibeninstrumente zu construiren, welche mit Hülfe von zum Theil combinirten, drehbaren, mit Theilungen und Spiralen ꝛc. versehenen Kreisen die trigonometrischen und astronomischen Tafeln und Rechnungen ersparen sollten, — und obschon Kepler dasselbe als eine „industria miserabilis" bezeichnete, weil sich Apian an Lösung einer kaum befriedigend zu lösen

---

[1]) Vergl. 115.

[2]) „Cosmographicus liber. Landishuti 1524 in 4. (Neue Ausgaben durch Gemma: Antwerpiae 1540 und später, — am Besten 1584; holländisch 1561, spanisch 1575, französisch 1581 ꝛc.)."

[3]) „Quadrans astronomicus et jam recens inventus et nunc primum editus. Ingolstadii 1532 in Fol." — Vergl. auch für Apian's Instrumente seine Schriften: „Ein künstlich Instrument oder Sonnenuhr. Landshut 1524 in 4., — Instrumentbuch. Ingolstadt 1533 in Fol. — ꝛc." Apian gab seinen Höhenquadranten, die auf der einen Kathete zwei Absehen, und statt dem Index ein im Centrum aufgehängtes Loth hatten, je nach der Polhöhe, für die sie bestimmt waren, verschiedene Hülfslinien und Hülfstheilungen, an denen man z. B. bei Einstellung auf bestimmte Sterne direct die Zeit der Beobachtung ablesen konnte ꝛc.

möglichen Aufgabe abmühte, anstatt seine Kräfte und seinen Fleiß auf nützlichere Arbeiten zu concentriren, so mußte er und so muß jetzt noch Jeder gestehen, daß Apian dabei viel Scharfsinn aufwandte und auch nicht unbedeutendes mechanisches Talent verrieth. Sein betreffendes Hauptwerk, das „Astronomicum Caesareum"[4]) ist schon aus diesem Grunde noch jetzt nicht ohne Interesse, — zunächst aber allerdings wegen den darin enthaltenen Kometenbeobachtungen, auf welche wir später zurückkommen werden.[5]) — Anhangsweise mag noch angeführt werden, daß Kaiser Karl V. unsern Peter Apian in den Reichsadel erhob, ihn gleichzeitig mit 3000 Goldstücken beschenkend, — und daß letzterer die Freude hatte, einen Sohn Philipp zu besitzen, welcher durch Talent und gute Studien in Straßburg und Paris befähigt war in seine Fußstapfen zu treten, auch wirklich nach seinem Tode ihm in Ingolstadt folgte und Einiges aus seinem Nachlaß herausgab[6]). Als jedoch dieser Sohn 1568 zum Protestantismus übertrat, wurde er natürlich seines Amtes enthoben, erhielt dann eine entsprechende Stelle in Tübingen, verlor aber 1584 auch diese wieder, weil er die Concordienformel nicht unterschreiben wollte, wurde nun durch seinen frühern Schüler Mästlin ersetzt, und starb 1589 in sehr beschränkten Verhältnissen als zweifacher Märtyrer seines Glaubens[7]).

86. Wilhelm IV. An Peter Apian reiht sich zunächst der gefürstete Astronom Landgraf Wilhelm IV. von Hessen an: Zu Cassel 1532 dem Landgrafen Philipp dem Großmüthigen von Hessen geboren, dachte anfänglich Niemand daran, daß Wilhelm

---

[4]) Ingolstadii 1540 in Fol. — Vergl. auch Apian's Schriften: „Folium populi. Ingolst. 1533 in Fol. — Instrumentum Sinuum. Norimb. 1541 in Fol. — rc."

[5]) Vergl. 133.

[6]) So z. B. „De utilitate Trientis instrumenti astronomici novi libellus. Tubingae 1586 in 4."

[7]) Vergl. für Vater und Sohn Apian: „C. G. Schwarz, Vita Petri Apiani. Altorf 1724 in 4., — und E. Cellius, Oratio de vita et morte Phil. Apiani habita A. 1589. Tubingae 1591 in 4."

später den Beinamen „der Weise“ erhalten werde; doch bald entwickelte er große Anlagen und seltenen Fleiß zum Studiren, so daß ihn seine Lehrer eher zurückhalten als anfeuern mußten. Als sich 1546 der Kriegsschauplatz Cassel näherte, begab sich Wilhelm auf Anordnung seines Vaters nach Straßburg, um dort seine Studien unter Sturm, Herlin &c. ungestört fortsetzen zu können, — kehrte jedoch schon im folgenden Jahre auf Umwegen wieder nach Cassel zurück, — ergriff, als sein Vater nach der unglücklichen Schlacht bei Mühlberg trotz zugesichertem freiem Geleite in kaiserliche Gefangenschaft gerieth, die Zügel der Regierung, — ja sogar später die Waffen zur Befreiung seines Vaters, die endlich 1552 gelang und ihm erlaubte zu seinen Studien zurückzukehren. Er scheint sich nun zunächst mit Mathematik befaßt, und dafür als Lehrer Rumold Mercator, den jüngsten Sohn des berühmten Geographen Gerhard Mercator, zu sich berufen zu haben[1]). Doch bald wandte er sich mehr und mehr der Astronomie zu, namentlich als ihm ein Exemplar von Apian's ebenerwähntem „Astronomicum Caesareum“ in die Hände fiel. Die in diesem Werke durch bewegliche Pappscheiben gegebenen Darstellungen interessirten Wilhelm so sehr, daß er sie behufs größerer Genauigkeit theilweise in Kupfer ausführen, ja später noch mit Räderwerk verbinden ließ, und so nach und nach dazu kam, das Ptolemäische System durch Automaten darzustellen[2]). Die Astrologie widerstrebte seinem gesunden Sinn[3]); dagegen fing er bald

[1]) Nach „Gottl. Stegmann, historische Abhandlung von den großen Verdiensten des hochsel. Herrn Landgrafen Wilhelm IV., um die mathematischen Wissenschaften. Cassel 1746 in 4.“ — Vergl. für den Vater Mercator 125.

[2]) Zur Ausführung solcher Apparate hatte er an seinem Hofuhrmacher Bürgi, von dem in 88 einläßlich gesprochen werden wird, eine ganz ausgezeichnete Hülfe. Nach den von Joh. III. Bernoulli herausgegebenen „Lettres astronomiques“ sah man noch 1768 in dem sog. Kunsthause in Cassel einen von Bürgi ganz vorzüglich ausgeführten Automaten dieser Art.

[3]) Stegmann erzählt, daß er die Regeln der Astrologie genau gekannt, aber nichts auf ihnen gehalten habe, und fügt bei: „Im Jahr 1570 gab der berühmte Garcaeus sein „Methodum astrologicam judiciariam“ heraus, in

an, sich für praktische Astronomie zu interessiren, und rief von Nürnberg her Andreas Schoner zu sich[4]), — zunächst um durch ihn verschiedene Hülfstafeln berechnen zu lassen, wohl aber auch, um sich durch diesen aus der alten Astronomen-Gilde hervorgegangenen Mann in die Praxis des Beobachtens einführen zu lassen. Als er sodann bei seinen praktischen Arbeiten in den vorhandenen Sternverzeichnissen grobe Fehler fand, faßte er den Vorsatz, selbst neue und bessere zu entwerfen, und verfolgte nun denselben von 1561 bis 1567 mit der ihm eigenen Energie: „Er ließ sich 1561 auf das zu Cassel befindliche ehemalige Zwehrer Thor einen Thurm erbauen, und ihn zu einer Sternwarte einrichten," erzählt Strieder[5]). „Die oberste Rundung davon ließ sich herumdrehen, so daß nach allen Theilen des Himmels beobachtet werden konnte, und er stellte hier seine Instrumente, die in Armillen, Quadranten, Sextanten, Globen u. dergl. bestanden, so gut auf, als es der damalige Zustand der Sternkunde verstattete." Auf dieser Sternwarte beobachtete er nun selbst mehrere Jahre und zwar, wie später noch einläßlich auseinander gesetzt werden soll[6]), nicht nur mit großem Fleiße und ausgezeichneter Umsicht, sondern auch unter Anwendung ihm eigen-

---

welchem er unter andern das Thema natalitium des Herrn Landgrafen Wilhelm vorstellete, und aus dem Laufe der Sterne, welche bei seiner Geburth gestanden, und einigen andern Rechnungssätzen der arabischen Astrologen vermeynte: es würde der Durchlauchtigste Fürst 46 Jahr, 9 Monate, 1 Tag, 22 Stunden und 40 Minuten leben, und mithin, nach dieser Rechnung, im Jahre 1579 im Monat April, Sein Leben endigen. Es kam dieses Buch unserm Durchlauchtigsten Fürsten in die Hände. Er las mit Bedacht das Ihm gestellte Prognosticon noch 1 1/2 Jahre zuvor, ehe die Prophezeihung zu Ende gelaufen, und schrieb ganz unerschrocken folgende Worte an den Rand des Buches: „Deus numeravit omnes dies vitae meae. Ps. 81 vers. 16. Wilhelmus Hassiae Landgravius scripsi 18. Nov. 1577."

[4]) Andreas Schoner war ein Sohn des bekannten Johannes Schoner, des Zeitgenossen und Schülers von Walther und Werner. Vergl. 32.

[5]) Im 17. Bande seiner „Grundlage zu einer hessischen Gelehrten- und Schriftsteller-Geschichte."

[6]) Vergl. 122.

thümlicher Methoden, welche ihm für damalige Zeit sehr gute Resultate zu erzielen erlaubten. Als sich sodann freilich Wilhelm 1566 mit Sabine von Württemberg verheirathete[*]), und namentlich als er im Frühjahr 1567 nach dem Tode seines Vaters die Regierung zu übernehmen hatte, schränkte sich seine wissenschaftliche Thätigkeit wieder sehr ein, und da es ihm nicht sofort gelang geeignete Hülfe zu finden, so begannen seine praktisch-astronomischen Arbeiten bereits zu stocken, als ihn zum Glücke ein Besuch des jungen dänischen Astronomen Tycho Brahe neu belebte.

87. Tycho Brahe. Zu Knudstrup bei Helsingborg am 14. December 1546 geboren[1]), wurde Tyge oder Tycho Brahe schon sehr frühe von seines Vaters Bruder, Georg Brahe, der kinderlos war, an Kindesstatt zu sich genommen, privatim unter-

---

[*]) Außer 9 Töchtern erhielt er von ihr 2 Söhne, von denen aber nur der Eine, der 1572 geborne Moritz, welcher ihm später als Landgraf folgte, sich dagegen mehr für Chemie als für Astronomie interessirte, ein höheres Alter erreichte. Die von des Letztern Sohn Hermann (1607—1658) unter dem Namen Uranophylus Cyriandrus herausgegebene „Historia meteorologica. Das ist tägliche verzeichnuß des Gewitters vom 1. Jan. 1623 an biß zum letzten Dec. 1646. Cassel 1651 in 4.", in welcher er die Witterung mit den Aspekten der Gestirne vergleicht, die Bauernregeln an seinen Beobachtungen prüft &c., ist nicht ohne Interesse, während dagegen ebendessen „Observationes historico-mathematicae. A. 1618—1635. Cassel 1635 in 4." mehr astrologischer Natur sind, obschon ihr Verfasser das Prognosticiren als einen Mißbrauch bezeichnet. Ein Neffe des alten Landgrafen, nämlich ein Sohn seines jüngern Bruders Georg von Hessen-Darmstadt, der Landgraf Philipp von Hessen (1581—1643), hatte ebenfalls großes Interesse für Mathematik und Astronomie, correspondirte mit Kepler, und besaß eine Sammlung, zum Theil nach seinen eigenen Ideen construirter Instrumente, welche nachher an die Universität Gießen übergegangen sein soll.

[1]) In den auf der Bibliothek zu Basel liegenden Briefen an Tycho kommen die Varianten: „Kundtstrup, Knustorpff, Kuntstorff, Knustrup, Kundstrup, Knuthstorffp &c." vor; da aber ein „Avunculus" von Tycho Knudstrup schrieb, so hielt ich mich an diese auch von Andern meistens angenommene Form, welche sich nun durch die seither erschienene, leider noch nicht ins Deutsche übertragene und daher nur schwer genießbare Hauptschrift über Tycho „F. R. Friis, Tyge Brahe. Kiobenhavn 1871 in 8." als die richtige erwiesen hat.

richtet, 1559 an die hohe Schule in Kopenhagen gesandt, um ihn für das Studium der Rechte vorzubereiten, und sodann 1562 mit einem Hofmeister nach Leipzig instradirt, dessen Universität damals für Jurisprudenz große Geltung hatte. Tycho betrieb nun dort zwar allerdings die von seinem Verwandten gewünschten Studien, aber Herzenssache war ihm bereits die Astronomie, für welche ihn schon in Kopenhagen die Sonnenfinsterniß vom 21. Aug. 1560 gewonnen und zum Ankaufe der 1551 zu Basel durch Schreckenfuchs zum Drucke besorgten „Opera Ptolemaei" veranlaßt hatte, — ja, wenn sein Hofmeister, der dessen Liebhaberei nicht zu begünstigen wagte, Abends glücklich eingeschlafen war, schlich sich Tycho ins Freie, um den Himmel theils von freiem Auge, theils unter Anwendung eines Cirkels, dessen Kopf er an das Auge setzte und so als einfachstes Winkelinstrument benutzte[a]), mit einem kleinen Globus zu vergleichen, welchen er sich heimlich zu verschaffen gewußt hatte. Etwas später wurde er mit Bartholomäus Schultz oder Scultetus von Görlitz[b]) bekannt, der unter dem kurz zuvor verstorbenen Johannes Hummel oder Hommelius in Leipzig der Mathematik obgelegen hatte, dann selbst Vorlesungen hielt, und sich nun ein Vergnügen daraus machte, mit dem talentvollen jungen Dänen zu verkehren, sowie mit ihm mathematische Instrumente und dergleichen zu componiren, wodurch z. B. Tycho in Besitz eines Jakobsstabes gelangte, dessen Theilungsfehler er durch Construction einer Correctionstafel zu eliminiren wußte. A. 1565 wurde Tycho durch den Tod seines Oheims veranlaßt in sein Vaterland zu reisen, kehrte jedoch schon im folgenden Jahre nach Deutschland zurück, und hielt sich zunächst in Wittenberg, wo er bis zum Ausbruche der Pest blieb und mit Melanchthon's Schwiegersohn, Caspar Peucer, vielfach verkehrte, — dann längere Zeit in Rostock auf, wo er einerseits durch Levin Battus in die Alchymie eingeführt wurde, ander-

---

[a]) Vergl. 38.

[b]) A. 1540 geboren, starb er 1614 als Bürgermeister in seiner Vaterstadt.

seits aber gegen Ende 1566 in Streit mit einem Landsmann gerieth und in einem Duelle den größten Theil seiner Nase einbüßte. Etwa 1567 ging er sodann auf Reisen, wurde in Lauingen mit dem verdienten Astronomen Cyprian Leowitz oder Leovitius bekannt, — besuchte Basel, wo er sich 1568, ziemlich gleichzeitig mit Peter Ramus, dessen Bekanntschaft er damals und damit wohl auch die des mit Letzterem befreundeten Christian Wursteisen machte, immatriculiren ließ[4]), aber muthmaßlich nur kürzere Zeit blieb, — während er sich dagegen in Augsburg an zwei Jahre bei den Brüdern Joh. Baptist und Paul Haintzel aufhielt, welche große Liebhaber der Astronomie waren, und seine Anwesenheit benutzten, um in ihrem Garten mit seiner Hülfe einen großen Quadranten von $17^1/_2$ Fuß Radius zu verfertigen und aufzustellen; auch ein Sternglobus von 4 Fuß Durchmesser wurde damals von Tycho zu construiren begonnen. — Gegen Ende 1570 kehrte Tycho auf Wunsch seines kranken Vaters nach Dänemark zurück, und etablirte sich nach dessen im folgenden Frühjahr erfolgten Tode bei Steen Bille, einem Bruder seiner Mutter, der in der Nähe von Knudstrup wohnte und genug Sinn für die Naturwissenschaften hatte, um seinem Neffen nicht nur mit Vergnügen Raum für astronomische Beobachtungen zu geben, sondern auch für allerlei chemische Versuche, welche derselbe damals anzustellen wünschte. — Der neue Stern von 1572 gab Tycho bald Gelegenheit sich den Gelehrten bekannt zu machen[5]); aber da sonst sein wissenschaftliches Streben im Vaterlande wenig geschätzt wurde, und er sich überdieß durch Verheirathung mit einer Bäuerin oder Pfarrerstochter, Namens Christine, obschon er sich dadurch eine vortreffliche Lebensgefährtin gewann[6]), in schlechtes Verhältniß zu seiner adelstolzen Familie,

[4]) Nach Mittheilung von Prof. Fritz Burckhardt in Basel ist diese schon von Markus Lutz in seiner „Geschichte der Universität Basel. Aarau 1826 in 8." mitgetheilte Thatsache ganz richtig.

[5]) Vergl. 136.

[6]) Er erhielt von ihr acht Kinder, von denen ihn, mit der Mutter, zwei Söhne und vier Töchter überlebten.

welche ihm dieselbe nur als Beihälterin gestatten wollte, gesetzt hatte, so strebte er bald wieder darnach neuerdings ins Ausland zu gehen, und leistete nur ungern dem ihm von seinem Könige Friedrich II. persönlich ausgesprochenen Wunsche Folge, an der hohen Schule in Kopenhagen einige astronomische Vorlesungen zu halten. A. 1575 ließ sich jedoch Tycho nicht länger halten, und reiste nun zunächst nach Cassel, um Landgraf Wilhelm und dessen Observatorium zu sehen. Nach etwas mehr als einer Woche sehr genußreichen Aufenthaltes ging er über Frankreich nach der Schweiz, wo es ihm nun dieß Mal in Basel, wo „die Luft gesund, die Lebensmittel wohlfeil und eine berühmte Academie wäre, da man mit gelehrten Leuten umgehen könne", sehr wohl gefiel[1]). Nach einem Abstecher nach Venedig zog er dann über Augsburg nach Regensburg, um sich die Krönung Rudolf II. mit anzusehen, und kehrte dann noch vor Schluß des Jahres 1575 nach der Heimath mit dem Vorsatze zurück, seine Familie behufs Uebersiedlung nach Basel abzuholen.

88. **Rothmann und Bürgi.** Durch den Besuch von Tycho neu angeregt, entschloß sich Landgraf Wilhelm seine astronomischen Arbeiten wieder energischer an die Hand zu nehmen, und sich zu diesem Behufe nach passender Hülfe umzusehen. Zuerst warf er sein Augenmerk auf Johannes Richter oder Prätorius, der seit mehreren Jahren als Professor der Mathematik in Wittenberg stand, früher aber als Mechaniker in Nürnberg gelebt hatte, — und als dieser refüsirte, weil er eben einen Ruf nach Altorf angenommen hatte, stellte er 1577 Christoph Rothmann aus

---

[1]) Vergl. „Philander von der Weistritz, Nachrichten von dem Leben des Tycho von Brahe. Kopenhagen 1756, 2 Bde. in 8." Außer dieser Schrift und der erwähnten von Friis, an welche sich noch dessen „Breve og Aktstykker angaaende Tyge Brahe. Kiobenhavn 1875 in 8." und dessen 1876 begonnene Ausgabe der „Tychonis Brahei et ad eum doctorum virorum epistolae" anschließen, erwähne ich hier noch „J. Th. B. Helfrecht, Tycho Brahe, geschildert nach seinem Leben, Meynungen und Schriften. Hof 1798 in 8." Der betreffenden Arbeit Gassendi's wird in 143 gedacht werden.

Bernburg als „Mathematicus“ an[1]). Dieser Letztere hatte in Wittenberg Theologie, daneben aber auch (vielleicht eben bei Prätorius) Mathematik und Astronomie studirt, und war nun von seinem Landesfürsten, Joachim von Anhalt, gerade nach Kassel gesandt worden, um die vorhandenen Instrumente anzusehen, wo er, wie es scheint, auf Wilhelm einen guten Eindruck machte. In Rechnungs- und Redactionsarbeiten gewandt, dagegen der Beobachtung und der Besorgung der Instrumente ungewohnt, war es aber für die Aufgabe, welche er unter Oberleitung des Landgrafen lösen sollte, sehr gut, daß ihm dieser zwei Jahre später noch einen Gehülfen an die Hand gab, welcher gerade das Rothmann Fehlende im vollsten Maße besaß, und überdieß so bescheiden in seinen Ansprüchen war, daß er sich mit dem von sich selbst nicht wenig eingenommenen Collegen vertragen konnte, — nämlich den ausgezeichneten Joost Bürgi[2]). Zu Lichtensteig im Toggenburg, wo das Geschlecht der Bürgi noch jetzt vertreten ist, im Jahre 1552 geboren, hatte Joost nach dürftigem Schulunterrichte den Uhrmacherberuf ergriffen, — war sodann auf Reisen gegangen, welche ihn muthmaßlich nach Straßburg führten, wo soeben durch Landsleute von ihm unter Leitung des uns

---

[1]) Leider habe ich bis jetzt, trotz vielfacher Bemühungen der Herren Schwabe in Dessau und Curtze in Thorn, weder Geburts- noch Sterbejahr von Rothmann erhalten können. — Nach Mädler (Gesch. I. 184) hätte vor oder neben Rothmann auch Jakob Christmann (v. 65) einige Zeit als Gehülfe in Kassel gestanden. — Für Prätorius vergl. 32.

[2]) Vergl. für ihn meinen Vortrag „Johannes Keppler und Joost Bürgi. Zürich 1872 in 8.“, — meine Biographieen I. 57—80, — und sodann die Nummern 109—111, 115—117, 122 ꝛc. gegenwärtiger Geschichte. — Der Geschlechtsname von Bürgi findet sich verschieden geschrieben, doch reduciren sich die gut beglaubigten Schreibweisen auf die drei Formen: Byrgi, Burgi, Bürgi. Kepler braucht alle drei Formen, — Bürgi's Schwager, Bramer, die zweite, welche sich der damals noch gebräuchlichen Latinisirung der Namen am besten fügte, und auch für die Umschrift des für den Tractat über das Triangularinstrument gestochenen Porträts gewählt wurde, — der Zürcher Zubler, der ebenfalls Zeitgenosse war, braucht die dritte Form, die auch ich wählte, da sie mit der jetzt noch in derselben Familie gebräuchlichen übereinstimmt.

schon bekannten Conrad Dasypodius die als Wunderwerk angestaunte astronomische Uhr gebaut worden war[3]), — hatte wahrscheinlich von Letzterem, der mit Wilhelm bei Christian Herlin auf der Schulbank gesessen haben mochte, eine Empfehlung an den Landgrafen erhalten[4]), — wurde wenigstens von diesem am 25. Juli 1579 als Hofuhrmacher angestellt, und bald auch zu den astronomischen Arbeiten beigezogen: Anfänglich mochte es allerdings Bürgi bloß zufallen, die Uhren zu bauen und zu beaufsichtigen, welche bei der von dem Landgrafen eingeführten Beobachtungsmethode[5]) eine sehr wichtige Rolle spielten; bald aber erkannte Wilhelm, daß sein neuer Gehülfe neben einer seltenen Kunstfertigkeit, welche Kepler veranlaßte ihn mit Albrecht Dürer zusammenzustellen, auch eine ganz ungewöhnliche mathematische Begabung besitze, so daß er ihn in einem Schreiben an Tycho als einen zweiten „Archimedes" bezeichnete, — ein Ehrentitel, dem Bürgi durch seine später noch einläßlich zu besprechenden Erfindungen der Decimalbruchrechnung, der Prostaphäresis, der Logarithmen und der Pendeluhr in der That keine Schande machte[6]). Die Folge davon war, daß ihm nicht nur die Construction anderer astronomischer Instrumente und Apparate, welche man zu dieser Zeit anfing in Metall statt in Holz auszuführen, übergeben, sondern daß er überhaupt immer mehr zu allen übrigen Arbeiten beigezogen, und 1590, als Rothmann Urlaub nahm, um bei Tycho einen Besuch zu machen und sich dann nicht mehr in Kassel zeigte[7]), ganz mit Führung der Sternwarte betraut

---

[3]) Vergl. 41.

[4]) Daß Dasypodius, der Wilhelm schon 1568 seine „Hypotyposes" widmete, mit dem hessischen Fürstenhause auch noch später in Verbindung blieb, scheint aus dem pag. 53 des dritten Bandes meiner Biographien Beigebrachten hervorzugehen.

[5]) Vergl. 122.

[6]) Vergl. 109—111 und 117.

[7]) Rothmann kehrte ohne eigentliche Entlassung nach Bernburg zurück, beschäftigte sich dort meist mit theologischen Streitfragen, und starb zwischen 1599 (wo er nach einem Briefe von Tycho an Longomontan noch lebte) und 1608 (wo ein von ihm verfaßter „Bericht von der Tauffe" als „posthum" zu Goslar erschien).

wurde. — Ganz vorzüglich zeichneten sich auch die von **Bürgi** verfertigten Planetarien aus, und als er im Auftrage des Landgrafen ein besonders sorgfältig ausgeführtes Exemplar zur Verschenkung an Kaiser **Rudolf** II. vollendet hatte, erhielt er den Auftrag, dasselbe im Frühjahr 1592, entsprechend dem von Rudolf ausdrücklich ausgesprochenen Wunsche, **persönlich** nach Prag zu bringen. Eine Aufforderung des Kaisers, in seine Dienste überzutreten, lehnte er nach dem Wilhelm bestimmt gegebenen Versprechen ab, und kehrte wieder nach Kassel zurück, — **entweder**, wenn er selbst Träger des kaiserl. Dankschreibens war, 11 Tage **vor**, **oder**, wenn er sich an seinen bis Michaeli dauernden Urlaub hielt, einen vollen Monat **nach** dem am 25. Aug. 1592 ganz unerwartet erfolgten Tode seines hochverehrten Herrn *). Er blieb nun noch, mit Ausnahme einer zweiten Reise nach Prag in den Jahren 1596/97, mehr als ein Decennium nach dem Wunsche des neuen Landgrafen Moritz in seiner frühern Stellung, und es mögen in diese Zeit die Erfindung des früher sehr beliebten Triangularinstrumentes *), des jetzt noch zuweilen gebräuchlichen Dreifußzirkels, und vor Allem die des äußerst werthvollen Doppelzirkels

---

*) Wilhelm hatte noch am 30. Juli 1592 ohne Todesahnung an Tycho geschrieben.

*) Vergl. „Benjamin Brameri Bericht zu M. Jobsten Burgi seligen geometrischen Triangular-Instrument. Kassel 1648 in 4. (Auch 1684 als dritter Theil des Appollonius Cattus)." — Benjamin Bramer, der ein Sohn des David Bramer zu Felsberg in Kurhessen war, mit dessen Tochter sich Bürgi verheirathet hatte, wurde, als der Vater 1591 starb, von dem kinderlos gebliebenen Bürgi als dreijährig an Kindesstatt angenommen, begleitete ihn auch nach Prag, und war noch 1609 bei ihm, — wahrscheinlich bis zum Tode seiner Schwester oder gar dem Einzuge der Katharina Braun, verwittweten Oehring, mit welcher Bürgi im Sommer 1611 eine zweite, aber ebenfalls kinderlose Ehe einging. Später wurde Bramer Stadtbaumeister zu Marburg und Ziegenhayn, blieb aber im Verkehr mit seinem Schwager; erbte seinen wissenschaftlichen Nachlaß, und gab so unter Anderm die obige Schrift heraus, wofür er die Kupfertafeln benutzte, welche Bürgi etwa 56 Jahre zuvor zu diesem Zwecke hatte stechen lassen. Ueberhaupt sind die ziemlich zahlreichen Druckschriften des etwa 1649 verstorbenen Bramer zunächst als Niederlagen Bürgi'scher Ideen von Interesse.

18*

fallen, der, um ihn von dem ungefähr gleichzeitig durch Galilei ausgedachten Proportionalzirkel in Form eines Zollstabes zu unterscheiden, seit bald drei Jahrhunderten unter dem Namen „Reductionszirkel" die Hauptzierde jedes größern mathematischen Besteckes bildet, und dessen Hauptwitz, was oft übersehen wird. in dem beweglichen Kopfe besteht, der ihn total von dem längst der Geschichte anheimgefallenen Galilei'schen Instrumente abscheidet[10]). Dann aber, nämlich 1603, nahm Bürgi schließlich doch die Stelle eines Kammer-Uhrenmachers des Kaisers an, wodurch er in den gewinnbringenden Umgang mit Kepler kam und sich bald enge mit ihm befreundete. Als jedoch Rudolf starb und Kepler nach Linz übersiedelte[11]), bekam auch Bürgi Heimweh nach Kassel, und, nachdem er dasselbe mehrmals auf kürzere Zeit besucht hatte, kehrte er schließlich ganz dahin zurück, und starb daselbst 1632[12]).

89. **Die Uranienburg.** Ehe Tycho von seiner Reise in die Heimath zurückkehrte, hatte Landgraf Wilhelm Gelegenheit gefunden, Friedrich II. von Dänemark auf ihn aufmerksam zu machen, und ihm gerathen, „dieses Mannes rühmenswürdiges Vorhaben die Sternkunde zu erheben, durch seine Gewogenheit

---

[10]) Vergl. „Dritter Tractat der mechanischen Instrumenten Levini Hulsii: Beschreibung und Unterricht deß Jobst Burgi Proportional-Circkels. Frankfurt 1603 in 4. (Auch 1607 „in Verlegung Levini Hulsii Wittib", und noch 1628 unverändert abgedruckt, indem nicht einmal auf dem Titel das „Niemals zu vorn in Truck geben" weggelassen wurde)." — Levin Hulsius, der nach Poggendorf zu Gent geboren wurde und 1606 zu Frankfurt starb, sagt in der jenem dritten Tractate beigegebenen „Ex Musaeo, Francoforto 10. Maii Anno 1603" datirten Zuschrift an den Rath Brömser von Rudeßhaim, daß er bei ihm „deß Burgi Circkel auff dem Reichstag zu Regenspurg allererst gesehen". Von Hulsius selbst mag beigefügt werden, daß er von 1590—1602 zu Nürnberg als Lehrer der französischen Sprache, Notar und Verleger lebte, und sein zuerst 1600 und dann noch oft aufgelegtes „Dictionnaire François-Allemand et Allemand-François" das erste Hülfsmittel dieser Art gewesen sein soll.

[11]) Vergl. 93—94.

[12]) Nach der von Strieder im Kaßler Kirchenbuche gemachten Erhebung wurde Bürgi am 31. Januar 1632 in Kassel begraben, und innert Monatfrist folgte ihm auch seine zweite Frau.

und k. Freigebigkeit zu unterstützen; Se. Majestät würde sich dabei einen unsterblichen Namen und seinen Unterthanen großen Nutzen erwerben." Der König nahm diese Fürsprache sehr gut auf, ließ Tycho nach seiner Ankunft alsbald zu sich kommen, versprach ihm seine Studien zu befördern, „überließ ihm die im Sunde zwischen Seeland und Schonen gelegene Insel, die Hveen genannt wird, und gab ihm darauf zur Versicherung einen auf Pergament geschriebenen Brief, unter seiner kgl. Hand und Siegel, daß ihm diese Insel mit allem Zugehörigen auf Lebenszeit gehören solle, — anerbot sich auch, alle Unkosten so zu den Gebäuden, Instrumenten, Arbeiten, Dienern und allem Andern, auch zu seinem Destilliren, nöthig wären über sich zu nehmen." Tycho nahm natürlich dieses Anerbieten freudig an, gab seinen Plan nach Basel überzusiedeln sofort auf, und entschloß sich nach Einsicht der gedachten Insel mitten auf derselben eine Uranienburg zu erbauen, zu der dann auch wirklich schon 1576 VIII 8 der Tycho befreundete französische Gesandte am dänischen Hofe, Carolus Danzäus, den Grundstein legte [1]). Dieselbe war ein genau orientirtes, nach Länge und Breite 60 Fuß haltendes zweistöckiges Gebäude mit Beobachtungs-, Bibliothek- und Wohnzimmern, sowie zwei Thürmen von 75 Fuß Höhe. Unter dem Namen Sternburg waren ihm noch einige unterirdische, mit Schiebdächern versehene Räume für größere Instrumente beigegeben — ferner, außer einem Wirthschaftsgebäude, eine mechanische Werkstätte, ein chemisches Laboratorium, eine Papiermühle, eine Buchdruckerei [2]) 2c. An vorzüglichen Schülern und Gehülfen, welche diese vielen, schon Ende 1576 theilweise brauchbaren [3]),

---

[1]) Nach anderer Erzählung legte König Friedrich den ersten, und sodann Danzäus den zweiten Grundstein.

[2]) Aus dieser Druckerei ging unter Andern hervor: „Tychonis Brahe Epistolarum astronomicarum Liber primus. Uraniburgi 1596 in 4.", von dem 1601 und 1610 Levinus Hulsius zu Nürnberg und Frankfurt neue Titel-Ausgaben veranstaltete. Es enthält dieser Band die Correspondenz mit Wilhelm und Rothmann.

[3]) Die erste Beobachtung soll vom 14. Dez. 1576, dem 31. Geburtstage Tycho's, datiren.

aber erst etwa 1580 vollendeten Localien beleben und benutzen konnten, fehlte es dabei Tycho nicht; namentlich ist der 1562 zu Longberg in Jütland geborne, und daher meist Longomontanus genannte Christian Severin zu erwähnen, welcher von 1589—1600 Tycho's vertrautester und vorzüglichster Gehülfe war, später bis zu seinem 1647 erfolgten Tode als Professor der Mathematik zu Kopenhagen stand, wo er die Erbauung eines großartigen astronomischen Thurmes bewirkte, und unter dem Titel „Astronomia danica" ein zur Zeit geschätztes, 1622 und später zu Amsterdam ausgegebenes Lehrbuch der Astronomie schrieb; ferner der 1571 zu Alkmaar geborne Willem Janszoon Blaeuw, der sich nachmals als Buchdrucker zu Amsterdam niederließ, bis zu seinem 1638 erfolgten Tode viele Karten und Globen verfertigte, auch 1620 einen sehr beifällig aufgenommenen „Onderwiis van de hemelsche en aerdsche Globen" herausgab [4]), — Franz Tengnagel, ein aus Prag gebürtiger Edelmann, welcher sich 1601 mit Tycho's Tochter Elisabeth verheirathete, und später kaiserl. Bibliothekar, Rath und Gesandter wurde, — ꝛc. Mit diesen Gehülfen arbeitete Tycho auf Hveen lange Jahre mit großer Energie und, wie wir im Folgenden noch specieller hören werden, auch mit ausgezeichnetem Erfolge, so daß seine Sternwarte theils durch diese Arbeiten und die sie betreffenden Publicationen, theils durch häufige Besuche von Potentaten und bedeutenden Gelehrten einen seltenen Glanz erhielt, ja zuweilen einem astronomischen Hoflager verglichen werden konnte. Nach dem 1588 erfolgten Tode Friedrich II. begann jedoch Tycho's Stern zu erbleichen: Sein Nachfolger, der junge Christian IV., hatte damals noch wenig Interesse für Astronomie [5]), und es gelang Tycho's Feinden, namentlich dem durch ihn früher einmal persönlich beleidigten Reichshofmeister Christoph von

[4]) Derselbe erschien auch 1634, 1647 ꝛc.; ferner lat. durch Hortensius 1634 und später.

[5]) Aus Longomontan's Widmung der Astronomia danica geht jedoch hervor, daß dieses Interesse später auch erwachte.

Walkendorf, nach und nach dessen Stellung zu untergraben, seine Einkünfte zu vermindern, ja den seiner Verdienste bewußten und ziemlich leidenschaftlichen Mann am Ende dahin zu bringen, sein Hveen und überhaupt Dänemark im Jahre 1597 zu verlassen. Sogar das Andenken an die frühere Herrlichkeit wurde dem Hasse geopfert; man ließ auf Hveen Alles an Tycho's Zeit Erinnernde fast absichtlich zerfallen, und dieß gelang auch so gut, daß schon 1652, als der Franzose Huet die kleine Insel besuchte, so zu sagen alles verschwunden und nur noch ein einzelner Mann vorhanden war, der sich erinnerte in seiner Jugend die Uranienburg gesehen zu haben [*]).

90. **Tycho Brahe in Prag.** Zunächst zog Tycho 1597 mit seiner Familie, seinen Instrumenten und überhaupt seiner ganzen Habe zu dem ihm befreundeten Grafen Heinrich von Ranzau noch Wandsbeck bei Hamburg, und als dieser zwei Jahre später starb, folgte er einem Rufe Kaiser Rudolf II. nach Prag als kais. Astronom und Rath. An letzterm Orte schien sein Stern nochmals aufleuchten zu wollen, und er neuerdings in den Stand gesetzt zu werden, seine astronomische Arbeiten im Großen aufzunehmen. Schon hatte er sich mit kais. Hülfe, nachdem er etwa ein Jahr auf dem kais. Schlosse Benatek residirt, in Prag wieder eine ordentliche Sternwarte einzurichten angefangen, und für die Bearbeitung und Ausnutzung seiner frühern Beobachtungsreihen in dem jungen Kepler, dessen Leben und Arbeiten sofort einläßliche Besprechung finden werden, eine ausgezeichnete Kraft gewonnen [1]), als ihn im Spätherbst 1601 unerwartet eine Krankheit dahinraffte: Dieselbe begann [2]) 1601 X 13. mit einer Urinverhaltung, und nahm X 24. einen tödtlichen Ausgang [3]). In der Todesnacht rief Tycho während des Delirium's

[*]) Vergl. 148 und „d'Arrest, Die Ruinen von Uranienborg und Stjerneborg im Sommer 1868 (A. N. 1718; auch, sammt Plänchen, in Peters Zeitschrift 3)."

[1]) Vergl. 92 und 93 für weitern Detail.

[2]) Vergl. Observ. Hass. pag. 83.

[3]) Nach andern Angaben starb Tycho X 13. (a. St.), — oder X 6., — oder nach der Grabschrift in Prag „quarto Calend Nov. (d. h. X 29.)."

wiederholt aus: „Ne frustra vixisse videar.“ — Nach dem Tode von Tycho kaufte Kaiser Rudolf von dessen Erben um 20000 Thlr., von denen aber 1608 allerdings erst 10000 bezahlt waren, die sämmtlichen Instrumente und wissenschaftlichen Manuscripte, um sie dessen Nachfolger Kepler zu unumschränktem Gebrauche übergeben zu können, was jedoch nur nach und nach gelang, da Erstere und ein Theil der Letztern mehrere Jahre lang in Sperre verblieben, und somit nicht benutzt werden konnten [4]). — Ueber das spätere Schicksal der Instrumente weiß man wenig: Nach Kästner [5]) wurden dieselben, als nach des Kaisers Matthias Tode 1619 Unruhen entstanden und Prag von den Pfälzern erobert wurde, theils zerstreut, theils zerstört. Nur die große oder messingene Himmelskugel von 6′ Durchmesser kam, nachdem sie zuerst im Jesuitencollegium in Neisse gelegen, bei Eroberung dieser Stadt durch Christian's von Dänemark Sohn Ulrich im Jahre 1623 nach Kopenhagen, wo sie, mit einer Aufschrift von Longomontan versehen, aufgestellt wurde, dann aber bei dem großen Brande von 1728 zu Grunde ging. Auf der Sternwarte in Prag soll gegenwärtig nur noch ein großer eiserner Quadrant vorhanden sein, der muthmaßlich Tycho angehörte, — sonst nichts, da leider vor nicht sehr langer Zeit der ganze Inhalt einer Rumpelkammer des astronomischen Thurmes, die noch Manches enthalten mochte, ohne irgend welche Sichtung unter den Hammer gebracht wurde [6]). — Tycho's Beobachtungsbücher und Protokolle blieben fortwährend bei Kepler, gingen nach seinem Tode mit den übrigen Manuscripten auf dessen Sohn Ludwig über, und wurden sodann durch diesen von Danzig aus dem Könige von Dänemark übergeben, worauf Bartholinus davon eine nach Jahren und Planeten geordnete Copie anfertigen ließ. Als Picard auf seiner Reise nach Kopenhagen kam [7]), nahm er Alles nach Paris mit, um diesen

[4]) Vergl. „Jos. v. Hasner, Tycho Brahe und J. Kepler in Prag. Prag 1871 in 8.,“ sowie das in 93 hauptsächlich nach dieser Quelle Beigebrachte.

[5]) Geschichte II. 403.

[6]) Vergl. die erwähnte Schrift von Hasner. [7]) Vergl. 148.

Schatz zu veröffentlichen: Bereits hatte der Druck begonnen, als Colbert starb, worauf sofort sistirt wurde. La Hire sandte das Protokoll nach Dänemark zurück, wo es bei der erwähnten Feuersbrunst von 1728 zum Glücke gerettet werden konnte, — die Copie von Bartholinus blieb in Paris.

91. Johannes Kepler. Wie Tycho bis zu seinem Tode ein stolzer und unvertragsamer Däne blieb, so haftete an seinem Nachfolger Kepler fortwährend der Grundcharakter des schwäbischen Stammes: „Gemüthlicher Humor, eiserner Fleiß, zähe Beharrlichkeit, Biederkeit und frommer Sinn gepaart mit der Vorliebe zum Geheimnißvollen und Wunderbaren," — obschon sein ganzes Leben fast eine ununterbrochene Kette von Widerwärtigkeiten und Ungemach bildete: Am 27. Dezember 1571 zu „Weil der Stadt[1])" als Siebenmonatkind in ärmlichen Verhältnissen geboren, wenn auch aus dem alten Geschlechte der „von Kappel" stammend, wurde Johannes Kepler muthmaßlich, da es damals in Weil noch keine protestantische Kirche gab, in dem benachbarten Magstadt von dem mit seinen Eltern verwandten dortigen Pfarrer Jakob Broll getauft, und so seine Geburtsstätte oft nach Magstadt verlegt. Nachdem er die Pocken während Abwesenheit der Eltern[2]) unter Pflege der Großeltern glücklich überstanden, und nach Rückkehr der Erstern in Leonberg und Ellmendingen einen dürftigen, durch Translocation und Feldarbeit noch oft unterbrochenen Vorunterricht empfangen, und eine ziemlich freudenlose Jugend durchgemacht hatte, kam der schwächliche, zu körperlicher Arbeit kaum taugliche, dagegen sehr fähige Knabe nach 1583 zu Stuttgart bestandenem Landesexamen 1584 in die Klosterschule zu Adelberg, dann 1586 nach neuem Examen in die höhere Schule zu Maulbronn, und, nachdem er auch diese mit bestem Erfolge

[1]) Zum Unterschiede von den benachbarten: Weil im Dorf, — und: Weil im Schönbuch.

[2]) Der Vater Heinrich hatte sich 1574 für Alba anwerben lassen, und im folgenden Jahre folgte ihm auch die Mutter, um ihn aus Belgien zurückzuholen. — Vergl. im Uebrigen für Keplers Jugendgeschichte namentlich „Reitlinger Johannes Kepler. Theil I. Stuttgart 1868 in 8."

absolvirt und sich 1588 die Baccalaureatswürde errungen hatte, 1589 nach Tübingen, um daselbst Theologie zu studiren, und wurde so auch Schüler von Mästlin: Zu Göppingen 1550 geboren, hatte Michael Möstlin oder Mästlin ebenfalls zu Tübingen Theologie, nebenbei unter dem jüngern Apian[3]) Mathematik studirt, und sich 1571 die Magisterwürde erworben, dann angeblich eine Reise nach Italien gemacht[4]), von 1576 hinweg als Diaconus zu Baknang in Würtemberg gestanden, 1580 die Professur der Mathematik in Heidelberg, und endlich 1583, nachdem sein früherer Lehrer als Nichtunterzeichner der Concordienformel durch die Theologen in unfreiwilligen Ruhestand gebracht worden war, die entsprechende Lehrstelle in Tübingen erhalten, wo er als Lehrer, Schriftsteller und Beobachter[5]) auch für Astronomie thätig war, und bis 1631 lebte. — Mästlin wurde bald auf den fleißigen und talentvollen jungen Kepler aufmerksam, beschäftigte sich auch noch privatim mit ihm, und führte ihn namentlich in das Copernicanische System ein, — gewiß ohne zu ahnen, was das für Folgen haben werde, — sowenig als es sein Schüler muthmaßen mochte, der zwar damals schon nicht nur die Behauptungen des Copernicus in den physikalischen Disputationen der „Stiftler" vertheidigte, sondern auch eine eigene Abhandlung zu Gunsten der Axendrehung der Erde verfaßte. — Im Jahre 1591 wurde Kepler Magister, wobei er unter 15 den 2. Platz erhielt, und vom Senate das Zeugniß bekam, er sei „dermaßen eines vortrefflichen und herrlichen Ingenii, daß seinethalben etwas Absonderliches zu hoffen." Er kam nun von der neutralen „Artistenfacultät" in die theologische, wo er noch drei Jahre verbleiben sollte. An dieser herrschte die starrste Orthodoxie,

---

[3]) Vergl. 85.

[4]) Etwas Näheres über diese Reise wäre im Hinblick auf 83 von Interesse; aber es läßt sich kaum mehr ermitteln als daß, wenn sie überhaupt stattgefunden, dieselbe zwischen 1561 und 1576 gefallen sei, wo also der 1564 geborne Galilei noch ein kleiner Knabe war.

[5]) Vergl. 141 und 77. Mästlin schrieb auch über den Kometen von 1577, und soll aus seinen Beobachtungen die Refraction nachgewiesen haben.

die 1579 durch die Concordienformel eine feste Grundlage erhalten hatte — und, mit Ausnahme von Mathias Hafenreffer an den sich Kepler besonders anschloß und mit dem er auch noch später in Verbindung blieb, eine furchtbare Unduldsamkeit. Mit der erwähnten Concordienformel, in welche [6]), neben der lutherischen Lehre vom Abendmahl, das noch crassere neue „Dogma von der Ubiquität des Leibes Christi oder von der Allgegenwart Christi nach seiner menschlichen Natur, vermöge der Betheiligung jeder der beiden Naturen an den Eigenschaften der andern" aufgenommen worden war, konnte sich nun Kepler nach seinem ganzen Wesen nicht befreunden; aber hierin lag es kaum allein, daß er frühe von seinen theologischen Lehrern als untauglich zum Kirchendienste bezeichnet wurde [7]), trotz seiner guten Studien und seiner rednerischen Talente, sondern hauptsächlich auch, weil er als Copernicaner anrüchig war. Noch hatte Kepler das dritte Jahr seiner theologischen Studien nicht vollendet, als durch den Tod von Georg Stadius 1593 die Stelle eines „Landschafts-Mathematicus" von Steyermark erledigt wurde, wo die Protestanten damals vorherrschten und in regem Verkehr mit Tübingen standen. Die Stelle wurde Kepler im Januar 1594 angetragen, — die Feinde waren froh ihn los zu sein, — die Freunde glaubten, daß er in Würtemberg doch später Schwierigkeiten finden würde ein passendes Amt zu erhalten, — kurz von allen Seiten bestürmte man den jungen Mann anzunehmen. Da er jedoch damals noch eifriger Theologe war, — gerne, häufig und mit Beifall predigte, — so wollte er anfänglich gar nichts davon hören. Als ihm jedoch auch sein zum Freunde gewordener

[6]) Ich folge hier vorzüglich „Reuschle, Kepler und die Astronomie. Frankfurt 1871 in 8."

[7]) Schöpfer ergreift diesen Vorfall auf pag. 83 seiner in 288 behandelten Scandalschrift, um in perfider und durch keine einzige Thatsache auch nur im Mindesten gerechtfertigter Weise zu sagen: „Kepler hatte sich dem geistlichen Stande widmen wollen, war aber durch seine Lebensweise für die Kanzel unmöglich geworden." — Ich werde aus den 288 angegebenen Gründen im Folgenden nicht ermangeln, noch einige andere Stellen dieses unsaubern Pamphletisten beizubringen, um ihn nach Verdienst zu kennzeichnen.

Lehrer Mästlin dringend anrieth, sich ganz der Astronomie zu widmen, so ließ er sich endlich dennoch, aber unter bestimmter Wahrung seiner Ansprüche auf den würtembergischen Kirchendienst, zur Annahme bestimmen, und ging so im März 1594 nach Graz ab, um wirklich die ihm angebotene Stelle, nebst der damit verbundenen Professur der Mathematik zu übernehmen. Seine Hauptpflicht war die „mathematische Lection" am Gymnasium in Graz, und er hielt seinen ersten Vortrag 1504 V 24. Er hatte jedoch ebenso wie sein Vorgänger Stadius nur wenige Zuhörer, im zweiten Jahre sogar mehrentheils gar keine. Dieß sei jedoch, fügen die Inspectoren ihrem Berichte bei, ihres Wissens nicht ihm zu imputiren, sondern den Zuhörern, „weil Mathematicum Studiren nicht Jedermanns Thun ist." Damit aber Kepler seine Besoldung (150 Gulden jährlich, — dazu 20 Gulden für Abfassung des Kalenders) nicht „umsonst" beziehe, trugen ihm die Inspectoren mit Gutheißen des Rectors auf, Arithmetik, wie auch Virgilium und Rhetorik sechs Stunden in der Woche in den höhern Klassen zu lehren, bis etwa mehr Gelegenheit zu mathematischem Unterricht sich ergebe. Immerhin erhielt er so Muße und Veranlassung, seine wissenschaftlichen Arbeiten zu beginnen, von denen im Folgenden einläßlich zu berichten sein wird. Ehe wir jedoch dazu übergehen, wollen wir noch von dem Verhältnisse Kepler's zu der damals noch ziemlich florirenden Astrologie sprechen, in welches ihn jene und dann auch wieder seine folgende Stellung hineinbrachte, um später dadurch von der Hauptsache nicht mehr abgelenkt zu werden, und zwar mit den Worten, die Frisch zur Zeit brauchte: „Eines der Nebengeschäfte, welche Kepler in Graz und später in Prag zu besorgen hatte," sagte derselbe in seiner Festrede bei Einweihung des Kepler-Denkmales [8]), „war die Herausgabe des Kalenders. Nach dem damaligen Brauch mußte der Verfasser eines Kalenders demselben einen Anhang beigeben, in welchem nach astrologischen Regeln die Beschaffenheit

---

[8]) Vergl. den Schwäbischen Merkur von 1870 VI. 29.

der Witterung des künftigen Jahres, sowie auch Andeutungen über politische Verhältnisse enthalten waren. Kepler begann dieses Geschäft schon am Ende des Jahres 1594 und führte es längere Zeit fort. Auf diese Art wurde er in die Geheimnisse der Astrologie eingeführt; er studirte den Ptolemäus, Cardan u. a., und wandte die von diesen Grundpfeilern der Astrologie gegebenen Regeln an, so gut es gehen wollte. Hie und da trafen seine Prophezeihungen ein, und so galt er bald bei seinen gläubigen Zeitgenossen als ein astrologisches Licht erster Größe*). Schon in Graz mußte er nicht bloß bei den Kalendern dieses Licht leuchten lassen, sondern bald verlangten viele der angesehensten Personen Steyermarks von ihm ihre künftigen Lebensschicksale zu erfahren. In noch größerem Maße fand dieß in Prag statt, wo Kaiser Rudolf mit seinem Glauben an die Astrologie den Ton angab, und den jungen Kepler zu seinem Hofastrologen ernannte. Mit welcher Freiheit, Menschenkenntniß und Beachtung der verschiedensten Nebenumstände Kepler seine Urtheile abgab, erhellt aus allen auf uns gekommenen Nativitäten der verschiedensten Personen; ebenso finden wir aber auch, wie er mit offenem Freimuth gestand, es sei auf diese Prophezeihungen nicht viel zu geben, und wie er die allzu Gläubigen vor schädlichen Täuschungen warnte. Kepler suchte zwar, da er einmal nicht anders konnte, sich mit der Astrologie genau bekannt zu machen, und legte zu diesem Zwecke seine eigenen Lebensschicksale zu Grunde, die er ganz nach astrologischen Regeln mit den Stellungen der Planeten verglich, wobei er sich selbst gleichsam nach den Regeln der Kunst zerlegte, und sein Wissen und seinen Charakter darnach taxirte; allein trotzdem brach immer wieder der Gedanke an die Unhaltbarkeit dieses Scheinwissens hervor, und häufig finden wir in

*) Sogleich mit dem ersten seiner Kalender aufs Jahr 1595 hatte Kepler das eigene Glück, daß seine Prophezeihungen von Bauernunruhen und von einem ausnehmend strengen Winter eintrafen, was ihm bei der Menge einen nicht minder großen Ruf verschaffte als der sofort zu besprechende Prodromus bei den Gelehrten.

öffentlichen Schriften und Privatschreiben Kepler's Ausdrücke wie diesen: Wahrlich in aller meiner Wissenschaft der Astrologie weiß ich nit so viel Gewißheit, daß ich eine einzige Specialsach mit Sicherheit dürfte vorsagen. Trotz dieser Warnungen stieg die Zahl derer, welche bei Kepler astrologischen Rath suchten, von Tag zu Tag, von Jahr zu Jahr, und er galt, wie wir oben sagten, als das förmliche Orakel bei sehr vielen und zwar oft sehr bedeutenden Leuten. Daß Kepler die ihm für seine Nativitäten gewordenen reichen Geschenke als willkommenen Zuschuß zu seinem sonstigen geringen Einkommen annahm, ist wohl nicht zu verwundern."

92. **Das Mysterium cosmographicum.** Eine erste Frucht der Studien von Kepler war der seinem Lehrer und Freunde Mästlin übersandte, von diesem sehr beifällig aufgenommene und 1596 zu Tübingen zum Drucke beförderte „Prodromus dissertationum cosmographicarum continens: Mysterium cosmographicum", — eine Schrift, auf welche Kepler noch am Schlusse seiner so erfolgreichen wissenschaftlichen Thätigkeit mit Befriedigung zurückblicken konnte, da sie bereits eine Frucht des Gedankens war, welchen Kepler sein ganzes Leben hindurch festhielt, und welcher ihn nach manchen vergeblichen Bemühungen zu seinem obersten Gesetze führte, nämlich des Gedankens, es müsse sich in unserm Planetensysteme ein bestimmter Organismus erkennen lassen, der namentlich in den Verhältnissen der Bewegungen und Entfernungen der Planeten zu Tage treten werde. „Dem hungrigen Bauch nützt freilich die Erkenntniß der Natur und die ganze Astronomie nichts," sagte Kepler denjenigen, welche ihn von solchen scheinbar unfruchtbaren Studien abhalten wollten; „edlere Menschen aber hören nicht auf solche Stimmen der Barbarei, die deßhalb diese Studien verschreien wollen, weil sie nicht nähren. Maler und Tonkünstler, die unsere Augen und Ohren erfreuen, bringen uns auch weiter keinen Nutzen; aber das Vergnügen, das man aus ihren Werken schöpft, hält man nicht nur für menschlich, sondern auch für edel.

Wie unmenschlich also, wie einfältig, dem Geiste sein edleres Vergnügen zu mißgönnen, das man doch den Sinnen, dem Auge, dem Ohr gönnt! Wie der menschliche Leib durch Speise und Trank erhalten wird, so ernährt sich und wächst und kräftigt sich der Geist durch diese Erkenntnißspeise." — Ueber den Gang seiner Untersuchungen spricht sich Kepler im Vorwort zum Prodromus in folgender Weise aus: „Ich versuchte die Sache zuerst mit Zahlen und prüfte, ob eine der Planetensphären das doppelte, dreifache oder irgend ein sonstiges Vielfache der übrigen sei, und wie viel jede von jeder andern abstünde. Ich verlor an dieser Arbeit viel Zeit, da keine Art Uebereinstimmung mit den Sphären selbst, noch mit deren Zuwächsen sich ergab, und ich zog hieraus keinen andern Gewinn, als daß ich die von Copernicus angegebenen Entfernungen meinem Gedächtnisse tief einprägte . . . Da ich auf diesem Wege keinen Erfolg erreichte, so versuchte ich einen andern, von seltener Kühnheit. Ich schaltete einen neuen Planeten zwischen Mars und Jupiter und einen andern zwischen Venus und Merkur ein, welche beiden ich als unsichtbar voraussetzte, vielleicht wegen ihrer Kleinheit, und ich schrieb jedem derselben eine gewisse Umlaufsperiode zu . . . Obwohl ich mit Hülfe dieser Voraussetzungen eine Art Proportionalität herstellte, gelangte ich dennoch zu keiner vernünftigen Schlußfolgerung . . . Beinahe der ganze Sommer ging mit diesen fruchtlosen Bemühungen verloren, bis ich endlich durch einen unbedeutenden Zufall der Wahrheit näher kam. Mir schien es eine unmittelbare Schickung Gottes, daß ich endlich durch Zufall erlangen sollte, was ich mit der größten Anstrengung zu erreichen nicht im Stande war; und ich glaubte um so mehr hieran, als ich unaufhörlich zu Gott gebetet hatte, er möge, wenn Copernicus die Wahrheit verkündigt habe, meine Bemühungen gelingen lassen. Es geschah nun Anno 1595 am 9./19. Juli, daß ich, als ich meinen Zuhörern die Sprünge der großen Conjunctionen durch je acht Zeichen zu erklären hatte, und wie sie nach und nach aus einem Gedrittschein in den andern übergehen, in einem Zirkel eine große Anzahl von Dreiecken oder

Quasidreiecken einzeichnete, so daß je das Ende des Einen den Anfang des nächsten bildete[1]). In solcher Weise wurde durch die Punkte, wo sich je zwei der Linien schnitten, ein innerer kleinerer Kreis geformt. Nun beläuft sich der Durchmesser des einem Dreieck eingeschriebenen Kreises auf die Hälfte vom Durchmesser des umgeschriebenen. Also erschien das Verhältniß der beiden Kreise nahezu dem gleich, welches zwischen den Bahnzirkeln Saturns und Jupiters statt hat. Und zugleich ist das Dreieck ebenso die erste der Figuren, wie Saturn und Jupiter die äußersten Planeten sind. Ich versuchte unverzüglich für die nächste Entfernung, für die zwischen Jupiter und Mars, ein Viereck, und als das Auge auf den ersten Blick gegen die Anwendung des Quadrates Protest erhob, so combinirte ich, das Viereck mit einem Dreieck und einem Fünfeck. Endlos wäre es, jedes einzelnen Schrittes zu gedenken. — Das Ende dieses vergeblichen Versuches war der Anfang des schließlichen glücklichen Ausganges. Ich überlegte, daß ich, wenn ich unter den Figuren Ordnung einzuhalten wünschte, niemals bis zur Sonne gelangen würde, und daß sich auf diesem Wege auch keine Ursache ergäbe, warum gerade sechs und nicht zwanzig oder hundert bewegliche Sphären vorhanden seien ... Wenn sich für die Größe und das Verhältniß der sechs Himmel, welche Coper-

[1]) Setzen wir die Umlaufszeiten von ♃ und ♄ gleich 11,862 und 29,457 Jahren, so kehrt ♃ zur Conjuction nach 19,858 Jahren zurück, d. h. wenn ♄ etwa 242,7° zurückgelegt hat, oder $8^1/_{11}$ Zeichen. — Ich kann nicht umhin hier noch speciell auf den tiefen, nicht nur wissenschaftlichen, sondern auch sittlichen Ernst hinzuweisen, welcher schon in diesen ersten Arbeiten Kepler's zu Tage tritt, und es als ein förmliches Verbrechen zu bezeichnen, wenn ein ausgeschämter Schriftsteller, wie der mehrerwähnte Schöpfer, ihn nicht nur in dieser Richtung zu bekritteln, sondern ihn durch Unterschiebung verwerflicher Motive förmlich zu besudeln wagt. Vergl. z. B. die betreffende Note in 93.

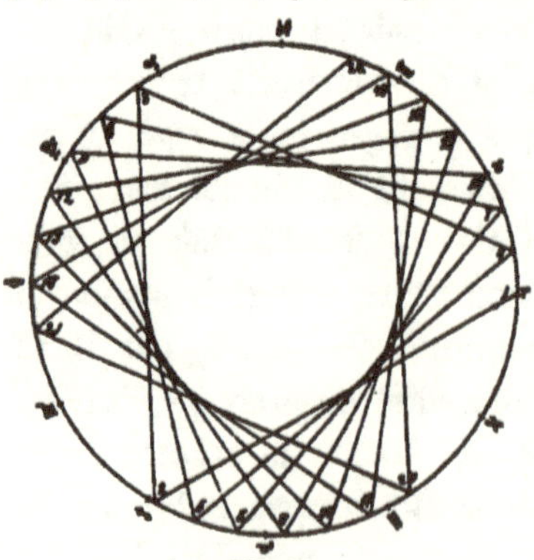

Fig. 22.

nicus aufstellte, unter den unendlichen vielen nur fünf Figuren fänden, welche sich vor allen übrigen durch irgend welche besondere Eigenschaften auszeichnen würden, so hätte ich mein Ziel erreicht . . . Was sollen ebene Figuren zwischen körperlichen Sphären? . . . Wenn irgend Jemand, der mit der Geometrie nur einigermaßen vertraut ist, durch obige Worte gemahnt wird, so werden sich ihm sogleich die fünf regelmäßigen Körper aufdrängen, mit ihren eingeschriebenen und umgeschriebenen Kugelflächen . . . Eine bewundernswerthe Thatsache ist es, daß ich, dem damals noch nichts von den Ansprüchen der einzelnen Figuren auf einen bestimmten Platz in der Reihenfolge bekannt war, doch sogleich, indem ich mich einer, nichts weniger als besonders scharfsinnig aus den bekannten Planetenentfernungen abgeleiteten Vermuthung hingab, so glücklich in der Anordnung der Körper ans Ziel traf, daß ich auch später, als ich mich der ausgesuchtesten Gründe bediente, nichts daran zu ändern im Stande war. Zum Andenken der Begebenheit theile ich Dir den Ausspruch der Erfindung mit, so wie er mir damals im Augenblick auf die Zunge trat: Die Erdbahn liefert den Kreis, der das Maß aller übrigen bildet; um denselben beschreibe ein Dodekaëder: der dieses umschließende Kreis ist der Mars; die Marssphäre begrenze mit einem Tetraëder, der diesem umschriebene Kreis wird der des Jupiter sein. Die Sphäre des Jupiter umschließe mit einem Würfel; der diesem umschriebene Kreis ist der des Saturn. Ferner schreibe der Erdsphäre ein Ikosaëder ein, der von diesem eingeschlossene Kreis wird der der Venus sein. Der Venus schreibe ein Octaëder ein, und der Kreis in diesem wird dem Merkur gehören. Und so erhältst Du den Grund für die Anzahl der Planeten*) . . . Welchen Ge-

*) Dieses sog. „Mysterium cosmographicum“ bestand also darin, daß, wenn man Kugeln und regelmäßige Körper in der Reihenfolge

$$\infty \quad 6 \quad \infty \quad 4 \quad \infty \quad 12 \quad \infty \quad 20 \quad \infty \quad 8 \quad \infty$$

wo ∞ den Kugeln entspricht und die Zahlen die Seitenflächen der regelmäßigen Körper zählen, in einander einschachtle, sich die Durchmesser der Kugeln nahezu wie die von Copernicus bestimmten Distanzen der Planeten

♄ ♃ ♂ ♁ ♀ ☿

von der Sonne verhalten.

nuß mir die Erfindung machte, werde ich in Worten nie auszudrücken vermögen. Nun bereute ich nicht mehr die versäumte Zeit, keine Mühe verdroß mich, keine Beschwerde der Rechnung scheute ich, Tag und Nacht verbrachte ich mit Ausrechnungen, um mich zu überzeugen, ob die Worte jenes Ausspruches mit den Sphären des Copernicus übereinstimmen, oder aber, ob der Wind meine Freude verwehe. Wenn ich die Sache so, wie ich vermuthete, träfe, gelobte ich Gott, dem Allmächtigen, diese bewundernswürdige Probe seiner Weisheit, schwarz auf weiß gedruckt unter den Menschen zu verkündigen; damit, obschon noch nicht Alles vollendet und wohl noch Manches übrig ist, das aus den Principien fließt und dessen Erfindung ich mir hätte vorbehalten können, doch auch Andere, die dazu die Gabe besitzen, möglichst viel und in möglichst kurzer Zeit nach mir zur Verherrlichung des göttlichen Namens beitragen und wie mit Einem Munde den weisesten Schöpfer lobpreisen. Da nun nach wenigen Tagen die Sache gelungen war und ich wahrnahm, wie passend ein Körper nach dem andern zwischen die Planeten sich einreihe, so brachte ich die ganze Unternehmung in die Form des gegenwärtigen Werkes, und da dieses von Mästlin, dem berühmten Mathematiker, gebilligt wurde, siehst Du ein, Freund Leser, daß ich, gebunden an mein Gelübde, dem Dichter keine Rechnung tragen konnte, nach dessen Rath man die Bücher bis ins neunte Jahr verschließen soll." Nach diesem ersten Funde suchte dann Kepler auch noch nach einem Gesetze für die Geschwindigkeiten, und da er bald sah, daß die Umlaufszeiten nicht im einfachen Verhältnisse der Entfernungen stehen, so glaubte er in der Sonne eine „anima motrix" annehmen zu sollen, in Folge deren Wirkung die Geschwindigkeiten der Planeten sich etwa umgekehrt wie ihre Distanzen, also die Umlaufszeiten sich wie die Quadrate dieser Distanzen verhalten. Klappte auch dieses letztere Resultat mit den von Copernicus erhaltenen Distanzen weniger befriedigend als das erstere, so konnte Kepler doch vorläufig mit seinen Erfolgen zufrieden sein, und sie getrost veröffentlichen. In der That wurde auch seine Schrift mit großem Interesse aufgenommen, und brachte ihn namentlich mit mehreren seiner berühmtesten Fachgenossen in Verbindung, — so z. B., wie bereits erzählt worden ist[*]), mit Galilei, und, was von noch viel wichtigern, sofort einläßlich zu besprechenden Folgen begleitet war, mit Tycho Brahe, dem er den Prodromus im December 1597 nach Wandesburg gesandt, und der ihm sofort freundlichst, und mit Einladung zum Besuche, geantwortet hatte.

93. Die Astronomia nova. Bald nach Erscheinen des Prodromus verheirathete sich Kepler mit einer jungen, hübschen und wohlhabenden Wittwe, Barbara Müller, deren Familie das etwa 4/6 Stunden von Graz entfernte, bei Gössendorf liegende Schlößchen Mühleck gehörte, wo nun auch Kepler seine freie Zeit oft zubrachte. Er war damals in allen Beziehungen sehr glücklich, aber leider nicht lange: Die Mehrzahl der Bevölkerung in Inneröſterreich war protestantisch, — das Herrscherhaus katholisch und den Jesuiten günstig, welche zu Graz ein Collegium besaßen. Doch blieb Friede, bis der in Ingolstadt erzogene Erzherzog Ferdinand[1]) 1598 von einer Wallfahrt nach Loretto, wo er der heil. Jungfrau die Ausrottung der Protestanten in seinen Landen gelobt hatte, zurückkam. Zuerst wurden die Prädicanten des Landes verwiesen, und auch die an der Stiftsschule Angestellten mußten vor der Hand flüchten: Am 28. September 1598 zogen sie aus Graz, um vorläufig in Ungarn Zuflucht zu suchen, — unter ihnen auch Kepler, der jedoch schon nach einem Monat Befehl erhielt zurückzukehren, da er „Ungeacht der general ausschaffung noch länger allhie verbleiben möge“. Die Jesuiten, welche aus Interesse für Kepler's Arbeiten diesen Rückruf veranlaßt hatten, hofften sogar, ihn dem Katholicismus zu gewinnen, da sie seine Milde und Duldsamkeit mit Schwäche und Mangel an Ueberzeugungstreue verwechselten. Im Sommer 1599 war jedoch auch sein Verbleiben in Graz auf die Dauer unhaltbar

[*]) Vergl. 83.

[1]) Der nachmalige Kaiser Ferdinand II.

geworden, und gerne hätte er sich nach Tübingen oder einer andern Universität berufen lassen. Mästlin fand jedoch für ihn in Tübingen keinen günstigen Boden, und da sich auch sonst nichts Passendes zeigen wollte, so entschloß sich Kepler von der wiederholten Einladung Tycho's Gebrauch zu machen, eine Anstellung beim Kaiser zu suchen. Er ging Anfang 1600 auf Reisen, wurde von Tycho sehr freundschaftlich aufgenommen, und genoß auf dem Schlosse Benatek längere Zeit seiner Gastfreundschaft*): Die jungen Dänen Eriksen und Tengnagel, der Medicinae Professor Jessenius aus Wittenberg, die Astronomen Longomontanus, Kepler und mehrere Famuli bildeten in diesen Tagen die stabile Tischgesellschaft Tycho's, welcher den Genüssen einer guten Tafel und des Weines nicht abhold war. Nebenbei wurden schon am 5. Febr. mehrfache Pläne für die Zukunft gemacht. Der junge Georg Brahe, ein leidenschaftlicher Chemiker und Destillator, sollte dem Laboratorium vorstehen; Longomontanus erhielt die Aufgabe den Mond, Kepler jene den Mars zu beobachten; Tengnagel, der Bräutigam von Tycho's Tochter Elisabeth, umkreiste selbstverständlich seine irdische Venus, und fand für Beobachtung der himmlischen keine Zeit. Anfangs war der Verkehr Tycho's mit Kepler ein sehr freundlicher, doch ließ er sich zum Verdrusse des Letztern nicht viel in gelehrte Discurse ein; auch behagte dem an das stille wissenschaftliche Leben in Graz gewöhnten jungen Gelehrten das wüste Treiben im Hause Tycho's nicht, und er sehnte sich bald nach seiner Stube und seiner jungen Gattin zurück. Dabei war Tycho ein eitler, auf seinen Ruhm und Adel stolzer, hochfahrender Mann, dessen Absicht, das große Talent Kepler's seinen Zwecken dienstbar zu machen, immer deutlicher hervortrat. Kepler wollte einen bestimmten Vertrag mit Tycho abschließen, um sich sicher zu stellen, — Tycho konnte und wollte nicht darauf eingehen, — es trat Verstimmung ein, welche der auf Kepler eifersüchtige Tengnagel noch schürte, — und es war ein paar Mal nahe am

*) Ich folge hier größtentheils der Erzählung des mehrerwähnten Hasner.

Bruche, — doch trat immer wieder Versöhnung ein. Anfangs Juni 1600 verließ Kepler Böhmen, um seine Verhältnisse in Steiermark zu ordnen, und Tycho gab ihm ein Empfehlungsschreiben mit, welches, in den schmeichelhaftesten Ausdrücken abgefaßt, ein sprechendes Zeugniß der neugeschlossenen Freundschaft beider Männer ist. Es war zwischen ihnen verabredet worden, daß Kepler nunmehr in Graz die Entscheidung des Kaisers über seine Anstellung als Adjunct Tycho's (für ein oder zwei Jahre) abwarte, wobei er hoffte, daß es gelingen werde, bei den steierischen Ständen die Professur in Graz für sich offen zu halten, und den Gehalt während seines Aufenthaltes in Böhmen fortzubeziehen. — Nach seiner Rückkehr wurde Kepler jedoch in Graz gekündigt, und befohlen Steiermark binnen 45 Tagen zu verlassen, und da, wie schon gesagt, im Vaterland keine Aussicht für ihn vorhanden war, so folgte er am Ende dem Rathe seiner Freunde und nahm, obschon nun der Gehalt von Graz wegfiel, den Ruf von Tycho, so prekär derselbe auch ohne die noch nicht eingetroffene Genehmigung des Kaisers war, an. Im October zog er mit seiner Frau und der Stieftochter, Regina*), in Prag ein, wo ihm zunächst ein Baron Hofmann in seinem Hause eine Freistatt gab, die er aber bald mit einer Wohnung in Tycho's Hause, der nun auch nach Prag gezogen und nach Longomontan's Abgang fast ganz auf Kepler angewiesen war, vertauschte. Tycho erfüllte seine Kepler gegebenen Zusagen, und führte ihn, nachdem derselbe von einer zur Ordnung der öconomischen Angelegenheiten seiner Frau gemachten Reise nach Graz zurückgekehrt war, zum Kaiser, der ihn nun wirklich zum kaiserl. Mathematicus und Mitarbeiter Tycho's ernannte. — Seinen Aufenthalt in Prag hatte Tycho Brahe zunächst im Sinn zur Erstellung neuer Planetentafeln zu benutzen, die sich auf sein großartiges Beobachtungsmaterial und auf das von ihm ausgedachte Vermittlungssystem stützen sollten, und bei dieser Arbeit sollte ihm nun Kepler, der seinerseits von der Richtigkeit

*) Zwei eigene Kinder waren ihm in Graz gestorben.

des Copernicanischen Systemes überzeugt war, helfen. Es ist kaum anzunehmen, daß sich diese beiden, auch sonst ganz verschieden angelegten Männer auf die Dauer miteinander vertragen hätten, und man darf es daher als ein Glück betrachten, daß Tycho gerade noch lange genug lebte, um Kepler in sein Material einzuführen, und dann diesem durch seinen Tod und des Kaisers Gunst freie Hand zur Benutzung des Schatzes blieb. Wohl ging es auch da nicht glatt ab, da zwar der Kaiser beabsichtigte, Kepler die Aufsicht über die Tychonischen Instrumente und die Vollendung von dessen Arbeiten vollständig zu übergeben, aber die Tychonischen Erben mancherlei Schwierigkeiten in den Weg legten. Kaum hatte nämlich Kepler die Beobachtungen wieder aufgenommen, und mit Pietät den wissenschaftlichen Nachlaß Tycho's zu ordnen begonnen, als Tengnagel, der sich als Erbe der Aufgaben seines Schwiegervaters betrachtete und, wie schon bemerkt, auf Kepler neidisch war, Mißtrauen zu erwecken, ja es dahin zu bringen wußte, daß die Instrumente und Schriften unter Sperre kamen, und Kepler froh sein mußte, zur Fortsetzung seiner Beobachtungen, bei denen ihm unter Andern Bürgi behülflich war, von dem ihm befreundeten Hofmann einige Instrumente zu erhalten, und mit den Tychonischen Erben einen Vertrag abzuschließen, nach welchem ihm wenigstens die Aufgabe zufiel, die Mars-Theorie mit Hülfe der Tychonischen Beobachtungen zu bearbeiten. — Unter besagten Beobachtungen fanden sich nämlich besonders viele Bestimmungen dieses Planeten vor, da schon Tycho das Bedürfniß nach einer bessern Theorie dieses etwas widerspenstigen, sich eben bei seiner relativ stark excentrischen Bahn dem Kreise am wenigsten anbequemenden Körpers gefühlt hatte. Es war sogar zunächst diese Theorie gewesen, zu deren Feststellung er Kepler nach Prag berufen hatte, und da dieß seine Familie wußte, so war sie am ehesten damit einverstanden, ihn, wenn nun auch unter Grundlage des Copernicanischen Systemes, in dieser Richtung arbeiten zu sehen. Erst nachdem sich jedoch Kepler lange vergeblich damit abgequält hatte, einen die Tychonischen Oerter darstellenden

Kreis zu finden, kam er auf eine sichere, ihn aber von der frühern Zeit total ablösende Methode, die Gesetze des Sonnensystemes direct aus den Beobachtungen durch Induction abzuleiten: Von einer durch Tycho beobachteten Marsopposition ausgehend, zu der sich andere Marsbeobachtungen fanden, welche der Zeit nach, sei es wirklich um ein Vielfaches der siderischen Umlaufszeit dieses Planeten später gemacht waren, sei es sich durch Interpolation aus benachbarten Beobachtungen darstellen ließen, konnte er den excentrischen Kreis der Erde, die Lage der Apsidenlinie und überhaupt die ganze Theorie der Erde ableiten[4]), — sodann gestützt darauf, aus jeden zwei Marsbeobachtungen, welche um ein Vielfaches jener Umlaufszeit von einander abstanden, oder sich in diesen Abstand bringen ließen, die Polarcoordinaten des Mars in Beziehung auf die Frühlingsnachtgleichenlinie als Axe und die Sonne als Anfangspunkt bestimmen, und also so viele Marsörter berechnen, als er solche Paare von Beobachtungen besaß[5]). Die

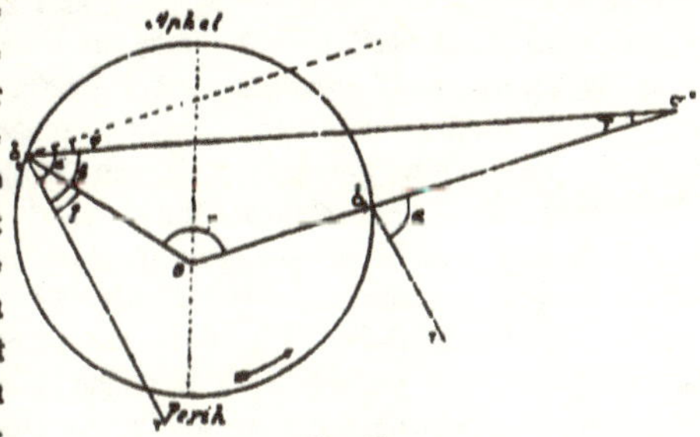

Fig. 23.

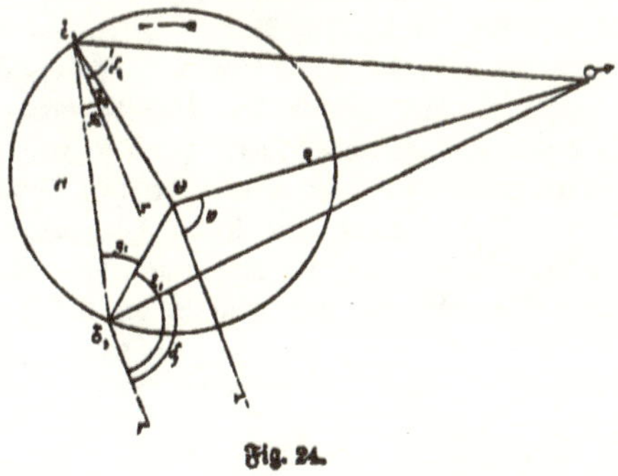

Fig. 24.

[4]) War t die Zeit einer Marsopposition, $t + a \, . \, T$, wo T die siderische Umlaufszeit des Mars bezeichnete, diejenige einer zweiten Beobachtung, für welche Kepler aus den Tychonischen Beobachtungen α, β, γ kannte, so konnte er, ⊙♂ als Einheit wählend, die letzterer Zeit entsprechenden Polarcoordination ⊙♁, und ψ' der Erde so oft berechnen, als er a wechseln konnte. Die so erhaltenen Erdörter paßten nun ganz ordentlich in einen Kreis, der ihm also die Theorie der Erde entsprechend den Beobachtungen darstellte.

[5]) War t' die Zeit irgend einer Marsbeobachtung, und $t' + a \, . \, T$, wo a wieder irgend eine ganze Zahl war, die einer andern, so kannte Kepler aus den Tychonischen

Verbindung dieser Marsörter gab nun entsprechend einer Vermuthung, welche schon Reinhold für die Mond- und Merkur-Bahn gehegt haben soll, ein eigenthümliches, Ooide oder Ellipoide genanntes Oval[6]), — und dieses entpuppte sich erst später als eine Ellipse, in deren Brennpunkt die Sonne stand, — dann aber zeigte sich bald, daß auch den Beobachtungen der übrigen Planeten ähnliche Ellipsen ganz gut entsprachen, ja ebenfalls weit besser als die ihnen früher zugemutheten Bahnen in excentrischen Kreisen. Da Kepler während der ganzen Zeit, wo diese Untersuchungen dauerten, d. h. von 1602 bis 1609, mit David Fabricius fleißig correspondirte[7]) und seine Theorie des Mars den Hauptinhalt der gegenseitigen Briefe bildete, so darf man Letzterm einen gewissen Einfluß auf den Gang der Untersuchung zuschreiben, ohne dadurch Kepler im Mindesten in seinem Rechte der Entdeckung dieses sog. ersten seiner berühmten Gesetze beeinträchtigen zu wollen[8]), an welches sich sodann verhältnißmäßig

---

Registern die δ, ferner durch Beobachtung oder aus seiner Theorie der Erde die ε, und endlich aus der Theorie der Erde die α und η; er konnte also ρ und ν so oft berechnen, als t' gewechselt werden konnte.

[6]) Den blinden Anhängern Tycho's, welche über seine ovalen Bahnen spotteten, hielt Kepler mit Recht „die von Tycho aufgewärmten Brezeln der Alten, welche hundertfach absurder sind", vor.

[7]) Anfang 1609 kam die Correspondenz ins Stocken, — nach Kepler's eigener Angabe zunächst wegen Geschäftsüberhäufung, — nach Frisch wohl auch, weil es Kepler zum Ueberdrusse wurde die schlechte Handschrift von Fabricius zu entziffern, — und vielleicht auch, weil ihm Fabricius größern Antheil an der Marstheorie anzusprechen schien, als er zugeben konnte. Vergl. über diese Correspondenz theils Apelt, theils die durch Frisch herausgegebenen Opera.

[8]) Ich glaube, daß Reuschle ziemlich das Richtige getroffen hat, wenn er sagt: „Kepler hatte, nachdem ihm die Unzulänglichkeit des doppelt excentrischen Kreises in der Theorie der Marsbewegung und die Nothwendigkeit eines Ovals klar geworden war, zunächst zu dem Oval gegriffen, welches den Längendurchschnitt eines Eies bildet (von Kepler *Ooide* oder *Ellipoide* genannt), einem Oval, welches nur in der Längen-, nicht aber in der Querdimension symmetrisch ist; weiterhin aber eingesehen, daß dasselbe mit den Beobachtungen nicht übereinstimme, und zwar in der Art, daß in jenem Oval gewisse Abstände des Mars von der Sonne zu klein werden, während sie im excentrischen Kreis zu groß ausfallen, daß daher die Wahrheit in der Mitte liegen müsse, d. h. in

leicht ein schon etwas früher unter Annahme, daß der Sitz der die Planeten bewegenden Kraft in der Sonne, als dem Herz der Welt, liege, durch Speculation gefundenes Gesetz als zweites anlehnte, nämlich das Gesetz, daß für jeden Planeten der von seinem Radius Vector in einer beliebigen Zeiteinheit überstrichene Flächenraum eine constante Größe sei*). Kepler publicirte diese beiden Gesetze unter einläßlicher Darlegung des von ihm eingeschlagenen Weges 1609 zu Prag in seinem ersten großen Hauptwerke, der „Astronomia nova de motibus stellae Martis ex observationibus Tychonis Brahe", in dessen Zueignung an Rudolf II. er dem Kaiser den Mars, als in den Fesseln der Rechnung ge-

dem nach Länge und Quere symmetrischen Oval der Ellipse. Hiebei sagt er nun (Astr. nova IV. 55): Daher konnte auch David Fabricius meine Hypothese (von der *Ellipoide*), welche ich ihm mitgetheilt hatte, mittelst seiner Beobachtungen für unrichtig erklären, in einem eben damals geschriebenen Briefe als ich bereits an der wahren Hypothese (von der Ellipse) arbeitete; so wenig fehlte, daß er mir in dieser Wahrnehmung zuvorgekommen wäre. Diese merkwürdige Stelle rechtfertigt allerdings den (von Apelt gebrauchten) Ausdruck Rival; allein man muß erstlich bedenken, daß Kepler einerseits Alles auch selbst fand, anderseits dem Fabricius nicht etwa nur diese Hypothese mittheilte, sondern auch den Kunstgriff seiner Distanzenberechnung, worin der eigentliche Schlüssel zur Entdeckung der elliptischen Theorie liegt, ja daß er ihm sogar zeigte, wie diese neue Methode auch dem Tychonischen Systeme angepaßt werden könne, an welchem Fabricius auch deßwegen hing, weil er die Bewegung der Erde gar nicht begreifen konnte. Alsdann kommt in Betracht, daß Fabricius in seiner eigenen Theorie des Mars, welche er weiterhin Kepler mittheilte, zwar die Ellipse anwandte, aber, anstatt den Sectoren, die Winkel der Zeit proportional setzte; daß er also von der elliptischen Theorie das erste Gesetz annahm, aber nicht das zweite, mithin, um das alte Princip von der gleichförmigen Bewegung nicht ganz fallen zu lassen, eben das verwarf, was wir oben als den physischen Kern von Kepler's elliptischer Theorie bezeichnet haben, die Ausgleichung der Bewegung durch die elliptischen Sectoren (die Ausgleichung der Ungleichheit der Abstände und der Ungleichheit der Geschwindigkeiten in der sich gleichbleibenden Flächengeschwindigkeit)."

*) Es blieb dem großen Schöpfer vorbehalten dieses zweite Gesetz als einen „Unsinn" zu erklären, und die Behauptung aufzustellen, es habe Kepler das Copernicanische System nur darum etwas zugestutzt, um „dem Christenthum, auf das er seinen Haß gegen die Geistlichkeit übertrug, einen empfindlichen Stoß" beizubringen.

fangen, mit den charakteristischen, die Verdienste aller Mitwirkenden so präcise bezeichnenden Worten überbrachte: „Die Astronomen wußten diesen Kriegsgott nicht zu überwältigen; aber der vortreffliche Heerführer Tycho hat in zwanzigjährigen Nachtwachen seine Kriegslisten erforscht, und ich umging mit Hülfe des Laufes der Mutter Erde alle seine Krümmungen.“ Das nunmehrige Einverständniß der Tychonischen Erben mit dieser Publication erweist das von Tengnagel beigefügte kurze Vorwort.

94. Die Harmonices mundi. Je höher der wissenschaftliche Ruhm unseres Kepler stieg, je schwieriger schienen sich seine äußern Verhältnisse gestalten zu wollen: zu Krankheiten und Todesfällen, welche ihn in seiner eigenen Familie heimsuchten[1]), trat in Folge starker Ebbe in den kaiserlichen Kassen, noch gar oft Geldnoth hinzu, so daß er gezwungen war, „nichtswürdige Kalender und Prognostica“ zu schreiben, um nur seine Familie durchzubringen, — ja daß der kaiserliche Mathematicus sich 1611, d. h. zu der Zeit, wo Rudolf seine Kaiserkrone an Matthias abtreten mußte, genöthigt sah, seine Dienste auch noch den oberösterreichischen Landständen anzubieten. Sein Anerbieten wurde auch wirklich angenommen, und zwar sollte er an der Landschaftsschule zu Linz Mathematik lehren, die „Landmappam“ revidiren, und daneben die angefangenen „Tabulas Rudolphinas“ vollenden; für die Uebersiedlung waren ihm 100 fl. zugesagt, und nach der von 1611 VI 11 datirenden „Instruction“ 400 fl. jährliche Besoldung unter Vorbehalt, daß jeder Theil das Recht halbjähriger Kündigung habe. Der Umzug nach Linz verzögerte sich jedoch bis in das folgende Jahr, da zwar Kaiser Matthias seine Einwilligung zu demselben gegeben, aber Rudolf ihn dringend gebeten hatte, bis zu seinem Tode bei ihm zu bleiben. Als dann aber sein früherer Beschützer gestorben war, trat Kepler sofort in seinen neuen Wirkungskreis ein, und aus einem am 20. Mai

[1]) So verlor er im Frühjahr 1611 seinen ihm 1604 gebornen Liebling Friedrich und im Sommer desselben Jahres seine Frau. Er verheirathete sich sodann 1613 mit Susanna Reutlinger von Efterdingen zum zweiten Male.

1616 an die Landstände eingegebenen Berichte geht hervor, daß er sich schon damals viele Mühe gegeben hatte, die Landmappe zu verbessern, — daß er das Land vielfach bereiste, und sich nach allem Betreffenden erkundigte, aber dabei viel Auslagen und Verdruß hatte. Er sagt z. B. „Kainer hat mir nichts vergebens gethan, sondern so lang antwort geben, als er zu trinckhen gehabt oder sonsten nit unwillig oder betaubt worden ist. Darneben hab ich überal, sowol in Märckhen und Dörffern, da Ich nachfrag gepflogen, als auch auff Feldern und Bergen, da Ich mein absehen gerichtet, oder den Wassern nachgegangen und auff ungewöhnliche pfäde kommen, vil zuredstellungen und grauliche anstöße von unerfahrnen groben argwöhnischen Bauern erleiden müeßen.“ Diese Arbeit nahm ihm überdieß viel Zeit weg, die er für seine Tabulas besser hätte verwenden können, und dieß sahen nun auch die Landstände ein, und beauftragten ihn sein großes astronomisches Werk zu vollenden, während der ständische Ingenieur Abraham Holzwurmb den Auftrag erhielt die Landkarte zu bereinigen. — Noch bleibt nachzutragen, daß Kepler wiederholt auch daran gedacht hatte in die Heimath zurückzukehren, mit welcher er durch Correspondenz und Besuche fortwährend in Verbindung geblieben war, und dieser seine Dienste zu widmen; aber unbedeutende Abweichungen von den in Würtemberg geltenden Ansichten über religiöse Dinge verschlossen ihm die Thore der Universität, und wie er in den österreichischen Landen den Lockungen widerstand sich durch Glaubenswechsel eine gesicherte Stellung zu verschaffen, so wollte er auch nicht gegenüber dem würtembergischen Consistorium seiner Ueberzeugung Gewalt anthun um die Erfüllung seiner Wünsche zu ermöglichen.[2]) Daß überhaupt Kepler ein Mann im vollen

[2]) So erzählt Reuschle: „Bei einer persönlichen Anwesenheit in Stuttgart im Jahre 1608 hatte Kepler wegen der Prager Wirren den Herzog Johann Friedrich um eine Anstellung in Würtemberg gebeten, und in der That waren damals der Herzog und seine Räthe sehr geneigt, den nunmehr hochberühmten Mann in Tübingen anzustellen. Kepler in seiner Geradheit und Ehrlichkeit

Sinne des Wortes war, bewies er dadurch, daß er über all diesen Jämmerlichkeiten die sich ursprünglich gestellte Aufgabe, die Harmonie des Himmels zu ergründen, nie aus den Augen verlor, sondern immer und immer wieder neue Versuche machte den Schlüssel zu dem verborgenen Schatze zu finden: Bald griff er auf seine frühere Idee zurück die halben großen Axen mit den regelmäßigen Körpern in Verbindung zu bringen, — bald glaubte er im Sinne der alten Pythagoräer die Distanzen und Umlaufszeiten mit harmonischen Verhältnissen in Beziehung setzen zu sollen[a]) — ꝛc., bis er endlich 1618 III 8 den glücklichen Einfall hatte die Zahlen, welche die großen Axen und Umlaufszeiten ausdrücken, in die zweite, dritte und vierte Potenz zu erheben, und die so erhaltenen Zahlenreihen zu vergleichen, und sodann V 15 nach Beseitigung eines Rechnungsfehlers fand, daß sich die Quadrate der Umlaufszeiten wie die Würfel der großen Axen verhalten, — ein Gesetz, welches er dann alsbald als sein drittes in einem zweiten, 1619 zu Linz herausgegebenen Hauptwerke, den „Harmonices mundi libri V" publicirte, dabei den Leser mit all seinen Fehlversuchen und Irrgängen bekannt machend, aber auch mit vollem Selbstbewußtsein aussprechend: „Nach langen

hielt es aber für Pflicht 1609 den Herzog in einem Schreiben von seinen theologischen Ansichten hinsichtlich des Abendmahls in Kenntniß zu setzen, vermöge deren er die Concordienformel nicht unbedingt unterschreiben könne und ein minderschroffes Verhalten der Lutheraner gegen die Calvinisten für wünschenswerth erachte. Das hieß nun freilich, vom Standpunkt der ordinären Ehrlichkeit aufgefaßt, den Pelz zum Kürschner tragen. Die Aussichten auf Tübingen waren nun definitiv abgeschnitten." — Es mag hier beigefügt werden, daß, als Kepler 1612 nach Linz kam, ihn der von Waiblingen zwei Jahre zuvor zum Oberst-Pfarrer berufene Hitzler aufforderte, die Concordienformel zu unterschreiben, wenn er zur Communion zugelassen werden wolle, — und als er beim würtembergischen Consistorium sich darüber beklagte, wurde er abgewiesen, ja als „Schwindelhirnlein" und „Letzköpflin" behandelt.

[a]) So fand Kepler z. B., daß sich die Apheldistanz Saturns zur Periheldistanz Jupiters nahe wie 2 : 1, Letztere dagegen sich zur Apheldistanz des Mars nahe wie 3 : 1 verhalte ꝛc., — daß die Geschwindigkeit im Aphel zu derjenigen im Perihel sich bei Saturn wie 4 : 5 (gr. Terz), bei Mars wie 2 : 3 (Quinte) ꝛc. verhalte, gewissermaßen jeder Planet vom Aphel zum Perihel eine musicalisches Interval durchlaufe, — und dergleichen mehr.

vergeblichen Anstrengungen erleuchtete mich endlich das Licht der wunderbarsten Erkenntniß. Hier habt ihr das Resultat meiner Studien. Mag mein Werk von den Zeitgenossen oder von den spätern Geschlechtern gelesen werden, oder nicht, mir gilt es gleich. Es wird nach hundert Jahren gewiß seine Leser finden." Und in der That ist dieses dritte Gesetz die höchste Blüthe, welche Kepler trieb: Die beiden ersten Gesetze kann man am Ende als eine bloße, wenn auch überaus glückliche Vervollkommnung der frühern Theorien bezeichnen, da schon bei diesen strenggenommen die gleichförmige Kreisbewegung verlassen, ja durch Auflösung des Kreismittelpunktes in drei Punkte gewissermaßen bereits die Ellipse unbewußt adoptirt worden war, — das dritte oder organische Gesetz war dagegen eine ganz neue und, möchte man fast sagen, nur dem Verfasser des Prodromus mögliche Leistung. Und wie, wenn er dieß selbst hätte sagen wollen, ließ Kepler auch wirklich seinen „Prodromus", so füge ich mit den von Frisch in seinem Prospekte der Opera Kepleri gebrauchten Worten bei, „gleichsam als Nachtrag zur Harmonie, von Neuem abdrucken, begleitet von vielen Bemerkungen und Verbesserungen, die sich auf seine frühern Werke beziehen. Mit Ruhe und Sicherheit untersucht er seine Jugendarbeit, weist offen, häufig sich selbst verspottend, Unrichtigkeiten und Irrthümer nach, die sich durch mangelhafte Kenntniß des behandelten Gegenstandes eingeschlichen haben, erklärt aber zugleich mit einem wohl zu erklärenden Selbstgefühl, daß im Laufe von 25 Jahren Niemand aufgetreten sei, welcher Irrthümer in seiner Schrift nachgewiesen oder Unrichtigkeiten verbessert habe, und daß er jetzt selbst dieses Geschäft übernehmen müsse. Ebenso führt er mit gerechtem Stolz seinen Prodromus als diejenige Arbeit an, welche die Grundlage für alle seine spätern Entdeckungen und Schriften geworden sei, und daß, wie bei seinem ersten Auftreten angesehene Astronomen und andere Gelehrte ihm ihren Beifall zu erkennen gegeben, so auch jetzt noch Viele diese Schrift zu lesen wünschen, und ihn veranlaßt haben eine zweite Auflage zu veranstalten."

95. **Die Rudolphinischen Tafeln.** Während Kepler noch mit der Herausgabe seiner „Harmonices mundi" beschäftigt war, erhielt er die ihn sehr tief ergreifende Nachricht, daß seine Mutter, das sog. „Kätherchen von Leonberg," sich längst den Unwillen des Vogtes von Leonberg, eines Martin Luther Einhorn, durch anzügliche Reden über dessen Amtsführung zugezogen, so daß dieser den Vorsatz habe, sie wo immer möglich zu verderben, und nun wirklich alle über die, in Reden und Handlungen immer etwas unvorsichtige Frau umlaufenden Gerüchte sammle, um einen Hexenprozeß gegen sie einleiten zu können. Bald zeigte sich sodann wirklich, daß der Vogt vollen Erfolg habe, ja daß der Prozeß der armen und in pflichtvergessener Weise von ihren übrigen Söhnen preisgegebenen Frau auf Tod und Leben gehe. Da nun keiner seiner Freunde unter den Tübinger Juristen den Muth hatte, die Vertheidigung energisch an die Hand zu nehmen, so trieb Kepler sein Pflichtgefühl dazu im Sommer 1620 nach Würtemberg zu reisen, und selbst der Mutter zur Seite zu stehen. Er verlor dabei mehr als ein Jahr seines kostbaren Lebens und riskirte seine eigene Sicherheit; aber er brachte es successive dazu, daß die Revision des Prozesses beschlossen, der Mutter die Tortur erlassen, ja sie endlich freigesprochen wurde. „Es war," sagte Frisch mit Recht[1]), „eine That, welche nicht geringer zu achten ist, als die wissenschaftlichen Leistungen, welche wir ihm verdanken." — Als Kepler nach dieser langen Unterbrechung wieder zu seinen gewohnten Arbeiten zurückkehren konnte, setzte er sich zunächst vor, seine astronomischen Tafeln und Ephemeriden, mit denen er sich schon lange nebenbei beschäftigt hatte, zu vollenden und zum Drucke zu bringen. Die astronomischen Tafeln, deren ihm schon von Tycho Brahe aufgegebene Herstellung ja bereits Veranlassung zu seinen Studien über Mars und der Auffindung der zwei ersten Gesetze gewesen war, hatte er muthmaßlich damals schon längst bis auf einzelne Beigaben fertig, da er bereits 1617 zu Linz einen ersten

[1]) In seiner mehrerwähnten Festrede.

Band der auf sie gestützten Ephemeriden herausgeben konnte[2]), welche er im Anschlusse an die frühern entsprechenden Arbeiten von Stadius[3]), Leovitius[4]) und Magini[5]), wenn auch nach besserm Plane, zunächst von da bis 1636 fortzuführen gedachte, und für deren Construction er von 1617—1620 an dem Genfer Jean Gringallet[6]), sowie später an seinem nachmaligen

[2]) Er schrieb damals an den kaiserlichen Arzt Mingonius: „Nach Vollendung der Tafeln werde ich, wenn ich das Leben habe, eine Reihenfolge von Ephemeriden für die nächsten 50 Jahre schreiben; ich werde auch solche, übrigens kürzer gehalten, für die 37 verflossenen Jahre beifügen und meteorologische Beobachtungen für die einzelnen Tage von 23 Jahren, endlich auch, wenn die Tychonischen Erben es zulassen, die Himmelsbeobachtungen." Bei der Ephemeride für 1620 braucht Kepler zum ersten Male Logarithmen, und widmete sie Neper.

[3]) „Joa. Stadius, Ephemerides ab A. 1554 ad A. 1606. Coloniae 1556 bis 1581 in 4. — Joh. Stadius wurde 1527 zu Loenhout bei Antwerpen geboren, war Professor der Mathematik in Löwen und Paris, und starb an letzterm Orte 1579; seinen Ephemeriden lagen die Prutenischen Tafeln zu Grunde.

[4]) „Cyprian Leovitius, Ephemeridum novum atque insigne opus ab A. 1556 ad A. 1606. Aug. Vind. 1557 in Fol." — Leovitius wurde 1524 zu Leonicia in Böhmen geboren, war Mathematicus des Pfalzgrafen Otto Heinrich, und starb 1574 zu Lauingen in der Pfalz.

[5]) „Giovanni Antonio Magini, Ephemerides coelestium motuum ab A. 1581 ad A. 1630, Venet. 1582—1610 in 4." — Zu Padua 1555 geboren, war Magini Prof. der Astrologie, Astronomie und Mathematik zu Bologna, und starb daselbst 1617. Nach Libri wurde Magini von Kepler so geschätzt, daß er ihn einlud nach Deutschland zu kommen, und ihm bei Berechnung seiner neuen Tafeln zu helfen. Umgekehrt wurde Kepler nach Magini's Tod dessen Nachfolge angeboten, die er jedoch ablehnte: „Nach Abstammung und Gesinnung bin ich ein Deutscher," schrieb er, „und bin in die deutschen Sitten und Lebensverhältnisse eingelebt, so daß auch, wenn der Kaiser mich entlassen sollte, ich eine Uebersiedlung nach Italien für verhängnißvoll halten müßte; dazu kommt, daß ich, der ich bis dahin unter Deutschen gelebt habe, eine Freiheit in Benehmen und Rede gewohnt bin, die in Italien fremdartig erscheinen und mir Gefahr bringen könnte."

[6]) Für Gringallet, der schon 1622 im 30. Lebensjahre zu Genf starb, und muthmaßlich von Bernegger aus Straßburg, wo 1616 eine „Disputatio de Fortalitiis" von ihm erschien, an Kepler empfohlen worden war, vergl. meine Biographieen I. 114 und IV. 68. — Vor ihm hatte Kepler 1605/6 Joh. Kaspar Zahn, genannt Odontius, zum Amanuensis; er blieb, auch nachdem er eine Lehrstelle in Altorf, seiner Vaterstadt, angenommen hatte, mit Kepler in freundschaftlicher Verbindung, obschon ihn dieser einmal als Trunkenbold bezeichnete, und starb 1626.

Schwiegersohne, dem von Lauban in der Lausitz gebürtigen Jakob Bartsch [7]) vortreffliche Hülfe besaß. Aber das Erscheinen seiner Tafeln war theils durch den schlechten Stand der kaiserl. Kassen, ohne deren Zuschuß der Druck unmöglich war, theils durch die oben besprochene lange Abwesenheit Kepler's hinausgeschoben worden. Und als endlich Kepler zurückgekehrt war, dauerte nicht nur erstere Schwierigkeit noch fort, sondern es traten wieder neue Störungen ein, indem in Oberösterreich eine Verfolgung der Protestanten begann, welche auch für ihn, obschon er als kais. Mathematicus eine Ausnahmsstellung besaß, höchst ungemüthlich wurde, besonders nachdem die Jesuiten wieder einmal einen vergeblichen Versuch gemacht hatten ihn in den Schooß der alleinseligmachenden Kirche zurückzuführen. Kepler entschloß sich endlich 1626 seine Familie nach Regensburg in Sicherheit zu bringen, und siedelte dann selbst mit kais. Genehmigung nach Ulm über, wo es ihm endlich gelang jenen Druck auf öffentliche Kosten zu Stande zu bringen, so daß er 1627 auch noch sein drittes Hauptwerk, die von den Astronomen längst sehnlich erwarteten „Tabulae Rudolphinae" [8]) unter Beigabe einer für jene Zeit vortrefflichen Refractionstafel [9]) und einer Logarithmentafel publiciren konnte, während dagegen der Druck der spätern Theile

---

[7]) Im Jahre 1600 zu Lauban in der Lausitz geboren, starb Bartsch, der sich 1630 mit der 1604 gebornen Susanna Kepler verheirathet hatte, schon 1633 an seinem Geburtsorte, kurz bevor er eine Professur der Mathematik zu Straßburg antreten sollte. Vergl. für ihn z. B. 138.

[8]) Ulmae 1627 in Fol. — Nach Scheibel gehört zu einem vollständigen Exemplar der Tab. Rudolph. eine auf einem breiten Royalbogen befindliche „Nova orbis terrarum delineatio singulari ratione accommodata meridiano Tabb. Rudolphi astronomicarum" mit der Signatur „Sumptus faciente Jo. Kepplero sculpsit Norimbergae H. P. Walch 1630". Sie stellt den Reichsadler vor, der auf der Brust die eine Erdhälfte zeigt, deren mittlerer Mittagskreis durch die Uranienburg geht; zu beiden Seiten auf den Flügeln stehen die beiden Hälften der andern Erdhälfte. — Auf pag. 121—125 stehen die Sport. genethl. und auf dem folgenden Blatte liest man: „Typis Saganiensibus Anno 1629". Nach Scheibel ist jedoch nur diese Lage 9 in Sagan, das Uebrige in Ulm gedruckt.

[9]) Vergl. 119.

der Ephemeridem sich bis 1630 verzögerte[10]), und die Weiterführung derselben den Eichstadius[11]), Hecker[12]), und Argoli[13]) überlassen werden mußte. — Die Rudolphinischen Tafeln wurden nun an ein Jahrhundert als das beste Hülfsmittel dieser Art fast allgemein anerkannt und gebraucht; doch darf nicht vergessen werden anzuführen, daß auch da eine gewisse Concurrenz eintrat, indem der niederländische Arzt und Prediger Philips von Laensbergh oder Lansberg[14]) kurz vor seinem 1632 zu Middelburg erfolgten Tode als Frucht vierzigjähriger Arbeit und ganz unabhängig von Kepler unter dem Titel „Tabulae motuum coelestium perpetuae"[15]) ebenfalls Tafeln herausgab, welche von Manchen bequemer als die Rudolphinischen gefunden wurden, — und noch etwas später die 1664 zu Pitschen in Schlesien verstorbene gelehrte Dame Maria Cunitia[16]) unter dem Titel „Urania propitia sive tabulae astronomicae[17])" neue Tafeln folgen ließ, die man sehr handlich fand und

---

[10]) Ein 2. und 3. Theil der Ephemeriden erschien „Sagani 1630 in 4."

[11]) „Laur. Eichstadius, Ephemeridum ab A. 1636 ad A. 1665. Stettini 1634—44, 3 Vol. in 4." — Lorenz Eichstadt wurde 1596 zu Stettin geboren, war Professor der Mathematik und Medicin zu Danzig, und starb daselbst 1660.

[12]) „Jo. Hecker, Motuum coelestium Ephemerides ab A. 1666 ad A. 1680. Ex observat. Tych. Brahei et Jo. Kepleri hypothesibus physicis. Gedani 1662 in 4." — Hecker war Vetter von Hevel und Schöppe in Danzig, wo er 1675 starb.

[13]) „Andr. Argoli, Ephemerides juxta Tychonis hypotheses et e coelo deductas observationes ab A. 1630 ad A. 1700. Venet. 1638—48, 4 Vol. in 4." — Für Argoli vergl. 81.

[14]) Lansberg wurde 1561 zu Gent geboren, lebte lange als Arzt und Prediger zu Antwerpen und auf Zeeland, und war ein fruchtbarer astronomischer Schriftsteller. Seine „Opera omnia" erschienen „Middelburgi 1663 in Fol."

[15]) „Middelburgi 1632 in Fol. (Auch 1653; franz. 1634)." — Der zur Zeit unter dem Namen von Mathieu Lansbert erschienene und sehr verbreitete Almanach hat mit unserm Lansberg nichts zu thun, zumal er erst für 1636 erschien, wo unser Astronom schon längst gestorben war.

[16]) Maria Cunitz war etwa 1610 zu Schweidnitz geboren, heirathete 1630 den Dr. E. von Löwen, und lebte mit ihm zu Pitschen in Schlesien; sie soll fleißig beobachtet haben und so ziemlich in allen Sprachen und Wissenschaften bewandert gewesen sein.

[17]) Pitschen 1650 in Fol.

ebenfalls vielfach gebrauchte. Letztere Tafeln basiren strenge genommen auf den Kepler'schen und sind nur insofern einfacher, als Cunitia sich kleine Vernachlässigungen erlaubte, so z. B. von den Variationen der Distanz Sonne — Erde absah. Die Lansberg'schen Tafeln sind dagegen, wie schon gesagt, selbstständig, und wenn sie auch im Allgemeinen den Kepler'schen lange nicht an die Seite zu stellen sind, sondern nach den Untersuchungen von Delambre ihrem innern Werthe nach näher an den Prutenischen als an den Rudolphinischen Tafeln stehen, so haben sie doch auch wieder einzelne Vorzüge. So ist z. B. zu erwähnen, daß der Engländer Horrox, welchem 1639 die erste Beobachtung eines Venusdurchganges[18]) gelang, denselben unter Grundlegung der Lansberg'schen Tafeln ganz richtig vorausberechnet hatte, während sich nach den Rudolphinischen Tafeln damals gar kein solcher Durchgang ergab.

96. **Der neue Almagest.** Nach Beendigung seiner Fundamentalwerke beabsichtigte Kepler (in Erweiterung eines frühern Planes unter dem Titel „Hipparch" von den Bestimmungen der Größen und Entfernungen von Sonne und Mond zu handeln) einen neuen Almagest zu schreiben, bedurfte aber hiefür Ruhe und sorgenfreies Leben. Nach langem Drängen der Hofkammer, ihm wenigstens die seit Jahren bis auf 12000 fl. aufgelaufenen Rückstände seines Gehaltes auszubezahlen, wurde er schließlich für diese und künftige Bezahlung auf Wallenstein angewiesen und zog nun zu demselben nach Sagan; aber da war weder die gehoffte Muße noch flüssiges Geld zu finden, und auf eine Professur nach Rostock wollte sich Kepler hinwieder nicht abschieben lassen. So kam es, daß Letzterer seinen Zweck noch nicht erreicht hatte, als der Stern des Friedländers erlosch, — und als er sodann 1630 nach Regensburg reiste, um auf dem dort versammelten Reichstage seine Ansprüche geltend zu machen, erlag er am 5./15. Nov. daselbst einem heftigen Fieberanfalle, den er sich durch seinen anstrengenden Ritt zugezogen hatte, im Alter von

[18]) Vergl. 231. und die von Wallis herausgegebenen „Jeremiae Horrocci opera posthuma. London 1678 in 4."

noch nicht vollen 59 Jahren, — nicht dem Hunger, wie man vielfach erzählte, sondern allseitiger Ueberanstrengung[1]). — Was der neue Almagest für die Astronomie geworden wäre, läßt sich höchstens aus dem später zu besprechenden, vortrefflichen „Epitome" und einigen Andeutungen in verschiedenen Briefen und andern Werken vermuthen[2]), — und ob es Kepler bei sorgenfreierem und längerm Leben vergönnt gewesen wäre, noch einen Schritt weiter zu gehen, und seine drei Gesetze als Consequenzen eines allgemeinen Grundgesetzes zu erkennen, können wir noch weniger wissen; aber was er wirklich geleistet hat, ist schon großartig genug, um ihm für ewige Zeiten ein dankbares Andenken zu sichern. Immerhin verdient aber jedes Bestreben einen solchen Mann auch äußerlich zu ehren und ihn gleichsam künftigen Geschlechtern als Vorbild vor Augen zu stellen, alle Anerkennung, und so mag auch hier noch angeführt werden, daß, nachdem schon 1808 der edle Fürstprimas Carl von Dalberg ihm in Regensburg ein Monument errichtet hatte[3]), auch noch der Plan zur Ausführung kam, Kepler auf das dritte Jubiläum seiner Geburt in seiner Vaterstadt ein solches aufzustellen: Am 24. Juni 1870 wurde in Weil der Stadt ein aus der Gießerei von Kreling gelungen hervorgegangenes ehernes Bild ihres großen Sohnes enthüllt. Der sitzende Kepler richtet den Blick gen Himmel, den einen Arm auf einen Globus stützend, mit dem andern einen Zirkel haltend, um die Sternbahnen zu messen. An den vier Ecken des Postamentes stehen in kleinerem Maßstabe die Statuen von Coper-

[1]) Aus dem von Breitschwert publicirten Inventar des bei Kepler's Tode in Regensburg vorgefundenen Nachlasses ersieht man, daß er mit baarem Geld, Kleidern ꝛc. wohl versorgt war.

[2]) So schrieb er z. B. 1624 an seinen Freund Crüger in Danzig: „Der Hipparch ist vor 20 Jahren versprochen worden, allein weil nun die Rudolphinischen Tafeln fertig vorliegen, verhält sich die Sache anders; so nämlich, daß er nicht besonders herauszugeben ist, sondern einen Theil von einem Buch ausmachen soll, welches dem Almagest des Ptolemäus entsprechen und nach den Tafeln erscheinen wird, wofern Gott Leben und Kräfte gewährt."

[3]) Vergl. „Monumentum Jo. Kepleri dedicatum. Ratisbonae 1808 in Fol."

nicus, von Tycho Brahe, von Mästlin und von Bürgi, — während vier Reliefbilder am Sockel den Genius der Astronomie, — Kepler's Eintritt in den Hörsaal Mästlin's, — den Moment, wo er seinen Freund Bürgi durch das neu construirte Fernrohr schauen läßt, — und den Besuch Kaiser Rudolf's bei Tycho und Kepler darstellen[4]). — Was endlich den gelehrten Nachlaß Kepler's anbelangt, so ist darüber Folgendes zu berichten: Als Kepler 1630 gestorben war, und die Pest auch seinen Mitarbeiter und Tochtermann Jakob Bartsch abberufen hatte, blieb zur Besorgung des Nachlasses nur der Sohn Ludwig Kepler übrig[5]), der aber als praktischer Arzt sein Brod verdienen mußte, und so kaum dazu kam, die von Bartsch begonnene Herausgabe des „Somnium Kepleri", einer Art astronomischer Novelle, zu vollenden[6]), — alles Uebrige blieb bis zu seinem 1663 in Königsberg erfolgten Tode liegen, und ging dann, da sein einziger und

[4]) Von Originalbildern Kepler's war früher zunächst dasjenige bekannt, welches er seinem langjährigen Freunde, dem 1582 zu Hallstadt in Oesterreich gebornen, und 1640 zu Straßburg als Professor der Geschichte und Eloquenz verstorbenen Mathias Bernegger, schenkte, das später an die Bibliothek in Straßburg kam und zu gutem Glücke photographisch copirt wurde, indem es leider seither 1870 bei der Belagerung zu Grunde ging. Ein noch hübscheres, 1610 auf Holz gemaltes Oelbild, das in Besitz von Nachkommen der Geschwister Kepler's war, ging 1864 durch Kauf an Abt Reslhuber in Kremsmünster über, und ist seither ebenfalls photographisch vervielfältigt worden.

[5]) Ludwig Kepler, zu Prag 1607 geboren, hielt sich nach des Vaters Tode einige Zeit in Genf auf, da man im „Livre du Recteur. Catalogue des Etudiants de l'Academie de Genève de 1559 à 1859. Genève 1860 in 8." liest: „A. 1633 Ludovicus Keplerus, phil. Mag. medicinae stud. p. t. Ephorus Sintzendorffensis, natione Bohemus"; wahrscheinlich war Gringallet, obschon damals bereits gestorben, Veranlassung zu diesem Aufenthalte. Später wurde Ludwig polnischer und kurbrandenburgischer Hofmedicus, abwechselnd in Königsberg und Lübeck, in Italien und Ungarn ꝛc. lebend. Ob Gabriel Kepler, von welchem man einen „Kurtzen Bericht deß 1664 erschienenen Cometen. 1665 in 4." besitzt, ein Sohn von ihm, oder sonst ein Verwandter war, weiß ich nicht.

[6]) Francof. 1634 in 4. — Vergl. für das Somnium den betreffenden Artikel von Reitlinger in Sirius 1871 Nro. 15 u. f.

später kinderlos verstorbener Sohn Geld nöthig hatte[7]), durch Verkauf an Hevel über[8]), — wurde 1679 aus dem dessen Sternwarte vernichtenden Brande gerettet, — und kam endlich 1707 aus dessen Nachlaß für 100 fl. an Michael Hansch. Dieser gab 1718 mit kaiserlicher Unterstützung eine Auswahl von Briefen als ersten Band der „Opera Keppleri" heraus[9]), die dafür benutzten drei Bände der Manuscripte nach Wien abliefernd, — fand aber nachher keine Hülfe, um die Herausgabe fortzusetzen, — und war schließlich 1721 genöthigt, die weitern 19 Bände zu Frankfurt gegen 828 fl. in Versatz zu geben. Hier entdeckte sie 1769 der verdiente Nürnberger Literat Christoph Gottlieb von Murr, und ruhte nicht, bis er den Schatz aus seiner unwürdigen Lage befreien konnte, was ihm auch, nachdem er sich vergeblich bemüht hatte, ihn durch Vermittlung von Haller nach Göttingen zu bringen[10]), im Jahre 1774 gelang, indem ihn auf Verwendung Euler's die russische Kaiserin Katharina II. für 2000 Rubel erstand und ihrer Academie schenkte. Nachdem er da neuerdings lange Jahre unfruchtbar gelegen, kam er an die Sternwarte von Pulkowa, und wurde dann vor einigen Decennien zur Benutzung

[7]) Gruner sagt im Vorwort zu s. mit Reitlinger und Neumann herausgegeben „Johannes Kepler": „Es gelang mir nicht bloß, Seiten-Verwandte in nahen und entferntern Linien, sondern selbst noch directe Nachkommen Kepler's (in mehreren Provinzen Preußens, wo die allein groß gewordenen zwei Kinder Kepler's, Ludwig und Susanna, lebten und starben) ausfindig zu machen, deren Vorhandensein seither nicht bekannt und von Biographen geradezu bestritten war." So führt er die Kinder des verstorbenen Rechtsgelehrten Schnieber in Lauban als noch lebende Nachkommen von Susanna an, bei welchen er ein Stammbuch derselben und Anderes aus Kepler's Zeit vorfand.

[8]) Vergl. „Hevelius, Letter concerning the famous John Kepler's Manuscripts. (Phil. Trans. 1674)."

[9]) Lipsiae 1718 in Fol. — Sonst erschienen: „Epistolae J. Keppleri et M. Berneggeri, Argent. 1672 in 16", — Kepleri Epistolae selectae curante E. L. Eilles. Monachii 1839 in 4.;" ferner hat Frisch in die Opera omnia die wesentlichsten Briefe je an den betreffenden Stellen eingestreut.

[10]) Vergl. Bern. Mittheilungen 1848 pag. 187/8 und 210 2; ferner Murri Journal zur Kunstgeschichte und zur allg. Literatur VI 247 u. f.

an Professor Christian Frisch[11]) in Stuttgart abgegeben, der es sich zur Lebensaufgabe gemacht hatte, von den Werken seines berühmten Landsmannes eine Gesammtausgabe zu veranstalten, welche dann wirklich von 1858 bis 1871 erschien[12]), und für alle Zeiten das schönste Denkmal des schwäbischen Meisters bilden wird, — Dank der großen Umsicht und Treue, welche der Herausgeber während vollen 30 Jahren darauf verwandte, das zerstreute, gedruckte und ungedruckte Material zu sammeln und zu sichten, — jede einzelne Schrift einzuleiten und zu commentiren, — endlich Kepler's Leben zu beschreiben[13]), und durch eine Uebersicht der Geschichte der Astronomie während des 16. Jahrhunderts den Leser auf den richtigen Standpunkt zum Verständniß des Ganzen zu stellen.

97. Das Fernrohr Galilei's. Außer den im Vorhergehenden besprochenen Arbeiten von Kepler übte wohl im Anfange des 17. Jahrhunderts nichts einen so bedeutenden Einfluß auf die Ausbildung und Verbreitung der Astronomie aus, als der ohne

---

[11]) Er wurde 1807 zu Stuttgart geboren, und stand früher am Lyceum zu Tübingen.

[12]) „Joannis Kepleri opera omnia. Edidit Chr. Frisch. Francof. 1858—71, 8 Vol. in 8."

[13]) Für Kepler's Leben sind außer den schon erwähnten Schriften noch zu vergleichen: Rümelin, Dissertatio de vita Jo. Kepleri. Tubingae 1770 in 4., — Breitschwert, Joh. Keppler's Leben und Wirken. Stuttgart 1831 in 8., — Brewster, The Martyrs of Science, or the Lives of Galileo, Tycho Brahe and Kepler. London 1841 in 8., — Johann Kepler, k. Mathematiker. Denkschrift des histor. Vereines der Oberpfalz und von Regensburg. Regensburg 1842 in 4., — E. Fr. Apelt, Keppler's astronomische Weltansicht. Leipzig 1849 in 4., — O. Struve, Beitrag zur Feststellung des Verhältnisses von Kepler zu Wallenstein. Petersburg 1860 in 4., — Wilh. Förster, Joh. Kepler und die Harmonie der Sphären. Berlin 1862 in 8., — Johannes Kepler, der große Astronom Deutschlands in seinem Leben, Wirken und Leiden. Pest 1866 in 8., — Bertrand, Notice sur la vie et les travaux de Kepler. Luc 1863 (Mém. Par. 1866, auch in: Les fondateurs de l'astronomie moderne), — C. G. Reuschle, Kepler und die Astronomie. Frankfurt 1871 in 8., — Karl Göbel Ueber Kepler's astronomische Anschauungen und Forschungen. Halle 1871 in 8., — R. Wolf, Johannes Keppler und Joost. Bürgi. Ein Vortrag. Zürich 1872 in 8., — 2c.

allen Zweifel zuerst etwa 1608, durch sog. Zufall oder wenigstens auf empirischem Wege, in Holland gemachte Fund, und sodann die zwei Jahre später Kepler durch Raisonnement gelungene eigentliche Erfindung des von den Antiquaren vergeblich im Alterthum aufgesuchten Fernrohrs[1]). Wie sehr auch sofort die außerordentliche Bedeutung dieses Fundes oder dieser Erfindung erkannt wurde, zeigt sich am allerbesten daraus, daß, als sich kaum die Kunde von derselben zu verbreiten begann, im In- und Auslande zahlreiche Prätendenten auftraten, welche dieselbe entweder schon früher gemacht haben wollten, oder dann wenigstens vorgaben, sie auf eine bloße Andeutung hin durch eigenes Nachdenken reproducirt, ja sogar verbessert zu haben, und zu diesen Letztern gehört auch Galilei: „Vor ungefähr zehn Monaten," erzählt er zu Anfang von 1610 im Eingange seines sofort näher zu besprechenden Sidereus nuncius[2]), „erfuhr ich, daß in Belgien ein Instrument erfunden worden sei, durch welches man entfernte Gegenstände deutlich sehen könne, und mancherlei wunderbare Gerüchte wurden über diese Erfindung verbreitet, die von Einigen bezweifelt, von Andern geglaubt wurden. Als mir Jakob Badovere in Paris eben diese Nachrichten gab, sann ich darüber nach, auf welche Weise ein solches Instrument zu construiren sein möchte, und hatte bald darauf, von den Gesetzen der Dioptrik geleitet, mein Ziel erreicht[3]). An den Enden eines bleiernen Rohres befestigte ich zwei Gläser, ein plan-convexes und ein plan-concaves. Als ich das Auge dem Letztern näherte, sah ich die Gegenstände etwa dreimal näher und neunmal größer, als wenn

---

[1]) Vergl. 113 für den Detail der Geschichte dieser Erfindung.

[2]) Ich folge der von Wilde im ersten Band seiner „Geschichte der Optik" gegebenen Uebersetzung.

[3]) In seinem Saggiatore kömmt Galilei auf diese Sache zurück, — erzählt, daß er die Nachricht in Venedig erhalten habe, sofort nach Padua zurückgekehrt sei, noch im Laufe der Nacht die Lösung gefunden, am folgenden Tage sein erstes Fernrohr construirt und auch noch seinen Freunden in Venedig, mit welchen er am vorhergehenden Tage gesprochen, Nachricht von seinem Erfolge gegeben habe.

ich sie mit unbewaffnetem Auge betrachtete. Bald hatte ich ein besseres Instrument verfertigt, das eine mehr als sechzigfache Vergrößerung gab. Da ich keine Arbeit und keine Kosten scheute, kam ich endlich dahin, ein so vortreffliches Instrument zu erhalten, daß mir die Gegenstände beinahe tausendmal größer und mehr als dreißigmal näher erschienen.“ So weit Galilei; aber bei aller Hochachtung für diesen Mann, wird man dennoch fast gezwungen anzunehmen, daß der Anfang dieser Erzählung kaum ganz richtig sei: Die Dioptrik war damals noch zu unentwickelt, als daß sie eine theoretische Entdeckung der Construction so nahe gelegt hätte[4]), und wenn dieselbe, wie uns das Beispiel von Kepler zeigt, auch nicht gerade unmöglich war, so wäre Galilei wohl schwerlich auf diesem Wege zum holländischen, sondern viel eher zum astronomischen Fernrohr gelangt[5]); man muß also fast annehmen, er habe bereits dem erhaltenen Pariser Berichte entnehmen können, es bestehe das Fernrohr aus einem convexen und einem concaven Glase, welche an den beiden Enden einer Röhre angebracht seien, und habe dann höchstens „von den Gesetzen der Dioptrik geleitet“ die für die ihm zu Gebote stehenden Gläser nothwendige Rohrlänge bestimmt. Viel wesentlicher ist wohl übrigens, daß Galilei ganz sicher nicht nur 1609 bereits ein sehr brauchbares, die damaligen holländischen Instrumente an Leistung übertreffendes, und selbst construirtes Fernrohr besaß,

[4]) Galilei behauptet in seinem Saggiatore, daß ihm jene Nachricht aus Paris nur insofern von Nutzen gewesen sei, als sie sein Nachdenken auf diesen Gegenstand gelenkt habe. Seine Ueberlegung sei dann folgende gewesen: Entweder bestehe das Instrument aus Einem Glase oder aus einer Verbindung von mehreren Gläsern; aus Einem Glase könne es nicht bestehen, da ein Planglas keinen Effekt habe, ein Concavglas verkleinere, und ein Convexglas zwar vergrößere, aber undeutliche Bilder gebe; also werden zwei Gläser Verwendung finden, und zwar da das Planglas keinen Einfluß habe, ein Concavglas und ein Convexglas.

[5]) Warum Galilei eine Combination von zwei Convexgläsern ausschloß, sagt er nicht, — dagegen kann man zwischen den Zeilen lesen, daß er damals noch nicht so klare Begriffe von den Wirkungen der Linsen besaß, wie wir sie ungefähr gleichzeitig bei Kepler finden.

und auf dem Glockenthurme von San Marco in Venedig einer Commission des Senates seinen terrestrischen Gebrauch und Nutzen factisch so überzeugend nachwies, daß auf deren Bericht hin der Senat seine Anstellung in Padua als lebenslänglich erklärte und ihm seine Besoldung auf 1000 fl. erhöhte*), — sondern daß er dasselbe, wie wir nun zu berichten haben, alsbald in ausgezeichneter Weise auf einem Eroberungszuge am Himmel zu verwerthen wußte.

98. Der Sidereus nuncius. Schon wenige Monate, nachdem Galilei auf angegebene Weise dazu gekommen war, sich ein Fernrohr zu bauen, hatte er mit demselben bereits so bedeutende Resultate erhalten, daß es ihm der Mühe werth schien, dieselben in einer eigenen, 1610 III 12 dem Großherzog Cosmus II. von Toscana unter dem Titel „Sidereus nuncius“ [1]) gewidmeten Schrift öffentlich bekannt zu machen. In der That hatte er damals nicht nur Berge im Monde gesehen, sondern sogar schon versucht die Höhen einzelner derselben zu bestimmen, — er hatte in den Pleyaden 40 Sterne unterschieden, einige andere ähnliche Sternanhäufungen im Orion, im Krebse rc. aufgefunden, und den Schimmer der noch von Aristoteles den Meteoren beigezählten Milchstraße, entsprechend der schon von Demokrit aufgestellten Vermuthung, als das vereinigte Licht zahlloser kleiner Sterne erkannt, — vor Allem aber die für die Gegner des Copernicanischen Weltsystems so unbequeme Thatsache gefunden, daß Jupiter

---

*) Man soll jetzt beabsichtigen, Galilei am Eingange des Glockenthurms ein Denkmal zu errichten.

[1]) Der vollständige Titel lautet: „Sidereus nuncius, magna longèque admirabilia spectacula pandens suspiciendaque proponens unicuique, praesertim verò philosophis atque astronomis, quae a Galileo Galilei, patricio Florentino, Patavini Gymnasii publico mathematico, perspicilli nuper à se reperti beneficio sunt observata in Lunae facie, fixis innumeris, lacteo circulo, stellis nebulosis, apprimè verò in quatuor planetis circa Jovis stellam disparibus intervallis atque periodis celeritate mirabili circumvolutis, quos nemini in hanc usque diem cognitus novissimè auctor deprehendit primus, atque Medicea sidera nuncupandos decrevit. Venetiis 1610 in 4. (Auch Francof. 1610, London 1653, Bononiae 1655).“

vier Monde besitzt, und somit sich auch ein Centrum von Bewegungen doch selbst bewegen kann. Kein Wunder somit, daß seine Schrift großes Aufsehen erregte, und daß z. B. Kepler dadurch zu einer bezüglichen Schrift[2]) inspirirt wurde, in welcher er Galilei öffentlich zu den bereits gemachten Entdeckungen Glück wünschte, und ihn zur Fortsetzung seiner Arbeiten aufmunterte, — ja auch kein Wunder, daß es Galilei selbst drängte, auf der mit so großem Erfolge betretenen Bahn weiter zu gehen: Und in der That bemerkte er schon im September desselben Jahres 1610 die Phasen der Venus und des Mars, — ungefähr zur gleichen Zeit die Dreigestalt Saturns und wahrscheinlich auch, ohne jedoch sich damals schon über die Bedeutung klar zu werden, die Flecken der Sonne[3]). Später scheinen Galilei andere Arbeiten und die nach und nach überhand nehmende Schwäche seiner Augen mehr und mehr vom Gebrauche des Fernrohrs abgezogen zu haben, und so bleibt für diese vorläufige Aufzählung seiner Entdeckungen nur noch diejenige der sog. Libration des Mondes beizufügen, welche etwa vom Jahre 1637 datirt. Unter spätern Nummern[4]) wird über jede einzelne dieser Entdeckungen in Verbindung mit den entsprechenden Arbeiten seiner Zeitgenossen und nächsten Nachfolger speciell eingetreten werden; hier mag dagegen noch angeführt werden, daß das von Galilei zu diesen Entdeckungen

---

[2]) „Dissertatio cum Nuncio sidereo nuper ad mortales misso à Galileo. Pragae 1610 in 4. (Auch Francof. 1611).“

[3]) Er gab von diesen spätern Entdeckungen in einer „Continuazione del Nuntio sidereo di Galileo Galilei Linceo, overo saggio d'istoria dell' ultime sue osservationi fatte in Saturno, Marte, Venere e Sole“ Nachricht, von welcher mir eine Ausgabe „Bolognia 1655 in 4.“ vorliegt, die 7 Briefe Galilei's (von 1610 I 1, XI 13, XII 11, 30; 1611 II 26; 1637 II 20; 1638 III 3) enthält, deren 5 erste von Saturn, Venus und Mars handeln, während die zwei letzten sich zunächst auf die Libration des Mondes und die Sonnenflecken beziehen. Wenn also die, z. B. bei Poggendorf vorkommende, Angabe richtig ist, daß dieser Nachtrag, den Weidler und Lalande gar nicht citiren, schon „Bologna 1611 in 4.“ erschien, so kann er offenbar ursprünglich nur jene erstern Briefe enthalten haben.

[4]) Namentlich in 128—132 und 137.

benutzte, aus einem Cartonrohr von 2 Zoll Durchmesser und 4 Fuß Länge bestehende Fernrohr mit der Aufschrift „Tubum opticum vides, Galilei inventum, et opus quo Solis maculas et extimos Lunae montes, et Jovis satellites, et novam quasi rerum universitatem primus dispexit A. D. 1609“ noch jetzt im Museum zu Florenz als eines der, trotz der unverständigen Bemerkung Arago's „Quelques heures auraient pû suffire à toutes les observations que fit Galilée dans les années 1610 et 1611“[5]) für alle Zeiten ehrwürdig bleibenden Werkzeuge sorgfältigst aufbewahrt wird.

99. **Die beiden Fabricius.** Unter den Astronomen, welche frühe in Besitz des Fernrohrs gelangten und dasselbe zur Durchforschung des Himmels benutzten, sind neben Galilei ganz besonders David Fabricius und sein Sohn Johannes Fabricius zu erwähnen: David Fabricius wurde 1564 zu Esens in Ostfriesland geboren, — erhielt seine theologische und mathematische Ausbildung bei dem Pastor Heinrich Lampadius in Braunschweig[1]), — und wurde 1584 zum Pfarrer in Resterhaave gewählt, wo er sich bald verheirathete und 1587 den bereits erwähnten Sohn Johannes erhielt. Er benutzte seine Muße zu meteorologischen und astronomischen Beobachtungen, und correspondirte über dieselben mit gelehrten Freunden, so z. B. schon 1593 mit Bürgi[2]), und bald auch, jedenfalls nach der ihm 1596 gelungenen Ent-

---

[5]) Vergl. Arago, Oeuvres III 246.

[1]) Nach „Tiaden, Das gelehrte Ostfriesland. Aurich 1785—90, 3 Bde in 8.“ hinterließ David Fabricius einen, zwar leider wegen unleserlicher Schrift und vergilbter Tinte nur ganz bruchstückweise zu entziffernden Kalender, in welchen er einzelne Beobachtungen und Erlebnisse eintrug, so z. B. 1583 XI 13 den Tod von Lampadius anmerkte und beifügte: „Mathematices ad modum peritus, qui etiam me in astronomicis rudimentis aliquando instituere non fuit dedignatus.“ Vergl. auch den betreffenden Artikel von Olbers in A. N. 729, durch welchen in neuerer Zeit zuerst die Lebensverhältnisse der beiden Fabricius genauer ins Auge gefaßt wurden.

[2]) Fabricius bemerkt in seinem Schreibkalender: „Byrgius ad me A. 1593 initio scribit, Arcturi Declinatio esse 21° 23′.“

deckung der Mira[3]) mit Tycho Brahe[4]), welchen er sodann 1597 in Wandesburg besuchte[5]). Im November folgenden Jahres lagen er und sein Johannes an der Pest darnieder, doch scheint sich wenigstens der Vater wieder ziemlich rasch erholt zu haben, da er schon im December ungehindert Jupiter vor und nach seiner Opposition beobachten konnte[6]). Im Sommer 1601 anvertraute ihm Graf Enno III., bei welchem David überhaupt in großen Gunsten stand, eine Mission an den damals am kaiserl. Hofe in Prag als ostfriesischer Gesandter verweilenden Kanzler Thomas Franzius; da er seine Reise am 1. Mai antrat[7]) und am 1. Juli schon wieder zurückkehrte, so konnte sein Aufenthalt in Prag nicht von langer Dauer sein, — doch sah er Tycho Brahe wieder, während Kepler zu seinem Leidwesen eben abwesend war, aber dann mit ihm in eifrige Correspondenz trat[8]). Im Jahre 1603 wurde David auf die Pfarrei in Osteel versetzt, und setzte dort seine Beobachtungen fort, an denen muthmaßlich bereits auch sein Johannes Theil nahm; denn als er diesen 1605 nach Wittenberg sandte, um dort Medicin zu studiren, behagte es dem jungen Manne schon nicht mehr recht, und 1608 eröffnete er Kepler in einem Briefe, daß er sich der Astronomie widmen wolle[9]). Wirklich kehrte er dann bald zu seinem Vater nach Osteel zurück, bildete sich bei ihm in der Astronomie aus, und machte gegen Ende 1610 die später einläßlich zu behandelnde Entdeckung der Sonnenflecken[10]), welche seinen Namen für alle Zeiten erhalten wird. Da

---

[3]) Vergl. 130.

[4]) Im Tagebuch steht: „1596 VIII 11. Scripsi primo in Daniam ad Tychonem. — 1596 IX 28. Literas Tych. accepi."

[5]) Vergl. Tycho von Philander I 187.

[6]) Vergl. Historia coelestis 852, wo Tycho zur Ergänzung seiner Bestimmungen Meridianhöhen und Distanzen anführt, welche Fabricius 1598 XII 20 und 28 bestimmte.

[7]) Im Tagebuch steht: „1601 V 1. In nomine Dei nach Prag gezogen, god helpe mit laue wedder tho huß." [8]) Vergl. 93.

[9]) Vergl. Frisch's Einleitung zu Kepler's Schrift: „Phaenomenon singulare seu Mercurius in Sole." (Opera II 775). [10]) Vergl. 127.

er sein betreffendes Buch in Wittenberg schrieb und zum Drucke brachte, auch 1613 nochmals nach Wittenberg reiste[11]), so muß man zwar annehmen, daß er seine Studien, für welche ihm Enno „große Beneficia“ ertheilte, nebenbei immer noch fortsetzte; aber Genaueres weiß man nicht, und kann nur schließen, daß er schon etwa 1615 gestorben sein muß, da Kepler in seiner „Lincii Calendis Octobris A. 1616“ datirten „Responsio ad interpellationes Davidis Fabricii“, welche er in die Ephemeriden auf 1617 einrückte, ihm folgenden ehrenden Nachruf widmete: „Nachdem ich dein Prognosticon auf 1618 gelesen, das mir seinen frühen Tod meldete, füge ich ein öffentliches Bekenntniß meines Schmerzes bei, weil ich fühle, daß du eines braven Sohnes, der die Philosophie eifrig pflegte, und ich meines Lieblings beraubt bin. Indessen ist uns sein Buch über die Sonnenflecken erhalten, das ihn mehr ehrt als jede Lobrede und Grabschrift, und für seinen spätern Ruhm Gewähr, unserem gemeinsamen Schmerz aber eine Linderung bietet.“ — Die von Kepler berührten Prognostica soll David Fabricius für 1615—1618 herausgegeben haben, überhaupt ein großer Freund der Astrologie gewesen sein, und lange vor der Katastrophe, welche am 7. Mai 1617 über ihn hereinbrach, sich auf diese Zeit einen gewaltsamen Tod vorausgesagt haben. Am besagten Tage wurde nämlich Freund David von einem Bauer seiner Gemeinde, welchen er von der Kanzel aus bezüchtigt hatte, ihm Gänse gestohlen zu haben, mit einem Torfspaten erschlagen, wie noch gegenwärtig sein in der Kirche zu Osteel vorhandener Grabstein bezeugt, indem er die Aufschrift trägt: „Anno 1617 d. 7 May is de würdige un wolgeleerde Heer David Fabricius, Pastor und Astronomus tho Osteel, van eenen geheten Frerik Hoyer iammerlijken vermordet, int Jaer 53 sines Olders.“ — Es bleibt zu erwähnen, daß David Fabricius für seine Zeit ein sehr guter Beobachter war, daß ihm Kepler[12]) nach

[11]) Im Tagebuche steht: „1613 I 29. filius in Saxon. praefectus (profectus?) Dedi illi 21 Dal. et 1 dobbelte Pistolette.“

[12]) Vergl. Opera II 656, III 239 ꝛc.

Tycho's Tode in dieser Beziehung den ersten Platz zuschrieb, und speciell seine Marsbeobachtungen außerordentlich lobte und vielfach benutzte. Auch die von ihm hinterlassene und später 1640 zu Emden gedruckte „Chronica van etlyken besondern Geschiedenissen, de sik in Ostfriesland un den benachbarden Orden tho getragen" wird als sehr interessant geschildert.

100. Marius, Harriot, Scheiner und Cysat. Zu den Ersten, welche das Fernrohr mit Erfolg anwandten, gehörten entschieden auch Marius, Harriot, Scheiner und Cysat: Simon Mayr oder Marius wurde 1570 zu Gunzenhausen geboren, erwarb sich schon in jungen Jahren durch ungewöhnliches musikalisches Talent das Wohlwollen des Markgrafen Georg Friedrich von Brandenburg-Anspach, und ging 1601 mit dessen Unterstützung nach Prag, um sich bei Tycho und Kepler in der Astronomie auszubilden, für welche er längst große Vorliebe besaß [1]). Später reiste er nach Padua, um auch noch Medicin zu studiren, und lebte dann von 1604 bis zu seinem 1624 erfolgten Tode zu Anspach als Hofastronom und Kalendermacher, sich viel mit schriftstellerischen Arbeiten und mit Beobachtungen beschäftigend [2]). Nach Erfindung des Fernrohrs griff er sofort zu diesem köstlichen Hülfsmittel [3]), war unter den ersten Beobachtern der Sonnenflecken [4]) und der Jupitersmonde [5]), und hat namentlich auch das Verdienst, den ersten Himmelsnebel entdeckt zu haben [6]). — Thomas Harriot wurde 1560 zu Oxford geboren, — studirte daselbst, — ging 1585 im Dienste von Sir Walter Raleigh nach Virginien, um diese Colonie zu vermessen, — und lebte sodann nach seiner Rückkehr als Pensionär des Grafen von Northumberland bald in

[1]) Beweis dafür die von ihm schon 1596 herausgegebenen „Hypotheses de systemate mundi", und die, allerdings auch Vorliebe für Astrologie zeigenden „Tabulae directionum novae. Norimb. 1599 in 4." Nach Mädler I 195 könte man glauben, Marius sei schon auf Hveen bei Tycho gewesen, was nicht der Fall war.

[2]) So gab er z. B. auch „Euklid's erste sechs Bücher. Onolzbach 1610 in Fol." heraus. [3]) Vergl. 113. [4]) Vergl. 128. [5]) Vergl. 131.

[6]) Vergl. 137.

London, bald auf dessen Besitzung Petworth in Sussex, bis zu seinem 1621 in London erfolgten Tode, sich in erfolgreichster Weise mit den verschiedensten wissenschaftlichen Arbeiten beschäftigend. Früher fast nur durch seine posthum 1631 zu London erschienene „**Artis analyticae praxis, ad aequationes algebraicas nova expedita et generali methodo, resolvendas**" als großer Analytiker bekannt, weiß man, seitdem Zach 1784 seine Manuscripte in Petworth-Castle entdeckt hat, daß er auch Physiker und Astronom war, und zu den ersten gehörte, welche die Sonnenflecken und Jupitersmonde consequent verfolgten[7]). — Christoph Scheiner wurde 1575 zu Walda bei Mindelheim in Schwaben geboren, trat frühe in den Jesuitenorden, wurde Professor der hebräischen Sprache und Mathematik zu Freiburg im Breisgau, stand von 1610 bis 1616 in gleicher Eigenschaft an der hohen Schule zu Ingolstadt, lehrte darauf einige Jahre in Rom, und führte schließlich bis zu seinem 1650 erfolgten Tode das Rectorat des Jesuitencollegiums zu Neisse in Schlesien. Schon früher durch die etwa 1603 von ihm gemachte Erfindung des Storchschnabels bekannt geworden[8]), hat er seinen Namen vorzugsweise durch seine wichtigen Arbeiten über die Sonnenflecken und dann allerdings auch durch seine betreffenden unerquicklichen Streitigkeiten mit Galilei in die Geschichte der Astronomie eingetragen[9]). — Johann Baptist Cysat endlich wurde 1586 zu Luzern dem bekannten Stadtschreiber und Jesuitenfreunde Rennward Cysat geboren, trat frühe in den Jesuitenorden ein, und zog 1604 „and frömde"[10]). Im Frühjahr 1611 finden wir ihn, als Studiosus Theologiae und Schüler Scheiner's, als Zeuge von dessen erster

---

[7]) Vergl. Zach's Berichte in Bode's Jahrbuch auf 1788 und 1794; auch den ersten Supplementband zu Bode und Band 8 der Monatl. Corresp., sowie 128 und 131.

[8]) Er beschrieb denselben nachmals in einer eigenen Schrift „**Pantographice seu ars delineandi res quas libet per parallelogrammum lineare seu cavum, mechanicum, mobile. Romae 1631 in 4.**"

[9]) Vergl. 128 und 84.

[10]) Vergl. Bd. I pag. 105—118 meiner Biographien.

Beobachtung der Sonnenflecken, — 1616 wurde er zu dessen Nachfolger in Ingolstadt ernannt, und beobachtete daselbst den Cometen von 1618 in vorzüglichster Weise, sowie auch den Orion-Nebel[11]). Die Jahre 1624 bis 1627 brachte er als Rector des Jesuitencollegiums in seiner Vaterstadt zu; dann führte ihn eine Mission nach Spanien; später stand er als Rector in Innsbruck und Eichstadt, und kehrte schließlich in derselben Eigenschaft nach Luzern zurück, wo er 1657 starb. Auf seinen verschiedenen Stationen und Reisen setzte er auch später seine Beobachtungen fort, und gehört so z. B. zu den Wenigen, welche bei der Mondsfinsterniß von 1620 XII 9 das völlige Verschwinden des Mondes bemerkten, oder welche 1631 XI 7 den von Kepler angekündigten Merkurdurchgang wirklich verfolgten[12]).

101. Johannes Hevel. Unter den auf die Galilei, Fabricius, Marius rc. folgenden Astronomen, welche das neue Hülfsmittel in hervorragender Weise zur Feststellung der Topographie des Himmels benutzten, sind namentlich noch Hevel und Huygens zu erwähnen: Zu Danzig 1611 geboren, war Johannes Höwelke oder Hevel erst Schüler des daselbst 1639 verstorbenen Peter Crüger[1]), so daß man wohl etwa dessen 1635 zu Danzig erschienene „Doctrina astronomiae sphaericae“ als den Ausgangspunkt von Hevel's astronomischen Studien bezeichnen kann. Später studirte er in Leyden neben der Mathematik auch noch das Recht, machte dann Reisen nach London, Paris rc., wo er sich mit Wallis, Gassendi, Boulliau rc. befreundete, kehrte etwa 1634 durch

[11]) Vergl. 133 und 137.

[12]) Vergl. über die Mondfinsterniß seinen betreffenden Brief an Kepler, den Hansch pag. 693/5 publicirt hat, und aus dem zugleich hervorgeht, daß ihn Kepler kurz zuvor in Ingolstadt besuchte. — Der Merkurdurchgang wurde außer von Cysat nur noch von Gassendi, Quietanus und einem Anonymus in Ingolstadt beobachtet.

[1]) Crüger wurde 1580 zu Königsberg geboren und lebte von 1607 an als Professor der Mathematik und Poesie zu Danzig. Er war sehr begeistert für die Astronomie, und nahm Hevel, der augenblicklich etwas von ihr abgezogen war, noch auf dem Todbette das Versprechen ab, künftig wieder seine beste Kraft derselben zu widmen.

die Schweiz in seine Vaterstadt zurück, und diente dieser später bis zu seinem 1687 erfolgten Tode als Rathsherr. — Sohn und Geschäftserbe eines reichen Bierbrauers, besaß Hevel die Mittel, sich 1641 eine eigene Sternwarte zu erbauen, auf welcher er nicht nur, außer durch wechselnde Gehülfen namentlich auch durch seine zweite Frau, eine Margaretha Koopmann, unterstützt[2]), eifrig beobachtete und rechnete, sondern auch seine Beobachtungen und Zeichnungen sofort auf eigener Presse und mit eigener Hand in Druck und Kupferstich vervielfältigte. „Die Figuren alle miteinander," schrieb Hevel 1661 an einen Freund[3]), „welche in meiner Selenographia, Epistola und Dissertatione de nativa Saturni facie vorhanden, sind gar nicht geetzet, sondern habe sie alle mit meiner Hand geschnitten, gehet zwar viel langsamer zu, ist auch viel mühsamer, aber man kann alles viel reinlicher zu wege bringen. Auch alle Figuren, die in meine Cometographiam und machinam coelestem hinein sollen, deren ein großer numerus, gedenke ich wils Gott selbsten zu schneiden, wozu aber viel Zeit gehört." — Ganz vorzüglich ist Hevel's in seinem ersten Capitalwerke, der „Selenographia", publicirte Bearbeitung der Topographie des Mondes, welche später speciell besprochen werden soll[4]); aber auch den Sonnenflecken, den Jupitersmonden, der räthselhaften Gestalt Saturns, den Cometen, der Mira ꝛc. wandte er seine Aufmerksamkeit zu, so daß sein Name auch sonst oft zu nennen sein wird[5]). Von seinem zweiten Capitalwerke, seiner „Machina coelestis", enthält der 1673 erschienene erste Theil die Beschreibung der Instrumente, — der zweite, 1679 erschienene, die Beobachtungen. Letzterer ist sehr selten geworden[6]), da bei

[2]) Hevel selbst spricht aus, daß seine Frau mit größerer Behendigkeit und Genauigkeit als keiner seiner übrigen Gehülfen beobachtet habe, und bildet sie zum Danke in seiner „Machina coelestis" auf der neben pag. 254 des ersten Bandes stehenden Tafel als Beobachterin ab.

[3]) Vergl. Zach's Mon. Corr. VIII 36. [4]) Vergl. 129.

[5]) Vergl. 128, 131, 132, 133, 136 ꝛc.

[6]) A. 1768 soll ein vollständiges Exemplar der Machina coelestis, dem allerdings noch die, zwar nicht so seltene, Selenographia beigegeben war, auf einer Auction für 2873 fl. losgeschlagen worden sein.

dem, durch Rachsucht eines wegen Untreue entlassenen Dieners verursachten Brande, welcher 1679 IX 26 seine Sternwarte vernichtete, fast die ganze Auflage in den Flammen aufging, — mit ihr auch, da Wohnhaus, Sternwarte und Laboratorium vom Feuer ergriffen wurden, die große Büchersammlung und viele Manuscripte. Der Schaden wurde auf 30000 Thaler geschätzt, und wenn ihm auch die sich für seine Arbeit fortwährend interessirenden Könige von Frankreich, England und Polen durch reiche Geschenke einen großen Theil dieser Summe ersetzten, ja ihm so ermöglichten, eine neue Sternwarte einzurichten, so war doch manches Unersetzliche verloren und sonst sein Muth durch diese Katastrophe um so mehr gebrochen, als überdieß das hohe Alter herannahte. Immerhin konnten noch 1690 aus seinem Nachlasse zwei größere Werke publicirt werden, sein „Firmamentum Sobiescianum seu Uranographia“ und sein „Prodromus astronomiae seu novae tabulae solares, una cum catalogo fixarum“, — zwei Werke, auf welche wir später zurückkommen werden [7]), deren Angaben aber allerdings noch viel werthvoller geworden wären, wenn sich Hevel hätte entschließen können, das Fernrohr an seinen Meßinstrumenten anzubringen [8]). Nach seinem Tode wurden zu seinem Andenken zwei Münzen geprägt, von welchen die Eine außer seinem Brustbilde die Inschrift „Joannes Hevelius Dantiscus, Consul Vet. Civit., delicium regum ac principum, astronomorum ipse princeps, in gloriam atque admirationem seculi, patriae, orbis nat. etc.“ zeigt [9]).

---

[7]) Vergl. 138. [8]) Vergl. 104 und 114.

[9]) Vergl. für Hevel: Blech, Gedächtnißfeier Hevelii. Danzig 1787 in 4., — Lengnich, Hevelius oder Annecdoten und Nachrichten zur Geschichte dieses großen Mannes. Danzig 1780 in 8., — Westphal, Joh. Hevelius. Königsberg 1820 in 8, — „F. A. Brandstätter, Hevel's Leben und seine Bedeutsamkeit. Danzig 1861 in 8., — Seidemann, Joh. Hevelius. Ein Beitrag zur Geschichte der Astronomie des 17. Jahrh. Zittau 1864 in 4., — L. C. Béziat, La vie et les travaux de Jean Hévélius. (Bullet. Boncompagni 1875), — Excerpta ex literis ad Joh. Hevelium, studio ac operâ J. E. Olhofii. Gedani 1683 in 4.“ Letztere Schrift enthält nur einen kleinen Theil der an Hevel geschriebenen Briefe, die im Ganzen 17 Folianten gefüllt haben und

102. Christian Huygens. Im Haag am 14. April 1629 geboren, erhielt Christian Huygens[1]) durch seinen Vater Constantin, der nicht nur Cabinetsrath des Statthalters der Niederlande und Herr von Zelem und Zuylichem, sondern auch ein sehr gebildeter Mann war, ersten Unterricht in der Mathematik und Mechanik, studirte dann von 1645 hinweg in Leyden und Breda die Rechte, und machte schließlich 1649 mit einem Grafen Heinrich von Nassau größere Reisen nach Deutschland, Frankreich und England. In den Haag zurückgekehrt, ließ er bald seine Erstlingsschriften „Theoremata de quadratura hyperboles, ellipsis et circuli"[2]), — und „De circuli magnitudine inventa"[3]), — namentlich aber seine classische Schrift „De ratiociniis in ludo aleae"[4]) erscheinen, durch welche Letztere er die Mathematik um einen neuen Zweig, die sog. Wahrscheinlichkeitsrechnung, bereicherte. Daneben beschäftigte er sich in Verbindung mit seinem ältern Bruder Constantin mit Construction besserer Fernröhren und Uhren[5]), kam zur Entdeckung eines Saturn-Mondes und des Saturn-Ringes[6]) ꝛc. In den Jahren 1660 und 1663 reiste er nach Paris und London, um die dortigen Gelehrten zu besuchen, — wurde 1666 von Louis XIV. zum Mitgliede der in Paris gegründeten Académie des Sciences ernannt, — blieb daselbst, an den Verhandlungen dieser gelehrten Körperschaft regsten Antheil nehmend, bis 1681, — kehrte dann aber, theils aus Gesundheitsrücksichten, theils auch wegen Aufhebung des Edictes von Nantes nach dem Haag zurück, wo er sich wieder mit mechanischen und optischen Arbeiten beschäftigte. Noch war es ihm vergönnt, sein

---

gegenwärtig in der Bibliothek der Pariser Sternwarte liegen sollen, wohin sie aus dem Nachlasse von Joseph Nicolas Delisle kamen, der dieselben 1725 in Danzig angekauft hatte.

[1]) Ich halte mich an diese, auch von seinem neuesten Biographen Harting acceptirte Schreibweise; sonst wurde häufig „Huyghens" geschrieben, oder, entsprechend dem latinisirten Hugenius, wohl auch „Hugens".

[2]) Lugd. Bat. 1651 in 4. [3]) Hagae 1654 in 4.

[4]) Lugd. Bat. 1657 in 4. [5]) Vergl. 113 und 117. [6]) Vergl. 132.

wichtigen Untersuchungen über die doppelte Brechung und die Natur des Lichtes, über die Gestalt der Erde ꝛc., durchzuführen; dann aber erkrankte er zu Anfang 1695 ernstlich, und starb leider schon am 8. Juni desselben Jahres, zum Glücke seinen wissenschaftlichen Nachlaß der Bibliothek zu Leyden testirend [7]).

103. Snellius und Mercator. Während so Viele nach Erfindung des Fernrohrs das lohnende Geschäft betrieben, mit demselben den Himmel auszubeuten, beschäftigten sich Snellius und Mercator mit Messung und Darstellung der Erde: Willebrord Snell oder Snellius wurde 1591 dem als Professor der Mathematik und des Hebräischen zu Leyden wirkenden, durch seinen „Apollonius Batavius" von 1597 auch in weitern Kreisen geschätzten Rudolf Snell geboren, erhielt wahrscheinlich von demselben den ersten mathematischen Unterricht, und durchreiste sodann einen guten Theil von Europa, wobei er sich die persönliche Bekanntschaft von Mästlin, Kepler ꝛc. erwarb. Gewiß ist, daß er sich rasch entwickelte und bereits 1613 nach dem Tode seines Vaters dessen Professur der Mathematik, die er während dessen Krankheit schon vicariatsweise versehen hatte, definitiv erhielt, — ja daß ihm sogar bereits 1608 Stevin die Uebersetzung seiner Hypomnemata aus dem Holländischen ins Lateinische anvertrauen konnte. Von seiner schon 1615 nach selbst ausgedachter neuer Methode mit eigenen Instrumenten und auf eigene Kosten begonnenen und 1617 beendigten Gradmessung, bei der er unter Anderm auch die fälschlich nach Pothenot benannte Aufgabe löste,

[7]) Vergl. für Huygens dessen „Opera mechanica, geometrica, astronomica et miscellanea, quae coll. G. J. s'Gravesande. Ludg. Bat. 1751 in 4., — Opera varia. Lugd. Bat. 1724, 2 Vol. in 4., — Opera reliqua. Amst. 1728, 2 Vol. in 4., — Opuscula posthuma. Lugd. Bat. 1703 in 4., — ꝛc." Ferner die einen Theil seiner gelehrten Correspondenz enthaltende Schrift „P. J. Uylenbroek, Exercitationes mathematicae et philosophicae. Hagae 1833 in 4.," und die ihn betreffenden biographischen Arbeiten „Oratio de fratribus Christiano atque Constant. Hugenio. Groning. 1838 in 4., — P. Harting, Christian Huygens in zijn Leven en Werken geschetst. Gröningen 1868 in 8., — ꝛc."

wird später speciell gesprochen werden[1]); dagegen mag hier Erwähnung finden, daß er sich auch für Astronomie lebhaft interessirte, — bereits die Errichtung einer Sternwarte in Leyden, dessen Universität damals noch kein einziges für astronomische Beobachtungen oder Messungen brauchbares Instrument besessen haben soll, anstrebte, welche dann aber erst 1632/4 für seinen Nachfolger Jakob Golius erstellt wurde[2]), — im Jahre 1618 die bis dahin noch fast unbekannten hessischen Beobachtungen publicirte[3]), — den Cometen von 1618 beobachtete und in einer eigenen Schrift behandelte[4]) — ꝛc. Auch für die reine Mathematik war er thätig, wie uns seine 1621 erschienene „Cyclometria seu de circuli dimensione", und die posthum von Hortensius 1627 zum Drucke besorgte „Doctrina triangulorum" zeigen, und die Physik verdankt ihm bekanntlich die Entdeckung des Brechungsgesetzes, das er theils in seinen Vorlesungen vorgetragen haben soll, theils in seinen hinterlassenen Schriften niederlegte, wo es später Descartes auffand, und in der jetzt gebräuchlichen Form als seine eigene Erfindung publicirte. Wahrscheinlich hätte der äußerst talentvolle und fleißige Mann noch viel Anderes geleistet, wäre er nicht schon am 30. October 1626 vom Tode ereilt

[1]) Vergl. 124.

[2]) Vergl. Kaiser's Einleitung zu Bd. I der „Annalen der Sternwarte in Leyden", die überhaupt, aber nicht ohne die nöthige Kritik, für Snellius benutzt worden ist.

[3]) „Coeli et siderum in eo errantium observationes hassiacae. Lugd. Bat. 1618 in 4." Wahrscheinlich war das von Justi in seinen „hessischen Denkwürdigkeiten. Marburg 1769—1805, 4 Th. in 8." citirte, „Lugd. Batav. Kalend. Sept. A. 1618" datirte Schreiben von Snellius an Landgraf Moritz ein Begleitschreiben zu dieser Publication. Was dagegen aus der von demselben Schriftsteller beigebrachten Notiz: „Moritz war so sehr Anhänger des Ramus, daß er den berühmten Lehrer der Mathematik zu Leyden, Willebrord Snellius, der die Ethik nach Ramistischer Lehrart zu verbessern suchte, im Jahre 1600 an seinen Hof kommen ließ, ihm sein Porträt nebst einer goldenen Kette verehrte, und ihn mit 4 Pferden nach Frankfurt zurückbringen ließ," zu machen ist, weiß ich nicht; wenn überhaupt etwas an dieser Sache ist, so muß entweder die Jahreszahl falsch sein, oder Willebrord mit Rudolf vertauscht werden.

[4]) „Descriptio Cometae qui anno 1618 Nov. 1 effulsit. Lugd. Bat. 1619."

worden. — Der seiner Abstammung nach als Deutscher zu bezeichnende, zwar während eines momentanen Aufenthaltes seiner Eltern 1512 zu Rupelmonde in Flandern geborne, aber im heimathlichen Jülicher Lande aufgewachsene Gerhard Krämer oder Mercator lebte lange in Löwen, wo er erst Student war, und viel mit Gemma Frisius verkehrte, dann sich häuslich niederließ, und sich mit Stechen von Landkarten, Construction von terrestrischen und Himmels-Globen, Astrolabien ꝛc. seinen Unterhalt verdiente. Im Jahre 1552 siedelte er nach Duisburg über, wo er nun die ihn verewigenden Kartenwerke an die Hand nahm, daneben während kurzer Zeit an dem großentheils auf seinen Antrieb errichteten Gymnasium den Unterricht in der Mathematik gab, sich in seinem jüngsten Sohne Rumold einen tüchtigen Nachfolger erzog, und endlich 1594 in hohem Ansehen starb. Von der seinen Namen tragenden Kartenprojection, durch welche er zunächst in der Geschichte eingebürgert wurde, wird später speciell gesprochen werden[s]); dagegen mag hier noch anzuführen sein, daß man ihm auch große Verdienste um die Kenntniß der magnetischen Abweichung, der Lage des magnetischen Nordpoles ꝛc. zuzuschreiben hat, wie ein von Breusing aufgefundener, höchst interessanter Brief desselben vom Jahre 1546 auf das Bestimmteste darthut[t]).

104. **Nonius, Vernier, Morin und Gascoigne.** Für die Ausbildung der praktischen Astronomie endlich war es von der größten Wichtigkeit, daß einerseits die Ablesungen an getheilten Kreisen mit größerer Genauigkeit erhalten werden können, und anderseits das Fernrohr, als schärferes Visirmittel und mit mikrometrischen Vorrichtungen verbunden, bei Construction der Instrumente Verwendung finde, — Bereicherungen, um welche sich die Nonius, Vernier, Morin und Gascoigne unbedingt so reelle Ver-

---

[s]) Vergl. 125.

[t]) Breusing hat denselben in seinem Vortrage „Gerhard Kremer gen. Mercator, der deutsche Geograph. Duisburg 1869 in 8.", dem ich auch sonst Vieles entnommen habe, in extenso mitgetheilt. Die gleichzeitige Schrift „Gérard Mercator, sa vie et ses oeuvres. Par. J. von Raemdonck. St. Nicolas 1869 in 8." habe ich nicht gesehen.

dienste erworben haben, daß sie schon in diesem allgemeinen Theile genannt zu werden verdienen, wenn auch der Detail ihrer Leistungen dem folgenden Abschnitte aufbewahrt werden muß: Pedro Nunnez oder Nonius wurde zu Alcazar de Sal im Jahre 1492 geboren, war Professor der Mathematik an der Universität zu Coimbra, Cosmograph des Königs Emanuel von Portugal, auch Lehrer dessen Sohnes Heinrich, des nachmaligen Cardinals und Königs, und starb 1577 zu Coimbra. Er war ein fleißiger Schriftsteller, commentirte Aristoteles, Ptolemäus, Sacrobosco und Purbach, schrieb aber auch einige selbstständige Werke, von denen besonders die 1542 zu Lissabon unter dem Titel „De crepusculis liber unus“ erschienene Schrift nicht nur wegen der äußerst scharfsinnigen, auch das noch den Bernoulli's schwierig erscheinende Problem der kürzesten Dämmerung umfassenden Behandlung des Titelgegenstandes, sondern auch wegen der darin enthaltenen Idee des verschiedenen Theilens desselben Bogens[1]), und seine 1537 ebendaselbst gedruckten „Dous tratados sobre a carta de marear“ wegen der darin enthaltenen ersten Theorie der Loxodromie[2]) berühmt geworden sind. — Pierre Vernier wurde 1580 zu Ornans im Dep. du Doubs geboren, das damals noch zum Deutschen Reiche gehörte, — war Generaldirector der Münzen der Grafschaft Burgund, Commandant des Schlosses Ornans und Rath des Königs von Spanien, — und starb 1637 in seiner Vaterstadt. Außer der Erfindung des seinen Namen tragenden wichtigen Hülfsapparates[3]) ist sonst leider nichts von seinen Arbeiten erhalten geblieben. — Jean Baptiste Morin wurde 1583 zu Ville-Franche in Beaujolais geboren, — war in jüngern Jahren Arzt und Astrolog des Bischofs von Boulogne, des Herzogs von Luxemburg 2c., — kam dann 1630 als Professor der Mathematik an das Collège royal in Paris und starb daselbst 1656. Neben vielen Streitschriften, welche dieser heftige und eitle, aber sonst gar nicht verwerfliche und unverdiente Mann gegen Lansberg, Longomontan, Boulliau, Gassendi 2c. schrieb,

[1]) Vergl. 115. [2]) Vergl, 125. [3]) Vergl. 115.

gab er eine ganze Reihe mathematischer und astronomischer Werke heraus, von denen aber fast nur seine 1634 zu Paris aufgelegte „Longitudinum terrestrium et coelestium nova et hactenus optata scientia“ Bedeutung behalten hat, da er sich um den Titelgegenstand wirkliche Verdienste erwarb[4]), und da sich in dieser Schrift zugleich die Beweise finden, daß er das Fernrohr an Instrumenten anzubringen, und Sterne am hellen Tage zu beobachten versuchte[5]). Seiner posthum erschienenen „Astrologia gallica“ ist schon früher gedacht worden[6]). — William Gascoigne endlich wurde etwa 1621 zu Middleton, wo sein Vater Henry Gascoigne als Esquire lebte, geboren, — hatte die glückliche Idee, das Fernrohr mit mikrometrischer Vorrichtung zu versehen[7]), — und hätte, nach dieser ersten Probe zu schließen, muthmaßlich noch Manches Andere geleistet, wäre er nicht schon 1644 in der Schlacht bei Marston-Moor als Parteigänger Karls I. gefallen.

105. Die ersten Vorschläge zur Kalenderreform. Die Kirchenversammlung in Nicäa hatte A. 325 im Einverständnisse mit Kaiser Constantin festgesetzt, daß die Frühlingsnachtgleiche je auf den 21. März fallen solle, Ostern aber auf den Sonntag, welcher dem von den Juden als Osterfest gefeierten ersten Vollmonde nach derselben folge, und entsprechend hatte noch im Anfang des 8. Jahrhunderts der etwa von 672 bis 735 lebende englische Mönch Beda Venerabilis die nöthigen Regeln für die Festrechnung in seinem durch Abschrift überall verbreiteten Tractate „De temporum ratione“ zusammengestellt. Da nun das julianische Jahr $^1/_{129}{}^d$ länger als das tropische ist, so traf die Frühlingsnachtgleiche schon um die Mitte des folgenden Jahrhunderts am 20. März, und später immer früher und früher ein, so daß bereits der berühmte Roger Baco[1]), der für einen der

---

[4]) Vergl. 120—121. [5]) Vergl. 114. [6]) Vergl. 29. [7]) Vergl. 114.

[1]) Bei Ilchester in Somersetshire 1214 geboren, studirte Roger Baco in Oxford und Paris, trat dann, um sorgenfrei den Wissenschaften leben zu können, in den Franziskaner-Orden, wurde aber durch seine Brüder in Christi

ausgezeichnetsten Denker seiner Zeit gehalten und im Mittelalter als „Doctor mirabilis“ bezeichnet wurde, glaubte vorschlagen zu müssen, eine Verbesserung einzuführen, welche der nachmaligen Gregorianischen so ziemlich entsprochen haben soll[2]). — Für eine solche Verbesserung plädirte sodann wieder der französische Cardinal-Legat Pierre d'Ailly[3]) unter Angabe, daß der Fehler bereits auf 9 Tage aufgelaufen sei, theils A. 1414 vor dem Concil zu Constanz, theils in einer dem Papste Johann XXIII. übergebenen Abhandlung[4]), — und auch der uns schon bekannte Cardinal Cusanus suchte sie A. 1436 durch einen eigenen Tractat[5]) dem Basler Concil zu belieben, dabei den bestimmten Vorschlag machend, man solle dem auf 1439 V 24 fallenden Pfingstsonntage sofort VI 1 als Pfingstmontag folgen lassen, und künftig je dem 304. Jahre den Schalttag nehmen. — Papst Sixtus IV. wollte dann wirklich diese gewünschte Kalenderreform an die Hand nehmen, indem er 1475 Regiomontan zur nöthigen Vorberathung nach Rom kommen ließ; da aber dieser ausgezeichnete Mann leider bald nach seiner Ankunft starb, so blieb die Sache wieder liegen. Im Jahre 1516 wurde sodann die Kalenderreform von dem Lateranischen Concil besprochen; aber als sich der für sie niedergesetzte Ausschuß an Copernicus um Rath und Beistand wandte, wurde er abschlägig beschieden, und die Sache neuer-

aus Neid über seine Gelehrsamkeit und noch mehr aus Rache über seinen gerechten Tadel ihrer Sittenlosigkeit als Zauberer in den Kerker gebracht, obschon er „De nullitate magiae“ geschrieben. Er konnte erst nach 10 langen Jahren betagt und gebrochen nach Oxford zurückkehren, wo er 1294 starb. Die wichtigsten seiner Abhandlungen sind in dem „Opus majus. London 1733 in Fol. (Auch Venet. 1750)“ gesammelt.

[2]) Seine betreffende Abhandlung soll im Mss. noch in Oxford existiren.

[3]) Pierre d'Ailly wurde 1350 geboren, war einige Zeit Kanzler der Universität Paris, und starb etwa 1425. Leider war er ein großer Freund der Astrologie, und soll sogar behauptet haben, man hätte die Geburt Christi aus den Sternen vorhersagen können.

[4]) Seine Abhandlung „De correctione Calendarii“ soll in seinen 1480 erschienenen „Opuscula“ abgedruckt sein.

[5]) Der „Tractatus de reparatione Calendarii“ findet sich sowohl in der Pariser als in der Basler Ausgabe seiner „Opera“.

dings auf die lange Bank geschoben. Ebenso wenig Erfolg endlich hatte Michael Stifel, als er unter Annahme, es sei das Julianische Jahr um $18^m = 1/80^d$ zu lang, in seiner überhaupt höchst merkwürdigen, 1545 zu Nürnberg erschienenen „Deutschen Arithmetika" die Reform in der Weise zu erreichen vorschlug, daß man einen Cyclus von 80 Jahren einführe, in welchem je dem letzten Jahre sein Schalttag genommen werde*).

106. **Die Gregorianische Kalenderreform.** Um dieser fortwährenden Verschleppung endlich einmal ein Ende zu machen, anbefahl der aus der Familie Buoncompagni in Bologna stammende, von 1572 bis 1585 regierende Papst Gregor XIII. mit Bulle von 1582 III 1 die Kalenderreform in der Weise vorzunehmen, daß, um den bis dahin aufgelaufenen Fehler von 10 Tagen zu heben, die Tage von 5. bis 14. October des laufenden Jahres aus dem Kalender gestrichen werden, und daß, um das Entstehen eines neuen Fehlers von Belang auf Jahrtausende hinauszurücken, künftig jedem nicht durch 4 theilbaren Säcularjahre der Schalttag genommen werde. Es war die Inswerksetzung eines Vorschlages, den ihm der in Rom lebende Arzt Luigi Lilio von Verona kurz vor seinem 1576 erfolgten Tode gemacht, und dann dessen Bruder Antonio in einer ihm 1577 vorgelegten Schrift „Compendium novae rationis restituendi Calendarium" weiter ausgearbeitet hatte. Es war derselbe von Gregor verschiedenen Universitäten und Fürsten zur Begutachtung und Kenntnißnahme vorgelegt worden, „um eine Allen gemeinsame Sache nach dem Rathe Aller zu vollenden," — dann hatte ihn, nach Eingang einer Reihe beifälliger Antworten, noch eine aus dem Cardinal Sirtelli, dem Deutschen Christoph Clavius, dem Spanier Petrus Ciaconius und dem Italiener Ignatio Danti bestehende Commission

---

*) Für Stifel vergl. 109. — Für eine einläßlichere „Vorgeschichte der Gregorianischen Kalenderreform" vergl. die so eben von Ferd. Kaltenbrunner unter diesem Titel zu Wien theils in den Sitzungsberichten der Academie, theils separat erschienene Abhandlung, welche hier leider nicht mehr benutzt, sondern nur noch citirt werden kann.

nochmals durchberathen, — und so konnte er wirklich reif zur Ausführung erscheinen[1]). Ueberdieß erhielt der eben genannte, 1537 zu Bamberg geborne, aber damals und bis zu seinem 1612 erfolgten Tode als Lehrer der Mathematik in seinem Ordenshause zu Rom lebende Jesuit Christoph Clavius den Auftrag, die nöthigen Regeln und Tafeln für die Festrechnung ꝛc. auszuarbeiten[2]). — So war die Kalenderreform, abgesehen von ihrer Einführung, vollendet, — allerdings damit aber nur eine Flickarbeit geschaffen, welche einen Cyclus von 400 Jahren erforderte, um den bis dahin $11^m 14^s$ betragenden Fehler des mittlern Jahres auf 22^s zu reduciren, während ihn die Annahme des von Omar-Cheian, Astronom des seldschuckischen Sultans Malek-Schah, um 1080 in Persien eingeführten rationellen Cyclus von 33 Jahren mit 8 Schaltjahren in 12mal kürzerer Zeit sogar auf $14^1/_2{}^s$ heruntergebracht hätte. — Ganz entsprechend der Bulle wurde der neue Kalender nur in Italien, Spanien und dem Fürstenthum Neuenburg[3]) eingeführt, — in Frankreich wenigstens noch im gleichen Jahre durch Streichen von XII 10 — 19, — in der Schweiz durch die katholischen Stände Luzern, Uri, Schwyz, Unterwalden, Freiburg und Solothurn 1583, durch Appenzell (jedoch von Außerrhoden nur bis 1590) 1584, in den gemeinen Herrschaften für die Katholiken 1585, und im Wallis 1622, — in den katholischen Ländern Deutschlands auf ausdrücklichen Wunsch Kaiser Rudolfs II., aber nur mit Widerstreben, 1584, indem sich sogar die katholischen Fürsten durch den anmaßenden Ton der Bulle verletzt fühlten, — in Polen 1586[4]), — in Ungarn endlich 1587, aber ebenfalls mit Bedenken. — Die protestantischen

---

[1]) Vergl.: „Wilh. Sidler (zu Küßnacht im Canton Schwyz 1842 geb.; Prof. in Einsiedeln), Der Kalender.“ (Jahresber. von Einsiedeln 1871/2.)

[2]) Vergl. „Clavius, Romani Calendarii a Gregorio XIII. restituti Explicatio. Romae 1603 in Fol. (Auch in Bd. 5 seiner Opera mathematica. Moguntiae 1612, 5 Vol. in Fol.).“ — Für die Festrechnung vergl. auch 108.

[3]) Vergl. Bull. de Neuch. V.

[4]) Wo nicht schon 1582/3. Vergl. „Benjamin Bergmann, die Kalenderunruhen in Riga in den Jahren 1585 bis 1590. Leipzig 1806 in 8.“

Fürsten und die reformirten Kantone hielten dagegen unentwegt am alten Kalender fest: Einerseits hatten sie es noch nicht vergessen, daß derselbe Gregor sich 1572 nicht entblödet hatte, für die Bartholomäus-Nacht ein Tedeum anzuordnen, und hielten es auch für unpolitisch, „das man dem Babst die Macht wiederum gebe, seines gefallens die Fasttäge in Ecclesia zu verändern wie er will," — und anderseits fanden sie, daß diese Reform, welche sogar die „lodeligen" Feste bestehen lasse, keinem erheblichen Fortschritt rufe, ja sogar mehr Verwirrung als Nutzen hervorbringen werde[5]), — ja Wilhelm IV. wollte in seinem betreffenden, von den Churfürsten erbetenen „Judicium"[6]) höchstens zugeben, daß man, um den jetzt für das bürgerliche Leben noch nicht störenden Fehler immerhin nicht noch mehr anwachsen zu lassen, im Jahre 1600, und sodann je 132 Jahre später wieder, den Schalttag weglasse, was gerade, weil so 4×33 Jahre nur 4×8 Schalttage bekommen hätten, mit dem oben erwähnten persischen Cyclus übereingestimmt haben würde. — So war die Verwirrung da, und dabei fehlte es bei den ohnehin gereizten zwei kirchlichen Parteien auch nicht an gegenseitigen Sticheleien und Spottreden; zum Beispiel sollen sich die katholischen Bauern bei Fritzlar und der Enden gerühmt haben, ihr Christus sei schon 14 Tage alt und könne bald in der Stube herumlaufen, wenn der evangelische erst geboren werde, — und dergleichen. Auf solche Weise wurde immer mehr der Kalender zu einer Art Religionsartikel, und auch ein Kepler suchte vergeblich zu vermitteln. Er war schon während seinem Aufenthalte in Graz, wo man bereits 1583 auf den Wunsch

[5]) Vergl. z. B. „L. Osiander, Bedenken, ob der newe Päpstliche Kalender ein Notturfft bei der Christenheit sey, und wie trewlich dieser Papst Gregorius XIII. die Sachen darmit meyne. Tübingen 1583 in 4., — M. Mästlin, gründlicher Bericht von der allgemeinen und nunmehr bey 1600 Jahren von dem ersten Kaiser Julio biß jetzt gebrauchten Jarrechnung oder Kalender. Heydelberg 1583 in 4." — B. Leemann, Bedenken über den Nüwen Gregorianischen Kalender. Zürich 1584 in 4., — &c."

[6]) „Iudicium vom neuen corrigirten Calender (Neuer liter. Anzeiger 1808 Nr. 9)."

des Kaisers den Gregorianischen Kalender eingeführt hatte, demselben nicht nur unter-, sondern auch zugethan, und schrieb an Mästlin: „Was treibt das halbe Deutschland? Wie lange will es noch von der andern Hälfte des Reiches und von dem ganzen europäischen Festlande getrennt bleiben? Schon seit 150 Jahren fordert die Astronomie die Verbesserung der Zeitrechnung. Wollen wir es verbieten? Worauf wollen wir warten? Bis etwa ein Deus ex machina die evangelischen Magistrate erleuchtet? Es sind zwar mancherlei Verbesserungen vorgeschlagen worden, es ist jedoch diejenige, welche der Papst eingeführt hat, die beste. Wenn man aber auch eine bessere erfindet, so kann sie nicht in Gang gebracht werden, ohne Unordnung zu verursachen, nachdem diese nun einmal in Uebung ist. Für die nächsten Jahrhunderte ist sie hinreichend, für die entfernteren wollen wir nicht sorgen." Später verfaßte er, um das größere Publikum zu belehren, einen „Dialog" über den Kalenderstreit, in welchem jede der beiden Parteien durch einen Geistlichen und einen Weltlichen vertreten, und diesen als Fünfter ein Mathematiker beigesellt war. Noch später schrieb er für Kaiser Matthias ein betreffendes Gutachten, und begleitete denselben 1613 auf den Reichstag zu Regensburg, um dasselbe zu vertreten. Aber es war alles vergeblich.

107. Die spätern Schicksale. Nachdem die evangelischen Theile Deutschlands und der Schweiz mehr als ein Jahrhundert gezaudert, ließen sie sich endlich auf die Anregung von Leibnitz, Weigel ꝛc. herbei, 1699 die Einführung eines sog. verbesserten Reichskalenders zu beschließen, der von dem Gregorianischen außer im Namen nur noch darin abwich, daß die Festrechnung bereits auf den Rudolphinischen Tafeln beruhte. Diesem Beschlusse entsprechend wurde in Deutschland und den Niederlanden der 19. bis 29. Februar 1700 weggelassen, — in Zürich, Bern, Basel, Schaffhausen, Genf, Biel und Mühlhausen fing man das Jahr 1701 mit dem 12. Januar an, — in Dänemark geschah dagegen die Aenderung erst 1710 auf Verwendung von Römer, in St. Gallen sogar erst 1724. Die Verschiedenheit in der Festrechnung bewirkte noch einige Male kleine Verwirrungen, indem dadurch Ostern um eine Woche verschoben werden konnte; als dieß 1778 wieder bevorstand, erwarb sich Friedrich der Große das Verdienst, auch in dieser Hinsicht einen vollständigen Anschluß an den Gregorianischen Kalender auszuwirken, der auch 1760 in Puschlav, dann ferner 1784 in Chur, Thusis, Flims, Engadin und Bergell, — endlich durch ein Decret des helvetischen Vollziehungsdirectoriums von 1798 VI 29 auch noch in Außerrhoden, Glarus und den restirenden Theilen von Bündten[1]) eingeführt wurde. — Die größte Schwierigkeit fand die Kalenderreform in England, indem man dort gleichzeitig auch noch den bis dahin auf den 26. März fallenden Jahresanfang zu reguliren hatte. Als endlich in der Mitte des 18. Jahrhunderts Lord Chesterfield eine Kalenderreform-Bill einbrachte, welche verordnete, daß man in England das Jahr 1752 nicht erst vom 26. März an, sondern vom 1. Januar (1751) hinweg zählen, und die Tage vom 3.—13. September 1752 weglassen solle, entstand momentan eine große Verwirrung unter dem gemeinen Volke, und der edle Lord wurde vielfach mit dem Geschrei verfolgt: „Gib uns unsere 3 Monate wieder." — Da der Gregorianische Kalender 1753 auch noch in Schweden eingeführt worden war, so hatte er somit gegen das Ende des 18. Jahrhunderts mit Ausnahme der Griechischen Kirche in der ganzen Christenheit Geltung, — abgesehen von einer momentanen Störung in Frankreich, auf welche hier noch zum Schlusse eingetreten werden mag: Nach Ausbruch der dortigen Revolution sollte Alles neu werden, und so wollte Laplace den Franzosen belieben, auch eine neue Aera einzuführen, welche mit dem Jahre 1250 beginnen sollte, wo nach seiner Berechnung die große Axe der Erdbahn zur Linie der Nachtgleichen senkrecht gestanden hatte; das Jahr wollte er mit der Frühlingsnachtgleiche angefangen wissen, und den 0. Meridian um 185,30 Grade der Vierhunderttheilung östlich von Paris verlegen, da unter diesem

[1]) Immerhin mit Ausnahme von Süs, welches erst 1811 durch Androhung von Straftruppen dazu gebracht werden konnte.

Meridiane der Anfang der Aera auf Mitternacht fiel. Diese Grundideen, welche wenigstens dem Kalender etwas Universelles gegeben hätten, wurden jedoch von den Revolutionsmännern nicht gut geheißen, sondern man verlegte Aera und Jahresanfang auf das Herbstequinoctium 1792 als den glorreichen Anfang der einen und untheilbaren französischen Republik. Das Jahr erhielt die 12 Monate

Vendémiaire	Nivôse	Germinal	Messidor
Brumaire	Pluviôse	Floréal	Thermidor
Frimaire	Ventôse	Prairial	Fructidor

je zu 30 Tagen oder 3 Decaden, von deren Tagen der Quintidi und Decadi, sowie die den 12 Monaten angereihten 5 bis 6 jours complémentaires oder Sanscullotides sog. Festtage waren. Auch die im alten Kalender gebräuchlichen Heiligennamen wurden entfernt: Jeder Quintidi erhielt den Namen eines Thieres, jeder Decadi den eines landwirthschaftlichen Geräthes, die übrigen Tage Namen von Pflanzen; so z. B. ertheilte man den Tagen der 2. Decade des Vendemiaire der Reihe nach die Namen: „Pomme de terre, Imortelle, Potiron, Réséda, *Ane*, Belle-de-nuit, Citronelle, Sarrazin, Tournesol, *Pressoir*." Nur ungerne und zögernd wurde dieser durch die Schreckensregierung beschlossene Kalender aufgenommen[*]), — und als Lalande 1802 wagte, in Anwesenheit eines Ministers und in öffentlichem Vortrage über die Geschichte der Astronomie während des abgelaufenen Jahres, zu sagen: „Le premier jour du dix-neuvième siècle à été

[*]) Während der kurzen Blüthe der Helvetik scheint daran gedacht worden zu sein, den neuen fränkischen Kalender nach und nach auch in der Schweiz zu acclimatisiren; wenigstens zeigt der Jahrgang 1799 des in Luzern erscheinenden, nach dem Buchdrucker Georg Ignaz Thüring benannten „Thüring-Kalenders" die Anzeige: „Die gesetzgebende Versammlung der einen und untheilbaren helvetischen Republik hat beschlossen, daß künftig im ganzen Schweizerlande nur ein Kalender soll gebraucht werden, nämlich der Gregorianische, und daß die französische Zeitrechnung neben der unsrigen gedruckt werden soll." In Ausführung scheint der zweite Theil dieses Beschlusses jedoch nie gekommen zu sein.

marque par la découverte d'une neuvième planète. Je me sers du calendrier de toutes les nations persuadé que le gouvernement français renoncera biéntôt *à un calendrier qui n'est entendu et ne peut être adopté ni de nos voisins ni de la grande majorité des Français,*" wurde er von stürmischem Beifall unterbrochen, und nach der Thronbesteigung Napoleon's wurde dann auch wirklich durch ein kaiserl. Decret angeordnet, daß von 1806 I 1 hinweg in Frankreich der Gregorianische Kalender wieder gesetzliche Geltung haben solle.

108. Die Kalendariographie und Chronologie. Schon bei Inswerksetzung der Gregorianischen Kalenderreform mußten natürlich auch die bis dahin bestandenen Regeln zur Auffindung des Sonntagsbuchstabens, der Epakte, der Daten der beweglichen Feste ꝛc. revidirt werden, — eine Aufgabe, der sich damals, wie bereits angedeutet wurde[1]), zunächst Clavius unterzog. Seither sind jene Regeln von Gauß[2]), Delambre[3]) ꝛc. in bequemere wissenschaftlichere Form gebracht, und auch von verschiedenen Schriftstellern, wie z. B. durch Littrow in seiner 1828 zu Wien erschienenen „Kalendariographie," durch Ulysse Bouchet in seiner 1868 zu Paris gedruckten „Hémérologie ou traité pratique des calendriers" etc., in eigenen Werken zusammengestellt worden. — Und ebenso wurde gleichzeitig mit der Kalenderreform auch die

---

[1]) Vergl. 106.

[2]) Vergl. Mon. Corresp. 1800 und Bd. 1 der Zeitschrift für Astronomie; in ersterer gab Gauß die Osterformel ohne Beweis, in letzterer einen verbessernden Nachtrag. Seither ist dieser Gegenstand in den Abhandlungen „L. Ciccolini, Formole analitiche pel calcolo della pasqua. Roma 1817 (Auch Corr. astr. 1818), — T. A. Cisa di Gresy, Démonstration des formules de Mr. Gauss pour déterminer le jour de Pâques (Mém. de Tur. 1820; auch Corr. astr. 1818), — F. Piper, Formeln und Tafeln zur Kirchenrechnung. (Crelle 22), — L. Feldt, De Gaussii formula paschali analytica commentatio. Brunsb. 1842 in 4., — J. Kinkelin, Die Berechnung des christlichen Osterfestes (Zeitschr. f. Math. 15), — ꝛc. weiter besprochen, und namentlich jener Beweis nachzutragen versucht worden.

[3]) Conn. de temps 1817.

Chronologie oder die historische Zeitrechnung durch Scaliger und Calvisius zu Ehren gebracht: Joseph Justus **Scaliger** wurde 1540 dem Arzte Julius Cäsar Scaliger zu Caen geboren, studirte in Bordeaux und Paris, trat zum Protestantismus über, erhielt 1593 eine Professur der schönen Wissenschaften zu Leyden und starb daselbst 1609. Durch die von ihm eingeführte und nach seinem Vater benannte „Julianische Periode", welche die bis dahin gebräuchlichen drei Cykeln umfaßte[4]), ganz besonders aber durch sein 1583 zu Leyden erschienenes „Opus novum de emendatione temporum", hat er sich so große Verdienste um die Chronologie erworben, daß er als ihr Vater bezeichnet worden ist. Als Concurrent hat sich ihm Seth Kallwitz oder **Calvisius**, der 1556 zu Groschleben in Thüringen in den ärmlichsten Verhältnissen geboren wurde, sich vom Taglöhner zum Cantor an der Thomasschule in Leipzig aufschwang, und als solcher 1615 daselbst starb, durch sein 1605 zu Leipzig gedrucktes „Opus chronologicum" ebenbürtig an die Seite gestellt. — Noch könnten als verdiente Chronologen der Pfarrer Heinrich **Wolf** von Zürich mit seiner 1585 zu Zürich erschienenen „Chronologia", — der sich auch um die Chronologie überhaupt, speciell aber um das Geburtsjahr

---

[4]) Den **Sonnenzirkel** von 28 Jahren, der im Julianischen Kalender, die Wochentage dauernd wieder auf dieselben Jahrestage zurückführt, — den uns schon bekannten Meton'schen oder **Mondzirkel** von 19 Jahren, — und den nach Savigny's Untersuchungen (Berl. Abh. 1822 3) einer von Kaiser Constantin im 4 Jahrh. eingeführten Steuerperiode entsprechenden **Indictionszirkel** von 15 Jahren. Die Julianische Periode umfaßt nämlich 28 . 19 . 15 = 7980 Jahre und beginnt mit dem Jahre 3960 vor Erbauung der Stadt Rom oder dem Jahre 4714 vor Christi Geburt (d. h. — 4713, da das Jahr 0 fehlt), auf welches nach allen drei Cykeln das Jahr Null fällt. Sie ist sehr bequem, um von einer Aera auf eine andere überzugehen: So fiel z. B. der Tod von Julius Cäsar in das Jahr 710 der Stadt, also starb er 3960 + 710 — 4713 = — 43 oder im Jahre 44 vor Chr. Geb. Bekanntlich debütirte Jak. Bernoulli mit Lösung der Aufgabe: Es soll das Jahr der julianischen Periode gefunden werden, welchem in jedem der drei Cykeln eine gegebene Nummer entspricht. Vergl. für seine Lösung die von seinem Schüler Joh. Heinr. Stähelin herausgegebenen „Theses de variis epochis et annorum periodis. Basil. 1706 in 4."

Christi vielfach bekümmernde große Kepler,[5]) dessen 1615 zu Frankfurt herausgegebene „Eclogae chronicae“ bei dieser Gelegenheit angeführt werden mögen, — der Jesuit und Professor der Theologie zu Paris Dénis Petau oder Petavius[6]) mit seinem 1627 zu Leyden gedruckten „Opus de doctrina temporum“, — der große Newton, der, wenn er auch auf diesem Gebiete nicht seinen übrigen entsprechende Erfolge erzielte, doch manche lehrreiche betreffende Untersuchungen anstellte[7]), — der eben so fleißige, als unglückliche Pfarrer Joh. Heinrich Waser von Zürich[8]) mit seinem 1779 daselbst erschienenen „historisch-diplomatischen Jahrzeitbuch“, — der bis zu seinem 1793 erfolgten Tode als Assistent der Wiener Sternwarte functionirende, 1730 geborne Jesuit Anton Pilgram mit seinem 1781 zu Wien erschienenen „Calendarium chronologicum“, — und wohl noch manche Andere angeführt werden. Ich will mich jedoch darauf beschränken, noch auf zwei Chronologen, die sich ganz hervorragende Verdienste erworben haben, etwas näher einzutreten: Der Eine ist der zu Gonrieux 1688 geborne und zu Paris 1746 verstorbene Benedictiner Dom François d'Antine, welcher zuerst das so berühmt gewordene Werk „L'art de vérifier les dates des faits historiques“ anlegte[9]), und der Andere der 1766 zu

[5]) Vergl. seine betreffenden, 1606 zu Frankfurt und 1613 zu Straßburg aufgelegten Schriften.

[6]) Zu Orleans 1583 geboren und zu Paris 1652 verstorben.

[7]) Vergl. Vol. 3 seiner von Castillion herausgegebenen „Opuscula“.

[8]) Zu Zürich 1742 geboren und ebendaselbst 1780 wegen angeblichem Landesverrathe enthauptet. Vergl. I 306 u. f. meiner Biographien.

[9]) Es erschien zuerst „Paris 1750 in 4.“, und gab schon damals eine von dem vortrefflichen Lacaille berechnete Tafel aller vom Anfange unserer Zeitrechnung theils für Europa bereits sichtbar eingetretenen, theils bis 1800 zu erwartenden Finsternisse der Sonne und des Mondes. Später erschien es durch d'Antine's Ordensbruder Dom François Clement (Bèze 1714 — Paris 1793) in 2. Auflage besorgt und von Lacaille und Pingré mit einer neuen Tafel der vom Anfange unserer Zeitrechnung bis 1900 eintretenden Finsternisse versehen „Paris 1770 in Fol.“ — und noch in 3., von Pingré mit einer Tafel der in dem ersten Jahrtausend vor Chr. Geb. eingetretenen Finsternisse vermehrten Auflage (zu welcher seither noch verschiedene Supplemente kamen) durch Ch. Duvancel „Paris 1783—87 in 3 Vol., Fol.“.

Groß-Brese bei Perleberg geborne und 1846 zu Berlin als Professor und Academiker verstorbene Christian Ludwig Ideler, der neben verschiedenen historischen, im Vorhergehenden vielfach benutzten Schriften, ein vortreffliches „Handbuch der mathematischen und technischen Chronologie" herausgab, das noch jetzt unübertroffen ist[10]. — Zum Schlusse mag auch erwähnt werden, daß schon am Ende des 17. Jahrhunderts mit großem Ernst, ja nicht ohne Leidenschaft die Frage ventilirt wurde, ob das Jahr 1700 das Letzte desselben oder das Erste des neuen Jahrhunderts sei, -- und die entsprechende Frage kehrte für 1800 wieder. Beide Male wurde schließlich, wie es offenbar schon durch den Sprachgebrauch und alle Analogien gerechtfertigt ist, das Jahr 1 als das erste des Jahrhunderts angenommen.

[10]) Ideler's Handbuch erschien „Berlin 1825—26, 2 Bde. in 8." — Später ließ er ihm noch ein „Lehrbuch der Chronologie. Berlin 1829 in 8." folgen.

6. Capitel.

Die Ergebnisse der Beobachtungen.

109. Die Fortschritte des numerischen Rechnens. Die Algebra war im Abendlande bis in die Mitte des 15. Jahrhunderts in Italien, wo sie sich, wie wir bereits aus dem frühern betreffenden Abschnitte wissen, um 1200 durch Leonardo von Pisa, genannt Fibonacci, eingebürgert hatte, so ziemlich localisirt; dann aber kam sie, und namentlich die sog. „Regula della cosa“ oder die „Coss“ auch nach Deutschland, wo damals bereits durch Heinrich von Hessen der Sinn für Mathematik geweckt worden war, und wo nun Regiomontan in hervorragender Weise in gleichem Sinne wirkte. Auf wie fruchtbaren Boden dort der Saame fiel, erkennen wir aus den Arbeiten, welche Christoph Rudolf und Michael Stifel zu Tage förderten: Der treffliche Rudolf, von dem man kaum weiß, daß er 1499 zu Jauer in Schlesien geboren wurde und etwa 1545 zu Wien starb, gab 1526 in letzterer Stadt eine „Künstliche rechnung mit der ziffer und mit den zalpfennigen“ heraus, und hinterließ ein Buch über die Coß, welches sodann 1554 zu Königsberg durch Stifel herausgegeben wurde und von höchstem Interesse ist. Michael Stifel, der etwa 1487 zu Eßlingen geboren wurde, — erst Augustiner-Mönch war, — dann protestantischer Pfarrer zu Annaberg wurde, — wegen Nichteintreffen des von ihm aus astrologischen Speculationen auf 1533 X 16 prophezeiten jüngsten Tages, nachdem ihn erst die Bauern gebunden nach Wittenberg vor Gericht geschleppt hatten, seine Gemeinde verlassen mußte, — nachher mehrere andere Pfarreien versah, — und endlich von 1559 bis zu seinem 1567 erfolgten Tode als Professor der Mathematik in Jena[1]) stand, verdankt man überdieß eine 1544 zu Nürnberg gedruckte „Arithmetica integra" und eine 1545 ebendaselbst erschienene, bereits beiläufig erwähnte „Deutsche Arithmetica", welche beide als, sowohl für theoretische als praktische Arithmetik, ganz hervorragende Werke zu bezeichnen sind. Bald nachher gab der nach so vielen Richtungen ausgezeichnete, und namentlich auch um die Grundprincipien der Statik hochverdiente, holländische Ingenieur und Mathematiker, der 1548 zu Brügge geborne und 1620 im Haag verstorbene Simon Stevin[2]) seine, wahrscheinlich erst in holländischer Sprache aufgelegte, dann durch den ausgezeichneten Albert Girard 1585 von Leyden aus unter dem Titel „La pratique d'Arithmetique" in französischer Sprache verbreitete Schrift, durch welche die Decimalbruchrechnung eingeführt wurde, die aber gleichzeitig und unabhängig von ihm durch Joost Bürgi ebenfalls erfunden, gebraucht und gelehrt wurde, wie ihm Kepler in bestimmtester Weise bezeugt, indem er in seinem 1616 erschienenen „Wein-Visier-Büchlein" bei Erklärung der von ihm angewandten Decimalbrüche ausdrücklich sagt: „Diese Art der Bruchrechnung ist von Joost Bürgen zu der Sinusrechnung erdacht." Bürgi dehnte auch die früher besprochene Divisionsmethode[3]) auf die Decimalbruchrechnung aus, indem er dem Dividend so viele Nullen anhängte, als er Decimalstellen haben wollte, — kannte die abgekürzte Multiplication[4]) — ꝛc. Ob er die Regula falsi sich selbst ausdachte, oder durch Jemand anderes kennen lernte, ist ungewiß; denn, obschon man jetzt weiß, daß sie schon bei den Indiern zur Anwendung kam, so hat Bürgi sie gewiß nicht direct von ihnen bezogen, sondern dann jedenfalls eher von dem alten

[1]) Vergl. für ihn Cantor in Schlömilch II.

[2]) Vergl. für ihn die in den 40er Jahren durch Goethals, Steichen, Quetelet ꝛc. erschienenen Specialschriften.

[3]) Vergl. 33.

[4]) Ein unter dem Titel „Byrgii Arithmetica" erhaltenes, etwa 88 Folio-

deutschen Rechenmeister Adam Riese*), der dieselbe in der 1565 zu Frankfurt erschienenen Ausgabe*) seines „Rechenbuches uff Linien und Ziphren" mit folgenden Worten gibt: „Wirdt gesatzt von zweyen falschen Zalen, welch der aufgab nach, mit fleiß examinirt sollen werden, in maßen das fragstück begeren ist, sagen sie der Wahrheit zuvil, so bezeichne sie mit dem Zeichen + plus, wo aber zu wenig, so beschreib sie mit dem Zeychen — minus genant: Als dann nimm ein lügen von der andern, waz da bleibt, behalt für dein teyler, multiplicir darnach im Creutz ein falsch Zal mit der andern lügen, nim eins vom andern, und das

---

seiten betragendes Mss. von Bürgi, das auf Pulkowa bei dem Kepler'schen Nachlasse liegt, zeigt z. B. die Multiplication

```
    01234
    12358
  ---------
  01234 |
   0246 | 8
    037 | 0
     06 | 1
      0 | 9
  ---------
    01525
```

also kannte Bürgi schon bei Abfassung seines jedenfalls noch aus dem 16. Jahrhundert stammenden Manuscriptes die abgekürzte Multiplication, — wandte dagegen das Komma damals noch nicht an, und setzte bloß, wenn es nicht hinter die erste Ziffer zu stehen gekommen wäre, unter die Stelle der Einer eine Null; so z. B. schreibt er 01414 und 141̣4, wo wir jetzt 0,1414 und 141,4 schreiben. — Da Kepler, wie angeführt, die Decimalbruchrechnung von Bürgi lernte, und besagtes Mss. sogar in seinem Besitze war, so ist somit die Nachricht (Grunert 24, pag. 296), er habe die Abkürzung der Decimalbruchrechnung erst 1623 durch Prätorius (der, beiläufig erwähnt, schon 1616 starb) kennen gelernt mehr als zweifelhaft.

*) Dieser berühmte Rechenmeister, auf welchen sich das bekannte Sprichwort „Nach Adam Riese" bezieht, war 1492, muthmaßlich irgendwo in Franken geboren, kam etwa 1522 als Bergbeamter nach Annaberg, und lebte dort, zugleich eine Rechenschule führend, bis 1559. Seine Söhne Abraham und Jakob traten in seine Fußstapfen. — Vergl. den von Bruno Berlet 1855 zu Annaberg ausgegebenen Programm-Aufsatz „Ueber Adam Riese".

*) Riese ließ schon 1525 zu Erfurt unter dem Titel „Rechnung auff der Linien und Federn" ein Rechenbuch drucken, von dem muthmaßlich das Erwähnte eine spätere Auflage ist.

da bleibt theyl ab mit fürgemachtem teyler, so kompt berichtigung der frag." Doch möchte ich sogar dieses bezweifeln, da einerseits Bürgi selten ein Buch in die Hand nahm und selbst sagt: „Weil mir auß mangel der Sprachen die thür zu den authoribus nit allzeit offen gestanden wie andern, hab ich etwas mehr, als etwa die gelehrte und belesene, meinen eigenen gedanckhen nachhängen und neue wege suchen müßen," und dann namentlich weil er anderseits die Regel in ganz anderer Form als Riese gibt. In dem „Wie auß zweyen falschen Werthen, deren einer zu groß und der andere zu klein ist, der rechte Werth der Radix zu erkundigen" überschriebenen Capitel seiner Arithmetik*) sagt er nämlich, nachdem er empfohlen die aus den beiden Annahmen resultirenden Fehler zu addiren und dann den Dreisatz „Dise Sum gibt die Differentz der zwei falschen werthe, was für eine Differentz gibt mir der eine überrest allein" anzuwenden: „Als dann kompt dir, wie vil du zu dem kleinern werth hinzusetzen oder von dem größern wegnemmen sollest, damit dein angenommener werth genauer und gerechter werde. Widerhol jetzo mit disem corrigirten werth die anfängliche Resolution u. s. f." Aber abgesehen hievon ist die Hauptsache, daß während Riese und seine Zeitgenossen die Regula falsi nur auf Gleichungen ersten Grades anwandten, Bürgi nach ihr durch Näherung Gleichungen beliebigen höhern Grades auflöste, und sie überhaupt bereits ganz in der Weise gebrauchte, wie wir jetzt noch diese für die praktische Mathematik unschätzbare Regel anwenden.

110. Die weitere Entwicklung der Trigonometrien. Von der 1542 zu Wittenberg erschienenen, durch Rhäticus zum Drucke besorgten und sodann auch in das Hauptwerk wörtlich aufgenommenen Schrift „De lateribus et angulis triangulorum, tum planorum rectilineorum, tum sphaericorum, libellus" des großen Copernicus[1]) bis zu der 1600 in Augsburg gedruckten Schrift

*) Vergl. Note 4 und Nr. 31 meiner „Astronom. Mitth.".

[1]) Von der Trigonometrie des Copernicus gab Menzzer 1857 zu Halberstadt eine deutsche Uebersetzung heraus. — Nach Hipler unterscheiden sich die

„Trigonometriae libri quinque" von Bürgi's Schüler Bartholomäus Pitiscus[2]) machte die Trigonometrie fortwährend etwelche Fortschritte; jedoch wußte man wenigstens im Allgemeinen immer noch nicht eigentliche Schlußformeln aufzustellen, sondern wand sich, meistens die Dreiecke in rechtwinklige zerfällend, in ziemlich mühsamer, wenn auch oft recht sinnreicher Weise nach und nach zum gewünschten Endresultate durch, wie dieß z. B. die von Christoph Rothmann zwischen 1580 und 1590 geschriebene, vielfach an die Trigonometrie von Copernicus anklingende „Doctrina triangulorum" zeigt[3]), welche noch gegenwärtig als Manuscript in Cassel aufbewahrt wird, — immerhin bilden z. B.

---

beiden Ausgaben der Trigonometrie von 1542 und 1543 nur in den Tafeln; bei der ersten Ausgabe wurde der Sinus für jede Minute und den Radius 10 Millionen gegeben, während die Sinustafel des Werkes „De revolutionibus" nur den Sinus jeder zehnten Minute für den Radius 100000 gibt. Vergl. 80. — Hier mag auch die Notiz Platz finden, daß Curtze in seinen Reliquiae eine Sekantentafel gibt, welche Copernicus in seinem Exemplare von Regiomontan's Tab. direct. dessen Tabula fecunda beifügte, — es war dieß wohl wenigstens im Abendlande (v. 36) die erste solche Tafel.

[2]) Von Pitiscus erschien 1612 zu Frankfurt eine dritte Ausgabe. — Er wurde 1561 zu Schlaune in Schlesien geboren, und starb 1613 als Ober-Hofprediger zu Heidelberg.

[3]) Um aus den drei Winkeln A, B, C eines Kugeldreiecks die Seiten desselben zu erhalten, beschreibt Rothmann von A und C aus Hauptkreise, deren Durchschnittspunkt E somit Pol von AC ist, was zur Folge hat, daß der Hauptkreis EB bei D senkrecht auftrifft. Aus den rechtwinkligen Dreiecken EBF und EBJ folgen nun

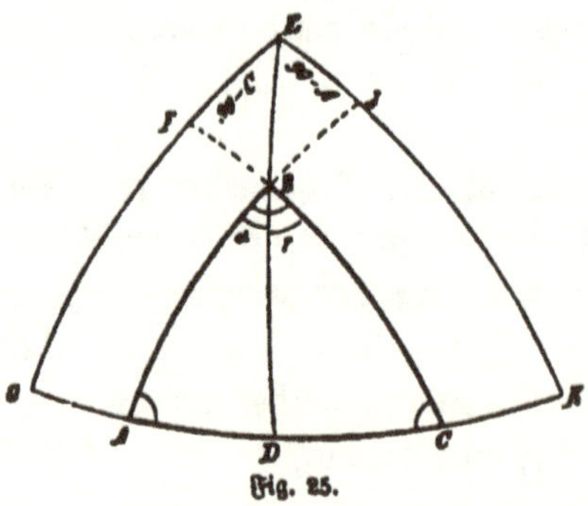

Fig. 25.

$$\frac{1}{\mathrm{Sin}\,\gamma} = \frac{\mathrm{Sin}\,EB}{\mathrm{Sin}(90 - C)}$$

$$\frac{1}{\mathrm{Sin}\,\alpha} = \frac{\mathrm{Sin}\,EB}{\mathrm{Sin}(90 - A)}$$

so daß

$$\mathrm{Sin}\,\alpha : \mathrm{Sin}\,\gamma = \mathrm{Sin}(90^0 - A) : \mathrm{Sin}(90^0 - C) \ldots 1$$

Kennt man aber einen Winkel B und das Verhältniß der Sinus seiner Segmente α und γ, so kann man diese letzteren in folgender Weise finden. Aus 1 hat man die von Neper aufgestellten und noch jetzt seinen Namen tragenden „Analogien“ eine Ausnahme hievon, und auch Vieta soll nach Delambre die zwei schon den Arabern bekannten Fundamentalformeln der sphärischen Trigonometrie durch zwei weitere ergänzt haben. — Ganz besondern Fleiß verwandte man in dieser Zeit auf Herstellung genauerer und vollständigerer trigonometrischer Tafeln. So gab (nachdem muthmaßlich schon einer der Araber neben den übrigen Linien, jedenfalls spätestens Copernicus und nicht erst, wie häufig angeführt wird, Maurolykus für jeden Grad des Quadranten auch noch die Sekante berechnet hatte) Vieta in dem jetzt äußerst selten gewordenen „Canon mathematicus“, der 1579 zu Paris erschien, wenigstens für das Abendland zum ersten Mal Tafeln aller trigonometrischen Linien und zwar für jede Minute des Quadranten. — Eine unsägliche Mühe gab sich ferner Rhäticus (der von Kaiser Maximilian II. und mehreren ungarischen Magnaten so weit unterstützt wurde, daß er sich während etwa 12 Jahren immer einige Hülfsrechner halten konnte) um große Sinus-, Tangenten- und Sekanten-Tafeln zu berechnen, — und in der That gibt das aus seinem Nachlaß durch seinen

---

$$\frac{\mathrm{Cos}\,C}{\mathrm{Cos}\,A} = \frac{\mathrm{Sin}\,\gamma}{\mathrm{Sin}\,\alpha} = \frac{af}{cg} = \frac{ae}{ce}$$

also kann man

$$ae = m\,.\,\mathrm{Cos}\,C \qquad ce = m\,.\,\mathrm{Cos}\,A \;\ldots\ldots 2$$

setzen, und hat zur Bestimmung von m offenbar

$$m\,.\,(\mathrm{Cos}\,A + \mathrm{Cos}\,C) = ae + ec = 2\,.\,ak = 2\,.\,\mathrm{Sin}\,\frac{B}{2} \;\ldots\ldots 3$$

Sodann ist ferner

$$ek = ea - ak \qquad dk = \mathrm{Sin}\left(90 - \frac{B}{2}\right)$$

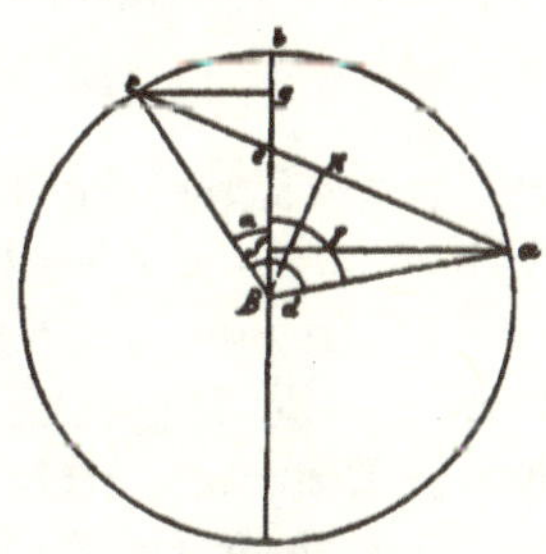

Fig. 26.

$$de = \sqrt{ek^2 + dk^2} \qquad \mathrm{Sin}\left(\gamma - \frac{B}{2}\right) = \frac{ek}{de} \;\ldots\ldots 4$$

wonach man γ und sodann $\alpha = B - \gamma$ finden kann. Aus JE und α kann man nun in dem rechtwinkligen Dreieck BEJ die Seite BE finden, folglich BD = 90 — BE, — endlich aus den rechtwinkligen Dreiecken ABD und BDC die beiden Seiten AB und DC des ursprünglichen Dreiecks, sowie die Segmente AD und DC seiner dritten Seite.

Schüler Otho[4]) 1596 zu Neustadt herausgegebene „Opus palatinum de triangulis“ für den ganzen Quadranten von 10 zu 10″ und für den Radius 1000 Millionen alle Sinus, Tangens und Secans, — der von Pitiscus aus eben demselben gezogene und 1613 zu Frankfurt herausgegebene „Thesaurus mathematicus“ zwar nur die Sinus, aber diese sogar für den Radius von 1000 Billionen. — Die Methode, nach welcher Rhäticus gerechnet hatte, war im Ganzen noch die alte[5]), während sodann Bürgi nicht nur unabhängig davon, sondern auch nach von ihm selbst ausgedachten Methoden eine von Kepler wegen ihrer Genauigkeit sehr gerühmte, leider aber seither wieder verloren gegangene Sinustafel von 2 zu 2″ auf 8 Stellen berechnete: Ist nämlich a_1 die Sehne irgend eines Bogens, a_2 diejenige seiner Hälfte, a_3 die des Drittels ꝛc., so zeigte Bürgi, daß[6]) die Gleichheiten

$$a_1^2 = 4a_2^2 - a_2^4 = 16a_4^2 - 20a_4^4 + 8a_4^6 - a_4^8 = \ldots$$
$$a_1 = 3a_3 - a_3^3 = 5a_5 - 5a_5^3 + a_5^5 = \ldots$$

bestehen, daß man somit „cossisch“ mit Hülfe von Näherungsverfahren und namentlich der Regula falsi, jeden Bogen beliebig theilen oder vervielfachen, und so z. B., da

$$4'' = \frac{1}{324000} = \frac{1}{2^5 . 3^4 . 5^3}$$

des ganzen Kreises sei, durch eine Folge von 12 Theiloperationen in 2, 3 u. 5, aus der bekannten Sehne von 360° auf diejenige von 4″ kommen, aus dieser aber durch Vervielfachung und Combination alle übrigen Sehnen finden könne. Eine andere noch kürzere Methode, welche er auffand, um den „gantzen Canon Sinuum durch die bloße Differentias je zweier Sinuum von anfang bis zum ende zu erheben“, ist dagegen leider von ihm

[4]) Lucius Valentin Otho, „principis Palatini Friderici IV electoris mathematicus“, über welchen sich sonst gar keine Nachrichten erhalten zu haben scheinen. [5]) Vergl. 36.

[6]) Vergl. für mehreren Detail von Bürgi's Rechnung die Nr. 31 meiner „Astronomischen Mittheilungen (Zürch. Viertelj. 1872)“.

nicht schriftlich hinterlassen worden[7]). — Höchst bemerkenswerth ist auch, daß Stevin zeigte, wie man aus einer Tangententafel durch bloße Addition eine Sekantentafel erstellen kann[8]), und in dieser Weise wirklich in seiner später zu besprechenden Cosmographia, wo er auch für jede Minute des Quadranten Sinus und Tangens für den Radius 10000000 gibt, die letztere Tafel, d. h. die Regiomontan'sche Tabula fecunda oder Vieta's „Canon prosinuum", in eine Sekantentafel von gleicher Ausdehnung umsetzte.

111. Die Prostaphäresis und die Logarithmen. Je mehr Stellen man aber zu Erzweckung größerer Genauigkeit den Tafeln gab, desto mühsamer wurden die durch die Formeln geforderten Multiplicationen und Divisionen, und so kam man naturgemäß zum Wunsche und Versuche die bisherigen Formeln durch solche zu ersetzen, welche wesentlich nur Additionen und Subtractionen erforderten, — zu der sog. „Prostaphäresis", von welcher sich schon bei Albategnius einige ganz hübsche Anfänge finden[1]), die dann aber wieder verloren gingen oder übersehen wurden, so daß das Ganze im 16. Jahrhundert noch einmal von Anfang an erfunden werden mußte. In dieser neuern Zeit scheint zuerst

---

[7]) Auch Vieta stellte einige betreffende Regeln auf, welche Delambre in seiner „Histoire du moyen âge" bespricht, und Gautier in seiner Recension derselben in den Worten resümirte: „Viète traita d'une manière neuve et profonde, quoiqu'en un style obscure et pédantesque la théorie des sections angulaires, en donnant les expressions des cordes de l'arc multiple en fonction de la corde simple; ainsi que des formules d'où l'on tire les différences premières et secondes des Sinus, et qui fournissent un moyen simple et commode, pour former la table entière par des additions successives."

[8]) Es ist nämlich

$$\text{Sec}\,\alpha = \text{Tg}\,\alpha + \text{Tg}\,{}^1/_2(90 - \alpha)$$

[1]) Nach Hankel pag. 281/2 ersetzte nämlich Albategnius die Formel

$$\text{Cos A} = \frac{\text{Cos a} - \text{Cos b} \,.\, \text{Cos c}}{\text{Sin b} \,.\, \text{Sin c}}$$

durch die eine Multiplication ersparende Formel

$$\text{Sin vers. A} = \frac{\text{Cos (b—c)} - \text{Cos a}}{\text{Sin b} \,.\, \text{Sin c}}$$

Tycho oder Wittich[2]) in einem ersten einfachen Falle eine Multiplication in eine Subtraction umgesetzt zu haben, — jedenfalls brachte Letzterer etwa 1584[3]) diesen ersten Fall der Prostaphäresis nach Cassel, worauf hin nun Bürgi mit großem Scharfsinn auch andere schwierigere Formeln entsprechend umsetzte[4]). Seine Methoden wurden sodann durch Reimarus, Pitiscus und Clavius publicirt und zum Theil noch etwas weiter ausgeführt, während sich Rothmann damit begnügte, sich den Schein zu geben, wie wenn er der erste und alleinige Entdecker der Prostaphäresis wäre, obschon er diese Methode kaum anwandte und jedenfalls nichts für sie leistete[5]). — Alle und jede höhern Rechnungsoperationen durch die Prostaphäresis zu vermeiden, gelang natürlich nicht[6]), und so sah sich Bürgi genöthigt, noch nach

[2]) Paul Wittich von Breslau, von dem man nur weiß, daß er sich 1580 einige Monate bei Tycho aufhielt, und von diesem später beschuldigt wurde, Manches in Hveen Gesehene und Erfahrene später in Cassel als eigene Erfindung ausgegeben zu haben.

[3]) Also 20 Jahre vor 1604, wo nach Höfer der uns schon bekannte Argoli die Prostaphäresis erfunden haben soll.

[4]) Das von Wittich nach Cassel gebrachte Geheimniß bestand nur darin, die ohnehin einfache Formel

$$\operatorname{Sin} a = \operatorname{Sin} c \,.\, \operatorname{Sin} A$$

durch die Formel

$$\operatorname{Sin} a = \tfrac{1}{2}\,[\operatorname{Sin}(90^0 - c + A) - \operatorname{Sin}(90^0 - c - A)]$$

zu ersetzen. Bürgi dagegen ersetzte z. B. die vielgebrauchte und mühsame Formel

$$\operatorname{Cos} a = \operatorname{Cos} b \quad \operatorname{Cos} C + \operatorname{Sin} b \,.\, \operatorname{Sin} c \,.\, \operatorname{Cos} A$$

durch die bequemere Formel

$$\operatorname{Cos} a = \frac{\operatorname{Cos}(b-c) + \operatorname{Cos}(b+c)}{2} + \frac{\operatorname{Cos}(x-A) + \operatorname{Cos}(x+A)}{2}$$

für welche der Hülfswinkel x aus

$$\operatorname{Cos} x = \frac{\operatorname{Cos}(b-c) - \operatorname{Cos}(b+c)}{2}$$

zu berechnen war.

[5]) Vergl. für den Nachweis und überhaupt für weitern Detail Nr. 32 meiner „Astron. Mitth.".

[6]) Wenn z. B. Bürgi die Formel

$$\operatorname{Cos} A = \frac{\operatorname{Cos} a - \tfrac{1}{2}\,[\operatorname{Cos}(b-c) + \operatorname{Cos}(b+c)]}{\tfrac{1}{2}\,[\operatorname{Cos}(b-c) - \operatorname{Cos}(b+c)]}$$

anwandte, so ersparte er zwar noch eine Multiplication mehr als Albategnius, aber die Division blieb zu machen.

einem andern Hülfsmittel zu suchen, welches er dann bald darin fand, daß er, wie es schon Stifel beiläufig gemacht hatte[7]), eine arithmetische und eine geometrische Progression einander gegenüberstellte. Er bildete dabei seine beiden Zahlenreihen mit dem ihm eigenen Takte nach

$$x_n = 10 \,.\, n \quad \text{und} \quad y_n = 10^8 \,.\, 1{,}0001^n$$

d. h. dadurch, daß er jeder von ihm nachmals roth gedruckten und benannten Zahl x einfach 10, jeder von ihm schwarz gedruckten und benannten Zahl y aber 1/10000 derselben beizufügen hatte, um je die folgende zu bilden, — setzte seine Reihen von n = 0 bis n = 23027 fort, d. h. bis y auf 10^9 angestiegen war, — und benutzte nun seine rothen Zahlen als Logarithmen seiner schwarzen Zahlen, wenn auch noch ohne diesen Namen zu gebrauchen. Leider gab er jedoch, obschon er bereits 1602 das kaiserl. Privilegium für den Druck erhalten hatte, seine diese Zahlen enthaltende „Progreßtabul" erst 1620 zu Prag heraus, und auch da noch ohne den zugehörigen, längst bereiten „Vorbericht" beizugeben, der dann, nachdem er lange für verloren gehalten war, in der Stadtbibliothek zu Danzig, welche ihn muthmaßlich aus dem Nachlasse von Bürgi's Schwager Benjamin Bramer erhalten hatte, durch den dasigen Oberlehrer Gronau aufgefunden und alsbald von Dr. Gieswald der Oeffentlichkeit übergeben wurde[8]). — Unterdessen berechnete der schottische Baron John Napier oder Neper[9]) (sei es, daß er, wie Einige behaupten, durch Longomontan von Bürgi's Arbeit Wind erhalten hatte, sei es, daß er ganz selbstständig vorging) nach

$$x_n = n \quad \text{und} \quad y_n = 10^7\left(1 - \frac{1}{10^7}\right)^n$$

eine ähnliche Tafel[10]), welche sodann alsbald und zwar schon 1614

[7]) Vergl. seine Arithmetica integra.

[8]) In seiner Schrift „Justus Byrg als Mathematiker und dessen Einleitung in seine Logarithmen. Danzig 1856 in 4." — Die Progreßtabul selbst scheint sich nur in ganz wenigen Exemplaren erhalten zu haben; ich wüßte nur die Bibliotheken in Danzig, Göttingen und München zu nennen, wo sich dieselbe findet. Es mag daher am Platze sein, hier folgende kleine Probe aus ihr

zu Edinburgh unter dem Titel „Mirifici logarithmorum canonis descriptio“ erschien, und somit Bürgi die ihm eigentlich unzweifelhaft zukommende Priorität raubte, für die glücklicher Weise[11])

---

zu geben, in welcher man sich die x und die entsprechenden, in Cursiv abgesetzten Zahlen als roth zu denken hat:

x	y	x	y
0	1000 00000	*10000*	1105 16539
10	10000	*20000*	1221 39055
20	20001	*30000*	1349 83856
30	30003	*40000*	1491 79486
40	40006	*50000*	1648 68006
50	50010	*60000*	1822 06414
60	60015	*70000*	2013 68223
70	70021	*80000*	2225 45191
80	80028	*90000*	2459 49244
90	90036	*100000*	2718 14593
100	1001 00045	.	.
200	02 00190	.	.
300	03 00435	.	.
400	04 00781	.	.
500	05 01227	.	.
600	06 01773	*128000*	3596 40956
700	07 02420	.	.
800	08 03168	.	.
900	09 04017	.	.
1000	10 04966	*230270*	10000 00000

[9]) Neper wurde 1550 auf seinem Stammschlosse Merchiston-Castle bei Edinburgh geboren, und starb 1617 ebendaselbst. In seiner Jugend machte er eine große Reise nach Deutschland, Frankreich und Italien, von der er 1571 zurückkehrte, und dann Schottland nicht wieder verließ. Vergl. für ihn die „Memoirs of John Napier of Merchiston. London 1834 in 4.“

[10]) Für die Beziehung zwischen den Neper'schen und den von ihnen wesentlich verschiedenen natürlichen Logarithmen vergl. das 5. Cap. von Günther's „Vermischten Untersuchungen zur Geschichte der mathematischen Wissenschaften. Leipzig 1876 in 8.“, wo auch der betreffenden Untersuchungen von Karsten, Kästner, Mollweide, Biot, Wackerbarth etc. Erwähnung geschieht. — Der Einwurf, Bürgi könne schon darum nicht, weil er nur eine Art von Anti-Logarithmen gegeben habe, mit Neper als Erfinder unserer gegenwärtigen Logarithmen concurriren, scheint mir um so unbegründeter, als auch Neper diese noch nicht eigentlich schuf.

[11]) In seiner Einleitung zu den Rudolphinischen Tafeln.

Kepler mit den Worten einstand: „Wenn Du es wünschest aus dem charakteristischen Anfang des Logarithmus die speciem logisticam der Zahl zu sehen, welcher der Logarithmus zugeschrieben wird, so hast Du hier die alten apices logistici, welche viel geeigneter sind als der Logarithmus und welche apices logistici viele Jahre vor der Neper'schen Ausgabe dem Byrgi den Weg zu den Logarithmen selbst bahnten; der zögernde Mann jedoch, der seine Geheimnisse bewachte, ließ das Kind bei der Geburt im Stich, und er erzog es nicht[12]) zum öffentlichen Nutzen." — Item, die Logarithmen waren da, und gingen, zumal nachdem Kepler 1624 in seiner „Chilias Logarithmorum" die weder von Neper noch von Bürgi gegebene Theorie der Logarithmen entwickelt hatte[13]), — als ferner Professor Henry Briggs in London[14]), nachdem er schon 1618 in seiner „Logarithmorum chilias prima" eine erste Probe gegeben hatte, 1624 unter dem Titel „Arithmetica logarithmica" eine auf 14 Decimalen berechnete Tafel der nach ihm benannten gemeinen Logarithmen aller Zahlen von 1 bis 20000 und von 90000 bis 100000 herausgab[15]), — und als endlich der holländische Mathematiker Adriaan Vlacq, welcher Inhaber der Buchhändlerfirma „Pieter Rammaseyn" in Gouda gewesen zu sein scheint[16]), davon 1628 eine neue Ausgabe veranstaltete, in welcher nach seiner eigenen Rechnung die von Briggs gelassene Lücke von 20000 bis 90000 ausgefüllt war, ziemlich rasch in allgemeinen Gebrauch über. — Nachdem ferner der Schlesier Benjamin Ur-

[12]) Durch sofortige Drucklegung.

[13]) Nach der mehrbenutzten Schrift von Reuschle machte der alte Mästlin, mit welchem Kepler zu Tübingen 1621 darüber conferirte, vor der neuen Rechnung das Kreuz, während sie dagegen Kepler mit Begeisterung begrüßte.

[14]) Zu Warley-Wood bei Halifax etwa 1556 geboren, starb Briggs 1630 zu Oxford, wohin er 1619 als Professor der Geometrie versetzt worden war.

[15]) Es sollen an diesen Tafeln 8 Personen ein volles Jahr lang gerechnet haben.

[16]) Vergl. für Vlacq und seinen Freund Ezechiel van Decker die „Notice sur les tables logarithmiques hollandaises. Par Bierens de Haan (Boncomp. 1873 V)."

sinus[17]) 1624 zu Köln seinen „Magnus canon triangulorum logarithmicus“ herausgegeben, in welchem er den von 10 zu 10″ für den Halbmesser 10 Millionen berechneten Sinus auch die Neper'schen Logarithmen derselben beigegeben hatte, — und Johannes Faulhaber[18]) 1630 zu Frankfurt den ersten Theil seiner „Ingenieurs-Schul“ in Druck gegeben „darinnen durch den Canonem logarithmicum alle planische Triangel auß A. Vlacq, H. Briggio, Nepero ꝛc. in ein Compendium gebracht“, — erschienen 1633 zu Gouda auch die beiden Hauptwerke, auf welchen alle spätern logarithmisch-trigonometrischen Tafeln fußen, nämlich die „Trigonometria artificialis, sive magnus canon triangulorum logarithmicus, ab Adriano Vlacco constructus, cui accedunt Henrici Briggii chiliades logarithmorum XX“ mit dem Intervall von 10″, und die „Trigonometria britannica sive de doctrina triangulorum libri duo: Prior a H. Briggio, posterior a H. Gellibrand constructus“, wo Briggs in Ausführung einer Idee von Vieta das Intervall 0,01° wählte, und die Hauptsache, Gellibrand dagegen nur Untergeordnetes leistete. — Schon 1636 ließ sodann der unermüdliche Vlacq auch noch handlichere kleinere Tafeln folgen, welche nachher zahllose Auflagen in allen Sprachen erlebten. Später kam 1742 William Gardiner mit seinen 8stelligen „Tables of logarithmes“, — 1783 Georg von Vega mit seinen „Logarithmisch-trigonometrischen Tafeln“, und 1794 mit seinem 10stelligen „Thesaurus logarithmorum completus“, — und noch später erschienen alle die Tafeln der Callet, Lalande, Bremiker, Chambers, Wittstein, Bruhns, Hülße, Schrön ꝛc., die in manchen Beziehungen durch bequemere Einrichtung, schärfere Lettern, größere Genauigkeit ꝛc. den ältern

---

[17]) Ursinus wurde 1587 zu Sprottau geboren, — lebte dann als Hofmeister in Prag und Lehrer der Mathematik in Linz, an beiden Orten viel mit Kepler verkehrend, dem er auch bei Erstellung der Rudolphinischen Tafeln behülflich gewesen sein soll, — und war schließlich Professor der Mathematik in Frankfurt a/O., wo er 1633 starb.

[18]) Faulhaber wurde 1580 zu Ulm geboren, und starb daselbst 1635 als einer der weitbekanntesten berühmten Rechenmeister.

Tafeln überlegen waren, aber doch eigentlich naturgemäß nichts wesentlich neues bieten konnten, so daß der Name der ältern Herausgeber, und vor Allem der von Vlacq immer hoch gehalten zu werden verdient. — Anhangsweise mögen auch noch die für die Liebhaber der sog. Decimaltheilung des Quadranten 1799 zu Berlin von Hobert und Ideler herausgegebenen „Neuen trigonometrischen Tafeln für die Decimaltheilung des Quadranten", und die im Jahr IX der fränkischen Republik durch Borda als Probe größerer Tafeln zu Paris aufgelegten „Tables trigonométriques décimales" Erwähnung finden.

112. Die Rechenmaschinen. Ungefähr gleichzeitig mit den Logarithmen tauchten auch mechanische Hülfsmittel zum Rechnen auf, theils die jetzt so ziemlich vergessenen Rechenstäbe von Napier, welche eigentlich nichts anderes als eine etwelche Erleichterung der schon von Apian und andern alten Rechenmeistern gebrauchten Multiplicationsmethode waren[1]), — theils der etwa

[1]) Der Gebrauch der Neper'schen Stäbe zur Ausführung von Multiplicationen und die Vergleichung sowohl mit der Apian'schen, als mit der gewöhnlichen Multiplicationsmethode geht wohl genügend aus beistehendem Beispiele hervor:

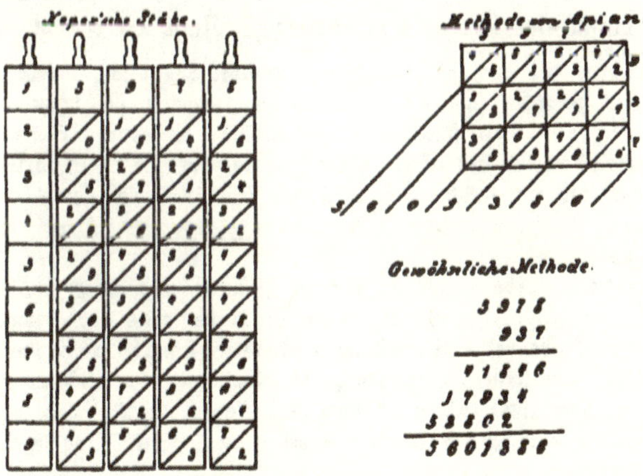

Fig. 27—29.

Vergl. Neper's Schrift „Rhabdologiae seu numerationis per virgulas libri duo. Edinburgi 1617 in 12."

1624 von Professor Edmund Gunter in London erfundene, noch immer viel gebrauchte logarithmische Rechenstab, die „Règle à calcul" oder der „Sliding Rule"[2]). Gunter selbst hatte nur noch Eine logarithmische Scale, und benutzte beim Rechnen mit derselben den Zirkel; die zweite Scale, welche den Zirkel entbehrlich macht, fügte 1627 der Mathematiker und Friedensrichter Edmund Wingate, der lange in Paris lebte, und dort den Rechenstab bekannt machte, bei[3]). Verschiedene spätere Vorschläge zu Abänderungen, wie z. B. derjenige von Oughtred, die Stäbe mit concentrischen Kreisen zu vertauschen, oder derjenige von Horner, den geradlinigen Stab durch eine Combination kürzerer und aufeinander verdrehbarer Stäbe zu ersetzen, scheinen nie allgemeinere Annahme gefunden zu haben. — Etwas später versuchten Pascal, Leibnitz etc. eigentliche Rechenmaschinen zu construiren, welche jedoch anfänglich so complicirt und kostbar waren, daß sie, gerade wie auch die entsprechenden neuern von Babbage und Scheutz[4]), keinen wirklichen Eingang in die Praxis finden konnten[5]); dieser wurde erst dem durch den 1785 zu Colmar gebornen und 1870 zu Paris verstorbenen Charles Xavier Thomas erfundenen, 1820 patentirten „Arithmometer" zu Theil, der in einfachster Weise eine beliebige Zahl $a \,.\, 10^n$ zu addiren

---

[2]) Gunter, der auch die Meßkette eingeführt haben soll, wurde 1581 in Hertfordshire geboren, studirte erst Theologie, zeichnete sich dann aber als Mathematiker aus, und starb 1626 zu großem Bedauern. Seine Schrift „The description and use of the sector, cross-staff and other instruments. London 1624 in 8.", welche noch 1673 eine 5. Aufl. erhielt, enthält auch die Beschreibung des früher unter dem Namen „Gunter's Line" bekannten Rechenstabes.

[3]) Wingate wurde 1593 zu Bedford geboren und starb 1656. Vergl. seine Schriften „Construction et usage de la règle de proportion. Paris 1624, und: Of natural and artificial arithmetic. London 1630 und später."

[4]) Vergl. für Erstere „Babbage, On machinery for calculating and printing mathematical tables. (Edinb. phil. Journ. 1822). Die Scheutz'sche Maschine wurde von der Smithsonian Institution angekauft, und in Dingler's Journal beschrieben.

[5]) Von Pascal's Rechenmaschine besitzt das Conservatoire des arts et métiers in Paris zwei Exemplare, die von ihm selbst verificirt wurden, und von denen das Eine die Jahrzahl 1652 trägt.

oder zu subtrahiren erlaubt, indem man diese Zahl mit Hülfe beweglicher Knöpfchen aufschreibt, allfällig die Auffangsplatte versetzt, und sodann eine Kurbel einmal umdreht, — also natürlich auch leicht Multiplicationen und Divisionen, und andere durch Vervielfältigung oder Combination der Grundoperationen darstellbare Rechnungen auszuführen gestattet[6]).

113. Die Erfindung, Vervollkommnung und Verbreitung des Fernrohrs. Daß schon die Alten die verschiedenen Spiegel und ihre Grundeigenschaften kannten, ist sicher[1]), — daß unter den im Alterthum vorkommenden geschliffenen Steinen Einzelne beiläufig Linsenform besaßen, und Andere um ihrer für das Auge wohlthätigen Farbe willen zum Durchsehen benutzt wurden, ist möglich[2]), — daß aber damals schon Linsen im gegenwärtigen Sinne dieses Wortes verfertigt wurden, daß dieselben nach ihren Haupteigenschaften bekannt gewesen, als Vergrößerungsgläser oder Brillen in den Handel gebracht, ja sogar zu Fernröhren combinirt worden seien, ist, wie dieß z. B. Henri Martin noch neuerdings schlagend nachgewiesen hat[3]), eine reine Fabel, so oft es auch schon behauptet und durch einzelne mißdeutete Aeußerungen alter Autoren zu belegen versucht worden ist: Daß die Alten bei man-

[6]) Thomas war Erfinder des Arithmometers, aber nicht selbst Mechaniker: er ließ denselben nach seinen Ideen durch Andere ausführen. Er beschäftigte sich sonst zunächst mit dem Versicherungswesen und lebte bis zu seinem Tode zu Paris als Director einer betreffenden Gesellschaft. — Vergl. über den Arithmometer die Schrift „F. Reuleaux, Die Thomas'sche Rechenmaschine. Freiberg 1862 in 8. (Sep. aus Civ.-Ing. VIII)."

[1]) Vergl. 44.

[2]) Am Auffallendsten ist in dieser Richtung eine zu Niniveh aufgefundene Bergkristalllinse, welche nach dem Werke „Discoveries in the ruins of Niniveh and Babylon. London 1833" Brewster zur Untersuchung übergeben, und von ihm als eine 1,6″ Durchmesser haltende richtige planconvexe Linse von 4,5″ Brennweite taxirt worden sein soll, die man kaum als ein Zierat, sondern als ein Vergrößerungsglas ansehen müsse. — Der Smaragd Nero's war wahrscheinlich nur plan geschliffen.

[3]) Vergl. seine Abhandlung „Sur des instruments d'optique faussement attribués aux anciens par quelques savants modernes. (Boncomp. Bull. IV 165—238)."

chen ihrer Instrumente Absehen (Diopter) anbrachten, wohl auch ein leeres Rohr (Tubus) als Visirmittel gebrauchten, ist nicht in Abrede zu stellen, sprechen doch Ptolemäus, Proklus 2c. wiederholt von Diopteren, und erwähnt ja Aristoteles, bei Anlaß des Sehens der Sterne aus tiefen Brunnen, ausdrücklich *), daß man durch einen Tubus weiter sehen könne als ohne einen solchen; aber wie kann man in diesem Zusammenhange aus einem bloßen Visirmittel ein Fernrohr machen. Daß ferner Demokrit kein Fernrohr nöthig hatte, um seine Vermuthung über die Constitution der Milchstraße auszusprechen, liegt auf der Hand, — daß Ptolemäus einige Sterne und Nebel aufführen konnte, welche man jetzt bei uns von freiem Auge kaum wahrnimmt, läßt sich zum Theil durch seine günstigere Position, zum Theil durch wirklich stattgehabte Veränderungen ganz naturgemäß erklären, — um Sonnenflecken mit Merkur oder Venus zu verwechseln, bedarf man ebenfalls keines Fernrohrs, — und wenn die Japanesen Jupiter mit zwei Monden abbildeten, so geht gerade daraus hervor, daß sie kein Fernrohr besaßen, sonst hätten sie alle vier sehen müssen, und dann auch noch gar manches Andere, das ihnen unbekannt blieb. Das Hauptargument bleibt aber natürlich immer, daß die Astronomen, Optiker, Aerzte 2c. des ganzen Alterthums, inclusive diejenigen der Araber und des ganzen Abendlandes bis gegen Ende des 13. Jahrhunderts, weder bei Anlaß ihrer optischen Theorien und Beschreibungen der Instrumente, noch bei andern passenden Gelegenheiten auch nur Ein unverfängliches Wort über die Existenz von Loupen, Brillen, Linsen 2c., geschweige über das Vorhandensein von Teleskopen und Mikroskopen verlauten lassen, — während dagegen am Ende des 13. und wieder am Anfang des 17. Jahrhunderts, wo die Brillen und Fernröhren wirklich da waren, sie auch bei den Schriftstellern je plötzlich erscheinen. — Zu der wirklichen Geschichte übergehend, bleibt noch im Vorbeigehen zu bemerken, daß man aus einigen

*) In seiner Schrift „De generatione animalium (V 1)“.

dunkeln Stellen in dem „Opus majus“ von Roger Baco schließen wollte, es sei dieser, sonst allerdings um die Optik sehr verdiente Mann[5]), auch der Erfinder des Fernrohrs oder wenigstens der Augengläser; aber wenn er auch die Möglichkeit solcher Instrumente ahnen mochte, und mit seiner Phantasie sich die sonderbarsten Folgen einer solchen Erfindung ausmalte, so liegt nicht das mindeste Zeugniß vor, daß er je eine Linse besaß, geschweige die Eigenschaften einer solchen kannte, während dagegen ein um 1305 von Jordan di Rivalto aus Pisa in eine seiner Predigten aufgenommener Passus über die nützliche „kaum 20 Jahre alte“ Erfindung der Brillen[6]), — die in der Kirche Maria Maggiore in Florenz noch vorhandene, von 1317 datirende Grabschrift „Qui giace *Salvino* degli Armati di Firenze, inventore degli occhiali. Dio gli perdoni le peccate“, — die hiemit nicht im Widerspruche stehende Notiz einer Chronik der Prediger-Mönche in Pisa über den 1313 verstorbenen Bruder Alexander de Spina: „Ocularia ab aliquo primo facta et communicare nolente, ipse fecit et communicavit corde hilari et volente“, — ꝛc., mit Bestimmtheit darauf hinweisen, daß man in Italien gegen Ende des 13. Jahrhunderts wirklich Brillen besaß, und wenigstens wahrscheinlich machen, daß Salvino dieselben erfand, jedenfalls bezeugen, daß er sie fabricirte und in Handel brachte. Noch mag beigefügt werden, daß die ersten Brillen aus zwei Gläsern bestanden, welche an Lederstücken an einer Mütze aufgehängt waren, und die Nase erst zu Anfang des 15. Jahrhunderts in Mitleidenschaft gezogen wurde[7]). — Nachdem einmal die Linsen da waren, lag es nahe, auch Combinationen derselben zu versuchen, und so darf man sich nicht verwundern, daß der 1553

---

[5]) Vergl. 44.

[6]) Vergl. den Artikel „Occhiale“ im „Vocabulario degli academici della Crusca.“

[7]) Nach Libri ist „D. M. Manni, Degli occhiali da naso inventati da Salvino Armati. Trattato istorico. Firenze 1738 in 4.“ historisch ganz interessant.

zu Verona verstorbene Arzt Geronimo Fracastoro fand, daß man durch zwei aufeinander gelegte Gläser noch größere Bilder erhalten könne[8]), — daß ferner der etwa 1538 zu Neapel geborne und 1615 ebendaselbst verstorbene Edelmann Giambattista della Porta spätestens 1589 durch Combination einer concaven und einer convexen Linse eine Vorrichtung erstellt haben will, durch welche sowohl Nahes als Fernes deutlicher und größer gesehen werden konnte, also vielleicht wirklich nahe daran war, sowohl Mikroskop als Fernrohr zu erfinden[9]), — und daß endlich nach 1590 der Brillenmacher Zacharias Joannides oder Jansen zu Middelburg ein in ähnlicher Weise combinirtes Mikroskop wirklich erstellen und Exemplare desselben dem Prinzen Moritz von Nassau und dem damaligen Statthalter der Niederlande, Erzherzog Albrecht von Oesterreich, präsentiren konnte[10]). — Ob Jansen einige Jahre später auch das Fernrohr erfand, aber durch den Prinzen Moritz, welchem er ein solches ebenfalls überreichte und der in demselben ein ersprießliches Hülfsmittel für Kriegsführung zu erkennen glaubte, mittelst eines größern Geschenkes verpflichtet wurde sein Geheimniß zu bewahren[11]), — ob, wie

[8]) Vergl. sein „Homocentricorum seu de stellis Liber unus. Venet. 1538 (nach Lalande: Veronae 1538) in 8.“

[9]) Vergl. seine „Magia naturalis libr. XX. Neapolis 1589 in Fol. (Deutsch Nürnberg 1713).“ Eine frühere Ausgabe von 1558 hält nur 4 Bücher, und beschreibt z. B. noch die spätestens schon Leonardo da Vinci bekannte Camera obscura ohne Linse, während die Ausgabe von 1589 bereits dabei eine Linse verwendet.

[10]) Vergl. „Pierre Borel, De vero telescopii inventore. Hagae 1655 in 4., — Emil Wilde, Geschichte der Optik. Erster Theil. Berlin 1838 in 8.“

[11]) Nach Libri's Catalogue (pag. 19 der Einleitung) findet sich in einer von Jean Gazeau zu Lyon gedruckten Flugschrift „Les Ambassades et présents du Roy de Siam envoyez à l'excellence du Prince Maurice,“ welche das Datum 1608 XI 12 trägt, beiläufig eine Notiz über die durch einen „pauvre homme fort religieux et craignant Dieu“ zu „Mildebourg“ construirten Fernröhren, „qui a eu trois cents escus et en aura plus en faisant d'avantage, à la charge de n'apprendre le dit mestier à personne du monde,“ in welcher man auch liest: „Mesmes les estoiles qui ordinairement ne paroissent à nostre veue et à nos yeux par leur petitesse et foiblesse de nostre veue se peuvent voir par le moyen de cest instrument.“

vielfach und nicht unglaubwürdig erzählt wird, Er oder allfällig auch ein Anderer durch Kinder, welche mit Linsen spielten, auf dasselbe geführt wurde, — ob der von Wesel gebürtige und 1619 zu Middelburg verstorbene Brillenmacher Johannes Laprey oder Lippersheim erster und unabhängiger Erfinder war, oder, wie durch die Jansen'schen behauptet wurde, durch die Fragen eines Fremden, der Jansen aufsuchen wollte, und irrthümlich bei ihm vorsprach, eine erste Idee vom Fernrohr erhielt — rc., wird sich kaum mehr ganz sicher ermitteln lassen; dagegen scheint nach den Untersuchungen von G. Moll[12]) immerhin festzustehen, daß besagter Lippersheim schon am 2. October 1608 gegen Einsendung eines mit Krystallinsen versehenen Fernrohrs von den Generalstaaten ein Patent für die Construction von Fernröhren erhielt[13]), — also das sog. holländische Fernrohr im Herbst 1608 jedenfalls erfunden und erstellt war, — sofort in den Handel kam, sich ziemlich rasch verbreitete, ja bald auch da und dort imitirt wurde[14]). In letzterer Hinsicht sind außer Galilei[15]) noch Mehrere zu nennen, so z. B. der Glasschleifer Jakob Metius in Alkmaar, Sohn und Bruder der beiden Mathematiker Adrian Metius, aus welchem Descartes[16]) sogar den Erfinder des Fernrohrs machen wollte, der aber nach andern Zeugnissen an der Quelle zu Middelburg trank, jedenfalls auch nach Moll,

[12]) „Geschiedkundig Onderzoek naar de eerste Uitfinders der Vernkykers. Amsterdam 1831 in 4. (Verhandelingen van het nederlandsch Institut III 1831)."

[13]) Auf Verlangen der Generalstaaten soll er im Dec. 1608 auch ein Binocular-Fernrohr eingesandt haben.

[14]) Für die Geschichte der Erfindung und ersten Verbreitung der Fernröhren vergl. auch Zach in Mon.-Corr. VIII. 41—49, und Corr. astr. III 322 und VII 122. — Nach Reuschle erhielt Kepler im August 1610 durch den Erzbischof Ernst von Köln ein galiläisches Fernrohr, mit dem er sodann auch alsbald die „neue joviale Welt" betrachtete. [15]) Vergl. 97.

[16]) Wilde verweist hiefür auf Descartes „Dioptrik vom Jahre 1637, discours I" und druckt I 160 den betreffenden Passus ab, wo Descartes sagt, daß seit der Erfindung von Metius „environ trente ans" verflossen seien. In der mir vorliegenden Ausgabe der „Discours" vom Jahre 1668 ist derselbe Passus auf pag. 65/6 ganz genau ebenso zu lesen.

welcher ihn schon 1606 sich mit dem Fernrohr beschäftigen läßt, in der Ausführung hinter Lippersheim zurückblieb[17]), — ferner Simon Marius, der schon im Herbst 1608 von einem Freunde, dem General Fuchs aus Bimbach, vernommen haben will, es halte sich in Frankfurt ein Belgier auf, der ein aus einem Sammel- und einem Zerstreuungsglase bestehendes Instrument erfunden habe, durch welches man die entferntesten Gegenstände so deutlich sehen könne, als wenn sie ganz in der Nähe wären, aber für dasselbe einen sehr hohen Preis fordere, worauf er (Marius) mit bestem Erfolge versucht habe, sich selbst ein solches Instrument zusammenzustellen, das zwar dann allerdings durch ein von Fuchs im folgenden Jahre direct aus Belgien erhaltenes, und von ihnen sofort gemeinschaftlich benutztes Instrument, bedeutend übertroffen worden sei[18]), — und endlich noch Franz Fontana, der das Fernrohr ebenfalls 1608 erfunden zu haben vorgibt, und, wenn er auch mit seinen Ansprüchen erst 1646, also viel zu spät hervortrat, um berücksichtigt werden zu können, wenigstens der Eigenthümlichkeit wegen Erwähnung verdient, daß er nicht das holländische, sondern das astronomische Fernrohr erfunden und zu seinen Beobachtungen benutzt haben will[19]). Die Erfindung dieses letztern Fernrohrs, welche dem Funde des holländischen zwar erst in ein paar Jahren folgte, aber für die Verbesserung und Anwendung des neuen Instrumentes so capital war, als es die Ersetzung eines Surrogates durch Auffindung der Sache selbst überhaupt nur sein kann, gehört zu den großen Verdiensten des unvergleichlichen Kepler: Schon in seiner ersten das Licht be-

---

17) Der z. B. durch seine Schrift „Primum mobile. Amsterd. 1633 in 4." bekannte Professor Adrian Metius in Franecker hatte früher nach damaligem Gebrauche den Beinamen Adrianszoon geführt, da er ein Sohn des durch den Annäherungwerth $^{355}/_{113}$ für π verdienten holländischen Ingenieurs Adrian Anthoniszoon war, — dann aber als Student den Spottnamen Metius erhalten und diesen nicht nur selbst zeitlebens fortgetragen, sondern auch auf Vater und Bruder vererbt.

18) Vergl. die Vorrede seines 131 besprochenen „Mundus jovialis".

19) Vergl. 130 und die dort erwähnte Schrift.

treffenden, 1604 zu Frankfurt erschienenen, „Ad Vitellonem Paralipomena“ betitelten Schrift, gab Kepler manche Ergänzungen und Berichtigungen zu den Schriften der ältern Optiker, — stellte den Fundamentalsatz der Photometrie auf, — war nahe daran das Brechungsgesetz zu finden, das, wie schon erwähnt wurde, etwa 20 Jahre später Snellius wirklich aufstellte und sodann Descartes in dessen hinterlassenen Schriften entdeckte und in der jetzt gebräuchlichen Form publicirte, — und entwickelte namentlich in sehr klarer und die frühern betreffenden Untersuchungen von Felix Plater wesentlich berichtigender und ergänzender Weise die richtige Theorie des Sehens. Noch wichtiger war aber seine zweite, 1611 zu Augsburg unter dem Titel „Dioptrice“ erschienene Schrift, in welcher er die Wirkung einzelner Linsen auf das Licht in so guter Weise entwickelte, als es ohne genaue Kenntniß des Brechungsgesetzes immer nur möglich war, — sodann die Eigenschaften verschiedener Combinationen von Linsen untersuchte, — hiebei eine erste Theorie des holländischen Fernrohrs gab, — und dann namentlich auch vorschlug ein Teleskop aus zwei Convergläsern, d. h. eben das oft nach ihm benannte, meistens aber als „astronomisches“ bezeichnete Fernrohr „par excellence“ zu construiren, — ein Vorschlag, welchen sodann Scheiner etwa 1613[20]) zu Gunsten seiner Sonnenfleckenbeobachtungen muthmaßlich zum ersten Male praktisch ausführte, und dessen Vorzüge später das holländische Fernrohr mit Recht fast total verdrängten. — Unter den Optikern, welchen es nach-

[20]) Vergl. pag. 130 seiner in 128 behandelten „Rosa Ursina“, wo er erzählt, daß er schon vor 13 Jahren, also, da der Druck 1626 begann, eben etwa 1613, dem Erzherzog Maximilian von Oesterreich die Sonnenflecken durch einen Tubus mit zwei convexen Gläsern auf einer weißen Wand gezeigt habe. — Mit Scheiner concurirt für Manche, aber wohl mit Unrecht, der 1597 geborne und 1660 zu Ravenna verstorbene böhmische Capuziner Anton Maria Schyrlaeus de Rheita; dagegen hat Rheita unbestritten das Verdienst in seinem 1645 zu Antwerpen erschienenen Werke „Oculus Enoch et Eliae“ zuerst ein aus 4 Linsen construirtes „terrestrisches“ Fernrohr beschrieben und die Bezeichnungen „Ocular“ und „Objectiv“ eingeführt zu haben.

mals gelang, die Construction des astronomischen Fernrohrs zu vervollkommnen, sind voraus die Brüder Christian und Constantin Huygens zu nennen, deren Ersterm man überdieß die bekannte Regel zur Bestimmung der Vergrößerung verdankt: Einerseits suchten sie das Gesichtsfeld zu vergrößern und die sphärische Abweichung wenigstens theilweise zu heben, indem sie der planconvexen Augenlinse eine ebensolche, etwas innerhalb der Brennweite des Objectivs stehende sog. Collectivlinse beifügten, — und anderseits strebten sie dadurch stärkere Vergrößerungen zu erzielen, daß sie Objective von sehr bedeutender Brennweite schliffen; ja sie gingen dabei so weit, daß einzelne ihrer Objective bis 100, ja bis 210 Fuß Brennweite besaßen, mit welchen sie allerdings nur bei Nacht brauchbare, sog. „Télescopes aëriens" erstellten, bei welchen je Ocular und Objectiv eigene Fassungen besaßen, und das Verbindungsrohr weggelassen war. Auch ihr Zeitgenosse Giuseppe Campani in Rom genoß für Construction von Fernröhren großen Ruf: Dominique Cassini machte einen großen Theil seiner bald zu besprechenden Entdeckungen mit von ihm bezogenen Instrumenten, und nach seinem Tode glaubte Papst Benedict XIV. den ganzen hinterlassenen Vorrath ankaufen und dem Institut von Bologna schenken zu sollen. — Anhangsweise mag noch erinnert werden, daß Isaak Barrow in den von ihm 1669 zu London publicirten „Lectiones opticae" die bekannte Beziehung zwischen Gegenstands-, Bild- und Brennweite einer Linse bekannt machte, welche seither allen theoretischen Betrachtungen zu Grunde gelegt worden ist.

114. Das Fernrohr als Visirmittel und das Sehen am Tage. Das Anbringen des Fernrohrs an Instrumenten und seine Verbindung mit mikrometrischen Vorrichtungen kam nur sehr langsam in Gang. Die Angabe, daß Henrion schon 1630 ein Mikrometer besessen habe, ist falsch; es gab dazu die von ihm 1630 zu Paris herausgegebene Schrift „L'usage du Mecometre" bloß durch ihren Titel Veranlassung, — sie beschreibt in Wirklichkeit nur ein ganz gewöhnliches „Astrolabium" mit Transversaltheilung[1]). Morin, den man wohl auch als Erfinder des Mikrometers bezeichnete, sagt zwar in seiner 1634 zu Paris veröffentlichten Schrift „Longitudinum scientia“, daß er Fernröhren an Instrumenten angebracht habe; aber es waren „belgische“, welche kein Fadenkreuz erlaubten, sondern auf die Absehen aufgelegt waren. Etwas mehr Anrecht hat vielleicht der von 1593 bis 1663 lebende toskanische Mechaniker und Baumeister Francesco Generini, da ein von ihm hinterlassenes, von Zach in der Bibliotheca Magliabechiana zu Florenz entdecktes Manuscript den Titel führt „Brevissimo discorso del telescopare gli stromenti geometrici“; aber da weder Jahr, noch Art des Vorschlages angegeben werden, so läßt sich nichts Bestimmtes aussprechen. Die sichersten Ansprüche auf Erfindung des Mikrometers kommen entschieden dem bereits deßwegen vorläufig besprochenen Engländer William Gascoigne zu[2]), indem derselbe 1640 die Durchmesser von Jupiter und Mars durch zwei mittelst Schrauben gegen einander verschiebbaren parallelen Faden maß, also wirklich damals schon ein Fernrohr mit mikrometrischer Vorrichtung besaß. — Von Hevel weiß man, daß er gegen das Fernrohr als Visirmittel eingenommen war, und durch Spalten visirte, welche er mittelst Schrauben beliebig erweitern und verengern konnte; bei seinem scharfen Auge und seiner Uebung erreichte er dabei, wie sich Halley überzeugte, wirklich eine fast unbegreifliche Genauigkeit im Einstellen[3]). — Als definitives Visirmittel wurde das Fernrohr eigentlich erst durch Auzout, der 1667 zu Paris einen, später noch zu besprechenden, „Traité du micromètre“ publicirte, und Picard, der im October 1667 mit einem Quadranten von 9′ 4″ und einem Sextanten von 6′ Radius beobachtete, die

[1]) Vergl. 115. [2]) Vergl. 104.

[3]) Halley wurde nämlich 1679 von der Royal Society nach Danzig gesandt, um an Ort und Stelle die Genauigkeit der Hevel'schen Beobachtungen zu prüfen, welche von Hooke in seiner bekannten unverschämten Weise angezweifelt worden war; die von Halley mit und von Hevel ohne Fernrohr erhaltenen Positionen differirten nie um eine Bogenminute, meist nur um ein paar Sekunden.

beide Fernröhren statt Absehen hatten, zu Ehren gebracht. Diese Fernröhren besaßen, da bereits von Bestimmung der Collimation gesprochen wird, Fadenkreuze, die aber anfänglich meist aus Seide oder Metalldraht erstellt waren[4]); denn Fadenkreuze aus Spinnefäden zu verfertigen schlug erst 1755 Professor Felice Fontana in Florenz in seinem „Saggio del real gabinetto di fisica e di storia naturale“ vor, — ja erst im Anfang des gegenwärtigen Jahrhunderts wurden solche durch Rittenhouse und Troughton in allgemeineren Gebrauch eingeführt. — Nachdem das Fernrohr in astronomischen Gebrauch gekommen, und sodann mit Instrumenten verbunden worden war, wurde nun auch das früher nur apokryphisch an tiefe Brunnen gebundene Sehen von Sternen am Tage zur Wirklichkeit: Joseph Gaultier in Aix[5]) sah schon 1611 III 1 den Merkur mit dem Fernrohr noch nach Sonnenaufgang, — Morin sah 1634 wiederholt nach Sonnenaufgang Sterne, auf welche er vor Sonnenaufgang das Fernrohr eingestellt hatte, — 2c. Immerhin scheinen aber eigentliche Tagesbeobachtungen, wie z. B. solche von Meridiandurchgängen, erst von 1669 hinweg durch Picard gemacht und mit Nutzen verwendet worden zu sein[6]). Bei Angabe einer 1669 V 3 erhaltenen Meridianhöhe des Regulus sagt er: „Cette hauteur méridienne fut prise en plein jour à 7^h 5^m du soir, environ 13^m avant le coucher du soleil, ce qui ne s'était encore jamais fait,“ — und sodann bei Angabe der Meridianhöhe von Arcturus von 1669 VII 23: „Cette observation est remarquable, étant inouï qu'on eût jamais pris la hauteur méridienne des étoiles fixes non seulement en plein soleil, mais pas même encore dans la force du crépuscule; de sorte qu'il est maintenant facile de trouver immédiatement les ascensions droites des étoiles fixes non seulement par les horloges à pendule, mais aussi

---

[4]) Hooke soll auch Haare, Lahire feine Glasfäden empfohlen haben.

[5]) Vergl. für ihn Corr. astr. III 336.

[6]) Vergl. Lemonnier's Histoire céleste pag. 38 und 40.

par l'observation du vertical du soleil au même temps qu'on observera la hauteur méridienne d'une étoile fixe."

115. Die Transversalen und der Vernier. Noch vor Verbesserung der Visirmittel wurden auch die Ablesungen zu verschärfen gesucht. In Abweichung von dem frühern Principe diesen Zweck allein durch Vergrößerung der Dimensionen erreichen zu wollen, hatte bereits Pedro Nunnez oder Nonius 1542 in seinem früher besprochenen merkwürdigen Buche „De crepusculis" das neue Princip ausgesprochen, man könne weitergehender Theilung auch verschiedene Theilung desselben Bogens substituiren; aber sein Vorschlag, dieses Princip in der Weise zur Anwendung zu bringen, daß man einem in seine 90° getheilten Quadranten 44 concentrische Hülfsquadranten beigebe, welche je in 89, 88, 87, ... 46 Theile getheilt seien, war theils wegen der Schwierigkeit der vielen Theilungen, theils auch weil trotz derselben gar nicht jeder Richtung der Visirlinie sehr nahe ein Theilstrich entsprach[1]), ziemlich unpraktisch. Als daher Tycho Brahe jenen Vorschlag wirklich ausführen ließ, erhielt er nicht die gehofften Resultate, und griff nun zu einem andern Mittel, mit welchem er schon bei seinem ersten Aufenthalt in Leipzig bekannt geworden war: Nach der gewöhnlichen Erzählung wurde er nämlich daselbst durch Scultetus, einen Schüler von Hommel, mit den verjüngten Maaßstäben bekannt, und hatte dann selbst die Idee, die bei ihnen angewandte, sog. Transversaltheilung auf den Kreis überzutragen; da aber gerade Scultetus in seiner 1572 publicirten „Gnomonik" nicht nur einen Halbkreis mit Transversalen abbildet, sondern beifügt, daß schon Purbach und Regiomontan dieses Hülfsmittel angewandt haben, so ist zum mindesten anzunehmen, es sei dasselbe vor Tycho erfunden und von Scultetus ihm bekannt gegeben worden[2]). Sicher ist, daß

[1]) Vergl. Delambre's Untersuchungen auf pag. 402—405 seiner „Histoire du moyen âge".

[2]) Man möchte wirklich fast glauben, daß die Transversalen schon in der Wiener Schule gebraucht wurden. Denn Christoph Pühler von Syclas in

Tycho seine meisten Instrumente mit solchen Transversaltheilungen versehen ließ, und großen Nutzen aus ihnen zog, — daß Bürgi dieselben mit einer zweckmäßigen kleinen Abänderung auch für Cassel ausführte[3]), — daß sie bis gegen das Ende des 17. Jahrhunderts ziemlich allgemein gebraucht wurden, — und Richer noch 1672 nach Cayenne einen sechsfüßigen Octanten mitnahm, dessen kupferner Limbus direct Minuten und mittelst Transversalen 10″ gab. Ferner mag angeführt werden, daß eigentlich, wie z. B. der geschickte spanische Instrumentenmacher Johannes Ferrerius hervorhob, aber auch schon in Cassel bekannt war, bei Kreisen, statt geradlinigen Transversalen, durch das Centrum gehende Transversal-Kreisbogen anzuwenden waren, — daß aber praktisch dadurch nicht mehr erreicht worden wäre. — Später verloren dann allerdings die Transversaltheilungen immer mehr Boden, als Pierre Vernier in seiner 1631 zu Brüssel erschienenen Schrift „La construction, l'usage et les propriétés du quadrant nouveau de mathématiques“ das Nonius'sche Princip neuerdings, aber in praktisch verwendbarerer, und wahrscheinlich auch in ganz selbstständiger Weise, zu Ehren zog. Er machte nämlich den Vorschlag, einem getheilten Kreise einen, jetzt entweder in richtiger Weise seinen oder häufig auch in unrichtiger Weise den Namen von Nonius[4]) tragenden „Secteur mobile“ beizugeben, auf welchem

Ungarn, welcher in der seinem Buche „Ein kurtze und grundliche anlaytung zu dem rechten verstand Geometriae. Dilingen 1563 in 4.“ vorgesetzten „St. Nicola bey Passaw 1561 II 9“ datirten Widerung sagt, daß er vor 40 Jahren mit Peter Apian in Wien Mathematik studirt habe, — hat mehrere Figuren mit Quadranten und Sectoren, welche außerhalb der Gradtheilung drei concentrische Kreise und Transversalen zeigen, die auf $1/_8{}^0$ abzulesen erlauben. Im Texte habe ich leider nichts darauf bezügliches finden können. — Der 1595 zu London verstorbene Thomas Digges erwähnt in seiner 1573 daselbst erschienenen Schrift „Alae seu scalae mathematicae“ der Transversalen als einer Erfindung des damals bereits verstorbenen englischen Mechanikers Richard Chansler.

[3]) Vergl. für den Detail Nr. 33 meiner Mittheilungen.

[4]) In der deutschen Ausgabe von Thomson und Tait's „Natural Philosophy“ findet sich I 371 bei Anlaß des Vernier die sonderbare Angabe: „Wenn Längen bis zu Zehnteln eines Theiles der Scala bestimmt werden sollen, so müssen zehn Theile des Vernier gleich neun Theilen der Scala sein; daher der Name Nonius.“

eine bestimmte Anzahl von Theilen der Haupttheilung in einen Theil weniger getheilt war. So gab er z. B. einem in Halbgrade getheilten füßigen Quadranten einen in 30 Theile getheilten „Secteur mobile“ bei, dessen Länge 31 Halbgrade hatte; ein Hülfstheil war somit um 1/30 länger als ein Haupttheil, und es zeigte daher sein Sector vergleichungsweise die einzelne Minute und ihre Vielfachen. Schon 1634 zog Morin in seiner bereits erwähnten Schrift diesen neuen Vorschlag in Betracht, — bald befreundeten sich auch Andere damit, — und nach wenigen Jahrzehnten waren, wie schon bemerkt, die „Transversalen“ von dem „Vernier“ ganz aus dem Felde geschlagen. Von betreffendem Detail mag noch bemerkt werden, daß der Vernier auch von dem 1649 als Professor der Mathematik zu Upsala verstorbenen Benedict Hedräus in seinem 1643 zu Leyden erschienenen Buche „Nova et accurata astrolabii geometrici structura“ behandelt wurde, ohne den ihm ohne Zweifel wohlbekannten Erfinder zu nennen. Und so kam es, daß z. B. Hevel, dem nur das Buch des Letztern in die Hände kam, den beweglichen Bogen zwar nicht gerade als eine Erfindung von Hedräus ansah, aber doch über den Erfinder im Unklaren blieb, ja fälschlich vermuthete, es möchte Nonius „den ersten Grund zu dieser Erfindung“ gelegt haben. Hevel selbst verwendete bei seinen größern Instrumenten Transversalen und Vernier neben einander, so daß ihm z. B. erstere die einzelnen Minuten gaben, letzterer sogar auf 5″ abzulesen erlaubte, und überdieß verband er, um womöglich auch den Tertien beizukommen, mit seinem Diopter noch eine Mikrometerschraube, deren Drehungen mittelst eines Systemes von Rädern auf Zeiger übergetragen wurden, welche über getheilten Scheiben spielten[5]).

116. Der Azimuthal- und der Mauerquadrant. Aeußerst merkwürdig ist das von Tycho Brahe unter dem Namen „Quadrans azimuthalis“ fast ganz aus Messing construirte und

---

[5]) Vergl. seine Machina coelestis, Pars I pag. 140, 282, 308 ꝛc., — ferner unsere 190, wo einer ähnlichen, von Cary angewandten Hülfsvorrichtung Erwähnung geschieht.

daher von ihm auch als „orichalcicus" bezeichnete Instrument[1]), das aus einem mittelst Transversalen und Nonius'schen Hülfskreisen die einzelnen Minuten ergebenden, mit Diopterlineal versehenen Höhenquadranten von 1½ Ellen Radius bestand[2]), welcher über einem horizontalen, ebenfalls Minuten gebenden und mittelst vier Schrauben auf Marmorsäulen ruhenden Vollkreise von zwei Ellen Durchmesser spielte; denn es wurde an demselben, wenn auch die Araber schon ein ähnliches Instrument besessen zu haben scheinen, doch ganz gewiß unabhängig davon und in neuerer Zeit zum ersten Male, das noch unsern jetzigen Theodoliten und Universalinstrumenten zu Grunde liegende Princip verwirklicht, einen Winkel durch seine horizontale und vertikale Componente zu bestimmen[3]). — Nicht weniger interessant ist der von Tycho um 1587 zur Bestimmung von Meridiandurchgängen nach Höhe und Zeit construirte, und wohl ebenfalls von den ihm gewiß ganz unbekannten Meridianinstrumenten der Araber total unabhängige „Quadrans muralis sive tichonicus", der fünf Ellen Radius besaß und Sechstelsminuten angab. Er war an einer im Meridiane stehenden Mauer befestigt, und hatte zwei bewegliche Diopter, während in einer Oeffnung der zur ersten senkrechten Mauer entsprechend dem Centrum des Quadranten ein (offenbar drehbares) Zylinderchen eingesetzt war, das mit dem einen oder andern der beweglichen Diopter die Visur zu fixiren hatte. Zu seiner Bedienung gehörten drei Personen: Die Eine, der eigentliche Beobachter, stellte das Oculardiopter auf den zu beobachtenden Stern ein, las seinen Stand ab, und gab im Moment des Durch-

---

[1]) Vergl. für dieses und das folgende Instrument „Tychonis Brahe Astronomiae instauratae Mechanica. Noribergae 1602 in Fol."

[2]) Um den Höhenquadranten mittelst einer an demselben angebrachten Correctionsschraube jederzeit ajüstiren zu können, hängt neben dem, dem Zenith entsprechensollenden Radius von 90° ein Loth.

[3]) Vergl. für diese und die ähnlichen folgenden Angaben 30, — für einen vielleicht noch ernstlichere Concurrenz bildenden Azimuthalkreis von 1570 dagegen 34.

ganges ein Signal, — die Zweite stand bei den Uhren[4]), welche „nicht nur die einzelnen Minuten, sondern auch ihre scrupula secunda (die Secunden)“ gaben, und las die Zeit der Signale je mindestens an zweien derselben ab, — und die Dritte endlich trug die von den beiden Erstern gemachten Angaben unmittelbar in das Beobachtungsbuch ein. — Auch Bürgi construirte wenigstens ersteres Instrument, da es in den Randverzierungen seines Porträtes erscheint; leider kann man aber aus dieser Miniaturabbildung nicht ersehen, ob er dasselbe irgendwie umgestaltet hat, obschon Letzteres sehr wahrscheinlich ist. Ueberhaupt stimmten die in Kassel und auf Hveen gebrauchten Instrumente in Folge des regen Verkehres zwischen beiden Anstalten so ziemlich überein, und galten dann auch auf Jahrzehnte hinaus als Muster, — ja noch diejenigen von Hevel waren im Hauptsächlichen nicht wesentlich von ihnen verschieden.

117. Die Pendeluhren. So weit sich auch im Uebrigen die Gewichtsuhren im Laufe des 15. und 16. Jahrhunderts bereits ausgebildet hatten, so fehlte ihnen doch noch immer ein zuverlässiges regulirendes Princip, bis dann Bürgi gegen Ende des 16. Jahrhunderts ein solches im Isochronismus des Pendels fand, — muthmaßlich wenige Decennien nachher Galilei ganz unabhängig von ihm auf dieselbe Idee kam, — und endlich um die Mitte des 17. Jahrhunderts, wohl ebenfalls ohne das Mindeste von seinen Vorgängern zu wissen, Huygens das Pendel auf die Dauer in die Uhren einführte. — Daß spätestens Bürgi jenes Verdienst, welches allerdings der 1697 verstorbene Professor Edward Bernard in Oxford bereits den Arabern zuschreiben wollte[1]), wirklich gebührt, geht wohl aus Folgendem mit ziemlicher

[4]) Wie und von wem sie construirt waren, wird nicht gesagt, — vielleicht daß Bürgi sie von dem befreundeten Kassel her geliefert hatte. Vergl. 117.

[1]) Vergl. Bailly, Histoire de l'astronomie moderne I pag. 246. Ein förmliches Belege soll Bernard nicht anführen. Humboldt beschränkt (Kosmos II 258 und 451) diese Angabe darauf, daß Ibn Junis das Pendel selbst als Zeitmesser benutzt habe.

Sicherheit hervor: Schon Rothmann erzählt in seiner etwa 1586 geschriebenen Einleitung zum Hessischen Sternverzeichnisse, auf die wir noch wiederholt zurückkommen werden, daß in Kassel eine Sekundenuhr benutzt worden sei, bei welcher das Libramentum[2]), d. h. also die Unruhe oder der Balancier, „nicht auf gewöhnliche, sondern auf ganz besondere und neu erfundene Weise so getrieben werde, daß jede der Bewegungen einer einzelnen Sekunde entspreche," — Joh. Joachim Becher[3]) aber berichtet in seiner 1680 publicirten Schrift „De nova temporis demetiendi ratione theoria", daß schon zur Zeit Rudolf II. in Prag, nach dem gleichzeitigen und auf Autopsie beruhenden Zeugnisse des flamändischen Mathematikers Caspar Doms, eine von Bürgi verfertigte Pendeluhr existirt habe, welche von Tycho Brahe bei seinen astronomischen Beobachtungen benutzt worden sei[4]), — und vor einigen Jahren hat sogar Professor Edmund Weiß in Wien in der dortigen kaiserl. königl. Schatzkammer wirklich noch neben einer entschieden von Bürgi herrührenden Prachtuhr[5]) und einer 1606 von Sneeberger in Prag,

---

[2]) „Libramentum (est) seu (si germanica vox graece reddenda est) ἄπαυμα non vulgari sed singulari et noviter invento modo hinc inde impellitur, singulumque ejus momentum exprimit singulum secundum minutum."

[3]) Zu Speier 1635 geboren, und zu London 1682 nach unzähligen Irrfahrten gestorben, ist er besonders durch seine 1669 zu München erschienene „Physica subterranea" bekannt.

[4]) Diese letztere Angabe ist nicht so ungeheuerlich wie es Manchen scheinen wollte; denn schon aus Tycho's Beschreibung seiner Instrumente ersieht man, daß er bei Beobachtnng am Mauerquadranten Sekundenuhren benutzte, die ihm ziemlich gut zu gehen schienen. Ueber ihre Construction fügt er allerdings nichts Genaueres bei, sondern sagt, daß er bei einer andern Gelegenheit (die aber nie gekommen zu sein scheint) davon sprechen werde. Ob Tycho eine Uhr von Bürgi besaß, ist nun nicht mit Bestimmtheit anzugeben, doch ist es nicht unwahrscheinlich; sicher ist nur, daß ihm Bürgi von Kassel aus einen seiner Arbeiter senden mußte. Auf die jetzt noch vorhandene Bürgi'sche Uhr kann sich dagegen die Angabe nicht beziehen, da diese nur eine Minutenuhr ist.

[5]) Es ist nicht unwahrscheinlich, daß Kepler diese Uhr vorschwebte, als er aussprach, man werde einst Bürgi in seiner Kunst als nicht geringern Koryphäen feiern, denn Albrecht Dürer in der Malerei.

wahrscheinlich einem frühern Gehülfen Bürgi's, verfertigten Schlaguhr, eine solche, offenbar aus derselben Schule und Zeit stammende, älteste Pendeluhr mit verschiebbarer Linse vorgefunden[6]): Es ist also fast gar kein Zweifel mehr möglich, daß Bürgi wirklich schon im 16. Jahrhundert die Pendeluhr erfunden, und sowohl zu astronomischen als zu bürgerlichem Zwecke mehrfach ausgeführt hat[7]). Daß seine Zeitgenossen diese Erfindung nicht mehr würdigten, ja bald wieder vergaßen, wird man wohl schwerlich den Erfinder entgelten lassen wollen, da er mit seiner Erfindung nicht hinter dem Berge hielt, sondern sie in der für ihn als Uhrmacher passendsten Weise dadurch publicirte, daß er eben

---

[6]) Vergl. für den Detail theils Nr. 33 meiner Mittheilungen, theils pag. 14 u. f. der 1873 zu Wien erschienenen „Uebersicht der Sammlungen der Schatzkammer des österreichischen Kaiserhauses", welche eine einläßliche Beschreibung des Aeußern der drei Uhren enthalten, und in Beziehung auf die Pendeluhr zu dem Schlusse kommen: „Die Uhr stammt aus dem ersten Viertel des 17. Jahrhunderts und dürfte wohl die erste sein, bei welcher das Pendel als Regulator angewendet ist. Innere und äußere Gründe sprechen dafür, daß diese Uhr, welche sonder Zweifel in Prag angefertigt wurde, von J. Bürgi, dem wahrscheinlichen Erfinder des Pendels als regulirenden Princips bei Uhren, herrührt."

[7]) Würde nur die Angabe von Rothmann existiren, so könnte man sie zu unbestimmt finden, und die Bürgi'sche Leistung in anderer Weise zu erklären versuchen, — wäre nur das Zeugniß von Doms vorhanden, so könnte man, da dieser Mann sonst nicht bekannt ist, dasselbe entweder ganz anzweifeln, oder wenigstens einer späteren Zeit zuweisen, — und würde endlich nur die Uhr in der Wiener Schatzkammer zu Gunsten von Bürgi anzuführen sein, so könnte man sich fragen, ob nicht das Pendel nachträglich an derselben angebracht worden sei, wie es (vergl. „Van Swinden, Over Huygens als uitvinder der slingeruurwerken" im Jahrgange 1817 der Verh. der eerste Klasse van het Kon. Ned. Instituut) nach Bekanntwerdung der Huygens'schen Erfindung vielfach geschehen sein soll; wenn man dagegen alle drei, von einander ganz unabhängigen Angaben und Thatsachen zusammenfaßt, so passen sie so gut zusammen und stützen einander so trefflich, daß ich nicht begreifen kann, wie Günther, der in seiner unten erwähnten Abhandlung von 1873 sich rückhaltslos zu meiner Ansicht bekannte, 1876 in seinen mehrerwähnten „Vermischten Untersuchungen" wieder auf einen ganz andern Standpunkt kommen konnte, ohne daß er, außer dem von Van Swinden angeführten spätern Einführen des Pendels in einzelne Uhren, irgend ein neues Argument gegen meine Ansicht beizubringen hatte. — In Beziehung auf die Leistung der von Bürgi für Kassel construirten Uhr verweise ich auf 122.

Pendeluhren construirte und auf den Markt brachte. — Daß sodann Galilei, der gewiß den Isochronismus des Pendels ganz unabhängig fand, ja das Pendel unbestrittener Weise schon unmittelbar nach der Entdeckung zur Messung kleiner Zeitintervalle, speciell als Pulszähler, verwandte, später nicht nur auf die nahe liegende Idee gekommen sein soll, dasselbe mit einem Zählwerke zu verbinden, sondern zur Construction einer Uhr zu verwenden, ist so wahrscheinlich, daß man die mehrfach belegte Angabe, es habe entweder er selbst noch kurze Zeit vor seinem Tode oder dann wenigstens nach seinen Ideen sein Sohn, der 1649 zu Florenz verstorbene Stadtrichter Vincenzio Galilei, wirklich versucht, in diesem Sinne eine Pendeluhr zu construiren, und die Aechtheit eines in Florenz aufbewahrten Modelles kaum bezweifeln kann[*]); aber auch diese zweite Erfindung einer Art Pendeluhr hatte keine weitern Erfolge. — Erst dem dritten Erfinder, Christian Huygens, gelang es seine Erfindung für bleibend ins Leben einzuführen. Nachdem er für dieselbe 1657 ein Patent genommen, beschrieb er sie im folgenden Jahre in einer zu Haag unter dem Titel „Horologium" ausgegebenen Schrift. Später verfolgte er dieselbe praktisch und theoretisch noch weiter, bis er endlich 1673 zu Paris sein classisches Werk „Horologium oscillatorium" publicirte, in dem er die Lehre vom Cycloidalpendel, die Lehre vom Oscillationscentrum, die mit Letzterer zusammenhängende Anleitung zur Bestimmung der Länge des einfachen Pendels und seines Gebrauches als Längenmaaß, die Theorie der Centralbewegung 2c. gab, so daß schon dieses Werk allein ein unvergängliches Monument für ihn bildet, und man, ohne seinem wohlverdienten Ruhme Abbruch zu thun, auch allfälligen Vorgängern in Construction der Pendeluhr, und namentlich Bürgi, gerecht

---

[*]) Vergl. darüber die von E. Albéri in dem Supplementband der „Opere" Galilei's aufgenommene Notiz „Dell' orologio a pendolo de Galileo Galilei". — auch die von S. Günther 1873 den Erlanger Sitzungsberichten einverleibte Notiz „Ueber die Geschichte der Pendeluhr vor Huygens", sowie ihre weitere Ausführung in dessen „Vermischten Untersuchungen" von 1876.

werden kann. — Einer der Ersten, der Huygens' Pendeluhr freudig begrüßte und in Gebrauch nahm, war Hevel, der selbst nahe daran war von sich aus eine ähnliche Erfindung zu machen[9]): Nicht zufrieden damit ein Pendel, welches er von 1640 hinweg gebrauchte um Zwischenmomente zu bestimmen, mit einer Zählvorrichtung zu versehen, ging sein Bestreben, analog dem frühern von Galilei, dahin, eine Vorrichtung zu erfinden, um dasselbe ohne jeweiligen Anstoß in beständigem Gange erhalten und zu einer eigentlichen Uhr constituiren zu können, und er war eben damit beschäftigt eine gute Resultate versprechende Vorrichtung ausführen zu lassen, als er von der Huygens'schen Erfindung Kenntniß erhielt, und sie dann sofort adoptirte, wie es bald darauf auch von Flamsteed geschehen sein soll[10]), der sogar bisweilen als der Erste bezeichnet wird, welcher die Pendeluhr unter die astronomischen Instrumente eingereiht habe.

118. Die Bestimmung des Azimuthes. In den ältesten Zeiten wurde der Meridian, wie wir wissen, gewöhnlich mit Hülfe correspondirender Schattenlängen bestimmt, — ja Regiomontan scheint der Erste gewesen zu sein, der ihnen correspondirende Höhen irgend eines Gestirnes und zwar, um den durch die Veränderung der Sonnendeclination entstehenden Fehler zu vermeiden, vorzugsweise eines Fixsternes substituirte, dabei die unmittelbare Bestimmung des Meridians durch diejenige des Azimuthes eines terrestrischen Gegenstandes ersetzend. Nach dem bereits erwähnten Manuscripte von Rothmann benutzte man auch in Kassel noch meistens diese Methode, jedoch mit folgender Modification: Man

---

[9]) Vergl. pag. 365 des 1673 erschienenen Bandes seiner „Machina coelestis", und die erwähnte Notiz von Günther, durch welche ich auf jene Stelle aufmerksam wurde.

[10]) Woher Littrow (Gehler XI 1115) die Angabe hatte, die Engländer schreiben die Erfindung der Pendeluhr ihrem Landsmann Richard Harris zu, der schon 1641 eine Uhr mit einem langen Pendel verfertigt haben soll, weiß man nicht. Der sonst gut unterrichtete Hutton (Dict. I 293) sagt nichts davon, sondern erzählt: „The first pendulum clock made in England was in the year 1662, by one Fromantil, a Dutchmann."

stellte den Azimuthalkreis so auf, daß sein Nullpunkt bereits nahe in den Meridian fiel, — brachte dann vor Culmination des gewählten Sternes den Höhenquadranten successive über verschiedene ganze Theilstriche des Horizontalkreises, wartete je den Durchgang des Sternes durch den betreffenden Vertikal ab, und notirte die Durchgangshöhe, — stellte nach der Culmination den Quadranten successive, aber natürlich in umgekehrter Ordnung, auf die entsprechenden westlichen Striche ein, und bestimmte neuerdings die Durchgangshöhen, — und ermittelte endlich durch eine Art Interpolation die Entfernung des Nullpunktes vom wirklichen Mittagspunkte[1]); bei Benutzung der Sonne wurden die Beobachtungen am folgenden Vormittag nochmals wiederholt, um den Einfluß der Veränderung der Sonnendeclination eliminiren zu können. Daneben wandte man in Kassel auch bereits die Methode an, einen Circumpolarstern in seinen beiden Elongationen anzuvisiren, und den Meridian in die Mitte der beiden erhaltenen Horizontalrichtungen zu legen, wobei jedoch nicht entging, wie sehr beschränkt damals diese Methode in ihrer Anwendung noch dadurch wurde, daß man einen Circumpolarstern nur dannzumal in dieser Richtung verwenden konnte, wenn von den beiden Elongationen die Eine kurz nach Sonnenuntergang, die Andere kurz vor Sonnenaufgang eintrat; nach Erfindung des Fernrohrs und Verwendung

---

[1]) So z. B. wurden Anfang 1585 folgende Höhen von α Canis minoris erhalten:

Azimuth	Altitudines orientales	Diff.	Altitudines occidentales	Diff.
64° 0′	26° 56′	36′	26° 50′	36′
63 0	27 32	35⅔	27 26	36
62 0	28 7⅔	35	28 2	35
61 0	28 42⅔	34⅓	28 37	34⅓
60 0	29 17		29 11⅓	

Während somit z. B. bei der zweiten Serie das Azimuth von 63° auf 64° zunahm, verminderte sich die Höhe um 36′, — also hätte sie sich für 50′ Zunahme nur um 30′ vermindert, oder wäre bei 63° 50′ westlich ebensogroß als bei 64° östlich gewesen, — also lag der Mittagspunkt 5′ östlich vom Nullpunkte. Und dasselbe ergaben auch die andern Beobachtungen.

desselben für Meßinstrumente gewann sodann die Beobachtung der Elongationen natürlich sofort eine viel größere praktische Bedeutung.

119. Die Bestimmung der Breite. Noch im 16. und bis in das 17. Jahrhundert hinein wurde die Polhöhe meistens mit dem Gnomone bestimmt, dessen Schattenlänge nahezu dem obern Sonnenrande entsprach, so daß, auch abgesehen von der meist vernachlässigten Refraction, schon aus diesem Grunde eine bis auf ca. 15′ zu große Sonnenhöhe und damit[1]) eine um ebenso viel zu kleine Polhöhe erhalten wurde. Immerhin waren einige Polhöhen nicht übel bestimmt: So gab Sebastian Münster 1544 für Basel 47° 30′ (statt 33′) und für Zürich 47° 24′ (statt 23′), — Apian, muthmaßlich nach eigenen Beobachtungen[2]), für Leipzig 51° 24′ (statt 20′) und für Ingolstadt 48° 42′ (statt 46′) — 2c.; aber man wußte nicht recht, welche gut sein möchten und in den Verzeichnissen waren gute und schlechte Angaben kritiklos durcheinander geworfen, so daß z. B. bei Apian Basel mit 47° 10′ (statt 33′), Bern mit 46° 25′ (statt 57′), Genf mit 44° 50′ (statt 46° 12′) und Zürich mit 46° 28′ (statt 47° 23′) vorkommt, — daß noch Bartsch in seinem 1624 publicirten „Planisphaerium stellatum" zwar „Tigurum Helvetiae" unter 47° 22′, aber daneben auch „Zürich Helvetiae" unter 47° 9′ aufführt, — ja noch der 1635 verstorbene Tübinger Professor Wilhelm Schickard[3]) in seiner 1669 posthum herausgekommenen Schrift „Landtafeln auf rechten Grund zu machen" bitter klagt, daß die verschiedenen Angaben für einzelne Orte oft bei 1° differiren „so man mit eim ungespitzten Pfal genäuer treffen sollte", und z. B. speciell Basel mit den Worten anführt: „So hat Basel 47° 30′ bey dem Pitisco, bey Metio 38′, Specklin 40′, in newen Tabulis Galliae 45′, in Rudolphinischen gar 54′, differenz thut $\frac{2}{5}$° und ist ein großes Wunder, daß man von einer so Namhaften Aca-

[1]) Wegen $\varphi = 90^0 + d - h$.

[2]) In seiner Cosmographie: Holländ. Ausgabe von Gemma-Frisius.

[3]) Er war 1592 zu Herrenberg in Würtemberg geboren.

demi, da solche Studia blühen, nicht gewisseres wissen soll! wie will den andern obscuren und geringen Oertlein geschehen?" — Zuweilen wurde später auch etwa die Polhöhe aus der Länge des Tagbogens am längsten Tage berechnet, und bald trat noch die, schon den Arabern[4]) bekannte, aber dann wieder vergessene, in der neuern Zeit nach den Einen zuerst von Tycho Brahe, nach den Andern zuerst von Rothmann angewandte vorzüglichere Methode hinzu, die Höhen eines Circumpolarsterns bei seinen beiden Culminationen zu messen: So fand z. B. der Letztgenannte im December 1585 aus α Ursae minoris, dessen Höhe er bei der obern Culmination gleich 54° 16', bei der untern gleich 48° 24' erhielt, für Kassel die Polhöhe 51° 20', während mehrere andere Sterne 51° 19' oder die jetzt angenommene Polhöhe lieferten. — Bei solchen Bestimmungen durfte man aber, besonders wenn der Stern bei der untern Culmination etwas tief durch den Meridian ging, die Refraction doch nicht mehr ganz vernachlässigen, und so gab denn wirklich bereits Tycho Brahe eine erste empirische Refractionstafel, nach der jedoch die Refraction schon bei 45° Höhe zum mindesten gegen die übrigen Beobachtungsfehler verschwand[5]). Während dagegen aber Tycho und Rothmann noch glaubten, daß der Betrag der Refraction auch von der Distanz des Gestirns abhänge[6]), bestritt Kepler dieß mit

[4]) Vergl. 44.

[5]) Tycho bestimmte seine Polhöhe theils aus den Solstitialhöhen, — theils, um in kürzerer Frist und häufiger sie messen zu können, aus den beiden Culminationshöhen des Polarsternes. Da ihm letztere Bestimmung immer etwa 4' mehr als erstere ergab (bei Vernachlässigung der Refraction beträgt der Unterschied, wenn α die Refraction bei 45° bezeichnet,

$$\frac{\alpha}{2}\Big(\mathrm{Tg}(\varphi+\mathrm{e})+\mathrm{Tg}(\varphi-\mathrm{e})+\mathrm{Ct}(\varphi+\mathrm{p})+\mathrm{Ct}(\varphi-\mathrm{p})\Big)=3{,}7.\,\alpha$$

also wirklich etwa 3½'), so vermuthete er einen Einfluß der Refraction, und bestimmte sodann denselben, indem er einen 10füßigen, um die Weltaxe drehbaren Kreis anwandte, und an diesem die Gestirne vom Meridiane bis zum Untergange verfolgte. Er erhielt so die Horizontalrefraction ziemlich gut zu 34'.

[6]) Rothmann bestimmte den Betrag der Refraction, indem er für bestimmte Azimuthe und Declinationen die Höhen berechnete, und dann diese mit den gemessenen Höhen verglich. Da er nun bei Berechnung der Sonnenhöhen die

Recht, und gab zugleich eine neue, von 10° Höhe an gar nicht üble Tafel, welche nun bis zum Ende unseres Abschnittes allgemein und mit Nutzen gebraucht wurde. Dabei sprach sich Kepler ganz bestimmt für die Schwere der Luft aus, und gab für das Verhältniß ihrer Dichte zu derjenigen des Wassers mit 1 : 1177$\frac{1}{2}$ bereits einen gar nicht übeln Werth.

120. Die Bestimmung der Ortszeit. Für die Bestimmung der Ortszeit unterscheiden sich die Mittel wesentlich, je nachdem dieselbe zu bürgerlichem oder astronomischem Zwecke, auf dem Lande oder auf der See vorgenommen werden soll. — Zur Bestimmung der Zeit auf dem Lande zu bürgerlichem Zwecke hielten noch lange die Sonnenuhren vor, welche in allen möglichen Gestalten construirt wurden. Unter den tragbaren Sonnenuhren hatte zur Zeit namentlich der „Astronomische Ring“ viel Beifall, welchen der bereits als holländischer Herausgeber von Apian's Cosmographie genannte, 1508 zu Dockum in Friesland geborne und 1555 als Professor der Medicin zu Löwen verstorbene Rainer Gemma-Frisius, wenn auch nicht erfunden, so doch jedenfalls wesentlich verbessert und in seiner 1548 zu Antwerpen erschienenen Schrift „De annuli astronomici usu“ beschrieben hat. Er unterscheidet sich von der Armillarsphäre wesentlich nur dadurch, daß der um die Weltaxe drehbare Declinationskreis durch ein drehbares Blatt ersetzt ist, an welchem sich ein Läufer mit Oeffnung auf die Sonnendeclination einstellen läßt; wird nun bei orientirtem Instrument das drehbare Blatt der Sonne zugewandt, so fällt der durch die Oeffnung gehende Lichtstrahl am Equator auf die betreffende Tagesstunde[1]). — Für astronomische

---

aus der Declination erhaltenen noch für die Höhenparallaxe corrigirte und der Berechnung dieser Letztern die Hipparch'sche Horizontalparallaxe von 3' zu Grunde legte, so erhielt er nothwendig aus der Sonne größere Refractionen, als aus den Sternen, — und ähnlich mag es auch Tycho ergangen sein.

[1]) Vergl. für Gemma auch 121. Ferner ist zu erwähnen, daß Gemma schon in seinem 1533 zu Antwerpen erschienenen „Libellus de locorum describendorum ratione“, und also namentlich vor Münster, in dessen 1544 er-

Zwecke wurden häufig hohe Gnomone benutzt, — oder dann, um zu jeder Tagesstunde eine Zeitbestimmung machen zu können, die Höhe der Sonne oder eines Sterns in merklicher Entfernung vom Meridian gemessen, und daraus der Stundenwinkel berechnet. — Letztere Methode kam auch auf der See zur Anwendung, nur wurden da zur Höhenbestimmung besondere Instrumente verwendet, — früher fast ausschließlich der bereits beschriebene „Jakobsstab", — später neben ihm auch sehr häufig der „Davis-Quadrant". Letzteres Instrument[a]) trägt den Namen seines Erfinders, des englischen Schiffskapitäns John Davis, desselben, der die Davis-Straße genannte Meerenge aufgefunden hat, und 1605 an der Küste von Malacca in einem Gefechte mit japanischen Seeräubern fiel. Auch der um 1570 als Professor der Mathematik zu Orleans stehende, durch sein 1578 zu Lyon erschienenes „Theatrum instrumentorum et machinarum" auch allgemeiner bekannte Jacques Besson soll ebenfalls ein Instrument oder eine Hülfsvorrichtung zur Beobachtung der Zeit auf dem Meere

---

schienener „Cosmographia" ich früher die erste Andeutung einer Triangulation zu finden glaubte, in ähnlicher und sogar noch besserer Weise eine solche Operation empfiehlt. — Sein 133 erwähnter Sohn Cornelius Gemma lebte von 1533—1577 zu Löwen als Arzt und Professor der Medicin.

[a]) Der Davis-Quadrant (auch Back-Staff genannt) bestand nach „Hutton Dictionary" und „Bode, Erläuterung der Sternkunde. 2. A. Berlin 1793, 2 Bde. in 8." aus zwei sich zu einem Quadranten ergänzenden Sectoren, a und c waren verschiebbare Diopter, — a früher aus einer Oeffnung, später aus einem Brennglase der Focaldistanz a b bestehend, — c ein gewöhnliches Oculardiopter; bei b war ein Auffangsblättchen mit einer Spalte. Beim Gebrauche hielt der Beobachter bei d mit der linken, bei e mit der rechten Hand, und stellte sich so, daß er die Sonne im Rücken hatte; dann drehte er den Quadranten so, daß die zum Voraus auf einen ganzen Grad α eingestellte Oeffnung oder Linse a ein Sonnenbildchen auf b warf, und verstellte c nach β, bis er durch c die Spalte von b nach dem Meereshorizont gerichtet, sah, — $(\alpha + \beta)$ war nun offenbar die Sonnenhöhe.

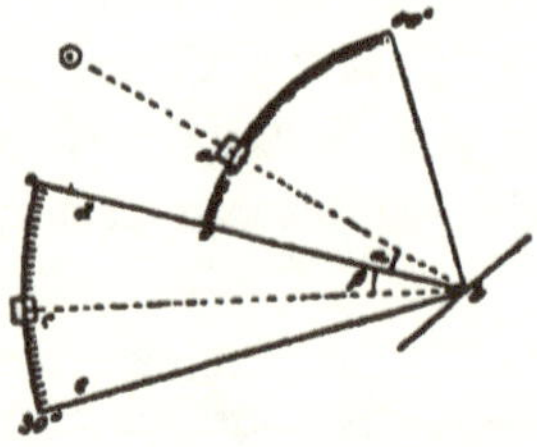

Fig. 30.

erfunden haben[*]); wie dieselbe beschaffen war und ob sie in Gebrauch kam, ist mir jedoch unbekannt.

121. Die Bestimmung der Länge. Die Längenbestimmungen waren natürlich in dieser ältern Zeit noch unzuverlässiger als diejenigen der Polhöhen, da für eine Längenvergleichung zu zwei dafür nöthigen guten Zeitbestimmungen noch ein Mittel für Uhrvergleichung hinzutreten mußte, — oder für eine Längenbestimmung auf dem Meere zu der guten Zeitbestimmung einer Erscheinung noch eine auf gute Tafeln basirte Vorausberechnung des Eintreffens der Letztern an einem bestimmten Orte. Da die für Bestimmung der Ortszeit auf dem Lande und zur See gebrauchten Methoden bereits unter der vorhergehenden Nummer besprochen worden sind, so bleiben hier zunächst nur die zur Uhrvergleichung vorgeschlagenen Methoden zu erwähnen. Neben der schon von Hipparch gegebenen Methode der Mondsfinsternisse[1]) wurde die schon 1499 von Amerigo Vespucci angewandte Methode der Monddistanzen[2]) neuerdings von Werner und dann auch von Apian in seiner Cosmographie portirt, und sie wäre in der That ganz gut gewesen, wenn sie nicht bessere Mondtafeln vorausgesetzt hätte, als man damals besaß; aber noch ein Jahrhundert später, wo Morin dieselbe in der mehrerwähnten Schrift wieder warm empfahl, scheiterte sie an besagtem Hindernisse, — ja noch einmal ein halbes Jahrhundert später, wo St. Pierre dieselbe den Engländern octroyiren wollte, ging es ebenso[3]). — Aehnlich erging es, als Oronce Finée[4]) in seiner 1544 zu Paris erschienenen Schrift „De invenienda longitudinis differentia" vorschlug, durch Meridianbeobachtung des Mondes dessen von der

---

[*]) Libri sagt nämlich in seinem Cataloge bei Anführung von „J. Besson, Le Cosmolabe. Paris 1567 in 4.": „Besson's work is a great rarity and curious as anticipating the method proposed in 1760 by C. Irwin, for finding the longitude at sea by a new instrument, the said new instrument of 1760 being Besson's of 1567."

[1]) Vergl. 45. [2]) Vergl. 32 und 45. [3]) Vergl. 151.

[4]) Finäus wurde 1494 zu Briançon geboren, und starb 1555 zu Paris als Professor der Mathematik am Collége de France.

Parallaxe nicht influencirte Rectascension zu bestimmen, d. h. die Verspätung der Mondculmination vom östlichen bis zum westlichen Meridiane zu benutzen, — die Praxis hätte auch bessere Uhren und Tafeln erfordert. — Und nochmals ging es so, als Rainer Gemma-Frisius in seiner 1530 zu Antwerpen erschienenen Schrift „De principiis astronomiae et cosmographiae" für Bestimmungen auf dem Lande die directe Vergleichung der Ortszeiten mittelst tragbarer Uhren anempfahl, — es fehlten hinreichend gute Uhren, ja sie fehlten noch, als Peter Krüger diese Methode 1615 in einem Briefe an Kepler[5]) in der Weise belieben wollte, daß man die Angaben zweier Sonnenuhren mittelst einer Räderuhr vergleiche, und Kepler hatte ganz Recht ihm zu antworten[6]), es sei zweifelhaft, ob die Räderuhr nicht mehr fehlen könnte als die Schätzung der Distanz, — wolle man sich aber auf Letztere verlassen, so könne man ja den Mittagsunterschied leicht aus ihr und den beiden Polhöhen berechnen. — Wir sehen also, daß es an Ideen nicht fehlte, könnten wir ja noch an die durch Galilei in Aussicht genommene Benutzung der Jupiterstrabanten erinnern, — wohl aber an Mitteln zu befriedigender Ausführung[7]). Und in der That war die factische Sicherheit der Längenbestimmungen noch nichts weniger als erfreulich, wie wir am Besten aus den Angaben betreffender Schriftsteller erkennen: So gibt Apian in Beziehung auf den durch die Fortunatsinseln oder Canarischen Inseln gelegten ersten Meridian z. B. Paris in 23° 30′ (statt 20° 30′ Ferro) und sodann vergleichungsweise mit Paris: Bern 0° 48′ (statt 5° 6′), Zürich 3° 6′ (statt 6° 13′), Nürnberg 4° 50′ (statt 8° 44′), Leipzig 6° 28′ (statt 10° 2′) rc., — dagegen dann allerdings Kepler in den Rudolphinischen Tafeln in Beziehung auf den durch Hveen gelegten ersten Meridian z. B. Paris 40^m (statt 41^m), und sodann vergleichungsweise mit Paris: Bern 21^m (statt 20^m), Zürich 26^m (statt 25^m), Nürnberg 36^m (statt

---

[5]) Brief 285 bei Hansch.

[6]) Brief 287 bei Hansch.

[7]) Für die Geschichte der Meereslänge vergl. auch 166.

35^{m}), Leipzig 39^{m} (statt 40^{m}) ꝛc. — Der Vollständigkeit wegen mag noch bemerkt werden, daß Stevin in seiner später zu besprechenden Cosmographia den zwar nicht sehr praktischen Vorschlag machte, zur Orientirung auf dem Meere einen von Reginaldus Peträus oder Regnier Pieterszoon construirten, nach Art der Marinen-Boussolen aufgehängten Azimuthalquadrant mit Magnetnadel zu verwenden, — mit demselben durch correspondirende Höhen die Mittagslinie und daraus die Declination der Nadel zu bestimmen, und Letztere in Verbindung mit der Breite zu benutzen, um den einzuhaltenden Curs festzustellen.

122. Das hessische Sternverzeichniß. Landgraf Wilhelm IV. von Hessen richtete sich, wie schon erwähnt wurde, 1560 auf einem Thurme in Kassel eine Sternwarte ein, und zwar zunächst zu dem Zwecke, einen neuen Sterncatalog anzulegen, — eine Aufgabe, deren Lösung er bis zu seinem 1567 erfolgten Regierungsantritte selbst an die Hand nahm, — dann, durch einen von Tycho Brahe 1575 erhaltenen Besuch neu ermuntert, mit Hülfe von Rothmann und Bürgi bis 1586 zu einem gewissen Abschlusse brachte: Die Declinationen wurden im Allgemeinen aus Meridianhöhen unter Berücksichtigung der Refraction abgeleitet, zuweilen auch aus Höhen in bestimmten Azimuthen berechnet. Für Rectascensionsbestimmungen wurde 1° aus der Mittagshöhe der Sonne unter Berücksichtigung der Refraction und der nach Hipparch zu 3′ angenommenen Parallaxe ihre Declination, und mit deren Hülfe und unter Voraussetzung von $e = 23° 31' 30''$ auch ihre Länge und Rectascension bestimmt, — sodann 2° entweder die Culmination eines andern Gestirns abgewartet und an der Uhr der Rectascensionsunterschied abgelesen, — oder, um sich nicht für längere Zeit auf die Uhr verlassen zu müssen, Abends vor Sonnenuntergang in bestimmten Azimuthen und unter Notirung der Zeit die Höhe der Sonne, und ebenso diejenige von der Venus[1]) gemessen, — aus den

[1]) Venus wurde auch zuweilen durch Jupiter ersetzt, so z. B. am 24. Januar 1585.

Sonnenbeobachtungen und der aus der nunmehrigen Sonnenlänge berechneten Sonnendeclination die Stundenwinkel der Sonne, sowie durch Vergleichung der Letztern mit den entsprechenden Beobachtungszeiten die Uhrfehler bestimmt, — mit Hülfe hievon die Beobachtungszeiten der Venus corrigirt, d. h. die Stundenwinkel St☉ der Sonne zur Zeit der Venusbeobachtungen gefunden, — aus den Venusbeobachtungen selbst aber auch die gleichzeitigen Stundenwinkel St♀ der Venus berechnet, und nun

$$AR♀ = AR☉ + St☉ — St♀$$

gesetzt, — hierauf 3° nach Sonnenuntergang von einem als Ausgangspunkt gewählten Sterne, z. B. von α Tauri, die D und die Winkeldistanz von ♀ bestimmt, daraus und aus D♀ die Rectascensionsdifferenz beider berechnet und der AR♀ beigelegt, — endlich 4° in ähnlicher Weise auch noch andere Sterne aus den schon Bestimmten abgeleitet. Aus AR und D wurden dann wohl auch noch Länge und Breite der Sterne ausgemittelt, wobei die sämmtlichen absoluten Längen in Folge der angewandten Sonnenparallaxe um ca. 6′ zu groß ausfielen, während ihre Differenzen mit den von Tycho Brahe in ganz anderer Weise Bestimmten recht schön übereinkommen. Wilhelm hatte so 1566—67 einen Catalog von 58 Sternen vollendet, während derjenige, den Rothmann 1586 unter Zuzug der von ihm und Bürgi erhaltenen Beobachtungen zusammenstellte, bereits 121 Sterne umfaßte und der planirte, aber dann allerdings wegen Abreise Rothmanns und bald erfolgtem Tode von Wilhelm unvollendet gebliebene Hauptcatalog 1032 Sterne enthalten sollte[1]). Das Charakteristische ist und bleibt, daß für diesen hessischen Sterncatalog die Zeit zum ersten Mal als eigentliches Beobachtungselement benutzt, also die Uhr zum astronomischen Instrument erhoben

---

[1]) Vergl. die von Snellius herausgegebenen „Coeli et siderum in eo errantium observationes Hassiacae, Principis Wilhelmi Hassiae Lantgravii auspiciis institutae. Lugd. Bat. 1618 in 4.", und ganz besonders das Werk von Alb. Curtius in 123. Weitern sachbezüglichen, sich auf die Original-Manuscripte stützenden Detail beabsichtige ich gelegentlich in meinen „Astronomischen Mittheilungen" zu veröffentlichen.

wurde, während sie früher höchstens dazu gedient hatte, die Epoche einer Beobachtung angenähert festzulegen: Es war also auch doppelt nothwendig eine möglichst gute Uhr zu erstellen, und es war somit nicht eine von Bürgi sich willkürlich gestellte, sondern eine aus der Nothwendigkeit für ihn förmlich erwachsene Aufgabe das neue Hülfsinstrument entsprechend zu vervollkommnen. Daß er diese Aufgabe mit Erfolg löste, geht aus den Beobachtungen selbst hervor*), — wie er sie muthmaßlich löste, ist bereits besprochen worden.

123. Die Beobachtungen von Tycho und Hevel. Auch Tycho Brahe bestimmte auf seiner für damalige Zeiten großartigen Uranienburg für α Arietis und 20 andere ausgewählte Fundamentalsterne mit Hülfe von Longomontan aus siebenjährigen Beobachtungen möglichst genaue Positionen, — dabei die Uhr ganz ausschließend, und immer nur Höhen, Azimuthe und Distanzen messend. An diese Fundamentalpunkte schloß er dann aber nicht nur andere Sterne, sondern namentlich auch den Mond und die Planeten an, und schuf so das große Material, dessen aus Bearbeitung durch Kepler hervorgegangene schöne Früchte wir bereits großentheils kennen gelernt haben, so daß hier, unter Hinweisung auf das bei der Ptolemäischen Theorie des Mondes Beigebrachte, nur noch beigefügt werden mag, daß aus Tycho's Bestimmungen namentlich auch eine genauere Kenntniß der Lage der Mondbahn und der Bewegung ihrer Knoten resultirte. Seine Distanzen und Rectascensionsdifferenzen stimmen mit denen von Kassel ganz gut zusammen, während er in den absoluten Recta-

*) Es würde hier zu weit führen, ein vollständiges Beispiel von den Hessischen Beobachtungen und ihrer Berechnung zu geben, — ich werde es bei der in vorstehender Note in Aussicht gestellten Gelegenheit nachholen, und beschränke mich darauf zu bemerken, daß durch die verschiedensten, die Uhr bald mehr, bald weniger in Anspruch nehmenden der oben angedeuteten Methoden die Rectascension des als Fundamentalstern gewählten Aldebaran in Beziehung auf das Frühlingsequinoctium 1586 innerhalb eines kleinen Bruchtheiles der Minute übereinstimmend zu 63° 10′ erhalten wurde, was ohne ziemlich zuverlässige Uhren kaum gedenkbar wäre.

scensionen den in Kassel begangenen Fehler von 6′ zu vermeiden wußte[1]). Die von Albertus Curtius[2]), der aber seinen Namen sonderbarer Weise durch Buchstabenversetzung in Lucius Barettus umwandelte, im Jahre 1666 zu Augsburg herausgegebene „Historia coelestis ex observationibus Tychonis Brahe 1582—1601“[3]) umfaßt die beiden in Kassel und auf Hveen erhaltenen Serien in ziemlicher Vollständigkeit, jedoch sollen in derselben auch viele fehlerhafte Angaben vorkommen; zwei von Tycho selbst in seinen „Progymnasmata“ für 1600 gegebene Cataloge, deren erster von 773 Sternen Länge und Breite, der zweite von einer Auswahl von 100 Sternen Rectascension und Declination gibt, scheinen mehr Zutrauen zu verdienen. — Während somit der Kepler zur Benutzung stehende Stern-Catalog von Tycho nicht einmal 1000 Sternpositionen enthielt, setzte sich sodann Hevel vor ein Sternverzeichniß von 3000 Sternen anzulegen, brachte

[1]) Er erhielt z. B. für 1585 als Rectascension von α Arietis: 26° 0′ 30″, während Rothmann für 1586: 26° 6′ 50″ gibt, so daß sich also wirklich eine Differenz von circa 6′ zeigt.

[2]) Curtius wurde etwa 1600 zu München geboren, trat in den Jesuitenorden, war folgeweise Rector der Collegien in Eichstädt, Luzern ꝛc., und starb 1671 zu München.

[3]) Nach Lalande wurde die Historia coelestis „avec différens frontispices“: Aug. Vind. et Viennae 1668, — Ratisbonae 1672, — Dilingae 1675, ꝛc. ausgegeben. — Bei meinem Exemplare der „Historia coelestis“ fehlt der eigentliche Titel, während hinten „Augustae Vindelicorum apud Simonem Utzschneiderum Anno 1666“ zu lesen ist, — genau wie bei dem Kassler Exemplar, welch Letzterm aber dann noch lose der Titel beiliegt: „Historia coelestis jussu S. C. M. Ferd. III edita complectens Observationes astronomicas varias ad historiam coelestem spectantes: 1. Ilustris Viri Tychonis Brahe Observationes ex M. S. C. S. C. M. oblatis. 2. Babylonicas, Graecas, Alexandrinas ex M. S. C. et revisione V. Cl. Michaelis Moestlini. 3. Ejusdem Moestlini Observationes Tubingensis ex M. S. C. V. Cl. Wilhelmi Schickhardi. 4. Hassicas ex M. S. C. Casselanis. 5. Miscellaneas ex variis M. S. C. quorum nomina assignantur. Prostat apud Johannem Conradum Emmrich, Civem et Bibliopolam Ratisbonensem 1672.“ Das Kassler Exemplar hat neben pag. XCIII, das Basler neben CVI, die von Ph. Kilian gestochene Standfigur Tycho's, — beide neben pag. CVIII eine Abbildung der Uranienburg und der übrigen Sternwarten Tycho's.

es jedoch allerdings auch nur auf etwas mehr als die Hälfte. Sein für die Epoche 1660 angelegter Catalog erschien erst 1690 posthum, durch seine Frau und Gehülfin besorgt, in seinem „Prodromus astronomiae", und schloß die ältere, sich ausschließlich auf Beobachtungen mit freiem Auge stützende Reihe solcher Arbeiten in würdiger Weise ab[4]).

124. Die Gradmessungen von Snellius, Norwood und Riccioli. Der gleiche Mann, dessen Namen, wie bereits erwähnt wurde, die Pothenot'sche Aufgabe und das Descartes'sche Brechungsgesetz tragen sollten, der ausgezeichnete Willebrord **Snellius**[1]), hatte auch die glückliche Idee die Länge eines Meridiangrades dadurch zu bestimmen, daß er mit Hülfe eines orientirten Dreiecksnetzes den Abstand eines Punktes von dem Parallel eines Andern berechnete, und sodann durch die in Graden ausgedrückte Polhöhendifferenz beider Punkte theilte. Er fand so, wie man in seinem 1617 zu Leyden publicirten „Eratosthenes batavus" sehen kann, für einen Grad in der Nähe von Alcmaar die Länge von 55100 Toisen, — während sich sodann allerdings, nach Hebung einiger von ihm selbst gefundener Messungsfehler, später durch eine von Musschenbroek aus Pietät vorgenommene Neuberechnung dafür 57033 Toisen ergaben. Seine vortreffliche, noch jetzt als beste anerkannte Methode der Erdmessung verbreitete sich aber nicht sehr rasch, da noch nach seiner Zeit Norwood und Riccioli glaubten andere, jedoch lange nicht ebenso gute Wege einschlagen zu sollen: Der Engländer Richard Norwood, der früher muthmaßlich Seemann, später Lehrer der Mathematik und Nautik war, beschrieb seine Messung in einem 1636 zu London erschienenen Werke „The Seaman's Practice[2])." Er maaß 1633 VI 11 zu London mit einem Quadranten von 5' Radius die Höhe der Sonne, und fand dafür 62° 1', während er 1635 an demselben Jahrestage zu York nur 59° 33' erhielt: er konnte so, ohne auf Declination, Refraction, Parallaxe rc. ernstlich Rück-

[4]) Vergl. für Hevel 101, für seine Instrumente 114—116, für seine Sternkarten 138.

[1]) Vergl. 103. [2]) Eine 8. Auflage erschien 1668.

sicht nehmen zu müssen, schließen, daß York um 2° 28' nördlich von London liege. Sodann maaß er mit einer Kette die ganze Distanz von London bis York, wobei er den Wegen folgte, aber mit einer Boussole jeweilen die Abweichung seiner Kettenrichtung gegen den Meridian bestimmte, und auch die Neigungen gegen den Horizont ermittelte. Nach entsprechender Reduction fand er so für die Distanz 9149 Ketten à 99' Engl., und sodann die Länge eines Grades gleich $9149 \times 99 : 2\frac{7}{15} = 367196'$ Engl. $= 57300^t$. — Die zweite Messung machten Riccioli und Grimaldi im Jahre 1645 nach einem schon von Kepler angedeuteten, zwar sehr sinnreichen, leider aber wegen des starken Einflusses der terrestrischen Refraction wenig Genauigkeit gewährenden Verfahren: Sie maaßen nämlich an zwei Punkten von bedeutender Niveaudifferenz, deren Horizontaldistanz durch eine Triangulation bestimmt war, gegenseitige Zenithdistanzen, und schlossen aus letztern, welcher Winkeldistanz jene Horizontaldistanz entspreche. Es ergab sich so die Länge eines Grades gleich 64368 römischen Schritten, was nach Montucla mit 62650^t übereinkömmt[3]).

125. Die Chorographie. Daß sich Messung und Darstellung der Erde gegenseitig heben mußten, liegt auf der Hand. In letzterer Richtung erwarben sich denn auch wirklich Mercator und Flamsteed große Verdienste: Gerhard Krämer oder Mercator hat sich durch die seinen Namen tragende Kartenprojection mit sog. wachsenden Breiten verewigt, welche nicht nur conform war[1]), sondern auch die für nautische Zwecke wichtige Eigenschaft besaß, daß bei ihr die alle Meridiane unter demselben Winkel schneidende, sog. loxodromische Linie gerade wurde[2]); daß dieselbe ursprünglich von Mercator nicht ganz richtig ausgeführt und dann erst von Wright berichtigt worden sei, ist von des Erstern Biographen Breusing total widerlegt worden. Die von Mercator in dieser Projection ausgeführte, 1569 vollendete und zu Duisburg erschienene, 6' lange und 4' hohe Weltkarte, die sehr ver-

[3]) Vergl. Riccioli's neuen Almagest, Band I pag. 59—60.

[1]) Vergl. 227. [2]) Vergl. Nonius' Schrift über Loxodromie.

breitet war, vielfach nachgebildet wurde, und auf lange Zeit hinaus als Musterkarte diente, ist jetzt sehr selten geworden, — ja es soll von der Originalausgabe möglicher Weise nur noch Ein in Paris aufbewahrtes Exemplar existiren. Auch sein 1595 posthum in Duisburg erschienener „Atlas" soll verdienstlich sein, und auch sonst erwarb er sich um die Chorographie und die Karten-Erstellung überhaupt so große Verdienste, daß Peschel bei seiner Besprechung[a]) sagt: „Die Geschichte kennt nur drei große darstellende Geographen, Ptolemäus und seine Reformatoren Mercator und Delisle." — Für die Astronomie hat sodann John Flamsteed noch besonderes Interesse, nicht nur wegen der seinen Namen tragenden conischen Projection, sondern namentlich auch wegen der von ihm in derselben als Muster für alle folgenden Zeiten entworfenen Sternkarten, welche 1729 posthum unter dem Titel „Atlas coelestis" erschienen sind. — Anhangsweise mag erwähnt werden, daß der 1561 zu Hall in Tyrol geborne und 1636 als Lehrer der Mathematik zu Rom verstorbene Jesuit Christoph Griensberger in seiner 1612 zu Rom aufgelegten Schrift „Prospectiva nova coelestis," zuerst die centrale Projection behandelt haben soll.

126. Die Parallaxe. Für Neubestimmung der Parallaxe, die namentlich gegenüber der Sonne so nothwendig gewesen wäre, geschah im 16. Jahrhundert gar nichts; entweder vernachlässigte man sie überhaupt, oder dann führte man zum Schaden die alten Werthe ein, wie wir es bei Rothmann gesehen haben[1]). Nachdem sodann aber im Anfange des 17. Jahrhunderts Kepler einer solchen Neubestimmung gerufen hatte, unternahm der Belgier Gottfried Wendelin[2]) wenigstens eine Revision der Aristarch'schen

[a]) Vergl. das Vorwort zu seiner 227 erwähnten Schrift.

[1]) Vergl. 122.

[2]) Zu Herck bei Hasselt 1580 geboren, war Wendelin zuerst Corrector in einer Druckerei Lyon's, dann Advokat in Paris; später trat er in den geistlichen Stand über, und starb 1660 als Dekan des Kapitels von Rothnac. Er verkehrte viel mit Petavius, Malapertius, Gassendi, Van Langren &c., und tauschte mit ihnen seine Beobachtungen aus.

Bestimmung: Er maaß nämlich 1650 auf Majorka unter Anwendung des Fernrohrs wiederholt zur Zeit des Viertels den Abstand des Mondes von der Sonne, und fand für denselben im Mittel 89° 45′. Führt man nun diesen Werth statt der Aristarch'schen 87° unter Beibehaltung aller übrigen Daten in die Hipparch'sche Rechnung ein, so reduciren sich die 3′ auf 14″, und diese Bestimmung ⊙ = 14″ war für damalige Zeit ganz vortrefflich, obschon sie immerhin dem Wunsche Raum ließ, auch noch auf einem ganz andern Wege, und womöglich aus zwei Ständen, solche Distanz-Bestimmungen zu unternehmen. Wir werden in einem spätern Abschnitte sehen[3]), daß und wie man diesem Wunsche in einer nicht sehr fernen Zeit gerecht wurde. — Bemerkenswerth ist endlich, daß Tycho Brahe bei Anlaß des Cometen von 1577 den Versuch wagte, dessen Parallaxe zu bestimmen, wobei er die dafür von Regiomontan im Zweiten seiner „De cometae magnitudine, longitudineque, ac de loco ejus vero Problemata XVI"[4]) angedeutete Methode zu Grunde legte, d. h. die Parallaxe des erwähnten Cometen, über die er schon anderweitig speculirt hatte, auch noch aus zwei am 13. December um $7^h 7^m$ und $9^h 8^m$ nach Azimuth und Höhe bestimmten Positionen desselben zu bestimmen suchte. Obschon Tycho dabei nur das negative Resultat erhielt, daß die Parallaxe so zu sagen verschwindend, jedenfalls weit kleiner als die des Mondes sei, so bewies er doch auf diese Weise schlagend, daß der Comet jedenfalls nicht für sublunarisch gehalten werden dürfe, wie es die Peripatetiker immer noch behaupten wollten. [5])

[3]) Vergl. 229.

[4]) Es wurde diese Abhandlung von Schoner 1544 zu Nürnberg mit einigen Andern aus Regiomontan's Nachlasse unter dem Titel „Scripta Regiomontani" herausgegeben. [5]) Vergl. 134.

7. Capitel.

Die ersten Entdeckungen mit dem Fernrohr.

127. Die Entdeckung der Sonnenflecken. Als, wenige Jahre nachdem Kepler einen vermeintlichen Merkurdurchgang beobachtet hatte[1]), und zwar muthmaßlich an einem December-Morgen 1610, Johannes Fabricius[2]) das kurz zuvor erfundene Fernrohr benutzen wollte, um den Sonnenrand auf allfällige Ungleichheiten zu untersuchen, entdeckte er zu seiner größten Verwunderung Flecken auf der Sonne: „Ich richtete das Fernrohr nach der Sonne," erzählt er in seiner „Narratio"[3]). „Sie schien mir allerlei Ungleichheiten und Rauhigkeiten zu haben, auch um den Rand...... Indem ich nun das aufmerksam betrachte, zeigt sich mir unerwartet ein schwärzlicher Flecken von nicht geringer Größe in Vergleichung mit dem Sonnenkörper..... Ich glaubte vorbeiziehende Wolken stellen den Flecken dar. Ich wiederholte die Wahrnehmung wohl zehnmal, durch batavische Fernröhren von verschiedener Größe, versicherte mich endlich, Wolken verursachen diesen Flecken nicht. Indessen wollte ich doch mir allein nicht trauen, rief also den Vater, bei dem ich mich damals nach meiner Rückkehr aus den Niederlanden befand[4])...... Wir fingen beide mit dem Fernrohr die

[1]) Vergl. 53.

[2]) Vergl. für Johannes Fabricius und seinen Vater David 99.

[3]) Der vollständige Titel lautet: „Jo. Fabricius, Narratio de maculis in Sole observatis et apparente earum cum Sole conversione. Witebergae 1611 in 4."

[4]) Tiaden schreibt trotz dieser klaren Angabe in der 99 benutzten Schrift die Entdeckung David zu und nur die Schrift einem Johannes (Sohn oder

Sonnenstrahlen auf, anfangs am Rande, gingen nach und nach gegen die Mitte, bis das Auge an die Strahlen gewohnt war, und wir die ganze Sonnenscheibe sehen konnten[8]). Da sahen wir das Erwähnte deutlicher und gewisser...... So verging uns der erste Tag und unserer Neugier war die Nacht beschwerlich, die uns unter Zweifeln verging, ob der Flecken in oder außer der Sonne wäre...... Den folgenden Morgen erschien mir beim ersten Anblick der Flecken wiederum, zu meiner großen Freude, weil ich von den erwähnten beiden Meinungen der ersten gewesen war...... Indessen schien der Flecken seine Stelle ein wenig verändert zu haben, was uns Bedenken machte. Um die Augen zu schonen, ließen wir das Sonnenbild durch eine dunkle Oeffnung in ein finsteres Zimmer fallen[9])...... Nun war es drei Tage lang trüb. Als wir wieder heitern Himmel bekamen, war der Flecken von Osten gegen Westen in einiger Schiefe fortgerückt. Wir bemerkten am Sonnenrande einen andern kleinern, der aber dem großen folgte, und in wenig Tagen ins Mittel der Sonnenscheibe kam. Noch einer kam dazu, wir sahen drei. Der größere entzog sich am entgegengesetzten Rande nach und nach unserm Anblicke, und daß die Andern eben dergleichen vorhatten, sah man aus ihrer Bewegung. Eine Art von Hoffnung ließ mich Wiederkunft erwarten. Nach 10 Tagen fing der größere wiederum an am östlichen Rande zu erscheinen; wie der weiter in die Sonnenscheibe hineinging, folgten auch die übrigen, die sich

---

Bruder desselben), worin er entschieden Unrecht hat, wie aus dem in Nr. 69 meiner Sonnenfleckenliteratur abgedruckten Briefe des Vater Fabricius an Mästlin, und dem in 99. beigebrachten Zeugnisse Kepler's deutlich hervorgeht. Nichtsdestoweniger wird diese unrichtige Angabe noch immer wiederholt, wie z. B. von Mädler in seiner Geschichte der Himmelskunde I 263.

[8]) Kästner, dessen Geschichte (IV 140—142) ich diese Uebersetzung entnehme, sagt im Tone des Vorwurfes: „Das Sonnenbild durchs Fernrohr im finstern Zimmer aufzufangen, fiel ihm noch nicht ein," und es ist allerdings für die Augen der Fabricius zu bedauern, daß sie nicht sofort daran dachten wenigstens farbige Gläser anzuwenden, was nach Bode schon Peter Apian empfohlen haben soll, — namentlich aber, wie auch Kästner bemerkt, daß man bei Johannes bestimmtere Angaben von Umständen und Zeiten vermißt. [9]) Also doch.

am Rande allemal undeutlich zeigten. Das leitete mich also auf eine Umwälzung der Flecken; darüber wollte ich nicht aus einer einzigen Revolution urtheilen, sondern aus etlichen folgenden, die ich, vom Anfang des Jahres bis auf die jetzige Zeit[1]) nicht allein angemerkt habe, sondern auch andere mit mir."

128. Die spätern Studien an der Sonne. Während Fabricius muthmaßlich bereits mit Redaction seiner Schrift beschäftigt war, nämlich im März 1611, sah auch der uns schon bekannte Professor Christoph Scheiner in Ingolstadt[1]), im Beisein seines Schülers Joh. Baptist Cysat[2]), Flecken auf der Sonne, wurde aber von seinem Provinzial Busäus, dem er Mittheilung über seine Entdeckung machte, so tüchtig abgekanzelt etwas sehen zu wollen, wovon im Aristoteles nichts zu lesen sei, daß er erst im folgenden October die Erscheinung weiter zu verfolgen wagte. Als er nun dieselbe wieder entschieden bestätigt fand, gab er XI 12, XII 19 und 26 unter dem angenommenen Namen „Apelles" in drei Briefen dem Rathsherrn Markus Welser in Augsburg[3]), einem damaligen Mäcen der Gelehrten, Kenntniß von seinen Wahrnehmungen und Vermuthungen, welche dieser merkwürdig genug fand, um im Januar 1612 die „Tres epistolae de maculis solaribus scriptae ad Marcum Velserum" im Drucke ausgehen zu lassen, und an verschiedene Gelehrte, unter Andern auch an Galilei zu versenden. Dieser Letztere antwortete am 4. Mai 1612, daß er schon vor 18 Monaten, nämlich noch in Padua, oder also vor Mitte August 1610, Sonnenflecken gesehen, ja sie vom November an in Florenz häufig beobachtet und Vielen gezeigt, auch seither deren Bewegung und Veränderlichkeit erkannt habe. Unterdessen hatte auch Scheiner 1612 I 16 und IV 14 weitere Beobachtungen der Sonnenflecken und einige von ihm bestimmte

[1]) Joh. Fabricius dedicirte seine „Narratio" aus Wittenberg „Idibus Junii 1611", also am 13. Juni 1611, seinem Wohlthäter, dem Grafen Enno von Friesland. Vergl. 99.

[1]) Vergl. 100. [2]) Vergl. 100.

[3]) Er lebte von 1558—1614.

Stellungen der Jupitersmonde übersendet, welche Briefe sodann Welser im September mit Beifügung eines dritten Briefes von VII 25, in welchem Apelles seine Priorität aufrecht zu erhalten suchte, unter dem Titel „De maculis solaribus et stellis circa Jovem errantibus accuratior disquisitio ad Marcum Velserum conscripta" abdrucken ließ, und dadurch den von da an Jahrzehnte — lang mit großer Heftigkeit geführten Streit zwischen Galilei und Scheiner anbahnte, der allerdings das Gute hatte, daß den Sonnenflecken mehr Aufmerksamkeit zugewandt wurde, als es wohl sonst geschehen wäre, und daß in den zwei Hauptschriften der beiden Gegner, in der von Galilei herausgegebenen „Istoria e dimostrationi intorno alle macchie solari e loro accidenti" [4]) und der von Scheiner aufgelegten dickleibigen „Rosa ursina" [5]) manche Beobachtungen und Ansichten niedergelegt wurden, welche sonst wahrscheinlich verloren gegangen wären. — Es liegt kein durchschlagender Grund vor die Richtigkeit der Angabe von Galilei über den Zeitpunkt, wo er zuerst Sonnenflecken sah, zu bezweifeln, zumal sie noch 1860 von Plana mit Briefen Galilei's und seiner Zeitgenossen belegt wurde [6]); aber seine Priorität gegenüber Fabricius festzuhalten, möchte um so mißlicher sein, als angenommen werden muß, daß Galilei, der sonst bald bereit war, seine Entdeckungen zu publiciren oder zum Mindesten in einem Anagramme zu verstecken, wenigstens anfänglich die Wichtigkeit seiner Entdeckung an der Sonne übersah, —

[4]) Roma 1613 in 4. (Auch Bologna 1655.)

[5]) Rosa ursina, sive Sol ex admirando facularum et macularum suarum phaenomeno varius, nec non circà centrum suum et axem fixum ab ortu in occasum conversione quasi menstruâ, super polos proprios mobilis. Bracciani 1630 in fol."

[6]) „Reflexions sur les objections soulevées par Arago contre la priorité de Galilée pour la double découverte des taches solaires noires et de la rotation uniforme du globe du soleil. Turin 1860 in 4." So bezeugt z. B. Fulgenzio Micanzio, daß Galilei die Flecken mit seinem neuconstruirten Fernrohre zu Venedig Paolo Sarpi auf einer weißen Karte gezeigt habe, — also vor Ende August 1610, wo er nach Florenz abgereist sein soll.

und überdieß bleibt es auffallend, daß er auch später meines Wissens nie Beobachtungen publicirte[7]), welche älter als die von Scheiner, geschweige als die des von ihm und Scheiner sonderbarer Weise ganz ignorirten Fabricius waren[8]). Dagegen zeichnete sich allerdings Galilei vor den Meisten seiner Zeitgenossen durch seine vorgeschrittenen Ansichten über die Natur der Sonnenflecken aus: Währende Viele, um die von den Peripatetikern angenommene Reinheit der Sonne zu retten, in den Flecken einfach die Sonne umkreisende Körper sehen wollten, so wenigstens anfänglich Scheiner[9]) ferner der sie zu österreichischen Gestirnen erheben wollende Niederländer Malapertius[10]), und auch der Franzose Tardé, welcher vorschlug sie bourbonische Gestirne zu nennen[11]), auch nicht begriff, wie man behaupten könne, „das Weltauge sei krank," ꝛc., — während Andere, welche zwar mit Fabricius die Flecken nach ihrer ganzen Erscheinung der Sonne selbst zutheilten, in denselben eine Art Schlacken sahen, welche sich bei dem großen Sonnenbrande absondern, und welche dann zuweilen als Cometen ausgeworfen werden, damit die Sonne, wie z. B. Marius meinte, „wie ein gebutzt Kertzen-

[7]) Die älteste Beobachtung mit Datum und Beschreibung, welche ich von Galilei bis jetzt fand, ist die in seinem Briefe vom 4. Mai 1612 angegebene vom 5. April desselben Jahres.

[8]) Interessant ist, daß Scheiner Joh. Fabricius, wenigstens nach dem Index zu schließen, auch in seiner **Rosa ursina** nicht einmal anführt, während er doch mit Vater David schon frühe in Correspondenz war, da Letzterer in sein Tagebuch einschrieb: „**1612 Scheinerus Jesuita scribit die 29 Octobr. (qua vesp. eclipsis ☾ fuit) die illo 29 toto fuisse coelum serenissimum.**"

[9]) In den 1614 zu Ingolstadt von J. G. Locher unter dem Präsidium von Scheiner vorgetragenen „**Disquisitiones mathematicae de controversiis et novitatibus astronomicis**" kömmt der Satz vor: „**Maculae Solis sunt corpora nigricantia, circa Solem erratica, motibus variis, nec numero nec natura adhuc definita.**"

[10]) „**Austriaca sidera heliocyclia astronomicis hypothesibus illigata. Duaci 1633 in 4.**" — Charles Malapert wurde 1581 zu Mons geboren, trat in den Jesuitenorden, war Lehrer der Philosophie zu Pont-à-Mousson, und wollte eben einem Rufe nach Madrid folgen, als er 1630 zu Vittoria starb.

[11]) „**J. Tardé, Borbonia sidera, id est, Planetae qui Solis limina circumvolitant motu proprio et regulari, falsò hactenus ab helioscopia**

liecht" wieder heller leuchten könne, ꝛc.[12]), — hielt dagegen Galilei die Sonnenflecken um ihrer großen Veränderlichkeit willen für etwas wolkenartiges, und ist dadurch Vorläufer vieler Astronomen der neuesten Zeit geworden. Dagegen gehört Scheiner das Verdienst zu, zuerst die Rotationszeit der Sonne und die Lage ihres Equators wirklich bestimmt, sowie auch auf die Fleckenzonen aufmerksam gemacht zu haben. Bemerkenswerth ist die meist übersehene Thatsache, daß auch Kepler nicht nur die Entdeckung von Fabricius kannte und würdigte, sondern von 1611 hinweg, nach allerdings vergeblichem Versuche sie in dem, nach Weglegen des Oculars, auf Papier aufgefangenen Objectivbilde zu sehen, mit seinem geistigen Auge in den Beobachtungen Anderer verfolgte. „Nicht nur bewegen sich die Flecken," schrieb er aus Linz am 18. Juli 1613 an den Jesuiten Odo Malcotius[13]), „nicht parallel zur Ekliptik, sondern sie haben auch nicht alle die gleiche Geschwindigkeit, — folglich haften sie auch nicht an der Oberfläche der Sonne, wenn sie auch von derselben nicht durch einen merklichen Zwischenraum getrennt sind. Aus diesen Gründen und weil die Flecken bald erscheinen, bald verschwinden, auch merklichen Formänderungen unterworfen sind, so ist es leicht zu schließen, daß sie etwas unsern Wolken Analoges sind, welche ebenfalls eine eigene, mehr oder weniger von der Erdrotation verschiedene Bewegung besitzen. Steigen diese undurchsichtigen Rauchwolken aus dem weißglühenden Sonnenkörper auf? Gott weiß es; denn die Analogie läßt sich nicht mit Sicherheit bis dahin anwenden." — Zum Schlusse mag noch erwähnt werden, daß auch der berühmte Englische Analytiker Harriot bald nach

maculae Solis nuncupati. Parisiis 1620 in 4." (Auch Franz. 1623 und 1627.) — Jean Tardé war Canonicus an der Kathedrale zu Sarlat in Aquitonien, — sonst scheint sich nichts über ihn erhalten zu haben.

[12]) In seiner „Beschreibung des Cometen von 1618. Nürnberg 1619 in 4.", sagt Marius, daß er seit 1611 viel über die Natur der Flecken nachgedacht, aber „zur Zeit noch keinen Gedanken gehabt" darauf er „sicherlich beruhen könnte". — Vergl. für Marius 100.

[13]) Zu Brüssel 1572 geboren und 1615 als Lehrer der Mathematik in Rom verstorben.

Fabricius, nämlich 1610 XII 8 a. St. Flecken auf der Sonne sah, sie jedoch nicht als solche erkannte, — daß er sodann 1611 I 19, wo gerade die Sonne fleckenlos war, seine Beobachtung revidiren wollte, und sich durch diesen Nichterfolg abschrecken ließ, — dann aber von 1611 XII 1 hinweg während etwa 5/4 Jahren eine wirkliche Beobachtungsreihe unternahm, welche ich seither, durch eine Notiz von Zach darauf aufmerksam geworden, durch Freund Carrington erheben lassen und benutzen konnte[14]). Auch der schon erwähnte Marius beobachtete die Sonnenflecken, spätestens von 1611 VIII 3 an, während mehreren Jahren fleißig[15]); aber seine Beobachtungen sind leider, ohne auch nur zum Theil publicirt worden zu sein, verloren gegangen, und ähnliches Schicksal scheinen noch mehrere andere Serien erfahren zu haben.

129. Die Selenographie. Auch Johannes Hevel stellte in den Jahren 1642—1645 eine bemerkenswerthe Reihe von Beobachtungen über die Sonnenflecken an, welche es mir 1852 ermöglichte, das Sonnenflecken-Minimum von 1645 zu bestimmen. Er publicirte dieselbe 1647 zu Danzig in seiner „Selenographia“, auf welche wir nun zugleich näher einzutreten haben, da durch sie die Topographie des Mondes eingeleitet worden ist: Wohl hatten schon Galilei und seine Zeitgenossen, unter denen sich namentlich der gelehrte Pietro Sarpi lebhaft für die nähere Kenntniß unsers Begleiters interessirt haben soll[1]), auf dem Monde Berge und Thäler wahrgenommen. Galilei

---

[14]) Vergl. Nr. 6 meiner Mittheilungen über Sonnenflecken. (Zürch. Viert. 1858.)

[15]) Vergl. seinen „Mundus jovialis. Norib. 1614 in 4.“

[1]) Auch Fra Paolo oder Paulus Servita genannt, lebte derselbe als Servitenmönch zu Padua, später als Provinzial seines Ordens zu Rom, zuletzt bis zu seinem 1623 erfolgten Tode in Venedig, wo er 1552 geboren worden war. Er soll nach „Fr. Griselini, Denkwürdigkeiten des berühmten Fra-Paolo Sarpi. Ulm 1764 in 8. (pag. 184)“ schon 1610 die Idee gehabt haben eine Sternkarte anzufertigen. Am bekanntesten ist er als Geschichtsschreiber des Concils von Trient geworden, sowie als Eiferer gegen die Uebergriffe des Papstthums.

hatte sogar die Höhen einiger Berge gemessen und war etwas später auf die Libration aufmerksam geworden[2]), welche bewirkt, daß wir beim Monde, obschon er uns im Allgemeinen immer dieselbe Seite zuwendet, doch immerhin bei ⅘ seiner Gesammtoberfläche zu Gesichte bekommen; aber seine Abbildung des Mondes kann man denn doch kaum noch eine Karte nennen[3]), und so darf man wohl behaupten, es sei Hevel das Verdienst zuzuschreiben, dieses Gebiet der astronomischen Thätigkeit zuerst erschlossen zu haben. Seine Selenographie zeigt in saubern, von ihm eigenhändig gestochenen Kupferplatten, Abbildungen des Mondes für jeden Tag seines Alters, und dieselben sind, obschon natürlich bei einer solchen ersten Darstellung noch manche Unrichtigkeiten unterlaufen mußten, doch im Ganzen mit soviel Fleiß und Umsicht ausgeführt, daß man sein Werk nicht nur bei seinem Erscheinen bewunderte[4]), sondern zu allen Zeiten als eines der ehrwürdigsten Denkmäler ausdauernder wissenschaftlicher Thätigkeit in Ehren halten, und den Vandalismus bedauern wird, mit welchem seine Erben die schönen Kupferplatten verschleuderten, so daß jetzt bloß noch Eine, die in ein Kaffeebrett verwandelte Vollmondskarte, existiren soll. Hevel gab auf Letzterer den vielen Flecken des Mondes, nachdem er zuerst daran gedacht hatte ihnen die Namen berühmter Gelehrten beizulegen, dann aber davon zurückgekommen war um nicht Jalousien zu erregen, die ihm unverfänglicher scheinenden Namen von irdischen Gebirgen, Ländern und Meeren, sich jedoch ausdrücklich verwahrend

[2]) Galilei's Brief an Antonini über die Libration datirt von 1637 II 20. Er betrifft jedoch nur die Libration in Breite und die parallactische Libration, während dagegen Hevel und Riccioli auch noch die Libration in Länge auffanden.

[3]) Die von Fontana in seiner mehrerwähnten Schrift gegebenen Zeichnungen des Mondes, welche er 1630—46 aufgenommen haben will, sind jedenfalls schon weit besser als die Galileischen. Der unter folgender Nummer zu erwähnende Hirzgarter hat muthmaßlich sein Mondbild denselben entnommen.

[4]) Sogar Papst Innocenz X. soll, als ihm Zucchius die Selenographie Hevel's vorwies, sich zu dem Ausspruche erhoben haben: „Sarebbe questo libro senza pari, se non fosse scritto da un eretico.“

mit diesen Namen irgend welche Aehnlichkeiten bezeichnen zu wollen. So trug er z. B. die Apenninen, den Vesuv, die Karpathen 2c. auf den Mond über; und da er die, zum Theil schon dem freien Auge sichtbaren grauen Flecken für Wasseransammlungen hielt, so führte er auch das Mare Serenitatis oder das stille Meer, das Mare frigoris oder das Eismer, den Oceanus procellarum oder den stürmischen Ocean, 2c. auf dem Monde ein. — Als sodann jedoch bald darauf, oder vielleicht sogar schon vorher, der Mathematiker Philipp des Vierten von Spanien, der zu Antwerpen oder Mecheln geborne und zu Brüssel residirende Jesuit Michael Florent von Langren, seine „Selenographia Langreniana" herausgab [5]), fand er entweder Hevel's Namen unpassend, oder kannte sie gar nicht und wandte statt derselben biblische Namen an; so trug bei ihm der Etna den Namen des blinden Tobias, das ägäische Meer den der heil. Ursula mit ihren 10000 Jungfrauen, 2c. — Aber auch dieß hielt nicht Stand, sondern als 1651 Riccioli in seinem neuen Almagest eine von seinem Freunde Francesco Maria Grimaldi [7]) gezeichnete, im Allgemeinen hinter derjenigen Hevel's zurückbleibende Mondkarte aufnahm, setzte er den Mondbergen, nach der ursprünglichen Idee Hevel's, Namen von berühmten Männern bei; so kam Galilei an die Stelle der heil. Genoveva, Plato an diejenige von Athanasius, 2c., und nur Katharina behielt er bei, wie man sagt aus Anhänglichkeit an eine Frau dieses Namens; sich selbst aber reservirte er eines der schönsten Mondgebirge am Ost-

[5]) Wenn dieselbe wirklich, wie Lalande angibt, „Bruxellis 1645" erschien, so wäre sie sogar zwei Jahre älter als Hevel's Werk; Lalande hat sie übrigens nicht selbst gesehen, und auch Pulkowa besitzt sie nicht. Quetelet gibt an, Langren's „Planisphaerium lunae" sei zwischen 1647 und 1657 erschienen, — läßt dagegen Langren sich beklagen, daß Hevel seine Arbeit nicht erwähnt habe, obschon er sie bei zwei Jahren vor Erscheinen der Selenographie gekannt haben müsse; es liegt also auch da nichts Sicheres vor.

[6]) Vergl. 142.

[7]) Zu Bologna 1618 geboren, und ebendaselbst 1663 als Lehrer der Mathematik am Jesuitencollegium verstorben, — berühmt durch seine Entdeckung der Beugung des Lichtes.

rande. — Dank der menschlichen Eitelkeit siegte dieses System von Riccioli, und von den Namen Hevel's haben sich fast nur diejenigen der Meere erhalten.

130. Die Planeten. Die durch Copernicus von theoretischem Standpunkte aus geforderten Lichtphasen der Planeten wurden mit Hülfe des Fernrohrs wirklich gesehen, und zwar, wie schon früher beiläufig mitgetheilt wurde, durch Galilei bei Venus zuerst und bald nach Erstellung desselben: Schon am 11. December 1610 theilte er seinen Fund dem Gesandten Giuliano de' Medici in Prag in dem Anagramme „Haec immatura a me jam frustra leguntur OY“ mit, und gab sodann am 1. Januar 1611 von demselben die Auflösung: „Cynthiae (i. e. Lunae) figuras aemulatur mater amorum (i. e. Venus).“ Auch an Castelli und Clavius gab er Nachricht davon, und hob in seinem Briefe an Letztern hervor, wie diese Erscheinungen beweisen, daß Venus (und so wohl auch die übrigen Planeten) nur durch die Sonne erleuchtet sei und sich um dieselbe drehe. — Neben Galilei ist der neapolitanische Edelmann Francesco Fontana zu nennen[1]), der 1643 I 22 zum ersten Male und dann 1645 und 1646 wiederholt die Phasen der Venus sah, und dabei die Lichtgrenzen zackig zeichnete, also Berge bemerkte, — der 1638 VIII 24 bei Mars eine Phase und überdieß auf demselben einen Flecken wahrnahm, aus welchem er auf eine Umdrehung dieses Planeten um seine Axe schloß, — und der überdieß 1639 V 23 und 1646 I 26 bei Merkur ebenfalls mit Sicherheit Phasen beobachtete, während Galilei, Hortensius und Marius dieselben

[1]) Fontana wurde etwa 1585, und jedenfalls nicht erst 1602, zu Neapel geboren, war Rechtsgelehrter, construirte aber auch Fernröhren und machte mit denselben in Gemeinschaft mit einem Freunde, dem Jesuiten Jo. Baptista Zupus, viele Beobachtungen, welche er in dem Werke „Novae coelestium terrestriumque rerum observationes. Neapoli 1646 in 4.“ beschrieb. Er wurde 1656 zu Neapel ein Opfer der Pest. — Die erwähnte Schrift zeigt sein Bild mit der Umschrift: „Franciscus Fontana Neapol. novi optici tubi astronomici inventor. A. 1608. Aet. suae 61“, und verlegt also das Geburtsjahr auf 1585. Vergl. für ihn auch 113 und 129.

bei diesem Planeten wohl mehr vermuthet als wirklich wahrgenommen hatten. — Auch der Zürcherische Pfarrer Mathias Hirzgarter sah die Phasen von Merkur und Venus ganz deutlich [2]); dagegen scheint sein Fernrohr für Mars nicht hingereicht zu haben, und so gab er ihm gestützt auf eine, angeblich von Fontana herrührende Zeichnung, welche ihm ein Freund aus Padua zugesandt hatte, eine ganz seltsame, einem verstümmelten Tetraeder entsprechende „monstrosische" Form, um derentwillen er und seine im Ganzen gar nicht werthlose Schrift später von Manchen verlacht wurde. — Bei Jupiter bemerkten sowohl Fontana als der zu Rom als Hofprediger von Papst Alexander VII. lebende Jesuit Nicolaus Zucchius [3]) im Jahre 1630 zwei sich mitten durch ihn ziehende Parallelstreifen, und sie wurden auch in den folgenden Jahren theils durch sie, theils durch die Torricelli, Riccioli und Grimaldi noch vielfach gesehen [4]), jedoch schienen sie etwas veränderlicher Natur, da man einzelne Male nur den Einen finden konnte, und andere Male wieder drei zu sehen glaubte, ja Hevel 1647 gar nichts von ihnen wahrgenommen zu haben scheint. — Die von Fontana,

---

[2]) Vergl. für Hirzgarter, der von 1574—1653 lebte, meine Biographien I 81—94. — Am bekanntesten wurde er durch seine Schrift „Detectio dioptrica corporum planetarum verorum". Das ist, von der wundersamen, doch wesentlichen, wahren und natürlichen Bildnuß, und cörperlichen Form und Gestalt der sieben Planetsternen, und etlicher fixen Sternen, seltzamen, und zuvor unerhörten Erscheinung im Firmament, welche man zu diesen letzten Zeiten, durch die künstliche Instrumenta dioptrica, erst recht gesehen und gründlich erfahren hat. Frankfurt 1643 (39 S.) in 4."

[3]) Zucchius oder Zucchi wurde 1586 zu Parma geboren, war einige Zeit auch Lehrer der Mathematik am Collegium romanum in Rom und starb daselbst 1670. Vergl. für ihn auch 204.

[4]) Die Beobachtung von Fontana hat einfach die Jahreszahl 1630, während Riccioli in seinem Almagest für diejenige von Zucchius (auf Pag. 487 des Vol. I) das bestimmte Datum 1630 V 17 angibt; nichtsdestoweniger sagt Riccioli ausdrücklich, Fontana und Zucchius seien seines Wissens die Ersten gewesen, welche die Streifen gesehen haben. Zuweilen findet man Torricelli als ersten Entdecker genannt, doch ohne Begründung.

Huygens[5]) ꝛc. bei Mars vermuthete Rotation der Planeten wurde von Dominique Cassini[6]) zuerst 1665 bei Jupiter festgestellt, indem er nachwies, daß dieser Planet sogar nur $9^h\ 56^m$ gebrauche, um eine Rotation zu vollenden[7]). Im folgenden Jahre konnte dann derselbe Astronom auch bei Mars eine Rotation in $24^h\ 37^m$ nachweisen[8]), — und wieder ein Jahr später hatte er diesen Entdeckungen auch noch beizufügen, daß Venus ebenfalls in ca. 24^h eine Rotation vollende[9]). Letztere Zahl wollte allerdings später Bianchini[10]) auf ebensoviele Tage erhöhen, — wurde jedoch des Bestimmtesten widerlegt.

131. Die Entdeckung der Jupitersmonde. Es ist schon bei Besprechung des Nuntius Sidereus[1]) vorläufig erwähnt worden, daß Galilei mit seinem selbstconstruirten Fernrohr unter Anderm auch die Jupiterstrabanten entdeckt habe, und damit die Peripatetiker nicht übel ärgerte. Er sah drei dieser Monde (von welchen übrigens die beiden äußern unter sehr günstigen Bedingungen ganz scharfen Augen sichtbar werden[2]) und so auch wirklich den Chinesen und Japanesen lange vorher bekannt waren) zuerst 1610 I 7, den 4. I 13, — erkannte sie bald als solche,

---

[5]) Für die auf Mars bezüglichen Arbeiten von Huygens vergl. 238.

[6]) Für Cassini vergl. 149.

[7]) Vergl. seine „Quattro lettere al Signor Abb. Falconieri soprà la varietà delle macchie osservate in Giove e loro diurne rivoluzione, con le tavole. Roma 1665 in Fol.

[8]) Vergl. seine „Martis circa proprium axem revolubilis observationes Bononienses. Bononiae 1666 in Fol."

[9]) Vergl. seine „Disceptatio apologetica de maculis Jovis et Martis A. 1666 et 1667, et de conversione Veneris circa axem suum. Bononiae 1667 in 4.", und seine „Lettre à Mr. Petit touchant la découverte du mouvement de la planète Venus autour de son axe. (Journ. d. Sav. 1667.)"

[10]) Francesco Bianchini, 1662 zu Verona geboren und 1729 zu Rom als päpstlicher Kammerherr verstorben.

[1]) Vergl. 98.

[2]) So oft schon Täuschungen vorkamen, so ist es entschieden möglich die äußern Monde von freiem Auge zu sehen, wie dieß z. B. Arago in seiner populären Astronomie (deutsche Ausgabe IV 299—300) schlagend nachgewiesen hat.

verfolgte sie dann vorläufig bis III 2[3]), und dachte bereits daran ihre Umlaufszeiten zu bestimmen, ja sogar Tafeln für ihre Stellungen zu entwerfen. Um die an seiner Entdeckung und überhaupt an der Zuverlässigkeit des telescopischen Sehens Zweifelnden, zu denen namentlich auch Clavius gehört haben soll, zu überzeugen, ging er noch im März 1611 mit mehreren Fernröhren nach Rom, und hatte dort sofort den beabsichtigten Erfolg. Er setzte die Beobachtungen der Trabanten dann noch bis 1619 fort, und ermittelte dabei auch wirklich ihre Umlaufszeiten, während ihm dagegen die Erstellung von Tafeln und damit die gewünschte Voraussage der Verfinsterungen nicht gelang. — Natürlich war aber Galilei nicht der Einzige, ja er war muthmaßlich nicht einmal der Erste, welcher mit dem neuen Hülfsmittel den Himmel durchforschte, und es ist somit ganz begreiflich, daß unabhängig von ihm, vielleicht zum Theil sogar früher als er, auch Andere dieselbe Entdeckung machten. So hat namentlich Marius versucht seine Priorität geltend zu machen, jedoch ohne den gewünschten Erfolg: Zu den Ersten gehörend, welche nach Erfindung des Fernrohrs zu diesem köstlichen Hülfsmittel griffen[4]), und es zur Umschau am Firmamente benutzten, will er schon im December 1609 die Jupitersmonde gesehen haben. Es ging ihm jedoch mit dieser Entdeckung wie Galilei mit derjenigen der Sonnenflecken: Er versäumte mit derselben sofort hervorzutreten, — gab erst in seinem „Fränkischen Kalender“ oder seiner „Practica auf 1612“ eine vorläufige Nachricht davon, — ja ließ seine betreffende Hauptschrift, den „Mundus jovialis“ sogar erst 1614 erscheinen[5]), — und so kam es, wenn auch kein Grund vorliegt an der Wahr-

[3]) D. h. bis zur Herausgabe seines „Sidereus Nuncius“, dessen Zueignung „4 Idus Martii (III 12)“ datirt ist.

[4]) Vergl. 113.

[5]) „Mundus jovialis Anno 1609 detectus ope perspicilli Belgici, h. e. quatuor Jovialium planetarum theoria, tabulae, propriis observationibus maxime fundatae, ex quibus situs illorum ad Jovem ad quodvis tempus datum promptissimè et facillimè supputare potest. Norimbergae 1614 in 4.“

heit seiner Erzählung zu zweifeln, daß man höchstens das Plagiat von ihm abwenden, keineswegs aber die Priorität für ihn beanspruchen kann. — Auf Galilei und Marius folgte Thomas Harriot, der nur wenige Tage nach Ersterm, nämlich 1610 I 16 die Jupitersmonde sah[6]), und sie dann ebenfalls längere Zeit verfolgte; da er aber somit entschieden später war, und überdieß nichts über seine Beobachtungen publicirte, sondern dieselben, wie so viele andere seiner Beobachtungen und Untersuchungen, in seinem handschriftlichen Nachlasse unbeachtet liegen blieben, bis Zach im Jahre 1784 diesen Schatz in Petworth-Castle entdeckte und bestmöglich hob[7]), so kann Harriot noch weniger als Marius mit Galilei concuriren. Ebenso steht es mit dem 1647 verstorbenen Prior Joseph Gualterius oder Gaultier, dem Lehrer Gassendi's, der, muthmaßlich ohne von Galilei's Entdeckung das Mindeste zu wissen, diese Monde zu La Valette zwischen Toulon und Hyères von 1610 XI 24 an sah und verfolgte[8]), — und so vielleicht noch mit mehreren andern Beobachtern jener Zeit. — Fontana dagegen kannte Galilei's Entdeckung, und verfolgte sie von 1630—1646[9]), — ebenso Hevel von 1642—1644[10]), — und so wohl ebenfalls noch Andere. Cassini scheint 1665 der Erste gewesen zu sein, welcher die Schatten der vor Jupiter vorübergehenden Monde mit Sicherheit sah[11]), — und auch der Erste, dem es gelang jene gewünschten Tafeln mit einer gewissen Genauigkeit zu erstellen[12]). Dagegen ging ihm der 1597 zu Ragusa geborne und 1660 als Mathematiker des Duca di Palma ver-

6) Nach Zach, — während dagegen allerdings Robertson's neuere Untersuchung das Datum der ersten Harriot'schen Beobachtung auf den 17. October 1610 hinausschiebt.

7) Vergl. 100 und 128.

8) Vergl. für Gaultier Zach's Corr. astr. III 332 u. f.

9) Vergl. seine 130 citirte Schrift.

10) Vergl. den Anhang zu seiner 129 erwähnten Selenographie.

11) Vergl. seine damals zu Rom ausgegebene „Lettera astronomica sopra l' ombre de' pianeti Medicei in Giove“.

12) Vergl. 164.

storbene Giovanni Baptista Hodierna in Beobachtung der Trabantenverfinsterungen voraus, indem er schon am 27. Juni 1652 eine Immersion des ersten Trabanten beobachtete[13]). — Schließlich mag noch erwähnt werden, daß Galilei die vier Monde als „Mediceische Gestirne" bezeichnen, und speciell den 1. Catharina oder Franciscus, den 2. Maria oder Ferdinandus, den 3. Cosmus major und den 4. Cosmus minor nennen wollte. Marius schlug dagegen vor den Jupitermonden den Namen „Sidera Brandenburgica" zu geben, und die einzelnen der Reihe nach „Mercurius-, Venus-, Jupiter- und Saturnus-Jovialis" zu heißen, oder auch in Folge eines im October 1613 mit Kepler zu Regensburg gehaltenen scherzhaften Gespräches sie „mit Erlaubniß der Theologen Io, Europa, Ganymedes und Callisto" zu nennen. Alle diese Namen sind jedoch nie eigentlich in Gebrauch gekommen, sondern es ist die Anwendung einfacher Ordnungsnummern mit Recht für das Beste gehalten worden.

132. Das Saturnssystem. Bald nachdem Kepler die bereits erwähnte „Dissertatio cum Nuncio sidereo[1]) geschrieben hatte, erhielt er von Galilei die Nachricht, daß er noch eine weitere Entdeckung gemacht habe, dieselbe jedoch noch nicht veröffentlichen könne, sondern sie vorläufig in dem Anagramme: „s m a i s m r m i l m e p o e t a l e v m i b u n e n u g t t a v i r a s" niederlegen wolle, um sich die Priorität zu sichern. Kepler suchte nun mit seiner bekannten Zähigkeit die Buchstaben zu einem Satze zu ordnen[2]), und glaubte einmal in dem Satze „Salve umbistineum geminatum Martia proles" eine Lösung gefunden zu haben und somit jene Entdeckung auf Mars beziehen zu

[13]) Vergl. die von ihm 1656 zu Palermo aufgelegte Schrift „Mediceorum Ephemerides". — Hodierna scheint auch Versuche mit dem Prisma gemacht zu haben, und kannte nach Manchen bereits das Farbenspectrum.

[1]) Vergl. 98. Sie datirt vom 19. April 1610.

[2]) Sie erlauben 7202 Quintillionen Permutationen, von denen ein Schreiber in einem Jahre nur etwa eine lumpige Million niederschreiben könnte, und dafür bereits etwa 5 Ries Papier brauchen würde.

müssen[3]), — fand aber doch wieder keinen Sinn darin, und war so froh endlich aus einem am 13. November 1610 von Galilei an den toscanischen Gesandten in Prag, Giuliano de' Medici, geschriebenen Brief zu erfahren, was eigentlich damit gemeint sei: Er habe Saturn, schrieb Galilei, in verschiedener Gestalt, meist aber so gesehen, wie wenn zu beiden Seiten der Saturnkugel je eine kleinere Kugel stehen würde, gewissermaßen zwei Bediente, welche den alten Herrn in seinem Gange unterstützen, und er habe dieß in dem Satze „Altissimum planetam tergeminum observavi" ausgesprochen, zu welchem sich die mitgetheilten Buchstaben leicht ordnen lassen. Als sodann aber Galilei 1612 Saturn mehrmals nur in rein elliptischer Form sah, glaubte er sich früher getäuscht zu haben, und verfolgte die Sache nicht weiter. — Später wurde Saturn durch Fontana von 1630 bis 1645 wiederholt beobachtet und abgezeichnet, wobei wieder wesentlich verschiedene Formen erschienen, bald abgelöste Begleiter, bald Ring- oder Henkelförmige Ansätze[4]), — ebenso durch Gassendi 1633—1643, durch Hevel 1642—1645, durch Riccioli und Grimaldi von 1643—1648, &c.[5]), aber ebenfalls ohne die sonderbaren Anhängsel und ihr zeitweiliges Fehlen vermitteln und erklären zu können, so nahe sie auch einige Male daran waren die richtige Gestalt zu verzeichnen, wie namentlich Hevel im Herbst 1645 und Riccioli im Winter 1648/9. — Letzterer tröstete sich mit dem zur Zeit von Seneca bei Anlaß der Cometen gemachten Ausspruche[6]): „Veniet tempus quo ista, quae nunc latent in lucem dies extrahat", und wirklich brach der Tag noch bei seinen Lebzeiten an, und zwar führte ihn

---

[3]) Vergl. die 98 erwähnte „Continuatione del Nuntio Sidereo" und die Einleitung von Kepler's „Dioptrice". Aus „umbistineum" werden die Philologen nicht klug. Sollte dieses Wort aus „umbo, Schild" abgeleitet sein, so würde der Satz heißen „Sei gegrüßt doppelt gepanzerter Nachkomme des Mars", was aber allerdings keinen Sinn hätte.

[4]) Vergl. die 130 citirte Schrift.

[5]) Vergl. Riccioli's Almagest und Hevel's Selenographie. [6]) Vergl. 56.

Huygens, Dank seinen selbstgeschaffenen bessern optischen Hülfsmitteln, herbei. Aus seiner ersten betreffenden, 1656 erschienenen Schrift, seiner „De Saturni luna observatio nova“, ersieht man, daß er 1655 III 25 mit einem 50mal vergrößernden Fernrohr von 12′ Länge, welchem er später ein doppelt vergrößerndes von doppelter Länge substituirte, bei Saturn einen Mond auffand, — denselben monatelang verfolgte, — für ihn eine Umlaufszeit von nahe 16 Tagen erhielt, und gleichzeitig noch eine weitere Entdeckung an Saturn machte, deren Priorität er sich durch das Anagramm: „a^7 c^5 d e^5 g h i^7 l^4 m^2 n^9 o^4 p^2 q r^2 s t^5 u^5“ zu sichern suchte, für welches er sodann 1659 in seiner betreffenden Hauptschrift, seinem „Systema Saturnium, sive de causis mirandorum Saturni phaenomenorum et comite ejus planeta nova[7])“, in welcher er im Detail von seiner durch jenes Anagramm betroffenen Entdeckung des Saturnringes spricht und die seinen Vorgängern räthselhaft gebliebenen Erscheinungen als Folgen der verschiedenen Stellungen von Erde und Sonne zur Ebene dieses Ringes nachweist, die Lösung „Annulo cingitur, tenui plano, nusquam cohaerente, ad eclipticam inclinato“ gibt. Seine Entdeckung machte begreiflich großes Aufsehen, und wurde bald auch von Andern bestätigt[8]). Sie macht in der That seinen Instrumenten und seinem Scharfsinn alle Ehre, und es ist nur zu

[7]) „Hagae 1669 in 4.“ — Diese Schrift veranlaßte eine kleine Polemik zwischen Huygens und einem Nebenbuhler Campani's, dem muthmaßlich auch in Rom lebenden Mechanikus und Optikus Eustachio Divini, für welchen übrigens theilweise der 1688 als Groß-Pönitentiar der Inquisition zu Rom verstorbene Jesuit Honorè Fabri die Feder geführt haben soll. Sie ist in den Schriften: „E. de Divinis, Brevis annotatio in Systema Saturnium Chr. Hugenii. Romae 1660 in 8., — Chr. Hugenii, Brevis assertio Systematis Saturnii, Hagae 1660 in 4., — E. de Divinis Septempedanus pro suâ annotatione in Systema Saturnium Chr. Hugenii adversus ejusdem assertionem. Romae 1661 in 12.“ niedergelegt, und leistet (v. Delambre V 568) den sichern Nachweis, daß Divini's Fernröhren denjenigen von Huygens nicht ebenbürtig waren.

[8]) Klein sagt in seinem Handwörterbuche von Giles Persone de Roberval (Roberval bei Beauvais 1602 — Paris 1675; Professor der Mathematik am

bedauern, daß er durch die vorgefaßte Meinung, es könne nicht mehr Monde als Planeten geben, davon abgehalten wurde noch nach weitern Saturn-Monden zu suchen, und so sein Saturnssystem auszubauen[9]). Dieß geschah erst durch Cassini, der 1671 zu dem von Huygens entdeckten Monde, welcher jetzt als der 6. aufgezählt wird und den Namen Titan trägt, noch einen äußern, den 8. oder Japhet, und 1672 auch einen innern, den 5. oder Rhea, entdeckte, so daß nun zu den 7 Planeten noch 7 neue Monde gefunden waren, was Cassini in so geschickter Weise mit dem 14. Ludwig in Parallele zu setzen wußte, daß dieser eine eigene Medaille zur Verherrlichung besagter Entdeckung prägen ließ. Nachher entdeckte Cassini im März 1684 allerdings noch zwei neue Monde, zuerst den 4. oder die Dione, dann den 3. oder die Thetis, und Huygens zog sodann diese Neu-Entdeckungen in der 1698 aus seinem Nachlasse erschienenen Schrift „Κοσμοθέωρος sive de terris coelestibus[10])“ ebenfalls in Betracht; überhaupt spielt in dieser Schrift, welche ähnliche Betrachtungen über die Mehrheit der Welten, die Bewohnbarkeit der Planeten, ꝛc. anstellt, wie sie schon vorher Kircher in seinem „Iter extaticum coeleste“, und Fontenelle in seinen vielgelesenen „Entretiens sur la pluralité des mondes“ vorgebracht hatten[11]), Saturn ebenfalls die Hauptrolle.

Collège royal), ohne Belege und Jahrzahl anzuführen: „Er sah zuerst die elliptische Form der Saturnansen als eine Projection eines kreisförmigen Ringes an, der den Planeten umgibt.“

[9]) Es ist jedoch auch möglich, daß er suchte, aber nichts weiteres sehen konnte, und der durch Condorcet und Arago erhobene Vorwurf ungerecht ist. In seinem Cosmotheoros sagt er, daß ihm Cassini 1772 den 3. und 5. Satelliten gezeigt habe; 1684 habe er ihm die Entdeckung des 1. und 2. angezeigt, die aber so schwer zu sehen seien, daß er sie noch nicht mit Sicherheit gefunden habe; es sei möglich, daß es noch vor dem 5. einen, auch nach demselben noch mehrere Monde habe.

[10]) „Hagae 1698 in 4.“ — Neue Ausgaben erschienen Hagae 1699 Liège 1704, Francof. 1704 ꝛc.; deutsche Uebersetzungen Leipzig 1703 und Zürich 1767.

[11]) Die Schrift von Kircher erschien Rom 1656 in 4., — diejenige von Fontenelle aber Paris 1686 in 8. Letztere erhielt noch viele neue Ausgaben,

133. Die Cometenbeobachtungen. Im ersten Drittel des sechszehnten Jahrhunderts machte sich besonders Peter Apian¹) um die Cometen verdient. Die relativ vorzüglichen Beobachtungen, welche er über die Cometen von 1531, 1532, 1533, 1538 und 1539 machte²), sind noch für die neuere Zeit werthvoll geworden, — ja diejenigen von 1531 ermöglichten wesentlich die große Entdeckung der Periodicität der Cometen durch Halley³). Auch den physischen Erscheinungen an Cometen wandte er schon in jener frühen, für besagte Himmelskörper sonst noch so unfruchtbaren Zeit seine Aufmerksamkeit zu, und obschon er mit seiner Idee, daß der Schweif des Cometen gewissermaßen ein von ihm geworfener Schatten sein möchte, nicht ganz das Richtige traf, so haben wir mit Kästner zu sagen: „Hat er daran gefehlt, so hat er auch entdecket, — Daß von der Sonne stets der Schweif sich abwärts strecket, — Und der ist wenigstens noch keines Tadels werth, — Der uns, so oft er irrt, auch neue Wahrheit lehrt," — denn letztere Entdeckung, die zwar allerdings auch für Hieronymus Fracastor, der in seiner 1538 zu Verona erschienenen Schrift „Homocentrica seu de stellis" dieses Umstandes ebenfalls erwähnt, in Anspruch genommen wird, macht in der That Apian entschieden Ehre. — Der von Apian angeregte Eifer für eigentliche Beobachtungen der Cometen hielt auch später vor, und zugleich wurden die betreffenden Bestimmungen entsprechend den allgemeinen Fortschritten in der praktischen Astronomie ebenfalls immer zuverlässiger: Der große Comet von 1556, der noch in der neuesten Zeit so viel von sich reden machte⁴), wurde von dem 1588 zu Wien als kaiserlicher Pfalzgraf und

---

so noch 1800 mit Anmerkungen von Lalande; deutsche Ausgaben veranstalteten Gottsched 1730 in Leipzig, Bode 1780 in Berlin; eine Art Fortsetzung bildet „H. Favre, Fontenelle et la Marquise de G. dans les mondes. Genève 1821 in 8."

¹) Vergl. 85.

²) Vergl. das schon 85 erwähnte „Astronomicon Caesareum" und sodann die Cométographie von Pingré Vol. I 487/89, 491/4, 497, 498 und 500.

³) Vergl. 248. ⁴) Vergl. 251.

Professor der Mathematik verstorbenen Paul Fabricius [5]), und von dem 1590 zu Eisleben verstorbenen, früher als Professor der Mathematik und Buchdrucker zu Nürnberg lebenden Joachim Heller [6]) fleißig beobachtet, wie uns des Erstern 1557 veröffentlichtes „Judicium [7])“ und des Letztern „Practica auf das 1557 Jar“ beweisen, mit deren Wiederauffindung sich Karl von Littrow ein ganz erhebliches Verdienst um die Cometen-Astronomie erworben hat. Den Cometen von 1558 entdeckte und beobachtete Landgraf Wilhelm; außer ihm beschäftigten sich namentlich noch Heller und Cornelius Gemma mit demselben. Die Cometen von 1577, 1580, 1582, 1585, 1590 und 1596 sind namentlich durch die Bestimmungen von Tycho Brahe bekannt, — doch wurde der erst erwähnte auch von Paul Fabricius, von Wilhelm IV., von Joh. Praetorius, Leonhard Thurneyßer [8]) ꝛc., der zweite von Mästlin beobachtet, ꝛc. Den Cometen von 1607, in welchem später Halley eine Wiederkehr desjenigen von 1531 erkannte, legten Kepler, Longomontan, Harriot ꝛc. fest [9]). Den Cometen von 1618 be-

[5]) Er wurde etwa 1529 zu Lauban in der Ober-Lausitz geboren.

[6]) Heller wurde 1518 zu Weißenfels geboren. Er beschäftigte sich viel mit Herausgabe von Kalendern und Prognosticis und war ein großer Freund der Astrologie.

[7]) Libri führt in seinem Catalogue auf: „Pol Fabrice, Le cours et signification du Comete qui a este veu l'année precedente, dans le discours du quel il dispute doctement de son opinion touchant la fin du monde. Anvers 1557 in 4.“

[8]) Der „Bericht über den in diesem lauffenden 77 Jar erschienenen Cometen“, welcher dieser zur Zeit als Alchymist berühmte und jedenfalls sehr fähige, 1531 zu Basel geborne, zu Berlin einige Zeit fürstlichen Aufwand führende, dann aber schließlich 1596 zu Köln in größter Armuth verstorbene Abenteurer 1577 zu Berlin herausgab, soll eine gute Beschreibung der Erscheinung sein. — Vergl. für Thurneyßer Band III pag. 32—33 meiner Biographien.

[9]) Auch David Fabricius dürfte als Beobachter dieses Cometen zu nennen sein, da sich bei Weidler die Notiz „Fabricii relatio de Cometa A. 1607 prodiit Hamburgi 1618“ findet; es ist jedoch diese Schrift Lalande unbekannt geblieben und auch in der reichen Sammlung von Pulkowa nicht zu finden.

obachtete neben Kepler, Snellius ꝛc. ganz besonders der uns schon bekannte Joh. Baptist Cysat von Luzern, der damals als Professor der Mathematik in Ingolstadt stand, und sich dabei zugleich das Verdienst erwarb, das neu erfundene Fernrohr bei ihm nutzbar zu machen, so daß seine 1619 zu Ingolstadt erschienene Schrift „Mathemata astronomica de loco, motu, magnitudine et causis Cometae qui 1618—1619 in coelo fulsit“ mit Recht zu den wichtigsten Cometenschriften früherer Zeit gezählt wird[10]). Die Cometen von 1652, 1661, 1664, 1665, 1672, 1677, 1680, 1682 und 1683 endlich beobachtete namentlich Hevel mit großem Fleiße; doch sind z. B. für denjenigen von 1664, bei welchem zum ersten Mal auch zur Ortsbestimmung das Fernrohr Verwendung fand, noch Huygens und Auzout als Beobachter zu nennen, — für denjenigen von 1677 Flamsteed, Picard, Cassini, Römer ꝛc., — für denjenigen von 1680 neben Gottfried Kirch als Entdecker, Flamsteed, Newton, Dörfel, Picard, Bernoulli ꝛc., — für denjenigen von 1682 Picard, Flamsteed ꝛc., — u. s. f.

134. Die ersten Cometentheorien. Nachdem diese eigenthümliche Gruppe von Himmelskörpern Jahrhunderte lang kaum ernstlich beachtet, dann von Regiomontan und Apian hinweg wenigstens fleißig beobachtet worden war[1]), fing es endlich auch für sie an zu tagen: Zuerst wiesen Tycho Brahe und Kepler aus der kleinen Parallaxe der Cometen[2]) nach, daß sie weiter von uns abstehen als der Mond, und hierdurch waren sie plötzlich aus der Erniedrigung errettet, in welcher sie unverdienter Weise seit Aristoteles gestanden hatten; denn damals hielt man noch Alles, was unterhalb des Mondes stand, für irdisch und vergänglich, — nur was oberhalb stand, für himmlisch und dauernd. — Die nothwendige Folge war, daß man nun auch

[10]) Hier mag auch die Schrift „W. Snellii Descriptio Cometae 1618. Accessit C. Rothmanni Descriptio Cometae 1585. Lugd. Bat. 1619 in 4.“ Erwähnung finden.

[1]) Vergl. 56 und 133. [2]) Vergl. 126.

daran zu denken begann den Cometen, welche man bis dahin wie andere Meteore gesetzlos umherschweifen ließ, bestimmte Bahnen zuzuweisen, und so sprachen schon Kepler und sein mehrerwähnter Zeitgenosse Cysat in ihren bei Anlaß des Cometen von 1618 veröffentlichten Schriften[3]) von einer solchen bestimmten, wohl nahezu gradlinigen Bahn, und ein anderer Zeitgenosse von Kepler, der Graf Henry Percy von Northumberland soll sich sogar zu der Aeußerung verstiegen haben, daß sich die Cometen ähnlich wie die Planeten in Ellipsen bewegen möchten, — eine Meinung, die etwas später Borelli[4]) in seiner 1665 zu Pisa unter dem angenommenen Namen „Pier Maria Mutoli" herausgegebenen Schrift „Del movimento della Cometa apparsa il mese di decembre 1664" neuerdings beiläufig aussprach. — Während jedoch die Ebengenannten nur gelegentlich „blitzten" und die weitere Untersuchung und Begründung ihrer Ideen nicht vornahmen, so legte dann Hevel den Grund zu der eigentlichen Cometographie, indem er nicht nur bei Anlaß der von ihm beobachteten Erscheinungen einzelne Cometen mit Gelegenheitsschriften bedachte, sondern in zwei großen Werken, seinem 1665 zu Danzig aufgelegten „Prodromus cometicus, s. historia cometae A. 1654, cum dissertatione de cometarum omnium motu, generatione variisque phaenomenis" und seiner ebendaselbst 1668 erschienenen „Cometographia, cometarum naturam et omnium a mundo condito historiam exhibens" theils alle ihm zugänglichen Nachrichten über die sämmtlichen bis

[3]) Kepler schrieb damals „De Cometis libelli tres, astronomicus, physicus, astrologicus. Aug. Vind. 1619 in 4." Für die Schrift von Cysat vergl. 133. — Schon in seinem 1608 zu Hall ausgegebenen „Außführlichen Bericht von dem 1607 erschienenen Haarstern" sagte Kepler, er halte dafür, „der Cometen Bewegung sey eine gerade Linie, wie eines Nagetels, und nicht circularisch wie die der Planeten."

[4]) Giovanni Alfonso Borelli, 1608 zu Castelnuovo in Neapel geboren, Professor der Mathematik zu Messina und Pisa, auch Mitglied der Academia del Cimento in Florenz, und nach Aufhebung Letzterer 1679 in großer Dürftigkeit zu Rom verstorben.

dahin bekannt gewordenen Cometen zusammenstellte, theils namentlich auch seine eigenen reichen Erfahrungen über diese eigenthümlichen Gestirne, — sowie die ihm auf beiden Wegen aufgestiegenen Ideen und Schlüsse mittheilte. Er machte dabei namentlich auch auf die Bedeutung der Cometen für die Astronomie, und auf die Wahrscheinlichkeit aufmerksam, daß sie bestimmbare und wahrscheinlich parabolische oder wenigstens gegen die Sonne concave Bahnen verfolgen, — eine Lehre, welche sodann ein Schüler von ihm, der Diacon Georg Samuel Dörfel zu Plauen im Voigtlande[5]) in seiner 1681 daselbst gedruckten „Astronomischen Beobachtung des großen Cometen, welcher im ausgehenden 1680. und angehenden 1681. Jahr höchst verwunderlich und entsetzlich erschienen: Dessen zu Plauen im Voigtlande angestellte tägliche Observationes, nebenst etlichen sonderbaren Fragen und neuen Denkwürdigkeiten, sonderlich von Verbesserung der Hevelischen theoria cometarum" nicht nur neuerdings hochhielt, sondern in glücklichster Weise noch dadurch ergänzte, daß, wenigstens bei diesem Cometen von 1680, der Brennpunkt der Bahn in die Sonne falle[6]). — Bei Gelegenheit desselben Cometen von 1680, bei welchem sich sonst der Cometenaberglaube zum letzten Male in seiner ältern Form so recht breit machte[7]), wurde auch ein erster Versuch gemacht, die Wiedererscheinung eines Cometen nicht nur plausibel zu machen, sondern sogar der Zeit nach zum Voraus anzugeben. Der nachmals als Mathematiker so berühmt gewordene Jakob Bernoulli von Basel erklärte nämlich in seiner 1681 zu Basel aufgelegten „Neu erfundenen Anleitung, wie man

---

[5]) Dörfel wurde 1643 zu Plauen geboren und starb 1688 zu Weida, wohin er als Superintendent versetzt worden war.

[6]) Dörfel sagt, nach „Gust. Hoffmann, Physicalische Studien (Programm der Annen-Realschule in Dresden 1870)" wörtlich: „Ich kann nicht umhin, dem geneigten Leser meine neulichste (obwohl noch unreife) Erfindung, wodurch die Hevelische Hypothesis vielleicht zu verbessern und vollkommener zu machen, hierbei zu entdecken und in dessen beliebiges Bedenken zu stellen: Ob nicht dieses (und der andern) Cometen Bewegungslinie ein solche Parabole sei, dero Focus in das Centrum der Sonnen zu setzen?" [7]) Vergl. 57.

den Lauff der Comet- oder Schwanzsternen in gewisse grundmäßige Gesätze einrichten und ihre Erscheinung vorhersagen könne" die Cometen für Trabanten eines weit über Saturn stehenden Planeten, und berechnete unter dieser Hypothese mit Benutzung der von ihm von 1680 XII 4—1681 II 17 „wiewol auß Mangel dazu gehöriger Instrumente nur nach dem bloßen Augenmaaß und mit Hülfe einer Schnur" bestimmten Positionen, für den Cometen von 1680 eine Umlaufszeit von 38 Jahren und 147 Tagen, dazu beifügend: „Sollte meine Weißsagung mit dem Ausgang übereinstimmen, so kan man auf meine Grundsätze kecklich fußen, — wo nicht, so kan nach belieben dazu oder davon gethan werden." Letzteres mußte nun allerdings in großem Maaße geschehen; aber darum bleibt diese Erstlingsprobe Bernoulli's dennoch von großem Interesse*).

135. Die Meteore. Noch im 16. und sogar bis gegen das Ende des 17. Jahrhunderts hatten sich die Meteore, und voraus die Sternschnuppen und Feuerkugeln fast gar keiner Aufmerksamkeit zu erfreuen, — kaum daß in den Chroniken beiläufig, wie es z. B. 1635/6, 1665 rc. geschah, eines starken „Sternschießens" erwähnt wurde, — oder daß das Andenken an einen außerordentlich reichen Sternschnuppenfall sich in einer Sage erhielt, wie solche z. B. in Beziehung auf den August-Sternschnuppenfall in den feurigen Thränen des heiligen Laurentius längst bestand, als sich seiner die Wissenschaft bemächtigte, — oder wieder, daß man etwa das Erscheinen einer großen Feuerkugel notirte, wie z. B. in den alten Zürcher Chroniken mitgetheilt wird, man habe 1603 IX 20, 10^h Ab. einen „feurigen Drachen" gesehen, worauf viele „Donnerschläge" erfolgt seien, u. d. gl. — Etwas mehr Aufmerksamkeit erregten dagegen allerdings, wenigstens momentan, einzelne Steinfälle, wie z. B.

*) Eine neue und erweiterte Bearbeitung von Bernoulli's Schrift ist sein „Conamen novi Systematis Cometarum pro motu eorum sub calculum revocando et apparitionibus praedicendis. Amstel. 1682 in 8.", welches Weidler 1719 zu Wittenberg nochmals auflegte.

nach dem 1492 zu Ensisheim im Elsaß vorgekommenen[1]) wieder 1581 zu Nieder-Reusen in Thüringen ein solcher vorkam, indem am 26. Juli unter Donnerschlag ein ½ Centner schwerer Stein vom Himmel herabstürzte, der sodann nach Weimar und später nach Dresden abgeliefert wurde, — oder 1668 zu Vago bei Verona, wo am 19. Juli aus einer Feuerkugel viele Steine niederstürzten, von welchen Einer in der Kirche aufbewahrt wurde, zwei andere von 2 und 3 Centner nach Verona kamen, — rc.; aber ernstlich beobachtet wurden sie auch nicht, sondern von den sog. Aufgeklärten angezweifelt, von den Orthodoxen als etwas zu Irrlehren Veranlassendes sogar angefeindet, so daß man froh sein muß, daß noch einige Zeugen solcher ältern Meteorfälle übrig geblieben sind, und nicht alle das Schicksal des bis jetzt einzigen schweizerischen Meteoriten hatten, der am 18. Mai 1698 zwischen 7 und 8^h Abends mit weit umher gehörtem Getöse zu Hinterschwendi bei Walkringen im Canton Bern niederfiel, von dem dortigen sehr verständigen Pfarrer Jakob Dünki sammt betreffendem Attestat geschenkweise an die Bibliothek in Bern übergeben, von ihren Vorstehern aber nicht angenommen oder später beseitigt wurde, — jedenfalls verloren ging; ob es wegen orthodoxer Marotte, oder aus sich für aufgeklärt haltendem Blödsinn geschah, ist ziemlich gleichgültig[2]). — Auch die Nordlicht-Erscheinungen wurden damals im Allgemeinen als Wunderzeichen angesehen und wenig beachtet, höchstens unter Anwendung der unpassenden Ausdrücke „blutiger Himmel, Kriegsrüstung, feuriger Balken, hüpfende Ziegen rc.“ notirt, und es gereicht Conrad Gessner[3]) nicht wenig zur Ehre, daß er das am 27. December 1560 a. St. in Zürich und weiter Umgebung gesehene große Nordlicht relativ gut beschrieb, und dasselbe interessant genug

[1]) Vergl. 58.

[2]) Vergl. „Bernh. Studer, Der Meteorstein von Walkringen (Bern. Mitth. Nr. 792).“ — In den Zürcher Chroniken liest man: „1698 hörte man am 17. (oder 18.?) Mai Abends zwischen 7 und 8^h bei heiterm Himmel ein starkes Schießen in der Luft mit Nachhall.“ [3]) Vergl. für ihn 144.

fand, um ihm eine eigene, wenn auch unter angenommenem Namen herausgegebene Schrift zu widmen[4]).

136. Die neuen und die veränderlichen Sterne. Als Tycho Brahe am 11. November 1572 Abends von seinem Laboratorium nach der Wohnung ging, sah er zu seiner großen Ueberraschung im Sternbild der Cassiopeia einen vorher nie bemerkten, der Venus an Größe gleichkommenden, aber weiß gländen Stern. Er beobachtete denselben nicht nur sofort, sondern verfolgte ihn mit größtem Interesse, und fand im Laufe der folgenden Monate die Position immer genau gleich, dagegen den Glanz rasch abnehmend: Schon im December war er kaum mehr mit Jupiter zu vergleichen, — im Februar und März 1573 sah man nur noch einen etwas gelblichen Stern von erster Größe, — im April und Mai glänzte er in zweiter, im Juli und August in dritter, zu Anfang 1574 kaum mehr in fünfter Größe und mit saturnähnlichem bleifarbigem Lichte, — und im März 1574 wurde er wieder total unsichtbar. Natürlich war Tycho nicht der einzige Beobachter dieses Wundersternes, — ja er war nicht einmal der Erste, da ihn, auch abgesehen von einer vereinzelten, in einem durch Paul Fabricius 1573 IV 9 aus Wien an Thaddäus Hagek in Prag geschriebenen Briefe, vorkommenden Angabe[1]), man habe den Stern bereits Ende October gesehen, Pfarrer Bernhard Lindauer zu Winterthur bestimmt schon XI 7 bemerkte, und Professor Francesco Maurolico zu Messina ihn schon von XI 8 hinweg sorgfältig beobachtete[2]); dagegen hat ihn Tycho Brahe weitaus am consequentesten verfolgt, und

[4]) „Historia et interpretatio prodigii, quo coelum ardere visum est per plurimas Germaniae regiones. Conrado Boloveso Fridemontano authore. In 12."

[1]) Vergl. „Hagecius, Dialexis de novae et prius incognitae stellae inusitatae magnitudinis et splendissimi luminis apparitione, et de ejusdem stellae vero loco constituendo. Francof. 1574 in 4."

[2]) Vergl. für Lindauer meine betreffende Nachricht in Nr. 132 der „Notizen zur schweiz. Culturgeschichte", — für Maurolycus seine „Cosmographia. Venet. 1548 in 4." — Maurolycus lebte von 1494—1575.

seine, 1573 zu Kopenhagen erschienene, und dann auch in dem, trotz der beständigen Ueberschrift „De nova stella“ von allem Möglichen handelnden ersten Theile der „Progymnasmata“, dessen Druck auf der Uranienburg begonnen, aber erst 1602 zu Prag vollendet wurde, als Theil der größern Arbeit neu abgedruckte Schrift „De nova stella A. 1572“ wird immer die Hauptquelle für diese merkwürdige Erscheinung bilden, durch welche die früher in das Gebiet der Sage verwiesenen Nachrichten über das Erscheinen neuer Sterne und ihr Wiederverschwinden rehabilitirt worden sind, — wenn auch einige andere betreffende Werke für den Detail Interesse bieten mögen[3]). — Wenige Jahre später hatten Kepler, Bürgi, Fabricius 2c. Gelegenheit eine ähnliche Beobachtung zu machen, indem im October 1604 ein neuer Stern im Ophiuchus auftauchte[4]), der anfänglich ebenfalls alle Sterne erster Größe überglänzte, und bis in den Anfang 1606 nach und nach bis zum Verschwinden abnahm. David Fabricius ließ sich darüber in einer, obschon nicht nur 1605 zu Hamburg, sondern noch 1612 zu Goslar erschienenen, doch äußerst selten gewordenen Schrift, betitelt: „Kurzer und gründlicher Bericht von Erscheinung und Bedeutung des großen newen Wundersternes, welcher den 1. October des 1604. Jahres zu leuchten angefangen hat und noch zu sehen ist“ hören[5]), und auch Kepler widmete

[3]) So z. B. außer den schon erwähnten Schriften von Hagecius und Maurolycus „Leovitius, Judicium de nova stella A. 1572. Lavingae 1573 in 4. (Auch deutsch, Lauingen 1573)“, — „Dav. Chytraeus, De stella inusitata et nova quae A. 1572 mense Nov. conspici coepit et de Cometa A. 1577. Rostoch. 1577 in 4. (Auch deutsch, Rostock 1577)“, — 2c. Chytraeus beobachtete den Stern auch schon vom 8., Leovitius dagegen erst vom 25. November hinweg. Letzterer, der ihn mit einem Quadranten verfolgte, sagt sonderbarer Weise: „Er ist an einem ort bliben vast zwee ganzer Monat. Es gedunkt mich aber, er sey jetzund (1573 II 20) innerhalb eines Monats bei 3 grad gegen Cepheus fortgangen.“

[4]) Nach Schönfeld wurde dieser Stern zuerst 1604 X 10 von J. Brunowski gesehen.

[5]) Es soll diese Schrift, von der Schönfeld (A. N. 1972) bis jetzt vergeblich ein Exemplar zu sehen wünschte, nach einer Notiz von Frisch (Op. Kepl. II 604) auch von der Mira handeln.

ihm eine eigene Schrift, welche er 1606 zu Prag unter dem Titel „De stella nova in pede Serpentarii" erscheinen ließ. — Zwischen das Aufleuchten der beiden neuen Sterne fällt der Zeit nach eine nicht minder interessante Beobachtung, welche der ebenerwähnte David Fabricius im Jahre 1596 machte: Er nahm nämlich in jenem Jahre am 3. August a. St. die Distanz Merkurs von einem Sterne dritter Größe am Halse des Wallfisches, und konnte im October desselben Jahres diesen Stern am Himmel absolut nicht mehr finden, während er ihn doch, wie ein Brief an Tycho bezeugt, im August noch wiederholt gesehen hatte[6]); dagegen sah er denselben Stern 1609 in der zweiten Hälfte Februar neuerdings aufleuchten[7]), und merkwürdiger Weise hatte ihn auch Bayer in seine sofort näher zu besprechenden Sternkarten von 1603 als o Ceti eingetragen. Später wurde jedoch die Beobachtung von Fabricius quasi vergessen, bis 1638 Professor Joh. Fokkens, genannt Holwarda[8]), in Franeker denselben Stern wieder am Himmel auffand. Er wurde nun 1641 bis 1648 von Fullenius und Jungius wiederholt gesehen, sodann von Hevel, welcher ihm den Namen „Mira, der Wunderbare" beilegte, systematisch beobachtet. Letzterer wies seine periodische Veränderung nach, und theilte 1662 seine seit 1648 er-

---

[6]) Vergl. für diesen Brief, der Beobachtungen des Sternes von 1596 VIII 3—21 enthält, die Astron. Viert. I 290/2. Nach dieser Quelle erschien der Stern anfänglich am Morgen des 3 VIII (muthmaßlich a. St.); Fabricius konnte ihn weder auf seinem Sternglobus noch in einem Verzeichnisse finden und beobachtete ihn bis VIII 21; zu jener Zeit war er bei 2 Gr., wurde dagegen im September täglich schwächer. — In seinem Tagebuche (v. 99) finden sich die Notizen, daß er 1596 VIII 11 an Tycho geschrieben und 1596 IX 28 einen Brief von Tycho erhalten habe, — wahrscheinlich ebenfalls in Sachen der Mira.

[7]) Nach Schönfeld „Zweiter Catalog von veränderlichen Sternen. Mannheim 1875 in 8."

[8]) Fokkens wurde 1618 zu Holwarden in Friesland geboren und starb 1651 zu Franeker. Aus seinem Nachlasse erschien 1652—1654 zu Harlem eine „Friesche Sterrekonst" in drei Octavbänden.

haltenen Resultate öffentlich mit[9]). — Fast gleichzeitig mit Hevel beschäftigte sich auch der bald noch eingehender zu besprechende, mit ihm sehr befreundete französische Astronom Ismael Boulliau oder Bullialdus mit diesem Sterne, und discutirte seine eigenen Beobachtungen in Verbindung mit den von Fabricius bis Hevel erhaltenen, — gab eine genaue Beschreibung desselben, — bestätigte nicht nur die Periodicität, sondern setzte ihre Periode zu 333 Tagen oder circa 11 Monaten fest, — und bemerkte bereits, daß Mira zwar immer zur Unsichtbarkeit komme, dagegen zur Zeit des größten Glanzes nicht immer gleich hell werde, auch die Länge der Periode etwas varire[10]). — An diese merkwürdige Entdeckung eines ersten regelmäßig veränderlichen Sternes reihen sich noch einige verwandte Wahrnehmungen jener Zeit an: Im Jahre 1600 sah Wilhelm Janszoon Blaeu, der frühere Gehülfe Tycho's einen Stern 3. Gr. im Halse des Schwans[11]), den auch Bürgi nach Bericht von Kepler, welcher sich ebenfalls für diesen Stern interessirte[12]), auf einen seiner Globen und Bayer als 34 Cygni in seine Sternkarten eintrug; nach 1619 nahm der Stern an Helligkeit ab, verschwand 1621, wurde 1655 von Cassini während kurzer Zeit wieder 3. Gr. gesehen, erschien im November 1665 Hevel nochmals, aber nie 3. Gr. erreichend, nahm dann wieder langsam an Helligkeit ab, bis er etwa zwischen 1677 und 1682 die 5.6 Gr. erreichte, und ist seither ziemlich

[9]) In einem „Succincta historiola novae ac mirae stellae in collo Ceti certis anni temporibus clare admodum affulgentis, rursus omnino evanescentis“ betitelten Anhange seiner Schrift „Mercurius in Sole visus. Gedani 1662 in Fol.“

[10]) Vergl. die Schrift „Ism. Bullialdi ad astronomos monita duo: primum de stella nova quae in collo Ceti ante aliquot annos visa est; alterum de nebulosâ in Andromeda cinguli parte boreâ, ante biennium iterum ortâ. Paris 1667 in 4.“

[11]) Nach einer Inschrift auf einem Globus von Blaeu (v. 89), welchen das Conservatoire des arts et métiers in Paris besitzt, datirt die Entdeckung vom 18. August 1600 (v. compt. rend. 1875 VIII 16).

[12]) Vergl. die oben erwähnte Schrift, welche einen Anhang „De stella incognita Cygni narratio astronomica“ hat.

stationär geblieben. Im Jahre 1612 soll Bürgi auf die Veränderlichkeit von η Aquilae aufmerksam geworden sein, ohne jedoch förmlich die Periodicität festgestellt zu haben, welches erst 1784 durch Pigott geschehen zu sein scheint; ähnlich ging es mit β Persei, dessen Veränderlichkeit Montanari[13]) ebenfalls schon um 1667 bemerkte, von welcher sich auch Maraldi, Christfried Kirch und Palitzsch überzeugten, dessen Periode aber erst 1782 von Goodrike festgestellt wurde. Endlich sah im Juni 1670 der Pater Anthelme de la Chartreuse de Dijon am Kopfe des Fuchses nahe an β Cygni einen Stern 3. Gr., welcher einige Monate später wieder verschwunden war, dagegen im Frühjahr 1671 von Cassini neuerdings in 4. Gr. und im Frühjahr 1672 von ebendemselben nochmals in 6. Gr., seither aber nie mehr gesehen wurde.

137. Die Milchstraße, die Sternhaufen und Nebelflecken. Schon Galilei konnte[1]) in seinem „Sidereus nuncius" mittheilen, daß die Milchstraße durch den vereinigten Schimmer zahlreicher kleiner Sterne gebildet sei, — somit eine vollständige Bestätigung der früher von Demokrit im Gegensatze zu der Meinung, daß man in derselben eine alte Sonnenstraße oder das durch eine Fuge im Himmelsgewölbe durchschimmernde Weltfeuer sehe[2]), kühn ausgesprochenen entsprechenden Muthmaßung geben, welche sich auch seither vollständig bewahrheitet hat. Ferner theilte er mit, daß er im Orion, im Stier, im Krebs rc. mehrere

[13]) Gemiani Montanari wurde 1632 zu Modena geboren, war erst Advokat, dann folgeweise Astronom und Mathematiker des Großherzogs von Toscana und des Herzogs von Modena, astronomischer Rechner bei dem Marschall Cornelio Malvasia, Professor der Mathematik und Astronomie zu Bologna und Padua, und starb 1687 zu Padua. In seinem 1672 zu Bologna erschienenen Werke „Discorso academico sopra la sparizione d'alcune stelle" soll er auf mehr als 100 theils veränderliche, theils verschwundene Sterne aufmerksam gemacht haben, unter welchen β Persei am merkwürdigsten geworden ist.

[1]) Vergl. 98.

[2]) Annahmen, daß die Milchstraße Spuren der Milch zeige, welche die Amme des Jupiter verschüttet habe, u. dgl. sind kaum der Mühe werth anzuführen.

Sternhaufen gesehen habe, und gab von einzelnen derselben versuchsweise sogar Abbildungen, so z. B. von der „Pleiadum constellatio“, dieser Sterngruppe, welcher schon von Alters her Aufmerksamkeit geschenkt worden war, und auf welche daher auch hier speciell eingetreten werden mag: Kazwini sagt[3]), wahrscheinlich auf Al-Sûfi gestützt[4]), bei Beschreibung der Pleyaden: „Es sind sechs Sterne, zwischen denen eine Menge dunkler (d. h. lichtschwacher) stehen“, und so sieht in der That das freie Auge bei durchsichtiger Luft 6 oder höchstens 7 deutlich abgeschiedene Sterne, zwischen denen es dann allerdings noch andere ahnt. Bei Anwendung eines Fernrohrs dagegen wird die Anzahl sofort größer, und während z. B.[5]) Sir Christopher Heyden 1610 von seinem Fernrohr rühmte „Ich sehe in meinem Perspicille eilf Sterne in den Pleyaden, während kein Zeitalter deren mehr als 7 kennt“, und Fontana weit später[6]), so weit man es aus der von ihm gegebenen schlecht ausgeführten Tafel ersehen kann, etwa 29 Sterne verzeichnete, so spricht Galilei in seinem „Sidereus nuncius“ von mehr als 40 Sternen, und bildet in seinem Kärtchen etwa 36 ab. — Während dagegen Galilei offenbar noch keine Ahnung von eigentlichen Himmelsnebeln hatte, sondern z. B. den für ihn aus 21 Sternen bestehenden Sternhaufen im Kopfe des Orion als „Nebulosa Orionis“ bezeichnete und abbildete[7]), so fand dagegen Marius schon 1612 in der Andromeda einen solchen wirklichen, muthmaßlich allerdings schon von Al-Sûfi gesehenen Nebel auf, und verglich ihn ganz gut mit einer durch ein Hornblättchen gesehenen Flamme. Ein zweiter Nebel wurde spätestens 1618 durch Cysat im Gürtel des Orion aufgefunden, da er denselben als Vergleichsobject für den Cometen von 1618[8])

---

[3]) Vergl. 26. [4]) Vergl. 62.

[5]) Nach C. Littrow's Rectoratsrede „Ueber das Zurückbleiben der Alten in den Naturwissenschaften. Wien 1869 in 8.“

[6]) Vergl. die 130 erwähnte Schrift.

[7]) Auf gleiche Stufe sind wohl auch die in den Libros del Saber erwähnten 5 Nebelsterne zu stellen. Vergl. 66.

[8]) Vergl. die 133 erwähnte Schrift.

benutzte; er wurde sodann später von Huygens in seinem „Systema Saturnium“ besprochen und abgebildet*), wobei dieser bemerkt, daß er ihn schon 1656 gesehen habe, und es ihm damals vorgekommen sei, wie wenn hier eine Oeffnung im Himmel vorhanden wäre, durch welche der Blick in eine glanzvollere Region eindringen könne, — und so von Vielen fälschlich den Entdeckungen des Letztgenannten beigeschrieben. Ein dritter Nebel endlich wurde nach dem Zeugnisse von Kirch im Jahre 1665 von einem sonst unbekannten, wohl irgend in Verbindung mit Hevel, dem dieser Fund auch häufig zugeschrieben wird, stehenden Liebhaber der Sternkunde, einem gewissen Abraham Ihle, im Schützen aufgefunden.

138. Die Sternbilder und Sternkarten. Der früher, wenigstens den Europäern, fast unbekannte Südhimmel wurde nach und nach durch die Indienfahrer, durch den Weltumsegler Magelhaens, dessen Namen mit den beiden südlichen Nebeln oder Wolken verbunden worden ist, rc. aufgedeckt, — namentlich aber hat sich darum nach den betreffenden Untersuchungen von Olbers [1]) ein Schüler des holländischen Geographen Petrus Plancius, nämlich der Seefahrer Pierre Dircksz Keyser oder Petrus Theodori von Emden, die größten Verdienste erworben: Von 1594 bis zu seinem 1596 auf der Reise erfolgten Tode beobachtete er bei 121 der südlichsten Sterne, und schlug vor, aus ihnen eine Reihe neuer Sternbilder zu construiren, welche sodann wirklich von 1597 hinweg nach und nach auf den Himmelsgloben und Sternkarten erschienen. So zeigt die südliche zweier, nach damaliger Sitte durch die Ekliptik abgegrenzter Hemisphären des Sternhimmels, welche der muthmaßlich gegen Ende des 16. Jahrhunderts erschienenen Erdkarte „Orbis terrarum typus de integro multis in locis emendatus. Auctore Petro Plancio“

---

*) Vergl. 132.

[1]) Vergl. „Olbers, Ueber die neuern Sternbilder (Schumachers astron. Jahrb. auf 1840).“

beigegeben sind*), bereits einige der südlichsten Sterne; so z. B einige zwischen dem südlichen Fische und dem Südpole, aus welchen eine männliche Figur unter dem, muthmaßlich Arctophylax (Bootes) nachgebildeten Namen Polophylax construirt ist, die später dem Indus Platz machen mußte, — sodann einige Sterne unter Eridanus, welche jetzt etwa zu Reticulum und Hydrus zählen, aus denen ohne Beisetzung eines Namens ein Kreuz gebildet ist, — endlich einige Sterne unter Centaurus und Argo navis die jetzt zu Crux und Apus zählen mögen, aus welchen ohne Beifügung eines Namens ein Dreieck gebildet ist. Während also diese Karte offenbar einer Zeit angehörte, zu welcher die südlichsten Sternbilder noch nicht definitiv festgestellt waren, sind sie in der von Kepler's nachmaligem Schwiegersohne Jakob Bartsch 1624 zu Straßburg herausgegebenen Schrift „Usus astronomicus planisphaerii stellati" bereits genau so angegeben wie sie auf den neuesten Sternkarten erscheinen, indem er die Sternbilder

49. Hydrus (Wasserschlange)
50. Phoenix (rogo ardenti impositus; aliàs Crux sub Eridano)
51. Dorado (Piscis Hispan. id est Aurata; aliàs Xiphias seu Gladius, Schwerdt-Fisch)
52. Chamaeleon (aëre victitare dicitur, variosque colores assumere)
53. Piscis volans (seu passer marinus; aliàs piscis volucris et volatilis)
54. Crux (Hispan. Cruzero [2])

*) Ich habe diese muthmaßlich seltene Karte in einer Sammlung von Karten gefunden, welche sonst aus dem Verlage des „Boekverkoper en Graadbooghmaker" Johannis Loots in Amsterdam herrühren, und seiner Zeit dem schweizer. Polytechnikum geschenkt worden sind.

[2]) Das übrigens schon von Dante in seiner „Divina Comedia" erwähnte, nach Mädler wenigstens zum großen Theil aus Sternen, die Ptolemäus dem Centaur beiordnete, gebildete südliche Kreuz ist also jedenfalls nicht erst 1679, wo Augustin Royer seine „Cartes du ciel" erscheinen ließ, eingeführt worden, wie vielfach, und auch noch von Mädler, behauptet worden ist.

55. Musca (seu crabro indicus)
56. Apous et Apis (seu avis indica, avis paradisi, Paradiß-Vogel)
57. Triangulum australe (Trigonus notius)
58. Pavo
59. Indus (seu homo indianus)
60. Grus (seu avis)
61. Toucan avis (seu anser, et pica brasilica seu indica)

aufzählt. Da sich an diese 13 Sternbilder noch vor und nach theils durch Tycho, Bartsch[4]) und Bayer die 4 neuen Sternbilder

62. Coma Berenices
63. Camelopardalus (Giraffe)
64. Columba
65. Monoceros (Einhorn),

theils durch Hevel die 7 neuen Sternbilder

66. Lynx
67. Leo minor
68. Sextans
69. Canes venatici (Jagdhunde)
70. Scutum Sobiesii
71. Vulpecula
72. Lacerta

anschlossen, so war somit bis in die Mitte des 17. Jahrhunderts die Zahl der 48 Sternbilder auf 72 gestiegen. — Schon um 1515 entwarf Conrad Heinfogel von Nürnberg[5]) auf Grundlage des

[4]) Bartsch zählt im Ganzen bereits 73 Sternbilder auf; darunter aber außer den „Nubeculae binae, minor et major“, d. h. den beiden Wolken, welche er ebenfalls als eigenes Sternbild aufführte, Einige, wie z. B. „Tigris fluvius, Jordanus fluvius, Gallus Petri, Rhombus,“ die seither verworfen wurden. Den Rhombus soll auch Isaak Habrecht, der Sohn des 41 erwähnten Isaak Habrecht, in seinem „Tractatus de planiglobio coelesti ac terrestri. Argent. 1618 in 4. (Deutsch von Sturm, Nürnberg 1666)“ zwischen den beiden Wolken angebracht haben.

[5]) Conrad Heinfogel oder Heynvogel, der schon in 32 erwähnte Freund und Gehülfe Werner's, wurde etwa 1470 zu Nürnberg geboren, studirte zu

Almagests, dessen Sternbilder auch im Westen alsbald ziemlich allgemein angenommen waren[6]), eine Sternkarte, welche der berühmte Albrecht Dürer mit den Figuren der Sternbilder versah und in Holz schnitt. Sei es jedoch, daß diese Karte, zu welcher der kaiserliche Mathematicus Johannes Stabius, der 1502 zum Besuche bei Werner nach Nürnberg kam[7]), Rath und Anstoß gegeben haben soll, keine weite Verbreitung fand oder in gewisser Richtung mangelhaft war, — es wird trotzdem immer angenommen, daß der aus 51 Karten bestehende Atlas, welchen der 1572 zu Rhain in Bayern geborne und 1625[8]) zu Augsburg als Rechtsanwalt verstorbene Johannes Bayer daselbst 1603 unter dem Titel „Uranometria" herausgab[9]), der erste gewesen sei, welcher mit Sachverständniß und Sorgfalt ausgeführt wurde, und Thatsache ist jedenfalls, daß er bis zum Erscheinen des bereits erwähnten Flamsteed'schen Atlasses der Geschätzteste und Beste blieb. Bayer benutzte für denselben nicht nur alle ihm zugänglichen Hülfsmittel, unter welchen das Sternverzeichniß von Tycho Brahe den ersten Rang einnahm, sondern machte selbst viele Vergleichungen mit dem Himmel, und wenn

---

Köln Philosophie und Mathematik, war Capellan und Mathematicus bei Kaiser Maximilian I., gab 1516 (v. 67) eine deutsche Ausgabe von Sacrobosco unter dem Titel: „Sphaera materialis Astronomi J. von Sacrobusco. Nürnberg 1516 in 4. (Auch Köln 1519 und Straßburg 1539)" heraus, und soll nach 1530 gestorben sein.

[6]) Vergl. auch 66. — Ein Beispiel von vorgekommenen Variationen bietet z. B. die 1556 zu Frankfurt erschienene Schrift „Des Himmels Lauffes Wirckung und natürliche Influentz der Planeten, Gestirne und Zeychen". So gibt sie z. B. Auriga auch den Namen Agitator; ferner hat sie (unter Abbildung eines Bohrers und einer Fahne) die Sternbilder „Neper" und „Fan", — Ersteres soll unter Schütze und Steinbock, Letzteres zwischen Löwe und Jungfrau liegen.

[7]) Stabius soll damals zum Andenken an seinen Besuch auf die nach Mittag gekehrte Wand der St. Lorenzkirche eine Sonnenuhr aufgerissen haben.

[8]) Vergl. Kästner IV 95. — Die Angabe der „Allg. deutschen Biographie" er sei erst 1660 gestorben, ist entschieden unrichtig.

[9]) Der vollständige Titel lautet: „Uranometria, sive omnium asterismorum schemata quinquaginta et unum, in totidem tabulis novâ methodo delineata. Augustae Vindel. 1603 in Fol. (Auch Ulmae 1648 und 1661)."

auch die nach Letztern gemachten Eintragungen noch Vieles zu wünschen übrig lassen, und bei Benutzung der Erstern manche Schreib- und Rechenfehler unbemerkt blieben, so hat er sich immerhin durch seine Arbeit ein großes Verdienst erworben. Er erhöhte dieses Letztere noch wesentlich dadurch, daß er, im Allgemeinen von den hellern zu den schwächern Sternen übergehend, aber auch mnemonischer Vortheile willen die Lage im Bilde etwas berücksichtigend, den einzelnen Sternen die Buchstaben des griechischen, und, wo diese nicht ausreichten, auch noch des lateinischen Alphabets beisetzte, und in dem, die Rückseiten seiner Karten füllenden Texte[10]) diese Buchstaben der ältern Bezeichnung der Sterne nach ihrer Lage im Bilde gegenübersetzte[11]). Er ist allerdings auch in dieser, bald allgemein gewordenen Bezeichnung nicht eigentlich der Erste gewesen, da schon Alessandro Piccolomini in dem seiner auch sonst bemerkenswerthen Schrift „Della sfera del mondo" angehängten „Libro de le stelle fisse", in welchem er auf 47 Tafeln die 48 Sternbilder der Alten (mit Ausnahme des Equuleus) oder vielmehr die sie constituirenden Sterne der vier ersten Größen abbildet[12]), diesen Sternen ungefähr nach

[10]) Dieser Text fehlt bei späteren Auflagen, wenigstens bei der „Ulm 1723" die also nach der in Note 9 erwähnten und von Lalande als „troisième et dernière édition" bezeichneten von 1661 erschien. Dagegen wurde der Text unter dem Titel „Jo. Bayeri explicatio characterum aeneis Uranometrias imaginum tabulis insculptorum. Aug. Vind. 1654 in 4. (Auch Ulmae 1697; deutsch, Ulm 1720)" noch extra herausgegeben.

[11]) Daß einzelne Spätere aus der Abweichung der Bayer'schen Buchstabenfolge von der Größenfolge falsche Schlüsse auf Veränderlichkeit gewisser Sterne, wie z. B. von α Draconis und σ Sagitarii, ziehen wollten, so daß Argelander genöthigt war 1842 in seiner Abhandlung „De fide Uranometriae Bayeri" gegen ein solch unkritisches Verfahren zu protestiren, kann natürlich dem eigentlichen Verdienste von Bayer keinen Abbruch thun.

[12]) Die erste Ausgabe datirt von 1539 oder 1540; die mir vorliegenden Ausgaben sind dagegen eine lat. von 1568 und eine italien. von 1579. — Piccolomini ließ auf seinen Kärtchen die Umrisse der Bilder und die kleineren Sterne absichtlich weg, um sie nicht zu überladen. In Beziehung auf die Bilder sagt der Uebersetzer, daß sie wohl das Auge entzücken mögen, aber die wahre Gestalt der Sternbilder, wie man sie wirklich am Himmel sehe, nur

gleichem Systeme wie Bayer lateinische Buchstaben beisetzte, und sodann im beschreibenden Texte dieselben Buchstaben braucht; aber da wahrscheinlich beide Schriften ganz unabhängig von einander sind, und die Bayer'schen Karten, welche überhaupt denn doch ganz andere Ansprüche als die von Piccolomini machen können, sowie ihre Bezeichnung für die Folgezeit maaßgebend geworden sind, so bleibt Bayer dennoch das Verdienst, in dieser Beziehung als Reformator gewirkt zu haben. — Ein Freund und Fachgenosse von Bayer, der 1627 zu Augsburg verstorbene Rechtsgelehrte und Scholarcha Julius Schiller, ärgerte sich an den heidnischen Sternbildern, und verband sich mit Bayer zur Anlage eines christlichen Sternhimmels, in welchem aus den 12 Zeichen des Thierkreises die 12 Apostel, aus Perseus der Apostel Paulus, aus dem großen Bär das Schiff Petri, aus Herkules die heiligen drei Könige, aus Cassiopea die Maria Magdalena, aus dem Fuhrmann der heilige Hieronymus, aus dem Schlangenträger der Papst Benedict, aus dem Pegasus der Erzengel Gabriel, aus Orion der heilige Joseph, aus dem großen Hund der König David, aus dem Schiff Argo die Arche Noäh, aus dem Centaur der Erzvater Abraham, aus dem Paradiesvogel die Eva, ꝛc. gemacht wurden, ohne sich dabei irgendwie genau an den Umfang der alten Bilder zu halten. Trotz der schönen, durch Matthias Kager und Lucas Kilian besorgten künstlerischen Ausführung dieses 1624 mit k. Privilegium versehenen, aber dann erst 1627 zu Augsburg unter dem Titel „Coelum stellatum christianum" erschienenen Atlasses [13]), fand

verdunkeln. — Bemerkenswerth ist folgendes Hülfsmittel für Astrognosie, das sich in der ital. A. von 1579, dagegen nicht in der lat. von 1568 findet: Es ist eine 69 Blätter füllende Tafel in welcher für jedes der 47 Sternbilder von jedem der drei Sterne a, b, c für jeden Monat und für jede Nachtstunde angegeben wird, in welcher Zenithdistanz und in welcher Morgen- oder Abendweite derselbe zu suchen ist. Kennt man so von einem Sternbilde drei Sterne; so kann man das betreffende Kärtchen orientiren und nun die übrigen Sterne in demselben auffinden.

[13]) Dem „ex libris Eliae Schilleri 1629" herrührenden Exemplare dieses Werkes, das die Zürcher Sternwarte besitzt, ist ein Exemplar eines von Jak. Bartsch herrührenden gedruckten Condolenzschreibens beigebunden, in welchem

jedoch Schiller's Vorschlag, die Sternbilder in solcher Weise abzuändern, und gleichzeitig die sieben Wandelsterne: Sonne in Christus, Mond in Maria, Saturn in Adam, Jupiter in Moses, Mars in Josua, Venus in Johannes den Täufer und Merkur in Elias umzusetzen, wenig Anklang, wenn er auch nachgebildet worden zu sein scheint[14]). Aehnlich ging es dem durch seine Fortsetzung von Schwenter's „Mathematischen Erquickstunden" bekannten, 1658 zu Nürnberg verstorbenen Rathsherrn Georg Philipp Harsdörfer, als er vorschlug die alten Sternbilder zwar zu belassen, aber anders zu deuten, so z. B. Cassiopeia in Bathseba, Orion in Goliath, den kleinen Hund in den großen David, ꝛc. zu verwandeln, — und mit noch um so mehr Recht dem 1699 zu Jena verstorbenen Professor Erhard Weigel[15]), als er den unsinnigen Vorschlag machte, einen „Coelum heraldicum" einzuführen, und auf einem 1699 für Christian V. von Dänemark ausgeführten colossalen kupfernen Globus die Sterne wirklich nach den Wappen der europäischen Fürsten eintheilte[16]). — Noch bleibt aus dieser Periode zum Schlusse der ganz hübsch ausgeführte, aus 54 Karten bestehende Atlas zu erwähnen, der 1690

---

unser Schiller als „Julius Schillerus D. Jc. tus (Jurisconsultus?) Augustanus, incluta Reipubl. ac Dicasterii Referendarius et Scholarcha" bezeichnet ist, und welchem man entnimmt, daß er um Pfingsten 1627 vor Vollendung seines Werkes von Schule, Staat (der Curia Augustanorum, die wohl den Rath, und nicht, wie Poggendorf geglaubt zu haben scheint, ein Augustiner-Kloster, bezeichnet) und Familie (von Vater und Geschwistern) betrauert, starb.

[14]) Libri hat nämlich in seinem Catalog „H. Drexelii Zodiacus christianus locupletatus. Col. Agrip. 1632 in 32."

[15]) Vergl. „Bartholomäi: Erhard Weigel, ein Beitrag zur Geschichte der mathematischen Wissenschaften auf den deutschen Universitäten im 17. Jahrhundert (Schlömilch, Suppl. zu 13)."

[16]) Vergl. „Erhardi Weigelii sphaerica, Euclideâ methodo conscripta; accessit globorum heraldicorum ipsiusque pancosmi descriptio et usus. Jenae 1688 in 8." — Der Weigel'sche „Pancosmus" war eine Himmelskugel von 32' Umfang, die von innen betrachtet werden konnte, indem die antarktische Zone abgehoben wurde; in dem Mittelpunkte stand eine kleine Kugel, welche die Erde darstellte, und sonst waren noch eine Reihe von Vorrichtungen und Mechanismen vorhanden, um die tägliche und jährliche Bewegung, die Planeten-

zu Danzig aus dem Nachlasse Hevel's unter dem Titel „Firmamentum Sobiescianum" ausgegeben wurde, und in welchem die oben als 66—72 aufgeführten neuen Sternbilder zum ersten Mal enthalten sind, — unter ihnen das von Hevel aus Dankbarkeit für großartige Unterstützungen dem Könige Johann III. Sobieski gewidmete Sternbild „der Sobieski'sche Schild".

---

bahnen, die Präcession rc. zu veranschaulichen, — abgesehen von etwas schwindelhaften Beigaben zur Darstellung von Gewittern, Vulkanausbrüchen rc. Die alten Sternbilder, welche ihm wegen Beziehung zur Astrologie unstatthaft erschienen, ersetzte er durch Wappen, welche er theils den Configurationen der Sterne möglichst anschloß, theils so austheilte, daß z. B. die Lage eines Landeswappens am Himmel einigermaßen der Lage des Landes auf der Erde entsprach. So combinirte er z. B. in seinem „Abacus Asterismorum nov. antiquorum:

Antiqui	Novi	Insignia
Ursa major	Elephas	Daniae.
Ophiuchus	Crux	Colonicus.
Hercules	Eques cum districto gladio	Poloniae.
Lyra	Citharae	Britanniae.
Aquila cum Antinoo .	Aquila Sceptrigera .	Domus Brandenburgicae.
Erichthonius	Lilia tria	Regni Galliarum.
Triangulum	Circinus et Classis .	Artificium et Scholarum.
Leo	tria Castella cum Aureo Vellore	Hispaniarum.
Cancer	Praesepe	Agricolarum.
Caput Hydrae et Collum	Pileus et Arma . .	Helvetiae, Mutinae, Mantuae, Parmae.
Orion	Aquila biceps . . .	Imperii Austriae.
Corvus	Crux Brachiis retusis	Genuensium.

rc. —

8. Capitel.

Die literarischen Leistungen.

139. Das Epitome Kepler's. Nachdem in den Schulen noch lange die Schriften von Sacrobosco und Purbach entweder direct dem Unterrichte zu Grunde gelegt worden waren, oder dann wenigstens Schriften, in denen der Ptolemäische Lehrbegriff die Basis bildete, brach auch auf diesem Gebiete Kepler mit seinem „Epitome astronomiae copernicanae“, dessen vier erste Bücher er 1618 bis 1620 zu Linz und dessen drei letzte Bücher er 1621 zu Frankfurt publicirte, eine neue Bahn. Er gab mit dieser Schrift, die bald allgemeine Verbreitung fand, Schülern und Lehrern ein Werk an die Hand, in welchem nicht nur die copernicanische Weltordnung zum ersten Mal und mit der von ihm selbst bewirkten wesentlichen Verbesserung wissenschaftlich dargestellt wurde, sondern welches überhaupt in jeder Richtung alle bisherigen Lehrbücher dieser Wissenschaft weit überragte, und bis gegen das Ende des Jahrhunderts nicht wieder erreicht wurde, — ist ja sogar Frisch zu der Ansicht gekommen, daß es nur weniger Abänderungen bedürfen würde, um noch jetzt den besten astronomischen Compendien an die Seite gesetzt werden zu können. — Das erste Buch beginnt mit einigen Definitionen, — handelt sodann von den Messungen der Erde unter Voraussetzung ihrer Kugelgestalt, welche er auch Sonne, Mond und den Planeten beilegt, — von der Anzahl und Vertheilung der Fixsterne, wobei er Bruno's Ansicht, daß auch die Sonne zu ihnen gehöre, anführt, aber immerhin dem Sonnensysteme eine hervorragende Stellung im Mittelpunkt der Fixsternwelt wahren will, — von der Erdatmosphäre, der Dämmerung, Refraction 2c. Die Bewegung der Erde vergleicht er mit derjenigen eines Kreisels [1]), tritt für sie mit Wahrscheinlichkeitsgründen ein, und vertheidigt sie gegenüber der Autorität der Jahrhunderte und der sich der üblichen Ausdrucksweise anschmiegenden heiligen Schrift. Das zweite Buch leitet mit den nöthigen Definitionen in die sphärische Astronomie ein, beschreibt die Sphäre mit ihren Kreisen und deren Eintheilung, handelt von dem Zodiakus oder „Bilderkräis", der Windrose 2c. Das dritte Buch spricht von der Bewegung der Fixsternsphäre, den Erscheinungen von Auf- und Untergang bei der **Sphaera recta, obliqua et parallela**, und den einfachsten Bestimmungen durch Messung und Rechnung, — von dem siderischen und tropischen Jahre, der Zeitgleichung und Präcession, von dem Tages- und Jahresanfang bei den verschiedenen Völkern, — den Jahreszeiten, Zonen und Klimaten 2c. Im vierten Buche kömmt Kepler speciell auf das Sonnensystem zu sprechen, sucht die ungenügenden Kenntnisse der damaligen Zeit von den Distanzen- und Größen-Verhältnissen durch Speculationen zu ergänzen, die Rotation der Sonne und die Bewegungen der Planeten um dieselbe, sammt ihren Ungleichheiten, durch eine der Sonne innewohnende Kraft, deren Wirkung mit der Entfernung variirt, zu erklären, 2c. Im fünften Buche entwickelt Kepler zunächst die zwei ersten seiner Gesetze, deren drittes schon im vorhergehenden Buche zur Sprache kam; dann führt er die zu seinen neuen Berechnungen nöthigen Größen ein und so namentlich auch die excentrische Anomalie, jene Hülfsgröße, welche er so geschickt zur Lösung der nach ihm benannten Aufgabe zu benutzen wußte, spricht von der Gleichung oder Prostaphäresis, der Bewegung der Apsiden und Knoten, 2c. Das sechste Buch entwickelt speciell die Theorien der Sonne,

[1]) Er bildet auf **pag. 113** diesen „**Turbo puerorum**" auch wirklich ab, — eine Figur welche leider Frisch (**Opera VI 173**) weggelassen hat.

der obern und untern Planeten und des Mondes, und handelt zum Schlusse, neben einigen astrologischen Speculationen über die verschiedenen Aspecten, von den Finsternissen, Bedeckungen und Durchgängen, wobei Kepler, wie übrigens schon in seinen „Paralipomena“ vom Jahre 1604, ähnliche Methoden der Betrachtung und Rechnung anwendet, wie sie noch jetzt größtentheils gebräuchlich sind. Das siebente Buch endlich bringt einige kurze Betrachtungen über die Bewegung der Fixsternsphäre, und schließt dann mit dem Geständnisse ab, daß die gewonnenen Kenntnisse noch nicht zur Begründung einer universalen Astronomie hinreichen, und noch Vieles den folgenden Zeiten aufzuklären überlassen werden müsse. — Das ganze Werk, in welchem nach damaliger Sitte die Theoreme in Form von Fragen und Antworten abgewickelt werden, ist sehr klar und anregend geschrieben, und verdiente es vollständig schon 1619 auf den Index gesetzt zu werden.

140. Gassendi's Institutio und Boulliau's Astronomia philolaica. Neben Kepler's Epitome sind von astronomischen Lehrbüchern des 17. Jahrhunderts besonders diejenigen von Gassendi und Boulliau zu erwähnen, wenn sie auch sehr weit hinter der Leistung ihres Vorgängers zurückstehen. — Im Jahre 1592 einem Bauer zu Champtercier bei Digne geboren, war Pierre Gassendi eine Art Wunderkind, das sofort die Aufmerksamkeit auf sich lenkte. Schon mit 16 Jahren war er in Digne vom Schüler des sich damals dort aufhaltenden Gottfried Wendelin zum Professor der Rhetorik aufgestiegen, erhielt drei Jahre später eine Professur der Philosophie in Aix, und, nachdem er die Priesterweihe empfangen und in den Minoritenorden getreten war, auch verschiedene geistliche Würden. Durch den bekannten Mäcen Peirese, dem Bayle den Ehrennamen Procureur général des sciences“ beilegte, für die Astronomie gewonnen, machte er sich bald durch verschiedene Beobachtungen und Schriften bekannt, unter denen ganz besonders die durch Kepler's Aufruf veranlaßte Beobachtung des Merkurdurchganges vom 7. November und des Venusdurchganges vom 6. December 1631 hervorzuheben ist, von denen erstere gelang, letztere mißlang[1]), wie es uns seine 1632 zu Paris publicirte kleine Schrift „Mercurius in Sole visus et Venus invisa“ mittheilt. Im Jahre 1645 als Professor der Mathematik an das Collège royal nach Paris berufen, lehrte er daselbst mit Auszeichnung, mußte aber schon 1647 wegen angegriffener Brust einen längern Urlaub nehmen, welchen er benutzte, die in seinem Curse der Astronomie gegebenen „Dictata“ noch in demselben Jahre unter dem Titel „Institutio astronomica juxta Hypotheses tam Veterum quam Copernici et Tychonis“ herauszugeben[2]). Er bekennt sich in dieser Schrift, die allerdings mehr ein Index seiner Vorlesungen als ein eigentliches Lehrbuch der Astronomie ist, nicht entschieden als Copernicaner, sondern gibt scheinbar Tycho die Palme[3]), um sich nicht gegen die Verordnungen der Kirche zu stoßen; aber zwischen den Zeilen kann man doch lesen, daß er dem neuen Systeme hold war, und zudem weiß man, daß er sich großentheils um desselben willen mit Morin verfeindete, auch die Dialoge Galilei's, welche ihm der gemeinschaftliche Freund Diodati eingehändigt hatte, bewunderte, und ihn erst die Verdammung, d. h. die Furcht selbst behelligt zu werden, so weit abkühlte, daß er sogar daran dachte seine betreffenden Papiere zu verbrennen. Im Jahre 1653 nach Paris zurückgekehrt, wurde Gassendi im folgenden Jahre schon wieder krank, worauf ihm nun seine Aerzte so viel Blut entzogen, daß mit der Krankheit auch die Lebenskraft schwand. „Il n'eut pas la force de résister à ses médecins“, sagt Delambre[4]), und starb 1655 unter ihren Händen.

---

[1]) Lalande hat seither nachgewiesen, daß Venus schon vor Sonnenaufgang aus der Sonne getreten war.

[2]) Sie erschienen später noch wiederholt und an verschiedenen Orten, zuletzt, unter Beigabe der erwähnten Schrift von 1632 und einigen andern Abhandlungen, 1680 zu Amsterdam.

[3]) „Il est contraire à l'ecriture,“ soll er gesagt haben, „en conséquence et pour obéir, je me vois contraint de donner la palme à Tycho.“

[4]) Hist. de l'astr. mod. II 325.

Die nach seinem Tode gesammelten Werke[5]) enthalten auch viele astronomische Beobachtungen und seine höchst interessante große Correspondenz; seiner historischen Arbeiten wird im Folgenden noch besonders gedacht werden[6]). — Gassendi's Zeitgenosse, der uns schon durch seine schönen Arbeiten über die Mira[7]) bekannte Ismael **Boulliau** wurde 1605 zu Loudun in einer calvinistischen Familie geboren, trat später jedoch zum Katholicismus über, — studirte Jurisprudenz, Theologie, Mathematik und Astronomie, — wohnte längere Zeit zu Paris beim Bibliothekar Dupuy, und nach dessen Tode beim Präsidenten De Thou, — begleitete Letztern auf einer Gesandtschaftsreise nach Holland, — machte hierauf gelehrte Reisen nach Italien, Deutschland, Polen und der Levante, — und zog sich später in die Abtei St. Victor zu Paris zurück, wo er 1694 starb. Auch er gehörte zu den schüchternen Anhängern von Copernicus, und suchte in seiner dickleibigen „Astronomia Philolaica“, welche er 1645 zu Paris erscheinen ließ, anstatt entschieden zu dem durch Kepler ausgebauten copernicanischen Systeme zu stehen, eine sog. „Hypothesis nova et vera“ aufzustellen und zu begründen, bei welcher er die elliptische Bewegung der Planeten um die Sonne durch eine gleichförmige Bewegung um den zweiten Brennpunkt ersetzen, d. h. gewissermaßen den ptolemäischen Equanten in das neue System übertragen wollte. Neben dieser Sonderbarkeit aber enthält sein Werk viel Gutes, so daß jedenfalls Lalande's[8]) Urtheil „C'est un des meilleurs traités d'astronomie qu'on ait faits“, wenn auch wohl etwas zu günstig, doch viel richtiger ist, als die von Delambre, bei Anlaß, wo er Boulliau als „Auteur du mot *érection*“ aufführt[9]), gemachte hämische Bemerkung: „C'est tout ce qui restera de lui.“

141. Einige andere Lehrbücher. Von andern Lehrbüchern mögen, außer den bereits beiläufig besprochenen einschlagenden

---

[5]) Opera omnia. Lugduni 1658, 6 Vol in Fol.

[6]) Vergl. 143. [7]) Vergl. 136. [8]) In Bibl. astron. pag. 221.

[9]) Astronomie moderne: Table des Matières.

Schriften der Mästlin, Simmler, Piccolomini, Weigel ꝛc., kurz erwähnt werden theils die von Nicolaus Rensberg 1569 zu Augsburg herausgegebene, fast nur astrologischen Kram enthaltende „Astronomia Teutsch“, theils eine anonyme 1583 zu Frankfurt ebenfalls unter dem Titel „Astronomia Teutsch“, herausgegebene, wenigstens doch auch neben solchem Kram einige Angaben über Astrolabien, Sonnenuhren ꝛc. enthaltende Schrift[1]), jedoch beide eigentlich nur wegen des zweiten Titelwortes. Sodann die von Willebrord Snellius von 1605—1608 zu Leyden in zwei Foliobänden veranstaltete lateinische Ausgabe des bereits mehrmals[2]) erwähnten Werkes „Simonis *Stevini* Hypomnemata (Memorabilia) mathematica, tomis quinque comprehensa“, deren erster Theil unter dem Titel „Cosmographia“ die sphärische und theoretische Astronomie in für damalige Zeit ganz netter Weise abhandelt, und uns namentlich Stevin als entschiedenen Copernicaner zeigt. Ferner die von Longomontan 1622 und später wiederholt zu Amsterdam in Druck gegebene „Astronomia Danica“, welche als Nachklang an Tycho's Schule besonderes Interesse hat, — die von Trew, der auch eine „Disputatio de immobilitate terrae contra Copernicum“

[1]) In das mir vorliegende Exemplar dieser letztern Schrift ist in späterer Zeit der Name „Martin Joseph von Reider“ so eingetragen worden, wie wenn er Verfasser wäre; es ist jedoch muthmaßlich nur der Name eines einstweiligen Besitzers, da er auch noch auf der innern Seite des Deckels steht. Zur Charakteristik des Opus mag aus dem beigegebenen „Wetterbüchlein“ die Regel

„So die Hund das Graß speien
Und die Weiber über die Flöh schreien,
Oder sie die Zehen jucken
Thut naß wetter zuher rucken“

welche noch zu den bessern und anständigern gehört, folgen.

[2]) Vergl. 110 und 121, — sowie auch die nachfolgende 173. — Die aus dem Nachlasse des ausgezeichneten Albert Girard veranstaltete Ausgabe „Les oeuvres mathématiques de Simon Stevin. Leyde 1634 in Fol.“ enthält die Cosmographie ebenfalls, wenn auch, wenigstens in Beziehung auf die Tafeln, mit bedeutenden Kürzungen. Von welchem Jahre die „in belgischer Sprache“ von Stevin selbst veranstaltete Original-Ausgabe datirt, habe ich bis jetzt nicht mit Sicherheit herausbringen können, — nach Weidler von 1590.

und eine „Ableinung und Widerlegung der Astrologiae judiciariae“ schrieb, also weder Copernicaner noch Astrolog war, 1636 zu Nürnberg herausgegebene „Astronomia pars sphaerica“, welcher er 1660 zu Altorf noch ein „Compendium compendiorum astronomiae et astrologiae, d. i. Kurze doch klare Verfassung der ganzen Sternkunst“ folgen ließ, — die von Vincent Wing[3]) 1656 zu London ausgegebene „Astronomia instaurata“, welcher ebendaselbst 1669 eine „Astronomia britannica“ folgte, — die von Jean-Baptiste Duhamel[4]) 1660 zu Paris publicirte „Astronomia physica“, — die von Thomas Streete[5]) 1661 zu London unter Beigabe geschätzter Tafeln ausgegebene „Astronomia Carolina. A new Theory of the celestial motions“, von welcher Doppelmayr noch 1705 zu Nürnberg eine lateinische Ausgabe veranstaltete, — die von Joh. Christoph Sturm 1670 zu Nürnberg ausgegebene „Scientia cosmica s. astronomica, sphaerica et theoretica, tabulis comprehensa“, welche als Versuch einer übersichtlichen Zusammenstellung nicht übel ist, ohne sich jedoch, etwa entsprechend dem später zu erwähnenden Atlas von Mayer, irgendwie auszuzeichnen, — die von Joh. Jakob Fäsi[6]) 1697 zu Zürich publicirten „Deliciae astronomicae“, — &c.

142. Die Sammelwerke und Wörterbücher. Das von dem gelehrten Jesuiten Giovanni Battista Riccioli[1]) 1651 zu Bologna unter dem Titel „Almagestum novum“ in zwei Foliobänden publicirte Sammelwerk, zu welchem die von ihm 1665 ebendaselbst ausgegebene und ebenfalls eine Menge von Beobachtungen enthaltende „Astronomia reformata“ eine Art Supple-

[3]) Zu Luffingham 1619 geboren, lebte Wing bis 1668 zu London.

[4]) Zu Vire in der Normandie 1624 geboren und in den Priesterstand eingetreten, lebte Duhamel später bis zu seinem 1706 erfolgten Tode als Professor der Philosophie und Secretär der Academie zu Paris.

[5]) Streete nannte sich auf dem Titel „Student in Astronomy and Mathematics“, — war also wohl 1661 noch ein ganz junger Mann. Sonst scheint sich nichts über ihn erhalten zu haben.

[6]) Für Fäsi (1664—1722) vergl. Bd. I meiner Biographien.

[1]) Zu Ferrara 1598 geboren, lebte er lange Jahre und bis zu seinem 1671 erfolgten Tode in seinem Ordenshause zu Bologna.

ment bildet, wird durch den reichen Detail an Thatsachen immer großen Werth behalten, und ist auch im Vorhergehenden vielfach benutzt und citirt worden. Sogar der so selten lobende Delambre hebt anerkennend hervor, mit welcher Sorgfalt Riccioli über die Arbeiten seiner Vorgänger und Zeitgenossen referirt habe, und sagt „Ses ouvrages sont un vaste répertoire, où, au commencement de chaque chapitre, l'on trouve une longue énumération de tous les auteurs qui ont écrit sur le sujet qu'il va traiter". — Neben diesem Hauptwerke, das ohne den auf seinem Verfasser lastenden, und ihn zu langen, aber kaum ernstlich gemeinten Excursen gegen das copernicanische System veranlassenden geistlichen Druck, ohne Zweifel noch bedeutender geworden wäre, sind sodann noch die ersten Versuche von Nachschlagebüchern zu erwähnen, welche schon gegen das Ende des 16. und dann namentlich im 17. Jahrhundert gemacht wurden: So das von dem bereits mehrfach erwähnten Conrad Dasypodius 1573 zu Straßburg ausgegebene „Dictionarium mathematicum, in quo definitiones et divisiones continentur scientiarum mathematicarum", — das von Geronimo Vitale[2]) 1668 zu Paris herausgegebene „Lexicon mathematicum astronomicum geometricum", — und das 1691 ebendaselbst von Jaques Ozanam[3]) publicirte „Dictionaire mathématique", von welchen namentlich das Letzterwähnte noch jetzt nicht ohne Interesse ist.

143. Die historischen Schriften. Die historischen Leistungen sind im 16. und 17. Jahrhundert aus naheliegenden Gründen[1]) noch sehr unbedeutend. Zu den ersten Versuchen gehören die von dem aus Urbino gebürtigen, 1553 bis 1617 lebenden Abt Bernardino Baldi von Guastalla unter dem Titel „Cronica de' Matematici" zusammengetragenen biographischen Notizen über alle ihm bekannten Mathematiker von den ältesten Zeiten bis

[2]) Ein aus Capua gebürtiger, 1698 zu Rom verstorbener Theatiner-Mönch.

[3]) Zu Bouligneux in Bresse 1640 geboren, lehrte er zu Lyon und Paris die Mathematik, und starb in letzterer Stadt 1717 als Mitglied der Academie.

[1]) Vergl. 144.

zum Ende des 16. Jahrhunderts, die nach längerm Zögern endlich 1707 zu Urbino aufgelegt wurden; ferner die 1660 zu Amsterdam durch den 1577 bei Heidelberg gebornen, 1649 zu Amsterdam als Professor der Geschichte verstorbenen Gerhard Johann Voß ausgegebene Schrift „De universae matheseos natura et constitutione liber; cui subjungitur chronologia mathematicorum"; beide Schriften sind jedoch als ziemlich unbedeutende Leistungen zu bezeichnen. — Eine sehr verdienstliche historische Specialität ist dagegen anerkannt die von dem bereits[*]) besprochenen, wackern Gassendi 1654 zu Paris ausgegebene Schrift „Tychonis Brahei vita. Accessit Nic. Copernici, G. Peurbachii et Jo. Regiomontani vita", welche immer noch als eine Hauptquelle für die Genannten zu gelten hat, und zum Theil für diese Geschichte ebenfalls benutzt worden ist. Auch die von dem 1623 in Brügge gebornen und 1688 in Peking verstorbenen Jesuiten Ferdinand Verbiest geschriebene Geschichte des damals schon über ein Jahrhundert von seinen Ordensbrüdern und dann auch von ihm selbst präsidirten mathematischen Collegiums für China, ist als Specialgeschichte nicht ohne Interesse; man erfährt z. B. aus dieser ursprünglich in chinesischer Sprache abgefaßten, dann 1668 ins lateinische übertragenen und 1687 zu Dillingen unter dem Titel „Astronomia Europaea sub imperatore Tartaro Sinico Cám Hý" aufgelegten Schrift, daß es damals den eingewanderten Europäern leicht wurde, den Chinesen, die kaum mehr ihren Kalender zu stellen wußten, durch größere Kenntnisse zu imponiren, — daß es dem etwa 1565 zu Caltagerone auf Sicilien gebornen, 1597 nach China gekommenen und dort 1654 verstorbenen Pater Niccolo Longobardi in China gerade zur Zeit, wo in Europa das Copernicanische System am heftigsten angefeindet wurde, unverwehrt war dessen Kenntniß durch einen „Tractatus de terrae motu" zu verbreiten, — daß es dem 1591 zu Cöln gebornen, 1621 als Missionär

[*]) Vergl. 140.

nach China abgegangenen und dort 1666 verstorbenen, sehr tüchtigen und als Schriftsteller außerordentlich fruchtbaren Joh. Adam Scholl und seinem Nachfolger Verbiest nach und nach gelang den chinesischen Kalender in europäischem Sinne zu reformiren, — 2c. Das von den Missionären benutzte Observatorium endlich bestand nach der, der Dillinger Ausgabe beigegebenen einzelnen Tafel*) aus einer Terrasse, auf welcher einige Armillarsphären und Globen, einige an Tycho's Instrumente erinnernde Quadranten und Sectoren, 2c. im Freien aufgestellt waren, und dann noch aus einer überdachten Räumlichkeit, in der die kleinern Instrumente untergebracht sein mochten.

144. Die Bibliographie Geßner's. Nach Wiedererwachen der Wissenschaften lag es natürlich näher sich das geistige Erbe der alten Zeit anzueignen, als eine Geschichte seines Entstehens zu schreiben, und während so, wie wir soeben gesehen haben, erst gegen das Ende des 16. und im 17. Jahrhundert einige schwache Spuren historischer Thätigkeit auftauchten, so liegt dagegen schon aus der Mitte des 16. Jahrhunderts eine bibliographische Arbeit vor, die von einer stupenden Gelehrsamkeit und einem eisernen Fleiße zeugt, und noch von den neuesten Bibliographen bewundert wird, nämlich die „Bibliotheca universalis, sive Catalogus omnium scriptorum locupletissimus, in tribus linguis, latina, graeca et hebraica: extantium et non extantium, veterum et recentiorum in hunc usque diem, doctorum et indoctorum, publicatorum et in bibliothecis latentium", welche der universelle Gelehrte, der von 1516 bis 1565 lebende ausgezeichnete Zürcherische Stadtarzt und Professor Conrad Geßner[1]) im Jahre 1545 zu Zürich veröffentlichte, und die sich auch auf

*) Ein von Quetelet für seine „Histoire des sciences mathématiques et physiques chez les Belges. Bruxelles 1864 in 8." benutztes Exemplar der Ausgabe von 1668 hatte dagegen außer dieser Tafel noch bei 30 andere, die sämmtlichen mathematischen und physikalischen Instrumente im Detail darstellende Tafeln, — dafür aber fast keinen Text.

[1]) Vergl. für Geßner und seinen nachgenannten Schüler Wolf Band I meiner Biographien.

die mathematischen Wissenschaften erstreckt. Es ist diese Arbeit jetzt noch für die ältere Zeit eine wahre Fundgrube, ganz abgesehen davon, daß sie als Fundament diente, auf welchem die Spätern mit verhältnißmäßig leichter Mühe fortbauen konnten. — Die von dem 1532 bis 1601 lebenden Schüler Geßner's, dem Stadtarzt Caspar Wolf von Zürich, herausgegebene Schrift „Conradi Gessneri physicarum meditationum, annotationum et scholiarum libri V", die 1586 zu Zürich erschien, ist ebenfalls nicht ohne Interesse, und Geßner's Beschreibung eines Nordlichtes ist schon früher gedacht worden*).

*) Vergl. 135.

Drittes Buch.

Die neuere Astronomie.

9. Capitel.

Die allgemeine Gravitation.

---

145. Einleitung. Während in der frühern Zeit die Pflege der Wissenschaften einzelnen Männern möglich war, und nur ganz ausnahmsweise Association oder öffentliche Unterstützung zur Lösung einer Aufgabe nothwendig wurde, so charakterisirt sich dagegen die neuere Zeit durch die mit der immer weiter gehenden Theilung der Arbeit und der für den Einzelnen kaum mehr zu erschwingenden Beschaffung der Hülfsmittel nothwendig Hand in Hand gehende Gründung wissenschaftlicher Corporationen durch Private und Staaten. Schon 1652 entstand so, durch Bemühung des Bürgermeisters und Arztes Joh. Lorenz Bausch zu Schweinfurt, eine gelehrte Gesellschaft, aus welcher etwas später unter kaiserlichem Schutze die noch bestehende Academia naturae curiosorum oder die Leopoldinische Academie hervorging[1]). Dann folgte 1657 die von einem Schüler und Verehrer Galilei's, dem Herzog Ferdinand II. von Toskana, unter dem Präsidium seines Bruders Leopold, zu Florenz gegründete Academia del Cimento, welche in kurzer Zeit so Großes leistete[2]), daß die Einwilligung zu ihrer 1667 erfolgten Auflösung ihrem Präsidenten einen Cardinalshut eingetragen haben soll. Im Jahre 1662

---

[1]) Vergl. „Büchner, Historia academiae naturae curiosorum. Halae 1754 in 4."

[2]) Vergl. die „Saggi di esperienze fatte nell' academia del Cimento. Firenze 1691 in Fol."

entstand sodann, hauptsächlich durch Bemühung des 1653 als Consul von Bremen nach London übergesiedelten Heinrich Oldenburg, die Royal Society of London, als deren erster Secretär sich Oldenburg bis zu seinem 1678 erfolgten Tode noch weiteres großes Verdienst erwarb[3]). Endlich bildete sich 1666, unter der Protection von Colbert, aus einem gelehrten Kränzchen, das successive Mersenne, Montmort und Thévenot[4]) um sich gesammelt hatten, die Académie des Sciences de Paris, welche von ihrer Gründung an, so schwer ihr auch der durch Aufhebung des Ediktes von Nantes bewirkte Verlust von Huygens und Römer zusetzte, doch fortwährend und namentlich während des ganzen 18. Jahrhunderts die mathematischen und astronomischen Arbeiten in schönster Weise patronisirte[5]). — An diese Mutter-Academien schlossen sich sodann im Laufe der Zeiten noch viele Andere an: So 1700 auf Veranlassung und unter dem Präsidium von Leibnitz die Academie in Berlin, — 1714, nachdem 1712 Luigi Ferdinando Conte de Marsigli seiner Vaterstadt zu Gunsten einer solchen Anstalt seine reichen Sammlungen geschenkt hatte, das Institut von Bologna, — 1725 die Academie in St. Petersburg, welche alsbald durch die Epoche machenden Arbeiten der an sie berufenen Basler Hermann, Bernoulli und Euler großen Ruf erhielt, — und sodann noch folgeweise die Academien in Stockholm 1739, Göttingen 1750, München und Turin 1759, Boston 1783, Edinburgh 1788, Amsterdam 1812, Moskau 1829, Brüssel 1835, Leipzig 1846, Wien 1848, rc. Ferner entstand eine Reihe freier wissenschaftlicher Gesellschaften,

---

[3]) Vergl. „Thom. Sprat, History of the Roy. Society of London. London 1734 in 4., und: Birch, History of the Royal Society of London. 1756/7, 4 Vol in 4."

[4]) Vergl. für Thévenot 199.

[5]) Vergl. „Duhamel, Regiae scientiarum Academiae Historia. Paris 1701 in 4., ferner: Fontenelle, Histoire du renouvellement de l'Académie royale des sciences en 1699, et les éloges historiques de tous les académiciens morts depuis ce renouvellement. Amsterdam 1708—20, 2 Vol. in 8., und: Jos. Bertrand, L'Académie des sciences et les académiciens de 1666 à 1793. Paris 1869 in 8."

von denen hier voraus die 1717 in London gegründete Mathematical Society zu erwähnen ist, welche als leitenden Grundsatz[6]) die Bestimmung hatte: „Es ist Pflicht jedes Mitgliedes, wenn es um Auskunft über irgend eine mathematische oder naturwissenschaftliche Frage von einem andern angegangen wird, letztern in der faßlichsten und deutlichsten Weise, deren es fähig ist, Aufschluß zu ertheilen", — die anfänglich 64 und später 81 Mitglieder zählte, unter denen sich z. B. Dollond und der durch die Gesellschaft selbst von seinem Webstuhle in Spitalfields weggeholte Thomas Simpson[7]) befanden, — die dann aber nach und nach wieder zerfiel und 1845 der seit 1820 in London gegründeten Astronomical Society einverleibt wurde; ebenso die 1751 zu Basel ins Leben gerufene und bis gegen das Ende des Jahrhunderts existirende Societas helvetica, welche sich zunächst die Aufgabe stellte, Arbeiten schweizerischer Gelehrten zur öffentlichen Kenntniß zu bringen, und so z. B. die Erstlingsarbeiten von Lambert publicirte, — die 1846 aus einem Vermächtnisse des 1829 verstorbenen Engländers James Lewes Macle Smithson zu Washington gegründete Smithsonian Institution, — rc. Im gegenwärtigen Jahrhundert schlossen sich endlich nach dem Muster der 1815 von Gosse und Wyttenbach gegründeten schweizerischen naturforschenden Gesellschaft an sie noch eine Reihe von sog. Wandergesellschaften an, von denen hier zunächst die 1865 zum ersten Male in Leipzig tagende deutsche astronomische Gesellschaft zu nennen ist. — Diese Academien und wissenschaftlichen Gesellschaften bildeten nicht nur ebensoviele Centralpunkte, bei denen der Gelehrte Rath und Unterstützung für seine Arbeiten finden konnte, und die Möglichkeit zur raschen Publikation mancher Arbeit erhielt, die sonst zum Schaden der Wissenschaft muthmaßlich in seinem Schreibtische geblieben wäre,

---

[6]) Vergl. Grunert's Archiv VII 447.

[7]) Zu Market-Bosworth in Leicestershire 1710 geboren, und ebendaselbst 1761 gestorben, nachdem er sich vom Weber und Schulmeister zum Professor der Mathematik in Woolwich aufgeschwungen. Vergl. für ihn 195 und 214.

— sondern sie wirkten auch durch Aufnahme von Ehrenmitgliedern, durch Ausschreiben von Preisfragen 2c. in bester Weise zur Aufmunterung der Gelehrten und zur Förderung der Wissenschaft, und in diesen letztern Richtungen leistete namentlich wieder die Académie des Sciences förmlich Großes: Schon das von ihr 1699 geschaffene Institut der 8 auswärtigen Mitglieder, die zum ersten Male aus Newton, Leibnitz, Jakob und Johann Bernoulli, Guglielmini, Hartsöcker, Tschirnhausen und Römer bestanden, trug reiche Früchte, — und das durch die großen Schenkungen der Rouillé de Meslay, Auget de Montyon, 2c. seit 1721 ermöglichte Institut der Preisfragen hat sowohl zu der Zeit, wo es gewissermaßen im Pachte der Bernoulli und Euler stand, als auch später, immer die schönsten Renten abgeworfen.

146. Isaak Newton. Während sich, wie die vorhergehenden Abschnitte gezeigt haben, nach Erfindung des Fernrohres und nach Abschluß der Arbeiten Kepler's zunächst die descriptive und messende Astronomie auszubilden begannen, machte plötzlich in dem letzten Drittel des 17. Jahrhunderts und ungefähr zur Zeit des soeben erwähnten Entstehens großer wissenschaftlicher Centralpunkte in London und Paris, auch die theoretische Astronomie — Dank der Sagacität des unvergleichlichen Isaak Newton — einen neuen Fortschritt von ungeheurer Tragweite, der sowohl den Abschluß der Reformation der Sternkunde bildete, als auch zum Grundsteine der neuen Astronomie wurde. Zu Whoolstorpe bei Grantham in Lincolnshire am 25. December 1642 altenglischen oder am 5. Januar 1643 neuen Styles geboren, besuchte Isaak Newton[1]) als Knabe die Schule von Grantham, wobei er sich nicht nur nicht auszeichnete, sondern lange einer

[1]) Vergl. für ihn namentlich „Sir David Brewster (Jedburgh 1781 — Allerly 1868; Professor der Physik zu St. Andrews), Life of Js. Newton. London 1831 in 4. (Deutsch durch Goldberg, Leipzig 1833), — und: Memoirs of the life, writings and discoveries of Sir Js. Newton. Edinburgh 1855. 2 Vol in 8. (2 ed. 1860)", — sodann die in 150 aufgeführten Schriften.

der Letzten in der letzten Bank war, so daß die vor einigen Jahren von Chasles vorgebrachten Angaben, er habe schon von 1654 hinweg mit Pascal in schriftlichem Verkehr gestanden, förmlich lächerlich waren, und sich höchstens nach Rückert's „Wer einmal lügt, muß oft zu lügen sich gewöhnen, — denn sieben Lügen braucht's, um Eine zu beschönen“ erklären lassen[2]). Zur Hülfe in dem landwirthschaftlichen Gewerbe seiner Mutter als untauglich erfunden, entschloß man sich Newton studiren zu lassen, und so kam er, nachdem er noch einigen vorbereitenden Unterricht empfangen, etwa 1660 nach Cambridge[3]), wo damals der verdiente Mathematiker und Optiker Isaak Barrow[4]) lehrte. Bald hatte er sich, theils durch dessen Unterricht, theils, und muth-

---

[2]) Vergl. die Comptes rendus von 1867—1869, welche fast Sitzung für Sitzung Mittheilung aus den angeblich von Chasles besessenen Autographen enthielten, die erst nur, von der 147 erwähnten Angabe ausgehend, das Verhältniß von Newton und Pascal beschlugen, dann auf Galilei, Huygens &c. übersprangen, um je ihm gegen frühere Vorlagen gemachte Einsprachen zu entkräften, — aber auch immer mehr den Eindruck machten als ob sie „à fur et à mesure“ fabricirt werden.

[3]) Nach Chasles wäre Newton schon etwa 1655 nach Cambridge abgegangen, und hätte namentlich dort durch Pascal eine Menge von Gedanken, Zahlen, eigenen und fremden Manuscripten &c., mitgetheilt erhalten, welche er sodann später, ohne Pascal auch nur zu nennen, als eigenes Elaborat vorgeführt habe, &c. So unwahrscheinlich dieß Alles auch war, so wünschenswerth mußte es doch immerhin sein, den Plagiator in seinem eigenen Netze zu fangen, und dieß gelang nach und nach Leverrier, Secchi, Breton de Champ &c. vollkommen: So konnte (s. Compt. rend. 1869 IV 12) nachgewiesen werden, daß ein großer Theil der von Chasles producirten Noten Pascal's über die Gravitationstheorie wörtlich aus dem 4. Bande von Savérien's „Historie des philosophes modernes“ ausgeschrieben worden sei. — so wurde gezeigt, daß Joh. Bernoulli die (s. Compt. rend. 1869 V 10) einem von ihm angeblich am 20. Aug. 1728 an Montesquieu geschriebenen Briefe entnommene Stelle: „J'espère aussi faire prochainement un *nouveau* voyage en Angleterre“ schon darum absolut nicht geschrieben haben könne, weil er gar nie in England war, — &c. Die Mittheilungen unterblieben nun plötzlich, und die Academie beruhigte sich mit der Erklärung von Chasles, daß er selbst „Dupe“ gewesen sei. —

[4]) Isaac Barrow von London (1630—1677) war Dr. Theol. und Professor der Mathematik, erst zu London, dann zu Cambridge, — schließlich, nachdem er 1669 letztere Stelle zu Gunsten von Newton niedergelegt hatte, Caplan König Karl's II.

maßlich vorzugsweise, durch Selbststudium der ihm von seinem Lehrer anvertrauten mathematischen Werke, in fast vollständigen Besitz des damals Bekannten gesetzt, — ging nun in aller Stille selbstständig vorwärts, — vollendete rasch, wie aber erst ziemlich später bekannt wurde, verschiedene sehr schöne und neue mathematische Untersuchungen, welche ihn z. B. auf den später nach ihm benannten allgemeinen binomischen Lehrsatz führten, — und kam auch etwa 1666 zu der bereits angedeuteten großen Entdeckung, mit der wir uns im Folgenden zu beschäftigen haben.

147. Die Entdeckung der allgemeinen Gravitation. Schon Copernicus und Kepler ahnten die allgemeine Schwere, und die uns ebenfalls bereits bekannten Boulliau und Borelli muthmaßten entschieden, daß ein die drei Kepler'schen Gesetze umfassendes Princip bestehen müsse, — ja der geniale Pascal[1]) scheint, wenn wenigstens die von Chasles publicirten Autographen nicht schon vom ersten Anfange an purer Schwindel waren, dasselbe bereits formulirt zu haben, indem er etwa 1652[2]) an Boyle geschrieben haben soll: „Dans les mouvements célestes la force, agissant en raison directe des masses et en raison inverse du quarré de la distance, suffit à tout et fournit des raisons pour expliquer toutes ces grandes révolutions qui animent l'univers"; aber noch fehlte zum Mindesten der Beweis für seine Richtigkeit und das Verfolgen desselben in allen seinen Consequenzen, und dieß leistete jedenfalls erst der unvergleichliche Newton: Es mag dahin gestellt bleiben, ob Newton selbst fand, daß aus Verbindung der zu jener Zeit bereits bekannten Gesetze der Kreisbewegung mit dem dritten Kepler'schen Gesetze nothwendig folge, daß sich die Fliehkräfte zweier Planeten umgekehrt wie die Quadrate ihrer Distanzen von der Sonne verhalten, oder aber von einem Dritten auf diese Consequenzen aufmerksam gemacht wurde[3]); aber das scheint, trotz den von Gauß

[1]) Blaise Pascal, 1623 zu Clermond-Ferrand geboren und 1662 zu Paris verstorben. [2]) Vergl. Compt. rend. 1867 VII 15.

[3]) Newton selbst gibt in seinem berühmten Scholium (Princ. pag. 42—43)

geäußerten Zweifeln, nach den Erzählungen seiner Nichte Mme. Conduit und seines Freundes Henry Pemberton immer noch festzustehen, daß, als er 1665 von Cambridge durch die Pest nach Hause vertrieben wurde, und einst nach seiner Lieblingsgewohnheit im Schatten eines Baumes meditirte, ein herabfallender Apfel ihn darauf führte sich die Frage zu stellen, ob wohl dieselbe Kraft, welche den Apfel zu fallen zwinge, auch den Mond in seiner Bahn um die Erde zurückhalte. Bezeichnet g die Beschleunigung der Erdschwere an der Erdoberfläche oder in der Distanz r vom Erdcentrum, und R die Distanz des Mondes von der Erde, T aber die siderische Umlaufszeit des Mondes und a einen Equatorgrad der Erde, so wird bei Uebertragbarkeit des obigen Gesetzes dieß der Fall sein, wenn

$$g \cdot \frac{r^2}{R^2} = 4\pi^2 \frac{R}{T^2} \quad \text{oder} \quad g = \frac{4\pi}{T^2}\left(\frac{R}{r}\right)^3 . 180 . a$$

ist. Nun hatte jedoch Newton nach den ihm damals zu Gebote stehenden Daten zwar nahe richtig $R = 60{,}4 . r$ und $T = 27^d\ 7^h\ 43^m\ 48^s = 2360628^s$ zu setzen, dagegen fälschlich $a = 60$ engl. Meilen = 297251 Pariserfuß, und so fand er nach obiger Formel $g = 26',586$, während nach den Messungen von Galilei g etwas über 30' betrug. Er durfte also seine Voraussetzungen durch diese Rechnung noch nicht als erwiesen betrachten, — wurde mißmuthig und wandte sich vor der Hand andern Untersuchungen zu.

148. Jean Picard. Der erste Mißerfolg der Newton'schen Untersuchung zeigt wie nöthig damals eine bessere Bestimmung

Huygens die Ehre, und der Schluß war in der That, bei Kenntniß der Gesetze der Centrifugalkraft, sehr einfach: Bezeichnen nämlich f und F die Fliehkräfte in zwei, in den Zeiten t und T durchlaufenen Kreisbahnen der Radien r und R, so verhält sich

$$f : F = 4\pi^2 . \frac{r}{t^2} : 4\pi^2 \frac{R}{T^2} = \frac{r}{R} : \frac{t^2}{T^2}$$

während nach dem dritten Kepler'schen Gesetze

$$t^2 : T^2 = r^3 : R^3$$

also verhält sich nothwendig

$$f : F = R^2 : r^2$$

gewisser Daten und überhaupt ein wesentlicher Fortschritt in der practischen Astronomie war, — und er wurde, weil eben nothwendig, auch sofort erzielt, und zwar zunächst durch Picard: Von der Jugendgeschichte und überhaupt von biographischem Detail über Jean Picard ist sehr wenig auf uns gekommen; man weiß fast nur, daß er am 21. Juli 1620 zu La Flèche in Anjou geboren wurde, erst Priester war, mit Gassendi, welchen er immer als seinen Lehrer bezeichnete und hochhielt, die Sonnenfinsterniß von 1645 VIII 25 beobachtete, später dessen Nachfolger als Professor der Astronomie am Collège de France wurde, zu den ersten Mitgliedern der Pariser Academie gehörte, und am 12. October 1682 zu Paris starb. Dagegen ist sicher, daß er in Gemeinschaft mit seinem Freunde Adrien Auzout, von dem man sonst auch nur weiß, daß er aus Rouen gebürtig war, ebenfalls den ersten Mitgliedern der Pariser Academie zugehörte, aber schon 1668 durch eine Intrigue seine Stelle verlor und 1691, nach Rückkehr von einer Reise nach Italien, zu Paris starb, — die instrumentalen Hülfsmittel durch Verwendung des Fernrohres außerordentlich zu verbessern wußte, und anfing die Instrumentalfehler förmlich zu bestimmen[1]), — daß es ihm gelang Tagesbeobachtungen zu machen und Nutzen daraus zu ziehen[2]), — und daß er 1669/70, also eben bald nach Newton's Fehlrechnung, unter Anwendung der Snellius'schen Methode eine erste zuverlässige Erdmessung ausführte, über welche später einläßlich einzutreten sein wird[3]). Unmittelbar nach Vollendung dieser letztern entschloß sich Picard, eine Reise nach der Uranienburg zu unternehmen, um die Lage dieses durch die Tychonischen Beobachtungen so wichtigen Punktes zu verificiren. Er verreiste im Juli 1671, — besuchte in Amsterdam den Buchdrucker Johann Blaeu und nahm bei ihm Einsicht von einer, durch dessen Vater Willem Blaeu[4]) gemachten, aber unedirten Gradmessung, deren Resultat nur 60′ von seinem eigenen Grade abwich, —

[1]) Vergl. 114. [2]) Vergl. 114, 213 und 218. [3]) Vergl. 219.
[4]) Vergl. 89.

machte in Kopenhagen, wo er den von Longomontan[5]) erbauten Beobachtungsthurm besuchte und den berühmten Tychonischen Globus sah[6]), die Bekanntschaft des durch seine Entdeckung der Doppeltbrechung im isländischen Kalkspathe berühmten Erasmus Bartholinus, von dem er eine noch jetzt auf der Pariser Sternwarte befindliche genaue Copie der Tychonischen Beobachtungen erhielt, welche ihm angesichts des fehler- und lückenhaften Abdruckes von großer Wichtigkeit war[7]), — reiste sodann im September im Begleite von Bartholinus und eines damals noch ganz unbekannten jungen Mannes, Namens Ole oder Olaus Römer[8]), der eben zu Kopenhagen mathematischen Studien oblag, nach Hveen, — hatte dort Mühe, noch einige Reste der Tychonischen Gebäulichkeiten aufzufinden, welche man wie absichtlich zerfallen ließ, ja abtrug, so daß schon 20 Jahre nach Tycho's Abzug wenig mehr zu sehen gewesen sein soll, — errichtete sodann ein provisorisches Observatorium, bestimmte dessen Polhöhe und durch eine Immersion des ersten Jupitertrabanten seine Länge gegen Paris, durch Feuersignale aber gegen Kopenhagen, dessen Azimuth er ebenfalls maß, — und kehrte endlich über Kopenhagen nach Paris zurück, als werthvollste Beute Römer mitbringend, welchen er alsbald Ludwig XIV vorstellte, der ihn sodann dem Dauphin zum Lehrer gab, während ihn Colbert auf Picard's warme Fürsprache hin in die Academie aufnahm. Von Picard's Arbeiten wird im Folgenden noch oft die Rede sein.

149. Die Pariser Sternwarte und die Cassini. Kaum hatte Colbert die Academie des Sciences geschaffen und unter Andern Auzout und Picard in dieselbe aufgenommen, als diese ausgezeichneten Astronomen, von welchen der Erstere schon 1664 bei Widmung seiner Ephemeriden an Louis XIV geschrieben hatte: „Sire, c'est un malheur qu' il n'y ait pas un instrument à Paris, ni que je sache dans tout votre royaume, auquel je voulusse m'assurer, pour prendre précisément la hauteur du

[5]) Vergl. 89. [6]) Vergl. 90. [7]) Vergl. 90. [8]) Vergl. 150.

pôle«, — die Gründung einer öffentlichen Sternwarte in Paris zur Sprache brachten. Bereits 1667 wurde der Grundstein zu dem jetzt noch bestehenden palastähnlichen, durch Claude Perrault allerdings mehr in monumentalem Style als nach wissenschaftlichen Grundsätzen construirten Gebäude gelegt, — und in dieses zog nun, da Picard und Auzout viel zu bescheiden waren, um die Direction selbst zu übernehmen, der dafür aus Italien berufene Cassini ein: Zu Perinaldo bei Nizza 1625 geboren, war Giovanni Domenico Cassini von 1650 hinweg als Professor der Astronomie an der Universität zu Bologna thätig gewesen, und obschon er überdieß als Ingenieur die Leitung von Befestigungsarbeiten und Flußcorrectionen besorgen mußte, hatte er doch noch Zeit zu astronomischen Beobachtungen gefunden, welche ihn namentlich zu der bereits besprochenen Entdeckung der Rotationen der Planeten Jupiter, Mars und Venus führten[1]), und seinem Namen einen guten Klang verschafften. So kam es, daß Picard darauf fiel, ihn für die neue Stelle in Paris zu designiren, und er 1669 wirklich zum Mitgliede der Pariser Academie und zum ersten Director der im Bau begriffenen Sternwarte berufen wurde. In der That eröffnete er mit Glanz die lange Reihe ausgezeichneter Männer, welche nun seit vollen zwei Jahrhunderten von dieser Stelle aus, in steter Verbindung mit der Academie des Sciences und dem später geschaffenen Bureau des Longitudes das Panier der Astronomie hochgehalten, und namentlich so viele wissenschaftliche Expeditionen zum Frommen der Sternkunde angeregt und zum Theile geleitet haben. Es war schon und wird noch oft Gelegenheit geben, von den schönen Arbeiten zu sprechen, welche Dominique Cassini auf der neuen Sternwarte ausführte[2]); gegenwärtig mag nur noch angeführt werden, daß er in höherm Alter durch die lange Ueberanstrengung erblindete und 1712 starb[3]). Im folgte sein Sohn Jacques

[1]) Vergl. 130. [2]) Vergl. z. B. 132, 164, 229, 244 ꝛc.

[3]) Für Dominique Cassini und seine Nachkommen sind die von dem jüngern Dominique herausgegebenen „Mémoires pour servir à l'histoire d sciences et à cell de l'observatoire royal. Paris 1810 in 4.“ zu vergleichen.

Cassini, der, im Jahre 1677 geboren, schon seit 1694 Mitglied der Academie war, und dem Vater längst neben einem Schwestersohn desselben, dem 1665 zu Perinaldo geborenen und, von 1702 bis zu seinem 1729 erfolgten Tode, ebenfalls der Academie angehörenden Giacomo Filippo Maraldi, als tüchtiger Gehülfe beigestanden hatte, und sich nun theils durch seine Fortführung und Revision der französischen Gradmessung[4]), theils durch seine „Elemens d'Astronomie[5])" und andere literarische Leistungen ebenfalls auszeichnete. Als auch er 1756 starb, folgte ihm wieder ein Sohn, der 1714 geborne und 1736 in die Academie eingetretene César François, der sich nach einem schon vom Vater erworbenen Gute bei Clermont Cassini de Thury nannte, und sich besonders um die Karte von Frankreich große Verdienste erwarb. Und als dieser dritte Cassini 1784 starb, folgte ihm nochmals ein Sohn, der 1748 geborene und 1779 in die Academie aufgenommene Jacques Dominique Cassini Comte de Thury, der manche interessante Beobachtungen machte, die Karte seines Vaters vollendete und 1793 mit Blatt 180 auch ihre Publikation abschloß, sodann noch im gleichen Jahre, statt eine National-Belohnung zu erhalten, von den Revolutionsmännern ins Gefängniß geworfen wurde, 1794 nach seiner Freilassung sich nach Thury zurückzog und dort 1845 als der letzte seines Geschlechtes[6]) starb. — Nach Beseitigung des vierten Cassini arbeiteten von 1793 hinweg die schon früher thätigen Nouet, Perny und Ruelle mit dem neu hinzugekommenen Alexis Bouvard mit Gleichberechtigung und mit Befugniß, aus ihrer Mitte einen Director zu ernennen, auf der Pariser Sternwarte, — 1795 aber erhielten sie Lalande zum ständigen Director, der nebenbei seine frühere Stellung eines Professors der Astronomie am Collège de France beibehielt. Noch später wurden Bouvard und Arago als Directoren coordinirt, und

---

[4]) Vergl. 220 und 221. [5]) Vergl. 269.

[6]) Sein Sohn, der 1781 geborne Botaniker Alexandre Henri Gabriel Cassini, Vicomte de Thury, starb schon 1832 kinderlos.

nach ihrem Tode trat 1854 Leverrier als Director ein, wurde während kurzer Zeit durch Delaunay ersetzt, der die schwierigen Zeiten der Belagerung von Paris und der Herrschaft der pétroleurs, die auch der Sternwarte den Untergang geschworen hatten, glücklich durchmachte, dann aber auf einem Ausfluge an das Meer ertrank. Seither amtet Leverrier wieder. — Neben der Hauptsternwarte und den 3 Sternwarten, auf welchen Lalande arbeitete[7]), gab es in Paris im vorigen Jahrhundert nach André und Rayet[8]) noch folgende Observatorien: „L'observatoire de la Marine, dans l'hôtel de Cluny, fondé par de l'Isle et où *Messier* découvrit vingt et une comètes. — L'observatoire du Collège Mazarin, dans lequel l'abbé de *La Caille* a demontré le premier la variation de l'obliquité de l'écliptique et s'est immortalisé par l'exactitude de ses observations. — L'observatoire du couvent des capucins de la rue de Saint-Honoré où, à la demande de Bradley, *Lemonnier*, dont l'exactitude était connue de tous, vérifia la découverte de la nutation et observa pendant plus de soixante ans les positions et la figure de la lune. — L'observatoire de Sainte-Geneviève, où *Pingré, travaillant comme quatre*, observait toutes les comètes qui se montraient dans le ciel. — Les observatoires de l'Estrapade, de la rue des Postes, de la rue de Richelieu, de la rue Paradis, du duc de Chaulnes, — xc." Diese einst so thätigen Observatorien sind mit der Zeit sämmtlich verschwunden, und erst in den allerletzten Jahren hat die Sternwarte von Paris wieder zwei Succursalen erhalten, von denen die eine practische Astronomen heranbilden und die andere sich ausschließlich mit spectroskopischen Beobachtungen und photographischen Aufnahmen befassen soll.

150. Römer und die Sternwarte in Kopenhagen. Unter den ersten Mitarbeitern von Cassini auf der Pariser Sternwarte war, wie wir bald näher hören werden[1]), der bereits erwähnte, im

[7]) Vergl. 270. [8]) Vergl. ihre 287 erwähnte Schrift.

[1]) Vergl. 164.

Jahre 1644 zu Aarhus geborne Olaus Römer keiner der Geringsten, zumal er ganz in die Ideen seines ersten Meisters Picard einging, und in dessen Sinne zur Vervollkommnung der astronomischen Instrumente und Beobachtungsmethoden fortarbeitete[2]). Nach seiner 1681 erfolgten Rückkehr in die Heimath wirkte er als Professor der Mathematik zu Kopenhagen, und brachte den dortigen, allerdings mehr großartigen als zweckmäßigen Beobachtungsthurm, zu dem Tycho's früherer Hauptgehülfe Longomontan[3]) 1632 VII 7 den Grundstein gelegt, dagegen seine Vollendung im Jahre 1656 nicht mehr erlebt, und der bis dahin ziemlich brach gelegen hatte, zu wissenschaftlicher Bedeutung; namentlich bestimmte er von 1690 hinweg von mehr als 1000 Sternen die Rectascension und Declination in ganz vorzüglicher Weise, so daß man jetzt noch den Verlust dieser Bestimmungen in Folge einer 1728 ausgebrochenen Feuersbrunst bedauern muß[4]). Als er später theilweise in den Staatsdienst hinübergezogen wurde, und namentlich als er 1705 Polizei- und Bürgermeister der Stadt wurde, ersetzte ihn auf der Sternwarte größtentheils sein 1679 zu Lögstör in Jütland geborener tüchtiger Adjunkt Peter Horrebow, folgte ihm dann auch nach seinem 1710 eingetretenen Tode wirklich, publicirte in seiner 1735 zu Kopenhagen ausgegebenen „Basis Astronomiae, seu Astronomiae pars mechanica[5])" die mechanischen Einrichtungen und einen Theil der Beobachtungen seines Meisters, und arbeitete überhaupt bis zu seinem Tode im Jahre 1764 in dessen Sinne fort. Er hatte 20 Kinder, von denen drei Söhne: Niels, Christian und Peter sich mehr oder weniger der Mathematik und Astronomie widme-

[2]) Vergl. namentlich 201. [3]) Vergl. 89.

[4]) Nur die Beobachtungen von 1706 X 21—23, welche Römer als seine Dreitagsarbeit bezeichnete, haben sich erhalten, und sind von Horrebow in seiner unten erwähnten Basis Astronomiae (pag. 157—198) publicirt, auch noch neuerlich von Galle in seiner Abhandlung „Olai Roemeri triduum observationum astronomicarum. Berolini 1845 in 4." besprochen worden.

[5]) Gleichzeitig und dann wieder 1740 erschien auch „Clavis Astronomiae seu Astronomiae pars physica."

ten. Sein eigentlicher Nachfolger als Professor der Mathematik und Director der Sternwarte war alsdann der 1718 geborene Christian Horrebow, der sehr fleißig beobachtete und namentlich auch bis zu seinem 1776 erfolgten Tode die Erscheinungen auf der Sonne fast continuirlich verfolgte[6]). Ihm folgten bis 1815 Thomas Bugge[7]), dann bis 1822 Heinrich Schumacher[8]), bis 1829 Rasmus Georg Jog. Thune, bis 1855 Christian Friis Rottbött Olussen. Seither ist eine neue Sternwarte gebaut worden, an welcher von 1857 an bis zu seinem 1875 viel zu früh erfolgten Tode Ludwig d'Arrest thätig war[9]).

151. Flamsteed und die Sternwarte in Greenwich. Fast gleichzeitig mit Frankreich erhielt auch England eine öffentliche Sternwarte. Als nämlich, wie bereits beiläufig erwähnt, 1674 ein Franzose Saint Pierre dem englischen Könige Karl II die Bestimmung der Meereslänge durch Monddistanzen[1]) zu belieben versuchte, erhielt eine Commission von Gelehrten und Nautikern den Auftrag, dieses Project zu prüfen, und zu dieser wurde auch ein junger Geistlicher, Namens Flamsteed, zugezogen: Zu Derby 1646 geboren und in der Jugend nicht gerade viel versprechend, sollte John Flamsteed nach der Meinung seines Vaters sich nur die allernöthigsten Schulkenntnisse erwerben, um Pfarrer werden zu können; aber bald erwachte bei dem jungen Menschen, dem das alte Schulbuch von Sacrobosco in die Hände gefallen sein soll, eine große Vorliebe für Astronomie, so daß er nicht nur bereits die Sonnenfinsterniß von 1662 und den Cometen von 1665 zu beobachten versuchte, sondern sich sogar auf eigene Faust mit den astronomischen Berechnungen weit genug bekannt machte, um die Sonnenfinsternisse von 1666 und 1668 voraus berechnen zu können. Dieß verschaffte ihm einen gewissen Ruf, welchen er durch Beobachtungen der Wandelsterne mit einem 1668 erhaltenen Quadranten noch zu erhöhen wußte, so daß endlich der Vater mürbe wurde und ihm 1670 erlaubte,

[6]) Vergl. 234. [7]) Vergl. 272. [8]) Vergl. 277. [9]) Vergl. 267.
[1]) Vergl. 121, 166 und 216.

nachträglich noch die Universität in Cambridge zu besuchen, wo, ohne die Theologie aufzugeben, doch auch Manches für die Astronomie abfiel, und seine geschätzte, 1672 zu London aufgelegte Abhandlung „De inaequalitate dierum solarium“ entstand. Im Jahre 1674 machte er eine Reise nach London, wo er mit dem Genie-Inspector Jonas Moore*) bekannt wurde, für welchen er die Culminationszeiten des Mondes zur Vergleichung mit den Fluthstunden berechnete, ihn in seinen Beobachtungen unterstützte, und so bald in ihm einen einflußreichen Gönner gewann, der ihn dann mit der erwähnten Commission in Verbindung brachte. Flamsteed ließ nun durch Letztere dem König erklären, daß die vorgeschlagene Methode sich practisch nicht bewähren könne, bis die Sterncataloge und Mondtafeln auf bessere Beobachtungen basirt seien, und dieß gab Karl II Veranlassung 1675 zu befehlen, auf einem Hügel des königlichen Parkes zu Greenwich sofort eine Sternwarte zu bauen. Diese Sternwarte, welche Wren von 1675 VIII 10 bis 1676 VII 10 erstellte, wurde sodann sofort Flamsteed übergeben, und ihm der Titel eines königlichen Astronomen, sowie eine Pension von 100 Pfd. beigelegt. Da aber schon der Bau die enorm scheinende Summe von 520 Pfd. oder ca. 13000 Frcs. gekostet hatte, so wagte Moore nicht, den König auch noch um Geld für Instrumente anzugehen, sondern ließ auf seine Kosten einen siebenfüßigen Sextanten construiren, welcher mit Hülfe eines Räderwerkes in die Ebene der beiden Gestirne, deren Distanz zu messen war, gebracht werden konnte, dann in dieser Ebene gedreht wurde, bis der eine Stern im Fadenkreuze eines auf ihm festen, dem Nullpunkte entsprechenden Fernrohres erschien, während man mit dem andern, um das Centrum beweglichen Fernrohr den zweiten

*) Zu Whitbee in Lancashire geboren, früher Lehrer der Mathematik in London. Nach seinem 1679 zu Goldaming erfolgten Tode, gab man aus seinem Nachlasse 1681 zu London ein „System of mathematics“ in zwei Quartbänden heraus, das viele mathematische und astronomische Tafeln enthält, und zu dem auch Flamsteed mehrere Beiträge geliefert hatte.

Stern aufsuchte. Mit diesem unbequemen und drei Mann in Anspruch nehmenden Instrumente beobachtete Flamsteed bis 1688, wo er theils ökonomisch etwas besser gestellt wurde, da ihm vom verstorbenen Vater ein kleines Erbe zufiel und ihm überdieß noch die Pfründe zu Burstow in Surrey zugewiesen worden war, — theils in dem frühern Schulmeister und Buchhalter Abraham Sharp einen ganz vorzüglichen Gehülfen erhielt, der ihm auch in Vollendung eines schon früher auf eigene Kosten begonnenen Mauerquadranten behülflich war[3]). Mit Letzterem wurde sodann 1689 die für jene Zeit ganz vortreffliche Beobachtungsreihe begonnen, auf welcher Flamsteed's erst 1729 posthum erschienener, dann aber so oft nachgebildeter, aus 28 Karten von 23 Zoll Länge und 19 Zoll Höhe bestehender „Atlas coelestis", und seine ebenfalls posthum 1725 in drei Foliobänden aufgelegte, noch später von Caroline Herschel und Baily emendirte „Historia coelestis" basiren, und welche überhaupt den Anfang der zahlreichen wichtigen Arbeiten bildeten, die nach und nach der Sternwarte Greenwich den ersten Rang verschafften und bis jetzt erhielten. Leider ging es dabei nicht ohne Verdruß ab, da Flamsteed vor eifrigem Beobachten nie zur Reduction und Publikation der gewonnenen Zahlen kam, während ihn die Royal Society auf Veranlassung von Newton und Halley, welche dieselben zu benutzen wünschten, fortwährend dazu drängen wollte, — doch ist der Belang dieses Streites vielfach übertrieben worden. — Als sodann Flamsteed 1719 starb[4]), folgte ihm der alsbald einläßlich zu besprechende Edmund Halley, unter welchem Greenwich, nachdem die Krone einen mit Flamsteed's Wittwe wegen Eigenthum der Instrumente angehobenen Proceß verloren hatte, auf Staatskosten ausgerüstet wurde. —

[3]) Abraham Sharp wurde 1651 zu Little-Harton in Yorkshire geboren, zog sich später wieder dahin zurück, errichtete sich eine Privatsternwarte, führte für Moore und Halley verschiedene größere Rechnungen aus, ꝛc. und starb 1742.

[4]) Vergl. für ihn „Fr. Baily, Account of the Rev. John Flamsteed, the first Astronomer Royal, compiled from his own Manuscripts. London 1835 in 4."

diesem 1742 der unvergleichliche James Bradley[5]., — 1762 des Letztern langjähriger Gehülfe Nathaniel Bliß, — 1765 Nevil Maskelyne[6]), der sich das Verdienst erwarb, die Sternwarte Greenwich zu einer wirklichen Staatsanstalt zu erheben, indem sie nicht nur nach seinem Antrage der Royal Society unterstellt und mit den nöthigen Fonds zum Drucke der Beobachtungen ausgerüstet wurde, sondern auch der Director die Verpflichtung erhielt, ihr seine ganze Kraft zu widmen und die Beobachtungsregister dem Staate zu überlassen, — 1811 John Pond[7]), dessen Beobachtungen Bessel als das „nec plus ultra" der neuern Astronomie bezeichnete, — endlich 1836 der noch lebende vortreffliche George Biddel Airy[8]), d. h. eine Reihe von ganz ausgezeichneten Männern, auf deren Arbeiten noch oft zurückzukommen sein wird, und die immer dafür Sorge trugen, Gebäulichkeiten und Instrumentalausrüstung auf der Höhe der Zeit zu erhalten, sowie, namentlich seit Bradley, durch consequente Verfolgung eines bestimmten Planes Fundamental-Bestimmungen zu liefern. Es wird von André und Rayet, vielleicht mit einer gewissen Malice, aber gewiß mit Recht hervorgehoben, daß Greenwich nie einen Director erhielt, der sich nicht schon vorher als ausgezeichneter Beobachter bewährt hatte.

152. Kirch und die Berliner Sternwarte. An die erwähnten Sternwarten schloß sich endlich bald auch noch, unter Benutzung der durch Leibnitz von Römer erbetenen Rathschläge eine öffentliche Sternwarte in Berlin an, zu deren Bauleitung und Führung die dortige Academie im Jahre 1700 als ihren Astronomen Gottfried Kirch berief: Einem Schneider in Guben 1639 geboren, zeigte Gottfried Kirch schon frühe große Vorliebe für Astronomie, studirte einige Jahre zu Jena bei Weigel und wurde von diesem an Hevel empfohlen, bei welchem er sodann längere Zeit als Gehülfe zubrachte. Später privatisirte er, sich

[5]) Vergl. 163. [6]) Vergl. 231.

[7]) Zu London 1767 geboren und 1836 zu Blackheath verstorben. Er war mit Troughton befreundet und leitete längere Zeit dessen Werkstätte.

[8]) Vergl. 178.

mit Kalenderstellen und dergleichen erhaltend, im Voigtlande zu Lobenstein[1]), — dann in Coburg, wo er 1680 XI 4 den großen Cometen entdeckte[2]) und im folgenden Jahre seine „Neue Himmelszeitung[3])" schrieb, — wieder später in Leipzig, wo er 1681 die Ausgabe von „Ephemerides motuum coelestium[4])" begann. Früh verwittwet, ging er dort 1692 eine zweite Ehe mit der 1670 zu Panitzsch bei Leipzig geborenen Maria Margaretha Winkelmann ein[5]), der Tochter des dortigen Pfarrers und der Schülerin des Bauern-Astronomen Christoph Arnold zu Sommerfeld bei Leipzig[6]), welche ihm fortan im Beobachten und Rechnen vorzügliche Hülfe leistete — zuerst noch in Leipzig, dann wieder in Guben, wo ihn 1700, wie schon bemerkt, der Ruf der Berliner Academie erreichte. Als die Sternwarte 1706 fertig geworden war, beobachtete er fleißig auf derselben mit seiner Frau, seinem 1694 geborenen Christfried und seiner etwa 1696 geborenen Christine, starb dann aber schon 1710. Nach seinem Tode führte Frau Margarethe das Kalendergeschäft fort, und 1716 erhielt Christfried Kirch, nachdem Johann

[1]) Der erste Kalender von Kirch soll 1667 in Jena und Helmstädt erschienen sein.

[2]) Kirch verfolgte den Cometen von 1680 XI 4 — 1681 II 17; die Beobachtungen von Hevel und Dörfel beginnen erst XII 2, diejenigen von Cassini und Picard XII 22, rc.

[3]) Nürnberg 1681 in 4.; nach einzelnen Angaben erschien 1687 noch ein zweiter Theil.

[4]) Lipsiae 1681 in 4. Er soll dieselben bis 1702 regelmäßig fortgesetzt haben.

[5]) Frau Margaretha entdeckte den Cometen von 1702, und schrieb mehrere Tractate über die jeweilen bevorstehenden großen Conjunctionen. Sie hatte außer der im Text erwähnten Christine noch zwei jüngere Töchter. Nach dem Tode ihres Mannes trat Frau Christine als Gehülfin in die Privatsternwarte des Baron von Krosigk (v. 230) ein; nach dessen Tode zog sie zu Christfried und starb bei ihm 1720. — Vergl. für sie auch 230.

[6]) Arnold lebte von 1650—1695. Er entdeckte den Cometen von 1682 acht Tage vor Hevel und beobachtete ihn, sowie den Cometen von 1686 und den Merkursdurchgang von 1690 so fleißig, daß er vom Leipziger Magistrat eine Belohnung erhielt. Seine Sternwarte erhielt sich bis 1794, und das ihm auf dem Kirchhofe zu Sommerfeld errichtete Denkmal soll noch jetzt vorhanden, auch sein Bildniß auf der Rathsbibliothek zu Leipzig zu sehen sein.

Heinr. Hoffmann, der bis dahin die Sternwarte bedient hatte[7]), gestorben war, die Nachfolge seines Vaters bei Academie und Sternwarte, auf welch letzterer er fleißig beobachtete, wie uns seine 1730 zu Berlin erschienenen „Observationes astronomicae selectiores" zeigen, dabei theils von der noch bis 1720 lebenden Mutter, theils auch von Schwester Christine und dem als Meteorologen und Kalendariographen nicht unverdienten Augustin Grischow bestens unterstützt[8]). Als Christfried 1740 starb, folgte ihm unter fortwährender Assistenz von Grischow, Johann Wilhelm Wagner[9]), — 1749 nach dem fast gleichzeitigen Tode von Wagner und Grischow, des Letztern Sohn Augustin Nathanael Grischow, — dann als dieser schon 1751 als Professor der Astronomie nach Petersburg gerufen wurde[10]), und die Sternwarte einige Jahre verwaist geblieben war, 1754 Johann Kies, der aber schon im gleichen Jahre eine Professur in Tübingen übernahm, — 1755 Theodor Aepinus, der aber auch fast sofort wieder einem Rufe nach Petersburg folgte, — 1756 Joh. Jakob Huber[11]), — und 1767 Johannes III Bernoulli[12]), ohne daß von ihnen besonders hervorragende Arbeiten bekannt geworden wären, die aus dieser Stellung hervorgingen. — Eine neue Aera begann, als 1772 Bode als Rechner nach Berlin berufen und 1786 zum Director der Sternwarte ernannt wurde: Zu Hamburg 1747 geboren, hatte sich Johann Elert Bode schon frühe durch seine „Anleitung zur Kenntniß des gestirnten Himmels[13])" einen guten Namen erworben und leistete dann in Berlin Ungewöhnliches, theils durch seine „Sammlung astronomischer

---

[7]) Einige Beobachtungen von Hoffmann finden sich im ersten Bande der Miscell. Berol.

[8]) Vergl. „Eloge de Mr. Kirch le fils (Journ. littér. d'Allemagne. Tome I. Pars II. 300—351)". [9]) Vergl. 230.

[10]) Der Sohn Grischow wurde 1726 zu Berlin geboren und starb 1760 zu Petersburg. Vergl. für ihn auch 230.

[11]) Zu Basel 1733 geboren, starb dieser talentvolle Sonderling 1798 zu Gotha, wo er dem Astronomencongreß beiwohnen wollte. Vergl. für ihn Bd. 1 meiner Biographieen. [12]) Vergl. 275.

[13]) Hamburg 1768 in 8. — Eine 10. Auflage von Bremiker erschien 1844.

Tafeln[14])“ und sein zuerst für 1776 und sodann lange Jahre regelmäßig erschienenes, mit zahlreichen astronomischen Correspondenzen und Abhandlungen versehenes „Astronomisches Jahrbuch“, theils durch seine verschiedenen mit Sterncatalogen begleiteten Sternkarten[15]), ꝛc. Als er 1825, ein Jahr vor seinem Tode[16]), zurücktrat, folgte ihm der treffliche Johann Franz Encke, auf dessen Arbeiten wir später speciell eintreten werden[17]), hier nur erwähnend, daß er 1832 mit Unterstützung von Humboldt eine neue Sternwarte zu erhalten wußte, auf welcher er noch bis 1863 thätig war. Encke folgte sodann Wilhelm Förster[18]), der noch jetzt bestehende, verdiente Director.

153. Die Principien. Nachdem die practische Astronomie durch die Messungen von Picard und die Gründung öffentlicher Sternwarten in Frankreich und England die nothwendigen Fortschritte gemacht hatte, um bessere Grundlagen für theoretische Untersuchungen bieten zu können, geschah auch wirklich auf dem Gebiete der Letztern der von Newton schon 1666 versuchte Schritt, und es ist daher an der Zeit, die Geschichte der Arbeiten dieses merkwürdigen Mannes wieder aufzunehmen: Als derselbe nach Aufhören der Pest wieder nach Cambridge zurückgekehrt war, muß er sich bereits im Besitze des allgemeinen binomischen Lehrsatzes, der zunächst daraus folgenden Reihen, ihrer Anwendungen auf Quadraturen, ꝛc. befunden haben; denn als ihm Barrow 1668 die soeben erschienene „Logarithmotechnia“ von Nicolaus Mercator vorwies, in welcher z. B. die logarithmische Reihe und deren Anwendungen behandelt waren, so konnte er seinem frühern Lehrer zu dessen großem Erstaunen sofort ein vollständig ausgearbeitetes Heft vorlegen, in dem noch viel mehr als in jener Schrift enthalten war, — ein Vorgang, der jenen

---

[14]) Berlin 1776. 3 Bde. in 8. [15]) Vergl. 259.

[16]) Vergl. für ihn Abh. der Berl. Acad. 1827. Es scheint, daß er eine Tochter von Christfried Kirch oder einer von dessen jüngern Schwestern heirathete, da Tante Christine bis zu ihrem 1782 erfolgten Tode bei ihm lebte.

[17]) Vergl. z. B. 231 und 252. [18]) Vergl. 182.

veranlaßte, 1669 die von ihm bekleidete Professur zu seines Schülers Gunsten niederzulegen. Muthmaßlich bald nachher erfand Newton die sog. Fluxionsrechnung, während ungefähr gleichzeitig Leibnitz von seiner Seite die ihr verwandte, sogenannte Differentialrechnung schuf: es wäre hier jedoch kaum der Ort zu nähern Auslassungen über den heftigen Prioritätsstreit, welcher später über diese Doppel-Entdeckung ausbrach, und es mag einfach die Bemerkung genügen, daß wahrscheinlich Beide gleichmäßig berechtigt sind, daß aber Leibnitz speciell für sich den bequemern Algorithmus der neuen Rechnung beanspruchen darf, Newton dagegen die ersten großartigen Anwendungen derselben. Im Jahre 1671 wurde Letzterer in die kurz zuvor gegründete Royal Society aufgenommen, und trug dieser gelehrten Körperschaft zuweilen Einzelnes aus seinen Forschungen, namentlich auch seine damals mit Vorliebe betriebenen Untersuchungen über das Spectrum vor, wurde jedoch durch das Gebahren des wissenschaftlichen Raubritters Robert Hooke[1]), der erst „Curator of experiments", dann Secretair der Royal Society war, mehrmals so unangenehm berührt, daß er immer zurückhaltender wurde. — Im Jahre 1682, während einer Sitzung dieser Gesellschaft, erfuhr Newton beiläufig, daß Picard 1671 für den Erdgrad 342360' Par., also einen ganz bedeutend größern Werth als den von ihm 1666 angenommenen, gefunden habe[2]), und muthmaßte nun sogleich, daß dieser neue Werth die damalige Rechnungsverschiedenheit heben möchte, ihm also eine große Entdeckung bevorstehen dürfte. Dieß brachte ihn so in Aufregung, daß er einen Freund bitten mußte, statt seiner die kleine Rechnung zu revidiren, und da ergab sich nun wirklich $g = 30', 621$, d. h. ein mit dem von Galilei erhaltenen Messungsergebnisse fast

[1]) Ohne dem Talente dieses 1635 zu Freshwater auf der Insel Wight geborenen und 1703 zu London verstorbenen Mannes zu nahe treten zu wollen, steht fest, daß er so ziemlich jede zu seiner Zeit gemachte Entdeckung sich anzueignen suchte, und er ist zum mindesten verdächtig einzelne Mittheilungen, die durch seinen Kanal an die Royal Society gelangen sollten, zu eigenen Gunsten unterschlagen zu haben. [2]) Vergl. 148 und 219.

ganz übereinstimmender Werth. Jetzt war natürlich Newton von der Richtigkeit seiner Voraussetzungen überzeugt, und wagte sein sog. Gravitationsgesetz: Jeder Planet wird von der Sonne mit einer Kraft angezogen, welche ihrer Masse direct und dem Quadrate der Entfernung umgekehrt proportional ist, als erwiesen, ja als eine allgemeine Eigenschaft der Materie anzusehen. Er begann nun mit all seinem Scharfsinn und all seinen mathematischen Hülfsmitteln die Consequenzen desselben aufzusuchen, und es gelang ihm wirklich in dem kurzen Zeitraume von zwei Jahren, aber allerdings bei erschöpfender Geistesanstrengung, welche ihn oft stunden- und tage-lang von der Außenwelt so zu sagen ablöste, aus dem Gravitationsgesetze nicht nur die Keplerschen Gesetze als nothwendige Folgen abzuleiten, sondern überhaupt der theoretischen Astronomie in einem Fundamentalwerke, das er „Principia mathematica philosophiae naturalis" betitelte, eine neue und breite Grundlage zu geben. Das ganze Werk besteht aus 3 Büchern, von welchen die beiden ersten die allgemeinen Gesetze der Bewegung entwickeln, das dritte ihre specielle Anwendung auf das Weltsystem gibt. So z. B. zeigt Newton, daß eine Kugel auf einen äußern Punkt wirkt, wie wenn ihre ganze Masse im Centrum vereinigt wäre. So bringt er die von ihm auf theoretischem Wege bestimmte Abplattung der Erde mit der Präcession in Verbindung. So mittelt er die Wirkung von Sonne und Mond auf das Meer unter der Voraussetzung aus, daß die ganze Erde mit Wasser bedeckt sei, 2c. Das Folgende wird hierüber noch manchen Detail zu geben haben, und es mag daher hier mit folgenden Worten Mädlers, denen ich vollständig beipflichte, vorläufig abgeschlossen werden: „Newton's Principia Philosophiae naturalis enthalten die Grundlage seiner Attractionstheorie, in der alles, was bis dahin Wahres und Richtiges in Beziehung auf Bewegung der Weltkörper gefunden war, seinen vollständigen und entscheidenden Beweis, seinen allgemeinen Zusammenhang, seine innere Begründung fand, und wodurch eine

Menge bis dahin ungekannter und ungeahnter Wahrheiten, die sonst nur in Zwischenräumen von Jahrhunderten ans Licht getreten wären, wie mit einem Schlage entdeckt wurden."

154. Edmund Halley. Als der große Wurf gelungen und das classische Werk geschrieben war, beeilte sich Newton keineswegs von seinen Erfolgen öffentliche Mittheilung zu geben, ja es mochten nur wenige vertraute Freunde etwas darüber von ihm beiläufig erfahren haben, und wahrscheinlich würde er noch jahrelang damit gezaudert, sein Werk sorgfältig in seinem Schreibtische verschlossen haben, weil es ihm noch da und dort eine Lücke oder sonst eine kleine Unvollkommenheit zu besitzen schien, hätte sich nicht Halley das große Verdienst erworben, ihm dasselbe förmlich abzuringen: Zu Haggerston bei London 1656 einem wohlhabenden Seifensieder geboren, bezog Edmund Halley schon in seinem 17. Jahre die Universität zu Oxford, widmete sich bald vorzugsweise der Mathematik und Astronomie, und zeichnete sich so sehr aus, daß ihm schon 1676 die englische Regierung eine Mission nach St. Helena anvertraute, um dort eine gewünschte Revision des südlichen Sternhimmels vorzunehmen. Er löste seine Aufgabe, deren Ergebnisse in dem 1679 erschienenen „Catalogus stellarum australium" enthalten sind[1]), zu solcher Befriedigung, daß ihn die Royal Society schon 1678 zum Mitgliede aufnahm, und ihm 1679 eine neue Mission nach Danzig anvertraut wurde, um einen zwischen Hevel und Hook entstandenen Conflict zum Austrage zu bringen[2]). Die großen Cometen von 1680 und 1682 lenkten seine Aufmerksamkeit dieser Classe von Himmelskörpern zu, führten ihn, wie wir sofort hören werden, zu Newton und sodann an dessen Hand zu den schönen Resultaten, von welchen wir später einläßlich zu sprechen haben[3]). Nachher befaßte sich Halley sehr intensiv mit dem Studium des Erdmagnetismus, und speciell mit der Aufsuchung der Isogonen, d. h. derjenigen Linien auf der Erdoberfläche, welche die Punkte

[1]) Vergl. 255. [2]) Vergl. 101. [3]) Vergl. 248.

von gleicher Declination der Magnetnadel verbinden, zu welchem Zwecke er von 1698 bis 1702 mehrere große Seereisen unternahm. Kaum zurückgekommen, wurde er 1703 nach dem Tode von Wallis zum Professor der Geometrie in Oxford ernannt, und gab nun 1710 die Kegelschnitte des Apollonius heraus; nebenbei bekleidete er von 1713 hinweg die Stelle eines Secretairs der Royal Society. Im Jahre 1720 endlich erhielt er nach Flamsteed's Tode die Direction der Sternwarte zu Greenwich, wo er 1721 ein Mittagsrohr mit drei Vertikalfaden, und 1725 einen von Graham construirten 8füßigen Mauerquadranten aufstellte, mit welchen er vielfache Positionen bestimmte, die aber wegen Mangel an ausreichender Aushülfe nie reducirt wurden und auch unpublicirt blieben. Er beschäftigte sich in Greenwich besonders auch mit der Theorie des Mondes und ihrer Anwendung auf Bestimmung der Meereslänge, und starb daselbst 1742 hochbetagt und nicht weniger hochverdient und hochgeehrt[4]).

155. Die ersten Bahn- und Massenbestimmungen. Als sich, wie schon bemerkt, der junge Halley für die Cometen zu interessiren begann, stellte er sich unter anderm die Frage, ob es nicht möglich sein sollte, aus einer Reihe von Ortsbestimmungen eines solchen Körpers nach geometrischen Methoden die Bahn desselben zu bestimmen, und als er 1684 einmal mit dem allwissenden Hooke zusammentraf, interpellirte er denselben, ob er vielleicht von einer solchen Methode Kenntniß haben sollte, — zu gutem Glücke vor Zeugen, nämlich in Gegenwart von Sir Christopher Wren, dem berühmten Erbauer der Paulskirche, der nebenbei auch Mathematiker war[1]). Als ihn Hooke in seiner gewohnten Weise mit der Melodie „Nichts leichter als das" angepaßten Phrasen abspeiste, die natürlich bei Halley nicht verfingen, so entschloß sich bald darauf Letzterer, sein Glück bei

[4]) Vergl. für ihn sein „Eloge" durch Mairan in den Pariser Memoiren von 1742.

[1]) Wren lebte von 1632 bis 1723 und war früher Professor der Astronomie zu London und der Mathematik zu Oxford.

Newton zu versuchen, und reiste zu ihm nach Cambridge. Kaum hatte er seinen Wunsch mitgetheilt, so legte ihm dieser merkwürdige Mann das Gewünschte bereits vollständig redigirt vor, ja erlaubte ihm sogar davon Abschrift zu nehmen[2]). Als Halley bei dieser Gelegenheit bemerkte, daß Newton noch gar manches Andere, wie z. B. Methoden zur Abwägung eines mit Monden versehenen Planeten gegen die Sonne[3]), zur Bestimmung des Einflusses von Sonne und Mond auf das Phänomen

[2]) Die durch Newton am Schlusse seiner Principien gegebene und auf den Cometen von 1680 angewandte Methode durch eine Folge von Constructionen nach und nach eine drei Cometen-Positionen entsprechende Parabel zu finden, war allerdings noch außerordentlich mühsam und undurchsichtig, und erst den successiven Anstrengungen der Euler, Lambert, Lagrange, Laplace, Olbers, Gauß ꝛc. gelang es (vergl. 158, 167 ꝛc.) die eleganten und bequemen Rechnungs-Vorschriften aufzustellen, welcher wir uns jetzt bedienen; aber ihm bleibt immerhin das Verdienst zum Ersten das Ziel erreicht, und so seinen Nachfolgern die Möglichkeit der Lösung gezeigt zu haben.

[3]) Für die Massenbestimmung geht Newton (III 10) von dem Grundsatze aus, daß die Centripetalkräfte zweier Körper, welche verschiedene Kreise mit gleichförmiger Bewegung beschreiben, sich einerseits direct wie die Radien (r, R) und indirect wie die Quadrate der Umlaufszeiten (t, T), — anderseits direct wie die Massen (m, M) der Centralkörper und indirect wie die Quadrate der Radien (r, R) verhalten. Es ergibt sich so, daß

$$\frac{r}{t^2} : \frac{R}{T^2} = \frac{m}{r^2} : \frac{M}{R^2} \quad \text{oder} \quad m = \left(\frac{r}{R}\right)^3 \cdot \left(\frac{T}{t}\right)^2 \cdot M$$

Wendet man diese Regel auf die Bewegungen der Erde um die Sonne und des Mondes um die Erde an, und setzt

$$\text{Sin}\,\varphi = \frac{r}{R}$$

wo φ den von Newton (unter Annahme einer Sonnenparallaxe $10\frac{1}{2}''$ und einer Mondparallaxe $57'$) zu $10'\,33''$ angenommenen

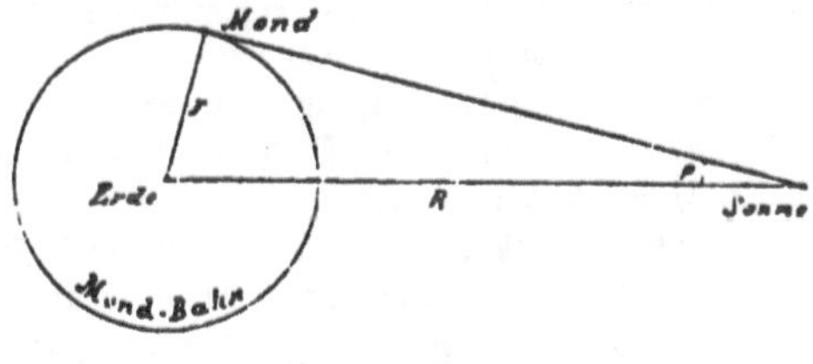

Fig. 31.

scheinbaren Halbmesser der Mondbahn in Beziehung auf die Sonne bezeichnet, so erhält man annähernd für M = 1

$$m = 365\tfrac{1}{4}^2 \,.\, \text{Sin}^3\, 10'\,33'' : 27\tfrac{1}{3}^2 = \tfrac{1}{193758}$$

während Newton selbst (muthmaßlich durch einen Rechnungsfehler) $\frac{1}{169282}$ erhielt. Nicht zu übersehen ist, daß Newton der angenommenen Sonnenparallaxe offenbar kein großes Gewicht beilegte, indem er beifügte: „Findet man die der Ebbe und Fluth[4]), ꝛc., überhaupt ein ganzes Werk über die höchsten Aufgaben der theoretischen Astronomie besitze, so suchte er ihn zur sofortigen Herausgabe zu bestimmen; aber dieß wollte lange nicht verfangen, und erst 1686 konnte er es mit Aufwendung aller Beredsamkeit dazu bringen, daß sich Newton dazu verstand ihm seine „Principien“ zur Vorlage an die Royal Society zu übergeben. Bei dieser Vorlage hatte Hooke die unglaubliche Unverschämtheit, sich zu stellen, wie wenn ihm das Meiste in dem Werke Enthaltene schon lange bekannt gewesen wäre, so daß Halley froh sein mußte, sich auf Wren als Zeugen jener besprochenen Unterredung berufen zu können. Als sodann nach diesem unangenehmen Zwischenfalle die Royal Society den Principien ihr Imprimatur ertheilt hatte, besorgte Halley dieselben zum Drucke, und sie erschienen 1687 in London in einem stattlichen Quartbande[5]).

156. Die Aufnahme der Principien. Der erste Erfolg der Principien war nicht sehr groß: Man pries die Sagacität von Newton, aber ließ ihn sogar in öconomisch dürftiger Stellung in Cambridge sitzen, und erst nachdem eine Geistesstörung glücklich überwunden war, welche ihn 1693 aus Kummer über das Verbrennen wichtiger, die Molecularphysik betreffender Versuchsreihen und Rechnungen überfallen hatte, erhielt er 1695 die

Parallaxe der Sonne größer oder kleiner als $10\frac{1}{2}''$, so muß man die Menge der Materie, welche die Erde enthält, in dreifachem Verhältnisse vermehren oder vermindern.“ Geht man nun auf 9″ herunter, so findet man in der That nur noch $\frac{1}{307081}$ und kömmt so bereits in die Nähe der neuern Massenbestimmungen.

[4]) Vergl. 153 und 173.

[5]) Die Principien erschienen in 2. Ausgabe durch Cotes 1713, in 3. durch Pemberton 1726, — mit Commentar von Le Seur und Jacquier, Genève 1739/42 in 3 Vol. in 4., — engl. mit Zusätzen von John Machin (1751 als Prof. der Astr. in London verstorben) 1729 London, 2 Vol. in 8. und mit Commentar von R. Thorpe, London 1802 in 4., — französisch durch die Marquise du Chatelet, Paris 1759, 2 Vol. in 4., — deutsch durch Wolfers, Berlin 1872 in 8. Vergl. auch „Newton's Mathematic Philosophy more easily demonstrated with Halley's Account of Comets, illustrated by W. Whiston. London 1716 in 8.“, und: „J. M. F. Wright, A Commentary on Newton's Principia. With a supplementary volume, London 1833, 2 Vol. in 8.“

schön besoldete Stelle eines königl. Münzwardeins, von welcher er dann 1699 zu dem reich dotirten Amte eines königl. Münzmeisters aufstieg; jedoch scheint er seine Professur in Cambridge erst 1703 definitiv an William Whiston abgetreten zu haben, der sie dann aber 1710 in Folge seines Arianismus wieder verlor[1]). Später wurde Newton auch Parlamentsmitglied und Präsident der Royal Society, sah sich nun überhaupt mit Ehren überhäuft, ja wurde, als 1726 III 20 altengl. oder 1727 III 31 neuen Styles sein Stündlein gekommen war, mit beinahe königlichen Ehren in Westminster beigesetzt, wo man noch jetzt auf seinem Grabsteine den binomischen Lehrsatz lesen kann[2]). — Zu den langsamen Erfolgen der Principien trug namentlich auch bei, daß die Pariser Academie, ja die Franzosen überhaupt schon aus Nationalstolz nicht nur an den zum Theil sehr gesunden, und auch von Newton gar nicht verkannten Principien ihres Cartesius zähe fest hielten, sondern auch speciell in dessen Wirbel durch ihre Bernard de Fontenelle, Jacques Rohault etc. so tief hineingerathen waren, daß sie fast nicht mehr herauskommen konnten, obschon gewiß auf Viele das Wort hätte angewandt werden können, welches Laboulaye in seinem „Paris en Amérique" in Beziehung auf die deutschen Philosophen sagte: „La philosophie

---

[1]) Vergl. für Whiston dessen „Memoirs of the life and writings written by himself. London 1749/50. 2 Vol. in 8." — Whiston wurde 1667 zu Norton in Leicestershire geboren und starb 1752 zu London.

[2]) Vergl. für Newton außer den in 146 aufgeführten Werken und den Sammelschriften „Opuscula mathematica, philosophica et philologica coll. J. Castilioneus, Lausanne 1744, 3 Vol. in 4. und: Opera quae extant omnia. Comment. Sam. Horsley. London 1779—85, 5 Vol. in 4.", von denen wenigstens die Erstere auch eine „Vita" enthält: „Fontenelle, Eloge de Newton. Paris 1728 in 4. (Auch Mém. de Paris 1727 und engl. durch Pemberton, London 1728), — Maclaurin, An account of Sir Js. Newton's philosophical discoveries. London 1748 in 4. — Frisi, Elogio storico del Cav. Js. Newton. Milano 1778 in 8., — Etliche merkwürdige Umstände aus Js. Newton's Leben. Frankfurt 1791 in 8., — Snell, Newton und die mechanische Naturwissenschaft. Dresden 1843 in 8., — Newton and Flamsteed. Remarks on an Article in Number 109 of the Quarterly Review. Cambridge 1836 in 8.", — etc.

est une langue mystique; j'ai vû d'illustres savants qui l'ont parlée vingt ans sans y rien entendre, et qui n'en ont pas moins été applaudis.“ Sie hatten wohl keine Ahnung, daß ein Jahrhundert später einer ihrer angesehensten Männer, der Academiker Delambre in seiner Histoire de l'Astronomie über den Gefeierten das strenge Urtheil abgeben werde: „Descartes renouvelait la méthode des anciens grecs, qui dissertaient à perte de vue, sans jamais rien observer, sans jamais rien calculer; mais erreur pour erreur, roman pour roman, j'aimerais encore mieux les sphères solides d'Aristote que les tourbillons de Descartes. Avec ces sphères on a du moins fait des planétaires, qui représentent en gros les mouvements célestes, — on a pu trouver des règles approximatives de calcul; *on n'a jamais pu tirer aucun parti des tourbillons*, ni pour le calcul, ni pour les machines“, — ja daß noch ein halbes Jahrhundert später ein Chasles sogar seinen Ruf bloßstellen werde, um ihnen vorzuschwindeln, es stehen die Arbeiten von Newton eigentlich auf französischer Basis[a]). — Auch die meisten englischen Professoren legten aus Bequemlichkeit noch lange nach Erscheinen der Principien ihren Vorträgen eine schlechte lateinische Ausgabe des durch den bereits genannten Rohault 1671 zu Paris publicirten „Traité de physique“ zu Grunde, bis 1697 ein Parteigänger Newton's, der Pfarrer Samuel Clarke, den köstlichen Einfall hatte, zu London unter dem Titel „Jacobus Rohaultus, Physica. Latine reddita et annotata ex Js. Newtonii principiis“ eine neue Ausgabe zu veranstalten, für welche er die Professoren durch bessere Latinität gewann, während sich die Studirenden an den Noten erlustigten, durch welche es Clarke

---

[a]) Vergl. „Descartes, Les principes de la philosophie. Traduit du latin. Paris 1724 in 8.“ oder: „Oeuvres publiés par Cousin, Paris 1821, 11 Vol. in 8.“ — Zum Sturze des Cartesianismus in Paris trugen wesentlich die Schriften des 1800 zu Macon verstorbenen, damals als Professor der Physik in Paris lebenden Pierre Sigorgne bei, namentlich die von ihm 1741 gegebene „Démonstration physico-mathématique de l'insuffisance et de l'impossibilité des tourbillons.“

nach und nach wirklich gelang unter der Firma des Cartesius die Newton'schen Ansichten auf den englischen Hochschulen zur Geltung zu bringen. — Gottfried Wilhelm von Leibnitz, Christian Huygens, Johannes Bernoulli und ihr Anhang endlich, ohnehin mit Newton durch den bereits erwähnten Prioritätsstreit verfeindet, stellten sich, wie wenn sie dessen Grundprincip als eine physicalische Absurdität ansehen würden[4]), obschon es wenigstens Bernoulli nicht sehr ernst damit war; denn, als die Pariser Academie für 1730 die Preisfrage stellte: „Quelle est la cause physique de la figure elliptique des orbites des planètes et de la mobilité de leurs aphélies", und er den Preis gewann, während der nachmals durch seine „Analyse des lignes courbes algébriques" so berühmt gewordene junge Genfer Gabriel Cramer[5]) dagegen für seine auf den Principien basirende Arbeit nur ein Acessit erhielt, bekannte ihm[6]) der alte Fuchs ganz unumwunden „qu'il ne croyait ne devoir sa victoire qu'au ménagement qu'il avait mieux su garder que lui pour les tourbillons de Descartes, encore révérés de ses juges". — Das große Publikum verstand Newton's gelehrtes Werk, das sogar noch ein Euler als eine sehr schwierige Lektüre bezeichnete, und das in der That äußerst unklar geschrieben ist, natürlich nicht von ferne, und erst als der berühmte

---

[4]) So schrieb Huygens (v. Leibnitz mathemat. Schriften I[2] pag. 57) 1690 XI 18 an Leibnitz: „Pour ce qui est de la cause du reflux que donne Mr. Newton, je ne m'en contente nullement, ni de toutes ses autres théories qu'il bastit sur son principe d'attraction, qui me parait absurde, ainsi que je l'ay desia témoigné dans l'Addition au Discours de la Pesanteur. Et je me suis souvent étonné, comment il s'est pu donner la peine de faire tant de recherches de calculs difficiles, qui n'ont pour fondement que ce même principe", — und Leibnitz warf (v. Recueil de pièces diverses I) Newton vor, daß er den Schöpfer gewissermaßen zu einem Uhrmacher erniedrige, dessen Maschine so unvollkommen sei „qu'il est obligé de la décrasser de temps en temps et même de la raccomoder".

[5]) Zu Genf 1704 geboren, Professor der Mathematik und Philosophie daselbst, und 1752 zu Bagnols bei Nismes auf einer ihm vom Arzte verordneten Reise ins südliche Frankreich verstorben. Vergl. Bd. 3 meiner Biographien.

[6]) Vergl. III 213 meiner Biographien.

Literat Arouet de Voltaire[7]), welcher bei seinem Aufenthalte in England Interesse für Mathematik und Physik gewonnen, und bei seinem darauf folgenden Aufenthalte bei der Marquise du Châtelet[8]) auf dem Schlosse Cirey in der Champagne „Eléments de la philosophie de Newton, mis à la portée de tout le monde“ geschrieben hatte, und dieselben, nachdem er für deren Abdruck in Paris keine Erlaubniß erhalten hatte, zu Amsterdam im Jahre 1738 herausgeben konnte, — als Leseur und Jacquier in den darauf folgenden Jahren die bereits erwähnte commentirte Ausgabe der Principien veranstalteten, zu welcher ihnen der Freund Cramer's, der Genfer Jean Louis Calandrini[9]) eine Menge werthvoller Noten geschrieben hatte, — als der sofort zu besprechende berühmte Clairaut die Principien in der französischen Uebersetzung, welche die eben erwähnte Marquise gemacht, und er sodann nicht nur revidirt, sondern noch mit einem Commentar versehen hatte, herausgab, — ꝛc.[10]), kamen endlich Newton's Principien zu der längst verdienten allgemeinen Anerkennung.

157. Die ersten Nachfolger Newton's. Wie schon im Vorhergehenden erwähnt, gehörten die beiden Genfer Cramer und

[7]) Für Voltaire (1694—1778) vergl. „Edgar Saveney: Histoire des sciences: La physique de Voltaire (Revue des deux mondes 1860 I 1, auch Extra-Ausgabe).“ — Noch 1736 scheint er übrigens kein großer Geometer gewesen zu sein, da er damals noch die Sinus den Winkeln proportional setzte.

[8]) Gabrièle Emilie de Breteuil, Marquise du Châtelet, die 1706 zu Paris geboren war, starb schon 1749 zu Luneville an den Folgen eines von ihr unter der Firma ihres Mannes herausgegebenen, aber von Voltaire oder Saint-Lambert entworfenen Werkes.

[9]) Zu Genf 1703 geboren, und ebendaselbst 1758 als Professor der Mathematik und Staatsrath verstorben. Vergl. III 207—209 meiner Biographien.

[10]) Von den Schriften gegen und für Newton's System mögen noch erwähnt werden: „Hartsoeker, Recueil de plusieurs pièces de physique, où l'on fait principalement voir l'invalidité du système de Mr. Newton. Utrecht 1722 in 12., — und: Fortunatus de Felice, De Newtoniana attractione unica cohaerentia naturis causa, adversus Hambergerum. Bernae 1757 in 4.“ Letztere Schrift ist eine Art Commentar zu den Principien, welche Daniel Bernoulli (v. Zürch Viert. IV 204) sehr schätzte.

Calandrini zu den ersten, welche Newton's Principien nicht nur erfaßten, sondern zur Basis ihrer eigenen Arbeiten erwählten. Außer ihnen ist dann noch besonders Daniel Bernoulli von Basel zu nennen, der berühmte Verfasser der 1738 zu Straßburg erschienenen „Hydrodynamica“ und der Hauptbegründer der mathematischen Physik: Im Jahre 1700 zu Gröningen geboren, wo damals sein Vater Johannes I als Professor der Mathematik stand, brachte er dennoch den größten Theil seiner Jugend in Basel zu, da der Vater schon 1705 als Nachfolger seines verstorbenen ältern Bruders Jakob I dahin zurückkehrte, ging dann nebst seinem ältern Bruder Nicolaus II als Academiker nach Petersburg, übernahm aber später die Professur der Anatomie und Botanik in Basel, und endlich die der Physik, welch letztere er bis zu seinem 1782 erfolgten Tode mit großem Erfolge bekleidete, während sein jüngerer Bruder Johannes II nach dem 1748 erfolgten Tode des Vaters die Mathematik lehrte[1]). — Nachdem Daniel Bernoulli schon 1725 mit seinem „Discours sur la manière la plus parfaite de conserver sur mer l'égalité du mouvement des clepsydres ou sabliers“ in Paris einen Preis errungen, löste er auch als Newtonianer die für 1733 ausgeschriebene Preisfrage „Quelle est la cause de l'inclinaison des orbites des planètes par rapport au plan de l'équateur de la révolution du soleil autour de son axe, et d'où vient

[1]) Zur bessern Orientirung über die merkwürdige Familie der Bernoulli füge ich einen kleinen Auszug aus ihrem Stambaum bei:

Nicolaus

Jakob I 1654—1705 | Nicolaus | Johannes I 1667—1748

Nicolaus | Nicolaus I 1637—1759 | Nicolaus II 1695—1726 | Daniel 1700—1782 | Johannes II 1710—1790

Johannes III 1744—1807 | Daniel | Jakob II 1759—1789

im übrigen auf die vier Bände meiner Biographien, — für die drei großen Bernoulli speciell auf I 133—166, II 71—104 und III 151—202 verweisend, wo auch je die betreffende Literatur sich verzeichnet findet.

que les inclinaisons de ces orbites sont différentes entre elles" mit so großem Geschicke, daß er trotzdem den Preis mit seinem Vater, der wieder von Cartesius ausgegangen war und die Concurrenz seines Sohnes gar nicht gern sah, theilen konnte, — und ebenso wurde 1740 seine Abhandlung „Sur le flux et le reflux de la mer[1])", neben den betreffenden Preisschriften des sofort zu besprechenden Euler, des durch seine Reihe bekannten Maclaurin und eines als Cartesianer trotz mittelmäßiger Leistungen berücksichtigten Antoine Cavalleri gekrönt, — ferner 1743 seine Abhandlung „Sur la meilleure manière de construire les boussoles d'inclinaison", — 1747 seine Abhandlung „Sur la meilleure manière de trouver l'heure en mer, lorsqu'on n'aperçoit pas l'horizon", — und noch 5 andere Abhandlungen rein nautischen oder speciell physikalischen Inhaltes, welche hier nicht aufzuführen sind. Die Abhandlung über die Ebbe und Fluth, welche unter den 4 gekrönten als die erste aufgeführt wurde, zeichnete sich unter anderm auch durch eine jetzt noch gebrauchte Hülfstafel zur Berechnung der sog. Hafenzeit, d. h. des Intervalles zwischen der Culmination des Mondes und dem nächsten Hochwasser, aus, — diejenige über die Inclinationsboussolen wird von dem sachkundigen Condorcet als diejenige Arbeit Daniel Bernoulli's bezeichnet, „où il a déployé le plus de finesse et d'esprit". Noch könnten die 1724 zu Venedig erschienenen „Exercitationes quaedam mathematicae" und eine große Anzahl von ihm den Petersburger und Berliner Memoiren einverleibter Abhandlungen angeführt werden; sie sind jedoch meistens rein mathematischen oder speciell physikalischen Inhaltes, und sind daher hier nicht weiter zu berühren.

158. Leonhard Euler. Es gehört unstreitig zu den größten Verdiensten, welche sich Daniel Bernoulli um die neue Lehre

[1]) Sie wurde nicht nur, wie alle diese Preisschriften, in die Mém. de Paris, sondern auch in die Genfer Ausgabe von Newton's Principien III 133—246 aufgenommen.

erwarb, daß er seinen Freund Leonhard Euler, der sich lange nicht ernstlich mit ihr beschäftigen wollte, nach und nach für sie zu gewinnen wußte; denn dieser, der die höhere Analysis mit einer Leichtigkeit wie kein anderer handhabte, gewissermaßen, wie Hankel sich sehr passend ausdrückte, mit ihr „auf Du und Du" war, und überdieß so zu sagen als Schöpfer der analytischen Mechanik betrachtet werden muß, war offenbar wie dazu geschaffen auf diesem Gebiete mit dem größten Erfolge zu arbeiten: Zu Basel 1707 geboren und frühe Lieblingsschüler Johannes I. Bernoulli, ging Leonhard Euler 1727 als Academiker nach Petersburg, — ließ sich dann 1741 von Friedrich dem Großen für die Berliner Academie gewinnen, bei der er viele Jahre als Director der mathematischen Klasse wirkte, — kehrte aber 1766 nach Petersburg zurück und blieb daselbst bis zu seinem 1783 erfolgten Tode, gepflegt und unterstützt theils von seinen trefflichen Söhnen Albert, Karl und Christoph, theils von seinen ausgezeichneten Schülern Nicolaus Fuß, Anders Lexell und Stephan Rumowsky, sowie bewundert und geehrt von allen Academien und Gelehrten der ganzen Welt [1]). Wie hoch ihn z. B. die Pariser Academie schätzte, geht aus dem Umstande hervor, daß sie 1755 die königl. Erlaubniß einholte, ihn unter ihre auswärtigen Mitglieder aufzunehmen, obschon damals keiner der acht Plätze ledig war, und bereits zwei derselben von Schweizern (Daniel Bernoulli und Albrecht Haller) eingenommen wurden. Euler entwickelte eine so fabelhafte Thätigkeit, daß, obschon er 1735 das eine und 1766 auch noch das andere Auge verlor, eine Gesammtausgabe seiner Werke und Abhandlungen nicht weniger als 16000 Quartseiten oder 24 starke Quartbände füllen würde, und wenn dieselbe auch zunächst der reinen Mathematik zufiel, für welche er eine neue Epoche begründete, so gewann er z. B. doch nicht weniger als sechs der von der Pariser Academie über Fragen aus der Mechanik des Himmels ausgeschriebenen

[1]) Vergl. für ihn Bd. 4 meiner Biographien, wo sich auch die betreffende Literatur vollständig verzeichnet findet.

Preise, obschon er in seinem Freunde Daniel Bernoulli und den sofort zu besprechenden d'Alembert und Clairaut ganz gewaltige Concurrenten hatte. Er brach in diesen Preisschriften[2]) namentlich für die Untersuchung der planetarischen Störungen allseitig Bahn, und führte speciell die hiefür so wirksame Methode der Variation der arbiträren Constanten ein. Auch scheint er der Erste gewesen zu sein, der darauf aufmerksam machte[3]), daß strenge genommen ein Planet in Folge des Gravitationsgesetzes nicht eine Ellipse um die Sonne beschreibe, sondern Planet und Sonne Ellipsen um ihren gemeinschaftlichen Schwerpunkt. Hat der Planet einen Mond, so tritt entsprechend der Schwerpunkt des Planeten und Mondes an die Stelle des Planeten, und so beschreibt z. B. der Schwerpunkt von Erde und Mond die sog. Ekliptik, und es wird somit die Erde über oder unter der Ekliptik stehen, d. h. eine bald positive, bald negative (bis auf nahe an 1") ansteigende) Breite haben, je nachdem der Mond, dessen Bahn merklich gegen die Ekliptik geneigt ist, unter oder über der Ekliptik steht. Ebenso war er einer der Ersten, welcher die schwierige Mondtheorie durch Lösung des Problems der drei Körper mit Erfolg an die Hand nahm[4]), und, wie noch später die Englische Regierung durch Ertheilung eines Nationalpreises anerkannte, eine brauchbare Grundlage für zuverlässige Mondtafeln lieferte[5]); auch ist es hauptsächlich seinen Arbeiten zu verdanken, daß sich nach und nach die Ueberzeugung Bahn brach,

---

[2]) „Recherches sur la question des inégalités du mouvement de Saturne et de Jupiter (1748), — Sur les dérangemens que Saturne et Jupiter se causent mutuellement principalement vers le temps de leur conjonction (1752), — Sur les inégalités du mouvement des planètes produites par leurs actions réciproques (1756)," — ꝛc.

[3]) Vergl. Mém. de Berl. 1745.

[4]) Vergl. seine in dem 1746 erschienenen ersten Bande der Opuscula enthaltenen „Novæ tabulæ motuum Solis et Lunæ"; sodann, außer einzelnen speciellen Abhandlungen, seine „Theoria motus lunæ. Petropoli 1753 in 4."; von welcher er 1772 mit Hülfe seines Sohnes Joh. Albert und seiner Schüler Krafft und Lexell eine von Tafeln begleitete neue Bearbeitung herausgab.

[5]) Vergl. 165—166.

es lassen sich unter Voraussetzung der allgemeinen Gravitation alle in der Beobachtung zu Tage tretenden Ungleichheiten in der Bewegung unseres Begleiters theoretisch ebenfalls darstellen und begründen. Auch für die sog. Theoria motus leistete Euler durch mehrere Abhandlungen und besonders durch seine betreffende Hauptschrift[6]), in welcher er die von ihm für die Bahnbestimmung neu aufgestellten Methoden speciell auf die Cometen von 1680 und 1744 anwandte, sehr Erhebliches, und man darf wohl sagen, daß er auch da, wie fast auf allen andern Gebieten der reinen und angewandten Mathematik, für die neuere Zeit Bahn gebrochen habe[7]).

159. Clairaut und d'Alembert. Bald erhielten die Bernoulli und Euler in den Pariser Academikern Clairaut und d'Alembert gewaltige Concurrenten sowohl auf rein mathematischem und mechanischem Gebiete, als speciell in der weitern Ausbildung der theoretischen Astronomie auf Grundlage von Newton's Principien: Alexis Claude Clairault wurde 1713 einem tüchtigen Mathematiklehrer Jean Baptiste Clairault zu Paris geboren, und war wie ein drei Jahre jüngerer Bruder, der aber schon im 16. Jahre an den Blattern starb, eine Art Wunderkind. Schon im 12. Jahre las er der Pariser Academie eine selbstverfaßte geometrische Abhandlung, — wurde im 18. Jahre von derselben zum Mitglied aufgenommen, — und legte ihr von da bis zu seinem 1765 erfolgten Tode zahlreiche und vorzügliche Abhandlungen vor, von denen sich ein großer Theil auf brennende astronomische Fragen bezog: So las er 1736, als die später zu besprechenden Expeditionen zur Bestimmung der Gestalt der Erde[1]), an deren Einer er auch selbst Theil nehmen sollte,

[6]) „Theoria motuum planetarum et cometarum. Berol. 1744 in 4 (Deutsch von Pacassi: Wien 1781)."

[7]) Interessant ist, daß trotz alledem die „Histoire de l'Astronomie du 18e siècle" von Delambre-Mathieu von der Existenz Euler's kaum Kenntniß zu haben scheint; sein Name erscheint nicht im Index (was freilich auch bei Clairault, Lambert, d'Alembert 2c. der Fall ist), und auch in dem ganzen Bande erscheint derselbe nur beiläufig ein paar Male.

[1]) Vergl. 160 und namentlich 221.

zur Sprache kamen, „Sur la mesure de la terre par plusieurs arcs du méridien pris à différentes latitudes“, — 1743 und folgende Jahre, wo die theoretischen Untersuchungen über den Mond und ihre praktische Verwerthung für Bestimmung der Meereslänge immer mehr in den Vordergrund traten[2]), „De l'orbite de la lune dans le système de Newton“ und andere betreffende Abhandlungen, — 1758, wo die von Halley angekündigte Wiederkehr des nach ihm benannten Cometen bevorstand[3]), sein bezügliches „Mémoire sur la comète de 1759“, — rc. Außerdem schrieb er, neben seinen classischen, 1731 zu Paris erschienenen „Recherches sur les courbes à double courbure“, welche ihm die Thore der Academie öffneten, und verschiedenen geschätzten Lehrbüchern, eine 1743 ebendaselbst gedruckte und 1808 nochmals aufgelegte „Théorie de la figure de la terre“, welche jetzt noch als classisch und unübertroffen bezeichnet werden darf, — ferner 1752 und 1762 eine „Théorie de la lune“, und „Recherches sur les comètes des années 1581, 1607, 1682 et 1759“, welche beide Schriften von der Petersburger Academie gekrönt und veröffentlicht wurden, und von denen die Erstere, in der zum ersten Male die neuere Analysis auf unsern Satelliten angewandt wurde, den Reigen der bis auf die neueste Zeit fortgeführten schwierigen Untersuchungen über denselben eröffnete[4]), — einer Menge anderer werthvoller

[2]) Vergl. 166. [3]) Vergl. 248.

[4]) Bertrand erzählt bei Anlaß dieser Abhandlung: „Les premiers calculs de *Clairaut* indiquaient, pour le mouvement de l'apogée lunaire, une vitesse deux fois trop petite. Au lieu d'attribuer à l'imperfection de sa méthode ce désaccord avec les observations, également rencontré par d'Alembert et par Euler, Clairaut préféra accuser l'insuffisance de la loi d'attraction, et ébranlant lui-même tout son édifice, crut avoir contraint les géomètres à ajouter un terme nouveau au terme simple donné par Newton. Le calcul dont Clairaut faisait son fort, n'étant pas poussé au bout, pouvait à peine motiver un doute. *Buffon* refusa avec raison de corrompre, par l'abandon si précipité du principe, la simplicité d'une théorie si grande et si belle. En étudiant d'ailleurs de nouveau la question avec autant de patience que de bonne foi, Clairaut, pour reconnaître son erreur, n'eut pas besoin de rectifier son calcul, mais de le continuer.“

Arbeiten hier nicht einmal zu gedenken. — Jean le Rond d'Alembert, so geheißen, weil er 1717 zu Paris auf den Stufen der Kirche Jean le Rond ausgesetzt gefunden, und der Frau des Glasers Alembert zum Aufziehen übergeben worden war[5]), wandte sich anfänglich den Jansenisten zu; dann studirte er erst die Rechte und nachher die Medicin, um sich eine gesicherte Zukunft zu verschaffen, kam aber immer wieder zur Mathematik zurück. Im Jahre 1741 wurde er Mitglied, 1756 Pensionär[6]) und 1772 Secretair der Academie, und blieb trotz glänzender Berufungen nach Berlin und Petersburg derselben, mit Ausnahme eines längern, aber mehr die Form eines Besuches besitzenden Aufenthaltes am Hofe Friedrich des Großen, bis zu seinem 1783 erfolgten Tode treu. Außer den verschiedensten literarischen Schriften, der von ihm mit Diderot unternommenen Encyclopädie, seinen zahlreichen Eloges und Mémoires, verdankt man ihm eine Reihe von eigentlichen Fundamentalwerken, von denen hier namentlich sein zuerst 1743 und dann noch wiederholt aufgelegter, die betreffende Wissenschaft neu gestaltender „Traité de dynamique“, — seine 1747 von der Berliner Academie gekrönten, eine erste Anwendung der Rechnung mit partiellen Differentialien bildenden „Reflexions sur la cause génerale des vents“, — seine mustergültigen, 1747 zu Paris gedruckten, auf seiner Lösung des schweren Problems der Bewegung eines Körpers von gegebener Gestalt beruhenden „Recherches sur la précession des équinoxes et sur la nutation de l'axe de la terre“, — und seine ebendaselbst 1784 bis 1786 posthum in drei Quartbänden erschienenen „Recherches sur

[5]) Erst lange nachher, als d'Alembert bereits ein berühmter Mann geworden war, zeigte es sich, daß der Artillerie-Commissär Destouches sein Vater und die einst berühmte Schönheit, die Frau von Tensin, seine Mutter war; aber nun wollte der Sohn auch nichts mehr von ihnen wissen, sondern blieb seiner Pflegemutter treu, bei der er lange Jahre wohnen blieb, und die er nachher fortwährend unterstützte.

[6]) Trotz bedeutender Opposition, die in einem solchen Vorgange etwas Ungewöhnliches und zu verderblichen Consequenzen Führendes sehen wollte, aber von Camus mit der Bemerkung geschlagen wurde, daß auch in der Folge alle solchen außerordentlichen Verdienste mit ähnlichen außerordentlichen Auszeichnungen belohnt werden müssen.

différents points importants du système du monde", zu erwähnen sind. Die in letzterm Werke gesammelten, von d'Alembert im Laufe der Jahre für die Entwicklung des Problems der drei Körper, und also speciell für die Mondtheorie, durchgeführten Untersuchungen verwickelten ihn leider in unangenehme Discussionen mit Euler und Clairaut, und mit Letzterm brach er sogar bei Gelegenheit der ebenfalls in demselben enthaltenen Studien über die Gestalt der Erde ganz ab. Sonst war er im Allgemeinen gutmüthig, ein sehr angenehmer Gesellschafter, ein unermüdlicher Wohlthäter der Armen, und stets bereit, talentvolle Jünglinge mit Rath und That zu unterstützen.

160. **Bouguer und Lacondamine, — Maupertuis und Lemonnier.** Während so durch Newton und seine Nachfolger die theoretische Astronomie in großartiger Weise ausgebildet wurde, schritt, in beständiger Wechselwirkung damit, auch die praktische Astronomie tüchtig fort, und erledigte so z. B. im Anschlusse an die bereits erwähnten Arbeiten von Clairaut die Jahrzehnte lang offen gebliebene Frage über die Gestalt der Erde[1]) mit Hülfe der später einläßlich zu besprechenden Expeditionen nach Peru und Lappland, von denen wir hier vorläufig einige der Haupt-Acteurs kennen lernen wollen: Im Jahre 1698 zu Croisic in der Brétagne, wo sein Vater als Professor der Hydrographie lebte, geboren, zeichnete sich Pierre Bouguer, wie uns z. B. sein 1729 zu Paris erschienener und 1760 von Lacaille nochmals aufgelegter classischer „Essai d'optique sur la gradation de la lumière" zeigt, durch eine feine Beobachtungsgabe aus, und erwarb sich im Jahre 1731 den Eintritt in die Pariser Academie, welche damals bereits schon drei seiner Preisschriften gekrönt hatte, so namentlich 1729 seine „Méthode d'observer sur mer les hauteurs des astres". Leider scheinen ihn theils seine Reise nach, und sein Aufenthalt in Peru von 1735 bis 1743, theils die darauf folgenden unliebsamen Erörterungen mit

[1]) Vergl. 219—221.

seinem Collegen La Condamine sehr erschöpft zu haben, so daß er schon 1758 starb. — Der eben erwähnte Charles Marie de La Condamine wurde 1701 zu Paris geboren, war anfangs Militär, trat 1730 in die Academie, machte 1731/2 eine wissenschaftliche Expedition auf dem mittelländischen Meere an die Küsten von Afrika und Asien mit, und zeigte auf derselben eine seltene Ausdauer und Gewandtheit, welche ihn ganz geeignet erscheinen ließ, Bouguer zur Begleitung nach Peru beigegeben zu werden. Er kehrte erst 1746 von da zurück, lebte aber dann noch bis 1774, ja hätte muthmaßlich noch länger gelebt, wenn er nicht aus wissenschaftlichem Interesse einem jungen Chirurgen erlaubt hätte an ihm eine neue Bruch-Operation zu versuchen. — Die Expedition nach Lappland führte der 1698 zu St. Malo geborne, 1718 als Dragoner-Officier in die französische Armee und 1731, „sans avoir fait ses preuves en aucun genre", in die Academie eingetretene Pierre Louis Moreau de Maupertuis, der 1723 eine Abhandlung „Sur la figure de la terre et sur les moyens que l'astronomie et la géographie fournissent pour la déterminer", gelesen hatte, und sich somit dafür zu eignen schien, wenn er auch so ziemlich aller praktischen Kenntnisse in Geodäsie und Astronomie entbehrte und überdieß als faul bekannt war[a]). Nach seiner raschen Rückkehr aus Lappland und ziemlich unverdientem Triumphe, wurde er 1741 von Friedrich II nach Berlin berufen, wo er während einer längern Reihe von Jahren die Academie präsidirte und tyrannisirte, sich, bei Anlaß seines Streites mit dem Berner Samuel König in Betreff des Princips der kleinsten Wirkung, mit seinem frühern Freunde Voltaire überwarf[b]), aber eigentlich für die Wissenschaft selbst nicht gerade sehr viel leistete. Im Jahre 1753 nach Paris zurückgekehrt, starb er

[a]) Es ist für ihn charakteristisch, daß er einst, gähnend im Fauteuil liegend, sagte: „Je voudrais bien avoir à resoudre un beau problème qui ne serait pas difficile."

[b]) Vergl. über diesen unerquicklichen Streit Bd. II pag. 162—178 meiner Biographien, wo auch über Maupertuis Persönlichkeit viel zu finden ist. — Ferner „Angliviel de la Beaumelle, Vie de Maupertuis. Paris 1856 in 8."

1759 auf einer Reise zu Basel in den Armen seines Freundes Johannes II Bernoulli. — Unter den jungen, talentvollen, aber noch unerfahrnen Leuten, welche Maupertuis nach Lappland mit sich nahm, befand sich neben Clairaut namentlich auch der 1715 zu Paris dem Philosophie-Professor Pierre Lemonnier geborene Pierre Charles Le Monnier, der damals gerade in die Academie aufgenommen worden war. Nach seiner Rückkehr wurde er Professor der Physik am Collège de France und Astronom der Marine, und lebte nun noch bis 1799 als astronomischer Beobachter und Schriftsteller unermüdlich und mit Erfolg thätig. Es wird seiner Leistungen im Folgenden noch oft zu gedenken sein, und es mögen so vorläufig nur beispielsweise seine für die Geschichte der Astronomie sehr interessanten Schriften, die 1741 zu Paris erschienene „Histoire céléste“ und die 1774 ebendaselbst aufgelegte „Description et usage des principaux instruments d'astronomie“, erwähnt werden. Le Monnier war Lehrer von Lalande und Schwiegervater von Lagrange.

161. Richer und Lacaille. Genauere Kenntniß der Größe und Gestalt der Erde ermöglicht offenbar auch genauere Bestimmung der Distanz entlegener Punkte derselben, und somit das Erhalten einer brauchbaren Basis zur Ermittlung der Entfernung der nähern Gestirne oder der damit in einfacher Beziehung stehenden Parallaxe dieser Letztern. So sehen wir auch wirklich bald nach der Gradmessung von Picard eine Expedition nach Cayenne ins Leben gerufen, um mit Hülfe einer Marsopposition die Sonnenparallaxe zu bestimmen, und ebenso folgte den aus den Messungen von Bouguer, La Condamine und Cassini hervorgehenden genauern Aufschlüssen alsbald eine Expedition ans Cap der guten Hoffnung, zur Ermittlung der Mondparallaxe und zur Revision der Sonnenparallaxe. — Die genauere Behandlung beider Expeditionen auf später verschiebend[1]), mag hier vorläufig mitgetheilt werden, daß die erstere Expedition 1671 von der Pariser Academie

[1]) Vergl. 229 und 230.

ihrem Mitgliede Jean Richer anvertraut wurde, von dessen Lebensumständen man leider gar nichts weiß, als daß er von seiner Reise sehr angegriffen zurückkehrte, die Sitzungen der Academie nur noch selten besuchte und 1696 zu Paris verstarb[2]). Es ist dieß um so mehr zu bedauern, als sich Richer theils durch seine Parallaxenbestimmung und seine Entdeckung der Veränderlichkeit der Länge des Sekundenpendels[3]), theils durch seine gleichzeitigen Beobachtungen über Refraction, Inclination der Magnetnadel, 2c., ungewöhnliche und bis dahin nicht genug gewürdigte Verdienste erwarb. — Die zweite Expedition wurde 1751 von dem am 15. Mai 1713 zu Rumigny geborenen Nicolas Louis Lacaille, einem der ausgezeichnetsten Astronomen des vorigen Jahrhunderts, ausgeführt. Er hatte anfänglich Theologie studirt, war dann aber von Jacques Cassini und dessen Vetter Maraldi für die Astronomie gewonnen, und zunächst bei der Verification der ältern französischen Gradmessungen verwendet worden, wobei er ebensoviel Geschick als Eifer zeigte. Im Jahre 1739 wurde er Professor der Mathematik am Collège Mazarin, wo er 1746 eine eigene kleine Sternwarte erhielt, auf welcher er die Sterncataloge revidirte, und nebenbei, freilich auf Kosten seiner Gesundheit, noch Zeit fand mit Pingré die bereits erwähnte große Rechnungsarbeit auszuführen[4]). Im Jahre 1741 trat Lacaille in die Academie ein, und wurde sodann 1751, wie schon erwähnt, an das Cap dirigirt. Er verlängerte seinen Aufenthalt daselbst bis 1754, führte außer den Parallaxen-Bestimmungen noch eine Gradmessung aus[5]), und beobachtete an 10000 Sterne des damals noch ziemlich unbekannten südlichen Himmels[6]), worüber vorläufig auf das bald nach seinem Tode, nämlich 1763 zu Paris publicirte „Journal historique du voyage fait au Cap de Bonne-Espérance par feu M. l'Abbé de La Caille“, verwiesen werden mag, welches auch einen von dem Herausgeber,

[2]) Eine von ihm verfaßte „Gnomonique universelle“ erschien 1701 posthum zu Paris.

[3]) Vergl. 220. [4]) Vergl. 108. [5]) Vergl. 222. [6]) Vergl. 255.

dem Abbé Carlier, verfaßten und von Lalande annotirten „Discours sur la vie de l'auteur" enthält[7]). — Von seiner Reise zurückgekehrt nahm er die frühern Beobachtungsreihen wieder mit so großer Energie auf, daß er, um keine heitere Stunde zu versäumen, sich auf dem kalten Boden seiner Sternwarte ein schlechtes Nachtlager einrichtete. Und doch blieb er nach wie vor literarisch sehr thätig. — Beweis seine zahlreichen Abhandlungen in den Pariser Memoiren, die immer wieder neu überarbeiteten sich rasch folgenden Auflagen seiner Lehrbücher der Mathematik, Mechanik, Optik und Astronomie, auf deren Letzteres wir später zurückkommen werden[8]), — ferner außer mehreren Ephemeriden und Tafeln 1757 ein jetzt, weil nur in sehr wenig Exemplaren aufgelegt, sehr selten gewordenes Werk „Astronomiae fundamenta novissimis Solis et stellarum observationibus stabilita", das nach Lalande viele werthvolle Beobachtungen und einen neuen Catalog von 400 Sternen enthält, — &c. Soll man sich wundern, daß Lalande zu schreiben hatte, es sei sein theurer Lehrer Lacaille am 21. März 1762 „aus Ueberanstrengung" gestorben. „Er starb," fügte derselbe bei, „arm an äußern Glücksgütern, aber reich durch die Liebe seiner Schüler, und die allgemeinste Anerkennung seines großen Wissens und ebenso reinen Characters."

162. **Die Venusdurchgänge.** Die aus den Beobachtungen von Richer hervorgegangene Sonnenparallaxe von etwa $9\frac{1}{2}$ Bogensekunden war, wie wir jetzt wissen, gar nicht übel; aber früher hatte man ein absichtlich befördertes Mißtrauen gegen dieselbe[1]), und als Halley in seinen beiden 1693 und 1716 in den Philosophical Transactions erschienenen Abhandlungen „De visibili conjunctione inferiorum planetarum cum Sole, dissertatio astronomica, und: Methodus singularis qua Solis paral-

---

[7]) Vergl. auch „Grandjean de Fouchy, Eloge de M. de La Caille (Mém. Par. 1762) und: Lalande, Remarques sur la vie de Mss. de Lacaille, Bradley et Simpson (Conn. d. temps 1767)".

[8]) Vergl. 269.

[1]) Vergl. 229.

laxis ope Veneris intra Solem conspiciendae, tuto determinari poterit", den Vorschlag machte, die für verschieden situirte Beobachter verschiedenen Durchgangszeiten der untern Planeten und vorzugsweise der Venus, zu einer neuen Bestimmung zu benutzen, fand er großen Beifall, — ja als die Jahre 1761 und 1769 heranrückten, welche die seinem Vorschlage folgenden ersten Venusdurchgänge bringen sollten, wetteiferten England, Frankreich, Rußland ꝛc. miteinander, Expeditionen zu ihrer Beobachtung an den günstigst gelegenen Stationen im Norden und Süden auszurüsten*). Ein großer Theil der Beobachtungen gelang, und die verschiedenen Combinationen und Berechnungen derselben ergaben im Mittel eine Parallaxe von etwas mehr als $8\frac{1}{2}$ Sekunden, was eine von Encke in den 20er Jahren des gegenwärtigen Jahrhunderts durchgeführte Neuberechnung vollkommen bestätigte. Dagegen ergaben seither durch Winnecke, Stone ꝛc. angestellte und berechnete Neubeobachtungen von Marsoppositionen ein wesentlich größeres, nahe die Mitte zwischen den Bestimmungen von Encke und Richer haltendes Resultat, und ein solches wurde auch nach den von Hansen, Leverrier, Peters ꝛc. durchgeführten Störungsrechnungen gefordert. Da es nun im größten Interesse für die Astronomie lag, dieser Unsicherheit baldmöglichst ein Ende machen zu können, so rüstete man sich, um mit allen Hülfsmitteln der Neuzeit die bevorstehenden Venusdurchgänge von 1874 und 1882 zur definitiven Erledigung auszunutzen, und bereits ist der erste derselben vielfach gelungen beobachtet worden, so daß schon ganz nächstens eine erste Antwort in Aussicht steht, die in der That, wie einige vorläufige Untersuchungen zu zeigen scheinen, sehr wahrscheinlich jene größere Parallaxe zur Annahme empfehlen dürfte

163. James Bradley. Zu den sich für Neubestimmung der Sonnenparallaxe aus den Venusdurchgängen lebhaftest interessirenden Gelehrten gehörte auch der ausgezeichnete englische Astronom

*) Vergl. für den Detail dieser Operationen und Expeditionen 231.

Bradley: Zu Shireborn in Gloucester 1692 geboren[1], hatte James **Bradley** zunächst Theologie studirt und bereits eine Pfarrei angetreten, als er, etwa von 1715 hinweg, durch seinen mütterlichen Oheim James **Pound**, der, ebenfalls als Pfarrer, zu Wansted in Essex lebte und wirkte, aber mit Newton befreundet und sowohl in Mathematik als Astronomie sehr tüchtig war[2]), in diese letzteren Wissenschaften eingeführt wurde. Er machte in denselben so rasche Fortschritte, daß er die Aufmerksamkeit von Newton, Halley &c. auf sich zog, und schon 1721 nach dem Tode von **Keill** dessen Nachfolger als Professor der Astronomie in Oxford wurde. — Von Oxford aus besuchte **Bradley** wiederholt Samuel **Molyneux**[3]), einen reichen irischen Edelmann und Liebhaber der Astronomie, der zu Kew bei London eine Privatsternwarte besaß, und verband sich bald mit ihm zu einer Reihe von Beobachtungen, die, wie wir sofort im Detail hören werden[4]), schließlich **Bradley** zur Entdeckung der **Aberration** führte, welche seinen wissenschaftlichen Ruf fest begründete, und ihn namentlich als einen ganz ausgezeichneten Beobachter erwies, so daß man nach dem 1742 erfolgten Tode von **Halley** ihm mit dem größten Zutrauen die Direction der Sternwarte von Greenwich übergab, ja ihm sogar einen Assistenten bewilligte, was bis dahin noch nie vorgekommen war. Und so tüchtig seine Vorgänger auch gewesen waren, so übertraf er dieselben nichts desto weniger noch weit, ja man muß sagen, daß speciell durch **seine** Leistungen, unter welchen die von ihm 1747 entdeckte und in der Abhandlung „On the apparent motion of the fixed stars“ behandelte, durch die Bewegung der

---

[1]) Das genauere Geburtsdatum ist unbekannt.

[2]) Pound, der 1724 starb, machte namentlich viele Beobachtungen der Jupiterstrabanten, nach denen sein Neffe 1721 Tafeln derselben berechnete.

[3]) Er lebte von 1689—1728, und beschäftigte sich, wie schon sein Vater William (1656—1698) viel mit Optik: ein betreffendes Ms., das er Robert Smith überließ, wurde von diesem zu seinem berühmten Werke über Optik mitbenutzt.

[4]) Vergl. 164.

Mondsknoten veranlaßte periodische Störung der Präcession, die sog. Nutation, noch besonders hervorgehoben werden mag, — und durch die Direction, welche er den Arbeiten zu geben verstand, diese Sternwarte sich zum ersten Range erhob, und diesen ersten Rang noch jetzt zunächst darum behauptet, weil auch seine Nachfolger den richtigen Tact hatten, fortwährend consequent in seinem Sinne fortzuarbeiten. Namentlich sind die von Bradley in Greenwich von 1750 an mit einem neuen Mauerquadranten von Bird und einem achtfüßigen Passagen-Instrument mit Niveau, unter sorgfältigster Berücksichtigung der Refraction erhaltenen Beobachtungen einer Reihe von Fundamentalsternen noch für die neuere Zeit von hervorragender Wichtigkeit geworden, und sie haben Bessel, der seinem großen Vorgänger den Namen „Vir incomparabilis" beigelegt hat, die Möglichkeit gegeben, eine Reihe von Fundamentalbestimmungen zu machen, von denen später[5]) einläßlicher die Rede sein wird. — Im Jahre 1761 sah sich leider Bradley, der schon beim Venusdurchgange am 5. Juni sich in einem Sessel in das Beobachtungslokal tragen lassen mußte, um die Beobachtungen seiner Gehülfen zu überwachen, durch seine arg angegriffene Gesundheit genöthigt, sich nach Chalford aufs Land zurückzuziehen, und dort erlosch am 13. Juli 1762 sein reiches Leben. Zwei Jahre später folgte ihm auch sein langjähriger Gehülfe und sodann Nachfolger Nathaniel Bliß[6]), worauf ihre in Greenwich gesammelten, 13 Folianten füllenden Beobachtungen von den Erben Bradley's als Eigenthum angesprochen wurden. Erst 1776 wurde der kostbare Schatz der Universität Oxford übergeben, welche nun Professor Thomas Hornsby[7]) mit der Bekanntmachung betraute, der sodann in der That denselben unter dem Titel „Astronomical observations made at the Roy. Observatory at Greenwich from 1750 to 1765 by

[5]) Vergl. 177.

[6]) Bliß, der früher Professor der Geometrie zu Oxford war, lebte von 1700—1764.

[7]) Hornsby, Professor der Astronomie und Physik zu Oxford, lebte von 1733—1810, — sein Nachfolger Rigaud von 1774—1839.

the Rev. James Bradley and the Rev. Nathaniel Bliss[8])" herausgab, während sein Nachfolger Stephen Peter Rigaud noch „Miscellaneous works and correspondance of Rev. James Bradley[9])" folgen ließ, welche zugleich Biographie und Portrait Bradley's enthalten[10]).

164. Die Geschwindigkeit und die Aberration des Lichtes. Wie bereits erwähnt worden ist[1]), hatte schon Copernicus versucht nachzuweisen, daß in Folge der jährlichen Bewegung der Erde die Breite eines Sternes zur Zeit der Opposition ein Maximum, zur Zeit der Conjunction ein Minimum annehme; aber weder seine Instrumente, noch diejenigen seiner nächsten Nachfolger besaßen, wie ebenfalls schon früher hervorgehoben wurde, auch nur von ferne die nöthige Genauigkeit, um so kleine Differenzen bestimmen zu lassen, wie sie in dieser sog. jährlichen Parallaxe vorliegen. Flamsteed, der diese Parallaxen mit einem Zenithsector bestimmen wollte, fand allerdings kleine Positionsveränderungen, konnte aber ihr Gesetz nicht erkennen, und jedenfalls paßten dieselben, wie Cassini nachwies, nicht mit dem Gesuchten zusammen, — und ähnlich ging es auch Picard, der in 10jährigen Beobachtungen des Polarsternes ebenfalls kleine Ungleichheiten fand, aber dieselben ebenfalls nicht heimweisen konnte[2]). Glücklicherweise wurde nun Molyneux[3]) durch diesen Nichterfolg nicht abgehalten, noch einen entsprechenden Versuch zu machen: Er ließ sich durch Graham einen großen Zenith-

---

[8]) Oxford 1798—1805. 2 Vol. in Fol. — Für die neue Bearbeitung durch Bessel vergl. 177.

[9]) Oxford 1832 in 4. — Im folgenden Jahre erschien noch ein „Supplement with an account of Harriot's astronomical papers".

[10]) Vergl. auch „Grandjean de Fouchy, Eloge de Jaques Bradley (Mém. Par. 1762), — Lysons, An account of the case of the late Rev. James Bradley (Phil. Transact. 1762)".

[1]) Vergl. 78.

[2]) Vergl. „Picard, ouvrages de Mathématique. A La Haye 1731 in 4.: Voyage d'Uranibourg, Article VIII."

[3]) Vergl. 163.

sector von 24 Fuß Radius, aber nur 25' Bogen, anfertigen, der mittelst eines Verniers einzelne Sekunden zeigte, und begann mit diesem 1725 XII 3 eine Reihe von Beobachtungen des Sternes γ Draconis, an der sich dann alsbald auch Bradley betheiligte. Die erhaltenen Bestimmungen zeigten bald kleine Unterschiede, welche sich nicht wohl als Beobachtungsfehler erklären ließen, — ja bis in den März 1726 ging der Stern nach und nach um volle 20" nach Süden; dann wurde er stationär, kehrte bis in den Juni zur ersten Lage zurück, setzte nachher seine Bewegung noch nach Norden fort, bis er etwa 20" nördlicher als anfänglich stand, und kehrte bis in den December 1726 wieder zur ersten Lage zurück. Da Bradley, der die Beobachtungen, nachdem Molyneux durch seine Ernennung zum Lord der Admiralität davon abgezogen worden war, allein fortsetzte, bei einem zweiten Sterne, 35 Camelopardali, nicht ganz entsprechende Veränderungen fand, so entschloß er sich noch andere Sterne zu beobachten, und ließ bei Graham einen etwas umfassenderen, nämlich $6^1/_4{}^\circ$ zu beiden Seiten des Zenithes zu beobachten erlaubenden Zenithsector von $12^1/_2$ Fuß Radius construiren, den er sodann im August 1727 bei seinem Oheim zu Wansted aufstellen ließ. Die damit erhaltenen neuen Beobachtungsreihen bestätigten nun die Existenz einer kleinen jährlichen Schwankung auf das entschiedenste, und er glaubte zuerst wirklich die jährliche Parallaxe gefunden zu haben; aber, da die extremen Werthe mit den Quadraturen zusammenfielen, so konnte dieß doch nicht sein, und wurde ihm, wie sein im December 1728 an Halley gerichteter „Account of a new discovered motion of the fixed stars[4])" zeigt, bald klar, daß da zwar eine von der jährlichen Bewegung der Erde abhängige, also sie erweisende Erscheinung vorliege, — aber nicht die Parallaxe, sondern eine „Aberration" des Lichtes, welche durch die zur Geschwindigkeit des Lichtes in endlichem Verhältnisse stehende Geschwindigkeit der Erde hervorgebracht

[4]) Phil. Transact. 1728.

werde, indem sie den Beobachter nöthige sein Fernrohr nicht direct nach einem Sterne, sondern nach der Resultirenden der beiden Bewegungsrichtungen zu stellen, was im Maximum für einen am Pole der Ekliptik stehenden Stern, entsprechend seinen Beobachtungsresultaten, 20",7 betrage, wenn man die Geschwindigkeit der Erde zu $^1/_{10000}$ der Geschwindigkeit des Lichtes annehme[5]). — Diese, gegenüber der früher angenommenen augenblicklichen Fortpflanzung als „endlich" bezeichnete Geschwindigkeit des Lichtes, war nun nicht nur um die Mitte des siebzehnten Jahrhunderts durch Grimaldi geahnt[6]), sondern einige Decennien später durch Römer förmlich gemessen worden: Schon Galilei hatte nämlich auf die Möglichkeit aufmerksam gemacht, die Verfinsterungen der Jupiters-Monde zur Bestimmung der Meereslänge zu benutzen, und darüber durch seinen Freund Elie Diodati[7]) sowohl mit den Niederlanden als mit Spanien verhandelt: aber diese Anwendung setzte die richtige Vorausberechnung der Zeiten der Ein- und Austritte der Monde für einen bestimmten Ort voraus, d. h. zuverlässige Tafeln der Monde, und diese waren damals

---

[5]) Bezeichnet φ die Aberration eines Sternes S, dessen Gesichtslinie mit der Erdrichtung den Winkel α bildet, und sind $\triangle \lambda$ und $\triangle \beta$ ihre Componenten in Länge und Breite, so hat man angenähert

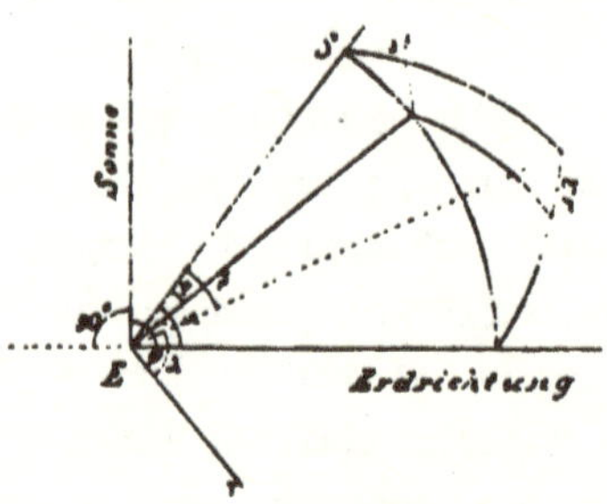

Fig. 32.

$$\varphi = k \,.\, \text{Sin}\, \alpha$$
$$\triangle \lambda = k \,.\, \text{Cos}\, (\odot - \lambda)\, \text{Sec}\, \beta$$
$$\triangle \beta = k \,.\, \text{Sin}\, (\odot - \lambda)\, \text{Sin}\, \beta$$

wo k den Maximalwerth von φ oder die sog. Aberrations-Constante bezeichnet. Es nimmt also zwar die Aberration in Länge zur Zeit der Conjunction und Opposition, — dagegen diejenige in Breite, welche sich in Bradley's Beobachtungen zunächst zeigen mußte, wirklich in den Quadraturen ihren Maximalwerth an.

[6]) Vergl. die betreffende Bemerkung von Libri in der Einleitung zu seinem Cataloge.

[7]) Diodati wurde 1576 zu Genf geboren, und lebte damals zu Paris als Advokat am Parlament.

noch gar nicht vorhanden, sondern wurden erst zur Noth durch Cassini, gestützt auf eine von ihm noch in Bologna erhaltene Beobachtungsreihe in seinen „Ephemerides Bononienses Mediceorum Siderum[8])“ gegeben. Als dann Cassini nach Paris übergesiedelt war, setzte er dort in Gemeinschaft mit dem bereits genannten Olaus Römer diese Beobachtungen fort, und schon 1675 XI 22 konnte Letzterer der Academie mittheilen[9]), daß er durch dieselben zu einer wichtigen Entdeckung veranlaßt worden sei: Er hatte nämlich zunächst gefunden, daß im Durchschnitte aus vielen Beobachtungen die Zwischenzeit zwischen aufeinander folgenden Immersionen des ersten Jupitermondes merklich kleiner als die aus zwei Emersionen gefunden werde; da nun die Immersionen nur in derjenigen Quadratur, wo sich die Erde Jupiter nähert, die Emersionen dagegen nur in der entgegengesetzten sichtbar werden, so mußte er schließen, daß sich die Erscheinung merklich beschleunige oder verzögere, je nachdem sich die Erde Jupiter nähere oder sich von ihm entferne, — daß also das Licht eine angebbare Zeit brauche, um gewisse Distanzen zurückzulegen. Auch Cassini war anfänglich der Ansicht, daß die Differenz davon herrühre „que la lumière emploie quelque temps à venir du satellite jusqu'à nous“; später glaubte er dagegen in derselben „une inégalité particulière du mouvement synodique du premier satellite“ sehen zu sollen, da die Beobachtungen der übrigen Satelliten dieselbe nicht zu zeigen schienen, während dagegen Römer dieß durch die Mangelhaftigkeit der Tafeln jener zu erklären suchte und mit Recht an der ersten Ansicht festhielt. Bei weiterer Verfolgung derselben fand Römer überhaupt, daß wenn man mit Hülfe der Umlaufszeit eines Jupitertrabanten aus einer zur Zeit der Opposition Jupiters stattfindenden Verfinsterung desselben die künftigen Verfinsterungen vorausberechne, die aus den Beobachtungen erhaltenen Zeiten dieser

---

[8]) Bononiae 1668 in Fol.

[9]) Vergl. seine „Démonstration touchant le mouvement de la lumière. (Anc. Mém. Par. I et X)“.

Verfinsterungen immer größer werden als jene berechneten, und daß diese Verspätung immer mehr zunehme, wenn man sich von der Opposition mehr und mehr entferne, bis sie am Ende zur Zeit der Conjunction ein Maximum von über 1000ˢ erreiche[10]), und dann wieder abnehme. Gleichzeitig hatte aber auch die Entfernung der Erde von Jupiter um volle 40 Millionen Meilen zugenommen, — also war jene Anomalie vollständig durch die Annahme erklärt, es habe das Licht eine endliche Geschwindigkeit von beiläufig 40000 Meilen in der Sekunde oder eine etwa 10000 mal größere Geschwindigkeit als die Erde in ihrer Bahn[11]), — eine Erklärung, welche mit der nachmaligen Bestimmung von Bradley ausgezeichnet stimmte, dagegen allerdings zur Zeit bei den Cartesianern viel Widerspruch erfuhr. — In neuerer Zeit wurde die Aberrationsconstante von Lindenau in seinem 1842 zu Berlin erschienenen „Versuch einer neuen Bestimmung der Nutations- und Aberrationsconstanten“ aus Rectascensionen des Polarsternes zu 20",4486 bestimmt, — von Peters[12]) in seiner in demselben Jahre zu Petersburg ausgegebenen Schrift „Numerus constans nutationis ex ascensionibus rectis stellae polaris deductus“ aus ebensolchen zu 20",4255, — von Lundahl in seiner ebenfalls in demselben Jahre zu Helsingfors aufgelegten Schrift „De numeris nutationis et aberrationis constantibus“ aus Declinationsbeobachtungen des Polarsternes zu 20",5508, — von Wilhelm Struve in seiner in die Petersburger Memoiren von 1843 eingerückten Abhandlung „Sur le coefficient constant dans l'aberration des étoiles fixes“ aus Zenithalsternen zu 20",4451[13]), — ꝛc., — und auch von theore-

[10]) Anfänglich fand er etwa 10ᵐ; v. seine „Démonstration“.

[11]) Anfänglich gab Römer (v. Histoire 1676) die Geschwindigkeit des Lichtes zu 48203⅓ franz. Meilen an.

[12]) Christian August Friedrich Peters, 1806 zu Hamburg geboren; damals Vicedirector der Sternwarte zu Pulkowa, seither successive Professor der Astronomie zu Königsberg und Director der Sternwarten zu Altona und Kiel.

[13]) An seine Arbeit schließt sich diejenige an, welche 1872 Magnus Nyrén (in der Provinz Wermland in Schweden 1837 geboren; Observator in Pul-

tischer Seite ist die Aberration durch Wilhelm Klinkerfues[14]) in seiner 1867 zu Leipzig erschienenen Schrift „Die Aberration der Fixsterne nach der Wellentheorie", und von Professor E. Ketteler in Bonn in seiner daselbst 1873 ausgegebenen Schrift „Astronomische Undulationstheorie" neuer Untersuchung unterworfen worden. — Ebenso ist die Geschwindigkeit des Lichtes seit Römer wiederholt bestimmt worden: So fand z. B. Delambre aus etwa 1000 Verfinsterungen des ersten Jupitertrabanten, daß das Licht 493ˢ,2 brauche, um die mittlere Distanz der Sonne von der Erde zu durchlaufen, — W. Struve aber aus den Aberrationserscheinungen 497ˢ,8[15]). — Außerdem ist diese Geschwindigkeit auch auf physikalischem Wege zu ermitteln gelungen: So fand Fizeau[16]) 1849 in Ausführung eines Versuches, welchen Arago vorbereitete, aber wegen Erblindung nicht mehr selbst vornehmen konnte, mit zwei Fernröhren und einem Zahnrade für dieselbe 42200 Meilen, — Foucault aber 1862 mit sieben Spiegeln und einem Mikroskope 40245 Meilen. Letztere Bestimmung kömmt mit einer Sonnenparallaxe von 8",86 zusammen, d. h. nahe mit dem Werthe, der in der neuern Zeit durch verschiedene Beobachtungen und theoretische Untersuchungen sich als wahrscheinlich richtig herausgestellt hat, und muthmaßlich auch aus den letzten Venusdurchgängen hervorgehen wird[17]).

165. Tobias Mayer. Neben Bradley machte sich um die Mitte des vorigen Jahrhunderts ganz besonders Tobias Mayer um die praktische Astronomie verdient, und man darf wohl behaupten, daß er ihn unter gleich günstigen Verhältnissen und namentlich bei nicht gar so kurzem Leben erreicht, ja vielleicht

---

kowa) unter dem Titel „Bestimmung der Nutation der Erdachse" ebenfalls in den Petersburger Memoiren veröffentlichte.

[14]) Zu Hofgeismar in Hessen 1827 geboren, jetzt Director der Sternwarte zu Göttingen.

[15]) Ueber die wegen Erklärung dieses Unterschiedes zwischen Hock und Klinkerfues entstandenen Controversen vergl. Astr. Nachr. 1669 u. f.

[16]) Hippolyte Louis Fizeau, 1819 zu Paris geboren.

[17]) Vergl. 162 und namentlich 231—232.

sogar übertroffen haben würde: Zu Marbach in Würtemberg am 17. Februar 1723 geboren, brachte Tobias Mayer seine Jugend in dürftigen Verhältnissen zu Eßlingen zu, wohin sein Vater als Brunnenmeister übergesiedelt war. Mit Hülfe einiger weniger Bücher war er größtentheils sein eigener Lehrer in Sprachen und Wissenschaften[1]), und für seine Beobachtungen mußte er sich mit den primitivsten Instrumenten begnügen; dennoch schwang er sich durch Fleiß und Talent bald auf eine bedeutende wissenschaftliche Höhe. Nachdem er schon 1741, also in seinem 18. Jahre, eine kleine, von Benzenberg 1812 als „Erstlinge von Tobias Mayer" nochmals zum Abdrucke gebrachte Schrift „Neue und allgemeine Art alle Aufgaben aus der Geometrie vermittelst der geometrischen Linien leicht aufzulösen" herausgegeben, unternahm er übersichtlich alle Theile der reinen und angewandten Mathematik, zu welch letzterer damals nicht nur Mechanik, Optik, Perspective ꝛc., sondern auch Architektur, Befestigungskunst, Geschützwesen ꝛc. gehörten, darzustellen, — siedelte sodann mit seinem Opus nach Augsburg über, wo er in Joh. Andreas Pfeffel einen Verleger fand, und gab so um 1745 das große Werk „Mathematischer Atlas, in welchem auf 60 Tabellen alle Theile der Mathematik vorgestellt werden" heraus, das noch jetzt sehr lehrreich ist, und uns namentlich den großen Schatz von Kenntnissen erweist, welchen sich der junge Mann damals schon gesammelt hatte. Im Jahre 1746 wurde Mayer Mitarbeiter an dem Landkarteninstitut, das Joh. Baptist Homan 1702 in Nürnberg gegründet hatte, und das nun eben unter Leitung von Joh. Mich. Franz[2]), der auch die „Cosmographische Gesellschaft" ins Leben rief, unter der Firma der „Homanischen Erben" in höchster Blüthe stand. Daß

---

[1]) Nach einigen Angaben war ein Schuster zu Marbach, Namens Kandler, Mayer's erster Lehrer in der Mathematik, — nach andern war dagegen umgekehrt Mayer in Eßlingen, wo sich seiner ein alter Bürgermeister wohlwollend annahm, der Lehrer Kandler's.

[2]) Franz, der 1700 zu Oehringen in Hohenlohe geboren wurde, starb 1761 als Professor der Geographie zu Göttingen.

Mayer, mit dem fast gleichzeitig auch Georg Moritz Lowitz[3]) eintrat, in seinem neuen Berufe sehr thätig war, ersieht man aus dem Homan'schen Verlage, in welchem z. B. 1751 nach seiner Bearbeitung „Helvetia geograph. delin. 20 Tab." erschienen sein soll[4]); aber daneben fand er auch noch Zeit, seine Studien und Beobachtungen fortzusetzen: Beweis dafür seine Abhandlungen „Observationes quaedam astronomicae, Norimbergae A. 1749 et 1750 in aedibus Homanianis", und: „Latitudo geographica urbis Norimbergae", welche er später im ersten Bande der Comment. Soc. Gotting. veröffentlichte, — besonders aber seine später zu erwähnenden Arbeiten über den Mond[5]). Im Jahre 1751 erhielt Mayer die Professur der Oekonomie und Mathematik in Göttingen, wohin ihm bald auch Freund Lowitz als Professor der praktischen Mathematik und Freund Franz als Professor der Geographie folgten, während er sich selbst mit Maria Victoria Gnügin verheirathete, welche ihn schon im folgenden Jahre mit einem Sohne, dem später namentlich durch seine „Praktische Geometrie" weit bekannt gewordenen Joh. Tobias Mayer, erfreute. Mayer führte sich in seine neue Stelle mit einem „Programma de refractionibus objectorum terrestrium" ein, und erhielt sodann nach Pütter's „Versuch einer academischen Gelehrtengeschichte der Universität Göttingen" 1754 auch noch die Aufsicht über die kleine Sternwarte, welche 1734 für Joh. Andreas Segner, der nun eben nach Halle abging, erbaut wor-

---

[3]) Lowitz, der 1722 zu Fürth bei Nürnberg geboren worden, nahm später einen Ruf an die Petersburger Academie an, und verlor 1774 auf einer Expedition sein Leben, indem er an der Wolga von den Rotten Pugatschew's aufgegriffen, gespießt und gehängt wurde.

[4]) Wird ohne Zweifel die von Haller in seiner Bibliothek der Schweizergeschichte (I 173) erwähnte Karte „Helvetia tredecim statibus liberis quos cantones vocant composita. Una cum foederatis et subjectis provinciis et probatissimis subsidiis geographice delineata per Dom. Tobiam Mayerum, Professorem Math. Goettingensem. Luci publicae tradita ab Homanianis haeredibus. Norimbergae 1751" sein; sie basirte auf Scheuchzer's Schweizerkarte und war nach Haller eine der besten Karten jener Zeit, wenn auch die Lage der Berge ziemlich fehlerhaft blieb.

[5]) Vergl. 237.

den war[6]). Er widmete sich nun mit neuem Eifer der praktischen Astronomie; ja selbst im siebenjährigen Kriege, wo aus Bosheit des französischen Commandanten der untere Theil seines Observatoriums in ein Pulvermagazin umgewandelt worden war, stieg er jeden Abend mit einer Laterne in der Hand auf dasselbe um zu beobachten, und ließ sich sogar in dem fürchterlichen Momente, wo gegenüber ein anderes Pulvermagazin in die Luft sprang, in seiner Arbeit nicht stören[7]). Seine weitern Arbeiten, unter welchen die von ihm zur Erlangung des englischen Längenpreises berechneten Mondtafeln besonders hervorragen, werden im Folgenden einläßliche Besprechung finden[8]), und es mag somit hier nur noch beigefügt werden, daß Mayer schon am 26. Februar 1762 vorzeitig seiner Ueberanstrengung erlag, aber sein Andenken der Mit- und Nachwelt theuer blieb, wie uns z. B. die folgenden Worte Karsten Niebuhr's beweisen: „Mayer, der nicht zunftmäßig studirt, der nie ein großes Schiff gesehen, viel weniger weite Seereisen gemacht hat, brachte es so weit, daß er im Stande war die Engländer zu belehren, wie sie auf offener See die Länge bestimmen können; seine Jugendjahre können manchen braven, von Glücksgütern entblößten Jüngling aufmuntern, den Muth nicht sinken zu lassen, wenn er hier ein Beispiel findet, daß eigener Fleiß in der Welt nicht immer unbelohnt bleibt[9]).“

---

[6]) Für Göttingen wurde 1803 eine neue Sternwarte erbaut, der sodann Gauß und Harding vorstanden; nach des Letztern Tode trat Carl Wolfgang Benjamin Goldschmidt (Braunschweig 1807 — Göttingen 1851) als Observator ein, — während später nach dem Tode von Gauß die Direction an Klinkerfues überging.

[7]) Gamauf erzählt in seinen „Erinnerungen“, daß Mayer namentlich von einem bei ihm einquartirten Officier und dessen Dienerschaft viel gelitten habe; so habe einmal der Koch, als Holz gefehlt habe, förmlich das Haus zu demoliren angefangen. Der Aerger über solche Behandlung sei mit Ursache von Mayer's frühem Tode gewesen.

[8]) Vergl. namentlich 166, 180, 195, 213, 214, 237 und 260.

[9]) Vergl. „Kästner, Elogium Tobiae Mayeri. Gottingae 1762 (Auch in Mursinna mem doct. vir. I), — Ropitsch, Lebensbeschreibung Tobias Mayer's (Altdorf) 1805 in 8, — Gottlieb Gamauf, Erinnerungen aus Lichtenberg's Vorlesungen über Astronomie. Wien 1814 in 8“; ferner Lambert's deutschen

166. Die Meereslänge. Zu den Hauptbemühungen von Tobias Mayer gehörte, wie schon beiläufig bemerkt, die Verbesserung der Methoden zur Bestimmung der Länge auf dem Meere, welche seit langem ein praktisches Bedürfniß war, dessen Befriedigung die Seemächte auf jede Weise anstrebten: Schon Philipp III, der 1598 den Thron von Spanien bestieg, soll eine große Belohnung für eine zuverlässige Methode in Aussicht gestellt haben, und die Holländer suchten Galilei durch das Anerbieten einer goldenen Ehrenkette zu einer betreffenden Entdeckung zu reizen, womit wahrscheinlich die früher[1]) erwähnten Unterhandlungen zusammenhingen. Im Jahre 1713 setzte sodann das englische Parlament einen Preis von 20000 Pfd. für eine Methode aus, nach welcher man die Länge bis auf $\frac{1}{2}^{0}$ genau erhalte, und kleinere Preise von 15000 und 10000 Pfd., wenn die Genauigkeit nur $\frac{2}{3}^{0}$ oder 1^{0} betrage[2]), und zwei Jahre später soll auch der damalige Regent von Frankreich, der Herzog von Orleans, zu gleichem Zwecke einen Preis von 100000 Frcs. ausgesetzt haben. Durch diese hohen Preise und den mit der Lösung verbundenen Ruhm wurden während der ersten Hälfte des 18. Jahrhunderts die größten Anstrengungen nach dieser Richtung verursacht: Die praktischen Mechaniker versuchten Chronometer von hinlänglicher Genauigkeit zu erstellen, — die Mathematiker und Astronomen bemühten sich dagegen die Theorie des Mondes und die Mondtafeln zu verbessern. — In ersterer Richtung arbeitete besonders John Harrison[3]) mit ebensoviel Ausdauer als Erfolg: Schon 1736 soll er eine Uhr fertig gebracht haben, welche ihm den Copley'schen Preis eintrug, — und 1758

Briefwechsel II 431 u. f., — Bode's Supplem. III 209, — Monatl. Corresp. III 117 u. f., VIII 257—70, IX 45—56, 415—32, 487—91, XI 462—70, — auch Zeitschrift f. Astron. III 1—20, — rc.

[1]) Vergl. 164.

[2]) Eine französische Uebersetzung der ganzen Parlamentsacte findet sich auf pag. 279—283 des in 210 erwähnten Werkes von Sully.

[3]) Zu Foulby 1693 geboren, erst wie sein Vater Zimmermann, und als Uhrmacher total Autodidact. Er starb 1776 zu London.

lieferte er eine solche zur Prüfung ab, welche auf einer Fahrt nach Jamaika sodann wirklich in 161 Tagen nur einen Fehler von 1^m 5^s machte, und ihm eine Nationalbelohnung von 5000 Pfd. eintrug. Hierauf verbesserte er seine Uhr noch einmal, und als sie 1764 einer neuen Prüfung auf einer Reise nach Amerika unterworfen wurde, und in 156 Tagen nur noch einen Fehler von 54^s zeigte, erhielt er nochmals 10000 Pfd. unter der Bedingung, daß er die Construction seiner Uhr beschreibe, was er sodann in der Schrift „Principles of time-keeper“ wirklich erfüllte[4]). Auch Pierre Le Roy in Paris erhielt ähnliche Erfolge, und wurde dafür von der Academie des Sciences prämirt, wie es wohl Ferdinand Berthoud[5]), dem Verfasser der 1773 aufgelegten „Eclaircissements sur l'invention, la théorie, etc. des nouvelles machines proposées pour la détermination des longitudes en mer par la mesure du temps“ und des im gleichen Jahre erschienenen „Traité des horloges marines“, der auch vortrefflicher ausübender Künstler war, ohne allen Zweifel ebenfalls ergangen wäre, wenn ihn nicht seine Mitgliedschaft von der Preisbewerbung ausgeschlossen hätte. — In der zweiten Richtung arbeitete zunächst Euler, und seine betreffenden Publikationen, die 1746 zu Berlin erschienenen „Tabulae astronomicae Solis et Lunae“ und die ihnen im gleichen Jahre ebendaselbst folgenden „Novae et correctae tabulae ad loca Lunae computanda“, sowie seine 1753 ebenfalls zu Berlin ausgegebene „Theoria motuum Lunae, exhibens omnes ejus inaequalitates cum additamento“ bildeten sodann den Ausgangspunkt für Tobias Mayer: Zunächst verglich dieser nämlich die Euler'schen Tafeln mit den Beobachtungen, und corrigirte darauf gestützt die Erstern so glücklich, daß seine daraus hervorgegangenen, 1752

---

[4]) Pézénas gab noch im gleichen Jahre von dieser Schrift zu Avignon eine französische Uebersetzung.

[5]) Vergl. für Berthoud 287. — Pierre Le Roy wurde 1717 zu Paris dem ebenfalls schon berühmten Uhrmacher Julien Le Roy (1686—1759) geboren, und starb 1785 zu Vitry bei Paris.

in den Göttinger Abhandlungen gedruckten „Novae tabulae motuum Solis et Lunae“, denen er im folgenden Jahre noch eine Gebrauchsanweisung zur Bestimmung der Meereslänge folgen ließ, bereits alle frühern übertrafen. Dadurch ermuntert, revidirte er auch die Theorie, suchte namentlich mit Hülfe der Beobachtungen die in den Gleichungen vorkommenden Coefficienten zu verbessern, berechnete dann wieder neue Tafeln, und sandte diese 1755 nach London um für den Längenpreis zu concurriren; aber obschon Bradley 1756 in einem amtlichen Berichte versicherte, der größte von ihm in diesen Tafeln gefundene Fehler betrage nicht über 75“, so daß er die Tafeln für die Navigation als sehr nützlich erachte, zog sich doch der Entscheid in die Länge. Immerhin hoffte Mayer noch auf dem Todtenbette auf Erfolg, und legirte der Göttinger Academie, falls er 10000 Pfd. erhalten sollte, 2000 davon. Nach seinem 1762 erfolgten Tode sandte sodann die Wittwe ein neues und mit einigen Verbesserungen versehenes Exemplar der Tafeln, in dessen Vorrede die Vortheile der Längenbestimmung aus Monddistanzen auseinander gesetzt waren, nach London, und erhielt dann endlich 1765, zu gleicher Zeit, wo Harrison die 10000 Pfd. zugesprochen worden waren, wenigstens 3000 Pfd., denen einige Jahre später noch 2000 Pfd. gefolgt sein sollen, — andere 3000 Pfd. erhielt Euler für seine zu Grunde liegenden Arbeiten. Mayer's Tafeln sollen schon 1767 gedruckt, aber damals nur seine „Theoria Lunae juxta systema Newtonianum“ ausgegeben worden sein; sie selbst erschienen erst drei Jahre später unter dem Titel „Tabulae motuum Solis et Lunae novae et correctae, auctore Tob. Mayer: Quibus accedit methodus longitudinum promota eodem auctore“ auf Anordnung und Kosten des Board of Longitude. — Auf die spätern Mondtafeln, und die übrigen neuen Methoden und Hülfstafeln zur Bestimmung der Länge zur See wird bei anderer Gelegenheit eingetreten werden*).

*) Vergl. 180 und 216.

167. Kant und Lambert. Während so Theorie und Praxis zu ihrer gegenseitigen Vervollkommnung zusammenwirkten, gelang es Kant und Lambert auch durch Speculation nicht unwichtige Resultate zu erhalten: Zu Königsberg 1724 einem Sattler geboren, arbeitete sich Immanuel Kant langsam aber sicher vom Hauslehrer zum Docenten und Professor auf, bis er 1804 als gefeierter Lehrer der Philosophie in seiner Vaterstadt, die er so zu sagen nie verlassen hatte, starb[1]). Wir haben hier natürlich keineswegs die Leistungen auf seinem Hauptgebiete vorzuführen, sondern uns nur mit einer Erstlingsarbeit von Kant zu befassen, welche er 1755, in demselben Jahre wo er die venia docendi erhielt, unter dem Titel „Allgemeine Naturgeschichte und Theorie des Himmels, oder Versuch von der Verfassung und dem mechanischen Ursprunge des ganzen Weltgebäudes nach Newtonischen Grundsätzen abgehandelt[2])“, veröffentlichte. In diesem höchst merkwürdigen Werke nahm er sich als Vorwurf „das Systematische, welches die großen Glieder der Schöpfung in dem ganzen Umfange der Unendlichkeit verbindet, zu entdecken, die Bildung der Weltkörper selbst, und den Ursprung ihrer Bewegungen aus dem ersten Zustande der Natur durch mechanische Gesetze herzuleiten“, und theilte dasselbe in drei Hauptabschnitte: Der Erste handelt „von der systematischen Verfassung unter den Fixsternen“, wobei Kant von den Ansichten des Engländers Thomas Wright ausgeht[3]), der zuerst lehrte, daß die Fixsterne im Allgemeinen nicht ohne Gesetz am Himmel zerstreut, sondern nach einer bestimmten Hauptebene geordnet seien: denn er sagt ganz entsprechend, daß die Sterne „die in dem weißlichen Streifen der Milchstraße nicht begriffen sind, doch um so gehäufter und dichter werden, je näher ihre Oerter dem Kreise der Milchstraße

[1]) Vergl. für ihn „Schubert, Imm. Kant's Biographie, zum großen Theil aus handschriftl. Nachrichten. Leipzig 1842 in 8, — Saintes, Histoire de la vie et de la philosophie de Kant. Paris 1844 in 8, — Borowsky, Wasiansky und Jachmann, Ueber Im. Kant. Königsberg 1804, 3 Bde. in 8,“ — &c.

[2]) Königsberg 1755 in 8. (Auch Frankfurt 1797.)

[3]) Vergl. dessen „Theory of the Universe. London 1750 in 4“.

sind, so daß von den 2000 Sternen, die das bloße Auge am Himmel entdeckt, der größte Theil in einer nicht gar breiten Zone, deren Mitte die Milchstraße einnimmt, angetroffen wird", — ein Satz, den nachmals die Aichungen der beiden Herschel total bestätigt haben [4]). Auch die Wahrscheinlichkeit der eigenen Bewegung der Fixsterne wird von Kant betont, und ebenso die Möglichkeit von Planeten außerhalb Saturn. Der Zweite handelt „von dem ersten Zustand der Natur, der Bildung der Himmelskörper, der Ursachen ihrer Bewegung und der systematischen Beziehung derselben, sowohl in dem Planetengebäude überhaupt, als auch in Ansehung der ganzen Schöpfung", und kömmt auf ganz ähnliche Theorien, wie sie Laplace später am Schlusse seiner classischen „Exposition du système du monde [5])" und zwar muthmaßlich ebenfalls ganz selbstständig, entwickelte: Kant geht davon aus, „daß alle Materien, daraus die Kugeln, die zu unserer Sonnenwelt gehören, alle Planeten und Cometen, bestehen, im Anfang aller Dinge in ihren elementarischen Grundstoff aufgelöst, den ganzen Raum des Weltgebäudes erfüllt haben, darin jetzt diese gebildeten Körper herumlaufen". Jedes dieser Elemente ist mit anziehenden und abstoßenden Kräften ausgerüstet, und da die Elemente selbst verschieden sind, so wird die allgemeine Ruhe nur einen Augenblick andauern, — sofort Bewegung und ein Bestreben sich in bestimmter Weise zu ordnen, eintreten. „Die zerstreuten Elemente dichterer Art sammeln, vermittelst der Anziehung, aus einer Sphäre rund um sich alle Materie von minder speziwischer Schwere; sie selbst aber, sammt der Materie, die sie mit sich vereinigt haben, sammeln sich in den Punkten, da die Theilchen von noch dichterer Gattung befindlich sind, 2c.", bis sich gewisse größere Körper gebildet haben. „Wenn die Masse eines dieser Centralkörper so weit angewachsen ist, daß die Geschwindigkeit, womit er die Theilchen von größern Entfernungen zu sich zieht, durch die schwachen Grade der Zurück-

[4]) Vergl. 256 und 257.

[5]) Paris 1796 in 4 (oder 2 Vol. in 8; 6. A. 1835).

stoßung, womit sie einander hindern, seitwärts gebeugt in Seitenbewegungen ausschlägt, die den Centralkörper, mittelst der Centriflichkraft, in einem Kreise umfassen können, so erzeugen sich große Wirbel von Theilchen, deren jedes für sich krumme Linien durch die Zusammensetzung der anziehenden und der seitwärts gelenkten Umwendungskreise beschreibt. Indessen sind diese auf mancherlei Art unter einander streitenden Bewegungen natürlicher Weise bestrebt, einander zur Gleichheit zu bringen, das ist, in einen Zustand, da eine Bewegung der andern sowenig als möglich hinderlich ist", und so kömmt es, daß am Ende alle diese Theilchen den Centralkörper nach Einer Richtung umkreisen. Diejenigen dieser Theilchen, welche nahe denselben Abstand vom Centralkörper haben, sind nun wieder nahe in relativer Ruhe, und es wiederholt sich bei ihnen das alte Spiel, so daß untergeordnete Centralkörper (Planeten) entstehen, 2c. Eine Reihe leichterer Theilchen, deren Schwung zu matt ist um an dem Planetenring Theil zu nehmen, stürzt immer noch zum Centralkörper nieder, der dadurch eine speziviſch mindere Dichtigkeit erhält, aber dafür auch den nöthigen feuernährenden Stoff um eine Sonne zu werden, 2c. 2c. Der Dritte endlich enthält „einen Versuch einer auf die Analogie der Natur gegründeten Vergleichung zwischen den Einwohnern verschiedener Planeten", aus dem wir einzig anführen wollen, daß es Kant ebenso unsinnig erscheint anzunehmen, es sei nur die Erde bewohnt, als es müssen alle Planeten bewohnt sein, — daß aber allfällige Bewohner fernerer Planeten in allen Beziehungen vollkommener sein dürften, als die der nähern an der Sonne, — und daß es nicht unmöglich wäre, daß wir später einen dieser fernen Planeten bewohnen würden. „Sollte die unsterbliche Seele", frägt sich Kant am Schlusse dieser Betrachtung, „wohl in der ganzen Unendlichkeit ihrer künftigen Dauer, die das Grab selbst nicht unterbricht, sondern nur verändert, an diesen Punkt des Weltraumes, an unsere Erde, jederzeit geheftet bleiben?" — Später in vielfachem Verkehr mit Kant und überhaupt geistesverwandt mit ihm, publicirte auch

Lambert wenige Jahre nachher Betrachtungen über das Weltgebäude: Im Jahre 1728 in dem damals der Schweiz „zugewandten Orte“ Mühlhausen im Oberelsaß einem armen Schneider geboren und von diesem nach dem allerdürftigsten Vorunterrichte sofort in seine Bude gesteckt, schwang sich Johann Heinrich Lambert durch eigene Kraft nach und nach zum Buchhalter, Secretair und Hauslehrer auf, nebenbei jede Gelegenheit zu seiner Ausbildung und später jede Muße zu wissenschaftlichen Arbeiten verwendend. So kam es, daß er schon 1759 nicht nur seine ebenfalls rühmlich bekannte Schrift „Die freie Perspective[6])“ in Druck legen lassen, sondern noch mit drei eigentlichen Kapitalwerken nach Augsburg reisen konnte, um sie dort in Verlag zu geben. Es waren seine „Photometria, sive de mensura et gradibus luminis colorum et umbræ[7])“, ein Werk, das, wenn auch Bouguer in Einzelnem vorangegangen war, doch eigentlich erst dieses wissenschaftliche Gebiet so recht eröffnete, und allein hingereicht hätte seinen Namen der Geschichte einzuverleiben, — sodann seine „Insigniores orbitae cometarum proprietates[8])“, in welchem sich unter Anderm der nach ihm benannte, später von Olbers so glücklich verwendete Lehrsatz findet, nach dem bei einer parabolischen Bahn die Zeit, in welcher ein gewisser Bogen beschrieben wird, nur von der Sehne desselben und von der Summe der beiden Radien-Vectoren abhängt, — endlich sein unter dem Titel „Cosmologische Briefe über die Einrichtung des Weltbaues[9])“ erschienenes Werk, auf das wir hier zunächst einzu-

[6]) Zürich 1759 in 8 (2. A. 1774; franz. ebenfalls Zürich 1759).

[7]) Augustae Vind. 1760 in 8.

[8]) Augustae Vind. 1761 in 8. — Lambert gab später, im Anschlusse an seine Jugendarbeit 1771 in den Berl. Abh. „Observations sur l'orbite apparente des comètes“ und noch im folgenden Jahre im dritten Bande seiner Beiträge eine Abhandlung „Von Beobachtung und Berechnung der Cometen und besonders des Cometen von 1769“.

[9]) Augsburg 1761 in 8. — Sein nachheriger College in Berlin, Joh. Bernhard Merian von Basel, gab später unter dem Titel „Système du monde par Mr. Lambert. Berlin 1770 in 8 (2 ed. 1784)“ eine freie französische Uebersetzung davon, — Darquier „Amsterdam 1801“ eine wörtliche Uebersetzung.

gehen haben: Lambert betrachtete nach diesem Werke, entsprechend wie Kant, jeden Fixstern als eine von Planeten und Cometen umgebene Sonne, und nahm an, er bilde mit diesem Gefolge ein System der ersten Ordnung. Ferner gehört nach ihm unsere Sonne zu einem sphärischen Sternhaufen von ca. 150 Siriusweiten Durchmesser, der aus den ca. $1\frac{1}{2}$ Millionen Sternen besteht, welche wir nach allen Richtungen am Himmel zerstreut erblicken, und der ein System der zweiten Ordnung darstellt. Alle diese zusammengehörigen Sterne circuliren um einen dunkeln Centralkörper oder um einen gemeinschaftlichen Schwerpunkt. Solcher Systeme zweiter Ordnung gibt es eine große Anzahl, und sie bilden zusammen ein System dritter Ordnung, die Milchstraße. Dieses System tritt in der Form einer Scheibe auf, die bei verhältnißmäßig geringer Dicke einen Durchmesser von ca. 150000 Siriusweiten hat, und muthmaßlich wieder mit einem Centralkörper versehen ist, um den sich die einzelnen Glieder bewegen. Auch solcher Milchstraßen dürfte es wieder eine große Anzahl geben, welche zusammen ein System der vierten Ordnung bilden, und so könnte man vielleicht noch weiter gehen, wenn unsere Fassungskraft noch weiter reichen würde. Außer solchen allgemeinen Betrachtungen, welche Lambert natürlich nicht beweisen, sondern nur plausibel machen und höchstens mit teleologischen Gründen belegen konnte, finden sich sodann noch einzelne wahrhaft prophetische Aussprüche, auf welche wir später zurückkommen werden[10]), und es ist im höchsten Grade merkwürdig, wie Kant und Lambert so manche Idee über den Bau des Himmels ausgesprochen haben, welche durch die Forschungen der neuern Zeit am Sternhimmel bewährt worden ist, und wie Herschel und Laplace, welche ganz andere Grundlagen für ihre betreffenden Untersuchungen besaßen, doch in so vielen der wesentlichsten Punkte wieder auf sehr ähnliche Resultate kamen. — Zum Schlusse bleibt noch über Lambert beizufügen,

[10]) Vergl. namentlich 260.

daß er sich während seines Aufenthaltes in Augsburg mit dem vortrefflichen Mechaniker Brander[11]) innig befreundete, und aus diesem Zusammentreffen von Genie und praktischer Tüchtigkeit manch Werthvolles für die praktische Astronomie hervorging, wie z. B. die Glasmikrometer. Später ging Lambert nach Berlin, wurde dort von Friedrich dem Großen, nachdem er sich an seine Eigenheiten gewöhnt hatte, außerordentlich geschätzt, in die Academie aufgenommen und zum Oberbaurathe befördert, — arbeitete nun in allen Theilen der reinen und angewandten Mathematik rastlos und mit großem Erfolge weiter, so daß im Folgenden noch oft an ihn erinnert werden muß, — starb aber leider schon 1777, wo er gerade im Begriffe war seine „Pyrometrie[12])" drucken zu lassen, durch die in der Wärmelehre eine neue Epoche begründet wurde[13]). Lambert war ein sehr positiver Christ, und sprach wiederholt aus „daß es ein elender Grundsatz sei, nichts glauben zu wollen, als was man beweisen könne, welches man doch in so vielen andern Dingen täglich thun müsse."

168. Wilhelm Herschel. Während Kant und Lambert mehr speculirten als beobachteten, so verband dagegen der schon mehrgenannte Herschel beide Richtungen auf das Schönste: Am 15. November 1738 zu Hannover dem Musiker Isaak Herschel geboren, widmete sich auch Friedrich Wilhelm Herschel in seinen jüngern Jahren fast ausschließlich der Musik, trat schon im 14. Jahre in eine Regimentsmusik ein, begleitete 1757 als Hautboist mit seinem ältern Bruder Jakob Truppen nach England, hielt sich dann längere Zeit in Leeds, Halifax und Bath als Musiklehrer und Organist auf, benutzte aber jede freie Stunde um sich wissenschaftlich auszubilden, wurde von der Musik successive auf das Studium der Mathematik, Physik und Astronomie

[11]) Vergl. 196.

[12]) Sie erschien posthum Berlin 1779 in 4.

[13]) Vergl. für Lambert Band III pag. 317—356 meiner Biographien, wo sich auch die frühere Literatur über ihn ziemlich vollständig angegeben findet, — auch seinen „Deutschen gelehrten Briefwechsel. Herausg. von Joh. Bernoulli. Berlin 1782-4, 5 Bde. in 8."

geführt, und machte von 1779 hinweg den Versuch, mit selbstgebauten Spiegelteleskopen[1]) eine consequente Durchmusterung des Himmels auszuführen, um alles Bekannte zu sehen und allfällig Neues zu finden. Im Jahre 1780 konnte er bereits als erstes Resultat seiner Arbeiten der Royal Society „Astronomical observations relating to the mountains of the moon", vorlegen, und schon im folgenden Jahre folgte sodann die später im Detail zu besprechende Entdeckung eines äußern Planeten, des Uranus[2]), welche auf einen Schlag aus dem unbekannten Musiker einen berühmten Astronomen machte, ihm von der Universität Oxford den Doctortitel eintrug, und ihm namentlich auch die Gunst König Georg's verschaffte, der ihn ohne Ueberbindung bestimmter, seine freie Thätigkeit hindernder Verpflichtungen, zu seinem Privatastronomen ernannte, ihm außer gelegentlichen Beiträgen zu seinen constructiven Arbeiten eine Jahresrente von 200 Pfd. zuwies, und ihm eine freie Wohnung, zuerst zu Datchet, nachher bei Clai-Hall, und endlich zu Slough bei Windsor zur Verfügung stellte. Durch diese königl. Gunst und das ihm von seiner Frau[3]) zugebrachte Vermögen stellte er sich nun so, daß er von da an ungenirt bis zu seinem am 25. August 1822 zu Slough erfolgten Tode sich ausschließlich wissenschaftlichen Arbeiten hingeben konnte, deren Resultat sodann auch schließlich eine totale Neugestaltung der Topographie des Himmels war. Seine Beobachtungen und Studien über die Sonne und die Planeten, ganz besonders aber über die Vertheilung der Sterne, die Sternsysteme und die Himmelsnebel waren so ausgedehnt und bedeutungsvoll, daß es fast unmöglich wäre, sie in kurzen Worten hinlänglich zu charakterisiren, und es daher besser erscheint dafür direkt auf die betreffenden Spezialgeschichten zu verweisen[4]). Daß Herschel nicht nur mit allen wissenschaftlichen Ehrenbezeugungen überhäuft wurde, sondern sein Name im Munde jedes Gebildeten

---

[1]) Vergl. über dieselben 204. [2]) Vergl. 239.

[3]) Einer Mary Baldwin, verwittwete Pitt, welche er etwa 1788 heirathete.

[4]) Vergl. namentlich 233, 239, 256, 257, 260, 265, 267 und 268.

war und blieb, ist fast selbstverständlich; dagegen mag zum Schlusse noch angeführt werden, daß Herschel in seiner Schwester Karoline[5]) eine unermüdliche und vortreffliche, sich ganz für ihn aufopfernde Gehülfin im Beobachten und Rechnen besaß, und daß es ihm gelang, sich in seinem Sohne John[6]) einen tüchtigen, ihm fast ebenbürtigen Nachfolger zu erziehen, dessen Arbeiten uns im Folgenden ebenfalls oft beschäftigen werden, — ja daß sogar noch in den Söhnen von John, dem sich vorzugsweise den Sternschnuppen zuwendenden Professor Alexander und dem sich speziell mit spectroskopischen Untersuchungen befassenden Kapitän John II, der Astronomie neue Stützen zu entstehen scheinen[7]).

169. Joseph Louis Lagrange. Die Entdeckung eines neuen Planeten von langer Umlaufszeit zeigte den Nutzen der Theoria motus so recht augenscheinlich, und es ist somit nicht ohne Interesse, daß sie der Zeit nach gerade zwischen die beiden classischen Vorlagen fällt, welche der ausgezeichnete Lagrange in Beziehung auf neue Bahnberechnungsmethoden der Berliner Academie machte: Zu Turin 1736 geboren, besuchte Giuseppe Luigi Lagrangia oder

---

[5]) Karoline Herschel wurde 1750 zu Hannover geboren, folgte 1772 ihrem Bruder nach England, und blieb dort bis zu seinem Tode, erst ihre Zeit zwischen Hülfeleistung bei den Beobachtungen und Hausgeschäften theilend, dann nach Verheirathung Wilhelm's als sein förmlicher, mit 50 Pfd. besoldeter Assistent, dem alle Reductionen, das Führen der Beobachtungsregister, das ins Reine schreiben der für die Royal Society bestimmten Abhandlungen, ꝛc. zufiel. Dann kehrte sie nach Hannover zurück und starb daselbst 1848. Vergl. für ihre eigenen Arbeiten 250 und 267.

[6]) John Frederick William Herschel wurde 1792 zu Slough geboren, erwarb sich rasch auf mathematischem, optischem und astronomischem Gebiete selbst einen dem ererbten ebenbürtigen Namen, wurde schon 1855 zum auswärtigen Mitgliede der Pariser Academie ernannt, und starb 1871 zu London. Vergl. für seine Arbeiten 255—257, 265—267, ꝛc.

[7]) Vergl. für Herschel Vater die Notiz von Arago im Annuaire auf 1852 und meinen ihn betreffenden Vortrag in Nr. 23 meiner astr. Mitth. — für John Herschel die Proceedings of the Roy. Society Vol. 20, und Annuaire de Bruxelles 1872, — für Karoline Herschel die 1876 zu London erschienene, für die übrige Familie ebenfalls Vieles bietende, durch A. Scheibe zu Berlin auch deutsch aufgelegte Schrift „Memoir and Correspondence of Caroline Herschel“.

Lagrange[1]) die dortige Universität, wandte sich bald fast ausschließlich der Mathematik mit großem Erfolge zu, wurde schon 1753 Professor derselben an der königl. Artillerieschule, und hatte, trotzdem er jünger als alle seine Schüler war, guten Succeß. Bald bildete er mit einigen Bevorzugteren seiner Schüler eine wissenschaftliche Gesellschaft, welche sodann 1759 unter dem Titel „Miscellanea physico-mathematica Societatis privatae Taurinensis" einen ersten Band ihrer Arbeiten herausgab, in welchem sich von Lagrange „Recherches sur la méthode de maximis et minimis" befanden, an welche sich in den folgenden Bänden, die nun bereits den Titel „Mélanges de philosophie et de mathématiques de la Société royale de Turin" führten, ähnliche Untersuchungen anschlossen, welche als erste Proben einer neuen mathematischen Methode, der sog. Variationsrechnung, großes Aufsehen machten, und namentlich von Euler mit größtem Beifall und Interesse aufgenommen wurden. Nachdem Lagrange noch 1764 durch seine von der Pariser Academie gekrönten „Recherches sur la libration de la lune", bei denen er zum ersten Male das Princip der virtuellen Geschwindigkeiten anwandte, — und 1766 durch seine von gleichem Erfolge begleiteten „Recherches sur les inégalités des Satellites de Jupiter", bewiesen hatte, daß er auch für die theoretische Astronomie große Leistungskraft besitze, folgte er einem durch d'Alembert veranlaßten Rufe Friedrich des Großen nach Berlin, um den wieder nach Petersburg abgehenden Euler als Präsident der mathematischen Classe der dortigen Academie zu ersetzen. Unter den zahlreichen Abhandlungen, welche er derselben vorlegte, finden sich dann auch die im Eingange erwähnten zwei Abhandlungen „Sur le problème de la détermination des orbites des comètes[2])",

---

[1]) Die Familie Lagrange war 1672 aus Frankreich nach Turin gezogen, wo nun der Vater Lagrange als Kriegsschatzmeister lebte, anfänglich sehr reich war, dann aber durch gewagte Unternehmungen verarmte, so daß seine Familie Noth litt; Ludwig war von 11 Kindern das Jüngste.

[2]) Mém. Berl. 1778 et 1783.

in deren Letzterer es ihm gelang, die Distanzbestimmung unter Voraussetzung einer elliptischen Bahn auf eine Gleichung 7. Grades mit Einer Unbekannten zu reduciren; ferner die Abhandlung „Sur le problème de Keppler“, in welcher er seine so fruchtbare Reversionsformel entwickelte, und eine ganze Reihe von Abhandlungen, welche das Problem der drei Körper und überhaupt die Mechanik des Himmels betreffen, und sich zum Theil an seinen berühmten „Essai d'une nouvelle méthode pour résoudre le problème des trois corps“ anlehnen[3]), welchen die Pariser Academie 1772 krönte. Gleichzeitig schrieb Lagrange seine, auch für die theoretische Astronomie wichtige „Méchanique analytique[4])“, für welche er aber in Paris, an dessen Academie er 1786, nachdem ihm nach dem Tode Friedrich's des Großen der Curator Hertzberg den Aufenthalt in Berlin verleidet hatte, übergegangen war, erst 1788 einen Verleger fand, und auch da nur unter der Bedingung, daß er in einigen Jahren die übrig gebliebenen Exemplare käuflich an sich ziehe. Ein solcher eigenthümlicher Erfolg mochte dazu beitragen, ihm momentan die Lust an mathematischen Untersuchungen ganz zu benehmen; gewiß ist, daß er damals bei zwei Jahren kein mathematisches Buch öffnete, sich fast nur mit Geschichte, Medicin, Botanik, &c. befaßte, und namentlich auch mit Chemie, für welche ihn Lavoisier zu interessiren wußte. Erst als er beim Eintritte der Revolution in die zur Fixirung eines neuen Maaß- und Gewichtssystems gewählte Commission berufen wurde, erwachte sein Interesse für mathematische Untersuchungen wieder, und blieb bis zu seinem 1813 erfolgten Tode nun ununterbrochen rege und fruchtbar. Zum Professor der Ecole normale und später der École polytechnique ernannt, trug er an diesen Schulen seine Functionentheorie und seine Auflösung der numerischen Gleichungen vor, und auch das Institut, in welches die Academie übergegangen war, hatte sich

---

[3]) Vergl. über denselben die Reflexionen von Serret in den Compt. rend. 1873 VI 30.

[4]) Paris 1788 in 4 (2. A. 1811 15 in 2 Vol., 3. A. durch Bertrand 1853).

ebenfalls seiner Mittheilungen zu erfreuen, von denen wieder ein großer Theil der unterdessen, wie wir bald hören werden, durch Laplace zu einem Ganzen verarbeiteten Mechanik des Himmels zu gute kam, wie voraus seine schönen Abhandlungen „Sur la théorie des variations des éléments des planètes[5])“. Im Umgange war Lagrange meistens wortkarg, doch konnte er auch lebhaft werden, wenn Jemand seine Meinung antastete. Seinen Schülern empfahl er immer Euler zu lesen, bedauerte sie dagegen wegen dem kaum mehr zu bewältigenden Umfange, welchen die Wissenschaften gewonnen haben: „Si j'avais à commencer“, sagte er einst „je n'étudierais pas, car ces gros in quarto me feraient trop peur[6])“.

170. Pierre Simon Laplace. Was Euler für die höhere Analysis, das leistete Laplace für die theoretische Astronomie. Zu Beaumont en Auge im Departement Calvados am 28. März 1749 geboren, zeichnete sich Pierre Simon Laplace schon in früher Jugend durch seltenes Gedächtniß und große Fassungskraft aus, machte sich mit allen Wissenschaften bekannt, und excellirte namentlich in den alten Sprachen, sowie in theologischen Controversen. Auch in der Mathematik hatte er, wie seine 1766 bis 1769 in den Turiner Memoiren veröffentlichten Abhandlungen über gewisse Parthien der Integralrechnung zeigen, schon frühe bedeutende Erfolge. In Folge davon wurde er zum Lehrer der Mathematik an der Militärschule seiner Vaterstadt erwählt, und bald darauf zum Examinator beim königl. Artilleriecorps zu Paris befördert, sowie 1773 in die Academie aufgenommen. Schon damals bildeten die Integration der Differentialgleichungen, — die Wahrscheinlichkeitsrechnung, welche er 1812 mit seiner „Théorie analytique des probabilités“ und 1814 mit seinem

---

[5]) Mém. de l'Inst. 1808/9.

[6]) Vergl. für Lagrange sein Eloge par Delambre (Mém. de l'Inst. 1812), — ferner „P. Cossali, Elogio di Luigi Lagrange. Padova 1813 in 8“, — und: „Angelo Forti, Intorno alla vita ed alle opere di Luigi Lagrange (2 ed. Roma 1869 in 8)“.

nachher oft aufgelegten „Essai philosophique sur les probabilités“ bedachte, — und die theoretische Astronomie, welche ihm beispielsweise 1773 ein „Mémoire sur l'invariabilité des grands axes [1])“, 1785 eine „Théorie du mouvement et de la figure elliptique des planètes“, 1790 eine Abhandlung „Sur le flux et le reflux de la mer“, ꝛc. verdankte, — die Lieblingsgebiete für seine Studien, denen er fortwährend treu blieb. Während den ersten Zeiten der französischen Revolution, die ihn z. B. neben Lagrange in der Commission für Maaß und Gewicht und an der Ecole normale thätig sahen, beschäftigte er sich energisch damit, die Arbeiten seiner Vorgänger und Zeitgenossen über Fragen der theoretischen Astronomie mit seinen eigenen zu einem Ganzen zu vereinigen und so brachte er schon bis 1799, wo ihn Napoleon zum Minister des Innern ernannte, die zwei ersten Bände seiner sofort näher zu besprechenden Mechanik des Himmels fertig, auf welche er schon ein paar Jahre vorher durch die bereits früher erwähnte „Exposition du système du monde“ vorbereitet hatte. Zum Glücke für die Wissenschaft blieb er derselben nicht lange entzogen, und kehrte bald wieder zu ruhiger Thätigkeit am Institute und dem neugegründeten Bureau des Longitudes zurück, vollendete die erwähnten großen Werke und blieb bis nahe an seinen, am 5. März 1827 erfolgten Tod geistesfrisch und gesund. Als an seinem Todestage die an seinem Lager stehenden Freunde seiner großen Entdeckungen gedachten, soll er bitter lächelnd gesagt haben: „Ce que nous connaissons est peu de chose, mais ce que nous ignorons est immense.“ — Von Napoleon in den Grafenstand erhoben, unter der Restauration zum Pair und Marquis ernannt, und überhaupt schon während seines Lebens mit allen Ehren überhäuft, erwies man ihm auch nach seinem Tode noch die Ehre, auf öffentliche Kosten eine Ge-

---

[1]) Der eigentliche Titel ist „Recherches sur le principe de la gravitation universelle et sur les inégalités séculaires des planètes qui en dépéndent (Mém. des sav. étrang 1773, publ. 1776)“.

sammtausgabe seiner Hauptwerke zu veranstalten[2]), — während der Herrschaft der Commune dagegen wurde im Frühjahr 1871 das früher von ihm in Arcueil bewohnte Landhaus geplündert, die Bibliothek verwüstet, ja ein Theil der von dem großen Astronomen hinterlassenen Manuscripte in den vorbeifließenden Bièvre-Fluß geworfen[3]).

171. Die Mécanique céleste. Das allerdings als eine zweite, aber als eine unendlich ausgedehnte und bereicherte Ausgabe von Newton's Principien zu betrachtende Werk, von welchem, wie schon erwähnt, Laplace im Jahre 1799 unter dem Titel „Mécanique céleste" zwei erste Bände herausgab, denen er sodann 1802, 1805 und 1825 je noch einen Band folgen ließ, ist so capitaler Natur, daß von ihm, wie es früher für die entsprechenden Werke der Ptolemäus, Copernicus und Newton geschehen ist, eine kurze Inhaltsübersicht folgen mag: Die zwei ersten Bände enthalten unter dem Titel „Théorie générale des mouvements et de la figure des corps célestes" den allgemeinen Theil[1]), der hinwieder in fünf Bücher zerfällt, welche der Reihe nach die allgemeinen Gesetze des Gleichgewichtes und der Bewegung entwickeln, — das Gesetz der allgemeinen Schwere und die daraus folgenden Bewegungen der Schwerpunkte der Himmelskörper auseinandersetzen, wobei erst die elliptische Bewegung und die Bestimmung ihrer Elemente, dann die später noch einläßlicher zu berührende Theorie der Störungen durchgenommen wird, — die Figur der Himmelskörper behandeln, wobei speziell für die Erde die Ergebnisse der Erdmessungen in Betracht gezogen werden, — die Oscillationen des Meeres und der Atmo-

[2]) Paris 1843—48, 7 Vol. in 4.

[3]) Vergl. für Laplace das 1829 von Fourier in Rev. encyclop. Tom. 43 eingerückte Eloge; ferner Geogr. Ephem. IV 70—75 und 176—183.

[1]) Von diesem allgemeinen Theile machte Joh. Karl Burkhardt unter den Augen von Laplace eine deutsche Uebersetzung, welche Berlin 1800—2 in zwei Quartbänden erschien, — später Bowditch eine englische Uebersetzung, die durch weitläufigen Commentar auf 4 Quartanten anschwoll, welche Boston 1829—39 gedruckt wurden.

sphäre untersuchen, wobei das im Folgenden noch speziell zu erwähnende Phänomen der Ebbe und Fluth natürlich die Hauptrolle spielt, — und endlich die Bewegung der Himmelskörper um ihre Schwerpunkte betrachten, wobei bei der Erde speziell die Theorie der Präcession und Nutation, bei dem Monde diejenige der Libration entwickelt wird. Der dritte und vierte Band geben dagegen unter dem Titel „Théories particulières des mouvements célestes" in weitern vier Büchern die Spezialtheorien der einzelnen Planeten, des Erdmondes, der übrigen Satelliten und der Cometen, und in einem fünften Buche wird anhangsweise noch die Refraction, die Hypsometrie, der Einfluß eines widerstehenden Mittels, 2c. behandelt. Der fünfte Band endlich gibt eine kurze Geschichte der Mechanik des Himmels und eine Reihe von, zum Theil ebenfalls historischen, Nachträgen zu den früheren Bänden. — Bei solch reichem Inhalte bildet die Mécanique céleste eine der wichtigsten Lectüren für jeden Geometer und Astronomen, — aber auch eine der schwierigsten; denn Laplace war, um sein Werk nicht über jedes erlaubte Maaß auszudehnen, genöthigt, viele der ursprünglich gemachten Entwicklungen für den Druck einfach auszustreichen, und sehr oft ist es gerade da, wo man statt der weggelassenen Rechnung die so unschuldig scheinende Phrase „Il est aisé de voir" liest, gar nicht leicht dieselbe wieder herzustellen, — brauchte ja Laplace selbst einmal[a]) an einer solchen Stelle, und zwar bald nachdem er sie geschrieben hatte, bei einer Stunde Zeit um den Faden der Rechnung wieder aufzufinden.

172. Die sog. Störungen. Während Newton zunächst nur die elliptische Bewegung bemeistern konnte, welche ein Körper um einen Centralkörper in Folge der gegenseitigen Attraction einzuschlagen hatte, und für ihn die übrig bleibenden Abweichungen zwischen Beobachtung und Theorie somit als eine Art Störungen dieser elliptischen Bewegung auftraten, gelang es seinen Nachfolgern Euler, Clairaut, d'Alembert, La-

[a]) Vergl. Vol. 1 von Biot's „Mélanges".

grange und sodann namentlich auch Laplace, diesem Problem der zwei Körper das schon bei der Theorie des Mondes als unabweisbar aufgetretene Problem der drei Körper auch für die Planeten und Cometen mit immer größerm Erfolg an die Seite zu stellen, d. h. gleichmäßig auch den Einfluß einer Reihe dritter Körper in Rechnung zu bringen. Die Folge davon war der Nachweis, daß auch in diesem Falle im Allgemeinen eine elliptische Bewegung statt hat, daß aber, auch wenn man nur den ersten Potenzen der störenden Massen Rechnung trägt, die Elemente der Ellipse (mit einziger Ausnahme der großen Axe) langsam fortschreitenden, sog. „seculären" Veränderungen unterworfen sind, welche jedoch für Excentricität, Neigung und Länge des Knotens zwischen engen Grenzen eingeschlossen bleiben, so daß nur das Perihel seinen Kreislauf fortsetzt, um jedoch nach Ablauf von Jahrtausenden ebenfalls zur alten Lage zurückzukehren, — daß also in unserm Sonnensysteme die Stabilität vorherrschend ist, und seine Existenz auf die längsten Zeiten hinaus gesichert erscheint. Allerdings stimmt auch der in dieser variabeln Ellipse wandelnd gedachte oder fingirte Planet nicht genau mit dem wirklichen zusammen, sondern letzterer macht kleine Oscillationen um den ersten, welche in den sog. „periodischen" Störungen zusammengefaßt werden, aber auch durch die Theorie bereits so ziemlich bewältigt werden konnten.

173. **Die Theorie der Ebbe und Fluth.** Um noch an einem zweiten Beispiele die successiven Fortschritte der Mechanik des Himmels zu zeigen, wählen wir die Erscheinungen der Ebbe und Fluth: Schon Strabo beschrieb, zum Theil auf Mittheilungen von Posidonius gestützt, dieselben ganz richtig, und es ist gar keine Frage, daß schon die Alten bemerkten, dieselben hängen mit den Stellungen von Mond und Sonne zusammen, sagt ja Cicero: „Marinorum aestuum accessus et recessus motu lunae gubernatur", und Plinius sogar: „Aestus maris accedere et reciprocare, maxime mirum, pluribus quidem modis, verum causa in sole lunaque." Aber eigentliche Rechenschaft über die

Ursache dieser Vorgänge konnten sie sich doch nicht geben, und es gehört zu den Verdiensten von Stevin und Kepler sich jene Beziehungen näher angesehen und wenigstens angedeutet zu haben, daß in der Ebbe und Fluth muthmaßlich eine Attractionserscheinung vorliege, ja ein Beweis dafür, daß der Anziehungskreis des Mondes sich bis zur Erde erstrecke. Sonderbarer Weise verwarf aber Galilei die Lehre Kepler's mit einer gewissen Heftigkeit, und wollte diese Erscheinungen absolut mit der Rotation der Erde in Zusammenhang gebracht wissen. Bald gewann jedoch Kepler's Ansicht wieder die Oberhand, und als Newton im Stande war, wenigstens die allgemeinen Gesetze aus seiner Attractionstheorie zu begründen, so half dieß bereits dazu, der Letztern Eingang zu verschaffen. In weiterer Ausführung von Newton's Theorie gelang es sodann Daniel Bernoulli, Leonhard Euler und Colin Maclaurin ihre bereits besprochenen berühmten Preisschriften über diesen Gegenstand auszuarbeiten[1]); aber so schön die von ihnen erzielten Fortschritte auch waren, so blieb doch noch mancher Punkt im Unklaren, und es gelang erst Laplace unter Anwendung der Gesetze der Hydrodynamik und der aus langjährigen Beobachtungen in Brest erhaltenen Erfahrungsresultate, die theoretische Untersuchung in seiner Mechanik des Himmels zu einem gewissen Abschlusse zu bringen, und sogar den Detail hinlänglich zu bewältigen, um z. B. Linien gleicher Fluthzeit oder sog. „Isorachien" auszumitteln. Seither ist es namentlich Lubbock und Whewell gelungen die Sache noch etwas weiter zu führen[2]).

174. Giuseppe Piazzi. Trotz der schönen Entwicklung der Mechanik des Himmels durch Laplace folgte ihrer Publikation

[1]) Vergl. 157.

[2]) Vergl. ihre 1830—50 in den Phil. Trans. erschienenen zahlreichen betreffenden Abhandlungen, sowie des Erstern Schrift „An elementary treatise on the tides. London 1839 in 8". — William Whewell, 1794 zu Lancaster geboren, starb 1866 als Professor und Kanzler der Universität Cambridge. Vergl. für ihn Todhunter: „Whewell's writings and correspondence. London 1876, 2 Vol. in 8".

am Ende des achtzehnten Jahrhunderts schon am ersten Tage des neuen Jahrhunderts eine Entdeckung, deren Verfolgen sie, und zwar speziell die vorhandene Theoria motus, nicht gewachsen schien, — nämlich die Entdeckung eines kleinen Planeten zwischen Mars und Jupiter durch Piazzi: Zu Ponte in dem damals von Graubündten beherrschten Veltlin im Jahre 1746 geboren, war Giuseppe Piazzi 1764 nach vorbereitendem Unterricht in Mailand dem Theatiner-Orden beigetreten, — hatte nachher seine Studien in Turin und Rom fortgesetzt, und sich an letzterm Orte die Gunst von Leseur und Jacquier erworben[1]), — war dann an verschiedenen, durch seinen Orden geleiteten Collegien als Lector und Prediger verwendet worden, — bis er endlich 1780 nach dem Rathe von Jacquier den Lehrstuhl der höhern Mathematik an der Academie zu Palermo übernahm, und hierauf einige Jahre später zum Director einer dort zu erbauenden Sternwarte designirt wurde. Er nahm nun Urlaub, brachte das Jahr 1787 bei Lalande in Paris zu, um sich in die praktische Astronomie einführen zu lassen, — das folgende Jahr in England, theils sich bei Maskelyne auch mit den englischen Beobachtungsmethoden vertraut zu machen, theils namentlich um bei Ramsden die Construction eines fünffüßigen Verticalkreises zu betreiben, der über einem dreifüßigen Azimuthalkreise aufgestellt und wie dieser mit mikroskopischer Ablesung versehen werden sollte, und war wirklich so glücklich schon im Sommer 1789 nicht nur dieses Hauptinstrument, sondern noch ein Mittagsrohr und verschiedene Hülfsapparate für Palermo einschiffen zu können, wo nun, Dank des vom Vicekönig, dem Fürsten Caramanico, genommenen Interesses, auf einem Thurme des königl. Palastes die nöthigen Vorkehrungen zur Aufstellung gemacht und im Mai 1791 die regelmäßigen Beobachtungen begonnen wurden, von denen Piazzi 1792 in seinen „Della specola astronomica di Palermo libri quatró[2])“ bereits Nachricht geben konnte. Piazzi

[1]) Vergl. für diese beiden Männer 156.

[2]) Palermo 1792 in Fol.

stellte sich von da an eine Revision des Himmels zur Lebensaufgabe, und lieferte wirklich schon 1803 in seinem 6748 Sternpositionen enthaltenden ersten Cataloge, den „Praecipuarum stellarum inerrantium positiones mediae ineunte seculo XIX ex observationibus habitis in specula Panormitana ab 1792 ad 1802[3])", ein alle frühern Arbeiten dieser Art weit übertreffendes Werk, das ihm zugleich als Nebenertrag am 1. Januar 1801 die Entdeckung eines neuen Weltkörpers abwarf, der zuerst für einen Cometen gehalten wurde, später aber sich als ein neuer Planet, welcher den Namen Ceres erhielt, entpuppte. Wir werden den Detail und die Folgen dieser Entdeckung nach und nach einläßlich kennen lernen[4]), und bemerken hier nur noch, daß Piazzi 1826 nach schönsten astronomischen Erfolgen, auf welche noch mehrmals zurückzukommen sein wird[5]), zu Neapel starb, wohin er in Maaß- und Gewichtsangelegenheiten zu reisen gehabt hatte[6]).

175. Zach und Olbers. Die Entdeckung der Ceres war, wie wir später hören werden[1]), keine ganz unerwartete, und es wurde so auch der von Piazzi ursprünglich als Comet angekündigte neue Wandelstern von Andern vor ihm als Planet erkannt, und, nachdem ihn der Entdecker aus verschiedenen Ursachen[2]) aus den Augen verloren hatte, energisch wieder aufgesucht. Namentlich haben sich in dieser Hinsicht Zach und Olbers die größten Verdienste erworben: Zu Pesth 1754 geboren, wurde Franz Xaver von Zach in einer Jesuitenschule erzogen, und 1769 durch den Venusdurchgang und das Auftreten eines großen Cometen für die Astronomie gewonnen. Nachdem er kurze Zeit in der österreichischen Armee gedient und eine Professur der

---

[3]) Panormi 1803 in Fol.

[4]) Vergl. 175 und 176, besonders aber 241.

[5]) So z. B. 258.

[6]) Vergl. für Piazzi IV 275—292 meiner Biographien: ferner „B. E. Maineri, L'astronomo Giuseppe Piazzi. Milano 1871 in 8".

[1]) Vergl. 240. [2]) Vergl. 241.

Mechanik in Lemberg versehen hatte, ging er auf Reisen, hielt sich längere Zeit in Paris auf, wo er mit Lalande, Laplace, Bochart de Saron, ꝛc. verkehrte, — siedelte im Herbst 1783 nach London über, wo er mit Maskelyne, Herschel, Ramsden, ꝛc., und namentlich mit dem sächsischen Gesandten, dem Grafen Heinrich von Brühl, bekannt wurde, der ein sehr eifriger Liebhaber der Sternkunde war, und sich in der Nähe von London eine eigene Sternwarte erbaut hatte. Von diesem als Gesellschafter und Lehrer seiner Kinder ins Haus aufgenommen, verlebte Zach in London einige sehr angenehme und instructive Jahre, und folgte dann 1786 einem Rufe des edeln Herzog Ernst II von Sachsen-Gotha, der ihn auf Empfehlung des Grafen zum Director der von ihm planirten neuen Sternwarte haben wollte, die dann auch wirklich bis zum Herbst 1791 auf dem Seeberge bei Gotha unter der Leitung von Zach erbaut wurde. Abgesehen von einigen kleinern und größern, zum Theil mit dem Herzog ausgeführten und immer für die Astronomie nutzbringend gemachten Reisen, blieb Zach bis zu dem 1804 erfolgten Tode seines fürstlichen Gönners in Gotha, — arbeitete dort, wie wir noch vielfach Gelegenheit haben werden näher auszuführen[3]), mit fabelhaftem Fleiße, — und wußte binnen wenig Jahren seine Warte nicht nur zu einer vortrefflichen Schule für praktische Astronomie zu machen, wie uns die Niewland, Bohnenberger, Burkhardt, Beek-Calkoen[4]), Horner, Bürg, Lindenau, ꝛc. beweisen, — sondern auch, durch seine ausgebreitete Correspondenz und die von ihm gegründeten Journale[5]), zu einem eigentlichen Mittelpunkte der gesammten astronomischen Thätigkeit jener Zeit, in welche unter Anderm die im Eingange besprochene Entdeckung fiel, welche[6]) ohne seine be-

[3]) Vergl. z. B. 179, 215, 224, 258, ꝛc.

[4]) Jan Frederik van Beek-Calkoen wurde 1772 zu Gröningen geboren, war damals designirter Director für die Sternwarte in Amsterdam, kam später nach Leyden, wo er aber wenig Unterstützung fand, und starb 1811 zu Utrecht.

[5]) Vergl. 276. [6]) Vergl. 241.

treffende Thätigkeit anerkanntermaßen sehr wahrscheinlich wieder ganz verloren gegangen wäre. Nach dem letzten Willen des Herzogs zum Oberhofmeister von dessen ebenso vortrefflicher und auch für Astronomie thätiger Wittwe, der Herzogin Maria Charlotte Amalia von Sachsen-Meiningen, ernannt, brachte Zach bis zu ihrem 1827 erfolgten Tode weitaus die meiste Zeit mit derselben auf Reisen und längern Aufenthalten in Marseille und Genua zu, blieb aber immerfort für seine Journale und die Astronomie überhaupt thätig [7]). Leider erkrankte er dann aber auch selbst an Steinbeschwerden, mußte längere Aufenthalte bei dem Chirurgen Civiale in Paris machen, und fiel schließlich daselbst 1832 der Cholera zum Opfer [8]). — Zu den Verdiensten von Zach gehört es namentlich auch, ausgezeichnete junge Kräfte bei ihrem ersten Eintritt in die wissenschaftliche Carrière unterstützt und ermuthigt zu haben, so z. B. Olbers und Bessel. Von Letzterm wird bald speziell zu sprechen sein [9]), Ersterer ist dagegen hier noch kurz zu behandeln: Dem von Bremen gebürtigen Pfarrer Joh. Georg Olbers in Arbergen 1758 geboren, besuchte Heinrich Wilhelm Mathias **Olbers**, nachdem 1760 der Vater an den Dom zu Bremen versetzt worden war, die dortigen Schulen, — trieb etwas Astrognosie und dann ebenfalls privatim Astronomie, für die ihm sodann mathematische Studien nothwendig wurden. Er brachte es als Autodidakt in beiden Wissenschaften so weit, daß er schon die Sonnenfinsterniß von 1777 I 9 beobachten und berechnen, — ja, als er in demselben Jahre behufs medicinischer Studien nach Göttingen abging, dort bereits Kästner's Vorlesungen über höhere Mathematik mit Nutzen besuchen konnte, — auch 1779 im Stande war einen ersten Cometen zu beobachten und zu berechnen. Im Jahre 1780

---

[7]) Vergl. z. B. 222, 228, 251, ɩc.

[8]) Vergl. meine eingehende Notiz über Zach in Nr. 35 meiner Astronom. Mitth., — sowie die vielen Briefe von Zach an Horner und Schiferli, welche ich nach und nach in der Zürch. Viert. zum Abdruck brachte. Die Briefe an Zach sind leider von Lindenau dem Feuer überantwortet worden.

[9]) Vergl. 177.

promovirte er mit seiner jetzt noch geschätzten Dissertation: „De oculi mutationibus internis“; dann besuchte er die klinischen Anstalten und Hospitäler in Wien, — mit Kästner's Empfehlung auch Hell, bei welchem er 1781 VIII 18 Uranus beobachtete, der bis dahin in Wien noch nicht gefunden worden war. Im Herbst 1781 kehrte er nach Bremen zurück, und erfreute sich bald einer großen ärztlichen Praxis. Die Astronomie betrieb er zur Erholung, hatte an Senator Johannes Gildemeister dafür einen gewandten Gehülfen, an Oberamtmann Schröter in dem benachbarten Lilienthal einen weitern befreundeten Fachgenossen. Er fand mehrere Cometen auf, namentlich den von 1815, — und suchte sie nicht nur am Himmel, sondern auch in Büchern, zu welchem Zwecke er eine fast vollständige Cometen-Bibliothek sammelte, welche jetzt eine Hauptzierde der großen Bücherei auf Pulkowa bildet. In jüngern Jahren widmete er den ganzen Tag seiner Praxis, — den Abend und einen guten Theil der Nacht seinen Beobachtungen und Studien, — mehr als 4 Stunden Schlaf gönnte er sich selten. Später machten ihm Corpulenz und Engbrüstigkeit die ärztlichen Besuche außerordentlich beschwerlich, so daß er sich 1820 vom Publikum als Arzt verabschiedete. Noch konnte er 1830 an der feierlichen Begehung seines Doctorjubiläums Theil nehmen, und erst 1840 schloß er sein reiches und nützliches Leben ab. — In einem Briefe an seinen Freund Brandes bezeichnet es Olbers als sein größtes Verdienst um die Astronomie, in Bessel ein Genie entdeckt, befördert und gewürdigt zu haben; aber diesem allerdings großen indirecten Verdienste um die Wissenschaft fügte er auch zahlreiche directe zu,— wozu in erster Linie seine „Abhandlung über die leichteste und bequemste Methode die Bahn eines Cometen aus einigen Beobachtungen zu berechnen[10])“ zu zählen ist, welche Zach zuerst 1797 ohne Vorwissen des Verfassers unter Beigabe einer historischen Einleitung und einer unter seiner Direction von Burkhardt zusammen-

[10]) Weimar 1797 in 8. (2 A. 1847.)

gestellten Tafel der bis dahin berechneten 87 Cometenbahnen abdrucken ließ, sodann Encke 1847 unter Beigabe einer von Galle auf 178 Cometen erweiterten Tafel neu herausgab, und über die sich Bessel in der Zwischenzeit[11]) in folgenden Worten aussprach: „Die Theorie der Bewegung der Cometen hatte Newton vollkommen aufgeklärt; er hatte die Gesetze entwickelt, nach welchen sie um die Sonne laufen; er hatte gezeigt, daß die Bewegung jedes Cometen sechs ihr eigenthümliche Bestimmungsstücke oder Elemente hat, deren Kenntniß erforderlich und hinreichend ist, von seiner Erscheinung am Himmel vollkommen Rechenschaft zu geben. Aber der Uebergang von der Beobachtung dieser Erscheinung zu den Elementen seiner Bewegung ist eine der schwierigsten mathematischen Aufgaben. Newton selbst hat eine Auflösung derselben gegeben, an die Voraussetzung gebunden, daß die mittlere dreier vollständigen Beobachtungen der Oerter des Cometen an der Himmelskugel der Zeit nach genau in der Mitte der beiden äußern liegt. Spätere Geometer vom höchsten Range hatten sich vielfältig mit dieser Aufgabe beschäftigt. Olbers fand nun, als er noch in Göttingen studirte, eine Eigenschaft der scheinbaren Bewegung[12]), durch deren Benutzung die Aufgabe von ihrer eigentlichen Schwierigkeit befreit, und ohne die der Newton'schen Auflösung nothwendige Voraussetzung, sowie auch viel leichter aufgelöst werden konnte. Als Olbers die hierauf gegründete Methode zum ersten Male anwandte, wachte er an dem Krankenbett eines Universitätsfreundes. Später A. 1797 ließ er eine Abhandlung darüber erscheinen, welche diese Methode in allgemeine Anwendung gebracht hat. Wirklich kann ihr nichts Wesentliches mehr hinzugefügt werden; Abweichungen von der Form der Rechnung können einige Theile derselben wohl erleichtern, aber sie verändern weder das Wesen der Methode noch ihr Resultat. Nicht minder ausgezeichnet als

[11]) Vergl. die überhaupt hier benutzte Schrift: „Biographische Skizzen verstorbener bremischer Aerzte und Naturforscher. Bremen 1844 in 8".

[12]) Die 167 erwähnte Lambert'sche Gleichung.

durch die vollständige Erreichung ihres Zieles ist die Olbers'sche Abhandlung durch gründliche Beurtheilung vorangegangener Bemühungen um dasselbe Problem [13]).“ Der Bemühungen von Olbers um Wiederauffindung von Ceres ist vorläufig oben gedacht worden; über den spätern glücklichen Erfolg, und die ihm gelungene Neu-Entdeckung der Pallas und Vesta [14]) wird später das Nöthige mitgetheilt werden.

176. Gauß und seine Theoria motus. Verschiedene Versuche, aus den von Piazzi erhaltenen Positionen des neuen Wandelsternes nach den bis anhin bekannten Methoden seine Bahn zu berechnen, fielen nicht zur Befriedigung aus, und es wäre somit auch nicht möglich gewesen, den nuhmehrigen Ort des von seinem Entdecker längst aus den Augen verlornen Gestirnes annähernd zu bestimmen und dadurch seine Wiederauffindung zu erleichtern, hätte nicht der damals den Astronomen noch wenig bekannte junge Geometer Gauß erwünschte Hülfe gebracht: Zu Braunschweig am 30 April 1777 dem Wasserkunstmeister Gerhard Diederich Gauß von seiner Frau, Dorothea Benze, geboren, besuchte Karl Friedrich Gauß, der sich schon als kleiner Knabe im Rechnen auszeichnete, und als Gymnasianer die Aufmerksamkeit des Herzogs Carl Wilhelm Ferdinand auf sich gezogen hatte, zuerst mit Unterstützung des Letztern das dasige Collegium Carolinum, studirte sodann von 1795 hinweg in Göttingen, und promovirte 1799 in Helmstädt mit seinem berühmten Beweise, daß sich jede algebraische Gleichung in reelle Factoren ersten und zweiten Grades auflösen lasse [1]). Nachher privatisirte er mit Unterstützung seines Herzogs in Braunschweig, und hatte eben

---

[13]) Soweit sich diese Bemerkung auf die historische Einleitung bezieht, so kömmt der in ihr enthaltene Ruhm nach dem oben Mitgetheilten wesentlich auch Zach zu gut.

[14]) Vergl. 176 und 241.

[1]) Demonstratio nova theorematis, omnem functionem algebraicam rationalem integram unius variabilis in factores reales primi vel secundi gradus resolvi posse. Helmstadii 1799 in 4.

seine classischen „Disquisitiones arithmeticae[2])“ vollendet, als der Nothruf der Astronomen wegen der verlornen Ceres zu ihm drang, und ihn zur Aufstellung einer neuen Methode zu Bahnberechnungen veranlaßte, welche von der bei den frühern Methoden gemachten, und offenbar für Ceres nicht passenden Voraussetzung geringer Excentricitäten und Neigungen frei war, und ihm sodann wirklich Elemente und Ephemeriden ergab, welche die Wiederauffindung des besagten Planeten alsbald ermöglichten[3]), — Methoden, welche er sodann nachmals in Göttingen, wo er von 1807 hinweg als Professor der Mathematik und Director der Sternwarte bis zu seinem am 23 Februar 1855 erfolgten Tode wirkte[4]), weiter entwickelte und in seinem zweiten classischen Werke, der „Theoria motus corporum coelestium in sectionibus conicis Solem ambientium“ publicirte[5]). Aus dem von Gauß 1809 XII 14 an Schumacher geschriebenen Briefe[6]), in welchem von dem „ärgerlichen Schreibfehler“ auf der ersten Seite der Theoria motus (nämlich *inversa* anstatt *composita*) die Rede ist, geht hervor, daß Gauß's Urschrift in deutscher Sprache abgefaßt war, und zugleich ist bemerkenswerth, in welcher feinen Form er Schumacher über seine „Bévue“ zurechtwies. Der übrigen ausgezeichneten Arbeiten und Leistungen, welche die Astronomie und die ihr verwandten Disciplinen diesem seltenen Manne verdanken, wird im Folgenden, soweit es nicht schon geschehen ist, noch oft zu gedenken sein[7]). — Vorträge vor großen Auditorien zu halten, gehörte nicht zu den Liebhabereien von Gauß, dagegen war er im engern Kreise ausgewählter Schüler sehr anregend und wußte die jungen Leute zu

---

[2]) Lipsiae 1801 in 8. (Franz. durch Poulet-Delisle, Paris 1806 in 4.)

[3]) Vergl. 241.

[4]) Vergl. für Gauß „Sartorius von Waltershausen, Gauß zum Gedächtnisse. Leipzig 1856 in 8“, — ferner seinen von Peters herausgegebenen Briefwechsel mit Schumacher „Altona 1860—62, 6 Bde. in 8“. Die von Winnecke u. A. zum Jubiläum verfaßten Schriften konnte ich leider nicht mehr benutzen.

[5]) Hamburgi 1809 in 4. (Englisch von Davis, Boston 1857 in 4; franz. von Dubois, Paris 1864 in 8; deutsch von Haase, Hannover 1865 in 4.)

[6]) Briefwechsel I 17. [7]) Vergl. z. B. 108, 195, 224, 227, ꝛc.

bethätigen, namentlich zum Rechnen anzuleiten. In Letzterem war er ein Meister, während er dagegen als Beobachter mit einem Bessel nicht concurriren konnte, und auch nicht sehr viel beobachtete. Am Meisten geschah es, als nach und nach die Instrumente für seine neue Sternwarte anlangten, da er Interesse hatte dieselben zu untersuchen und zu rectificiren. Er war dabei sehr ängstlich, und als z. B. der Reichenbach'sche Multiplicationskreis 1812 in Göttingen aufgestellt war, durften zwar Encke und Nicolai, wenn Gauß observirte, leuchten und Beobachtungen niederschreiben, doch anfassen durfte außer Gauß Niemand das Instrument, und einmal schreibt Encke[8]): „Der Kreis von Reichenbach ist wunderschön, und noch jetzt zieht Gauß Handschuhe an, wenn er ihn anfaßt."

177. **Bessel und seine Fundamenta.** Während Gauß an seiner Theoria motus schrieb, erwuchs der Astronomie in Bessel eine ebenbürtige Kraft: Zu Minden am 22 Juli 1784 einem Beamten geboren, war Friedrich Wilhelm Bessel, der schon als Junge lieber rechnete als declinirte, 1799 in einem Handelshause zu Bremen untergebracht worden, und hatte den Entschluß gefaßt, sich nebenbei nach allen Richtungen so auszubilden, daß er später darauf Anspruch machen könne, einer der von Bremen abgehenden Handelsexpeditionen als Cardageur oder Agent beigegeben zu werden. So wurde er nach und nach zur Nautik, zur Astronomie und zur Mathematik geführt, und wußte sich durch Selbststudium der betreffenden Werke von Moore, Bohnenberger und Münnich, welchem dann praktische Versuche mit einem selbst gefertigten Höheninstrumente, einer mit Sekundenzeiger versehenen Uhr und einem kleinen Fernrohr folgten, so zu fördern, daß er bald — außer Lalande's Meisterwerk — auch Bode's Jahrbuch und Zach's Correspondenz mit Nutzen zur Hand nehmen, ja schon 1804 eine selbstständige und ganz vortreffliche Arbeit über den Cometen von 1607 unternehmen konnte, die

[8]) Vergl. dessen Leben durch Bruhns.

ihn mit Olbers und Zach zusammenführte, ihn sodann bewog seine Nächte auf das Studium von Laplace's Mécanique céleste und die Erwerbung der zu ihrem Verständnisse unumgänglichen mathematischen Kenntnisse zu verwenden, und schließlich die Veranlassung wurde, daß er sich ganz der Astronomie widmete, und 1806 statt dem nach Göttingen abgerufenen Harding die Stelle eines Inspectors der Lilienthaler Sternwarte übernahm. Rasch schritt er nun vorwärts und wurde schon 1810 nach Königsberg berufen, um die Leitung des Baues einer Sternwarte und sodann ihre Direction zu übernehmen. „Wohl wenige der Fachgenossen mochten es ahnen," erzählt Mädler[1]), „was Königsberg durch die glückliche Wahl Bessel's gewonnen hatte; denn als er durch Göttingen reiste, und bei Gauß einen Besuch machte, sagte dieser zu ihm in wohlwollendster Absicht: Ja, mein lieber Bessel, Sie sind nun Professor in Königsberg. Wissen Sie auch, was das heißt? In Königsberg sind sehr tüchtige junge Leute; nehmen Sie sich ja zusammen! Gauß mußte bald erkennen, daß Bessel der Tüchtigste unter diesen Tüchtigen war," denn er entwickelte nun eine so große Thätigkeit, daß sie eine neue Epoche in der beobachtenden und rechnenden Astronomie begründete. — Eine von Bessel's ersten größeren Arbeiten war die schon in Lilienthal begonnene und sodann in Königsberg zu Ende geführte Bearbeitung und Ausnutzung der kurz zuvor im Druck erschienenen Bradley'schen Beobachtungen: „Olbers zeigte Bessel," erzählt Mädler, „das soeben erhaltene Exemplar, und schlug ihm vor sich an die Reduction zu machen. Der colossale Umfang dieser Arbeit schreckte ihn nicht, und als er im Laufe derselben bald gewahrte, welch hohen Grad von Genauigkeit diese bisher unbekannten Beobachtungen besaßen, beschloß er die Arbeit noch zu erweitern, und nicht allein die Beobachtungen selbst zu reduciren, sondern auch aus ihnen die Reductionselemente ab-

---

[1]) Im Jahrg. 1867 von Westermann's Monatsheften.

zuleiten, die bisher Jeder so ziemlich nach Gutdünken angenommen hatte, was dahin führen mußte, alles unsicher zu machen. Die Unterschiede zwischen den Maskelyne'schen und den Piazzi'schen Declinationen waren so bedeutend, daß über die Schiefe der Ekliptik, die Refractionsconstante und vieles Andere eine beklagenswerthe Ungewißheit herrschte; diesem unerfreulichen Zustande wollte Bessel ein Ende machen, und es gelang ihm. So wurde gleichzeitig sein erstes Werk, die *Fundamenta Astronomiae*[2]), ein im vollen Sinne des Wortes classisches und unentbehrliches für jeden Astronomen." Eine Art Vorläufer war seine 1815 als Preisschrift erschienene „Untersuchung der Größe und des Einflusses des Fortrückens der Nachtgleichen[3])". Bessel's ebenso wichtigen spätern Arbeiten, die ihn bis zu seinem am 17 März 1846 nach längern Leiden erfolgten Tode unablässig beschäftigten, wird im Folgenden[4]) ohnehin einläßlich zu gedenken sein, und es mag nur Einzelnes Allgemeineres über ihn hier noch Platz finden: Er hat den Beweis geleistet, daß so zu sagen mit jedem Instrumente gute Beobachtungen erzielt werden können, wenn es nur richtig behandelt, in allen Theilen untersucht, die vorhandenen Fehler durch Combination eliminirt oder nach ihrem Betrage in Rechnung gebracht werden[5]). „Wenn Bessel und

[2]) „Fundamenta Astronomiae pro A. 1755 deducta ex observationibus viri incomparabilis James Bradley in specula astronomica Grenovicensi per A. 1750—62 institutis. Regiomonti 1818 in Fol." — Encke erwarb sich um die Fundamenta nicht unerhebliche Verdienste, da er den Druck in Gotha überwachte, viele Formeln nachrechnete, die Revisionen besorgte, x.

[3]) Berlin 1816 in 4, — von der Berliner Academie gekrönt.

[4]) Vergl. namentlich 186, 214, 226 und 256, und für weitern Detail, außer den dort erwähnten Schriften, den von ihm veröffentlichten Königsberger Beobachtungen und den zahlreichen Abhandlungen in den Zeitschriften von Zach, Lindenau und Schumacher, namentlich die Sammelwerke: „Astronomische Untersuchungen. Königsberg 1841—42, 2 Bde. in 4, — Populäre Vorlesungen über wissenschaftliche Gegenstände. Herausg. von Schumacher. Hamburg 1848 in 8, — Abhandlungen von F. W. Bessel. Herausg. von R. Engelmann. Leipzig 1875—76, 3 Bde. in 4".

[5]) Vergl. „Anger, Grundzüge der neuern astronomischen Beobachtungskunst. Danzig 1847 in 4".

Gauß," so schließe ich mit Mädler's Worten, „anerkannt diejenigen Himmelsforscher sind, von denen hauptsächlich die Neugestaltung der Wissenschaft ausging, so findet gleichwohl zwischen ihnen der Unterschied statt, daß Gauß fast nur als Theoretiker und zwar in höchster Vollendung für Fortbildung der Wissenschaft thätig gewesen, und nur wenige praktische Beobachtungen angestellt hat, wogegen Bessel uns im Zweifel läßt, was wir mehr an ihm bewundern sollen, die Zahl und Trefflichkeit seiner theoretischen Arbeiten, die Schärfe seiner Beobachtungen, oder die große Anzahl derselben[*])."

178. Die Nachfolger von Laplace. Unter den Vielen, welche sich seit Laplace mit weiterer Ausarbeitung der Mechanik des Himmels beschäftigten, sind namentlich Folgende hervorzuheben: Siméon Denis Poisson, 1781 zu Pithiviers im Département Loiret geboren, und 1840 zu Paris als Academiker und Professor der Mechanik verstorben. Er schrieb schon 1808 ein ganz classisches „Mémoire sur les inégalités séculaires des moyens mouvements des planètes[1])", dem später noch eine Reihe verwandter Arbeiten folgte. — Giovanni Antonio Amedeo Plana, ein Neffe von Lagrange, 1781 zu Voghera geboren, und 1864 als Professor der Astronomie und Director der Sternwarte in Turin verstorben. Er schrieb schon 1811 eine

---

[*]) Vergl. „Encke, Gedächtnißrede auf Bessel. Berlin 1846 in 4, — Carl Theodor Anger von Danzig (1803—1858), Erinnerungen an Bessel's Leben und Wirken. Danzig 1846 in 8, — Herschel, A brief notice of F. W. Bessel. London 1847 in 8, — Wichmann, Beiträge zur Biographie Bessels (Peters Zeitschrift für populäre Mittheilungen), — Durège, Bessel's Leben und Wirken. Zürich 1861 in 8, — Ermann, Briefwechsel zwischen W. Olbers und F. W. Bessel. Leipzig 1852, 2 Bde. in 8, — Busch, Verzeichniß sämmtlicher Werke Bessel's. Königsberg 1849 in 8", — auch den von Bruhns für die „Allgemeine deutsche Biographie" geschriebenen Artikel. — August Ludwig Busch (Danzig 1804 — Königsberg 1855), der von 1831 hinweg Bessel's Gehülfe war, folgte ihm als Director der Sternwarte und hatte hinwieder Eduard Luther (Hamburg 1816 geb.) zum Nachfolger.

[1]) Journ. de l'école polytechnique. Vol. 8.

„Memoria sulla teoria dell' attrazione degli sferoidi ellitici[2]), der noch manche Abhandlungen aus der Mechanik des Himmels folgten; ganz speziell aber beschäftigte er sich, wie wir später noch hören werden, mit der Mond-Theorie[3]). — Peter Andreas Hansen, 1795 zu Tondern in Schleswig geboren, und 1874 als Director der Sternwarte in Gotha verstorben. Er war erst Uhrmacher in Tondern[4]), und wurde eines Tages zu dem dortigen Physicus Dircks, der ein eifriger Mathematiker war, gerufen um eine Hausuhr zu reinigen, wobei ihm die Anfangsgründe der Mathematik von Chr. Wolf in die Hände fielen, in welchen er zu studiren begann. Dircks überraschte ihn bei dieser Lectüre, und lieh ihm nun das Buch. Als er es bald zurückerstattete und den Beweis des Verständnisses beibrachte, erhielt er Euklid und dann Lambert's Organon[5]). Als er auch letzteres ziemlich schwierige Buch innerhalb kürzester Frist vollständig verdaute, veranlaßte Dircks, daß der junge Mann nach Kopenhagen kam um unter Bugge sich ganz der Mathematik und Astronomie zu widmen, was dann auch mit vollstem Erfolge geschah. Er wurde sodann 1821 Gehülfe von Schumacher in Altona, folgte 1825, als Encke nach Berlin berufen wurde, demselben als Director der Sternwarte auf dem Seeberge und erhielt später, als letztere nach und nach baufällig und auch sonst ungenügend wurde, eine neue Sternwarte in Gotha selbst, welche er 1857 bezog, und nach der alten Tradition vom Seeberge zu einer tüchtigen Schule für junge Astronomen zu machen wußte, wie die Auwers, Wagner, Bruhns, Gould, Zech, Powalky rc. bezeugen. Außer seinen 1831 von der Berliner Academie gekrönten „Unter-

---

[2]) Mem. Soc. Ital. Vol. 15.

[3]) Vergl. 180.

[4]) Noch auf dem Seeberge construirte sich Hansen eine kunstvolle Uhr, die unter Anderm zugleich mittlere, wahre und siderische Zeit gab.

[5]) „Neues Organon oder Gedanken über die Erforschung und Bezeichnung des Wahren und dessen Unterscheidung von Irrthum und Schein. Leipzig 1764. 2 Bde. in 8", — eine Art Logik, welche außerordentlich verschieden beurtheilt worden ist. Vergl. darüber III 337—340 meiner Biographien.

suchungen über die gegenseitigen Störungen Jupiters und Saturns", schrieb er eine große Reihe von Abhandlungen, welche sich über die verschiedensten Theile der praktischen und theoretischen Astronomie verbreiten, und von welchen in der Folge wiederholt die Rede sein wird*), — ganz besonders aber widmete er einen großen Theil seiner Kraft den Theorien von Sonne und Mond, wie unter den folgenden Nummern noch speziell zu erwähnen ist. — George Biddel Airy, 1801 zu Alnwick in Northumberland geboren, und seit 1836 Astronomer Royal auf der Sternwarte in Greenwich. Von seinen vielen wichtigen Arbeiten sind hier zunächst seine schon 1826 zu Cambridge erschienenen „Mathematical Tracts on the Lunar and Planetary Theories" zu erwähnen, welche er nicht nur seither in wiederholten Ausgaben bereicherte, sondern auch in zahlreichen Abhandlungen weiter ausführte. — John William Lubbock, 1803 zu London geboren und ebendaselbst 1865 als Privatgelehrter verstorben. Neben seinen die Mechanik des Himmels behandelnden, 1834 zu London aufgelegten „Mathematical Tracts", verdankt man ihm eine große Anzahl wichtiger Abhandlungen, in welchen fast alle Theile derselben eingehend behandelt und erweitert werden. — August Ferdinand Möbius, 1790 zu Schulpforta geboren, von 1816 bis nahe an seinen 1868 erfolgten Tod Professor der Astronomie und Director der alten Sternwarte auf der Pleißenburg in Leipzig. Obschon zunächst reiner Mathematiker und durch seinen barycentrischen Calcul berühmt, verdient er durch seinen 1842 unter dem Titel „Elemente der Mechanik des Himmels" ausgegebenen und gelungenen Versuch, auch dieses schwierige Gebiet dem Verständnisse des Laien näher zu rücken, — durch sein 1844 ausgegebenes Programm „Variationum quas elementa motus perturbati planetarum subeunt nova et facilis evolutio", — etc. auch hier erwähnt zu werden. — Urbain Jean Joseph Leverrier, zu Saint-Lô im Département

*) Vergl. z. B. 195, 209, 2c.

La Manche 1811 geboren, seit 1854, mit Unterbrechung von ein paar Jahren[7]), Director der Sternwarte in Paris. Nach vorzüglichen Studien an der Ecole Polytechnique war er anfänglich Ingenieur bei der Tabaks-Regie, — warf sich dann, Lehrer am Collège Stanislas in Paris und Repetitor an der polytechnischen Schule geworden, mit großer Energie auf die Mechanik des Himmels, — erwarb sich durch seine theoretische Entdeckung Neptuns, von der wir später ausführlich sprechen werden[8]), plötzlich einen berühmten Namen, und wurde in Folge dessen zum Professor der Mécanique céleste, sowie sodann nach dem Tode von Arago zu seinem Nachfolger auf der Sternwarte ernannt. Seine wissenschaftliche Tüchtigkeit hat er seither durch zahlreiche Abhandlungen, und namentlich durch die von ihm seit 1855 herausgegebenen „Recherches astronomiques", die zum Theil als eine neue Bearbeitung der Mécanique céleste bezeichnet werden können, glänzend bewährt. — Noch könnten Encke, Adams, Delaunay rc. aufgeführt werden, deren Arbeiten jedoch bei anderer Gelegenheit zum Theil schon besprochen sind, zum Theil später behandelt werden sollen[9]), um dieses Verzeichniß nicht gar zu weit auszudehnen.

179. Die Theorie der Sonne. Daß auf Grundlage der neuen allgemeinen Theorien jeweilen auch die spezielle Theorie der Sonne verbessert wurde, und somit auch ihr Hauptproduct, die Sonnentafeln, immer zuverlässiger wurden, ist selbstverständlich. Nachdem bereits mehrere solche neue Sonnentafeln publicirt worden waren, wie namentlich „*Euler*, Tabulae astronomicae Solis et Lunae[1]), — *Halley*, Tabulae astronomicae[2]), — Tobias *Mayer*, Novae tabulae motuum Solis et Lunae[3]), — und: Jean Philippe *Loys* de Cheseaux, Tables du Soleil et de la

[7]) Vergl. 140. [8]) Vergl. 183.

[9]) Vergl. z. B. 180, 183, 231, 251, rc.

[1]) Berolini 1746 in 4.

[2]) Londini 1749 in 4. (Engl. Ausg. London 1752 in 4; franz. Ausg. durch Chappe d'Auteroche et Lalande, Paris 1754—59. 2 Vol. in 8.

[3]) Vergl. 166.

Lune[4])", von denen jede immer wieder einen gewissen Fortschritt gegen den frühern zeigte, gab der unermüdliche Lacaille 1758 seine „Tabulae solares[5])" heraus, welche sodann bis gegen das Ende des Jahrhunderts als die vorzüglichsten betrachtet und allgemein gebraucht wurden, bis 1792 Zach seine „Tabulae motuum Solis[6])" erscheinen ließ. Als sodann Laplace in seiner „Mécanique céleste" neue Grundlagen gegeben, und Zach selbst auf seiner neuen Sternwarte auf dem Seeberge eine größere Anzahl von neuen und genauen Sonnenörtern bestimmt hatte, arbeitete Letzterer seine Tafeln nochmals um, und gab nun 1804 seine „Tabulae motuum Solis novae et iterum correctae[7])" heraus, während Delambre zwei Jahre später seine auf dieselbe Theorie und eine Serie von Greenwicher Beobachtungen gestützten „Tables du soleil[8])" erscheinen ließ, die mit jenen so gut übereinstimmten, daß sich beide Herausgeber darüber freuten, und es einer spätern Zeit überließen diese Freude aus Rache zu vergiften[9]). Nachdem später Zach noch für das größere Publikum bestimmte „Tables abrégées et portatives du Soleil[10])" publicirt hatte, ließ Francesco Carlini erst seine „Esposizione di un nuovo metodo di costruire le tavole astronomiche applicato alle tavole del Sole[11])" und dann seine „Nuove tavole de moti apparenti del Sole[12])" folgen, und endlich gaben Hansen und der Däne Rottböll Olufsen gemeinschaftlich „Tables du Soleil[13])" heraus, welche dann wieder auf eine Reihe

[4]) Mémoires posthumes. Lausanne 1754 in 4.

[5]) Parisiis 1758 in 4.

[6]) Gothae 1792 in 4.

[7]) Supplementum. Gothae 1804 in 4.

[8]) Tables astronomiques publiées par le bureau des longitudes. Paris 1806 in 4.

[9]) Vergl. meine 175 citirte Notiz über Zach.

[10]) Florence 1809 in 8.

[11]) Milano 1810 in 8.

[12]) Milano 1832 in 8.

[13]) Copenhague 1853 in 4. — Olufsen wurde 1802 zu Copenhagen geboren, und starb ebendaselbst 1855 als Director der Sternwarte.

von Jahren als die besten anerkannt und allgemein gebraucht wurden. In der allerneuesten Zeit sind jedoch auch diese Tafeln wieder von noch neuern, welche Leverrier auf eine von ihm selbst durchgeführte neue Sonnentheorie basirte[14]), in den Hintergrund gestellt worden.

180. Die Theorie des Mondes. Daß auch die Theorie des Mondes um die Mitte des vorigen Jahrhunderts, nachdem man einige Zeit gemeint hatte, es möchten nicht alle in derselben zu Tage tretenden Ungleichheiten durch die Gravitation erklärt werden können, durch die Euler, Clairaut, Mayer, ꝛc. auf Grund der Mechanik des Himmels und der zu den Constanten-Bestimmungen nothwendigen Beobachtungen außerordentlich verbessert wurde, und bereits ziemlich zuverlässige Tafeln berechnet werden konnten, ist bereits mitgetheilt worden[1]). Später prämirte das regenerirte Frankreich, dessen Chef hervorragende wissenschaftliche Leistungen zu schätzen wußte, die von Joh. Tobias Bürg[2]) und Alexis Bouvard gemachten neuen Bestimmungen der Mondconstanten reichlich, und das Bureau des longitudes publicirte 1806 des Erstgenannten „Tables de la lune", und dann noch 1812 die von Burckhardt[3]) mit Benutzung der in der „Mécanique céleste" enthaltenen theoretischen Grundlagen neu berechneten „Tables de la lune". Schon 1824 gab sodann wieder Damoiseau[4]) unter dem Titel „Tables de la lune formées par la seule théorie de l'attraction" eine neue

---

[14]) Recherches Vol. 4.

[1]) Vergl. 159 und 166.

[2]) Zu Wien 1766 geboren, und lange Jahre Professor der Mathematik und Adjunkt der Sternwarte daselbst, starb er 1834 zu Wiesenau bei Klagenfurt, wo er seit 1813 privatisirte.

[3]) Joh. Carl Burckhardt, zu Leipzig 1773 geboren, Schüler von Zach und von ihm nach Paris empfohlen, wo er Freund und Gehülfe von Lalande und Laplace wurde, und 1825 als Director der Sternwarte auf der Ecole militaire starb.

[4]) Baron Marie Charles Théodor de Damoiseau wurde 1768 zu Besançon geboren, war Artillerie-Officier, lebte eine Zeit lang als Emigrant in Deutschland, Piemont und Portugal, und starb 1846 zu Issy bei Paris als Academiker und Director der Sternwarte der Militärschule.

betreffende Arbeit, welcher schon 1832 Plana seine drei Quartbände füllende „Théorie de la lune“, — Hansen 1838 seine zu Gotha aufgelegten „Fundamenta nova investigationis orbitae verae quam Luna perlustrat“, 1857 aber seine auf Kosten der englischen Regierung zu London gedruckten „Tables de la lune, construites d'après le principe Newtonien de la gravitation universelle“, und noch 1862—64 seine zu Leipzig ausgegebene „Darlegung der theoretischen Berechnung der in den Mondtafeln angewandten Störungen“, — endlich noch Delaunay 1860—67 zwei erste Bände seiner „Théorie de la lune“ folgen ließ[5]). Gegenüber des Letztern, eine wirklich erschreckende Länge annehmenden Formeln mag allerdings Fonvielle etwas Recht haben, wenn er in seiner schon mehrerwähnten Schrift sagt: „Le Soleil et la Lune servent, pour ainsi dire, de simple prétexte à enfiler d'interminables chapelets d'equations“, und wieder „Est-ce que dans tout système quelconque possible de tourbillons, d'attraction et même de répulsion, on n'arrivera point à expliquer les inégalités à l'aide d'un nombre suffisant de termes“; aber, während allerdings dieses unendliche Zunehmen der Glieder in unangenehmer Weise an das frühere Aufhäufen der Epicykel erinnert, so sind auf der andern Seite die Fortschritte nicht zu verkennen, welche die neuen Tafeln gegenüber den frühern beurkunden: So mag schließlich angeführt werden, daß als bei Anlaß der Sonnenfinsterniß 1860 VII 18 in Greenwich viele Bestimmungen der Positionsdifferenz zwischen Sonne und Mond

---

[5]) Der dritte und letzte, für die eigentlichen Tafeln bestimmte Band, war zur Zeit seines Todes noch nicht ganz vollendet; es ist jedoch Hoffnung vorhanden, daß er durch das Bureau des longitudes noch zum Abschlusse gebracht werde. — Charles Eugène Delaunay wurde nämlich 1816 zu Lusigny im Depart. de l'Aube geboren, war erst Schüler, dann Professor an der Ecole des mines, auch eines der thätigsten Mitglieder des Bureau des longitudes. Seiner kurzen, aber gedeihlichen, leider jedoch durch seinen 1872 auf einer Spazierfahrt auf dem Meere bei Cherbourg durch Umschlagen des Bootes erfolgten Tod unterbrochenen Wirksamkeit auf der Pariser Sternwarte ist bereits 149 gedacht worden.

gemacht wurden, dieselben für die Rectascensionen der Tafel von Burckhardt immer noch einen Fehler von 38", für diejenigen von Hansen dagegen nur noch einen Fehler von 3" ergaben.

181. Die Theorien der Planeten. Auch die Theorien und Tafeln der Planeten verbesserten sich natürlich ganz entsprechend den immer bessern theoretischen Grundlagen und den genauern Beobachtungsdaten mit der Zeit fortwährend. So sind die zur Zeit für sie beliebten, von Jacques Cassini 1740 zu Paris publicirten „Tables astronomiques du soleil, de la lune, des planètes, des étoiles et des satellites“ und die bereits früher erwähnten Tafeln von Halley schon durch diejenigen überholt worden, welche Triesnecker von 1788 an in den Wiener Ephemeriden und nahe gleichzeitig Lalande theils in der Connaissance des temps, theils in dem Supplementbande zu seiner später zu besprechenden Astronomie gab, — und diese Tafeln wurden dann wieder von denjenigen verdrängt, welche Lindenau von 1810—1813 für die innern, und 1821 Bouvard für die äußern Planeten veröffentlichte[1]), — ja gegenwärtig sind auch diese so lange mit Vortheil gebrauchten Tafeln bereits wieder größtentheils durch diejenigen ersetzt, welche Leverrier in den letzten Jahren nach und nach in den Annalen der Pariser Sternwarte veröffentlicht hat[2]). Die meisten Schwierigkeiten wurden bei Merkur gefunden, von dem schon Mästlin gesagt haben soll[3]) und jedenfalls noch Lalande sagte[4]), er sei nur da um den guten Ruf der Astronomen zu gefährden, und den noch Leverrier am

---

[1]) Tabulae Veneris novae et correctae ex theoria gravitatis Cl. Laplace. Gothae 1810 in 4, — Tabulae Martis. Eisenberg 1811 in 4, — und: Investigatio nova orbitae a Mercurio circa Solem descriptae, cum tabulis planetae. Gothae 1813 in 4. — Tables astronomiques, publiées par le bureau des longitudes, contenant les tables de Jupiter, de Saturne et d'Uranus. Paris 1821 in 4.

[2]) Vergl. für Leverrier's betreffende Arbeiten die interessante historische Uebersicht derselben, welche er am 21. Dec. 1874 der Pariser Academie bei Vorlage seiner neuen Theorie Neptuns gab.

[3]) Vergl. „Fleischhauer, Volkssternkunde. Darmstadt 1844 in 8.“

[4]) Vergl. Bibliographie pag. 682.

Schlusse seiner Einleitung zu den neuen Tafeln[5]) mit den Worten apostrophirt haben soll: „Mercure, planète maudite, qui ne sert guère qu'à décrier la carrière des astronomes les plus illustres." Zu den wirklichen Complicationen tritt bei Merkur noch der Umstand hinzu, daß er nur selten unter günstigen Umständen beobachtet werden kann, und so z. B. Lalande, der schon als junger Astronom Merkur vor Sonnenaufgang auf den Dächern aufgelauert haben soll, um dem dunstigen Pariser Horizonte einige Beobachtungen abzutrotzen[6]), fast nur die von Placidus Fixlmillner[7]) und die von Darquier[8]) erhaltenen Merkursbeobachtungen etwas neuerer Zeit zur Disposition hatte, um 1786 seine neuen Merkurstafeln zu construiren, und sehr froh war, als es Beauchamp in den darauf folgenden Jahren gelang, in Bagdad eine größere Reihe solcher Bestimmungen zu erhalten[9]). Sodann war bis auf die neuere Zeit die Merkursmasse ganz unsicher, indem noch Lagrange dieselbe auf dem Wege der

[5]) Vergl. Fonvielle, L'astronomie moderne.

[6]) Vergl. die ebenerwähnte Schrift von Fleischhauer.

[7]) Plac. Fixlmillner wurde 1721 zu Achleuthen bei Kremsmünster geboren, trat 1737 in das Kloster und erhielt 1762 die Direction der von 1748 hinweg von seinem Oheim, dem Abt Fixlmillner in Kremsmünster, daselbst erbauten Sternwarte. Ihm folgte nach seinem 1791 erfolgten Tode Thaddäus Derfflinger, 1824 Bonifacius Schwarzenbrunner, 1830 Marian Koller und 1847 der kürzlich verstorbene Augustin Reslhuber (Garsten bei Steyer 1808 — Kremsmünster 1875). — Vergl. Sigmund Fellöcker, Geschichte der Sternwarte Kremsmünster. Linz 1864 in 4.

[8]) Vergl. seine „Observations astronomiques faites à Toulouse 1748—98. Avignon 1777—98 in 4. — Augustin Darquier wurde 1718 zu Toulouse geboren, und benutzte seine öconomische Unabhängigkeit um bis zu seinem 1802 erfolgten Tode auf eigener Sternwarte fleißig zu beobachten und daneben verschiedene literarische Arbeiten auszuführen.

[9]) Joseph de Beauchamp wurde 1752 zu Vésoul geboren, trat in den Bernhardiner-Orden, und wurde von einem Oheim Miroudeau, der zum Bischof von Bagdad ernannt worden war, nach Paris gerufen, um sich dort zu seinem Gehülfen auszubilden. Lalande wußte ihn sodann für die Astronomie zu gewinnen, und, als er 1781 als Generalvicar seines Oheims nach Bagdad ging, mit Instrumenten auszurüsten, so daß er viele werthvolle Beobachtungen machen und so namentlich 1789 die im Texte erwähnten Bestimmungen er-

Speculation zu 1 : 2025810 annahm, während sodann Encke, als er sie endlich aus den von Merkur 1835 auf seinen Cometen ausgeübten Störungen wirklich mit Zuverlässigkeit berechnen konnte, dafür nur 1 : 4686571 fand[10]). — Ueberhaupt machten die Massen der Planeten den Astronomen viel zu schaffen: So hatte z. B. ursprünglich Newton, aus Beobachtungen des vierten Satelliten durch Pound, geglaubt eine zuverlässige Jupitersmasse gefunden zu haben, und wirklich schien dieselbe durch eine Neuberechnung, welche Bouvard aus den Störungen Saturns durch Jupiter erhalten hatte, vollständig bestätigt. Als dann aber Gauß, Nicolai und Encke bei Berechnung der Störungen und Ungleichheiten der Juno, Vesta und Pallas übereinstimmend fanden, daß die bis dahin angenommene Jupitersmasse im Verhältnisse von 1 : 1,019 vergrößert werden sollte, — und nun Airy mit den vervollkommneten Instrumenten und Beobachtungsmethoden der Neuzeit jene Beobachtungen des vierten Satelliten wiederholen ließ, so wurde man dennoch gezwungen, die ursprünglich angenommene Masse in dem angegebenen Verhältnisse zu vergrößern. — Aber wenn auch so noch da und dort gewisse Schwierigkeiten und Unvollkommenheiten fortbestehen mögen, so hat man doch schon sehr viel erreicht, indem die gegenwärtigen Tafeln bereits die Probe aushalten, daß man sie rückwärts auf sehr entfernte Zeiten anwenden kann: So wurde z. B. 885 IX 9 zu Bagdad eine Bedeckung des Regulus durch die Venus beobachtet, und nun ergeben nach Hind die Tafeln von Leverrier für diesen Tag als Distanz der beiden Gestirne wirklich nur 1′,7, d. h. eine für das freie Auge total unmerkliche Entfernung. Ebenso glaubte man 864 II 13 eine Berührung von Venus und Mars zu sehen, und es ergeben dieselben Tafeln

halten konnte. Im Jahre 1790 kehrte er nach Paris zurück und wurde später zu verschiedenen Missionen verwendet, welche ihm unter Anderm eine nahe dreijährige Gefangenschaft zu Fanaraki bei Constantinopel eintrugen, die eine Brustkrankheit herbeiführte, der er 1801 bald nach seiner Ankunft in Nizza erlag.

[10]) Vergl. 252.

nach Hind wirklich nur 6' als damalige Distanz der beiden Gestirne, und ein Fünftels-Mondburchmesser ist unter diesen Verhältnissen doch gewiß wenig genug.

182. Die Ephemeriden. Mit den eigentlichen Tafeln laufen die speziell für die einzelnen Jahre berechneten astronomischen Kalender parallel, oder die sogenannten Ephemeriden, von denen schon bei Regiomontan, Kepler, 2c. gesprochen wurde[1]), und die in der neuern Zeit sich ebenfalls theils vervollkommneten, theils vermehrten: Im Jahre 1678 gab der um die Astronomie hochverdiente Picard eine „Connaissance des temps pour l'année 1679[2])" heraus, — den ersten Jahrgang des seit dieser Zeit anfänglich noch von ihm selbst bis 1683, dann successive von Lefébure[3]), Lieutaud[4]), Godin, Maraldi, Lalande, Jeaurat[5]), und Méchain regelmäßig fortgesetzten, und seit Gründung des Bureau des longitudes von diesem besorgten, also jetzt bald zweihundert Jahre lang ununterbrochen erscheinenden, in seinem Werthe meistens auch noch durch wichtige wissenschaftliche Beilagen erhöhten Hülfsbuches, — neben welchem noch die von Desplaces, La Caille und La Lande von 1716 bis 1800 fortgeführten „Ephémérides des mouvements célestes[6])" speziell zu erwähnen sein dürften. Auf Anregung von Maskelyne

---

[1]) Vergl. 32 und 95.

[2]) Paris 1678 in 12, später in 8.

[3]) Jean Lefébure, der 1650 zu Lisieux geboren wurde, dort als Weber lebte, bis Picard auf sein Geschick für astronomische Rechnungen aufmerksam gemacht wurde, und ihn für die Con. d. t. engagirte. Er half dann auch bei Fortsetzung der Gradmessung, wurde Mitglied der Academie, verfeindete sich aber später mit La Hire, der ihn nun 1701 aus seiner Stellung zu drängen wußte, und starb 1706 zu Paris.

[4]) Jacques Lieutaud wurde etwa 1660 zu Arles geboren, war Privatlehrer der Mathematik in Paris, erhielt nach Lefébure's Verstoßung die Berechnung der Con. d. t., und führte sie bis nahe an seinen 1733 erfolgten Tod fort.

[5]) Sébastien Jeaurat wurde 1724 zu Paris geboren und lebte daselbst bis 1803 als Academiker und Professor der Mathematik an der Ecole militaire, deren Sternwarte er gründete.

[6]) Paris 1716—1792, 9 Vol. in 4.

gibt seit 1767 auch der Board of Longitude in London unter dem Namen „Nautical Almanac and astronomical Ephemeris[7])“ ein ähnliches Hülfsmittel für Astronomen und Seefahrer heraus, das in der neuern Zeit theils durch Reichhaltigkeit und Billigkeit, ganz besonders aber durch früheres Erscheinen, seinem älteren Bruder den Rang abgelaufen hat. Seit 1774, wo Bode nach Wunsch und unter Beihülfe von Lambert den Jahrgang 1776 seines mit wissenschaftlichen Nachrichten aus aller Herren Länder wohl versehenen „Astronomischen Jahrbuches[8])“ herausgab, sieht ferner auch Berlin jedes Jahr einen betreffenden Band erscheinen, — bis 1826 durch den Gründer selbst besorgt, — seither erst durch Encke unter Beigabe sehr wichtiger zum Theil schon besprochener, zum Theil noch zu besprechender Abhandlungen, von welchen hier nur die letzte, Hülfstafeln zur Uebertragung von Sternörtern auf entlegene Zeiten gebende, erwähnt werden mag, — gegenwärtig durch Förster. Endlich ist 1849 auch eine „American Ephemeris and Nautical Almanac[9])“ in Washington herauszugeben begonnen worden. Anderer ähnlicher, zeitweise von den Sternwarten in Wien von 1757 hinweg durch Hell, Triesnecker[10]), und Bürg, — in Mailand von 1775 hinweg durch de Cesaris und Oriani, — ꝛc. ebenfalls zu wissenschaftlichem Gebrauche ausgegebenen Ephemeriden, — und ebenso der mehr für das größere Publikum berechneten, meist mit werthvollen populär-wissenschaftlichen Aufsätzen begleiteten Annuaire's, Jahrbücher, astronomischen Kalender ꝛc., welche Arago, Quetelet, Schu-

---

[7]) London 1766 und f. in 8.

[8]) Berlin 1774 und f. in 8. — Lalande fügt in seiner Bibliographie der betreffenden Anzeige bei: „C'est depuis ce temps là que les astronomes sont obligés d'apprendre l'allemand: car on ne peut se passer de ce recueil.“

[9]) Washington 1849 und f. in 8.

[10]) Der als astronomischer Rechner äußerst fleißige Jesuit Franz von Paula Triesnecker wurde 1745 zu Kirchberg in Oesterreich geboren, und starb 1817 als Professor der Astronomie und Director der Sternwarte zu Wien; v. seine „Biographie“ in Abh. der böhmischen Ges. d. Wiss. 1818.

macher, Littrow, ꝛc. herausgegeben haben, und die, wenigstens zum Theil, noch herausgegeben werden, — hier nur im Vorbeigehen zu gedenken, mag noch erwähnt werden, daß sich Förster das Verdienst erworben hat, eine interessante und einläßliche Vergleichung der erwähnten vier Hauptephemeriden zu publiciren [11]). Schließlich mag noch das, zwar eigentlich selbstverständliche Factum hervorgehoben werden, daß jede bei der einen Ephemeride angebrachte wesentliche Verbesserung ihren Einfluß auch auf die andern ausübte, und so z. B., als Encke bei Uebernahme des Berliner-Jahrbuches demselben größere Genauigkeit, zweckmäßigere Einrichtung und reichern Inhalt gab, sofort auch der Nautical Almanac entsprechend abgeändert wurde.

183. Die Entdeckung Neptun's. Schon bei Publikation seiner Uranus-Tafeln [1]) hatte Bouvard [2]) die Ansicht ausgesprochen, daß sich nicht sämmtliche Beobachtungen des Uranus durch ein und dasselbe System von Elementen darstellen lassen, — später sogar sich der Annahme eines unbekannten störenden Planeten zugeneigt, und den Plan gefaßt, die Bahn desselben durch eine umgekehrte Störungsrechnung zu bestimmen. Nachdem sodann Bessel mit Arago, Herschel und Airy über einen allfälligen transuranischen Planeten in Correspondenz gestanden, und Ende der dreißiger Jahre ebenfalls einige Vorbereitungen zur Lösung dieses Problems getroffen hatte, wurde dasselbe von Leverrier und dem etwas jüngern, aber ebenso tüchtigen, 1819 zu Laneast in Cornwall geborenen, jetzt als Professor der Astronomie und Director der Sternwarte in Cam-

---

[11]) Astron. Viert. II 61—110. — Wilhelm Förster, gegenwärtiger Director der Berliner Sternwarte, wurde 1832 zu Grünberg geboren.

[1]) Vergl. 181.

[2]) Alexis Bouvard wurde 1767 in der Nähe von Chamounix geboren, sollte sich dem Handel widmen, ging aber 1785 nach Paris um Mathematik und Astronomie zu studiren, fand schon 1793 eine Anstellung auf der Sternwarte und blieb nun bis zu seinem 1843 erfolgten Tode diesem Institute treu, namentlich in jüngern Jahren als Beobachter und Rechner Ungewöhnliches leistend.

bridge wirkenden John Cough Adams, in den vierziger Jahren fast gleichzeitig ernstlich in Angriff genommen: Adams legte schon im September 1845 Challis in Cambridge und im folgenden Monate auch Airy in Greenwich erste Resultate seiner Rechnungen vor, und wenn er dieselben auch nicht vor 1847, wo er seine „Explanation of the observed irregularities in the motion of Uranus" theils im 16. Bande der Memoirs of the Royal Astronomical Society, theils als Anhang zum Nautical Almanac für 1851 publicirte, vollständig abgeschlossen haben mag, so reichten jene Angaben doch bereits für James Challis[3]) hin, um am Himmel mit Erfolg nach dem neuen Planeten zu suchen, welchen er dann, wie sich später zeigte, auch wirklich 1846 VIII 4 und 12 auffand, aber, aus Mangel detaillirter Sternkarten jener Himmelsgegend, leider nicht sofort erkannte. Unterdessen hatte Leverrier 1845 XI 10, 1846 VI 1, und VIII 31 der Pariser Academie ebenfalls Vorlagen über seine entsprechenden Rechnungen gemacht, — ihr namentlich unter letzterm Datum die von ihm gefundenen muthmaßlichen Bahnelemente des störenden Körpers mitgetheilt[4]), — sofort auch seine „Recherches sur les mouvements de la planète Herschel dite Uranus" publicirt, — und endlich Galle in Berlin, welchen er im Besitze der von Bremiker kurz vorher vollendeten Hora XXI der Berliner academischen Sternkarten wußte, aufgefordert nach dem etwa in der Nähe von δ Capricorni zu vermuthenden Störefried zu suchen. Galle[5]) erhielt die Zuschrift 1846 IX 23, verglich noch am gleichen Abend besagte Karte mit dem Himmel, und machte wirklich die Entdeckung des transuranischen Planeten,

[3]) Zu Bramtree in Essex 1803 geboren und bis 1860, wo er sich zur Ruhe setzte, Professor der Physik und Astronomie zu Cambridge.

[4]) Leverrier hatte die Bahnelemente

$$E = 1847\ \mathrm{I}\ 1 \qquad a = 36{,}154 \qquad T = 217^{a},387$$
$$P = 284^0\,51' \qquad e = 0{,}10761 \qquad M = 318^0\,47'$$

gefunden und $^1/_{9300}$ als muthmaßliche Masse angenommen.

[5]) Joh. Gottfried Galle, zu Gräfenheinichen bei Wittenberg 1812 geboren, damals Adjunkt von Encke, jetzt Director der Sternwarte in Breslau.

welche nicht nur der Mechanik und Topographie des Himmels einen großartigen, ihre Leistungsfähigkeit auch dem Laien erweisenden Triumph bereitete, sondern auch speciell sofort Leverrier und Galle großen Ruhm einbrachte, während Adams und Challis anfänglich das reine Nachsehen hatten, und ihre ebenfalls berechtigten Verdienste noch jetzt von den Franzosen kaum und jedenfalls nur höchst ungern anerkannt werden. Der neue Planet, welchem Letztere vergeblich den Namen Leverrier vindiciren wollten, wurde „Neptun" genannt[e]).

184. Die Fallversuche. Unter den Scheingründen, welche Riccioli gegen die Rotation der Erde zusammenstellte[1]), fand sich auch der, es müßte ja bei rotirender Erde ein freifallender Körper nach Westen zurückbleiben, was doch nach den Versuchen, welche er 1640 auf dem Thurme degli asinelli in Bologna angestellt habe, nicht der Fall sei[2]). Schon Newton kehrte nun den Spieß um, und behauptete, es müßte gegentheils in Folge der Erdrotation der Auffallspunkt eines aus bedeutender Höhe herunterfallenden Körpers etwas östlich vom Lothpunkt liegen; aber die 1679 nach seinem Wunsche von der Royal Society angeordneten Versuche ergaben nun allerdings kein Resultat, da der damit beauftragte Hooke nur die viel zu geringe Fallhöhe von 27 Fuß anwandte. Als sodann der 1817 in hohem Alter verstorbene Professor Giovanni Battista Guglielmini in Bologna

---

[e]) Vergl. für die Entdeckungsgeschichte auch „Gould, Report on the history of the discovery of Neptune. Washington 1850 in 8, — Wilh. Meier, Ueber die Entdeckung des Neptun (Zürch. Viert. Bd. 19), — x.", — ferner das unter 243 Nachgetragene.

[1]) Vergl. 81.

[2]) Vergl. über dieselben Almag. nov. II 381 und f. — Nach „Gottlieb Gamauf, Erinnerungen aus Lichtenberg's Vorlesungen über Astronomie. Wien 1814 in 8" machten ungefähr zu derselben Zeit auch Mersenne und Moutier betreffende Versuche mit senkrecht in die Erde eingegrabenen Kanonen: Eine Kugel konnte jedoch gar nicht mehr gefunden werden, — eine zweite fiel nach 51" um 1800' südwestlich auf, — eine dritte nach 53" um 2200' östlich, — x., so daß diese Versuche ganz mißlangen, wie übrigens hätte erwartet werden können.

dieselben im Sommer 1791 bei einer Fallhöhe von 240′ in der schon von Riccioli benutzten Localität wiederholte[3]), lag der Schwerpunkt der 16 erhaltenen Auffallspunkte, welche die von ihm angewandten Bleikugeln auf einer unten aufgelegten Wachstafel markirt hatten, von dem freilich erst in dem folgenden Winter bestimmten Lothpunkte um 8‴,6 nach O 35°,5 S ab, während er nach der Rechnung von Laplace um 5‴ direct nach Ost hätte abweichen sollen, so daß auch da noch nicht die wünschbare Uebereinstimmung zwischen Versuch und Theorie erhalten wurde. Bedeutend besser stimmten dagegen mit der Theorie die Resultate der Fallversuche, welche Johann Friedrich Benzenberg[4]) 1802 am Michaelisthurme zu Hamburg bei 235′, — 1804 aber in einem Kohlenschachte zu Schlebusch bei 262′ Fallhöhe machte: Die Ersteren gaben nämlich 4‴,3 Abweichung nach O 24°,4 S, die Letzteren 5‴,1 nach O 8°,1 N, während Gauß durch Rechnung dafür 4‴,0 und 4‴,6 nach Ost gefunden hatte[5]). Aber immerhin machten solche subtile Versuche, die noch 1831 Ferdinand Reich bei 488′ Fallhöhe im Dreibrüderschacht bei Freiberg mit ganz ausgezeichnetem Erfolge wiederholte, da sie entsprechend der Theorie eine rein östliche Abweichung von 12‴,6 ergaben[6]), keinen gar großen Eindruck auf das allfällig noch hülfsbedürftige Publikum, da es ihnen eben doch nicht beiwohnen

---

[3]) „Guglielmini, De diurno terrae motu, experimentis physico-mathematicis confirmato, opusculum. Bononiae 1792 in 8.“

[4]) Benzenberg wurde 1777 zu Schöller, einem Dorfe zwischen Elberfeld und Düsseldorf geboren, war von 1805—10 Professor der Mathematik und Physik zu Düsseldorf, und lebte dann bis zu seinem 1846 erfolgten Tode theils auf Reisen, theils auf seiner Besitzung in Bilk bei Düsseldorf, wo er eine kleine Sternwarte errichtete und fundirte, welche seither durch Luther's Planetoiden-Entdeckungen bedeutenden Ruf gewonnen hat.

[5]) „Benzenberg, Versuche über die Gesetze des Falles, den Widerstand der Luft und die Umdrehung der Erde. Dortmund 1804 in 8.“

[6]) „Reich, Fallversuche über die Umdrehung der Erde. Freiberg 1832 in 8.“ — Reich wurde 1799 zu Bernburg geboren, und stieg von 1819 hinweg in Freiberg vom Hüttengehülfen bis zum Professor der Physik und Oberhüttenamtsassessor auf.

und sich dadurch mit eigenen Augen von der wirklichen Bewegung der Erde überzeugen konnte.

185. Das Foucault'sche Pendel. Viel mehr als die Fallversuche waren andere Versuche geeignet, auf das große Publikum Eindruck zu machen, welche sich der 1819 zu Paris geborene, leider aber schon 1868 daselbst wieder verstorbene, äußerst talentvolle Physiker Jean Bernard Léon Foucault 1851 zu demselben Zwecke ausdachte[1]): Er sah nämlich ein, daß man mit Hülfe der längst bekannten und z. B. schon von Poinsinet de Sivry im Anhange zu seiner Ausgabe von Plinius[2]) klar ausgesprochenen Unveränderlichkeit der Schwingungsebene eines langen und schweren Pendels die Drehung der Erde für Jedermann zur Anschauung bringen könne, indem nämlich das anfänglich z. B. nach der Mittagslinie schwingende Pendel schon nach einer Stunde um 15°. Sin φ, also in Paris mehr als 11° von ihr nach Westen abweichen werde[3]), und zeigte 1851 wirklich auf diese Weise im Pantheon zu Paris öffentlich die Richtigkeit der Copernicanischen Lehre. Sein Versuch wurde bald unter den verschiedensten Breiten und vor Tausenden von Zuschauern mit dem unzweifelhaftesten, die Richtigkeit der obigen Betrachtung und Formel auf das Schlagendste beweisenden Erfolge wieder-

[1]) Für eine etwelche „Vorgeschichte des Foucault'schen Pendelversuches" vergl. Günther's Mittheilung im Jahrg. 1873 der Erlanger Sitzungsberichte.

[2]) Paris 1771—82, 12 Vol. in 4 (XII 486). — Poinsinet war ein Literat, der von 1733—1804 zu Versailles und Paris lebte.

[3]) Vergl. „Foucault, Démonstration physique du mouvement de rotation de la terre au moyen du pendule (Annal. de Chimie et de Physique 1851)", ferner „Serret, Le pendule de Léon Foucault (Compt. rend. 1872 I 29)". — Rotirt die Erde mit der Winkelgeschwindigkeit γ, so ist die Winkelgeschwindigkeit der Mittagslinie unter der Breite φ nur γ . Sin φ; denn Letztere beschreibt während einer vollen Rotation der Erde nur einen Kegelmantel, dessen Radius r . Ctg φ und dessen Basis 2 . r Cos φ . π ist, der also statt 360° nur den Winkel 360 . Sin φ hat.

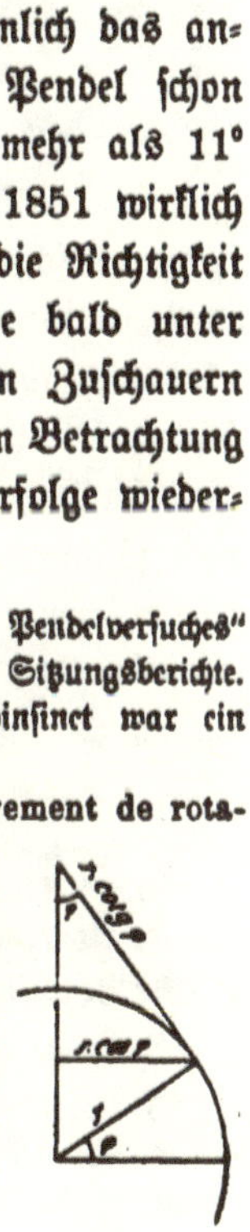

Fig. 33.

holt[4]), — sogar von Pater Secchi in der Kirche des heiligen Ignatius zu Rom, also in der Stadt, wo etwas mehr als zweihundert Jahre vorher Galilei von den damaligen Machthabern der Kirche gezwungen worden war die Bewegung der Erde abzuschwören. — So augenscheinlich aber und so interessant in jeder Hinsicht dieser einige Zeit beinahe grassirende Versuch war, so ist nicht zu verkennen, daß sein Erfolg nicht eigentlich als großartig bezeichnet werden darf. Die große Zahl der Gebildeten bedurfte längst und namentlich seit der theoretischen Entdeckung Neptuns keines solchen Beweises mehr, — die Masse sah den Versuch mit momentanem Interesse, aber vergaß ihn über den täglichen Lebenssorgen bald wieder, — und für diejenigen endlich, die mit Blindheit geschlagen waren, oder gar nicht sehen wollten, wich das Pendel entweder nicht ab, oder sogar, wie für den edeln Schöpfer[5]), angeblich nach der falschen Seite.

186. Die Fixsternparallaxe. Wie durch Fallversuche und Foucault'sches Pendel der für Copernicus noch nicht mögliche factische Beweis der Erdrotation geleistet wurde, so gelang es schließlich auch den ihm und seinen Nachfolgern[1]) nicht gelungenen Nachweis einer merklichen Sternparallaxe anzutreten, und zwar zunächst dem vortrefflichen Bessel. Er war der Erste, welcher eine schon von Galilei im dritten seiner Dialoge[2]) und dann wieder von Wilhelm Herschel in seiner Abhandlung „On the parallax of the fixed stars[3])" angedeutete Methode zur Bestimmung einer obern Grenze für die Fixsterndistanzen mit Er-

---

[4]) So z. B. von Caspar Garthe (Frankenberg 1796 geb.) im hohen Chore des Kölner Doms, vergl. seine Schrift „Foucault's Versuch als directer Beweis von der Axendrehung der Erde, angestellt im Dome zu Köln. Köln 1852 in 8."

[5]) Vergl. seine schon mehr erwähnte Scandal-Schrift.

[1]) Vergl. 80 und 164.

[2]) Auf pag 375 der Originalausgabe, Zeile 14—6 von unten.

[3]) Phil. Trans. 1782. — Eine durch Schröter besorgte deutsche Uebersetzung ist dessen 1788 zu Berlin erschienenen „Beiträgen zu den neuesten astronomischen Entdeckungen" beigegeben.

folg anwandte, — nämlich in den von verschiedenen Punkten der Erdbahn aus, d. h. zu verschiedenen Jahreszeiten gemessenen Distanzen eines hellen Sternes von einem scheinbar benachbarten, aber muthmaßlich weit hinter ihm stehenden schwächern Sterne kleine Differenzen nachzuweisen suchte, aus denen offenbar eine obere und wahrscheinlich nahe Grenze für die der angewandten Basis entsprechende Parallaxe liegt, aus der sodann leicht auf die der mittleren Distanz von Sonne und Erde zukommende sogenannte jährliche Parallaxe und die muthmaßliche Distanz des Sternes geschlossen werden kann[4]). Bessel hatte hiefür den, eine starke eigene Bewegung zeigenden Doppelstern 61 Cygni gewählt, bei dem sich zwei nahe Sterne von kaum merklicher Eigenbewegung fanden, — hatte einen der ersten mit jedem der letztern mit Hülfe seines Frauenhofer'schen Heliometers verglichen, — und so für 61 Cygni in seinen 1838—40 in den Astronomischen Nachrichten veröffentlichten Abhandlungen über „Bestimmung der Entfernung des 61. Sterns des Schwanes" die Parallaxe 0'',37 oder die Distanz 12 Billionen Meilen erhalten. — Bald nach Bessel unternahm auch Wilhelm Struve, auf welchen wir unter der folgenden Nummer zurückkommen werden, eine ähnliche Bestimmung, für die er α Lyrae als einen der hellsten und somit muthmaßlich nächsten Sterne wählte, und theilte in seinem 1839 seinen „Mensurae micrometricae" beigegebenen Anhange „Disquisitio de parallaxi α Lyrae" mit, daß er eine Parallaxe von 0'',26 oder die Distanz 16 Billionen Meilen erhalten

---

[4]) Sind S_1 und S_2 die beiden Sterne, α_1 und α_2 ihre scheinbaren, von zwei Standpunkten A_1 und A_2 aus gemessenen Distanzen, π_1 und π_2 endlich die der Distanz $A_1 A_2$ entsprechenden Parallaxen, so hat man offenbar

$$\alpha_1 + \pi_1 = \alpha_2 + \pi_2$$
$$\text{oder} \quad \pi_1 = (\alpha_2 - \alpha_1) + \pi_2$$

also ist π_1 bestimmt größer als der Unterschied der gemessenen Abstände, aber für einen sehr fernen Begleiter auch sehr nahe gleich demselben.

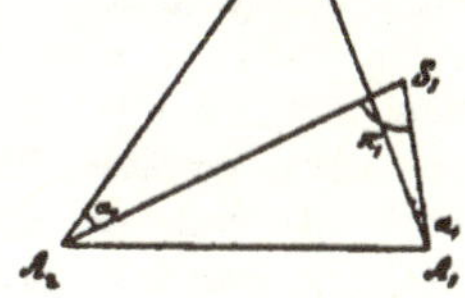

Fig. 54.

habe. Seither sind noch durch Thomas Henderson[5]), John Brinkley[6]), Otto Struve, Peters, Auwers[7]), Brünnow rc. ähnliche Bestimmungen theils derselben, theils anderer Parallaxen nach entsprechenden Methoden durchgeführt worden[8]), und in der allerneuesten Zeit hat Charles Dufour in seinem „Mémoire sur une nouvelle méthode pour déterminer la distance de quelques étoiles[9])“ vorgeschlagen, hiefür auch das Spektroskop[10]) nutzbar zu machen.

187. Struve und die Sternwarten im Dorpat und Pulkowa. Der eben genannte berühmte Astronom Friedrich Georg Wilhelm Struve wurde am 15 April 1793 zu Altona dem als mathematischen Schriftsteller nicht unverdienten dortigen Gymnasialdirector Jakob Struve geboren, widmete sich erst zu Dorpat der Philologie, ging aber bald zur Astronomie über, und wurde dann 1813 zum außerordentlichen Professor der Astronomie in Dorpat, sowie zum Observator der dortigen Sternwarte ernannt. Schon 1804 war daselbst der Bau einer Sternwarte anbefohlen, und für dieselbe Ernst Christoph Friedrich Knorre[1]), der bis

---

[5]) Zu Dundee in Schottland 1798 geboren, und 1844 als Director der Sternwarte in Edinburgh verstorben, nachdem er eine Reihe von Jahren der Sternwarte am Cap vorgestanden hatte.

[6]) Zu Woodbridge in Suffolk 1763 geboren und 1853 als Director der Sternwarte in Dublin verstorben.

[7]) Arthur Auwers, ein Schüler von Hansen, 1838 zu Göttingen geboren, und seit 1866 Academiker in Berlin.

[8]) So fand z. B. Otto Struve für die Parallaxe von α Lyrae den Werth 0",15 — Brünnow dagegen 0",21.

[9]) Bull. de la Soc. vaud. X 1—5. — Dufour wurde 1827 zu Veytaux in der Waadt geboren, und steht als Professor der Mathematik zu Morges.

[10]) Vergl. 190.

[1]) Knorre war 1759 zu Neuhaldensleben geboren, und hatte 1810 einen Sohn Karl Friedrich erhalten, der später Director der Sternwarte zu Nicolajew wurde, sich durch verschiedene astronomische Beobachtungen und Arbeiten bekannt machte, und seit 1871 zu Berlin im Ruhestande lebt; da sich von Letztern wieder ein Sohn, Victor Knorre (1840 zu Nicolajew geboren), der Astronomie gewidmet hat, und bereits auf der Berliner Sternwarte als Assistent fungirt, so kann man hoffen, hier neuerdings eine tüchtige Astronomen-Familie erblühen zu sehen.

dahin Director einer Töchterschule gewesen war und nun zum außerordentlichen Professor der Mathematik an der Universität avancirte, zum Observator gewählt worden; aber noch bei dem 1810 erfolgten Tode Knorre's war die Sternwarte kaum recht angefangen. Sein Nachfolger Huth[2]) war glücklicher, indem nun der Bau rascher betrieben, und ihm nach seiner Vollendung, wie bereits angedeutet, der talentvolle junge Struve als Observator bewilligt wurde, der nun so energisch zu arbeiten begann, daß schon 1817 ein erster Band der „Observationes astronomicae institutae in specula Universitatis Dorpatensis[3])" erscheinen konnte. Als Huth 1818 starb, rückte Struve zum Director vor, und erhielt die Bewilligung einen 9zölligen Refractor bei Fraunhofer zu bestellen, der sodann 1824 wirklich aufgestellt werden konnte[4]). Mit diesem unternahm er alsbald jene großartige Aufsuchung und Bestimmung der doppelten und vielfachen Sterne, durch welche er auf diesem Gebiete der Astronomie eine neue Epoche begründete, wie wir später einläßlich berichten werden[5]). Kaum war diese Arbeit zu einem gewissen Abschlusse gekommen, als Struve 1839 nach Petersburg überzusiedeln hatte[6]), um den Bau der von Kaiser Nicolaus beschlossenen neuen Sternwarte bei Pulkowa zu leiten, und sodann ihre Direction zu übernehmen. Wohl hatte nämlich Petersburg bald nach Gründung der Academie auch eine Sternwarte erhalten, auf der von 1725—1747 Joseph Nicolas Delisle, von 1751 bis 1760 August Nathanael Grischow, von 1763—1803 Stephan Rumowsky und von 1803—1825 Friedrich Theodor Schubert

---

[2]) Vergl. 241.

[3]) Im Ganzen erschienen von 1817/39 acht Quartbände. Die erste darin mitgetheilte Beobachtung von Struve datirt von 1814 I 20.

[4]) „Struve, Beschreibung des auf der Sternwarte zu Dorpat befindlichen großen Refractors von Fraunhofer. Dorpat 1825 in Fol."

[5]) Vergl. 265 und für andere Arbeiten Struve's 216, 224, 257, ꝛc.

[6]) Ihm folgte in Dorpat Mädler (v. 286), der alsbald noch den besonders als Rechner ungewöhnlich tüchtigen, 1801 zu Stübel in Schleswig gebornen Thomas Clausen als Observator erhielt.

thätig gewesen waren; aber trotzdem der Letztgenannte die Einrichtungen so gut als möglich verbessert und sogar zum Theil neue Instrumente aufgestellt hatte, mit denen sein Adjunct und späterer Nachfolger Vincent Wisniewsky ganz gute Bestimmungen zu erhalten wußte, so erschien doch dem Kaiser für das gewaltige Reich eine mit den großartigsten Hülfsmitteln ausgerüstete Central-Sternwarte wünschbar. Struve erhielt nun für deren Ausrüstung so zu sagen unbeschränkten Credit, und schuf dann wirklich eine Musteranstalt, welcher er noch viele Jahre wirksam vorstand, und schließlich noch, kurz vor seinem am 23 November 1864 nach längerer schwerer Krankheit erfolgten Tode, die Freude hatte, die ihm zu mühsam gewordene Direction in die Hand seines Sohnes und langjährigen Gehülfen, des ihm zu Dorpat 1819 geborenen Otto Struve legen zu können, welcher nun dieselbe seither erfolgreich besorgt hat.

188. Sonnenflecken und Erdmagnetismus. Nachdem lange Jahre in der bisher geschilderten Weise die Astronomen sich fast ausschließlich mit Vervollkommnung und Erweiterung der theoretischen, der praktischen und der beschreibenden Astronomie beschäftigt hatten, eröffnete sich ihnen fast plötzlich noch ein ganz neues, oder wenigstens bis dahin nur höchst ausnahmsweise und fast mehr gelegentlich durch Physiker, als durch eigentliche Astronomen, in Anwendung von Photometer, Polariskop, ꝛc. betretenes Forschungsgebiet, das am besten als „cosmische Physik" bezeichnet wird, — und zwar gab hiezu mit Fug und Recht unsere Königin, die Sonne, den ersten Anstoß: Bald nachdem nämlich Heinrich Schwabe in Dessau, der sich das große Verdienst erwarb, von 1826 hinweg den Fleckenstand der Sonne consequent zu beobachten, eine hinlänglich lange Beobachtungsreihe besaß, um aus derselben die bis dahin bezweifelte Periodicität in der Häufigkeit der Sonnenflecken zum mindesten sehr wahrscheinlich zu machen[1], — boten auch die auf Anregung

[1]) Vergl. 231.

von Humboldt und Gauß allerorts errichteten magnetischen Observatorien die nöthigen Serien um die Bewegungen der Magnetnadel studiren zu können, und erlaubten namentlich Sabine und Lamont den Nachweis, daß sich sowohl in der jährlichen Anzahl der Störungen im täglichen Gange, als in den Jahresmitteln der täglichen Declinations-Variationen eine bestimmte Periode zeige. Dabei fand nun Sabine, daß die Häufigkeit der Störungen mit der von Schwabe erhaltenen Häufigkeitsreihe der Fleckengruppen parallel laufe, und unabhängig von ihm und von einander erkannten Gautier und ich, daß auch die mittlere Größe des täglichen Ausschlages denselben Gang zeige. Die auf solche Weise 1852 von uns gemachte Entdeckung des entsprechenden Verlaufes zweier Erscheinungen, von denen die eine bis dahin als rein terrestrisch, die andere als allein der Sonne zugehörend angesehen worden war, verursachte nun begreiflich großes Aufsehen, — zumal ich bald nachher den bestimmten Nachweis liefern konnte, daß Periodicität und Parallelismus beider Erscheinungen nicht nur etwa während einer kurzen Reihe von Jahren, sondern während der ganzen Zeit bestanden haben, für welche überhaupt betreffende Wahrnehmungen vorhanden sind, ja daß muthmaßlich auch in der Häufigkeit der Nordlichterscheinungen, und vielleicht noch in verschiedenen andern Erscheinungen auf der Erde ein entsprechender Wechsel statt habe[2]). Nun wurde plötzlich dieses, früher von manchen Astronomen fast verächtlich angesehene Gebiet zum beliebtesten Arbeitsfelde, das sich dann bald noch nach andern Seiten erweiterte, und wir werden bereits von schönen Erfolgen zu sprechen haben, welche sich in den letzten Decennien theils die Eröffner dieser neuen Fundgrube, theils die Carrington, Secchi, Spörer, Faye, Zöllner, Janssen, Tacchini, Fritz, Lohse, Vogel, rc. in dieser Richtung erworben haben.

189. Die Photographie. Zur Ausdehnung des Gebietes der cosmischen Physik wirkte ganz besonders auch die zuerst von

[2]) Vergl. 235.

amerikanischen Astronomen mit Erfolg versuchte Anwendung der von dem französichen Cavallerieofficier Joseph Nicephore **Niepce**, dem schon durch seine Dioramas berühmten französischen Decorationsmaler Louis Jacques Mandé **Daguerre** und dem reichen englischen Privatmanne William Henry Fox **Talbot** in den 20er und 30er Jahren des gegenwärtigen Jahrhunderts nach und nach erfundenen und vervollkommneten Photographie[1]) auf die Darstellung cosmischer Gegenstände und Erscheinungen mit, und es darf somit diese merkwürdige Kunst hier nicht übergangen werden. Sie hat namentlich, wie wir noch später im Detail hören werden, durch die erfolgreichen Anstrengungen von Lewis **Rutherford**, Warren **De la Rue**, ꝛc. zur Kenntniß der Mondtopographie schon Vieles beigetragen, — sie hat für die Controle der Vorgänge auf der Sonnenoberfläche, für die bereits eigene Instrumente construirt und in regelmäßigen Betrieb gesetzt worden sind, und ebenso für die merkwürdigen Erscheinungen während totaler Sonnenfinsternisse ganz bedeutende Beiträge abgeworfen, — es ist nach den schon von **Bond** in Cambridge U. S. vor längerer Zeit erhaltenen Resultaten nicht unwahrscheinlich, daß sie auch für die Kenntniß der Doppelsterne Erhebliches leisten, ja vielleicht am besten die schwankenden Differenzen zwischen den mit verschiedenen mikrometrischen Vorrichtungen erhaltenen Messungsresultaten dereinst aufhellen wird, — und ihre Anwendung auf den letzten Venusdurchgang dürfte herausstellen, daß sie auch nach dieser Richtung ganz Vorzügliches leisten kann[2]).

190. Die Spektroskopie. Noch fast wichtiger als die Photographie ist für die Astronomie die Ausbildung der Spektroskopie geworden. Nachdem sie, auf Grundlage der von

---

[1]) Niepce lebte von 1765—1833 meistens zu Châlons-sur-Saône, — Daguerre wurde 1787 zu Cormeille geboren, hielt sich meist zu Paris auf, und starb 1851 zu Bry-sur-Marne, — Talbot endlich wurde 1800 zu Lacock Abbey in Wittshire geboren.

[2]) Vergl. 236 u. f.

Wollaston und Fraunhofer unabhängig von einander entdeckten, nach Letzterm benannten dunkeln Linien im Sonnenspectrum und der ebenfalls von Fraunhofer bei Flammen bemerkten und von 1826 an durch Fox Talbot als charakteristische Merkmale der Substanzen erkannten hellen Linien, namentlich von 1862 hinweg durch Kirchhoff begründet wurde[1]), und es alsbald gelang, sehr wirksame Spectralapparate zu construiren, hat sie in der That auch für die Astronomie schon so Bedeutendes geleistet, daß ihre Geschichte bereits einen integrirenden Theil der Geschichte der letztern Wissenschaft bildet. Wir werden später hören, wie wichtig die Spectraluntersuchungen für die Kenntniß der physischen Beschaffenheit der Fixsterne geworden ist, — wie sich durch dieselbe ferne Nebel und entlegene Sternhaufen, 2c. unterscheiden lassen, 2c.[2]); vorläufig mag hier nur, als Beispiel, ihrer Anwendung auf die Sonne gedacht werden: Nachdem man schon wiederholt während totaler Finsternisse auf die rothen Flammen am Sonnenrande, die sogenannten Protuberanzen, aufmerksam geworden war[3]), stellte sich Norman Lockyer[4]), der sich schon längere Zeit mit spektroskopischen Untersuchungen befaßt hatte, in einer betreffenden Mittheilung, welche er 1866 XI 15 der Royal Society machte, die Frage, ob es nicht möglich sein sollte mit dem Spektroskope die Existenz jener merkwürdigen Gebilde jederzeit nachzuweisen. Er richtete später an das Comité das Gesuch, ihm behufs der Beantwortung zu einem wirksamen Spektroskope zu verhelfen, — erhielt ein solches 1868 X 16, und sah sodann X 20 bereits eine Protuberanz. Auch Janssen[5])

[1]) Für die Ansprüche Julius Plücker's (Elberfeld 1801 — Bonn 1868; Professor der Mathematik und Physik zu Bonn) vergl. dessen von Dronke 1871 publicirtes Leben. — Gustav Kirchhoff wurde 1824 zu Königsberg geboren, war damals Director des physikalischen Instituts zu Heidelberg, und steht jetzt als Professor der Physik zu Berlin.

[2]) Vergl. 262 u. f. [3]) Vergl. 232 und 236.

[4]) Lockyer wurde 1836 zu Rugby in Warchwichshire geboren.

[5]) Pierre Jules César Janssen, Mitglied der Pariser Academie und Director des phys.-astron. Observatoriums zu Meudon, 1824 zu Paris geboren. — Vergl. seine Vorlesung „La chimie céleste. Paris 1873 in 4".

hatte in Folge der totalen Finsterniß von 1868 VIII 18 denselben Gedanken, und sah bereits an dem ihr folgenden Tage in seinem Spektroskope eine Protuberanz aufblitzen; aber seine Mittheilung an die Académie des Sciences kam erst einige Tage nach der betreffenden Note von Lockyer an, so daß sie ganz unabhängig von einander sind, während also Lockyer entschieden den ersten Gedanken hatte. — Was noch Alles von der Spektroskopie und ihrer Verbindung mit dem Doppler'schen Principe, nach welchem die Farbenverschiedenheiten und namentlich die Farbenwechsel der Gestirne auf Bewegungserscheinungen zurückzuführen wären, zu erwarten ist, läßt sich kaum bestimmen, — man müßte denn den prophetischen Geist des ebengenannten Physikers besitzen, dessen zum Schlusse hier noch einläßlich gedacht werden mag: Zu Salzburg 1803 einem Steinmetzmeister geboren, sollte Christian Doppler erst Kaufmann werden, schwang sich aber durch aufreibende Thätigkeit zum Gelehrten und Professor auf; als er jedoch eben in der Stellung eines Directors des neu errichteten physikalischen Institutes der Wiener Universität die lange gewünschten Hülfsmittel reichlich erhalten hatte, machte ihm 1853 ein Lungenleiden in Venedig, wo er Heilung suchte, ein vorfrühes Ende, — es bewahrheitete sich leider an ihm wieder einmal Hebbel's „Erst fehlt der Wein, dann fehlt der Becher". Wie weit seine Gedanken reichten, zeigt uns seine 1847 in den Schriften der böhmischen Gesellschaft publicirte Abhandlung: „Gedanken über die Möglichkeit die absoluten Entfernungen und absoluten Durchmesser der Fixsterne auf rein optischem Wege zu bestimmen", in welcher er u. A. mit wunderbarer Divination aussprach: „Kein anderes Band, soweit wenigstens unsere jetzige Kenntniß reicht, verbindet uns Erdenbürger mit jenen unermeßlich weit entfernten Himmelskörpern, wie das Licht, das sie uns zusenden, und unsere Wahl ist demnach nichts weniger als zweifelhaft. Es scheint mir aber, als ob man bisher diesem für uns so hochwichtigen Umstand nur eine geringe Aufmerksamkeit geschenkt hätte; denn Alles, was mir in dieser Beziehung bekannt geworden ist, beschränkt sich bloß auf den bekannten schönen Gedanken Savary's[6]) und auf die von Fraunhofer verschieden befundenen Farbenspectren der Fixsterne; die Zeit aber, hoffe ich mit Zuversicht, ist wohl nicht mehr ferne, wo sich derartige Untersuchungen häufen und durch unsere hervorragendsten Geister zu einem wissenschaftlichen Ganzen, zu einer optischen Astronomie, gestalten werden." Sein begeisterter Schüler Mach glaubt in seinen 1874 publicirten „Beiträgen zur Doppler'schen Theorie der Ton- und Farbenänderung durch Bewegung" aussprechen zu dürfen, daß er in seinen Schriften „den ersten klaren Vorschlag zur spektroskopischen Bestimmung der Bewegung" gemacht habe[7]). Er sagte nämlich in der 1860 in den Sitzungsberichten der Wiener Academie abgedruckten Abhandlung wörtlich: „Das Bild des Sternes wird durch das Prisma in ein Spectrum zerlegt, in welchem sich nun zweierlei dunkle Linien zeigen; die einen rühren von unserer Atmosphäre, die andern vom Sterne her; die letztern müssen nun beim Farbenwechsel des Sternes ihren Ort ändern, und aus dieser Aenderung wird die Geschwindigkeit des Sternes bestimmt." Die seitherigen Bestimmungen, welche durch Huggins und die Greenwicher Astronomen erhalten worden sind, lassen kaum mehr Zweifel darüber, daß auf diesem Wege wirkliche Resultate erhalten werden können.

191. Die Telegraphie. Wenn so die Astronomie für Bearbeitung des ihr in der cosmischen Physik erwachsenen neuen Gebietes an der Photographie und Spektroskopie mächtige Bundesgenossen gewonnen hat, so ist endlich auch nicht zu vergessen, daß sie von derselben Seite her noch eine wichtige, bereits für gewisse Messungen unentbehrlich scheinende Hülfe erhalten hat, nämlich die Telegraphie und speziell die durch sie ermöglichte Registrirung von Beobachtungen in jeder beliebigen Distanz. Die elektrische Telegraphie selbst, an welche unter Anwendung der

[6]) Vergl. 266.

[7]) Die Franzosen nehmen denselben allerdings für Fizeau in Anspruch, und datiren ihn auf 1848.

Reibungselektricität schon 1774 der bekannte Genfer Physiker George Louis Lesage und unter Anwendung der Eigenschaft des galvanischen Stromes Wasser zu zersetzen, 1809 der Frankfurter Arzt Samuel Thomas Sömmering dachte[1]), erhielt ihre ausreichende physikalische Grundlage, als 1819 Oersted[2]) die schon 1802 von dem Sachwalter Giovanni Domenico Romagnosi in Trient beiläufig bemerkte Ablenkung der Magnetnadel durch den galvanischen Strom, zu einer wissenschaftlich gut constatirten Thatsache erhob, und im folgenden Jahre Arago den Elektromagnetismus entdeckte; doch dauerte es noch bis in die dreißiger Jahre bis Schilling[3]), Gauß, Wheatstone[4]), Morse[5]), ꝛc. die ersten Nadel-, Zeiger- und Schreib-Telegraphen construirten und damit die wirkliche Möglichkeit des neuen Communicationsmittels erwiesen[6]). Von den speziell die Astronomie interessirenden Apparaten und Verfahren wird später ohnehin zu sprechen sein[7]); dagegen mag hier noch bei dieser Gelegenheit der auch sonst[8]) in den verschiedensten Richtungen um die Astronomie verdiente Mann kurz besprochen werden, durch dessen Entdeckungen diese ganze Sache erst praktische Bedeutung gewonnen hat,

[1]) Lesage lebte von 1724—1803, vergl. für ihn Bd. 4 meiner Biographien, — Sömmering aber, der von Thorn gebürtig und früher Professor der Medicin in Kassel und Mainz war, von 1755—1830.

[2]) Hans Christian Oersted wurde 1777 zu Rudkjöbing auf Langeland geboren, war erst Pharmazeut, dann Professor der Physik in Kopenhagen, wo er 1851 starb.

[3]) Pavel Lwowitsch Schilling wurde 1786 zu Reval geboren, und starb 1837 als russischer Staatsrath zu Petersburg.

[4]) Charles Wheatstone wurde 1802 zu Gloucester geboren, war früher musikalischer Instrumentenmacher, später Professor der Physik und privatisirte zuletzt in London, wo er 1875 starb.

[5]) Samuel Finley Breese Morse wurde 1791 zu Charlestown geboren, war seines Berufes Historienmaler und starb 1872 in Newyork.

[6]) Vergl. für die ausführliche Geschichte der Telegraphie das soeben von Professor K. E. Zetzsche in Dresden in Druck gegebene „Handbuch der elektrischen Telegraphie".

[7]) Vergl. 202 und 216.

[8]) Vergl. 201, 203, 211 und 261.

— ich meine Steinheil: Zu Rappoltsweiler im Elsaß 1801 geboren, begann Karl August Steinheil seine Studien in Erlangen, setzte sie dann aber bei Gauß in Göttingen und bei Bessel in Königsberg fort; nachher legte er sich im elterlichen Hause zu Perlach bei München eine Privatsternwarte und eine mechanische Werkstätte an, und machte sich bald durch eine ganze Reihe von neuen Ideen zur Construction von Prismenkreisen, Astrographen, ꝛc. bekannt, so daß ihn schon 1832 Horner in einem Briefe an Repsold als einen „Erzinventirer" bezeichnete[9]). In den Jahren 1832 bis 1849 lehrte er an der Universität München Mathematik und Physik, stand dann bis 1852 als k. k. Sectionsrath dem österreichischen Telegraphenwesen vor und legte hierauf das erste Netz über die Schweiz; dann kehrte er wieder nach München zurück, wo ihm die schon früher bekleidete Stelle eines Conservators der physikalischen Sammlung neuerdings übergeben wurde, und er zugleich seinem Sohne eine größere mechanisch-optische Werkstätte anzulegen und zu dirigiren half, bis ihn 1870 der Tod abrief: Seine Genialität bewies er durch sein 1835 von der Göttinger Academie mit einem Preise bedachtes Sternphotometer, durch seinen neuen Meridiankreis, seine Teleskope mit versilberten Glasspiegeln, ꝛc., ganz besonders aber durch seine von 1838 datirende Entdeckung der Leitungsfähigkeit der Erde[10]), in deren Folge, wie im Eingange angedeutet wurde, das Telegraphenwesen erst Lebensfähigkeit und praktischen Werth erhielt.

192. Die Verbreitung der Sternwarten über die ganze Erde. Fast entsprechend den Telegraphennetzen, ja in der neuesten Zeit auch wirklich in dieselben eingeschaltet, haben sich nach und nach die früher so seltenen Sternwarten jetzt bereits über die ganze Erde verbreitet, und namentlich ist im laufenden Jahrhunderte auch Amerika, das so lange zögerte sich den astrono-

---

[9]) Vergl. Zürch. Viert. 1870.

[10]) Vergl. seine Abhandlung „Ueber Telegraphie, insbesondere durch galvanische Kräfte. München 1838 in 4".

mischen Bestrebungen der sog. alten Welt in einer seiner Bedeutung entsprechenden Weise anzuschließen, ebenfalls mit einer Menge der best-eingerichteten und thätigsten Sternwarten versehen worden. Ebenso haben Asien, Afrika und Australien in Madras, Algier, Melbourne, am Cap, ꝛc. wenigstens einige tüchtige Observatorien erhalten. Während im Ganzen am Ende des 18. Jahrhunderts ca. 130 Sternwarten auf der Erde existirten, von denen nahe ein Viertel auf Frankreich fiel, so zählt man jetzt, obschon jenes Land gegenwärtig nur noch in Paris, Marseille und Toulouse je ein Observatorium hat, also der Zahl nach nur noch mit der kleinen Schweiz auf der gleichen Stufe steht, über 200 solcher Uranientempel, denen überdieß in der allerneusten Zeit mehrere speziell der cosmischen Physik gewidmete Institute an die Seite getreten sind. — Auch über möglichst zweckmäßigen Bau der Sternwarten hat man sich geeinigt, — namentlich sind die noch im vorigen Jahrhundert, wenigstens in Deutschland, das Ideal der Astronomen bildenden Beobachtungsthürme, jetzt allgemein verlassen worden, und es dürfte die Zeit nicht mehr fern sein, wo sogar die gegenwärtigen astronomischen Hochbauten überall, wo es das Terrain gestattet, einer Terrasse mit verschiebbaren Häuschen für die einzelnen Instrumente weichen werden. Eigentlicher Detail kann hier füglich wegbleiben, da die wichtigsten der früher und jetzt bestehenden Sternwarten im Laufe dieser Geschichte ohnehin Erwähnung finden werden, oder schon gefunden haben; einzig soll noch der Radcliffe, Sina, Dudley, Kunz, ꝛc. als Ehrenmeldung für die theils von ihnen, theils zu ihrem Andenken auf den Altar der Astronomie gelegten Schenkungen und Vermächtnisse gedacht werden.

10. Capitel.

Die neuere Beobachtungskunst.

193. Die Fortschritte des numerischen Rechnens. Wenn auch einzelne Rechnungsregeln in der neuern Zeit etwas vervollkommnet, einzelne früher unbekannte Rechnungsvortheile hervorgehoben worden sein mögen, so hat sich doch das numerische Rechnen seit Einführung der Decimalbruchrechnung, die in einem frühern Abschnitte geschildert worden ist[1]), nicht mehr wesentlich verändert; dagegen wurden die Rechnungshülfsmittel sehr bedeutend vervollkommnet und vermehrt, und dadurch der praktischen Astronomie, die zur Ausnutzung der Beobachtungen so zahllose Rechnungen auszuführen hat, ein großer Dienst geleistet. Manches daher Gehörige ist nun allerdings schon in einem vorhergehenden Abschnitte im Anhange an das jener Zeit Zukommende geschildert worden um den Zusammenhang nicht zu unterbrechen; so ist bei Anlaß der Erfindung der Logarithmen die Geschichte der logarithmisch-trigonometrischen Tafeln[2]), bei Anlaß der ersten mechanischen Hülfsmittel zum Rechnen die Geschichte der Rechenmaschinen[3]) bis auf die neueste Zeit fortgeführt worden; aber dennoch bleibt noch einiges Betreffende nachzutragen: So mag hier z. B. an die von Gauß zwar nicht eigentlich erfundenen, aber doch zuerst in bequeme Tafeln gebrachten Summen- und Differenzen-Logarithmen erinnert werden[4]), die in einzelnen Fällen das Rechnen

---

[1]) Vergl. 109. [2]) Vergl. 111. [3]) Vergl. 112.

[4]) Für die betreffenden Verdienste der Muschel von Moschau (1696), Alex. v. Humboldt (1780) und Leonelli (1802) vergl. die mehrerwähnten „Vermisch-

nicht unwesentlich erleichtern, und daher noch in der neuesten Zeit durch Zech und Wittstein bis auf sieben Stellen berechnet und publicirt worden sind, — an die durch C. Séguin l'ainé[5]) 1801 zu Paris publicirten, viele Rechnungen außerordentlich erleichternden „Tables des nombres quarrés et cubiques depuis 1 jusqu'à 10000", und die von Hülsse in die von ihm 1840 zu Leipzig veranstaltete Neu-Ausgabe von Vega's Sammlung mathematischer Tafeln aufgenommenen Tafeln der Quadrat- und Kubikwurzeln derselben Zahlenreihe, — ganz besonders aber an die von Crelle 1820 zu Berlin veröffentlichten „Rechentafeln, welche alles Multipliciren und Dividiren mit Zahlen unter Tausend ganz ersparen, bei größern Zahlen aber die Rechnung erleichtern und sicherer machen", welche namentlich in der 1864 von Bremiker besorgten Stereotypausgabe dem Astronomen bei einzelnen Rechnungen, wie z. B. bei Reduction von Sterndurchgängen, ganz außerordentliche Erleichterung verschaffen.

194. Die Fortschritte des trigonometrischen Rechnens. Während noch in der ersten Hälfte des achtzehnten Jahrhunderts die beiden Trigonometrien so ziemlich im alten Stadium geblieben waren, und namentlich die Rechnungsvorschriften noch immer in Form von Lehrsätzen oder sogenannten Analogien gegeben wurden, kam nach der Mitte desselben plötzlich ein totaler Umschwung zu Stande, als sich der große Euler damit zu befassen begann. Seine 1753 der Berliner Academie vorgelegte Abhandlung „Principes de la Trigonométrie sphérique tirés

---

ten Untersuchungen" Günthers. Die ersten Tafeln von Gauß wurden 1812 im 26. Bde. der Mon. Corr. publicirt. — während diejenigen von Zecchini Leonelli (Cremona 1776 — Corfu 1847; erst Architekt, zuletzt Director des physicalischen Cabinets in Corfu) schon in seinem 1802 zu Bordeaux erschienenen und 1876 zu Paris durch Houël neu aufgelegten „Supplément logarithmique" enthalten sind.

[5]) Wahrscheinlich der Vater von Marc Seguin, dem bekannten Neffen von Montgolfier, der sich besonders um die Dampfmaschinen so verdient machte. Letzterer wurde 1786 zu Annonay geboren und starb daselbst 1875. — Die erwähnten Tafeln wurden 1828 nochmals abgedruckt.

de la méthode des plus grands et plus petits" brachte denselben in so natürlicher Weise, und Euler's bescheidener Art gemäß, so ohne allen Aufhebens, daß man glauben möchte, er gebe nur Altbekanntes[1]); aber wenn man irgend ein die Trigonometrie behandelndes oder von ihr Gebrauch machendes Buch jener Zeit, z. B. die 1754, d. h. zwischen der Vorlage von Euler und ihrer Publication im Jahre 1755 erschienenen „Institutiones Astronomiae" des in der Literatur mehr als keiner seiner Zeitgenossen bewanderten Friedrich Weidler, neben Eulers Abhandlung legt, so sieht man mit aller Sicherheit, daß Letztere ganz Neues bringt, und daß eben Euler auch in dieser Sache das Ei des Columbus gefunden hat, und zwar einfach darin, daß er die Seiten eines Dreiecks mit a, b, c, die Gegenwinkel mit A, B, C bezeichnet hat. In dieser einfachen Bezeichnung, zu der dann allerdings seine Fertigkeit im Formelnschreiben und Verwandeln hinzutrat, liegt der Grund, daß wir nun plötzlich bei Euler alle trigonometrischen Formeln in der Weise geschrieben finden, wie wir sie jetzt kennen. Und nicht nur etwa die alten Sätze und Proportionen sind da, — sondern auch bereits alle die so bequemen logarithmischen Formeln um aus den Seiten die Tangenten der halben Winkel oder aus den Winkeln die Tangenten der halben Seiten zu finden, — und überhaupt so ziemlich alle Formeln, die wir jetzt kennen, mit fast einziger Ausnahme der sogenannten Gauß'schen Formeln, welche erst 1808 gleichzeitig von Mollweide und Delambre zuerst bekannt gegeben wurden. Auch die Einführung von Hülfswinkeln, um zu Gunsten der Logarithmen, im Gegensatze zur Prostaphäresis, eine Reihe von Additionen und Subtractionen in Multiplicationen und Divisionen umzuwandeln, handhabte Euler ganz in gegenwärtigem Sinne, — kurz es ist so zu sagen auf Einen Schlag Alles da, was das Herz eines trigonometrischen

[1]) Euler ließ besprochener Abhandlung unmittelbar seine „Elémens de la Trigonometrie sphéroïdique tirés de la méthode des plus grands et plus petits" folgen.

Rechners erfreuen kann. Einzig die für die Astronomie ganz besonders wichtigen Fehlergleichungen, die offenbar außer dem eigentlichen Programme Eulers für seine damalige Arbeit lagen, fehlen. Diese waren zuerst 1722, aber allerdings noch unter den alten Formen, aus dem Nachlasse des vortrefflichen Roger Cotes, des Schülers und Freundes von Newton, in der mit der „Harmonia mensurarum“ ausgegebenen Abhandlung „Aestimatio errorum in mixta mathesi per variationes partium trianguli plani et sphaerici“ publicirt worden[2]). Cotes spricht in dieser Abhandlung 28 Theoreme aus, von denen z. B. das 17. lautet: „Sind in einem sphärischen Dreiecke eine Seite und ihr Gegenwinkel constant, so verhält sich die Variation einer der andern Seiten zur Variation ihres Gegenwinkels wie sich die Tangente jener Seite zur Tangente ihres Gegenwinkels verhält“. Später reproducirte Lacaille in seinem 1741 der Pariser Academie vorgelegten „Calcul des différences dans la trigonométrie sphérique“ die Cotes'schen Formeln und zwar ebenfalls noch in Gestalt von Analogien, und wandte sie auf Bestimmung der Mittagsverbesserung, auf Reduction einer scheinbaren Monddistanz, 2c. an. Wer dann zuerst diese Fehlergleichungen in der jetzt üblichen Form gab, habe ich noch nicht mit Sicherheit bestimmen können, — wahrscheinlich auch Euler in einer seiner zahllosen Abhandlungen. — Von Lehrbüchern der Trigonometrie, die sich zugleich mit Anwendungen auf Astronomie befassen, ist die 1786 durch Antonio Cagnoli[3]) zu Paris herausgegebene

---

[2]) Jo. Matth. Matsko veranstaltete von dieser Abhandlung „Lemgoviae 1768 in 8“ eine neue Ausgabe. — Roger Cotes wurde 1682 zu Burbage in Leicestershire geboren, erhielt 1706 die kurz zuvor durch Dr. Plume gestiftete Professur der Astronomie und Physik zu Cambridge, starb aber zu großem Schaden für die Wissenschaft schon 1716, ohne die begonnenen Mondtafeln vollenden und die beabsichtigte Sternwarte erbauen zu können.

[3]) Cagnoli wurde 1743 auf Zante geboren, erbaute sich erst in Paris, wo er als Attaché der venetianischen Gesandtschaft lebte, dann in Verona, je eine Privatsternwarte, wurde später von Napoleon als Professor der Astronomie nach Modena berufen, und starb daselbst 1816.

„Trigonometria piana e sferica“, von der im gleichen Jahre Chompré auch eine französische Ausgabe veranstaltete, eines der vorzüglichsten. Außer ihm mag hier noch um der vielen literarischen und historischen Bemerkungen willen die 1802 zu Tübingen von Pfleiderer[4]) und Bohnenberger herausgegebene „Ebene Trigonometrie“ Erwähnung finden.

195. Die Methode der kleinsten Quadrate. In der neuern Beobachtungskunst spielt die Anwendung der Gesetze der Wahrscheinlichkeitsrechnung, und speziell die auf ihnen basirende „Methode der kleinsten Quadrate“ eine hervorragende Rolle. Letztere geht bekanntlich aus dem Grundsatze hervor, daß bei Vermeidung constanter Fehlerquellen das arithmetische Mittel aus einer größeren Anzahl gleichwerthiger Bestimmungen einer Größe als wahrscheinlichster Werth der Letztern anzusehen sei, — einem Grundsatze, den schon Simpson in seiner 1755 den Philos. Transactions einverleibten Abhandlung: „On the Advantage of taking the Mean of a Number of Observations in Practical Astronomy“, dann wieder Lambert in seiner bereits erwähnten, im Jahre 1761 erschienenen „Photometria“, und noch 1773 Lagrange in seinem, in dem 5. Bande der Miscell. Taurin. publicirten „Mémoire sur l'utilité de la méthode de prendre le milieu entre les résultats de plusieurs observations“ befürwortete. So wie sich dieser Grundsatz nach und nach Bahn gebrochen hatte, lag es nicht sehr weit ab zu finden, daß für den wahrscheinlichsten Werth die Summe der Fehlerquadrate ein Minimum sein müsse[1]),

---

[4]) Christoph Friedrich von Pfleiderer wurde 1736 zu Kirchheim geboren, stand successive als Professor der Mathematik und Physik zu Warschau und Tübingen, und starb am letztern Orte 1821.

[1]) Auch Gauß war dieser Ansicht: „Der Gedanke schien mir vom ersten Anfange an,“ schrieb er 1840 an Schumacher, „so natürlich, so äußerst naheliegend, daß ich nicht im geringsten zweifelte, viele Personen, die mit Zahlenrechnung zu verkehren gehabt, müßten von selbst auf einen solchen Kunstgriff gekommen sein, und ihn gebraucht haben, ohne deswegen es der Mühe werth zu halten, viel Aufhebens von einer so natürlichen Sache zu machen.“

und es wurde dieß auch von Mehreren erkannt, wie z. B. von Daniel Huber in Basel[2]), von dem jungen Göttinger Studenten Karl Friedrich Gauß[3]), und vielleicht noch von Andern, — leider aber ohne es zu veröffentlichen und sich dadurch die Priorität zu sichern. Erst nachdem 1806 Legendre[4]) dieselbe Methode in seinen „Nouvelles méthodes pour la détermination des orbites des comètes" auseinander gesetzt hatte, nämlich erst 1809 bei Publication seiner bereits besprochenen „Theoria motus" gab Gauß einen kurzen Abriß seiner Methode, und erst nachdem noch Laplace derselben in seiner 1812 publicirten „Théorie analytique des probabilités" ebenfalls einen Abschnitt gewidmet hatte, rückte endlich Gauß mit seinem betreffenden fundamentalen Werke, seiner 1821 erschienenen „Theoria combinationis observationum erroribus minimis obnoxiae" heraus, welcher er dann noch 1826 einen Nachtrag folgen ließ. Wenn aber so auch rechtlich die eigentliche Priorität Legendre wenigstens bedingt zuerkannt werden muß, so bleibt dennoch Gauß mindestens das Hauptverdienst um deren wissenschaftliche Begründung und sichere

---

[2]) Vergl. meine Biographien I 453.

[3]) Vergl. Theoria motus pag. 221, wo Gauß selbst angibt, daß er diese Methode seit 1795 angewandt habe. — Aus pag. 378 des 1799 erschienenen 4. Bandes der Geogr. Ephem. geht auch hervor, daß Gauß schon spätestens in dem Jahre 1799 Zach eine Probe seiner Methode gegeben hatte, die aber leider Zach zu publiciren versäumte, — und gegen eine nachträgliche Bezeugung protestirte Gauß. „Dieß hieße anerkennen," schrieb er 1831 an Schumacher, „als bedürfe meine Anzeige (Th. M.) einer Rechtfertigung, und dazu werde ich mich nie verstehen. Als Olbers attestirte, daß ich ihm 1802 die ganze Methode mitgetheilt habe, war es zwar gut gemeint; hätte er mich aber vorher gefragt, so würde ich es hautement mißbilligt haben."

[4]) Adrien Marie Legendre wurde 1752 zu Paris geboren, und trat 1783 in die Academie ein. Er wirkte zu Paris als Professor der Mathematik, erst an der Militärschule, dann an der Normalschule. Von 1816 an war er Examinator an der polytechnischen Schule. Er verlor 1824 seine Pension von 3000 Frcs., weil er bei Besetzung einer academischen Stelle nicht für den ministeriellen Candidaten gestimmt hatte, und starb 1833 zu Paris in ziemlich dürftigen Verhältnissen. Vergl. für ihn Biogr. univ. und „Quérard, La France littéraire. Paris 1827—39, 10 Vol. in 8".

Anwendung, und die zahlreichen neuern Arbeiten, welche diese jetzt so allgemein verwendete Methode betreffen, basiren immer auf seinen Auseinandersetzungen. Von Letztern mögen noch besonders hervorgehoben werden die 1834—36 von Joh. Franz Encke im Berliner Jahrbuche publicirten Abhandlungen „Ueber die Methode der kleinsten Quadrate“, — die 1843 durch Christ. Ludwig Gerling publicirte Schrift: „Die Ausgleichungsrechnungen der praktischen Geometrie oder die Methode der kleinsten Quadrate mit ihren Anwendungen auf geodätische Aufgaben“, — der 1853 durch Elie Ritter publicirte „Manuel théorique et pratique de l'application de la méthode des moindres carrés au calcul des observations“ und der im gleichen Jahre durch Jean Baptiste Joseph Liagre[5]) aufgelegte „Calcul des probabilités et théorie des erreurs“, — die 1861 durch George Biddel Airy veröffentlichte Schrift: „On the algebraical and numerical Theory of errors of observations and the Combination of observations“, — die 1872 durch Friedrich Helmert aufgelegte Schrift „Die Ausgleichungsrechnung nach der Methode der kleinsten Quadrate, — die 1874/75 von Hervé Faye[6]) an der Ecole polytechnique vorgetragene, bis jetzt aber nur in Autographie vorhandene „Théorie des erreurs“, — ꝛc. ꝛc., einer Menge betreffender Spezialabhandlungen nicht einmal zu gedenken.

196. Die mechanisch-optischen Institute. Während der Astronom früher darauf angewiesen war sich seine Instrumente mit Hülfe von Handwerkern selbst zu construiren, etablirten sich nach und nach erst für kleinere, dann auch für größere Arbeiten solcher Art eigene Instrumentenmacher, und später bildeten sich förmliche Institute, bei denen der Bedarf zu erheben war. Zuerst ging England nach dieser Richtung vor, und als erster

[5]) Zu Tournay 1815 geboren, jetzt General-Commandant der Militärschule und Quetelet's Nachfolger als Sekretär der Académie in Brüssel.

[6]) Zu Bénoit-du-Sault 1814 geboren, erst Adjunkt an der Pariser Sternwarte, dann Professor der Astronomie und Mitglied der Pariser Academie.

bedeutender Instrumentenmacher dürfte George Graham zu nennen sein, der, 1675 zu Horsgills in Cumberland geboren, bei dem berühmten Uhrmacher Thomas Tompion in London[1]) in die Lehre trat, sich zunächst noch mit feiner Uhrmacherei beschäftigte, dann aber auch als Mechaniker excellirte, für die Sternwarte zu Greenwich mehrere größere Instrumente und für Bradley den großen Zenithsector construirte, mit welchem dieser die Aberration entdeckte. Als er 1751 starb, folgten ihm John Dollond, über den wir später wegen seiner optischen Leistungen speciell eintreten werden, und der in seinen Sohn und Neffen bereits in das gegenwärtige Jahrhundert reicht, — John Bird, der von 1709 bis 1776 in London lebte, die meisten Instrumente construirte, welche zur Zeit von Bradley in Greenwich benutzt wurden, auch für die Militärschule in Paris den großen Mauerquadranten lieferte, mit welchem Lalande beobachtete, — Johann Heinrich Hurter von Schaffhausen, der erst Glaser und Emailmaler war, dann ein Institut für Construction mathematischer und physicalischer Instrumente in London begründete[2]), — Jesse Ramsden, der, 1735 zu Halifax in Yorkshire geboren, erst wie sein Vater Tuchmacher, dann Graveur war, nachher bei John Dollond in die Lehre trat und dessen Tochter heirathete, dann eine eigene große mechanische Werkstätte in London gründete, aus der bis zu seinem 1800 erfolgten Tode eine Menge mathematischer Instrumente erster Qualität hervorgingen, namentlich auch ganze Kreise von 3 Fuß Durchmesser aufwärts, — William Cary, von dem sich bis anhin trotz seiner schönen Kreise und Sextanten kaum der Name erhalten zu haben schien, während

[1]) Tompion soll 1671 in England die erste Taschenuhr mit Spiralfeder construirt haben, wozu ihm Hooke die, muthmaßlich einer Mittheilung von Huygens an die Roy. Soc. entnommene, Idee gab. Ein von Dubois erwähnter Uhrmacher Thomas Tompion, der von 1677 bis 1754 gelebt haben soll, dürfte ein Sohn von ihm gewesen sein.

[2]) Hurter wurde 1734 zu Schaffhausen geboren, und starb 1799 zu Düsseldorf, wohin er sich etwa 1791 zurückgezogen hatte. Er machte sich namentlich durch seine Reisebarometer, Luftpumpen, ꝛc. weit bekannt.

ich jetzt, Dank einem glücklichen Funde[3]), mittheilen kann, daß er 1759 geboren wurde, Schüler von Ramsden war, später ein eigenes Geschäft errichtete, und dieses sodann bis zu seinem 1825 erfolgten Tode mit großem Erfolge betrieb, — Edward Troughton[4]) und William Simms[5]), welche die meisten neuern Instrumente für Greenwich, die Gradmessung in Ostindien, die amerikanische Küstenvermessung, ꝛc., lieferten, und namentlich für große Mauerkreise berühmt waren, — ꝛc. — In Deutschland errichtete ein Schüler von Doppelmayr, der 1713

---

[3]) Die Nat. Ges. in Zürich besitzt, wahrscheinlich aus dem Nachlasse von Horner, einen „Catalogue of optical, mathematical and philosophical instruments, made and sold by W. *Cary*, Nr. 182, Strand near Norfolk-Street, London“, und an der Hand dieser Adresse, welche ich Ranyard mittheilte, gelang es ihm einen Geschäftsnachfolger Henry Porter aufzufinden, der noch unter William's Sohn, John Cary (1789—1852) gearbeitet hatte, und wenigstens einige Auskunft geben konnte. Man sieht überdieß aus diesem Cataloge, daß Cary Fernröhren und Spiegelteleskope mit und ohne Aufstellung lieferte, — ferner Theodolithen, Sextanten, Globen, ꝛc., — sogar zum Preise von 300 L. „an improved two feet Astronomical circular Instrument, serving as a Transit and Altitude Instrument with greater certainty and precision than with any other Instrument yet made. Its radii being made with conical Tubes, and exceedingly light, preserve it from any sensible bending, a fault to which every other large Instrument is subject, with many Improvements in its Graduations. Its construction obviates those errors that in Quadrants arise by the deviation of the Limb from that of a true Plane, in which the best Quadrant hitherto made has been defective.“ — Pearson beschreibt in seiner „Practical Astronomy (II 362/5)“ ein Transitinstrument, welches der verstorbene W. Cary 1805 an die Sternwarte zu Moskau abgeliefert habe. Auch der jetzt in der Sammlung der Zürcher Sternwarte aufbewahrte, 41 cm Durchmesser besitzende Cary-Kreis ist zu erwähnen, der 1790 1 angekauft worden sein muß, da Feer, der diesen Ankauf veranlaßte, 1790 von seinen Reisen zurückkehrte und 1791 bereits damit beobachtete; er ist direkt auf 20′ getheilt, gibt mittelst eines Vernier's halbe Minuten, und dann noch (ähnlich wie bei Hevel, v. 115) mit einer Mikrometerschraube, bei der angeblich jede Umdrehung das Fernrohr um 5′ dreht, jede zweite Sekunde.

[4]) Zu Corney in Cumberland 1753 geboren und 1835 zu London verstorben.

[5]) Zu Birmingham 1793 geboren und 1816 Associé von Troughton geworden, starb er 1860 zu Carlshalton.

zu Regensburg geborene Georg Friedrich Brander, 1734 zu Augsburg eine erste größere mechanische Werkstätte, welche er, inspirirt durch regen Verkehr mit Lambert, und später durch seinen wackern Schüler und Tochtermann Christoph Caspar Höschel bestens unterstützt, bis zu seinem 1783 erfolgten Tode ausgezeichnet fortführte, so daß man jetzt noch viele seiner Arbeiten, namentlich seine Theilungen auf Glas förmlich bewundern muß. Noch gelang es Höschel eine Reihe von Jahren den Ruf der Brander'schen Firma zu bewahren; aber im Anfange des gegenwärtigen Jahrhunderts erbleichte er sodann vor demjenigen des mechanisch-optischen Institutes, welches damals, auf Veranlassung des frühern helvetischen Bergbaudirectors Joh. Samuel Gruner von Bern, in München und Benedictbeuren im Jahre 1804 durch den Artillerieoffizier Georg von Reichenbach aus Durlach[6]), den Uhrmacher Joseph Liebherr aus Immenstadt[7]), und den Staatsbeamten Joseph von Utzschneider aus Rieden in Oberbayern[8]), gegründet wurde. Letzteres Institut, für welches dann bald auch noch der ausgezeichnete Joseph Fraunhofer gewonnen wurde und über dessen Leistungen die folgenden Nummern einläßlich zu berichten haben werden, zerfiel 1814 in seine noch bestehenden zwei Hauptheile: Der mechanische Theil wurde durch Reichenbach und nach dessen 1826 erfolgtem Tode durch seinen Schüler Traugott Lebrecht Ertel aus Forchheim in Sachsen, dem sodann wieder von 1858 hinweg seine Söhne Georg und Gustav folgten, selbstständig fortgeführt, — der optische Theil durch Utzschneider und Fraunhofer, für welch Letztern nach seinem ebenfalls schon 1826 erfolgten Tode Franz Joseph Mahler aus Staufen im Allgau und Georg Merz von Bichl bei Benedictbeuren die Leitung übernahmen[9]), die dann nach dem Tode der alten Herren in die

[6]) Geboren 1772.

[7]) Geboren 1767 und 1840 zu München verstorben.

[8]) Geboren 1761 und 1840 zu München verstorben.

[9]) Mahler lebte von 1795—1845, Merz von 1793—1867.

Hände von des Letzterwähnten Söhnen Ludwig und Sigmund überging. Auch München fand übrigens bald in Hamburg an dem 1751 gebornen Johann Georg Repsold aus Bremen in Hannover, und nachdem dieser 1830 als Oberspritzenmeister verunglückt war, in dessen Söhnen Georg und Adolf, und dann wieder in deren Söhnen Johannes und Oscar würdige Concurrenten; ferner gründete 1813 Karl Philipp Heinrich Pistor[10]) in Berlin eine größere Werkstätte, welche noch jetzt unter der Firma Pistor und Martins sehr schöne Arbeiten liefert, — und auch zwei Schüler von Reichenbach, der 1845 zu Worblaufen bei Bern verstorbene Ulrich Schenk[11]) und der 1865 zu Wien verstorbene Christoph Starke[12]) versuchten sich mit Glück in größern mathematischen Instrumenten, — einiger andern renommirten Firmen Deutschlands und der Schweiz vorläufig nicht einmal zu gedenken. Von Pariser Firmen waren früher namentlich die von Etienne Lenoir[13]) und von Henri Prudence Gambey[14]) rühmlich bekannt: aus der neuesten Zeit ist ganz besonders die durch Johannes Brunner aus Solothurn[15]), und nach dessen 1863 erfolgten Tode durch seine Söhne Emil und Otto geführte, seit 1828 bestehende Werkstätte zu erwähnen, aus welcher die großen neuen Instrumente der Pariser Sternwarte hervorgegangen sind. Italienische, russische, amerikanische, &c. Werkstätten von größerer Bedeutung sind mir bis jetzt nicht bekannt geworden; die dortigen Sternwarten haben sich bis jetzt meist aus Deutschland und England mit Instrumenten versorgt.

197. Die Kreistheilung und das Ablesemikroskop. Nach welchen Methoden die von Wilhelm IV, Tycho, Hevel, &c. ge-

---

[10]) Zu Berlin 1778 geboren und ebendaselbst 1847 verstorben.

[11]) Zu Schwimmbach bei Signau im Canton Bern 1786 geboren. Er war ein jüngerer Bruder des genialen Mechanikers Christian Schenk. — Vergl. für Beide Bd. 2 meiner Biographien.

[12]) Nicht Christian Starke, wie zuweilen angegeben wird.

[13]) Zu Mer bei Blois 1744 geboren und 1832 zu Paris verstorben.

[14]) Zu Troyes 1787 geboren und 1847 zu Paris verstorben.

[15]) Daselbst 1804 geboren und durch seinen Vater zum Mechaniker vorgebildet.

brauchten Kreise getheilt waren, weiß man nicht; doch ist kaum anzunehmen, daß der geniale Bürgi dafür einfach die früher[1]) beschriebene Methode anwandte. — Der Erste, dessen Theilmethode man kennt, ist Hooke, der 1674 in seinen „Animadversions on the first part of the Machina coelestis of Jo. Hevelius" den Vorschlag machte, mit Hülfe einer Schraube ohne Ende in den Rand eines Quadranten Zähne einzuschneiden, — entsprechend Letzteren Theilpunkte auf dem Limbus anzubringen, — und den Abstand je zweier dieser Punkte aus der Anzahl der auf den ganzen Quadranten kommenden Schraubengänge zu bestimmen. Sein Vorschlag wurde 1688/89 von Tompion und Sharpe zur Construction eines von Flamsteed für Greenwich bestellten Mauerquadranten verwendet, — erzeigte sich jedoch als nicht sehr praktisch. — Wesentlich verschieden davon war die Theilmethode, welche Römer gegen das Ende des 17. Jahrhunderts anwandte und sein Schüler Horrebow in der von ihm 1735 herausgegebenen „Basis Astronomiae" nachträglich beschrieb. Sie bestand einfach darin, die dem Radius seines Sectors entsprechende Sehne von 10' zu ermitteln und in einen Zirkel mit harten Stahlspitzen zu fassen, um sodann durch Ueberschlagen bis zur Erschöpfung eines Bogens von ca. 75° auf seinem Limbus eine Folge äquidistanter Punkte zu ermitteln. Er erhielt jedoch so natürlich nur eine Arbiträrtheilung, die nicht einmal sehr zuverlässig war. — Die erste gute der bekannt gewordenen Theilmethoden war wohl diejenige, welche Graham 1725 zur Theilung eines von Halley für Greenwich bestellten Mauerquadranten von 8' Radius anwandte, und nach der 1774 durch Lemonnier publicirten „Description et usage des principaux instruments d'astronomie" wesentlich in Folgendem bestand: Graham berechnete für seinen Radius die Sehnen von 60°, 42° 40', 30°, 15°, 10° 20' und 4° 40', und legte mit diesen auf verschiedene Weise die Punkte 30°, 60°, 85° 20' und 90° fest;

[1]) Vergl. 34.

namentlich erhielt er, da $85^\circ 20' = 2 \times 42^\circ 40' = 60^\circ + 15^\circ + 10^\circ 20' = 90^\circ - 4^\circ 40'$, den Punkt $85^\circ 20'$ mit großer Sicherheit. Da nun $85^\circ 20' = 2^{10}.5'$, so konnte er folgends den Bogen von 0 bis $85^\circ 20'$ durch fortwährende Bisection von 5 zu 5' abtheilen, und sodann, indem er den restirenden Bogen um 40' über 90° hinaus verlängerte, und so einen Bogen von $5^\circ 20' = 2^6.5'$ erhielt, auch noch den Rest. Zur Controle theilte er überdieß noch auf einem concentrischen Quadranten, dessen Drittel er in voriger Weise bestimmt hatte, jeden derselben durch Bisection in 32 Theile, und erhielt so eine neue Theilung, in welcher jeder Theilstrich von dem Folgenden um 56' 15'' abstand[2]), und jeder vierte Theilstrich mit einem Theilstriche der Haupttheilung coincidiren mußte. Von weiterem Detail absehend, mag zum Schlusse noch erwähnt werden, daß Graham für die Unterabtheilungen nicht nur Vernier's, sondern noch Mikrometerschrauben mit getheilter Trommel beigab[3]), mit welchen auch der Abstand der einander nächst kommenden Theilstriche des Limbus und des Vernier gemessen werden konnte, — ja später die Vernier's ganz wegließ, den Abstand des Index von dem nächsten Theilstriche direct mit der Mikrometerschraube maß, und so der Einführung des Ablesemikroskopes den Weg bahnte. — Während später Bird, Brander und Andere die Hand-Theilungsmethode von Graham[4]), — Ramsden und zum Theil auch Simms die mechanische Theilungsmethode von Hooke zu vervollkommnen

---

[2]) Entsprechend wie bei der in 34 erwähnten Kremsmünster-Theilung.

[3]) Vergl. das 115 und 190 über die ähnlichen Vorrichtungen von Hevel und Cary Gesagte.

[4]) Vergl. „John *Bird*, The method of dividing astronomical instruments, published by order of the commissioners of longitude, London 1767 in 4°, und: „The method of constructing mural quadrants, exemplified by description of the brass mural quadrant in the roy. observatory of Greenwich, published by order of the commissioners of longitude, London 1768 in 4°. Ferner „Geißler, Ueber die Bemühungen der Gelehrten und Künstler, mathematische und astronomische Instrumente einzutheilen. Dresden 1792 in 8°.

suchten[5]), und so zum Theil ebenfalls ganz ausgezeichnete Resultate erreichten, — noch Andere, wie z. B. der 1771 verstorbene Uhrmacher Henry Hindley in York und der später zu besprechende Cavendish, Methoden von untergeordneter Bedeutung ventilirten[6]), stellte der Duc de Chaulnes[7]) in seiner 1768 zu Paris publicirten Schrift „Nouvelle méthode pour diviser les instruments de mathématique et d'astronomie" ein so wesentlich neues und wichtiges Princip auf, daß dasselbe auch hier noch etwas einläßlicher zu besprechen ist: An dem wallartigen Rande der zu theilenden Kreisscheibe wurden nahe diametral zwei mit Strichen versehene Metallstückchen a und b angeschraubt und über denselben zwei Mikroskope A und B mit Fadenkreuz aufgestellt, — die Scheibe nachher gedreht, bis b unter A zu stehen kam, und nun nachgesehen, ob auch a unter B eingetroffen sei; war dieß nicht der Fall, so wurden b und B entsprechend etwas verschoben, die Probe wiederholt, u. s. f. bis Alles genau klappte, worauf B weggenommen und an seiner Stelle ein Reißer befestigt wurde, der nun fortan Striche eingraben konnte, welche dem unter A stehenden Punkte diametral gegenüberstanden. Hierauf wurden zwischen diesen um 180° abstehenden ersten zwei Strichen nahe äquidistant zwei neue Marken c und d angebracht, und das Mikroskop B über c aufgestellt, — dann B, c, d so lange ver-

[5]) Vergl. „Ramsden, Description of an engine for dividing mathematical instruments, published by order of the commissioners of longitude, London 1777 in 4. (Franz. durch Lalande unter Beigabe einer von Piazzi geschriebenen biogr. Notiz. Paris 1790). — Simms, On a selfacting circular dividing engine. (Mem Astr. Soc. 15)".

[6]) Vergl. „Smeaton, Observations on the graduation of astronomical instruments, with an explanation of the method invented by H. Hindley. (Phil. Trans. 1786), — Henry *Cavendish*, On an Improvement in the Manner of dividing astronomical Instruments (Phil. Trans. 1809)".

[7]) Michel Ferdinand d'Albert d'Ally, Duc de *Chaulnes* (Eloge in Mém. Par. 1769) wurde 1714 zu Paris geboren, — zeichnete sich frühe im Kriege aus und stieg bis zum Generallieutenant, — war aber nicht weniger für die Wissenschaft thätig, und erhielt 1743 den durch den Tod des Cardinals Fleury vacanten Platz eines „Honoraire" der Academie, welcher er verschiedene Memoiren las. Er starb 1769.

schoben, bis beim Drehen successive a und c, c und d, d und b je gleichzeitig in den beiden Mikroskopen erschienen, also die Dreitheilung richtig war. Durch weitere analoge Operationen wurde so fortgegangen, bis z. B. der Kreis von 10 zu 10 Graden getheilt war, und man B nicht mehr wesentlich, d. h. bis auf die Hälfte des restirenden Theilraumes, näher an A rücken konnte. Nun wurde B auf ca. 9° Distanz eingestellt, und auf ähnliche Weise so lange corrigirt, bis A B in dem Bogen von 0 bis 90° genau 10 mal enthalten war, und somit die Grade 9, 18, 27... eingegraben werden konnten. Zum Schlusse wurde endlich B auf die Distanz 10° von A gebracht, womit sich dann offenbar alle noch fehlenden Gradstriche erhalten ließen. Um die jeweilen noch wünschbare Unterabtheilung der Grade zu erhalten, wurde auf einem Hülfsstabe eine entsprechende gradlinige Theilung ausgeführt, und nun dieser versuchsweise nach und nach in solche Entfernung vom Theilkreise gebracht, daß ein im Centrum des Letztern auf einem Radius drehbares Fernrohr bei Drehung um 1° von dem einen Ende des Stabes zum andern geführt wurde; dann stellte man das Fernrohr auf jeden Theilpunkt des Stabes ein, und zog die entsprechenden Striche. — Die Methode von Chaulnes blieb Siegerin; denn die von Troughton, Reichenbach, Schenk, 2c.[*]) angewandten Verfahren beruhen, wenn auch noch entweder mechanische Manipulationen zur Erstellung einer provisorischen Theilung hinzutraten, oder die Mikroskope zu den festen noch einen durch Mikrometerschraube mit Trommel meßbar verschiebbaren beweglichen Faden erhielten, 2c., doch immer in der Hauptsache auf Anwendung von Mikroskopen in mehr oder weniger mit derselben übereinstimmender Weise. Die Vorrichtungen, welche

---

*) Vergl. „Troughton, An account of a Method of dividing astronomical and other Instruments (Phil. Trans. 1809), — Pictet, Sur la machine à diviser et le Théodolithe construit par M. Scheuk à Berne (Bibl. brit. 1815)“, — und für Reichenbach's Instrumente und Methoden Gilbert Bd. 68 und Astr. Nachr. Bd. 7—17.

Reichenbach mit so großem Sachverständniß ausführte, um Originaltheilungen auf andere Kreise überzutragen, d. h. die Construction einer Theilmaschine, welche es möglich machte, verhältnißmäßig leicht viele gute Theilungen zu erhalten, wenn Ein sorgfältig untersuchter Normalkreis vorhanden war, bildeten zunächst die Ursache des großen Aufschwunges, welchen sein Institut nahm. Natürlich folgten bald auch andere Firmen, wie namentlich die von Repsold, seinem Beispiele, und 1810 erhielt so auch Berlin durch Karl Theodor Nathan Mendelssohn, Sohn von Moses Mendelssohn und Lehrer von Pistor, eine erste Theilmaschine, während sich Oesterreich für seine unter Leitung von Starke im Wiener Polytechnikum eingerichtete Werkstätte eine Theilmaschine durch Reichenbach selbst construiren ließ. Für die Untersuchung der Normalkreise und ihrer Copien, sowie überhaupt für eine bessere Ausnutzung der schärfern Theilungen war die Erfindung des sogenannten Ablesemikroskopes, bei dem ein durch eine feine Mikrometerschraube beweglicher Faden auf den Index und den vorstehenden und nachfolgenden Theilstrich gebracht werden kann, von großer Wichtigkeit; es wurde schon von Ramsden ausgeführt, — dann aber namentlich später in München und Hamburg zu einer sachentsprechenden Vervollkommnung gebracht, so daß es nun so ziemlich bei jedem größern Kreise dem Vernier beigegeben wird, und zwar meistens in mehreren Exemplaren, von denen zwei diametral feststehen, ein Drittes dagegen behufs Untersuchung der Theilung beweglich ist*).

198. **Die Fadennetze und Mikrometer.** Daß Picard und Auzout ein wirkliches Fadenkreuz in der Bildebene zum Pointiren benutzten und die Collimation, d. h. die Abweichung des Winkels der optischen Axe mit der Drehaxe von einem Rech-

*) Vergl. für die Entwicklung der Instrumente auch „Nicolas Bion, Traité de la construction et des principaux usages des instruments de mathématiques. Paris 1713 in 8 (2. A. 1716; 3. A. 1725; deutsch von Doppelmayr 1717—21 unter dem Titel: Mathematische Werkschule). — Carl, die Prinzipien der astronomischen Instrumentenkunde. Leipzig 1863 in 8".

ten kannten, ist, wie bereits mitgetheilt worden, unzweifelhaft[1]). Das erste Fadenkreuz bestand aus einem Vertikal- und einem Horizontalfaden; später wurde zuweilen der Horizontalfaden durch zwei nahe Parallelfaden ersetzt, in deren Mitte der eigentliche Horizontalfaden gedacht war, da man bemerkte, daß man genauer in die Mitte zwischen zwei nahe Faden als hinter einen Faden einstellen könne, — ferner wurden zu manchen Zwecken dem Vertikalfaden äquidistante Seitenfaden beigegeben, auch wohl zu andern Zwecken schiefe Faden eingezogen; noch später traten mit feinen Mikrometerschrauben bewegliche Parallelfaden zu den beiden Hauptfaden hinzu, um jeden Punkt des Gesichtsfeldes in Beziehung auf Letztere als Coordinatenaxen festlegen zu können, — auch wurde der Versuch gemacht, die Faden durch Glasmikrometer zu ersetzen[2]). — Um für nächtliche Beobachtungen die Fadennetze sichtbar zu machen, wurde meistens die Fadenebene mittelst eines durchbrochenen Vorsteckspiegels, auf den man durch eine seitlich aufgestellte Lampe Licht warf, erleuchtet, so daß die Faden dunkel auf hellem Grunde erschienen, — oder auch durch einen in der Mitte des Rohres befindlichen Spiegel, auf den durch die hohle Axe Licht fiel; in einzelnen Fällen wurde ferner zu Gunsten lichtschwacher Objecte das Fadennetz von vorn erleuchtet, oder auch dasselbe nach amerikanischem Vorschlage durch dünne Platinfaden ersetzt, welche bei Durchleiten eines Stromes zum Glühen gebracht werden konnten, so daß in beiden Fällen helle Faden auf dunkelm Grunde sichtbar wurden, — und in der neuesten Zeit sollen bei einem von Cook in York construirten großen Equatoreale mit Erfolg Geißler'sche Röhren, sowohl zur Beleuchtung des Gesichtsfeldes als der Theilungen zur Anwendung gekommen sein. — Zu speciellen Zwecken wurden durch die Huygens, Malvasia oder eigentlich Montanari, Auzout, Kirch, Maskelyne, Ramsden, Herschel, Smeaton, Cavallo, x. mikro

[1]) Vergl. 114.

[2]) Für die Beschaffenheit der Faden vergl. 114.

metrische Vorrichtungen der verschiedensten Art vorgeschlagen, die es sich aber kaum lohnen würde hier einzeln zu behandeln, — zumal später noch die Special-Geschichte einiger solcher Mikrometer, namentlich des Kreismikrometers, des Positionsmikrometers und des Heliometers, folgen wird[8]), in der die wichtigsten der frühern Ideen ohnehin berücksichtigt werden müssen.

199. Die Libelle. Die das früher zum Aufsuchen der Vertikalen und Horizontalen ausschließlich gebrauchte Loth[1]) bald allgemein verdrängende Röhrenlibelle wurde von dem französischen Gelehrten Melchisedec Thévenot[2]) um 1660 erfunden, am 15 November 1661 von ihm in einem Briefe an Viviani mitgetheilt, und sodann 1666 in einer anonymen Schrift „Machine nouvelle pour la conduite des eaux, pour les bâtimens, pour la navigation et pour la plupart des autres arts[3])“ öffentlich beschrieben, deren Hauptstelle folgendermaßen lautet: „C'est un niveau d'air beaucoup plus juste, et plus commode que les niveaux ordinaires. La construction en est aisée. On choisit un tuyau de verre qui ayt les costez paralleles, dont le diamètre puisse recevoir le petit doigt, et qui soit environ sept ou huit fois plus long que large. Après avoir fermé ce tuyau par un des bouts, on y met

---

[8]) Vergl. 207—209.

[1]) Ob wirklich schon im Alterthume, wie man aus einer Notiz bei Theon vermuthen muß, die Wasser- oder Kanalwaage mit ihm concurrirte, wollen wir dahin gestellt lassen; von der muthmaßlich mit dem Alpharion der Alten übereinstimmenden und in dem oft erwähnten Werke von Aboul Hhassan (pag. 377) beschriebenen Setzwaage und der ebenfalls aus dem Loth abgeleiteten Pendelwaage kann Umgang genommen werden, da sie für astronomische Zwecke wohl nie benutzt wurden, — dagegen mag noch an eine Art Quecksilberwaage erinnert werden, welche Hevel (v. Mach. coel. I 197) zur Berichtigung seiner Quadranten brauchte.

[2]) Melchisedec Thévenot wurde 1620 zu Paris geboren, war früher viel auf Reisen, auch französischer Geschäftsträger in Genua und Rom; später wirkte er als Custos der königl. Bibliothek und Mitglied der Academie, deren Gründung er angeregt hatte, und starb 1692 zu Paris.

[3]) Sie erschien, wie seither der unermüdliche Bibliographe B. Boncompagni nachweisen konnte, Paris 1666 in 8.

quelque liqueur, et ayant laissé un peu moins de vuide dans le tuyau qu'il n'a de diamètre, on le bouche ou le scelle par le feu. De toutes les liqueurs l'esprit de vin [4]) est le plus propre pour cet instrument, parce qu'il ne fait point de sédiment et qu'il ne gèle jamais.“ Als ich 1857 letztere, längst vergessene Schrift in einem dem damaligen Journal des Savans [5]) einverleibten Abdrucke wieder auffand, glaubte ich aus verschiedenen Aeußerungen von Zeitgenossen und namentlich aus der von Ozanam [6]) bei Anführung anderer Niveau's gegebenen Notiz: „Celui que le Sieur Chapotot, Fabricateur d'instruments de Mathématique à Paris, a fait et inventé est éstimé généralement de tous ceux qui s'y connaissent, et le grand débit qu'il en a fait et qu'il fait continuellement au dedans et au dehors du royaume, fait assez connaître la bonté de son niveau“, schließen zu dürfen, daß dieser Chapotot der Erfinder der beschriebenen Röhrenlibelle sei. Ich theilte dieses vorläufige Ergebniß zuerst in der Zürcher Vierteljahrsschrift [7]), später auch noch in Boncompagni's Bulletino [8]) mit, letzterer Production einen Aufruf zu betreffenden Nachforschungen in den Archiven von Paris und Florenz beifügend. Dieser Aufruf hatte nun zur Folge, daß Professor Govi in Turin die von mir gewünschten Untersuchungen in Florenz wirklich anstellte, und so innerhalb Jahresfrist den erwähnten, keinem Zweifel mehr Raum bietenden Brief an Viviani fand; an Hand desselben konnte er dann definitiv erklären [9]), daß

[4]) Es reimt sich damit die von Schreiber in seiner „Praktischen Geometrie. Karlsruhe 1842 in 4“ gegebene Notiz: „Anfänglich nahm man Wasser zum Füllen der Röhre, und so lag die Ideenverbindung nahe

Es flattert um die Quelle
Die wechselnde Libelle (Göthe.)

daher denn der Name des Instrumentes,“ offenbar sehr schön.

[5]) In der 1666 November 15 ausgegebenen Nummer.

[6]) Dictionaire mathématique. Amsterdam 1691 in 4.

[7]) Jahrgang 1857 pag. 306/9.

[8]) Luglio 1869.

[9]) Vergl. Bulletino, Luglio 1870, und Zürch. Viert. 1871 pag. 149/51.

Thévenot sowohl Erfinder der Libelle als Autor jener Schrift gewesen sei, und, den gefundenen Faden weiter verfolgend, nachweisen, daß Chapotot nur eine neue Art des damals bei Picard, Huygens, rc. beliebten „Niveau pendule“ ersann und beschrieb[10]). Merkwürdig bleibt immerhin, daß die beiden ebenerwähnten, sonst so praktischen Männer den Werth des neuen Hülfsapparates total übersahen, und Ersterer weder in seinem berühmten „Traité du nivellement[11])“, noch bei andern passenden Gelegenheiten, auch nur ein Wort darüber verlor[12]).

200. Der Theodolit. Obschon das Grundprinzip des Theodoliten, nämlich die Zerlegung des Winkels in eine horizontale und eine vertikale Conponente, schon in dem Azimuthalquadranten Tycho Brahe's zur Anwendung gekommen war[1]), so tauchte doch im Ganzen dieses jetzt verbreitetste Winkelmeßwerkzeug nach seiner jetzigen Construction und Benennung erst im 18. Jahrhundert auf, und zwar sagt der Catalog des Conservatoire des arts et métiers zu Paris bei Anlaß eines „Théodolite de Nairne“, vielleicht des 1806 zu London verstorbenen Edward Nairne, gestützt auf einen mir unbekannten „Traité de géométrie pratique“ von Maclaurin[2]), darüber: „L'emploi du théodolite remonte au moins à 1745. Quant au mot théodolite, il n'a aucune étymologie exacte, et semble s'être substitué par corruption à celui de théodélite (theodelitus) par lequel la Pantometria, publiée en Angleterre en 1571,

---

[10]) Journal des Savants 1680 VI 17.

[11]) Paris 1684 in 12; auch Anc. Mém. VI, und: Ouvrages de Mathématiques de M. Picard. A. La Haye 1731 in 4°.

[12]) Poggendorf fügt zwar in seinem biogr. Handwörterbuch bei Anführung des Traitê du nivellement die Notiz bei: „darin die Wasserwage“; aber ich konnte nur das Niveau-pendule darin finden.

[1]) Vergl. 116.

[2]) Es soll eine 1745 zu London durch Maclaurin gegebene Uebersetzung der „Practical Geometry“ David Gregory's sein, in welcher eine der beigegebenen Noten die Beschreibung eines von Sisson construirten Instrumentes dieser Art enthalte.

désigne un cercle divisé". — Wittstein theilte seiner Zeit mit[3]), daß er die älteste Spur des Theodolithen in einem von dem 1795 zu London verstorbenen Optiker und Mechaniker George Adams seinem 1769 publicirten „Treatise on the new celestial and terrestrial globes" angehängten Preisverzeichnisse gefunden habe, während ich damals einem, von einem talentvollen Schüler Daniel Bernoulli's, dem 1826 im Alter von nahe 87 Jahren zu Grandson verstorbenen Syndicus Samuel Rodolphe Jeanneret 1773 an Christoph Jetzler in Schaffhausen geschriebenen Briefe die Notiz entnahm, daß der bekannte Genfer Physiker Saussure[4]) schon vor einiger Zeit einen englischen Theodoliten erhalten habe. Gewiß ist, daß sich der Theodolit in der zweiten Hälfte des vorigen Jahrhunderts überall ziemlich rasch einbürgerte, und so z. B. auch von Brander, Hurter, Ramsden, &c. in zahlreichen Exemplaren angefertigt wurde, — von Ramsden sogar mit Horizontalkreisen von 3' Durchmesser, während dagegen der Vertikalkreis noch verkümmert, ja meist nicht einmal voll ausgeführt war. — Nachdem ihm eine kurze Zeit lang, besonders in Frankreich, der nach Borda benannte, jeweilen in die Ebene des zu messenden Winkels verdrehbare Kreis, etwas Concurrenz gemacht hatte, brachte Reichenbach durch verbesserte Construction den Theodoliten zur allgemeinen Herrschaft, indem derselbe das alte Astrolabium und alle die ältern kleinen Winkelinstrumente total verdrängte, und bald auch von andern guten Werkstätten in ähnlicher Weise geliefert wurde und noch wird, so z. B. von Repsold im Hamburg, Schenk in Bern, Starke in Wien, Brunner in Paris, Kern in Aarau, &c. Reichenbach selbst stempelte ihn dann später auch noch zum „Universal-Instrumente" für den Astronomen, indem er ihm ein gebrochenes Fernrohr gab, und zwar spätestens 1815, da Horner schon Anfang 1816

[3]) In A. N. 1369. Die von mir in 206 der Abhandlung von Short enthobene Spur geht noch um 20 Jahre weiter zurück.

[4]) Vergl. 214.

aus Zürich an Repsold schrieb: „Reichenbach hat eine neue Art Theodolit verfertigt, bei welchem das bewegliche Fernrohr unter einem rechten Winkel gebrochen ist, dergestalt, daß man zur Seite durch die Queraxe hineinsieht. Herr von Zach gibt ihm den seltsamen Namen Stumpschwanz. Die Idee ist allerdings sinnreich, man kann mit dem Instrumente alle Höhenwinkel messen; aber ich ziehe doch die Einrichtung mit dem excentrischen Fernrohr vor.“ Dieses Universal-Instrument, das später nach einer, muthmaßlich von Wilh. Struve gegebenen Idee, mittelst eines zweiten entgegengesetzt liegenden Prisma's auch Fadenbeleuchtung durch die Axe erhalten hat, ferner in der neuesten Zeit meist mit Ablesemikroskopen versehen wird, ist namentlich zu geographischen Ortsbestimmungen auf Reisen mit Recht sehr beliebt geworden.

201. **Der Meridiankreis.** Der schon von Tycho Brahe benutzte Mauerquadrant wurde, später mit einem Fernrohr verbunden, noch lange mit Vortheil zur Bestimmung von Zenithdistanzen benutzt, während die damit erhaltenen Culminationszeiten ziemlich mangelhaft ausfielen, weil die kurze Axe keine genaue Controle über Horizontal- und Azimuthalstellung erlaubte. Um diesem Fehler zu begegnen, setzte etwa 1689 Römer dem Quadranten ein sog. Passageninstrument an die Seite, d. h. ein an langer Axe im Meridian spielendes Fernrohr, und es wurden sodann über ein Jahrhundert lang die meisten Culminationen doppelt beobachtet, — von dem Einen Astronomen am Passageninstrumente zu Gunsten der Durchgangszeit, von dem Andern am Mauerquadranten behufs der Höhenbestimmung. Den naheliegenden Gedanken, den zweiten Beobachter durch Vereinigung beider Instrumente entbehrlich zu machen, d. h. an der Axe des Passageninstrumentes einen Kreis zu befestigen, der ebenso genaue Höhenablesungen erlaubt als das Fernrohr Einstellungen, hatte zwar ebenfalls schon Römer nicht nur gefaßt, sondern auch mit Erfolg ausgeführt, wie uns ein von ihm am 15 December 1700 aus Kopenhagen an Leibnitz, welcher ihn für Bau und Ausrüstung einer Sternwarte in Berlin berathen hatte, geschriebener

Brief[1]) des Bestimmtesten zeigt. Nachdem er nämlich davor gewarnt ein Observatorium zu erbauen, das mehr zur Zierde als zum Gebrauche dienen könne, und dem die Instrumente angepaßt werden müssen, statt umgekehrt, kömmt er auf ein Instrument zu sprechen, das nach seinem Ermessen die Hauptausrüstung jeder Sternwarte bilden sollte, und sagt: „Das Instrument besteht aus einer 6 Fuß langen Meridianaxe (d. h. zum Meridian senkrechten Axe) drehbar um zwei Pole, welche auf festen Pfeilern ruhen. Die Axe trägt in der Mitte einen festangebrachten Meridiankreis von 4 bis 5 Fuß Durchmesser mit einem 6 bis 8 Fuß langen Tubus, der bei Drehung um die Axe den ganzen Meridian bis zu den Horizontalpunkten oder wenigstens bis auf 4 bis 5 Grad Höhe durchläuft. Das Instrument muß in einem Zimmer aufgestellt sein, dessen Breite wenigstens der Distanz der Pfeiler gleichkömmt, dessen Länge 30 oder wenigstens 25 Fuß, und dessen Höhe nicht weniger als 20 Fuß beträgt. Damit ferner dem drehbaren Tubus der ganze Meridian offen steht, so haben sowohl das Dach als die Wände eine durchgehende Spalte von 4 Zoll Breite. — Das Instrument ist offenbar leicht zu verfertigen und die ganze Schwierigkeit besteht nur in der Erlangung eines Platzes zur Aufstellung in einem festen Gebäude, in welchem man die so construirte Camera als Anhängsel oder Krone anbringen könnte. Ein größeres Instrument oder geräumigere Kammer ist durchaus nicht nöthig, auch wenn hinlängliche Gelegenheit dazu geboten wäre. Außer drei Uhren derselben Art und Größe (also wahrscheinlich zur gegenseitigen Controle) wird hier kein anderes Instrument gebraucht; es ist alle Sorgfalt auf die Festigkeit und die gleichförmige Bewegung dieser einzigen Instrumente zu verwenden. — Der Gebrauch besteht in der Bestimmung der Rectascensionen und Declinationen aller sichtbaren Punkte am Himmel; jene geschieht

---

[1]) Er ist in den Miscell. Berol. III 276—278 abgedruckt.

durch die Uhren, diese durch den mit der Axe und dem Tubus verbundenen Kreis. Wenn es nicht zu weitläufig wäre, so würde ich verschiedene nothwendige Bemerkungen in Bezug auf die mechanische Anordnung der Theile des Instrumentes hinzufügen, belehrt durch die Erfahrungen während 8 Jahren, seit denen ich eine solche (aber viel ungünstiger aufgestellte) Axe mit nicht zu verachtendem Erfolge anwende, was bei Herausgabe der Beobachtungen, welche Gott einst vergönnen möge, bekannt werden wird." Sei es jedoch, daß Römer's Idee momentan gar keine weitere Beachtung gefunden, — sei es daß die praktische Ausführung derselben, bei der sich anfänglich eine Schwierigkeit in Anbringung zweckmäßiger Equilibrirung ergeben mochte, Andern nicht gelang, — sicher ist, daß dieser sogenannte Meridiankreis anderwärts erst im Anfange des gegenwärtigen Jahrhunderts, und zwar durch Reichenbach in München, dessen Namen er auch gewöhnlich trägt, mit durchschlagendem Erfolg ausgeführt wurde, und sich namentlich in Deutschland rasch zum Hauptinstrumente der Sternwarten aufschwang, während England noch einige Zeit, und Frankreich sogar bis auf die letzten Jahre die Mauerkreise nicht entbehren zu können glaubte[1]). Seine Construction ist seither, obschon Steinheil einen geistreichen Vorschlag zur Umgestaltung machte[2]), bis jetzt wesentlich dieselbe geblieben, wenn auch behufs bequemerer Umlegung nicht nur ein eigener Umlegewagen hinzugekommen, sondern die Equilibrirung etwas verändert worden ist, wie dieß auch schon die zur Regel gewordene Beifügung eines zweiten Kreises nothwendig machte, — und wenn auch

[1]) In England scheint immerhin schon Cary zu Anfang des Jahrhunderts ebenfalls einzelne Meridiankreise construirt zu haben (v. 196) und ebenso später in Frankreich auch Gambey. Dagegen auf der Pariser Sternwarte scheint nach einem 1875 II 6 von Leverrier dem Bullet. internat. eingerückten Briefe, der Meridiankreis erst in der allerletzten Zeit ernstlichen Eingang gefunden zu haben, — und zwar natürlich als eine, so zu sagen, ganz neue Erfindung.

[2]) Vergl. Astr. Nachr. 1366 und f.

Klemmung und mikrometrische Bewegung sowie einiger andere Detail erhebliche Verbesserungen erhalten haben.

202. Die Registrirapparate. Im Bereiche der praktischen Astronomie gehört die etwa im Jahre 1848 den amerikanischen Astronomen Bond und Walker zuerst gelungene Erstellung zweckdienlicher Chronographen mit zu den wichtigsten Errungenschaften der Neuzeit. — Der erste der beiden soeben genannten Männer, der 1789 zu Falmouth im Staate Maine geborene William Cranch Bond, war ursprünglich Uhrmacher, wurde aber schon durch die Sonnenfinsterniß von 1806 für die Astronomie gewonnen, und war in Amerika der Erste, der den prachtvollen Cometen des Jahres 1811 bemerkte. Als 1815 das Harvard-College die Errichtung einer neuen Sternwarte in Cambridge anstrebte, erhielt er den Auftrag die englischen Sternwarten zu besuchen, und als nach seiner Rückkehr die Ausführung des Projectes verschoben wurde, erbaute er sich selbst eine kleine Privatsternwarte zu Dorchester, auf welcher er fleißig beobachtete, bis er sodann von 1838 hinweg nach und nach in den öffentlichen Dienst überging und 1844 die Direction der nun wirklich errichteten Sternwarte in Cambridge erhielt, welche er sodann bis zu seinem 1859 erfolgten Tode mit großem Erfolge führte[1]). Ihm folgte sein Sohn George, der aber leider schon 1865 in seinem 40. Lebensjahre ebenfalls abgerufen wurde, jedoch nicht ohne manche schöne Arbeiten vollendet zu haben, deren neben denjenigen seines Vaters noch mehrfach zu gedenken sein wird. — Der Zweitgenannte, der 1805 zu Wilmington in Massachusetts geborene Sears Cook Walker war nach guten Studien in Cambridge Schulvorsteher und später Agent einer Lebensversicherungsgesellschaft geworden, — betrieb aber nebenbei aus Liebhaberei die Astronomie mit so gutem Erfolge, daß er 1845 Assistent der Sternwarte in Washington, bald darauf aber bei der Coast Survey angestellt wurde, und wohl noch höher ge-

[1]) Vergl. für ihn Monthly. Not. XX pag. 118—120.

stiegen wäre, wenn ihn nicht schon 1853 der Tod ereilt hätte — Als im Jahre 1845 der (Haßler als Superintendent der Coast Survey folgende) verdiente Alexander Dallas Bache[2]) sich entschloß, die Längendifferenzen der Hauptpunkte, in Anwendung einer schon 1839 durch den bekannten Elektriker Morse ausgesprochenen und 1844 durch Versuche von Kapitän Charles Wilkes als praktisch brauchbar erwiesenen Idee, auf telegraphischem Wege bestimmen zu lassen, übergab er Walker die Oberleitung der betreffenden Operationen, an welchen sich auch Bond, Loomis, Keith, Kendall, 2c. als Beobachter betheiligten[3]). Und während diesen Arbeiten wurden sodann durch Walker und Bond, unter Anwendung der von Morse, Wheatstone, Saxton und Andern ausgesprochenen Ideen und gemachten Versuche, wie schon erwähnt etwa 1848, die ersten der Registrirapparate erstellt, welche jetzt so ziemlich auf jeder Sternwarte Eingang gefunden haben. Sie bestehen aus einem entsprechend wie bei den Morse'schen Schreibapparaten fortlaufenden Streifen oder einer sich drehenden Walze, worauf mit Hülfe einer Pendeluhr, welche entweder bei jedem Ausschlage oder wenigstens bei jeder vollständigen Schwingung ein Mal einen Strom schließt oder öffnet, eine fortlaufende Reihe Sekundenzeichen oder eine Zeitscale entsteht, neben welche der Beobachter die für ihn wichtigen Momente dadurch hinschreibt, daß er mit Hülfe eines Tasters Zeichen gibt. Der große Vortheil dieser neuen Vorrichtung besteht theils darin, daß der Beobachter seine ungetheilte Aufmerksamkeit auf die Erscheinung selbst verwenden und in viel rascherer Folge Notirungen vornehmen kann, theils ganz besonders auch darin, daß er seine Notirungen in jeder beliebigen Entfernung von der Uhr und dem Registrirapparate, ja sogar auf dem Registrirapparate einer andern Sternwarte machen kann.

---

[2]) Zu Philadelphia 1806 geboren und 1867 verstorben.

[3]) Vergl. für mehreren Detail „E. Loomis, The recent progress of Astronomy, especially in the United States. Newyork 1850 in 8 (3 ed. 1856)“.

Für die durch Plantamour in der Schweiz vorgenommenen geographischen Ortsbestimmungen ist es sogar Hipp*) und Dubois gelungen, einen ganz ausgezeichneten Registrir-Chronometer herzustellen, sowie auch Ersterer für die Ablesung der auf Rollen oder Walzen erhaltenen Zeichen ganz ingenieuse Hülfsapparate erstellt hat, mittelst welchen die, dem vom Beobachter gegebenen Zeichen, entsprechende Zeit rasch und bis auf ein paar Hundertstel einer Zeitsekunde erhalten werden kann, — bei Walzen sogar ohne den Bogen abzuspannen.

203. Der Spiegelsextant und Spiegelkreis. Zur Winkelmessung auf Reisen und voraus auf der See hatte sich, nachdem schon Hooke 1661 ohne Erfolg versucht hatte Einen Spiegel zur Construction eines dafür passenden Instrumentes zu verwenden, der unvergleichliche Isaak Newton einen Sextanten mit zwei Spiegeln ausgedacht, und 1700 Zeichnung und Beschreibung desselben an Halley gesandt, damit dieser sich über die praktische Bedeutung der Erfindung aussprechen möge; Halley erkannte jedoch, wie es scheint, den großen Werth des vorgeschlagenen Instrumentes nicht, sondern ließ die Zusendung liegen, und erst nach seinem 1742 erfolgten Tode fand man Newton's Zeichnung unter seinen Papieren. Unterdessen erfand, wie Allen 1832 in seinem „American biographical and historical dictionary" erzählen soll, der 1749 in Philadelphia verstorbene Glaser Thomas Godfrey, welcher sich einige mathematische Kenntnisse erworben hatte und ein ganz gescheidter Kopf gewesen sein muß, auch einen Spiegelquadranten, theilte diese Erfindung 1730 dem sachverständigen Gouverneur James Logan von Pennsylvanien mit, und dieser brachte sie nun der Royal Society in London zur Kenntniß, welche dem Erfinder eine Belohnung von 200 Pfd. bewilligte, die jedoch, weil Godfrey gar durstig war, nicht in Geld, sondern in Hausgeräthen auszurichten sei; der von Logan verfaßte „Account of Mr. T. Godfrey's improvement of Davis-

*) Mathias Hipp, 1813 zu Reutlingen geboren, folgeweise Chef der telegraphischen Werkstätten in Bern und Neuenburg.

Quadrant" aber wurde 1734 in die Phil. Trans. aufgenommen. Ungefähr gleichzeitig soll sodann ein Kapitän Hadley durch Godfrey's Bruder, der Schiffskapitän in Westindien war, das Instrument kennen gelernt und ein von ihm erstandenes Exemplar seinem Bruder, dem Mechaniker John Hadley in London[1]), gebracht haben. Sicher ist, daß letzterer Hadley, der viel mit Halley verkehrte, im Jahre 1731 oder vier Jahre nach Newton's Tod, der Royal Society ohne Newton zu nennen, ein der Newton'schen Zeichnung ganz entsprechendes Instrument vorlegte, und daß, da man sofort seinen Nutzen für die Nautik begriff, dasselbe alsbald unter dem Namen des „Hadley'schen Spiegelsextanten" in allgemeinen Gebrauch kam, und der Jakobsstab, sowie der Davis-Quadrant fortan gänzlich aus der Marine verdrängt wurden. — In der 1752 in den Göttinger Commentarien erschienenen Abhandlung von Tobias Mayer „Nova methodus perficiendi instrumenta geometrica et novum instrumentum goniometricum" ist neben dem Principe der Multiplication auch die Beschreibung eines Spiegelkreises enthalten, durch welchen Mayer den Spiegelsextanten zu ersetzen wünschte, und welchen er sodann auch 1754 der englischen Admiralität vorlegte. Später wurde der Spiegelkreis von Borda neuerdings empfohlen, und sodann namentlich von Pistor in Berlin vielfach ausgeführt. Ferner wurden etwa 1822 von Amici[2]) Prismenkreise vorgeschlagen und diese sodann später von Steinheil mit einigen Abänderungen ebenfalls portirt. — Immerhin hat der Sextant auf dem Meere noch die meiste Anwendung behalten, — während für geographische Ortsbestimmung, für welche er nach dem Vorgange von Zach im Anfange dieses Jahrhunderts so vielfach gebraucht wurde, er weniger durch den Spiegelkreis, als durch das Universalinstrument fast ganz verdrängt worden ist.

---

[1]) Zu London 1744 als Vicepräsident der Roy. Society verstorben.

[2]) Giovanni Battista Amici, 1786 zu Modena geboren, wo er bis zu seinem 1863 erfolgten Tode als Professor der Mathematik wirkte.

204. Die Spiegelteleskope. Während Huygens, der Begründer der Undulationstheorie, die Fernröhren durch Construction von Objectiven großer Brennweite zu verbessern suchte[1]), dachte Newton, der Begründer der Emanationstheorie und der Farbenlehre, daran, durch Combinationen von Linsen die chromatische Abweichung des Objectives zu heben, um sodann stärkere Oculare mit Vortheil anwenden zu können. Als er jedoch, gestützt auf einige Versuche, zu dem irrigen Glauben gekommen war, es sei die Farbenzerstreuung bei jedem Körper seiner Brechung proportional, gab er natürlich diesen Gedanken auf, und kam auf die Idee der Objectivlinse, nach einem allerdings schon 1616 von Zucchius gemachten, aber nicht ausgeführten Vorschlage[2]), den von der Farbenabweichung freien Objectivspiegel zu substituiren. Er erhielt dann wirklich, indem er einen sphärischen Hohlspiegel mit einem gegen dessen Axe um 45° geneigten und etwas innerhalb der Brennweite stehenden Planspiegelchen verband, ein ganz brauchbares Instrument, das die Royal Society noch jetzt unter der Aufschrift „Invented by Sir Isaac Newton and made with his own hands in the year 1671" sorgfältig aufbewahrt, während Mersenne[3]) um 1639 und James Gregory[4]) um 1661 vergeblich Aehnliches versucht hatten, da sie nur durch Anwendung parabolischer Spiegel, welche damals noch kaum zu erstellen waren, ihren Zweck erreichen zu können glaubten. Dieser Erfolg bestimmte sodann Gregory ebenfalls sphärische Spiegel, aber in der schon früher von ihm ausgedachten Art anzuwenden, daß die vom Objectivspiegel zurückkehrenden Strahlen vor ihrer Ver-

---

[1]) Vergl. 113.

[2]) Derselbe soll von 1616 datiren, aber von Zucchius erst in seiner „Optica philosophica. Lugd. 1652—56, 2 Vol. in 4" publicirt worden sein.

[3]) Marin Mersenne, Minorit, 1558 zu Soultière in Le Maine geboren, und 1648 zu Paris verstorben.

[4]) James Gregory, Oheim des 269 erwähnten David Gregory, wurde 1638 zu Aberdeen geboren, und starb 1675 als Professor der Mathematik zu Edinburgh, wenige Tage vor seinem Tode beim Beobachten der Jupiterstrabanten plötzlich erblindet.

einigung auf einen zweiten kleinern Hohlspiegel fallen, und durch neue Reflexion hinter dem in der Mitte durchbohrten Hauptspiegel ein aufrechtes reelles Bild erzeugen, das nun mit einer Loupe betrachtet werden kann. Die Bequemlichkeit, direct nach dem Gegenstande sehen, ihn also auch viel leichter ins Gesichtsfeld bringen zu können, und die gute Ausführung, die es namentlich später durch James Short[5]) erhielt, machten das Gregory'sche Teleskop so beliebt, daß darüber die eigentlich vorzüglichere Newton'sche Anordnung wieder fast ganz vergessen wurde[6]). — Später, als die Herstellung achromatischer Objective trotz den Zweifeln Newton's dennoch gelang[7]), wurden die Spiegelteleskope, welche sich nie recht zur Verbindung mit Meßinstrumenten eignen wollten und auch an Dauerhaftigkeit den Refractoren nachstanden, wieder etwas in den Hintergrund gedrängt; doch wurden sie immer noch theils von Liebhabern, theils zur Ermöglichung sehr großer Dimensionen vielfach hergestellt, — so namentlich mit großem Erfolge von Wilhelm Herschel, der nicht nur mit Hülfe seiner Schwester Caroline und seines nachmals 1821 im 76. Altersjahre zu Hannover verstorbenen Bruders Alexander von 1774 hinweg zahlreiche kleinere Instrumente nach Newton'scher Anordnung, sondern dann namentlich auch etwa 1789 ein Riesenteleskop von $49\frac{1}{2}$" Oeffnung auf 40 Brennweite baute, bei dem der Spiegel etwas schief gegen das Rohr gestellt war, und das von ihm am Rande des Letztern erzeugte Bild direct durch eine Loupe betrachtet werden konnte[8]). In der neuern Zeit ist dasselbe allerdings durch dasjenige, welches William Parsons Earl of Rosse nach vorgehenden langjährigen Versuchen über beste

[5]) Short, der zuerst Theologie studirte, dann sich aber unter Maclaurin auf Mathematik und praktische Mechanik warf, wurde 1710 zu Edinburgh geboren, und starb 1768 zu Nawington Butts bei London.

[6]) Cassegrain hatte 1672 die Idee, den kleinen Hohlspiegel durch einen Convexspiegel zu ersetzen, wodurch das Rohr etwas abgekürzt wurde.

[7]) Vergl. 205.

[8]) Herschel baute sein großes Teleskop von 1785—89; der Spiegel allein wog mehr als 20 Ctnr.; Georg III bezahlte die Kosten. Herschel brauchte das-

Spiegelmasse, zweckmäßigste Schleifmittel, rc.*) construirte, und 1845 auf seinem Schlosse Birr Castle bei Parsons Town in Irland aufstellte, noch weit übertroffen worden: Dieser sogenannte „Leviathan" hat 55′ (16,61 m) Länge auf 6′ (1,82 m) Durchmesser; der Spiegel wiegt 3809 Kil., das Rohr 6604 Kil.; die lineare Vergrößerung kann bis auf 6000 gesteigert werden, so daß der Mond in eine Distanz von ca. 15 Meilen gebracht wird; dagegen mußte bei dem großem Gewichte die Bewegung auf $1^1/_2{}^h$ zu beiden Seiten des Meridians beschränkt werden; die Kosten der Erstellung sollen sich auf etwa 300000 Frcs. belaufen haben[10]. Die von Steinheil und Foucault vor einigen Decennien beliebten versilberten Glasspiegel geben anfänglich prächtige Bilder, aber scheinen auch nicht sehr dauerhaft zu sein, so daß man bereits wenig mehr davon hört.

205. Das achromatische Fernrohr. Gegen die Mitte des vorigen Jahrhunderts betonte Euler wiederholt, daß uns schon das Auge zeige, es müsse möglich sein farbenfreie Objective herzustellen, wie dieß übrigens schon 1695 David Gregory in seiner Schrift „Catoptricae et dioptricae sphaericae elementa" gethan haben soll. Schon um 1733 soll es auch einem Esquire of More Hall in Essex, Namens Chester, wirklich gelungen

---

selbe wiederholt, entdeckte z. B. damit den 6. Saturnstrabanten, rc.; dagegen beobachtete er allerdings gewöhnlich nicht mit demselben, da theils die Manipulation sehr mühsam war, theils bei raschen Temperaturwechseln die Ausgleichung bei demselben zu langsam erfolgte, und die Bilder hiedurch an Präcision einbüßten.

*) Vergl. seinen „Account of experiments on the reflecting telescopes (Phil. Trans. 1840)", den er schrieb, als ihm ein Spiegel von 3′ Oeffnung gelungen war, — und dann seine spätere Abhandlung „On the Construction of specula of 6 feet aperture and a Selection from Observations of Nebulæ made with them (Phil. Trans. 1861)".

[10]) Lord Rosse, der bis zum Ableben seines gleichnamigen Vaters den Titel Lord Oxmantown führte, lebte von 1800—1867, mit Ausnahme seiner in Dublin und Oxford zugebrachten Studienzeit, auf seinem Stammschlosse, das nun seinem wieder gleichnamigen Sohne zugefallen ist, auf welchen sich glücklicher Weise auch seine Liebe zur praktischen Astronomie vererbt hat. Ihrer Arbeiten wird noch oft, aber namentlich in 267, zu gedenken sein.

sein einen kleinen Achromaten zu construiren, und von 1757 an gelang es John Dollond[1]), dem Sohne eines bei Aufhebung des Edicts von Nantes nach England geflüchteten Protestanten aus der Normandie, der sich erst als Seidenweber das Leben fristete, dann aber 1752 eine optische Werkstätte errichtete, zahlreiche Fernröhren dieser Art zu construiren. Auch nach seinem 1761 erfolgten Tode blieb diese Erfindung noch lange bei seiner Familie fast wie ein Monopol, — sein Sohn Peter Dollond[2]) und sein Neffe George Huggins, der später auch den Namen Dollond annahm, beuteten dieselbe Jahrzehnte lang aus, und die achromatischen Fernröhren erhielten sogar den Namen „Dollonds". Wissenschaftlich wurden die Achromaten theils von Euler in seiner 1762 erschienenen „Constructio lentium objectivarum ex duplici vitro", und von Samuel Klingenstierna[3]), der Newton's Irrthum durch Versuche aufdeckte, in seinem gleichzeitig erschienenen „Tentamen de definiendis et corrigendis aberrationibus radiorum luminis in lentibus sphaericis refracti et de perficiendo telescopio dioptrico" behandelt. — Was Dollond für das 18., — wurde sodann Fraunhofer für das 19. Jahrhundert. Damit nämlich das Institut in München auch größere optische Arbeiten ausführen könne, engagirte Utzschneider 1805 auf Rath des frühern helvetischen Oberberghauptmannes Joh. Samuel Gruner[4]) für dasselbe Pierre Louis Guinand von Corbatière bei Chaux de Fonds, um die Flintglasfabrikation, welche derselbe schon seit Jahren für sich mit Erfolg betrieben hatte, zu leiten und schloß dann 1807 einen definitiven Vertrag mit ihm ab, in welchem unter Anderm folgender Artikel vorhanden war: „Mr. *Guinand* instruira dans la fabrication du

---

[1]) John Dollond wurde 1706 in Spitalfields bei London geboren.

[2]) Peter Dollond lebte von 1730—1820.

[3]) Zu Tollefors 1698 geboren, zu Stockholm 1765 verstorben, — lange Jahre Professor der Mathematik zu Upsala.

[4]) Gruner wurde 1766 zu Bern geboren, studirte neben Humboldt, Leop. v. Buch, Karsten, ꝛc., bei Werner in Freiberg, und lebte nach dem Zusammen-

flint- et du crownglass la personne qui lui sera désignée par Mr. le Référendaire *Utzschneider* et ne l'apprendra à personne d'autre." Diese Person war nun Niemand anders als der am 6 März 1787 zu Straubing einem armen Glaser geborene Joseph Fraunhofer, der, bei einem Brande in München verschüttet, in Gegenwart von König Max wieder hervorgegraben und dann auf dessen Kosten unterrichtet worden war. Schon 1806 hatte der junge Mann eine gute Anstellung in dem Institute gefunden, und eignete sich nun allerdings vortrefflich, um in die Geheimnisse dieser schwierigen Fabrikation einzudringen. Im Zusammenwirken des alten Praktikers, der noch bis 1814 dablieb[5]), mit der genialen jungen Kraft wurden sodann auch die schönen Resultate erzielt, welche dem optischen Theil des Institutes denselben Ruf erwarben, den Reichenbach dem mechanischen verschafft hatte[6]). Noch sind hier Robert Aglacé Cauchoix in Paris[7]) wegen ebenfalls schöner Achromaten, — Simon Plößl in Wien[8]) wegen seiner Dialyten, — Daguet in Solothurn wegen seiner prachtvollen Flintgläser, — 2c. zu erwähnen.

206. Das Equatoreal. Schon Scheiner brachte etwa 1620 ein Fernrohr mit einer nach den Polen gerichteten Axe in Verbindung, und auch Römer dachte nicht nur, wie etwa

---

sturz der Helvetik meistens in München, wo er 1824 starb. In einer Eingabe an das bayerische Ministerium sagte er: „Das Etablissement von Utzschneider, Reichenbach und Liebherr ist mein Kind. Diese Menschen kannten sich nicht, — die einen hatten kein Geld, aber sie besaßen die Kunst. Ich entwarf den Plan, der Geld mit der Kunst vereinigte und zur Ausführung gedieh."

[5]) Guinand, der 1748 geboren war, setzte nachher in der Heimath die Flintglasfabrikation fort, und lieferte namentlich an Cauchoix in Paris schönes Material, bis er 1824 starb. Vergl. für ihn Bd. 2 meiner Biographien. — Sein Geschäft ging später an Théodore Daguet (Vuippens im Cant. Freiburg 1795 — Freiburg 1870) über, der dasselbe in Solothurn viele Jahre mit noch größerm Erfolge betrieb.

[6]) Fraunhofer starb leider schon am 7 Juni 1826.

[7]) Cauchoix wurde 1776 zu Cormeil geboren und starb 1845 zu Deuil bei Montmorency.

[8]) Plößl lebte von 1794—1868 zu Wien.

noch zugegeben wird, daran, ein Fernrohr parallaktisch zu montiren oder das von Regiomontan erfundene Torquetum durch Verbindung mit einem Fernrohr zu vervollkommnen, sondern construirte schon etwa 1690 für die Sternwarte in Copenhagen unter dem Namen „Machina equatorea" ein großes Equatoreal mit Stundenkreis und Declinationsbogen, das in der schon mehrerwähnten „Basis astronomiae" beschrieben und abgebildet ist. Nichts desto weniger wird aber in dem Cataloge des Conservatoire des arts et métiers zu Paris bei Anführung eines „Petit équatorial de *Digue*" die Bemerkung beigefügt: „*Lalande* regardait comme le plus ancien équatorial celui qu'avait construit en 1735 Vayringe de Lunéville[1])", — ferner von Thomas Dick in der von ihm 1845 zu London herausgegebenen Schrift „The practical Astronomer" gesagt, es haben ältere parallaktisch montirte Fernröhren keine graduirten Kreise gehabt, und es habe erst 1741 der Uhrmacher Henry Hindley in London einer solchen Aufstellung eine Equatorealplatte und einen Declinations-Halbkreis beigefügt. — Von neuern Betreffenden ist die von Mechaniker James Short 1749 den Philosophical Transactions einverleibte „Description and uses of an equatorial telescope" zu erwähnen, welche einen frühen, aber constructiv, wenigstens in Beziehung auf Stabilität, allerdings noch nicht sehr gelungenen Versuch zeigt, ein tragbares und unter jeder Breite brauchbares Instrument zu erstellen; es hat vier getheilte Kreise für Azimuth, Höhe, Stundenwinkel und Declination, — ein Gregorianisches Teleskop von 18 Zoll Brennweite, — und kann als eigentliches Universalinstrument aufgeführt werden[2]). Sodann ist ganz besonders Claude Siméon

---

[1]) Vayringe wurde 1685 zu Longuyon bei Luxemburg geboren, war erst Schlosser, dann Uhrmacher, und zuletzt Professor der Physik in Lunéville, wo er 1746 starb.

[2]) Short sagt selbst, daß wenn man die Equatorealplatte der Horizontalplatte parallel stelle, man ein „Equal Altitude Instrument, a Transit Instrument, a *Theodolite*, a Quadrant, an Azimuth Instrument, and a Level"

Passement wegen seiner 1746 in den Pariser Memoiren behandelten „Machine parallactique“ und der zu Paris 1763 erschienenen Schrift: „Description et usage des télescopes, microscopes, ouvrages et inventions de Passement“, zu nennen. Dieser Passement, der ursprünglich Krämer in Paris war, aber dann in Folge einer 1749 dem Könige Louis XV überreichten künstlichen astronomischen Uhr Pensionär des Königs wurde und eine Wohnung im Louvre erhielt, scheint nämlich zuerst die Idee gehabt zu haben, die parallaktische Aufstellung mit einem die tägliche Bewegung verfolgenden Uhrwerke zu versehen[3]. Etwas später versuchten sich auch Brander, Hurter, Ramsden[4]), ꝛc. in Equatorealen, namentlich aber wurden dann diese Instrumente im gegenwärtigen Jahrhunderte durch das Institut in München cultivirt, Balancirung, Triebwerk, ꝛc. bedeutend verbessert, und zwei wesentlich verschiedene Constructionen auseinander gehalten: Die Eine, zu Differenzialbeobachtungen bestimmt, erhielt einen etwas leichtern Bau und nur kleinere, bloß zum Aufsuchen oder zu approximativen Positionsbestimmungen bestimmte Kreise, dagegen besonders sorgfältig con-

---

erhalte. Daß er den Theodoliten nennt, und wirklich in dieser Weise sogar eigentlich einen Theodoliten mit doppeltem Horizontalkreis, eine Art Repetitionstheodolit, erstellt hat, ist gegenüber dem unter 100 Erwähnten von Interesse.

[3]) Auf pag. 121 der „Histoire de l'Académie“ für 1746 wird bei Anlaß der von Passement vorgelegten „Machine parallactique“ gesagt: „L'auteur ajoute à cette machine une horloge qui la fait mouvoir et qui par conséquent fait suivre l'astre à la lunette qui y est jointe. Mais comme les vibrations du pendule pourraient faire aller la lunette par saut, il a imaginé d'y substituer une espèce de tourniquet qui décrit dans sa révolution un cône plus ou moins évasé, suivant que la vitesse devient plus ou moins grande.“ Aus der Schrift von 1763 vernimmt man, daß Passement 1757 dem Könige eine solche Maschine überreichte, welche einem Gestirn während einer ganzen Nacht folgte. — Claude Louis Passement wurde 1702 zu Paris geboren und starb daselbst 1769.

[4]) Nach Zach (v. Bode's Jahrb. auf 1799, pag. 115) besaß der unglückliche Präsident Saron ein vorzügliches Equatoreal von Ramsden. „Ich habe einst,“ sagt Zach, „mit diesem Werkzeuge den Sirius 12 Stunden verfolgt, und ihn noch ziemlich mitten im Felde des Fernrohrs gehabt.“

struirte mikrometrische Vorrichtungen, von denen im Folgenden noch specieller gesprochen werden wird, — bei der Andern wurde, um sie zu absoluten Bestimmungen von Rectascension und Declination tauglich zu machen, der Bau solider gemacht, und die Kreise der optischen Kraft des Fernrohres angepaßt. Erstere wurden zunächst durch Fraunhofer, Letztere durch Reichenbach gebaut, und in neuerer Zeit mit etwas veränderter Construction auch von Repsold ausgeführt.

207. Der Kreismikrometer. Im Jahre 1739 machte der 1711 zu Ragusa geborne, damals als Professor der Mathematik am Collegio Romano zu Rom stehende und schließlich nach sehr bewegtem Leben[1]) 1787 in Mailand verstorbene Jesuit Ruggiero Giuseppe Boscovich in einer zu Rom gedruckten Abhandlung „De novo telescopii usu ad objecta coelestia determinanda[2])“

[1]) Boscovich wurde von Clemens XIII für Austrocknung der pontinischen Sümpfe berathen, von Johann V von Portugal für Aufnahme eines Theiles von Brasilien benutzt; den Venusdurchgang beobachtete er in Konstantinopel; später lebte er einige Zeit als Directeur de l'optique de la marine in Paris. Gegen Ende seines Lebens soll er aus Furcht vor Verarmung und durch Verletzung seines Stolzes wahnsinnig geworden sein. Charakteristisch für ihn und seine Zeit ist folgende von Littrow (Kalender auf 1873) erzählte Anekdote: „Der Jesuit Boscovich gab zu Rom im Jahre 1746 eine Abhandlung heraus, in welcher er die Bahn eines Cometen aus drei Beobachtungen zu bestimmen suchte, — ein Problem, das sich nur lösen läßt, wenn man die Bewegung der Erde voraussetzt. Er hütete sich aber wohl, sich damit als Anhänger des Copernicus zu bekennen. Voll Ehrfurcht für die heilige Schrift, sagt er, und für die Decrete der heiligen Inquisition halte ich die Erde für unbeweglich. Nachdem er sich so mit der Kirche abgefunden wähnt, fügt er die Worte hinzu: Indessen werde ich der einfachern Erklärungen wegen so raisonniren, als bewegte sich die Erde; denn es ist bewiesen, daß die äußern Erscheinungen in beiden Annahmen dieselben sind. Als er im Jahre 1785, nach Aufhebung seines Ordens, sich freier fühlte, setzte er jener Stelle bei einem zu Venedig veranstalteten Wiederabdrucke der Abhandlung die Note zu: Der Leser darf hier Ort und Epoche der ersten Publikation nicht außer Acht lassen.“

[2]) Sie wurde auch in den Act. Erud. 1740 abgedruckt, findet sich dagegen in seinen „Opera pertinentia ad opticam et astronomiam. Bassani. 1785, 5 Vol. in 4“, die überhaupt fast nur bis dahin ungedruckte Arbeiten enthalten, nicht vor.

darauf aufmerksam, daß man den leeren Kreis, d. h. die durch das letzte Diaphragma gebildete kreisrunde Begrenzung des Gesichtsfeldes als Mikrometer brauchen könne: Man habe dafür aus den Ein- und Austrittszeiten zweier Sterne von bekannter Declination ein für alle Mal den Radius des Kreises zu berechnen, um sodann aus den Ein- und Austrittszeiten je eines zu bestimmenden Sternes und eines bekannten Vergleichsternes den Declinations- und Rectascensions-Unterschied dieser beiden Sterne bestimmen, also die Declination und Rectascension des ersten derselben ermitteln zu können. — Augenblicklich wurde jedoch, wie es scheint, von dieser ganz hübschen Idee wenig Gebrauch gemacht, und erst nachdem man später in die Ebene des Diaphragma einen Messingring aufgehängt hatte, um zwei Kreise zu besitzen und die Sterne schon etwas vor der Beobachtung zu sehen, und nachdem Olbers damit werthvolle Positionsbestimmungen von Cometen gemacht, kam der Kreismikrometer zu Gnaden, und wurde sodann in der neuern Zeit durch Fraunhofer mittelst Einsetzen eines Stahlringes in ein Planglas mit merkwürdiger Vollkommenheit ausgeführt, während Bessel sich 1811/12 das Verdienst erwarb, in Zach's Monatlicher Correspondenz seine Theorie zu entwickeln, und später durch seine Vermessung der Plejaden-Sterne die Mittel zur genauen Bestimmung der Radien zu beschaffen.

208. Die Positionsmikrometer. Von den vielen mikrometrischen Vorrichtungen, welche im Laufe der Zeiten theils überhaupt, theils speciell zur Anbringung an parallaktisch montirten Fernröhren empfohlen, und wenigstens zum Theil auch hier schon kurz besprochen wurden[1]), ist der von Fraunhofer eingeführte „Positionsmikrometer“ am wichtigsten und neben dem unter folgender Nummer zu behandelnden Heliometer zu den meisten der neuern feinen Messungen benutzt worden. Er besteht aus zwei zu einander senkrechten festen Faden, sowie einem, zu dem einen

[1]) Vergl. 114 und 198.

der festen parallelen beweglichen Faden, und hat die Eigenschaft, daß einerseits die Fadenebene gedreht werden kann, ohne daß dadurch der Kreuzungspunkt der festen Faden seine Lage verändert, und daß anderseits die jeweilige Lage an einem getheilten Kreise ablesbar ist. Es ist so die Möglichkeit gegeben, sowohl Rectascensions- und Declinationsdifferenzen, — als auch Distanzen und Positionen zu messen, — d. h. also einen unbekannten Stern auf einen benachbarten Bekannten und seinen Declinationskreis sowohl in rechtwinkligen Coordinaten als in Polarcoordinaten zu beziehen. — Diesem Fraunhofer'schen Positionsmikrometer gingen allerdings, wie wir theilweise bereits aus dem Frühern wissen, schon verschiedene andere Schraubenmikrometer voraus, d. h. Vorrichtungen, um mittelst mindestens Eines durch eine feine Schraube meßbar beweglichen Fadens kleine Distanzen zu bestimmen: Abgesehen von der dahingehörigen ersten mikrometrischen Vorrichtung von Gascoigne und dem mit ihr so ziemlich identischen Mikrometer von Kirch, weiß man, daß auch Auzout und Picard viele Messungen mit einem solchen, durch eine feine Schraube beweglichen Parallelfaden machten, und aus der bereits benutzten Schrift von Passement[a]) ersieht man, daß sein Mikrometer ebenfalls bewegliche Faden hatte, ja liest darin die ganz klare Beschreibung: „Il y a un petit chassis mobile qui s'élève et s'abaisse par une vis de la dernière exactitude, laquelle on peut tourner en tout sens, sans temps perdu; ce chassis porte un fil parallele aux fils qui sont fixés, par ce moyen on peut prendre le diamètre des Planètes et faire nombre d'observations." Aber noch fehlte die Kunst genaue Schrauben zu schneiden, und so brauchte schließlich Picard seine Schraube nur noch um den Faden einzustellen, brachte nachher zur Bestimmung des Abstandes seine Fadenplatte über eine Theilung, und verglich mit einem Mikroskope die Faden mit den Theilstrichen. Erst Fraunhofer und

[a]) Vergl. 206.

Repsold gelang es im Schneiden der Schrauben eine zu mikrometrischem Zwecke hinlängliche Genauigkeit zu erzielen, ja es müssen sogar, wie Bessel zeigte, auch ihre Schrauben einzeln einer Prüfung durch den Astronomen unterworfen werden, wenn durch sie die feinsten Messungen mit aller Sicherheit erhalten werden sollen.

209. Der Heliometer. Im Jahre 1743 schlug Servington Savery der Royal Society in London vor, kleine Distanzen dadurch zu messen, daß man mit Hülfe zweier neben einander stehender und gegenseitig verschiebbarer Objective Doppelbilder erzeuge, und dann das Bild des Einen Richtpunktes mit dem Doppelbilde des Andern zusammenbringe. Seine Abhandlung blieb aber bei Bradley liegen, bis 1753 James Short hörte, daß schon 1748 Bouguer der Pariser Academie einen ähnlichen Vorschlag gemacht habe[1]), und nun eine betreffende Note[2]) in die Philosophical Transactions einrückte. Unmittelbar darauf legte sodann Short auch noch ein Papier von John Dollond vor[3]), welches denselben Zweck noch viel einfacher durch Bisection des Objectives zu erreichen lehrte: Die Größe der Verschiebung, welche nothwendig war, um das untere Bild des obern Objectes mit dem obern Bild des untern Objectes zusammenzubringen, trat als Maß der Distanz, — die Richtung der Verschiebung als Position auf. — Diese Vorrichtung, welche erst nur momentan dem Objective eines Fernrohrs vorgesteckt wurde, während man dem Oculare eine der dadurch vergrößerten Brennweite entsprechende Ansatzröhre gab, führte später Fraunhofer selbstständig aus, und das erste solche, jedoch erst nach seinem Tode durch Utzschneider vollendete größere Heliometer, welches auf 8′

[1]) „Bouguer, De la mesure des diamètres des planètes (Mém. Par. 1748, — erschienen 1752)."

[2]) „Short, On Servington Savery's new micrometer. (Phil. Trans. 1753)."

[3]) „John Dollond, A contrivance for measuring small angles (Phil. Trans. 1753)."

Brennweite 70''' Oeffnung besaß und 1829 an die Königsberger Sternwarte abgeliefert wurde, bildet noch jetzt eine Hauptzierde dieser Letztern, und diente seiner Zeit Bessel zu den feinen Messungen, von welchen bei Anlaß der Bestimmung der Fixsternparallaxe gesprochen werden wird[4]). Seither sind in München noch mehrere ebenso große und größere Heliometer für Bonn, Pulkowa, ꝛc. ausgeführt worden, — während Hansen schon früher eine einläßliche Theorie dieses Instrumentes gab[5]). Von Vorschlägen für andere Objectivmikrometer, wie z. B. von einem solchen Rochon's aus dem Jahre 1777[6]), mag hier Umgang genommen werden, da sie bis jetzt keine wichtigern praktischen Folgen gehabt zu haben scheinen[7]).

210. Die Regulatoren und Chronometer. Die Regulatoren und Chronometer wurden in der neuern Zeit hauptsächlich durch sorgfältigere Ausführung und dadurch wesentlich verbessert, daß Mittel gefunden wurden, um den schädlichen, muthmaßlich schon durch Picard bemerkten Einfluß des Temperaturwechsels auf den Gang zu heben oder, wie man sich auszudrücken gewohnt ist, zu „compensiren". In beiden Richtungen und namentlich in letzterer haben sich die englischen Uhrmacher Graham und Harrison ganz besonders große Verdienste erworben: Graham[1]), der auch der erste Erfinder der „ruhenden Hemmung",

---

4) Vergl. 186.

5) „Hansen, Ausführliche Methode mit dem Fraunhofer'schen Heliometer Beobachtungen anzustellen. Gotha 1827 in 4."

6) Alexis Marie de Rochon (1741—1817), Director der Sternwarte in Brest, für dessen übrige Leistungen auf die Monographie von Delambre „Sur la vie et les ouvrages de M. Rochon. Paris 1819 in 4" verwiesen werden mag, veröffentlichte in seinem „Recueil de mémoires sur la mécanique et sur la physique. Brest 1783 in 8" ein schon 1777 der Pariser Academie vorgelegtes „Mémoire sur un micromètre objectiv", und schrieb sodann noch später „Sur les verres achromatiques adoptés à la mesure des angles. Paris 1802 in 4".

7) Für die Geschichte der Mikrometer, und speciell für Airy's Doppelbildmikrometer, vergl. auch Annalen von Leiden III 101 und f.

1) Vergl. für ihn 196.

des nach ihm benannten Ankers, war, dachte schon 1715 daran die Pendelstange durch einen aus verschiedenen Metallen bestehenden Rost zu unterbrechen und dadurch die Distanz des Schwingungspunktes von der Temperatur unabhängig zu machen, — verließ dann aber diesen Gedanken wieder, und suchte die Compensation dadurch zu erreichen, daß er die Pendellinse durch ein Gefäß mit Quecksilber ersetzte; es soll ihm dieß schon von 1721 an gelungen sein, jedenfalls aber spätestens von 1726 an, wo er seine Erfindung in der Abhandluug „A contrivauce to avoid the irregularities in a clock's motion occasioned by the action of heat and cold on a pendulum rod in den Philosophical Transactions öffentlich bekannt machte. Den von Graham verlassenen Gedanken nahm später Harrison wieder auf, und führte etwa von 1725 hinweg so gute „Rostpendel" aus, daß dieselben mit den Graham'schen vollkommen concurriren konnten, und es sind auch wirklich von dieser Zeit an bis auf die Gegenwart diese beiden Compensationen neben einander im Gebrauch geblieben. Ein ganz selbstständiges Verdienst erwarb sich sodann Harrison[2]), den man neben dem etwas frühern Henry Sully[3]) als Erfinder der eigentlichen „Time-Keeper" oder „Chronometer" zu betrachten hat, dadurch, daß er auch die Unruhen der Taschenuhren durch Verbindung von Metallen verschiedener Ausdehnung gegen den Einfluß der Wärme zu schützen, und so eben wirkliche tragbare Zeitmesser zu erstellen wußte. — Seit Graham und Harrison haben sich dann allerdings durch

[2]) Vergl. 166 für ihn und seine Chronometer.

[3]) Sully, ein etwa 1679 geborner Engländer, der Zögling des berühmten Uhrmachers Gretton in London war, stellte sich schon frühe (etwa 1703) die Aufgabe, die Meereslänge durch Uhren zu bestimmen, und erwarb sich damit den Beifall von Wren und Newton; später ging er nach Wien und etwa 1716 nach Paris, wo er um 1721 seine erste Marine-Uhr vollendete, 1726 seine „Description d'une horloge pour la juste mesure du temps sur mer" sammt seinen damit auf dem Meere angestellten Versuchen publicirte, und 1728 in Folge zu großer Anstrengung starb. Berthoud glaubt, daß er bei längerm Leben noch bedeutend größere Erfolge erzielt hätte, und stellt ihn überhaupt sehr hoch.

die Berthoud, Le Roy, Emery[4]), ꝛc. die Uhrconstructionen noch in manchem Detail verbessert, — namentlich seit bei den Chronometern die Echappements noch vielfach umgeändert worden, während man bei den Regulatoren in der neuesten Zeit auf den nicht unbedeutenden Einfluß der Barometer-Schwankungen aufmerksam geworden ist. Für den Detail muß auf die Specialwerke über die Geschichte der Uhren verwiesen werden[5]).

211. Die Hülfsmittel zur Bestimmung der Zeit. Während man früher zur Bestimmung der bürgerlichen Zeit neben den eigentlichen astronomischen Instrumenten fast nur die Sonnenuhren und einige verwandte Vorrichtungen besaß, so wurden später zu gleichem Zwecke noch andere Hülfsmittel erstellt, — voraus die sogenannten „Sonnensextanten", mit denen sich die Höhe der Sonne leicht annähernd bestimmen, und dann mittelst einer Tafel daraus der Stundenwinkel der Sonne, d. h. die wahre Zeit der Beobachtung, entnehmen ließ. Schon Brander erstellte ganz hübsche Instrumente dieser Art, bei welchen durch eine Linse ein scharfes Sonnenbild erzeugt, und sodann die Höhe abgelesen werden konnte, — während z. B. der 1808 verstorbene Pfarrer Friedrich Christoph Müller zu Schwelm in der Grafschaft Mark, 1791 zu Leipzig „Tafeln der Sonnenhöhen" herausgab, welche für jeden Grad Polhöhe von 47 bis 54° und für jeden Grad Sonnenhöhe von 0 bis 55° die entsprechende wahre Zeit auf 1^m genau geben. Und in der neuern Zeit hat z. B. Eble in Ellwangen unter dem Namen „Zeitbestimmungswerk" und „Horoskop" entsprechende Instrumente construirt, bei deren Ersterem sich aus der Sonnenhöhe die Zeit mittelst beigegebener Netze ohne Rechnung entnehmen läßt, während das Zweite sogar die Zeit am Instrumente selbst abzulesen erlaubt. — Noch größere Genauigkeit erlaubt das von dem Uhrmacher Edward Dent in London construirte „Dipleidoskop", welches

---

[4]) Josiah Emery, 1794 zu London verstorben und muthmaßlich von Neuenburg gebürtig. [5]) Vergl. 287.

er in einer eigenen Schrift „A description of the Dipleidoscope or double-reflecting meridian and altitude instrument" beschrieb, welche schon 1845 in vierter Auflage erschien; Steinheil substituirte demselben alsbald unter dem Namen „Passagenprisma" eine verwandte, noch zweckmäßigere Vorrichtung[1]). — Während aber diese beiden Instrumente nur den Eintritt des wahren Mittags bestimmen, so gibt es dagegen eine Reihe von andern Methoden die wahre Zeit oder die Sternzeit jederzeit zu ermitteln; so das Messen einer Sonnenhöhe oder Sternhöhe unter Voraussetzung der Polhöhe, — die Beobachtung correspondirender Sonnenhöhen oder Sternhöhen, welche zur Zeit der nie ohne Sextant und Chronometer reisende Zach mit so großer Virtuosität zur Zeitbestimmung verwandte, — die Beobachtung des Durchgangs zweier Sterne von bedeutend verschiedener Declination durch einen vom Meridian nicht sehr entfernten Vertical[2]), — rc., Methoden, welche dann allerdings an festen Beobachtungsstellen gegen die Bestimmungen im Meridiane zurückstehen, von welchen sofort speciell gesprochen werden wird[3]).

---

[1]) Bei dem von Steinheil 1846 in den Astr. Nachr. beschriebenen Passagenprisma fängt man mit einem Fernrohr theils direkte Strahlen S, theils Strahlen S' auf, welche durch ein Prisma gegangen sind, und mit erstern einen Winkel

$$\varphi = 180^\circ - 2\beta$$

bilden, — man sieht zwei Bilder, die sich gegen einander zu bewegen scheinen, wenn β abnimmt, und im Augenblick zusammenfallen, wo $\beta = 0$ wird, so daß man den Moment des Durchganges der Sonne oder des Sternes durch die Basisebene erkennen kann.

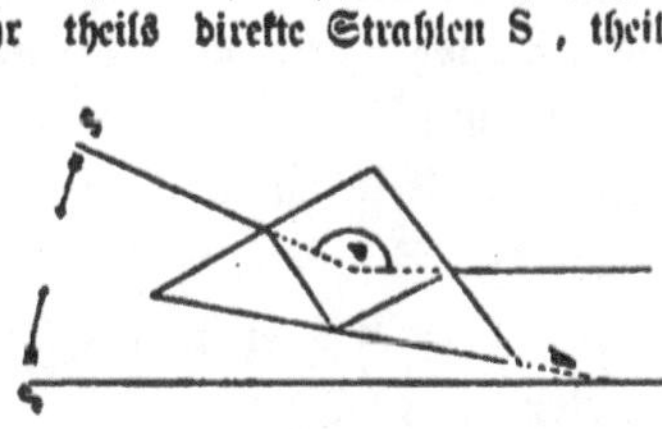

Fig. 85.

[2]) In einem Briefe von Feer an Horner von 1796 kömmt bereits die Methode vor, die Zeit aus dem Durchgange zweier Sterne durch denselben Vertikal zu bestimmen. — Vergl. auch die von Wilhelm Döllen (Mitau 1820 geboren; successive Observator zu Dorpat und Pulkowa) herausgegebenen zwei Abhandlungen „Die Zeitbestimmung mittelst des tragbaren Durchgangsinstruments im Vertikal des Polarsternes. St. Petersburg 1863—74 in 4".

[3]) Vergl. 213.

212. Die Bestimmung des Azimuthes. Die schon von Rothmann angewandte Methode, das Azimuth eines terrestrischen Gegenstandes durch successive Beobachtung der beiden Elongationen eines Polarsternes zu bestimmen[1]), wurde auch in der neuern Zeit vielfach benutzt, zumal bei Anwendung des Fernrohres die für jenen frühern Beobachter bestehende Schwierigkeit wegfiel. Immerhin wurde sie noch wesentlich verbessert, als man die Modification einführte, eine östliche Elongation eines Polarsternes mit einer ihr der Zeit nach nahen westlichen Elongation eines andern Polarsternes zu verbinden. — Eine andere ganz gute Methode der Azimuthalbestimmung besteht darin, daß man wiederholt den Horizontalabstand eines Polarsternes von einem terrestrischen Gegenstande mißt, und aus der Sternzeit der Beobachtung das jeweilige Azimuth des Polarsternes berechnet; es setzt jedoch diese Bestimmung die Kenntniß der Poldistanz des Sternes und zum Mindesten die angenäherte Kenntniß der Polhöhe voraus. Will man diese Daten nicht als bekannt annehmen, so genügt es, wie schon Gauß gezeigt hat, an einem Universalinstrumente drei Einstellungen auf einen Stern zu machen, und je an beiden Kreisen abzulesen; man kann alsdann ohne Schwierigkeit aus diesen Ablesungen Polhöhe, Poldistanz und Azimuth berechnen[2]), also respective bei Einstellung auf einen terrestrischen Gegenstand dessen Azimuth bestimmen. — Ueber die Bestimmung des Azimuthalfehlers eines provisorisch in den Meridian gestellten Instrumentes wird sofort näher eingetreten werden.

213. Die Meridianbeobachtungen. Bei Beschreibung der von Tob. Mayer benutzten Instrumente sagt Pütter in der schon früher benutzten Schrift: „Das vornehmste Werkzeug ist ein Mauerquadrant von John Bird in London verfertigt, und dem zu Greenwich, wie solcher in Smith's complete system of

---

[1]) Vergl. 118.

[2]) Vergl. z. B. pag. 8—10 von „Studer, Anfangsgründe der mathematischen Geographie. Bern 1830 in 8".

opticks beschrieben wird, völlig ähnlich. Er hat acht englische Fuß im Halbmesser und ist an einem einzigen großen Stein so befestigt, daß sich sein Fernrohr, welches ohngefähr eben die Länge hat, in der Mittagsfläche drehet; das Fernrohr ist von ausnehmender Güte, — es faßt über 1°. Im gemeinschaftlichen Brennpunkte beider Gläser geht ein Faden senkrecht auf die Mittagsfläche, und auf diesem stehen 5 andere senkrecht, die also Stücke von Stundenkreisen, wie jener ein Stück eines auf die Mittagsfläche senkrechten Kreises, vorstellen. Der mittelste der 5 ist in der Mittagsfläche, die Entfernung jedes Fadens vom nächsten beträgt $7\frac{1}{4}'$. Man kann also beim Durchgang der Sonne durch die Mittagsfläche 10 Antritte, 5 von jedem Rande, und zugleich die Höhe der Sonne beobachten. Bei Sternen hat man 5 solche Beobachtungen nebst der Höhe. Die Zeiten gibt eine Uhr an, die gleich am Quadranten steht, daß der Beobachter die Pendulschläge sehen und hören kann. Für große Höhen läßt sich eine Klappe über dem Quadranten vermittelst einer Stange, die der Beobachter gleich bei dem Quadranten ergreifen kann, aufstoßen, daß man den Himmel gerade über sich entdecket, und ebenso wieder zumachen. Bei geringen Höhen dient ein Fenster. Vermittelst dieses Quadranten hat der sel. Professor Mayer sein sehr vollständiges und richtiges Verzeichniß der Fixsterne im Thierkreise verfertigt. Es befindet sich unter den noch ungedruckten Abhandlungen der k. Societät der Wissenschaften". Wirklich nahm Lichtenberg in den ersten und leider einzig gebliebenen Band der von ihm 1775 herausgegebenen „Opera inedita Tobiae Mayeri" die betreffenden Abhandlungen „Observationes astronomicae quadrante murali habitae in observatorio Gottingensi, — Novus fixarum catalogus, — und: De motu fixarum proprio" auf, — ja Mayers Beobachtungen wurden noch in neuerer Zeit so geschätzt, daß sie 1826 zu London unter dem Titel: Astronomical observations made at Göttingen from 1756 to 1761 by Tob. *Mayer*, published by order of the Commissioners of Longitude" neu aufgelegt wurden[1]). Mayer zeichnete sich eben ganz besonders durch rationellere Beobachtungsmethoden aus, als sie bis dahin gebräuchlich waren: Während z. B. die ältern Astronomen ihre Instrumente allerdings möglichst sorgfältig aufstellten, dann aber diese Aufstellung als unbedingt richtig betrachteten, lehrte Mayer bereits die, auch nach gewissenhaftester Correction übrig bleibenden kleinen Fehler zu bestimmen, und namentlich mit Hülfe der nach ihm benannten und jetzt noch vorzugsweise gebrauchten Reductionsformel die Beobachtungen für sie zu corrigiren. Die neuere Zeit hat nicht nur die Nothwendigkeit der häufigen Bestimmung und fortwährenden Berücksichtigung dieser Correctionen in noch helleres Licht gesetzt, sondern auch gewisse periodische Veränderungen in denselben nachgewiesen, welche mit localen Erdbewegungen zusammenzuhängen scheinen, wie dieß z. B. aus den Untersuchungen der T. R. Robinson in Armagh, A. Hirsch in Neuenburg, u. A., ziemlich klar hervorgeht[2]). — Durch die successive Einführung der bereits beschriebenen Passageninstrumente und Meridiankreise wurde sodann allerdings seit dieser Zeit den Meridianbeobachtungen noch großer Vorschub geleistet und ebenso auch durch andere kleine Hülfsvorrichtungen, wie Nachtmiren[3]), Collimatoren[4]), und durch den von Professor Joh. Gottlieb Friedrich von Bohnenberger in Tübingen[5]) spätestens 1826 in seiner

---

[1]) Die Herausgabe wurde durch den sich damals in London aufhaltenden Fabrizio Mossotti (Novara 1791 — Pisa 1863; später Professor der Mathematik, Physik und Astronomie in Pisa) besorgt; vergl. Corresp. Gauß-Schumacher II 110.

[2]) Vergl. Phil. Mag. 1846 VIII, — Bull. de Neuch. VIII, — x.

[3]) Daß man mit einem Fernrohr durch das Objectiv eines andern dessen Fadenkreuz sehen könne, theilte Lambert schon 1769 Brander mit, vergl. Briefwechsel pag. 199.

[4]) Vergl. für Kater's „Floating Collimator" und andere Mittel um die Collimation zu bestimmen, den Artikel von Horner in Gehler II 169—175. Unter Collimation wird dabei zunächst diejenige der Theilung, d. h. also z. B. die Abweichung des Zenithpunktes vom Nullpunkt der Theilung verstanden. Auch Repsold scheint (vergl. Corr. Gauß-Schumacher II 52, 68) einen eigenen Collimator ausgedacht zu haben.

[5]) Joh. Gottlieb Friedrich von Bohnenberger wurde 1765 zu Simmoz-

den Astronomischen Nachrichten einverleibten Abhandlung „Neue Methode den Indexfehler eines Höhenkreises zu bestimmen und die Horizontalaxe eines Mittagsfernrohres zu berichtigen ohne Loth und Libelle" gemachten geistreichen Vorschlag, im Nadir des Instrumentes ein Gefäß mit Quecksilber aufzustellen, und das in demselben gesehene Spiegelbild des stark beleuchteten Fadennetzes mit dem Fadennetze selbst zu vergleichen, um sowohl den Zenithpunkt, als die Neigung der optischen Axe, d. h. die Summe der Neigung der Drehaxe und der Collimation der optischen Axe, zu erhalten[6]. — Auch die durch Maskelyne etwa 1772 ins Werk gesetzte Einführung des Ocularschlittens, und die dadurch ermöglichte Vermehrung der Seitenfaden ist mit aller Anerkennung zu erwähnen[7].

214. Die Refraction. Die von Kepler gegebene Refractionstafel wurde durch Dom. Cassini unter Benutzung des seinem Vorgänger unbekannten Brechungsgesetzes noch merklich verbessert, während ungefähr gleichzeitig der treffliche Picard darauf hinwies, daß die Refraction mit Temperatur und Luftdruck etwas variiren dürfte, also bei Anstellung von Höhenbeobachtungen auch der Stand von Barometer und Thermometer berücksichtigt werden sollte. Wirklich traten denn auch alsbald die genannten Instrumente in den Dienst der Astronomie,

---

heim im Schwarzwald, wo sein Vater Pfarrer war, geboren, — studirte erst Theologie und vicarisirte bei seinem Vater, — schoß sich dann auf dem Seeberge und in Göttingen praktisch und theoretisch in die Astronomie ein, — wurde Professor der Mathematik und Astronomie in Tübingen, und starb daselbst 1831. Vergl. „Konrad Kohler, die Landesvermessung des Königreichs Würtemberg in wissenschaftlicher, technischer und geschichtlicher Beziehung. Stuttgart 1858 in 8", wo sich nebst Bildniß vieles ihn Betreffende findet.

[6]) Aus Brief von Gauß an Schumacher von 1820 VII 10 sieht man, daß Gauß schon damals die Bohnenberger'sche Methode vielfach und namentlich zur Bestimmung des Nadirpunktes mit großer Befriedigung anwandte.

[7]) Vor Maskelyne scheint man (mit Ausnahme von Mayer) meist nur drei Faden benutzt, und namentlich die Durchgänge nur in ganzen Sekunden angegeben zu haben, während er (wie Mayer) fünf Faden anwandte, und überdieß Zehntelsekunden notirte.

und es dürfte daher am Platze sein, hier auch eine ganz kurze Geschichte derselben einzufügen: Die Luftwaage oder der „Barometer“ wurde bekanntlich schon 1644 durch Evangelista Torricelli[1]) erfunden, und von ihm auch dessen Schwanken an einer und derselben Stelle bemerkt. Vier Jahre später veranlaßte sodann Blaise Pascal seinen Schwager Périer den Stand des Barometers auf dem Gipfel des sich etwa 4540′ über das Meer erhebenden Puy de Dome zu beobachten, und wurde dadurch in den Stand gesetzt, in seinem in demselben Jahre 1648 zu Paris erschienenen „Récit de la grande experience de l'équilibre des liqueurs“ die Abnahme des Luftdruckes mit Zunahme der Höhe zu beweisen, womit die Möglichkeit der Höhenmessung mit dem Barometer dargethan war. Wieder einige Decennien später gelang ein neuer Hauptschritt, als Halley in seinem 1686 in die Philos. Trans. eingerückten „Discourse of the rule of the decrease of the height of the mercury in the barometer, according as places are elevated above the surface of the earth“ die erste Grundlage zu der barometrischen Höhenformel gab, indem er den Satz aussprach, daß die Höhendifferenz der Differenz der Logarithmen der Barometerstände proportional sei. Dann aber wurde ein weiterer Fortschritt an die Entwicklung der Thermometrie gebunden, deren frühere Geschichte Friedrich Burckhardt[2]) in seiner 1867 zu Basel erschienenen Abhandlung: „Die Erfindung des Thermometers und seine Gestaltung im 17. Jahrhundert“ so meisterlich entworfen hat: Nachdem Galilei etwa 1597 eine Art Luftthermometer oder Thermoskop erstellt hatte, wurde einige Jahre nach Erfindung des Barometers, durch einen Schüler von ihm, durch Ferdinand II von Toskana[3]), ein Weingeistthermometer in

[1]) Zu Piancaldoli in der Romagna fiorentina 1608 geboren, und Schüler von Castelli und Galilei, starb er 1647 als Nachfolger des Letztern zu Florenz.

[2]) Zu Sissach in Baselland 1830 geboren, in Basel als Professor der Physik und Rector des Gymnasiums thätig.

[3]) Zu Florenz 1610 geboren und ebendaselbst 1670 als Großherzog von Toskana verstorben.

der Form unserer gegenwärtigen Wärmemesser construirt, aber es dauerte dann noch circa 1½ Jahrhunderte, bis dasselbe zu einem zuverlässigen und vergleichbaren Instrumente wurde. Wohl existirten lange vor dem eben angedeuteten Zeitpunkte die noch jetzt gebräuchlichen Scalen von Gabriel Daniel Fahrenheit[4]), dessen Thermometer z. B. Christian Wolf 1714 in seiner „Relatio de novo thermometrum concordantium genere“ in den Actis Eruditorum behandelte, — von René Antoine Réaumur[5]), der 1730 in den Pariser Memoiren „Règles pour construire des thermomètres dont les dégrés sont comparables“ gab, — und von Anders Celsius[6]), der 1742 in den Vetensk. Acad. Handl. zu Stockholm „Observationer om tvenne bestaendiga grader på en thermometer“ veröffentlichte, möglicher Weise dazu von Linné inspirirt; aber die Thermometer, wie wir sie jetzt kennen, und speciell unser Réaumur'sches Quecksilberthermometer, verdankt man eigentlich erst dem Genfer Jean André Deluc[7]), dessen 1772 zu Paris in zwei Quartbänden erschienene „Recherches sur les modifications de l'atmosphère“ überhaupt unbestritten den Ausgangspunkt für alle meteorologischen Instrumente und Untersuchungen der neuern Zeit bilden, — mit einziger Ausnahme des Haarhygrometers, auf das man, nachdem es einige Zeit durch das „Psychrometer“ von August[8]) total verdrängt zu werden schien, wieder immer mehr zurückkömmt, und das man nicht Deluc, sondern seinem Landsmanne Horace Bénédict de Saussure[9]) verdankt, der darüber zur

[4]) Zu Danzig 1686 geboren und 1736 in Holland als Glasbläser verstorben.

[5]) Academiker in Paris, 1683 zu La Rochelle geboren und 1757 auf seinem Schlosse Bermondières in Maine verstorben.

[6]) Zu Upsala 1701 geboren, und ebendaselbst 1744 als Professor der Astronomie verstorben.

[7]) Zu Genf 1727 geboren, starb er 1817 zu Windsor als Göttinger Honorarprofessor. Vergl. für ihn Bd. 4 meiner Biographien.

[8]) Ernst Ferdinand August, 1795 zu Prenzlau geboren, und 1870 als Professor der Mathematik zu Berlin verstorben.

[9]) Zu Genf 1740 geboren, starb er 1799 daselbst als Professor der Philosophie. Vergl. für ihn Bd. 4 meiner Biographien.

Zeit 1783 ein eigenes Werk, seinen „Essai sur l'hygrométrie“ schrieb. — Die Recherches von Deluc enthalten auch unsere hypsometrische Hauptformel

$$h = 10000^{t} (\log B - \log b) [1 + 0{,}001 (T + t)],$$

welche fälschlich den Namen von Laplace trägt, der einzig auf Grund einer Versuchsreihe von Ramond den Deluc'schen Erfahrungsfactor 10000 etwas erhöhte. — Nach dieser Excursion zur Geschichte der Refraction selbst zurückkehrend, bleibt dem Frühergesagten etwa noch Folgendes beizufügen: Nachdem Newton in seinen Principien die Refraction als eine Attractionswirkung nachgewiesen und damit der theoretischen Betrachtung zugänglich gemacht, ja, wie seine Briefe an Flamsteed zeigen, bereits die richtige Differentialgleichung für dieselbe aufgestellt hatte, verfolgten auch andere Geometer, wie z. B. Daniel Bernoulli in seiner „Hydrodynamica“, mit mehr oder weniger Erfolg ähnliche Wege, bis es endlich dem vortrefflichen Thomas Simpson gelang, 1743 in seinen „Mathematical dissertations“ die bequeme Refractionsformel

$$r = \alpha \, \mathrm{Tg} (z - \beta r)$$

abzuleiten, aus der sodann Bradley durch Bestimmung der Constanten und Beifügung der den Luftdruck und die Lufttemperatur berücksichtigenden Factoren die seinen Namen tragende und jetzt noch geschätzte Formel

$$r = \frac{b}{29{,}6} \cdot \frac{400}{350 + t} \cdot 57'' \cdot \mathrm{Tg} (z - 3 \cdot r)$$

erhielt, in welcher b den Barometerstand in englischen Zollen und t die Lufttemperatur in Fahrenheit bezeichnet[10]). Bald dar-

[10]) Noch in der lebhaften Discussion, welche vor einigen Jahren in der Pariser Academie über die praktisch anwendbaren Refractionsformeln statt hatte, hielten Laugier und Faye an der Bradley'schen Formel fest, — nur wollte Ersterer den Bradley'schen Coefficienten 3,2 durch 3,77 ersetzen, Letzterer aber durch $(1 - 2\,n) : 4\,n$, wo n den der terrestrischen Refraction entsprechenden Coefficienten bezeichnet, den er im Mittel gleich 0,665 (d. h. $(1 - 2\,n) : 4\,n = 3{,}259$) setzt, den er aber eigentlich jeweilen durch Beobachtung bestimmen will.

auf befaßte sich auch Euler mit der Refraction, indem er 1754 den Berliner Abhandlungen eine „De la réfraction de la lumière en passant par l'atmosphère" betitelte Arbeit einverleibte, — ferner Lacaille, dessen „Recherches sur les réfractions astronomiques" sich in den Pariser Memoiren von 1755 finden, — Tobias Mayer, dessen ebenfalls 1755 geschriebene Abhandlung „De refractionibus astronomicis" zwar leider ungedruckt blieb, während 1781 eine gleichbetitelte Arbeit seines gleichnamigen Sohnes zum Abdrucke kam, — Lambert, dessen interessante Schrift „Les propriétés remarquables de la route de la lumière par les airs" 1758 im Haag erschien[11]), — Lagrange, der 1772 eine Abhandlung „Sur les réfractions astronomiques" in den Berliner Memoiren erscheinen ließ, — Kramp, der 1799 zu Straßburg eine „Analyse des réfractions astronomiques et terrestres" herausgab, — rc. Nachdem sodann Laplace im vierten Bande seiner „Mécanique céleste" die theoretischen Grundlagen noch weiter ausgebildet hatte, erschien 1818 in den uns bereits bekannten „Fundamenta astronomiae" die betreffende fundamentale Arbeit von Bessel, und es wird seither die von ihm gegebene Refractionstafel fast ausschließlich gebraucht, da sie die Refractionen sehr gut darstellt, und sich wohl gewisse aus den Beobachtungen hervorgehende Differenzen meist aus unrichtig eingeführten Temperaturbestimmungen erklären lassen[12]). Immerhin sind seither noch werthvolle Untersuchungen angestellt und publicirt worden: So hat Plana 1822 und 1828 in den Turiner Abhandlungen „Recherches analytiques sur la densité des couches de l'atmosphère et la théorie des refractions atmosphériques" herausgeben, — Ivory[13]) 1823 und 1838 in den Philos. Transact. Abhandlungen „On the astronomical

[11]) Eine deutsche Uebersetzung gab Tempelhoff 1773 zu Berlin heraus.

[12]) Bessel benutzte für die Zenithdistanzen von 85° und mehr die Beobachtungen, welche sein junger Gehülfe Argelander mit einem Cary'schen Kreise an dem Untergange nahen Sternen gemacht hatte.

[13]) James Ivory wurde 1765 zu Dundee geboren, und starb 1842 zu London.

refraction", — Eduard Schmidt[14]) 1828 zu Göttingen eine „Theorie der astronomischen Strahlenbrechung", — Lubbock 1840 und 1855 in den Memoiren der astronomischen Gesellschaft zwei Abhandlungen „On astronomical refractions", — General Baeyer 1860 in den Petersburger Schriften eine Abhandlung „Ueber die Strahlenbrechung in der Atmosphäre", — Bauernfeind[15]) in Nr. 1478—80 der Astron. Nachr. eine Note über „Die astronomische Strahlenbrechung auf Grund einer neuen Aufstellung über die Constitution der Atmosphäre", — H. Gylden[16]) in den Petersburger Memoiren „Untersuchungen über die Constitution der Atmosphäre und die Strahlenbrechung in derselben", — August Weilenmann[17]) in Nr. 24—25 meiner Astr. Mitth. „Studien über die Refraction", — ꝛc. Leider erlaubt es jedoch der Raum nicht, im Detail auf diese zahlreichen Arbeiten einzutreten, sondern es muß theils auf diese Schriften selbst, theils auf die 1861 durch Bruhns[18]) zu Leipzig heraus=

[14]) Eduard Schmidt wurde 1803 zu Leipzig geboren, studirte in Göttingen, wo ihn Gauß zu seinen besten Schülern zählte, wurde daselbst 1831 Extraordinarius, und ging Anfang 1832 als Ordinarius der Mathematik und Astronomie nach Tübingen, wo er aber bald nach seiner Ankunft starb. Seine „Theorie der astronomischen Strahlenbrechung. Göttingen 1828 in 4" war eine sehr tüchtige Arbeit, die er in Folge Aufforderung von Gauß gemacht hatte. Dieser schrieb schon 1827 X 11 darüber an Schumacher: „Dr. Schmidt hat eine mathematische Theorie der Refraction ausgearbeitet, die, soviel ich nach einer freilich nur flüchtigen Durchsicht urtheilen kann, ihm große Ehre macht, und sich ganz füglich neben den Arbeiten von Bessel, Ivory und Plana sehen lassen kann." Auch sein „Lehrbuch der mathematischen und physischen Geographie. Göttingen 1829—30, 2 Bde. in 8", und sein von C. W. B. Goldschmidt posthum herausgegebenes „Lehrbuch der analytischen Optik. Göttingen 1834 in 8" sind mustergültige Leistungen, so daß sein früher Tod ein großer Verlust für die Wissenschaft war.

[15]) Karl Max Bauernfeind, Director des Polytechnikums in München, 1818 zu Anzberg in Oberfranken geboren.

[16]) Gylden wurde 1841 zu Helsingfors geboren, war erst Observator in Pulkowa, und ist jetzt Director der Sternwarte in Stockholm.

[17]) August Weilenmann, 1843 zu Knonau geboren, mein langjähriger Assistent, jetzt Professor der Mathematik an der Kantonsschule in Zürich.

[18]) Karl Christian Bruhns, 1830 zu Ploen in Holstein geboren, schwang sich vom Mechaniker zum Director der Leipziger Sternwarte auf.

gegebene Schrift „Die astronomische Strahlenbrechung in ihrer historischen Entwicklung" hingewiesen werden.

215. Die neuern Breitenbestimmungen. Neben dem schon besprochenen vorzüglichen Hülfsmittel, welches die neuern Meridianinstrumente und die auf Reisen an ihre Stelle tretenden Universalinstrumente für Polhöhenbestimmungen auf dem Lande bieten, empfahl Bessel Beobachtung der Durchgangszeiten eines zenithalen Gestirnes durch den ersten Vertikal, — während z. B. Baeyer, Sadebeck und Galle durch systematische Beobachtungen von Circum-Meridianhöhen nahe in gleicher Höhe nördlich und südlich culminirender Sterne sehr schöne Resultate erreichten. Anderseits suchte Horner[1]) in seiner 1822 in Zach's Corresp. astron. publicirten „Méthode facile et générale pour calculer les latitudes d'un lieu par les hauteurs de l'étoile polaire observées à tout heure", und Littrow in seiner in Bode's Jahrbuch auf 1824 publicirten Abhandlung „Neue und genaue Methode aus den beobachteten Höhen des Polarsternes außer dem Meridiane die Polhöhe zu finden" die längst übliche Methode der Bestimmung aus Polarsternhöhen durch Tafeln zu erleichtern — Noch eine andere eigenthümliche Methode besteht darin zwei Sterne zu benutzen, von denen der eine südlich, der andere nahe in derselben Distanz vom Zenithe nördlich culminirt. Hat man nämlich ein um eine Vertikalaxe drehbares Fernrohr, das einen festen und einen dazu parallelen, mit einer Mikrometerschraube beweglichen Horizontalfaden besitzt, und stellt den festen Faden auf den ersten, den beweglichen nach Drehen des Fernrohrs auf den zweiten Stern ein, so erhält man die Polhöhe, indem man das Mittel der Declinationen der beiden Sterne um die halbe Fadendistanz vermehrt oder vermindert, je nachdem der nördliche oder der südliche Stern höher steht, und kann so ohne Höhenkreis und

[1]) Joh. Kaspar Horner, Schüler von Zach und Astronom der Krusenstern-schen Reise um die Erde, wurde 1774 zu Zürich geboren, und starb ebendaselbst 1834 als Professor der Mathematik und Rathsherr. Vergl. für ihn Bd. 2 meiner Biographien.

ohne Berücksichtigung von Refraction Biegung, ꝛc., eine ganz gute Bestimmung erhalten. Schon Peter Horrebow soll im dritten Bande seiner 1740—41 erschienenen „Opera mathematica“ oder sogar schon in seinem 1732 veröffentlichten „Atrium astronomiae“ diese Methode angedeutet haben, und Pater Hell brauchte sie, ohne etwas hievon wissen zu wollen, beim Venusdurchgange von 1769 zur Bestimmung der Breite von Wardoehus, wie er sagt „aus Noth[2])“. In der neuern Zeit ist sie von amerikanischen Astronomen, namentlich von einem gewissen Talcott wieder aufgenommen und noch etwas vervollkommnet worden. — Für Breitenbestimmung auf dem Meere ist die Methode die Höhen zweier Gestirne und die Zwischenzeit der Beobachtungen zu benutzen, welche den Namen des etwa 1713 gebornen und 1773 zu Amsterdam als Lehrer an der Seemannsschule verstorbenen Cornelius Douwes trägt, immer noch beliebt, und ist z. B. im ersten Supplement zu Bode's Jahrbuche von Pieter Nieuwland[3]) in seiner Abhandlung „Ueber Douwes' Methode aus zwei außer dem Meridiane liegenden Sonnenhöhen die Breite eines Ortes zu bestimmen“ besprochen worden. — Da, wie C. v. Littrow schon 1841 zeigte, und seither noch mit Faye und Astrand wiederholt nachwies[4]), auf dem Meere zwei kurz vor der Culmination genommene Sonnenhöhen eine ganz brauchbare Bestimmung der Zeit, und damit des Moments ergeben, wo behufs der Breitenbestimmung die größte Höhe zu nehmen ist, so hat auch der nicht mit den feinern Methoden vertraute Seemann jeden Mittag die Möglichkeit in kürzester Zeit, und ohne sich auf Log und Leine verlassen zu müssen,

[2]) Vergl. „Jungnitz, Beiträge zur praktischen Astronomie (I 212—53)“.

[3]) Im Jahre 1764 zu Diemermeer bei Amsterdam geboren, starb dieser vielversprechende, bei Zach zum praktischen Astronomen ausgebildete und auf die entsprechende Professur zu Leyden beförderte junge Mann leider schon 1794.

[4]) Vergl. Wiener Annalen 21, Wiener Sitzungsberichte 47 und 50, Compt. rend. 1864, und „Faye, Sur une méthode nouvelle proposée par M. de Littrow. Vienne 1864 in 8“, — sowie „Littrow, Andeutungen für Seeleute. Wien 1868 in 8“.

mit Hülfe von Sextant und Chronometer eine ganz ordentliche und vollständige Ortsbestimmung machen zu können.

216. Die neuern Längenbestimmungen. Im vorigen Jahrhundert und noch in der ersten Hälfte des gegenwärtigen Jahrhunderts wurden die Längen auf dem Lande und zur See meist nach den früher der Idee nach zwar bekannten, aber erst in der neuern Zeit mit hinlänglicher Sicherheit gehandhabten Methoden bestimmt. So wurde, und so wird jetzt noch zur See die Methode der Monddistanzen gebraucht und cultivirt, welche nun theils durch die verbesserten Mondtafeln[1]), theils auch dadurch sicher und praktisch wurde, daß bequeme Hülfstafeln erschienen, wie solche schon 1772 zu Cambridge nach Berechnung von Lyons, Parkinson und Williams unter dem Titel: „Tables for correcting the apparent distance of the moon and a star from the effects of refraction and parallax" in einem Foliobande von 1200 Seiten erschienen, während sodann Horner in seiner 1822 zu Genua publicirten „Méthode facile et exacte pour réduire les distances lunaires, avec des tables nouvelles" solche in compendiösester Form und mit solchem Erfolge gab, daß sein Schriftchen bald auch in englischer, spanischer und russischer Uebersetzung erschien. So wurde auf dem Lande die Methode der Mondculminationen vielfach angewandt, besonders als sie durch Friedrich Nicolai[2]) in der Weise modificirt wurde, daß man nicht nur die Culmination des Mondes selbst beobachtete, sondern auch die Culminationen einer Reihe zum voraus verabredeter Sterne in seinem Parallel. So wurden auf dem Lande und zur See Mond- und Sonnenfinsternisse, Sternbedeckungen und Verfinsterungen der Jupiterstrabanten, für welche man nun immer bessere Tafeln und Vorausbestimmungen zur Disposition hatte, vielfach beobachtet, und schon 1764 konnte z. B. Hell in den Wiener Ephemeriden

[1]) Vergl. 166.

[2]) Zu Braunschweig 1793 geboren und 1846 als Director der Sternwarte zu Mannheim verstorben.

berichten, daß man aus Jupiterstrabanten-Verfinsterungen eine ganz gute Längenbestimmung erhalte, wenn man aus einer Reihe von Immersionen, und ebenso aus einer Reihe von Emersionen die mittlern Werthe ziehe, und dann aus diesen, um die Fernröhren zu eliminiren, wieder das Mittel nehme, und daß er so aus 50 Verfinsterungen für den Unterschied der Sternwarten Wien und Paris $56^m\ 11^{3}/_{4}{}^s$ (statt $56^m\ 10^s,7$, welche gegenwärtig der Naut. Alm. dafür annimmt) gefunden habe. Auch die Längenbestimmungen durch Zeitübertragung mit Chronometern wurden auf dem Lande und auf dem Meere immer sicherer[3]), und einige neuere größere Chronometer-Expeditionen gaben ganz schöne Resultate, wie man sich z. B. aus den 1844/46 durch W. Struve in Petersburg ausgegebenen Schriften „Expédition chronométrique entre Poulkowa, Altona et Greenwich" überzeugen kann. Zu diesen schon in älterer Zeit vorgeschlagenen Methoden trat dann noch die der Blickfeuer oder Pulversignale hinzu, welche Picard zum ersten Male angewandt zu haben scheint, als er 1671 die Längendifferenz Hveen-Copenhagen auf diese Weise bestimmte[4]); sie ist in der neuern Zeit namentlich von Zach in Thüringen und bei Marseille mit Erfolg angewandt worden. Seit einigen Decennien sind nun jedoch allerdings auf dem Lande alle diese Methoden für genaue Bestimmungen durch die telegraphischen Uhrvergleichungen verdrängt worden. Sobald nämlich zwei Punkte telegraphisch verbunden und mit zweckmäßig eingeschalteten Chronographen versehen sind, so kann man die dem Meridianunterschiede entsprechende Differenz der Uhrzeiten finden, sobald man auf jedem der beiden Punkte abwechselnd Zeichen gibt, welche auf beiden Chronographen neben die gleichzeitigen Uhrzeiten notirt werden, — oder man kann die Verspätung eines Sternes von dem einen Meridiane zum andern finden, indem man den Stern an beiden Punkten successive beobachtet, und alle Beobachtungen auf beiden Chronographen notiren läßt. Eine erste Bestimmung dieser Art scheint die von

[3]) Vergl. 166. [4]) Vergl. 148.

Capitain Wilkes 1844 ermittelte Längendifferenz Washington-Baltimore gewesen zu sein; seither sind sie sehr zahlreich geworden, und binnen wenigen Jahren werden nicht nur alle Sternwarten der neuen und alten Welt, sondern noch eine große Anzahl anderer astronomischer Punkte auf diese Weise mit einander verbunden sein, — ist ja sogar kürzlich, wenn auch mit Widerstreben, Paris in diese Kette eingetreten, und seine Sternwarte mit Chronographen ausgerüstet worden.

217. Die Personalgleichung. Während man früher von einer constanten Verschiedenheit in den Angaben zweier Beobachter oder von einer „Personalgleichung" keine Ahnung hatte, und noch am Ende des vorigen Jahrhunderts Maskelyne eine Beobachtungsdifferenz, welche sich zwischen ihm und einem seiner Gehülfen, Namens David Kinnebrok ergab, für eine so unstatthafte Anomalie ansah, daß er diesen Gehülfen trotz seiner übrigen guten Eigenschaften als unbrauchbar entließ, wies Bessel von 1820 hinweg an vielen Beispielen nach, daß sie sogar in der Regel bestehe, ja bei einzelnen Beobachtern einen ganz erheblichen Betrag annehme, und so z. B. Argelander im Vergleiche mit ihm einen Durchgang um volle 1 ,2 zu spät notire. Da diese Personalgleichungen auf Längenbestimmungen in ihrem vollen Betrage übergehen, und auch bei Anwendung von Chronographen nur zum Theil verschwinden, so hat man in der neuern Zeit verschiedene Methoden zu ihrer Bestimmung aufgesucht, — den Grund mancher Anomalien in der bei Seitenbeleuchtung einen erheblichen Einfluß gewinnenden Ocularstellung aufgefunden, — Vorrichtungen zu wenigstens theilweiser automatischer Beobachtung vorgeschlagen, — ꝛc. Vergleiche dafür eine ganze Reihe von betreffenden Abhandlungen von Ferdinand Pape in Altona[1]), Charles Joseph Etienne Wolf in Paris[2]), Adolf

[1]) Pape wurde 1834 zu Verden geboren und versprach ein ganz ausgezeichneter Astronom zu werden, starb aber leider schon 1862 als Observator in Altona.

[2]) Zu Vodges (Aisne) 1827 geboren, früher Professor der Physik in Nimes, Metz und Montpellier; seit 1862 Astronom an der Pariser Sternwarte.

Hirsch in Neuenburg[3]), Rudolf Radau in Paris, Rudolf Wolf in Zürich, P. Carl Braun in Preßburg[4]), ꝛc.[5]).

218. Die Bestimmung der Sterncoordinaten. In der neuern Zeit werden die Sterncoordinaten fast ausschließlich mit Meridiankreis und Uhr bestimmt, — nur bei untergeordneten Bestimmungen etwa auch mikrometrische Messungen beigezogen. Sind behufs der Zeitbestimmung die Correctionen des Instrumentes und der Uhr mit Niveau, Horizont, Mire und einigen bekannten äquatorealen und polaren Sternen, voraus den durch Maskelyne eingeführten und seit ihm in Greenwich regelmäßig beobachteten Fundamentalsternen, abgeleitet, so gibt nämlich offenbar jede Durchgangsbeobachtung eines Sternes mit Hülfe der Uhr eine approximative Bestimmung seiner Rectascension, und durch Ablesung am Höhenkreise unter Berücksichtigung des Zenithpunktes, der Refraction, der Durchbiegung, der Theilungsfehler, ꝛc. eine ebensolche der Zenithdistanz, aus welcher sodann bei Kenntniß der Polhöhe eine Declinationsbestimmung hervorgeht. Von Zeit zu Zeit wird es dabei gut sein auch den Durchgang der Sonne in beiden Richtungen zu beobachten und mit Durchgängen benachbarter Sterne zu vergleichen, um von den Angaben der Sterncataloge unabhängig erste Rectascensionen zu bekommen. Selbstverständlich sind ferner die an irgend einem Tage durch directe Beobachtung erhaltenen sog. scheinbaren Coordinaten schließlich auf eine bestimmte Epoche, z. B. den Anfang des Jahres, zu reduciren, d. h. die der Epoche ent-

---

3) Director der Sternwarte daselbst, 1830 zu Halberstadt geboren.

4) Später mehrjähriger Gehülfe von Secchi, jetzt in Kalksburg bei Wien, — zu Neustadt in Kurhessen 1831 geboren.

5) Vergl. „C. Wolf, Recherches sur l'équation personelle dans les observations de passages, sa détermination absolue, ses lois et son origine (Annales de l'observ. de Paris. Mém. VIII), — Radau, Ueber die persönlichen Gleichungen bei Beobachtung derselben Erscheinungen durch verschiedene Beobachter (Carl's Repert. 1—2), — Braun, Das Passagenmikrometer. Leipzig 1865 in 8°, ꝛc.; ferner Nr. 25 und 26 meiner Astr. Mitth, die Publikationen der schweiz. geodätischen Commission, ꝛc.

sprechenden und von Aberration und Nutation befreiten, sogenannten mittlern Coordinaten für diese Zeit abzuleiten, wofür in den größern Sterncatalogen und Ephemeriden die nöthigen Hülfsgrößen gegeben, auch von Bessel, Wolfers, Struve, ꝛc. bequeme Hülfstafeln berechnet worden sind[1]).

219. Die Gradmessung von Picard. Der Erste, welcher Snellius' Methode für die Ermittlung der Gradlänge[1]) mit vollem Erfolge zur Anwendung brachte, war der vortreffliche französische Astronom Jean Picard[2]), der seine Messung unmittelbar nach deren Vollendung in der 1671 zu Paris erschienenen Schrift „Mesure de la terre“ einläßlich beschrieb: Er wählte den einen Endpunkt seiner Messung nördlich von Paris zu Sourdon bei Amiens, den andern etwas südlich von Paris zu Malvoisine, und verband diese beiden Punkte durch 35 Dreiecke theils miteinander, theils mit der zwischen Villejuive und Juvisy gewählten Basis. Letztere, welche auf einer geraden und beinahe ebenen gepflasterten Straße lag, maß er mit zwei hölzernen Stäben von zwei Toisen Länge, die er nach einer ausgespannten Schnur legte, und fand für sie im Mittel aus zwei Messungen 5663 Toisen. Die Winkel bestimmte Picard mit einem eisernen Quadranten von 38 Zoll Radius, dessen kupferner Limbus durch Transversalen in Minuten getheilt war. Die Berechnung ergab für die Distanz der Parallele von Sourdon und Malvoisine 78850ᵗ, — die mit einem zehnfüßigen, ein Fernrohr mit Fadenkreuz tragenden Quadranten an beiden Endpunkten gemessenen Zenithdistanzen eines nahe am Scheitel culminirenden Sternes aber 1° 22′ 55″ als Differenz der Breiten, und hieraus folgte endlich die Länge eines Grades gleich 57060 Toisen.

220. Der Streit über die Gestalt der Erde. Schon Picard soll die Vermuthung ausgesprochen haben, die Erde sei keine vollkommene Kugel, und Huygens fand aus theoretischen

---

[1]) Vergl. 258.

[1]) Vergl. 124. [2]) Vergl. 148.

Betrachtungen über die Einwirkung der Centrifugalkraft auf einen rotirenden und nicht vollständig harten Körper, daß sie ein an den Polen abgeplattetes Sphäroid sei, und daß die Abplattung mindestens $^1/_{387}$ betragen werde. Auch Newton hatte die entsprechende Ansicht, da nur bei einem an den Polen abgeplatteten Sphäroide, oder also bei Zunahme der Meridiangrade vom Equator nach den Polen, die Resultirende aus der Anziehung nach dem Mittelpunkte und der Centrifugalkraft an jedem Punkte der Oberfläche normal zu derselben stehen könne, — ja er mußte sogar die Abplattung auf $^1/_{230}$ erhöhen. Als sodann Richer auf seiner uns schon vorläufig bekannten Expedition fand, daß in Cayenne die von ihm mitgenommene und in Paris genau regulirte Pendeluhr täglich um volle zwei Minuten zurückbleibe oder das Sekundenpendel alldort um volle $^5/_4$''' Par. kürzer als in Paris sei, und 1682 auch Varin, Deshayes und de Glos bei einer Expedition an das Cap Vert entsprechende Erfahrungen machten, sah Newton darin eine nothwendige Folge der Gestalt und Rotation der Erde, und war somit nun seiner Ansicht über erstere nur noch um so sicherer. Die Pariser Academie hielt dagegen unentwegt an der Kugelgestalt der Erde fest, und als der englische König Jakob II bei einem Besuche, welchen er 1690 IV 27 auf der Pariser Sternwarte machte, die Ansicht von Newton mittheilte und vertrat, so wurde ihm[1]) von den Pariser Academikern geantwortet, daß allerdings Einige von ihnen früher, weil Jupiter zuweilen nicht vollständig sphärisch erscheine, ebenfalls daran gedacht hätten, es möchte die Erde abgeplattet sein, daß dieß aber durch die kreisrunden Schatten, welche die Erde auf den Mond werfe, hinlänglich widerlegt sei, und die scheinbar nothwendige Verkürzung des Pendels gegen Süden eigentlich nur eine Correction der Ausdehnung des Pendels in Folge der größern Luftwärme sei[2]). Einige Messungsresultate

---

[1]) Vergl. „Bertrand, L'académie des Sciences“ pag. 37.

[2]) Nach Bertrand würde diese Erklärung bloß eine Zunahme der Temperatur um 200° erfordern.

schienen ebenfalls gegen Newton's Ansicht zu sprechen: Zunächst zeigte 1691 der Straßburger Arzt Joh. Caspar Eisenschmidt in seiner „Diatribe de figura telluris elliptico sphaeroide“, daß die bisherigen Gradmessungen nicht nur keine Zunahme, sondern gegentheils eine Abnahme der Grade gegen den Pol hin zeigen. Nach seiner Zusammenstellung hatten nämlich gefunden für 1°

Eratosthenes	100	Röm.	Meil.	unter	27°	Polhöhe
Riccioli	80	„	„	„	44½	„
Picard	74	„	„	„	49	„
Fernel	73½	„	„	„	49½	„
Snellius	71½	„	„	„	52	„

und diese Gradlängen ließen sich nach seiner Rechnung durch ein verlängertes Rotations-Ellipsoid, dessen Axe 10890 und dessen Equatorealdurchmesser 8288 Römische Meilen habe, ganz ordentlich darstellen. Nun ließ sich zwar allerdings Eisenschmidt leicht zurückweisen, da die von ihm benutzten Messungen mit einziger Ausnahme derjenigen Picards zu wenig Garantie boten, ja zum Theil anerkannt fehlerhaft waren; als aber 1683 bis 1718 die Cassini mit Hülfe der Maraldi und de La Hire*) nach dem schon von Picard geäußerten Wunsche dessen Messung südlich von Malvoisine bis Collioure und nördlich von Amiens bis Dünkirchen fortsetzten, ergab sich ebenfalls im Widerspruche mit der Abplattungstheorie für einen Grad südlich von Paris 57097', für einen Grad nördlich von Amiens dagegen nur 56960', und die Herren Franzosen vermerkten es, als diese von Jacques Cassini 1720 in seinem „Traité de la grandeur et de la figure de la terre“ publicirten Resultate von Newton und seinen

*) Philippe de La Hire wurde 1640 dem Maler Laurent de La Hire zu Paris geboren, — war erst ebenfalls Maler und Architekt, — avancirte aber später zum Professor der Mathematik und Mitglied der Academie in Paris, wo er 1718 starb. Als Geometer ist er durch seine „Théorie des coniques. Paris 1672 in Fol. (Lat. 1685)“ berühmt geworden, — als Geodäte kann man ihn als Picard's Zögling und Nachfolger bezeichnen.

Anhängern ganz entschieden angezweifelt wurden, gar übel, — ja es entspann sich eine mitunter ziemlich bittere Controverse.

221. Die Gradmessungen in Peru und Lappland. Nach langem Streite sah man endlich ein, daß ein definitiver Entscheid über die Gestalt der Erde nur dann erhältlich sei, wenn man zwei der Breite nach so verschiedene Meridiangrade vergleichen könne, daß der nach Newton's Theorie geforderte Unterschied durch die unvermeidlichen Beobachtungsfehler nicht mehr zu verwischen sei, und es war daher von hoher Bedeutung, daß die beiden Academiker Pierre Bouguer und Charles Marie de La Condamine[1]) durch Vermittlung des Cardinal Fleury den der Astronomie immer günstigen König Louis XV zu bestimmen wußten, eine Gradmessung in Peru anzuordnen. Nicht nur durfte man sich unter ihrer Leitung vollen Erfolg versprechen, da der Erstere sich schon früher um die praktische Astronomie bekümmert und da der Zweite bereits auf wissenschaftlichen Reisen eine seltene Ausdauer und Gewandtheit an den Tag gelegt hatte, — sondern es trat noch der Umstand hinzu, daß die beiden Chefs an dem 1704 zu Paris geborenen äußerst fleißigen Louis Godin, der damals z. B. bereits mehrere Jahrgänge der Connaissance des temps besorgt hatte[2]), und den zwei spanischen Officieren Don Jorge Juan y Santacilia[3]) und Don Antonio de Ulloa[4]) tüchtige Hülfe erhielten. Die Genannten gingen 1735 nach Peru ab, begannen dort sofort mit großer Sorgfalt und Umsicht ihre Vermessungsarbeiten, welche trotz großer Lokalschwierigkeiten, und obschon aus gegenseitigem Mißtrauen der

---

[1]) Vergl. für sie 160.

[2]) Godin kehrte erst 1751 aus Paris zurück und übernahm nun, da unterdeß seine Stelle in Paris besetzt worden war, die Direction der Seecadettenschule in Cadix, wo er 1760 starb.

[3]) Zu Novelda in Valencia 1713 geboren, starb er 1773 zu Madrid als Commandant der Marine-Arsenale.

[4]) Zu Sevilla 1716 geboren, starb er als Marine-General a. D. 1795 zu Isla de Leon bei Cadix.

beiden Chefs die meisten Arbeiten doppelt ausgeführt wurden, bis 1741 einen Meridianbogen von mehr als 3° festlegten, aus dem sich für die mittlere südliche Breite von 1° 31′ der die Richtigkeit von Newton's Ansichten erweisende Grad von 56734ᵗ ergab[5]). Nachdem sie ihre Gradmessungsarbeiten vollendet, die Länge des Sekundenpendels bestimmt, und noch andere wissenschaftliche Untersuchungen durchgeführt hatten, errichteten sie 1742 im Jesuitencollegium zu Quito ein Denkmal, auf dessen Marmortafel die Länge des einfachen Sekundenpendels mit der Inschrift „Penduli simplicis aequinoctialis unius minuti secundi archetypus, mensurae naturalis exemplar, utinam et universalis“ eingegraben war. — Kaum war die Expedition nach Peru abgegangen, als der zwar mehr in den Pariser Salons einheimische als feldtüchtige Academiker Pierre Louis Moreau de Maupertuis[6]) die Erlaubniß zu einer zweiten Expedition nach Lappland zu erhalten wußte, an der unter seiner Leitung theils einige, damals noch ganz junge und unerfahrne, wenn auch später sehr tüchtig gewordene Männer, nämlich der uns schon bekannte Clairault, der spätere Professor Charles Etienne Louis Camus, der nachmalige Marine-Astronom Pierre Charles Lemonnier[7]), der Abbé Reginaud Outhier[8]), — theils als

[5]) Vergl. „*Juan y Ulloa,* Observaciones hechas en los regnos del Perù, de las quales se deduce la figura y magnitud de la tierra. Madrid 1748 in 4 (auch 1773) und: Relacion historica del viage a la America meridional para medir algunos grados de Meridiano. Madrid 1748, 4 Vol. in 4 (Franz. 1752 in Paris und Amsterdam), — *Bouguer,* La figure de la terre. Paris 1749 in 4, und: Justification des mémoires de l'Académie et du livre de la figure de la terre. Paris 1752 in 4, — *La Condamine,* Relation abrégée d'un voyage fait dans l'intérieur de l'Amérique méridionale. Paris 1745 in 8, ferner: Journal du voyage fait par ordre du roi à l'équateur. Paris 1751 in 4 (Suppl. 1752), und: Mesure des trois premiers degrés du méridien dans l'hémisphère austral. Paris 1751 in 4“.

[6]) Vergl. 100. [7]) Vergl. 160.

[8]) Outhier wurde 1694 zu Lamare Joussерand geboren, und starb 1774 als Canonicus zu Bayeux. Er besaß mechanisches Talent und galt als guter Beobachter.

Freiwilliger Anders Celsius, Theil nahmen. Diese zweite Expedition ging 1736 ab, maß nach ihrer Ankunft oben am bottnischen Meerbusen rasch noch einige Dreieckswinkel und Polhöhen, sodann bei grimmiger Kälte und tiefem Schnee auf dem Eise des Flusses Tornea eine Basis, und hatte schon im Frühjahr 1737 einen der mittlern Breite von 66° 20′ entsprechenden Grad beisammen, dessen Größe von 57438ᵗ zwar Maupertuis stutzig machte, jedoch nicht bewegen konnte, länger in diesen unwirthlichen Gegenden zu bleiben[9]). Er zog vor möglichst bald theils mit seiner Messung, theils fast noch mehr mit seiner Lappländischen Kleidung und den mitgeführten nordischen Schönen in Paris gehörigen Puff zu machen[10]), und durch beißenden Spott Cassini de Thury zu einer Revision der Pariser Grade zu veranlassen, durch welche dann in der That der frühere Widerspruch aufgehoben, und für die mittlere Breite von 45° 0′ ein Grad von 57012ᵗ erhalten wurde[11]).

222. Einige spätere Gradmessungen. Da der französische Grad in Verbindung mit dem peruanischen eine Abplattung er-

---

[9]) Abel Bürja erzählt in seinem Lehrbuche der Astronomie (IV 21): „Maupertuis sagte selbst, daß er aus Lappland nicht viel klüger zurückgekommen, als hingegangen wäre. Dieses hat Formey von ihm und ich habe es von Formey gehört. Also traute Maupertuis seinen Ausmessungen nicht ganz."

[10]) Voltaire schmückte damals das Portrait von Maupertuis mit den Versen „Le globe mal connu qu'il a sçu mesurer — Devient un monument où sa gloire se fonde — Son sort est de fixer la figure du monde — De lui plaire et de l'éclairer". Als er dann aber bei Anlaß des König-Maupertuis-Handels sich mit ihm überworfen hatte, schrieb er später in Basel, und zwar gerade als, wie er wußte, Maupertuis daselbst auf dem Todbette lag, auf die Rückseite eines solchen, in einem dortigen Gasthofe vorgefundenen, jetzt auf der Bibliothek aufbewahrten Bildes: „Pierre Moreau veut toujours qu'on le loue, — Pierre Moreau ne s'est point démenti: — Par moi, dit-il, le monde est applati. — Rien n'est plus plât, tout le monde l'avoue."

[11]) Vergl. „*Maupertuis*, La figure de la terre. Paris 1738 in 8 (Deutsch von S. König, Zürich 1741; Lat. durch A. Zeller, Leipzig 1742), — *Outhier*, Journal d'un voyage au Nord en 1736/7. Paris 1744 in 4 (Auch Amsterd. 1746), — *Cassini* de Thury, La méridienne de l'observa-

gab, welche ziemlich genau mit der von Newton theoretisch gefundenen übereinstimmte, — in Verbindung mit dem Lappländischen aber eine mehr als doppelt so starke Abplattung, so blieb noch ein Räthsel zu lösen, und dieß war eine Hauptveranlassung, daß in der zweiten Hälfte des 18. Jahrhunderts wieder eine Reihe von Gradmessungen ausgeführt wurden, deren Ergebnisse hier ebenfalls kurz aufgeführt werden mögen: Die von Boscovich und Christoph Maire[1]) auf Anordnung Benedikt XIV im Kirchenstaate ausgeführte Messung gab nach der von ihnen 1755 zu Rom herausgegebenen Schrift „De litteraria expeditione per pontificium ditionem ad dimitiendos duos meridiani gradus" unter der Breite von 43° 0' einen Grad von 56979 ᵗ, — diejenigen von Joseph Liesganig[2]) nach der von ihm 1770 publicirten Schrift „Dimensio graduum meridiani viennensis et hungarici" in Ungarn unter 45° 57' einen Grad von 56881 ᵗ, und in Oesterreich unter 48° 13' einen Grad von 57086 ᵗ, — diejenige von Giacomo Battista Beccaria und Domenico Canonica nach der 1774 von ihnen gegebenen Beschreibung „Gradus Taurinensis" unter 44° 14' einen Grad von 57069 ᵗ, — die von Charles Mason[3]) und Jeremiah Dixon[4]) in Nordamerika bei Anlaß der Grenzregulirung zwischen Maryland und

---

toire royal de Paris, vérifiée dans toute l'étendue du royaume par de nouvelles observations. Paris 1744 in 4, — Observations faites pour la vérification du degré du méridien compris entre Paris et Amiens par MM. Bouguer, Cassini, Camus et Pingré. Paris 1757 in 8".

[1]) Maire wurde 1697 geboren, trat in den Jesuitenorden, stand zuerst als Professor der Theologie und Philosophie in Lüttich, dann als Rector des englischen Collegiums in Rom; später zog er sich nach Gent zurück, und starb daselbst 1767. Man verdankt ihm auch Beobachtungen des Cometen von 1744.

[2]) Jesuit, 1719 zu Gratz geboren, und 1799 als Gubernialrath in Lemberg verstorben.

[3]) Mason, dessen Geburtsjahr und -Ort man nicht kennt, war langjähriger Gehülfe von Bradley in Greenwich und starb etwa 1787 in Pennsylvanien. Vergl. 231.

[4]) Dixon, der in einer englischen Kohlengrube geboren worden sein soll, starb etwa 1777 zu Durham in England. Vergl. 231.

Virginia vorgenommene Messung nach der 1768 von Maskelyne in den Phil. Trans. publicirten „Introduction to the observations made by Ch. Mason and J. Dixon for determining the length of a degree of latitude in the Provinces of Maryland and Pennsylvania“ unter 39° 12′ einen Grad von 56888ᵗ, — die noch später zu erwähnende von Lacaille am Cap gemachte Messung nach der von ihm 1751 in den Par. Mém. publicirten Abhandlung „Observations sur la mesure du 34ᵐᵉ degré de la latitude australe au Cap de Bonne Espérance“ unter 33° 18′ südlicher Breite einen Grad von 57037ᵗ, — die von Reuben Burrow in Bengalen ausgeführte, nach dem von Dalby 1796 publicirten „Account of the late M. R. Burrow's measurement of a degree of longitude and another of latitude near the Tropic in Bengal“ unter 23° 18′ einen Breitengrad von 56725ᵗ, — ꝛc. — Auch Christ. Mayer unternahm, wie seine 1763 zu Mannheim publicirte „Basis palatina“ zeigt, eine Gradmessung; namentlich aber wurden in Frankreich beständig wieder Verificationen angestellt, so z. B. 1756 die Picard'sche Basis neu gemessen. Zu dieser letztern Messung wurden[5]) mit Oelfarbe bemalte hölzerne, an beiden Enden mit Eisen beschlagene Stäbe angewandt; Le Monnier bemerkte nun, daß sich diese Stäbe durch Feuchtigkeit etwas verlängerten, während Temperaturwechsel keine merkliche Veränderung ergab, — bewahrte sie nun an einem trockenen Orte auf, und verglich sie 1761 neuerdings mit dem damals gebrauchten Etalon von 42 Fuß, wobei er zu seinem großen Erstaunen fand, daß sie sich in den 5 Jahren um 1½‴ auf 42′ oder um $^1/_{40}$ Procent verlängert hatten, und sagte nun: „Il semble qu'à mesure qu'on veut approcher de plus près de la précision, il naisse, pour ainsi dire, de nouveaux obstacles à surmonter, desquels on n'avait aucune idée.“ Ueber die bald darauf angeschlossene Verbindungstriangulation mit Greenwich vergl. den durch Cassini 1791 zu Paris publicirten „Exposé des opérations faites en

[5]) Vergl. Mém. de Par. 1761.

France en 1787 pour la jonction des observatoires de Paris et de Greenwich par Cassini, Méchain et Legendre", — und den von General William Roy[6]) 1787 und 1790 den Phil. Trans. einverleibten „Account of the mode proposed to be followed in determining the relative situation of the observatories at Greenwich and Paris; und: Account of the trigonom. operations, whereby the distance between the meridians of the observatories of Greenwich and Paris are determined". Besagte Messungen ergaben nun allerdings manches Resultat von lokaler Bedeutung, und stimmten im großen Ganzen mit dem aus den Messungen in Frankreich und Peru für die Gestalt der Erde erhaltenen Resultate; aber den Widerspruch mit dem Lappländischen Grade vermochten sie nicht vollständig aufzulösen. Dieß geschah erst als nach dem Wunsche von Melanderhjelm in den Jahren 1801—1803 unter der Leitung von Jöns Svanberg[7]) die Messung in Lappland sorgfältig wiederholt, und dabei ein Grad von 57196^t erhalten wurde, der nun mit den übrigen Messungen ganz gut übereinstimmte, und seinen Widerspruch vollständig als eine bloße Folge der Liederlichkeit erwies, mit welcher seiner Zeit Maupertuis die übernommenen Messungen geleitet hatte[8]).

223. Die französische Gradmessung und das metrische System. Die französische Nationalversammlung beauftragte 1790 nach einem Antrage von Talleyrand die Pariser Academie, eine unveränderliche Grundlage für Maaß und Gewicht aufzusuchen. Letztere bildete zu diesem Zwecke eine Commission, in welcher Lagrange, Laplace, Monge, Borda und Condorcet saßen, und die ein 1791 im Jahrgange 1788 der Histoire de

[6]) Roy war von 1746 bis zu seinem 1790 in London erfolgten Tode fast beständig mit der Vermessung von Großbritannien beschäftigt.

[7]) Svanberg wurde 1771 zu Neder-Kalix bei Tornea geboren und starb 1851 als emeritirter Professor der Mathematik zu Upsala.

[8]) Vergl. „Svanberg, Opérations faites en Lapponie pour la détermination d'un arc du méridien. Stockholm 1805 in 8°".

l'Académie des sciences abgedrucktes „Mémoire sur le choix d'une unité de mesures“ verfaßte, auf dessen Grundlage die Academie 1791 III 19 beschloß ein Decimalsystem vorzuschlagen, — für die Längen den Zehnmillionsten Theil des Meridianquadranten als Einheit anzuempfehlen, und das Gewicht auf das Gewicht einer Volumeinheit destillirten Wassers zu basiren[1]). Die Nationalversammlung sanctionirte diesen Vorschlag, setzte für die nöthigen Messungen einen Credit von 100000 Thaler aus, und befahl dieselben sofort in Angriff zu nehmen. In Folge davon erhielten Méchain[2]) und Delambre den Auftrag, die von Cassini de Thury und Lacaille von Dünkirchen bis Perpignan ausgeführte Messung zu verificiren und bis Barcelona zu verlängern, während Borda[3]) sie von Paris aus mit den nöthigen Hülfsmitteln versehen und namentlich die Construction der bei Lenoir bestellten Instrumente überwachen sollte, — voraus eines von ihm selbst ausgedachten Basisapparates, bei dem auf jedem der aus Platin angefertigen Maaßstäbe eine Kupferlamelle angebracht war, deren eines Ende fest saß, während der Stand des andern Endes mikroskopisch an einer auf dem Platin ein-

---

[1]) Die Ausgrabungen in Ninive sollen beweisen, daß die Assyrer schon vor etwa $2^1/_4$ Tausend Jahren eine Art metrisches System hatten. Ihre Grundmaaße waren die Länge vom Ellbogen bis an die Fingerspitzen (coudée, von denen 360 ein Stadium bildeten) und ein dazu im Verhältniß von 3 : 5 stehender Fuß; Quadratfuß und Kubikfuß waren die Einheiten für Flächen- und Körpermaaße; ein Kubikfuß Wasser war die Gewichtseinheit, die Talent hieß; die Theilung war durchweg sexagesimal, wie wir sie jetzt noch bei der Zeit und beim Kreise haben.

[2]) Zu Laon im Dép. de l'Aisne 1744 geboren, war Pierre François André Méchain erst, wie sein Vater, Baumeister, hatte aber große Vorliebe für Mathematik; als sein Vater einst in Verlegenheit war, verkaufte er, um ihm zu helfen, einen Quadranten an Lalande, der ihm nun 1772 die Stelle eines hydrographischen Astronomen an dem Land- und Seekarten-Archive zu Versailles verschaffte; später war er Astronom der Marine und Academiker, und starb während seinen Vermessungsarbeiten 1804 zu Castellon de la Plana bei Valencia.

[3]) Jean Charles Borda, 1733 zu Dax im Dep. Landes geboren, Marineofficier und Mitglied der Academie, 1799 zu Paris verstorben.

gravirten Theilung abgelesen werden konnte, so daß man wie an einem Metallthermometer die Temperatur des Maaßstabes erhielt. Es dauerte begreiflich bis 1800, ehe sich Méchain und Delambre durch mehr als 100 Dreiecke und die Grundlinien bei Melun und Perpignan durchgearbeitet hatten, da sie neben den gewöhnlichen Hindernissen einer Triangulation noch den damaligen Wirren zu pariren hatten, und so lange wollten die ungeduldigen Revolutionsmänner natürlich nicht warten um ihr neues Maaß-, Gewichts- und Münzsystem einzuführen, sondern beschlossen schon 1795 IV 7 nach dem Antrage des Genieofficiers und Conventmitgliedes Claude Antoine Prieur sofort den Zehnmillionstel des Erdquadranten unter dem Namen Meter als Längeneinheit zu proclamiren, die Are gleich 100 Quadratmeter als Flächeneinheit, den Stère gleich 1 Kubikmeter als Volumeneinheit, den Litre gleich ein Kubikdecimeter als Flüssigkeitsmaaß, das Gramme, ein Gewicht von 1 Kubikcentimeter reinen Wassers bei seiner größten Dichte, als Gewichtseinheit, und den Franc = 4,^{gr}5 Silber + 0,^{gr}5 Kupfer als Münzeinheit. Provisorisch wurde der Meter zu 443''',443 der Toise du Pérou bei 13° R. angenommen, und dann, nachdem eine internationale Commission, bei der z. B. Tralles Helvetien, Mascheroni Cisalpinien und Van Swinden Batavien vertrat, die Grundlage des Systems nochmals durchberathen hatte, durch Verordnung von 1799 IV 24 definitiv zu 443''',296 festgesetzt, — statt zu 443''',334, wie er, nach seiner Definition, entsprechend Bessel's sofort zu erwähnender Arbeit eigentlich halten sollte. Dieses sog. metrische System, das nur um seiner schönen Gliederung willen, und ja nicht als ein Naturmaaß[4]), in der Wissenschaft fast allgemein eingeführt ist, und auch für bürgerlichen Gebrauch immer mehr Terrain gewinnt, wurde übrigens zum Glücke durch

[4]) In dem Werke „Gabriel *Mouton*, Observationes diametrorum solis et lunae apparentium, meridianarum aliquot altitudinum cum tabula declinationum Solis; dissertatio de dierum naturaliam inaequalitate, &c. Lugd. 1670 in 4" soll sich (v. Delambre, Base du syst. métr. I 11) zuerst

Borda's gleichzeitige Pendelversuche von vornherein auch mit der Länge des Sekundenpendels in Rapport gesetzt, und es ist nur zu bedauern, daß zur Zeit seiner Einführung nicht unmittelbar dieses Letztere als Meter gewählt wurde, wie Viele wollten: Schon Huygens hatte nach Birch's Geschichte der Roy. Society 1664 die Länge des Sekundenpendels als Längeneinheit, und 1673 in seinem Horologium oscillatorium $^1/_3$ desselben als „pes horarius" vorgeschlagen. Später wollte Bouguer das Sekundenpendel unter 45°, La Condamine dasjenige am Equator als Einheit einführen, und Letzterer publicirte sogar darüber 1747 in den Par. Mem. eine Abhandlung „Nouv. projet d'une mesure invariable propre à servir de mesure commune à toutes les nations". Aber trotzdem auch noch Cotte im August 1791 seines „Journal de physique" energisch für das Sekundenpendel auftrat, siegte nach dem Wunsche von Laplace, der angeblich in der Zeitsekunde etwas Willkürliches erblickte, aber offenbar eine neue Gradmessung wollte, der Meridianbogen[5]). — Trotz aller Schwierigkeiten wünschte der unermüdliche Méchain später seine Gradmessung noch bis zu den Balearischen Inseln zu verlängern, und ging dafür 1803 nochmals nach Spanien, wo er aber im folgenden Jahre den Strapazen unterlag. Nach zweijährigem Unterbruche unternahmen

---

die Idee eines natürlichen Grundmaaßes finden, als welches die Minute eines Meridiangrades, Milliaria genannt, dienen sollte, und decimal in Centuria, Decuria, Virga, Virgula, Decima, Centesima, Millesima eingetheilt worden wäre.

[5]) Horner schrieb noch 1827 an Trechsel in Bern: „Ich habe keine sonderliche Vorliebe für das französische Meter, und gestehe gern, daß ich es den damaligen literarischen Terroristen, Borda und Laplace, nicht verzeihen kann, daß sie das schöne Werk der allgemeinen Maaßeinführung durch eine so seltsame Auswahl für immer verdorben haben, indem sie durch die eigensinnige Zurückweisung des Einfachsten und Natürlichsten sich der Zustimmung der auswärtigen Gelehrten beraubten, und durch die einseitige, schonungslose Ausbildung ihres Systems die öffentliche Meinung gegen dasselbe zum beharrlichen Widerstande brachten."

Biot[6]) und Arago[7]) den Plan Méchain's zur Vollendung zu bringen. Mit Ueberwindung unsäglicher Schwierigkeiten, die namentlich in dem großen Dreiecke Desierto de la Palmas-Iviza-Mongo lagen, mit dem sie das Meer zu überbrücken hatten führten sie wirklich 1806—08 die Verlängerung bis Formentera aus, so daß nun ein Meridianbogen von vollen 12° 22′ 13″ bei einer Gesammtlänge von 705257ᵗ vorlag, aus dessen einzelnen Sectionen bereits die Abplattung mit ziemlicher Sicherheit bestimmt werden konnte.

224. Die neuesten Gradmessungen. Nach Beendigung der französischen Gradmessungen, und abgesehen von einigen kleinern, aber sehr sorgfältigen Arbeiten dieser Art, welche Schumacher in Dänemark, Gauß in Hannover[1]), Bessel und Baeyer in Preußen, Roy in England machten, ꝛc., sind in der neuesten Zeit noch drei größere Operationen, zwei Breitengradmessungen und eine Längengradmessung ausgeführt worden. — Ueber die beiden Breitengradmessungen können wir kurz sein, da sie sich von den frühern zunächst nur durch die größere Genauigkeit unterscheiden, welche die fortwährend bessern instrumentalen Hülfsmittel erlaubten, in Bezug auf die beispielsweise angeführt werden mag, daß Ferdinand Haßler von Aarau, Superinten-

[6]) Jean Baptiste Biot wurde 1774 zu Paris geboren, wirkte daselbst seit 1800 als Professor der Physik und Astronomie, zeichnete sich namentlich als Physiker aus, und starb 1862, nachdem er 1850 noch den Schmerz erlebt hatte, seinen ihm 1803 gebornen Sohn Edouard Constant zu verlieren, der sich theils als Ingenieur durch Erbauung der ersten Eisenbahn in Frankreich, theils durch seine schon in 8 erwähnten chinesischen Studien verdient machte.

[7]) Zu Estagel bei Perpignan 1786 geboren, war Dominique Francois Jean Arago einer der ersten und ausgezeichnetsten Schüler der Ecole polytechnique, und functionirte sodann erst als Secretair des Bureau des longitudes, dann als Director der Pariser Sternwarte und Secretair der Academie bis zu seinem 1853 erfolgten Tode. Vergl. seine „Oeuvres publ. par Barral. Paris 1854—62, 17 Vol. in 8 (Deutsch v. Hankel, Leipzig 1854—60)“ Ferner „*Lunel*, Biographie de Fr. Arago. Paris 1853 in 8, — Jos. *Bertrand*, Arago et sa vie scientifique. Paris 1865 in 8“.

[1]) Gauß dachte sich etwa 1821 zu Gunsten seiner Messung den Heliotrop aus. Vergl. darüber seinen 1821 VII 31 an Schumacher geschriebenen Brief.

dent der amerikanischen Küstenvermessung[2]), schon 1816 bei den für ihn nöthigen Basismessungen die Stäbe beim Legen nicht in wirklichen, sondern nur in optischen Contact brachte. Es mag genügen zu bemerken, daß es folgende zwei waren: Die Ostindische Gradmessung, welche Major William Lambton[3]) an der Küste von Coromandel 1801 aus eigener Initiative und fast ohne Unterstützung begann, die 1818 unter seiner Superintendenz als Regierungssache sodann energischer an die Hand genommen wurde, sich bis zu seinem 1823 erfolgten Tode bereits auf mehr als 10° ausdehnte, und die dann von seinem früheren Gehülfen und nunmehrigen Nachfolger, dem Oberst George Everest[4]) bis nach 1843 auf etwas mehr als 21° fortgeführt, und 1830—47 in den Schriften „An account of the measurement of an Arc of the meridien between 18° 3′ and 24° 7′, being a continuation of the grand meridional arc of India, und: An account of the measurement of two sections of the meridional arc of India“ behandelt wurde, seither durch Andrew Waugh und J. T. Walker wenigstens in ihren Haupttheilen vollendet und auf volle 26° gebracht worden ist, — und die Russische, welche Wilhelm Struve dirigirte, und 1831—60 in den Schriften „Beschreibung der Breitengradmessung in den Ostseeprovinzen Rußlands, und: Arc du méridien de 25° 10′ entre le Danube et la mer glaciale, mesuré 1810—55 sous la direction de C. de *Tenner*, Chr. *Hansteen*[5]), N. H. *Selander*[6]), F. G. W. *Struve*“ beschrieb, nach denen sie mittelst 10 Basen und 258 Dreiecken einen Meridianbogen von 1477787′ um-

---

[2]) Zu Aarau 1770 geboren und Schüler von Tralles, starb Haßler 1843 zu Boston. Vergl. für ihn Bd. 2 meiner Biographien.

[3]) Er wurde etwa 1748 geboren.

[4]) Er lebte von 1790—1866.

[5]) Christoffer Hansteen wurde 1784 zu Christiania geboren, und starb daselbst 1873 als Director der Sternwarte, namentlich durch seine intensiven Studien über den Erdmagnetismus hochberühmt.

[6]) Nils Haquin Selander wurde 1804 zu Angermanland geboren, und starb 1870 als Director der Sternwarte zu Stockholm.

faßt. — Die Längengradmessung ist als die Erste dieser Art, etwas genauer ins Auge zu fassen: Wäre die Erde ein regelmäßig geschichtetes Rotationsellipsoid, so müßten die einzelnen Grade eines Parallels gleich lang und die Intensitäten der Schwere in verschiedenen Punkten gleich groß sein. Um über Letzteres Aufklärung zu erhalten, schickte das Bureau des longitudes 1808 nach dem Wunsche von Laplace den eben mit seinen Pendelapparaten von Formentera zurückgekehrten Biot mit Delambre's Schwiegersohn Mathieu an verschiedene Stellen des schon durch frühere Arbeiten verdächtig gewordenen 45. Parallels, um die Intensität der Schwere zu bestimmen. Die Differenzen der hiebei gefundenen Werthe waren zu groß, um sie Beobachtungsfehlern zuschreiben zu können, — man mußte also Abweichungen von dem bis dahin vorausgesetzten Rotationsellipsoide vermuthen, und zu ihrer Bestimmung eine ausgedehnte Längengradmessung anstreben. Dieß führte namentlich 1811, wo man sich entschloß, die Cassini'sche Karte von Frankreich durch eine neue zu ersetzen, Laplace dazu, den Vorschlag zu machen, das ihr zu Grunde zu legende Netz nicht nur an den alten Meridian von Frankreich, sondern auch an den 45. Parallel anzulehnen. Die Triangulation des Parallels wurde wirklich sofort in Angriff genommen: Die westliche Section von Bordeaux bis Genf durch Oberst Brousseau, die östliche von Genf bis Fiume durch Oberst Henry[7]). Die politischen Ereignisse von 1813/14 unterbrachen jedoch die Arbeiten, und Brousseau konnte seine Section erst 1818—20 vollenden; die zweite Section, für welche Laplace die Turiner Academie zu interessen wußte, wurde durch Officiere des österreichischen und sardinischen Generalstabes unter Zuzug der Astronomen Carlini[8]) und Plana

[7]) Maurice Henry wurde 1763 zu Sauvigny geboren, trat in die Congregation der Lazaristen, hielt sich später einige Zeit an den Sternwarten zu Mannheim und Petersburg auf, wurde nachher Ingenieur-Geographe, machte viele Vermessungen in Bayern, Helvetien, 2c. mit, und starb 1825.

[8]) Francesco Carlini, 1783 zu Mailand geboren, und ebendaselbst 1862 als Director der Sternwarte verstorben.

erst 1823 zu Ende geführt. Um auch in Mailand, Padua und Fiume die Intensität der Schwere zu messen, ging Biot 1824 dahin ab, und bestimmte sie 1825 auf der Rückreise zugleich noch auf der am Heerde der großen vulkanischen Thätigkeit gelegenen Insel Lipari, sowie noch einmal auf Formentera. Sowohl Längengradmessungen als Pendelbeobachtungen bestätigten die Vermuthungen über die Abweichungen der Erde von der früher vorausgesetzten Beschaffenheit, wie dieß im 4. Bande der „Base du système métrique", welchen Biot und Arago 1821 unter dem Titel „Recueil d'observations" herausgaben, und dann namentlich in den 1825—27 erschienenen „Opérations géodesiques et astronomiques pour la mesure d'un arc du parallèle moyen, exécutées en Piémont et en Savoie 1821—28" genauer nachzusehen ist. — Bei einer in Verbindung mit der Längenmessung von Carlini und Plana durchgeführten Bestimmung eines Breitengrades auf der Südseite der Alpen zeigte sich das Vorhandensein gewisser, schon von Hutton und Maskelyne benutzter[9]), von Zach in seinem 1814 zu Avignon erschienenen Werke „L'attraction des montagnes" einläßlich behandelter, und noch seither z. B. von Heinrich Denzler[10]) vielfach untersuchter, bei Nichtbeachtung die weitern Schlüsse außerordentlich störender Localanziehungen; sie fanden nämlich für den Grad 57687ᵗ, während sie in jener Breite nach den übrigen Gradmessungen nur 57013ᵗ hätten finden sollen, so daß sie zu der Annahme gezwungen waren, es habe an den beiden Enden ihres Grades eine Differenz der Lothablenkung von vollen 42",5 statt. — Die vielen trigonometrischen Netze, welche in Mitteleuropa vom höchsten Norden bis zum tiefsten Süden fast continuirlich fortlaufen, und sich an zahlreiche Sternwarten und andere astronomisch bestimmte Punkte anlehnen, brachten General

[9]) Vergl. 228.

[10]) Zu Nänikon 1814 geboren, und um die schweizerische Klimatologie und Topographie vielfach verdient, starb er 1870 zu Bern.

Jos. Jakob Baeyer[11]) auf den Gedanken, es müßte dieses Material bei etwelcher Ergänzung und Ausgleichung sich in werthvoller Weise zur Vergleichung eines erheblichen Theiles der Erde mit dem reinen Rotationsellipsoide verwenden lassen, und es gelang ihm wirklich, die verschiedenen Staaten für ein solches Unternehmen zu gewinnen und eine dasselbe leitende internationale Commission ins Leben zu rufen. Die Arbeiten sind seit einigen Jahren im besten Gange und versprechen binnen nicht sehr langer Zeit werthvolle Resultate abzuwerfen, — ob unter Anderm ähnliche, wie solche von Gottfried Schweizer[12]), der in seinen 1863/4 veröffentlichten „Untersuchungen über die in der Nähe von Moskau stattfindende Localattraction" mit Evidenz eine Erdhöhle von großen Dimensionen nachweisen konnte, erhalten wurden, wird die Zeit lehren. Die Fortschritte dieser neuen Messungen ergeben sich am besten aus den „Generalberichten", welche das unter Leitung von Baeyer in Berlin gegründete „Centralbureau der Europäischen Gradmessung" jährlich ausgibt.

225. Die Bestimmung der Länge des Sekundenpendels. Nach den bereits erwähnten bezüglichen Arbeiten der Huygens, Bouguer, La Condamine, Borda, Biot, ꝛc. machten sich in der neuern Zeit besonders Kater[1]), Sabine und Bessel um die Pendelmessungen und die dafür dienenden Apparate, — Schmidt und Pouillet[2]) um die Berechnung der erhaltenen Resultate verdient. — Die von Bessel zu Berlin 1828 und 1837 publicirten Schriften „Untersuchungen über die Länge des

[11]) Freund und Mitarbeiter von Bessel, 1794 zu Müggelheim bei Köpenik geboren.

[12]) Vergl. 250.

[1]) Henry Kater, 1777 zu Bristol geboren und 1835 zu London verstorben, nachdem er viele Jahre in Indien unter Lambton an den Vermessungen gearbeitet hatte.

[2]) Claude Servais Matthias Pouillet, 1791 zu Cusance geboren, bis zu seiner Eidverweigerung im Jahre 1851 Professor der Physik in Paris, wo er 1868 starb.

einfachen Sekundenpendels" und „Bestimmungen der Länge des Sekundenpendels für Berlin" werden mit Recht als klassisch betrachtet. Hier müssen wir uns auf die Notiz beschränken, daß Bessel der sogenannten Methode der Coincidenzen, deren Erfindung er Borda zuschreibt, entschiedenen Vorzug vor der directen Bestimmung der Schwungzeit gibt: Während bei Letzterer am Anfange und am Ende einer Reihe von Schwingungen des Versuchspendels die Zeitmomente des Durchgangs der Pendelspitze durch die Ruhelage beobachtet werden, — so sucht man dagegen bei Ersterer die Momente auf, wo jene Spitze mit der des Uhrpendels gleichzeitig durch die Ruhelage geht. — In den letzten Jahren ist sodann eine neue Periode für die Pendelmessungen eingetreten, indem Repsold ein neues, sehr scharfe Resultate ergebendes Reversionspendel mit Kathetometer construirt hat, und dieses nach dem Vorgange der Schweiz bereits an vielen Stationen der europäischen Gradmessung unter Beiziehung der Registrirapparate beobachtet worden ist. Namentlich hat Plantamour[s]) schon 1866 Bericht über die „Expériences faites avec le pendule à réversion", welche er in Genf durchführte, geben können, und darin für die Behandlung des Apparates und der Beobachtungen eine mustergültige Anweisung publicirt; seither hat er diese Beobachtungen auch auf Rigi, Weißenstein, Simplon, Gäbris und auf der Sternwarte in Bern absolvirt, und neue Beiträge zur rationellen Behandlung der Sache gegeben.

226. Die Resultate für Größe und Gestalt der Erde. Nachdem schon Ed. Schmidt unter Vorschub von Gauß eine betreffende Arbeit an die Hand genommen hatte, stellte sich, mit theilweiser Benutzung der neuen ostindischen und russischen, und unter Zuziehung der besten frühern Messungen, Bessel in seiner 1837 in den Astronomischen Nachrichten veröffentlichten „Be-

---

[s]) Emile Plantamour, Director der Sternwarte zu Genf, wo er 1815 geboren wurde. Er kann als Schüler von Bessel bezeichnet werden.

stimmung der Axen des elliptischen Rotationssphäroides, welches den vorhandenen Messungen von Meridianbögen der Erde am meisten entspricht" die Aufgabe, zu untersuchen, inwieweit es möglich sei den vorhandenen Messungen innerhalb deren muthmaßlichen Fehlern durch ein Rotationsellipsoid zu genügen. Er fand, daß dieß unter Annahme der beiden Halbaxen zu 3.272077',14 und 3.261139',33 und der entsprechenden Abplattung 1/300 sehr nahe möglich sei, — und Encke, der 1849 im Berliner Jahrbuche auf 1852 noch neue Untersuchungen „Ueber die Dimensionen des Erdkörpers nach Bessel's Bestimmungen" anstellte, und dabei namentlich auch die von Thomas Maclear, langjährigem Director der Sternwarte am Cap, von 1838—50 unternommene Revision und Verlängerung der Lacaille'schen Messung am Cap[1]) beizog, kam zu demselben Schlusse, so daß das Bessel'sche Ellipsoid in der That für alle Anwendungen genügen und für alle weitern Studien als Grundlage beibehalten werden dürfte. Immerhin war der von Schubert[2]) unternommene „Essai d'une détermination de la véritable figure de la terre" von einem dreiaxigen Ellipsoide auszugehen, — und noch mehr die 1860—61 von Elie Ritter[3]) angestellten „Recherches sur la figure de la terre", die einen Rotationskörper von nur annähernd elliptischem Meridiandurchschnitte voraussetzten, von theoretischem Interesse, — zumal sie eigentlich nur die Richtigkeit der Bessel'schen Voraussetzung bewiesen. Auch die seither nach Beendigung der Englischen Gradmessung durch James gewonnenen Rechnungsresultate stimmen mit den Bessel'schen ganz gut zusammen.

---

[1]) Vergl. die von Maclear herausgegebene „Verification and extension of Lacaille's Arc of Meridian at the Cape of Good Hope. London 1866, 2 Vol. in 4".

[2]) General Theodor Schubert, 1789 zu Petersburg dem in 272 erwähnten Professor Schubert geboren, und 1865 auf einer Reise in's Ausland verstorben.

[3]) Zu Genf 1801 geboren, und ebendaselbst 1862 als Lehrer der Mathematik verstorben.

227. Die neuere Chorographie. In der neuern Zeit ist auch die Chorographie sowohl von praktischem als von theoretischem Standpunkte aus, wesentlich ausgebildet worden. Was die Arbeiten in ersterer Richtung, in der sich namentlich die französischen Geographen Delisle[1]) große Verdienste erworben haben, anbelangt, muß auf die Geschichte der Geographie und speciell auf diejenige von Oscar Peschel[2]) verwiesen werden; dagegen mag hier noch einiger mehr theoretischen Arbeiten kurz gedacht werden. Außer den schönen „Beiträgen" Lambert's, die früher schon citirt wurden, mag hier z. B. die 1772 von Euler in den Petersburger Commentarien publicirte Abhandluug „De repraesentatione superficiei sphaericae super plano" Erwähnung finden, — ferner die von Lagrange 1779 in den Berliner Memoiren veröffentlichte Abhandlung „Sur la construction des cartes géographiques", — das von Henry 1810 zu Paris ausgegebene „Mémoire sur la projection des cartes géographiques adoptée au dépôt de la guerre", — die ebendaselbst im gleichen Jahre von Louis Puissant[3]) gegebene „Theorie des projections des cartes", — und ganz besonders auch, gerade weil sie schon öfter übersehen worden sind, die schönen betreffenden Arbeiten, welche 1805—07 der treffliche, 1774 zu Wolfenbüttel geborne und 1825 als Professor der Mathematik zu Leipzig verstorbene Karl Brandan Mollweide in Zach's Monatlicher Correspondenz, für welche er überhaupt zu den

---

[1]) Die drei Brüder Guillaume (1675—1726), Joseph Nicolas (1658—1768) und Louis (16..—1741), welche alle der Pariser Academie angehörten. Für die darstellende Geographie hat Guillaume, der Erster Geograph des Königs war, die größten Verdienste; die beiden andern, welche 1725 einem Rufe nach Petersburg folgten, und von denen nur Joseph 1747 nach Paris zurückkehren konnte, haben sich um die Geographie zunächst durch Ortsbestimmungen verdient gemacht.

[2]) „Geschichte der Erdkunde bis auf A. v. Humboldt und Karl Ritter. München 1865 in 8."

[3]) Zu La Ferme de la Gastellerie bei Châtelet 1769 geboren, und 1843 zu Paris als Professor der Geodäsie verstorben; seine Lehrbücher der Topographie und Geodäsie sind jetzt noch kaum übertroffen.

besten Mitarbeitern zählte, publicirte. Es geht aus Mollweide's Arbeiten unter Anderm hervor, daß er das erste Anrecht an die später von Babinet[4]) unter dem Namen der „homalographischen" cultivirten Projection besitzt, so daß sie seinen Namen tragen sollte, gerade wie auch die sog. Gauß'schen Formeln eher „Mollweide'sche" heißen sollten[5]). Eine Art Abschluß in den theoretischen Untersuchungen bildete die von Gauß 1826 gegebene „Allgemeine Auflösung der Aufgabe, die Theile einer gegebenen Fläche auf einer andern so abzubilden, daß die Abbildung dem Abgebildeten in den kleinsten Theilen ähnlich wird". — Endlich mag noch von betreffenden Lehrbüchern, die von Littrow 1833 zu Wien publicirte „Chorographie", und die namentlich auch durch ihre historischen Notizen interessante, 1867 zu Paris durch den Ingenieur A. Germain ausgegebene Schrift „Traité des projections des cartes géographiques" angeführt werden.

228. Die Dichte der Erde. Durch theoretische Betrachtungen hatte Newton die mittlere Dichte der Erde zu ca. 5 bestimmt, und fast dasselbe Ergebniß erhielten sodann 1774 Maskelyne und Hutton am Berge Shehallien in Schottland[1]), indem sie durch Vergleichung der trigonometrisch bestimmten Distanz zweier Punkte zu beiden Seiten des Berges mit der aus der Polhöhendifferenz und den bekannten Dimensionen der Erde abgeleiteten Entfernung, die Ablenkung des Lothes durch den Berg ermittelten, — sodann unter Zuziehung geologischer Daten das Massenverhältniß von Berg und Erde bestimmten, —

---

[4]) Jacques Babinet, 1794 zu Lusignan geboren und 1872 zu Paris als Academiker verstorben.

[5]) Vergl. 194.

[1]) Vergl. „Maskelyne, An account of observations made on the mountain Shehallien for finding its attraction (Phil. Transact. 1875), — und: Hutton, Survey of the Shehallien to ascertain the earth's mean density (Phil. Transact. 1778)". — Charles Hutton, damals Professor der Mathematik zu Woolwich, 1737 zu Newcastle geboren und 1823 zu London gestorben.

nachher aus der Masse des Berges diejenige der Erde suchten, und endlich aus Letzterer in Vergleichung mit dem Erdvolumen auf die mittlere Dichte der Erde schlossen: Sie erhielten für Letztere 4,48, und diese Angabe wurde durch Versuche, welche 1798 der reiche Privatgelehrte Henry Cavendish mit einem unter dem Einflusse großer Bleimassen schwingenden horizontalen Pendel machte[2]), so ziemlich bestätigt, indem er daraus die Erddichte 5,48 erhielt, so daß im Mittel aus beiden Bestimmungen gerade der von Newton am Schreibtische gefundene Werth folgte. In der neuern Zeit sind noch einige betreffende Bestimmungen theils nach derselben, theils nach andern Methoden gemacht worden: Carlini fand durch Pendelversuche am Mont Cenis 4,84 für die Dichte der Erde, — Reich in Freiberg und Francis Baily in London erhielten nach der Methode von Cavendisch im Mittel mehrerer Versuche übereinstimmend 5,66, — Airy durch Messungen, welche er oben und unten im Schachte eines englischen Kohlenbergwerks unternahm, 6,57, — und endlich Colonel James durch neue Messungen am Shehallien 5,32, — so daß sich im Mittel aus allen 7 bisherigen Bestimmungen die Dichte der Erde gleich 5,43 ergibt, d. h. daß dieselbe so ziemlich in die Mitte zwischen diejenige der Gesteine und diejenige der gemeinen Metalle fällt. In der allerneusten Zeit haben A. Cornu und J. Baille[3]) noch einmal mit der Torsionswaage diese Bestimmung wiederholt: Sie erhielten im Sommer 1872 für die mittlere Erddichte 5,56 und im Winter 1872/3 die damit nahe übereinstimmende Zahl 5,50, — glaubten auch bei der Bestimmung von Baily einen kleinen systematischen Fehler nachgewiesen zu haben, durch dessen Beseitigung jene Bestimmung sich

[2]) Vergl. „Cavendish, Experiments to determine the density of the earth (Phil. Transact. 1798; franz. Journ. de l'école polyt. Cahier 13)". — Cavendish wurde 1731 zu Nizza geboren, und starb 1810 zu London mit Hinterlassung eines Vermögens von ca. 40 Millionen Francs.

[3]) Vergl. ihre „Détermination nouvelle de la constante de l'attraction et de la densité moyenne de la terre. (Compt. rend. 1873 IV 14)".

ebenfalls auf 5,56 reduciren würde. Es scheint also dieses Element bereits mit aller wünschbaren Sicherheit ermittelt zu sein.

229. Die Expedition von Richer. Unter den durch die bessern Erdmessungen und Ortsbestimmungen ermöglichten Expeditionen zur Bestimmung der Parallaxe aus einer auf der Erde gewählten großen Basis ist diejenige von 1671 die Aelteste: In diesem Jahre wurde nämlich Jean Richer[1]) von der Pariser Academie nach Cayenne beordert, um dort die Mars-Opposition vom Herbst 1672 zu verfolgen, während Dominique Cassini in Paris die correspondirenden Beobachtungen besorgen sollte. — Richer verreiste im October 1671 von Paris, — schiffte sich 1672 II 8 zu La Rochelle mit einem Gehülfen, Namens Meurisse, ein, — langte in Cayenne IV 27 an, — ließ sich von den Wilden daselbst ein kleines Observatorium bauen, das nach dort üblicher Bauconstruction Wandungen aus Baumrinde und ein Dach von Palmenblättern hatte, und begann dann V 12 mit Eifer seine Beobachtungen, durch welche, als durch die ersten Präcisionsmessungen in der Neuen Welt, damals gewissermaßen von ihr durch die Wissenschaft Besitz genommen wurde. Nach der von Picard erhaltenen Instruction, begnügte er sich nicht damit von 1672 VII 28—XI 29 an jedem schönen Tage mit seinem Octanten die Meridianhöhe des Mars zu messen, sondern beobachtete während seines ganzen Aufenthaltes bis 1673 V 25 zahlreiche Culminationshöhen und -Zeiten von Fix- und Wandelsternen, bestimmte die Länge des Sekundenpendels, die Declination und Inclination der Magnetnadel, beobachtete die Erscheinungen der Ebbe und Fluth, der Dämmerung, ꝛc., ꝛc. — Als Richer gegen Ende 1673 nach Paris zurückkehrte, wurde er gefeiert, und die „Histoire de l'Académie“ dieses Jahres findet kaum Worte genug, um die Genauigkeit und Reichhaltigkeit der von ihm erhobenen Thatsachen hervorzuheben. So liest man z. B. in derselben: „On attendait le retour de M. Richer

[1]) Vergl. 161.

comme l'on eût attendu l'arrêt d'un Juge, qui devoit prononcer sur les difficultés importantes qui partageoient les Astronomes. . . . Comme il apportoit des observations très exactes, faites sans relâche pendant plus d'une année, de tout ce qui avoit pû tomber sous les yeux d'un Astronome, sans compter les observations physiques, qui, quoique moins nombreuses, n'étaient pas moins considérables, c'étoit un vaisseau chargé de toutes les richesses de l'Amérique, qui arrivoit à l'Académie. . . . La grande affaire, du moins pour la difficulté, étoit la Parallaxe de Mars. . . . Le Voyage de Cayenne donna une méthode assez sûre, et à laquelle on se peut fier. . . . Par le choix des observations les plus exactes et les plus conformes entre-elles, on fixa à 15'' la parallaxe que fait Mars de Paris à Cayenne, et par conséquent la totale à $25\frac{1}{3}''$; celle du Soleil sera donc de $9\frac{1}{2}''$." Von Zweifeln an Richer's Bestimmungen und von den Versuchen Cassini's dieselben auf andere Weise zu controliren, wird in diesem Artikel mit keinem Worte gesprochen. In der That war auch kein Grund zu Erstern, und die Zweiten hatten ihrer Natur nach eine untergeordnete Bedeutung: Aus mehreren vor und nach der Opposition an beiden Orten gemessenen Zenithdistanzen des Mars und des benachbarten, sich zur Anwendung eines Differentialverfahrens ganz vorzüglich eignenden Sternes ψ' Aquarii folgte wirklich für die damals 0,372 betragende Marsdistanz die Mars-Parallaxe $25\frac{1}{2}''$ [2]), und hieraus ergab sich sodann für die Distanz 1 oder für die Sonnenparallaxe der so ziemlich das Mittel zwischen dem Wendelin'schen Resultate und den spätern Bestimmungen aus den Venusdurchgängen haltende Werth von $9\frac{1}{2}''$. Wenn aus andern, weniger günstig situirten Bestimmungen kleinere oder größere Werthe hervorgingen, sogar die Parallaxe Null nicht ausgeschlossen blieb, so darf man sich für jene Zeit gar nicht darüber verwundern, — kam ja noch 1761 Aehnliches

[2]) Ich verweise auf die in meinem Handbuche (II 159) durchgeführte Berechnung.

vor. Und so macht es auf mich fast den Eindruck, es sei Neid mit im Spiele gewesen oder vielleicht auch Aerger über die unbequemen Pendelbeobachtungen Richer's, daß man später Richer's Beobachtungen und die daraus gezogenen Resultate zu bemängeln begann, und, wie man anfänglich im Lobe etwas überschwänglich gewesen war, sein Verdienst nun unterschätzte. — Zum Schlusse ist noch anzuführen, daß Richer selbst 1679 zu Paris die betreffende Schrift „Observations astronomiques et physiques faites en l'isle de Cayenne“ publicirte, der sodann 1684 Cassini seine Abhandlung „Les Eléments de l'Astronomie vérifiez“ folgen ließ[3]); es mag auf diese beiden Schriften für weitern Detail verwiesen werden.

230. Die Expeditionen ans Cap. Eine zweite Expedition wurde durch einen reichen Liebhaber der Astronomie, den aus Magdeburg gebürtigen preußischen geheimen Rath Baron Bernhard Friedrich von Krosigk, angeordnet. Er hatte sich 1705 unter der Leitung von Gottfried Kirch in Berlin eine Sternwarte eingerichtet, und auf dieser sollte nun Johann Wilhelm Wagner, der früher Schüler des Nürnberger Astronomen Eimmart gewesen war und nun als Professor der Mathematik in Berlin lebte[1]), während längerer Zeit Mondculminationen beobachten, indessen ein anderer Schüler von Eimmart, Peter Kolb, der bislang Hauslehrer bei Krosigk gewesen war[2]), mit

[3]) Beide Schriften wurden in das 1693 zu Paris in einem Foliobande ausgegebene „Recueil d'observations faites en plusieurs voyages par ordre de sa Majesté pour perfectionner l'Astronomie et la Géographie“ aufgenommen. Vergl. auch Bd. 1, 7 und 8 der Anc. Mém. Par.

[1]) Wagner war 1681 zu Heldburg in Franken geboren. Er wurde später Mitglied der Berliner Academie und 1740 nach Christfried Kirch's Tode Astronom derselben, starb aber schon 1745. Vergl. das 1746 in Berl. Mem. durch Formey gegebene Eloge.

[2]) Kolb war 1675 zu Dorflas bei Wunsiedel geboren. Er trat später in die Dienste der holl. Compagnie am Cap, kehrte 1713 wegen Augenleiden nach Deutschland zurück, wurde 1718 Rector der Schule zu Neustadt an der Aisch, und starb daselbst 1726.

der nöthigen Ausrüstung an das Cap der guten Hoffnung geschickt wurde, um dort correspondirende Versuche zu machen. Leider schlug jedoch das Unternehmen trotz fürstlichem Aufwande fehl: Zwar beobachtete nämlich Wagner in Berlin ganz gut, dagegen ließ sich Kolb am Cap große Nachlässigkeit zu Schulden kommen, so daß für die Perigäums-Parallaxe des Mondes schließlich der absolut unbefriedigende Werth von 67½′ (statt 61′) hervorging. Dafür ließ Kolb 1719 unter dem Titel „Caput bonae spei hodiernum, d. i. Vollständige Beschreibung des Afrikanischen Vorgebirges der Guten Hoffnung“ einen dicken Folianten ausgehen, in dem man aber eher alles Andere als gehörigen Aufschluß über seine eigentliche Mission findet, — während Wagner sich begnügte, 1740 in die Misc. Berol. eine „Brevis narratio de ratione ac methodo observationum astronomicarum auspiciis Dm. B. Fr. de Krosigk, Berolini et simul in Capite Bonae Spei, per aliquot annos olim institutarum“ einzurücken. Die Krosigk'sche Sternwarte wurde später noch zuweilen von Gottfried Kirch und nach dessen Tode einige Jahre ziemlich fleißig von seiner Wittwe benutzt, bis sich sodann Krosigk 1713 auf seine Herrschaft Herxen in Holland zurückzog, wo er im folgenden Jahre starb. — Fast ein halbes Jahrhundert später wurde der Krosigk'sche Plan sodann in bester Weise ausgeführt, indem der treffliche Lacaille an das Cap reiste, während der junge Lalande, an Stelle des dafür ursprünglich designirten Lemonnier, die correspondirenden Beobachtungen in Berlin auszuführen hatte. Nach des Erstern darüber in den Pariser Abhandlungen von 1748 und 1751, zum Theil also wenigstens vordatirten Abhandlungen „Observations faites au Cap de la Bonne-Espérance pour servir à déterminer la parallaxe de la Lune, de Mars et de Vénus“ war das Hauptresultat, daß sich die mittlere Polar-Horizontalparallaxe des Mondes gleich 56′ 55″,7 und die mittlere Equatorealparallaxe gleich 57′ 14″,8 ergab, woraus für den Durchmesser des Mondes etwa 466, für seine mittlere Entfernung von der Erde aber 51800 geographische

Meilen folgten[3]). Ein ursprünglich nicht beabsichtigtes zweites Hauptresultat, das durch seinen verlängerten Aufenthalt und die Mitwirkung von Wargentin in Stockholm[4]) ermöglicht wurde, war, daß die Sonnenparallaxe 10",3 betrage. Vergleiche für letztere Arbeit auch die von Wargentin 1756 in den Stockholmer Memoiren veröffentlichte Abhandlung „Parallaxe du soleil par les observations faites au Cap et à Stockholm". Anhangsweise ist zu erwähnen, daß auch Grischow sich in correspondirenden Beobachtungen zu denjenigen am Cap versuchen wollte und zu diesem Zwecke nach der nahe unter gleichem Meridian liegenden Insel Oesel im baltischen Meere reiste; möglicher Weise enthält der von ihm 1755 zu Petersburg publicirte „Sermo habitus de parallaxi coelestium corporum" nähere Angaben über die Erfolge seiner Expedition. Ebenso machte nach Lalande sein früherer Lehrer Laurent Béraud, Professor der Mathematik am Jesuitencollegium zu Lyon[5]), daselbst solche correspondirenden Beobachtungen.

231. Die Venusdurchgänge von 1761 und 1769. Schon 1629 hatte Kepler in seiner Ephemeride für 1631 aufmerksam gemacht, daß in letzterm Jahre sowohl Merkur als Venus vor die Sonne treten werden, ja er ließ sogar noch durch Bartsch einen besondern Aufruf „Admonitio ad astronomos rerumque coelestium studiosos de miris rarisque anni 1631 phaenomenis, Veneris putà et Mercurii in Solem incursu" ausgeben. Wirklich gelang es in Folge davon Gassendi, Cysat, Remus, ꝛc., den für den 7 November angekündigten Merkurdurchgang zu beobachten, während dagegen der für den 6 Decem-

[3]) Für eine neuere Bestimmung aus correspondirenden Beobachtungen, die 1856—1861 auf den Sternwarten von Greenwich und am Cap gemacht wurden, ist die betreffende Abhandlung von Stone in Bd. 34 der Mem. Astron. Soc. zu vergleichen.

[4]) Pehr Wilhelm Wargentin, 1717 zu Sunne Prestgard in Jemtland geboren und 1783 zu Stockholm als Secretair der Academie verstorben.

[5]) Er wurde 1702 zu Lyon geboren, starb daselbst 1777, und war auch der Lehrer von Montucla, Bossut, ꝛc.

der erwartete Venusdurchgang ungesehen blieb [1]), und erst am 4 December 1639 ein zweiter, von Kepler übersehener Durchgang von Horrox entsprechend eigener Vorausberechnung beobachtet werden konnte [2]). Neue Venusdurchgänge waren sodann erst nach der Mitte des folgenden Jahrhunderts zu erwarten, während dagegen Merkurdurchgänge viel häufiger eintraten, und so auch wirklich am 3 November 1651 durch Jeremy Shakerley zu Surate in Ostindien, am 3. Mai 1661 von Hevel zu Danzig, am 7 November 1677 von Halley auf St. Helena, 2c. beobachtet wurden [3]). Besonders folgenreich ist die Beobachtung von Halley geworden, da ihm bei derselben der Gedanke aufstieg, es möchten sich solche Durchgänge der untern Planeten und namentlich diejenigen der Venus zur Bestimmung der noch immer nicht mit Sicherheit bekannten Sonnenparallaxe verwenden lassen,

[1]) Vergl. namentlich Gassendi's Schrift „Mercurius in Sole visus et Venus invisa Anno 1631 pro voto et admonitione Kepleri. Parisiis 1632 in 4“. Nach Delambre schrieb Gassendi in voller Freude über die gelungene Merkur-Beobachtung an Schickhard in Tübingen: „Le rusé Mercure voulait passer sans être aperçu, il etait entré plutôt qu'on ne s'y attendait, mais il n'a pu s'échapper sans être découvert, εὕρηκα καὶ ἑώρακα; je l'ai trouvé et je l'ai vu; ce qui n'était arrivé à personne avant moi, le 7 novembre 1631, le matin.“ — Den Venusdurchgang von 1631 konnte man in Europa wirklich nicht beobachten, da Venus, wie Lalande nachwies, schon vor Sonnenaufgang ausgetreten war.

[2]) Der äußerst talentvolle Horrox, der leider schon 1641 im Alter von 22 Jahren starb, hinterließ über seine Beobachtung, deren Vorausberechnung bereits in 95 Erwähnung geschah, eine Schrift „Venus in Sole visa“, welche sodann Hevel als Anhang zu seinem „Mercurius in Sole visus A. 1661. Gedani 1662 in Fol.“ herausgab. — Vergl. für Horrox theils seine 1678 zu London ausgegebenen „Opera posthuma“, theils das „Memoir of the life and labours of the Rev. Jer. Horrox. By A. Bl. Whatton. London 1875 in 8“.

[3]) Später gelangen viele solche Beobachtungen, wenn auch einzelne durch verschiedene Umstände da und dort verloren gingen, und dadurch Leuten, welche darauf ausgingen, Anlaß zu schlechten Witzen gegeben wurde, wobei sie es mit der Wahrheit nicht eben sehr genau nahmen. So erzählt der schon mehrgenannte Fonvielle bei Anlaß des Merkurdurchganges von 1753, Lalande habe damals seine Instrumente nach Meudon transportirt, um Louis XV den Durchgang zu zeigen, — aber Merkur habe keine Eile gehabt, und sei erst in

— eine Idee, welche zwar allerdings schon 1663 J. Gregory in seiner „Optica promota“ geäußert haben soll, die aber jedenfalls erst lebensfähig wurde, als Halley 1716 seine „Methodus singularis, qua Solis parallaxis, sive distantia a terra, ope Veneris intra Solem conspiciendae, tuto determinari poterit“ publicirte. In dieser Schrift zeigte er nämlich, daß, wenn zwei von einander entfernte und überhaupt zweckmäßig situirte Beobachter die Momente des Ein- und Austrittes der Venus in die Sonnenscheibe, also gewissermaßen die Längen der Sehnen beobachten, welche für jeden von ihnen die Venus auf der Sonne zu beschreiben scheine, daraus[4]) der von der Parallaxe abhängige Abstand der Sehnen und damit die Parallaxe selbst gefunden werden könne, — und etwas später machte sodann Jos. Delisle noch darauf aufmerksam, daß überhaupt correspondirende Beobachtungen des Momentes irgend einer bestimmten Phase des Durchganges zu demselben Ziele führen können, indem im Allgemeinen die Differenz der Zeiten der relativen, d. h. um die Bewegung der Erde verminderten Bewegung der Venus proportional ist, Letztere aber, wie wenn Venus einen ungeheuern Theilkreis von 14 Millionen Meilen Radius als Index durchlaufen würde, die der Distanz der Beobachter entsprechende

---

der folgenden Nacht um $2^1/_2$ Uhr (?) durchgegangen, „heure à laquelle on ne pouvait réveiller Louis le Bien-aimé, qui à cette heure n'a jamais eu d'autre étoile que la Pompadour ou la Dubarry“. Das Factische ist nun laut dem Jahrgange 1753 der „Histoire de l'Académie“, daß am 6 Mai bei Sonnenaufgang, wie es schon die Vorausberechnung gezeigt hatte, Merkur ziemlich tief in der Sonne stand, dann aber von Cassini, Legentil, Chappe, Le Monnier, Lalande, Pingré, ꝛc. bis zu seinem um $10^h 21^m$ erfolgten Austritte vielfach beobachtet wurde. Dabei stand Lalande allerdings in Meudon, aber dieß ist auch das einzige Richtige an Fonvielle's Erzählung; der König war damals in dem eine Viertelstunde nordwestlich von Meudon gelegenen Schlosse Bellevue, wohin er Lemonnier und La Condamine beordert hatte, um ihm den Durchgang zu zeigen, was dann auch von $9^1/_2$ Uhr Morgens an wirklich zur Ausführung kam. — Es mag dieß eine Beispiel zeigen, wie wenig Vertrauen man in die Angaben solcher Schriftsteller setzen darf, die „à tout prix“ ihre Leser amüsiren wollen. Vergl. auch 288.

[4]) Aehnlich wie beim Kreismikrometer in 207.

Sonnenparallaxe repräsentirt. Diese Vorschläge waren so einleuchtend, daß sie schon bei dem nächsten Venusdurchgange von 1761 VI 6 allgemeine Berücksichtigung fanden, ja es wurden bereits geraume Zeit vorher betreffende Vorschläge gemacht, so z. B. von Boscovich, der schon 1760 in den Phil. Trans. in einer Abhandlung „De proximo Veneris sub Sole transitu“ auf die günstigsten Beobachtungsstationen hinwies. Joseph Guilleaume Legentil verreiste sogar schon 1759 behufs dieser Beobachtung nach Indien, hatte aber das Unglück auf dem Meere, aus Furcht des Kapitäns vor den Engländern, verspätet zu werden, und als er nun in Pondichéry blieb, um 1769 das Versäumte nachzuholen, hatte er beim zweiten Durchgange bedeckten Himmel, so daß er 1771 ohne seinen eigentlichen Zweck erfüllt zu haben, von der Reise zurückkehrte, über welche er nun in seinem 1779—81 erschienenen zweibändigen Werke „Voyage dans les mers de l'Inde, fait par ordre du Roi à l'occasion du passage de Vénus sur le disque du Soleil le 6 Juin 1761 et le 3 Juin 1769“ Bericht erstattete[5]). Etwas später ging Pingré nach der östlich von Madagaskar gelegenen Insel Rodriguez ab, — Jean Chappe d'Auteroche[6]) auf Wunsch der Petersburger Academie nach Tobolsk, worüber seine 1763 erschienene „Voyage en Sibérie“ zu vergleichen ist, — Maskelyne nach St. Helena, — Charles Mason und Jeremiah Dixon an das Cap, — und überdieß wurden in Europa auf allen Sternwarten die nöthigen Vorkehrungen getroffen, um auch da den Durchgang möglichst gut zu verfolgen. Zwar gingen viele der Beobachtungen durch die Witterung und andere störende Zufälle verloren, oder büßten wenigstens an Genauigkeit ein,

---

[5]) Legentil wurde 1725 zu Coutances in der Normandie geboren, und starb 1792 als Academiker zu Paris.

[6]) Chappe wurde 1728 zu Mauriac in der Haute-Auvergne geboren, zog durch seine Talente die Aufmerksamkeit der Cassini's auf sich, und erhielt 1759 als Lalande vom Adjuncten zum Mitgliede der Academie avancirte, dessen Nachfolge.

— so z. B. hatte in Greenwich jeder der drei Beobachter (Green, Bird, Bliß) eine Sekundenuhr in der Hand, um sie im Momente der Berührung zu hemmen, aber als der Eine (Green) im Augenblicke wo Er die Berührung zu Stande gekommen glaubte, im Eifer jetzt rief, hemmten sogleich auch die Andern, wodurch natürlich, zum großen Aerger des trotz Krankheit wenigstens anwesenden Bradley ihre Beobachtungen ganz verloren gingen; aber immerhin war eine schöne Reihe gelungener Beobachtungen zu notiren, und es wurde daraus, theils unmittelbar nachher, theils später durch Pingré, Short, ꝛc. die Sonnenparallaxe abgeleitet, am sorgfältigsten schließlich 1822 durch Encke in seiner Schrift „Die Entfernung der Sonne von der Erde aus dem Venusdurchgange von 1761 hergeleitet", wobei er die Horizontal-Equatoreal-Parallaxe der Sonne gleich 8",5309 fand. — Für den zweiten Venusdurchgang von 1769 VI 3 wurden noch mehr Anstrengungen gemacht, da man sich bewußt war, daß sich bis 1874 und 1882 keine solche Gelegenheit mehr darbieten werde, und es ist z. B. bemerkenswerth, daß bereits Maskelyne[7]), der theils in einer Abhandlung im Bande 61 der Phil. Trans., theils in einer 1768 ausgegebenen Schrift „Instructions relative to the observation of the ensuing transit of Venus" die Beobachter nach allen Richtungen aufzuklären suchte, darauf hinwies, daß man nicht nur die Contacte, sondern auch die kürzeste Distanz der Mittelpunkte und möglichst viele relative Venusörter zu bestimmen suchen sollte. Die angeordneten Expeditionen waren zahlreich: Die Pariser Academie sandte Chappe nach Kalifornien, wo er aber leider, vergleiche die 1772 von Cassini herausgegebene „Voyage en Californie pour l'observation du passage de Vénus sur le disque du soleil le 3 Juin 1769, par feu Mr. Chappe d'Auteroche" drei Tage nach absolvirter Beobachtung von

[7]) Nevil Maskelyne, der 1732 zu London geboren wurde, stand von 1765 bis zu seinem 1811 erfolgten Tode der Sternwarte von Greenwich vor, und ist im Vorhergehenden schon wiederholt erwähnt worden.

einer Epidemie ergriffen wurde und sodann am ersten August theils derselben, theils dem ungewohnten Klima erlag, — und Pingré nach St. Domingo; England schickte William Wales an die Hudsonsbay, worüber dessen 1772 erschienene „General observations made at Hudsonbay“ zu vergleichen, — Call nach Madras, — den schon erwähnten Green und den als Assistent am British Museum angestellten Schweden Karl Daniel Solander mit Kapitän Cook nach Otaheiti; die American philosophical Society stellte in Philadelphia unter Ewing ein Beobachtungscorps auf, — ein zweites in Norriton unter David Rittenhouse, — und ein drittes unter Biddle im Leuchtthurm bei Cap Henlopen; Rußland, dessen damalige Kaiserin Katharina persönliches Interesse an der Bestimmung nahm, schickte Stephan Rumowsky, der schon 1761 den Venusdurchgang zu Selenginsk in Sibirien beobachtet hatte[8]), nach Kola, — Islenieff nach Jakutsk; — Lowitz nach Gurieff, — Wolfgang Ludwig Krafft nach Orenburg, — Christoph Euler nach Orsk, — und verschrieb noch aus Genf André Mallet für Ponoi und seinen nachmaligen Schwager Louis Pictet für Umba[9]); der Pfalzgraf schickte seinen Hofastronomen Pater Christian Mayer nach Petersburg, wo er mit Johann Albrecht Euler und Anders Johann Lexell beobachtete, vergleiche die 1769 von Mayer herausgegebene „Expositio de transitu Veneris ante discum Solis die 23 Maii 1769“, und die 1770 erschienene „Collectio omnium observationum quae occasione Transitus Veneris per Solem A. 1769 jussu Augustae

---

[8]) Vergl. seine „Brevis expositio observationum transitus Veneris in urbe Selenginsk institutarum. Petrop. 1762 in 4“. — Rumowsky wurde 1734 in einem Dorfe des Gouvernements Wladimir geboren, war Schüler von Richmann und Euler, dann Gehülfe und Nachfolger von Grischow, zuletzt Curator der Universität Kasan; er starb 1815 zu Petersburg.

[9]) Für Mallet (1740—1790) und Pictet (1739—1781) sowie speciell für ihre damalige Reise, vergl. Bd. 2 meiner Biographien. Mallet war einer der Ersten, der die Einführung der mittlern als bürgerlicher Zeit empfahl; er drang damit in Genf etwa 1780 durch.

per Imperium Russicum institutae fuerunt una cum theoria indeque deductis conclusionibus"; der König von Dänemark engagirte Pater Maximilian Hell für Wardoehuus[10]), während Christian Gottlieb Kratzenstein in Drontheim beobachten wollte, aber durch Regen verhindert wurde[11]), — und im übrigen Europa wurde je von den einheimischen Astronomen fleißig beobachtet, so daß nachmals Encke wieder mehr als genug Material hatte, um das, natürlich schon unmittelbar nach dem Venusdurchgange durch Lexell, Lalande, Fixlmillner, etc. der Berechnung unterworfene Beobachtungsmaterial[12]), kritisch zu prüfen und 1824 in einer zweiten Schrift „Der Venusdurchgang von 1769" nochmals die Sonnenparallaxe zu bestimmen, für die er nun 8",6030 fand. Im Mittel aus beiden Bestim-

[10]) Hell, der seiner „Dissertatio de transitu Veneris ante discum Solis die 3 Junii 1769 Wardoehuusii observato. Hafniae 1770 in 4" in den folgenden Jahren zu Wien noch mehrere betreffende Schriften folgen ließ, um sich gegen den von Lalande ausgesprochenen Verdacht, er habe seine Beobachtungen nachträglich corrigirt, zu vertheidigen, ist in neuerer Zeit durch C. v. Littrow zwar ganz sicher einer solchen Correctur überwiesen worden, vergl. dessen Schrift „Hell's Reise nach Wardöe und seine Beobachtung des Venus-durchgangs im Jahre 1769; aus den aufgefundenen Tagebüchern. Wien 1835 in 8"; aber damit ist noch nicht gerade eine gemeine Fälschung erwiesen, und so glaubte Faye noch 1869 in einer Discussion vor der Pariser Academie Hell's Beobachtung in Schutz nehmen zu sollen, ja ihm die glückliche Idee zu vindiciren „de corriger l'observation du contact par le *filum lucidum* du temps exigé par ce filet, pour acquérir l'épaisseur sans laquelle il ne serait pas visible". — Hell, ein jüngerer Bruder des durch seine Wasserhebemaschine bekannten Joseph Karl Hell, wurde 1720 zu Schemnitz geboren, trat in den Jesuitenorden, — stand von 1745 an als Gehülfe bei Pater Joseph Franz, der 1734 in Wien eine erste Sternwarte gegründet hatte, — erhielt 1755 die Direction der nach dem Tode des Hofastronomen Joh. Jak. Marinoni erbauten Universitätssternwarte und behielt sie bis zu seinem 1792 erfolgten Tode.

[11]) Vergl. die in „P. Prevost, Notice sur la vie et les écrits de George Louis Lesage de Genève. Genève 1805 in 8" enthaltenen Briefe von Kratzenstein.

[12]) Lexell, der nach Euler's Methoden rechnete, und für die Sonnenparallaxe 8",68 fand, vergl. seine Abhandlung „De investiganda parallaxi Solis (Comm. Petrop. 1772)", — wurde 1740 zu Abo geboren, gehörte zu den talentvollsten Schülern Eulers, und starb 1784 als Academiker zu Petersburg.

mungen ergab sich 8",5776, und hieraus für die halbe große Axe der Erdbahn 20667000 und für den Durchmesser der Sonne 192600 geographische Meilen, — ein Resultat für die Parallaxe, das nach andern Ergebnissen und Betrachtungen jedoch gar zu klein erschien, und namentlich mit den durch die Aberration damit vermittelten Geschwindigkeiten des Lichtes, die auf physicalischem Wege durch Fizeau und Foucault bestimmt worden waren, sowie mit Rechnungsergebnissen, die schon Laplace, der 8",82 annahm, und dann wieder Leverrier und Andere aus der Mechanik des Himmels erhalten hatten, nicht recht stimmen wollte, dagegen allerdings zu den 8",57, welche Bürg aus den Greenwicher Mondbeobachtungen ableitete, vortrefflich paßte. Wenn sodann Powalky[15]) in seiner ganz schätzbaren Arbeit „Neue Untersuchung des Venusdurchganges von 1769. Kiel 1864 in 4" den mit Laplace's Forderung nahe übereinstimmenden Werth 8",83 fand, so ist nicht zu vergessen, daß er nicht nur einige geographische Positionen abänderte, sondern auch eine ganze Reihe von Beobachtungen verwarf, während Encke die Gesammtheit aller Beobachtungen bestmöglich darzustellen suchte, und so seine Arbeit doch im Ganzen den Vorzug behält, — wenn nicht um des Resultates, so doch um der Methode willen.

232. Die neuesten Expeditionen. Diese Unsicherheit über den genauen Betrag der Sonnenparallaxe, bei der eine Aenderung von 1/10" doch immer einer Distanzänderung von mehr als 200000 Meilen gleichkömmt, hat in der neuern Zeit noch vielen Rechnungen, Vorschlägen, Beobachtungen und Expeditionen

— Lalande erhielt 8",50, vergl. seine Abhandlung „Sur la parallaxe du soleil (Mém. de Par 1770—71)". — Fixlmillner, dessen Untersuchung ebenfalls sehr geschätzt wird, erhielt, vergl. seine „Acta astronomica Cremifanensia. Styrae 1791 in 4", im Mittel aus allen Bestimmungen 8",54 und mit Ausschluß von Cajaneborg 8",66.

[15]) Karl Rudolf Powalky, astronomischer Rechner in Berlin, 1817 zu Neudietendorf bei Gotha geboren.

gerufen. So wurde durch Christian Gerling[1]) ein Versuch vorgeschlagen, die fragliche Parallaxe aus Venusstillständen zu bestimmen, und wirklich von James Gilliß[2]) eine Expedition nach Chili unternommen, welche aber wegen Mangel guter nördlicher correspondirender Beobachtungen ohne Resultat blieb, — so wurden bei Anlaß der Marsopposition von 1862 in Pulkowa, Greenwich, Williamstown und am Cap Beobachtungen derselben angeordnet, die dann in der That Winnecke und Stone eine den theoretischen Forderungen nahe Parallaxe, nämlich 8",94 im Durchschnitt, ergaben[3]), — so wurde von Galle in Breslau aus correspondirenden Beobachtungen des Planeten Flora, welche nach seinem Wunsche im Herbste 1873 auf mehreren nördlichen und südlichen Sternwarten gemacht worden waren, die Sonnenparallaxe 8",873 abgeleitet[4]), rc. — Namentlich aber wurden alle möglichen Vorausberechnungen, Discussionen, Vorbereitungen rc. getroffen, um die 1874 und 1882 je im December zu erwartenden neuen Venusdurchgänge einstens gehörig ausnützen zu können. So legte z. B. Victor Puiseux[5]) der Académie des sciences schon 1869 ein „Mémoire sur la parallaxe du soleil et les passages de Vénus" vor, in welchem er unter Anderm nachwies, daß die Methode von Halley ein Maximum von 25^m Zeitdifferenz, diejenige von Delisle nur von 20^m ergebe, also erstere vorzüglicher sei, — so publicirte Hansen 1870 eine Abhandlung betitelt „Bestim-

---

[1]) Zu Hamburg 1788 geboren und 1864 als Professor der Mathematik zu Marburg verstorben.

[2]) Zu Georgetown in Columbia 1811 geboren und 1865 zu Washington als Superintendent des dort durch seine Bemühungen entstandenen Naval Observatory verstorben.

[3]) Vergl. darüber die Abhandlung von Stone in Bd. 33 der Mem. Astr. Soc., — während eine Abhandlung von ebendemselben in Bd. 34 eine aus corresp. Beobachtungen am Cap und in Greenwich folgende Bestimmung der Mondparallaxe bespricht.

[4]) Vergl. „Galle, Ueber eine Bestimmung der Sonnenparallaxe aus correspondirenden Beobachtungen des Planeten Flora. Breslau 1875 in 8°".

[5]) Professor der Astronomie in Paris, 1820 zu Argenteuil geboren.

nung der Sonnenparallaxe durch Venusvorübergänge vor der Sonnenscheibe mit besonderer Berücksichtigung des 1874 eintreffenden Vorüberganges", — so gab Airy in Band 29 der Monthly Notices Winke „On the preparatory arrangements which will be neccessary for efficient observation of the transits of Venus in the years 1874 and 1882", — so las Theodor von Oppolzer[6]) 1870 der Wiener Academie „Ueber den Venusdurchgang von 1874", — ꝛc. ꝛc. Und als dann der Venusdurchgang von 1874 wirklich heranrückte, rüsteten England, Frankreich, Deutschland, Rußland, ꝛc, in bestem Einverständnisse mit einander zahlreiche Expeditionen aus[7]), um die als vorzüglichst erkannten Beobachtungsstationen im Norden und Süden zu besetzen. Bereits weiß man, daß die große Mehrzahl dieser Expeditionen guten Erfolg hatte, — auf die definitiven Resultate wird man dagegen noch einige Zeit warten müssen; doch hat schon im April 1875 Puiseux der Pariser Academie mittheilen können, daß aus den von Mouchez auf der südlichen Insel St. Paul und von Fleuriais in Peking erhaltenen Beobachtungen provisorisch eine Sonnenparallaxe von 8",879 erhalten worden sei, — auch ist wenigstens bereits Eine der vielen zu erwartenden Monographien erschienen, nämlich die von Tacchini erstattete Relation „Il passagio di Venere sul Sole dell' 8/9 Dicembre 1874 osservato a Muddapur nel Bengala. Palermo 1875 in 4". — Eine andere Art zahlreicher und häufiger Expeditionen sind seit 1842, wo man auf die Protuberanzen der Sonne aufmerksam geworden, je zur Beobachtung eintretender totaler Sonnenfinsternisse abgegangen, und haben ebenfalls reichen Gewinn abgeworfen, über den aber bei einer

---

[6]) Professor der Astronomie in Wien und österreichischer Gradmessungscommissär, zu Prag 1841 geboren.

[7]) England rüstete 12, Frankreich und Deutschland je 6, Rußland 26, Italien 3, Amerika 8 und die Niederlande 1 Station aus, so daß also, abgesehen von einigen im Bereiche gelegenen Sternwarten, 62 Stationen besetzt werden konnten.

andern Gelegenheit Bericht abzustatten sein wird[8]). Hier mag nur der Merkwürdigkeit wegen angeführt werden, daß Janssen, der, in Anerkennung seiner bereits erwähnten Leistungen, die Mission erhalten hatte, auch die am 22 December 1870 in Algier sichtbare totale Sonnenfinsterniß zu beobachten, den Muth besaß zu diesem Zwecke am 2 December die von den Deutschen eingeschlossene Hauptstadt Frankreichs per Ballon zu verlassen, und so über die feindliche Armee weg seiner Bestimmung zuzueilen[9]); eine fünfstündige Luftfahrt führte ihn nach Savenay, von wo er über Nantes und Tours nach Marseille reiste und sich in letzterer Stadt glücklich für Oran einschiffte.

---

[8]) Vergl. 236.

[9]) Daß ihm, in Folge englischer Vermittlung, gestattet gewesen wäre die feindlichen Linien zu passiren, erfuhr er erst nachträglich.

11. Capitel.

Der Bau des Himmels.

233. Die ältern Ansichten über die Beschaffenheit der Sonne. Auf der provisorischen Sternwarte, welche sich Dominique Cassini im Garten eines Hauses der Rue de la Ville-Evêque in Paris eingerichtet hatte, um bis zur Vollendung des großen Observatoriums nicht ganz unthätig zu sein, beobachtete er unter Anderm die Sonnenflecken, leitete daraus für die Sonne die scheinbare und wirkliche Rotationszeit zu 27,5 und 25,5 Tagen ab, und stellte die Hypothese auf, daß die Sonne aus einem dunkeln Körper bestehe, welcher von einer leuchtenden, einer Art Ebbe und Fluth unterworfenen Materie umgeben sei, durch deren Ab- und Zufließen einzelne Sonnenberge zuweilen für uns als nach Größe und Form veränderliche dunkle Flecken erscheinen. Während aber die Cassini und de La Hire an dieser Ansicht festhielten, wandten sich Andere der schon von Scheiner in seinen spätern Jahren ausgesprochenen Ansicht zu, daß die Sonnenflecken gegentheils Vertiefungen seien, ja diese gewann im 18. Jahrhundert immer mehr Boden: Leonhard Rost brachte diese „Abgründe" mit Sonnen-Vulkanen in Verbindung, und im October 1771 machte Pfarrer Ludwig Christoph Schülen in Eßingen[1]) in den „Stuttgarter Blättern" und sodann Professor Alexander

[1]) Im Jahre 1722 geboren, starb Schülen 1790 zu Eßingen.

Wilson zu Glasgow*) 1774 in seinen den Phil. Trans. einverleibten „Observations of Solar Spots" bekannt, daß sich zuweilen Flecken zeigen, welche in der Mitte der Sonne einen beidseitig gleich breiten Halbschatten aufweisen, während derselbe vor oder nach der Sonnenmitte links oder rechts breiter erscheine, was zwingend auf Vertiefungen oder dann auf einen ansehnlichen Wall um den Flecken hinwies. Auch Wilhelm Herschel fand dieß Factum bestätigt, und stellte in seiner 1801 der Royal Society gelesenen Abhandlung „Observations tending to investigate the nature of the Sun" folgende Theorie als Abstract seiner Beobachtungen auf: Die Sonne ist ein dunkler Körper und mit einer transparenten Atmosphäre umgeben, auf welcher die wolkenähnliche Photosphäre schwimmt: Zuweilen steigen von dem Sonnenkörper Dämpfe auf und zerreißen die Photosphäre, so daß man auf den relativ dunkeln Sonnenkörper hineinsieht, und so glaubt man einen dunkeln Fleck zu sehen, der, wenn man noch rings um ihn etwas von den tieferliegenden, wolkenartigen Theilen der Photosphäre sieht, von einer Art Hof eingefaßt scheint. — Diese Theorie, welche allen damals bekannten Erscheinungen zu genügen schien, wurde bald allgemein angenommen, und befriedigte etwa ein halbes Jahrhundert lang vollständig; dann aber lernte man neue Thatsachen kennen, die eine Verwerfung oder wenigstens Modification derselben unumgänglich nothwendig machten, wie die folgenden Nummern zeigen werden.

234. Die Periodicität in der Häufigkeit der Sonnenflecken. Der erste Eifer, der nach Entdeckung der Sonnenflecken für Beobachtung derselben vorhanden war, verlor sich bald, ja sie wurden in der zweiten Hälfte des 17. Jahrhunderts kaum gelegentlich beobachtet. Gegen den Schluß des 17. und während dem ersten Drittel des 18. Jahrhunderts erwachte das Interesse wieder etwas mehr. Gottfried und Christfried Kirch in Berlin,

*) Im Jahre 1714 zu St. Andrews geboren, und früher Pharmaceut und Schriftgießer, starb Wilson 1786 als Professor der Astronomie in Glasgow.

François de Plantade in Montpellier, Leonhard Rost in Nürnberg und einige andere ihrer Zeitgenossen machten jeweilen während einiger Jahre ziemlich fleißige Notizen über den Fleckenstand der Sonne[1]). Dann kam wieder eine Dürre, in welcher nur die Beobachtungen eines F. v. Hagen, die später nach Pulkowa gekommen und dort von August Wagner aufgefunden, sowie für mich ausgezogen worden sind, eine kleine Oase bilden[2]). Von der Mitte des 18. Jahrhunderts hinweg mehrten sich dagegen die Beobachtungen in erfreulicher Weise, und namentlich wurden durch Johann Caspar Staudacher in Nürnberg und Christian Horrebow in Kopenhagen während längern Jahren ziemlich fleißige Aufzeichnungen gemacht, an die sich sodann noch kürzere Beobachtungsreihen der Ludovico Zucconi in Venedig, Jaques André Mallet in Genf, Joh. Karl Schubert in Danzig, ꝛc. ergänzend anschlossen[3]). Am Ende des 18. bis etwas über das erste Viertel des 19. Jahrhunderts hinaus, reihten

[1]) Vergl. für ihre Beobachtungen die Nummern 240, 148, 149, ꝛc. der meinen „Astronomischen Mittheilungen" jeweilen beigedruckten Sonnenflecken-literatur. Die Beobachtungen des Advokaten François de Plantade, der von 1670—1741 zu Montpellier lebte, und auch sonst einige astronomische Arbeiten ausführte, wurden für mich durch Herrn Professor Legrand in Montpellier 1859/60 mit großer Gefälligkeit ausgezogen. Die Beobachtungen der Kirch erhielt ich 1867 durch die Güte der Herren Schönfeld und Förster im Original zugesandt, — diejenigen von Rost hatte Herr Professor Heis die Güte für mich auszuziehen.

[2]) Vergl. Nr. 130 meiner Literatur. — Wagner, Astronom in Pulkowa, wurde 1828 in Kurland geboren.

[3]) Vergl. für ihre Beobachtungen Nr. IV meiner Mittheilungen und die Nr. 217, 297, 108 und 260 der erwähnten Literatur. Die Beobachtungen des Zimmermeister Staudacher in Nürnberg, der überhaupt ein eifriger Liebhaber der Astronomie war, erhielt ich auf meine Bitte durch ihren gegenwärtigen Besitzer, Herrn G. Eichhorn in Nürnberg zur Benutzung, — diejenigen von Horrebow aus den Jahren 1767—76 durch den, leider ehe er dazu kam mir noch die paar übrigen unverbrannten Bände zu schicken, verstorbenen Freund d'Arrest; diejenigen von Mallet zóg ich auf der Genfer Sternwarte aus; die übrigen konnte ich Druckwerken entnehmen, — so z. B. diejenigen des Abbé Zucconi, der etwa 1706 zu Venedig geboren wurde, und ebendaselbst 1783 starb, seiner Schrift „De heliometri structura et usu. Venet. 1760 in 4".

sich an diese Beobachter die Honoré Flaugergues in Viviers, Joseph Heinrich in Regensburg, C. Tevel in Middelburg, Johann Wilhelm Pastorff in Buchholz bei Frankfurt a./O., Johann Elert Bode in Berlin, François Arago in Paris, Augustin Stark in Augsburg, C. H. Adams in Edmonton, Generallieutenant von Both in Breslau, 2c. mit längern und kürzern Reihen an*); aber auch kein einziger von all den eben Genannten beobachtete während längerer Zeit in consequenter Weise, oder dachte auch nur daran seine Beobachtungen ordentlich zusammenzustellen, um eine Uebersicht zu gewinnen, und so wurde wohl für allfällige spätere Zeiten ein nicht unbedeutendes Material gesammelt, aber dasselbe durchaus nicht ausgenutzt. So konnte es kommen, und so kam es auch wirklich, daß eine

*) Vergl. für diese Beobachtungen die Nr. VII meiner Mittheilungen und die Nr. 164, 115, 121, 324, 240, 169, 167 und 285 meiner Literatur. — Die schöne und lange Beobachtungsreihe des auch sonst um die Astronomie wohlverdienten, zu Viviers (Ardèche) 1755 geborenen und daselbst 1835 als Friedensrichter verstorbenen Honoré Flaugergues, von der durch den Druck früher nur Einzelnes bekannt geworden war, erhielt ich durch gütige Vermittlung von Laugier durch ihren Besitzer, Mr. Séguin à Montbart (Côte d'or) im Original zugesandt. — Die Beobachtungen des 1758 zu Schierling im bayerischen Regenkreise geborenen Joseph Heinrich, der im Reichsstifte St. Emmeran den Namen Placidus erhielt, von 1785 bis zur Aufhebung desselben im Jahre 1812 an demselben den Lehrstuhl der Philosophie bekleidete, und schließlich 1825 als Vorsteher des durch den Fürsten von Thurn und Taxis in Regensburg errichteten astronomisch-meteorologischen Observatoriums in Regensburg verstarb, konnte ich 1858 auf der Sternwarte in Bogenhausen seinen Tagebüchern entnehmen. — Die Beobachtungen des Silberschmied Tevel hatte Herr Professor Buijs-Ballot in Utrecht die Güte für mich 1858/9 auszuziehen. — Die Beobachtungen des 1767 zu Schwedt geborenen, 1838 auf seinem Gute Buchholz verstorbenen Pastorff, welche durch Herschel an die Roy. Astron. Society kamen, hatte A. C. Ranyard die Güte für mich auszuziehen. — Die Beobachtungen von Bode erhielt ich mit denjenigen von Kirch, — diejenigen von Adams zog 1861 R. C. Carrington für mich aus, — und diejenigen von Both sandte mir 1873 Herr Professor Galle aus Breslau im Original zu. — Die Beobachtungen von Arago und dem 1771 zu Augsburg geborenen, 1839 ebendaselbst als Domcapitular und Director der an Brander'schen Instrumenten so reichen Sternwarte verstorbenen Stark endlich sind ihren Druckschriften entnommen.

Erscheinung von sehr auffallender Periodicität über zweihundert Jahre lang bekannt sein und häufig beobachtet werden konnte, ohne daß diese Periodicität entdeckt wurde, ja sich im Gegentheile die Meinung festsetzte, man habe es da mit einer ganz gesetzlosen Erscheinung zu thun, und es sei eigentlich verlorne Zeit sich mit derselben zu befassen. Der Einzige, der von dem richtigen Sachverhältnisse eine Ahnung hatte, war Christian Horrebow, indem er 1776 in sein Diarium die Bemerkung eintrug: „Obwohl sich aus den Beobachtungen ergibt, daß die Veränderungen und Wechsel der Sonnenflecken häufig sind, so kann doch keine bestimmte Regel dafür gefunden werden, nach welcher Ordnung und nach wieviel Jahren dieser Wechsel sich vollzieht. Dieses kommt hauptsächlich daher, daß die Astronomen sich bisher wenig bemühten häufige Sonnenfleckenbeobachtungen zu machen, ohne Zweifel weil sie glaubten es gehe daraus nichts hervor, das für die Astronomie oder Physik großes Interesse hätte. Es ist indeß zu hoffen, daß man durch eifriges Beobachten auch hier eine Periode auffinden werde, wie in den Bewegungen der übrigen Himmelskörper; dann erst wird es an der Zeit sein zu untersuchen, in welcher Weise die Körper, die von der Sonne getrieben und beleuchtet sind, durch die Sonnenflecken beeinflußt werden.“ Aber dieser prophetische Ausspruch, welchen Horrebow in seinem letzten Lebensjahre schüchtern in sein Diarium eintrug, blieb natürlich ganz unbeachtet, — war nahe daran bei dem Brande von 1807 das Schicksal so vieler andern Arbeiten jenes fleißigen und einsichtigen Mannes zu theilen, und wurde erst 1859 durch Th. N. Thiele, als er in Folge eines kurz vorher von mir erlassenen Aufrufes die alten Tagebücher der Kopenhagener Sternwarte in Beziehung auf Notizen über Sonnenflecken untersuchte, aufgefunden[5]). — Ganz anders gestaltete sich die Sache in relativ kurzer Zeit, als 1826 Heinrich Schwabe in Dessau eine consequente Beobachtungsreihe der

[5]) Vergl. A. N. 1185 und 1193.

Sonnenflecken begann: Zu Dessau 1789 dem Hofmedicus Gottlieb Schwabe geboren, der sich mit einer Tochter des dortigen Apothekers Häseler verheirathet hatte, besaß Samuel Heinrich Schwabe schon während der Zeit seines Schulbesuches die gedoppelte Pflicht, den Vater bei Operationen zu assistiren und für den Großvater Düten zu kleben, und mußte dann aus Familienrücksichten, nach dürftiger Vorbereitung in Berlin, die großväterliche Apotheke übernehmen, welche er erst 1829 losschlagen konnte, um nun, wie er sich selbst ausdrückte „sein wahres Leben" zu beginnen, d. h. sich seinen beiden Lieblingsfächern, der Astronomie und Botanik, ganz widmen zu können[6]). Wie er dann seine Muße bis an sein 1875 erfolgtes Lebensende zu benützen wußte, zeigt uns schon seine geschätzte „Flora Anhaltina", vor Allem aber sein Erfolg auf astronomischem Gebiete, und voraus die Erforschung der Sonne. Er begann ihre Beobachtung, wie schon erwähnt, bereits 1826, als ihm ein in der Hoffnung seine Apotheke bald verkaufen zu können, in München bestellter Achromat zuging, und richtete sich seine Register von Anfang an so ein, daß er aus denselben unter Anderm für jeden Monat und jedes Jahr erheben konnte, wie viele Tage er die Sonne mit oder ohne Flecken gesehen habe, und wie viele Fleckengruppen in jedem solchem Zeitabschnitte sichtbar geworden seien[7]). Schon bis 1843 erhielt er das höchst wahrscheinliche Resultat, daß in der Häufigkeit der Sonnenflecken eine Periode von circa 10 Jahren bestehe, und jedes folgende Jahr erhöhte diese Wahrscheinlichkeit, so daß es muthmaßlich Schwabe bald gelungen wäre, die oben erwähnte vorgefaßte Meinung durch seine vereinzelte Beobachtungsreihe zu stürzen, wäre auch nicht 1852 noch etwas Anderes hinzuge-

---

[6]) Vergl. „Lebe, Gedächtnißrede auf Hofrath Schwabe. Dessau 1875 in 8", und Nr. XL meiner Mittheilungen.

[7]) Die Beobachtungen von Schwabe für 1826—48 habe ich in Nr. X meiner Mittheilungen detaillirt publicirt, — die der folgenden Jahre jeweilen zur Ergänzung meiner eigenen Serie verwendet.

kommen, das den Proceß dann allerdings rascher zum Austrage brachte, als es wohl sonst geschehen sein würde.

235. **Die Beziehungen zwischen der Sonne und den Planeten.** Als ich im Jahre 1847, wo ich noch als Lehrer der Mathematik und Physik an der Realschule in Bern stand, die Direction der kleinen Sternwarte daselbst erhielt, fing ich sofort an, mich für die gerade sehr zahlreichen Flecken der Sonne zu interessiren, und setzte mich alsbald mit den damals so ziemlich einzigen zwei Sonnenbeobachtern, mit dem bereits genannten Schwabe und mit Julius Schmidt in Bonn[1]), seitherigem Director der Sternwarte in Athen, der sich auch schon seit 1841 mit diesem Gegenstande beschäftigt hatte, in Verbindung, und begann, nachdem ich mich während des Jahres 1848 gehörig orientirt hatte, mit Anfang 1849 ebenfalls eine consequente Beobachtungsreihe, bei welcher ich namentlich jeden Tag die Anzahl der sichtbaren Gruppen und die Anzahl der in allen Gruppen enthaltenen Flecken und Punkte ermittelte, aus welchen beiden Zahlen ich sodann, der erstern das Gewicht 10, der zweiten das Gewicht 1 beilegend, für jeden Tag, Monat und Jahr sogenannte Relativzahlen berechnen konnte[2]). — Unterdessen kam das Jahr 1852 heran, und damit die Kenntniß einer merkwürdigen Eigenthümlichkeit in den Bewegungen der Magnetnadel: Die Verschiedenheit der Declination der Magnetnadel an verschiedenen Orten der Erde war schon längst bemerkt, als sich Halley gegen das Ende des 17. Jahrhunderts von seiner Königin die Erlaubniß auswirkte, ein Schiff zu solchen Bestimmungen zu benützen, und nun von 1698—1700 im atlantischen Ocean eine Menge von Daten sammelte, mit deren Hülfe er

[1]) Zu Eutin 1825 geboren; früher Schüler von Rümker und Observator zu Bilk.

[2]) Diese Relativzahlen wurden von mir schon 1850 eingeführt, vergl. Bern. Mitth. 1851 pag. 94, — dann aber allerdings später noch schärfer begründet und definirt, vergl. namentlich Mittheilung VI von 1858, XIV von 1862, 2c.

1701 „A general chart, shewing at one view the variation of the compass" erstellen konnte. — Noch früher, nämlich etwa 1622, hatte Edmund Gunter die seculäre Veränderung der magnetischen Declination an einem und demselben Orte bemerkt, und sein Nachfolger Henry Gellibrand[3]) dieselbe 1635 in seinem „Discourse mathematical on the variation of the magnetical needle, together with the admirable diminuation lately discovered" noch sicherer nachgewiesen, — und wenige Jahre nach Halley gab Graham in seinen „Observations made on the variation of the horizontal needle at London 1722—23" bekannt, daß die Magnetnadel jeden Tag eine kleine Oscillation, die „tägliche Variation", in der Weise mache, daß sie Morgens einen östlichsten, Nachmittags einen westlichsten Stand annehme. — Bald darauf wurde durch den 1733 von Dortous de Mairan ausgegebenen „Traité physique et historique de l'aurore boréale" die Aufmerksamkeit auf die heute noch räthselhafte Erscheinung des Nordlichtes gelenkt, welches früher meist nur beiläufig notirt worden war, und sodann durch Anders Celsius und Olof Peter Hiorter, bei Anlaß des Nordlichtes von 1741 III 1, der Einfluß dieser Erscheinung auf den Stand der Magnetnadel, welchen später Arago so sehr hervorhob, zum ersten Male erkannt. — Nachdem alsdann 1819 Oersted die Ablenkung der Magnetnadel durch den galvanischen Strom gefunden, und in den 30er Jahren durch die Bemühungen von Humboldt und Gauß regelmäßige Beobachtungen mit zuverlässigen Instrumenten über die magnetischen Variationen begonnen hatten, wurde 1851—52 nahe gleichzeitig durch Johannes Lamont[4]), der schon 1845 in Dove's Repertorium auf eine periodische Zu- und Abnahme in der mittlern täglichen Bewegung der Magnetnadel hingewiesen hatte, in eben diesen

[3]) Erst Pfarrer, starb Gellibrand 1637 als Professor der Astronomie zu London, wo er 1597 geboren worden war.

[4]) Seit 1835 Director der Sternwarte zu Bogenhausen bei München, 1805 zu Braemar in Schottland geboren.

Variationen, und durch Edward Sabine[5]) in der Häufigkeit der magnetischen Störungen eine circa 10 Jahre umfassende Periode nachgewiesen. — Sabine scheint sofort bemerkt zu haben, daß seine magnetische Periode mit der von Schwabe in der Sonnenflecken-Häufigkeit gefundenen Periode parallel laufe, — hielt aber mit Veröffentlichung seiner Entdeckung durch den Druck so lange zurück, daß er Alfrède Gautier[6]) und mir ermöglichte, selbstständig und auch unabhängig von einander, den Parallelismus zwischen den Zahlenreihen von Lamont und Schwabe zu finden[7]). Diese Entdeckung machte, so leicht sie war, ein ungemeines Aufsehen, da durch dieselbe zwei Erscheinungen als verwandt erwiesen waren, von denen man bis jetzt die Eine als rein tellurisch, die Andere als rein helisch angesehen hatte, und es entstand nun die brennende Frage, ob dieser Parallelismus nur zufällig während einer kurzen Reihe von Jahren bestanden habe oder wirklich beständig sei, und damit auch die vor Allem zu beantwortende Frage, ob die Sonnenfleckenhäufigkeit von jeher periodisch aufgetreten, und eventuell, welches eigentlich die mittlere Länge der Periode sei. Diese letztere Untersuchung, welche damals um so schwieriger war, als die meisten der unter der vorhergehenden Nummer erwähnten Serien nur noch theilweise oder gar nicht bekannt waren, nahm

---

[5]) Artillerie-General und langjähriger Präsident der Roy. Society, 1788 zu Dublin geboren. Vergl. 225.

[6]) Zu Genf 1793 geboren und 1819—39 Director der Sternwarte daselbst, — ganz besonders durch seine, immer noch von ihm für die Bibliothèque universelle besorgten, trefflichen astronomischen Referate verdient. Vergl. auch 287.

[7]) Meine betreffende Mittheilung an die Bernerische naturforschende Gesellschaft datirt vom 31 Juli 1852, diejenige von Gautier an die Genfer Gesellschaft folgte ihr nach wenigen Tagen, ohne daß er etwas von derselben ahnte, — während die Arbeit von Sabine schon am 18 März der Roy. Soc. eingereicht wurde, so daß Letzterer unbedingt erster Entdecker ist; dagegen wurde durch mein Schreiben an die Pariser Academie diese Entdeckung zuerst verbreitet, da Sabine vor Abdruck seiner Abhandlung nichts über dieselbe publicirte, und auch Gautier länger als ich zurückhielt.

ich an die Hand, und konnte durch möglichstes Zusammensuchen aller in Journalen, academischen Sammlungen und Einzelwerken enthaltenen Notizen, zunächst die zwölf Epochen

für Maximum	1626,0 ± 1,0 nach Scheiner	für Minimum	1645,0 ± 1,0 nach Hevel
	1717,5 ± 1,0 „ Rost		1755,5 ± 0,5 „ Zucconi
	1816,3 ± 1,0 „ Stark		1810,5 ± 1,0 „ Fritsch
	1829,5 ± 1,0 „ Schwabe		1823,2 ± 0,5 „ Stark
	1837,5 ± 0,5 „ Schwabe		1833,6 ± 0,5 „ Schwabe
	1848,6 ± 0,5 „ Schwabe		1845,0 ± 0,5 „ Schwabe

ermitteln, — dann zeigen, daß ihnen eine mittlere Sonnenfleckenperiode von

11,111 ± 0,038 Jahren

entspreche, so daß in einem Jahrhundert gerade neun Perioden ablaufen, — endlich den Nachweis führen, daß die sämmtlichen mir bekannt gewordenen Beobachtungen sich ganz gut in die seit Entdeckung der Sonnenflecken nach obiger Zahl bis 1844 abgelaufenen 22 Perioden einreihen, — ja auf 1855 das Eintreffen eines neuen Minimums vorhersagen. Ich publicirte diese Arbeit noch vor Schluß von 1852 in den Berner Mittheilungen unter dem Titel „Neue Untersuchungen über die Periode der Sonnenflecken und ihre Bedeutung", — wies in derselben zugleich nach, daß die aufsteigenden Theile der Sonnenfleckencurve steiler als die absteigenden seien, und daß in den Längen und Höhen der einzelnen Wellen ähnliche Ungleichheiten wie in den Lichtcurven der mit der Sonne muthmaßlich nahe verwandten veränderlichen Sterne vorkommen, — und zeigte endlich, daß nicht nur die von mir aus den Sonnenflecken abgeleitete Periodenlänge zu den magnetischen Variationen noch besser als die von Lamont direct aus Letztern gezogene Periode von $10^1/_3$ Jahren passe, sondern daß auch in einer von mir gemachten Zusammenstellung der von Vogel in seinen „Alten Chroniken der Stadt und Landschaft Zürich" für die Jahre 1000 — 1800 publicirten Naturerscheinungen die Periode von $11^1/_9$ Jahren ziemlich stark hervortrete, namentlich die fleckenreichen Jahre auch an

Nordlichterscheinungen und Erdbeben auffallend reich gewesen seien, — Nebenresultate, von welchen das erstere später durch die eingehenden Untersuchungen von Hermann Fritz[8]) entschieden bestätigt, das Zweite dagegen allerdings von Emil Kluge[9]) geradezu umgekippt, und von André Poëy wenigstens in Frage gestellt wurde. — Wie allem Neuen, so erging es auch dieser Lehre: Ich stieß zuerst, wenn ich auch vielerorts Beifall fand, doch vielfach auf Mißtrauen und Widerspruch, so daß sich unangenehme Controversen entspannen[10]); als ich dann aber zeigen konnte, daß jede neu aufgefundene Reihe alter Beobachtungen meine Resultate bestätige, — als es mir möglich wurde, die sämmtlichen Epochen für Max. und Min. der Sonnenflecken seit ihrer Entdeckung festzustellen, und für mehr als 150 Jahre rückwärts die jedes derselben in solcher Beziehung charakterisirende mittlere Relativzahl zu berechnen, — als es mir gelang eine einfache, einer Scalenänderung entsprechende Relation zwischen Sonnenfleckenrelativzahl und magnetischer Declinationsvariation aufzustellen, und mittelst derselben je am Schlusse eines Jahres die Letztere aus Ersterer zu berechnen, — als die so berechneten und rasch publicirten Zahlen dann immer nachträglich durch die aus den Beobachtungen direct abgeleiteten Zahlen in schönster Weise bestätigt wurden, — ꝛc., war die Schlacht gewonnen, und die zahlreichen Versuche, welche in den letzten Jahren nicht nur durch mich selbst, sondern auch durch die Carl Fritsch[11]), Hermann Fritz, Wladimir Köppen[12]), Charles Meldrum[13]), Hermann Klein, Paolo Rosa[14]), John

[8]) Prof. der Mechanik am schweiz. Polytechnicum, 1830 zu Bingen geboren.

[9]) Professor zu Chemnitz; 1864 auf der Rückreise aus dem Bad Brückenau im Alter von nur 34 Jahren plötzlich verstorben.

[10]) Vergl. z. B. den Jahrgang 1862 von Poggendorfs Annalen.

[11]) Zu Prag 1812 geboren, langjähriger Adjunct der Centralanstalt für Meteorologie in Wien.

[12]) Früher Assistent an dem physic. Centralobservatorium in Petersburg, jetzt an der deutschen Seewarte, 1846 zu Petersburg geboren.

[13]) Director des Observatoriums zu Mauritius.

[14]) Vergl. „P. Paolo Rosa (Castellana 1825 — Roma 1874), Assistente

Allan Broun[15]), Elias Loomis[16]), Carl Hornstein[17]), ꝛc. gemacht wurden, um die Sonnenfleckenperiode auch in andern Naturerscheinungen nachzuweisen, zeigen die Anerkennung, welche dieselbe schließlich erhalten hat.

236. Die neueren Ansichten über die physische Beschaffenheit der Sonne. Während sich vor 1852 nur Einige Wenige um den Fleckenstand der Sonne bekümmert hatten, wurde nun die Beobachtung derselben außerordentlich eifrig betrieben, und es traten alsbald zu den Schwabe, Schmidt und Wolf noch die Temple Chevalier in Durham, Angelo Secchi in Rom, Richard Carrington in Redhill[1]), Charles A. Schott in Washington[2]), Heinrich Weber in Peckeloh[3]), Gustav

---

all' Osservatorio del Collegio Romano: Studii intorno ac diametri solari. Roma 1874 in 4° und Boncomp. Bull. 1875.

[15]) Zu Dumfries in Schottland 1817 geboren.

[16]) Professor Loomis in Neu-York in Connecticut geboren, scheint sich namentlich die Aufgabe gestellt zu haben, die Arbeiten von Fritz und mir in Amerika bekannt zu machen.

[17]) Director der Sternwarte zu Prag, 1824 zu Brünn geboren.

[1]) Richard Christopher Carrington wurde 1826 zu Chelsea einem reichen Bierbrauer geboren, sollte Theologie studiren, wurde aber zu Cambridge durch die Vorlesungen von Challis für die Astronomie gewonnen, und assistirte von 1849—51, wo er zur Beobachtung der Sonnenfinsterniß nach Schweden ging, bei Chevalier in Durham. Nach der Rückkehr erbaute er sich zu Redhill eine Privatsternwarte, auf welcher der 258 erwähnte Catalog der Circumpolarsterne und das unten angeführte Werk über die Sonne entstand. Später, nachdem er in Folge des Todes von seinem Vater längere Zeit dessen Brauerei vorgestanden, erbaute er sich eine neue Sternwarte zu Churt bei Farnham, wurde jedoch durch andauernde Kränklichkeit an weiterer anhaltender praktischer Thätigkeit verhindert, und starb schon 1875 an einer Blutergießung ins Gehirn.

[2]) Karl Schott wurde 1825 zu Mannheim geboren, erwarb sich in Karlsruh ein Ingenieur-Diplom und trat sodann 1848 in den Dienst der Coast-Survey.

[3]) Heinrich Weber wurde 1808 zu Wallenbrück in der Grafschaft Ravensberg geboren, schwang sich unter den größten Entbehrungen vom Hirten zum tüchtigen Elementarlehrer in Peckeloh bei Versmold auf, und verschaffte sich nach und nach durch Selbststudium und eigene Handarbeit die nöthigen Kenntnisse und Instrumente um durch langjährige Beobachtungen der Wissenschaft ersprießliche Dienste leisten zu können.

Spörer in Anclam[4]), ꝛc., und so wurde es binnen einer kurzen Reihe von Jahren möglich noch manche wichtige Thatsache zu ermitteln, zumal außerdem verschiedene günstige Umstände, wie die immer größere Ausbildung und Verbreitung der Photographie und Spectroskopie, zu Hülfe kamen. — Schon im vorigen Jahrhundert wurden durch die Hansen, Boscovich, Delisle, Euler, Silvabelle, Kästner, Fixlmillner, ꝛc.[5]) Methoden aufgestellt, um aus mehreren Positionsbestimmungen eines Sonnenfleckens seine Lage gegen den Sonnenequator und zugleich die Rotationselemente der Sonne zu berechnen, und diese Methoden wurden sodann seither durch Petersen, ꝛc. wesentlich verbessert und vereinfacht, und zugleich auch bequeme Regeln gegeben um unter Voraussetzung bestimmter Rotationselemente aus der beobachteten geocentrischen die heliocentrische Lage abzuleiten. In der neuern Zeit haben nun, nach dem nicht zu übersehenden Vorgange von Joseph Georg Böhm[6]), namentlich Carrington

---

[4]) Spörer wurde 1822 zu Berlin geboren, und steht nun der neuen Sonnenwarte in Potsdam vor.

[5]) Vergl. „Hansen, Theoria motus Solis circa proprium axem. Lipsiae 1726 in 4, — Boscovich, De maculis solaribus exercitatio. Romae 1736 in 4, — Delisle, Mémoires. Pétersbourg 1738 in 4, — J. A. Euler, De rotatione Solis circa axem ex motu macularum apparente determinanda (Comm. Potrop. 1766), — Guillaume de Saint-Jacques de Silvabelle (Marseille 1722—1801, Director der dortigen Sternwarte), Trois observations d'une tache de soleil étant données, déterminer le parallèle du soleil, que décrit la tache et le temps de sa révolution (Mém. sav. étrang. V 1768), — Kaestner, Formulae analyticae ad motum Solis circa axem suum computandum (Comm. Gott. 1769—76), — Fixlmillner, Decennium astronomicum. Styrae 1776 in 4, — ꝛc.

[6]) Vergl. seine auf Beobachtungen aus den Jahren 1833—36 basirende Abhandlung „Beobachtungen von Sonnenflecken und Bestimmung der Rotationselemente der Sonne (Wiener Denkschr. 1852)". — Böhm wurde 1807 in Rozdialowicz bei Bunzlau in Böhmen geboren, war erst Assistent in Wien und Ofen, dann Professor der Mathematik in Innsbruck und von 1852 bis zu seinem 1868 erfolgten Tode Director der Sternwarte in Prag, wo er sich unter Anderm um die schon 1839 durch Kreil begonnene, schöne, noch jetzt von Hornstein fortgeführte Serie von magnetischen Variations-Beobachtungen verdient machte.

und Spörer längere Reihen von Positionen bestimmt, berechnet, und in ihren Schriften mitgetheilt, — in den von Ersterm 1863 publicirten „Observations of the Spots on the Sun made ad Redhill 1853—61", und den von Letzterm seit 1862, wo er zu Anclam seine „Beobachtungen von Sonnenflecken und daraus abgeleitete Elemente der Rotation der Sonne" herausgab, veröffentlichten Abhandlungen und Mittheilungen in den Astr. Nachr. und den Publicationen der astronomischen Gesellschaft. Es gehen daraus die auch von mir in anderer Weise bestätigt gefundenen Thatsachen hervor, daß die Sonnenflecken eigene Bewegungen haben, — daß mit der Breite eines Sonnenfleckens die aus ihm berechnete Rotationsdauer zunimmt, — daß die Flecken vor oder nach einem Minimum in kleinerer oder größerer Breite auftreten, — ꝛc. — Um regelmäßige Photographien der Sonne hat sich namentlich Warren De la Rue[7]) sehr verdient gemacht, und dafür einen eigenen Photoheliographen construirt; einen Theil der damit erhaltenen Bestimmungen und andere betreffende Studien finden sich in den „Researches on Solar Physics", welche er von 1865—68 in Verbindung mit Balfour-Stewart und Benjamin Löwy herausgegeben hat. — Viele wichtige Thatsachen sind ferner mit dem Spektroskope gesammelt worden: Nachdem bei den Sonnenfinsternissen von 1842, 1851, 1860 und 1868 die seit alten Zeiten bekannte, ja schon von Maraldi der Sonne zugetheilte Corona und die früher trotz einzelner betreffender Angaben der Birger Vassenius[8]), José de Ferrer[9]), ꝛc. nicht beachteten wolkenartigen, Protuberanzen

[7]) Auf Guernsey 1815 geboren, residirt De La Rue, der in der Ecole St. Barbe zu Paris erzogen wurde, und sich nachher als Papierfabrikant ein großes Vermögen erwarb, seit Jahren zu Cranford bei London, theils durch eigene Arbeiten, theils durch Munificenz und als zeitweiliger Präsident der astronomischen und chemischen Gesellschaft, vielfach um die Wissenschaften verdient.

[8]) Vassenius, zu Wassända Socken 1687 geboren und 1771 als Professor der Mathematik in Gothenburg verstorben, sah dieselben 1733; vergl. seine Nachricht in Phil. Trans. 1733.

[9]) Ferrer, ein 1818 zu Bilbao verstorbener spanischer Officier, glaubte bei

genannten Gebilde am Sonnenrande genauer studirt, und als reelle Erscheinungen nachgewiesen worden, — haben zur Zeit der Finsterniß von 1868 Janssen und Lockyer gleichzeitig und unabhängig von einander[10]) die Möglichkeit erwiesen, Letztere mit Hülfe des Spektroskopes zu jeder Zeit verfolgen zu können, — und es sind diese Untersuchungen seither durch Secchi, Zöllner, Tacchini[11]), Denza[12]), Lohse, 2c. mit großer Energie verfolgt worden, ja werden muthmaßlich binnen wenig Jahren die wichtigsten Aufschlüsse über die Constitution der Sonne geben. — Daß schon die 1862 von Kirchhoff angestellten Untersuchungen, und noch um so mehr die eben erwähnten neuen Forschungen auf diesem Gebiete der Herschel'schen Sonnen-Theorie, wie schon angedeutet wurde, den Todesstoß gaben, liegt auf der Hand, und es haben sich seither die Secchi, Faye, Zöllner[13]), 2c. viele Mühe gegeben, eine neue Theorie aufzustellen. So hat z. B. Zöllner eine solche ausgedacht, welche er selbst in einer von ihm 1873 XI 7 der k. sächsischen Ges. d. Wiss. vorgelegten Abhandlung in den Worten resümirte: „Die Sonne ist ein glühend flüssiger Körper, umgeben von einer glühenden Atmosphäre; in der Letztern schwebt eine fortdauernd sich erneuernde Decke von leuchtenden, cumulusartigen Wolkengebilden in einem gewissen Abstande über der feurigen Oberfläche. An solchen Stellen, wo die Wolkendecke sich vermindert oder auflöst, entstehen durch kräftige Ausstrahlung auf der glühend flüssigen Oberfläche schlackenartige Abkühlungsprodukte. Dieselben liegen folglich tiefer als das allgemeine Niveau der

der Finsterniß von 1806 am Mondrande im Sonnenschein liegende Wolken zu sehen.

[10]) Vergl. 190.

[11]) Pietro Tacchini, Observator zu Palermo, 1839 zu Modena geboren.

[12]) Francesco Denza, Director des Observatoriums zu Moncalieri, der 1834 zu Neapel geboren wurde, und sich namentlich auch durch vielfache Beobachtungen über die Sternschnuppen verdient gemacht hat.

[13]) Joh. Karl Friedrich Zöllner, Professor in Leipzig, 1834 zu Berlin geboren.

leuchtenden Wolkendecke und bilden die Kerne der Sonnenflecken. Ueber diesen abgekühlten Stellen entstehen absteigende Luftströme, welche um die Küsten der Schlackeninseln eine Circulation der Atmosphäre einleiten, der die Penumbren ihren Ursprung verdanken. Die innerhalb dieses Circulationsgebietes gebildeten wolkenartigen Abkühlungsproducte werden hinsichtlich ihrer Gestalt und Temperatur durch die Natur der strömenden Bewegung bestimmt. Sie müssen uns daher in Folge ihrer Temperaturerniedrigung weniger leuchtend als die übrige Wolkendecke der Sonnenoberfläche und trichterartig vertieft durch ihre absteigenden Bewegungen über dem Fleck erscheinen." Es ist nun gewiß eine solche Theorie, welche die allgemeinen Erscheinungen der Flecken darstellt, und für die aus den spektroskopischen Untersuchungen folgenden Resultate Platz läßt, nicht ohne Werth; da sie aber dem periodischen Wechsel in der Fleckenhäufigkeit, den gesetzmäßigen Bewegungen der Flecken, dem Zusammenhange der Erscheinungen auf der Sonne mit gewissen Erscheinungen auf den Planeten weder vollständig Rechnung trägt, noch sie strenge zu erklären vermag, so kann sie doch nur als Bruchstück einer Theorie gelten, und es ist meines Erachtens eine vollständige, allumfassende und dennoch auf einfachen Principien beruhende Theorie erst noch zu finden. Denn Aehnliches wäre wohl auch von den entsprechenden Theorien der Faye, Gautier[14]), Secchi[15]), 2c. zu sagen, und es mag daher genügen auf ihre betreffenden vielfachen Abhandlungen in den Comptes rendus, der Bibliothèque universelle 2c. hinzuweisen, sowie auf des Letztern auch sonst höchst interessante und reich ausgestattete Schrift „Le Soleil", welche 1870 zu Paris erschien, und, trotz einer durch Schellen besorgten deutschen Ausgabe, bereits wieder neu aufgelegt werden muß. Zum Schlusse erwähne ich noch die ganz

[14]) Oberst Emile Gautier, Neffe von Alfrède, 1822 zu Genf geboren.

[15]) Angelo Secchi, zu Reggio in der Lombardei 1818 geboren, früher Professor der Mathematik und Physik am Georgetown College bei Washington, jetzt Director der Sternwarte des Collegio Romano in Rom.

interessanten Vorträge von Paul Reis, welche 1869 zu Leipzig unter dem Titel: „Die Sonne“ erschienen sind, und ebenfalls einen Versuch einer neuen Sonnentheorie bringen, der zwar etwas viele und zum Theil gewagte Voraussetzungen macht, aber wegen des Bestrebens allen bekannten Thatsachen zu genügen, Anerkennung verdient.

237. Der Mond. Dominique Cassini ließ von 1673 hinweg durch einen geschickten Zeichner Namens Patigny, unter Anwendung seines 34füßigen Fernrohrs, das noch jetzt auf der Pariser Sternwarte als Reliquie aufbewahrt werden soll, von Tag zu Tag den Mond in allen seinen Phasen abzeichnen[1]), und benutzte dann diese Zeichnungen in Verbindung mit eigenen Messungen, um eine große Vollmondkarte zu erstellen, welche er 1692 abziehen ließ, aber nur in so wenigen Exemplaren, daß sie keine Verbreitung finden konnte, und eigentlich nur durch die kleine Reduction bekannt wurde, welche sein gleichnamiger Urenkel 1787 zu Paris publicirte. Auch La Hire, der selbst ein guter Zeichner war[2]), soll sich in einer großen Mondkarte und einem Mondglobus versucht haben; aber auch seine Arbeiten blieben so zu sagen unbenutzt liegen, und so machte die Mondtopographie strenge genommen erst wirkliche Fortschritte, als sich Tobias Mayer mit derselben zu befassen begann. Schon die von diesem unvergleichlichen Manne 1750 zu Nürnberg zum Drucke besorgten „Kosmographischen Nachrichten und Sammlungen auf das Jahr 1748“ enthalten, neben einigen andern seiner Arbeiten, seine bemerkenswerthe „Abhandlung über die Umwälzung des Mondes um seine Axe und die scheinbare Bewegung der Mondflecke“. Ungefähr gleichzeitig erschien aber auch der jenen angedeuteten Fortschritt der Mondtopographie implicirende „Bericht von den Mondskugeln, welche bei der kosmographischen Gesellschaft in Nürnberg aus neuen Beobachtungen verfertigt

---

[1]) Vergl. pag. 340 der 149 erwähnten „Mémoires“.

[2]) Vergl. 220.

werden durch Tob. Mayern, Mitglied derselben Gesellschaft" worin ein paar von ihm entworfene Zeichnungen von Mondpartien enthalten sind, und Pütter erzählt[3]): „Der sel. Professor Mayer hatte sich bekanntermaßen sehr mit dem Monde beschäftiget, und selbst eine Mondskugel zu verfertigen unternommen. Der Grund davon sollte ein Planisphaerium des Mondes seyn, das er nach seinen Beobachtungen gezeichnet hatte, und daraus die Segmente zum Ueberziehen der Kugeln sollten gezeichnet werden. Er hat die meisten dieser Segmente gezeichnet hinterlassen; auch sind einige schon in Kupfer gestochen. Dieß alles ist von der königl. Regierung nach seinem Tode gekauft worden, und wird auf dem Observatorio aufbewahrt. Die Zeichnungen vom Monde übertreffen an Schönheit und Richtigkeit alle bisher bekannt gemachten." — Nach Mayer hat sich Joh. Hieronymus Schröter[4]) um die Kenntniß des Mondes ebenfalls nicht unerhebliche Verdienste erworben, und es ist, wenn auch dieselben und überhaupt die ganzen Leistungen dieses Mannes früher oft gar zu hoch angesetzt wurden, entschieden Unrecht, dem großen Publicum, wie es namentlich 1867 durch Mädler in Westermann's Monatsheften geschehen ist[5]), weiß machen zu wollen, es habe eigentlich strenge genommen Schröter gar nichts geleistet. Sein großes „Selenotopographische Fragmente" betiteltes Werk über den Mond[6]) entspricht, wenn es auch manche

[3]) In seinem mehrerwähnten „Versuch einer academischen Gelehrtengeschichte".

[4]) Zu Erfurt 1745 geboren, stand Joh. Hieronymus Schröter von 1778 bis 1813 als Braunschweigisch-Lüneburgischer Oberamtmann zu Lilienthal bei Bremen, wo er sich eine Sternwarte erbaute. In letzterm Jahre hatte er nicht nur das Unglück von französischen Truppen geplündert zu werden, sondern dabei auch die sämmtlichen noch vorhandenen Exemplare seiner im Selbstverlage erschienenen Werke im Feuer aufgehen zu sehen. Er kehrte nun nach Erfurt zurück und starb daselbst 1816. Für seine Arbeiten v. noch 238, 240, ꝛc.

[5]) In der Geschichte der Himmelskunde ist Mädler etwas gerechter geworden.

[6]) Lilienthal 1791 — Göttingen 1802, 2 Bde in 4.

interessante Notiz in sich birgt, allerdings der darauf verwandten Mühe nicht; die Aufgabe, welche er darin zu lösen versucht, nämlich eine Reihe von Mondlandschaften so darzustellen, daß man in späterer Zeit durch Vergleichung mit seinen Zeichnungen allfällige Veränderungen auf der Mondoberfläche constatiren könne, war für ihn offenbar noch zu schwierig, — und es könnte ein hierauf bezüglicher Tadel nicht ganz ungerechtfertigt erscheinen, nur sollte er nicht von einem Manne ausgehen, der sich bei seinen Untersuchungen über die Fixsternsysteme selbst eine Aufgabe stellte, der er nicht gewachsen war. — In der neuern Zeit befaßte sich Wilhelm Gotthelf Lohrmann[7]) mit so viel Geschicklichkeit mit der Topographie des Mondes, daß man, namentlich im Interesse der damaligen Zeit, sehr bedauern muß von seiner 1824 zu Dresden begonnenen Publication „Topographie der sichtbaren Mondoberfläche" nur eine erste Abtheilung erhalten zu haben[8]). — Nach Lohrmann machten sich sodann besonders Wilhelm Beer[9]) und Joh. Heinrich Mädler um die Kenntniß des Mondes verdient: Sie sammelten nämlich in ca. 600 Nachtwachen ein so reiches Material, daß sie 1834 zu Berlin eine vollständige „Mappa selenographica" von drei Fuß Durchmesser herausgeben konnten, welche den Mond bei 300facher Vergrößerung zeigt, und nach Bessel ungefähr ebensoviel Detail gibt, als eine auf einem Quartblatte construirte Karte von Frankreich enthalten könnte. Ueberdieß bestimmten sie, wie ein der Karte 1837 nachgesandter Text „Der Mond nach seinen cosmischen und

[7]) Zu Dresden 1796 geboren, stand Wilhelm Gotthelf Lohrmann zuerst als Cameral-Vermessungs-Inspector, dann von 1827 an bis zu seinem 1840 erfolgten Tode als Oberinspector des mathematischen Salons, in seiner Vaterstadt.

[8]) In der allerneuesten Zeit soll Schmidt sich das Verdienst erworben haben den Rest auch noch zu publiciren.

[9]) Zu Berlin 1797 geboren und ebendaselbst 1850 gestorben, kaufte dieser reiche Banquier die von Pastorff besessenen Instrumente, richtete sich im Thiergarten eine kleine Sternwarte ein, und beobachtete auf dieser etwa von 1828 hinweg mit Mädler, den er sich zum Gehülfen gewonnen hatte, bis zu dessen 1840 erfolgtem Abgange nach Dorpat.

individuellen Verhältnissen“ zeigt, noch viele Berghöhen, — stellten fest, daß bei Ringgebirgen der Centralberg nie die Höhe des Walles erreicht, — beschrieben eine ganze Reihe der von einzelnen Punkten auslaufenden merkwürdigen Strahlsysteme, und der so eigenthümlichen, über Berg und Thal fortlaufenden Rillen, von denen Schröter 1788 die erste bei Hyginus entdeckt hatte[10]), — ꝛc. — Mit Hülfe der Mädler'schen Karte erstellte sodann, nachdem schon der Engländer Russell sich in ähnlicher Weise versucht hatte, Wilhelmine Böttcher, spätere Hofräthin Witte[11]), ein ganz vorzügliches Relief des Mondes, und noch in neuerer Zeit versuchte sich Dickert in Bonn unter Anleitung von Julius Schmidt, der sich schon als Assistent in Bonn, wie seither als Director der Sternwarte in Athen, einläßlich mit der Mond-Topographie befaßte, in Construction eines colossalen Mond-Reliefs. Die jetzt der Vollendung nahe, und nach den competentesten Urtheilen alle frühern betreffenden Arbeiten weit überbietende, einen Durchmesser von vollen zwei Metern besitzende Schmidt'sche Karte, und eine ähnliche Karte, welche der Engländer Birt im Auftrage der British Association schon seit einer Reihe von Jahren in Arbeit hat, werden zur Kenntniß unseres Satelliten mächtig beitragen. In der allerneuesten Zeit haben endlich Warren De La Rue in London, Lewis Rutherford in New York, ꝛc. mit schönstem Erfolge auch die Photographie auf den Mond angewandt, ja stereoskopische Bilder erzeugt, an

[10]) Die Strahlensysteme hielt man früher für Stellen von größerm Reflexionsvermögen, während sie sodann Schwabe einem Dunklerwerden der Umgebung zuschrieb, die im Mondsommer oder bei Vollmond, wie eine Art Vegetation, eintrete. Nasmyth und Carpenter haben es dagegen in dem unten angeführten Werke wahrscheinlich gemacht, daß die Strahlen ähnlich wie die Rillen, in denen früher der originelle Franz Paula von Gruithuisen (Haltenberg am Lech 1774 — München 1852; erst Chirurg, dann Heiduck, zuletzt Professor der Astronomie in München) Kanäle zu erkennen glaubte, Risse sind, welche mit den Hebungen auf dem Monde und seinen Vulkanen zusammenhängen.

[11]) Die nachmalige Schwiegermutter von Mädler.

denen Libration und Höhe der Mondberge studirt werden können, und das mit solchen Photographien reich ausgestattete Werk der J. Nasmyth und J. Carpenter, welches soeben durch Klein unter dem Titel „Der Mond, betrachtet als Planet, Welt und Trabant“ zu Leipzig in deutscher Ausgabe erschienen ist[12]), zeigt, wenn man es mit den frühern Werken über den Mond zusammenhält, so recht augenscheinlich die Fortschritte der Neuzeit in solchen Darstellungen. — Dagegen sind dann allerdings die Fortschritte, welche die Erkenntniß der physischen Beschaffenheit des Mondes, insoweit als sie nicht unmittelbar aus der directen Anschauung hervorgehen kann, und seines bald über-, bald unterschätzten Einflusses auf die Erde und speciell auf die Witterung, gemacht hat, nicht eben sehr groß, ja es sind die Ergebnisse der verschiedenen Untersuchungen zum Theil so widersprechend, daß es ohne eigene gründliche Forschung fast unmöglich erscheint, sie richtig zu beurtheilen und historisch mit Erfolg zu behandeln. Ich glaube mich daher auf die Angaben beschränken zu sollen, daß nach den 1846 durch Melloni mit auf Thermosäulen wirkenden Sammellinsen[13]) begonnen, und seither durch Piazzi Smyth[14]), Marié-Davy, Baille, Zöllner, Seidel, Lord Oxmantown, ꝛc. in ähnlicher Weise fortgeführten Untersuchungen über die Wärmestrahlung des Mondes, die Existenz einer solchen, und sogar ihr Rapport mit dem Alter des Mondes als bewiesen angesehen werden darf, — und daß ebenso aus den seit 1852 durch die Kreil[15]), Sabine, Lamont, ꝛc. unternommenen Zusammen-

---

[12]) Ebenfalls sehr bemerkenswerth ist die von Proctor publicirte Schrift „The Moon: Her motion, aspect, scenery and physical conditions. London 1873 in 8“.

[13]) Mit bloßen Sammellinsen oder Brennspiegeln gemachte Versuche hatten im vorigen Jahrhundert Tschirnhausen, Lahire, ꝛc. nur negative Resultate ergeben. — Melloni wurde 1798 zu Parma geboren, und starb 1854 zu Portici an der Cholera.

[14]) Zu Neapel 1819 geboren und Director der Sternwarte zu Edinburgh.

[15]) Karl Kreil, 1798 zu Ried in Oberösterreich geboren, und 1862 zu Wien als Director der metereol. Centralanstalt verstorben.

stellungen in den magnetischen Variationen eine dem Mondtage entsprechende Periode mit Sicherheit nachgewiesen worden ist. — Schließlich mag noch bemerkt werden, daß, nach den Untersuchungen von Huggins und andern Spektroskopikern, das Spectrum des Mondes ganz identisch mit dem der Sonne ist, und daß anderseits das Spectrum eines Sternes im Augenblicke seiner Bedeckung durch den Mond total verschwindet, ohne daß es vorher im mindesten alterirt worden wäre: Es ist also wohl definitiv anzunehmen, daß der Mond keine irgend merkliche Atmosphäre besitzt, — wie dieß schon früher aus dem Mangel von Dämmerungs- und Refractions-Erscheinungen geschlossen worden war.

238. Die alten Planeten. Bei Merkur und Venus wies schon der fleißige Schröter Berge und Atmosphären nach, und setzte bei Ersterem die vor ihm noch gar nicht ermittelte Rotationsdauer zu $24^h\ 5^m$ fest, während er bei Venus Cassini's Bestimmung von $23^h\ 15^m$ auf $23^h\ 21^m\ 19^s$ erhöhte und diejenige Bianchini's[1]) definitiv als irrthümlich erwies; auch das, schon von Gottfried Kirch, Derham, 2c. zuweilen bemerkte Aufleuchten eines phosphorischen Lichtes auf der Nachtseite der Venus wurde durch Schröter und seinen Gehülfen Harding wiederholt gesehen, ja überhaupt hat man fast Alles, was man von der Beschaffenheit der beiden innern Planeten weiß, den Lilienthaler Beobachtungen zu verdanken, und die spätern de Vico, Mädler, Engelmann, 2c. hatten so ziemlich nur zu bestätigen, was schon vor ihnen gefunden war. Vergleiche darüber die von Schröter 1793 zu Erfurt herausgegebenen „Beobachtungen über die Gebirge und die Rotation der Venus", ganz besonders aber theils die von ihm 1796 zu Helmstedt aufgelegte Schrift: „Aphroditographische Fragmente zur genauern Kenntniß des Planeten Venus", zu welcher er noch 1811 zu Göttingen mit seinen „Beobachtungen des großen Kometen von 1807", einen

[1]) Vergl. 130.

Nachtrag erscheinen ließ, theils die von ihm in den Jahren 1815 und 1816 zu Göttingen in Druck gegebene Schrift: „Hermographische Fragmente zur genauern Kenntniß des Planeten Mercur". — Die durch Cassini zu 24^h 37^m bestimmte Rotationsdauer des Mars wurde in der neuern Zeit auf das Schönste bestätigt, indem noch Frederik Kaiser in der Musterarbeit „Untersuchungen über den Planeten Mars, bei dessen Oppositionen in den Jahren 1862 und 1864", mit welcher er sein der Astronomie so nützliches Leben abschloß[2]), ihr nur 22,"6 zuzufügen hatte. Entsprechend dieser Rotationsdauer war zu erwarten, daß Mars kaum eine bemerkliche Abplattung besitzen werde, wie es auch die Messungen von Bessel wirklich ergaben, während W. Herschel $^1/_{16}$ und Arago $^1/_{32}$ fanden, Schröter $^1/_{81}$ und Kaiser wenigstens immer noch $^1/_{118}$, dagegen allerdings Winnecke 1856 für den polaren Durchmesser sogar einen etwas größern Werth als für den equatorealen erhielt. Es ist bis jetzt nicht gelungen, diese sonderbaren Unterschiede hinreichend zu erklären. Die schon durch Fontana bemerkten dunkeln Flecken auf der Marsscheibe, welche nachher auch Huygens wiederholt, und zwar zum ersten Male in noch jetzt erkennbarer Weise gezeichnet hatte, haben in neuerer Zeit die Aufmerksamkeit vieler Astronomen auf sich gezogen. Namentlich hatte sich auch Schröter vielfach damit befaßt, und von 1785—1803 nicht weniger als 117 Zeichnungen derselben verfertigt, welche er in einem eigenen Werke, das den Titel „Areographische Fragmente" führen sollte, herauszugeben gedachte, und es ist nicht das geringste der Verdienste, welche sich François Terby in Löwen[3]) um Mars erwarb, daß er in seinen, der Brüssler Academie 1873 und 1874 eingereichten zwei betreffenden Abhandlungen „Areographische Fragmente. Manuscrit et dessins originaux et inédits

[2]) Zu Amsterdam 1808 geboren, und seit 1837 Professor der Astronomie und Director der Sternwarte zu Leyden, starb er 1872 kurz vor Ausgabe des jene Arbeit enthaltenden dritten Bandes der Annalen seiner neuen Sternwarte

[3]) Daselbst 1846 geboren.

de l'astronome J. H. Schröter de Lilienthal", und: „Aréographie ou Etude comparative des observations faites sur l'aspect physique de la planète Mars depuis Fontana jusqu'à nos jours" diese bis dahin fast unbekannten Arbeiten im Detail beschrieb. Auch Arago, Beer und Mädler, Schmidt, Secchi, Linsser, Nasmyth, Rosse, Dawes, Proctor, rc. haben sich eifrig mit Darstellung und Studium der Marsoberfläche befaßt, wie die erwähnten Arbeiten der Kaiser und Terby des Nähern mittheilen; ja es ist nicht nur den vereinigten Bemühungen bereits gelungen, auf Mars die Existenz einer Reihe von Continenten und Meeren nachzuweisen, sondern es hat sogar Proctor[4]) eine förmliche Karte dieses der Erde in allen Richtungen so nahe verwandten Planeten zu entwerfen versucht. Schon Huygens hatte ferner, wie der zweiten Abhandlung von Terby zu entnehmen ist, von 1672 hinweg an den Mars-Polen weißliche Flecken bemerkt, welche dann wieder 1720 von Maraldi in seinen den Pariser Memoiren einverleibten „Observations sur les tâches de Mars" (Mém. de Par. 1720) besprochen wurden. Als sodann Herschel mit der ihm eigenen Umsicht und Ausdauer diesen Planeten verfolgte, konnte er 1784 in der Abhandlung „On the remarkable appearances at the polar regions of the Planet Mars" mit aller Evidenz nachweisen, daß diese Flecken den Jahreszeiten des Mars conform sind, und daß überhaupt Mars eine Atmosphäre, Wasser, ja nach allen Richtungen der Erde entsprechende klimatische Verhältnisse hat. Seine Schlußfolgerungen sind durch die seitherigen Forschungen vollständig bestätigt worden. — Während Hevel in seiner „Selenographia" den Jupiter als „Globus satis rotundus" bezeichnete, fand Cassini bei ihm die starke Abplattung von $^1/_{15}$, und die neuern Messungen haben dieses Resultat sehr nahe bestätigt, indem (statt jenen 15) Struve 13,7, Mädler 15,4, Bessel 15,7,

4) Vergl. seine 1869 zu London ausgegebene Schrift „Stereograms of Mars with a chart of Mars on Mercator's Projection".

Kaiser 15,7, Engelmann 15,8, Secchi 16,0, Main 16,5 und Schmidt 19,5 erhielten, woraus im Mittel 16,0 $\pm$ 0,3 folgt. Die von Cassini aus Beobachtung dunkler Flecken erhaltene Rotationsdauer von nicht vollen 10 Stunden paßt hiezu ganz vortrefflich, und ist ebenfalls durch neuere entsprechende Bestimmungen der Herschel, Schröter, Airy, Schmidt ꝛc. bestätigt worden; jedoch schwanken sowohl die ältern, als die neuern Ergebnisse zwischen $9^h 50^m$ und $9^h 57^m$, und es scheinen nach Arago, ganz ähnlich wie bei der Sonne, aus dem Equator nähern Flecken, kleinere Rotationsdauern erhalten zu werden, so daß auch die Jupiterflecken eigene Bewegung verrathen. Ueberhaupt gehen in diesen Flecken, sowie in den seit alter Zeit bekannten Streifen und der zwischen ihnen liegenden, meist etwas bräunlich erscheinenden Equatorealzone nach Lage, Gestalt, Ausdehnung und Tinte beständige Veränderungen vor sich, und es sind diese Veränderungen durch die Maraldi, Herschel, Schröter, Schwabe, Huggins, Lohse, ꝛc. vielfach verfolgt und beschrieben worden[5]), — ja es hat Ranyard[6]) durch ihr Studium das höchst bedeutungsvolle und auch von Lohse[7])

[5]) Vergl. hiefür und für das Folgende namentlich „J. H. Schröter's Beiträge zu den neuesten astronomischen Entdeckungen. Herausg. von J. E. Bode. Berlin 1788“ und „Osw. Lohse, Untersuchungen über die physische Beschaffenheit des Jupiter (in Heft 2 der Beobachtungen zu Bothkamp)“, sowie vielfache Artikel in den Monthly Notices und Astronomischen Nachrichten. — Eine Angabe von Herschel, daß Jupiter in den 90er Jahren einmal gar keine Streifen gezeigt habe, müßte in der Abhandlung desselben „Observations on the planet Venus (Phil. Trans. 1793)“ vorkommen, — wenigstens sagt Arago in seiner Astronomie (Ausgabe von Hankel IV 292) des Bestimmtesten: „Auch W. Herschel versichert in einer 1793 veröffentlichten Abhandlung, daß er einmal den Planeten ganz ohne Streifen sah,“ — ich habe aber beim aufmerksamsten Durchgehen des Bandes in dieser Abhandlung, welche die einzige von Herschel in demselben ist, nichts finden können, und ebensowenig im Jahrgange 1792.

[6]) Arthur Cowper Ranyard, Sekretär der Roy. Astron. Soc., 1845 zu Swanscombe Court in der Grafschaft Kent geboren.

[7]) Wilhelm Oswald Lohse, 1845 zu Leipzig geboren, damals Astronom auf der Sternwarte zu Bothkamp, seither für das neue Observatorium in Potsdam engagirt.

mit vielen Thatsachen belegte Resultat erhalten, daß höchst wahrscheinlich zwischen ihnen und der Häufigkeit der Sonnenflecken ein bestimmter Rapport besteht: Die Sonnenflecken-Minima scheinen sich durch Mattigkeit und geringe Anzahl der Jupitersstreifen auszuzeichnen, während den Sonnenflecken-Maximas starke Streifen auf Jupiter und große Veränderungen in denselben entsprechen dürften. Lohse ist ferner in Folge zahlreicher Messungen zu dem Schlusse gekommen, „daß im Allgemeinen in den mittlern Breiten des Planeten eine größere Stabilität in den obern Schichten der Atmosphäre stattfindet, als in der Nähe des Equators, wo die Geschwindigkeit der rotirenden Massen in der Regel durch Winde vergrößert wird," — ein Schluß, der in schönster Weise mit dem früher über das Schwanken der für die Rotationsdauer erhaltenen Zahlen Gesagten zusammenkömmt. Noch könnte endlich auf die Untersuchungen der Herschel, Schröter, Auwers und Engelmann über Größe, Rotation und physische Beschaffenheit der Jupitersmonde eingetreten werden, — ich muß mich jedoch des Raumes wegen beschränken, dafür auf die von Letztgenanntem 1871 zu Leipzig ausgegebene Schrift „Ueber die Helligkeitsverhältnisse der Jupiterstrabanten" zu verweisen. — Während Cassini sich vergeblich bemüht hatte auch die Rotationszeit Saturns zu bestimmen, gelang es Herschel dieselbe 1793 und folg. Jahre im Mittel auf $10^h\ 29^m$ zu fixiren, und entsprechend erhielt er die starke Abplattung $^1/_{10}$. Diese beiden Zahlen sind durch die neuern Untersuchungen ebenfalls bestätigt worden, während dagegen eine von ihm vermuthete und durch Ablösung einer equatorealen Zone erklärte Unregelmäßigkeit in der Gestalt, durch dieselben widerlegt worden ist. Wie Jupiter, zeigt uns Saturn hellere und dunklere, in ihrem Bestande wechselnde und somit wohl ebenfalls mit atmosphärischen Verhältnissen zusammenhängende Zonen, in denen Lassell und Dawes zuweilen deutlich ausgesprochene Färbungen wahrzunehmen glaubten, während Herschel seinerseits in Beziehung auf die Polarzonen hervorgehoben hatte, daß sie je im betreffenden

Sommer weniger glänzend als im Frühjahr erscheinen. Am merkwürdigsten waren die am Huygens'schen Saturnringe gemachten Wahrnehmungen: Schon um 1665 bemerkte der Engländer William Ball eine dunkle, gewissermaßen den Ring in zwei Theile zerlegende Linie, welche dann 1675 auch Cassini sah, und etwas später sein Neffe Maraldi als eine eigentliche, durchgehende Theilung erwies. Beide Ringe sind, wie ihr fast vollständiges Verschwinden zur Zeit des Durchganges der Erde durch ihre, bei günstiger Beleuchtung merklich, aber doch nur ganz wenig von einander verschiedenen Ebenen beweist, von sehr geringer Dicke, und Saturn steht zu denselben, wie schon der in der zweiten Hälfte des 17. Jahrhunderts lebende Probst Jean Charles Gallet zu Avignon gewußt zu haben scheint[8]), und in der neuern Zeit zuerst Schwabe durch Messungen belegte, excentrisch, d. h. wahrscheinlich in ihrem gemeinschaftlichen Brennpunkte, um welchen sie ohne Zweifel rotiren[9]). Ob die in der neuern Zeit durch Bessel, die beiden Struve, 2c. sorgfältig bestimmten Dimensionen der Ringe mit der Zeit variiren, wird erst die Folge entscheiden können, dagegen bleibt noch zu bemerken, daß Kater, Encke, Dawes, de Vico, Trouvelot, 2c. zuweilen in den Ringen noch weitere Theillinien sahen, und daß seit 1850 durch die Bond, Lassell, 2c. noch ein innerer, durchscheinender, nebelartiger Ring erkannt wurde, welchen schon früher Pound und Hadley zu sehen glaubten, und auch Galle bereits 1838 vermuthete[10]). Zu den fünf durch Huygens

[8]) Vergl. seine Note „Système des apparences de Saturne (Journ. d. Sav. 1684)", welche denn auch in lat. Uebersetzung in den entsprechenden Jahrgang der Acta Eruditorum überging, wo sie (v. A. N. Nr. 260) Professor Vieth in Dessau in der neuern Zeit zum ersten Mal wieder auffand.

[9]) Herschel wollte den Saturnringen eine Rotation in $10^h\ 12^m$ geben, während Schröter, der 1808 zu Göttingen auch „Chronographische Fragmente" herausgab, den Ringen nur eine gemeinschaftliche Rotation mit Saturn selbst einräumen wollte. In der neuesten Zeit hat Secchi geglaubt die Rotationsdauer der Ringe auf $14^1/_4{}^h$ erhöhen zu müssen, um gewisse Ungleichheiten erklären zu können.

[10]) Die wiederholt, und dann namentlich auch von Beer und Mädler in

und Cassini aufgefundenen Monden entdeckte Herschel 1798 noch zwei innere, welche jetzt die Nummern 1 und 2, und die Namen Mimas und Encelades tragen, und sodann noch 1848, nahe gleichzeitig und zum muthmaßlichen Abschlusse des Systems, Bond und Lassel einen weiter abstehenden, der die Nummer 7 und den Namen Hyperion erhielt. Ob diese Monde und Ringe, entsprechend den Ansichten von Horner und dem schönen Versuche, welchen Plateau[11]) in seinem „Mémoire sur les phénomènes que présente une masse liquide libre et soustraite à l'action de la pesanteur" beschrieb, durch Ablösung von Saturn entstanden sind, oder ob wenigstens der Ring, wie schon Maupertuis und noch neuerlich O. Struve vermuthete, sich beim Treffen von Saturn auf einen Kometenschweif oder eigentliche chaotische Materie bildete, wird man kaum je mit voller Sicherheit erfahren; auch über die damit zusammenhängende Constitution des Ringes herrschen noch Zweifel, und so haben z. B. Maxwell und Hirn[12]) der frühern Ansicht, daß er aus einer Dunst- oder Wassermasse bestehe, die das Maximum der Abplattung angenommen habe und nach Dimension und Theilung veränderlich geblieben sei, eine andere entgegenstellt, welche der Letztgenannte in den Worten resümirt: „Ces immenses ceintures ne peuvent durer qu'à la condition d'être formées de fragments solides, dont les dimensions d'ailleurs peuvent varier dans des limites etendues, mais qui sont séparés les uns des autres par des intervalles relativement considérables, aussi vides de matières que l'espace stellaire en général, et qui décrivent chacun autour de la planète une orbite spéciale."

---

ihren „Beiträgen zur physischen Kenntniß der himmlischen Körper im Sonnensystem. Weimar 1841 in 4" ventilirte Frage über die Erscheinung des Ringes vom Saturn aus, glaube ich hier nicht näher berühren zu sollen.

[11]) Antoine Ferdinand Plateau, zu Brüssel 1801 geboren und seit Jahren Professor der Physik in Gent.

[12]) Gustav Adolf Hirn, 1815 zu Logelbach bei Colmar geboren und Civilingenieur daselbst. Vergl. sein 1872 ausgegebenes Schriftchen „Le Monde de Saturne, ses conditions d'existence et de durée".

— Die den Zöllner, Huggins, Secchi, Vogel, ꝛc. gelungene Ausbildung der Anwendung der Photometrie und Spektroskopie auf das Studium der Himmelskörper hat auch bereits für die Kenntniß unserer Planeten nicht unerhebliche Früchte getragen, für deren Detail jedoch des Raumes wegen auf Specialschriften verwiesen werden muß, wie namentlich auf die von Zöllner 1865 zu Leipzig veröffentlichten „Photometrischen Untersuchungen mit besonderer Rücksicht auf die physische Beschaffenheit der Himmelskörper“, die von Huggins 1866 ausgegebene „Spectrum Analysis, applied to the heavenly bodies“, die von Secchi 1868 zu Rom unter dem Titel „Sugli spettri prismatici dei corpi celesti“ gesammelten Abhandlungen, die von Vogel[13]) 1874 zu Leipzig publicirten „Untersuchungen über die Spectra der Planeten“, ꝛc. Ich muß mich darauf beschränken zu erwähnen, daß Vogel in der ebenerwähnten, von der k. Gesellschaft in Kopenhagen gekrönten Preisschrift, welche zum größten Theil auf den von ihm zu Bothkamp angestellten Untersuchungen beruht, als Hauptresultat erhalten hat, daß die Spectren der innern Planeten zunächst dem Sonnenspectrum entsprechen, und einige in denselben auftretende Streifen mit ihren Atmosphären zusammenhängen, — daß auch die Spectren von Jupiter und Saturn ähnlich beschaffen sind, jedoch auffallend dunkle Bande im Rothen zeigen, — daß endlich die Spectren der zwei äußersten Planeten, deren Entdeckungsgeschichte sofort folgen wird, zu schwach sind um die Fraunhofer'schen Linien mit Sicherheit erkennen zu lassen, und so nur die Vermuthung ausgesprochen werden kann, daß sie mit denjenigen ihrer Nachbarn nach Innen so ziemlich übereinstimmen mögen. — Zum Schlusse dieses bereits etwas lang gewordenen Abschnittes bleibt noch anzuführen, daß, während d'Arrest sich vergeblich abmühte mit dem großen Kopenhagener Refractor einen Marsbegleiter aufzu-

---

[13]) Hermann Karl Vogel, 1842 zu Leipzig geboren, damals Astronom auf der Sternwarte zu Bothkamp, jetzt ebenfalls für das neue Observatorium in Potsdam engagirt.

finden, bereits in den vorigen Jahrhunderten ein Venus-Trabant aufzutauchen schien. Die Fontana, Cassini, Short, Horrebow, ꝛc. glaubten wiederholt einen solchen zu sehen, — ja es stellte sich bereits Lambert, wie sein 1773 in den Berliner Memoiren erschienener „Essai d'une théorie du satellite de Venus" beweist, ernstlich die Aufgabe die Bahnelemente dieses Mondes zu berechnen, welchem Friedrich der Große den Namen „d'Alembert" beizulegen wünschte. Daß d'Alembert mit den Worten: „Votre majesté me fait trop d'honneur de vouloir baptiser en mon nom cette nouvelle Planète; je ne suis ni assez grand pour être au ciel le Satellite de Vénus, ni assez bien portant pour l'être sur la terre, et je me trouve trop bien du peu de place que je tiens dans ce bas monde, pour en ambitionner une au firmament" auf eine solche Pathenstelle verzichtete, läßt sich aber eher begreifen, als daß sich Hell schon 1766 und später[14]) in die Aufgabe verrannte nachzuweisen, „daß die Wahrnehmungen dieses Trabanten bloße Wahrnehmungen eines optischen Bildes seien, welches auf der den Stern des Auges umgebenden Hornhaut entworfen, von dieser auf die erste Ocularlinse des Sehrohres zurückgestrahlet, und von der Ocularlinse wiederum auf die Netzhaut des Auges geworfen wird," und zu behaupten, bei der Venus, und auch bei dem Monde jederzeit, so oft er nur wollte, solche Nebenbilder gesehen und auch andern gezeigt zu haben. Daß Täuschungen solcher Art, namentlich bei den frühern nicht achromatischen Fernröhren, vorkommen konnten, läßt sich nicht läugnen, — aber alle, und zum großen Theile von sehr geübten Astronomen gemachten Wahrnehmungen des sogenannten Venustrabanten so erklären zu wollen, — namentlich diejenigen, wo die Beobachter die Venus aus dem Gesichtsfelde brachten und den Mond noch deutlicher als vorher sahen, geht jedenfalls nicht. Noch gegenwärtig ist wohl diese Sache, über deren Detail

[14]) Vergl. namentlich seine „Abhandlung über den Venustrabanten" in den Wiener Ephemeriden oder in Bd. 2 der von Jungnitz publicirten „Beiträge".

die zwar etwas weit ausholende, aber an Thatsachen und interessanten Zusammenstellungen reiche Schrift „Der Venusmond", welche F. Schorr 1875 zu Braunschweig erscheinen ließ, berathen werden kann, zu keinem allseitig befriedigenden Abschlusse gebracht worden.

239. Die Entdeckung des Uranus. Als Wilhelm Herschel bei seiner Durchmusterung des Himmels im März 1781 das Sternbild der Zwillinge vornahm, fand er am 13 März einen ihm sofort etwas verdächtig vorkommenden Stern in demselben, und konnte noch am gleichen Abend constatiren, daß sein scheinbarer Durchmesser bei stärkerer Vergrößerung entsprechend zunehme, und daß er seine Stellung gegen die übrigen Sterne merklich verändere: Es war also kein Fixstern, sondern ein Wandelstern, — muthmaßlich ein Komet. In diesem Glauben schrieb wirklich Herschel einen „Account of a Comet", welcher der Royal Society 1781 IV 26 vorgelesen wurde, und in demselben Glauben wurde anfänglich auch überall, wohin die Kunde von dieser offenbar nichts weniger als zufälligen Entdeckung drang, der neue Wandelstern beobachtet[1]) und in Rechnung gezogen. Als jedoch Bochart de Saron[2]) 1781 V 8 gezeigt hatte, daß man die Periheldistanz des neuen Gestirns mindestens gleich 14 setzen müsse, und als später Lexell und Laplace übereinstimmend nachwiesen, daß sich die beobachteten Oerter nicht durch eine Parabel, wohl aber durch eine Kreisbahn darstellen lassen, war die Sache natürlich zu Gunsten eines Planeten entschieden[3]),

[1]) Die erste eigentliche Beobachtung ist die von Maskelyne 1781 III 17 angestellte; dann folgte Lalande IV 16, Messier IV 23, 2c.

[2]) Jean Baptiste Gaspard Bochart de Saron wurde 1730 zu Paris geboren, war Mitglied der Academie und erster Präsident des Parlamentes, und wurde 1794 zum Dank für seine wissenschaftlichen und patriotischen Leistungen guillotinirt.

[3]) Auch Joseph Anton Slop von Cadenberg (Caden bei Trient 1740 — Pisa 1805; Director der Sternwarte zu Pisa), der den Herschel'schen Stern anhaltend verfolgte, sprach sich frühe für seine planetarische Natur aus, — ebenso Bode, Lalande, 2c.

und auch Herschel, der an dem Streit keinen Antheil genommen hatte, erklärte in einem der Royal Society 1782 XI 7 vorgelegten Schreiben „On the Diameter and Magnitude of the Georgium Sidus“, das sodann 1793 in den Phil. Trans. erschien, daß es nun ausgemacht sei, er habe einen transsaturnischen Planeten entdeckt. Mit dem schon im Titel seiner Abhandlung enthaltenen Vorschlage den neuen Planeten Georgs-Stern zu heißen, war dagegen Niemand recht einverstanden, und nachdem von verschiedenen Seiten die Namen Neptun, Herschel, Asträa, Cybele, ꝛc. vorgeschlagen worden, vereinigte man sich endlich den von Bode beliebten Namen Uranus anzunehmen[4]). — Da Mehrere immer noch behaupten wollten, Uranus sei doch eigentlich ein Komet, — er habe wie solche früher eine langgestreckte Bahn durchlaufen, und sei erst in den letzten Jahren durch Einwirkung der Planeten in eine Kreisbahn hineingerathen, so war es wichtig, daß Bode zeigen konnte, es passen mehrere Positionen von vermißten Sternen in dieselbe Kreisbahn, es sei also Uranus schon vor langen Jahren unerkannt beobachtet worden, so schon 1690 von Flamsteed und 1756 von Tobias Mayer. Dieß war natürlich durchschlagend, und seither hat sich noch gezeigt, daß ihn Flamsteed auch 1712 IV 2 und 1715 III 5, 6, 11, — Bradley 1753 XII 3, — Lemonnier sogar 1763—69 bei 12 Malen beobachtete, ja Letzterer ihn als Planet hätte erkennen müssen, wenn er seine Register nur ein wenig übersichtlicher geführt hätte. Ja es ist sogar wahrscheinlich gemacht worden, daß die Bewohner von Otaheiti Uranus schon lange zuvor als Wandelstern erkannten, — was in der That gar nicht unmöglich ist, da Heis 1848 und Schmidt 1874 diesen Planeten ebenfalls, und zwar ohne ihn speciell zu suchen, von freiem Auge sahen. — Als der Halley'sche Komet an der äußersten Grenze zur Sonnennähe

---

[4]) Bode, dessen Verdienste um den neuen Planeten überhaupt nicht unbedeutend waren, gab auch eine eigene Schrift „Von dem neu entdeckten Planeten. Berlin 1784 in 8“ heraus.

zurückkehrte, welche Clairaut seinen Rechnungsresultaten beigefügt hatte, gab dieser große Geometer als Ursache der geringen Uebereinstimmung an, daß man einerseits die Planetenmassen noch so unvollkommen kenne, und anderseits auch die „Action d'une planète inconnue, circulant au delà de Saturne“ Schuld sein könnte. Dieser durch die Theorie angedeutete transsaturnische Planet war nun also unwiderleglich entdeckt; dagegen wurde es bei seiner großen Entfernung schwierig Genaueres über seine Beschaffenheit zu erfahren: Immerhin glaubte schon Herschel bei ihm eine starke Abplattung zu erkennen, und diese wurde dann auch in der neuern Zeit durch Mädler wirklich auf $^1/_{10}$ festgesetzt, während dagegen O. Struve gar keine Abplattung erkennen konnte, muthmaßlich jedoch nur weil er, wie Arago hervorhob, Uranus zu einer Zeit beobachtete, wo dieser Planet der Erde seinen Pol zuwandte. In der That ist denn auch in der neuesten Zeit die Bestimmung von Mädler, wenigstens insoweit als sich für ihn daran die Vermuthung einer schnellen Rotation des Uranus knüpfte, auf das Schönste bestätigt worden: Es konnte nämlich W. Buffham[5]) 1870 I 25, 27 und 1872 III 9 mit einem von Browning construirten Metallspiegel von 9″ Oeffnung Flecken auf Uranus bemerken, die sich langsam von O nach W verschoben, und fand daraus, daß Uranus in 12^h eine Rotation vollende, daß sein Equator gegen seine Bahn um 80^0 geneigt sei, und die Ebene des Equators mit der Ebene der Trabanten nicht zusammenfalle. Dieß führt uns zum Schlusse noch auf die bei Uranus entdeckten Monde: Schon Herschel fand 1787 mit Sicherheit zwei solche Monde auf, welche später die Namen Titania und Oberon erhielten, — ja glaubte später noch vier andere zu sehen, die er jedoch selbst als kaum sichtbar bezeichnete. Seither ist es William Lassell, einem reichen Bierbrauer zu Liverpool, der sich selbst vortreffliche Spiegelteleskope baute[6]), mit denen er in England und dann

[5]) Vergl. die Revue scient. von 1873 XII 27.

[6]) Vergl. 204.

später auf Malta den Himmel mit großem Erfolge ausbeutete, gelungen noch die wirkliche Existenz zweier innern Monde, des Ariel und Umbriel, festzustellen, und Simon Newcomb, der sich überhaupt so sehr um Uranus und dessen Theorie verdient machte[7]), hat den Nachweis geleistet, daß die mittlere Ebene der Bahnen der vier Monde zum Erdequator die Neigung 75°,14 und zur Ekliptik die Neigung 97°,85 hat, so daß sich die Monde in Beziehung auf letztere Ebene wirklich, wie schon Herschel zu erkennen glaubte, retrograd zu bewegen scheinen, und somit in unserm Sonnensystem die retrograde Bewegung nicht, wie man früher glaubte und als Grundlage gewisser cosmogenetischer Theorien annahm, total ausgeschlossen ist.

240. Die Lücke zwischen Mars und Jupiter. Schon Kepler war, bevor er sein „Mysterium cosmographicum" gefunden zu haben glaubte, der große Zwischenraum zwischen Mars und Jupiter aufgefallen, und als Joh. Daniel Titius[1]) 1766, in weiterer Verfolgung einer schon von Christian Wolf in den Planeten-Distanzen bemerkten Progression[2]), in seiner deutschen Ausgabe von Bonnet's „Contemplation de la nature" nachwies, daß die Distanzen der Planeten sehr annähernd in der Form $0,4 + 0,3 . 2^n$ enthalten seien, daß für $n = 3$ aber ein Planet fehle, — ja als sich sein Gesetz[3]) nachmals bei Entdeckung des Uranus glänzend bewährte, so bekräftigte sich namentlich bei Zach, der schon 1785 durch Speculation Elemente des fehlenden Himmelskörpers festgestellt hatte[4]), die Ansicht, es müsse zwischen Mars und Jupiter ein Planet stehen, der sich

---

[7]) Vergl. 181.

[1]) Zu Konitz in Westpreußen 1729 geboren und 1796 zu Wittenberg als Professor der Mathematik verstorben.

[2]) Vergl. Benzenberg in Gilbert 15, und Zach's Corr. Bd. 6 und 7.

[3]) Dasselbe wird oft, aber fälschlich, nach Bode benannt, dem nur das Verdienst zukömmt 1772 in der 2. Ausg. seiner „Anleitung zur Kenntniß des gestirnten Himmels" neuerdings auf dasselbe hingewiesen zu haben.

[4]) Vergl. „Bode, Von dem neuen, zwischen Mars und Jupiter entdeckten achten Hauptplaneten des Sonnensystems. Berlin 1802 in 8", wo Bode auf

bei sorgfältiger Durchforschung der kleinen Sterne des Thierkreises wohl finden lassen müßte, ja er begann diese Letztere 1787 wirklich, überzeugte sich jedoch bald, daß die Aufgabe für einen Einzelnen kaum lösbar sei. Immerhin gab sein Versuch die nächste Veranlassung, daß sich 1800 unter Leitung von Schröter und Zach eine eigene Gesellschaft bildete um behufs Auffindung des vermißten Planeten die ebenerwähnte Durchforschung gemeinschaftlich vorzunehmen, oder, wie Quetelet sich ausdrückte „à chercher une aiguille dans une botte de foin". Noch hatte sich jedoch diese Gesellschaft kaum constituirt, und in ganz verständiger Weise beschlossen, den Thierkreis behufs Anfertigung detaillirter Karten unter 24 Astronomen zu vertheilen, als einer der 24 Designirten, Piazzi in Palermo, ohne nur noch etwas von seiner neuen Charge zu wissen[5]), auf eigene Faust die von der Gesellschaft beabsichtigte Entdeckung machte.

241. Die Entdeckung der vier kleinen Planeten. Während Piazzi an seinem Sternkataloge arbeitete, beobachtete er 1801 I 1 auch einen Stern 8. Größe im Stier, und als er an folgenden Abenden, nach seiner Gewohnheit jeden Stern wiederholt anzuvisiren, denselben neuerdings bestimmen wollte, fand er dessen Stellung gegen benachbarte Sterne immer wieder verändert, — es mußte also ein Wandelstern vorliegen, sei es ein Planet oder ein Komet. Er setzte seine Beobachtungen bis II 11, d. h. so lange es ihm die Annäherung an die Sonne und eintretendes Unwohlsein erlaubten, fort, und theilte auch I 23 an Oriani[1])

pag. 9—10 wirklich berichtet, daß Zach 1785 für den vermutheten Planeten die Elemente

$a = 2{,}82$ $e = 0{,}14$ $P = 192^{0}6'$ ☊ $= 117^{0}40'$ $i = 1^{0}\,36'$ $U = 4^{a}{,}74$

abgeleitet, und ihm mitgetheilt habe, d. h. Zahlen, welche zwar von den Ceres-Elementen

$a = 2{,}77$ $e = 0{,}08$ $P = 148^{0}\,33'$ ☊ $= 80^{0}\,48'$ $i = 10^{0}37'$ $U = 4^{a}{,}60$

zum Theil bedeutend abweichen, aber immerhin so gut für einen Planetoiden passen, daß sie Zach große Ehre machen.

[5]) Der in Sachen an ihn gerichtete Brief hatte sich in Folge der Kriegsereignisse verspätet.

[1]) Piazzi stand mit Barnaba Oriani (Garegnano bei Mailand 1752 —

und I 24 an Bode seine Entdeckung mit, in ersterem Briefe bemerkend, dieser Wandelstern dürfte noch eher Planet als Komet sein. — Seine Briefe liefen aber so schnell, daß der nach Berlin instradirte erst III 20, der nach Mailand abgesandte sogar erst IV 5 anlangte und so blieb für den jungen Philosophen Hegel in Jena gerade noch Zeit genug, um vor Bekanntwerden der Entdeckung seine „Dissertatio philosophica de orbitis planetarum" von Stapel zu lassen, in welcher er zum Schlusse zeigen wollte, daß die Freunde der Induction, „wenn sie zufällig auf etwas anscheinend Gesetzmäßiges stoßen", bald geneigt seien, darin ein wirkliches Gesetz zu sehen, und dann auf falscher Fährte zu suchen, wie es z. B. gerade jetzt die Astronomen wegen der angeblichen Lücke zwischen Mars und Jupiter machen, — statt dessen aber eigentlich nur zeigte, daß in seinen mathematischen Kenntnissen nicht nur Eine, sondern mehrere bedenkliche Lücken vorkommen [*]). — Als endlich Bode und durch ihn auch Zach die Piazzi'sche Nachricht erhielten, und daraus entnahmen, daß der gefundene Wandelstern seine erst rückläufige Bewegung mit einer rechtläufigen vertauschte, als er etwa 56° von der Opposition entfernt war, was bei Mars etwa in 44, bei Jupiter in

Mailand 1832; Director der Sternwarte in Mailand) von 1791 bis zu seinem Tode in regelmäßiger Correspondenz: vergl. die „Corrispondenza astronomica fra Giuseppe Piazzi e Barnaba Oriani (Pubbl. del Osserv. di Brera Nr. VI)", wo pag. 48/9 auch der im Texte erwähnte Brief sich abgedruckt findet.

[*]) Als der treffliche Herzog Ernst von Sachsen-Gotha die Hegel'sche Dissertation gelesen hatte, sandte er sie an Zach mit der Aufschrift: „Monumentum insaniae saeculi decimi noni." — Schumacher schrieb 1842 I 31 an Gauß: „Daß Hegel's Verehrer die famöse Dissertation in seinen Werken wieder haben abdrucken lassen, zeigt wenig Pietät. Unter Noah's Söhnen war doch einer, der die Schaam seines Vaters bedeckte, aber die Hegelianer rissen den Mantel noch weg, den Zeit und Vergessenheit schon mitleidig über die Schande ihres Meisters geworfen hatten." Gauß findet in seiner Antwort, Schumacher's Vergleich hinke etwas, da nach der h. Schrift Noah nur Einmal betrunken gewesen, sonst für einen verständigen Mann gegolten habe, während Hegel's „insania" in der Dissertation noch „Weisheit" gegen spätere Aussprüche sei.

64° Distanz geschieht, so schlossen beide sofort, er müsse der gesuchte Planet sein, — fahndeten dagegen vergeblich am Himmel nach demselben und mußten warten, bis ihnen endlich Piazzi nach langem Zögern seine Beobachtungsreihe des „Kometen“ sandte. Sofort versuchten nun Zach, Bode, Olbers, Burkhardt, ꝛc. die erhaltenen Oerter durch eine Bahn darzustellen, und da zeigte sich, daß eine Parabel absolut nicht, dagegen eine Kreisbahn wenigstens zur Noth genüge, und daß der Radius einer solchen Kreisbahn den Körper zwischen Mars und Jupiter verweise, daß also der dort gesuchte Planet gefunden sei, womit sich nun auch Piazzi VIII 1 in einem Briefe an Bode einverstanden erklärte, für den neuen Planeten den Namen Ceres Ferdinandea vorschlagend*). — Sehr wichtig war es, daß der junge Gauß damals den Astronomen mit seinen eminenten Talenten zu Hülfe kam, — eine neue, später in seiner „Theoria motus“ noch weiter entwickelte Methode für die Berechnung einer elliptischen Bahn auffand, welche von der Voraussetzung geringer Neigung und Excentricität frei war, — damit den sämmtlichen Piazzi'schen Beobachtungen genügende Elemente berechnete, — und so vom November hinweg, wo Hoffnung eintrat Ceres wieder sehen zu können, die Astronomen zur Erleichterung der Aufsuchung mit einer guten Ephemeride versehen konnte. Leider war aber die Witterung gegen Ende 1801 so scheußlich, daß Zach, der sehr wahrscheinlich Ceres schon XII 7 und dann wieder XII 31 auffand, beide Male an den folgenden Tagen am Constatiren durch bedeckten Himmel verhindert wurde, und so um die durch seinen Eifer um den neuen Planeten wohlverdiente Freude der Wiederentdeckung kam, welche sodann Olbers 1802 I 1/2 zur schönsten Feier des Jahrestages der ersten Entdeckung gelang, — und zwar fand er Ceres nahe an der von

*) Piazzi veröffentlichte über seine Entdeckung zwei Schriften: „Risultati delle osservazioni della nuova stella scoperta il primo gennajo 1801 nell' osservatorio di Palermo. Palermo 1801 in 12“ und: „Della scoperta del nuovo pianeta Cerere Ferdinandea. Palermo 1802 in 8“.

Gauß angegebenen Stelle, ja gestand, daß er sie ohne dessen Ephemeride kaum gefunden hätte. — Bald nachher, nämlich 1802 III 28, fand Olbers noch einen andern Wandelstern, der den Namen Pallas erhielt, und von Gauß nach seiner Distanz in dieselbe Lücke gewiesen wurde, wenn auch die übrigen Elemente verschieden ausfielen, — es war nun also sogar „Embarras de richesse" vorhanden. Olbers dachte alsbald an einen „katastrophirten" Planeten, von dem sowohl Ceres als Pallas Trümmer sein möchten, während Professor Huth[4]) der Ansicht war, es dürfte sich eher schon ursprünglich die Materie an dieser Stelle in verschiedene kleine Kugeln geballt haben, von welchen man wohl mit der Zeit noch mehrere finden werde. Letzteres geschah dann auch, indem Karl Ludwig Harding, damals Inspector in Lilienthal[5]), 1804 die Juno fand. Auch Olbers suchte fort, aber nach bestimmtem Plane. „Die Bahnen der schon bekannt gewordenen neuen Planeten," erzählt Bessel, „nähern sich einander an einer Stelle, und brachten dadurch Olbers auf die Vermuthung, daß sie einst einen gemeinschaftlichen Durchschnittspunkt gehabt haben möchten, dessen Spur man in dieser Annäherung, trotz der durch die Störungen der größern Planeten hervorgebrachten Aenderungen der Bahnen noch erkenne; er ließ nicht unbemerkt, daß ein gemeinschaftlicher Punkt der Bahnen der drei Planeten vorhanden gewesen sein muß, wenn sie Bruchstücke eines größern durch eine innere oder äußere Ursache zersprengten sind. Olbers in richtiger Würdigung der Unwahrscheinlichkeit, daß glücklicher Zufall, der in kurzer Zeit drei einander ähnliche Planeten zu unserer Kenntniß gebracht hatte, ihre Zahl erschöpft haben sollte, beschloß noch mehrere zu suchen. Seine Aufmerksamkeit wandte er der Gegend des Himmels zu, wo die Bahnen

[4]) Zu Roslau in Anhalt 1763 geboren, stand er damals als Professor der Mathematik und Physik zu Frankfurt a/O.; später kam er in gleicher Eigenschaft nach Charkow und Dorpat, und starb am letzten Orte 1818.

[5]) Zu Lauenburg 1765 geboren, später Professor der Astronomie zu Göttingen, wo er 1834 starb.

der Ceres, Pallas und Juno sich einander nähern; die in dieser Gegend stehenden kleinen Fixsterne durchmusterte er während mehrerer Jahre von Monat zu Monat. So mußte er Alles entdecken, was seinen Weg durch diese Gegend nahm, und so entdeckte er auch wirklich 1807 IV 20 die Vesta," womit dann aber allerdings diese Entdeckungen ihren Abschluß gefunden zu haben schienen.

242. Der Asteroidenring. Schon 1824 regte Bessel in Auffrischung des 1800 bestandenen Planes[1]), in einem Schreiben an die Berliner Academie die Construction einer alle Sterne bis zur neunten Größe enthaltenden neuen Karte der Equatorealzone des Himmels an, und dieselbe wurde sodann wirklich unter Leitung von Encke während der Jahre 1830—59 bearbeitet und herausgegeben[2]). Der Nutzen dieser Karten bewährte sich bereits während ihres successiven Erscheinens auf das Schönste: Schon 1845 führte die Vergleichung der Hora IV mit dem Himmel den Postmeister Karl Ludwig Hencke in Driesen[3]) zur Entdeckung eines neuen Wandelsternes, der den Namen Asträa erhielt, und der Gruppe der kleinen Planeten zwischen Mars und Jupiter zugetheilt werden mußte. Sobald einmal durch

[1]) Vergl. 240.

[2]) Die Berliner academischen Sternkarten wurden von 1830 bis 1859 bearbeitet und zwar: Hora 0 von Luther in Bilk 1859, — 1 von Clussen 1852, — 2 von Morstadt 1837, — 3 von d'Arrest 1854, — 4 von Knorre 1837, — 5 von Schmidt und Argelander 1856, — 6 von Karl Bremiker (zu Hagen in der Mark 1804 geboren, und 1877 als astron. Rechner in Berlin verstorben) 1854, — 7 von Fellöcker 1849, — 8 von Schwerd 1833, — 9 von Bremiker 1859, — 10 von Göbel 1831, — 11 von Boguslawski 1852, — 12 von Steinheil 1835, — 13 von Bremiker 1843, — 14 von Hussey 1831, — 15 von Harding 1830, — 16 von Wolfers 1843, — 17 von Bremiker 1841, — 18 von Inghirami und Ernesto Capocci (Picinisco 1798 — Capodimonte 1864; Director der Sternwarte zu Capodimonte bei Neapel) 1831, — 19 von Wolfers 1841, — 20 von Hencke 1852, — 21 von Bremiker 1846, — 22 von Argelander 1833, — 23 von Harding 1835.

[3]) Hencke wurde 1793 zu Driesen geboren, und starb 1866 zu Marienwerder.

diesen Vorgang die vorgefaßte Meinung, es seien 4 und nur 4 solcher Planetoiden vorhanden, beseitigt war, legten sich verschiedene jüngere Astronomen und Liebhaber der Astronomie auf ein consequentes Suchen nach weitern Gliedern dieser Planetengruppe, und in der That ist seither, Dank den John Russel Hind[4]), Annibale de Gasparis[5]), Karl Theodor Robert Luther[6]), Hermann Goldschmidt[7]), etc. fast kein Jahr vergangen, ohne daß nicht ein oder mehrere dieser sogenannten Asteroiden oder Coplaneten aufgefunden wurden, so daß man zu Anfang 1876 bereits schon bei 160 Stück derselben zählte[8]).

---

[4]) Mit den Planetenentdeckungen von John Russel Hind (Nottingham 1823 geboren, jetzt Superintendent des Naut. Almanac) ging die Construction der „Ecliptical Charts", welche er für George Bishop (Leicester 1785 — South Villa 1861) und dessen gleichnamigen Sohn und Nachfolger (der das Observatorium nach Twickenham verlegte) besorgte, Hand in Hand; dieselben sollen jetzt nach ausgedehnterem Programm durch W. E. Plummer unter Hind's Oberleitung vollendet werden.

[5]) Zu Bugnara 1819 geboren, jetzt Director der Sternwarte Capo di Monte bei Neapel.

[6]) Zu Schweidnitz 1822 geboren, Director der Sternwarte zu Bilk bei Düsseldorf.

[7]) Hermann Goldschmidt wurde 1802 zu Frankfurt geboren, und lebte schon längere Zeit als beliebter Historienmaler zu Paris, als er 1847 einem der populären Vorträge von Arago oder Leverrier beiwohnte, und dadurch veranlaßt wurde, ein kleines Fernrohr zu kaufen. Mit demselben musterte er von seiner hohen Mansarde aus den Himmel häufig, war bald in der Astrognosie vorzüglich zu Hause, und entdeckte schon im November 1852 einen ersten Planetoiden, dem Arago den Namen Lutetia gab, und dem nachher noch 13 andere solche Entdeckungen folgten. Später zog er sich nach Fontainebleau zurück, und starb daselbst 1866.

[8]) Von den von 1845—75 gemachten Neu-Entdeckungen von Planetoiden verdankt man je 20 Luther in Bilk und Christian Heinrich Peters in Clinton (Coldenbüttel 1813 geboren; Director der Sternwarte zu Clinton bei New York), 15 Watson in Ann Arbor, 14 Goldschmidt in Paris, 10 Hind in London, 9 de Gasparis in Neapel, 7 Normand Robert Pogson (zu Nottingham 1829 geboren) in Oxford und Madras, 6 Jean Chacornac (Lyon 1823 — Ville Urbane bei Lyon 1873) in Marseille und Paris, 5 Wilhelm Tempel (zu Nieder-Cunersdorf in der Lausitz 1821 geboren, und früher Lithograph) in Marseille, 4 Borelly in Marseille, je 3 Ferguson in Washington und Palisa in Pola, etc.

welche durch das von Heinrich Ludwig d'Arrest in seiner 1851 herausgegebenen Schrift „Ueber das System der kleinen Planeten zwischen Mars und Jupiter" ausgesprochene Gesetz, daß jede ihrer Bahnen in andere eingreift, noch ganz besonders als Glieder einer Familie, eines Asteroidenringes, gekennzeichnet sind. — Ob dieser Asteroidenring zwischen Mars und Jupiter der einzige in unserm Sonnensystem ist, oder ob, abgesehen von der unter der zweitfolgenden Nummer zu besprechenden Erscheinung, noch Anzeichen von weitern solchen Ringen vorhanden sind, steht jetzt wieder in Frage, während man vor wenigen Jahren bereits eine bejahende Antwort erhalten zu haben glaubte: Nachdem nämlich Herrick in Newhaven 1847 die Sonne behufs Auffindung eines allfällig innerhalb Merkur stehenden Planeten jeden Tag, aber vergeblich, durchsucht hatte, theilte Leverrier im September 1859 der Pariser Academie mit, daß ihn das Studium der von 1697—1848 beobachteten 21 Eintritte Merkurs in die Sonne zwinge die seculäre Bewegung des Merkurperihels zu vermehren, und hiefür müsse er entweder die Venusmasse um $^1/_{10}$ vergrößern, was wegen der Erde nicht angehe, — oder er müsse annehmen, daß innerhalb Merkur ein zweiter Asteroidenring existire. Da bei wirklicher Existenz eines solchen Ringes große Wahrscheinlichkeit vorlag einzelne Glieder desselben zuweilen durch die Sonne marschiren zu sehen, so durchsuchte ich meine Sonnenflecken-Register nach dahin deutenden Bemerkungen, und publicirte schon im November theils in Nr. 1223 der Astronomischen Nachrichten, theils in Nr. 10 meiner Mittheilungen ein Verzeichniß von 15 verdächtigen Fällen, unter Angabe, daß sich mehrere derselben als Durchgänge eines Planeten von circa $38^1/_2$ Tagen Umlauf deuten ließen[*]). Bald darauf theilte der

[*]) Es ist seither dieses Verzeichniß durch Kriegsrath Haase in Hannover noch bedeutend erweitert, und unter dem Titel „Einige Zusammenstellungen als Beitrag zu der Frage, ob außer Merkur und Venus in dem Raume zwischen Sonne und Erde noch andere planetenartige Körper vorhanden sind" in Peters Zeitschrift (Auch separat: Hannover 1864) veröffentlicht worden.

Arzt Lescarbault in Orgères der Pariser Academie mit, daß am 26 März 1859 ein schwarzer Punkt in $1^h 17^m$ die Sonne längs einer vom Centrum um 15′,4 entfernten Sehne durchlaufen habe, und als sich Leverrier durch ein an Ort und Stelle vorgenommenes Examen von der Realität dieser Beobachtung überzeugt zu haben glaubte, und derselben durch einen Planetoiden, dessen Bahn 0,1427 Radius, 12° 10′ Neigung und 12° 59′ Länge des aufsteigenden Knotens besitze, genügen konnte, so glaubte er sicher zu sein, daß wenigstens ein Erstes Glied des theoretisch geforderten Ringes gefunden sei, und schlug für denselben den Namen Vulkan vor. Bald stiegen jedoch Zweifel an der Realität der Lescarbault'schen Beobachtung auf, da andere Beobachter keinen solchen Punkt gesehen haben wollten, — auch verstieß sich die geringe Umlaufszeit von 19^d,7, welche dem Bahnradius entsprach, gegen alle Analogien, — und als bei der totalen Finsterniß von 1860 der ganze Generalstab Leverrier's vergeblich nach dem Lieblinge seines Herrn und Meisters gesucht hatte, war Vulkan wieder total verschollen, bis in der allerneuesten Zeit, veranlaßt durch einen von Weber am 4 April 1876 für verdächtig gehaltenen Flecken und im Anschlusse an mein früheres Verzeichniß, durch Leverrier neue Studien vorgenommen wurden, die nun vielleicht zum wirklichen Auffinden innerer Planetoiden führen könnten.

243. Die Auffindung Neptuns. Die Geschichte der theoretischen Entdeckung Neptuns durch Adams und Leverrier, sowie ihrer ersten Verification am Himmel durch Challis und Galle ist bereits in einem frühern Abschnitte gegeben worden[1]), und es bleibt daher hier nur noch einiger Detail nachzutragen, sowie das seither in Beziehung auf diesen transuranischen Planeten Geschehene zu erwähnen. Zunächst mag mitgetheilt werden, daß derselbe alsbald vielfach beobachtet wurde, und nach wenigen Jahren die Möglichkeit gegeben war aus den neuen Positionen

[1]) Vergl. 183 und für den Detail der Berliner-Auffindung die soeben von Galle in A. N. 2134 gegebene Erzählung

auch direct seine Elemente zu bestimmen, — wofür noch zu statten kam, daß einige ältere Beobachtungen mitbenutzt werden konnten, indem Petersen den sichern Nachweis leistete, daß Lalande 1795 V 10 Neptun als Fixstern beobachtet hatte, und auch Lamont in einem 1845/6 mehrmals beobachteten kleinen Fixsterne Neptun erkannte. Daß diese neuen Elemente mit den aus den Störungen Berechneten nicht völlig übereinstimmen werden, war zu erwarten, und auf diese Differenz gestützte Versuche das Verdienst von Leverrier herabzusetzen, wurden mit Recht von Jakobi 1849 in den Astronomischen Nachrichten durch eine Note „Ueber Leverrier's Entdeckung des Neptun" zurückgewiesen. — Bond, Lassell und Otto Struve fanden bei Neptun einen Mond auf, und Simon Newcomb[2]), der sich durch seine 1865 in den Smithsonian Contributions publicirte Abhandlung „An investigation of the orbit of Neptune, with general tables of its motion" überhaupt große Verdienste um diesen Benjamin unseres Sonnensystems erworben hat, konnte von diesem Monde ziemlich sicher nachweisen, daß er $5^d,8769$ Umlaufszeit besitzt, und daß dessen Bahnebene einen Winkel von $121^\circ,7$ mit dem Erdequator bildet, also auch dieser Satellit retrograd ist. — Außer Adams, Leverrier und Newcomb haben sich sodann auch noch einige Andere um die Theorie von Neptun verdient gemacht, — namentlich mögen noch die Schriften von Walker, dessen „Memoir of Neptune" 1848 in den Smithsonian Contributions publicirt wurde, — von Sidler[3]) dessen Dissertation „Les inégalités du moyen mouvement d'Uranus dues à l'action perturbatrice de Neptune" 1854 zu Zürich erschien, und 1858 durch eine in den Astronomischen Nachrichten publicirte Note „Ueber die Acceleration des Uranus durch Neptun" ergänzt wurde, — von Kowalski[4]), dessen

[2]) Er wurde 1835 zu Wallace, Nova Scotia, geboren.

[3]) Georg Joseph Sidler, zu Zug 1831 geboren, jetzt Professor der Mathematik in Bern.

[4]) Marian Kowalski, 1822 zu Dobrzyn in Polen geboren, seit 1854 Professor der Astronomie und Director der Sternwarte in Kasan.

„Recherches sur les mouvements de Neptune suivies des tables de cette planète“ 1855 zu Kasan aufgelegt wurden, — ꝛc. hier Erwähnung finden.

244. Das Zodiakallicht. Am 18 März 1683 sahen Cassini und sein junger Freund und Gehülfe Nicolaus Fatio von der Pariser Sternwarte aus, etwa 1½ Stunden nach Sonnenuntergang, einen weißlichen, vom Horizonte längs der Ekliptik bis über die Pleyaden aufsteigenden Schimmer, der an der täglichen Bewegung des Himmels Theil nahm, — das sogenannte Zodiakallicht. Dasselbe war allerdings schon früher durch Rothmann gesehen und 1661 von Joshua Childrey[1]) in seiner „Brittania Baconica“ beschrieben, aber doch sonst wenig beachtet, und namentlich nie consequent verfolgt und wissenschaftlich untersucht worden, und Cassini und Fatio erwarben sich daher ein wirkliches Verdienst, daß sie nicht nur das zeitweilige Vorhandensein eines solchen Lichtes constatirten, sondern seine Erscheinung während mehreren Jahren verfolgten, und sich von den verschiedenen Nebenumständen Rechenschaft zu geben suchten. Besonders eifrig war Fatio, und Cassini selbst gab ihm in seiner 1685 publicirten Schrift „Découverte de la lumière céleste qui paroist dans le Zodiaque“ das Zeugniß, daß Niemand diese Beobachtungen „avec plus d'attention et d'assiduité“ verfolgt habe, als er. Nicolaus Fatio wurde 1664 zu Basel geboren, wo sich sein aus Chiavenna stammender Vater Jean Baptiste nach Uebertritt zur reformirten Kirche eingebürgert hatte. Bald darauf kaufte sich Letzterer die Herrschaft Duiller zu Prangins bei Nyon, und erwarb sich auch noch das Bürgerrecht in Genf, wo Nicolaus muthmaßlich auf der Academie studirte, jedenfalls sich so rasch entwickelte, daß er sich schon in seinem 17. Jahre durch einen Brief über die Bestimmung der Sonnenparallaxe und die Erklärung des Saturnringes Cassini

[1]) Er lebte von 1623—1670, war erst Schullehrer in Kent, dann Pfarrer zu Upway.

zum Correspondenten und Freunde gewann, ja daß er schon 1681 nach dem Abgange von Huygens und Römer in die Academie selbst aufgenommen worden wäre, „s'il avait consenti à renoncer au culte protestant". Hiezu konnte er sich nun nicht entschließen; dagegen brachte er den Winter 1682/3 bei Cassini auf der Pariser Sternwarte zu um sich mit der praktischen Astronomie vertraut zu machen, begann dort, wie oben erzählt, Beobachtungen des Zodiakallichtes, und setzte diese sodann vom Frühjahr 1684 bis zum Herbst 1686 in Duiller fort, wo er, wie Cassini sagt, „fit faire des instrumens tout semblables à ceux dont nous nous servons ordinairement, avec quelque augmentation de son invention." Aus letztern Beobachtungen ging hervor, daß das Zodiakallicht der Sonne in ihrer jährlichen Bewegung folgt, — daß man dasselbe im Herbst vor Sonnenaufgang sieht, — ꝛc. Während ferner Cassini das Zodiakallicht mit der Sonnenatmosphäre in Zusammenhang bringen wollte, dann wieder der Ansicht war, daß man dasselbe nicht in jedem Jahre sehe, und überhaupt in seinen Anschauungen hin und her schwankte, war es dagegen Fatio klar, daß die Erscheinung zu allen Zeiten wesentlich dieselbe gewesen sein müsse, und er bildete sich schon 1684 eine Hypothese darüber, welche der jetzt noch vorzugsweise angenommenen sehr verwandt ist, und welche Cassini in folgenden Worten mittheilte: „M. Fatio suppose dans l'Éther des particules capables de détourner et de réflêchir la lumière. Il les dispose tout autour du Soleil comme dans un Zodiaque solide, large et irrégulier, compris entre deux surfaces courbes et ondoyantes, en sorte qu'elles puissent comprendre dans un moindre espace les orbites des planètes décrites autour du Soleil, placées à diverses distances, et inclinées diversement l'une vers l'autre. Le milieu de l'épaisseur qu'elles enferment est marqué par une surface pareillement courbe et ondoyante, qui passe par les orbites de toutes les planètes, et détermine le milieu de la lumière. Les particules qui la renvoyent, sont comprises dans l'orbe annuel au temps qu'elle paroist." — Im Herbst 1686 ging Fatio nach Holland, beobachtete auch dort noch das Zodiakallicht, und publicirte eine „Lettre à M. Cassini sur une lumière extraordinaire qui paroît dans le ciel depuis quelques années". Er wurde da mit Huygens bekannt, und trat später sowohl mit ihm, als auch mit Leibnitz, Jakob Bernoulli, rc. in Correspondenz. Nachher ging Fatio nach England, wo ihm eine Informatorstelle angeboten war, kam in Berührung mit Boyle und Newton und wurde nun bald in den bekannten Streit zwischen Newton und Leibnitz verwickelt, in welchem er entschieden für Erstern Partei nahm und dafür von den Anhängern des Letztern schlecht gemacht wurde. Leider konnte Fatio seinen Plan, eine commentirte Ausgabe von Newton's Principien zu besorgen, nicht ausführen, und auch ein, von Jakob Bernoulli sehr günstig beurtheilter „Traité de la pesanteur" gelangte nicht zum Abdrucke, sondern ging sogar bis auf einige in den Schriften und Papieren von George Louis Lesage vorkommende Reminiscenzen verloren, sonst würde Fatio muthmaßlich neben Daniel Bernoulli an der Spitze der neuern Physiker stehen, — überhaupt, wenn er entweder der Alte geblieben wäre oder am Ende des 17. Jahrhunderts den Tod gefunden hätte, den größten Gelehrten seiner Zeit angereiht worden sein. Leider hatte aber keines von Beiden statt, sondern er verfiel dem Sektenwesen, und war nach kurzer Zeit bereits so verschollen, daß man seinen 1753 zu Maddersfield bei Worcester erfolgten Tod kaum mehr beachtete[2]). — Das Zodiakallicht wurde später wieder ziemlich vernachlässigt, und aus dem 18. Jahrhundert ist fast nur zu berichten, daß Pézénas 1730 bereits seinen sogenannten Gegenschein bemerkte[3]), welchen dann Alex. v. Humboldt im März 1803 in Südamerika so schön beobachten konnte. Erst seit einigen Decennien ist diese merkwürdige Er-

[2]) Vergl. für ihn Bd. 4 (pag. 67—86) meiner Biographien.

[3]) Vergl. Mém. de Par. 1731.

scheinung durch die Brorsen, Jones, Heis[4]), Schiaparelli, ꝛc. wieder regelmäßiger verfolgt worden, wobei z. B. Schiaparelli um die Mitternachtsstunde des ³/₄ Mai 1862 das Zodiakallicht in Gestalt einer leuchtenden Brücke die ganze sichtbare Hemisphäre überziehen sah. Die Untersuchung mit dem Spektroskop hat noch keine sichern Resultate gegeben, — nach Angström zeigt sein Spectrum die sogenannte Nordlichtlinie, während nach den Untersuchungen von Arthur Wright in Newhaven dasselbe sich von dem Sonnenspectrum nicht wahrnehmbar unterscheidet. Letzterer fand auch, daß das Zodiakallicht in einer durch die Sonne gehenden Ebene polarisirt sei, und daß es uns wahrscheinlich von kleinen festen Körpern, die um die Sonne kreisen und von ihr beleuchtet werden, zukomme, so daß die neueste Theorie wieder so ziemlich zu der ursprünglichen von Fatio zurückgekehrt ist.

245. Die Meteoriten. Es gehört nicht zu den kleinsten der vielen Verdienste des vorurtheilsfreien Stadtarztes Johann Jakob Scheuchzer von Zürich[1]), daß er, muthmaßlich zuerst bei Anlaß des bereits erwähnten „Strahlsteines" von 1698 den vorgefaßten Meinungen früherer Zeit über die Meteoriten[2]) energisch entgegentrat, zu aufmerksamer Beobachtung solcher und verwandter Naturerscheinungen aufforderte, und fortan in seinen zahlreichen Schriften alle Nachrichten sammelte, deren er habhaft werden konnte. Aber seine Stimme verhallte, und selbst als 1751 V 26, nachdem man in einem großen Theile von Deutschland eine Feuerkugel von W nach O ziehen gesehen hatte, bei Agram in Croatien nach starker Detonation zwei Eisenmassen, von denen die größere bei 71 Pfd. wog, niederfielen, vermochte eine solche lautsprechende und durch ein förmliches Protokoll beglaubigte Thatsache der richtigen Ansicht noch nicht zum Durch-

[4]) Vergl. „Ed. Heis, Zodiakallicht-Beobachtungen in den Jahren 1847—75. Münster 1875 in 4".

[1]) Er lebte von 1672—1733. Vergl. für ihn Bd. 1 meiner Biographien.

[2]) Vergl. 58 und 135.

bruche zu verhelfen. „Daß das Eisen vom Himmel gefallen sein soll," sagt Andreas Stütz bei Besprechung des zu Wien aufbewahrten Agramer Steines in seiner 1790 geschriebenen Abhandlung über einige vorgeblich vom Himmel gefallene Steine[8]), „mögen wohl 1751 selbst Deutschlands aufgeklärte Köpfe bei der damals unter uns herrschenden Ungewißheit in der Naturgeschichte und Physik geglaubt haben; aber in unsern Zeiten wäre es unverzeihlich solche Märchen auch nur wahrscheinlich zu finden." Er findet im Uebrigen die Steine ganz interessant, läugnet auch ihr Fallen nicht, sondern will nur die Ansicht belieben, es seien dieselben „durch Entladung electrischer Materie" entstanden; er ging also kaum so weit wie es sonst im vorigen Jahrhundert wiederholt vorgekommen sein soll, „solche Steine, die man bisher als Rarität aufbewahrt hatte, wegzuwerfen um sich nicht durch Behalten derselben lächerlich zu machen." — Als im gleichen Jahre 1790 die Municipalität von Juillac in der Gascogne eine mit der Unterschrift von mehr als 300 Augenzeugen versehene Urkunde über den dortigen Steinfall der Pariser Academie einsandte, begleitete einer der Herausgeber der Décade philosophique den ihr von Baudin eingeschickten Bericht über dieß Ereigniß mit der Bemerkung, man müsse so unglaubliche Dinge lieber wegläugnen, als sich auf Erklärungen derselben einlassen, während ein anderer es sehr lustig fand, daß man über eine solche Absurdität ein authentisches Protokoll erhalten könne. Bertholon konnte es nicht unterlassen eine Gemeinde, die einen so thörichten Maire besitze, daß er solche Märchen glaube, zu bemitleiden, und sagt bei dieser Gelegenheit im Journal des sciences utiles: „Wie traurig ist es nicht, eine ganze Municipalität durch ein Protokoll in aller Form Volkssagen bescheinigen zu sehen, die nur zu bemitleiden sind. Was soll ich einem solchen Protokoll weiter beifügen? Alle Bemerkungen ergeben sich dem philosophischen Leser von

[8]) Bergbaukunde, Bd. 2 pag. 398—409. — Stütz wurde 1747 zu Wien geboren, und starb daselbst 1806 als Director des k. k. Naturalien-Cabinets.

selbst, wenn er dieses authentische Zeugniß eines offenbar falschen Factums, eines physisch unmöglichen Phänomens liest." Noch als 1794 Ernst Florens Friedrich Chladni[4]) in seiner classischen Schrift „Ueber den Ursprung der von Pallas gefundenen und ähnlichen andern Eisenmassen", der dann 1809 sein „Catalogue de la chute des pierres ou des masses de fer", und noch 1819 die neue, von einem durch Karl v. Schreibers[5]) besorgten Atlas begleitete Schrift „Ueber die Feuermeteore" folgte, die Feuerkugeln als etwas Kosmisches erklärte, und mit den von der Pariser Academie verläugneten Meteorsteinfällen in Verbindung brachte, wurde er von Vielen verlacht, — ja der sonst so verständige Jean André Deluc wollte in den Meteorsteinen um jeden Preis vulkanische Producte sehen, und soll sogar ausgesprochen haben, daß, wenn ihm ein solcher Stein vor die Füße fallen würde, er zwar sagen müßte, er habe es gesehen, könnte es aber doch nicht glauben. Erst als Jean Baptiste Biot den 1803 IV 26 bei l'Aigle im Departement de l'Orne gefallenen Steinregen und dessen Zusammenhang mit einer Feuerkugel in seiner „Relation d'un voyage fait dans le Dép. de l'Orne pour constater la réalité d'un météore observé à l'Aigle en XI" unabweisbar constatirte, war endlich der Widerstand gebrochen. Wenn dann auch später noch Einige zu den Mondvulkanen ihre Zuflucht nehmen wollten, so bürgerte sich doch bald an der Hand immer zahlreicherer und sprechenderer Thatsachen die Lehre von dem kosmischen Ursprunge der Meteoriten und ihrem Zusammenhange mit Sternschnuppen und Feuerkugeln allgemeiner ein, und so ist vom astronomischen Standpunkte aus ihre neuere Geschichte mit der dieser Letztern zu verbinden, während sie selbst dem Mineralogen und Chemiker anheimfallen. Es mag so schließlich

[4]) Zu Wittenberg 1756 geboren, war Chladni meist auf Reisen, auf denen er Vorträge über seine akustischen Entdeckungen hielt, und starb 1827 zu Breslau.

[5]) Zu Preßburg 1775 geboren und 1852 zu Wien als Director der k. k. Naturaliensammlung verstorben.

nur noch das von P. A. Kesselmeyer 1860 zu Frankfurt unter dem Titel „Ueber den Ursprung der Meteorsteine" veröffentlichte Verzeichniß aller bekannt gewordenen Meteorsteinfälle angeführt werden.

246. Die Sternschnuppen und Feuerkugeln. Aehnlich ging es mit den Feuerkugeln und den sich nach Chladni von ihnen kaum wesentlich unterscheidenden Sternschnuppen, die wir auch hier mit jenen zusammenfassen wollen. Obschon der bereits genannte Johann Jakob Scheuchzer schon 1697 öffentlich zu ihrer Beobachtung aufforderte, und obschon Georg Lynn 1727 in einer den Phil. Trans. einverleibten Abhandlung „A method for determining the longitude by the falling stars" sogar auf den praktischen Nutzen solcher Beobachtungen aufmerksam machte, auf welchen noch 1802 Benzenberg in seiner Schrift „Ueber die Bestimmung der geographischen Länge durch Sternschnuppen" zurückkommen zu sollen glaubte, — wurden diese merkwürdigen Meteore doch noch im 18 Jahrhundert fast ganz, und weit in das 19. Jahrhundert hinein wenigstens noch vielfach vernachlässigt; man hielt sie zwar kaum mehr, wie ehedem, für fallende Sterne, aber doch nur für den Irrlichtern entsprechende schweflige Dünste oder höchstens für brennbare Gase, jedenfalls aber nicht für kosmische Erscheinungen. So glaubte noch der als Hydrotechniker viel genannte Prediger Johann Esaias Silberschlag[1]), der sich das Verdienst erwarb eine 1762 im nordöstlichen Deutschland vielfach beobachtete, glänzende Feuerkugel zu berechnen, daß dieselbe aus den Dünsten der zahlreichen Menschen- und Pferdeleichen, welche in jenem heißen Sommer auf den Schlachtfeldern herumlagen, entstanden sei[2]). Erst als von 1798 hinweg zwei

[1]) Zu Aschersleben 1721 geboren, und dann lange Prediger in Magdeburg und Berlin, starb er 1791 in letzterer Stadt als Oberbaurath und Mitglied der Academie.

[2]) Vergl. seine Monographie „Theorie der am 28 Juli 1762 erschienenen Feuerkugel. Magdeburg 1764 in 4". Er fand, daß die Feuerkugel beim Aufleuchten 19 geogr. Meilen über Zeiz, beim Zerplatzen 4½ Meilen über dem

Göttinger Studenten Brandes[3]) und Benzenberg durch correspondirende Beobachtungen, welche sie 1800 gemeinschaftlich in der Schrift „Versuche, die Entfernung, die Geschwindigkeit und die Bahnen der Sternschnuppen zu bestimmen“ niederlegten, für die Sternschnuppen planetarische Geschwindigkeiten fanden, und sie an die Grenze der Atmosphäre verlegen mußten, wurde auch ihr kosmischer Charakter nach und nach anerkannt, und ihre Beobachtung der Astronomie überbunden. Seither haben sich namentlich Heis, Schmidt, Weiß, Coulvier-Gravier, Quetelet, Denza, Al. Herschel, ꝛc. große Verdienste um ihre Kenntniß erworben, wie aus folgenden Abschnitten des Weitern hervorgehen wird.

247. Die Sternschnuppenregen. Namentlich wurde, wenigstens momentan, diesen Erscheinungen eine allgemeine Aufmerksamkeit zugewandt, als Alexander von Humboldt 1799 XI 12 in Amerika einen förmlichen Sternschnuppenregen fallen sah, und sich sodann 1833 XI 12 sowohl in Amerika als in Europa dieses glänzende Phänomen wiederholte. Quetelet[1]) wurde dadurch veranlaßt die frühern Nachrichten über solche Meteorschauer zu sammeln, und als er sodann 1842 seinen „Catalogue des principales apparitions d'étoiles filantes“ herausgab, konnte er den sichern Nachweis leisten, daß an einzelnen bestimmten Jahrestagen, und namentlich auch um den 10 August, oder zur Zeit der feurigen Thränen des heiligen Laurentius, jeweilen besonders

---

Dorfe Falkenahe bei Potsdam gestanden, und ihr Durchmesser 503 Toisen betragen habe.

[3]) Heinrich Wilhelm Brandes wurde 1777 zu Gerden bei Ritzebüttel geboren, war erst Schüler von Woltmann und Deichinspector an der Weser, dann Professor der Mathematik in Breslau, und starb 1834 als Professor der Physik in Leipzig. Er wird später als Schriftsteller noch wiederholt erwähnt werden.

[1]) Lambert Adolphe Jacques Quetelet wurde 1796 zu Gent geboren, und starb 1874 zu Brüssel als Director der daselbst 1826 nach seinem Wunsche gegründeten Sternwarte und beständiger Sekretär der Academie. Am bekanntesten ist er durch seine hervorragenden Leistungen auf den Gebieten der Physik der Erde und der Gesellschaft geworden.

reiche Meteorschauer eintraten. Dieß war zu auffallend, um nicht Mehrere fortan zu fleißigem Studium aufzumuntern, und ganz besonders haben sich von da hinweg Eduard Heis[2]) in Aachen und Münster, welcher für die einzelnen Ströme zuerst die sie charakterisirenden Convergenzpunkte nachwies, — sowie Rémi Armand Coulvier-Gravier in Paris[3]), Rudolf Wolf in Bern[4]), Julius Schmidt in Bonn, &c., welche aus langjährigen Zählungen die tägliche und jährliche Häufigkeitsperiode bestimmten, ganz erhebliche Verdienste um die Kenntniß der Sternschnuppen erworben. Die neueste Zeit hat hiezu nun noch merkwürdige Beziehungen zwischen Sternschnuppen und Kometen hinzugefügt, wovon aber besser in einem eigenen spätern Abschnitte speciell gesprochen werden wird. Hier mag dagegen noch erwähnt werden, daß, wie schon Olbers vermuthete und seither Professor H. A. Newton in Newhaven, mit Hülfe der bereits erwähnten Verzeichnisse früherer Sternschnuppenfälle, klar nachgewiesen hat, der scheinbar aus dem Sternbilde des Löwen zu uns kommende November-Sternschnuppen-Regen einer Periode von 33¼ Jahren in der Weise unterworfen ist, daß er nur ca. alle 33 Jahre (wie 1799, 1833 und seither wieder 1866) im Maximum, und allfällig je noch ein paar Jahre vor und nach in etwas minderm Maaße auftritt, dann aber wieder für eine größere Reihe von Jahren so zu sagen ganz erlischt, — während der von Perseus ausgehende Laurentiusstrom sich alljährlich, wenn auch nicht immer ganz gleich reichlich, wiederholt. Es müssen also die Perseiden längs ihrer ganzen Bahn ausgebreitet sein, während dagegen die Leoniden in einer einzelnen Wolke um die Sonne gehen.

248. Der Halley'sche Komet. Den Hauptanstoß zur Ein-

---

[2]) Zu Köln 1806 geboren, und folgeweise Professor der Mathematik in Köln, Aachen und Münster.

[3]) Er wurde 1802 zu Rheims geboren und starb 1868 zu Paris.

[4]) Zu Fällanden bei Zürich 1816 geboren, Schüler von Gräffe, Raabe und Littrow, — Verfasser vorliegenden Buches.

bürgerung der Kometen in unserm Sonnensysteme gab Halley, als er die von Newton aufgestellten Methoden auf die meisten der irgend ordentlich beobachteten Kometen anwandte, und 1705 in den Phil. Trans. seine „Astronomiae cometicae Synopsis“ veröffentlichte[1]). Halley hatte nämlich unter Anderm die Kometen von 1531, 1607 und 1682 berechnet, und für sie bei annähernd gleichen Zwischenzeiten die parabolischen Elemente

	1531	1607	1682
Perihelburchgang	VIII 24,895	X 26, 167	IX 14, 326
Länge des Perihels . . .	301° 39′ 0″	302° 16′ 0″	302° 52′ 45″
Länge des Knotens . . .	49 25 0	50 21 0	51 16 30
Neigung	17 56 0	17 2 0	17 56 0
Log. Periheldistanz . . .	9,753583	9,768490	9,765877

erhalten, die so nahe übereinstimmten, daß er sich fragen mußte, ob nicht etwa alle diese drei Kometen nur verschiedene Erscheinungen eines und desselben Weltkörpers gewesen seien. Natürlich mußte in diesem Falle die Bahn eine geschlossene Linie, also nach dem Gravitationsgesetze eine Ellipse sein, und Halley wiederholte nun seine Berechnungen unter dieser neuen Voraussetzung, — fand wirklich, daß sich die Beobachtungen durch eine bestimmte Ellipse darstellen lassen, welche den Kometen nahe genug an Jupiter und Saturn vorbeiführe, um kleine Differenzen der Umlaufszeiten durch störende Anziehungen erklären zu können, und war schließlich so sicher über die Identität der drei Kometen, daß er bei Herausgabe der erwähnten Schrift wagen durfte vor-

[1]) Nach dem Cat. Pulk. erschien diese classische Abhandlung mit einer „Tabula generalis pro supputando motu cometarum in orbe parobolico“ auch „Oxoniae 1705“ selbstständig, — und sodann unter dem Titel „Synopsis of the Astronomy of Comets“ in Verbindung mit Gregory's Elements of Astronomy zu London 1715. Sie findet sich auch in dem 2. Bande der von Chappe d'Auteroche und Lalande 1754—59 zu Paris veranstalteten Ausgabe von Halley's astronomischen Tafeln.

wärts zu schließen, und eine Wiederkehr auf Ende 1758 oder Anfang 1759 anzukündigen, — unbekümmert um das Achselzucken mancher Zeitgenossen. Später überzeugte sich Halley noch, daß auch der große Komet von 1456, der die vor Belgrad liegenden Heere der Christen und Türken gleichmäßig erschreckte, und gegen den nach einer, allerdings von Andern als irrig bezeichneten Sage, Papst Calixtus III den Bann ausgesprochen haben soll, eine Erscheinung des Kometen von 1682 war. — Als die von Halley angekündigte Wiederkehr des Kometen von 1682 heranrückte, entwickelte Clairaut nach dem Wunsche von Lalande die zur Bestimmung der Einwirkung der beiden großen Planeten nöthigen Formeln, und alsdann Letzterer nach denselben und mit Beihülfe seiner gelehrten Freundin Madame Lepaute[2]) die großen, über sechs Monate angestrengtester Arbeit erfordernden numerischen Rechnungen ausgeführt hatte, welche eine Verspätung von vollen 600 Tagen ergaben, konnte Clairault der Pariser Academie 1758 XI 14 mittheilen, daß der Komet muthmaßlich 1759 IV 13 ± 1 Monat zur Sonnennähe zurückkehren werde[3]). Nachdem sodann der Autodidakt Joh. Georg Palitzsch[4])

[2]) Nicole Reine Etable de la Brière von Paris (1723—1788) war Frau des berühmten Uhrmachers Jean André Lepaute (1720—1801), für dessen „Traité de l'horlogerie. Paris 1755 in 4 (Suppl. 1760; 2 ed. 1767)" sie verschiedene Tafeln berechnete, sowie sie auch Mitarbeiterin an der Conn. des temps und an den Ephemeriden von Lalande war. Lalande, der von 1735 an beständig mit diesem merkwürdigen Ehepaare in wissenschaftlichem und freundschaftlichem Verkehr stand, hat der ebenso liebenswürdigen als gelehrten Frau auf pag. 676—81 seiner Bibliographie ein schönes Denkmal gesetzt.

[3]) Clairault schrieb: „Mémoire sur la comète de 1682 (Journ. des savants 1759 I), — Réponse à quelques pièces dans lesquelles on a attaqué le mémoire sur la comète de 1682, lû à l'académie 1758 XI 14, (die Angriffe rührten wahrscheinlich von d'Alembert her; v. Observateur littéraire und Journ. encycl. III), — Mémoire sur la comète de 1759, dans lequel on donne les périodes, qu'il est le plus à propos d'employer, en faisant usages des observations faites sur cette comète dans les quatre apparitions. (Mém. de Par. 1759)."

[4]) Joh. Georg Palitzsch von Prohlitz bei Dresden (1723—1788) war

den Kometen 1758 XII 25 wirklich am Himmel aufgefunden hatte[5]), wurde er vielfach beobachtet, und aus diesen Beobachtungen ergab sich 1759 III 12 als Datum des Periheldurchganges, so daß die Voraussage von Clairault auf das Schönste gerechtfertigt war. — Der Halley'sche Komet bewährte 1835 neuerdings seine Periodicität, und gab zugleich Gelegenheit die Fortschritte der Mechanik des Himmels und der praktischen Astronomie zu constatiren: Als nämlich die voraussichtliche Wiedererscheinung herrannahte, fand Damoiseau durch Neuberechnung 1835 XI 4 als Zeit des zu erwartenden Periheldurchganges, — Rosenberger[6]) XI 11, — Pontécoulant[7]) erst XI 13, dann XI 15, — Lehmann[8]) XI 26, — und als Etienne Dumouchel[9]) den Kometen 1835 VIII 6 zu Rom aufgefunden hatte[10]), und die von ihm und Andern erhaltenen Positionen berechnet werden konnten, ergab sich, daß der Perihel-

keineswegs ein ungelehrter Bauer, sondern er besaß, obgleich seinem Pfluge nicht untreu, wissenschaftliche Kenntnisse, verstand beide Trigonometrien vollkommen, hatte mit Verständniß viel Astronomisches gelesen, und war auch mit der Wolf'schen Philosophie nicht unbekannt. Physik und Botanik waren seine Lieblingsfächer, und in seinem Garten sah man die seltensten exotischen Pflanzen. Den Halley'schen Kometen fand er mit seinem achtfüßigen Fernrohr auf, als er theils nach ihm, theils nach der Mira suchte.

[5]) Messier fand ihn erst 1759 I 21.

[6]) Otto August Rosenberger, 1800 zu Tuckum in Kurland geboren, erst Assistent von Bessel, dann Professor der Mathematik in Halle.

[7]) Philippe Gustave Doulcet de Pontécoulant starb 1874 auf dem Schlosse Pontécoulant (Calvados), wo er 1795 muthmaßlich auch geboren worden war. Er war zur Zeit Artillerieoberst.

[8]) Jakob Wilhelm Heinrich Lehmann, 1800 zu Potsdam geboren, erst Lehrer und Prediger, dann astronomischer Rechner, und 1863 zu Spandau verstorben.

[9]) Etienne Dumouchel, 1773 zu Montfort-Lamaury geboren und 1840 zu Rom als Director der Sternwarte des Collegio Romano gestorben.

[10]) Die zuweilen vorkommende Erzählung, es habe 1835 der 1780 zu Magdeburg geborene und seit 1831 der Sternwarte von Breslau vorstehende Palm Heinrich Ludwig Pruß von Boguslawski den Halley'schen Kometen zuerst aufgefunden, dafür von Jena den Doctorhut, von Dänemark eine Medaille, von Paris den Lalande'schen Preis, 2c., und in Folge davon 1836 eine

durchgang 1835 XI 16 stattgefunden hatte[11]). Die Erscheinungen welche der Komet bot, veranlaßten Bessel zu seiner in den Astronomischen Nachrichten veröffentlichten wichtigen Abhandlung „Ueber die physische Beschaffenheit des Halley'schen Kometen", von der sodann Plantamour auf Wunsch von Arago eine französische Uebersetzung gab[12]). — Seither ist es John Russel Hind und Ernest Laugier[13]) gelungen, mit Hülfe alter chinesischer Beobachtungen den Halley'schen Kometen auch in den Kometen der Jahre 1378, 1301, 1223, 1145, 1066 (als Vorläufer Wilhelm des Eroberers), 989, 837, 760, 684, 608, 530, 451, 373, 295, 218, 141, 65 und sogar 11 v. Chr. (vor dem Tode des Agrippa) nachzuweisen.

Professur in Breslau erhalten, beruht auf einer Verwechslung: Boguslawski fand 1835 IV 20 den ersten Kometen dieses Jahres, aber nicht zuerst den (vulgo Halley'schen) Kometen auf, welcher erst der dritte des Jahres war; er berechnete auch jenen Kometen, und erhielt für denselben neben andern Anerkennungen die Erste der goldenen Kometen-Medaillen, welche der König von Dänemark gestiftet hatte. Ueberhaupt war er bis zu seinem 1851 erfolgten Tode ein fleißiger Beobachter und Rechner.

[11]) Die Academie von Turin hatte auf 1817 eine Preisfrage über die Rückkehr des Halley'schen Kometen ausgeschrieben, und den Preis Damoiseau zuerkannt, der die Rückkehr zum Perihel auf 1835 XI 4 bestimmt hatte. Später setzte auch die Pariser Academie ihren großen mathematischen Preis auf dieselbe Frage, und dieß veranlaßte sodann Pontécoulant die sämmtlichen Störungsrechnungen nochmals durchzuführen, wobei er für jenes Datum 1835 XI 13 und nach Ersetzung der Bouvard'schen Jupitermasse durch die Airy'sche 1835 XI 15 fand, — ein Resultat, das sich nachmals glänzend bestätigte. „Je fus appelé alors," sagt Pontécoulant in seinem Précis d'Astronomie (Paris 1840 in 8 pag. XI), „à l'une de ces jouissances les plus douces que puisse offrir la carrière des sciences à l'homme studieux qui s'y livre; l'astre irregulier qui avait trompé de *trente-trois* jours à son dernier passage les prévisions de Clairaut, soumis cette fois par les efforts réunis de l'analyse et de l'astronomie, confirma pleinement la précision de mon calcul, et le passage au périhélie eut lieu le 15 novembre à $10^h\ 48^m$ du soir, c'est à dire à quelques heures de distance seulement de l'époque que je lui avais assignée."

[12]) Connaiss. des temps 1840.

[13]) Zu Paris 1812 geboren, und 1872 ebendaselbst als Academiker verstorben.

249. Die neue Kometenfurcht. Sobald die Periodicität Eines Kometen erwiesen war, lag der Gedanke nahe, auch andere Kometen in frühern Erscheinungen aufzusuchen, und so wurden z. B. durch Whiston die Kometen von 1680, 1106, 531 und 43 v. Chr. identificirt und dieser Komet, dem damit eine Umlaufszeit von etwa 574 Jahren beigelegt wurde, während Bessel später für denjenigen von 1680 die damit nicht ganz übereinstimmende Umlaufszeit von 8814 ± 1000 Jahren erhielt, sogar angeschuldigt, bei einer noch frühern Erscheinung die Sündfluth veranlaßt zu haben. Ueberhaupt schien die frühere, durch Halley's Untersuchungen an ihrer Wurzel angegriffene Kometenfurcht in neuer Gestalt als Furcht davor aufleben zu wollen, es könnte einer der periodischen Kometen bei einer seiner Wiedererscheinungen mit der Erde zusammentreffen, und über sie die Schrecken des jüngsten Tages bringen. Als man daher im Frühjahr 1773 zu Paris hörte, der berühmte Astronom Lalande gedenke der Academie „Réflexions sur les comètes qui peuvent approcher de la terre" vorzutragen, entstand große Spannung. Zufällig traf es sich nun, daß diese Vorlesung in der betreffenden Sitzung aus Ueberfülle von vorliegendem Stoffe unterbleiben mußte, und nun verbreitete sich, ob aus Dummheit oder Bosheit weiß man nicht, das Gerücht, Lalande habe auf den 12 Mai den Weltuntergang durch Zusammenstoß der Erde mit einem Kometen ankündigen wollen, sei aber von der Polizei daran verhindert worden, — und dieses bloße Gerücht reichte hin, einen so panischen Schrecken zu verbreiten, daß nicht nur ganz Paris jenem Tage entgegenjammerte, sondern sogar in Folge der Angst Frühgeburten, Todesfälle u. s. f. eintraten, und unwürdige Geistliche, welche um schweres Geld Absolution anboten, die besten Geschäfte machten. Der schnelle Abdruck von Lalande's Abhandlung[1]), und verschiedene Versuche,

[1]) Vergl. „*Lalande*, Réflexions sur les comètes qui peuvent approcher de la terre. Paris 1773 in 8 (Deutsch Zürich 1773)".

durch Scherz und Ernst über die Sache aufzuklären, halfen wenig, — erst nachdem der Schreckenstag ohne Störung irgend welcher Art verlaufen war, beruhigten sich nach und nach die Gemüther. — Aehnliches wäre noch 1832 beinahe bei Anlaß einer Erscheinung des Biela'schen Kometen[2]) geschehen: Olbers hatte etwas zuvor nachgewiesen, daß die Nebelhülle jenes Irrsternes am 29 October jenes Jahres die Erdbahn streifen dürfte, aber an einer Stelle von der die Erde selbst an diesem Tage volle 11 Millionen Meilen entfernt sei. Die Zeitungen übersahen nun sowohl den Unterschied zwischen Erdbahn und Erde, als überhaupt den ganzen, jede Gefahr entfernenden Zusatz, — kündigten einfach einen Zusammenstoß mit der Erde selbst an, — und schon begann das Publikum sich zu ängstigen, als es Littrow noch rechtzeitig gelang, dasselbe durch eine Gelegenheitsschrift[3]) über die wirklichen Verhältnisse aufzuklären und dadurch zu beruhigen. — Anhangsweise mag noch des Kometen von 1556 gedacht werden, der ebenfalls längere Zeit das abergläubische Publikum beängstigte: Als nämlich ein Liebhaber der Astronomie, der englische Geistliche Richard Dunthorne, um die Mitte des vorigen Jahrhunderts, gestützt auf einige Angaben, welche er in dem Manuscripte „Tractatus fratris Egidii de Cometis" aufgefunden hatte, den Kometen von 1264 berechnete, fand er[4]) für denselben mit den von Halley für den Kometen von 1556 erhaltenen, so ähnliche Elemente, daß er vermuthen mußte, es möchten die beiden Erscheinungen von 1264 und 1556 Einem Kometen von etwa 292[a] Umlaufszeit zugehören, der somit etwa 1848 wieder erwartet werden dürfte. Zu ähnlichen Resultaten war später Pingré und noch in neuerer Zeit Hind gekommen, ja man las sogar im Januar 1848 in den Zeitungen,

[2]) Vergl. 252.

[3]) „Ueber den gefürchteten Kometen von 1832 und Kometen überhaupt. Wien 1832 in 8."

[4]) Vergl. Phil. Trans. 47. — Dunthorne wurde 1711 zu Ramsay gegeboren, und starb 1775 zu Cambridge.

Letzterer habe wirklich den Erwarteten am Himmel aufgefunden, — es war aber, wie sich nachher zeigte, nicht der Komet, sondern eine gemeine Zeitungs-Ente gewesen. Noch später stellte B. Bomme in Middelburg[5]) in seiner „Proeve eener Berekening der Storingen in de Loopbaan der Kometen van 1264 en 1556“ einläßliche Studien über den muthmaßlichen Einfluß der Planeten auf die Wiederkehr an, und fand, der Durchgang durch das Perihel müßte 1858 VIII 2 $\pm$ 2[a] statthaben, — ging aber dabei ebenfalls von der Identität der beiden Kometen aus, welche Andere bezweifelten, ja Martin Hoek[6]) in seiner 1857 zu S'Gravenhage erschienenen Dissertation „De Kometen van de Jaren 1556, 1264 en 975, en hare vermeende Identiteit“ als sehr unsicher erwies. In der That ist denn auch der Komet innerhalb der angegebenen Grenze nicht erschienen, — man wollte denn den im Sommer 1857 zur Beängstigung der Leichtgläubigen erfundenen Kometen, dem zur Abwechslung wieder einmal der Weltuntergang folgen sollte, dafür nehmen.

250. Die Kometenjäger. Während man früher in der Regel ganz gemüthlich abwartete bis ein Komet in Sicht kam, ja noch im 17. Jahrhundert Gottfried Kirch so ziemlich der Einzige gewesen zu sein scheint, der mit dem Fernrohr nach Kometen suchte, und so am 4 November 1680 a. St. den berühmten Schweifstern auffand, bei dem sich in den verschiedensten Richtungen die alte und neue Zeit berühren sollten, so legten sich dagegen später einzelne Astronomen ganz speciell auf das Aufsuchen von Kometen. Vor Allen that sich in dieser Richtung der 1730 zu Badonviller in Lothringen geborne und 1817 zu Paris als Mitglied der Academie und des Bureau des longitudes verstorbene Charles Messier hervor, indem er von 1758

[5]) Vergl. Nederl. Inst. 1849.

[6]) Zu Haag 1834 geboren, und 1873 als Director der Sternwarte in Utrecht verstorben.

bis 1811 nicht weniger als 14 Kometen entdeckte, und dafür von Louis XV den Spitznamen „le furet des comètes“ erhielt. Er entdeckte nach Fonvielle[1]) seinen ersten Kometen, als er noch Copist bei J. N. Delisle war, der ihn trotz seiner geringen Kenntnisse wegen schöner Schrift angestellt hatte, und trat dann seine Entdeckung gegen freien Tisch und Logis an seinen Meister ab, welcher ihn übrigens immer mehr in Protection nahm, ja ihn zum tüchtigen praktischen Astronomen heranbildete, während ihm dagegen theoretische Kenntnisse unbekannt blieben. Nach derselben Quelle verlor Messier seine Frau gerade zu der Zeit als Montaigne in Limoges einen Kometen entdeckte; als man ihm condolirte, sagte er: „J'en avais encore une; fallait-il que ce Montaigne me l'enlevât,“ — und als man ihm nun bemerkte, man spreche nicht vom Kometen, sondern von seiner Frau, corrigirte er sich mit den Worten: „Ah! oui, c'était une bien bonne femme.“ — Auch Caroline Herschel, die verdiente Gehülfin ihres berühmten Bruders, entdeckte von 1786 bis 1797 ihre acht Kometen, und der 1761 zu Peyre in Haut-Dauphiné geborne und 1831 als Director der Sternwarte in Florenz verstorbene Jean Louis Pons fand von 1801—27 in Marseille, Marlia und Florenz' sogar 37 Kometen auf, darunter 1818 XI 26 den berühmten Kometen, welcher den Namen „Pons-Encke“ trägt, und sofort näher besprochen werden wird. Ferner ist z. B. der 1800 zu Cette geborne und als Director der Sternwarte zu Marseille 1836 zu Paris verstorbene Jean Félix Adolphe Gambart zu nennen, der von 1822—33 die immerhin noch schöne Zahl von 13 Kometen entdeckte, — der 1816 zu Wyla im Ct. Zürich geborne, 1873 zu Moskau als Director der dortigen Sternwarte verstorbene Gottfried Schweizer, der von 1847 an 11 Kometen auffand[2]),

---

[1]) Vergl. dessen 288, zwar leider in etwas schlechter Gesellschaft, citirte Schrift.

[2]) Von diesen 11 Kometen verblieben ihm dann allerdings bei der starken Concurrenz der neuern Zeit nur 4 eigenthümlich. — Vergl. für Schweizer Nr. 40 meiner Mittheilungen.

und jeweilen selbst beobachtete und berechnete, — der 1809 zu Romboz im Dep. du Doubs geborne, als Arago's Adjunct an der Pariser Sternwarte arbeitende Felix Victor Mauvais, der ebenfalls für die Kometen-Astronomie sehr thätig war, und wohl noch Manches geleistet haben würde, hätte man ihn nicht 1854 um seiner republikanischen Gesinnungen willen seiner Stellen entsetzt, und dadurch zu dem verzweifelten Entschlusse gebracht sich zu erschießen, — rc., und unter den lebenden Astronomen reihen sich an die Genannten die Hind, Klinkerfues, Winnecke, Tempel, Respighi, Tuttle, rc. würdig an. — Nach Olbers 1829 in einem Briefe an Daniel Huber in Basel[3]) gegebener Definition kann man, außer ihm selbst, den verdientesten Kometenjägern namentlich auch den 1711 zu Paris geborenen und 1796 ebendaselbst als Academiker und Director der Sternwarte der Abtei Ste. Geneviève verstorbenen Alexander Guy Pingré wegen der von ihm 1783—84 herausgegebenen, von stupendem Fleiße zeugenden „Cométographie ou traité historique des comètes" anreihen[4]), während dagegen leider in dem 1836 zu Tarbes verstorbenen Malteser-Ritter Dangos, der vorgab 1784 IV 11 auf Malta einen Kometen entdeckt zu haben, aber von Encke später im 4. Bande von *Zach's* Corr. astron. der Fabrikation seiner Beobachtungen überwiesen wurde[5]), ein Beispiel eines Kometenfrevlers vorliegt[6]). — Zum Schlusse

---

[3]) Vergl. für diesen Brief, in welchem er Huber seine in einem Buche von Placidus de Titis gemachte Entdeckung des Kometen von 1639 verdankte, pag. 452 des 1. Bandes meiner Biographien.

[4]) Vergl. 287 für eine weitere Leistung von Pingré.

[5]) Die von Dangos oder d'Angos angeblich von IV 10 — V 1 erhaltenen Beobachtungen und die angeblich von ihm daraus berechneten Elemente waren unter dem Titel „Des Herrn Ritter von Angos Beobachtungen und Bestimmung der Bahn des zweiten im Jahre 1784 erschienenen, von ihm selbst entdeckten Kometen" im Leipziger Magazin 1786 publicirt worden, — während d'Angos später Delambre weiß machen wollte, es sei sein betreffendes Beobachtungsjournal bei dem Brande der Sternwarte von Malta zu Grunde gegangen, und von jener Publikation nichts erwähnte.

[6]) Eine ähnliche Beschuldigung, die Kmeth in Zach's Correspondance

ist noch zu erwähnen, daß während einiger Zeit versucht wurde den Eifer im Kometensuchen theils dadurch zu beleben, daß dem ersten Entdecker eines Kometen Preise oder Medaillen zuertheilt wurden, theils dadurch, daß sein Name zur Bezeichnung des Kometen diente; in der neuesten Zeit sind dagegen bei dem immer allgemeineren wissenschaftlichen Eifer solche Auszeichnungen fast unnöthig geworden, und auch zur Bezeichnung bricht sich, nach Beseitigung verschiedener anderer Vorschläge[7]), immer mehr und mehr die Uebung Bahn, den in demselben Jahre entdeckten Kometen einfach Ordnungsnummern in Beziehung auf den Durchgang durch das Perihel beizulegen.

251. Die Kometen-Beobachter und -Berechner. Als eifrige und umsichtige Kometen-Beobachter, die auch die physische Beschaffenheit dieser merkwürdigen Körper in das Bereich ihrer Untersuchungen zogen, zeichneten sich um die Mitte des vorigen Jahrhunderts besonders Heinsius und Loys de Cheseaux aus: Zu Naumburg 1709 geboren, studirte Gottfried Heinsius zu Leipzig anfänglich die Rechtswissenschaften, widmete sich aber dann bald ausschließlich der Mathematik, für welche er schon von Kindheit an große Vorliebe gehegt hatte. Im Jahre 1736 erhielt er einen Ruf nach Petersburg als Academiker und Adjunct von Jos. Nic. Delisle, unter dessen Leitung er neben Kraft und Tiedemann auf der Sternwarte arbeitete. Der am 9 December 1743 durch Klinkenberg zu Harlem zuerst gesehene, und

gegen Pasquich schleuderte, wurde dagegen von Encke, Bessel, Olbers und Gauß als unrichtig erwiesen (V. die Astron. Nachr. und voraus die Corresp. Gauß-Schumacher I 363—395); dagegen wurde Pasquich nur vom Betrug freigesprochen, — große, auf Ungeschick oder gar Unwissenheit beruhende Blößen hatte er sich in seinen Rechnungen gegeben.

[7]) Nach „Fleischhauer, Volkssternkunde. Darmstadt 1844 in 8" legte Zach versuchsweise den Kometen in ähnlicher Weise Namen bei, wie es Riccioli bei den Mondbergen gemacht hatte. So wollte er den Halley'schen Kometen Ptolemäus heißen, und zwar bei seinen verschiedenen Erscheinungen Ptolemäus V, Ptolemäus VI, ꝛc.; 1556 hieß er Palamedes, 1680 Pythagoras, 1769 Plato, 1773 Hypsikles, 1811 I Julius Caesar, 1812 Abulfeda, ꝛc; sein Vorschlag wurde aber nicht angenommen.

dann bis in den März des folgenden Jahres verfolgte große Komet, dessen fächerförmiger Schweif noch für die neuern Kometentheorien von großer Wichtigkeit geworden ist, gab Heinsius Gelegenheit und Veranlassung zu sehr sorgfältigen und werthvollen Beobachtungen, welche er noch 1744 zu Petersburg in seiner „Beschreibung des im Anfange 1744 erschienenen Kometen" niederlegte. Bald nachher folgte Heinsius dem von Leipzig an ihn ergangenen Rufe, seinen verstorbenen Lehrer Hausen als Professor der Mathematik und Astronomie zu ersetzen, und starb daselbst 1769. — Derselbe Komet spielte auch in dem Leben des 1718 zu Lausanne geborenen Philippe Loys de Cheseaux eine hervorragende Rolle. Dieser Letztere, ein wahres Wunderkind, hatte sich, zur Freude seines zur Zeit berühmten Großvaters Jean Pierre de Crousaz, in kürzester Zeit so ziemlich mit dem ganzen Gebiete des damaligen menschlichen Wissens vertraut gemacht, sich dann aber vorzugsweise der Astronomie zugewandt, und sich auf seinem väterlichen Gute zu Cheseaux eine kleine Sternwarte eingerichtet. Als er, ohne etwas von Klinkenberg's Fund zu wissen, am 13 December 1743 einen von freiem Auge sichtbaren Kometen entdeckte, begnügte er sich nicht Jacques Cassini, mit dem er schon seit 1736 correspondirte, davon Anzeige zu machen, sondern verfolgte ihn von da bis zum ersten März des folgenden Jahres, wo anhaltend schlechtes Wetter eintrat, nach Lage und Erscheinung, — berechnete für ihn vorläufige Elemente, eine Ephemeride, und schließlich definitive Elemente, — und stellte in seinem immer noch sehr geschätzten, 1744 zu Lausanne erschienenen „Traité de la comète qui a paru en Déc. 1743" alle durch Beobachtung und Rechnung gewonnenen Resultate zusammen. Zwei Jahre später, am 13 August 1746, war er der erste Entdecker eines neuen Kometen, welchen er dann aber wegen Krankheit nicht wieder so eifrig wie jenen ersten beobachten konnte, — und wohl wären ihm noch mehr solche Entdeckungen und gewiß viele für die Astronomie wichtige Arbeiten gelungen, hätte ihn nicht 1751 während eines Besuches in Paris ein heftiges Fieber mitten aus seiner schönsten Thätigkeit abgerufen[1]). — Verschiedene neuere Kometen-Beobachter, wie die Olbers, Zach, Bessel, Encke, Struve, Donati, 2c. sind zum Theil schon besprochen worden oder werden im Folgenden noch ohnehin zu behandeln sein, so daß wir hier nicht auf sie einzutreten brauchen; dagegen mag noch eine durch Mädler gemachte Zusammenstellung über die Kometen-Berechner hier Platz finden[2]). Nach derselben berechnete Encke nicht weniger als 56 Bahnen, — Hind 43, — Pingré und Burkhardt je 39, — d'Arrest 35, — Méchain 31, — Halley 27, — Nicolai 26, — Bessel 23, — Bruhns 21, — Olbers 18, — Lacaille und Santini je 17, — Peters und Saron je 16, — Hubbard, Laugier und Villarceau je 15, — Brünnow, Clausen und Spörer je 14, — Gauß und Petersen je 13, — Bouvard, Sonntag, Rümker und Nicollet je 12, — Argelander, Gambart, Hansen, Rosenberger, Plantamour und Löwy je 11, — Valz und Peirce je 10, — und diesen vielen könnten noch 221 Namen von Solchen beigefügt werden, welche zwar weniger als 10, aber der Mehrzahl nach mehr als Eine Kometenbahn berechnet haben. Als eigentliche Muster der Bearbeitung sind die von Bessel 1810 veröffentlichten „Untersuchungen über die scheinbare und wahre Bahn des im Jahre 1807 erschienenen großen Kometen“, sowie die von seinem Lieblingsschüler Argelander 1823 folgenden „Untersuchungen über die Bahn des großen Kometen vom Jahre 1811“ zu erwähnen. Diese beiden und eine ziemliche Anzahl anderer Kometen, von denen längere Beobachtungsreihen vorlagen, sind elliptisch berechnet, — die große Mehrzahl dagegen nur parabolisch, wobei sich die früher berührte Methode von Olbers unter Benutzung der schon 1757 von dem 1809 verstorbenen englischen Privatgelehrten

---

[1]) Vergl. für mehreren Detail Bd. 3 meiner Biographien.

[2]) Geschichte der Himmelskunde II 409—10.

Thomas Barker in seinem „Account of the discoveries concerning comets, with the way to find their orbits" gegebenen und nachher wiederholt neu berechneten parabolischen Hülfstafeln vortrefflich bewährte. Die Vollendung des 1870 von Oppolzer begonnenen „Lehrbuches zur Bahnbestimmung der Kometen und Planeten" scheint durch seine seitherige Thätigkeit für die europäische Gradmessung verhindert worden zu sein.

252. Die Kometen von kurzer Umlaufszeit. Unter den vielen Kometen, welche Encke berechnete, ist der Erste des Jahres 1819 durch seine ausgezeichnete und während Decennien unverdrossen fortgeführte Arbeit von so hervorragender Wichtigkeit geworden, daß ihm nicht nur sein Name mit Recht beigelegt wurde[1]), sondern daß es auch am Platze scheint hier dieses Mannes und seiner Leistungen speciell zu gedenken: Zu Hamburg 1791 geboren, und frühe Waise, ging Joh. Franz Encke 1811 nach Göttingen, wo er bald Lieblingsschüler von Gauß und namentlich ein ganz vorzüglicher Rechner wurde, der, nachdem er mit dem Kometen 1813 II erfolgreich begonnen, fast nach jeder Neuentdeckung eines solchen seltsamen Körpers dessen Elementen-Berechnung unternahm, und sich 1817 auch an eine Neubearbeitung des Kometen von 1680 gewagt, für welche ein von dem Stuttgarter Cotta ausgesetzter Preis von 100 Dukaten in Aussicht stand, welchen ihm dann wirklich die Preisrichter (Olbers und Gauß) zuerkannten, während die Arbeit unter dem Titel „Versuch einer Bestimmung der wahrscheinlichsten Bahn des Kometen von 1680 mit Rücksicht auf die planetarischen Störungen während der Dauer seiner Sichtbarkeit" im 6. Bande der Zeitschrift von Lindenau und Bohnenberger erschien. Als Encke, der unterdessen erst Gehülfe, dann Stellvertreter von Lindenau auf dem Seeberge geworden war, unter Anderen den von Pons

[1]) Nur Encke selbst nannte den Kometen beharrlich den Pons'schen, und so führen auch seine 1829—59 in den Berliner Denkschriften erschienenen acht klassischen Abhandlungen über denselben den Titel „Ueber den Kometen von Pons".

1818 XI 26 entdeckten Kometen aus den in Marseille, Mannheim und Gotha erhaltenen Beobachtungen parabolisch berechnete, erhielt er so große Abweichungen, daß er sie durch Beobachtungsfehler nicht erklären konnte, und nach verschiedenen Versuchen fand er endlich, daß sie sich nur durch eine Ellipse von 3,6 Jahren Umlaufszeit befriedigend darstellen lassen, — daß ferner die Elemente mit denjenigen des Kometen 1805 I große Aehnlichkeit zeigen. Da die wenigen bis dahin elliptisch berechneten Kometen Umlaufszeiten von über 70 Jahren zeigten, so fühlte Encke sofort, daß der Nachweis eines Kometen von so kurzer Umlaufszeit Epoche machend wäre, und auch Gauß bestärkte ihn darin, während ihn Olbers aufmerksam machte, daß auch die Bahn des Kometen von 1795 ähnlich sei, und vielleicht sogar der von Méchain 1786 I 17 entdeckte, aber im Ganzen nur zweimal beobachtete Komet derselbe gewesen sein dürfte. Encke machte sich sofort eifrig an die Arbeit, und konnte schon im August 1819 seine erste betreffende Abhandlung „Ueber einen merkwürdigen Kometen, der wahrscheinlich bei dreyjähriger Umlaufszeit schon zum vierten Male beobachtet ist", an Bode senden, welcher dieselbe in sein Jahrbuch für 1822 aufnahm: er wies darin die Identität der Kometen von 1795, 1805 und 1819 nach, und zeigte unter Anderm, daß sich sein Komet bis auf 0,018 dem Merkur nähere und daher ein gutes Mittel zur Bestimmung der Merkurs-Masse an die Hand geben könne. Lindenau schrieb ihm damals: „Ich halte dies für die schönste astronomische Entdeckung dieses Jahrhunderts, und Sie sind ein Glückskind dieselbe gemacht zu haben." Auch Bessel, Gauß, ꝛc. sprachen sich ähnlich aus. Bald nachher fand Encke, daß die rein elliptische Umlaufszeit des Kometen zwischen jeder Erscheinung um drei Stunden kürzer wird, — worauf Olbers schloß, es möchte sich da ein Widerstand des Mittels offenbaren, — eine Ansicht, die Encke nun weiter ausführte, während Bessel fand, der Grund könnte ebensogut mit der Bildung und dem spätern Verluste des Schweifes zusammenhängen. — Für die folgende Erscheinung von

1822 berechnete Encke eine Ephemeride, und nach derselben fand ihn wirklich Rümker in Paramatta auf; ebenso für 1825, wo ihn sodann Harding nur 2',3 von der ihm durch Encke gegebenen Stelle auffand, ꝛc., und so feierte Letzterer, der 1825 als Bode's Nachfolger an die Berliner Sternwarte berufen worden war, bis zu seinem 1865 in Spandau erfolgten Tode, bei jeder neuen Erscheinung auch einen neuen Triumph[2]). In der letzten Zeit hat Emil v. Asten[3]) das Patronat dieses Kometen, der bei seiner Wiedererscheinung im Herbste 1871, wo ihn Winnecke zuerst auffand, ausnahmsweise mit freiem Auge und einem merklichen Schweif gesehen wurde, übernommen, und so theils 1871 in den Petersburger Abhandlungen neue „Untersuchungen über die Theorie des Encke'schen Kometen" zu veröffentlichen begonnen, theils für seine Wiederkehr von 1875 eine Ephemeride berechnet, — auch seither noch neue Studien über den ganzen Complex der Erscheinungen dieses himmlischen Eilboten angestellt, welche die Encke'sche Erklärung der berührten Anomalie wieder in Frage zu stellen scheinen. — Zu den merkwürdigsten Kometen gehört ferner derjenige, welchen 1826 II 27 Biela und unabhängig von ihm III 9 auch der unermüdliche Kometenjäger Gambart entdeckte. Biela, der damals als österr. Hauptmann zu Josephstadt in Böhmen stand[4]), und durch Joseph Morstadt[5]) darauf aufmerksam gemacht worden war, daß der Komet 1806 I, welchen Pons 1805 XI 10 entdeckt und z. B. Gauß berechnet hatte, wenn er wirklich mit dem von Montaigne 1772 III 8 aufgefundenen Kometen identisch sein sollte, im Jahre 1826 zur

[2]) Vergl. „C. Bruhns: Johann Franz Encke, sein Leben und Wirken. Leipzig 1869 in 8".

[3]) Astronom in Pulkowa, 1843 zu Köln geboren.

[4]) Baron Wilhelm von Biela wurde 1782 zu Roßlau bei Stolpe am Harz geboren, war später Platzcommandant von Rovigo, und starb 1856 zu Venedig.

[5]) Morstadt wurde 1797 zu Kolin in Böhmen geboren, erhielt nach guten Studien in Prag verschiedene Staatsämter, und starb als königl. Rath 1869 auf einer Erholungsreise zu Lichtenwald in Steyermark.

Sonnennähe zurückkehren müßte, — war mit allem Eifer darauf ausgegangen, diesen Kometen zu erhaschen, ja soll sogar seine Wachtposten darauf instruirt haben, ihm im Aufpassen behülflich zu sein. Nach gelungenem Funde machte er sich sodann mit Erfolg an die Berechnung seiner Bahn und den Nachweis jener vermutheten Identität, und gab somit mit vollem Rechte dem Kometen seinen Namen, — während die Franzosen ihn allerdings nach Gambart benennen wollten, der ihn zwar ebenfalls berechnet, aber zehn Tage später entdeckt hatte. — Die Bahn des Biela'schen Kometen hat das Eigenthümliche, daß ihr absteigender Knoten sehr nahe an die Erdbahn fällt, und hiemit hängt es zusammen, daß dieser harmlose Körper bei seiner Wiedererscheinung im Jahre 1832 den bereits unter einer frühern Nummer geschilderten Schrecken hervorrufen konnte. — Während er sodann 1839 wegen ungünstiger Verhältnisse nicht beobachtet werden konnte, erschien er dagegen 1845 XI 28 und folgende Tage wieder in ganz normaler Weise. Später nahm er eine etwas längliche Gestalt an, ja 1846 I 13 bemerkte Matthew Fontaine Maury in Washington[a]) eine Art Bifurcation, und I 27 erkannte d'Arrest bereits einen Doppelkopf; noch etwas später sah man zwei deutlich geschiedene Nebelmassen ganz gemüthlich neben einander laufen, — und diese fanden sich auch bei der folgenden Wiederkehr im August 1852 mit dem einzigen Unterschiede vor, daß ihre Distanz etwas größer geworden war. Die von Ephorus, einem griechischen Schriftsteller aus dem 4. Jahrhundert v. Chr. berichtete Thatsache, daß ein Komet, und zwar muthmaßlich derjenige vom Jahre 371, in zwei deutliche Theile zerfallen sei, welche bis dahin bezweifelt worden war, hat dadurch selbstverständlich Glaubwürdigkeit erhalten. — Im Jahre 1859 konnte

[a]) Maury, später besonders durch seine „Sailing Directions" bekannt geworden, wurde 1806 in County Spottsylvania in Virginien geboren, trat in die amerikanische Marine, erhielt die Direction des Naval Observatory, welche er aber in den Wirren von 1860 wieder niederlegen mußte, und starb 1873 zu Laxington in Virginien.

man wieder wegen ungünstiger Verhältnisse kaum erwarten den Kometen zu sehen; dagegen sollte er nach den Vorausberechnungen von Michez in Bologna vor und nach seinem auf 1866 I 26 fallenden Periheldurchgange sichtbar werden, — wurde aber, trotzdem d'Arrest und Secchi mit ihren kräftigen Instrumenten eifrigst danach suchten, nicht aufgefunden, und Ersterer gewann die Ueberzeugung, daß er sich aufgelöst habe, und Kepler mit seinem Ausspruche: „Ich halte dafür, daß der Kometenkörper sich verwasche, verändere, auseinandergezogen und zuletzt vernichtet werde, und daß, wie die Seidenwürmer durch das Herausspinnen ihres Fadens, so auch die Kometen durch das Ausströmen ihres Schweifes aufgezehrt und endlich dem Tode überliefert werden", so ziemlich Recht behalten dürfte[7]). — Auch die Kometen, welche die Namen ihrer Entdecker Theodor Brorsen[8]), Francesco de Vico[9]), Jean Louis Pons, Anders Lexell, Heinrich Ludwig d'Arrest und Etienne Faye tragen, und der Mehrzahl nach bereits wiederholt aufgefunden worden sind, haben auffallend kurze Umlaufszeiten, und, wie diejenigen von Encke und Biela, directe Bewegungen, so daß sie speciell unserm Sonnensysteme anzugehören scheinen; es würde jedoch zu weit führen, auch ihre Geschichte einläßlich zu behandeln.

253. Die physische Beschaffenheit der Kometen. Zum Studium der Natur der Kometen, die man sich nach Hock als wahre Irrsterne (Vagabunden) zu denken hätte, deren hyperbolische Bahnen nur ausnahmsweise bei Begegnung mit einem mächtigern Weltkörper in elliptische verwandelt würden, wie dieß z. B. 1767

---

[7]) Vergl. 254 für die seither wieder aufgefundenen Spuren.

[8]) Brorsen wurde 1819 zur Norburg auf Alsen geboren, und beobachtete eine Reihe von Jahren auf der Sternwarte des Freiherrn von Senftenberg in Böhmen.

[9]) Francesco de Vico, 1805 zu Macerata geboren und Director der Sternwarte des Collegio romano, wurde 1848 durch die Revolution aus Rom vertrieben, und starb dann noch im gleichen Jahre in London, von wo er nach Georgetown abgehen wollte.

nach Laplace's Rechnungen dem berühmten Lexell'schen Kometen von 1770 durch Jupiter widerfuhr, — boten früher nur einige wenige, wie namentlich der von Heinsius und Loys de Chesçaux beobachtete Komet von 1744, der Halley'sche Komet bei seiner Erscheinung von 1835 und der von Giovanni Battista Donati in Florenz[1]) 1858 entdeckte Komet durch die an ihnen wahrgenommenen Ausströmungen nnd neuen Schweifbildungen, die bei dem Kometen von 1744 schließlich einen förmlichen Fächerschweif ergaben, gute Gelegenheit. In der neuesten Zeit haben sich dagegen die Mittel gesteigert, und es sind z. B. durch spektroskopische Beobachtung mehrere helle Linien im Kometenspectrum nachgewiesen worden. Aus diesen müßte man auf eigenes Licht und gasige Natur schließen, während die, namentlich von Arago seiner Zeit am Halley'schen Kometen nachgewiesenen Polarisationserscheinungen auf reflectirtes Licht deuteten. Einen zwischen diesem scheinbaren Widerspruche vermittelnden Befund hat Vogel in seiner, der Nr. 1908 der Astronomischen Nachrichten einverleibten Mittheilung „Ueber die Spectra der Kometen" abgegeben, indem er sagt: „Die Spectra aller bisher untersuchten Kometen bestanden aus wenigen hellen Linien, oder besser lichten Streifen, und einem meist sehr schwachen continuirlichen Spectrum. Der Haupttheil des von Cometen ausgehenden Lichtes scheint demnach eigenes, wahrscheinlich von einem glühenden Gase herrührend, zu sein, während der andere Theil reflectirtes Sonnenlicht ist." Immerhin sind aber, wie dieß auch Vogel auf das Entschiedenste ausspricht, wohl alle Erfahrungen, welche man bis jetzt mit Fernrohr und Spektroskop über die Natur und Beschaffenheit der Kometen und ihrer Schweife sammeln konnte, zumal uns alle Kenntnisse über die Druck- und Temperaturverhältnisse im Innern der Kometen abgehen, noch kaum genügend, um eine sichere Basis für Specu-

[1]) Er wurde 1826 zu Pisa geboren, und starb 1873 als Director der Sternwarte zu Florenz.

lationen zu bieten, und es liegt wohl hierin der Grund, daß die Zöllner[2]), Zenker[3]), ꝛc. trotz allem aufgewandten Scharfsinn doch am Ende noch nicht viel weiter kamen als sich in ihren Ansichten zu bekämpfen. Immerhin sind die von Ersterem aufgestellten Sätze nach Inhalt und Begründung von so hohem Interesse, daß hier specieller auf sie eingetreten werden mag: Zöllner stellt sich auf dieselbe Basis mit Bessel, der schon am 20 Januar 1835 bei Anlaß des Halley'schen Kometen an Olbers schrieb[4]): „Ich glaube, daß das Ausströmen des Schweifes der Kometen ein rein elektrisches Phänomen ist. Körperchen auf dem Kometen und der Komet selbst werden durch den Uebergang von größerer zu geringerer Entfernung von der Sonne elektrisirt und dadurch abgestoßen", — geht bei seiner Untersuchung von dem Satze aus[5]): „Steht ein Körper gleichzeitig unter dem Einfluß der Gravitation und freien Elektricität eines andern, so prävalirt bei zunehmender Masse die Gravitation, bei abnehmender Masse die Elektricität als bewegende Kraft. Daher stehen die Kerne der Kometen, als tropfbar — flüssige Massen, unter dem Einflusse der Gravitation, die entwickelten Dämpfe, als Aggregate sehr kleiner Massentheilchen, unter dem Einflusse der freien Elektricität der Sonne", — und kömmt nach langer Discussion zu dem Schlußresultate[6]): „Wenn man für die Elemente des Nebenschweifes am Donati'schen Kometen Massen von der Ordnung eines Wassermoleküles voraussetzt, so genügt es, der Sonnenoberfläche und den Elementen der Kometenschweife nur dieselbe elektrische Dichtigkeit beizulegen, wie sich dieselbe als Mittel aus Dellmann's zweijährigen Beobachtungen

[2]) „Zöllner, Ueber die Natur der Kometen. Leipzig 1872 in 8," und: „Ueber die physische Beschaffenheit der Kometen (A. N. 2057—60 und 2082—86)."

[3]) „W. Zenker, Ueber die physischen Verhältnisse und die Entwicklung der Kometen. (A. N. 1890—93.)"

[4]) Siehe Briefwechsel II 390.

[5]) Natur d. Kom. pag. 119.

[6]) A. N. 2085—86.

für die Erdoberfläche ergibt, um alle Geschwindigkeiten der Schweifelemente des Halley'schen und Donati'schen Kometen in Uebereinstimmung mit den Beobachtungen Bessel's und Pape's numerisch abzuleiten, — so daß es zur Erklärung der wesentlichsten Erscheinungen der Kometen nicht der Annahme einer neuen, bisher unbekannten repulsiven Naturkraft der Sonne bedarf, wie dieß Faye in verschiedenen Abhandlungen über diesen Gegenstand zu begründen versucht hat".

254. Kometen und Sternschnuppen. In der neuesten Zeit hat G. V. Schiapparelli[1]) in Mailand in seinen 1867 publicirten „Note e riflessioni intorno alla teoria astronomica delle stelle cadenti" eine merkwürdige, allerdings schon spätestens 1837 [2]) von Morstadt geahnte, aber dann nicht weiter verfolgte Verwandtschaft zwischen einzelnen Kometen und den Sternschnuppenschwärmen höchst wahrscheinlich gemacht, und auch Edmund Weiß in Wien[3]) dieselbe einläßlichen Studien unterworfen[4]). Sie haben so z. B. nachweisen können, daß die im August auftretenden sogenannten „Perseiden" eine ganz ähnliche Bahn wie der Komet 1862 III, und die in einzelnen Jahren im November als Sternschnuppenregen sichtbar werdenden „Leoniden" eine ganz ähnliche Bahn wie der Komet 1866 I verfolgen[5]), wie wenn die Kometen Geschwister der Sternschnuppen, oder,

---

[1]) Giovanni Virginius Schiaparelli, Director der Sternwarte in Mailand, 1835 zu Savigliano in Piemont geboren.

[2]) Vergl. A. N. 347.

[3]) Zu Freiwaldau in österr. Schlesien 1837 geboren, Professor der Astronomie und Adjunct der Sternwarte in Wien.

[4]) Auch Daniel Kirkwood (1814 zu Harford in Maryland geboren; Professor der Mathematik an der Indiana University) hat in seiner Schrift „Comets and Meteors. Philadelphia 1873 in 8" diese Beziehungen einläßlich besprochen.

[5]) Hind hat seither nachgewiesen, daß der Komet 1866 I mit den Kometen von 1366 und 868 identisch sein dürfte: da nun 1866—1366 = 15 × 33,28 und 1366—868 = 15 × 33,24, und anderseits (v. 247) die Leoniden einer Periode von 33¼ Jahr unterworfen sind, so gewinnt der Zusammenhang noch mehr an Wahrscheinlichkeit.

was noch mehr für sich zu haben scheint, die Sternschnuppen Auflösungsproducte der Kometen wären. — Von ganz besonderm Interesse ist der Weiß und bald darauf auch d'Arrest gelungene Nachweis, daß die Anfang December und Ende November beobachteten Sternschnuppenströme mit dem Kometen von Biela in engstem Zusammenhange stehen, gewissermaßen längs seiner Bahn ausgestreute Ablösungen desselben sein dürften. Der Erstgenannte wies aus den für den Kometen gefundenen Elementen nach, daß die Erde dessen absteigenden Knoten

1772 1826 1852

successive an

XII 10 XII 4 XI 28

erreicht habe, und die Bahntangente zu diesen Epochen nach

ε Cassiop. ν Androm. λ Androm.

gerichtet gewesen sei, also die Radiationspunkte entsprechender Sternschnuppen in der Nähe genannter Sterne gelegen haben müßten. Diese Vermuthung, für deren Richtigkeit z. B. der von Brandes 1798 XII 6 — 7 beobachtete Sternschnuppenregen sprach, scheint nun thatsächlich erwiesen zu sein. Der Komet, welcher nach der von Michez durchgeführten Rechnung 1872 X 6 zum Perihel zurückkehren sollte, kam nicht in Sicht, — dagegen wurden XI 27, wo die Erde seinen absteigenden Knoten passirte, wirklich überall, wo nur der Himmel die Beobachtung erlaubte, viele Tausende von Sternschnuppen (100 und mehr per Minute) gezählt, und für sie durchschnittlich gerade λ Andromedae als Radiationspunkt gefunden. Ja noch mehr: Bei Anlaß des eben erwähnten Sternschnuppenregens kam Klinkerfues die Idee, es möchte die betreffende Meteorwolke nach ihrem Vorübergange an dem Gegenpunkte des Radiationspunktes, welchen man als Radiationspunkt der Convergenz bezeichnen könnte, also etwas nördlich von β Centauri, als Komet zu sehen sein; er telegraphirte XI 30 an Pogson in Madras, er möchte in jener Gegend nachsehen, und dieser fand dann in der That XII 2—3 an der bezeichneten Stelle etwas Kometen-Aehnliches.

255. Der südliche Sternhimmel. Schon im letzten Viertel des 17. Jahrhunderts entschloß sich Halley, der sich für die von Hevel und Flamsteed bearbeiteten Sternkataloge lebhaft interessirte, wo immer möglich dieselben nach Süden fortzusetzen, und da es ihm gelang seinen König dafür so weit zu interessiren, daß er der Ostindischen Compagnie die Uebernahme der Kosten einer betreffenden Expedition empfahl, so kam sein Plan wirklich zur Ausführung. Im November 1676 schiffte er sich mit seinen Instrumenten, unter denen sich ein 24füßiges Fernrohr befand, nach St. Helena ein, der damals südlichsten der englischen Besitzungen, und begann dort nach dreimonatlicher Reise seine Arbeit. Trotzdem er aber dieselbe über ein Jahr mit großem Eifer fortsetzte, blieb das Ergebniß in Folge ungünstiger Witterungsverhältnisse weit hinter seinen Erwartungen zurück, und sein Katalog, mit dem er nach zweijähriger Abwesenheit nach England zurückkehrte, und den er sodann 1679 in London unter dem Titel „Catalogus stellarum australium, seu supplementum catalogi Tychonici“ publicirte, umfaßte nur etwa 360 in Europa unsichtbare Sterne, — darunter eine Reihe südlich vom Centaur stehender, aus welchen er zu Ehren seines Königs ein neues Sternbild unter dem Namen „Robur Carolinum“ zu bilden vorschlug. — Glücklicher als Halley war Lacaille bei seinem mehrerwähnten Aufenthalte am Cap in Ausbeutung des südlichen Himmels. Das die betreffenden Arbeiten enthaltende und möglichst ausnutzende Werk kam 1763 nach seinem Tode, von seinem Freunde Maraldi besorgt, unter dem Titel „Coelum australe stelliferum, seu observationes ad construendum stellarum australium catalogum institutæ in Africa ad caput bonæ spei“ zur Publikation, und enthält die Beobachtungen von 10035 Sternen, einen Katalog von 1942 der wichtigsten derselben, und eine Karte des südlichen Himmels. Diese Karte, deren Original in großem Maaßstabe von der Pariser Academie aufbewahrt wird, enthält zum ersten Mal die nach Lacaille zur Ergänzung eingeführten zwölf neuen Sternbilder, durch welche die Anzahl sämmtlicher jetzt angenommener Sternbilder auf 84 gebracht worden ist, nämlich:

73. L'atelier du sculpteur (Apparatus sculptoris, Bildhauerwerkstatt).
74. Le fourneau chimique (Fornax, Ofen).
75. L'horloge à pendule (Horologium, Pendeluhr).
76. Réticule romboïde (Reticulum, Fadennetz).
77. Le burin du graveur (Caela sculptoris, Grabstichel).
78. Montagne de la table (Mons mensae, Tafelberg).
79. Chevalier du peintre (Equus pictoris, Malerstaffelei).
80. Machine pneumatique (Antlia pneumatica, Luftpumpe).
81. Compas du géomètre (Circinus, Zirkel).
82. L'octans ou compas de réflexion (Octans, Spiegelsextant).
83. Le télescope (Telescopium, Fernrohr).
84. Le microscope (Microscopium, Mikroskop).

Bei Lacaille selbst kommen dann allerdings noch zwei weitere Sternbilder „Boussole ou compas de mer“ und L'equerre de l'architecte“ vor, welche auch einige Zeit gebraucht, später aber wieder weggelassen worden sind. — In der neuesten Zeit ist natürlich, wie uns die nächstfolgenden Abschnitte zeigen werden, die Kenntniß des südlichen Himmels durch den Aufenthalt Herschel's am Cap, und durch die theils daselbst, theils zu Paramatta[1]), Melbourne[2]), Cordova[3]), Madras[4]) ꝛc. errichteten

[1]) Zu Paramatta beobachteten von 1822—26 Rümker und Dunlop auf der von Brisbane (v. 258) erbauten Sternwarte den Südhimmel so fleißig, daß 1835 ein Katalog von 7385 Sternen publicirt werden konnte.

[2]) In Melbourne soll Robert J. L. Ellery seit 1866 zahlreiche Beobachtungen angestellt haben. Vergl. 256.

[3]) Vergl. 256.

[4]) In Madras legte Thomas Glanville Taylor (1804—1848) von 1843 bis 1847 einen Katalog von 11015 Sternen an, der gewissermaßen die Arbeiten auf beiden Hemisphären vermittelt; derselbe ist in den Jahren 1862—69 durch Pogson nahezu verdoppelt worden. Vergl. 256.

ständigen Sternwarten noch bedeutend gefördert worden, aber nichts desto weniger bilden noch immer die Lacaille'schen Arbeiten, welche in dem 1847 zu London erschienenen, auf Kosten der British Association durch Thomas Henderson und Francis Baily besorgten „Catalogue of 9766 Stars in the Southern Hemisphere, for the beginning of the year 1750, from the observations of the Abbé de Lacaille“ noch nutzbarer gemacht wurden, eine Hauptgrundlage derselben.

256. Die Aichungen und Zonenbeobachtungen. Als einzig sichere Grundlage aller Studien über die Vertheilung der Sterne und überhaupt aller Bestrebungen ein vollständiges Bild des Sternhimmels zu erhalten, sind die sogenannten Aichungen und Zonenbeobachtungen von großer Wichtigkeit geworden: Erstere, die Wilhelm Herschel einführte, bestehen darin, daß man ein Fernrohr nach und nach auf verschiedene Punkte des Himmels einstellt, je die gleichzeitig im Fernrohr erscheinenden Sterne abzählt, und aus mehreren benachbarten Zählungen in Berücksichtigung der Größe des Gesichtsfeldes auf die mittlere Dichte der Sterne an der betreffenden Stelle des Himmels schließt. Vater Herschel selbst, der für diese Arbeit ein Teleskop von circa 19 Zoll Oeffnung bei Vergrößerung 157 anwandte, und sich auf die zwischen 45° nördlicher und 30° südlicher Declination liegende Zone beschränkte, zählte in derselben 3400 Felder ab, und konnte daraus schließen, daß in dieser Zone an 6 Millionen mit dem angewandten Fernrohre sichtbare Sterne vorhanden sein möchten, — am ganzen Himmel aber bei 20 Millionen. Sein Sohn John Herschel[1]), der in den Jahren 1834 bis 1838 auf eigene Kosten eine Expedition ans Cap der guten Hoffnung unternahm um den südlichen Himmel zu studiren[2]), zählte dort unter Anderm um die Aichungen seines Vaters zu ergänzen auch noch 2299 Gesichtsfelder mit 68948 Sternen ab. Die Schlüsse

[1]) Vergl. für ihn und den Vater 168.

[2]) Vergl. seine „Results of astronomical observations made during the years 1834—38 at the Cape of good Hope. London 1847 in 4“.

aus diesen Aichungen werden uns sofort beschäftigen. — Die Zonenbeobachtungen, welche schon Jeaurat, Lepaute d'Agelet und Michel Lefrançais auf der Sternwarte der Kriegsschule nach Wunsch und unter Leitung von Lalande begonnen hatten[3]), und die sodann in der ersten Hälfte des gegenwärtigen Jahrhunderts besonders durch Bessel und Argelander in großartiger Weise ausgeführt worden sind[4]), bestehen darin, daß man ein Meridianfernrohr je auf eine bestimmte Declination einstellt, und nun alle Sterne beobachtet, welche nach und nach in Folge der täglichen Bewegung durch das Gesichtsfeld gehen. Argelander allein hat auf solche Weise noch neuerdings nur am nördlichen Himmel bei Dreihunderttausend Sterne der neun ersten Größenklassen katalogisirt, und gegenwärtig ist theils auf Anregung der durch ihn dafür inspirirten deutschen astronomischen Gesellschaft und unter Mitwirkung vieler Sternwarten wieder eine großartige Arbeit dieser Art nach einheitlichem Plane für die unter mittlern Breiten sichtbaren Sterne im Gange, — theils haben sich Pogson in Madras, Ellery in Melbourne und Maclear am Cap vereinigt, auch den südlichen Himmel durch entsprechende Beobachtungen auszubeuten, und so ist, da Gould zu Cordova in Argentinien auf eigene Faust ebenfalls mit großer Energie südliche Zonen aufnimmt, es also an der für

---

[3]) Vergl. die „Histoire céleste française, publiée pas Jér. Delalande. Paris 1801 in 4" und den von Fr. Baily auf Kosten der British Association und mit Hülfe der Schumacher'schen Reductionstafeln daraus für die Epoche 1800 erstellten „Catalogue of 47390 Stars. London 1847 in 8". — Joseph Lepaute d'Agelet, Neffe des Uhrmachers Lepaute und Lieblingsschüler von Lalande, wurde 1751 zu Thone-la-Long bei Montmédy geboren, und 1768 durch seine Tante nach Paris gezogen, wo er so rasche Fortschritte machte, daß er schon 1773 Kerguelen für seine Expedition nach der Südsee als Astronom mitgegeben wurde. Nach seiner Rückkehr wurde er Professor der Mathematik an der Ecole militaire und Mitglied der Academie, und arbeitete nebenbei rastlos auf der Sternwarte, bis er 1785 zum astronomischen Begleiter von La Pérouse bestimmt wurde, und dann leider mit der ganzen Expedition 1788 im stillen Ocean verunglückte.

[4]) Vergl. unter Andern 258 und 259.

solche Arbeiten äußerst nöthigen Controle nicht fehlt, alle Aussicht vorhanden, in relativ kurzer Zeit ein ziemlich vollständiges Bild des ganzen Sternhimmels zu erhalten. Wir werden im Folgenden auch die wichtigsten der bis jetzt aus solchen Zonenbeobachtungen gezogenen Schlüsse, und der auf ihrer Benutzung beruhenden Sternkataloge und Sternkarten kennen lernen[5]).

257. Die Vertheilung der Sterne und die Milchstraße. Aus den Zonenbeobachtungen geht z. B. hervor, daß jede folgende Größenklasse circa $3^1/_2$ mal so viele Sterne zählt als die vorhergehende, und daraus scheint, wenigstens für die ersten Größenklassen zu folgen, daß die Sterne im Allgemeinen nahe von gleicher Größe und nahe gleich vertheilt sind, und daß uns somit einzelne Sterne zunächst nur darum größer erscheinen, weil sie näher an uns stehen, wie dieß z. B. Wilhelm Struve in seinen 1847 publicirten „Etudes d'astronomie stellaire" dargethan hat. — Aus den Aichungen dagegen, bei welchen die kleinen Sterne überwiegen, scheint sowohl nach den beiden Herschel, als auch nach den von May[1]) durch eingehendes Studium ihrer Angaben erhaltenen Resultaten, hervorzugehen, daß unsere Sonne nahezu in der Mitte eines linsenförmigen, der Hauptausdehnung nach durch die Milchstraße repräsentirten Sternsystemes steht. Letztere ist durch Horner bei Gelegenheit seiner Erdumseglung[2]), und seither theils durch James Dunlop auf der Sternwarte zu Paramatta[3]), theils durch John Herschel während seines mehrerwähnten Aufenthaltes am Cap in ihren südlichen Theilen etwas genauer, jedoch muthmaßlich immer noch nicht vollständig genug durchforscht worden. Von den nördlichen Theilen haben schon vor längerer Zeit Heis und Schmidt begonnen Karten zu entwerfen, und in der letzten Zeit soll

[5]) Vergl. 257—259.

[1]) Amadäus Siegmund Friedrich von May von Rued, zu Bern 1801 geboren, — ein sehr thätiger Privatgelehrter.

[2]) Vergl. Mon. Corr. Bd. 10.

[3]) Vergl. Phil. Transact. 1828. — Dunlop war ein Schotte, der etwa 1848 zu Paramatta als Director der dortigen Sternwarte starb.

Marth mit dem großen Equatoreal von 25" auf 29', das der reiche Fabrikant Newall zu Gateshead in Northumberland bei Cooke in York erbauen ließ, eine entsprechende Arbeit in Angriff genommen haben. Ebenso hat sich auch der thätige Richard Proctor[4]) den Untersuchungen über die Vertheilung der Fixsterne und ihr Verhältniß zur galaktischen Ebene zugewandt.

258. Die Sternkataloge. Außer den schon beiläufig erwähnten Sternkatalogen von Halley, Lacaille, Tobias Mayer, Piazzi, ꝛc., und den von Weisse[1]) und Oeltzen[2]) aus den Zonenbeobachtungen von Bessel und Argelander erstellten Katalogen, an welche sich noch das von Letztgenanntem auf Grund seiner neuesten „Durchmusterung" selbst bearbeitete, in Band 3—5 der „Bonner Beobachtungen" unter Beigabe äußerst instructiver Einleitungen publicirte, 315000 Sterne enthaltende „Bonner Sternverzeichniß" reiht, sind am Ende des vorigen und im Laufe des gegenwärtigen Jahrhunderts noch eine ganze Menge von Sternkatalogen durch die Lalande[3]), Zach[4]), Brisbane[5]), Groombridge[6]), Koller[7]), Rümker[8]),

---

[4]) Proctor wurde 1837 zu Chelsea geboren.

[1]) „Max. Weisse (Ladendorf in Oesterreich 1798 — Krakau 1863; Professor der Astronomie in Krakau), Positiones mediae stellarum fixarum in Zonis Regiomontanis a Besselio inter — 15° et + 45° declinationis observatarum ad A. 1825 reductae. Petropoli 1846—63, 2 Vol. in 4".

[2]) „Wilhelm Albrecht Oeltzen (1824 zu Hannover geboren, damals Assistent in Wien, später Observator an der Pariser Sternwarte), Argelanders Zonenbeobachtungen von 45—80°. Wien 1851—52, 2 Bde. in 8."

[3]) Vergl. 256.

[4]) „Fixarum praecipuarum Catalogus novus. Gothae 1792 in 4."

[5]) General Sir Thomas Brisbane (1770—1860), der die Sternwarten in Paramatta und Makerstown gründete, auf deren ersterer namentlich Rümker, auf der zweiten aber Allan Broun arbeitete.

[6]) Stephen Groombridge (1755—1832), ein Londoner Tuchhändler, der eine Privatsternwarte zu Blackheath besaß, auf der sein berühmter „Catalogue of circumpolar stars" entstand, welchen Airy 1838 zu London auf öffentliche Kosten herausgab.

[7]) Marian Koller (Bistritz 1792 — Wien 1866), erst Director der Sternwarte in Kremsmünster, dann k. k. Ministerialrath im Kultusministerium.

[8]) „Karl Ludwig Christian Rümker (Stargard 1788 — Lissabon 1862;

Baily, Wrottesley[9]), Airy[10]), Johnson[11]), Carrington[12]), Lamont[13]), ꝛc. ausgegeben worden, — und außerdem eine Reihe von zu ihrer Benutzung nothwendigen Hülfstafeln, welche die Zach[14]), Bessel[15]), Wolfers[16]), Struve[17]), ꝛc. geliefert haben, — auch der wichtigen „Tafeln zur Reduction der Declinationen verschiedener Sternverzeichnisse auf ein Fundamentalsystem" nicht zu vergessen, welche Auwers in Nr. 1532—36 der Astronomischen Nachrichten gegeben hat. Für den gewöhnlichen Gebrauch ist immer noch der 1845 unter der Leitung von Fr. Baily[18]) ausgegebene „Catalogue of Stars of the British Association for the advancement of science", der von 8377

Director der Sternwarten in Paramatta und Hamburg), Mittlere Oerter von 12000 Fixsternen für 1836. Hamburg 1846—52 in 4."

[9]) Lord John Wrottesley wurde 1798 zu Wrottesley-Hall in Staffordshire geboren, wo er sich nach dem Tode seines Vaters eine hübsche Sternwarte erbaute, nachdem er schon zu Blackheath eine kleinere besessen hatte. Für seine Kataloge vergl. Mem. Astr. Soc. X u. f.

[10]) Der 1849 ausgegebene „Greenwich Twelve-Year-Catalogue" dem seither mehrere Aehnliche folgten.

[11]) „Manuel John Johnson (1805—1859; Radcliffe Observer in Oxford), The Radcliffe Catalogue of 6317 stars chiefly circumpolar, reduced to the Epoch 1845, 0. Oxford 1860 in 8." Die Herausgabe erfolgte durch seinen Nachfolger R. Main, der seither noch weitere Radcliffe-Kataloge folgen ließ.

[12]) „R C. Carrington, Catalogue of 3735 circumpolar stars observed at Redhill in the years 1854—56. London 1857 in Fol."

[13]) Vergl. die Supplementbände 5, 8, 9, 11—13 der Annalen der Münchener Sternwarte.

[14]) „Tabulae aberrationis et nutationis in ascensionem rectam et in declinationem una cum insigniorum 494 stellarum zodiacalium catalogo novo. Gothae 1806—7, 2 Vol. in 8, — und: Nouvelles tables d'aberration et de nutation. Marseille 1812—13, 2 Vol. in 8."

[15]) „Bessel, Tabulae Regiomontanae reductionum observ. astron. A. 1750—1850. Regiomonti 1830 in 8."

[16]) „Jacob Philipp Wolfers (Minden 1803 geboren, Professor in Berlin), Tabulae reductionum. A. 1860—80. Berol. 1858 in 8."

[17]) „O. Struve, Tabulae quantitatum Besselianarum. A. 1750—1879. Petrop. 1861—71 in 8."

[18]) Francis Baily, 1774 zu Newbury in Berkshire geboren, und 1844 zu London als Präsident der Roy. Astron. Society verstorben.

über den ganzen Himmel vertheilten Sternen die Positionen für 1850, die nöthigen Reductionszahlen für Berechnung des scheinbaren Ortes zu irgend einer Zeit und die nothwendigen Verweisungen auf die Specialkataloge gibt, sehr beliebt.

259. Die Sternkarten. Den Sternkarten von Flamsteed, welche bereits als Grundlage und Muster der neuern Arbeiten auf diesem Gebiete bezeichnet worden sind, folgten die Atlasse der Cellarius, Rost, Doppelmayr, Fortin, Goldbach, Bode, Harding, Littrow, Riebig, Schwinck, Argelander, Dien, Heis, Möllinger, Proctor, ꝛc. — Ganz besonders ist, seiner Eigenthümlichkeit wegen, der von Andreas Cellarius[1]) 1708 zu Amsterdam unter dem Titel „Harmonia macrocosmica seu Atlas universalis et novus, totius universi creati cosmographiam generalem et novam exhibens" herausgegebene Atlas hervorzuheben, da er versucht nicht nur den Sternhimmel, sondern den ganzen Weltbau darzustellen: Auf 21 Tafeln werden das Ptolemäische, Tychonische und Copernikanische System behandelt, — besonders ausführlich das Erstere mit speciellem Eingehen auf die Theorien der Sonne, des Mondes, der untern und obern Planeten; zwei folgende Tafeln stellen den christlichen, die sechs letzten endlich den heidnischen Himmel vor, natürlich im Geschmacke der damaligen Zeit, und dabei so, daß man trotz der saubern Zeichnung vor Figuren die Sterne kaum sehen kann. — Als erste Versuche dem größern Publikum handliche Sternatlasse in die Hände zu geben, ist theils der von Leonhard Rost 1723 zu Nürnberg ausgegebene „Atlas portatilis coelestis oder compendiöse Vorstellung des ganzen Weltgebäudes", theils der von J. Fortin[2]), „Ingénieur mécanicien du roi pour les globes et sphères", als Reduction der Flamsteed'schen Karten 1776 zu Paris aus-

[1]) Ueber seine Lebensumstände scheint sich gar nichts erhalten zu haben.

[2]) Auch über Fortin, der vielleicht Vater des etwa 1831 zu Paris verstorbenen, namentlich durch sein Reisebarometer bekannten Fortin war, ist nichts Näheres bekannt.

gegebene „Atlas céleste“, von dem Lalande und Méchain 1795 eine neue Ausgabe besorgten, zu erwähnen. — Wegen ihrer Reichhaltigkeit an Sternen dürften der von Harding 1822 publicirte „Atlas novus coelestis“ und der von Argelander 1863 ausgegebene „Atlas des nördlichen gestirnten Himmels“ hervorzuheben sein, — wegen ihrer Handlichkeit und Treue in Wiedergabe der scheinbaren Größe die 1843 von Argelander veröffentlichte „Neue Uranometrie“, der 1872 von Heis aufgelegte „Atlas coelestis novus“ und der 1874 von C. Behrmann zu Leipzig herausgegebene „Atlas des südlichen Himmels“ — wegen der eigenthümlichen Darstellung der 1851 von Otto Möllinger*) publicirte „Himmelsatlas mit transparenten Sternen“ und der 1870 von Proctor ausgegebene „Star Atlas in twelve circular Maps on the equidistant projection“, — ꝛc. — Der zu speciellen Zwecken construirten Sternkarten, wie z. B. der sogenannten Berliner academischen Sternkarten, ist bei Gelegenheit bereits gedacht worden; dagegen mag noch erwähnt werden, daß die zuweilen in früherer Zeit auftauchenden Versuche, die alten Sternbilder abzuändern und auf ihre Kosten, sei es aus Schmeichelei oder Privatliebhaberei, neue Sternbilder einzuschieben, wie es durch die Halley, Hell, Lalande, Bode, ꝛc. versucht worden ist, jetzt für ein- und allemal abgewiesen zu sein scheinen.

260. **Die fortschreitende Bewegung der Sonne.** Tobias Mayer scheint der Erste gewesen zu sein, der, bei Vergleichung seiner Sternörter mit früher Bestimmten, Unterschiede nachwies, die nicht durch Beobachtungsfehler oder Unsicherheit in der Reduction auf eine andere Epoche erklärt werden können, — ja für 80 Sterne diese sogenannte „Eigenbewegung“ mit ziemlicher Richtigkeit bestimmte. Seine Arbeit trug alsbald reiche Früchte für die Astronomie, und zwar zunächst als Grundlage für die

*) Zu Speier 1814 geboren und Schüler von Schwerd, stand er lange Jahre als Professor der Mathematik in Solothurn, und leitet jetzt in Zürich eine Privatvorschule für das Polytechnikum.

Speculation. Nachdem nämlich der ausgezeichnete Lambert 1761 in seinen bereits besprochenen „Cosmologischen Briefen" die verschiedenen „Ordnungen" der Systeme im Allgemeinen besprochen, und dabei gefunden hatte, daß sich unsere Sonne mit einer großen Anzahl demselben Haufen angehörender Sterne um einen gemeinschaftlichen Schwerpunkt zu drehen habe, sagt er, daß sich die wirklichen Bewegungen der Sterne mit scheinbaren Bewegungen, welche Folgen der Bewegung unserer Sonne seien, combiniren werden, und so die in den Beobachtungen sich zeigenden sogenannten Eigenbewegungen der Fixsterne entstehen. Dann fügt er noch mit prophetischem Geiste bei: „Es wird später möglich werden, diese beiden Componenten zu trennen, und die Richtung anzugeben, nach der sich unsere Sonne bewegt." — Die Prophezeihung ging schneller in Erfüllung als man erwarten durfte, indem Herschel schon 1783 der Royal Society seine unmittelbar nachher in den Phil. Trans. abgedruckte Abhandlung „On the proper motion of the Sun and Solar System" vorlegte, in welcher die Lambert'sche Aufgabe vollständig gelöst war. Sein Gedankengang dabei war etwa folgender: Denkt man sich, man stehe in einer Lichtung mitten in einem Walde, so sieht man die umgebenden Bäume in einer gewissen gegenseitigen Lage. Bewegt man sich aber nach einer bestimmten Seite hin, so scheinen sich die Bäume zur rechten Hand im Sinne des Uhrzeigers zu bewegen, oder es nimmt also, nach astronomischem Ausdrucke, ihre Länge ab, — die links stehenden Bäume dagegen zeigen eine entgegengesetzte Bewegung oder ihre Länge nimmt zu[1]). Aehnlich verhält es sich bei den

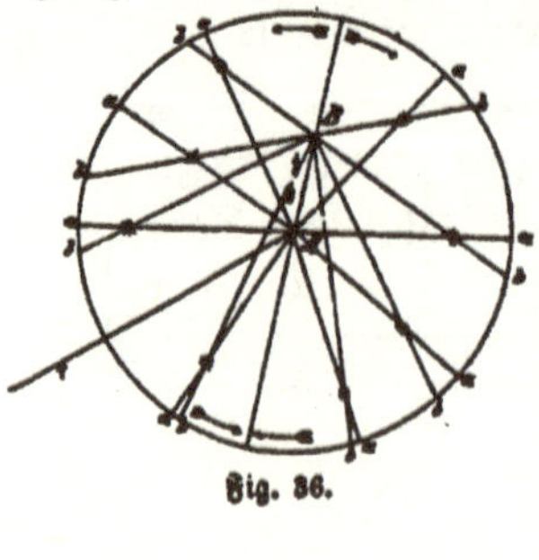

Fig. 36.

[1]) Bewegt sich ein Beobachter von A nach B, so scheinen ihm die Bäume oder Sterne von a nach b zu gehen, — und zwar, ganz entsprechend wie es im Texte angegeben wird, zur rechten Hand im Sinne des Uhrzeigers, so daß ihre Länge abzunehmen scheint, wie wenn sie rückläufig wären, — zur linken Hand aber geht die Bewegung im entgegengesetzten Sinne vor sich.

Sternen, wenn wir uns mit der Sonne in unserm Sternhaufen nach einer bestimmten Richtung fortbewegen; auch da müssen in diesem Falle Verschiebungen derselben Art vorkommen, und wenn diese Verschiebungen im Allgemeinen mit den aus den Beobachtungen hervorgegangenen Eigenbewegungen übereinstimmen, so wird umgekehrt der Schluß zu ziehen sein, daß sich die Sonne wirklich nach dieser Richtung bewegt. Herschel konnte nun in der That diese Uebereinstimmung unter der Voraussetzung nachweisen, daß sich die Sonne gegen das Sternbild des Herkules hinbewege, — genauer daß der sogenannte „Apex" in $17^h 22^m$ und $+26^\circ 27'$ liege. Auch Pierre Prevost[2]) kam in zwei Abhandlungen, welche er in Kenntniß von Herschel's Untersuchungen 1783 VII 3 und IX 11 der Berliner Academie vorlegte, und welche noch im gleichen Jahre mit den Berliner Memoiren von 1781 unter den Titeln „Sur le mouvement progressif du centre de gravité de tout le système solaire" und „Mémoire sur l'origine des vîtesses projectiles, contenant quelques recherches sur le mouvement du système solaire", anticipando abgedruckt wurden[3]), zu entsprechenden Schlüssen, und ebenso soll sich nahe gleichzeitig auch Klügel in Halle mit Aufsuchung des Apex befaßt haben. — Nachdem sodann Bessel mit Benutzung von Bradley's Beobachtungen wieder einige Hundert Eigenbewegungen bestimmt, — Argelander 1835 seine Schrift „DLX stellarum fixarum positiones mediae ineunte A. 1830" ausgegeben hatte[4]), 2c., wurde das von Herschel

[2]) Zu Genf 1751 geboren, lebte Prevost damals als Academiker in Berlin, übernahm später die Professur der Physik in seiner Vaterstadt und starb 1839 daselbst.

[3]) Durch diese anticipando abgedruckten Abhandlungen wäre beinahe ein Prioritätsstreit entstanden, der absolut kein Fundament gehabt hätte, da einerseits Herschel seine Abhandlung schon 1783 III 6 vorlegte, und anderseits Prevost eingestandener Maßen bei Abfassung seiner Abhandlung wenigstens theilweise Kenntniß von Herschels Arbeit besaß.

[4]) Seither sind auch durch die Main, Stone, Mädler, 2c. vielfache Untersuchungen über die Eigenbewegung angestellt worden, und Argelander selbst

erhaltene Resultat in schönster Weise bestätigt: Nicht nur zeigte Argelander in seiner klassischen und von der Petersburger Academie 1837 gekrönten Abhandlung „Ueber die eigene Bewegung des Sonnensystemes", daß diese Bewegung sich aus den Beobachtungen mit aller wünschbaren Sicherheit nachweisen lasse, — nicht nur kamen theils vor, theils nach ihm die Gauß, Struve, Lundahl[5]), Mädler, Galloway[6]), ꝛc. zu ähnlichen Resultaten, sondern es ist sogar wahrscheinlich gemacht worden, daß die Bewegung der Sonne sammt Gefolge per Stunde etwa 4000 Meilen beträgt, — ja es ist bereits mit Sicherheit abzusehen, daß man in folgenden Jahrhunderten die Veränderung der gegenwärtigen Bewegungsrichtung erkennen, daraus auf die eigentliche Bewegung der Sonne schließen, und ihre Umlaufszeit um einen fernen Schwerpunkt, d. h. das große Sonnenjahr, berechnen wird.

261. Die Sternvergleichungen. Für die, als nothwendiges Fundament zum Studium der veränderlichen Sterne, so äußerst wichtigen präcisen Bestimmungen der scheinbaren Größen der Sterne, bilden die betreffenden Arbeiten von Argelander eine förmliche Epoche. — Zu Memel am 22 März 1799 einem Kaufmanne geboren, wollte sich Friedrich Wilhelm August Argelander zu Königsberg dem Cameralfache widmen, wurde aber bald durch Bessel's Vorträge so angezogen, daß er ganz zur Astronomie überging, schon 1820 als Gehülfe an der dortigen Sternwarte und 1822 als Privatdocent seiner Neigung entsprechende Wirksamkeit fand, und sich nebenbei durch seine bereits citirte Arbeit über den Kometen von 1811 bekannt machte. Im Jahre 1823 zum Director der Sternwarte in Abo ernannt, be-

---

publicirte später noch im Band VII der Bonner Beobachtungen eine sehr wichtige und äußerst belehrende betreffende Arbeit.

[5]) G. Lundahl (1813—1844), zur Zeit Director der Sternwarte in Helsingfors.

[6]) Thomas Galloway, zu Lanarkshire 1796 geboren und 1851 zu London als Beamter einer Versicherungsgesellschaft verstorben.

gann er dort seine soeben besprochenen wichtigen Untersuchungen über die Eigenbewegungen der Fixsterne, ein Feld, dem er bis zu seinem Tode sein regstes Interesse zuwandte. Im Jahre 1832 siedelte er nach Helsingfors über, wohin nach einem großen in Abo stattgefundenen Brande Universität und Sternwarte verlegt wurden, und leitete daselbst den Bau der neuen Sternwarte, reducirte und veröffentlichte auch von hier aus seine zu Abo angestellten Beobachtungen[1]). Nachdem er 1836 Rußland verlassen, erhielt er einen Ruf als Professor der Astronomie in Bonn, wo unter seiner Leitung die vorzügliche Sternwarte erbaut und eingerichtet wurde, auf welcher er nun bis zu seinem am 17 Februar 1875 nach längern Leiden erfolgten Tode eine lange fruchtbare Thätigkeit entwickelte, von welcher ein guter Theil den im Eingange erwähnten Größenbestimmungen zufiel. Er benutzte für dieselben ausschließlich Sternvergleichungen mit freiem Auge, wobei er sich jede der alten Größenklassen in 10 Stufen abtheilte, und auch die Heis, Schmidt, Schönfeld, 2c., welche in Sachen seine unmittelbaren Schüler und Nachfolger waren, blieben seinem Systeme treu, — während dagegen John Herschel außer dem freien Auge auch die durch Bouguer und Lambert geschaffene Photometrie in der Weise verwandte, daß er ein Bild Jupiters erzeugte, für verschiedene Sterne die Stellungen des Auges aufsuchte, bei welchen das ausgebreitete Jupiterbild gleich hell wie sie erschien, und die Helligkeiten der Sterne den Quadraten der nöthigen Distanzen proportional setzte, — und die Steinheil, Seidel, Schwerd, Zöllner, 2c. das Auge durch Construction eigener Sternphotometer ganz zu eliminiren suchten: Letztere bewerkstelligten gewissermaßen eine Triangulation, während Erstere mehr den speciell für das Studium der veränderlichen Sterne nothwendigen Detail festsetzten. — Für das Sternphotometer von Steinheil vergleiche dessen 1835 von der

[1]) „Observationes astron. in specula univers. fennicae factae. Helsingf. 1830—32, 3 Vol. in Fol.“

Göttinger Academie gekrönte und in den Münchener Denkschriften abgedruckte Preisschrift „Elemente der Helligkeitsmessungen am Sternenhimmel“ und die von Seidel[2]) mit demselben gemachten, 1852 ebenfalls in den Münchener Denkschriften publicirten „Untersuchungen über die gegenseitigen Helligkeiten der Fixsterne“, — für dasjenige von Zöllner dessen „Grundzüge einer allgemeinen Photometrie des Himmels“, die 1861, und dessen „Photometrische Untersuchungen mit besonderer Rücksicht auf die physische Beschaffenheit der Himmelskörper“, die 1865 erschienen; das Photometer von Schwerd[3]) scheint dagegen nie öffentlich beschrieben worden zu sein, und es mag daher nach einer durch Schönfeld erhaltenen Notiz in Kurzem beigefügt werden, daß es aus einem parallaktisch montirten Fernrohr und einem zu demselben in jede beliebige Position versetzbaren Hülfsfernrohr besteht, dessen Bilder durch Prismen in das Gesichtsfeld des Hauptfernrohres verlegt werden: Das Eigenthümliche ist, daß das Hülfsfernrohr eine verschiebbare Collectivlinse besitzt, so daß der direct und der durch Reflexion gesehene Stern nicht nur durch Aufsetzen von Blenden auf gleiche Helligkeit, sondern auch auf gleiche Scheibengröße gebracht werden können. Nach den durch Schönfeld gesammelten Erfahrungen scheint, Alles in Allem betrachtet, das Zöllner'sche Photometer das Vorzüglichste zu sein, während dagegen die Photometer von Schwerd und Steinheil sich nahe gleichstellen würden, jedoch Ersteres etwas leichter zu handhaben wäre als Letzteres. — Für die Methode der Argelander'schen Schule kann auf ihres Begründers Anleitung in Schumacher's Jahrbuch auf 1844 hingewiesen werden, ferner auf die 1852 von Heis publicirte Abhandlung „De magnitudine relativa numeroque accurato stellarum quae solis oculis conspiciuntur fixarum“, sowie

[2]) Ludwig Philipp Seidel, Professor der Mathematik zu München, 1821 zu Zweibrücken geboren.

[3]) Friedrich Magnus Schwerd, zu Osthofen in Rheinbayern 1792 geboren, und 1871 als Professor der Mathematik zu Speyer verstorben.

auf die verschiedenen Bände der Bonner Beobachtungen und der Astronomischen Nachrichten.

262. Die Sternspectren. Abgesehen von den ersten Andeutungen, über die mit Hülfe einer Cylinderlinse erhaltenen bandartigen Spectren mehrerer heller Fixsterne, welche schon 1814 Fraunhofer bei Anlaß seiner berühmten Untersuchungen über die Sonne gab, und sodann 1823 in einer in Gilbert's Annalen eingerückten Abhandlung weiter ausführte, beschäftigte sich in der neuern Zeit namentlich William Allan Miller[1]) viel mit der Spectralanalyse solcher Selbstleuchter, und die von ihm mit William Huggins[2]) gemeinschaftlich gemachten Studien über die Spectren der Fixsterne und Nebel, deren Resultate Letzterer 1864—68 in seinen beiden Abhandlungen „On the Spectra of some of the fixed stars and nebulae" in den Phil. Trans. niederlegte, haben diesen beiden Gelehrten mit Recht die goldene Ehrenmedaille der Royal Astronomical Society eingetragen, da sich daraus bereits die wichtigen Thatsachen ergaben, daß die Fixsterne im großen Ganzen eine ähnliche Natur wie unsere Sonne besitzen, jedoch ihre Spectren sich im Detail sowohl von einander, als von dem Sonnenspectrum mehr oder weniger unterscheiden. Diese specifischen Unterschiede hat sodann Secchi, der sich ebenfalls viel und erfolgreich mit diesen Untersuchungen beschäftigt, wie z. B. die von ihm 1868 publicirte Abhandlung „Sugli spettri prismatici dei corpi celesti" und zahlreiche Einsendungen in die Comptes rendus beweisen, ganz besonders studirt, und in den Sternspectren vier Haupttypen nachgewiesen: Ein erster Typus umfaßt die sehr zahlreichen bläulich-weißen Sterne wie Sirius, Wega, Altaïr, Regulus, ꝛc. und zeichnet sich dadurch aus, daß das Farbenspectrum in roth, an der Grenze von grün und blau, in blau und violett vier starke schwarze

---

[1]) Professor der Chemie in London, zu Ipswich 1817 geboren und 1870 zu Liverpool verstorben.

[2]) Zu London 1824 geboren, Secretair und neuerlich Präsident der Roy. Astronomical Society.

Linien zeigt, welche den hellen Linien entsprechen, die sich im Spectrum stark erhitzten Wasserstoffgases finden. Ein zweiter Typus enthält die gelblichen Sterne Capella, Arctur, Aldebaran, Procyon, &c., und zeigt Spectren, welche analog dem der Sonne sind. Ein dritter Typus, welchem die röthlichen Sterne α Herculis, o Ceti, α Orionis, α Scorpii, &c. angehören, zeigt außer den gewöhnlichen dunkeln Linien, ein sog. Säulenspectrum[3]). Ein vierter Typus endlich, welchen Secchi nur bei einigen kleinen, tiefrothen Sternen fand, zeichnet sich theils dadurch aus, daß, während beim dritten Typus die hellern Seiten der Säulen nach dem rothen zu stehen, sie hier dem violetten zugewandt sind, theils voraus auch dadurch, daß in gelb und grün einige helle Linien auftreten. — Die Angemessenheit dieser Classification ist auch von andern Forschern auf diesem Gebiete anerkannt worden, und so bezogen sich z. B. die letzten Arbeiten von d'Arrest[4]) auf „Auffindung neuer, ausgezeichneter Sternspectren vom III und IV Secchi'schen Typus".

263. Die veränderlichen Sterne. Das Studium der Veränderlichen, dem sich fortwährend Einzelne gewidmet hatten, wie z. B. Gottfried und Christfried Kirch, welche die Mira häufig beobachteten, — Nathaniel Pigott[1]), der η Aquilae bearbeitete, und dessen von ihm in die Astronomie eingeführter taubstummer Freund John Goodrike[2]), der die Veränderlichkeit von β Lyrae erkannte, und ungefähr gleichzeitig mit Palitzsch die Periode für den durch Montanari als veränderlich angegebenen Algol feststellte, — Johann Friedrich Wurm[3]), der sich sehr einläßlich mit der Mira und mit β Lyrae

[3]) „Un grand nombre de bandes nébuleuses, qui divisent tout le spectre et en font une espèce de colonnade."

[4]) Astr. Nachr. Nr. 2009, 16, 32 und 44.

[1]) Ein Engländer, der sich in den 70er und 80er Jahren des vorigen Jahrhunderts lange in Belgien aufhielt, dort viele geodätische und astronomische Bestimmungen machte und 1804 gestorben sein soll.

[2]) Esquire in York, 1786 verstorben.

[3]) Zu Nürtingen 1760 geboren, Pfarrer und Lehrer, 1833 zu Stuttgart verstorben.

befaßte, — ꝛc., wurde in der neuern Zeit wesentlich durch Argelander gehoben, der durch seine bereits erwähnte vortreffliche „Neue Uranometrie", seine 1844 und 1859 publicirten Abhandlungen „De stella β Lyrae variabili", seine 1869 im 7. Bande der Bonner Beobachtungen abgedruckten „Beobachtungen und Rechnungen über veränderliche Sterne" und viele andere betreffende Mittheilungen theils selbst dieses Gebiet in erfolgreichster Weise auf Grundlage sowohl eigener, als älterer gesammelter und mit feiner Kritik geprüfter Beobachtungen bearbeitete, und für die *o* Ceti, β Persei, β Lyrae, ꝛc. zum ersten Male tiefere Untersuchungen über die Gesetze ihrer Periodicität durchführte, — theils, durch Einführung der Heis, Schmidt, Schönfeld[4]), Krüger[5]), ꝛc. in seine Arbeiten, eine förmliche Schule zur Fortsetzung derselben gründete. Auch die Harding, Schwerd, John Herschel, Joh. Heinrich Westphal[6]), Hind, Pogson, Baxendell, Winnecke, ꝛc. haben sich große Verdienste um die Veränderlichen erworben, und in der allerneuesten Zeit scheint die Spektralanalyse für ihr Studium ebenfalls ergiebig werden zu wollen.

264. Die Fixsterntrabanten. Die ältern Astronomen, ja noch die Cassini und Bradley, kannten nur sehr wenige einander ganz nahe stehende oder sogenannte Doppelsterne, wie z. B. ζ Ursae majoris. γ Virginis, α Geminorum, ꝛc., und wandten auch diesen keine besondere Aufmerksamkeit zu, da sie dieselben nur als optische, d. h. nur für unsern Standpunkt im Weltraume scheinbar nahe Sterne, nicht als physische, d. h. wirklich zusammengehörige betrachteten, auch einzelne Bestimmungen der

---

[4]) Eduard Schönfeld, zu Hildburghausen 1828 geboren, erst Argelanders Assistent und jetzt, nachdem er inzwischen der Sternwarte in Mannheim vorgestanden, sein Nachfolger.

[5]) Adalbert Krüger, 1832 zu Marienburg in Preußen geboren, ebenfalls erst Argelanders Assistent, jetzt Director der Sternwarte in Helsingfors.

[6]) Zu Schwerin 1794 geboren, verstarb er 1831 auf einer wissenschaftlichen Reise nach Sicilien.

gegenseitigen Lage, welche Hevel 1659 und dann wieder Flamsteed 1690 bei 61 Cygni, Tobias Mayer 1756 bei ζ Cancri ꝛc. vornahmen, wurden ohne weitere Rücksicht auf deren wirkliche Zusammengehörigkeit ausgeführt. Bald darauf erwarb sich dagegen Lambert, wenn er auch in Folge eines Trugschlusses die wirkliche Existenz binärer Systeme eher bezweifelte als annahm, das Verdienst, in verschiedenen Publikationen und namentlich auch in seinen bereits citirten und überhaupt so inhaltsreichen „Cosmologischen Briefen" richtigere Begriffe über dieselben und speciell über die bei ihnen in Folge der allgemeinen Gravitation nothwendigen Bewegungen zu verbreiten, und ungefähr gleichzeitig war durch den englischen Pfarrer John Michell auf die Wahrscheinlichkeit hingewiesen worden[1]), daß gewisse Sterngruppen, wie z. B. die Plejaden, nicht Folge einer zufälligen Sternzerstreuung seien, sondern Systeme bilden wie die fernen Sternhaufen und die noch ferneren Nebel, — daß die meisten Doppelsterne nicht als ein optisches Ergebniß, sondern als binäre Systeme angesehen werden müssen, — u. s. f., aber es lagen noch zu wenig bestimmte Daten vor um diese Anschauungen gehörig zu unterstützen. Es war daher eine sehr verdienstliche und zeitgemäße Unternehmung, als bald darauf Christian Mayer[2]) auf den ihm von seinem Gönner, dem Churfürsten Theodor von der Pfalz, in Schwetzingen und Mannheim erbauten Sternwarten[3]) förmlich nach Doppelsternen

[1]) Vergl. „John Michell, An inquiry into the probable parallax and magnitude of the fixed stars, from the quantity of light wich they afford us, and the particular circumstances of their situation (Phil. Trans. 1767)". — Michell soll 1793 zu Fornhill in Yorkshire als Rector gestorben sein.

[2]) Zu Mederitz in Mähren 1719 geboren, trat er in den Jesuitenorden, wurde erst Lehrer der Mathematik und der alten Sprachen in Aschaffenburg, dann Professor der Mathematik und Physik zu Heidelberg, und starb 1783 zu Mannheim. Vergl. für ihn auch 231.

[3]) Vergl. „Klüber, die Sternwarte zu Mannheim. Mannheim 1811 in 4." — Die Sternwarte in Mannheim wurde mit einzelnen Unterbrechungen

suchte. Nachdem er auf solche Weise etwa 80 Paare sehr naher Sterne gefunden hatte, sprach er mit Ueberzeugung die Ansicht aus, es liege da eine Art von *Fixsterntrabanten*, oder auch allfällig von *Doppelsonnen* vor, — erfuhr dann aber allerdings vielen Widerspruch, in Folge dessen er sich so ziemlich bis zu seinem 1783 erfolgten Tode mit *Hell*, *Fuß*, rc. herumzuzanken hatte[4]); überhaupt wurde seine, trotz aller Unvollkommenheit der Messungen und Ueberlegungen, höchst verdienstliche, aber damals fast nur von *Lichtenberg* nach ihrem vollen Werthe erkannte Arbeit, von den meisten seiner Zeitgenossen eher verlacht als belobt, und erst in spätern Jahrzehnten gehörig gewürdigt.

265. Die Doppelsterne. Sehr bald nahm die Sache eine neue und günstige Wendung, als sich Wilhelm *Herschel* diesen Untersuchungen mit seiner großen Umsicht und Beharrlichkeit zuzuwenden begann: Schon 1782 I 10 konnte er der Royal Society einen „Catalogue of double stars" vorlegen, der nicht weniger als 269 Nummern enthielt, von welchen 24 seiner *ersten Classe* angehörten, d. h. nur mit den mächtigsten Instrumenten getrennt werden konnten, — 38 der *zweiten* bis auf 5" Distanz gehenden, — 46 der *dritten* mit Distanzen von 5—15", — 44 der *vierten* von 15—30", — 51 der *fünften* von 30—60", — und endlich 66 der *sechsten Classe* von 1—2 Minuten Distanz. Später erhöhte er nicht nur nach und nach diese Zahl auf volle 846, sondern da er von Anfang an darauf Bedacht genommen hatte, je den einen Stern durch Polarcoor-

---

bis auf die Neuzeit in Thätigkeit erhalten: Im Jahre 1788 trat Barry als Astronom ein, 1813 Schumacher, 1816 Nicolai, 1852 Nell, 1859 Schönfeld, rc.

[4]) Vergl. „Mayer, Gründliche Vertheidigung neuer Beobachtungen von Fixsterntrabanten. Mannheim 1778 in 8", wo sich auch die von Mayer und Hell in der Mannheimer Zeitung und dem Wiener Diarium publicirten Artikel abgedruckt finden. Ferner „Nic. Fuss, Reflexions sur les satellites des étoiles. St. Petersbourg 1789 in 4". — Nicolaus Fuß wurde 1755 zu Basel geboren, und starb 1826 zu Petersburg als Sekretair der Academie; vergl. 158.

dinaten seiner Lage nach auf den andern und dessen Declinationskreis zu beziehen, und diese Polarcoordinaten von Zeit zu Zeit nachmaß, so konnte er schon in einem 1803 VI 9 der Royal Society vorgelegten „Account of the changes that have happened during the last 25 years in the relative situation of double stars" den allerevidentesten Nachweis von einer bei manchen Doppelsternen vorkommenden Lage-Veränderung, und damit von der wirklichen Existenz von binären Systemen geben. Diese Arbeiten wurden, wie die Phil. Trans. von 1824 und 1826, sowie die zehn ersten Bände der Memoirs of the Astronomical Society zeigen, durch seinen Sohn John Herschel und dessen Freund James South[1]) in seinem Sinne fleißig weiter fortgesetzt, — ganz besonders aber durch Wilhelm Struve in eine neue Aera übergeführt. Dieser vortreffliche Mann katalogisirte von Mitte der Zwanziger Jahre ab nicht weniger als 2640 Systeme doppelter und vielfacher, um weniger als 32″ distanter Sterne, — vermaß und beschrieb sie mit aller erdenklichen Sorgfalt und Umsicht, — ja konnte schon selbst etwa bei 100 Paaren sichtbare Positionsveränderungen nachweisen, obschon die meisten seiner zahllosen Notizen und Messungen, welche er in vielen Abhandlungen, namentlich aber in seinen drei, je in ihren Einleitungen reichen Detail über Geschichte und angewandte Methoden gebenden Specialwerken, seinem 1827 ausgegebenen „Catalogus novus stellarum duplicium", seinen 1837 erschienenen „Stellarum duplicium et multiplicium mensurae micrometricae" und seinen 1852 veröffentlichten „Stellarum fixarum imprimis duplicium et multiplicium positiones mediae pro epocha 1830" publicirte, erst durch Vergleichung mit neuen Bestimmungen späterer Nachfolger ihren vollen Werth und Nutzen zeigen und abwerfen werden. Auch Otto Struve, der schon an den Arbeiten seines Vaters lebhaften Antheil nahm,

[1]) South wurde 1785 geboren, und starb 1867 zu Kensington, wo er als Privatastronom lebte. Vergl. für ihn Proc. Roy. Soc. 16.

hat noch seither sich ganz vorzugsweise mit Untersuchungen auf diesem Gebiete befaßt, und nach den gelegenheitlichen Mittheilungen, welche er bisher in den Petersburger Bulletins und verschiedenen Zeitschriften darüber machte, steht zu erwarten, daß seine nahe bevorstehenden betreffenden Publikationen von hervorragender Wichtigkeit sein werden. Ganz besonders ist hervorzuheben, daß es Otto Struve gelungen zu sein scheint durch Messungen an künstlichen Doppelsternen nicht nur gewisse systematische Fehler der mikrometrischen Bestimmungen aufzudecken, sondern sogar die Mittel zu ihrer nachträglichen Hebung zu erhalten. — Neben den Struve haben auch die Dawes[2]), Bessel, Jacob[3]), Wichmann[4]), Secchi, Engelmann, 2c. mit Erfolg auf diesem Gebiete gearbeitet, — und außerdem haben sich, im Anschlusse an eine Arbeit von Bessel[5]), in den letzten Jahren Peters, Auwers, 2c. damit befaßt, kleine Schwankungen von Sirius, Procyon, 2c. als Bewegungen dieser Sterne um einen außer ihnen liegenden Schwerpunkt darzustellen, d. h. den Nachweis zu leisten, daß diese Sterne Begleiter von erheblicher Masse besitzen müssen, und es sind in Folge davon durch

---

[2]) William Rutter Dawes, 1799 zu Christ's Hospital geboren, erst Arzt und Geistlicher, dann Beobachter bei Bishop, und 1868 zu Haddenham, wo er sich eine Privatsternwarte erbaut hatte, verstorben. Vergl. für seine Doppelsternbeobachtungen die Bände 8, 29 und 35 der Mem. Astr. Soc.

[3]) William Stephen Jacob (1813—1862) trat frühe in den Dienst der ostindischen Compagnie, war von 1831—43 bei den geodätischen Operationen beschäftigt, und stand sodann bis 1859 der Sternwarte in Madras vor. Vergl. für seine Doppelsternbeobachtungen namentlich Bd. 16 und 17 der Mem. Astr. Soc.

[4]) Moritz Ludwig Georg Wichmann (Celle 1821 — Königsberg 1859) Observator in Königsberg, wo er mit dem Heliometer vielfache Doppelsternbeobachtungen machte. Vergl. Schumacher's Ergänzungsheft.

[5]) Bessel schrieb noch in seinen letzten Tagen in Bezug auf dieselbe an Humboldt: „Ich beharre in dem Glauben, daß Procyon und Sirius wahre Doppelsterne sind, bestehend aus einem sichtbaren und einem unsichtbaren Stern. Es ist kein Grund vorhanden das Leuchten für eine wesentliche Eigenschaft der Körper zu halten. Daß zahllose Sterne sichtbar sind, beweist offenbar nichts gegen das Dasein ebenso zahlloser unsichtbarer."

Clark, Bond, Otto Struve, ꝛc. diese Begleiter mit den mächtigsten Instrumenten aufgesucht und sogar sehr wahrscheinlich aufgefunden worden*).

266. **Die Berechnung der Doppelsternbahnen.** Der zu Paris als Professor der Astronomie und Geodäsie bis zu seinem 1841 erfolgten Tode an der Ecole polytechnique wirkende Felix Savary[1]) hat das Verdienst in seiner 1827 publicirten Abhandlung „Sur la détermination des orbites que décrivent autour de leur centre de gravité deux étoiles très rapprochées l'une de l'autre“ zuerst den fruchtbaren Gedanken gehabt zu haben, unter Voraussetzung daß unser Gravitationsgesetz auch in den fernsten Sternsystemen herrsche, das Problem zu lösen, aus einigen Positionsbestimmungen des Begleiters in Beziehung auf den Hauptstern die relative Bahn des Erstern zu berechnen, und durch die Uebereinstimmung seiner Resultate mit den sämmtlichen Beobachtungen die Richtigkeit jener Voraussetzung zur Evidenz zu bringen. Ihm folgte 1832 Franz Encke mit seiner Abhandlung „Ueber die Berechnung der Bahnen der Doppelsterne“, — 1833 John Herschel mit seinem „Paper on the investigation of the orbits of revolving double stars“, — 1852 Yvon-Villarceau mit seiner „Méthode pour le calcul des orbites des étoiles doubles“, welcher er dann 1875 noch eine „Méthode pour calculer les orbites des étoiles doubles, déduite de considérations géométriques“ folgen ließ[2]), — 1855

*) Immerhin scheinen in der neuesten Zeit Struve in Beziehung auf den Procyon-Begleiter wieder Zweifel aufgestiegen zu sein, ob nicht eine optische Täuschung mit im Spiele sein möchte.

[1]) Er war 1797 zu Paris geboren.

[2]) Vergl. Connaiss. d. t. p. 1877. Er widmete dieselbe dem Andenken seiner verstorbenen Frau, die in astronomischen Rechnungen so geübt gewesen sei, daß ihr Name denjenigen der Lepaute, Herschel und Mitchel beigeschrieben werden dürfe. — Antoine Joseph François Yvon-Villarceau, Astronom der Pariser Sternwarte, wurde 1813 zu Vendôme geboren, und hat sich auch durch seine im dritten Bande der Leverrier'schen Annalen erschienene „Détermination des orbites des planètes et comètes“ verdient gemacht.

Klinkerfues mit seiner Dissertation „Ueber eine neue Methode die Bahnen der Doppelsterne zu berechnen". — 1874 Flammarion mit seinen in den Comptes rendus gegebenen graphischen Bestimmungen der scheinbaren Bahnen einiger Doppelsterne, ꝛc. Außer den Vorgenannten berechneten die Hind, Mädler, Jacob, Winnecke*), Engelmann, ꝛc. ebenfalls einzelne Bahnen, so daß solche bereits von einer größern Anzahl von Doppelsternen vorliegen.

267. Die Sternhaufen und Nebel. Die früher nicht sehr beachteten Himmelsnebel[1]) faßte zuerst Messier, der oft Noth hatte einen schwachen Kometen von ihnen zu unterscheiden, etwas näher ins Auge, und gab 1771 in den Pariser Memoiren einen bereits 103 Nummern enthaltenden, dagegen leider in Beziehung auf Positionen ziemlich mangelhaften „Catalogue des nébuleuses et des amas d'étoiles" heraus. Dann wandte sich auch Wilhelm Herschel diesem Gegenstande zu, und konnte, Dank der ergiebigen Hülfe seiner Schwester Caroline, schon 1786 in den Phil. Trans. einen „Catalogue of one Thousand new Nebulae and Clusters of Stars" veröffentlichen, dem 1789—1802 noch zwei Supplemente von zusammen 1600 Nummern folgten. John Herschel setzte die Katalogisirung der Nebel und Sternhaufen 1825—33 zu Slough fort[2]), — studirte 1834—38, wo er sich am Cap installirt hatte, auch die südlichen, bis dahin nur durch die Beobachtungen von Lacaille spärlich bekannten Nebel und Sternhaufen, inclusive der von ihm als Conglomerate solcher

*) Friedrich August Theodor Winnecke, 1835 zu Groß-Heere in Hannover geboren, früher Astronom in Pulkowa, jetzt Director der Sternwarte in Straßburg. Schon die Inaugural-Dissertation „De stella η Coronae borealis duplici. Berolini 1856 in 8" dieses fast um alle Gebiete der Astronomie verdienten Mannes, zeigt uns denselben in dieser Richtung thätig.

[1]) Nach Halley kannte man 1716 erst 6 Nebelflecken, obschon es mehr als 300 in einem bloßen Kometensucher sichtbare Gebilde dieser Art gibt.

[2]) Vergl. Phil. Trans. 1833. — Tante Caroline gab ihm hiefür einen durch sie noch in Hannover nach den frühern Beobachtungen für 1800 entworfenen Katalog von 2500 Nebeln an die Hand.

Gebilde erwiesenen Magellanswolken, wofür auf seine 1847 publicirten und überhaupt höchst interessanten „Results of astronomical observations made at the Cape of Good Hope“ zu verweisen ist, und gab noch 1864 einen vervollständigten „Catalogue of Nebulae and Clusters“ heraus, der nicht weniger als 5079 Nummern umfaßt. — Secchi hat in seiner 1868 veröffentlichten Abhandlung „Sulla grande Nebulosa di Θ Orionis“ eine schöne Abbildung des Orion-Nebels gegeben, welche eine interessante Vergleichung mit der 1862 durch Otto Struve in seinen „Observations de la grande nébuleuse d'Orion faites à Cazan et à Poulkowa“ gegebenen Abbildung desselben Objectes ermöglicht, — oder mit der wunderschönen Karte, welche Lord Oxmantown mit dem von seinem Vater erbauten Riesenteleskope erhalten und jüngst in den Phil. Transact. publicirt hat[3]), und die neben den früher gegebenen Zeichnungen verschiedener Spiralnebel und anderer merkwürdiger Himmelsobjecte ein brillantes Zeugniß für die Leistungsfähigkeit dieses Instrumentes abgibt. — Auch d'Arrest[4]) hat sich lange Zeit, ja, bis zu seinem frühen Tode, energisch mit den Nebeln befaßt, und nicht nur manche schärfere Ortsbestimmungen ausgeführt, sondern auch auf mehrere der Veränderlichkeit verdächtige Nebel hingewiesen[5]) und die Existenz der schon von dem jüngern Herschel ver-

---

[3]) Vergl. seinen „Account of Observations of the great nebulae in Orion, made at Birr Castle with the 3 feet and 6 feet telescopes, between 1848 and 1867, with the drawing of the nebula (Philos. Transact. 1868)“. Es geht daraus mit ziemlicher Sicherheit hervor, daß sich der Orion-Nebel langsam condensirt.

[4]) Zu Berlin 1822 geboren, hatte Heinrich Louis d'Arrest das Glück, Encke zum Lehrer zu besitzen und schon 1846 sein zweiter Adjunct, 1848 Observator in Leipzig, und 1857 Nachfolger von Olufsen in Kopenhagen zu werden, wo er nun eine neue Sternwarte und einen 16füßigen Refractor von Merz zur Disposition erhielt, welche er aber leider schon 1875, als er eben im Plane hatte zu Gunsten seiner Nebel-Untersuchungen nach Palermo zu reisen, in Folge eines unerwartet rasch zum Tode führenden Herzübels verlassen mußte.

[5]) Vielleicht daß auch der 1863 von Chacornac bei ζ Tauri vermißte Nebel in diese Kategorie gehört.

mutheten Doppelnebel fast zur Gewißheit erhoben; sein 1867 erschienenes großes Nebelverzeichniß „Siderum nebulosorum observationes Havniensis“, und sein 1872 ausgegebenes Programm „Undersögelger over de nebulose Stjerner“ werden ihm ein dankbares Andenken erhalten, und wohl in Verbindung mit den entsprechenden Arbeiten der Laugier, Auwers, Schmidt, Schönfeld, Vogel, Schultz, ꝛc. eine äußerst werthvolle Grundlage für spätere Untersuchungen bilden. — Der 1779 von Jeaurat begonnenen und im gegenwärtigen Jahrhundert von Bessel mit gewohnter Meisterschaft durchgeführten, in der neuesten Zeit von C. Wolf in Paris nochmals sorgfältig wiederholten Vermessung der Plejaden haben entsprechende Studien von Lamont und F. R. Helmert über den Sternhaufen im Sobieski'schen Schilde und von Krüger über den Sternhaufen im Perseus, von Hermann Schultz über den Sternhaufen 20 Vulpeculae, und vielleicht noch einige Andere gefolgt. — die Vertheilung der Sternhaufen und Nebel ist von May und noch jüngst von Proctor studirt worden, und die Spectralanalyse läßt hoffen, mit Sicherheit ferne Sternhaufen und wirkliche Nebel unterscheiden zu lernen, indem Letztere, wie es schon 1864 Huggins nachzuweisen gelang, in Folge ihrer gasigen Natur helle Linien auf dunklem Grunde, Erstere dagegen ein continuirliches Spectrum ergeben.

268. **Der Bau des Himmels.** Der betreffenden Arbeiten von Kant und Lambert ist bereits einläßlich gedacht worden, und auch von den Ansichten, welche Herschel 1784 in der in den Phil. Trans. gedruckten Abhandlung „On the construction of the heavens“ niedergelegt hat, ist in dem Vorhergehenden schon das Wichtigste enthalten. Dagegen mag noch das von Laplace in seiner „Exposition“ über die Entstehung des Weltgebäudes Gesagte etwas näher angedeutet werden: Denkt man sich mit dem erwähnten Forscher, es habe sich die rotirende und glühende Sonnenatmosphäre ursprünglich über die ganze Planetenregion ausgebreitet, so konnte sich in Folge der Centrifugalkraft,

analog wie bei dem bereits erwähnten Versuche von Plateau, von der equatoralen Zone eine sofort Kugelgestalt oder Ringform annehmende Masse, ein Planet oder ein Asteroidenring, ablösen. Eine solche Kugel erhielt dann theils die dem Mittelpunkte eigenthümliche Rotationsgeschwindigkeit nunmehr zur Revolutionsgeschwindigkeit, — theils nahm sie, weil die äußern Theile einen Ueberschuß von Geschwindigkeit besaßen, eine Rotation im gleichen Sinne an, die bei Contraction durch Abkühlung, gewissermaßen durch Umsetzen der Entfernung in Winkelgeschwindigkeit, gesteigert werden, und wieder zur Bildung von Monden oder Ringen führen konnte. Analog kühlte sich die übrig bleibende Sonnenmasse langsam ab, rotirte entsprechend immer schneller, bis wieder eine neue Ablösung provocirt wurde, ꝛc. Möglich, daß sich ähnliche Bildungsweisen in den übrigen Sonnensystemen, ja im ganzen Weltgebäude geltend machten, und zum Theil noch statt haben. — Der wesentlichste Unterschied der Theorien von Kant und Laplace besteht darin, daß der französische Mathematiker die Rotationsbewegung als gegeben annahm, der deutsche Philosoph dagegen sich abmühte ihre innere Nothwendigkeit nachzuweisen, anstatt einfach mit Newton in dem Hinzutreten eines excentrischen Stoßes zur ursprünglichen fortschreitenden Bewegung dem Systeme einen zeitlichen Anfang zu geben, darin den „Finger Gottes“ zu erkennen. — Daß in unserm Sonnensysteme, ja in unserm und wohl auch in jedem andern Sternsysteme noch beständig Veränderungen vor sich gehen, wird nach allem Mitgetheilten wohl Niemand bezweifeln wollen, — wo wir aber Lebenserscheinungen sehen, haben wir nach dem ewigen Kreislauf der Natur auch Tod des zeitlich Bestandenen und Beginn eines neuen Lebensstadiums oder einer neuen Schöpfung zu erwarten. Was dem sog. Urzustande der Kant und Laplace voranging, wissen wir nicht, — was dem muthmaßlichen Untergange der gegenwärtigen Welt folgen wird, wissen wir ebensowenig, — in solche Distanzen reicht das geistige Auge keines Menschen.

---

12. Capitel.

Die neuere literarische Thätigkeit.

269. Die Lehrbücher. Wie überhaupt die Literatur sich ausdehnte und vervollkommnete, so geschah es auch auf dem astronomischen Gebiete, und so sind schon aus der ersten Hälfte des 18. Jahrhunderts eine ganze Reihe tüchtiger astronomischer Lehrbücher zu erwähnen. Den Reigen eröffnete David Gregory[1]), indem er 1702 zu Oxford „Astronomiae physicae et geometricae Elementa" in einem Foliobande publicirte, welche sodann 1726 zu Genf nochmals in zwei Quartbänden zum Abdrucke gelangten. — Dann kam Christian Wolf[2]), der sowohl durch seine 1710 zu Halle aufgelegten und nachher in vielfachen Auflagen erschienenen „Anfangsgründe aller mathematischen Wissenschaften", als durch sein 1730—41 ebendaselbst ausgegebenes

[1]) Ein 1661 zu Aberdeen geborner Neffe des in 204 erwähnten James Gregory; er war successive Professor der Mathematik zu Edinburgh und der Astronomie zu Oxford, und starb 1710 zu Maidenhead in Berkshire.

[2]) Christian Wolf wurde 1679 zu Breslau geboren, stand von 1707 an als Professor der Physik zu Halle, wurde 1723 der Irreligiosität angeklagt und des Landes verwiesen, kam dann als Professor der Philosophie nach Marburg, wurde 1740 durch Friedrich den Großen als Professor der Mathematik und des Naturrechts wieder nach Halle zurückberufen, und starb daselbst 1754. — Vergl. „Christian Wolf's eigene Lebensbeschreibung. Herausgegeben mit einer Abhandlung über Wolf von Heinr. Wutke. Leipzig 1841 in 8, — und: Briefe von Christian Wolf aus den Jahren 1719—53. Petersburg 1860 in 8".

größeres Werk, die „Elementa Matheseos universae“ (von denen später Gabriel Cramer 1743—52 zu Genf eine neue Ausgabe veranstaltete) der Lehrer mancher Generation und unter Andern auch der von Lalande wurde; er handelte darin die Astronomie ganz gut ab, und bedachte in seinem als Zugabe verfaßten „Unterricht von den vornehmsten mathematischen Schriften“ die astronomische Literatur ebenfalls unter Beigabe mancher interessanten Notiz. — Im Jahre 1718 ließ John Keill[3]) zu Oxford seine „Introductio ad veram astronomiam, sive Lectiones astronomicae habitae Oxonii“ erscheinen, welche sodann theils selbstständig, theils in Verbindung mit seinem entsprechenden Werke über Physik noch wiederholt aufgelegt und in verschiedene Sprachen übergetragen wurde, so z. B. 1746 zu Paris durch Lemonnier unter dem Titel „Institutions astronomiques ou leçons élémentaires d'astronomie“ in freier französischer Uebersetzung und unter Beigabe eines „Essai sur l'histoire de l'astronomie moderne“ erschien. — Joh. Leonhard Rost[4]) gab 1718 zu Nürnberg ein „Astronomisches Handbuch“ heraus, und ließ einer 1726 erfolgten Neuausgabe im folgenden Jahre noch

[3]) Keill wurde 1671 zu Edinburgh geboren, stand successive als Professor der Physik und Astronomie zu Oxford und starb daselbst 1721. Er war einer der ersten und eifrigsten Anhänger Newton's, und ließ sich dadurch verleiten, in einem 1708 in die Phil. Trans. eingerückten Schreiben Leibnitz auf eine so leidenschaftliche Weise anzugreifen, daß nun der bekannte Prioritätsstreit in heftigster Weise entbrannte.

[4]) Rost wurde 1688 zu Nürnberg einem Weinschenk geboren, half schon in ganz jungen Jahren mit seinem noch 2 Jahre jüngern Bruder Joh. Karl dem dortigen Astronomen Eimmart in seinen Beobachtungen, und ging dann 1705 nach Altdorf um das Recht zu studiren, — später nach Leipzig, Jena und nochmals nach Altdorf. Im Jahre 1715 kehrte er nach Nürnberg zurück, und theilte seine Zeit zwischen dem Schreiben von Romanen und dergleichen, welche er unter dem Namen Meletaon herausgab, — und astronomischen Beobachtungen, die er theils mit seinem Bruder, theils mit Wurzelbaur gemeinschaftlich unternahm, und in den Leipziger neuen Zeitungen von gelehrten Sachen, oder den Breslauischen Sammlungen von Natur- und Medizin-Geschichten publicirte. Sein bereits erwähnter Sternatlas bewirkte seine Aufnahme in die Berliner Academie. Er starb 1727.

ein Supplement unter dem Titel „Der aufrichtige Astronomus" folgen; G. F. Kordenbusch gab sodann 1771—74 eine Neuauflage des Ganzen in vier Quartbänden. — Jacques Cassini publicirte 1740 zu Paris in zwei Quartbänden „Elemens d'Astronomie et tables astronomiques". — Roger Long begann 1742 in Cambridge eine „Astronomy in five books" herauszugeben, welche nach Lalande in England sehr geschätzt wurde; nichts desto weniger liess Long bis 1764 auf den zweiten Band warten, und der Schlussband erschien sogar erst 1784 posthum[5]). — Lacaille gab 1746 zu Paris sehr reichhaltige „Leçons élémentaires d'astronomie physique et géométrique" heraus, die später noch mehrmals aufgelegt wurden, so noch 1779 mit Noten von Lalande, — auch 1757 zu Wien durch C. Scherfer eine lateinische Ausgabe erhielten. — Einer entsprechenden Leistung von Weidler endlich wird bei Anlass von dessen übrigen Schriften gedacht werden.

270. Lalande und seine Schriften. Eine neue Epoche in der Literatur der astronomischen Lehrbücher wurde durch Lalande begründet: Am 11 Juli 1732 zu Bourg-en-Bresse geboren, trat Joseph Jérôme Le François, genannt Lalande, schon frühe in eine Jesuitenschule zu Lyon, ja hatte sogar die Absicht, diesem Orden beizutreten, um sich ungestört dem Studium der Astronomie widmen zu können, für welche ihm der Komet von 1744 und eine Sonnenfinsterniss grosses Interesse erweckt hatten. Auf den Wunsch seiner Eltern entschloss er sich jedoch später die Rechte zu studiren, und kam hiefür gerade zu der Zeit nach Paris, wo Joseph Nicolas Delisle von Petersburg in seine alte Stellung zurückkehrte, und neben Lemonnier am Collège de France Astronomie vortrug. Ohne sein Berufsstudium zu vernachlässigen, war der junge Lalande bald der Lieblingsschüler

[5]) Long wurde 1680 in Norfolk geboren, und starb 1770 als Professor der Astronomie in Cambridge und Rector (Pfarrer) zu Bradwell in Essex Er scheint sich in nichts übereilt zu haben.

dieser beiden tüchtigen Männer, und als er, mit 18 Jahren Advokat geworden, nach der Heimath zurückkehren wollte, wußte es Lemonnier dahin zu bringen, daß er an seiner Stelle nach Berlin gesandt wurde, um dort die für Lacaille's Bestimmung der Mondparallaxe nothwendigen correspondirenden Beobachtungen zu besorgen[1]). Nach seiner Rückkehr von Berlin, wo er vielfach mit Euler, Maupertuis, Voltaire, &c. verkehrt hatte, prakticirte er einige Zeit in Bourg, kehrte dann aber bald wieder nach Paris zurück, um in der Nähe von Lacaille zu sein. Er wurde 1753 in die Academie aufgenommen, gehörte sofort zu ihren thätigsten Mitgliedern, half Clairaut bei seiner neuen Vorausberechnung des Halley'schen Kometen[2]), war sehr thätig bei den nöthigen Vorbereitungen für wirksame Beobachtung der bevorstehenden Venusdurchgänge[3]), und bekleidete von 1761 hinweg bis zu seinem am 4 April 1807 erfolgten Tode mit großem Erfolge die Professur der Astronomie am Collège de France, nebenbei auch als Beobachter äußerst thätig, aber bei den Beobachtungen und den durch sie veranlaßten Rechnungen allerdings durch seinen Neffen (oder eigentlich Großneffen seines Vaters) Michel Jean Jérôme Le Français und dessen Frau Marie Jeanne Amélie Harlay vielfach unterstützt[4]). Für den weitern Detail seines Lebens und seiner Arbeiten theils auf das bereits Beigebrachte, theils auf die beiden „Eloge historique" verweisend, welche Delambre 1807 in den Mém. de Paris und Salm 1810 separat publicirten, ist hier noch besonders auf seine zuerst 1764 zu Paris in zwei Quartbänden erschienene „Astronomie" zu verweisen, durch welche er der Lehrer vieler Generationen, und namentlich auch von Zach, Gauß und Bessel geworden ist. Dieses Werk, das 1771 in zweiter und 1791 in

---

[1]) Vergl. 230. [2]) Vergl. 248. [3]) Vergl. 231.

[4]) Michel Le Français wurde zu Courcy bei Coutances 1766 geboren und starb 1839 zu Paris als Academiker und Director der Sternwarte an der Ecole militaire. Das Todesjahr seiner 1768 geborenen Frau ist mir unbekannt.

dritter Ausgabe je in drei Quartbänden erschien[5]), ist noch jetzt nicht übertroffen oder wenigstens im Verhältnisse zur Zeit seines Erscheinens noch nicht wieder erreicht worden. „Das Lalande'sche Werk ist zwar ein veraltetes," sagt Bessel in den auf seinem letzten Krankenlager niedergeschriebenen Erinnerungen[6]), „aber es besitzt Eigenschaften, welche keiner der vielen später erschienenen allgemeinen Traktate über Astronomie mit ihm theilt. Es hat einen Astronomen zum Verfasser, der in allen Theilen der Wissenschaft selbst gearbeitet hat; der nie versäumt, in jedem Theile die Arbeiten Anderer anzuführen und seine Leser dadurch sowohl mit den zu seiner Zeit stattfindenden Kenntnissen der Materien, als auch mit ihrer geschichtlichen Entwicklung bekannt zu machen, sowie auch ihnen die Mittel zu weiterm Unterrichte darüber in den fleißig und gewissenhaft angeführten Quellen zu eröffnen. Diese schönen Eigenschaften scheinen sich im Fortgange der Zeit mehr und mehr zu verlieren. Ich kann dieß nicht durch die mit der Zeit fortschreitende Vergrößerung des Umfanges der Wissenschaft entschuldigen, denn diese sollte nicht das Aufgeben jener Eigenschaften, sondern nur einen größern Umfang des Traktates zur Folge haben." — Nicht minder verdienstlich ist die von Lalande erst 1803 herausgegebene, aber schon 1775 begonnene „Bibliographie astronomique avec l'histoire de l'astronomie depuis 1781 jusqu'en 1802", — die eine reiche, für vorliegende Arbeit vielfach benutzte Quelle historischer und literarischer Daten ist. — Lalande's großer Verdienste um die praktische Astronomie ist, wie bereits gesagt, im Vorhergehenden schon oft gedacht worden, doch kann ich mir nicht versagen, noch folgende bezügliche Stelle aus der mehrerwähnten Schrift von

[5]) Ein 1781 erschienener Supplementband zur 2. Auflage, der unter Anderm eine Theorie der Ebbe und Fluth enthielt, wurde bei der 3. Auflage nicht mehr abgedruckt. — Ein 1774 von Lalande in einem Octavbande ausgegebener „Abrégé d'astronomie" wurde dagegen später noch mehrmals aufgelegt und in verschiedene Sprachen übertragen.

[6]) „Kurze Erinnerungen an Momente meines Lebens", — abgedruckt in der Einleitung zum Briefwechsel Olbers-Bessel.

André und Rayet wörtlich beizufügen. Unter den frühern französischen Sternwarten zählen sie nämlich auf: „L'Observatoire du palais du Luxembourg, dans lequel Jérôme de la Lande *avait fait ses premières armes.* — L'Observatoire du Collège de France, où J. de la Lande *initiait aux calculs théorétiques* et à l'Astronomie pratique quelques *élèves choisis: Véron*, qui donna le premier, dans la marine, l'exemple de la détermination des longitudes par le moyen de la Lune; *Henry*, plus tard astronome à l'observatoire de Saint-Pétersbourg; *Piazzi*, le célèbre directeur de l'observatoire de Palerme; *Duc la Chapelle*, etc. — L'observatoire de l'Ecole militaire, dans lequel *d'Agelet*, un des compagnons de la Pérouse, Jérôme de la Lande, Michel le François de la Lande, ont préparé la prémière *Histoire célèste* française. — L'Observatoire de Bourg en Bresse, *où de la Lande venait se délasser en travaillant toujours.*" Bildet nicht schon diese Aufzählung allein ein seltenes „Eloge" für unsern Lalande? — Zum Schlusse mögen noch die Worte folgen, mit welchen Delambre sein oben erwähntes Eloge begann: „Au seul nom de M. de Lalande on est sûr d'exciter un grand intérêt," sagte derselbe; „ce nom rappelle aussitôt cinquante ans de travaux heureux. Cette prodigieuse activité qui lui faisait embrasser toutes les parties de l'astronomie, appeloit l'attention des observateurs sur tous les phénomènes qui pouvoient nous apporter de nouvelles lumières, éveilloit celle des géomètres sur les questions que l'analyse seule peut résoudre; on se représente l'académicien fécond et zelé, le professeur célèbre qui non content de répandre l'instruction par ses leçons et ses écrits, cherchoit partout des prosélytes, provoquoit les établissements utiles et profitoit de sa grand renommée pour se constituer l'agent général des sciences et particulièrement de celle à laquelle il s'étoit consacré."

271. Littrow und seine Schriften. Große Verdienste um die Astronomie und ihre Verbreitung über größere Kreise hat sich Joseph Johann von Littrow erworben: Zu Bischof-Teinitz in Böhmen 1781 in derselben Nacht geboren wo Herschel den Uranus entdeckte, war er nach absolvirten Studien in Prag und langem Schwanken zwischen den verschiedensten Fächern[1]), — in Wien, wo er sich momentan als Erzieher durchzubringen suchte, durch den dortigen Realschuldirector J. Hall definitiv für die Astronomie gewonnen, und schon 1807 als Professor der Astronomie und Director der Sternwarte in Krakau angestellt worden, — hatte sodann 1810 eine entsprechende Stelle in Kasan angenommen, wo ihm 1811 sein mehrerwähnter Sohn Karl geboren wurde, und 1816 dem Rufe Folge geleistet Co-Director von Pasquich auf der Sternwarte in Ofen zu werden. Nach dem Tode von Triesnecker wurde Littrow 1819 zum Professor der Astronomie und Director der Sternwarte in Wien ernannt, und blieb nun in dieser Stellung bis zu seinem am 30 November 1840 erfolgten Tode, theils als Lehrer, theils als Schriftsteller Außergewöhnliches leistend[2]). Unter der langen Reihe seiner Schriften, welche 1821 durch die damals freudig begrüßte und lange Jahre jedem Fachmanne fast unentbehrliche „Theoretische und praktische Astronomie[3])“ eröffnet wurde, haben seine 1834 erschienenen „Wunder des Himmels[4])“ die Palme erhalten, da sie nach Inhalt und Form förmlich Epoche in der Literatur machten: So viel Anerkennung mit Recht die 1768 von Bode verfaßte „Anleitung zur Kenntniß

---

[1]) Bald zogen ihn die schönen Wissenschaften an, welche er in den mit einigen Freunden herausgegebenen „Propyläen“ cultivirte, — bald wollte er sich auf die Rechtswissenschaften legen, — bald wieder dachte er daran in ein Kloster zu gehen, ꝛc.

[2]) Vergl. für Littrow seine „Vermischten Schriften. Stuttgart 1846, 3 Bde. in 8“, welche ein gutes Bild von ihm und eine durch seinen Sohn Karl beigefügte einläßliche Biographie enthalten.

[3]) Wien 1821—27, 3 Bde. in 8.

[4]) Stuttgart 1834, 3 Bde. in 8, — 2. Auflage in Einem Bande 1837. Spätere Auflagen wurden, wie im Text erwähnt ist, vom Sohne Karl besorgt, — so noch in diesem Augenblicke eine Sechste.

des gestirnten Himmels[5])“ fand, so daß sie fast ein Jahrhundert lang immer von Zeit zu Zeit neu aufgelegt werden mußte, und so verdienstlich die im Folgenden ebenfalls noch näher zu besprechenden Bemühungen der Schubert, Francoeur, Hirzel, rc. waren, das größere Publikum in die Astronomie einzuführen, so hat man doch eigentlich die „Wunder des Himmels“ als dasjenige Buch zu bezeichnen, das die Reihe der angenehm lesbaren, wirklich populären und dennoch alle Theile der Astronomie beschlagenden Schriften eröffnete, und Tausenden das Verständniß dieser jedem Gebildeten so nothwendigen, aber früher ihrer großen Mehrzahl fast unzugänglichen Wissenschaft ermöglichte. Es hat auch dieß Werk, trotzdem es später die schwere Concurrenz analoger, im Folgenden ebenfalls zu besprechender Schriften der Herschel, Arago, Mädler, rc. zu bestehen hatte, seinen guten Klang bis auf die neueste Zeit erhalten, und ist noch 1866 durch des Verfassers Sohn und Nachfolger Karl und dessen hoffnungsvollen, leider aber während des Druckes einem Typhus erlegenen Sohn Otto[6]), in fünfter Auflage und, wenn auch etwas auf Kosten des ursprünglichen Duftes, dem neuesten Stande der Wissenschaft angepaßt, erschienen.

272. Einige neuere Lehrbücher. Außer den betreffenden Werken von Littrow, Delambre, und Mädler, die unter eigenen Nummern behandelt werden, sind seit Lalande eine ganze Reihe zum Theil ausgezeichneter, aber allerdings nicht das ganze Gebiet in gleicher Weise erschöpfender Schriften erschienen, von denen hier eine Auswahl aufgeführt werden mag: Im Jahre 1796 gab Thomas Bugge[1]) seine Schrift „De forste Grunde til den

---

[5]) Hamburg 1768 in 8, — 11. Auflage von Bremiker, Berlin 1858.

[6]) Otto von Littrow, der nach den verschiedenen von ihm abgelegten Proben ganz dazu angelegt schien den Großvater neu aufleben zu lassen, und bereits der Stolz und die Hülfe des Vaters war, lebte leider nur von 1843 bis 1864.

[1]) Bugge wurde 1740 zu Kopenhagen geboren und starb 1815 ebendaselbst als Director der Sternwarte.

sphaeriske og theoretiske Astronomie, samt den mathematiske Geographie" zu Kopenhagen heraus, wo dann zwei Jahre später durch Zahlen und noch 1816/17 durch Tobiesen eine deutsche Ausgabe veranstaltet wurde. Es enthält diese Schrift auch viele historische und literarische Notizen, sogar eine kurze Geschichte. — Im Jahre 1798 gab Fr. Theodor Schubert[2]) zu Petersburg eine „Theoretische Astronomie" heraus, welche 1822 zu Paris in neuer Bearbeitung auch französisch ausgegeben wurde. — Im Jahre 1805 gab Biot zu Paris einen „Traité élémentaire d'astronomie physique" heraus, der sodann 1841 bis 1857 in 5 Bänden eine dritte Ausgabe erhielt. — Im Jahre 1811 veröffentlichte Bohnenberger zu Tübingen eine „Astronomie", die ganz vorzüglich war, und in demselben Jahre 1811 ließ Heinrich Wilhelm Brandes zu Leipzig den ersten Band seiner meisterhaften populären Schrift „Die vornehmsten Lehren der Astronomie in Briefen an eine Freundin dargestellt" erscheinen[3]). Im Jahre 1812 gab Louis Benjamin Francoeur[4]) zu Paris die erste Ausgabe seiner nachmals oft aufgelegten „Uranographie", welcher er sodann 1830 als Anleitung zum Gebrauche der Ephemeriden, ꝛc., seine „Astronomie pratique" folgen ließ. — Im Jahre 1817 gab Piazzi zu Palermo „Lezioni elementare di astronomia" in Druck, von denen sodann Westphal 1822 zu Berlin eine deutsche Ausgabe veranstaltete. — Im Jahre 1820 veröffentlichte Caspar Hirzel von Zürich zu Genf seine sehr gut gehaltene „Astronomie de l'amateur[5])", — und Giovanni Santini[6]) zu Padua „Elementa

[2]) Zu Helmstädt 1758 geboren, starb Schubert 1825 als Academiker zu Petersburg.

[3]) Der vierte und letzte Band erschien 1816.

[4]) Francoeur wurde 1773 zu Paris geboren, und starb 1849 ebendaselbst als Professor der Mathematik und Academiker.

[5]) Hirzel, der von 1786—1823 in oder bei seiner Vaterstadt Zürich lebte und eigentlich Theologe war, verfaßte auch eine für ihre Zeit ganz vorzügliche französische Grammatik und führte als Publicist eine scharfe Feder.

[6]) Santini wurde 1780 zu Caprese geboren und starb 1877 zu Padua als emeritirter Director der dortigen Sternwarte.

di astronomia", welche 1830 eine zweite Ausgabe erhielten. — Im Jahre 1832 ließ die gelehrte Dame Mary Sommerville zu London ihre vielgelesene Schrift „Mechanism of the Heavens" erscheinen[7]). — Im Jahre 1833 gab Alexis Sawitsch[8]) in russischer Sprache zu Moskau einen „Abriß der praktischen Astronomie" heraus, von dem Götze 1850/51 zu Hamburg eine deutsche Uebersetzung gab. — Im Jahre 1833 veröffentlichte John Herschel zu London eine „Treatise on astronomy", welche später als „Outlines" wiederholt, noch 1865 in 8. Auflage, erschien. Im Jahre 1851 gab Franz Friedrich Ernst Brünnow[9]) zu Berlin ein „Lehrbuch der sphärischen Astronomie" heraus, das 1871 eine 3. Auflage, und ebenfalls in Berlin 1865 durch den Verfasser eine englische Ausgabe erhielt, — 1869 durch Figueroa und Villavicenzio ins Spanische, und 1869 — 71 durch E. Lucas und C. André ins Französische übertragen wurde. — Im Jahre 1854 — 57 erschien zu Paris aus dem Nachlasse von Arago seine „Astronomie populaire", welche 1855 — 59 zu Leipzig auch eine deutsche Ausgabe mit Noten von d'Arrest, und 1855—58 zu London durch Smyth und Grant eine englische Ausgabe erhielt. — Im Jahre 1863 erschien zu Philadelphia durch William Chauvenet[10]) ein „Manual of spherical and practical Astronomy", und zu Cambridge durch Robert Main[11]) eine „Practical and spherical

---

[7]) Vergl. „Mary Sommerville, Personal Recollections from early life to old age, with selections from her correspondence. By her Daughter Martha Sommerville. London 1874 in 8". — Sie wurde 1780 zu Jedburgh als Mary Fairfax geboren, verheirathete sich mit dem Arzte William Sommerville zu London, und starb 1872 zu Neapel.

[8]) Professor der Astronomie zu Petersburg, 1811 zu Bjelowodsk im Gouv. Charkow geboren.

[9]) Successive Director der Sternwarten zu Bilk, Ann Arbor und Dublin, gegenwärtig zu Basel privatisirend; er wurde 1821 zu Berlin geboren.

[10]) Zu Milford 1819 geboren und Professor der Mathematik und Astronomie in Washington geworden, starb er 1870 zu St. Paul.

[11]) Zu Upnor bei Rochester 1808 geboren, früher Assistent in Greenwich und nun seit 1860 Radcliffe Observer in Oxford.

Astronomy". — Im Jahre 1868 erschien zu Philadelphia durch Professor James Watson in Ann-Arbor eine auch viele historische Nachrichten enthaltende, sehr geschätzte „Theoretical Astronomy". — Im Jahre 1869 begann Hermann Klein in Köln[13]) zu Braunschweig die erste Ausgabe seiner reichhaltigen Schrift „Handbuch der allgemeinen Himmelsbeschreibung". — Im Jahre 1870 wurde zu Zürich der erste Band von meinem „Handbuch der Mathematik, Physik, Geodäsie und Astronomie" ausgegeben, welchem sodann 1872 ein zweiter, ganz der Astronomie gewidmeter Band folgte. Beide Bände enthalten zahlreiche biographische und literarische Nachweise, überhaupt beinahe eine Ueberfülle von Detail aller Art. — Eine Menge anderer Schriften, welche in früherer und neuerer Zeit zu Belehrung des größeren Publikums ausgegeben worden sind, können hier aus Mangel an Raum nicht aufgezählt werden, ohne daß darum ihre Verdienstlichkeit in Zweifel gezogen werden will.

273. Das Journal des Savants, die Philosophical Transactions und die Acta Eruditorum. Die ersten gelehrten Zeitschriften waren das 1665 beginnende Journal des Savants, — die seit 1666 erscheinenden Philosophical Transactions, — und die 1682 gegründeten Acta Eruditorum. Letztere, welche als eine Art Organ der Academia naturae curiosorum anzusehen waren, wurden von dem Professor Otto Mencke[1]) in Leipzig begründet, und sodann von seinem Sohne, seinem Enkel und noch einigen Andern bis 1774 fortgesetzt, wo sie bereits nicht weniger als 117 Quartbände füllten; die Gesellschaft selbst gab überdies von 1670 hinweg noch Miscellanea curiosa, dann Ephemeriden, dann Acta, und seit 1818 Verhandlungen heraus. — Die Philosophical Transactions gab

[13]) Zu Köln 1842 geboren, erst Buchhändler, dann naturw. Schriftsteller, sowie z. B. Gründer der „Gaea" und der „Revue der Naturwissenschaften".

[1]) Mencke wurde 1644 in Oldenburg geboren, und starb 1707 als Professor der Moral in Leipzig.

zuerst Oldenburg[1]), der Secretair der Royal Society, heraus, und sie blieben bis auf den heutigen Tag das Organ dieser Gesellschaft, haben dagegen schon längst den ursprünglichen Charakter eines Journals verloren. — Das Journal des Savants endlich war anfänglich Organ der Académie des Sciences, ist aber später ein unabhängiges wissenschaftliches Journal geworden, wenn auch immer hervorragende Academiker Hauptarbeiter waren.

274. Die academischen Schriften. Seit Gründung der Academien und gelehrten Gesellschaften bilden die von denselben herausgegebenen Schriften, ganz abgesehen von ihrem Gehalte an wichtigen Arbeiten, schon durch ihr successives Erscheinen, die ihnen oft beigegebenen Verzeichnisse der neu erschienenen Schriften, die ihnen einverleibten Biographien der verstorbenen Mitglieder, 2c. sehr werthvolle Anhaltspunkte für die Geschichte der Wissenschaften: Die Pariser Academie gab von 1665 bis 1790 ihre Arbeiten unter dem Titel „Histoire et mémoires de l'Académie des sciences de Paris" in 107 Quartbänden heraus; nach ihrer Erneuerung folgten für 1796 bis 1815 unter dem Titel „Mémoires de l'Institut national des sciences et des arts: Sciences mathématiques et physiques" weitere 14 Bände, und seit 1816 erscheinen nun die „Mémoires de l'Academie des sciences de l'Institut de France"; außerdem wurden seit 1750 noch „Mémoires présentés par divers savants" in zwangloser Folge veröffentlicht. — Die Berliner Academie gab von 1710 bis 1744 eine Folge von 7 Bänden „Miscellanea Berolinensia" heraus; dann folgten von 1745—1769 unter dem Titel „Histoire de l'Académie" 25 Bände, — von 1770 bis 1804 erschienen sodann die „Nouveaux mémoires" und seit 1804 „Abhandlungen". — Die Petersburger Academie gab von 1726 bis 1775 Commentarien, von 1777 bis 1802 Acten, seit 1803 Mémoires heraus, — 2c. In der neuern Zeit sind überdieß behufs rascherer Ver-

[1]) Heinrich Oldenburg wurde etwa 1626 zu Bremen geboren, ging 1653 als Consul nach London, und starb 1678 zu Charlton bei Woolwich.

breitung neuer Entdeckungen und Arbeiten noch besondere Publikationsmittel geschaffen worden: So gibt die Royal. Society of London seit 1832 erst „Abstracts“ und später „Proceedings“, die Pariser Academie seit 1835 „Comptes rendus“, die Berliner Academie seit 1839 „Monatsberichte“, die Petersburger Academie seit 1843 „Bulletins“, heraus, ꝛc. — Ganz speciell verdienen noch die von den frühern Secretairen der Pariser Academie regelmäßig und rasch nach dem Ableben eines residirenden oder auswärtigen Mitgliedes verfaßten „Eloges“ erwähnt zu werden, zum Theil ihres Styles, zum Theil ihres Inhaltes willen: Diejenigen von Fontenelle[1]) gelten als ausgezeichnet geschrieben, — von denjenigen seines Nachfolgers Mairan[2]) sagte Voltaire „Il me semble avoir en profondeur ce que Fontenelle avait en superficie“, — diejenigen von Grandjean de Fouchy[3]) sind vielleicht weniger amusant, aber sehr instructiv, — die von Condorcet[4]) geschriebenen Eloges der alten Academiker rühmte d'Alembert ungemein, und von seinen neuern Eloges sagte Voltaire, der ihren Verfasser „Monsieur plus que Fontenelle“ titulirte, er sehe in denselben nur Eine fatale Sache, „c'est que le public désirera qu'il meure un académicien par semaine pour vous en entendre parler“. Von den spätern

[1]) Zu Rouen 1657 geboren, diente Bernard Le Bovier de Fontenelle, der eigentlich mehr Literat als Mathematiker war, der Pariser Academie von 1699 bis 1741 als Secretair, und starb 1757, bis auf wenige Tage 100 Jahre alt.

[2]) Jean Jacques Dortous de Mairan, der 1678 zu Béziers geboren wurde und 1771 zu Paris starb, war zunächst Physiker. Vergl. 235.

[3]) Jean Paul Grandjean de Fouchy, der von 1707—1788 zu Paris lebte, war nebenbei praktischer Astronom.

[4]) Mari: Jean Antoine Nicolas Caritat, Marquis de Condorcet, wurde 1743 zu Ribemont bei St. Quentin geboren, und trat 1769 in die Academie; in der Revolution wurde er in den Convent gewählt, schloß sich den Girondisten an, legte 1793 dem Convent eine größtentheils von ihm verfaßte republikanische Constitution vor, wurde aber bald darauf mit seiner ganzen Partei flüchtig und geächtet und starb 1794 zu Bourg-la-Reine an Gift, das er nahm um der Guillotine zu entgehen. Nach Lalande las er in den heftigsten Revolutionskrisen analytische Abhandlungen von Euler.

Secretairen haben Delambre, Arago, Flourens, Bertrand, ꝛc. in dieser Richtung ebenfalls ganz Vorzügliches geleistet, — aber die alte Regelmäßigkeit scheint abhanden gekommen zu sein.

275. Die Journale. Schon 1733—35 machte der 1702 zu Nürnberg geborne Michael Adelbulner, der wie sein Vater Buchdrucker und daneben Liebhaber der Astronomie war, mit seinem zu Nürnberg herausgegebenen „Commercium litterarium ad astronomiae incrementum", von dem übrigens der größte Theil der Auflage verbrannt sein soll, den Versuch, für die Astronomen einen Sprechsaal zu eröffnen. Der häufig allein vorhandene erste Band enthält 21 Nummern, deren erste von 1733 X 22 und deren letzte von 1734 XII 2 datirt ist. Bei einem mir durch Professor Winnecke aus Straßburg zur Einsicht gesandten Exemplare finden sich dann auch noch die Nummern 6—24 von einem zweiten Bande, wobei 6 von 1735 IV 13 und 24 von 1735 XII 23 datirt ist, dabei zugleich 24 den 2. Band abschließend. Als Mitarbeiter werden Christfried Kirch in Berlin, Andreas Celsius in Upsala, Joh. Andreas Segner in Jena, Mat. Bose in Leipzig, Joh. Jakob v. Marinoni[1]) in Wien, Joh. Friedr. Weidler in Wittenberg, Nicasius Grammaticus[2]) in Regensburg, Eustachio Zanotti[3]) in Bologna, ꝛc. genannt, von denen die gesperrt Gedruckten Beiträge lieferten, an welche sich noch solche der Eust. Manfredi, Joseph De l'Isle, Joh. Phil. Baratier, ꝛc. anschlossen. Der Inhalt besteht aus Recensionen neu erschienener Werke, Beobachtungen,

[1]) Marinoni wurde 1676 zu Wien geboren und starb daselbst 1755 als Director der nach seinem Vorschlage 1718 gegründeten Academie der Geometrie und Kriegswissenschaften. Er besaß eine wohlausgerüstete Privatsternwarte, über welche er eine Schrift „De astronomica specula domestica. Viennae 1745 in Fol." herausgab.

[2]) Ein gegen Ende des 17. Jahrhunderts in Trient geborner Jesuit, der 1736 zu Regensburg als Lehrer der Astronomie starb.

[3]) Zanotti wurde 1709 zu Bologna geboren und starb 1782 ebendaselbst als Professer der Astronomie und Hydrometrie.

Abhandlungen ꝛc. Es scheint jedoch, daß Adelbulner mit seinem Unternehmen nicht den gewünschten Erfolg hatte. Er gab sodann 1736 „Merkwürdige Himmelsbegebenheiten“ heraus, und übernahm 1743, wo er auch unter dem Titel „Aufrichtiger Himmelsbothe“ einen Kalender zu schreiben begann, eine Lehrstelle der Mathematik und Astronomie, welche er bis zu seinem 1779 erfolgten Tode bekleidete. — Einen zweiten Versuch machte von 1771—79 der uns bereits bekannte Joh. III Bernoulli[4]) mit seinen successive erschienenen Schriften „Lettres astronomiques, — Recueil pour les astronomes, — Nouvelles littéraires de divers pays, — und: Lettres sur différents sujets“ in sehr verdienstlicher Weise, aber ebenfalls ohne durchschlagenden Erfolg. — Etwas besser gediehen dagegen damals Journale, welche sich auf einen breitern Boden stellten: So gab namentlich Karl Friedrich Hindenburg[5]) zu Leipzig 1781—85 mit Funk und Leske das „Leipziger Magazin für Naturkunde, Mathematik und Oeconomie“ heraus, — von 1786—88 mit dem ebenerwähnten Bernoulli das „Leipziger Magazin für reine und angewandte Mathematik“, — und noch von 1795—1800 ein „Archiv der reinen und angewandten Mathematik“, — Publikationen, die auch für die Astronomie manches Interessante bieten.

276. Die monatliche Correspondenz. Der Erste, welchem es gelang für längere Zeit eine speciell der Astronomie und ihrer Anwendung auf Geographie gewidmete Zeitschrift in gedeihlicher Weise ins Leben zu rufen, war Franz Xaver von Zach[1]): Die von ihm 1798 gegründeten „Geographischen Ephemeriden“, die sodann 1800 in die „Monatliche Correspondenz zur Beförderung der Erd- und Himmelskunde“ übergingen, welche bis 1813 er-

---

[4]) Vergl. für ihn 152 und 157. Er war damals noch Astronom der Berliner Academie, später Director ihrer mathematischen Classe.

[5]) Zu Dresden 1741 geboren, machte er sich zuerst durch Arbeiten über die combinatorische Analysis bekannt, und stand von 1781 bis zu seinem 1808 erfolgten Tode als Professor der Philosophie und Physik zu Leipzig.

[1]) Vergl. 175.

schien, wurden je bald zum eigentlichen Lebensorgan der Astronomie. „Les éphémerides géographiques entreprises par M. de Zach,“ sagte Lalande schon in seiner Geschichte des Jahres 1798 mit vollem Rechte, „sont un *ouvrage bien remarquable et bien utile*, puisqu'on y trouve chaque mois des observations curieuses, des annonces de livres et de cartes, etc., enfin tout ce que peut intéresser les astronomes, les géographes et les navigateurs. Une vaste correspondance avec tous les pays fait que M. de Zach est à portée de mettre en relations mutuelles les savants les plus éloignés les uns des autres.“ Ganz besonders trat aber der Nutzen dieses neuen, den raschern Austausch der Beobachtungen und Ansichten ermöglichenden Communicationsmittels, bei der bereits behandelten Entdeckung der kleinern Planeten hervor, und es war durchaus keine Uebertreibung als Gauß nach Wiederauffindung der Ceres an Zach schrieb: „Ich kann nicht umhin zu erwähnen, was für eine Wohlthat für die Astronomie bey dieser Gelegenheit das Daseyn einer Zeitschrift, wie die M. C. gewesen ist. Mit welcher Lauigkeit und Gleichgültigkeit würde man nicht Piazzi's Entdeckung aufgenommen haben, wenn Sie nicht durch Ihre Zeitschrift alle Nachrichten darüber gesammelt, auf das schnellste verbreitet, das allgemeine Interesse erweckt, Gründe und Gegengründe abgewogen und den Planetismus dieses Gestirnes zur höchsten Wahrscheinlichkeit gebracht hätten. Wahrscheinlich hätten nur wenige Astronomen sich die Mühe gegeben es wieder aufzufinden, da selbst aller jetzigen Astronomen Lehrer und Meister[1]) noch vor Kurzem den neuen Planeten so stark bezweifelte.“ Nachdem Zach 1807 in den Süden gegangen war, führte Lindenau[2]) unter der alten Firma und mit derselben Tendenz die

[1]) Lalande, — der dann selbst später an Zach schrieb: „Qu'il est heureux que vous n'ayez pas adopté mon incredulité sur cette nouvelle planète.“

[2]) Bernhard August v. Lindenau wurde 1780 zu Altenburg geboren, folgte Zach 1807 auf dem Seeberge, trat 1817 in den sächsischen Staatsdienst, zog sich 1843 nach Altenburg zurück und starb daselbst 1854.

M. C. noch Jahre lang fort, und erst als durch den Feldzug von 1813/14, an welchem dieser Letztere als Generaladjutant des Großherzogs von Weimar Theil nahm, eine Stockung eingetreten war, und Zach das alte Verhältniß, in dem sie bis dahin „als Herausgeber und Redactor“ gestanden, nicht mehr beibehalten wollte, da er daran denke, ein neues Journal in französischer Sprache zu gründen, ging die M. C. ein. In Fortsetzung derselben erschien sodann 1816—18 unter der Redaction von Lindenau und Bohnenberger eine „Zeitschrift für Astronomie und verwandte Wissenschaften“, die aber trotz guter Mitarbeiter nie den Flor der frühern Publikationen erreichte, und alsbald ganz erlosch, als Zach seinen Plan wirklich ausführte, und 1818 in Genua unter dem Titel „Correspondance astronomique“ eine neue Publikation begann, die er nun bis zu seiner Erkrankung im Jahre 1826 wieder mit altem Erfolge fortführte, wenn auch einzelne Deutsche den ihm von früher her schuldigen Dank vergaßen, weil er ihnen beiläufig einmal auf den Fuß getreten war, oder ihre Arbeiten nicht genug gerühmt hatte, — einzelne Franzosen, wie z. B. Arago mit einer kaum glaublichen Leidenschaft über ihn herfielen, weil er gewagt hatte, einige ihrer Prätensionen lächerlich zu machen, — und eine damals in Ober-Italien dominirende geistliche Clique Himmel und Erde bewegte, den unbequemen Herrn, der ihnen in jeden Winkel hineinleuchtete, wegzutreiben.

277. Die astronomischen Nachrichten. Die von Zach herausgegebene „Correspondance astronomique“ genügte, auch ganz abgesehen von der zwischen ihrem Redactor und einigen der thätigsten Astronomen in Deutschland und Frankreich eingetretenen Verstimmung, schon nach ihrer Anlage für den immer nöthiger werdenden raschen Austausch von Beobachtungen, Rechnungsresultaten und Ansichten nicht mehr vollständig, und es erwarb sich somit Schumacher ein nicht zu unterschätzendes Verdienst als er 1821 unter dem Titel „Astronomische Nachrichten“ den jetzt schon mehr als ein halbes Jahrhundert bestehenden neuen Sprechsaal eröffnete. — Zu Bramstedt in Holstein 1780 geboren, hatte sich Christian Heinrich Schumacher zuerst der Rechtswissenschaft gewidmet und 1806 zu Göttingen in derselben promovirt, war dann aber aus Neigung bald zur Mathematik und Astronomie übergegangen, wie seine 1807 zu Altona in Druck gegebene Uebersetzung von Carnot's „Géométrie de position" beweist. Nachdem er an letzterm Orte einige Jahre privatisirt, und dann von 1810 an als außerordentlicher Professor an der Universität in Kopenhagen gelehrt hatte, folgte er 1813 einem Rufe an die Sternwarte zu Mannheim, kehrte jedoch schon 1815 nach Bugge's Tode als Professor der Astronomie nach Dänemark zurück, seinen eigentlichen Wohnsitz in Altona aufschlagend, wo er durch die Munificenz seines Königs in den Stand gesetzt wurde eine kleines Observatorium zu erbauen und eine reiche Sammlung von geodätischen und astronomischen Instrumenten anzulegen. In beständigem Verkehr mit Olbers, Gauß, Bessel, &c., und theils als Beobachter, theils als Schriftsteller äußerst thätig, hat sich Schumacher in dieser Stellung bis zu seinem 1850 erfolgten Tode mannigfache Verdienste erworben, — doch ist wohl das größte derselben die bereits erwähnte Gründung der Astronomischen Nachrichten. — Schon am 27 März 1821 schrieb Schumacher an Gauß: „Unser Finanzminister hat mich beinahe aufgefordert eine astronomische Zeitung in Altona herauszugeben, von der etwa jede Woche ein Bogen erschiene, und die dazu diente, die lebhafteste Communication unter den Astronomen zu erhalten. Wollen Sie mich thätig unterstützen? ohne sichere Hülfe thue ich es nicht, so nützlich die Sache auch wäre." — Gauß antwortete V 30: „Wenn Ihre astronomische Wochenschrift zu Stande kömmt, werde ich sie gerne nach Vermögen unterstützen. Aber freilich können Sie nie von mir Beiträge erwarten, die viel Raum füllen; dazu wäre Delambre viel nützlicher." — Im Juni 1821 erklärte sodann Schumacher per Circular: „Durch höhere Unterstützung bin ich in den Stand gesetzt, den Astronomen und Mathematikern einen Weg zur schnellen Verbreitung wissenschaftlicher Arbeiten und Nachrichten anzubieten. Es wird unter dem Titel Astronomische Nachrichten im September dieses Jahres eine astronomische Zeitung erscheinen, die Beobachtungen, Nachrichten, Anzeigen von Büchern, und sonstige kürzere Mittheilungen meiner astronomischen Freunde aufnimmt, und von der, ohne sich an feste Perioden zu binden, sobald nur Stoff vorhanden ist, ein Blatt versendet wird. Größere Aufsätze aus dem Gebiete der Astronomie und Geodäsie werden in Form eines Journals, unter dem Titel Astronomische Abhandlungen gedruckt[1]). In beiden Blättern werden außer den Aufsätzen in deutscher Sprache, auch die in englischer, französischer und lateinischer Sprache geschriebenen aufgenommen. Ich bin so frey Sie um Ihre thätige Mitwirkung gehorsamst zu ersuchen, und dabey zu bitten, in Ihren Briefen das was Sie für den Druck bestimmen, scharf von dem Theile des Briefes zu trennen, der nicht gedruckt werden soll." — Wirklich erschien sodann im October 1821 ein erstes Stück dieser neuen Zeitschrift, welche bald, und namentlich durch die zahlreichen und wichtigen Beiträge von Bessel, großen Ruf erhielt, von ihrem Gründer bis zum 31. Bande fortgeführt, nach seinem Tode sodann interimistisch durch Petersen[2]) und Hansen besorgt wurde, und nun seit 1854 unter der unermüdlichen Leitung von Peters nicht nur ununterbrochen forterscheint, sondern auch noch immer das Hauptorgan für Astronomie geblieben ist. Leider war es dagegen nicht möglich diesem Journale die Vielseitigkeit seiner Vorgänger zu erhalten; es ist nichts weniger als ein Unterhaltungsblatt für den Astronomen, durch das er zugleich mit allen Fortschritten und literarischen Er-

[1]) Von diesen „Astronomischen Abhandlungen" erschienen von 1823—25 nur drei, aber allerdings nach ihrem Inhalte sehr gewichtige Hefte. Auch ein 1836 begonnenes, sehr werthvolle gemeinverständliche Aufsätze enthaltendes „Jahrbuch" erlosch schon 1844 wieder.

[2]) Adolf Cornelius Petersen, zu Tondern 1804 geboren, Gehülfe und Nachfolger von Schumacher, 1854 zu Altona verstorben.

scheinungen auf seinem Gebiete bekannt gemacht wird, — es muß sich darauf concentriren eine reiche und unentbehrliche Fundgrube für Beobachtungen, Rechnungsresultate und eigentliche Specialarbeiten zu sein und zu bleiben.

278. Einige neuere Journale. Seit 1848 erscheinen zu Halle die erst durch Jahn, dann durch Heis und in der allerneuesten Zeit durch H. Klein redigirten „Wöchentlichen Unterhaltungen aus dem Gebiete der Astronomie und Meteorologie", — seit 1851 zu Cambridge (U. S.) unter der Redaction von Gould[1]) „The astronomical Journal", — seit 1864 zu Paris unter Redaction von Bertrand und Puiseux die „Annales scientifiques de l'école normale supérieure", und seit 1870 ebendaselbst unter Redaction von Darboux und Houël[2]) das „Bulletin des sciences mathématiques et astronomiques". — Auch die übrigen mathematischen und physikalischen Journale bringen zuweilen für den Astronomen wichtige Artikel, und mögen daher hier kurze Erwähnung finden: Antoine François de Fourcroy gab zu Paris von 1789 hinweg „Annales de chimie et de physique" heraus, welche seither durch die Arago, Gay-Lussac, Regnault, Dumas, ꝛc. bis auf die neueste Zeit fortgeführt worden sind. Und ebenso gab Friedrich Albert Karl Green von 1790—98 ein „Journal der Physik" zu Leipzig heraus, das seither unter dem Titel „Annalen der Physik" erst durch Gilbert[3]), dann durch Poggendorf[4]) bis auf die neueste Zeit ununterbrochen fortgesetzt worden ist. Die „Annales des mathématiques pures et appliquées", welche

[1]) Benjamin Apthorp Gould, 1824 zu Boston geboren, Director der Dudley-Sternwarte zu Albany.

[2]) Guillaume Jules Houël, Professor der Mathematik in Bordeaux, 1823 zu Thaon bei Caen geboren.

[3]) Ludwig Wilhelm Gilbert, 1769 zu Berlin geboren, und 1824 als Professor der Physik zu Leipzig verstorben.

[4]) Joh. Christian Poggendorf, 1796 zu Hamburg geboren; 1877 als Professor der Physik und Academiker zu Berlin verstorben.

Joseph Diaz Gergonne[5]) 1810 zu Paris zu publiciren begann, sind 1831 mit dem 21. Bande eingegangen, ebenso die von Jean Guillaume Garnier und Lambert Adolphe Jacques Quetelet 1825 zu Brüssel begonnene „Correspondance mathématique et physique" im Jahre 1839 mit dem 11. Bande, — und die durch Andreas von Baumgartner[6]) und Andreas von Ettingshausen[7]) 1826 zu Wien aufgelegte „Zeitschrift für Physik und Mathematik" im Jahre 1832 mit dem 10. Bande; dagegen floriren noch das 1826 von Crelle[8]) zu Berlin begonnene „Journal für reine und angewandte Mathematik", — das 1836 durch Liouville zu Paris gegründete „Journal de mathématiques pures et appliquées", — das 1841 durch Grunert[9]) zu Greifswalde eröffnete und seit seinem Tode durch R. Hoppe fortgesetzte „Archiv für Mathematik und Physik", — die 1842 durch Terquem und Gérono zu Paris gegründeten „Nouvelles annales de mathématiques", welchen von Band 14 bis 21 ein ganz interessantes „Bulletin de bibliographie, d'histoire et de biographie" beigegeben war, — die 1852 von Moigno[10]) unter dem Titel „Cosmos" begonnene, und dann von 1863 hinweg unter dem Titel „Les Mondes" fortgeführte Revue der Fortschritte in den Wissen-

---

[5]) Zu Nancy 1771 geboren und 1859 als Professor der Mathematik zu Montpellier verstorben.

[6]) Baumgartner wurde 1793 zu Friedberg in Böhmen geboren, bekleidete von 1823—33 die Professur der Physik in Wien, trat dann in den eigentlichen Staatsdienst über und starb 1865 zu Wien als Präsident der Academie der Wissenschaften.

[7]) Ettingshausen wurde 1796 zu Heidelberg geboren, und war lange Jahre Professor der Mathematik, dann der Physik in Wien.

[8]) August Leopold Crelle, 1780 zu Eichwerder geboren und 1855 als Oberbaurath zu Berlin gestorben.

[9]) Johann August Grunert, 1797 zu Halle geboren, und 1872 als Professor der Mathematik zu Greifswalde gestorben.

[10]) Abbé François Napoléon Marie Moigno, 1804 zu Guémené im Dep. Morbihan geboren, ein Schüler von Cauchy.

schaften, — die seit 1856 von Schlömilch[11]) und Witzschel zu Leipzig aufgelegte „Zeitschrift für Mathematik und Physik", der eine zum Theil kritische, zum Theil historische Literaturzeitung beigegeben ist, — rc. Ganz besondere Erwähnung verdient endlich noch das seit 1868 von Balthasar Boncompagni[12]) zu Rom bis auf die neueste Zeit regelmäßig herausgegebene „Bulletino di bibliografia et di storia delle scienze matematiche e fisiche", das auch für gegenwärtige Arbeit wiederholt benutzt worden ist.

279. Die Publikationen der astronomischen Gesellschaften. Seit 1820 gibt die Royal Astronomical Society eine äußerst werthvolle, im Vorhergehenden oft citirte Serie von „Memoirs" heraus, seit 1831 auch „Monthly Notices", welche die Verhandlungen der Gesellschaft und manche interessante Rapporte über außerhalb derselben ausgeführte Arbeiten enthalten. Ebenso hat die deutsche astronomische Gesellschaft seit 1865 unter dem Titel von „Publikationen" eine Reihe werthvoller Abhandlungen veröffentlicht, und seit 1866 in einer erst unter Redaction von Bruhns, dann unter Redaction von Winnecke erschienenen „Vierteljahrsschrift", neben Berichten über die Verhandlungen bei ihren Jahressitzungen und einigen Nekrologen, eine große Anzahl kritischer Berichte über astronomische Arbeiten gegeben.

280. Die Wörterbücher. Der Nutzen von alphabetisch geordneten Nachschlagebüchern wird um so größer, je weiter das Gebiet wird, und je seltener die Verfasser von Handbüchern sich die allerdings große Mühe nehmen dieselben mit einläßlichen Registern zu versehen, und so haben sich solche Wörterbücher naturgemäß in der neuern Zeit wesentlich vermehrt[1]). Zuerst gab Christian Wolf 1716 zu Leipzig ein „Mathematisches Lexikon"

---

[11]) Oscar Schlömilch, 1823 zu Weimar geboren, Professor der Mathematik zu Dresden.

[12]) Zu Rom 1821 geboren, — Besitzer einer reichen Sammlung von Büchern und Manuscripten.

[1]) Vergl. für die ältern Schriften dieser Art. 142.

heraus, in welchem auch die Astronomie berücksichtigt ist. Nachher veröffentlichte 1752 zu Paris der daselbst von 1720 bis 1805 lebende, auch sonst vielfach literarisch thätige Marine-Ingenieur Alexandre Savérien ein „Dictionnaire universel de mathématiques et de physique“ in zwei Quartbänden, das für seine Zeit nicht ohne Verdienst war. Dann folgte 1787—95 der 1751 zu Görlitz geborne, und später bis zu seinem 1795 erfolgten Tode als Docent der Mathematik und Rathsherr zu Leipzig lebende Joh. Samuel Traugott Gehler mit einem „Physikalischen Wörterbuche“ in vier Octavbänden[2]), das sodann 1825—45 in zweiter Ausgabe bei ganz neuer Bearbeitung durch Heinrich Wilhelm Brandes, Leopold Gmelin[3]), Joh. Kaspar Horner, Joseph v. Littrow, Georg Wilhelm Muncke[4]), und Christian Heinrich Pfaff[5]) auf 20 Bände anwuchs, und für die Astronomie namentlich in den von Littrow geschriebenen Artikeln viel Werthvolles enthält. — Im Jahre 1796 veröffentlichte ferner der uns schon bekannte Charles Hutton zu London in zwei Quartbänden ein sehr interessantes „Mathematical and philosophical Dictionary“, das 1815 eine zweite Auflage erhielt. — Im Jahre 1803 begann der 1739 zu Hamburg geborne, zuerst in Helmstädt, dann bis zu seinem 1812 erfolgten Tode in Halle lehrende Professor Georg Simon Klügel zu Halle ein „Mathematisches Wörterbuch“, das Mollweide nach dessen Tode in entsprechender Weise fortsetzte und endlich, als auch er darüber starb, Grunert 1831 mit

[2]) Nach einem kürzlich erschienenen Auctions-Kataloge von Beijers in Utrecht soll von Gehler's physikalischem Wörterbuche schon „Leipzig 1798 bis 1811“ eine neue Auflage in 6 Bänden erschienen sein; ich habe aber sonst von einer solchen nirgends eine Spur finden können.

[3]) Göttingen 1788 — Heidelberg 1853, Professor der Chemie in Heidelberg.

[4]) Hillingsfeld 1772 — Großkmehlen in Sachsen 1847, Professor der Physik in Marburg und Heidelberg.

[5]) Stuttgart 1773 — Kiel 1852, Professor der Physik und Chemie zu Kiel.

dem fünften Bande vollendete; Letzterer ließ sodann 1833—36 noch zwei Supplementbände für die reine und Jahn 1855 zwei weitere für die angewandte Mathematik und Astronomie folgen, von denen sich jedoch die erstern durch Weitschweifigkeit, die letztern durch Oberflächlichkeit auszeichnen. — Im Jahre 1834 gab Montferrier in Paris ein „Dictionnaire des sciences mathématiques pures et appliquées“ heraus, das schon 1845 eine zweite Ausgabe erhielt, also wohl vielen Bedürfnissen entsprach. — In den Jahren 1846—48 erschien zu Kempten durch einen Liebhaber, den frühern Postmeister Joseph Emil Nürnberger, ein „Populäres astronomisches Handwörterbuch“ in zwei Octavbänden, das einzelne ganz gute Artikel enthält, aber etwas ungleich durchgeführt ist. — Im Jahre 1858 begann L. Hoffmann zu Berlin ein „Mathematisches Wörterbuch“ herauszugeben, das auch astronomische Artikel enthält, und nach seinem Tode 1867 mit dem 7. Bande durch L. Natani vollendet worden ist. — Im Jahre 1863 ließ ferner der uns schon bekannte Physiker Poggendorf zu Leipzig ein „Biographisch-literarisches Handwörterbuch zur Geschichte der exacten Wissenschaften“ in zwei Bänden erscheinen, das einen unglaublichen Reichthum an biographischen und literarischen Nachweisungen in sich birgt, und für gegenwärtige Arbeit unendlich oft benutzt worden ist. — Im Jahre 1871 endlich gab um von den vielen kleinern Schriften dieser Art, welche die neueste Zeit entstehen sah, nur ein Beispiel anzuführen, der schon mehrgenannte, in Köln lebende Literat Hermann Klein zu Berlin eine „Populäre astronomische Encyclopädie“ heraus, welche in dem engen Raume eines mäßigen Octavbandes alle billigen Erwartungen befriedigt. Von den eigentlich encyclopädischen Werken neuerer Zeit muß hier natürlich Umgang genommen werden, so werthvoll auch einzelne, und in dieser Schrift wiederholt citirte Artikel derselben für die Astronomie und ihre Geschichte sind.

281. Weidler und seine Schriften. Bald nachdem Christoph Heilbronner[1]) seinen „Versuch einer Geschichte der Mathematik" herausgegeben[2]), der sich, wenn auch den Astronomen manche Notiz aus älterer Zeit bietend, doch zunächst auf die reine Mathematik bezog, erschien durch die Bemühung von Weidler auch eine erste Specialgeschichte der astronomischen Wissenschaften: Zu Groß-Neuhausen in Thüringen, wo sein Vater Gottfried als Prediger stand, 1692 geboren, zeichnete sich Johann Friedrich Weidler schon frühe durch allseitiges Wissen aus; die Mathematik studirte er von 1707 hinweg zu Jena bei Hamberger, promovirte daselbst 1710[3]) und trug bald nachher, als sein Lehrer gestorben war, auf Wunsch der Studirenden denselben den Rest des angefangenen Colleges vor. Nachher setzte er seine Studien in Wittenberg fort, wo er schon 1711 eine „Dissertatio de minimis" herausgab, 1712 Assessor der philosophischen Facultät wurde und 1715 die Professur der höhern Mathematik erhielt. Anno 1726 trat er eine längere Reise nach Frankreich, Belgien, England und der Schweiz an: In Paris wurde er mit Fontenelle, Bignon, Cassini, ꝛc. bekannt, — in Basel erhielt er 1727 nach öffentlicher Disputation „De juribus mathematicorum" den Titel eines Doctors der Rechte. Nach seiner Heimkehr wurde er dem Collegium der Rechtskundigen zugetheilt, und war einige Jahre in demselben thätig; juridische Collegien scheint er dagegen nie gehalten, und

---

[1]) Joh. Christoph Heilbronner wurde 1706 zu Ulm geboren, studirte erst Theologie, gab aber später zu Leipzig, wo er etwa 1747 starb, mathematischen Unterricht.

[2]) Frankfurt 1739 in 8. Es scheint nur der erste Theil erschienen zu sein, der, nach einer Einleitung über den Nutzen der Mathematik, die Geschichte der Arithmetik bis 1736 gibt. Dagegen gab Heilbronner noch eine „Historia matheseos universae a mundo condito ad saeculum post. Chr. nat. XVI. Lips. 1742 in 4" heraus, welche sich dann über das ganze Gebiet verbreitet, wenn auch die Arithmetik noch die Hauptrolle spielt.

[3]) Oder 1711, da seine „Dissertatio historica de legibus cibariis et vestiariis Pythagorae earumque causis, sub praesidio M. Jo. Lud. Boye habita Jenae 1711", diese Jahreszahl zeigt.

sich überhaupt bald wieder ganz seiner mathematischen Lehrthätigkeit und Schriftstellerei zugewandt zu haben, welcher er bis zu seinem 1755 erfolgten Tode treu blieb[4]). Neben seiner öffentlichen Wirksamkeit als Professor war er ein unermüdlicher und zur Zeit sehr geschätzter Schriftsteller: Seine „Institutiones mathematicae[5])", welche auch die Astronomie umfaßten, wurden wiederholt aufgelegt, und auch verschiedene Specialwerke, wie z. B. seine „Institutiones geometricae subterraneae, mathematico-physicae, astronomiae[6])", ꝛc. erfreuten sich vielfachen Beifalls. Am schätzbarsten ist jedoch entschieden seine „Historia astronomiae[7])", welche zwar noch mehr den Charakter einer chronologischen und trockenen Zusammenstellung von biographischen Notizen und Büchertiteln, als den einer eigentlichen Geschichte hat, aber ein von staunenswerthem Sammelfleiße zeugendes Material von so großem Umfange in sich birgt, daß sie für alle Nachfolger eine unentbehrliche und fast unerschöpfliche Fundgrube bildete, und noch lange bilden wird. Lalande nennt dieselbe[8]) ein „Ouvrage excellent, où Bailly a puisé la plupart des faits pour ses quatres volumes[9]), en y ajoutant des notices élémentaires, des phrases agréables, des hypothèses ingénieuses, quelquefois des conjectures romanesques". — Weidler ließ diesem Hauptwerke sodann noch in seinem Todesjahre eine ebenfalls sehr schätzbare „Bibliographia astronomica"

[4]) Seine letzte Arbeit war eine „Diss. de latitudine et longitudine Vitebergae et de Calaegia Ptolomaei. Vit. 1755. Hanc, mortuo praeside, solus defendit Resp. M. Justinus Elias Wüstemann".

[5]) Viteb. 1718 und später in 8 und 4. Eine 6., von Ebert 1784 besorgte Ausgabe enthält ein auch hier vielfach benutztes „Elogium" Weidlers.

[6]) Die „Institutiones astronomiae" erschienen 1754.

[7]) „Jo. Friderici Weidleri Historia Astronomiae, sive de ortu et progressu Astronomiae liber singularis. Vitembergae 1741 in 4 (LXIV und 624)." Als Vorläufer kann die 1727 ausgegebene „Dissertatio de specularum astronomicarum statu praesenti" betrachtet werden, die wohl viele seiner Reisereminiscenzen enthalten mag.

[8]) Vergl. pag. IV der Vorrede zu seiner Bibliographie.

[9]) Vergl. 283.

folgen, in deren Anhang er überdieß eine Reihe nicht unwichtiger Ergänzungen zu seiner Geschichte gab; er widmete dieselbe Jos. Nic. Delisle, der ihn 1747 in Wittenberg besucht und zu dieser Arbeit aufgemuntert hatte, und Louis Godin, der seinen Entwurf bei Delisle gesehen, und ihn sodann 1752 schriftlich aufgefordert hatte denselben zur Herausgabe noch weiter auszuarbeiten. Lalande sagt über dieselbe: „C'est cet ouvrage qui a été le fondement de la Bibliographie que nous publions aujourdhui avec beaucoup plus d'étendue." — Zum Schlusse mag noch angeführt werden, daß Weidler auch schon frühe für Meteorologie thätig war[10]), — daß er fleißig astronomische Beobachtungen anstellte und veröffentlichte[11]), — daß er mit Mairan, Maraldi, Marinoni, Celsius, Wolf, Maupertius, ꝛc. in lebhaftem Briefwechsel stand, — endlich, daß die Royal Society, die Berliner Academie, ꝛc. ihn und sich durch seine Aufnahme ehrten.

282. Montucla und seine Geschichte. Die erste wirkliche Geschichte der mathematischen Wissenschaften, inclusive der Geschichte der Astronomie, ist die 1758 durch Montucla in zwei Quartbänden herausgegebene „Histoire des mathématiques", und die 1799—1802 mit Hülfe von Lalande in vier Bänden publicirte zweite Ausgabe derselben ist ein noch bis jetzt unübertroffenes, überhaupt noch gar nicht ersetztes Werk[1]). — Jean Etienne Montucla wurde 1725 zu Lyon geboren. Nachdem er mit Turgot als Regierungssecretair und königlicher

---

[10]) Beweis seine „Dissertatio de tempestatum varietate et investigandis veris ejusdem rationibus, una cum observat. barom. et metereol. Witeb. 1714".

[11]) Vergl. z. B. seine „Diss. de coloribus macularum solarium. Vit. 1729 in 4, — ꝛc." Manche seiner Beobachtungen sind in den Actis Erudit. 1728—30, — in den Misc. Berol. Tom. V, — in den Phil. Trans. Nr. 432, 441/2, 445 und 454, — ꝛc. enthalten.

[1]) Joh. Isaak Berghaus (Elberfeld 1755 — Münster 1831), der Verfasser der 1792 zu Leipzig erschienenen „Geschichte der Schifffahrtskunde bei den vornehmsten Völkern des Alterthums", soll von der ersten Ausgabe eine Uebersetzung in das Holländische gemacht haben.

Astronom eine Reise nach Cayenne gemacht, wurde er 1766 zum Oberaufseher der königlichen Gebäude in Paris ernannt. Im Jahre 1792 wurde er pensionirt, zog sich nun nach Versailles zurück und starb daselbst 1799. — Eine von Montucla 1754 als Vorläufer seines Hauptwerkes publicirte Monographie, seine „Histoire des recherches sur la quadrature du cercle“ wird jetzt noch geschätzt, und auch eine von ihm 1778 besorgte verbesserte Ausgabe der „Récréations mathématiques et physiques par Ozanam“ ist nicht ohne Verdienst; aber sein Name wird doch zunächst durch seine Geschichte der Mathematik erhalten bleiben, für die er so zu sagen bis zu seinem letzten Athemzuge thätig, aber auch nicht ohne Sorge war, da er noch wenige Monate vor seinem Tode, am 7 August 1799, an seinen Freund Lalande, der ihn hauptsächlich bewogen hatte, die neue Ausgabe zu unternehmen, die dem Verfasser gegenwärtigen Werkes wie aus der Seele genommenen Worte schrieb: „Plus j'y réfléchis, plus je vois par les difficultés que j'éprouve, que j'ai été un téméraire d'entreprendre un pareil ouvrage. Je suis réduit à dire que je m'en tirerai comme je pourrai [1]).“ Bei seinem Tode war der Druck bis in das zweite Alphabet des dritten Bandes vorgeschritten, — das Manuscript für den Rest des dritten Bandes und für den vierten Band nur bruchstückweise vorhanden. Zu gutem Glücke betrachtete es nun Lalande als eine Gewissenspflicht so weit möglich in die Lücke einzustehen, und obschon ihm manche versprochene Beihülfe entging, brachte er das Werk in etwa $2^1/_2$ Jahren zu einem befriedigenden Abschlusse, und setzte dadurch sowohl seinem verstorbenen Freunde als sich selbst ein unvergängliches Denkmal.

283. Bailly und seine Geschichte. Während Montucla an seiner allgemeinen Geschichte der Mathematik arbeitete, beschäftigte sich der ebenso edle als unglückliche Bailly speciell mit

---

[1]) Möchte es mir gelungen sein mich auch nur halbwegs so gut aus der Sache zu ziehen, als es Montucla für seine Zeit gethan hat!

der Geschichtschreibung der Astronomie: Im Jahre 1736 zu Paris geboren, war Jean Sylvain Bailly vor der Revolution Garde honoraire der königlichen Gemäldesammlungen, und Mitglied nicht nur der Académie des sciences, sondern auch der Académie française und der Académie des inscriptions. Durch Lacaille in die theoretische und praktische Astronomie eingeführt, beschäftigte sich Bailly nach beiden Richtungen sehr gründlich mit den Jupiterstrabanten, und sein 1766, in weiterer Ausführung einer 1763 der Academie vorgelegten Abhandlung, gegebener „Essai sur la théorie des satellites de Jupiter" wird für das Beste gehalten, was vor den betreffenden Arbeiten der Lagrange und Laplace in dieser Richtung geleistet wurde. Auch seine Arbeiten über den Planeten selbst, über den Saturnsring, etc. waren sehr schätzbar. Später befaßte sich Bailly fast ausschließlich mit literarischen und historischen Arbeiten, namentlich, wie wir sofort einläßlicher hören werden und wie auch schon angedeutet wurde, mit der Geschichte der Astronomie. Nach Ausbruch der Revolution wurde er zum Präsidenten der ersten französischen Nationalversammlung ernannt, und bald darauf zum Maire von Paris, — wobei er sich genug Verdienste erwarb, um 1793 während der Schreckensherrschaft unter die Guillotine gebracht zu werden[1]. — Von seinen historischen Arbeiten erschien zuerst 1775 die „Histoire de l'astronomie ancienne depuis son origine jusqu'à l'établissement de l'école d'Aléxandrie", der sodann 1779—82 in drei Quartbänden eine „Histoire de l'astronomie moderne depuis la fondation de l'école d'Aléxandrie jusqu'à l'époque de 1781", und endlich 1787 als Supplement zu der alten Geschichte ein „Traité de l'astronomie indienne et orientale" folgte[2]. Diese sehr gut

[1] Vergl. für Bailly das ihm von Lalande pag. 730—36 seiner Bibliographie gesetzte Denkmal, von dem Zach unter dem Titel „Lobrede auf Bailly von Hier. La Lande. Gotha 1795 in 8" eine deutsche Ausg. mit Anmerkungen veranstaltete; ferner seine Eloge in Bd. 1 der Mém. de l'Inst. (Scienc. mor. et pol.) und diejenige durch Arago in Bd. 2 seiner Oeuvres.

[2] Die Histoire de l'astronomie moderne ist mit einem von Bonneville

geschriebenen und eine große Belesenheit verrathenden Werke repräsentiren den ersten gelungenen Versuch den nothwendig vorangehenden Sammlungen chronologisch geordneter Notizen über betreffende Autoren und Schriften eine wirkliche, den Aufbau der Wissenschaft nach allen Hauptmomenten darstellende Geschichte zu substituiren, — ja, da das im Folgenden zu besprechende Werk von Delambre einen ganz andern Charakter hat, bis auf die neueste Zeit so ziemlich den einzigen solchen Versuch, der sich über das ganze Gebiet ausdehnt. Wenn Bailly Ein Vorwurf zu machen ist, so ist es der, daß er sich durch einzelne Angaben alter Schriftsteller über Perioden, Berge im Monde, Natur der Milchstraße, ꝛc. verleiten ließ die Annahme zu machen, es habe ein vorsündfluthliches Volk, die Atlantiden, gegeben, welches schon so ziemlich alle unsere gegenwärtigen astronomischen Kenntnisse besaß, und es beruhen jene Angaben auf Traditionen, welche sich von jenem alten Wissen auf die spätere Zeit überpflanzten. Doch störte ihn eigentlich diese Annahme nur bei Schilderung der ältern Geschichte in größerm Maaße, und die neuere Geschichte ist von derselben so ziemlich unberührt geblieben*). — Zum Schlusse noch die Notiz, daß Voiron mit seiner 1810 zu Paris ausgegebenen „Histoire de l'astronomie depuis 1781 jusqu'à 1811“ den nicht unverdienstlichen Versuch machte, die Arbeit von Bailly noch bis auf spätere Zeit fortzuführen, — wofür er übrigens in Lalande's Anhang zu seiner Bibliographie eine vortreffliche Vorarbeit besaß.

284. Delambre und seine Schriften. Jean Baptiste Joseph

---

gezeichneten und von Charpentier gestochenen Porträte Bailly's geschmückt. Unter dem in meinem Besitze befindlichen Exemplare finden sich die Verse:

„De ses vertus, de sa raison
Il servit sa patrie ingrate.
Il écrivit comme Platon
Et mourut comme Socrate.“

geschrieben.

*) Nach meiner Ansicht ist das in 281 mitgetheilte Urtheil von Lalande viel zu einseitig, und stimmt auch nicht mit anderweitigen Aeußerungen desselben Mannes zusammen.

Delambre, einer der in neuerer Zeit um die Astronomie in den verschiedensten Richtungen verdientesten französischen Gelehrten, wurde 1749 zu Amiens geboren. Erst Hauslehrer in Paris, dann 1782 durch Lalande auf das astronomische Gebiet hinübergezogen, wurde er 1792 Mitglied und 1803 Secretair des Institutes, 1795 bei Gründung des Bureau des longitudes Mitglied desselben, 1807 nach Lalande's Tod Professor der Astronomie am Collège de France, und bekleidete letztere Stelle bis zu seinem 1822 erfolgten Tode. Unter seinen vielen wissenschaftlichen Arbeiten, von denen schon manche im Vorhergehenden erwähnt worden sind, bleibt hier seine 1814 zu Paris in drei Quartbänden erschienene „Astronomie théorétique et pratique", ganz besonders aber seine für astronomische Bücherkenntniß allerdings mehr, als für eigentliche Geschichte werthvolle, 1817 — 27 in 6 Quartbänden, von denen die zwei ersten der „Astronomie ancienne", ein dritter der „Astronomie du moyen âge", der vierte und fünfte der „Astronomie moderne", und der sechste der „Astronomie au dixhuitième siècle" gewidmet sind, veröffentlichte „Histoire de l'astronomie" zu erwähnen. Die Erudition, welche Delambre, der sehr sprachgewandt war und für welchen die längsten analytischen Entwicklungen und numerischen Rechnungen als Erholung galten, in diesem Werke entwickelte, ist fabelhaft; er hat alle Bücher und alle Manuscripte, welche er nur irgend habhaft werden konnte, von einem Ende bis zum andern durchgelesen, alle Rechnungen geprüft und in die neue Formelsprache umgesetzt, alles kritisch im Detail untersucht. Dabei wird er allersdings sehr oft außerordentlich weitschweifig, und vergißt vor lauter Rechnerei gar Vieles zu sagen, was man in einem so dickleibigen Werke mit Recht zu finden hoffen kann[1]). Auch in seinen Urtheilen ist er bald im Lobe etwas zu überschwenglich, bald wieder zu karg, oder im Tadel zu hart, und es mag der letzte, erst nach dem Tode von Delambre nach dessen

[1]) Vergl. das 158 Gesagte.

Wunsche durch Claude Louis Mathieu[1]) ausgegebene Band, in dieser Beziehung vielleicht noch etwas mehr als die frühern zu wünschen übrig lassen, obschon ich keineswegs auch nur von ferne unterschreiben möchte, was Schumacher bald nach Erscheinen desselben an Gauß schrieb[2]): „Sie wissen, daß ich immer etwas von Delambre gehalten habe," sagte er; „aber seine Histoire de l'Astronomie du 18 siècle" hat dies ganz zerstört. Das ist ein gemeines Buch voller Unwahrheiten, Verdrehungen und bösem Willen. Ich glaube, Sie thun ebenso gut es nicht zu lesen .... Es sind so viele schiefe Urtheile über andere darin, und er führt den Leser so con amore in die Gesellschaft der französischen Astronomen und erzählt ihre Intriguen, Erbärmlichkeiten und Fehler so vollständig, daß man sowohl wegen des Führers als der Gesellschaft, in die man geführt wird, übel werden könnte." — Bei Anlaß des bereits kurz erwähnten Streites zwischen Zach und den französischen Astronomen, sagte Arago, der sonst Delambre nur zu hoch stellte, indem er ihn als „Le plus grand astronome de l'Europe" bezeichnete, boshaft genug: „*Zach* dit que *Delambre* vole des formules; pourquoi le ferait- il? Dieu sait qu'il n'en a que trop". Und in der That wimmelt nicht nur seine Geschichte, sondern auch seine „Astronomie" förmlich von Formeln, so daß

[1]) Mathieu wurde 1783 zu Mâcon einem armen Schreiner geboren, ging gleichzeitig mit seinem nachmaligen Schwager Arago durch die Ecole polytechnique, welcher er später lange Jahre erst als Repetitor, dann als Examinator zugehörte, und war namentlich bis zu seinem 1875 erfolgten Tode ein sehr thätiges Mitglied des Bureau des longitudes.

[2]) Briefwechsel II 120 u. f. — Es ist mir dieses absprechende Urtheil von Schumacher wirklich räthselhaft; würde sich Schumacher darüber beschweren, daß die deutschen Leistungen den französischen gegenüber stiefmütterlich behandelt worden seien, oder daß gewisse Lieblings-Themata's zu breit behandelt und dafür andere vernachlässigt werden, ɩc., so könnte man ihm ziemlich Recht geben; aber die erhobenen Vorwürfe scheinen mir größtentheils ungerechtfertigt, und ich gestehe auch diesen Band mit Vergnügen durchgegangen zu haben, und ihm manche Belehrung zu verdanken, wenn ich auch nicht auf Alles, was darin steht, schwören möchte.

alles Uebrige durch dieses Meer überfluthet und fast ungenießbar wird. Hören wir über Letztere noch zum Schlusse das gewichtige Urtheil von Gauß: „Vor kurzem ist denn hier auch die gewichtige Astronomie von Delambre angekommen,“ schrieb er im Herbst 1814 an Schumacher, „Sie wird allen Personen, welche Astronomen werden wollen, ohne mehr als Elementargeometrie und Trigonometrie zu wissen, ein willkommener Trost sein. Selbst in den vier Species brauchen sie noch nicht recht sattelfest zu sein, denn auch darin werden sie noch oft in die Schule geschickt .... Sie wird, fürchte ich, der Wissenschaft nachtheilig sein. Sie wird Lalande verdrängen, weil sie zum Theil mehr enthält. Allein ihr fehlt der freie Lebensgeist, der zum Höherstreben begeistert. Sie wird uns astronomische Taglöhner, aber keine Astronomen bilden.“

285. Humboldt und sein Cosmos. Alexander v. Humboldt wurde 1769 zu Berlin geboren, besuchte die Universitäten zu Frankfurt a. O. und zu Göttingen, nachher die Bergacademie zu Freiberg, und bekleidete dann bis 1797 die Stelle eines Obergbergmeisters am Fichtelgebirge. Von 1799 bis 1804 unternahm er auf eigene Kosten in Begleitung des Botanikers Aimé Bonpland eine Reise nach Amerika, und später, neben kleinern Reisen, 1829 nochmals eine größere nach Nordasien in Begleitung von Ehrenberg und Gust. Rose. Die übrige Zeit brachte er früher meist in Paris, später vorzugsweise in Berlin zu, und starb an letzterm Orte 1859[1]). Der Schwerpunkt von Humboldt's Arbeiten liegt allerdings nicht in der Astronomie; aber auch für diese Wissenschaft hat er, wie an betreffenden Orten erwähnt wurde, wegen seines Vorschubes, welchen er durch seinen Einfluß der Sternwarte zu Berlin und manchem angehenden jungen Gelehrten leistete, — sodann wegen seinen in Südamerika

---

[1]) Vergl. „Alex. von Humboldt. Eine wissenschaftliche Biographie, im Verein mit Avé Lallemant, Carus, Dove, rc. bearbeitet von K. Bruhns Leipzig 1872, 3 Bde. in 8“.

gemachten Ortsbestimmungen, seiner dortigen Beobachtung des Sternschnuppenregens von 1799 und ganz besonders wegen seiner Beförderung der erdmagnetischen Beobachtungen eine ganz entschiedene Bedeutung; außerdem durch seinen 1845—62 zu Stuttgart in fünf Octavbänden erschienenen „Cosmos. Entwurf einer physischen Weltbeschreibung“, der alsbald durch Faye, Sabine, ꝛc. auch in den übrigen Hauptsprachen aufgelegt wurde, und die Cotta, Girard Schaller und Wittwer zu ihren, manchen interessanten Detail nachtragenden „Briefen über Humboldt's Cosmos“ veranlaßte. Schon ein Theil des ersten Bandes dieses in classischer Sprache verfaßten und bei seinem Erscheinen von einem großen Theile der Gebildeten förmlich verschlungenen Werkes, das wohl nur ein Humboldt mit seinen umfassenden Kenntnissen schreiben konnte, betrifft die Astronomie, und der dritte Band desselben ist ihr sodann speciell gewidmet, und enthält in der That eine Menge der interessantesten historischen und literarischen Nachweise. „Humboldt vereinigte und repräsentirte, wie kein anderer Zeitgenosse, die Gesammtheit unseres Naturforschens,“ sagt Mädler[*]), der ihm selbst die erste Anregung und Ermuthigung zu wissenschaftlichen Arbeiten verdankte, mit vollem Recht, „und wenn wir ein ähnliches Universalgenie vielleicht nie wieder besitzen werden, so ist dieß gerade dem großen Umfange zuzuschreiben, den die einzelnen Wissenschaften gewonnen haben, und Humboldt ist es, der zu diesem Umschwunge am meisten beigetragen hat.“

286. Mädler und seine Schriften. Johann Heinrich Mädler wurde 1791 zu Berlin geboren, war daselbst 1817 bis 1836 Seminarlehrer, und gab als solcher 1825 ein Lehrbuch der Schönschreibekunst heraus. Nach seiner eigenen Erzählung[1]) wurde in ihm beim Anblicke des prachtvollen Kometen von 1811 das Interesse für Astronomie rege; aber erst von

---

[*]) Geschichte der Himmelskunde II 113.

[1]) Geschichte der Himmelskunde II 73.

1829 hinweg, wo er sich auf der Privatsternwarte des Commerzienrathes Wilhelm Beer mit Beobachtung von Mond, Mars, etc. beschäftigen konnte, war es ihm vergönnt selbstthätig in die weitere Entwicklung dieser Wissenschaft einzugreifen. Die Resultate dieser Arbeiten sind bereits in vorhergehenden Abschnitten einläßlich besprochen worden[2]), dagegen ist anzuführen, daß Mädler 1836 auch eine Anstellung bei der Berliner Sternwarte fand, die es ihm möglich machte seine Lehrstelle zu quittiren, und sodann 1840 nach Dorpat berufen wurde, wo er lange Jahre, und zwar vorzugsweise für Stellarastronomie[3]) thätig war, bis er 1865 als russischer Staatsrath in den Ruhestand trat, den er zuerst in Bonn, dann in Hannover, wo er 1874 starb, zubrachte. Von seinen Schriften ist seine 1841 zu Berlin erschienene „Populäre Astronomie" am bekanntesten geworden; sie erhielt 1867 eine sechste Auflage und war, namentlich in Beziehung auf die beschreibenden Theile, mit Recht sehr beliebt. Seine letzte Arbeit, die 1873 zu Braunschweig in zwei Bänden erschienene „Geschichte der Himmelskunde von der ältesten bis auf die neueste Zeit" hat vielen interessanten, auch für gegenwärtige Arbeit vielfach benutzten Detail, ermangelt aber eines durchdachten Planes, leidet an vielen unstatthaften Wiederholungen, und läßt überhaupt den Eindruck zurück, daß Mädler sein hohes Alter nicht mehr die nöthige Kraft zu einem solchen schwierigen Unternehmen übrig gelassen hatte, und daß namentlich der zweite Band nicht viel Anderes als ein Abdruck der von ihm früher gesammelten, und nun planlos aneinander gereihten Notizen ist.

287. Einige andere historische und bibliographische Schriften. Außer den vielen bereits da und dort citirten Specialschriften und den unter den letzten Nummern behandelten Hauptschriften über Geschichte und Literatur bleiben hier etwa noch zu erwähnen: „Joh. Gabriel Doppelmayr[1]), Historische Nach-

[2]) Vergl. 237 u. f. [3]) Vergl. 260 u. f.

[1]) Doppelmayr wurde 1671 zu Nürnberg geboren, und starb daselbst 1750 als Professor der Mathematik.

richt von den Nürnbergischen Mathematicis und Künstlern. Nürnberg 1730 in Fol.“ Ein für die ältere Geschichte der Astronomie sehr viele Notizen lieferndes Buch. — „Ralph *Heathcote*[2]), Historia astronomiae, sive de ortu et progressu astronomiae. Cambridge 1746 in 8.“ — „Johann Friedrich Stockhausen[3]), Historische Anfangsgründe der Mathematik. Berlin 1752 in 8.“ Ein nach Scheibel ohne Kritik und Verständniß geschriebenes, höchst mangelhaftes Buch. — „*Estève*, Histoire générale et particulière de l'astronomie. Paris 1755, 3 Vol. in 12.“ Nach Scheibel ebenfalls ein mehr als mittelmäßiges Werk, das sich aber dadurch auszeichnet, daß es über Weidler schimpft, aber ihn doch fortwährend ausschreibt. — „*Pingré*, Projet d'une histoire de l'astronomie du 17 siècle. Paris 1756 in 4.“ Ohne Zweifel ergab sich aus der Ausführung dieses Projectes, die 1786 zum Abschlusse gekommen sein soll, bei dem stupenden Fleiße und den ausgedehnten literarischen Kenntnissen von Pingré eine sehr werthvolle Arbeit; aber leider starb der Verfasser während des Druckes derselben, und es scheint Lalande nicht gelungen zu sein, die von ihm gewünschte Fortsetzung des Druckes und die wirkliche Ausgabe zu erhalten. — „Antoine Yves de *Goguet*, De l'origine des loix, des arts et des sciences, et de leurs progrès chez les anciens peuples. Paris 1758, 3 Vol. in 4.“ Erschien auch noch später und in verschiedenen Sprachen, so z. B. deutsch von Hamberger 1760—72, und ist nach Scheibel ein gutes Buch, von dem etwa ein Drittel die Geschichte der Mathematik beschlägt. — „Alex. *Savérien*, Histoires des philosophes modernes. Paris 1760, 2 Vol. in 4, und: Histoire des progrès de l'esprit humain dans les sciences exactes. Paris 1766 in 8.“ Das erste dieser beiden Werke spielte noch neulich in dem Chasles-

---

[2]) Heathcote wurde 1721 zu Leicestershire geboren, und starb 1795 als Generalvicar der Kirche von Southwell.

[3]) Zu Gladenbach 1718 geboren, starb er 1776 als Prediger zu Kirdorf in Oberhessen.

Handel eine große Rolle. — „George *Costard*[4]), History of Astronomy. Oxford 1767 in 4." Soll eine große Erudition in der orientalischen Literatur zeigen. — „Johann Ephraim Scheibel[5]), Einleitung zur mathematischen Bücherkenntniß. Stück 1—20. Breslau 1769—98." Eine sehr fleißige und werthvolle, auch die astronomische Literatur umfassende Arbeit. — „Friedrich Meinert[6]), Ueber die Geschichte der ältern Astronomie. Halle 1785 in 8." — „Abraham Gotthelf Kästner[7]), Geschichte der Mathematik seit der Wiederherstellung der Wissenschaften bis an das Ende des 18. Jahrhunderts. Göttingen 1796—1800, 4 Bde. in 8." Es ist dieß nicht eine eigentliche Geschichte, sondern zunächst eine Beschreibung der reichen Bibliothek des Verfassers, die allerdings mit Anekdoten gewürzt, aber auch mit manchem ganz interessantem Detail ausgerüstet, und jedenfalls nicht ohne Verdienst ist. Hankel's Urtheil, es habe Kästner für die Mathematik überhaupt Nichts geleistet, ist unbegreiflich hart und ungerecht. — „*Condorcet*, Esquisse d'un tableau historique des progrès de l'ésprit humain. Nouv. éd. par Diannyère 1797 in 8." Ist nicht ohne Interesse, und auch seine „Oeuvres. Paris 1847—49, 12 Vol. in 8" enthalten manches hieher gehörige, namentlich die 4 ersten Bände viele kleinere und größere Biographien. — „Jeremias David *Reuss*[8]), Repertorium Commentationum a societatibus litterariis editarum. Gottingae 1801—21, 16 Vol. in 4." Eine sehr fleißige,

[4]) Etwa 1710 zu Shrewsbury geboren, starb er 1782 als Vicar zu Twickenham.

[5]) Zu Breslau 1736 geboren, starb er ebendaselbst 1809 als Professor der Mathematik.

[6]) Zu Göllschau in Schlesien 1757 geboren, damals Professor der Philosophie zu Halle, später Lehrer an der Kriegsschule in Berlin, 1828 zu Schweidnitz verstorben.

[7]) Zu Leipzig 1719 geboren und 1800 zu Göttingen als Professor der Mathematik verstorben; bekannt durch seinen beißenden Witz.

[8]) Zu Rendsburg 1750 geboren, und 1837 zu Göttingen als Bibliothekar verstorben.

zum Theil jedoch jetzt durch Poggendorf in noch bequemerer Weise ersetzte Arbeit. — „Charles *Bossut*[9]), Essai sur l'histoire générale des mathématiques. Paris 1802, 2 Vol. in 8." Erschien auch in andern Sprachen, so z. B. deutsch von Reimer, Hamburg 1804, — und erhielt 1810 eine zweite Auflage. — „Ferdinand *Berthoud*[10]), Histoire de la mesure du temps par les horloges. Paris 1802, 2 Vol. in 4." — „Joh. Konrad Schaubach[11]), Geschichte der griechischen Astronomie bis auf Eratosthenes. Göttingen 1809 in 8." Eine äußerst schätzbare Arbeit. — „Ludwig Ideler, Historische Untersuchungen über die astronomischen Beobachtungen der Alten. Berlin 1806 in 8." — „Ludwig Lüders[12]), Pythagoras und Hypatia. Altenburg 1809 in 8." Eine tabellarische Uebersicht der ältern Geschichte, die 1811 eine zweite Auflage erhielt. — „Alfrède *Gautier*, Essai historique sur le problème des trois corps. Paris 1817 in 4." — „J. *Bentley*, Historical view of the Hindu Astronomy. Calcutta 1823, 2 parts in 4." — „Nicolas *Halma*[13]), Examen des monumens astronomiques des anciens. Paris 1830 in 8." — „Michel *Chasles*[14]), Aperçu historique sur l'origine et le développement des méthodes en géometrie. Bruxelles 1837 in 4." Eine sehr geschätzte, jedoch die neuern deutschen Geometer fast ganz ignorirende Arbeit, von der Sohnke

---

[9]) Abbé Bossut wurde 1730 zu Tartaras im Dep. du Rhône geboren, und starb 1814 als Academiker zu Paris.

[10]) Berthoud, der als Schriftsteller und ausübender Künstler gleich bedeutend war, wurde 1727 zu Plancemont im Val Travers geboren, und starb 1807 auf seinem Gute zu Montmorency bei Paris. Vergl. für ihn Bd. 4 meiner Biographien.

[11]) Schaubach wurde 1764 zu Meiningen geboren, und starb 1849 ebendaselbst als Consistorialrath und Schulinspector.

[12]) Zu Hannover 1770 geboren, und 1822 zu Altenburg als Kammersecretair gestorben.

[13]) Zu Sédan 1755 geboren, früher Professor und Bibliothekar in Paris, wo er 1828 als Canonicus an Notre-Dame starb.

[14]) Zu Epernon 1793 geboren, und seit 1851 Mitglied der Pariser Academie.

1839 zu Halle eine deutsche Uebersetzung in Druck gab. — „Friedrich Wilhelm Barfuß[15]), Geschichte der Uhrmacherkunst. Weimar 1837 in 8." — „William *Whewell*, History of the inductive sciences. London 1837—38, 3 Vol. in 8." Eine 3. Auflage erschien 1847, — eine durch J. J. Littrow besorgte und mit vielen Anmerkungen und biographischen Notizen ausgestattete deutsche Ausgabe zu Stuttgart 1840—41. — „Guglielmo *Libri*[16]), Histoire des sciences mathématiques en Italie. Paris 1839—42, 4 Vol. in 8, und: Catalogue of the mathematical, historical, bibliographical and miscellaneous portion of the celebrated library of M. Guglielmo Libri. London 1861, 2 Vol. in 8." Letzterer ist eigentlich ein Auctionskatalog, hat aber durch die von Libri geschriebene Einleitung und viele von ihm herrührende Noten nicht unbedeutendes historisches und bibliographisches Interesse. — „Gustav Adolf Jahn[17]), Geschichte der Astronomie von 1801—1842. Leipzig 1844, 2 Bde. in 8." — „L. Am. *Sédillot*[18]), Mémoire sur les instruments astronomiques des Arabes. Paris 1841 in 4, und: Matériaux pour servir à l'histoire comparée des sciences mathématiques chez les grecs et les orientaux. Paris 1845—49, 2 Vol. in 8."

---

[15]) Director einer Versicherungsbank in Weimar, 1800 zu Apolda geboren.

[16]) Zu Florenz 1803 geboren, Professor der Mathematik in Paris bis 1848, wo er, des Bücherdiebstahls angeklagt, nach England floh. Er starb 1869 zu Fiesole bei Florenz mit dem Nachruhme eines sehr gelehrten, aber nicht immer zuverlässigen Mannes, so daß auf ihn das Voltaire'sche: „S'il ne l'a pas dit, il l'aurait pû dire; *Habacuc est capable de tout!*" angewandt worden ist.

[17]) Zu Leipzig 1804 geboren und 1857 als Privatgelehrter verstorben.

[18]) Louis Pierre Eugène Amadée Sédillot wurde 1808 zu Paris geboren und starb daselbst 1875 als Professor der Geschichte. Er war ein Sohn des 1777 zu Montmorency geborenen Jean Jacques Emmanuel Sédillot, der ebenfalls ein vorzüglicher Kenner der orientalischen Sprachen war, Delambre bei seinen historischen Arbeiten vielfach an die Hand ging, den oft erwähnten Traktat von Aboul Hhassan übersetzte und 1832 zu Paris als Professor der türkischen Sprache und Adjunct des Längenbureau starb. Dem Sohne sind außer den im Texte angeführten Werken namentlich auch die früher erwähnten „Prolégomènes des tables astronomiques d'Oloug-Beg" zu verdanken.

— „Franz *Wöpcke*[19]), Disquisitiones archaeologico mathematicae circa solaria veterum. Berol. 1847 in 4°, und eine große Anzahl historischer Abhandlungen in den verschiedensten Journalen. — „Thomas Henri *Martin*[20]), Histoire des sciences physiques dans l'antiquité. Paris 1849, 2 Vol. in 8°, und eine Reihe anderer, im Vorhergehenden wiederholt benutzter und citirter Abhandlungen. — „Pierre *Dubois*, Histoire de l'horlogerie. Paris 1849 in 4." — „John *Narrien*, A historical account of the origin and progress of Astronomy. London 1850 in 8." — „Ernst Friedrich Apelt[21]), Die Reformation der Sternkunde. Jena 1852 in 8". — „R. *Grant*, History of physical Astronomy. London 1852 in 8." — „Rudolf Wolf, Biographien zur Kulturgeschichte der Schweiz. Zürich 1858—62, 4 Bände in 8." — „O. *Struve*, Librorum in bibliotheca speculae pulcovensis catalogus systematicus. Petropoli 1860 in 8." Ein äußerst schätzbares bibliographisches Hülfsmittel. — „George Cornewall *Lewis*, An historical survey of the Astronomy of the Ancients. London 1862 in 8." — J. B. *Biot*, Etudes sur l'astronomie indienne et sur l'astronomie chinoise. Paris 1862 in 8." — „Moritz Cantor[22]), Mathematische Beiträge zum Culturleben der Völker. Halle 1863 in 8". — „Ad. *Quetelet*, Histoire des sciences mathématiques et physiques chez les Belges. Bruxelles 1864—66, 2 Vol. in 8." — „Ferdinand *Hoefer*[23]), Histoire de l'Astronomie. Paris 1873 in 8, und: Histoire des Mathématiques. Paris 1874 in 8." Beide haben einzelne recht gute Parthien, und ich verdanke den-

[19]) Zu Dessau 1826 geboren, behufs seiner historischen Studien meist in Paris und Rom lebend, und leider schon 1864 verstorben.

[20]) Zu Bellesme in Orne 1813 geboren, Professor der alten Literatur zu Rennes.

[21]) Ernst Friedrich Apelt wurde 1813 zu Reichenau in der Oberlausitz geboren, und starb 1859 zu Jena als Professor der Philosophie.

[22]) Professor der Mathematik zu Heidelberg, 1829 geboren.

[23]) Zu Döschnitz in Schwarzburg-Rudolstadt 1811 geboren, seit langen Jahren als Literat in Paris lebend, und namentlich auch als Redactor der Biographie générale bekannt.

selben manche werthvolle Notiz. — „Heinrich Suter[24]), Geschichte der mathematischen Wissenschaften. Zürich 1873—75, 2 Th. in 8," — eine im Ganzen gut angelegte, jedoch wohl etwas vorzeitig publicirte Arbeit. — „Hermann Hankel[25]), Die Entwicklung der Mathematik in den letzten Jahrhunderten. Tübingen 1869 in 8, und: Zur Geschichte der Mathematik im Alterthum und Mittelalter. Leipzig 1874 in 8." Letzteres Buch läßt sehr bedauern, daß der frühe Tod des Verfassers seine Vollendung verhinderte. — „J. *Todhunter*, A History of the mathematical Theories of Attraction and the Figure of the Earth, from the time of Newton to that of Laplace. London 1873, 2 Vol. in 8." — „C. *André* et G. *Rayet*, L'astronomie pratique et les observatoires en Europe et en Amérique. P. 1—2. Paris 1874 in 8." Eine sehr interessante und gut gehaltene Schrift, der ich Vieles entnehmen konnte, obschon leider erst die den Sternwarten in England und den englischen Besitzungen gewidmeten Theile erschienen sind. — „Sigmund Günther[26]), Ziele und Resultate der neuern mathematisch-historischen Forschung. Erlangen 1876 in 8, und: Vermischte Untersuchungen zur Geschichte der mathematischen Wissenschaften. Leipzig 1876 in 8." Zwei Schriften, auf welche schon im Vorhergehenden wiederholt Bezug genommen worden ist, — ꝛc. — Daß überhaupt der größte Theil dieser Werke auch für gegenwärtige Geschichte vielfach consultirt wurde, braucht kaum erwähnt zu werden.

288. Die verwerfliche Literatur. Zum Schlusse ist noch mit ein paar Worten einer ebenfalls populären Literatur Erwähnung zu thun, die sich in der neuern Zeit ähnlich den Pilzen rasch vermehren zu wollen scheint, — bald einfach in der Absicht

---

[24]) Suter wurde 1848 zu Hedingen im Canton Zürich geboren, und ist gegenwärtig Professor der Mathematik in Aarau.

[25]) Zu Halle 1839 geboren, erhielt er die Professur der Mathematik zu Tübingen, starb aber leider schon 1873 zu Schramberg im Schwarzwald.

[26]) Professor der Mathematik zu Ansbach; 1848 zu Nürnberg geboren.

von der Leichtgläubigkeit des großen Publikums zu profitiren, wie es bei dem 1836 ausgegebenen, wahrscheinlich von dem früher nicht unverdienten, dann aber verlotterten Pariser Astronomen Nicollet verfaßten Pamphlete „Herschels höchst merkwürdige Entdeckungen am Cap", und ebenso bei den Schriften über den 1857 erfundenen Kometen, ꝛc., der Fall war, — bald in tendenziöser Absicht, um demjenigen Theile des Publikums, der nicht im Falle ist selbst prüfen zu können, durch Entstellung und freche Lügen den Glauben an die Ergebnisse der ernsten und keine Partheizwecke kennenden Wissenschaft zu trüben. Dieß Letztere hat, wie bereits im Verlaufe dieser Geschichte an einigen Beispielen gezeigt worden ist, in grellstem Maaße bei der 1869 von einem gewissen Dr. Karl Schöpfer zu Berlin herausgegebenen Schrift statt, welche den Titel führt „Die Widersprüche in der Astronomie, wie sie bei der Annahme des Copernikanischen Systems entstehen, bei der entgegengesetzten aber verschwinden", und es ist wohl noch selten eine Schrift aufgelegt worden, in welcher Ignoranz, Lüge und Frechheit jeder Art sich in so unverschämter Weise breit gemacht haben; sie hat das wenig beneidenswerthe Verdienst alle die frühern, von Unsinn strotzenden Schriften der Schmitz, Gumpach und Consorten, bei welchen man sich wenigstens noch fragen konnte, ob Blödsinn oder Schurkerei zu Grunde liege, total in den Schatten gestellt zu haben. Die Wissenschaft hat solche Producte, an die, aber zunächst wohl nur aus Sucht recht pikant zu sein, in einzelnen Theilen auch die 1869 von Fonvielle in Paris herausgegebene Schrift „L'astronomie moderne" streift, nicht zu scheuen, — aber soll sie auch, so unangenehm es ist unsaubere Wäsche zu berühren, nicht vornehm ignoriren, sondern gehörig kennzeichnen, wie es mir hoffentlich mit vorstehenden Worten gelungen ist.

Register.

NB. Den fettgedruckten Zahlen entsprechen biographische Nachweisungen.

www.ingramcontent.com/pod-product-compliance
Lightning Source LLC
La Vergne TN
LVHW091039021026
849161LV00002BA/177

* 9 7 8 3 4 8 6 7 2 4 4 6 2 *